D1718354

Ekbert Hering · Walter Draeger · Handbuch Betriebswirtschaft für Ingenieure

Springer

Berlin
Heidelberg
New York
Barcelona
Hongkong
London
Mailand
Paris
Singapur
Tokio

Ekbert Hering · Walter Draeger

Handbuch Betriebswirtschaft für Ingenieure

Dritte, überarbeitete und erweiterte Auflage
mit 307 Abbildungen

Unter Mitarbeit von:

Dipl.-Wirt.-Ing. Oswin Biehler, IBM Deutschland GmbH
Dr. Hans-Dieter Bolten, Verband der Metallindustrie Baden-Württemberg
Dr. Helge Gasthuber, Bundeskammer der gewerblichen Wirtschaft, Wien
Dipl.-Ing. Hartmut Hering, Patentanwalt
Dr. Wolfgang Morning, ZF Friedrichshafen AG
Dr. Claudia Ossola-Haring, freie Wirtschaftsjournalistin
Dipl.-Ing. Harald Schäfer, Gesellschaft für klärtechnische Anlagen
Assessor Hans Schwarz, Verband der Metallindustrie Baden-Württemberg
Assessor Engelbert Seitz, Verband der Metallindustrie Baden-Württemberg
Dipl.-Betriebswirt Andreas Veit, ISICAD/RAND

Springer

Professor Dr. Dr. Ekbert Hering
FH Aalen
Hochschule für Technik und Wirtschaft
Beethovenstr. 1
73430 Aalen

Professor Dr. habil. Walter Draeger
Leipziger Str. 49
10117 Berlin

Die zweite Auflage ist beim VDI-Verlag, Düsseldorf erschienen.

ISBN 3-540-65095-4   3. Aufl. Springer-Verlag Berlin Heidelberg New York

Die Deutsche Bibliothek – CIP-Einheitsaufnahme

Hering, Ekbert:
Handbuch Betriebswirtschaft für Ingenieure / Ekbert Hering ; Walter Draeger. –
3. Aufl. – Berlin ; Heidelberg ; New York ; Barcelona ; Budapest ; Hongkong ;
London ; Mailand ; Paris ; Singapur ; Tokio : Springer, 1999
   ISBN 3-540-65095-4

Die Wiedergabe von Gebrauchsnamen, Warenbezeichnungen usw. in diesem Werk berechtigt auch ohne besondere Kennzeichnung nicht zur der Annahme, daß solche Namen im Sinne der Warenzeichen- und Markenschutz-Gesetzgebung als frei zu betrachten wären und daher von jedermann benutzt werden dürften.

Sollte in diesem Werk direkt oder indirekt auf Gesetze, Vorschriften oder Richtlinien (z.B. din, vdi, vde) Bezug genommen oder aus ihnen zitiert worden sein, so kann der Verlag keine Gewähr für die Richtigkeit, Vollständigkeit oder Aktualität übernehmen. Es empfiehlt sich, gegebenenfalls für die eigenen Arbeiten die vollständigen Vorschriften oder Richtlinien inder jeweils gültigen Fassung hinzuzuziehen.

Einbandgestaltung: Struve & Partner, Heidelberg
Herstellung: ProduServ GmbH Verlagsservice, Berlin
Satz: Fotosatz-Service Köhler GmbH, Würzburg
SPIN: 10766713   7/3020 – 5 4 3 2 1 – Gedruckt auf säurefreiem Papier

Vorwort

Vorwort zur erweiterten 3. Auflage

Das vorliegende Werk hat sich einen hervorragenden Platz als Lehrbuch für Studierende vor allem der Ingenieurwissenschaften und als Standard-Nachschlagewerk der Betriebswirtschaft und speziell der Betriebsführung für Praktiker aller Ausbildungsrichtungen und aller Industriebranchen erobert. Folgende wichtige Vorteile zeichnen dieses Werk aus:

- Die *große Praxisnähe*. Das Werk wurde von Praktikern und für Praktiker geschrieben,
- Die *ganze Breite des Managementwissens*. Das gesamte Gebiet des Führungswissens, gepaart mit den Führungstechniken, wird dargestellt.
- Die *sofortige Umsetzbarkeit*. Praxisnähe, umfassendes betriebswirtschaftliches Wissen und Führungstechniken erlauben eine schnelle und erfolgreiche Umsetzung der vorgestellten Beispiele.

Die Managementmethoden entwickeln sich ständig weiter. In diesem Werk sind überwiegend Verbesserungen unserer aufmerksamen Leser berücksichtigt. Vor allem aber ist ein aktuelles Kapitel über die Einführung des Euro hinzugefügt worden. Dieses Kapitel beschreibt den Einfluß der Währungsumstellung auf die einzelnen Unternehmensbereiche. Deshalb gewinnt der Leser nicht nur einen Überblick über die Problematik, sondern auch einen Leitfaden zur sicheren und erfolgreichen Einführung des Euro in seinem Unternehmen.

Wir wünschen uns weiterhin eine Leserschaft, die dieses Wissen effizient in der Praxis umsetzt und hoffen auf kritische Anmerkungen und weitere Anregungen.

Heubach und Berlin, im August 1998   *Ekbert Hering* und *Walter Draeger*

Vorwort zur 1. Auflage

Dieses Handbuch ist unter Mitwirkung zahlreicher erfahrener Ingenieure und Betriebswirte aus der Führungspraxis und für die Führungspraxis geschrieben. Es wendet sich an alle Ingenieure und Kaufleute, die

- *unmittelbar Führungsaufgaben* wahrnehmen und als Gruppenleister, als Projektleiter oder in anderen Tätigkeiten planen, organisieren, koordinieren und kalkulieren, also Personalverantwortung tragen oder
- in der Entwicklung, der Projektierung, der Programmierung, der Produktion, im Vertrieb oder im Service an der *Unternehmensführung indirekt* beteiligt sind.

Demzufolge bietet das Handbuch einen Überblick über die *ganze Breite des Managementswissens* mit folgenden Gebieten:

- Eine Einführung in *Führungskonzepte* mit den möglichen *Strategien* (Abschnitt B) die bis zu den einzelnen *Führungsstilen* und *-techniken* in der Ingenieurpraxis ausgeführt sind (Abschnitt Q);
- der *steuerliche, zivil- und patentrechtliche Rahmen,* in dem die Führungsaufgaben zu lösen sind (Abschnitt C und D);
- die Messung und Bewertung des wirtschaftlichen Erfolges in der Unternehmensführung durch das *Rechnungswesen* (Abschnitt E), die *Finanzierung* (Abschnitt F) und die *Wirtschaftlichkeitsrechnung* (Abschnitt G);
- die Ansprüche an die *Planung betrieblicher Abläufe* (Abschnitt H) und *Projekte* (Abschnitt R) sowie an den *Materialfluß, die Logistik und Organisation* (Abschnitt K) mit den zugehörigen Methoden;
- die Bewältigung von *Innovationsprozessen* (Abschnitt L) und der ständigen Verbesserung durch *Wertanalysen* (Abschnitt M) als Bedingung einer dauerhaft erfolgreichen Führungsarbeit;
- die Führung als *Orientierung auf den Markt* (Abschnitt N) und die *Präsentation auf Messen* (Abschnitt O) und schließlich
- die *Führung des Personals* als des entscheidenden Leistungspotentials jedes Unternehmens (Abschnitt P)

Die einzelnen Abschnitte sind so gestaltet, daß der Ingenieur und der Betriebswirt auf seine Fragen in diesen Handbuch Antwort findet, die ihm hilft, seine Aufgaben erfolgreich zu lösen. *Bilder* veranschaulichen komplexe Zusammenhänge und *Tabellen* fassen wichtige Sachverhalte zusammen. Am Schluß eines jeden Abschnitts stehen *Aufgaben,* mit denen der Ingenieur und Kaufmann sein Wissen vertiefen und abrunden kann. Die *Lösungen* sind in Abschnitt S nachzulesen. Mit Angaben zur *weiterführenden Literatur* am Ende jedes Abschnitts kann der Leser bestimmte Aspekte weiter vertiefen.

Die Autoren danken ihren Kollegen, den Ingenieurstudenten sowie den vielen in der Praxis tätigen Ingenieuren und Betriebswirten, die durch ihre Diskussionen und Beratungen zum Gelingen des Werkes beigetragen haben. Besonderer Dank gilt unseren Ehefrauen für ihre Aufmerksamkeit und ihre Geduld. Frau *Ursula Draeger* danken wir herzlich für das Lektorieren der Abschnitte. Wir wünschen uns eine Leserschaft, die dieses Führungswissen effizient in der Praxis einsetzt und hoffen auf kritische Anmerkungen und weitere Anregungen.

Heubach und Berlin, Mai 1995 *Ekbert Hering* und *Walter Draeger*

Inhaltsverzeichnis

A   Berufsbild des Ingenieurs   1

B   Führungsfunktionen und Führungskonzepte   6

B 1 Führungsfunktionen   6

B 2 Ansätze für Managementkonzepte   7

B 3 Managementdisziplinen   11

C   Steuern   16

C 1 Einkommensteuer   16
    C 1.1 Maßgebender Einkommensteuer-Zeitraum   16
    C 1.2 Gegenstand der Einkommensteuer   16
    C 1.3 Sieben Einkunftsarten   17
        C 1.3.1 Rechenschema zur Einkommensteuer   17
        C 1.3.2 Einkünfte aus Gewerbebetrieb   17
        C 1.3.3 Einkünfte aus selbständiger Arbeit   19
    C 1.4 Abgrenzung zwischen Gewerbebetrieb und selbständiger Arbeit   20
    C 1.5 Einkommensteuerpflicht.   21
    C 1.6 Berechnung des Erfolgs   21
        C 1.6.1 Buchführung und Bilanzierung   22
        C 1.6.2 Einnahme-Überschuß-Rechnung   22
        C 1.6.3 Verlustverrechnung.   23
        C 1.6.4 Persönliche Verhältnisse.   23
    C 1.7 Absicht der Einkunftserzielung   24
    C 1.8. Einkommen von GmbH-Geschäftsführern.   25
    C 1.9 Unterschied zwischen Einkommensteuer und Körperschaftssteuer   25

C 2 Lohnsteuer   25
    C 2.1 Lohnsteuerkarte   26
    C 2.2 Steuerklassen.   27

C 3 Körperschaftsteuer   28
    C 3.1 Gespaltener Steuersatz.   28
    C 3.2 Auswirkungen der neuen Steuersätze   30

C 4 Gewerbesteuer   32
    C 4.1 Steuergegenstand.   33
    C 4.2 Gewerbesteuerpflicht   34

C 4.3 Gewerbeertrag und Gewerbekapital als Besteuerungsgrundlage 34
C 4.4 Hinzurechnungen 35
    C 4.4.1 Renten und dauernde Lasten 36
    C 4.4.2 Gewinnanteile des stillen Gesellschafters 36
    C 4.4.3 Miet- und Pachtzinsen 36
C 4.5 Kürzungen (§ 9 GewStG) 36
C 4.6 Besteuerungsgrundlagen 37

C 5 Umsatzsteuer 37
C 5.1 Gegenstand der Umsatzbesteuerung 38
C 5.2 Steuerbefreiungen 38
C 5.3 Bemessungsgrundlage 39
C 5.4 Vorsteuer 39
C 5.5 Umsatzsteuer-Dokumentation 40

C 6 Vermögensteuer 41
C 6.1 Vermögensteuerliche Freibeträge 42
C 6.2 Vermögensteuererklärung und -veranlagung 42

D Recht 44

D 1 Unternehmensformen 44

D 2 Handelsrecht und Gesellschaftsrecht 44
D 2.1 Kaufmännisches Unternehmen 47
    D 2.1.1 Kaufmannsbegriff und Kaufmannsarten 47
        D 2.1.1.1 Handelsregister 47
        D 2.1.1.2 Firma des Kaufmanns 48
        D 2.1.1.3 Buchführung und Bilanz 48
        D 2.1.1.4 Rechtsscheinhaftung 48
        D 2.1.1.5 Kaufmännisches Unternehmen als Gegenstand
                 des Rechtsverkehrs 48
D 2.2 Kaufmännische Hilfspersonen 48
    D 2.2.1 Prokura und Handlungsvollmacht 48
    D 2.2.2 Ladengeschäft und Warenlager (§ 56 HGB) 49
    D 2.2.3 Handlungsgehilfe (§ 59 ff. HGB) 49
    D 2.2.4 Handelsvertreter (§ 84 ff. HGB) 49
D 2.3 Handelsgeschäfte 49
D 2.4 Personengesellschaften 51
    D 2.4.1 Gesellschaft des Bürgerlichen Rechts nach §§ 705 ff. BGB . . . 51
    D 2.4.2 Offene Handelsgesellschaft (OHG) 51
    D 2.4.3 Die Kommanditgesellschaft (KG, §§ 161 ff. HGB) 52
    D 2.4.4 Gesellschaft mit beschränkter Haftung (GmbH) & Co.KG . . . 52
    D 2.4.5 Stille Gesellschaft 52
D 2.5 Kapitalgesellschaften 53
    D 2.5.1 Gesellschaft mit beschränkter Haftung (GmbH) 53
    D 2.5.2 Aktiengesellschaft (AG) 53

D 3 Arbeitsrecht 54
D 3.1 Begriff, Bedeutung und Entwicklung des Arbeitsrechts 54

D 3.2   Arbeitsgerichtliches Verfahren   55
D 3.3   Rechtsquellen des Arbeitsrechts   55
D 3.4   Arbeitsvertragsrecht   57
      D 3.4.1   Vor dem Vertragsabschluß.   57
      D 3.4.2   Abschluß des Arbeitsvertrags   58
      D 3.4.3   Pflichten aus dem Arbeitsvertrag   58
      D 3.4.4   Beendigung des Arbeitsverhältnisses.   59

D 4   Vertragsrecht   61
D 4.1   Kaufvertrag (§§ 433 ff. BGB).   61
      D 4.1.1   Abschluß und Erfüllung des Kaufvertrags   61
      D 4.1.2   Haftung des Verkäufers wegen Mängel der Kaufsache
              (§§ 459 ff. BGB)   62
      D 4.1.3   Besondere Arten des Kaufvertrags   65
      D 4.1.4   Allgemeine Geschäftsbedingungen (AGB)   65
D 4.2   Werkvertrag (§§ 631 ff. BGB).   66
      D 4.2.1   Inhalt des Werkvertrags   66
      D 4.2.2   Haftung des Unternehmers wegen Mängel des Werks   66
D 4.3   Dienstvertrag, §§ 611 ff. BGB.   68

D 5   Qualitätsprobleme und Produkthaftung   69
D 5.1   Qualität von Produkten   69
D 5.2   Sachverhaltsaufklärung bei Qualitätsproblemen   69
D 5.3   Schadenspositionen bei Qualitätsproblemen.   69
D 5.4   Haftung für mangelhafte oder fehlerhafte Produkte.   69
      D 5.4.1   Gewährleistungshaftung   70
           D 5.4.1.1   Sachmängel   70
           D 5.4.1.2   Ansprüche   70
      D 5.4.2   Positive Vertragsverletzung   71
      D 5.4.3   Produkthaftung   71
           D 5.4.3.1   Verschuldungshaftung   72
           D 5.4.3.2   Produkthaftungsgesetz   73

D 6   Gewerblicher Rechtsschutz   73
D 6.1   Aufgabengebiet.   73
D 6.2   Schutzgesetze.   74
D 6.3   Patent   76
      D 6.3.1   Patentkategorien   76
      D 6.3.2   Neuheit   76
      D 6.3.3   Erfinderische Tätigkeit (Erfindungshöhe)   77
      D 6.3.4   Patenterteilungsverfahren   77
      D 6.3.5   Ausnahmen (nicht patentfähige Erfindungen)   79
D 6.4   Gebrauchsmuster.   79
      D 6.4.1   Gebrauchsmustererteilung.   80
      D 6.4.2   Gebrauchsmusterlöschung.   81
D 6.5   Warenzeichen (Zeichenschutz)   81
      D 6.5.1   Zeichenarten   81
      D 6.5.2   Allgemeine Eintragungsvoraussetzungen   81
      D 6.5.3   Absolute Eintragungshindernisse   82
      D 6.5.4   Eintragungsverfahren   83
      D 6.5.5   Zeichenlöschung   85

D 6.6 Geschmacksmuster. 85
D 6.7 Verwertung von Schutzrechten 86
D 6.8 Rechtsverfolgung von Schutzrechten. 87
D 6.9 Arbeitnehmer-Erfindergesetz (ArbEG). 87
D 6.10 Supranationale Zusammenarbeit auf dem Gebiet des gewerblichen
       Rechtsschutzes 89

E   Rechnungswesen 92

E 1 Jahresabschluß 93
     E 1.1 Gewinn- und Verlustrechnung (GuV) 93
     E 1.2 Bilanz. 98
            E 1.2.1 Aufgaben der Bilanz. 98
            E 1.2.2 Gliederung der Bilanz 98
                    E 1.2.2.1 Aktivseite 98
                    E 1.2.2.2 Passivseite. 101
                    E 1.2.2.3 Anhang zur Bilanz 103
                    E 1.2.2.4 Lagebericht zur Bilanz 104
     E 1.3 Auswertung mit Kennzahlen (Bilanzanalyse) 104
            E 1.3.1 Aufgaben der Analyse. 104
            E 1.3.2 Aufbau der Kennzahlenanalyse 105

E 2 Kosten- und Leistungsrechnung. 113
     E 2.1 Einordnen in den Betriebsablauf 113
     E 2.2 Aufgaben 113
     E 2.3 Zentrale Begriffe 115
     E 2.4 Kostenartenrechnung 115
     E 2.5 Kostenstellenrechnung. 121
            E 2.5.1 Begriff und Aufgabe 121
            E 2.5.2 Bildung der Kostenstellen 121
            E 2.5.3 Beispiel einer Kostenstellensystematik. 121
     E 2.6 Betriebsabrechnungsbogen (BAB) 121
            E 2.6.1 Aufgaben des BAB. 121
            E 2.6.2 Erstellung eines BAB 123

E 3 Kalkulation 131
     E 3.1 Aufgaben 131
     E 3.2 Kostendurchlauf in der Vollkostenrechnung. 131
     E 3.3 Zuschlagskalkulation 132
            E 3.3.1 Maschinenstundensatz-Rechnung. 134
            E 3.3.2 Kalkulation im Handel. 137

E 4 Deckungsbeitragsrechnung 139
     E 4.1 Wesen der Deckungsbeitragsrechnung 139
     E 4.2 Mehrstufige Deckungsbeitragsrechnung für Sparten bzw. Produkte. . . . 142
            E 4.2.1 Schema 142
            E 4.2.2 Beispiel 142
     E 4.3 Kunden-Deckungsbeitragsrechnung 147
     E 4.4 Kalkulation mit Deckungsbeiträgen 149
            E 4.4.1 Kalkulation bei fehlendem preislichen Spielraum. 149
            E 4.4.2 Kalkulation bei vorhandenem preislichen Spielraum 149
            E 4.4.3 Kalkulation mit Soll-Deckungsbeitrags-Faktoren 151

E 5 Sonstige Verfahren 153
    E 5.1 Gewinnschwellen-Analyse (Break-Even-Punkt) 153
        E 5.1.1 Break-Even-Umsatzdiagramm (Mindestumsatz) 154
        E 5.1.2 Break-Even-Stückzahldiagramm (Mindeststückzahl). 157
    E 5.2 Zielkostenmanagement (Target Costing). 158
        E 5.2.1 Wesen der Zielkostenmanagements. 158
        E 5.2.2 Vorgehensweise. 158
        E 5.2.3 Beispiel 160
    E 5.3 Prozeßkostenrechnung. 166
        E 5.3.1 Wesen der Prozeßkostenrechnung 166
        E 5.3.2 Vorgehen 167
        E 5.3.3 Einführung 170

F Finanzierung. 184

F 1 Einführung 184
    F 1.1 Finanzierungsbegriff. 184
    F 1.2 Finanzierung im Unternehmen 184
    F 1.3 Beziehung zu Finanzmärkten 185
    F 1.4 Investition und Finanzierung 186

F 2 Finanzierungsaufgaben 186
    F 2.1 Liquidität und finanzielles Gleichgewicht 186
    F 2.2 Zahlungsverkehr 187
    F 2.3 Finanzmittelverwendung 187
    F 2.4. Finanzmittelbedarf. 187
    F 2.5 Finanzmittelbeschaffung. 187
    F 2.6 Risikosicherung 188
    F 2.7 Vermögens- und Kapitalstrukturierung. 188

F 3 Finanzierungsarten. 188
    F 3.1 Art der Kapitalmittel. 188
    F 3.2 Herkunft der Kapitalmittel 189
    F 3.3 Rechtsstellung des Kapitalgebers. 190
    F 3.4 Einfluß auf den Vermögens- und Kapitalbereich 190
    F 3.5 Dauer der Kapitalbereitstellung (Fristigkeit) 190
    F 3.6 Anlaß der Finanzierung 190

F 4 Finanzierungsinstrumente und -formen 192
    F 4.1 Außenfinanzierung. 192
        F 4.1.1 Beteiligungsfinanzierung 192
        F 4.1.2 Kreditfinanzierung 195
            F 4.1.2.1 Ablauf der Kreditfinanzierung 195
            F 4.1.2.2 Kreditprüfung 195
            F 4.1.2.3 Kreditmittelsicherung. 196
            F 4.1.2.4 Lieferantenkredit 197
            F 4.1.2.5 Kontokorrentkredit 198
            F 4.1.2.6 Diskontkredit 198
            F 4.1.2.7 Akzeptkredit. 199
            F 4.1.2.8 Lombardkredit. 199
            F 4.1.2.9 Avalkredit 199

F 4.1.2.10 Faktoringkredit 200
F 4.1.2.11 Ratenkredit. 200
F 4.1.2.12 Schuldscheindarlehen. 200
F 4.1.2.13 Schuldverschreibung 201
F 4.1.2.14 Hypothekarkredit 201
F 4.1.2.15 Rembourskredit 201
F 41.2.16 Fortfaitierung 202
F 4.1.3 Anzahlungsfinanzierung. 202
F 4.1.4 Leasingfinanzierung 203
F 4.1.4.1 Mobilität der Leasingobjekte. 205
F 4.1.4.2 Leasingnehmer 205
F 4.1.4.3 Leasinggeber. 205
F 4.1.4.5 Vorteile und Nachteile einer Leasingfinanzierung . . 206
F 4.1.5 Franchisefinanzierung 206
F 4.2 Innenfinanzierung 207
F 4.2.1 Gewinnthesaurierung 208
F 4.2.2 Rückstellungsfinanzierung 208
F 4.2.3 Abschreibungsfinanzierung 210
F 4.2.4 Rationalisierungsfinanzierung. 212
F 4.2.5 Desinvestitionsfinanzierung. 212

F 5 Finanzanalyse. 212
F 5.1 Horizontale Finanzstukturkennzahlen und Finanzierungsregeln. 213
F 5.1.1 Goldene Bilanzregel 213
F 5.1.2 Goldene Finanzierungsregel. 214
F 5.1.3 Two-to-one-Rule 214
F 5.1.4 One-to-one-Rule 214
F 5.2 Vertikale Finanzstrukturkennzahlen 214
F 5.3 Kennzahlensystem zur Finanzanalyse 214

F 6 Finanzplanung 218
F 6.1 Instrumente der Finanzplanung. 218
F 6.1.1 Kapitalbindungsplanung. 218
F 6.1.2 Cash-Flow-Prognose-Rechnung 219
F 6.1.3 Finanzbudgetierung 220
F 6.1.4 Liquititätsplanung 220
F 6.2 Entscheidungskriterien zur Finanzplanung 220
F 6.2.1 Finanzierungskosten und Tilgungsformen 222
F 6.2.2 Entscheidungsmatrix zur Finanzierung. 223
F 6.3 Langfristige Finanzplanung. 224
F 6.4 Mittelfristige Finanzplanung. 225
F 6.5 Kurzfristige Finanzplanung 225

G   Investitions- und Wirtschaftlichkeitsrechnung. 228

G 1 Statische Verfahren. 229
G 1.1 Kostenvergleichsrechnung 229
G 1.2 Gewinnvergleichsrechnung 230
G 1.3 Amortisationsrechnung 230
G 1.4 Rentabilitätsrechnung 233
G 1.5 Berechnung der Maschinenstundensätze. 234

G 2 Dynamische Verfahren 235
    G 2.1 Kapitalwertmethode 235
    G 2.2 Interner Zinsfluß 239
    G 2.3 Annuitätenmethode 239
    G 2.4 Spezielle Verfahren 242

H **Planung, Steuerung und Controlling** 244

H 1 System der Planung 244
    H 1.1 Phasen der Planung 244
    H 1.2 Planungsgrundsätze im Unternehmen 246

H 2 Strategische Planung 247
    H 2.1 Prognose 250
    H 2.2 Festlegen der strategischen Ziele 253
    H 2.3 Festlegen der strategischen Geschäftseinheiten (SGE) 257
    H 2.4 Planung in den Teilbereichen 258
        H 2.4.1 Planung der Unternehmenskonzeption 259
        H 2.4.2 Teilpläne für die einzelnen Funktionen 261
    H 2.5 Controlling für die strategische Planung 262

H 3 Operative Planung 262
    H 3.1 Planungsschema 262
    H 3.2 Zeitliche Abfolge der Planungen 262
    H 3.3 Geschäftsplanung 264
        H 3.3.1 Umsatzplatz 266
        H 3.3.2 Geschäftsplan 266
        H 3.3.3 Finanzplan 268
        H 3.3.4 Planung des gesamten Unternehmens 272
        H 3.3.5 Umsatz-, Kosten- und Ergebnisplan für das gesamte
               Unternehmen 274
    H 3.4 Personalplanung 277

H 4 Controlling 281
    H 4.1 Aufgabe des Controlling 281
    H 4.2 Einsatz des Controlling 284
        H 4.2.1 Abweichungsanalyse für Geschäfts- und Finanzpläne 285
        H 4.2.2 Personal-Controlling 285
        H 4.2.3 Vertriebs-Controlling 291

K **Organisation, Materialwirtschaft und Logistik** 296

K 1 Organisation in der Unternehmensführung 296
    K 1.1 Organisation und Organisationsformen 296
    K 1.2 Organisation und wirtschaftliche Interessen 305
    K 1.3 Organisation der Leistungsprozesse 308
    K 1.4 Organisation von sozialen Systemen 312

K 2 Logistik in der Betriebsorganisation 315
    K 2.1 Logistik als Prinzip 315
    K 2.2 Übergang zur logistischen Organisation 317
    K 2.3 Logistiksystem 319

K 3 Einkauf und Beschaffungslogistik 321
    K 3.1 Beschaffungsobjekte 321
    K 3.2 Beschaffungsorganisation 326
    K 3.3 Bedarfsermittlung und Bestellrechnung 330

K 4 Produktionslogistik und Lagerwirtschaft 334
    K 4.1 Arbeitsteilung in Fertigungsprozessen 334
    K 4.2 Fertigungssegmentierung 339
    K 4.3 Anlagenlogistik und Fertigungssteuerung 343
    K 4.4 Qualitätsmanagement 346

K 5 Absatzlogistik und Materialflußoptimierung 347
    K 5.1 Absatzbedingungen 347
    K 5.2 Materialflußoptimierung und Lagerwirtschaft 349
    K 5.3 Lagersteuerung 353
    K 5.4 Logistische Vertriebsorganisation 353

L   Produktfindung und Produktentwicklung 363

L 1 Produktpolitische Bedingungen 363
    L 1.1 Unternehmensziele und Ansprüche. 363
    L 1.2 Produktanalysen 365
        L 1.2.1 Produktlebenszyklus 366
        L 1.2.2 Analyse der Produktbereiche 368
        L 1.2.3 Produktionsprogrammstruktur 368
    L 1.3 Technikanalyse und Technikgenerationen 369
    L 1.4 Programm- und Sortimentspolitik 370

L 2 Ideensuche und Ideenfindung 371
    L 2.1 Quellen für Produktideen 371
    L 2.2 Wege der Ideenfindung 374
    L 2.3 Methoden der Ideenfindung 375
    L 2.4 Auswahl und Bewertung der Ideen 383

L 3 Instrumente der Produktpolitik 386
    L 3.1 Innovationsentscheidungen 386
    L 3.2 Produktentwicklung 388
        L 3.2.1 Neuproduktplanung 388
        L 3.2.2 Neuproduktplazierung 390
        L 3.2.3 Markttest 391
    L 3.3 Wirtschaftlichkeitsprüfung 392
    L 3.4 Einführung neuer Produkte 393

M   Wertanalyse 396

M 1 Einleitung 396
    M 1.1 Der Wertanalyse-Begriff 396
    M 1.2 Wertanalyse als System (Wertanalyse-Tisch) 397

M 2 Methodische Grundprinzipien der Wertanalyse 398
    M 2.1 Ganzheitliche Betrachtungsweise 398

M 2.2 Orientierung an klaren Zielvorgaben 398
M 2.3 Funtionsorientierte Denk- und Arbeitsweise 399
M 2.4 Innovativ-kreatives Problemlösen 401
M 2.5 Ganzheitliche Beurteilung der Arbeitsergebnisse 402

M 3 Organisation der Wertanalyse-Arbeit 403
M 3.1 Ablauforganisation der Wertanalyse (WA-Arbeitsplan) 403
M 3.2 Aufwand zur Durchführung einer Wertanalyse 406

M 4 Anwendungsbereiche der Wertanalyse 406

M 5 Wertanalyse Fallstudie: Bremsmagnet für Wechselstromzähler 408

N   Marketing 420

N 1 Aufgaben des Marketing 420

N 2 Analyse des Umfelds 422
N 2.1 Allgemeine Trends 423
N 2.2 Bevölkerungsentwicklung und Wertewandel 427
N 2.3 Politisches Umfeld 427
N 2.4 Rechtliches Umfeld 429
N 2.5 Versicherungen 429
N 2.6 Ökologisches Umfeld 429
N 2.7 Ökonomisches Umfeld 429
N 2.8 Technisches und technologisches Umfeld 431
N 2.9 Wissenschaftliches Umfeld 431
N 2.10 Zusammenfassung der Ergebnisse 431

N 3 Analyse der Marktbedürfnisse (Kundenwünsche) 432
N 3.1 Allgemeine Menschenkenntnis 432
      N 3.1.1 Grundlagen 433
      N 3.1.2 Schirm-Test 433
      N 3.1.3 Hirn-Dominanz-Instrument (HDI) 435
N 3.2 Ermitteln der Kundenwünsche und ihre Erfüllung 437
N 3.3 Analyse der Kunden nach Marktsegmenten 438

N 4 Analyse der Wettbewerber 443
N 4.1 Kräfte des Wettbewerbs 443
N 4.2 Wettbewerbsanalyse 445
      N 4.2.1 Ermittlung der direkten und potentiellen Wettbewerber 445
      N 4.2.2 Chancen und Gefahren durch die Wettbewerbskräfte 447
      N 4.2.3 Gefahren durch die direkte und potentielle Konkurrenz 448
      N 4.2.4 Bewertung relativ zur Konkurrenz 449
      N 4.2.5 Auswertung der Wettbewerbsanalyse 452

N 5 Unternehmensamalyse (Wer bin ich und was kann ich?) 452
N 5.1 Unternehmensphilosophie 452
N 5.2 Feststellung der erfolgreichen Produkte bzw. Produktgruppen 452
      N 5.2.1 Strategische Geschäftseinheiten 452
      N 5.2.2 Portfolio-Technik 453

N 5.2.2.1 Marktwachstum-Marktposition-Portfolio. 454
N 5.2.2.2 Marktattraktivität-Produktstärke-Portfolio 459
N 5.2.2.3 Wettbewerbsorientierte Portfolios. 462
N 5.2.3 ABC-Analyse. 466
N 5.2.4 Altersstruktur-Analyse. 467
N 5.2.5 Erfolgsstruktur-Analyse 467
N 5.2.5.1 Umsatz-Umsatzrentabilitäts-Profil 469
N 5.2.5.2 Umsatz-Deckungsbeitrags-Profil 471
N 5.3 Erkennen der Schwachstellen nach Verbesserungen 473
N 5.4 Entwicklung neuer Produkte und Dienstleistungen (Innovationen) 473
N 5.5 Zusammenstellung der Ressourcen. 473

N 6 Marketing-Konzeption. 473
N 6.1 Strategien 473
N 6.1.1 Strategien für Wettbewerbsmärkte 475
N 6.1.2 Strategien aus den Portfolios 476
N 6.1.3 Strategien und Innovation 477
N 6.2 Festlegen der Marktziele 477
N 6.2.1 Geschäftspläne (Umsatzpläne) 479
N 6.2.2 Mehrstufige Deckungsbeitragsrechnung 479
N 6.3 Bestimmen der Maßnahmen 481
N 6.3.1 Produkt-Mix 481
N 6.3.2 Konditionen-Mix. 483
N 6.3.3 Distributions-Mix 484
N 6.3.4 Kommunikations-Mix 485
N 6.3.5 Kontrahierungs-Mix 489
N 6.4 Zuteilen der Mittel 489
N 6.5 Festlegen konkreter Maßnahmen 489
N 6.6 Marketing-Controlling. 491

O   Messeplanung 494

O 1 Bedeutung von Messen und Ausstellungen 494
O 1.1 Messe als Ort der Kommunikation 494
O 1.2 Interesse der Messebesucher 496

O 2 Phasen der Messeplanung 497
O 2.1 Interne Messeplanung 497
O 2.1.1 Auswahl der Messe. 497
O 2.1.2 Ermitteln der Kosten 497
O 2.1.3 Einzelne Aktivitäten 498
O 2.2 Externe Messeplanung. 504
O 2.3 Messedurchführung 508
O 2.3.1 Vor der Messe. 508
O 2.3.2 Während der Messe 510
O 2.4 Messenacharbeit und Erfolgsanalyse. 510
O 2.4.1 Abschlußbericht 510
O 2.4.2 Nachkalkulation 510
O 2.4.3 Dank an die Mitarbeiter 513
O 2.4.4 Nachfaßbriefe an die Kunden (Follow up) 513
O 2.4.5 Sonstige Aktionen 513

P Personalführung 515

P 1 Inhalt und Ansprüche 515
    P 1.1 Personal in der Betriebsführung 515
    P 1.2 Anforderungen an die Personalführung 517
    P 1.3 Ziele der Personalführung 517
    P 1.4 Mitbestimmung im Betrieb 522
    P 1.5 Träger der Personalarbeit 523

P 2 Aufgaben der Personalführung 524
    P 2.1 Personalplanung 524
    P 2.2 Personalbeschaffung 530
    P 2.3 Personalentwicklung 542
        P 2.3.1 Personaleinsatz und Personalauswahl 543
        P 2.3.2 Personalgespräch 545
        P 2.3.3 Personalqualifizierung 552
        P 2.3.4 Personalmotivation 556
    P 2.4 Personalbeurteilung 559

P 3 Arbeitssystem in der Personalarbeit 566
    P 3.1 Arbeitssystem und Arbeitsgestaltung 566
    P 3.2 Arbeitsbewertung 571
    P 3.3 Arbeitsvergütung und Personalkosten 573
    P 3.4 Arbeitszeit 575

P 4 Personalführungskonzepte und -instrumente 578
    P 4.1 Von der Personalverwaltung zur Personalführung 579
    P 4.2 Technik und Personalführung 580
    P 4.3 Personalmarketing 583
    P 4.4 Personalcontrolling 584

Q Management-Techniken 589

Q 1 Überblick 589
    Q 1.1 Managertypen 589
    Q 1.2 Managementtechniken 590
    Q 1.3 Menschenkenntnis 594

Q 2 Zeitmanagment 595
    Q 2.1 Umgang mit der Zeit 595
        Q 2.1.1 Umfrageergebnisse bei Ingenieuren 595
        Q 2.1.2 Selbsteinschätzung 595
    Q 2.2 Gegebenheiten 597
        Q 2.2.1 Leistungskurve 597
        Q 2.2.2 Tagestörkurve 598
        Q 2.2.3 Konzentrationsabfall 599
        Q 2.2.4 Pareto-Prinzip (ABC-Prinzip oder 20/80 Regel) 599
    Q 2.3 Zielsetzungen 600
    Q 2.4 Planung 600
        Q 2.4.1 Zusammenstellung von Aktivitäten und Terminen 601
        Q 2.4.2 Schätzen der Zeitdauer von Aktivitäten 601

Q 2.4.3 Reservieren von Pufferzeiten 602
Q 2.4.4 Entscheidungen über Prioritäten, Kürzungen und Delegation . . 602
Q 2.5 Prüfung der ausgeführten Arbeit 604

Q 3 Streßbewältigung und Fitneß 604
Q 3.1 Wesen und Wirkung von Streß 604
Q 3.2 Methoden zur Streßbewältigung 607
Q 3.3 Fitneß 608

Q 4 Rhetorik 609
Q 4.1 Grundlegende Begriffe 609
Q 4.2 Vorbereitung 610
Q 4.2.1 Zielbestimmung und Stoffsammlung 610
Q 4.2.2 Gliederung 611
Q 4.3 Durchführung 612
Q 4.4 Fragen und Einwände 613
Q 4.4.1 Fragen 613
Q 4.4.2 Einwände 613
Q 4.5 Gespräche mit Mitarbeitern 614

Q 5 Präsentationstechniken 614

Q 6 Techniken des Schnellesens 616
Q 6.1 Lesen und Leseerfolg 616
Q 6.2 Rationelles Lesen 616
Q 6.2.1 Lesen von Fachartikeln und Fachbüchern 617
Q 6.2.2 Tägliche Korrespondenz 618

R   Projektmanagement 620

R 1 Begriffsdefinitionen 620
R 1.1 Projekt 620
R 1.2 Projektmanagement 620
R 1.3 Phasen des Projektmanagements 620

R 2 Zweck des Projektmanagements 621

R 3 Organisatorische Aspekte des Projektmanagements 622
R 3.1 Grundformen der Projektorganisation 623
R 3.1.1 Reine Projektorganisation (Task Force) 623
R 3.1.2 Einfluß-Projektorganisation 624
R 3.1.3 Projekt-Matrixorganisation 624
R 3.1.4 Time-Sharing-Projektorganisation 625
R 3.2 Projektinstanzen 627
R 3.2.1 Projektleiter 627
R 3.2.2 Projektbüro 627
R 3.2.3 Projektteam 627

R 4 Projektplanung und -steuerung 629
R 4.1 Stationen des Planungsprozesses 629
R 4.2 Wichtige Planungsphasen im einzelnen 632

R 4.2.1 Schätzung des Aufwands und des Risikos 632
R 4.2.2 Kostenplanung 633
R 4.2.3 Terminplanung 635
R 4.2.4 Aufgaben-, Personal-, Kosten- und Terminplanung
         mit der Netzplantechnik 636
         R 4.2.4.1 Methoden der Netzplandartellung nach DIN 69900 . . 636
         R 4.2.4.2 Beispiel eines Netzplans 639
         R 4.2.4.3 Kritische Würdigung der Netzplantechnik 640
R 4.3 Verfahren zur Projektsteuerung 640
         R 4.3.1 Berichtswesen (Projekttagebuch) 641
         R 4.3.2 Zeit-Kosten-Fortschritt 642
         R 4.3.3 Einleitung von Maßnahmen 642

S   Bedeutung des Euro im Unternehmen 646

S 1   Beschaffung und Materialwirtschaft 646
       S 1.1 Der Euro im Einkauf 646
       S 1.2 Überprüfen der Einkaufsbedingungen 646
       S 1.3 Lieferantenauswahl 647
       S 1.4 Beschaffungsmarketing im größeren Wirtschaftsraum der EWU 647
       S 1.5 Erweitertes Feld der Materialwirtschaft 648

S 2   Finanz- und Rechnungswesen 648
       S 2.1 Zahlungsverkehr 648
       S 2.2 Rechnungswesen 649
       S 2.3 Festlegen des Umstellungszeitpunktes 650
       S 2.4 Besonderheiten für Rechnungswesen und Zahlungsverkehr 651
       S 2.5 Umstellungen in der Buchhaltung 651
       S 2.6 Gesetzliche Aspekte 652

S 3   Kostenrechnung und Controlling 653
       S 3.1 Kostenartenrechnung 653
       S 3.2 Kostenstellenrechnung 653
       S 3.3 Controlling 654

T   Lösungen der Übungsaufgaben 656

Sachwortverzeichnis 699

A Berufsbild des Ingenieurs

Die Aufgabe des Ingenieurs ist es, *Erkenntnisse der Naturwissenschaft und der Technik* in praktische technische Anwendungen (*Produkte und Verfahren*) sowie in *Dienstleistungen* umzusetzen (Bild A-1) und *wirtschaftlich* und *ökologisch* vertretbare Lösungen zu finden. Die fachlichen Voraussetzungen hierfür sind zum einen die im Studium und in der Weiterbildung erworbenen *naturwisssenschaftlichen, technischen* und *kaufmännischen Kenntnisse,* ferner die Berücksichtigung neuester Forschungsergebnisse und *Normen* sowie vor allem die in der Praxis gewonnene Berufserfahrung.

Die Produkte und die Dienstleistungen des Ingenieurs dienen den Mitgliedern der *Gesellschaft* zur Verbesserung ihrer Lebensmöglichkeiten. Wie jede Technik, so sind auch die

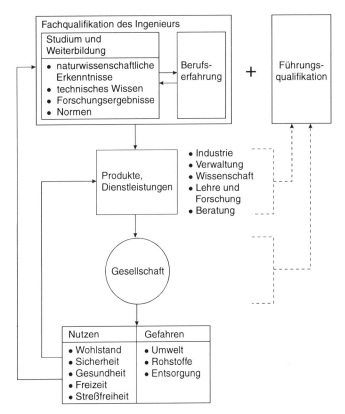

Bild A-1. Das Berufsbild des Ingenieurs

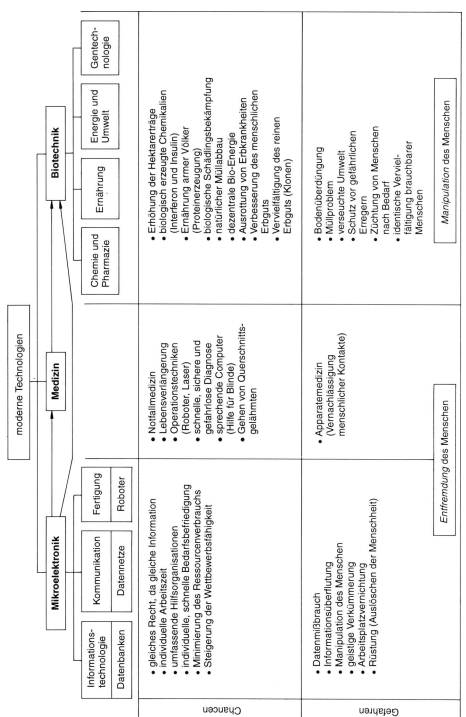

moderne Technologien

Mikroelektronik
- Informationstechnologie
  - Datenbanken
- Kommunikation
  - Datennetze
- Fertigung
  - Roboter

Medizin

Biotechnik
- Chemie und Pharmazie
- Ernährung
- Energie und Umwelt
- Gentechnologie

Chancen

Mikroelektronik:
- gleiches Recht, da gleiche Information
- individuelle Arbeitszeit
- umfassende Hilfsorganisationen
- individuelle, schnelle Bedarfsbefriedigung
- Minimierung des Ressourcenverbrauchs
- Steigerung der Wettbewerbsfähigkeit

Medizin:
- Notfallmedizin
- Lebensverlängerung
- Operationstechniken (Roboter, Laser)
- schnelle, sichere und gefahrlose Diagnose
- sprechende Computer (Hilfe für Blinde)
- Gehen von Querschnittsgelähmten

Biotechnik:
- Erhöhung der Hektarerträge
- biologisch erzeugte Chemikalien (Interferon und Insulin)
- Ernährung armer Völker (Proteinerzeugung)
- biologische Schädlingsbekämpfung
- natürlicher Müllabbau
- dezentrale Bio-Energie
- Ausrottung von Erbkrankheiten
- Verbesserung des menschlichen Erbguts
- Vervielfältigung des reinen Erbguts (Klonen)

Gefahren

Mikroelektronik:
- Datenmißbrauch
- Informationsüberflutung
- Manipulation des Menschen
- geistige Verkümmerung
- Arbeitsplatzvernichtung
- Rüstung (Auslöschen der Menschheit)

Medizin:
- Apparatemedizin (Vernachlässigung menschlicher Kontakte)

Biotechnik:
- Bodenüberdüngung
- Müllproblem
- verseuchte Umwelt
- Schutz vor gefährlichen Erregern
- Züchtung von Menschen nach Bedarf
- identische Vervielfältigung brauchbarer Menschen

Entfremdung des Menschen

Manipulation des Menschen

Bild A-2. Moderne Technologien

2

modernen Technologien *ambivalent,* d. h., sie bergen *Nutzen und Gefahren* in sich. In Bild A-2 ist eine Übersicht über die Chancen und Gefahren moderner Technologien zusammengestellt. Das betrifft insbesondere den Einfluß der *Mikroelektronik* auf die Informations- und Kommunikationstechnologien, auf die Fertigung, auf die *Medizin* und die *Biotechnik* mit den Gebieten Chemie und Pharmazie, Ernährung, Energie und Umwelt sowie Gentechnologie. Es wird deutlich, daß die neuen Technologien immer gefährlicher werden. Während die Mikroelektronik zur Entfremdung des Menschen beitragen könnte, wird mit der Gentechnologie die Manipulation des Menschen möglich.

Aufgrund des Gefahrenpotentials der von den Ingenieuren geschaffenen Technik tragen sie eine hohe Mitverantwortung für die wichtigsten Existenzgrundlagen der Menschheit, wie Sicherheit und Gesundheit von Natur und Umwelt. Deshalb ist die *Funktionstüchtigkeit* von Technik *nicht* das ausschließliche Ziel ingenieurmäßiger Arbeit, sondern der *Nutzen* für die Bedürfnisse der Menschen und die *Schonung der Umwelt,* der *sparsame Umgang* mit nicht erneuerbaren Rohstoffen, die *Wiederverwertbarkeit* von Materialien und die *Vermeidung* von entsorgungspflichtigem *Müll.*

Das Wissen um diese Ziele verbessern die Produkte und Dienstleistungen ständig in bezug auf Energieeinsatz, Umweltschutz und Recyclingfähigkeit, und erweitern das fachliche Wissen und die Berufserfahrung des Ingenieurs auf diesen Gebieten (rückwärtiger Pfeil in Bild A-1).

Ingenieure sind in *Industrie, Verwaltung, Forschung und Lehre* sowie freiberuflich als *beratende Ingenieure* tätig. Es wird von ihnen erwartet, daß sie Menschen, Maschinen und Mittel so koordinieren können, daß ihre Produkte und Dienstleistungen in der erforderlichen Qualität, in dem geforderten Zeitraum und zu den vorgegebenen Kosten entwickelt werden. Aus diesem Grund müssen Ingenieure über ihre naturwisssenschaftlichen Kenntnisse hinaus weiteres Führungswissen besitzen (gestrichelter Pfeil in Bild A-1). Das Führungswissen darzustellen, ist das Ziel dieses Buches.

Die Ingenieure tragen eine relativ hohe Mitverantwortung für die *gesellschaftlichen Folgen* ihrer Produkte und Dienstleistungen. Dem Ingenieur fällt aus folgenden Gründen eine Schlüsselstellung zu, die Technik *umwelt-* und *sozialverträglich* zu gestalten: Auf der einen Seite ist er durch die industriellen Prozesse der Produktion mitverantwortlich für die Umweltverschmutzung. Auf der anderen Seite besitzt er auch das Know-how, um Umweltschäden zu verhindern. Bild A-3 zeigt das gesellschaftliche Verständnis und die Aufgaben des Ingenieurs. Die zentrale Aufgabe aller Ingenieure ist demnach:

> Die Verbesserungen der Lebensmöglichkeiten der gesamten Menschheit durch verantwortungsbewußte Entwicklung und sinnvolle Anwendung technischer Mittel.

Das Ansehen des Ingenieurs wird nur dann steigen, wenn der Gesellschaft bewußt wird, daß nicht nur das technisch Machbare im Vordergrund steht, sondern auch das wirtschaftlich, sozial und menschlich Verantwortbare. Dies hat Konsequenzen im Bereich der Technik, im beruflichen Bereich, in der Politik und im übrigen kulturellen Bereich (Bild A-3). Leitsätze hierzu sind in der VDI-Richtlinie 3780 (Technikbewertung, Begriffe und Grundlagen) formuliert.

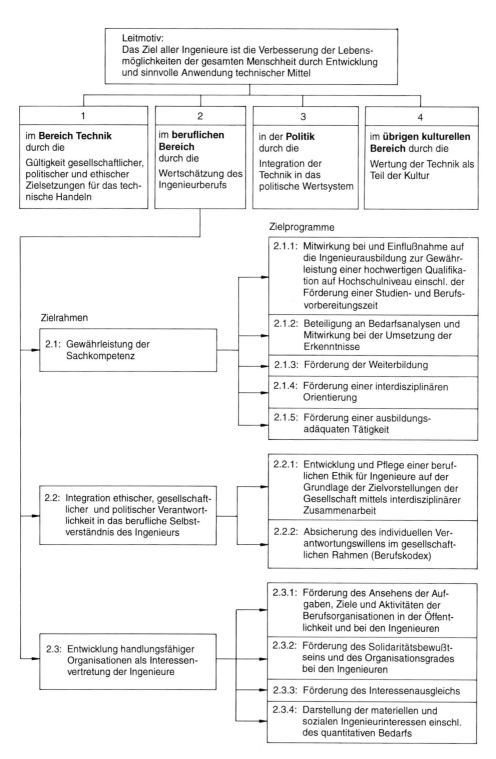

Leitmotiv:
Das Ziel aller Ingenieure ist die Verbesserung der Lebensmöglichkeiten der gesamten Menschheit durch Entwicklung und sinnvolle Anwendung technischer Mittel

1	2	3	4
im **Bereich Technik** durch die Gültigkeit gesellschaftlicher, politischer und ethischer Zielsetzungen für das technische Handeln	im **beruflichen Bereich** durch die Wertschätzung des Ingenieurberufs	in der **Politik** durch die Integration der Technik in das politische Wertsystem	im **übrigen kulturellen Bereich** durch die Wertung der Technik als Teil der Kultur

Zielprogramme

Zielrahmen

2.1: Gewährleistung der Sachkompetenz

2.1.1: Mitwirkung bei und Einflußnahme auf die Ingenieurausbildung zur Gewährleistung einer hochwertigen Qualifikation auf Hochschulniveau einschl. der Förderung einer Studien- und Berufsvorbereitungszeit

2.1.2: Beteiligung an Bedarfsanalysen und Mitwirkung bei der Umsetzung der Erkenntnisse

2.1.3: Förderung der Weiterbildung

2.1.4: Förderung einer interdisziplinären Orientierung

2.1.5: Förderung einer ausbildungsadäquaten Tätigkeit

2.2: Integration ethischer, gesellschaftlicher und politischer Verantwortlichkeit in das berufliche Selbstverständnis des Ingenieurs

2.2.1: Entwicklung und Pflege einer beruflichen Ethik für Ingenieure auf der Grundlage der Zielvorstellungen der Gesellschaft mittels interdisziplinärer Zusammenarbeit

2.2.2: Absicherung des individuellen Verantwortungswillens im gesellschaftlichen Rahmen (Berufskodex)

2.3: Entwicklung handlungsfähiger Organisationen als Interessenvertretung der Ingenieure

2.3.1: Förderung des Ansehens der Aufgaben, Ziele und Aktivitäten der Berufsorganisationen in der Öffentlichkeit und bei den Ingenieuren

2.3.2: Förderung des Solidaritätsbewußtseins und des Organisationsgrades bei den Ingenieuren

2.3.3: Förderung des Interessenausgleichs

2.3.4: Darstellung der materiellen und sozialen Ingenieurinteressen einschl. des quantitativen Bedarfs

Es wird deutlich, wie wichtig der Beruf des Ingenieurs für die Gesellschaft ist und wie verantwortungsbewußt der Ingenieur mit seiner Sachkenntnis umgehen muß. Der Ingenieurberuf wird in Zukunft vor allem durch folgende Anforderungen geprägt:

- Ingenieurleistungen werden in zunehmendem Maße in *allen Lebensbereichen* genutzt. Daraus folgt eine hohe Verantwortung.
- Ingenieurleistungen müssen für eine *sinnvolle Zukunft* entwickelt werden. Aus diesem Grunde ist mehr Aufmerksamkeit der Innovationsfähigkeit der Ingenieure und den Innovationen in der Industrie zu schenken.
- Ingenieurleistungen sind bereits jetzt *international*. Das erfordert Leistungen für den Weltmarkt und die Kenntnis anderer Länder und deren Eigenheiten des Bedarfs.
- Durch Ingenieure werden *Produktiv-* und *Destruktivkräfte* freigesetzt. Den Mißbrauch technischer Möglichkeiten kann nur eine starke Organisation aller Ingenieure verhindern helfen.

Aus diesen Gründen müssen vor allem im *beruflichen Bereich* des Ingenieurs (Bild A-3), folgende drei Ziele erreicht werden:

1. *Ausbau und Sicherstellung der Sachkompetenz im naturwissenschaftlich-technischen und kaufmännischen Bereich sowie bei den Managementfähigkeiten.*
2. *Integration ethischer, humanitärer und anderer sozialer sowie ökologischer Verantwortlichkeit in das berufliche Selbstverständnis und*
3. *Entwicklung handlungsfähiger Organisationen als Interessenvertretung der Ingenieure.*

Bild A-3. Aufgabenbereiche im Beruf des Ingenieurs (Quelle: VDI)

B Führungsfunktionen und Führungskonzepte

B 1 Führungsfunktionen

Ein Unternehmen ist ein produktives, soziales System, das sich im Rahmen ganz bestimmter Umweltbedingungen *wirtschaftliche Ziele* setzt und verwirklicht. Die Führung des Unternehmens kann nur daran gemessen werden, wie sie diese Ziele ermittelt und erreicht. Unternehmensführung umfaßt also alle *Handlungen der Gestaltung* und Lenkung solcher produktiven, sozialen Systeme.

Die Führungsfunktionen lassen sich in *drei Dimensionen erfassen* (Bild B-1). In diesen vollzieht sich die Unternehmensführung als Ganzes und in seinen verschiedenen Teilen, in den *Funktionsbereichen.* Es handelt sich um folgende Aufgaben:

1. Gesellschaftliche Funktionen

Sie umfassen vor allem drei Bereiche:

- *wirtschaftliche Aufgaben* durch die Erbringung von Leistungen und deren Verteilung;
- *sozial-kulturelle Aufgaben,* die alles das umfassen, was an sozialen Beziehungen des Unternehmens nach innen und außen nötig ist, um die wirtschaftlichen Ziele zu erreichen;
- *politische Aufgaben* der Willensbildung und -durchsetzung.

Die gesellschaftlichen Funktionen haben dem gesamtwirtschaftlichem Zusammenhang zu entsprechen (Bild B-2). Damit ist das jeweilige Leistungsangebot (P) in die Gesamtnachfrage (N) einzuordnen. Es hat weiteren Beziehungen zum Volkseinkommen (Y) und speziell zur Beschäftigung (B), zum Lohn (l) und zu Konsum- und Investitionsausgaben (K + I). Die *Wirtschaftspolitik* einer Regierung bestimmt den wirtschaftlichen Spielraum der Unternehmensführung. Sie kann entweder betont liberal gestaltet sein, also alle Lösungen ausschließlich in Marktmechanismen suchen, oder mehr staatlich lenkend orientiert sein, also mit staatlicher Regulierung versuchen, die Schwächen des Markts auszugleichen.

2. Formale Funktionen

Diese umfassen wiederum verschiedene Aufgabenbereiche der Unternehmensführung. Das sind im wesentlichen

- *Unternehmensstrategie bzw. Unternehmenspolitik:* Hier werden die allgemeinen, langfristigen Ziele des Unternehmens festgelegt, die das ertragreiche, dauerhafte Überleben in einem dynamischen Marktumfeld sicherstellen. Ein *systematischer Planungsprozeß* (Abschn. H) hilft bei der konkreten Umsetzung der Strategien.
- *Unternehmensorganisation:* Mit ihr werden Prozesse, Strukturen und Verhalten gestaltet. Hier geht es um die Verteilung, die Koordination und das Zusammenwirken von Aufgaben, Informationen und Kompetenzen (Abschn. K) und schließlich

6

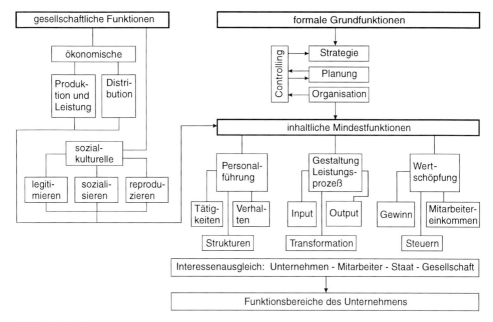

Bild B-1. Funktionen des Managements

- *Controlling:* Es übernimmt die Aufgabe der Steuerung des Unternehmens, um die Unternehmensziele zu erreichen (Abschn. H4).

3. Inhaltliche Funktionen

Setzen die gesellschaftlichen und formalen Funktionen den Rahmen der Führung, so füllen die inhaltlichen Funktionen die Führungstätigkeit aus. Sie richten sich auf den stetigen *Interessenausgleich* zwischen verschiedenen sozialen Gruppen bzw. Einrichtungen. Der Leistungsprozeß in seiner Gestaltung fußt auf wirksamer Personalführung (Abschn. P) und zielt stets auf *Wertschöpfung.*

B 2 Ansätze für Managementkonzepte

Aus der Vielfalt von Funktionen der Unternehmensführung gilt es, je nach *Priorität* auszuwählen. Die *Wahl des Ansatzes* für das Führungskonzept ist zweifellos nicht immer leicht. Prioritäten dürfen nicht zu einseitig gesetzt sein. Vorhandene oder vielfach publizierte Ansätze gibt es in einer derartigen Fülle, daß die Auswahl schwerfällt. Es ist außerordentlich schwierig, das Taylorsystem, die Psychotechnik, die Human-Relation-Konzepte oder die vielen Management-by-Konzepte so zu bewerten, daß man eine sichere Wahl treffen kann. Durch Modewellen mit Intrapreneurship, Demassing-Konzepten (Abspecken), lean-production und vielen anderen wird die Wahl nur noch erschwert.

Aus der Vielzahl von Ansätzen lassen sich markante *Hauptrichtungen* erkennen, die auf typischer, *vorrangiger Begründung* der Führungskonzepte beruhen (Bild B-3). Es sind

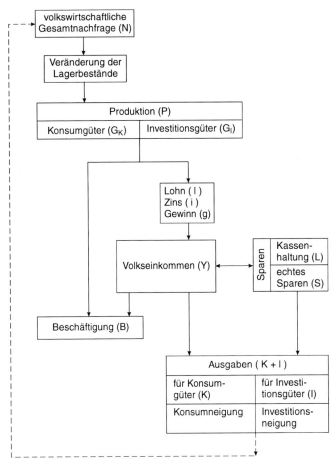

Bild B-2. Der gesamtwirtschaftliche Zusammenhang nach *Keynes*

die folgenden Hauptrichtungen, für die sich die Unternehmensleitung schließlich entscheiden muß:

1. Empirisch begründete Konzepte

Sie stellen die unterste Stufe wissenschaftlicher Begründung dar und richten sich über Arbeitsnormen, Arbeitsstudien und Personalauswahl vordergründig auf rasche Intensivierung der Arbeitsprozesse (Arbeitsteilung nach *Taylor* und das Ford'sche Fließband).

2. Organisations- und entscheidungstheoretisch begründete Konzepte

Diese Konzepte fußen auf umfangreicher Analyse der inneren Unternehmensprozesse und stützen sich auf verschiedene Theorien. Damit sind *Leitungs- und Organisationsprinzipien* Grundlage der Führung, wie Aufbau-, Ablauf- und Arbeitsorganisation oder die straffe

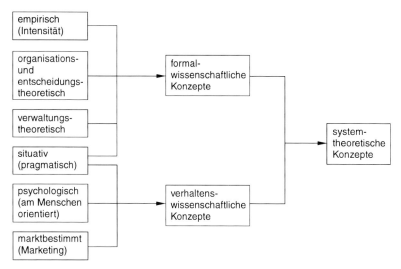

Bild B-3. Vorrangige Begründung der Führungskonzeptionen

Phasengliederung der Leitung nach Strategie, Planung, Organisation und Kontrolle. Verhaltenstheoretische Aspekte fließen hier ein, sind aber nicht dominierend. Als eine Variante können *verwaltungstheoretisch* begründete Konzepte angesehen werden. Sie setzen vor allem auf rationelle Verwaltungsorganisation. Diese Ansätze sind vorrangig in traditionsreichen Großunternehmen anzutreffen.

3. Psychologisch begründete Konzepte

Sie setzen vorrangig auf *wirksame Menschenführung* als Bedingung wirtschaftlichen Erfolgs. Diese Ansätze reichen von der reinen *Menschenökonomie,* also der Ausnutzung der Personen, über die Nutzung *psychologischer Funktionen* bis hin zur *menschlichen Gestaltung* der Arbeitsprozesse mit den *Human-Relations-Konzepten.* In letzteren geht es um Führungsansätze, die auf positive Persönlichkeitsentwicklung setzen, den Menschen in den Mittelpunkt stellen, Motivation zur Arbeit und Identifikation mit dem Unternehmen anstreben, um die Möglichkeiten des Menschen (geistige wie körperliche) zum Wohle des Unternehmens und des Mitarbeiters einzusetzen. Diese Ansätze werden inzwischen in vielen Unternehmen erfolgreich praktiziert. Sie fördern Arbeitszufriedenheit, verbessern das Betriebsklima und bilden eine soziale Partnerschaft zwischen Unternehmer, Führungskräften und Mitarbeitern.

4. Marktbestimmte Führungskonzepte

Mit der Marktsättigung und dem Wechsel vom vorrangigen Nachfrage- zum vorrangigen Angebotsmarkt gewann das „*Marktmachen"* (Marketing) in den Ansätzen für die Führungskonzepte der Unternehmen immer mehr an Bedeutung. Marktbestimmte Konzepte begannen mit der Marktforschung und der Anpassung an den Markt *(passives Marketing)* und gingen über die Markteroberung und -erweiterung *(aktives Marketing)* bis zur völligen Unterordnung des Unternehmens unter die Marktbestimmung *(totales Marketing).*

5. Systemtheoretisch begründete Konzepte

Sie sind der Versuch, die verschiedenen Ansätze so zusammenzufassen, daß die einzelnen Aspekte der Führungspraxis in einer gesamtheitlichen Konzeption sinnvoll erfaßt werden. Der Anspruch ist sehr komplex und aufwendig. Deshalb bleibt in vielen Unternehmen der erhoffte Erfolg aus. Aus diesem Grund sind in den letzten Jahren auch *situative,* also rein pragmatisch begründete Konzepte stärker gefragt. Erfahrungen spielen in ihnen eine größere Rolle als die Theorie. Das macht die Konzeptionen auch stärker vom Profil der jeweiligen Führungsperson abhängig.

Tabelle B-1. Schema von Wertvorstellungsprofilen

Faktoren	Ausprägung				
ausschüttbarer Gewinn	so wenig wie möglich	stabil, bescheiden	nach Ergebnis wechselnd		so viel wie möglich
reinvestierbarer Gewinn	null	Anteil am erzielten Gesamtgewinn			so viel wie möglich
		gering	mittel	hoch	
Risikoneigung	fehlt	kalkuliertes Risiko			zum höchsten Risiko
		gering	mittel	hoch	
Umsatzwachstum	Schrumpfung	stabil bleiben	mäßig	Wachstum stark	maximal
Marktleistungsqualität	unbedeutend	angemessen			maximal
geographische Reichweite	lokal	Landesregion	national	regional	international
Eigentumsverhältnisse	Einzelbesitz	Familienbesitz	kleiner Eigentümerkreis	Publikumsgesellschaft	Mitbeteiligung der Mitarbeiter
Innovationsneigung	fehlt	Innovationsfähigkeit			sehr hoch
		gering	mittel	hoch	
Verhältnis zum Staat	negativ	Abstinenz	Neutralität	begrenzte Aktivität	maximale Unterstützung
Berücksichtigung gesellschaftlicher Ziele	fehlt	von Fall zu Fall			generell so weit wie möglich
		nur wenn im Eigeninteresse	wenn Opfer gering	wenn in eigener Überzeugung	
Berücksichtigung von Mitarbeiterzielen	fehlt	soweit leistungsfördernd	auch wenn mit Opfern verbunden		maximal
Führungsstil	autoritär	kooperativ			demokratisch
		beschränkt	weitgehend		

Schließlich haben die *Wertvorstellungen* des Managements auf die Wahl des Ansatzes des Führungskonzeptes maßgeblichen Einfluß (Tabelle B-1). Die Faktoren zeigen in ihrer Ausprägung, inwieweit die Führungskonzepte auf komplexe Ziele oder recht einseitiges Gewinnstreben bzw. langfristig oder auf schnellen Geldrückfluß orientiert sind. Bestimmte Risikobereitschaft oder Innovationsneigungen werden davon beeinflußt. Die Anerkennung von Mitarbeiterzielen begründet nicht zuletzt die Wahl ganz bestimmter Führungsstile und -techniken (Abschn. Q).

B 3 Managementdisziplinen

Die Gliederung des Managements ergibt sich nicht nur aus seinen unterschiedlichen Funktionen. Dafür sind auch andere Aspekte der Betriebsführung bedeutsam, die schließlich Gegenstand einzelner Disziplinen des Management wurden. Solche Gliederungspunkte sind:

- *Aufgabenart*
  (Personalführung, Marketing, Produktions- und Innovationsmanagement);
- *Führungsebene*
  (oberes Top-Management, mittleres und unteres Management sowie vergleichbare institutionelle Gliederungen in der Betriebsführung) und damit im Zusammenhang das
- *Führungsniveau*
  (Unterscheidung nach strategischer, taktischer und operativer Führung);
- *Vollständigkeit und Komplexität der Führung*
  (Lösung isolierter oder ganzheitlicher Probleme und Aufgaben).

Die erste Aufgabe in der Betriebsführung ist zweifellos die *Zielfindung* (Bild B-4). Sie beinhaltet den Anspruch an Bewertung und Entscheidung für Ziele, die auch widersprüchlich sind. Hier geht es um Ausgleich: Ist die Gegensätzlichkeit prinzipiell vorhanden, sind Prioritäten zu setzen. Damit sind dominierende Ziele gesetzt und Teilziele ein- bzw. untergeordnet. Damit setzt die Zielfindung die Fähigkeit zur Konfliktlösung voraus.

Die Zielbestimmung durch die Unternehmensführung dient in besonderem Maße der Verwirklichung des *Unternehmenszwecks*. Unternehmen haben Leistungen zu erbringen, für die ein Marktbedarf vorhanden ist. Diesen Markt gilt es mit den Methoden des Marketing-Mix (Abschn. N 6.3) zu erschließen.

Mit der Zielbestimmung befaßt sich das *strategische Management*. Die Strategie zeigt langfristig erfolgreiche Lösungswege auf und betrachtet das Unternehmen als Ganzes und seine Verflechtung im Marktgeschehen (Abschn. H 2). Ziele von strategischer Bedeutung sind demzufolge genau zu ermitteln. Sie stellen die Basis dar, auf der die taktische und operative Planung (Abschn. H 3) aufbaut.

Das strategische Management befaßt sich neben der Zielbestimmung mit den Mitteln und Methoden der grundlegenden Führung des Unternehmens. Dazu zählt die Entscheidung für eine ganz bestimmte Art der *Unternehmensstrategie* (Tabelle B-2).

Die Festlegung des ganzen Unternehmens auf eine einheitliche Strategie sichert die Stellung des Unternehmens nach außen und nach innen sowie seine wirksame Darstellung. Das strategische Management verläuft in ganz *bestimmten Phasen* (Bild B-5). Mit der Reife der Führungskräfte werden zunehmend die höheren Phasen beherrscht. Sie bringen schließlich die maßgeblichen Führungseffekte. Besondere Hervorhebung ver-

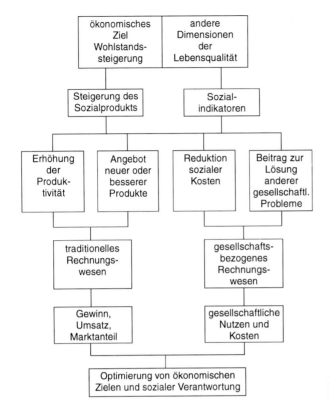

Bild B-4.
Zielstruktur der Unternehmung

Tabelle B-2. Arten von Unternehmensstragien

Strategiebereiche	Teilstrategien
Gesamtstrategien	Offensiv-Wachtumsstrategien Stabilisierungsstrategien Defensiv- und Schrumpfungsstrategien Übergangsstrategien
Geschäftsbereichsstrategien	Produktentwicklungsstrategien Nachnutzungsstrategien Marktentwicklungsstrategien Marktdurchdringungsstrategien
Funktionsbereichsstrategien	Innovationsstrategien Marketingstrategien Personalstrategien Preisstrategien Finanzstrategien Investitionsstrategien

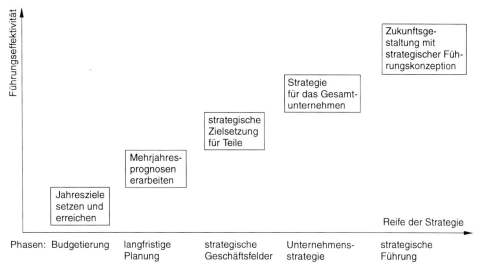

Bild B-5. Phasen des strategischen Managements

dienen dafür die Prognosen (Abschn. H 2.1) und die strategischen Geschäftseinheiten (SGE) (Abschn. H 2.3).

Der strategischen Führung dienen *Prognosen* in mehrfacher Beziehung. Sie haben die langfristige Analyse der Entwicklung der Produkte und Leistungen, der Märkte und anderer Entwicklungsbedingungen zum Gegenstand. Prognosen sind damit nicht nur Teile der strategischen Zielfindung. Durch ihre Vorausschau sind sie *eine Vorstufe der strategischen Planung*. Zu ihrer Erarbeitung dienen heute zahlreiche *Methoden* (Tabelle B-3). Sie reichen von Expertenmeinungen über Extrapolationen bis zu Rückkopplungsmodellen. Sind die *intuitiven Methoden* besonders für die Ermittlung globaler Ziele geeignet, so dienen *Erkundungsmethoden* vorrangig der Erkenntnis neuer Technologien und der Systema-

Tabelle B-3. Prognosemethoden

Arten von Methoden	Beispiele
intuitive Methode	Expertenmeinungen Schätzung durch Experten (Delphi-Methode) Aggregation von Meinungen
Erkundungsmethoden	Trendexploration, Zeitreihenvergleiche Trendkorrelation von Zeitreihen multiple Szenarien für alternative Zukunftsbilder
normative Methoden	dynamische Modelle zur Systembeschreibung mittels Gleichungen ökonomische Modelle mit umfassenden Gleichungen
Rückkopplungsmethoden	Kreuz-Wirkungs-Analyse Dominoketten (mit Ereignisfolgen) Gefahrenprognose mit Konvergenz und Attraktivität von Trends

13

tisierung neuer Trends. Mit den *normativen Methoden* lassen sich speziell künftige Proportionen zwischen verschiedenen Potentialen ermitteln. Um subjektive Einseitigkeiten zu verringern, werden die verschiedenen Methoden nebeneinander angewandt.

Die Unternehmensstrategie konzentriert sich heute vielfach auf die langfristige Entwicklung der tragenden Teile des Betriebs. Dazu werden bestimmte Produkt-Markt-Kombinationen als *Strategische Geschäftseinheiten* (SGE) ausgewählt (Abschn. H 2.3). Aus den Stärken und Schwächen relativ zum Wettbewerb (Abschn. N 4.2.4) und ihre Plazierung im Portfolio (Abschn. N 5.2.2) können die strategischen Stoßrichtungen hergeleitet werden. Für die Gesamtstrategie gibt das *Harvard-Konzept* zahlreiche Anregungen. Bild B-6 veranschaulicht deutlich den Zusammenhang von Zielbildung und Strategie. Auf der Grundlage der unterschiedlichen Ziele erfolgt danach die Erarbeitung der Strategie. Sie ist Ausgangspunkt für die Gestaltung von Organisationsstrukturen, Prozessen und Verhalten, die durch die Unternehmensführung zu beherrschen sind.

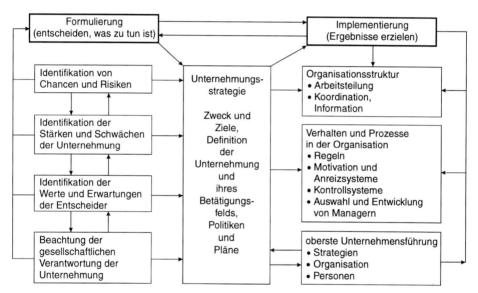

Bild B-6. Harvard-Konzept der Strategieentwicklung

Weiterführende Literatur

Ahlert, D., Franz, K.-P. und Kaefer, W.: Grundlagen und Grundbegriffe der Betriebswirtschaftslehre, 5. Auflage. Düsseldorf: VDI Verlag 1990.

Bea, F.X., Dichtl, E. und Schweitzer, M.: Allgemeine Betriebswirtschaftslehre. Bd. 2, 4. Auflage. Stuttgart: G. Fischer Verlag 1989.

Geneen, H.und Mascow, A.: Manager müssen managen. München: Hanser Verlag 1989.

Hopfenbeck, W.: Allgemeine Betriebswirtschafts- und Managementlehre. Landsberg a.L.: Verlag moderne industrie 1989.

Korndorfer, W.: Unternehmensführungslehre, 7. Auflage. Wiesbaden: Gabler 1990.

Mellerowicz, K.: Unternehmenspolitik. Bd. 1, 3. Auflage. Freiburg: Haufe Verlag 1976.

Schmidt, W.: Wie führe ich richtig? Düsseldorf: VDI Verlag 1990.
Staehle, W. H.: Funktionen des Management, 2. Auflage. Bern: Haupt Verlag 1989.
Staehle, W. H.: Management, 5. Auflage. München: Verlag Vahlen 1990.
Töpfer, A.und Afheldt H.(Hrsg.): Praxis der strategischen Unternehmensführung. Frankfurt a.M.: Schmitt-Verlag 1983.
Ulrich, H.: Unternehmenspolitik, 3. Auflage. Bern: Haupt Verlag 1990.
Ulrich, H.: Die Unternehmung als produktives soziales System, 2. Auflage. Bern: Haupt Verlag 1970.
Ulrich, P.und Fluri, E.: Management, 6. Auflage. Bern: Haupt Verlag 1992.

Zur Übung

Ü B1: Welche gesellschaflichen Funktionen sind der Unternehmensführung vorgegeben?

Ü B2: Inwiefern stellen die formalen Funktionen den Rahmen für inhaltliche Funktionen der Betriebsführung dar?

Ü B3: Was kennzeichnet das situative gegenüber dem systemtheoretischen Führungskonzept?

Ü B4: Wodurch unterscheidet sich das strategische vom taktischen oder operativen Management?

Ü B5: Welche Vor- und Nachteile hat die Arbeit mit strategischen Geschäftseinheiten (SGE) in der Unternehmensführung?

C Steuern

Bild C-1 zeigt eine Übersicht über die wichtigsten Steuerarten, die in diesem Abschnitt behandelt werden

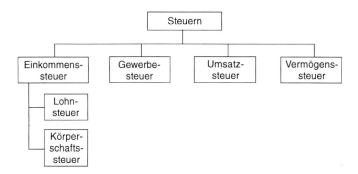

Bild C-1. Übersicht über die wichtigsten Steuern

C 1 Einkommensteuer

C 1.1 Maßgebender Einkommensteuer-Zeitraum

Die Einkommensteuer ist eine *Jahressteuer*. Die Einkommensteuerschuld entsteht jährlich, wenn das Kalenderjahr abgelaufen ist. Allerdings müssen unter Umständen *Vorauszahlungen* geleistet werden: Unternehmer und Freiberufler leisten viermal jährlich eine Einkommensteuer-Vorauszahlung, die sich nach ihrem *geschätzten zukünftigen Jahreseinkommen* richtet. *Steuerliche Arbeitnehmer,* zu denen beispielsweise auch an der GmbH beteiligte GmbH-Geschäftsführer gehören, leisten ihre *Vorauszahlungen* auf die jährliche Einkommensteuerschuld *in Form der Lohnsteuer,* die monatlich vom Arbeitgeber direkt vom Arbeitseinkommen einbehalten und als *Quellenabzugssteuer* direkt an das Finanzamt überwiesen wird.

C 1.2 Gegenstand der Einkommensteuer

Die Einkommensteuer erfaßt nur die Einkünfte, die unter den *sieben Einkunftsarten* im Gesetz genannt sind. Andere Einkünfte, wie beispielsweise Lottogewinne oder Erbschaften, sind nicht einkommensteuerpflichtig. Aber solche Vermögenzuwächse werden unter Umständen von anderen Steuergesetzen als steuerpflichtig angesehen. So sind Erbschaften zwar nicht einkommen-, dafür aber erbschaftsteuerpflichtig.

Die Einkommensteuer umfaßt die *Welteinkünfte.* Deshalb ist es gleichgültig, woher die Einkünfte stammen. Zinsen aus Luxemburg sind genauso steuerpflichtig in Deutschland wie Einkünfte aus der Rinderzucht in Brasilien.

C 1.3 Sieben Einkunftsarten

§ 2 EStG nennt alle sieben Einkunftsarten, die steuerpflichtig sind: Es sind die Einkünfte aus:

1. Land- und Forstwirtschaft,
2. Gewerbebetrieb,
3. selbstständiger Arbeit,
4. nichtselbständiger Arbeit,
5. aus Kapitalvermögen,
6. aus Vermietung und Verpachtung und die
7. sonstigen Einkünfte im Sinne des § 22 EStG.

C 1.3.1 Rechenschema zur Einkommensteuer

Das zu versteuernde Einkommen, also das Einkommen, das versteuert werden muß, berechnet sich nach dem (etwas verkürzten) Schema (Tabelle C-1):

Für *Ledige* oder *getrennt Lebende* wird der Steuerbetrag nach der *Grundtabelle* festgestellt. Für *Verheiratete,* die zusammen in einem gemeinsamen Haushalt leben, bemißt sich der Steuerbetrag nach der *Splittingtabelle,* wenn sie nicht eine getrennte Veranlagung beantragt haben.

C 1.3.2 Einkünfte aus Gewerbebetrieb

Das sind beispielsweise: Einkünfte aus gewerblichem Einzelunternehmen, Einkünfte aus Mitunternehmerschaften, also Gewinnanteile und Sondervergütungen der Gesellschafter einer OHG, KG und GmbH & Co.KG, nachträgliche gewerbliche Einkünfte, Gewinne oder Verluste aus der Veräußerung eines ganzen Betriebs oder Teilbetriebs, Gewinne oder Verluste aus der Veräußerung einer Beteiligung, die zu 100% zu einem Betriebsvermögen gehört und Gewinne oder Verluste aus der Veräußerung eines Mitunternehmeranteils.

Durch das *Standortsicherungsgesetz* sind ab 1994 die gewerblichen Einkünfte begünstigt, da der Einkommensteuer-Grenzsatz für gewerbliche Einkünfte nach § 32 c EStG 47%, statt wie für die anderen Einkunftsarten auf 53% begrenzt wird. Die Abgrenzung des Steuersatzes für gewerbliche Einkünfte von den anderen Einkünften erfolgt durch einen *Tarifabschlag* von der Einkommensteuer für das gesamte zu versteuernde Einkommen.

Der Tarifabschlag ist, vereinfacht dargestellt, der Unterschiedsbetrag zwischen der Einkommensteuer, die sich bei Anwendung der Lohnsteuertabelle auf die gewerblichen Ein-

TabelleC-1. Rechenschema für die Einkommensteuer

1. Einkünfte aus Land- und Forstwirtschaft
+
2. Einkünfte aus Gewerbebetrieb
+
3. Einkünfte aus selbständiger Arbeit
+
4. Einkünfte aus nicht selbständiger Arbeit
+
5. Einkünfte aus Kapitalvermögen
+
6. Einkünfte aus Vermietung und Verpachtung
+
7. Sonstige Einkünfte

= Summe der Einkünfte (aus den Einkunftsarten)

./. Altersentlastungsbetrag (§24a EStG)

./. Abzug für Land- und Forstwirte (§13 Abs.3 EStG)

= Gesamtbetrag der Einkünfte (§2 Abs.3 EStG)

./. Sonderausgaben (§§10, 10b, 10c EStG)

./. außergewöhnliche Belastungen (§§33–33c EStG)

./. Steuerförderung des eigengenutzten Wohnraums (§10e EStG)

./. Verlustabzug (§10d EStG, §2a Abs.3 Satz3 EStG)

= Einkommen (§2 Abs.4 EStG)

./. Kinderfreibetrag (§32 Abs.6 EStG)

./. Haushaltsfreibetrag (§32 Abs.7 EStG)

./. Tariffreibetrag (§32 Abs.8 EStG)

= zu versteuerndes Einkommen (§2 Abs.5 EStG)

künfte ergeben würde, und der Einkommensteuer laut Lohnsteuertabelle für einen Betrag von 100 224 DM (Ledige und getrennt Lebende) bzw. 200 448 DM (zusammen lebende Verheiratete) zuzüglich 47 % des den Betrag von 100 224 DM übersteigenden Teils der gewerblichen Einkünfte.

In die Ermittlung des Tarifabschlags ist der Teil des zu versteuernden Einkommens (gewerblicher Anteil) einzubeziehen, der dem Verhältnis der begünstigten gewerblichen Einkünfte zur Summe der Einkünfte entspricht.

Es gilt folgende Formel:

Gewerblicher Anteil des zu versteuernden Einkommens

$$= \text{zu versteuerndes Einkommen} \cdot \frac{\text{begünstigte gewerbliche Einkünfte}}{\text{Summe der Einkünfte}}$$

Die begünstigten gewerblichen Einkünfte dürfen nicht blind gleichgesetzt werden mit den Einkünften aus Gewerbebetrieb. Sie errechnen sich nach dem Schema von Tabelle C-2.

Tabelle C-2. Schema zu den Einkünften aus Gewerbebetrieb

	Gewinn aus Gewerbebetrieb
+	Gewinnanteile des persönlich haftenden Gesellschafters einer KGaA (§ 8 Nr. 3 GewStG).
./.	Teil des Gewerbeertrags, der auf die Verwaltung und Nutzung eigenen Grundbesitzes entfällt (§ 9 Nr. 1 S. 2 und 3 GewStG),
./.	Gewinne aus Anteilen an bestimmten Kapitalgesellschaften im Sinne des § 9 Nr. 2a GewStG,
./.	auf nicht im Inland gelegene Betriebsstätte entfallender Gewerbeertrag (§ 9 Nr. 3 GewStG),
./.	Ausgaben zur Förderung bestimmter gemeinnütziger Zwecke im Sinne des § 9 Nr. 7 GewStG,
./.	Gewinne aus Anteilen an ausländischen Kapitalgesellschaften im Sinne des § 9 Nr. 7 GewStG,
./.	Gewinne aus Anteilen an ausländischen Kapitalgesellschaften im Sinne des § 9 Nr. 8 GewStG, die nach Doppelbesteuerungsabkommen befreit sind.

C 1.3.3 Einkünfte aus selbständiger Arbeit

§ 18 Abs. 1 EStG definiert den Kreis derjenigen, die zu den Beziehern der Einkünfte aus selbständiger Arbeit, also zu den *Freiberuflern* gerechnet werden. Wichtigster Vorteil des Freiberuflertums: Es fällt keine Gewerbesteuer an, allerdings beträgt der *Grenzsatz* für die Einkünfte aus selbständiger Tätigkeit 53 %.

§ 18 definiert selbständige Arbeit als

- *freiberufliche* Tätigkeit, die sich ihrerseits wieder unterteilt in wissenschaftliche, künstlerische, schriftstellerische, unterrichtende oder erzieherische Tätigkeit;

- selbständige Berufstätigkeit der sogenannten Katalogberufe, und zwar bestimmter *Heilberufe,* bestimmter *rechts- und wirtschaftsberatender Berufe,* bestimmter *technischer und naturwissenschaftlicher Berufe* sowie bestimmte *Kommunikationsberufe;*

- die Einkünfte aus *sonstiger selbständiger Arbeit,* zu der beispielsweise die Tätigkeit als Testamentsvollstrecker, Vermögensverwalter und Aufsichtsratsmitglied sowie diesen ähnlichen Tätigkeiten gehören.

C 1.4 Abgrenzung zwischen Gewerbebetrieb und selbständiger Arbeit

Eine Abgrenzung zwischen den Arten der Einkünfte aus Gewerbebetrieb und denen aus selbständiger Arbeit ist mitunter sehr schwierig, weil beide übereinstimmend die zur Abgrenzung gedachten Merkmale aufweisen:

- Selbständigkeit in objektiver und subjektiver Richtung,
- Nachhaltigkeit der Tätigkeit,
- Gewinnerzielungsabsicht, selbst wenn sie nur Nebenzweck ist und
- Beteiligung am allgemeinen wirtschaftlichen Verkehr.

Die Begriffsbestimmung der selbständigen Arbeit in § 18 EStG ist unscharf, so daß immer wieder die Gerichte zu Einzelfallentscheidungen herangezogen werden müssen. Eine kleine Auswahl der bisher ergangenen Rechtsprechung mag die Problematik verdeutlichen:

Eine *Architektengesellschaft in Form einer bürgerlich rechtlichen Gesellschaft* (BGB-Gesellschaft/GdbR) ist gewerblich, weil die gesamte Tätigkeit einer Personengesellschaft als Gewerbebetrieb anzusehen ist, wenn sie überhaupt eine gewerbliche Tätigkeit ausübt. Die wirtschaftlichen Tätigkeiten von Freiberuflern gehören nur dann zur Sphäre der Einkünfte aus dem jeweiligen Katalogberuf, wenn sie Ausfluß der jeweiligen typischen freiberuflichen Tätigkeit sind (FG Baden-Württemberg, Urteil vom 17.7.1991 12 K 51/86, EFG 1992 S. 71)

Ein *beratender Bauingenieur* übt eine leitende und eigenverantwortliche Tätigkeit aus, wenn er verantwortlich die Grundzüge für die Organisation des Tätigkeitsbereichs festlegt, wenn er grundsätzliche Fragen entscheidet, den Bereich überwacht und auch persönlich an praktischen Arbeiten in ausreichendem Umfang teilnimmt (vom 20.4.1989 IV R 229/83, BStBl. 1989 II S. 727).

Ein *freier Erfinder* übt regelmäßig eine freiberufliche Tätigkeit aus. Erfinder sind wissenschaftlich tätig, wenn sie mit wissenschaftlichen Methoden arbeiten und ihre Erfindung als Ergebnis angestrengter geistiger Arbeit mit Merkmalen einer Forschungstätigkeit angesehen werden kann (vom 1.6.1978 IV R 152/73, BStBl 1978 II S. 545).

Ingenieurähnliche Kenntnisse können nur dann mittels der eigenen Berufstätigkeit nachgewiesen werden, wenn diese besonders anspruchsvoll ist, und der Tiefe als auch der Breite nach zumindest das Wissen eines Kernbereichs eines Fachstudiums voraussetzt. Das gilt, wenn der Sachverständige feststellt, ob die Tätigkeit so anspruchsvoll ist, oder ob sie auch anhand von Formelsammlungen oder praktischen Erfahrungen ausgeübt werden kann.

Die Berufsbezeichnung *Ingenieur* darf grundsätzlich nur führen, wer das Studium an einer wissenschaftlichen Hochschule, einer Fachhochschule, einer Ingenieur-Schule oder den Betriebsführerlehrgang an einer Bergschule abgeschlossen hat. Der Nachweis einer Ausbildung kann sich in besonderen Fällen erübrigen, in denen die berufliche Tätigkeit an sich schon so geartet ist, daß sie ohne theoretische Grundlage, wie sie eine der Berufsausbildung des Ingenieurs ähnliche Ausbildung ermittelt, gar nicht ausgeübt werden könnte (vom 11.7.1991 IV R 73/90, HFR 1992 S. 61; vom vom 18.6.1980 I R 109/77, BStBl. 1981 II S. 118).

C 1.5 Einkommensteuerpflicht

Wer als natürliche Person seinen *Wohnsitz* oder seinen *gewöhnlichen Aufenthalt* im Inland hat, der ist dem deutschen Fiskus gegenüber unbeschränkt einkommensteuerpflichtig mit sämtlichen Einkünften, gleichgültig aus welchem Teil der Welt sie stammen mögen (§ 1 Abs. 1 EStG). Die Staatsangehörigkeit des Steuerpflichtigen spielt dabei kein Rolle. Unter *Wohnsitz* versteht man üblicherweise den Ort, an dem jemand eine Wohnung unterhält, und zwar eine Wohnung, die darauf schließen läßt, daß er sie beibehalten und nutzen will.

Wer sich – auch wenn er die deutsche Staatsbürgerschaft besitzt – nicht auf Dauer, sondern nur vorübergehend im Inland aufhält, der hat hier seinen gewöhnlichen Aufenthalt. Voraussetzung: Er ist – zusammenhängend – mindestens sechs Monate hier und er ist hier, um Geld zu verdienen (steuerlich: zu Erwerbszwecken).

Wer – so lautet die umgekehrte steuerliche Definition ebenfalls wieder völlig unabhängig von der Staatsangehörigkeit – weder seinen Wohnsitz noch seinen gewöhnlichen Aufenthalt im Inland, also in Deutschland hat, der ist dem deutschen Fiskus gegenüber *beschränkt steuerpflichtig* und zwar mit seinen inländischen Einkünften, also den Einkünften, die er in Deutschland bezieht. Beschränkt Steuerpflichtige werden grundsätzlich nach Steuerklasse I besteuert und können keine Einkommensteuererklärung abgeben.

Mit den meisten Auslands-Staaten hat die Bundesrepublik Deutschland *Doppelbesteuerungsabkommen* getroffen. Steuern, die schon einmal in einem anderen Staat bezahlt wurden, werden auf die Steuerschuld in dem anderen Staat angerechnet.

C 1.6 Berechnung des Erfolgs

Die Gewinneinkünfte, zu denen die Einkünfte aus selbständiger Tätigkeit und die aus Gewerbebetrieb zählen, muß der Steuerpflichtige selbst ermitteln (Tabelle C-3).

Entsprechend der Berechnung kann der Gewinn auch negativ sein. Anstatt also von Gewinn und Verlust zu sprechen, sollte besser allgemein von *Erfolg* die Rede sein.

Als *Entnahmen* werden alle Wirtschaftsgüter angesehen, die für private Zwecke, also zur Lebensführung für sich selbst oder für Angehörige, oder sonstige betriebsfremde Zwecke erfolgen. Es ist gleichgültig, ob die Entnahme in Geld erfolgt (Barentnahme) oder in Form von *Sachen* (Waren, Erzeugnisse) oder in Form von *Leistungen* (Dienstleistungen). Einlagen sind wiederum alle Wirtschaftsgüter, die aus dem Privatvermögen dem Betrieb im Lauf des Jahres zugeführt werden.

Als Jahr wird das Wirtschaftsjahr angesehen. Meist stimmt das Wirtschaftsjahr mit dem Kalenderjahr überein, so daß der Jahresabschluß am 31.12. stattfindet. Das muß aber

Tabelle C-3. Gewinneinkünfte

	Betriebsvermögen am Schluß des Wirtschaftsjahres
./.	Betriebsvermögen am Schluß des vorangegangenen Wirtschaftsjahres
+	Entnahmen
./.	Einlagen

nicht sein, es kann auch ein anderes Wirtschaftsjahr *(abweichendes Wirtschaftsjahr)* gewählt werden.

Grundsätzlich kann der Erfolg auf zwei Arten ermittelt werden, und zwar über die *Bilanzierung* oder die *Einnahme-Überschuß-Rechnung.*

C 1.6.1 Buchführung und Bilanzierung

Eine Buchführung ist die fortlaufende, chronologische, lückenlose und systematische Erfassung aller Geschäftsvorfälle anhand von Belegen. Die Buchführung ist die Grundlage für die Bilanz und die Gewinn- und Verlustrechnung (Abschn. E 1 und Abschn. E 2). Die Pflicht, Bücher zu führen, ist im Handelsgesetzbuch (HGB) verankert: Buchführungspflicht und Führung von Handelsbüchern (§ 238, § 239 HGB), Inventur und Inventar (§ 240, § 242 HGB) und Pflicht zur Aufstellung der Bilanz und der Gewinn- und Verlustrechnung (§ 244, § 245 HGB).

Kaufleute und Gewerbetreibende, für die das HGB gilt, müssen auch steuerlich ihre Einkünfte aus Gewerbebetrieb mit Hilfe einer Buchführung und einem Jahresabschluß (Bilanz zuzüglich Gewinn- und Verlustrechnung) ermitteln.

Bei Personengesellschaften gilt die Vermutung, daß sie gewerbliche Einkünfte haben, vor allem, wenn sie ins Handelsregister eingetragen sind.

Für Kapitalgesellschaften gilt auf jeden Fall das HGB, so daß eine GmbH ohne Einschränkungen Bücher führen, einen Jahresabschluß erstellen und sich handelsrechtlich an die Vorschriften des Bilanzrichtlinien-Gesetzes halten muß.

Darüber hinaus müssen diejenigen gewerblichen Unternehmer, deren Umsätze mehr als 500 000 DM im Kalenderjahr betragen oder die ein Betriebsvermögen von mehr als 125 000 DM haben oder deren Gewinn aus Gewerbetrieb mehr als 36 000 DM im Wirtschaftsjahr beträgt, Bücher führen.

C 1.6.2 Einnahme-Überschuß-Rechnung

Bei der Einnahme-Überschuß-Rechnung wird der *Erfolg* als Unterschiedsbetrag zwischen Betriebseinnahmen und Betriebsausgaben errechnet. Auch hier gilt:

- Betriebseinnahmen sind Einnahmen, die durch den Betrieb veranlaßt sind,

- Betriebsausgaben sind Ausgaben, die durch den Betrieb veranlaßt sind, wobei auch bei der Einnahme-Überschuß-Rechnung manche Betriebsausgaben entweder der Gründe (Geldbußen, Jagd, Fischerei) oder der Höhe (Geschenke, Bewirtungen) nicht uneingeschränkt den betrieblichen Erfolg mindern dürfen.

Die Einnahme-Überschuß-Rechnung (§ 4 Abs. 3 EStG) ist an ganz bestimmte Voraussetzungen geknüpft:

- So darf der Steuerpflichtige nicht aufgrund von gesetzlichen Vorschriften verpflichtet sein, Bücher zu führen und regelmäßig Abschlüsse zu erstellen.

- Er darf auch nicht freiwillig Bücher führen und Abschlüsse erstellen und

- er darf seinen Gewinn nicht nach den Durchschnittssätzen gemäß § 13a EStG (Land- und Forstwirtschaft) ermitteln.

Vor allem Freiberufler, aber auch kleinere Gewerbetreibende ermitteln ihren Gewinn mit der Einnahme-Überschuß-Rechnung. Der große Vorteil der Einnahme-Überschuß-Rechnung ist: Es gilt das *Zu- und Abflußprinzip*. Das heißt: Ausgaben werden erst dann erfaßt, wenn tatsächlich Geld abfließt, Einnahmen erst dann, wenn Geld einfließt.

Die *Periodenabgrenzung* bei der Einnahme-Überschuß-Rechnung ist auf ein Minimum beschränkt: Lediglich bei Gegenständen des abnutzbaren Anlagevermögens, wie beispielsweise Büroeinrichtungen oder Computer, dürfen nicht die gesamten Ausgaben auf einmal angesetzt werden, sondern sie müssen in einem Anlageverzeichnis aufgeführt werden und dürfen nur mit dem Teilbetrag als jährliche Ausgabe erfaßt werden, der nach der geschätzten wahrscheinlichen Nutzungsdauer auf das jeweilige Jahr entfällt *(Abschreibung)*.

Die Aufzeichnungen müssen so sein, daß die Finanzverwaltung ohne größere Schwierigkeiten und innerhalb angemessener Zeit die Besteuerungsgrundlagen ermitteln und feststellen kann. Zudem müssen alle Aufzeichnungen *vollständig, zeitgerecht* und in *geordneter Reihenfolge* erfolgen. Aufzeichnungen dürfen nicht radiert werden, bzw. in der EDV nicht nachträglich gelöscht werden. Veränderungen im Datenbestand müssen jederzeit nachvollziehbar sein und das Datum der Veränderung muß erkennbar sein.

Die Finanzbehörden prüfen teils in regelmäßigen, teils in unregelmäßigen Abständen, teils lückenlos, teils in Stichproben die Aufzeichnungen der Steuerpflichtigen in einer Außenprüfung nach.

C 1.6.3 Verlustverrechnung

Positive Einkünfte können mit negativen Einkünften innerhalb der jeweiligen Einkunftsart verrechnet werden: Wer beispielsweise Verluste aus Vermietung und Verpachtung bei einem Mietobjekt in Leipzig hat, kann diese mit den positiven Einkünften aus einem Mietobjekt in Frankfurt a. M. ausgleichen. Als Einkünfte innerhalb der Einkunftsart bleibt der saldierte Betrag *(horizontaler Verlustausgleich)*.

Positive Einkünfte bei einer Einkunftsart, beispielsweise Vermietung und Verpachtung, können mit Verlusten einer anderen Einkunftsart, beispielsweise in einem Gewerbebetrieb, gegengerechnet werden. Als Summe der Einkünfte verbleibt nur der saldierte Betrag der positiven und negativen Einkünfte aller Einkunftsarten *(vertikaler Verlustausgleich)*.

Wer in einem Jahr insgesamt negative Einkünfte hat, kann diesen Verlust rücktragen, d. h. wie Sonderausgaben mit den positiven Einkünften zuerst des letzten, dann des zweitletzten Jahres verrechnen und die dort zuviel gezahlte Steuer zurückerhalten *(Verlustrücktrag)*. Man kann auch den Verlust auf die nächsten Jahre vortragen und die positiven Einkünfte der Zukunft so steuerlich schmälern *(Verlustvortrag)*.

C 1.6.4 Persönliche Verhältnisse

Bei der Einkommensteuer kommt es auf die ganz persönlichen Verhältnisse des Steuerpflichtigen an, auf die der Staat aus sozialen Erwägungen Rücksicht nehmen will oder wegen des Grundgesetzes muß. So ist der Steuertarif linear-progressiv, um steuerliche Ungerechtigkeiten und Härten zu mildern. Die Einkommensteuer nimmt mit Freibeträgen Rücksicht beispielsweise auf familiäre Verhältnisse, ob jemand verheiratet ist oder nicht, ob er Kinder hat oder nicht, ob die Kinder in der Ausbildung sind, ob er pflegebedürftige Angehörige hat, ob er oder einer der Angehörigen krank ist, wie alt er ist, welche Beträge man für seine eigene Altersversorgung aufwendet, beispielsweise in Form einer Lebensversicherung oder auch nur für die Rentenversicherung.

Neben den Freibeträgen werden die persönlichen Verhältnisse des Steuerpflichtigen mit *Sonderausgaben (§ 10 ff EStG)* und *außergewöhnlichen Belastungen* berücksichtigt.

C 1.7 Absicht der Einkunftserzielung

Damit Einkünfte und damit verbunden die dazugehörigen Aufwendungen im Sinne des § 2 Abs. 1 EStG als steuerlich relevant anerkannt werden, muß allgemein die *Absicht, Einkünfte zu erzielen,* bei allen sieben Einkunftsarten vorhanden sein *(Totalgewinn). Totalgewinn* ist das positive Gesamtergebnis von der Gründung bis zur Veräußerung, Aufgabe oder Liquidation, also einschließlich der Gewinne aus der Auflösung der stillen Reserven, also dem Unterschied zwischen dem Buchwert (ehemalige Anschaffungs- oder Herstellungskosten abzüglich Abschreibungen) und dem zu erzielenden Verkaufswert (steuerlicher Teilwert).

Wird ein Betrieb oder eine Tätigkeit bei objektiver Betrachtung nicht in der Absicht ausgeübt, insgesamt ein positives Ergebnis im Sinne eines Totalgewinns zu erzielen, sondern nach einer längeren Verlustperiode aus privaten Gründen oder Neigungen beibehalten, liegen keine steuerbaren Einkünfte vor *(Liebhaberei).*

Als persönliche Gründe, die für Liebhaberei sprechen, kommen in Betracht:

- Die reizvolle Lage des Betriebs und die Einrichtung einer Zweitwohnung auf dem Betriebsgelände,
- die Art des Betriebes, die bei objektiver Beurteilung keinen Totalgewinn erwarten lassen kann,
- die Tätigkeit, die darauf abgerichtet ist, durch Verlustverrechnung mit anderen Einkünften zu erzielen,
- verlustbringende Betrieb, der fortgeführt wird, um ihn der Familie zu erhalten,
- verlustbringender Betrieb, der fortgeführt wird, um Arbeitsplätze zu erhalten. Dies gilt zumindest dann, wenn der Betrieb wirtschaftlich nicht lebensfähig ist.

Selbst wenn eine Tätigkeit risikoreicher ist als eine Tätigkeit, die mit dem *üblichen Unternehmerrisiko* behaftet ist, kann dennoch eine Gewinnerzielungsabsicht dahinter stecken. Allein aus der Tatsache, daß der finanzielle Erfolg ungewiß ist oder daß die Tätigkeit auf das Erzielen von Wettbewerbspreisen gerichtet ist, schließt die Gewinnerzielungsabsicht nicht aus.

Dauerverluste aber, auf die keine angemessene Reaktion des Steuerpflichtigen erfolgt, werden als Liebhaberei gewertet und sind – im Gegensatz zu Anlaufverlusten oder Verlusten wegen wirtschaftlicher Fehlentscheidungen – nicht abziehbar. Die Einstellung der verlustbringenden Tätigkeit ist eine angemessene Reaktion auf die Verluste. Sie kann damit Beweisanzeichen für die Einkunftserzielungsabsicht in den vorangegangenen Jahren sein.

Gegen die Einkunftserzielungsabsicht kann auch sprechen, daß andere Einkunftsquellen vorhanden sind, und daß die fragliche Tätigkeit nur als Nebenbeschäftigung ausgeübt wird.

Liegt einkommensteuerrechtlich Liebhaberei vor, hat dies auch umsatzsteuerliche Konsequenzen. Es entfällt auch die Berechtigung zum Vorsteuerabzug: sie muß zurückerstattet werden.

C 1.8 Einkommen von GmbH-Geschäftsführern

Das Einkommen von GmbH-Geschäftsführern ist einkommensteuerpflichtig. Bei der Kapitalgesellschaft sind die Gehaltszahlungen Betriebsausgaben und mindern den körperschaftsteuerpflichtigen Gewinn und auch die Bemessungsgrundlage für die Gewerbesteuer. Ein GmbH-Geschäftsführer gilt steuerlich als Arbeitnehmer. Deshalb muß die GmbH von seinem Geschäftsführer-Gehalt Lohnsteuer einbehalten und an das Finanzamt abführen. Diese Lohnsteuer ist aber lediglich eine Vorauszahlung auf die eigentliche Einkommensteuerschuld; denn sie erfaßt nur die Einkünfte aus nichtselbständiger Tätigkeit, nicht dagegen die übrigen möglichen Einkünfte.

Damit der Gesamtbetrag der Einkünfte ermittelt werden kann, muß eine Einkommensteuererklärung erstellt werden. Zu den steuerpflichtigen Einkünften aus nichtselbständiger Arbeit zählen dabei nicht nur die tatsächlich in Geld erhaltenen Zahlungen des Arbeitgebers, wie beispielsweise das Festgehalt oder Tantiemen. Auch *geldwerte Leistungen,* wie *Sachbezüge* (Dienstwagen, Diensttelefon, Dienstwohnung und ähnliches) oder die *betriebliche Altersversorgung* (Pensionszusage) gehören zum steuerpflichtigen Gehalt und müssen mit ihrem *aktuellen Geldwert* versteuert werden.

Bei Gesellschaftern, die aktiv in einer Kapitalgesellschaft mitarbeiten, gibt es eine Besonderheit zu beachten: die *verdeckte Gewinnausschüttung.* Eine verdeckte Gewinnausschüttung liegt vor, wenn „das Vermögen der Kapitalgesellschaft außerhalb der ordentlichen Gewinnverteilung gemindert wird" oder wenn „verhindert wird, daß sich das Vermögen der Kapitalgesellschaft mehrt". Im Falle der Gehaltszahlung an einen an der Kapitalgesellschaft beteiligten Geschäftsführer oder sonstigen Arbeitnehmer bedeutet dies: Ist das Gehalt im Vergleich zu einem nicht an der Kapitalgesellschaft beteiligten Dritten unangemessen hoch oder werden Gehaltsbestandteile ohne rechtliche Grundlage bezahlt, sind diese Teile bei dem Einkommensteuerpflichtigen nicht als Einkünfte aus nichtselbständiger Arbeit anzusehen, sondern als Einkünfte aus Kapitalvermögen.

C 1.9 Unterschied zwischen Einkommensteuer und Körperschaftsteuer

Juristische Personen, also auch Kapitalgesellschaften wie beispielsweise eine GmbH, müssen ihr Einkommen ebenfalls versteuern, und zwar in Form von *Körperschaftsteuer.* Bei der Körperschaftsteuer werden die Betriebseinnahmen und die Betriebsausgaben nach den Regeln, die im Einkommensteuergesetz zugrunde gelegt werden, ermittelt. Das heißt, die Buchführung und die daraus resultierende Bilanz sowie die Gewinn- und Verlustrechnung sind die Grundlage für die Ermittlung des körperschaftsteuerpflichtigen Gewinns. Die Körperschaftsteuer ist somit eine Ertragssteuer wie die Einkommensteuer.

C 2 Lohnsteuer

Die *Lohnsteuer* ist eine *Sonderform der Einkommensteuer* und erfaßt von den sieben Einkunftsarten nur die Einkünfte aus *nichtselbständiger Arbeit.* Die Lohnsteuer behält der Arbeitgeber für Rechnung des Arbeitnehmers von dessen Arbeitslohn ein, zahlt dem Arbeitnehmer also nur den Nettobetrag aus. Den Lohnsteuerbetrag meldet der Arbeitgeber dem Finanzamt und überweist die Lohnsteuer, die er von den Arbeitnehmerlöhnen einbehalten hat, für Rechnung der Arbeitnehmer an das Finanzamt.

Unternehmer sollten im eigenen Interessse darauf achten, daß sie über eine funktionierende Lohnbuchhaltung verfügen. Denn die Betriebe werden regelmäßig von Lohnsteuer-Außenprüfern aufgesucht. Da die Lohnsteuer eine Steuer ist, die für fremde Rechnung einbehalten wird, haftet der Unternehmer oder der GmbH-Geschäftsführer für die Lohnsteuer.

Die Lohnsteuer ist genau wie die Einkommensteuer eine *Jahressteuer*. Wieviel Lohnsteuer er im Laufe eines Jahres insgesamt für die Rechnung jedes einzelnen Arbeitnehmers an das Finanzamt überwiesen hat, trägt der Arbeitgeber auf der Lohnsteuerkarte des Arbeitnehmers ein. Die monatliche Lohnsteuer ist eine Vorauszahlung, die der Arbeitnehmer auf seine Jahressteuerschuld leisten muß. Als steuerlicher Arbeitnehmer gilt auch der beteiligte GmbH-Geschäftsführer.

Wie für fast alle anderen Steuerarten gibt es auch für die Lohnsteuer *amtliche Richtlinien*. Für den Steuerpflichtigen selbst oder seinen Arbeitgeber sind die Richtlinien zwar kein zwingendes Recht, aber auf jeden Fall ist es wichtig, sie zu kennen.

- *Dienstwagen und geldwerter Vorteil*
  Seit 1993 muß jedes Jahr im voraus festgelegt werden, wie der private Nutzungsanteil der Dienst- oder Firmenwagen berechnet wird. Außerhalb der Jahresfrist kann die Berechnungsmethode nur dann gewechselt werden, wenn ein neues Dienstfahrzeug angeschafft wird.

- *Dienstreise*
  Wer eine Dienstreise machen will, muß sich mehr als 20 km von seiner Arbeitsstätte oder seiner Wohnung, je nachdem, von wo aus er die Reise angetreten hat, entfernen (Abschn. 37 Abs. 3 Nr. 1 LStR 1993). Ist das Ziel der Reise nicht mindestens 21 km entfernt, ist es ein Dienstgang. Der Unterschied: Bei Dienstreisen kann man höhere Verpflegungsaufwendungen geltend machen als bei Dienstgängen.

- *Verpflegungsmehraufwendungen*
  Wer Verpflegungsmehraufwendungen bei Dienstreisen nicht pauschal, sondern nach Einzelbelegen abrechnet, muß ab 1993 die 20%ige Haushaltsersparnis immer vom Höchstbetrag, also 20% von 64 DM = 12,80 DM abziehen, und zwar auch dann, wenn seine nachgewiesenen Verpflegungsmehraufwendungen, unter dem Höchstbetrag von 64 DM bleiben.

- *Arbeitgeberdarlehen und Gesellschaftsdarlehen*
  Der Regelzinssatz für Arbeitgeberdarlehen, die über 5000 DM betragen, wurde auf 6% erhöht. Bei Arbeitgeberdarlehen, die bis zu 5000 DM betragen, bleibt der Zinsvorteil lohnsteuerfrei.

- *Abschreibungssätze für Pkw und Kombi*
  Die Nutzungsdauer für Pkw und Kombifahrzeuge beträgt 5 Jahre. Damit setzte das Bundesfinanzministerium in seinem Schreiben vom 3.12.92 (IV A 7 - S 1551 - 122/92 und V B 6 - S 2353 - 89/92, BStBl 1992 I, S. 734) den Abschreibungssatz auf 20% der Anschaffungskosten fest. Die Neuregelung gilt für alle Fahrzeuge, die seit dem 1.1.1993 erstmals zugelassen wurden.

C 2.1 Lohnsteuerkarte

Die Lohnsteuerkarten werden üblicherweise Ende September von den Gemeinden an die Arbeitnehmer, die dort ihren ersten Wohnsitz haben, verteilt. Von Amts wegen eingetragen werden die Steuerklasse und die Zahl der (steuerlich) zu berücksichtigenden Kinder. Als Maßstab werden dabei die Vorjahreseintragungen genommen.

C 2.2 Steuerklassen

Die Steuerklasse wird auf der Lohnsteuerkarte immer mit römischen Ziffern angegeben, die Zahl der berücksichtigungsfähigen Kinder dagegen – durch Schrägstrich abgetrennt – mit arabischen Ziffern; III/2 heißt also: Steuerklasse drei und zwei Kinder. Es gibt folgende Steuerklassen:

- *Steuerklasse I:* Ledige, Geschiedene, Getrenntlebende (auch wenn nicht geschieden), Verwitwete, deren Ehepartner das Jahr zuvor gestorben ist.
- *Steuerklasse II:* Personen, die eigentlich der Steuerklasse I zuzurechnen wären, aber mindestens für 1 Kind den Kinderfreibetrag erhalten.
- *Steuerklasse III:* Verheiratete Arbeitnehmer, die beide im Inland wohnen, die nicht dauernd getrennt leben und von denen nur ein Ehepartner Arbeitslohn bezieht. Wenn beide Arbeitslohn beziehen, muß ein Ehepartner in Steuerklasse V sein. Weiterhin gehören Verwitwete, deren Ehepartner nach dem 31.12. des Vorvorjahrs verstorben ist, ebenfalls zur Steuerklasse III.
- *Steuerklasse IV:* Verheiratete Arbeitnehmer, die beide im Inland wohnen, die nicht dauernd getrennt leben und von denen beide Ehepartner Arbeitslohn beziehen und auch der andere Ehepartner in Steuerklasse IV ist.
- *Steuerklasse V:* Verheiratete Arbeitnehmer, die beide im Inland wohnen, die nicht dauernd getrennt leben und von denen beide Ehepartner Arbeitslohn beziehen und der andere Ehepartner in Steuerklasse III ist.
- *Steuerklasse VI:* Arbeitnehmer, die nebeneinander von mehreren Arbeitgebern Arbeitslohn beziehen, gleichgültig, welche Lohnsteuerklasse sie in dem anderen Arbeitsverhältnis haben.

Wer bei mehreren Arbeitgebern Arbeitslohn bezieht, sollte dem Arbeitgeber, bei dem er am wenigsten verdient, die Lohnsteuerkarte mit der Klasse VI abgeben. Denn die Steuerklasse VI ist die ungünstigste Steuerklasse. Unter diese Arbeitnehmer fallen beispielsweise auch GmbH-Geschäftsführer, die Geschäftsführer von zwei oder mehreren GmbHs sind.

Für Ehepartner, die zusammenleben und beide Arbeitslohn beziehen, gilt die Faustregel: Gleichgültig, welche Steuerklasse gewählt wird, es muß *immer acht* herauskommen. Mit anderen Worten: Ist ein Ehepartner in Steuerklasse III, dann muß der mitverdienende Ehepartner in Steuerklasse V sein. Ist ein Ehepartner in Steuerklasse IV, dann muß der mitverdienende Ehepartner ebenfalls in die Steuerklasse IV. Die steuerlich berücksichtigungsfähigen Kinder können *aufgeteilt,* ja sogar *halbiert* werden.

Grundsätzlich gilt: Der Ehepartner, der den höheren Arbeitslohn bezieht, sollte in Steuerklasse III (mit allen Kindern), der andere, weniger verdienende Ehepartner in Steuerklasse V. Dann ist die unterjährige (nicht etwa die echte) Steuerersparnis am größten.

Neben dem Werbungskostenfreibetrag (2000 DM pro Jahr) sind auch der *Grundfreibetrag,* also der Betrag, der auf jeden Fall steuerfrei bleibt, in die Lohnsteuertabelle mit eingearbeitet, ebenso wie der Pauschbetrag für Sonderausgaben, der Kinderfreibetrag, die Vorsorgepauschale, und bei Steuerklasse II der Haushaltsfreibetrag.

Wer sich wegen erhöhter Werbungskosten einen Freibetrag auf der Lohnsteuerkarte eintragen lassen will, bei dem müssen die gesamten Werbungskosten müssen mindestens 3200 DM betragen. Denn der Freibetrag wird nur dann eingetragen, wenn die Antragsgrenze von 1200 DM erreicht ist (3200 DM minus Pauschbetrag von 2000 DM). Die Antragsgrenze von 1200 DM gilt für Einzelpersonen und für Ehepaare.

Werbungskosten sind Aufwendungen, die der Arbeitnehmer zum Erwerb, zur Sicherung und Erhaltung des Arbeitsplatzes macht. Dazu gehören Fahrten zwischen der Wohnung und der Arbeitsstätte, Reisekosten und Verpflegungsmehraufwendungen, Arbeitsmittel wie Fachliteratur, Werkzeuge, Berufskleidung, Fortbildung, doppelte Haushaltsführung aus beruflichen Gründen und Beiträge zu Berufsverbänden. Sie gelten unter den Voraussetzungen, daß der Arbeitgeber diese Kosten nicht erstattet und die private Mitverwendungsmöglichkeit der Anschaffungen, die zu Werbungskosten führen, nur gering ist.

Die Pauschbeträge, die jedem Steuerbürger zustehen, sind in die Lohnsteuertabellen bereits eingearbeitet. Daneben aber können auf der Lohnsteuerkarte individuelle Belastungen im Rahmen der Sonderausgaben steuermindernd eingetragen werden. Es sind dies bei Unterhaltsleistungen bis 27 000 DM im Jahr, Renten oder dauernde Lasten, Berufsausbildung oder Weiterbildung in einem nicht ausgeübten Beruf bis 900 DM, bei auswärtiger Unterbringung 1200 DM.

Auch außergewöhnliche Belastungen, beispielsweise ärztliche oder zahnärztliche Behandlungen, Kosten bei Sterbefällen oder Wiederbeschaffung des Hausrats bei Brand oder Hochwasser, können auf der Lohnsteuerkarte eingetragen werden. Allerdings werden die außergewöhnlichen Belastungen um den Teil gekürzt, der als *zumutbare Eigenbelastung* angesehen werden kann.

Ohne Rücksicht auf die 1200 DM-Antragsgrenze können sich Behinderte ihre Pauschbeträge, abhängig vom Grad der Behinderung eintragen lassen.

C 3 Körperschaftsteuer

Die Körperschaftsteuer (KSt) ist die *Einkommensteuer,* mit der die *Erträge der juristischen Personen* besteuert werden. Körperschaftsteuerpflichtig sind vor allem Kapitalgesellschaften, also Aktiengesellschaften und GmbHs, aber auch Vereine.

Das Einkommen der Körperschaft, das besteuert werden soll, wird nach den Vorschriften des Einkommensteuergesetzes durch eine ordnungmäßige Buchführung ermittelt. Eine Kapitalgesellschaft muß eine Buchführung haben. Sie gehört zu denjenigen, die aufgrund gesetzlicher Vorschriften (HGB) dazu verpflichtet sind.

Eine Kapitalgesellschaft kann auch steuerfreie Gewinne haben. Die Gewinnermittlung der Kapitalgesellschaft nach dem Schema in Tabelle C-4 korrigiert werden. Nach Abschnitt 26 KStR wird das zu versteuernde Einkommen der Kapitalgesellschaft (vereinfacht) nach dem Schema in Tabelle C-5 ermittelt.

C 3.1 Gespaltener Steuersatz

Bei der Körperschaftsteuer gibt es zwei Steuersätze: den Steuersatz für *thesaurierte* und *einbehaltene Gewinne* in Höhe von 45 % und den Steuersatz für *ausgeschüttete Gewinne* von 30 %.

Das Einkommen, das eine Körperschaft einbehalten kann bzw. ausschütten kann, nennt man *verwendbares Eigenkapital.* Von dem Einkommen der Körperschaft wird die Körperschaftsteuer zunächst nach dem *Thesaurierungssatz* berechet, also grundsätzlich mit 45 %. Dieses Einkommen wird als GmbH-Eigenkapital gebucht, und zwar je nach Steuerbelastung. So bedeutet beispielsweise EK 50, daß die GmbH noch Gewinne thesauriert hat,

Tabelle C-4. Gewinnermittlung der Kapitalgesellschaft

	Bilanzgewinn oder Bilanzverlust
+	verdeckte Gewinnausschüttung
+	nicht abzugsfähige Aufwendungen (§ 10 KStG 9)
+	anzurechnende Körperschaftssteuer auf vereinnahmte Kapitalerträge
+	Zuführung zu den Rücklagen
./.	nicht steuerpflichtige Vermögensmehrungen
./.	Sanierungsgewinne (§ 3 Nr. 66 EStG)
./.	Freibetrag oder Betriebsveräußerung (§ 16 Abs. 4 EStG)

Tabelle C-5. Zu versteuerndes Einkommen der Kapitalgesellschaft

	Summe aller Einkünfte
./.	Verlustabzugsbetrag (§ 2a Abs. 3 Satz 1 EStG)
+	Hinzurechnungsbetrag
./.	sonstige Abzugs- und Freibeträge (z. B. Ausbildungsplatz oder Land- und Forstwirtschaft
./.	Spenden
./.	Verlustabzug
=	Einkommen
./.	Freibetrag (§ 25 KStG)
=	zu versteuerndes Einkommen

die mit einem Körperschaftsteuersatz von 50% belastet sind. EK 45 heißt folgerichtig, daß der thesaurierte Gewinn mit 45% Körperschaftsteuer belastet ist. Wird dieser Gewinn dann ganz oder zum Teil an die Anteilseigner ausgeschüttet, erhält die Kapitalgesellschaft eine Steuergutschrift in Höhe von 15%, so daß die Ausschüttungsbelastung in Höhe von 30% hergestellt ist. Damit muß die Kapitalgesellschaft dieses Eigenkapital *umtopfen* von EK 45 in EK 30, also in den *Topf,* in dem der Gewinn bis zur Auschüttung gelagert wird, der nach dem neuen Ausschüttungssteuersatz in Höhe von 30% belastet ist.

Die Regel ist, daß kein Gewinn aus der Kapitalgesellschaft ausgeschüttet werden darf, der nicht mit 30% belastet ist. Dies kann in Umkehr der *normalen* Belastung auch bedeuten, daß die Kapitalgesellschaft auf solches Eigenkapital, das sie aus steuerfreien Gewinnen thesauriert hat, im Fall der Ausschüttung 30% Steuern nachentrichten muß.

C 3.2 Auswirkungen der neuen Steuersätze

Die Einkommensteile, die nach dem 31.12.1993 ungemildert der Körperschaftsteuer unterliegen, müssen in EK 45 *eingetopft* werden. In den EK 30-Topf wandern die Einkommensteile, die nach dem 31.12.1993 dem 30%igen Ausschüttungssteuersatz unterliegen.

Bei der Aufteilung ermäßigt belasteter Eigenkapitalanteile, beispielsweise ausländische Einkünfte, deren Steuer nach § 26 KStG anrechenbar ist, richtet sich nach § 32 Abs. 4 KStG und ist zukünftig in EK 45, EK 30 und EK 0 aufzuteilen.

Die Ausschüttungsbelastung kann der Anteilseigner, dem die Gewinnausschüttung zufließe, auf seine eigene Einkommensteuerschuld anrechnen, so daß er letztlich durch Nettoausschüttung und Steuergutschrift die Ausschüttung in voller, ungeminderter Höhe erhält. Ein Beispiel für die Ausschüttungsbelastung zeigt Tabelle C-6.

Die Körperschaftsteuer-Minderung bzw. -Erhöhung wird mit *Faktoren,* d.h. einfachen Brüchen, berechnet (Tabelle C-7).

Für den Gesellschafter der Kapitalgesellschaft sind der Gewinn, den die GmbH an ihn ausschüttet, steuerlich Einkünfte aus Kapitalvermögen im Sinne des § 20 Abs. 1 Nr. 1 EStG. Für diese Einkünfte steht ihm seit 1993 ein Sparerfreibetrag in Höhe von 6000 DM (Ledige, Alleinstehende) bzw. 12 000 DM (Verheiratete, die zusammen leben) sowie ein Werbungskostenpauschbetrag in Höhe von 100 DM bzw. 200 DM zu, so daß insgesamt 6100 DM bzw. 12 200 DM steuerfrei bleiben. Unberührt vom Sparerfreibetrag kann der Gesellschafter die 30%-Punkte Körperschaftsteuer, die die Kapitalgesellschaft *auf seine Rechnung* den Finanzbehörden abgeführt hat, in seiner Einkommensteuererklärung geltend machen.

Eine Kapitalgesellschaft ist eine juristische Person und hat damit eine *eigene Rechtsper-sönlichkeit.* Deshalb kann sie auch eigenständig für *eigene Rechnung* Verträge abschließen, auch mit ihren Gesellschaftern. An die steuerliche Anerkennung von Verträgen zwischen Kapitalgesellschaft und Gesellschafter sind strenge Voraussetzungen geknüpft: Ein solcher Vertrag muß

● im voraus, möglichst schriftlich vereinbart werden,

● tatsächlich durchgeführt werden und

● ernsthaft gemeint sein.

Weiter müssen Leistung und Gegenleistung in einem angemessenen Verhältnis zueinander stehen. Als Maßstab gelten fremde Dritte. Wird gegen eine dieser Regeln verstoßen, wird der Vertrag ganz oder teilweise nicht steuerlich anerkannt und die Gegenleistungen der Kapitalgesellschaft werden als verdeckte Gewinnausschüttung angesehen.

Beispiele für *verdeckte Gewinnausschüttungen* gibt es aus nahezu jedem Lebensbereich: überhöhte Geschäftsführer-Gehälter, billige Gesellschafts-Darlehen, teure Gesellschafter-Darlehen, überhöhte Kaufpreise für Wirtschaftsgüter, die aus dem Vermögen des Gesellschafters übergehen in das der Kapitalgesellschaft oder die Übernahme von Kosten einer Geburtstagsfeier.

Steuerlich ist die verdeckte Gewinnausschüttung den offenen Gewinnausschüttungen gleichgestellt. Verdeckte Gewinnausschüttungen dürfen nicht als Betriebsausgaben den körperschaftsteuerpflichtigen Gewinn der GmbH mindern, sondern werden diesem wieder hinzugerechnet und mit dem Ausschüttungssteuersatz in Höhe von 30% belastet.

Unter *Strafe* gestellt ist die verdeckte Gewinnausschüttung nicht. Für die Kapitalgesellschaft stellt sie lediglich einen verfrühten Vermögensabfluß dar, der aber weiter keine

Tabelle C-6. Beispiel für eine Ausschüttungsbelastung

Ausschüttung von brutto 100 Gewinnanteilen aus:

EK 50	EK 45	
Ausschüttungssteuersatz 30%	Ausschüttungssteuersatz 30%	
100	100	Gewinn/brutto
./. 50	45	Körperschaftssteuer (KSt)
= 50	55	Thesaurierungssatz
+ 20	15	Ausschüttungsgutschrift
= 70	70	Nettodividende
+ 30	30	Steuergutschrift
= 100	100	Bruttodividende

Tabelle C-7. Ausschüttung aus EK 50, EK 45 und EK 0

Ausschüttung aus EK 50, Ausschüttungssteuersatz 30%:	
Tarif:	50%
KSt-Änderung:	Minderung von 50 auf 30, um 20
zur Ausschüttung verfügbarer Betrag:	50 + 20 = 70
Minderung bezogen auf die Ausschüttung:	20/70 = 2/7
Minderung bezogen auf das verwendete EK:	20/50 = 2/5
Ausschüttung aus EK 45, Ausschüttungssteuersatz 30%:	
Tarif:	45%
KSt-Änderung:	Minderung von 45 auf 30, um 15
zur Ausschüttung verfügbarer Betrag:	55 + 15 = 70
Minderung bezogen auf die Ausschüttung:	15/70 = 3/14
Minderung bezogen auf das verwendete EK:	15/65 = 3/13
Ausschüttung aus EK 0, Ausschüttungssteuersatz 30%:	
Tarif:	0%
KSt-Änderung:	Erhöhung von 0 auf 30, um 30
zur Ausschüttung verfügbarer Betrag:	100 − 30 = 70
Minderung bezogen auf die Ausschüttung:	30/70 = 3/7
Minderung bezogen auf das verwendete EK:	30/100 = 3/10

Tabelle C-8. Beispiel für eine verdeckte Gewinnausschüttung

Ausschüttung von brutto 100 Gewinnanteilen aus:

EK 02		EK 45	
Ausschüttungssteuersatz 30%		Ausschüttungssteuersatz 30%	
	100	100	Bruttogewinn
./.	0	45	Körperschaftssteuer (KSt)
=	100	55	Thesaurierungssatz
./.	30	15	Ausschüttungsgutschrift
=	70	70	Nettodividende
+	30	30	Steuergutschrift
=	100	100	Bruttodividende

Folgen hat, wenn genügend ausschüttungsfähiges Eigenkapital vorhanden ist. Muß dagegen steuerfrei thesauriertes Eigenkapital (EK 02) zur Ausschüttung verwendet werden, dann muß die Kapitalgesellschaft die Ausschüttungsbelastung durch Nachzahlung der Körperschaftsteuer herstellen und kann so in einen ungewollten finanziellen Engpaß geraten (Tabelle C-8).

Bei einer Gewinnausschüttung von brutto – einschließlich Steuergutschrift für den Gesellschafter – 100 Einheiten, die steuerlich voll aus dem steuerfreien EK 02 gezahlt werden, muß die Kapitalgesellschaft eine Steuernachzahlung in Höhe von 30 Einheiten leisten. Dies bewirkt die Herabsetzung der ursprünglich Körperschaftsteuerfreiheit (0%) auf die Ausschüttungsbelastung mit 30%. Wird der Gewinn dagegen aus EK 45 ausgeschüttet, erhält die Kapitalgesellschaft eine Steuergutschrift in Höhe von 15 Einheiten, so daß ebenfalls wieder die Ausschüttungsbelastung mit 30% hergestellt ist. Für die Anteilseigner wiederum gilt: Sie erhalten in beiden Fällen eine Bruttodividende von 100 Einheiten = eine Nettodividende von 70 Einheiten plus 30 Einheiten Steuergutschrift.

Die Hauptlast der verdeckten Gewinnausschüttung aber sehen Praktiker darin, daß sie auch die Bemessungsgrundlage für den Gewerbeertrag erhöht und somit auf diesen Betrag zusätzlich Gewerbesteuer gezahlt werden muß.

C 4 Gewerbesteuer

Die Gewerbesteuer ist für Freiberufler ohne Bedeutung; denn nur Gewerbebetriebe müssen sie bezahlen. Wenn aber die freiberufliche Tätigkeit gewerblich wird, weil eine gewerbliche Tätigkeit *durchgefärbt* hat oder weil eine Rechtsform für die Tätigkeit gewählt wurde, die als Gewerbebetrieb kraft Rechtsform gilt, muß sich auch der Freiberufler mit der Gewerbesteuer als einem massiven betrieblichen Kostenfaktor auseinandersetzen.

Die Gewerbesteuer ist eine *Gemeindesteuer*. Das Verfahren zu ihrer Erhebung ist zweigeteilt. In der ersten Stufe stellt das Finanzamt aufgrund der eingereichten Gewerbesteuererklärung durch Steuerbescheid einen *Gewerbesteuermeßbetrag* fest. Anhand dieses, für die Gemeinde verbindlich festgestellten Betrags, erhebt die Gemeinde auf einer zweiten Stufe

Tabelle C-9. Vereinfachtes Schema zur Ermittlung der Gewerbesteuer

	Steuermeßbetrag nach dem Gewerbeertrag
+	Steuermeßbetrag nach dem Gewerbekapital
=	einheitlicher Steuermeßbetrag (§ 14 Abs. 1 GewStG)
·	Hebesatz der Gemeinde
=	Gewerbesteuer

unter Anwendung ihres örtlichen *Hebesatzes* die Gewerbesteuer. Tabelle C-9 zeigt das Berechnungsschema.

Die Gewerbesteuer erfaßt sowohl den *Ertrag* als auch die *Vermögenssubstanz* des gewerblichen Unternehmens. Damit kommt es zu einer Mehrfachbelastung für diese Unternehmen mit Einkommen- oder Körperschaftsteuer sowie mit Vermögen- und Gewerbesteuer.

C 4.1 Steuergegenstand

Gegenstand der Besteuerung ist der Gewerbebetrieb, der im Inland betrieben wird (§ 2 Abs. 1 Satz 1 GewStG). Die Tatbestandsmerkmale des Gewerbebetriebs im Gewerbesteuerrecht sind identisch mit denen des Einkommensteuerrechts (§ 2 Abs. 1 Satz 2 GewStG). Was gewerbliche Betriebe sind, wird durch das Einkommensteuergesetz bestimmt (§ 15 Abs. 2 EStG).

Die Merkmale des Gewerbebetriebs nach Abschn. 8 GewStR sind:

- Selbständigkeit,
- Nachhaltigkeit der Betätigung,
- Gewinnerzielungsabsicht,
- Beteiligung am allgemeinen wirtschaftlichen Verkehr,
- kein freier Beruf und keine Land- und Forstwirtschaft und
- keine Vermögensverwaltung.

Voraussetzung für die Annahme eines Gewerbebetriebs ist sowohl die *persönliche Selbständigkeit* des Unternehmers, als auch die *sachliche Selbständigkeit* des Betriebs.

Die *persönliche Selbständigkeit* liegt vor, wenn die Tätigkeit auf eigene Rechnung und auf eigene Verantwortung ausgeübt wird. Der Betrieb ist *sachlich selbständig,* wenn er für sich eine *wirtschaftliche Einheit* bildet, also nicht ein unselbständiger Teil eines anderen Unternehmens oder eines Gesamtunternehmens ist. Bei einem Gesamtunternehmen wird der Freibetrag bei der Gewerbesteuer nur einmal gewährt. Bestehen jedoch mehrere selbständige, sachlich getrennte Betriebe, dann wird der Freibetrag für jeden einzelnen Betrieb gewährt.

Erfüllt die Tätigkeit des Steuerpflichtigen zu einem Teil die Merkmale einer freiberuflichen und zum anderen Teil auch die einer gewerblichen Tätigkeit, können beide Bereiche getrennt werden. Die Folge dieser Trennung ist, daß der freiberufliche Teil nicht in die Gewerbesteuer einbezogen wird.

C 4.2 Gewerbesteuerpflicht

Bei Einzelgewerbetreibenden und Personengesellschaften *beginnt* die Gewerbesteuerpflicht zu dem Zeitpunkt, in dem erstmals alle Voraussetzungen erfüllt sind, die zur Annahme eines Gewerbebetriebs erforderlich sind (§ 15 Abs. 2 EStG). Bei Unternehmen, die im Handelsregister einzutragen sind, ist der Zeitpunkt der Eintragung im Handelsregister ohne Bedeutung für den Beginn der Gewerbesteuerpflicht.

Bei Kapitalgesellschaften beginnt die Gewerbesteuerpflicht mit der Eintragung in das Handelsregister. Von diesem Zeitpunkt an kommt es auf Art und Umfang der Tätigkeit der Kapitalgesellschaft nicht an. Die Steuerpflicht wird aber bereits vor dem Eintragungszeitpunkt ausgelöst, wenn eine nach außen in Erscheinung tretende Geschäftstätigkeit vorgenommen wird. Dagegen führt die Verwaltung eingezahlter Teile des Stammkapitals sowie ein bestehender Anspruch auf Einzahlung von Teilen des Stammkapitals noch nicht zur Gewerbesteuerpflicht.

Bei Einzelgewerbetreibenden und Personengesellschaften *endet* mit der tatsächlichen Einstellung des Betriebs die Gewerbesteuerpflicht. Die tatsächliche Einstellung des Betriebs ist anzunehmen mit der völligen Aufgabe jeder werbenden Tätigkeit (Abschn. 22 Abs. 1 Satz 6 GewStR).

Bei Kapitalgesellschaften endet die Gewerbesteuerpflicht – anders bei Einzelkaufleuten und Personengesellschaften – nicht schon mit dem Einstellen der gewerblichen Betätigung, sondern mit dem Aufhören jeglicher Tätigkeit überhaupt. Das ist grundsätzlich der Zeitpunkt, in dem das Vermögen an die Gesellschafter verteilt worden ist.

Die Gewerbesteuer ist eine Steuer auf den Gewerbebetrieb als solchen, losgelöst von dem Inhaber. Es kommt nicht darauf an, wer der Inhaber des Gewerbebetriebs (Unternehmer) ist und welche persönlichen Verhältnisse bei ihm vorliegen. Auch die Verwendung des Gewinns und die Art der Finanzierung sind ohne Bedeutung. Die *sachliche Steuerpflicht* setzt alleine das Bestehen eines Gewerbebetriebs voraus.

Steuerschuldner ist der Unternehmer. Unternehmer ist derjenige, für dessen Rechnung und Gefahr das Gewerbe betrieben wird (§ 5 Abs. 1 Satz 2 GewStG). Dabei ist entscheidend, wem der Gewinn zufließt und wer den Verlust zu tragen hat.

C 4.3 Gewerbeertrag und Gewerbekapital als Besteuerungsgrundlage

Besteuerungsgrundlagen der Gewerbesteuer sind das *Gewerbekapital* und der *Gewerbeertrag*.

Die gewerbesteuerliche Ertragskraft ist nicht identisch mit dem Gewinn des Unternehmens, wie er durch die Bilanz oder durch die Einnahmen-Überschuß-Rechnung ermittelt wird.

Bei der Gewerbesteuer soll vielmehr alles besteuert werden, was der Betrieb *objektiv erwirtschaftet* hat. Ausgangswert für die Ermittlung des Gewerbeertrags ist der Gewinn. Der einkommensteuerliche Gewinn wird um bestimmte Hinzurechnungen und Abrechnungen korrigiert (Tabelle C-10). Der Steuermeßbescheid wird vom Finanzamt erteilt, der Gewerbesteuerbescheid dagegen von der Gemeinde.

Tabelle C-10. Schema der Gewerbesteuer-Ermittlung

Ermittlung des Gewerbeertrags:

Gewinn (§ 7 GewStG)

+   Hinzurechnungen (§ 8 GewStG)

./.   Kürzungen (§ 9 GewStG)

./.   Kürzungen (§ 10 GewStG)

=   Gewerbeertrag

./.   Freibetrag (nur bei natürlichen Personen) (§ 11 Abs. 1 GewStG)

=   steuerpflichtiger Gewerbeertrag

·   Steuermeßzahl (bei natürlichen Personen gestaffelt bis 5 %; bei Kapitalgesellschaften einheitlich 5 %) (§ 11 GewStG)

=   *Steuermeßbetrag nach dem Gewerbeertrag*

Ermittlung des Gewerbekapitals:

Einheitswert (§ 12 GewStG)

+   Hinzurechnungen (§ 12 Abs. 1 GewStG)

./.   Kürzungen (§ 12 Abs. 3 GewStG)

=   Gewerbekapital

./.   Freibetrag (§ 13 Abs.1 GewStG)

=   steuerpflichtiges Gewerbekapital

·   Steuermeßzahl 2‰ (§ 13 GewStG)

=   *Steuermeßbetrag nach dem Gewerbekapital*

C 4.4 Hinzurechnungen

Der Gewinn aus Gewerbebetrieb wird für die Gewerbesteuer durch *Hinzurechnungen* verändert. Die wichtigsten Hinzurechnungen sind

- Dauerschuldzinsen,
- Renten und dauernde Lasten,
- Gewinnanteile des stillen Gesellschafters und
- Miet- und Pachtzinsen.

Nach § 8 Nr. 1 GewStG muß die Hälfte der Zinsen für *Dauerschulden* dem Gewinn aus Gewerbebetrieb hinzugerechnet werden. Zu den Dauerschulden gehören alle Zinsen für Schulden, die wirtschaftlich mit der Gründung oder dem Erwerb des Betriebs oder mit einer Erweiterung oder Verbesserung des Betriebs zusammenhängen sowie alle Zinsen aus Krediten, die nicht nur der vorübergehenden Verstärkung des Betriebskapitals dienen.

C 4.4.1 Renten und dauernde Lasten

Renten und dauernde Lasten, die den Gewinn gemindert haben, sind dem Gewinn hinzuzurechnen, wenn sie wirtschaftlich mit der Gründung des Betriebs zusammenhängen. Dies gilt nicht, wenn die Beträge beim Empfänger der Rente zur Gewerbesteuer heranzuziehen sind.

C 4.4.2 Gewinnanteile des stillen Gesellschafters

Die als Betriebsausgaben berücksichtigten Gewinnanteile des echten stillen Gesellschafters (§ 8 Nr. 3 GewStG) sind hinzuzurechnen, wenn sie beim Empfänger nicht zur Gewerbesteuer heranzuziehen sind. Diese Voraussetzungen sind nur beim *typisch stillen Gesellschafter* gegeben. Der typische stille Gesellschafter ist *lediglich am Erfolg* nicht aber am Betriebsvermögen der Gesellschaft beteiligt. Er ist kein Mitunternehmer und versteuert seine Gewinnanteile daher als Einkünfte aus Kapitalvermögen (§ 20 Abs. 1 Nr. 4 EStG).

C 4.4.3 Miet- und Pachtzinsen

Die Hälfte der Miet- und Pachtzinsen (§ 8 Nr. 7 GewStG) für nicht in Grundbesitz stehenden Gegenstände des Anlagevermögens, die einem anderen gehören, sind hinzuzurechnen. Miet- und Pachtzinsen sind jedoch nicht hinzuzurechnen, wenn sie beim Empfänger in einem Betrieb anfielen, und daher der Gewerbesteuer unterliegen (Abschn. 57 Abs. 7 Satz 1 GewStR).

C 4.5 Kürzungen (§ 9 GewStG)

Die Gewerbesteuer läßt Kürzungen zu, von denen die wichtigsten sind:

Kürzungen für Grundbesitz (§ 9 Nr. 1 GewStG)

Wegen der bereits vorhandenen Grundsteuerbelastung soll der zum Betriebsvermögen gehörende Grundbesitz nicht erneut mit Gewerbesteuer belastet werden. Durch pauschalierten Wertansatz wird der Reinertrag des Grundstücks aus dem Gewinn wieder herausgerechnet.

Gewerbeverlust (§ 10 a GewStG)

Das Gewerbesteuergesetz und das Einkommensteuergesetz sieht vor, daß Verluste aus anderen Veranlagungszeiträumen berücksichtigt werden. Da zur Ermittlung des Gewerbeverlusts auch die entsprechenden Hinzurechnungen und Kürzungen vorzunehmen sind, kann sich ein Gewerbeverlust ergeben, obwohl ertragsteuerlich ein Gewinn aus Gewerbebetrieb vorliegt. Andererseits kann sich trotz des Vorhandenseins eines ertragsteuerlichen Verlustabzugs (§ 10 d EStG) ein positiver Gewerbeertrag ergeben (Abschnitt 68 Abs. 4 Satz 3 GewStR).

Gewerbesteuer-Freibetrag

Der auf volle Hundert nach unten abgerundete Gewerbeertrag ist beim Einzelgewerbetreibenden und der Personengesellschaft um einen Freibetrag zu kürzen (§ 11 Abs. 1 GewStG). Durch das Steueränderungsgesetz 1993 wurde der Freibetrag für natürliche Personen und Personengesellschaften auf 48 000 DM erhöht. Personengesellschaften erhalten den Freibetrag unabhängig von der Anzahl der Gesellschafter nur einmal.

Kapitalgesellschaften erhalten grundsätzlich keinen Freibetrag. Lediglich verschiedene gemeinnützige Vereine erhalten einen Freibetrag in Höhe von 7500 DM (§ 11 Abs. 1 Nr. 2 GewStG).

C 4.6 Besteuerungsgrundlagen

Für Kapitalgesellschaften gilt eine einheitliche *Steuermeßzahl* in Höhe von 5 %. Für Gewerbebetriebe von natürlichen Personen oder von Personengesellschaften gilt seit 1993 eine nunmehr einheitliche Staffelregelung in den alten wie in den neuen deutschen Bundesländern.

In Stufen von je 24 000 DM steigt die Steuermeßzahl um jeweils 1 % an. Sie beginnt mit 1 % und endet bei der bisherigen Meßzahl von 5 %. Die Bezugsgröße für die gestaffelte Steuermeßzahl ist der Gewerbeertrag, der zuvor um den Freibetrag von 48 000 DM zu kürzen ist.

Die zweite Besteuerungsgrundlage für die Berechnung der Gewerbesteuer ist das *Gewerbekapital*. Als Gewerbekapital gilt der Einheitswert des Gewerbebetriebs im Sinne des Bewertungsgesetzes (§ 12 Abs. 1 Satz 1 GewStG).

Die Besteuerung des Gewerbekapitals ist in besonderem Maße eine *Belastung* für die Gewerbebetriebe dar, da sie unabhängig von der Ertragskraft des Unternehmens, also auch in Verlustjahren, erhoben wird. Insbesondere Produktionsbetriebe mit *großem Betriebsvermögen* und geringer Ertragskraft werden von ihr *erheblich belastet,* weniger dagegen Dienstleistungsbetriebe, die ein geringes Betriebsvermögen haben.

Nach Festsetzung des einheitlichen Steuermeßbetrags erhebt die zuständige Gemeinde die Gewerbesteuer aufgrund des von ihr festgesetzten *Hebesatzes.* Der Hebesatz kann für ein Kalenderjahr oder mehrere Kalenderjahre festgesetzt werden.

Die Gemeinden erheben zum 15. Februar, 15. Mai, 15. August und 15. November *Vorauszahlungen* auf die Gewerbesteuer. Jede Vorauszahlung beträgt grundsätzlich 1/4 der Steuer, die sich bei der letzten Veranlagung ergeben hat (§ 19 Abs. 2 GewStG).

Da die Gewerbesteuer als *betrieblicher Aufwand* ihre eigene Bemessungsgrundlage, den Gewerbeertrag reduziert, kann nur ein voraussichtlich zu zahlender Gewerbesteuerbetrag den Gewinn mindern. Dieser Betrag setzt sich aus der Summe der für dieses Jahr geleisteten Vorauszahlungen zusammen und einer Gewerbesteuer-Rückstellung, die ebenfalls gewinnmindernd erfaßt wird.

C 5 Umsatzsteuer

Die Umsatzsteuer wird oft *Mehrwertsteuer* genannt und auch in offiziellen Rechnungen als MwSt abgekürzt. Die Umsatzsteuer besteuert das Erbringen *wirtschaftlicher* Leistungen durch Unternehmer. Dabei trägt nicht der Unternehmer selbst die Umsatzsteuer, sondern sein Kunde. Der Unternehmer muß die Umsatzsteuer in der Rechnung an den Kunden ausweisen und diesen Umsatzsteuerbetrag an das Finanzamt abführen. Ist der Kunde wiederum ein Unternehmer und bezieht er die Leistung für sein Unternehmen, kann er die Umsatzsteuer, die er bezahlt hat, als *Vorsteuer* wieder vom Finanzamt zurückfordern. Lediglich der Endverbraucher hat keine Möglichkeit, die gezahlte Umsatzsteuer als Vorsteuer geltend zu machen, sondern muß sie bezahlen.

Das Umsatzsteuer-System wird durch folgende drei wesentliche Merkmale bestimmt, und zwar durch das *Allphasensystem,* das *Nettoumsatzsystem* und den *Vorsteuerabzug.*

Allphasensystem bedeutet, daß in *jeder Wirtschaftsstufe* jeder steuerbare Umsatz erneut besteuert wird. *Bemessungsgrundlage* für die Besteuerung ist dabei jeweils der *Nettopreis* der erbrachten Leistung ohne die Umsatzsteuer *(Nettoumsatzsystem).* Die Umsatzsteuer, die einem Unternehmer von einem anderen Unternehmer (Vorunternehmer) in Rechnung gestellt wird, bezeichnet man als *Vorsteuer.* Diese Vorsteuer wird an den Leistungsempfänger, sofern er Unternehmer ist, vom Finanzamt zurückerstattet. Dadurch wird erreicht, daß der Unternehmer nicht mit Umsatzsteuer belastet ist *(Vorsteuerabzug).* Die wirtschaftlich Last mit der Umsatzsteuer trägt grundsätzlich nur der Endverbraucher. Da der Unternehmer nicht belastet wird, ist die Umsatzsteuer *wettbewerbsneutral.*

C 5.1 Gegenstand der Umsatzbesteuerung

Steuerobjekte im Sinne des § 1 Abs. 1 UStG sind:

- alle entgeltlich erbrachten Leistungen und Lieferungen, auch aus Hilfsgeschäften, also Geschäften, die mit dem eigentlichen Unternehmenszweck gar nichts zu tun haben;
- privater Eigenverbrauch;
- unentgeltliche Leistungen an Gesellschafter;
- Einfuhr von Gegenständen aus dem Drittlandsgebiet in das Zollgebiet und der
- innergemeinschaftliche Erwerb im Inland gegen Entgelt.

Ein steuerbarer Umsatz liegt nur vor, wenn der Unternehmer seine *Leistung gegen Entgelt* erbringt. Entgelt ist alles, was der Empfänger der Leistung aufwendet, um diese zu erlangen.

Umsatzsteuerlich gelten als *Hilfsumsätze* die, die zwar zu dem unternehmerischen Tätigkeitsgebiet gehören, aber nicht den eigentlichen Gegenstand des Unternehmens darstellen. Solche Hilfsumsätze sind nach Abschn. 251 Abs. 2 UStR beispielsweise:

- Gewährung oder Vermittlung von Krediten,
- Wechseln von Geld oder Geschäfte in Fremdwährungen,
- Verkauf von Betriebsgrundstücken und
- Verschaffen von Versicherungsschutz.

C 5.2 Steuerbefreiungen

Die Anwendung von Steuerbefreiungen setzt voraus, daß einer der Tatbestände des § 1 Abs. 1 UStG erfüllt ist. Nur wenn Steuerbarkeit vorliegt, kann eine Steuerbefreiung eingreifen, und zwar für

- innergemeinschaftliche Lieferungen im EG-Gebiet,
- Exportumsätze aus dem EG-Gebiet in das Drittlandsgebiet,

- Gewährung und Vermittlung von Krediten,
- Umsätze und Vermittlung von gesetzlichen Zahlungsmitteln; dabei sind Goldmünzen von der Befreiung ausgenommen,
- Umsätze, die unter das Grunderwerbsteuergesetz fallen,
- Umsätze im Sinne des Versicherungssteuergesetzes,
- Umsätze aus Vermietung und Verpachtung von Immobilien,
- Unentgeltliche Ehrenämter in einem öffentlichen Unternehmen oder ein solches gegen Auslagenersatz,
- Befreiung des Kleinunternehmers, der bestimmte Umsatzgrenzen nicht überschreitet. Entscheidend ist dabei der Gesamtumsatz einschließlich Umsatzsteuer.

Umsatzsteuer entsteht nicht bei Anzahlungen unter 10 000 DM, für die keine Rechnung mit Umsatzsteuerausweis erteilt wurde.

C 5.3 Bemessungsgrundlage

Wenn feststeht, daß ein Umsatz steuerpflichtig ist, muß die *Bemessungsgrundlage* festgestellt werden. Auf die Bemessungsgrundlage wird dann der Steuersatz angewendet. Zur Bemessungsgrundlage gehört *nie die Umsatzsteuer,* § 10 Abs. 1 Satz 1 UStG. Bei Lieferungen und sonstigen Leistungen wird der Umsatz nach dem Entgelt bemessen. Entgelt ist alles, was der Leistungsempfänger aufwendet, um die Leistung zu erhalten, jedoch abzüglich der Umsatzsteuer § 10 Abs. 1 UStG. Das Entgelt wird durch Nebenkosten wie Versand-, Verpackungs- oder Portokosten erhöht und durch Preisnachlässe wie Boni, Skonti, Rabatte oder sonstige Abzüge vermindert.

Der *Steuersatz* beträgt regelmäßig 15% und ermäßigt sich in bestimmten Ausnahmefällen auf 7%, § 12 UStG. Der ermäßigte Steuersatz gilt aus sozialen Gründen bei Lieferungen, Eigenverbrauch und Einfuhr von bestimmten Lebensmitteln, sofern sie nicht zum Verzehr an Ort und Stelle angeboten werden.

Leistung ist der umsatzsteuerliche Oberbegriff von *Lieferung und sonstiger Leistung.* Alle Leistungen, die keine Lieferungen sind, sind sonstige Leistungen (§ 3 Abs. 9 UStG). Geliefert werden können *körperliche Wirtschaftsgüter,* aber auch solche Wirtschaftsgüter, die im Wirtschaftsverkehr wie *körperliche Sachen* behandelt werden. Solche Wirtschaftsgüter sind zum Beispiel *Strom* oder *Wärme.*

Lieferungen sind ausgeführt oder *bewirkt,* sobald der Leistungsempfänger die Verfügungsmacht über den zu liefernden Gegenstand erlangt. Sonstige Leistungen sind grundsätzlich im Zeitpunkt ihrer Vollendung ausgeführt. Für eine Teilleistung entsteht die Umsatzsteuer in dem Zeitpunkt, in dem die Teilleistung vollendet ist.

C 5.4 Vorsteuer

Vorsteuer ist die für betrieblich empfangene Leistungen von *anderen (Vor-)Unternehmern* in Rechnung gestellte Umsatzsteuer. Die Steuer muß in der Rechnung gesondert ausgewiesen sein, § 15 Abs. 1 Nr. 1 UStG. Daneben ist die bei der Einfuhr zu entrichtende Einfuhrumsatzsteuer als Vorsteuer abziehbar, § 15 Abs. 1 Nr. 2 UStG. Der Unternehmer erhält die an andere Unternehmer bezahlte Vorsteuer vom Finanzamt zurück mit der Folge, daß die Umsatzsteuer für ihn kostenneutral ist. Der Unternehmer kalkuliert daher mit Nettopreisen ohne Umsatzsteuer.

Der Vorsteuerabzug ist zulässig, sobald (§ 15 Abs. 1 Nr. 1 Satz 1 UStG):

- die Lieferung oder Leistung ausgeführt ist und
- der Empfänger die Rechnung in Händen hat.
- Vor Ausführung des Umsatzes ist der Vorsteuerabzug zulässig (§ 15 Abs. 1 Nr. 1 Satz 2 UStG), wenn der Empfänger die Rechnung in Händen hat und Zahlung geleistet worden ist.

Damit jemand den Vorsteuerabzug nach § 15 Abs. 1 UStG nutzen kann, muß

- der Anspruchsteller Unternehmer und
- der Rechnungsteller Unternehmer sein und
- Leistung muß für das Unternehmen sein.
- die Rechnung muß ordnungsgemäß im Sinne des § 14 UStG sein und es darf
- kein Ausschluß nach § 15 Abs. 2 UStG vorliegen.

Damit eine Rechnung ordnungsgemäß ist, muß sie den Namen und die Anschrift des leistenden Unternehmers, den Namen und die Anschrift des Leistungsempfängers nennen. Weiterhin muß die Menge und handelsübliche Bezeichnung des Gegenstands der Lieferung oder Art und Umfang der sonstigen Leistung genannt werden sowie der Zeitpunkt der Lieferung oder der sonstigen Leistung. Letztendlich muß eine ordnungsgemäße Rechnung auch das Entgelt für die Lieferung oder sonstige Leistung und den auf das Entgelt entfallender Umsatzsteuerbetrag in DM nennen. Bei steuerfreien innergemeinschaftlichen Lieferungen ist zudem die Umsatzsteuer-Identifikationsnummer sowohl des Lieferers als auch des Lieferungsempfängers anzugeben.

Soweit eine Rechnung diesen Anforderungen nicht entspricht, dürfen Korrekturen oder Ergänzungen ausschließlich vom Rechnungsaussteller vorgenommen werden. Dies gilt auch für die nachträgliche Angabe des verwendeten Umsatzsteuersatzes.

Abweichend davon dürfen Rechnungen, deren Gesamtbetrag 200 DM (einschließlich Umsatzsteuer) nicht übersteigt, das Entgelt und den Steuerbetrag in einer Summe ausweisen. Zusätzlich muß jedoch der erhobene Steuersatz genannt sein. Der Leistungsempfänger und der Zeitpunkt der Leistung müssen nicht genannt sein, § 33 UStDV.

C 5.5 Umsatzsteuer-Dokumentation

Üblicherweise ist die Umsatzsteuer nach *vereinbarten Entgelten* zu dokumentieren und zu bezahlen (§ 16 Abs. 1 UStG). Vereinbarte Entgelte bedeutet, daß der Umsatz dokumentiert werden muß, sobald die Rechnung gestellt ist und sich in den Händen des Leistungsempfängers befindet. Dann muß der leistende Unternehmer auch die Umsatzsteuer an das Finanzamt abführen, gleichgültig, ob der Kunde die Rechnung bereits bezahlt hat oder nicht.

Wessen Umsatz aber im vorangegangenen Kalenderjahr nicht über 250 000 DM lag und wer nicht aufgrund von gesetzlichen Vorschriften zur Buchführung verpflichtet ist, sondern eine Einnahmen-Überschuß-Rechnung macht und ein Freiberufler im Sinne des § 18 Abs. 1 Nr. 1 EStG ist, der kann anstatt nach vereinbarten Entgelten, die Umsatzsteuer nach *vereinnahmten Entgelten* dokumentieren und bezahlen. Der Vorteil: Der Unternehmer muß die Umsatzsteuer erst dann dokumentarisch erfassen und an das Finanzamt abführen, wenn er seinerseits von dem Kunden die Umsatzsteuer erhalten hat.

Die Umsatzsteuer entsteht grundsätzlich mit Ablauf des Monats, in dem die Leistung erbracht wird oder – bei kleineren Freiberuflern – vereinnahmt wird. Die Umsatzsteuer ist grundsätzlich bis zum 10. des Folgemonats anzumelden und zu bezahlen (§ 18 UStG). Zusätzlich ist bis zum 31. Mai des Folgejahres eine Jahresumsatzsteuererklärung abzugeben, § 18 Abs. 3 UStG in Verbindung mit § 149 Abs. 2 AO. Ein sich aus der Jahreserklärung ergebender Nachzahlungsbetrag ist binnen eines Monats nach Abgabe der Erklärung zu bezahlen (§ 18 Abs. 4 Satz 1 UStG).

Es gibt Unternehmer, deren Umsätze sind dauerhaft so gering, daß von ihnen keine gesetzliche Umsatzsteuer erhoben wird. Die Voraussetzungen für diese *Nullbesteuerung* sind in § 19 Umsatzsteuergesetz (UStG) aufgeführt. Vor allem für Unternehmensgründer und für Jung-Unternehmer, deren Unternehmen oder Büro sich erst noch im Aufbau befindet, kann dies interessant sein.

Kleinunternehmer ist derjenige, der insgesamt

- im vorangegangenen Kalenderjahr nicht mehr als 25 000 DM umgesetzt hat und
- im laufenden Kalenderjahr voraussichtlich nicht mehr als insgesamt 100 000 DM umsetzt.

Maßgeblich sind die vereinnahmten Entgelte, nicht die vereinbarten. Ausstehende Rechnungen beispielsweise werden also nicht als Umsatz zur Bestimmung der Grenze zum Kleinunternehmer gezählt. Weiterhin zählt die Umsatzsteuer mit, sie muß also hinzugerechnet werden. Der Gesamtumsatz errechnet sich nach § 19 Abs. 3 UStG (Tabelle C-11).

Tabelle C-11. Schema der Ermittlung der Umsatzsteuer

	Die Summe der steuerbaren Umsätze nach § 1 Abs. 1 Nr. 1 bis 3 UStG (Auslandsumsätze werden hier also nicht mitgezählt, da sie nicht steuerbar sind)
./.	die steuerfreien Umsätze nach § 4 Nr. 8 Buchstabe i, Nr. 9 Buchstabe b und Nr. 11 bis 28 UStG
./.	die steuerfreien Umsätze nach § 4 Nr. 8 Buchstabe a bis h, Nr. 9 Buchstabe a und Nr. 10 UStG. Voraussetzung für diese letzte Abzugsposition: Diese Umsätze sind Hilfsumsätze

C 6 Vermögensteuer

Neben der Besteuerung der laufenden Einkünfte durch die Einkommen- oder Körperschaftsteuer wird auch das *Vermögen* der Vermögensteuer unterworfen. Wie bei der Einkommensteuer, beachtet die Vermögensteuer bei natürlichen Personen auch die persönlichen Verhältnisse wie Familienstand, Kinderzahl bzw. Schulden.

Unbeschränkt vermögensteuerpflichtig ist, wer in Deutschland seinen Wohnsitz oder dauernden Aufenthalt hat. Ebenfalls unbeschränkt steuerpflichtig sind Kapitalgesellschaften. Insoweit stellt die Vermögensteuer sogar eine *Doppelbelastung* ein- und desselben Vermögens dar: zum einen ist die Kapitalgesellschaft vermögensteuerpflichtig und zum anderen die Anteile, die der Gesellschafter an ihr hält, in dessen Privatvermögen ein zweites Mal.

Der Vermögensteuer unterliegt das Gesamtvermögen, das sich zusammensetzt aus

- dem land- und forstwirtschaftlichen Vermögen,
- dem Grundvermögen,
- dem Betriebsvermögen und
- dem sonstigen Vermögen.

Die Bemessungsgrundlagen für die jeweiligen Vermögensarten sind:

- für das land- und forstwirtschaftliche Vermögen ein vom Finanzamt festzusetzender *Einheitswert;*

- für das Grundvermögen (bebaute und unbebaute Grundstücke) 140% des Einheitswerts, der auf der Grundlage der Wertverhältnisse am 1.1.1994 festgesetzt wurde,

- für das Betriebsvermögen setzt das Finanzamt einen Einheitswert fest. Die Wirtschaftsgüter werden mit dem Teilwert (fiktiver Verkaufswert) angesetzt, Betriebsgrundstücke mit dem Einheitswert wie das Grundvermögen. Wirtschaftsgüter des Anlagevermögens setzt man mit den Restwerten (Anschaffungs- oder Herstellungskosten abzüglich den Abschreibungen) an. Seit 1993 werden die Werte aus der Steuerbilanz grundsätzlich in die Vermögensaufstellung übernommen.

Die Summe der Einheitswerte ergibt das *Rohvermögen.* Davon wiederum sind Schulden und Lasten abzuziehen, die in Zusammenhang mit dem beim Rohvermögen erfaßten Vermögen stehen.

C 6.1 Vermögensteuerliche Freibeträge

Jeder Vermögensteuerpflichtige hat – unabhängig von seinem Familienstand oder seinen sonstigen persönlichen Verhältnissen – einen Freibetrag in Höhe von 70 000 DM. Für Ehepaare, die zusammenleben und gemeinsam zur Vermögensteuer veranlagt werden, verdoppelt sich der Freibetrag zu 140 000 DM. Kinder werden *dazugerechnet,* werden also zusammen mit den Eltern veranlagt, wenn sie noch im Haushalt der Eltern wohnen und das 18. Lebensjahr (bei Berufsausbildung das 27. Lebensjahr) noch nicht vollendet haben. Für jedes Kind, das in die Zusammenveranlagung mit einbezogen wird, bleiben weitere 70 000 DM steuerfrei. Bei Erreichen bestimmter Altersgrenzen oder bei Schwerbehinderung wird ein weiterer Freibetrag in der Höhe gestaffelt (§ 6 Abs. 3 und 4 VStG).

Der Freibetrag für Betriebsvermögen inländischer Gewerbebetriebe beläuft sich seit 1993 auf 500 000 DM. Der übersteigende Betrag wird mit 75% angesetzt.

C 6.2 Vermögensteuererklärung und -veranlagung

Auf jeden Hauptveranlagungszeitraum muß man eine Vermögensteuererklärung auf einem amtlichen Vordruck abgeben. Am 1. 1. 1995 ist der nächste Hauptfeststellungszeitpunkt. Anschließend gilt ein vierjähriger Rhythmus (bisher drei), so daß der nächste Stichtag der 1.1.1999 sein wird.

Eine Vermögensteuererklärung muß nur derjenige abgeben, dessen Vermögen über 70 000 DM beträgt bzw. bei Zusammenveranlagung der entsprechend höhere Betrag, z. B. bei einer Familie mit zwei zusammen veranlagten Kindern 280 000 DM.

Bei einer Kapitalgesellschaft wird die Vermögensteuer nur erhoben, wenn das Gesamtvermögen 20 000 DM übersteigt. Diese 20 000 DM sind eine Freigrenze, mit anderen Worten: Ein Vermögen von 20 001 DM ist in voller Höhe steuerpflichtig.

Ab 1995 gilt ein *gespaltener Vermögensteuersatz (§ 10 Nr. 1 VStG)* bei natürlichen Personen. Der bisherige Steuersatz von 0,5% wird grundsätzlich verdoppelt auf 1%. Aber im betrieblichen Bereich, also bei dem Vermögen der Land- und Forstwirtschaft und den Betriebsvermögen sowie den Anteilen an Kapitalgesellschaften verbleibt es bei dem Steuersatz von 0,5%. Die Nachteile, die durch die Erhöhung des Vermögensteuersatzes für natürliche Personen entstehen, werden durch die Erhöhung des persönlichen Freibetrags (§ 6 VStG) von 70 000 DM auf 120 000 DM und von 140 000 DM auf 240 000 DM gemildert.

Weiterführende Literatur

Badura, K.-H.: Steuern sparen wie ein Profi, 1. Auflage inklusive Diskette. Düsseldorf: Econ-Verlag 1993.
Bauch, G. und Oestreicher, A.: Handels- und Steuerbilanzen, 4. Auflage. Heidelberg: Verlag Recht und Wirtschaft 1989.
„Buchen, Bilanzieren und Steuern sparen von A bis Z". Loseblattwerk. Offenburg: Verlag Praktisches Wissen 1993.
„Das Neue AntiSteuer-Lexikon von A bis Z". Loseblattwerk. Offenburg: Verlag Praktisches Wissen 1993.
Dorn, B. J.: Ihr Unternehmen und die Steuer. Bonn: Rentrop-Verlag 1991.
Geist, R.: Die Besteuerung der Architekten und Ingenieure. München: Beck-Verlag 1987.
Ossola-Haring, C.: Steuerratgeber für Familienunternehmen. Stuttgart: Sparkassenverlag 1993.
Schaeberle, J. und Utech, H.: Deutsches Steuerlexikon. Loseblattwerk. München: Beck-Verlag 1993.

Zur Übung

Ü C1: Was ist der Unterschied zwischen Lohn- und Einkommensteuer?

Ü C2: Was ist der Unterschied zwischen Einkommen- und Körperschaftsteuer?

Ü C3: Was ist ein vertikaler und was ein horizontaler Verlustausgleich?

Ü C4: Was ist ein Verlustvortrag und was ein Verlustrücktrag? Darf man zwischen beiden wählen?

Ü C5: Welches sind die Abgrenzungsmerkmale zwischen Gewerbebetrieb und selbständiger Arbeit?

Ü C6: Was ist eine Einnahme-Überschußrechnung?

Ü C7: Was sind Anlaufverluste?

Ü C8: Was versteht man unter gespaltenem Körperschaftssteuersatz?

Ü C9: Was ist eine verdeckte Gewinnausschüttung und nennen Sie dazu zwei Beispiele.

Ü C10: Stimmt es, daß die Gewerbesteuer zwei Bemessungsgrundlagen hat?

Ü C11: Werden die Ergebnisse aus der Buchführung unverändert der Gewerbesteuer zugrunde gelegt?

Ü C12: Was wird bei der Umsatzsteuer besteuert?

Ü C13: Was ist ein Kleinunternehmer?

Ü C14: Stimmt die Aussage: „Das Betriebsvermögen ist bei der Vermögensteuer außen vor?"

D Recht

D 1 Unternehmensformen

In Bild D-1 ist die Einteilung der Unternehmen in die verschiedenen Rechtsformen zu sehen und in Tabelle D-1 sind ihre Unterschiede zusammengestellt. Als kombinierte Rechtsform zwischen Personen- und Kapitalgesellschaften ist die GmbH & Co KG zu nennen.
Bei ihr ist der Komplementär (Vollhafter) eine GmbH, die mit ihrem Einlagekapital haftet, und die Gesellschafter sind die Kommanditisten. Diese Rechtsform wird häufig aus
Gründen der Haftung und der steuerlichen Behandlung gewählt.

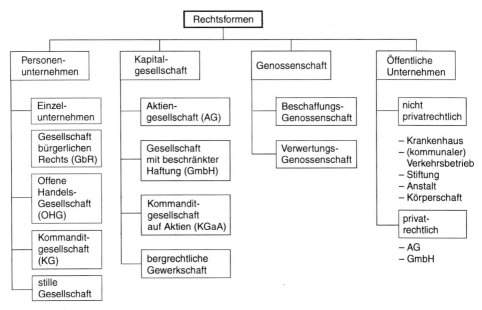

Bild D-1. Übersicht über die Rechtsformen

D 2 Handelsrecht und Gesellschaftsrecht

Das Handelsrecht knüpft im Handelsgesetzbuch (HGB) an die Kaufmannseigenschaft bestimmte Rechtsfolgen. Die Kaufmannsarten nach den §§ 1 bis 6 HGB sind in Bild D-2
dargestellt.

Tabelle D-1. Unterschiede der Unternehmensformen

Eigenschaften, Rechtsform	Anzahl der Gründer	Gründungskapital	Haftung	Gewinn- und Verlustverteilung	Geschäftsführung	Steuern
Einzelunternehmen	1		unbeschränkt	allein	allein	Einkommensteuer, keine Vermögenssteuer
GbR	mind. 1		unbeschränkt	allein	allein	Einkommensteuer, keine Vermögenssteuer
offene Handelsgesellschaft (OHG)	mind. 2		unmittelbar unbeschränkt	Gewinn nach Vertrag; Verlust solidarisch	alle in gleicher Weise	Einkommensteuer, keine Vermögenssteuer
KG	mind. 2 (1 Komplementär; 1 Kommanditist)		Komplementär (Vollhafter); Kommanditist (Teilhafter mit Kapitaleinlage)	in angemessenem Verhältnis oder nach Vertrag	Komplementär allein; Kommanditist nur Einsichts- und Widerspruchsrecht	Einkommensteuer, keine Vermögenssteuer
AG	beliebig	mind. 100 000 DM	Gesellschaft mit Vermögen	Gewinnverwendung beschließt die Hauptversammlung; Verluste als Vortrag gebucht oder aus Rücklagen gedeckt	Vorstand, der vom Aufsichtsrat bestellt wird	Körperschaftsteuer, Vermögenssteuer
GmbH	beliebig	mind. 50 000 DM	Gesellschaft mit Vermögen	Gesellschafterversammlung beschließt über Gewinnverwendung; Verluste als Vortrag gebucht oder aus Rücklagen gedeckt	Geschäftsführer, den die Gesellschafterversammlung einsetzt	Körperschaftsteuer, Vermögenssteuer
Genossenschaft	beliebig		Genossenschaft mit Vermögen; Status kann Haftsumme festlegen	Generalversammlung beschließt über Gewinnverwendung; Verluste belasten Geschäftsguthaben der Mitglieder	Vorstand, von der Generalversammlung gewählt	Körperschaftsteuer, Vermögenssteuer
öffentliche Unternehmen	beliebig					Körperschaftsteuer

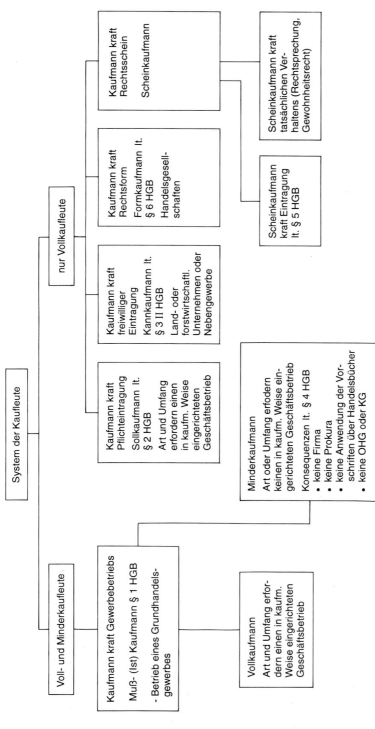

Bild D-2. System der Kaufleute

Grundvoraussetzung für die Kaufmannseigenschaft ist der Betrieb eines Handelsgewerbes. Erläuterungen im einzelnen hierzu:

Mußkaufmann gemäß § 1 HGB
Der Mußkaufmann betreibt ein *Grundhandelsgewerbe*. Der Betreiber ist allein durch den Betrieb dieses Grundhandelsgewerbes Kaufmann kraft Gesetzes. Die Eintragung in das Handelsregister hat nur erklärende *(deklaratorische)* Wirkung; die Eintragungspflicht des § 29 HGB gilt auch für den Mußkaufmann nach § 1 HGB.

Sollkaufmann gemäß § 2 HGB
Er betreibt kein Grundhandelsgewerbe. Das Unternehmen erfordert aber nach Art und Umfang einen *kaufmännisch eingerichteten Geschäftsbetrieb* mit Lagerhaltung, Buchführung usw. und nimmt entsprechend am Handelsleben teil. Die Eintragung hat für den Erwerb der Kaufmannseigenschaft rechtsbegründende *(konstitutive)* Bedeutung, d.h., daß der Gewerbetreibende erst mit der *Eintragung* in das Handelsregister Kaufmann im Sinne des HGB ist.

Kannkaufmann gemäß § 3 HGB
Dies gilt für land- und forstwirtschaftliche Haupt- oder Nebenbetriebe. Der Unterschied zu § 2 HGB liegt besonders darin, daß der Kannkaufmann über seine Eintragung frei entscheiden kann.

Kaufmann kraft Eintragung gemäß § 5 HGB
Wenn ein Gewerbe gemäß 5 HGB als Handelsgewerbe im Handelsregister eingetragen ist, wird der Gewerbetreibende als Kaufmann kraft gesetzlicher Zuordnung behandelt. Ein nicht im Handelsregister als Kaufmann eingetragener Gewerbetreibender als Scheinkaufmann kraft Rechtsscheins muß sich wie ein Kaufmann behandeln lassen, wenn er als solcher im Rechtsverkehr auftritt.

Formkaufmann gemäß § 6 HGB
Kraft der Rechtsform des Gewerbebetriebs liegt ein Handelsgewerbe immer bei *Handelsgesellschaften* vor. Diese werden ohne Rücksicht auf ihren Unternehmensgegenstand als Vollkaufleute behandelt; dabei handelt es sich um Gesellschaften, wie beispielsweise die GmbH, die AG, die OHG und die KG. Die OHG und die KG müssen aber ein Handelsgewerbe betreiben, während dies bei der GmbH und der Aktiengesellschaft nicht unbedingt nötig ist.

Minderkaufmann gemäß 4 HGB
Es liegt immer ein Grundhandelsgewerbe im Sinne von § 1 Abs. 2 HGB vor. Der Gewerbebetrieb ist jedoch so klein, daß er nach Art oder Umfang keinen in kaufmännischer Weise eingerichteten Geschäftsbetrieb erfordert.

D 2.1 Kaufmännisches Unternehmen

D 2.1.1 Kaufmannsbegriff und Kaufmannsarten

D 2.1.1.1 Handelsregister

Die Amtsgerichte führen die Handelsregister; sie sind ein Verzeichnis zur Beurkundung bestimmter, für den Handelsverkehr wesentlicher Tatsachen. Die Eintragungen haben vom Grundsatz her nur deklaratorische Wirkung, ausnahmsweise ist eine Eintragung aber auch Voraussetzung für die Entstehung von Rechten (§§ 2 und 3 HGB). Die Handelsregister sind öffentlich einsehbar (§ 9 Abs. 1 HGB).

D 2.1.1.2 Firma des Kaufmanns

Der Kaufmann muß seine Firma grundsätzlich unter seinem *Namen* betreiben und unterschreiben (§ 17 Abs. 1 HGB). Vorschriften, wie eine solche Firma zu bilden ist und wie die Bezeichnung der Firma zu wählen ist, damit sie einerseits eindeutig und klar ist, andererseits sich auch von anderen Firmen unterscheidet, enthalten die §§ 18 und 19 HGB. Zulässig ist aber auch eine gemischte Firma, das ist eine Kombination von Personennamen mit Unternehmensgegenstand.

D 2.1.1.3 Buchführung und Bilanz

Grundsätzlich sind alle Kaufleute zu *ordnungsgemäßer Buchführung* und zur Erstellung von *Bilanzen* verpflichtet.

D 2.1.1.4 Rechtsscheinhaftung

Gibt ein Kaufmann eine öffentliche Erklärung in handelsüblicher Weise ab und setzt damit einen zurechenbaren Rechtsschein, muß er sich von einem Dritten daran festhalten lassen. Hierunter fallen beispielsweise Zeitungsanzeigen, Rundschreiben sowie auch die Anmeldung zum Handelsregister. Genauso haftet aber der Kaufmann, der es in zurechenbarer Weise unterläßt, für die Beseitigung eines in seinen Angelegenheiten entstandenen falschen Rechtsscheins zu sorgen.

D 2.1.1.5 Kaufmännisches Unternehmen als Gegenstand des Rechtsverkehrs

Das kaufmännische Unternehmen nimmt als solches am Rechtsverkehr teil. Das heißt, es sind beispielsweise im Fall einer Veräußerung *Kaufverträge* abzuschließen und abzuwickeln, und zwar in analoger Anwendung der für das BGB geltenden Kaufvertragsvorschriften (§§ 433 ff.).

D 2.2 Kaufmännische Hilfspersonen

D 2.2.1 Prokura und Handlungsvollmacht

Prokura (§§ 48 ff. HGB)
Prokura ist die höchste Stufe der Vollmacht, da sie vom Umfang her zu *allen Arten* von *gerichtlichen und außergerichtlichen Geschäften und Rechtshandlungen* berechtigt, die der Betrieb eines Handelsgewerbes mit sich bringt (§ 49 HGB). Dieser Umfang kann im Außenverhältnis Dritten gegenüber nicht beschränkt werden (§ 50 HGB). Die Prokura kann nur der Inhaber eines Handelsgeschäfts oder seinem gesetzlichen Vertreter ausdrücklich erteilen. Es sind nur betriebsbezogene Geschäfte und Rechtshandlungen allumfassend gestattet; betriebsfremde Handlungen sind hiervon nicht erfaßt. Eine Einschränkung beim Verkauf und der Belastung von Grundstücken ist gesetzlich vorgesehen (§ 49 Abs. 2 HGB). Die Prokura kann man nicht übertragen (§ 52 Abs. 2 HGB); sie ist bei der Erteilung und beim Widerruf zum Handelsregister anzumelden und einzutragen (§ 53 Abs. 1 und 3 HGB). Der Prokurist muß mit einem Zusatz zu seinem Namen unterschreiben, durch den die Inhaberschaft einer Prokura erkennbar wird („ppa", § 51 HGB).

Handlungsvollmacht (54 ff., HGB)
Das Gesetz kennt in § 54 drei verschiedene Arten der Handlungsvollmacht: die *Generalvollmacht* für alle damit zusammenhängenden Geschäfte, die zum Betrieb eines Handelsgewerbes gehören; die *Artvollmacht* zur Vornahme einer bestimmten zu einem Handels-

geschäft gehörigen Art von Geschäften und die *Einzelvollmacht* zur Vornahme einzelner, konkreter zu dem Handelsgewerbe gehörenden Geschäfte. Auch der Handlungsbevollmächtigte hat seine Unterschrift mit einem Zusatz zu versehen, die das Vollmachtsverhältnis zum Ausdruck bringt („i.v.", § 57 HGB).

D 2.2.2 Ladengeschäft und Warenlager (§ 56 HGB)

Ein Sonderfall bedeutet die Regelung in § 56 HGB. Danach gilt der *Angestellte in einem Laden oder in einem offenen Warenlager* als zu Verkäufen und Empfangnahmen ermächtigt, die in einem derartigen Laden oder Warenlager gewöhnlich geschehen.

D 2.2.3 Handlungsgehilfe (§ 59 ff. HGB)

Handlungsgehilfen sind *Hilfspersonen* nach § 59 HGB, die unselbständig kaufmännische Dienste gegen Entgelt verrichten (Angestellte). In den § 59 ff. HGB sind die Rechte und Pflichten der Handlungsgehilfen geregelt. Der Handlungsgehilfe darf ohne Einwilligung seines Arbeitgebers weder ein Handelsgewerbe betreiben, noch in der gleichen Branche für eigene oder fremde Rechnung Geschäfte machen (§ 60 HGB). Nach Beendigung des Arbeitsverhältnisses ist der Handlungsgehilfe nicht mehr an Wettbewerbsbeschränkungen gebunden, es sei denn, es wurde mit ihm ein sogenanntes nachvertragliches Wettbewerbsverbot gemäß § 74 ff. HGB vereinbart. Diese Vereinbarung muß schriftlich erfolgen. Ein vom Unternehmer unterzeichnetes Vertragsexemplar muß dem Handlungsgehilfen ausgehändigt werden, und die maximale Dauer nach Beendigung des Arbeitsverhältnisses ist auf zwei Jahre beschränkt. Für diesen Zeitraum ist eine Entschädigung in Höhe von mindestens 50% des zuletzt bezahlten Gehalts an den Handlungsgehilfen zu entrichten.

D 2.2.4 Handelsvertreter (§ 84 ff. HGB)

Der Handelsvertreter ist als *selbständiger Gewerbetreibender* damit betraut, für einen Unternehmer Geschäfte zu vermitteln *(Vermittlungsvertreter)* oder aber in dessen Namen abzuschließen *(Abschlußvertreter)*. Selbständig ist, wer im wesentlichen frei seine Tätigkeit gestalten und seine Arbeitszeit bestimmen kann. Das HGB befaßt sich in den §§ 84 ff. ausschließlich mit dem Verhältnis zwischen dem Kaufmann und dem Handelsvertreter. Insbesondere sind geregelt der *Provisionsanspruch* (§ 87 a HGB), die *Höhe der Provision* (§ 87 b HGB), der *Aufwendungsersatzanspruch* (§ 87 d HGB), des weiteren ein *Zurückbehaltungsrecht* und der *Ausgleichsanspruch* (§§ 88 a, 89 b HGB). Weiter regelt das Gesetz auch die Pflichten des Handelsvertreters selbst (§ 86 Abs. 1, 2 und 3 HGB), Geschäfts- und Betriebsgeheimnisse sind zu wahren, und er unterliegt während seiner Tätigkeit einem Wettbewerbsverbot nach §§ 90, 90 a HGB. Abweichende Vereinbarungen sind zulässig für das Ausland außerhalb der europäischen Gemeinschaft (EG).

D 2.3 Handelsgeschäfte

Nach der gesetzlichen Definition in § 343 Abs. 1 HGB sind alle Geschäfte eines Kaufmanns, die zum *Betrieb* seines Handelsgewerbes gehören, Handelsgeschäfte. Im Zweifelsfall bestimmt § 344 Abs. 1, daß eine gesetzliche Vermutung für ein solches Handelsgeschäft besteht. Rein private Geschäfte des Kaufmanns, beispielsweise für sich und seine Familie, fallen jedoch nicht unter die Vorschriften des HGB. Grundsätzlich gelten die Normen des HGB schon bei einseitigen Handelsgeschäften (§ 345 HGB), soweit sich nicht aus dem Gesetz etwas anderes ergibt. Dies ist immer dann der Fall, wenn das Gesetz die Geltung einer Vorschrift auf beiderseitige Handelsgeschäfte beschränkt, so beispielsweise die Vereinbarung eines bestimmten Gerichts als Prozeßstand (§ 52 ZPO), beim kaufmännischen Zurückbehaltungsrecht nach § 369 HGB oder der sofortigen Rügepflicht nach § 377 HGB. Bei einseitigen Handelsgeschäften ordnet das Gesetz aber an, daß auf seiten der belasteten Partei ein Handelsgeschäft vorliegen muß, beispielsweise §§ 347 bis 350, 363 HGB.

Handelsgeschäfte können grundsätzlich ebenso wie private Rechtsgeschäfte mündlich abgeschlossen werden. Ausnahmen sind nur dann nötig, wenn das Gesetz diese zwingend vorschreibt, beispielsweise die Form der notariellen Beurkundung bei Grundstücks An- und Verkäufen (§ 313 BGB). Anders als im BGB kann sich ein Kaufmann aber mündlich verbürgen oder ein Schuldanerkenntnis abgeben (§ 350 HGB).

Während im normalen Geschäftsverkehr unter Privatleuten nach den Regeln des BGB das Schweigen einer Partei ein Nichts bedeutet, gibt es für den Kaufmann den Fall des „Schweigens auf ein kaufmännisches Bestätigungsschreiben". Voraussetzungen sind:

- *Vertragsverhandlungen* haben stattgefunden, die tatsächlich oder vermeintlich zu einem Vertragsabschluß führten;

- das *Bestätigungsschreiben* muß unmittelbar nach den Vertragsverhandlungen abgesandt werden;

- der Absender muß nicht notwendigerweise ein Kaufmann sein, da zu seinen Lasten keine Rechtswirkungen eintreten. Es genügt vielmehr, daß er einem Kaufmann ähnlich am Geschäftsleben teilnimmt und erwarten kann, daß der Empfänger ihm gegenüber nach kaufmännischer Sitte verfahren wird;

- der Empfänger muß grundsätzlich ein Kaufmann sein. Schweigt der Empfänger und widerspricht nicht unverzüglich (§ 121 BGB), ist der Absender schutzwürdig und das Geschäft kommt im Sinne des Bestätigungsschreibens zustande, wenn keine Überraschungsklauseln auftauchen.

Auch Kaufleute müssen die richtige Leistung am richtigen Ort zur rechten Zeit erbringen. Bei allgemeinen Waren haben Kaufleute Handelsgut mittlerer Art und Güte zu leisten (§ 360 HGB). § 358 HGB bestimmt bezüglich der Leistungszeit, daß die Leistungen nur während der normalen Geschäftszeit gefordert und erbracht werden können. Nach § 347 HGB wird die Sorgfalt eines ordentlichen Kaufmanns erwartet. Zusätzlich werden die gesetzlichen Bestimmungen des allgemeinen und besonderen Schuldrechts über den Kauf durch die §§ 373 ff. HGB ergänzt:

Rügepflicht (§ 377 HGB)
Ist der Kauf für beide Teile ein Handelsgeschäft, so hat der Käufer die Ware unverzüglich, d.h. ohne schuldhaftes Zögern (§ 121 BGB), zu untersuchen und etwa vorhandene Mängel zu rügen (§ 377, Abs. 1 HGB). Hat der Käufer die rechtzeitige Rüge versäumt, so gilt nach § 377 Abs. 2 HGB auch mangelhafte Ware als genehmigt, womit sämtliche Gewährleistungsansprüche entfallen. Nach § 378 HGB gilt dies auch für Mengenabweichungen.

Fixhandelskauf (§ 376 HGB)
Im Unterschied zum Fixgeschäft des § 361 BGB hat der Gläubiger in jedem Fall ein *Rücktrittsrecht* und kann ohne Nachfristsetzung bei Verzug Schadenersatz wegen Nichterfüllung verlangen.

Annahmeverzug (§ 374 HGB)
Es bleiben grundsätzlich die Rechtsfolgen der §§ 293 ff. BGB unberührt. Der Verkäufer erhält aber grundsätzlich das Recht, die Ware auf Gefahr und Kosten des Käufers zu hinterlegen oder sie im Selbsthilfekauf zu verwerten (§ 373 HGB). Die Einzelheiten sind in den §§ 369 ff. HGB geregelt.

Bestimmungskauf (Spezifikationshandelskauf)
Hat sich der Käufer beim Kauf einer beweglichen Sache die nähere Bestimmung beispielsweise über Form und Maß in bezug auf den Kaufgegenstand vorbehalten, so hat er die Verpflichtung, die vorbehaltene Bestimmung zu treffen (§ 375 Abs. 1 HGB). Im Fall der Nichterfüllung kann der Verkäufer (Gläubiger) *Rücktritt* (§ 375 Abs. 2 HGB) und Schadenersatz wegen Nichterfüllung (§ 326 BGB) verlangen. Zusätzlich ist der Verkäufer aber auch berechtigt, anstelle des Käufers die Bestimmung selbst vorzunehmen.

D 2.4 Personengesellschaften

D 2.4.1 Gesellschaft des Bürgerlichen Rechts nach §§ 705 ff. BGB

Alle Gesellschafter haben die gleichen Rechte und Pflichten (Abschn. D 1). Der Gesellschaftsvertrag kann mündlich geschlossen werden. In Ausnahmefällen ist die Schriftform oder die notarielle Beurkundung (Grundstückseinbringung) gesetzlich vorgesehen. Die meisten Vorschriften der §§ 705 ff. BGB sind frei veränderbar. Von Bedeutung sind die *Beitragspflicht,* die *Geschäftsführungspflicht,* die *Treuepflicht,* das *Gesamthandsvermögen* aber auch die *gemeinsame Haftung* für Gesellschaftsschulden. Gesamthandsvermögen bedeutet, daß kein Gesellschafter alleine über das Gesamtvermögen oder über seinen Anteil am Gesellschaftsvermögen, den er erbracht hat, frei verfügen kann; nur alle Gesellschafter gemeinsam können im Sinne des § 719 BGB verfügen. Aus Verpflichtungen aus Rechtsgeschäften der Gesellschaft haften alle Gesellschafter unmittelbar in voller Höhe mit ihrem gesamten Privatvermögen. Das Gesetz sieht einen Gesellschafterwechsel nicht vor, sondern bestimmt, daß im Zweifelsfall die Gesellschaft mit dem Tod oder Ausscheiden eines Gesellschafters endet (§ 727 BGB). Die Beendigung der Gesellschaft vollzieht sich in zwei Abschnitten:

- der erste Abschnitt ist die Auflösung der Gesellschaft (z. B. Kündigung, Zweckerreichung, Tod eines Gesellschafters);

- der zweite Abschnitt ist die Auseinandersetzung, auch Liquidation genannt, mit den Aufgaben, die Gläubiger zu befriedigen und das restliche Vermögen unter den Gesellschaftern zu verteilen.

D 2.4.2 Offene Handelsgesellschaft (OHG)

Bei der OHG ist der angestrebte gemeinsame Zweck der Betrieb eines vollkaufmännischen Handelsgewerbes. Die Gesellschaft muß eine gemeinschaftliche Firma haben und die Gesellschaft kann unter dieser Firma Rechte erwerben und Verbindlichkeiten eingehen sowie vor Gerichten klagen und verklagt werden. Die OHG ist wie die BGB-Gesellschaft eine Personenhandelsgesellschaft und außerdem eine Gesamthandsgemeinschaft.

Absolut zu trennen ist das Verhältnis der Gesellschafter untereinander (Innenverhältnis, §§ 109 ff. HGB) und das Verhältnis der Gesellschaft nach außen, also gegenüber Dritten (§§ 124 ff. HGB). Im Innenverhältnis ist auf das *Wettbewerbsverbot* der Gesellschafter gegeneinander gemäß §§ 112, 113 HGB hinzuweisen, ebenso auf die *Einzelgeschäftsführung* (§§ 114 ff. HGB) und das *Widerspruchsrecht* nach § 115 HGB. Im Außenverhältnis haften alle Gesellschafter Gläubigern gegenüber unabhängig von der Gewinn- und Verlustverteilung in voller Höhe mit ihrem gesamten Privatvermögen unbeschränkbar (§ 128 HGB). Auch die OHG wird in zwei Schritten, nämlich durch Auflösung und durch Auseinandersetzung (Liquidation), beendet.

D 2.4.3 Die Kommanditgesellschaft (KG, §§ 161 ff. HGB)

Die KG ist grundsätzlich der OHG nachgebildet. Die *Haftung* gegenüber den Gesellschaftsgläubigern ist bei den Kommanditisten auf den Betrag einer *bestimmten Vermögenseinlage* beschränkt, der Komplementär haftet aber voll und unbeschränkbar. Die Kommanditisten sind von der Geschäftsführung ausgeschlossen, haben aber umfangreiche Kontrollrechte, wie Informations- und Prüfungsrechte (§ 166 HGB); sie können widersprechen, und ihnen ist die für Personengesellschaften typische Treuepflicht auferlegt. Sie sind von dem für persönlich haftende Gesellschafter geltenden Wettbewerbsverbot des § 112 HGB ausgenommen (§ 165 HGB). Dagegen ist § 170 HGB, wonach der Kommanditist von der Vertretung der Gesellschaft nach außen hin ausgeschlossen ist, zwingendes, das heißt nicht abänderbares Recht.

D 2.4.4 Gesellschaft mit beschränkter Haftung (GmbH) & Co KG

Diese Gesellschaftsform bedeutet, daß bei einer KG eine GmbH zum einzigen persönlich haftenden Gesellschafter gemacht wird. Dies bringt folgende Vorteile mit sich:

- da bei der GmbH (als persönlich haftende Gesellschafterin) den Gläubigern gegenüber nur das Gesellschaftsvermögen für die Verbindlichkeiten der Gesellschaft haftet, haftet soweit die Kommanditisten ihre Einlage geleistet haben, kein Gesellschafter der KG mit seinem Privatvermögen. Der sonst vollhaftende Komplementär ist die in der Haftung beschränkte GmbH;

- da auf die GmbH selbst das GmbH-Recht Anwendung findet, können auch Nicht-Gesellschafter Geschäftsführer sein. Deshalb kann bei einer KG dieser Ausgestaltung die wirkliche Geschäftsführung in Händen von Personen liegen, die weder Gesellschafter der KG, noch der GmbH sind.

D 2.4.5 Stille Gesellschaft

Als weitere Gesellschaftsform gibt es noch die *stille Gesellschaft* nach § 230 Abs. 1 HGB. Hierbei handelt es sich um eine reine Innengesellschaft, d. h., ein Gesellschafter betreibt das Handelsgewerbe allein und ausschließlich; dieser Gesellschafter wird aus allen im Betrieb geschlossenen Geschäften berechtigt und verpflichtet (§ 230 Abs. 2 HGB). Trotzdem muß er mit den übrigen stillen Gesellschaftern, die Kapital zur Verfügung gestellt haben, den Gewinn sowie Verlust der Gesellschaft laut Gesellschaftsvertrag teilen. Ebenso bestehen Kontrollansprüche (§§ 231, 233 HGB).

D 2.5 Kapitalgesellschaften

D 2.5.1 Gesellschaft mit beschränkter Haftung (GmbH)

Die GmbH ist eine juristische Person, hat aber noch Ähnlichkeiten mit Personengesellschaften. Die näheren Einzelheiten über den Gesellschaftsvertrag (§ 3 GmbH-Gesetz – Mindestinhalt), die Entstehung der GmbH mit der Gründerhaftung (§§ 9 und 11 GmbH-Gesetz), dem Minderheitenschutz (§ 50 Abs. 1 GmbH-Gesetz) sowie der Vererblichkeit des GmbH-Anteils (§ 15 Abs. 1 GmbH-Gesetz) sind vom Gesetz zwingend vorgeschrieben. Grundsätzlich haftet die GmbH ausschließlich mit ihrem *Grundkapital* (Stammkapital). Eine sogenannte Durchgriffshaftung auf die Gesellschafter mit deren Privatvermögen in Einzelfällen kommt aber immer nur dann in Betracht, wenn eine GmbH aufgrund betrügerischer Manipulationen von Gesellschaftern zahlungsunfähig wird oder unterkapitalisiert ist.

D 2.5.2 Aktiengesellschaft (AG)

Die AG ist eine juristische Person, für deren Verbindlichkeiten nur das Gesellschaftsvermögen haftet. Man unterscheidet *majorisierte* AG's (die Mehrheit der Aktien wird von einer kleinen Anzahl von Personen gehalten) und sogenannte *Publikumsgesellschaften* mit einer Vielzahl von Aktionären. Das Grundkapital ist in Aktien zerlegt. Eine Kapitalerhöhung ist durch eine Satzungsänderung möglich, ebenso eine Kapitalherabsetzung, allerdings zur Sicherung der Gläubiger nicht unter die Höhe des Grundkapitals. Die *Gründung* der AG ist im Gesetz geregelt (§ 23 Aktiengesetz (AktG): Abschluß eines Vertrags von mindestens fünf Personen in notarieller Form). Die *Satzung* muß einen gesetzlich geregelten bestimmten Mindestinhalt haben. Eine Änderung der Satzung ist nur durch Beschluß der Hauptversammlung möglich (§ 179 AktG). Die Organe der AG sind:

Der *Vorstand,* § 76 AktG, hat die Leitung der AG, vertritt die Gesellschaft gerichtlich und außergerichtlich und haftet gegenüber der Gesellschaft intern (§ 93 AktG).

Der *Aufsichtsrat* ist das eigentliche Kontrollorgan der AG; § 84 AktG regelt die Bestellung und Abberufung des Vorstands durch den Aufsichtsrat, § 111 AktG die Aufgaben und Rechte des Aufsichtsrats, § 90 AktG die Berichte an den Aufsichtsrat.

Die *Hauptversammlung* hat bestimmte Entscheidungsrechte (vgl. § 119 AktG); sie handelt durch Beschlüsse (§ 133 AktG); dabei wird das Stimmrecht nach Nennbeträgen der Aktien ausgeübt. Die Regularien über die Durchführung der Hauptversammlung und Wahlen der Aufsichtsratsmitglieder sind im Aktiengesetz geregelt. Der Aktienanteilseigner hat folgende Rechte:

- *Dividendenrecht,*

- Anspruch auf den Anteil, der dem Aktionär im Fall der *Liquidation* der Gesellschaft an dem nach der Liquidation noch vorhandenen Vermögen der Gesellschaft bleibt,

- *Recht und Teilnahme an der Hauptversammlung,*

- *Auskunftsrecht,*

- Recht unter gewissen Voraussetzungen, die *Einberufung* der Hauptversammlung verlangen zu können

- sowie das Recht, die Hauptversammlung *anfechten* zu können.

Letztlich sieht das Aktiengesetz einen *Minderheitenschutz* vor, um zu verhindern, daß sich die Mehrheit auf Kosten der Minderheit bereichert.

D 3 Arbeitsrecht

D 3.1 Begriff, Bedeutung und Entwicklung des Arbeitsrechts

Das Arbeitsrecht ist diejenige rechtliche Ordnung, welche die Regeln für die Leistung abhängiger Arbeit festlegt.

Die Arbeitnehmer sind aufgrund eines privatrechtlichen Vertrags oder eines ihm gleichgestellten Rechtsverhältnisses im Dienste eines anderen diesem zur Arbeit nach bestimmten Weisungen verpflichtet (sogenanntes *Direktionsrecht* des Arbeitgebers). In der Regel stehen sie auch in einem besonderen wirtschaftlichen und sozialen Abhängigkeitsverhältnis zum Arbeitgeber (Bild D-3).

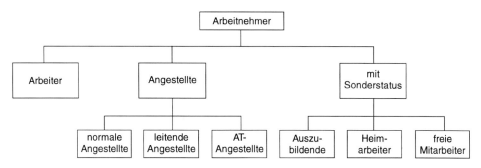

Bild D-3. Einteilung der Arbeitnehmer

Leitende Angestellte sind neben Arbeitern und Angestellten ebenfalls Arbeitnehmer. Sie befinden sich allerdings oftmals in einem gewissen Interessengegensatz zu den übrigen Arbeitnehmern. Für sie gelten deshalb einige Besonderheiten. Im allgemeinen wird als leitender Angestellter angesehen, wer *Arbeitgeberfunktionen* in einer Schlüsselstellung ausübt, d. h. im wesentlichen selbständig und verantwortlich den Betrieb, einen bedeutenden Betriebsteil oder einen wesentlichen Aufgabenbereich leitet.

Von den leitenden Angestellten sind die *außertariflichen Angestellten* (AT-Angestellte) zu unterscheiden. Darunter werden solche Angestellte verstanden, die, meist in leitender Stellung, entweder nach dem Willen der Tarifvertragsparteien aus dem Geltungsbereich eines Tarifvertrages herausgenommen sind oder denen durch Arbeitsvertrag dieser besondere Status zuerkannt wurde.

Nicht zu den Arbeitnehmern im eigentlichen Sinne gehören die *Auszubildenden* (Azubi) sowie die arbeitnehmerähnlichen Personen, also vor allem die in *Heimarbeit* Beschäftigten und die *freien Mitarbeiter*. Auf sie finden aber ergänzend eine Reihe von arbeitsrechtlichen Vorschriften Anwendung.

Das Arbeitsrecht ist zum überwiegenden Teil *Privatrecht*. Dies gilt besonders für die Bestimmungen, die das Verhältnis zwischen Arbeitgeber und Arbeitnehmer regeln. Hier handelt es sich nämlich um Rechtsbeziehungen zwischen grundsätzlich gleichgestellten Personen. Damit das Arbeitsrecht aber nicht dem freien Spiel der Kräfte ausgesetzt ist, enthält es auch Bestimmungen, in denen der Staat dem Arbeitgeber bestimmte Pflichten auferlegt, deren Einhaltung er überwachen läßt (z.B. durch die Gewerbeaufsichtsämter) und notfalls durch Zwangsmaßnahmen für die Durchsetzung sorgt. Es handelt sich dabei um *Schutzbestimmungen* zugunsten der beschäftigten Arbeitnehmer, wie die Arbeitszeitordnung sowie das Mutterschutz- und Jugendarbeitsschutzgesetz.

Die *Bedeutung des Arbeitsrechts* zeigt sich schon darin, daß allein in den alten Bundesländern von ca. 29 Mio Erwerbstätigen etwa 26 Mio sozialversicherungspflichtig beschäftigte Arbeitnehmer sind. Für sie regelt das Arbeitsrecht nicht nur ihre materielle Existenzgrundlage. Es gestaltet nämlich auch die Bedingungen, unter denen die Arbeitnehmer einen erheblichen Teil ihres täglichen Daseins verbringen. Das Arbeitsrecht ist somit von entscheidender Bedeutung schlechthin und zählt deshalb zu den wichtigsten Rechtsgebieten überhaupt.

D 3.2 Arbeitsgerichtliches Verfahren

Entsprechend der Eigenständigkeit des Arbeitsrechts ist die *Arbeitsgerichtsbarkeit* ein selbständiger Zweig der Rechtspflege. Er findet seine Grundlage im Arbeitsgerichtsgesetz und weist gewisse Besonderheiten auf. Die Arbeitsgerichte unterscheiden sich von den ordentlichen Zivilgerichten vor allem dadurch, daß in allen Instanzen nicht allein *Berufsrichter* entscheiden, sondern *Laienrichter* (Arbeitsrichter) aus Kreisen der Arbeitgeber und der Arbeitnehmer gleichberechtigt beteiligt sind.

Außerdem besteht eine Reihe von Besonderheiten für das Verfahren. Die Arbeitsgerichtsbarkeit ist *dreistufig* aufgebaut. Dabei entscheidet das *Arbeitsgericht* als 1. Instanz und das *Landesarbeitsgericht* in 2. Instanz in der Besetzung mit einem Berufsrichter als Vorsitzendem und 2 ehrenamtlichen Richtern aus Kreisen der Arbeitnehmer und Arbeitgeber. Die 9 Senate des *Bundesarbeitsgerichts (BAG)* in Kassel als 3. Instanz bestehen aus 3 Berufsrichtern und wiederum 2 ehrenamtlichen Richtern. Dabei sind die Gerichte in jeder Lage des Verfahrens angehalten, eine gütliche Entscheidung herbeizuführen. Dies ist mit der Grund, warum die meisten Fälle vor dem Arbeitsgericht durch Vergleich beendet werden.

Um dem Arbeitnehmer den Gang zum Arbeitsgericht zu erleichtern, ist das Verfahren billiger im Vergleich zu anderen Gerichtsverfahren. Auch kann sich jeder bei dem Arbeitsgericht beraten lassen (Rechtsantragsstelle) bis hin zur Unterstützung bei der Klageerhebung.

D 3.3 Rechtsquellen des Arbeitsrechts

Nach wie vor gibt es kein einheitliches Arbeitsrechtsgesetz. Es ist vielmehr eine nicht unerhebliche Zersplitterung festzustellen. Schematisch ergibt sich für die Quellen des Arbeitsrechts folgendes Bild (Bild D-4).

Dabei ist das *Grundgesetz* die oberste Rechtsquelle. Alle anderen Rechtsquellen sind daran zu messen.

Das sogenannte *Richterrecht* spielt eine sehr wichtige Rolle. So geht es immer wieder im Einzelfall um die Auslegung von Gesetzen und Verträgen, die ungenau formuliert sind oder sogenannte unbestimmte Rechtsbegriffe aufweisen, wie „zumutbar", „erforderlich", „nach billigem Ermessen" oder „vertrauensvolle Zusammenarbeit".

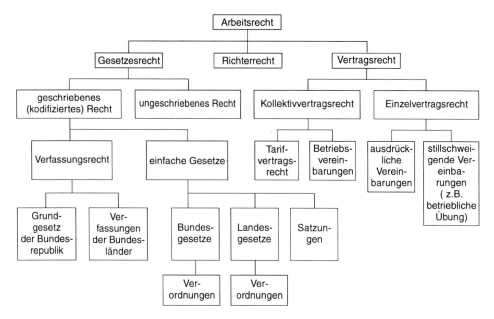

Bild D-4. Einteilung des Arbeitsrechts nach *G. Meisel*

Das heutige Arbeitsrecht ist ohne die *Tarifautonomie* und ohne die daraus entsprungenen *Tarifverträge* nicht denkbar. Kraft Gesetzes gelten die Tarifverträge nur dann, wenn beide Seiten Mitglied der Tarifvertragsparteien sind. Darüber hinaus gelten die Tarifverträge,

- wenn sie für allgemeinverbindlich erklärt worden sind;
- bei einem entsprechenden Hinweis im Vertrag;
- bei einer einseitigen Erklärung des Arbeitgebers, z.B. durch Betriebsaushang;
- wenn sich der Arbeitgeber über eine gewisse Zeit daran hält (Geltung kraft Gewohnheitsrecht, betrieblicher Übung).

Da in einem Betrieb im allgemeinen nur ein einziger Tarifvertrag zur Anwendung kommt, untersteht beispielsweise auch ein Maurer in einem Betrieb der Metallindustrie dem entsprechenden Metalltarifvertrag.

Von den Bestimmungen des Tarifvertrags kann zum Nachteil der Arbeitnehmer nur dann abgewichen werden, wenn dies durch den Tarifvertrag gestattet ist *(tarifvertragliche Öffnungsklausel)* oder wenn es sich um eine günstigere Regelung handelt.

Das *Gesetzesrecht* geht, soweit es nicht eine andere vertragliche Regelung zuläßt, dem Vertragsrecht vor. Danach kann der Arbeitnehmer in der Regel vertraglich besser gestellt werden als es das Gesetz vorsieht, jedoch nicht schlechter.

Die bedeutsamsten arbeitsrechtlichen Gesetze sind nach Rechtsgebieten geordnet folgende:

Arbeitsvertragsrecht
Beschäftigungsförderungsgesetz (BeschFG),
Bürgerliches Gesetzbuch (BGB), §§ 145 ff, 611–630,
Bundesurlaubsgesetz (BUrlG),

Gesetz über die Fristen für die Kündigung von Angestellten (AnKG),
Gesetz zur Regelung der Lohnzahlung an Feiertagen (FLG),
Gesetz über Arbeitnehmererfindungen (ArbNErfG)
Gesetz zur Verbesserung der betrieblichen Altersversorgung (BetrAVG),
Gewerbeordnung (GewO) ab § 105,
Handelsgesetzbuch (HGB), §§ 59–83,
Kündigungsschutzgesetz (KSchG),
Lohnfortzahlungsgesetz (LohnFG),
Arbeitsplatzschutzgesetz (ArbPlSchG),
Arbeitssicherheitsgesetz (ArbSichG),
Arbeitszeitordnung (AZO),
Arbeitnehmerüberlassungsgesetz (AÜG),
Bundeserziehungsgeldgesetz (BErzGG),
Hausarbeitstagsgesetze (HATG) der Länder,
Heimarbeitsgesetz (HAG),
Jugendarbeitsschutzgesetz (JArbSchG),
Mutterschutzgesetz (MuschG),
Schwerbehindertengesetz (SchwbG),
Zivilprozeßordnung (ZPO), §§ 850 bis 850 h (Lohnpfändung),

Tarifrecht
Tarifvertragsgesetz (TVG).

Betriebs- und Unternehmensverfassungsrecht
Betriebsverfassungsgesetz (BetrVG),
Montan-Mitbestimmungsgesetz,
Montan-Mitbestimmungsergänzungsgesetz,
Mitbestimmungsgesetz,
Betriebsverfassungsgesetz 1952, §§ 76 bis 77 a, 81, 85 und 87.

Berufsbildung
Berufsbildungsgesetz (BBiG).

Arbeitsgerichtsbarkeit
Arbeitsgerichtsgesetz (ArbGG),
Zivilprozeßordnung (ZPO),
Gerichtsverfassungsgesetz (GVG).

D 3.4 Arbeitsvertragsrecht

D 3.4.1 Vor dem Vertragsabschluß

Nach § 611 b BGB soll ein Arbeitsplatz *geschlechtsneutral ausgeschrieben* werden. Es handelt sich zwar nur um eine Soll-Vorschrift, gleichwohl ist im Falle der Nichteinhaltung mit verschiedenen Nachteilen für den Arbeitgeber zu rechnen.

Der Betriebsrat kann nach § 93 BetrBVG die Ausschreibung von zu besetzenden Arbeitsplätzen verlangen.

Nach § 94 BetrVG bedürfen *Personalfragebogen* der Zustimmung des Betriebsrats. Dabei unterliegt das Fragerecht des Arbeitgebers – ebenso wie beim Vorstellungsgespräch – gewissen rechtlichen Grenzen. Nur zulässige Fragen müssen wahrheitsgemäß und vollständig beantwortet werden. Nur die unwahre Beantwortung rechtlich zulässiger Fragen kann den Arbeitgeber zur Anfechtung des abgeschlossenen Arbeitsvertrags nach §123 BGB berechtigen mit der Folge der sofortigen Auflösung. Zulässig sind Fragen des Arbeitgebers, an deren Beantwortung er wegen des zu begründenden Arbeitsverhältnisses ein berechtigtes, billigenswertes und schutzwürdiges Interesse hat. So sind Fragen zulässig nach der fachlichen und persönlichen Eignung, nach dem Bestehen eines Wettbewerbsverbots und der Schwerbehinderteneigenschaft. Unzulässig ist neuerdings die Frage nach einer Schwangerschaft.

Ohne entsprechende Fragen hat ein Arbeitnehmer von sich aus nur solche Tatsachen zu offenbaren, die ihn für die ausgeschriebene Stelle schlechthin als geeignet erscheinen lassen.

Der Arbeitgeber ist zum Ersatz der *Vorstellungskosten* in angemessenem Umfange verpflichtet, wenn er einen Bewerber zur Vorstellung auffordert und die Bezahlung nicht von vornherein ausschließt.

Nach §99 BetrVG ist der Betriebsrat vor jeder Einstellung zu unterrichten. Ihm sind die Bewerbungsunterlagen vorzulegen. Seine Zustimmung zur Einstellung ist einzuholen. Nachdem der Betriebsrat allerdings die Zustimmung nur aus wenigen im Gesetz genannten Gründen innerhalb einer Woche verweigern kann, steht dem Betriebsrat in Wahrheit kein echtes Mitbestimmungsrecht zu.

D 3.4.2 Abschluß des Arbeitsvertrags

Der Arbeitsvertrag ist der privatrechtliche Vertrag nach §§611 bis 630 BGB. Für den normalen Arbeitsvertrag ist gesetzlich keine Form vorgeschrieben. Tarifverträge verlangen allerdings zunehmend eine Schriftform. Für den Arbeitsvertrag gilt der Grundsatz der Vertragsfreiheit, eingeschränkt durch Gesetze, Tarifverträge und Betriebsvereinbarungen.

In der Praxis werden die schriftlichen Arbeitsverträge in gewissem Umfange unterschiedlich gestaltet. Hilfen für eine Formulierung bieten die entsprechende Literatur und Muster-Arbeitsverträge. Der Umfang des Arbeitsvertrages steigt in der Regel mit der Höhe der innerbetrieblichen Stellung. Wesentliche Punkte für einen Arbeitsvertrag sind:

- Tätigkeitsbeschreibung,
- persönliche Arbeitszeit,
- Entlohnungsgrundsatz,
- Höhe des Lohns und seine Zusammensetzung, einschließlich Zulagen,
- Geltung von Tarifverträgen und Betriebsvereinbarungen.

Die Tätigkeitsbeschreibung ist für die Arbeitspflicht des Arbeitnehmers entscheidend und korrespondierend damit für das einseitige Weisungsrecht (Direktionsrecht) des Arbeitgebers. Üblich sind Umsetzungs- oder Versetzungsvorbehalte, zulässig allerdings nur in einem im Einzelfall festzustellenden zumutbaren Rahmen.

D 3.4.3 Pflichten aus dem Arbeitsvertrag

Als Hauptpflicht entsteht für den Arbeitnehmer die Pflicht, *abhängige Dienste zu leisten* und für den Arbeitgeber die Pflicht, das *vereinbarte Arbeitsentgelt* zu zahlen. Daneben treten die *Treuepflicht* des Arbeitnehmers und die *Fürsorgepflicht* des Arbeitgebers in verschiedenen Ausgestaltungen als wichtigste Nebenpflichten aus dem Arbeitsverhältnis.

D 3.4.4 Beendigung des Arbeitsverhältnisses

Das Arbeitsverhältnis endet mit dem Tod des Arbeitnehmers, mit dem Ablauf einer zulässigen Befristung, durch Beendigungsvertrag, Anfechtung oder Kündigung. In der Praxis kommen dem Beendigungsvertrag und der Kündigung besondere Bedeutung zu.

Beim *Beendigungsvertrag* (Aufhebungsvertrag) einigen sich Arbeitgeber und Arbeitnehmer, das Arbeitsverhältnis zu einem bestimmten Zeitpunkt aufzulösen. Meist wird dabei die Zahlung einer Abfindung vereinbart, die in bestimmten Grenzen steuerfrei sein kann. Die Schriftform ist zu empfehlen. Das Kündigungsschutzgesetz findet keine Anwendung. Für den Normalfall empfiehlt es sich, die ordentliche Kündigungsfrist einzuhalten.

Die *Kündigung* führt für den Arbeitnehmer zum Verlust des Arbeitsplatzes. Aus dem Gedanken des Arbeitnehmerschutzes folgt deshalb, daß normalerweise vor einer Kündigung andere, weniger einschneidende Mittel zu überprüfen sind. Als solche kommen besonders in Betracht:

- vorherige Gespräche mit dem Arbeitnehmer,
- Abmahnung oder Verwarnung,
- Kürzung von Zulagen, übertariflicher und tariflicher Art,
- Versetzung oder Umsetzung,
- Änderungskündigung auf einen anderen Arbeitsplatz.

Dabei kommt nach der Rechtsprechung einer *Abmahnung* eine besondere Bedeutung zu. Sie muß in vielen Fällen, besonders bei einer Kündigung, die ihren Grund im Leistungsbereich oder im Verhalten des Arbeitnehmers hat, einer Kündigung vorausgehen. Sie hat – mündlich oder noch besser schriftlich – die Beanstandungen zu enthalten und letztlich auch den Hinweis auf eine Kündigung für den Fall der Wiederholung. Bei einer unberechtigten Abmahnung kann auf Streichung bzw. Entfernung aus der Personalakte geklagt werden.

Für den Arbeitnehmer ist die Kündigung jederzeit und ohne besondere Gründe unter Einhaltung seiner Kündigungsfrist zulässig. Für den Arbeitgeber dagegen ist die Kündigung durch das *Kündigungsschutzgesetz* erheblich eingeschränkt. Dieses Gesetz gilt allerdings nur in Betrieben mit mehr als 5 Arbeitnehmern und für den Fall, daß das Arbeitsverhältnis im Betrieb ohne Unterbrechung länger als 6 Monate bestanden hat. In den ersten 6 Monaten ist damit praktisch kein Kündigungsschutz für den Arbeitnehmer gegeben. Die Zeit gilt als *Probezeit.* Sie sollte von beiden Seiten, besonders aber vom Arbeitgeber genützt werden, die Weichen für eine relativ einfache Trennung oder für die angestrebte weitere Zusammenarbeit zu stellen. Greift erst das Kündigungsschutzgesetz, so sind für den Arbeitgeber nur noch solche Kündigungen wirksam, die sozial gerechtfertigt sind. Wann dies der Fall ist, kann – allerdings auch nicht absolut und so ganz einfach – nur im jeweiligen Einzelfalle und mit Hilfe der zahlreich vorhandenen Rechtsprechung beurteilt werden. Nach dem Wortlaut des Gesetzes (§ 1 KSchG) ist die *Kündigung sozial ungerechtfertigt,* wenn sie nicht durch Gründe

- in der Person oder
- in dem Verhalten des Arbeitnehmers oder
- durch dringende betriebliche Erfordernisse

bedingt ist. Die Kündigung ist auch dann sozial ungerechtfertigt, wenn der Arbeitnehmer an einem anderen Arbeitsplatz in demselben Betrieb oder in einem anderen Betrieb des Unternehmens weiterbeschäftigt werden kann und der Betriebsrat deshalb der Kündigung schriftlich widersprochen hat.

Bei jeder Kündigung sind die konkreten Umstände des Einzelfalles zu berücksichtigen. Gleichzeitig ist eine Abwägung der Interessen des Arbeitgebers und des Arbeitnehmers vorzunehmen.

Bei *betriebsbedingten Gründen* muß der Arbeitgeber bei der Auswahl der zu Kündigenden soziale Gesichtspunkte beachten. Die Auswahl erstreckt sich dabei unter den vergleichbaren Arbeitnehmern über den ganzen Betrieb. Es können nur diejenigen entlassen werden, die es am wenigsten hart trifft. Maßstab dafür sind in erster Linie Alter, Betriebszugehörigkeit, Familienstand, Zahl der unterhaltsberechtigten Kinder.

Zu den Gründen, die eine *Kündigung wegen des Verhaltens* des Arbeitnehmers sozial rechtfertigen, gehören insbesondere alle Arbeitsvertragspflichtverletzungen.

Die *außerordentliche Kündigung* erlaubt es dem Arbeitnehmer oder Arbeitgeber, das Arbeitsverhältnis ohne Einhaltung einer Frist zu kündigen. Sie ist zulässig, wenn ein wichtiger Grund für die Kündigung vorliegt, beispielsweise:

- schwere Vertragspflichtverletzung,
- strafbare Handlung zum Nachteil des Arbeitgebers, z.B. Untreue, Betrug, Diebstahl,
- beharrliche Arbeitsverweigerung, schwere Verstöße gegen die betriebliche Ordnung, Schlägereien, Nichtzahlung des Lohns, schwere Verletzung der Fürsorgepflicht.

Nach § 626 Abs. 2 BGB kann die außerordentliche Kündigung nur innerhalb von 2 Wochen ausgesprochen werden, beginnend mit dem Zeitpunkt, in dem der Kündigungsberechtigte von den für die Kündigung maßgebenden Tatsachen Kenntnis erlangt.

Verschiedene Arbeitnehmer genießen einen gesetzlichen *besonderen Kündigungsschutz*. Darunter fallen beispielsweise Schwangere, Schwerbehinderte, Wehrdienst- und Zivildienstleistende, Auszubildende, Mitglieder eines Betriebsrats oder einer Jugend- und Auszubildendenvertretung, Wahlwerber und Mitglieder eines Wahlvorstands.

Will ein Arbeitnehmer geltend machen, daß eine Kündigung sozial ungerechtfertigt ist, so muß er nach § 4 KSchG innerhalb von 3 Wochen nach Zugang der Kündigung *Klage beim Arbeitsgericht* erheben. Wird die Klage innerhalb von 3 Wochen nicht erhoben, ist die Kündigung normalerweise wirksam. Die Zulassung einer verspäteten Klage ist nach § 5 KSchG nur in seltenen Ausnahmefällen möglich.

Vor dem Arbeitsgericht hat der Arbeitgeber die Gründe, die die Kündigung bedingen, darzulegen und im Bestreitensfalle auch zu beweisen.

Ob eine Kündigung berechtigt ist, prüft letztlich allein das zuständige Arbeitsgericht. Zunächst spielt allerdings dort die vom Arbeitgeber darzulegende und nachzuweisende ordnungsgemäße *Anhörung des Betriebsrats* die entscheidende Rolle. Nach § 102 BetrVG ist nämlich der Betriebsrat als Gremium vor jeder Kündigung zu hören. Dabei sind ihm die Gründe für die Kündigung so mitzuteilen, daß er ohne eigene Nachforschungen in der Lage ist, die Berechtigung der Kündigung zu prüfen. Ist die Anhörung des Betriebsrats nicht ordnungsgemäß erfolgt, so ist die ausgesprochene Kündigung schon deshalb unwirksam, ohne daß die Berechtigung zur Kündigung selbst überhaupt noch zu prüfen ist. Für seine Entscheidung hat der Betriebsrat 1 Woche, bei der fristlosen Kündigung 3 Tage Zeit. Unabhängig von seiner Stellungnahme kann der Arbeitgeber allerdings die Kündigung aussprechen. Wenn aber der Betriebsrat einer ordentlichen Kündigung frist- und ordnungsgemäß widersprochen hat, so ist der Arbeitnehmer bis zum rechtskräftigen Abschluß des Rechtsstreits weiter zu beschäftigen.

D 4 Vertragsrecht

Ein Vertrag ist ein *Rechtsverhältnis,* kraft dessen eine Person (Gläubiger) von einer anderen (Schuldner) eine Leistung verlangen kann (§ 241 Bürgerliches Gesetzbuch BGB). Das Vertragsrecht ist ein Teil des in den §§ 241 ff. BGB geregelten Schuldrechts. Es enthält die wesentlichen Bestimmungen für Geschäfte über die Herstellung und den Austausch von Vermögensgütern. Die wichtigsten Vertragstypen, geregelt in den § 433 ff. BGB, sind in der folgenden Übersicht dargestellt (Bild D-5).

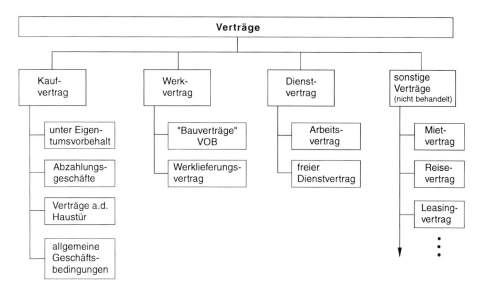

Bild D-5. Übersicht über Verträge

D 4.1 Kaufvertrag (§ 433 ff. BGB)

D 4.1.1 Abschluß und Erfüllung des Kaufvertrags

Beim Abschluß und der Erfüllung eines Kaufvertrags sind folgende Punkte zu beachten:

Zustandekommen
Der Kaufvertrag kommt durch Angebot und Annahme zustande. Der Verkäufer und der Käufer, die Kaufvertragsparteien, müssen sich dabei mindestens über den *Kaufgegenstand* und den *Kaufpreis* einigen. Kaufgegenstand können bewegliche Sachen (z.B. Bücher), unbewegliche Sachen (z.B. Grundstücke), aber auch Rechte (z.B. Forderungen) sein. Auch ganze Unternehmen können als wirtschaftliche Einheit verkauft werden.

Formvorschriften
Beim Abschluß des Kaufvertrags muß man keine Formvorschriften einhalten. Ausnahme bestehen insoweit, als beispielsweise bei Kaufverträgen über Grundstücke gemäß § 313 BGB der Kaufvertrag der notariellen Beurkundung bedarf. Kaufverträge können also auch mündlich und insbesondere auch am Telefon abgeschlossen werden.

Abschluß

Mit dem Abschluß des Kaufvertrags bzw. mit der Kaufpreiszahlung wird der Käufer nicht sofort Eigentümer des Kaufgegenstands. Der Verkäufer wird durch den Kaufvertrag lediglich verpflichtet, dem Käufer das Eigentum an dem Kaufgegenstand zu verschaffen (§ 433 Abs. 1 Satz 1 BGB). Der Vollzug des Kaufvertrags, also die Übertragung des Eigentums an der Kaufsache, erfolgt bei beweglichen Sachen gemäß § 929 BGB durch Einigung und Übergabe, bei Grundstücken nach den §§ 873 Abs. 1, 925 Abs. 1 BGB durch Einigung vor dem Notar (Auflassung) und Eintragung der Rechtsänderung im Grundbuch. Kaufvertrag und Erfüllung (Eigentumsverschaffung) fallen aber bei den alltäglichen Geschäften in der Regel zusammen (z. B. der Käufer zahlt den Kaufpreis für ein Hemd an der Ladenkasse und bekommt das Hemd sofort übergeben. Mit der Übergabe wird der Käufer Eigentümer des Hemdes).

Transport der Ware

Es ist zu empfehlen, die Fragen des Transports der Ware schriftlich zu vereinbaren (z. B. Transportkosten und Transportschaden). Sollten die Kaufvertragsparteien keine Vereinbarungen getroffen haben, so gilt gemäß den § 269 Abs. 1, 446 Abs. 1 BGB, daß der Käufer die Ware beim Verkäufer abholen muß, oder der Käufer die Ware auf seine Kosten und seine Gefahr liefern lassen kann. Den Kaufpreis hat dagegen der Käufer auf eigene Kosten und Gefahr dem Verkäufer an dessen Wohnsitz zu bringen oder zu überweisen, § 270 Abs. 1 BGB.

Verpflichtungen

Der Verkäufer hat neben der Hauptverpflichtung aus dem Kaufvertrag, dem Käufer Eigentum zu verschaffen und die Sache zu übergeben, noch weitere Nebenpflichten zu erfüllen bzw. zu beachten. So muß er beispielsweise dem Käufer gemäß § 444 BGB Auskünfte über die Kaufsache erteilen und alles tun, damit der Käufer den Kaufgegenstand vertragsgemäß verwenden kann (z. B. beim Verkauf einer neuen hochtechnischen Maschine die Aushändigung von Bedienungsanleitungen, Informationen). Der Käufer muß den vereinbarten Kaufpreis zahlen und die gekaufte Sache abnehmen, § 433 Abs. 2 BGB, d. h. tatsächlich entgegennehmen.

Nichterfüllung

Kann der Verkäufer den Kaufvertrag nicht erfüllen, weil beispielsweise die Kaufsache nach Abschluß des Kaufvertrags ohne Verschulden des Verkäufers zerstört worden ist (z. B. der Blitz schlägt in das verkaufte Auto ein, das dabei völlig zerstört wird), wird er von seiner Leistungsverpflichtung gemäß § 275 I BGB frei. Der Käufer muß gemäß § 323 I BGB den Kaufpreis nicht bezahlen (Besonderheiten in §§ 446, 447 BGB). Verschuldet der Käufer die Unmöglichkeit, die Kaufsache zu übertragen (z. B. der Käufer vernichtet vorsätzlich die Kaufsache), so muß er gemäß § 324 I BGB den Kaufpreis trotzdem bezahlen.

Kann der Verkäufer seinen Vertragspflichten aus Gründen nicht nachkommen, die er selbst zu vertreten hat (z. B. läßt der Pkw-Verkäufer das verkaufte Fahrzeug in der Nacht vor der Übergabe an den Käufer geöffnet an der Straße stehen, vergißt den Zündschlüssel abzuziehen und es wird gestohlen), kann der Käufer gemäß §§ 440, 325 BGB wahlweise Schadensersatz verlangen, vom Vertrag zurücktreten, sich darauf berufen, nicht mehr bezahlen zu müssen oder gegen Bezahlung die Versicherungssumme herausverlangen.

D 4.1.2 Haftung des Verkäufers wegen Mängel der Kaufsache (§§ 459 ff. BGB)

Der Verkäufer ist verpflichtet, dem Käufer eine einwandfreie Sache (Ware) zu übergeben und dem Käufer daran Eigentum zu verschaffen. Einwandfrei bedeutet, daß die Kaufsache die Eigenschaften haben muß, die sie nach dem Kaufvertrag haben soll. Nur dann ist sie im Sinne des BGB frei von Mängeln.

Mängel

Das Gesetz unterscheidet zwischen *Rechtsmängeln, §433* BGB, und *Sachmängeln, §§459ff.* BGB.

Rechtsmängel liegen vor, wenn fremde Rechte auf der erworbenen Sache lasten (z.B. der Verkäufer eines Mietshauses teilt dem Käufer nicht mit, daß das Mietshaus bereits an einen Dritten fest vermietet ist; dieser Dritte kann dem neuen Eigentümer den mit dem alten Eigentümer abgeschlossenen Mietvertrag entgegenhalten, d.h., er kann den neuen Eigentümer zwingen, ihm das Haus weiterhin zu überlassen, denn es gilt der Grundsatz „Kauf bricht nicht Miete" (§571 BGB).

Sachmängel sind erhebliche Fehler der Kaufsache, §459 Abs.1 BGB (z.B. beim gekauften Fernseher ist die Bildröhre kaputt) und wenn eine zugesicherte Eigenschaft fehlt, §459 Abs.2 BGB (dieser Wagen ist garantiert unfallfrei).

Rechte bei Mängeln

Wenn die gekaufte Sache einen Sachmangel aufweist, kann der Käufer folgende Rechte geltend machen (Gewährleistungsansprüche):

- *Wandlung,* also Rückgängigmachen des Kaufs, §462 BGB (Ware zurück – Geld zurück).
- *Minderung,* §462 BGB, also Abnahme der Ware, aber Herabsetzung der Kaufpreises.
- *Schadensersatz wegen Nichterfüllung,* §463 BGB, d.h. der Verkäufer muß den Käufer so stellen, wie wenn der Kaufvertrag ordnungsgemäß erfüllt worden wäre, d.h. wenn der Käufer beispielsweise die Kaufsache an einen kaufbereiten Kunden seinerseits mit Gewinn hätte weiterverkaufen können, und dies wegen des Mangels jetzt nicht möglich ist, so hat der Verkäufer dem Käufer insbesondere diesen entgangenen Gewinn als Schadensersatz zu erstatten. Dieses Recht kann der Käufer allerdings nur geltend machen, wenn der Verkäufer den Mangel arglistig verschwiegen hat (arglistig bedeutet hier nur, daß der Verkäufer von der fehlerhaften Sache wußte und ihm klar war, daß der Käufer den Kaufvertrag nicht oder nicht so abgeschlossen hätte, wenn der Verkäufer diesen Mangel offengelegt hätte), oder wenn der Kaufsache eine vom Verkäufer zugesicherte Eigenschaft fehlt, §463 BGB.
- *Umtausch der Ware* in eine einwandfreie Sache kann der Käufer nur verlangen, wenn es sich beim Kaufgegenstand um eine nur der Gattung nach bestimmte Ware handelt (z.B. Rohmaterial, Kartoffeln, Bestellungen aus dem Versandkatalog), §480 Abs.1 BGB.

Es besteht keine gesetzliche Verpflichtung für den Käufer, dem Verkäufer bei Vorliegen eines Mangels zuerst die Möglichkeit einer Nachbesserung bzw. Reparatur (z.B. des fehlerhaften Staubsaugers) einzuräumen. Oft ist eine solche Bestimmung aber in den Allgemeinen Geschäftsbedingungen (AGB) des Verkäufers enthalten, die dieser dem Kaufvertrag zugrunde legt.

Gewährleistung

Die Gewährleistungsansprüche des Käufers sind in den Fällen der §§460, 464 BGB (Kenntnis des Käufers vom Mangel) und §461 BGB ausgeschlossen. Ferner kann die Gewährleistungspflicht des Verkäufers vertraglich (aber nicht in den Allgemeinen Geschäftsbedingungen bei Kaufverträgen über neue Sachen) ausgeschlossen oder beschränkt werden, sofern der Verkäufer den Mangel nicht arglistig verschweigt, § 476 BGB (z. B. oft benutzte Haftungsbeschränkung beim Gebrauchtwagenkauf: „Gekauft wie besehen unter Ausschluß jeglicher Gewährleistung“, das bedeutet dann, keine Haftung für Fehler, die bei einer Untersuchung erkennbar gewesen wären; Grenze: der Verkäufer des Gebrauchtwagens weiß, daß das verkaufte Fahrzeug einen Unfall hatte und Schäden aufweist, die jedoch auf den ersten Blick nicht zu erkennen sind).

Sind Verkäufer und Käufer Kaufleute im Sinne des Handelsgesetzbuches (HGB), so hat der Käufer die Ware unverzüglich, d. h. ohne schuldhaftes Zögern (§ 121 Abs. 1 BGB), zu untersuchen und einen etwaigen Mangel dem Verkäufer unverzüglich anzuzeigen. Unterläßt er diese Mängelanzeige, gilt die mangelhafte Ware als genehmigt und der Käufer kann keine Gewährleistungsansprüche mehr geltend machen (§ 377 Abs. 2 HGB).

Verjährung

Die Ansprüche des Käufers bei Vorliegen von mangelhaften Kaufsachen verjähren bei beweglichen Sachen in 6 Monaten nach Ablieferung der Kaufsache, bei Grundstücken in einem Jahr von der Übergabe an (§ 477 Abs. 1 BGB). Wurde ein Mangel arglistig verschwiegen, beträgt die Verjährungsfrist 30 Jahre (§ 195 BGB).

Verzug

Wenn der Verkäufer wie vereinbart die geschuldete Ware beim Käufer nicht abliefert, kann er in Verzug kommen. Verzug tritt immer nur dann ein, wenn der Verkäufer seine Verpflichtung trotz Fälligkeit und Mahnung schuldhaft nicht erfüllt (§§ 284 ff., 326 BGB). Fällig ist eine Lieferung oder Leistung wenn die vereinbarte Frist abgelaufen ist (z. B. „Lieferung innerhalb 2 Wochen“). Wurde die vereinbarte Frist nicht eingehalten, muß der Käufer den Verkäufer auch noch mahnen. Die Mahnung kann mündlich erfolgen; aus Beweisgründen empfiehlt sich aber eine schriftliche Mahnung. Die Mahnung kann jedoch unterbleiben, wenn für die Leistung eine Zeit nach dem Kalender bestimmt ist, § 284 Abs. 2 BGB (z. B. im Kaufvertrag vereinbart „Lieferung am 13.12.1993“). Wenn der Verkäufer sich nach den eben beschriebenen Voraussetzungen in Verzug befindet, so kann der Käufer ihm gemäß § 326 Abs. 1 BGB eine angemessene Nachfrist zur Bewirkung der Lieferung setzen und dies mit der Erklärung verbinden, daß er nach Ablauf dieser Frist die Leistung ablehnt. Nach Ablauf dieser Nachfrist kann der Käufer Schadensersatz wegen Nichterfüllung verlangen oder den Rücktritt vom Vertrag erklären. Ein Beispiel: Ein Maurermeister hat beim Baustoffhändler mehrere Säcke Zement bestellt, die nicht vertragsgemäß geliefert wurden. Er will daher vom Vertrag zurücktreten und sich anderweitig mit Zement eindecken. Das ist nur möglich, wenn er dem Großhändler eine angemessene Nachfrist setzt zur Lieferung des vereinbarten Zements mit der Erklärung, daß er nach Fristablauf die Abnahme des Zements ablehnt. Ohne diese Fristsetzung müßte er trotz des Verzugs den Zement später noch abnehmen und bezahlen, obwohl er vielleicht schon sich anderweitig eingedeckt hat. Der Schadensersatzanspruch des Maurermeisters kann in zwei Formen bestehen:

- Ersatz eines evtl. Mehrpreises beim sog. Deckungskauf, d. h. wenn der Zement nun bei einem anderen Großhändler gekauft wird und dort teurer ist,
- Schadensersatz wegen Verdienst- oder Gewinnausfalls, wenn infolge der Zuspätlieferung nur eine verminderte Arbeitsleistung möglich ist.

Zahlungsverzug liegt vor, wenn eine fällige Geldforderung trotz Mahnung nicht beglichen wird. Der Verkäufer kann mit seinen vertraglichen Leistungsverpflichtungen immer nur dann in Verzug kommen, wenn ihn ein Verschulden trifft, § 285 BGB. Wer aber fälliges

Geld nicht rechtzeitig zahlt, gerät auch dann in Verzug, wenn ihn kein Verschulden trifft („Geld hat man zu haben“).

D 4.1.3 Besondere Arten des Kaufvertrags

Es gibt folgende Arten des Kaufvertrags:

Kaufvertrag unter Eigentumsvorbehalt
Bei dieser Art des Kaufs übergibt der Verkäufer dem Käufer zwar den *Besitz,* also die tatsächliche Herrschaft, über die Kaufsache. Der Käufer wird aber trotz Besitzübergabe nicht Eigentümer der Kaufsache, er erlangt also nicht die rechtliche Sachherrschaft über den Kaufgegenstand. Der Käufer soll vereinbarungsgemäß erst dann Eigentümer der Kaufsache werden, wenn der Kaufpreis vollständig bezahlt ist, §455 BGB. Bei dieser Art des Kaufvertrags wird dann beispielsweise beim Kauf auf Ratenzahlung der Käufer mit Zahlung der letzten Rate automatisch Eigentümer, ohne daß es einer weiteren Handlung des Verkäufers bedarf.

Abzahlungsgeschäfte
Beim Abzahlungsgeschäft vereinbaren Verkäufer und Käufer, daß der Käufer die Ware sofort erhält, den Kaufpreis jedoch nicht auf einmal, sondern in Raten erbringen kann. Die Regelungen über die Rechtsfolgen eines derartigen Vertrags finden sich im Verbraucherkreditgesetz (VerbrKrG) vom 17.12.1990. So muß der Vertrag insbesondere schriftlich abgefaßt sein und bestimmte Punkte zwingend enthalten, §4 VerbrKrG. Werden diese Voraussetzungen nicht beachtet, so ist der Vertrag unwirksam, §6 Abs.1 VerbrKrG. Des weiteren hat der Käufer das Recht, den Vertrag innerhalb einer Woche schriftlich ohne Angabe von Gründen zu widerrufen, §7 Abs.1 VerbrKrG. Diese Wochenfrist beginnt erst zu laufen, wenn der Käufer vom Verkäufer über das Recht zum Widerruf belehrt worden ist, §7 Abs.2 VerbrKrG. Diese Belehrung muß dem Käufer ausgehändigt werden, sie muß für den Käufer deutlich erkennbar sein (also nicht „ im Kleingedruckten“), und der Käufer muß gesondert unterschreiben (§7 Abs.2 VerbrKrG). Das Verbraucherkreditgesetz gilt nicht für Verträge über Leistungen, die weniger als 400 DM wert sind (§3 Abs.1 Nr.1 VerbrKrG).

Verträge „an der Haustür“
Die Gefahren, die für den Verbraucher entstehen, wenn er Kaufverträge anläßlich sogenannter „Kaffeefahrten“, bei unaufgeforderten Besuchen in der Privatwohnung oder bei sonstigem überraschenden Ansprechen (z.B. in öffentlichen Verkehrsmitteln) abschließt, hat der Gesetzgeber erkannt und mit dem Gesetz über den Widerruf von Haustürgeschäften u.ä. Geschäften (HaustürWG) vom 16.01.1986 weitere Verbraucherschutzbestimmungen geschaffen. Die unter den genannten Umständen geschlossenen Verträge werden erst wirksam, wenn der Kunde sie nicht binnen einer Frist von einer Woche schriftlich widerruft, §1 Abs.1 HaustürWG. Auch hier beginnt diese Wochenfrist erst, wenn der Verkäufer dem Kunden eine deutlich gehaltene Belehrung über dieses Recht aushändigt und der Verbraucher diese Belehrung zusätzlich unterschreibt, §2 Abs.1 HaustürWG.

D 4.1.4 Allgemeine Geschäftsbedingungen (AGB)

Bei vielen Verträgen werden besondere, vom Gesetz abweichende Regelungen ständig verwendet (z.B. Verträge mit Banken, Versicherungen oder bei Autokäufen). Bei der Vielzahl der Verträge ist es gar nicht möglich, alle Vertragsbestandteile im einzelnen mit jedem Kunden auszuhandeln. Deswegen werden von den Unternehmen die vertraglichen Wünsche vereinheitlicht und in Form von AGB dem Vertragspartner bei Vertragshandlungen zur Kenntnis gebracht. Die Kunden müssen diese AGB in der Regel akzeptieren, wenn es zum Vertragsabschluß kommen soll. Sollen bestimmte Teile der AGB nicht gelten, so muß man darüber ausdrücklich verhandeln. Die AGB werden Vertragsbestandteile, wenn sie dem Vertragspartner ausdrücklich zur Kenntnis gebracht werden (z. B. auf einem Bestellschein). Wer als Kunde die AGB trotzdem nicht liest, akzeptiert sie unbesehen, d. h. diese AGB werden Vertragsbestandteil und haben wesentlichen Einfluß auf die Abwicklung des Vertrags. Benutzt ein Vertragspartner die AGB, sollte der andere sich die Mühe machen und diese sorgfältig prüfen. Das vom Gesetz vorgesehene, Risiken auf beide Vertragsparteien gleichmäßig verteilende Vertragsmodell, wird durch die AGB zum Nachteil einer Partei geändert. Im Gesetz zur Regelung des Rechts der Allgemeinen Geschäftsbedingungen (AGB-Gesetz) setzt der Gesetzgeber jedoch den Verwendern von AGB Schranken dergestalt, daß der Verbraucher durch die Verwendung von den AGB nicht unangemessen benachteiligt werden darf. Aus diesem Grund sind eine Reihe von AGB-Klauseln kraft Gesetzes unwirksam, §§ 9, 10 und 11 AGB-Gesetz (Beispiel: unwirksam ist die AGB-Bestimmung, wonach der Käufer bei Vorliegen eines Mangels nur ein Recht auf Nachbesserung (Reparatur) hat, vgl. § 11 Nr. 10 b AGB-Gesetz).

D 4.2 Werkvertrag (§§ 631 ff. BGB)

D 4.2.1 Inhalt des Werkvertrags

Für den Werkvertrag ist folgendes wichtig:

Der Werkvertrag ist ein formloser Vertrag zwischen dem *Unternehmer* und dem *Besteller* über die Herstellung des versprochenen Werks gegen Bezahlung. *Unternehmer* ist derjenige, der sich verpflichtet, ein Werk herzustellen. *Besteller* ist, wer sich verpflichtet, die für die Herstellung des Werks vereinbarte Vergütung zu zahlen. Gegenstand eines Werkvertrags kann beispielsweise die Reparatur eines Autos, der Bau eines Hauses oder die Erstellung eines Gutachtens sein.

Der Unternehmer hat das versprochene Werk zu erstellen und abzuliefern. Die Herstellungspflicht beinhaltet insbesondere die mangelfreie und rechtzeitige Herstellung. Die Ablieferungspflicht bedeutet dann, dem Besteller das hergestellte Werk zugänglich zu machen. Vom Unternehmer zugesicherte Eigenschaften des Werks müssen vorhanden sein (z. B. Zusicherung des Unternehmers, daß die Außenwände des Hauses bestimmte Werte hinsichtlich der Wärmedämmung erreichen). Der Besteller hat die vereinbarte Vergütung zu bezahlen (§ 631 Abs. 1 BGB), und das vertragsmäßig hergestellte Werk abzunehmen (§ 640 Abs. 1 BGB). Abnahme bedeutet Entgegennahme unter Billigung des Werks. Mit der Abnahme wird die Vergütung fällig (§ 641 Abs. 1 BGB). Ist der Besteller bereits im Besitz des Werks, z. B. bei einem Werkvertrag über die Reparatur an einem Haus, so beschränkt sich die Abnahme darauf, daß der Besteller die vertragsgemäße Herstellung des Werks anerkennt.

D 4.2.2 Haftung des Unternehmers wegen Mängel des Werks

Dabei sind folgende Punkte zu berücksichtigen:

Rechte

Liefert der Unternehmer kein einwandfreies Werk, fehlen zugesicherte Eigenschaften oder liefert er nicht fristgemäß, so kann der Besteller folgende Rechte geltend machen:

- *Nachbesserung,* d. h. Beseitigung des Mangels (§ 633 BGB), auf Kosten des Unternehmers einschließlich Material, Wege- und Transportkosten. Ist der Unternehmer mit der Mängelbeseitigung gemäß § 633 BGB in Verzug (§§ 284 ff. BGB), so kann der Besteller den Mangel selbst beseitigen oder beseitigen lassen und Ersatz der erforderlichen Aufwendungen verlangen, § 633 Abs. 3 BGB. Führt die Nachbesserung zu keinem Ergebnis, dauert sie zu lange oder ist sie unmöglich, so kann der Besteller dem Unternehmer eine Frist setzen und erklären, daß er nach Ablauf dieser Frist die Nachbesserung ablehnt, § 634 Abs. 1. Danach kann der Besteller die

- *Wandlung,* also die Rückgängigmachung des Kaufs (§ 634 Abs. 1 BGB) oder die

- *Minderung,* also die Herabsetzung der vereinbarten Vergütung (§ 634 Abs. 1 BGB), verlangen. Die Ansprüche des Bestellers auf Nachbesserung, Mängelbeseitigung, Wandlung und Minderung bestehen unabhängig von einem Verschulden des Unternehmers.

- *Schadensersatz* in Geld kann der Besteller dagegen nur verlangen, wenn der Mangel auf einem vom Unternehmer zu vertretenden Umstand beruht (§ 635 BGB); z. B. wenn sich der Besteller eine vom Unternehmer hergestellte Maschine sich in seine Fabrikhalle einbauen läßt, bei der sich wegen eines groben Konstruktionsfehlers ein Schwungrad löst und die Verankerung der Maschine beschädigt. In diesem Fall kann der Besteller die fehlerhafte Maschine zurückgeben und die bereits entrichtete Vergütung zurückfordern: darüber hinaus kann der Käufer Schadensersatz bezüglich seiner Schäden an der Verankerung und anderem verlangen. Verschulden liegt dann vor, wenn dem Unternehmer oder seinen Arbeitnehmern Vorsatz oder Fahrlässigkeit vorgehalten werden kann (276 BGB).

Haftungsbeschränkung

Eine Haftungsbeschränkung oder einen Haftungsausschluß kann zwischen dem Besteller und dem Unternehmer vereinbart werden, jedoch nicht, wenn der Unternehmer einen Mangel arglistig verschwiegen hat (§ 637 BGB).

Verjährung
Die Ansprüche des Bestellers bei Mängeln des Werks verjähren in sechs Monaten, bei Arbeiten an einem Grundstück in einem Jahr, bei Bauwerken in fünf Jahren.

Bauleistungen
Bei Verträgen über Bauleistungen enthält die Verdingungsordnung für Bauleistungen (VOB) wichtige Sonderregelungen. In diesen AGB für Bauverträge, die nur gelten, wenn der Bauvertrag auf sie Bezug nimmt (z. B. „Es gelten VOB"), ist beispielsweise geregelt, daß die Verjährungsfrist für die Gewährleistungsansprüche bei Bauwerken nur zwei Jahre, für Arbeiten an einem Grundstück nur ein Jahr beträgt, § 13 Nr. 4 VOB (B).

Werklieferungsvertrag
Eine besondere Form des Werkvertrags ist der Werklieferungsvertrag, § 651 BGB. Dieser liegt vor, wenn der Unternehmer das Werk aus seinem eigenen Material herstellt oder dieses selbst beschafft, also nicht vom Besteller geliefert wird. Kein Werklieferungsvertrag liegt dagegen vor, wenn der Unternehmer bloß Zutaten liefert (§ 651 Abs. 2 BGB). So liegt ein Werklieferungsvertrag z. B. vor, wenn der Schneider den Stoff für das bei ihm bestellte Kommunionkleid selbst beschafft; kein Werklieferungsvertrag liegt dagegen vor, wenn der Besteller den Stoff liefert, der Schneider dagegen nur unwichtige Zutaten, wie z. B. Garn, Knöpfe usw. dazu beiträgt. Der Werklieferungsvertrag ist einem Kauf so ähnlich, daß die Vorschriften des Kaufvertrags zum Teil Anwendung finden (§ 651 Abs. 1 BGB).

D 4.3 Dienstvertrag, § 611 ff. BGB

Bei einem Dienstvertrag sind folgende Punkte von Bedeutung:

Inhalt

Der Dienstvertrag ist ein formloser Vertrag zwischen dem Dienstherrn (Arbeitgeber) und dem Dienstverpflichteten, auf Leistung von Diensten gegen Entgelt, § 611 Abs. 1 BGB. Mit dem Werkvertrag hat der Dienstvertrag gemeinsam, daß beide eine entgeltliche Arbeitsleistung zum Gegenstand haben. Beim Dienstvertrag wird jedoch die vertragsgemäße Bemühung um einen Erfolg geschuldet, dem Werkvertrag dagegen wird das Ergebnis der Tätigkeit (das Werk), also der Erfolg selbst geschuldet (so kann ein Vertrag mit einem Arzt nur ein Dienstvertrag sein, da der Arzt den Erfolg, also die vollständige Gesundung des Patienten, nicht versprechen kann).

Arten

Dienstverträge können selbständige (insbesondere mit Ärzten, Rechtsanwälten, aber auch Babysittern) und auch abhängige Arbeit zum Gegenstand haben. Bei Dienstverhältnissen mit unselbständigen Arbeitnehmern (Arbeitern und Angestellten) liegt ein Arbeitsvertrag vor (Abschn. D 3).

Pflichten

Der Dienstherr hat die Pflicht, das vereinbarte Entgelt zu zahlen (§ 611 Abs. 1 BGB). Daneben hat er insbesondere bei kurzzeitiger unverschuldeter (z. B. krankheitsbedingter) Abwesenheit des Dienstverpflichteten das Entgelt fortzuzahlen, § 616 BGB. Auf Verlangen hat er ein Zeugnis zu erstellen (§ 630 BGB).

Der zur Dienstleistung Verpflichtete muß die vereinbarten Dienste in eigener Person leisten (§ 613 BGB). Bietet der Dienstverpflichtete dem Dienstherrn die vereinbarten Dienste an, nimmt dieser sie aber nicht an, kann der Dienstverpflichtete die vereinbarte Vergütung verlangen, ohne die Arbeit nachholen zu müssen (§ 615 BGB; wenn sich der Babysitter zu der vereinbarten Zeit in der Wohnung der Eltern einfindet, die den Babysitter bestellt hatten und benötigen die Aufsicht wegen Ausfalls des Konzerts nicht mehr, so müssen die Eltern den vereinbarten Lohn für das Babysitten trotzdem bezahlen.

Beendigung

Ist das Dienstverhältnis befristet eingegangen, endet es mit Ablauf der vereinbarten Zeit (§ 620 Abs. 1 BGB). Unbefristete Dienstverhältnisse (z. B. Beraterverträge mit Wirtschaftsberatungsunternehmen) endet durch Kündigung unter Einhaltung der gesetzlichen (§§ 621 ff. BGB) oder vertraglich vereinbarten Kündigungsfrist (§ 620 Abs. 2 BGB).

Eine fristlose Kündigung, d. h. ohne Einhaltung einer Kündigungsfrist mit sofortiger Wirkung, ist möglich, wenn ein wichtiger Grund vorliegt (§ 626 Abs. 1 BGB). So ist der Dienstverpflichtete in der Regel berechtigt, eine fristlose Kündigung des Dienstverhältnisses auszusprechen, wenn der Dienstherr ihm kein Entgelt bezahlt. Der Dienstherr darf das unbefristete Dienstverhältnis fristlos kündigen, wenn der Dienstverpflichtete die Dienstleistung verweigert. Dienstverhältnisse höherer Art, die aufgrund eines besonderen Vertrauensverhältnisses übertragen zu werden pflegen (z. B. Dienstverträge mit Rechtsanwälten, Steuerberatern, Ärzten) können auch ohne Vorliegen eines wichtigen Grunds mit sofortiger Wirkung gekündigt werden (§ 627 BGB).

Verjährung

Die Ansprüche auf das Entgelt aus dem Dienstverhältnis und die Honoraransprüche der Rechtsanwälte, Steuerberater und Ärzte verjähren in zwei Jahren, § 196 BGB. Im übrigen verjähren die Ansprüche aus Dienstverträgen 30 Jahre nach ihrer Entstehung (§ 195 BGB).

D 5 Qualitätsprobleme und Produkthaftung

D 5.1 Qualität von Produkten

Es ist eine notwendige Aufgabe für ein Unternehmen, die einwandfreie Qualität der von ihm gelieferten Produkte sicherzustellen. Die Qualität von Produkten kann man dann als einwandfrei bezeichnen, wenn die berechtigten Anforderungen und berechtigten Erwartungen der Kunden des Unternehmens und der Endverbraucher an die *Gebrauchstauglichkeit* und *Sicherheitstauglichkeit* der gelieferten Produkte erfüllt werden.

D 5.2 Sachverhaltsaufklärung bei Qualitätsproblemen

Im Falle der Lieferung mangelhafter bzw. fehlerhafter Produkte ist die Sachverhaltsaufklärung von großer Bedeutung, um die Fehlerquelle zu ermitteln und den oder die Verursacher festzustellen. Das kann mit erheblichem Zeitaufwand und hohen Kosten verbunden sein. Eine sorgfältig geführte Dokumentation kann zur raschen Aufklärung beitragen und unter Umständen als Nachweis dafür dienen, daß das Unternehmen als Verursacher auszuschließen ist.

D 5.3 Schadenspositionen bei Qualitätsproblemen

Sind mangelhafte bzw. fehlerhafte Produkte ausgeliefert worden, so sind die einzelnen eingetretenen und zu befürchtenden Schäden dem Grunde und der Höhe nach zu erfassen.

D 5.4 Haftung für mangelhafte oder fehlerhafte Produkte

In jedem Einzelfall ist zu untersuchen, wer welche Ansprüche gegen wen bei Lieferung mangelhafter oder fehlerhafter Produkte geltend machen kann, um die Frage zu klären, welches wirtschaftliche Risiko für das Unternehmen damit verbunden ist.

In Bild D-6 sind die Haftungsarten zusammengestellt. Bei mangelhaften oder fehlerhaften Produkten unterscheidet man zwischen der *vertraglichen Haftung* und der *gesetzlichen Haftung* (Produkthaftung). Zu der vertraglichen Haftung zählen die *Gewährleistungshaftung* und die *positive Forderungsverletzung,* zu der gesetzlichen Haftung die *Verschuldungshaftung* nach § 823 ff. BGB und die verschuldungsunabhängige Haftung nach dem *Produkthaftungsgesetz*.

Diese Haftungsgrundlagen schließen sich nicht aus, sondern können nebeneinander bestehen.

Die *Gewährleistungshaftung* (§§ 459 ff. BGB) und die *positive Vertragsverletzung* setzen, wie Bild D-6 zeigt, das Bestehen eines Vertrags voraus.

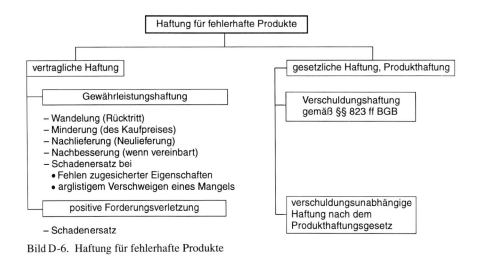

Bild D-6. Haftung für fehlerhafte Produkte

Die *Produkthaftung* beruht auf *gesetzlichen Vorschriften* und erfordert keine vertraglichen Beziehungen zwischen den Beteiligten.

D 5.4.1 Gewährleistungshaftung

Im Rahmen der vertraglichen Gewährleistungshaftung hat der Verkäufer dafür einzustehen, daß die von ihm an den Käufer gelieferten Produkte frei von Sachmängeln sind.

D 5.4.1.1 Sachmängel

Ein Sachmangel liegt gemäß § 459 Abs. 1 und 2 BGB vor, wenn das Produkt

- mit Fehlern behaftet ist, die seinen Wert oder die Tauglichkeit zu dem gewöhnlichen oder nach dem Vertrage vorausgesetzten *Gebrauch aufheben* oder *mindern* oder
- nicht die *Eigenschaften* hat, die beim Vertragsabschluß vom Verkäufer besonders *zugesichert* worden sind.

Ein Produkt ist im Sinne der ersten Alternative fehlerhaft, wenn, vereinfacht gesagt, seine Funktion und Gebrauchstauglichkeit beeinträchtigt sind (Beispiele: Riß im Lenkungsgehäuse; Schwamm im Haus).

Selbst wenn das Produkt fehlerfrei ist, kann der Käufer den Verkäufer verantwortlich machen, wenn zugesicherte Eigenschaften fehlen. Eigenschaften sind *besondere Merkmale* einer Sache, die für den *Käufer erheblich* und *entscheidend* sind. Zugesichert sind sie dann, wenn der Verkäufer im Vertrag erklärt hat, daß er die Gewähr für ihr Vorhandensein übernimmt und damit seine Bereitschaft zu erkennen gibt, für alle Folgen einzustehen, wenn diese Eigenschaften fehlen.

D 5.4.1.2 Ansprüche

Weist ein Produkt Sachmängel auf, kann der Käufer verlangen (Bild D-6), daß der Kaufvertrag rückgängig gemacht wird *(Wandelung)* oder der Kaufpreis herabgesetzt wird *(Minderung)* oder daß statt der mangelhaften Produkte mangelfreie geliefert werden

(Nachlieferung). Letzteres gilt nicht beim Stückkauf (Kauf einer bestimmten konkret ausgesuchten Sache: Zum Beispiel ein Gemälde), sondern nur beim *Gattungskauf* (Kauf von Sachen, die durch gemeinschaftliche Merkmale gekennzeichnet sind; Beispiel: Lenkungen oder Klebstoff eines bestimmten Typs). Es kann außerdem vereinbart werden, daß der Käufer die Mängel kostenlos behebt *(Nachbesserung).*

Die Lieferung mangelhafter Ware kann erhebliche wirtschaftliche Nachteile für den Lieferanten zur Folge haben, wenn er beispielsweise bei der

- Wandelung die mangelhafte Ware gegen Kaufpreisrückerstattung zurücknehmen muß, sie nicht mehr anderweitig verwerten kann (Schrott) und darüber hinaus keine Folgeaufträge mehr erhält;

- Kaufpreisminderung den Gewinn verliert und nicht einmal mehr Kostendeckung erreicht;

- Nachlieferung einwandfreie Produkte gegen Rücknahme der mangelhaften Ware liefern muß und die mangelhafte Ware nicht mehr verwenden kann (Schrott);

- kostenlosen Nachbesserung zusätzliche Fertigungs- und Personalkapazität binden muß.

Bei Fehlen einer zugesicherten Eigenschaft kann der Käufer statt der obengenannten Ansprüche *Schadensersatz wegen Nichterfüllung* verlangen. Das heißt, der Käufer ist so zu stellen, wie er stehen würde, wenn das Produkt die Eigenschaft besäße. Dem Käufer stehen folgende Wege offen:

- Er behält das Produkt und verlangt den Ersatz des Wertunterschieds zwischen der mangelfreien und der mangelhaften Sache. Das bedeutet Erstattung der Kosten, die erforderlich sind, um den vertraglich vereinbarten Zustand der Sache herzustellen.

- Der Käufer kann die Produkte zurückgeben und den durch Nichterfüllung des ganzen Vertrags entstandenen Schaden verlangen.

D 5.4.2 Positive Vertragsverletzung

Unter den Begriff der positiven Vertragsverletzung fallen alle Verletzungen von vertraglichen Pflichten, die weder Unmöglichkeit der Leistung noch Verzug sind und nicht der Gewährleistung zugeordnet werden können.

Im Rahmen des Kaufrechts können beispielsweise Ansprüche aus positiver Vertragsverletzung geltend gemacht werden, wenn der Verkäufer eine über die bloße Lieferung hinausgehende Verhaltenspflicht schuldhaft (vorsätzlich oder fahrlässig: Außerachtlassung der im Verkehr erforderlichen Sorgfalt) verletzt hat, zum Beispiel eine Beratungspflicht. Liegt ein Fall positiver Vertragsverletzung vor, können Schadensersatzansprüche geltend gemacht werden. Beispielsweise haftet im Falle des nicht sachgerechten Einbaus der Lenkung haftet der Lenkungshersteller dem Kraftfahrzeughersteller auf Schadensersatz, wenn er ihn nicht *sorgfältig beraten* hat. Das gilt auch dann, wenn die Beratung kostenlos erfolgte. Der Schaden, der dem Kraftfahrzeughersteller entstanden ist, besteht darin, daß er die fehlerhaften Lenkungen durch mangelfreie ersetzen mußte und Kosten für deren Aus- und Einbau hat.

D 5.4.3 Produkthaftung

Bei Lieferung fehlerhafter Produkte, die *Schäden an Sachen* und *Verletzungen bei Personen* verursachen, kommt die Verschuldenshaftung und die Haftung aufgrund des Produkthaftungsgesetzes zum Zuge.

D 5.4.3.1 Verschuldenshaftung

Nach den von der deutschen Rechtsprechung entwickelten Grundsätzen zur Produkthaftung ist der Hersteller zum Schadensersatz verpflichtet, wenn er

- schuldhaft
- fehlerhafte Produkte
- in den Verkehr bringt,
- durch die Personen verletzt oder getötet oder Sachen Dritter beschädigt werden.

Die gesetzliche Grundlage ist § 823 BGB. Hiernach ist derjenige, der schuldhaft das Leben, den Körper, die Gesundheit, die Freiheit, das Eigentum oder ein sonstiges Recht eines anderen widerrechtlich verletzt, dem anderen zum Ersatz des daraus entstehenden Schadens verpflichtet.

Dem Hersteller obliegt die Pflicht, das In-Verkehr-bringen fehlerhafter Produkte zu vermeiden *(Verkehrssicherungspflicht)*. Diese Pflicht beinhaltet, daß der Unternehmer sein Unternehmen

- unter Berücksichtigung des Stands von Wissenschaft und Technik,
- insbesondere auf den Gebieten
  - Forschung, Entwicklung, Konstruktion,
  - Fertigung,
  - Markt (Vertrieb und Kundendienst)
- so planen, organisieren, einrichten (maschinell und personell) und führen muß,
- daß von der Produktplanung bis hin zum Kundendienst keine Störungen auftreten können, die zu Produktfehlern führen können.

Nach der Rechtsprechung muß ein Produkt so sicher sein, daß seine Benutzung oder Verwendung keine Gefährdung für Personen oder Sachen zur Folge hat.

Im Hinblick auf die zuvor dargestellte Pflicht des Unternehmers, Fehler zu vermeiden, haben Literatur und Rechtsprechung Kategorien von Fehlern aufgestellt, die in einem Unternehmen entstehen können, nämlich

- Konstruktionsfehler,
- Fabrikationsfehler,
- Kontrollfehler (Eingangs-, Fertigungs- und Ausgangskontrolle),
- Instruktionsfehler (z. B. falsche Gebrauchsanweisungen) und
- Produktbeobachtungsfehler,

welche die mangelhafte Sicherheit eines Produkts zur Folge haben können.

Bei Produktbeobachtungsfehlern muß der Unternehmer Vorsorge und die nötigen Anstalten treffen, um von der *praktischen Bewährung* seiner Produkte auf dem Markt und *etwaigen Schadensfällen,* die seine Produkte verursacht haben, unterrichtet zu werden, damit er Abhilfemaßnahmen ergreifen kann, um erkannte Fehler bzw. Gefahrenquellen zu beseitigen (z.B. Warn- und Rückrufaktionen).

Wenn durch Produktfehler *Verletzungen von Personen* oder *Schäden an Sachen Dritter* verursacht werden, haftet der Unternehmer, wenn er nicht nachweisen kann *(Entlastungsbeweis),* daß ihn kein Verschulden trifft, er also die erforderliche Sorgfalt angewandt hat. Er muß zu diesem Zweck dokumentieren können, daß sein Unternehmen personell und maschinell perfekt organisiert ist.

72

D 5.4.3.2 Produkthaftungsgesetz

Neben dem von der Rechtsprechung entwickelten Produkthaftungsrecht gelten seit dem 1. Januar 1990 die Bestimmungen des Gesetzes über die Haftung für fehlerhafte Produkte (Produkthaftungsgesetz). Hier ist ausdrücklich geregelt, daß der Hersteller haftet, wenn durch einen Fehler seines Produkts *Personen verletzt* oder *getötet* oder *Sachen beschädigt* werden. Der Begriff Fehler ist in § 3 des Produkthaftungsgesetzes definiert. Die Bestimmung lautet wie folgt:

> Ein Produkt hat einen Fehler, wenn es nicht die *Sicherheit* bietet, die unter Berücksichtigung aller Umstände, insbesondere seiner *Darbietung,* des *Gebrauchs,* mit dem billigerweise gerechnet werden kann, des *Zeitpunkts,* in dem es in den Verkehr gebracht wurde, berechtigterweise erwartet werden kann.

Auch der *Herstellerbegriff* ist in § 4 Abs. 1 des Produkthaftungsgesetzes folgendermaßen definiert:

> Hersteller im Sinne dieses Gesetzes ist, wer das *Endprodukt,* einen *Grundstoff* oder ein *Teilprodukt hergestellt* hat. Als Hersteller gilt auch jeder, der sich durch das *Anbringen seines Namens, seines Warenzeichens* oder eines anderen unterscheidungskräftigen Kennzeichens als *Hersteller ausgibt.*

Das Produkthaftungsgesetz unterscheidet sich vom bisherigen Produkthaftungsrecht vor allem in folgenden Punkten:

- Auf ein *Verschulden des Herstellers* kommt es nicht mehr an. Die Möglichkeit, den Nachweis zu führen, daß ihn kein Verschulden trifft, daß er also seiner Verkehrssicherungspflicht genügt hat, ist ausgeschlossen.
- Es wird nur für Schäden an anderen Sachen, also nicht an den fehlerhaften Produkten selbst, gehaftet, und nur dann, wenn diese anderen Sachen für den *privaten Gebrauch* bestimmt sind und verwendet werden. Für Schäden an kommerziell genutzten Sachen wird nur nach den Regeln des herkömmlichen Produkthaftungsrechts gehaftet.

D 6 Gewerblicher Rechtsschutz

D 6.1 Aufgabengebiet

Unter den Begriff *Gewerblicher Rechtsschutz* fallen alle gesetzlichen Bestimmungen, die sich mit *gewerblich verwertbaren, schöpferischen Leistungen* befassen. Gewerblich verwertbar oder anwendbar ist eine Leistung, wenn sie ihrer Art nach geeignet ist, entweder in einem technischen Gewerbebetrieb einschließlich der Land- und Forstwirtschaft hergestellt oder technisch genutzt zu werden. Auf eine solche *gewerblich verwertbare* Leistung kann der Schöpfer eine *zeitlich begrenzte* und durch hoheitlichen Akt verliehene *Monopolstellung* durch Erteilung eines *Schutzrechts* erlangen, wenn bestimmte schutzrechtsspezifische Erfordernisse erfüllt sind. Durch die Schutzrechtserteilung erwirbt der Schöpfer eine Sonderstellung gegenüber anderen Gewerbetreibenden (Konkurrenten) und der Öffentlichkeit, so daß der Schöpfer seine von ihm geschaffene Leistung *umfassend* verwerten kann.

D 6.2 Schutzgesetze

Eingebettet in die Rechtsgrundsätze des Bürgerlichen Gesetzbuches (BGB), umfaßt der gewerbliche Rechtsschutz in Deutschland hauptsächlich die folgenden *Sonderschutzgesetze:*

- Patentgesetz (PatG),
- Gebrauchsmustergesetz (GbmG),
- Geschmacksmustergesetz (GeschmG),
- Warenzeichengesetz (WZG),
- Wettbewerbsrecht (UWG, GWB),
- Sortenschutzgesetz und
- Arbeitnehmererfindergesetz (ArbEG).

Der Gegenstand des Schutzes ist ganz allgemein auf die *gewerbliche schöpferische Leistung* des einzelnen gerichtet, die als verwirklichtes Ergebnis (Patent, Gebrauchsmuster, Geschmacksmuster) oder als Kennzeichnung (Warenzeichen) oder schon bei ihrer Entwicklung (Gesetz wider den unlauteren Wettbewerb) vor einer Nachahmung durch andere geschützt wird. Ausgenommen aus dem Gebiet des gewerblichen Rechtsschutzes ist das Urheberrecht, das sich mit Schöpfungen auf kulturellem und nicht-gewerblichem Gebiet befaßt.

Bild D-7 zeigt die Gliederung in technische und nichttechnische Schutzrechte.

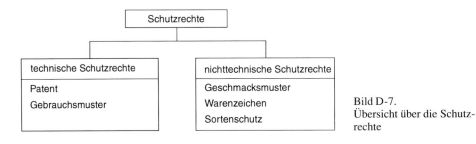

Bild D-7.
Übersicht über die Schutzrechte

Technische Schutzrechte
Die technischen Schutzrechte befassen sich mit Leistungen bzw. Erfindungen auf dem Gebiet der *Technik.* Nach der Rechtsprechung ist der Begriff Technik definiert als eine Lehre zum technischen Handeln, die unter Nutzung beherrschbarer Naturkräfte zu einem kausal übersehbaren Erfolg führt. Im Gegensatz zu dem sprachüblichen Begriff der Technik erfaßt diese Definition nicht nur die unbelebte, sondern auch die belebte Natur. Zur Erlangung eines technischen Schutzrechts bedarf es einer ordnungsgemäßen Anmeldung beim Deutschen Patentamt, das als hoheitlichen Akt ein Schutzrecht nach Erfüllung gewisser Schutzvoraussetzungen erteilt.

Nichttechnische Schutzrechte
Diese Schutzrechte beziehen sich auf *schöpferische, gewerbliche Leistungen* (z.B. Geschmacksmuster und Warenzeichen), deren Ergebnisse auf anderen gewerbespezifischen Fachgebieten liegen.

In Tabelle D-2 sind die Schutzrechte zusammengestellt.

Tabelle D-2. Übersicht über die Schutzrechte

Schutzrecht	Patent	Gebrauchsmuster	Geschmacksmuster	Warenzeichen
gesetzliche Grundlage	PatG	GebmG	GeschmG	WZG
Schutz-gegenstand	Herstellungs- und Betriebs-verfahren, Vor-richtung, Stoff, Verwendung	Vorrichtung, Schaltung, Raumform	ästhetische Formgebung, räumlich oder flächenhaft	Kennzeichnung, Warenver-packung, Dienstleistungs-marken
Hinterlegungs-behörde	DPA	DPA	DPA	DPA
Anmelde-erfordernisse	Antrag, Be-schreibung (Zeichnung), Patentansprüche, Gebühren	Antrag, Be-schreibung, Zeichnung, Schutzansprüche, Gebühren	Antrag, Muster, Fotografien, Zeich-nungen, Gebühren	Antrag, Zeichen, Zeichenbeschrei-bung bei mehr-teiligen Kenn-zeichnungen, Verzeichnis der Waren/Dienst-leistungen, Gebühren
Schutzbeginn	stufenweiser Aufbau bis zur Erteilung	Eintragung	Anmeldung	Eintragung
Schutzdauer	20 Jahre ab Anmeldetag	3+3+2+2 Jahre ab Anmeldetag	5+5+5+5 Jahre ab Anmeldetag	beliebig ver-längerbar um je-weils 10 Jahre ab Anmeldetag
Schutzwirkung	– ausschließliche Verwertung durch Inhaber – Verbot von Herstellung, Vertrieb, An-bieten und Benutzung durch andere	– ausschließliche Verwertung durch Inhaber – siehe Patent	– ausschließliche Verbreitung durch Hinterleger – Verbot der Nachbildung zur Verbreitung durch andere	– ausschließliche Benutzung des Zeichens durch Inhaber – Verbot der Ver-wendung des Zeichens oder verwechselbar ähnlicher Zei-chen für gleiche und gleichartige Waren/Dienst-leistungen durch andere

Ansprüche bei Zuwiderhandlung bei allen Schutzrechten:
– zivilrechtlich: Unterlassung, Beseitigung oder Schadenersatz
– strafrechtlich: Haft- oder Geldstrafe

Quelle: DPA, Deutsches Patentamt, München

D 6.3 Patent

Um ein Patent zu erlangen, müssen folgende Anforderungen erfüllt sein:

● Eine Leistung auf dem Gebiet der Technik bzw. eine Lehre zum technischen Handeln,
● Neuheit,
● gewerbliche Verwertbarkeit bzw. Anwendbarkeit,
● erfinderische Tätigkeit (Erfindungshöhe),
● technischer Fortschritt und
● ausreichend deutliche und vollständige Offenbarung.

D 6.3.1 Patentkategorien

Es gibt im wesentlichen folgende zwei Arten von Patenten:

Verfahrenspatente
Verfahrenspatente betreffen *Einwirkungen auf ein Ausgangsmaterial* als Grundstoff. Nach Art der Einwirkung auf das Ausgangsmaterial ergeben sich hieraus *Herstellungsverfahren, Arbeitsverfahren* und *Verwendungszwecke.* Der Schutzumfang dieser sogenannten Verfahrenspatente ist unterschiedlich. Das Herstellungsverfahren schließt zusätzlich das unmittelbar nach ihm hergestellte Erzeugnis sowie jede bekannte und nichterfinderische neue Verwendung des Erzeugnisses mit ein. Der Schutz des Arbeitsverfahrens erstreckt sich hingegen nur auf die Vorgehensweise zum Erzielen des bestimmten Arbeitsergebnisses. Der unmittelbare Erzeugnisschutz entfällt, da das Ausgangsmaterial beim Arbeitsverfahren unverändert bleibt. Der Schutz eines Verwendungspatents umfaßt *ausschließlich* die Verwendungsmöglichkeiten.

Sachpatente
Zu den Sachpatenten gehören:

● bewegliche Sachen mit bestimmten Eigenschaften oder körperliche Gegenstände. Hierzu zählen beispielsweise Vorrichtungen oder Einrichtungen, die auch zur Durchführung von Herstellungs- oder Arbeitsverfahren geeignet sind;
● Anordnungen oder Schaltungen, die aus räumlich und zeitlich nebeneinander wirkenden Arbeitsmitteln, wie elektrischen Schaltungen, bestehen;
● Erzeugnisse, die beispielsweise die Ergebnisse von Herstellungsverfahren sind. Diese Erzeugnisse müssen als solche neu und erfinderisch sein:
● Stoffpatente; insbesondere auf dem Gebiet der Chemie wird hierdurch die dem Stoff eigene, innere Beschaffenheit geschützt.

Selbstverständlich sind auch Mischformen aus mehreren Patentkategorien zulässig.

D 6.3.2 Neuheit

Nach dem absoluten Neuheitsbegriff gehört alles, was vor dem Anmelde- oder Prioritätstag der Öffentlichkeit unbeschränkt zugänglich war, zum Stand der Technik. Hierbei sind alle Aufzeichnungs- und Wiedergabeweise von technischen Sachverhalten zu berücksichtigen (auch mündliche Wiedergabe, wie Vorträge, Vorlesungen, Gespräche, Radio- und Fernsehsendungen). Der Stand der Technik umfaßt ferner alle Benutzungshandlungen auch im Ausland vor dem Anmelde- oder Prioritätstag (z. B. Ausstellungen, Museen oder Messen).

D 6.3.3 Erfinderische Tätigkeit (Erfindungshöhe)

Die erfinderische Tätigkeit ist gegeben, wenn eine schöpferische Leistung von einem auf diesem Gebiet tätigen Durchschnittsfachmann bei *routinemäßiger Arbeitsweise nicht ohne weiteres* erreicht werden kann. Durch die routinemäßige Arbeitsweise wird die allgemeine und stetige Weiterentwicklung auf dem Gebiet der Technik als schutzfreier Raum freigehalten.

D 6.3.4 Patenterteilungsverfahren

Wie das Flußdiagramm in Bild D-8 zeigt, gliedert sich das Patenterteilungsverfahren (IV) in ein *Formalprüfungsverfahren* (I), ein *materielles Prüfungsverfahren* (II) und ein *Einspruchsverfahren* (III).

Das *Formalprüfungsverfahren (I)* unmittelbar nach Hinterlegung der Anmeldung erstreckt sich insbesondere auf die formellen Voraussetzungen einer ordnungsgemäßen Anmeldung. Diese umfaßt

- den Antrag,
- die Patentansprüche,
- die Beschreibung und gegebenenfalls
- die Zeichnung.

Die *materielle oder sachliche Prüfung (II)* wird durch einen vom Anmelder oder einem Dritten zu stellenden gebührenpflichtigen Prüfungsantrag eingeleitet. Dieser Antrag kann direkt mit der Anmeldung und muß bis spätestens 7 Jahre nach Anmeldung beim Patentamt gestellt werden. Hierbei erfolgt die Prüfung auf Patentfähigkeit unter Berücksichtigung der Neuheit und der erfinderischen Tätigkeit (Erfindungsqualität). Im Prüfungsverfahren ermittelt das Patentamt den Stand der Technik, wobei insbesondere die Patentliteratur weltweit berücksichtigt wird.

Nach erfolgreichem Abschluß des materiellen Prüfungsverfahrens wird die Patenterteilung beschlossen, und das erteilte Patent wird als Druckschrift *(Patentschrift)* veröffentlicht.

Im *Einspruchsverfahren (III)* kann jeder beliebige Dritte (Einsprechende) innerhalb einer Frist von 3 Monaten nach Veröffentlichung der Erteilung des Patents Einspruch beim Deutschen Patentamt einlegen. Im Einspruchsverfahren wird die Patentfähigkeit des erteilten Patents unter Beteiligung der Einsprechenden nochmals geprüft. Als Einspruchsgründe kommen folgende Umstände in Betracht:

- mangelnde Patentfähigkeit (Neuheit, Erfindungshöhe),
- ältere Anmeldungen,
- widerrechtliche Entnahme,
- unzulässige Erweiterung und
- mangelnde ursprüngliche Offenbarung.

Das Einspruchsverfahren endet mit einer Entscheidung des Deutschen Patentamts. Hiermit wird das Patent in ungeänderter Form, in geänderter oder in beschränkter Form aufrechterhalten, oder das Patent wird vollständig widerrufen.

Jährlich ist für die Aufrechterhaltung des Patents oder der -anmeldung eine *Jahresgebühr* zu entrichten. Wird diese Jahresgebühr nicht entrichtet, gilt das Patent oder die -anmeldung als zurückgenommen.

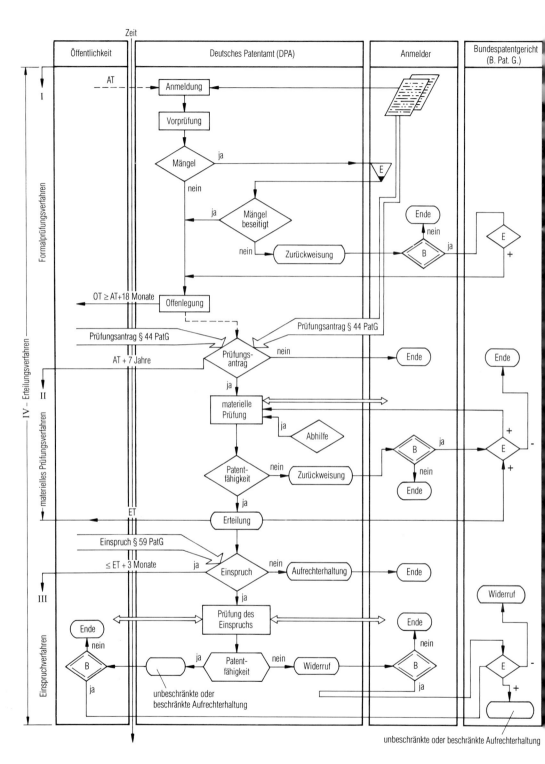

78

Nichtigkeit

Nach rechtswirksamer Patenterteilung läßt sich das Patent durch eine Nichtigkeitsklage angreifen. Diese Nichtigkeitsklage legt man beim Bundespatentgericht ein. Die Entscheidung des Bundespatentgerichts unterliegt dann der Berufung vor dem Bundesgerichtshof. Die Nichtigkeitsklage kann während der Schutzdauer des Patents ohne zeitliche Beschränkung erhoben werden. Im Nichtigkeitsverfahren wird dann ähnlich wie beim Einspruchsverfahren die Patentfähigkeit des Patents nochmals geprüft. Mit der abschließenden Entscheidung wird das Patent unverändert oder verändert (beschränkt) aufrechterhalten oder für von Anfang an nichtig erklärt.

D 6.3.5 Ausnahmen (nicht patentfähige Erfindungen)

Nach dem Gesetz sind allgemein bei technischen Schutzrechten nachstehende Gegenstände vom Schutz ausgenommen.

- *Entdeckungen*
- *Wissenschaftliche Theorien und mathematische Methoden*
- *Ästhetische Formschöpfungen*
- *Pläne, Regeln und Verfahren für gedankliche Tätigkeiten, für Spiele oder für geschäftliche Tätigkeiten*
- *Gedankliche Tätigkeiten*
- *Spiele*
- *Geschäftliche Tätigkeit*
- *Programme für Datenverarbeitungsanlagen*
- *Wiedergabe von Informationen*
- *Therapeutische Behandlungsverfahren*

D 6.4 Gebrauchsmuster

Das Gebrauchsmuster (Gbm) gehört ebenfalls zu den technischen Schutzrechten mit der Einschränkung, daß die Kategorie der Verfahrenserfindungen (Arbeits- und Herstellungsverfahren) und die Kategorie der Anwendungs- und Verwendungserfindungen dem Gebrauchsmusterschutz nicht zugänglich sind. Schaltungen (elektrische, hydraulische, pneumatische oder elektrohydraulische Schaltungen) sind als eigenständige Alternative zu Vorrichtungen dem Gebrauchsmusterschutz zugänglich.

Die materiellen Schutzvoraussetzungen, insbesondere Neuheit und erfinderische Tätigkeit, stimmen weitgehend mit den zuvor im Zusammenhang mit dem Patent erläuterten Grundsätzen überein.

Bild D-8. Ablauf des Patent-Erteilungsverfahrens

AT	Anmeldetag		
ET	Eintragungstag	

B   Beschwerde als Rechtsmittel gegen Beschluß von DPA

E   Entscheidung

Erörterung

D 6.4.1 Gebrauchsmustererteilung

Anhand des Flußdiagramms nach Bild D-9 wird das Erteilungs- und Eintragungsverfahren schematisch veranschaulicht. Nach Bild D-9 umfaßt das Erteilungs- und Eintragungsverfahren nur eine Formalprüfung hinsichtlich der formellen Erfordernisse und der absoluten Gebrauchsmuster-Schutzfähigkeit. Eine materielle Prüfung des Schutzgegenstands auf Neuheit und erfinderische Tätigkeit erfolgt hierbei nicht, um eine möglichst rasche Eintragung des Gebrauchsmusters mit der hiermit verbundenen Schutzwirkung zu ermöglichen. Diese Schutzwirkung des eingetragenen Gebrauchsmusters besteht jedoch nur unter der auflösenden Bedingung, daß auch die materiellen Voraussetzungen (Neuheit und erfinderische Tätigkeit) gegeben sind.

Die Schutzdauer eines Gebrauchsmusters beläuft sich auf maximal 10 Jahre und muß durch Entrichten von Verlängerungsgebühren nach 3, 6 und 8 Jahren, gerechnet vom Anmeldetag, verlängert werden. Werden diese Verlängerungsgebühren nicht einbezahlt, erlischt der Gebrauchsmusterschutz für die Zukunft.

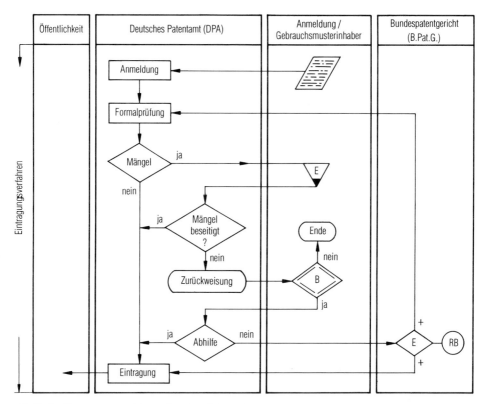

Bild D-9. Eintragungsverfahren für das Gebrauchsmuster. B: Beschwerde als Rechtsmittel gegen den Beschluß des Deutschen Patentamtes, E: Erwiderung/Entscheidung, RB: Rechtsbeschwerdeverfahren

D 6.4.2 Gebrauchsmusterlöschung

Nach der Eintragung eines Gebrauchsmusters kann jeder Dritte im Rahmen eines Löschungsverfahrens das Gebrauchsmuster angreifen. In seiner Grundtendenz entspricht das Löschungsverfahren dem Nichtigkeitsverfahren beim Patent und führt zu einer rückwirkenden Beseitigung der durch die Eintragung entstandenen Schutzwirkung des Gebrauchsmusters.

D 6.5 Warenzeichen (Zeichenschutz)

Zeichen oder allgemein Marken für Waren- und Dienstleistungen lassen sich nach dem *Warenzeichengesetz* (WZG) schützen. Das Zeichen ist eine Kennzeichnung, die geeignet ist, die Waren und Dienstleistungen eines Gewerbetreibenden von jenen eines anderen, insbesondere eines Mitbewerbers zu unterscheiden. Bei den beteiligten Verkehrskreisen, d. h. den Käufern, weckt ein derartiges Zeichen eine Erinnerung an die *Herkunft* der Waren oder Dienstleistungen aus einem bestimmten Betrieb eine Vorstellung hinsichtlich einer Qualitätsgarantie. Es ist ein werbewirksames Mittel für die Förderung des Verkaufs und den Ruf des Unternehmens.

D 6.5.1 Zeichenarten

Die Zeichen lassen sich in *Wortzeichen, Bildzeichen, kombinierte Zeichen* und *Sammelzeichen* unterteilen. Bei den Wortzeichen handelt es sich um die bedeutendste und gebräuchlichste Zeichenart. Das Wortzeichen kann aus einem oder mehreren Wörtern bestehen und auch satzartige Werbesprüche, wie „Laß Dir raten, trinke Spaten" umfassen. Auch Abkürzungen, wie „BMW" sind zu den Wortzeichen zu rechnen.

Bildzeichen bestehen ausschließlich aus einer bildlichen Darstellung. Auch Monogramme gehören hierzu.

Kombinierte Zeichen bestehen meist aus mehreren Wort- und Bildbestandteilen. Diese findet man häufig bei Lebens- und Genußmitteln.

Sammelzeichen setzen sich aus mehreren Einzelteilen zusammen, die immer gemeinsam an der Ware angebracht werden. Meist handelt es sich hierbei um kombinierte Zeichen, wie das Hals- und Bauchetikett einer Bier- und Weinflasche.

D 6.5.2 Allgemeine Eintragungsvoraussetzungen

Diese allgemeinen Eintragungsvoraussetzungen werden nach der Anmeldung des Zeichens vom Deutschen Patentamt vor der Schutzrechtserteilung geprüft.

Zeichenfähigkeit
Dem Zeichenschutz sind nur solche Zeichen zugänglich, die flächenmäßig darstellbar und geeignet sind, auf der Ware oder ihrer Verpackung oder im Zusammenhang mit der Dienstleistung selbständig in Erscheinung zu treten. Das Zeichen ist daher ein selbständiges Gebilde, das nicht die Ware selbst sein darf. Mit der flächenmäßigen Darstellung des Zeichens soll eine eindeutige Reproduzierbarkeit gewährleistet werden, die bei plastischen oder räumlichen Darstellungen nicht gegeben ist. Wegen fehlender Zeichenfähigkeit sind ferner Hör-, Geruchs-, Geschmacks- oder Tastzeichen nicht schützbar. Nach der

im Jahre 1994 zu erwartenden Neufassung des Zeichenrechts sind diese aber wegen der EG-weiten Harmonisierung voraussichtlich schutzfähig.

Unterscheidungskraft
Das Zeichen muß zur Unterscheidung der Waren und Dienstleistungen hinsichtlich ihrer Herkunft dienen. Diese Funktion wird auch als Unterscheidungskraft bezeichnet.

D 6.5.3 Absolute Eintragungshindernisse

Selbst wenn ein Zeichen die voranstehend erläuterten Zeichenvoraussetzungen erfüllt, sind noch die im Warenzeichengesetz aufgeführten Ausnahmetatbestände zu berücksichtigen. Diese werden unter dem Begriff der absoluten Eintragungshindernisse zusammengefaßt. Diese Bestimmungen verfolgen den Zweck, daß vom Geschäftsverkehr benötigte Angaben allgemein freigehalten und nicht monopolisiert werden. Die wichtigsten Eintragungshindernisse sind nachstehend angegeben.

Freizeichen
Als Freizeichen sind Zeichen zu verstehen, die für den allgemeinen Gebrauch freigehalten werden sollen oder die ihre Eignung verloren haben als Herkunftshinweis auf einen bestimmten Geschäftsbetrieb zu wirken (z.B. „Vaseline" für Mineralfette oder der „Aeskulapstab" für medizinische und pharmazeutische Waren).

Fehlende Unterscheidungskraft
Hierzu sind im Warenzeichengesetz Einzeltatbestände geregelt. Die wichtigsten sind:

- Die Abbildung oder Benennung der Ware oder Teile derselben unterscheiden die Ware nach ihrer Art oder Gattung, aber *nicht nach ihrer Herkunft.*
- Die Abbildung der Ware sowie ihre Verpackung ist ebenfalls *nicht unterscheidungskräftig,* es sei denn, ihr kommen originelle Gestaltungszüge zu.
- Einfache *geometrische Figuren,* wie Verzierungen, Ornamente und Umrahmungen üblicher Art dienen in den meisten Fällen als Blickfang und sind für sich zur Betriebskennzeichnung nicht geeignet.
- *Farbgebungen,* wiedergegeben in Bild oder Wort (z.B. die Farbringreihe) kommen im allgemeinen ebenfalls keine betriebskennzeichende Funktion zu.
- *Werbesprüche* sind nur dann unterscheidungskräftig, wenn sie wenigstens einen Bestandteil mit betrieblichem Hinweischarakter haben.
- Angaben über die *Verfahrens- oder Behandlungsform* der Ware sind nur dann unterscheidungskräftig, wenn ein Bestandteil vorhanden ist, der erkennbar einen Hinweis auf einen Geschäftsbetrieb darstellt (z.B. „Melitta gefiltert").
- *Geschäftliche und kaufmännische Bezeichnungen,* beispielsweise Wörter wie Firma, Gesellschaft oder Hotel sind für sich alleine gesehen nicht eintragbar, während die Verknüpfung mit einem Personennamen oder einer Abbildung als Gesamtheit ein unterscheidungskräftiges Zeichen ergeben.

Ferner sind die nachstehenden Gruppen möglicher Angaben per Gesetz von der Eintragung ausgeschlossen:

- Bezeichnungen, die ausschließlich aus *Zahlen oder Buchstaben* zusammengesetzt sind.
- Beschreibende Angaben, d.h. Zeichen, die ausschließlich Angaben über Art, Zeit und Ort der Herstellung, über die Beschaffenheit, die Bestimmung oder über Preis-, Mengen- oder Gewichtsverhältnisse der Ware enthalten.

- *Hoheits- und Gewährzeichen* wie Staatswappen, Staatsflaggen oder andere staatliche Hoheitszeichen oder Wappen eines inländischen Ortes und Sitzes sind zum Schutze ihres Symbolgehaltes für behördliche Zwecke nicht eintragbar.

- *Ärgernis erregende Darstellungen,* die das Empfinden eines beachtlichen Teils der angesprochenen Verkehrskreise verletzen. Das Empfinden kann sittlicher, politischer oder religiöser Natur sein.

- *Irreführende Zeichen* sind unrichtige Angaben über die Beschaffenheit, die Herkunft oder die Herstellung der Ware sowie geographische Herkunftsangaben oder auch fremdsprachliche Bezeichnungen.

- *Notorische Marken* sind eingetragene und nicht eingetragene Zeichen, die nach allgemeiner Kenntnis innerhalb der beteiligten inländischen Verkehrskreise bereits von einem Gewerbetreibenden für gleiche oder gleichartige Waren benutzt werden;

- *Sortenbezeichnungen* können nur mit Hilfe der Sortenschutzrolle oder der Sortenliste des Bundessortenamtes geschützt werden.

D 6.5.4 Eintragungsverfahren

Bild D-10 zeigt den Verfahrensablauf zur Eintragung eines Zeichens. Das Eintragungsverfahren gliedert sich im wesentlichen in folgende Abschnitte:

1. Verfahrensabschnitt unter ausschließlicher Beteiligung des Anmelders und dem

2. Verfahrensabschnitt (Widerspruchsverfahren) unter Beteiligung des Inhabers eines älteren, kollisionsbegründenden Zeichens.

Im ersten Verfahrensabschnitt erfolgt eine Formalprüfung hinsichtlich der bereits aufgeführten absoluten Eintragungshindernisse. Stehen der Eintragung keine absoluten Hindernisse entgegen, so beschließt das Deutsche Patentamt die Bekanntmachung des Zeichens.

Innerhalb einer Frist von 3 Monaten nach der Bekanntmachung kann ein Inhaber oder Anmelder eines älteren Zeichens oder einer Zeichenanmeldung Widerspruch einlegen. Im Widerspruchsverfahren (2. Verfahrensabschnit) wird das Anmeldezeichen auf sogenannte *relative Eintragungshindernisse* geprüft. Diese relativen Eintragungshindernisse führen zu einer Schutzversagung, wenn eine *Gleichartigkeit* der Waren oder Dienstleistungen und eine *Verwechslungsgefahr* gegeben sind.

Die Benutzungslage eines Zeichens, aus dem Rechte geltend gemacht werden, ist bei dem Widerspruchsverfahren ebenfalls zu berücksichtigen. Nach dem Warenzeichengesetz sind Zeichen spätestens 5 Jahre nach ihrer Eintragung zu benutzen. Wird die Benutzung des Widerspruchszeichens bestritten, hat der Zeicheninhaber die Benutzungslage hinsichtlich Dauer, Umfang und Art glaubhaft zu machen.

Zum Abschluß des Widerspruchsverfahrens ergeht ein Beschluß, mit dem die Schutzversagung oder die Eintragung verfügt wird. Mit rechtswirksamem Abschluß des Widerspruchsverfahrens ist das Eintragungsverfahren insgesamt abgeschlossen. Es erfolgt dann die rechtsgültige Eintragung des Zeichens in die *Warenzeichenrolle* als Zeichenregister und eine Veröffentlichung.

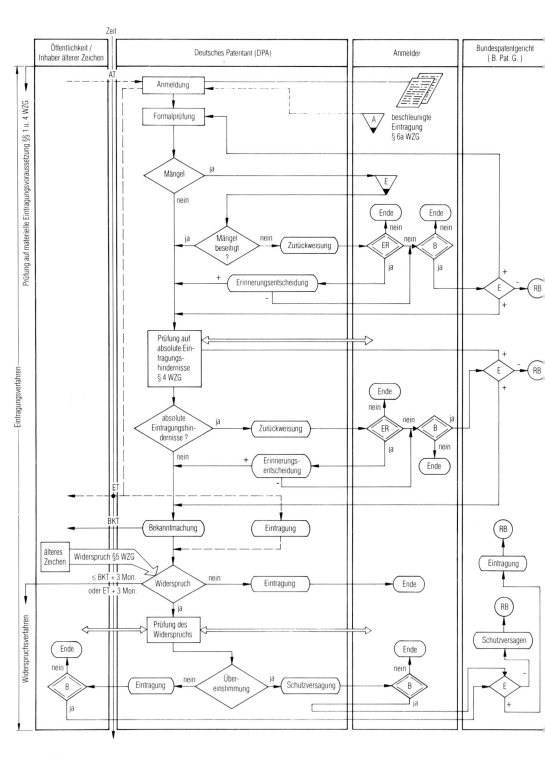

84

D 6.5.5 Zeichenlöschung

Nach der rechtswirksamen Eintragung des Zeichens kann dieses im Rahmen eines Löschungsverfahrens angegriffen werden, das vom Deutschen Patentamt auf Antrag eines Dritten durchgeführt wird. Als Alternative läßt sich auch die sogenannte zeichenrechtliche Löschungsklage angestrengt, für die die ordentlichen Gerichte zuständig sind. Der Verfahrensablauf richtet sich nach der Zivilprozeßordnung und den dort vorgesehenen Rechtsmittelwegen.

D 6.6 Geschmacksmuster

Das Geschmacksmustergesetz schützt Leistungsergebnisse *ästhetischer Schöpfungen,* die gewerblich verwertbar sind und den Farben- oder Formensinn des Menschen durch eine Flächen- oder Raumform ansprechen. Ästhetisch wirkende, gewerbliche Muster und Modelle sind beispielsweise Tapetenmuster, Kleiderschnitte, Bestecke, Türgriffe, Porzellan- und Keramikwaren.

Zur Erfüllung der formalen Schutzvoraussetzungen bedarf es einer Anmeldung und Hinterlegung des Musters, zweckmäßigerweise in Form von Abbildungen (Fotos) oder Zeichnungen beim Deutschen Patentamt.

Die wesentlichen materiellen Schutzvoraussetzungen sind:

Äußere Formgebung
Der Schutzgegenstand muß eine bestimmte äußere Form haben, die als Fläche oder als Raumgebilde erkennbar und faßbar ist.

Modellfähigkeit
Ein Gegenstand ist modellfähig und als Vorbild für die Herstellung gewerblicher Erzeugnisse geeignet, wenn er fertig, ausführbar und wiederholbar ist.

Bestimmtheit des Formgedankens
Allgemeinen Formelementen, Ideen und Motiven, wie charakteristische Merkmale eines neuen Stils oder einer neuen Mode, fehlt es an der Bestimmtheit des Formgedankens. Nur die konkrete Anwendungsform, beispielsweise ein bestimmtes Modellkleid oder ein bestimmtes Besteckmuster, erfüllen die Schutzvoraussetzungen der Bestimmtheit.

Gewerbliche Verwertbarkeit
Hierbei reicht die Möglichkeit einer gewerblichen Verwertung aus, eine tatsächliche Verwertung braucht nicht nachgewiesen zu werden.

Bild D-10. Ablauf des Verfahrens zur Eintragung des Warenzeichens

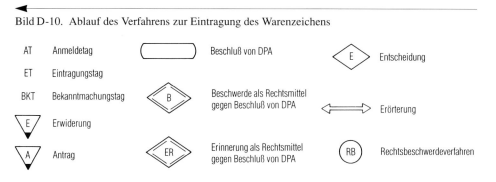

Ästhetischer Gehalt
Der ästhetische Gehalt des Musters muß erkennbar bzw. anschaulich sein, und wirkt über das Auge auf den Formen- und Farbensinn des Menschen. Dem Geschmacksmusterschutz hingegen sind die wörtliche Beschreibung einer Formvorstellung oder die Wirkung eines Stoffes auf den Geruchs-, Tast- oder den Geschmackssinn sowie die Verwendung von Farben als Einteilungs- und Registriermittel nicht zugänglich.

Neuheit
Ein Muster ist als neu anzusehen, wenn es zum Zeitpunkt der Anmeldung in inländischen Fachkreisen weder bekannt war noch bei zumutbarer Beachtung einschlägiger Gestaltungen bekannt sein konnte. Hierbei ist die absolute Neuheit zum Anmeldezeitpunkt maßgebend. Ein nach dem Muster gefertigtes Erzeugnis darf daher weder vom Anmelder noch von einem Dritten vor der Anmeldung verbreitet werden, um eine neuheitsschädliche Vorwegnahme zu vermeiden.

Eigentümlichkeit des geschaffenen Musters
Die vom Musterurheber geschaffene Gestaltung muß objektiv eigenartig sein, so daß sie sich ausreichend von den allgemein vorhandenen Gestaltungen unterscheidet. Die materiellen Schutzvoraussetzungen werden im Zuge des Eintragungsverfahrens eines Geschmacksmusters nicht geprüft, sondern lediglich die formellen Schutzvoraussetzungen.

D 6.7 Verwertung von Schutzrechten

Die Verwertung als positiver Inhalt des absoluten Rechts erstreckt sich von der Herstellung des Schutzgegenstands über seinen Weg zum Markt bis zum Endverbraucher. Über die Art und Form der Verwertung des Schutzrechts kann der Schutzrechtsinhaber frei verfügen. Neben der Verwertung im eigenen Betrieb des Schutzrechtsinhabers kommt auch eine Verwertung durch Übertragung an andere in Betracht. Der Rechtsübergang wird als *Lizenzierung* bezeichnet. Entsprechend dem Umfang der Übertragung auf einen Dritten durch die erteilte Lizenz unterscheidet man verschiedene Lizenzformen:

Ausschließliche Lizenz
Dem Lizenznehmer wird neben der Befugnis, den Schutzgegenstand ausschließlich zu benutzen, auch das Verbietungsrecht übertragen, so daß der Lizenznehmer berechtigt ist, Dritten die Benutzung des Schutzgegenstands zu untersagen.

Einfache Lizenz
Der Lizenznehmer erhält von dem Schutzrechtsinhaber lediglich das Recht, den Schutzgegenstand nach Maßgabe irgendeiner der Benutzungshandlungen (Herstellen, Anbieten, Verkaufen und Benutzen) zu verwerten.

In Abhängigkeit von weiteren Beschränkungen unterscheidet man folgendes:

- Die *Gebietslizenz* enthält eine Beschränkung auf ein bestimmtes Gebiet, zum Beispiel auf ein Bundesland. Der Lizenznehmer darf nur innerhalb des vom Lizenzgeber umrissenen Bereichs den Schutzgegenstand verwerten.

- Die *Zeitlizenz* beschränkt den Lizenznehmer darauf, das Schutzrecht nur innerhalb eines vorgegebenen Zeitraums der Schutzdauer des Schutzrechts zu benutzen.

- Die *Betriebslizenz* oder die *persönliche Lizenz* beschränkt die Benutzung des Schutzgegenstands auf einen Betrieb bzw. ein Unternehmen oder eine bestimmte Person.

- Die *Herstellungs-, Verkaufs-, Vertriebs-* und *Gebrauchslizenz* begrenzt die Verwertung durch den Lizenznehmer auf eine oder mehrere Benutzungsarten.

- Die *Quotenlizenz* erlegt dem Lizenznehmer für den Umfang der Benutzungshandlungen eine Beschränkung auf.

Die Verfügung über das Schutzrecht bildet den Gegenstand eines *Lizenzvertrags,* der zwischen Schutzrechtsinhaber und Lizenznehmer geschlossen wird.

D 6.8 Rechtsverfolgung von Schutzrechten

Wird rechtswidrig, d. h. ohne Zustimmung des Schutzrechtsinhabers, eine dem Schutzrechtsinhaber vorbehaltene Benutzungshandlung vorgenommen, so spricht man von einer *Schutzrechtsverletzung.* Rechtsstreitigkeiten über die Verletzung eines Schutzrechts werden als *Verletzungsprozeß* bezeichnet.

Zivilrechtlich kann der Schutzrechtsinhaber zur Wahrung seines Rechts eine Verletzungsklage beim zuständigen Landgericht erheben. Die Schutzfähigkeit des geltend zu machenden Rechts, die Verletzungsform des Schutzrechts, die Anspruchsgrundlagen für den Rechtsinhaber aus der Schutzrechtsverletzung und die Einwendungen des Verletzers gegenüber diesen Ansprüchen sind zu berücksichtigen.

Die Verletzungsklage kann auf Unterlassung und Schadensersatz oder Beseitigung und ungerechtfertigte Bereicherung als Hauptanspruchsgrundlage nach dem Bürgerlichen Gesetzbuch (BGB) gestützt werden. Vor den ausschließlich hierfür zuständigen Landgerichten besteht für die streitenden Parteien zusätzlicher Vertreterzwang durch einen dort zugelassenen Rechtsanwalt.

Gegen die erstinstanzliche Entscheidung des Landgerichts kann die Berufung beim Oberlandesgericht eingelegt werden. Als dritte und letzte Instanz bei der Verletzungsklage ist das Rechtsmittel der Revision vor dem Bundesgerichtshof gegeben.

D 6.9 Arbeitnehmer-Erfindergesetz (ArbEG)

Im Arbeitnehmer-Erfindergesetz wird das Recht auf eine technische Neuerung (Patent oder Gebrauchsmuster) im Interessenwiderstreit von Arbeitgeber und Arbeitnehmer im privaten und öffentlichen Dienst, von Beamten und Soldaten geregelt. Im nachstehenden Flußdiagramm nach Bild D-11 werden die vom Arbeitnehmer und Arbeitgeber zu berücksichtigenden wesentlichen Gesichtspunkte verdeutlicht.

Wenn die vom Arbeitnehmer geschaffene Schöpfung den Erfordernissen der Patent- oder Gebrauchsmuster-Schutzfähigkeit entspricht, handelt es sich nach dem Arbeitnehmer-Erfindergesetz um eine *Erfindung.* Wenn diese Erfindung innerhalb eines Arbeitsverhältnisses von Arbeitnehmer und Arbeitgeber entstanden ist, handelt es sich um eine *gebundene Erfindung,* die in unmittelbarem Zusammenhang mit dem Betrieb des Arbeitgebers steht. Der Arbeitnehmer ist dann zur *schriftlichen Erfindungsmeldung* an den Arbeitgeber verpflichtet. Der Arbeitgeber seinerseits kann nach Erfindungsmeldung über die Inanspruchnahme oder Freigabe entscheiden. Gibt der Arbeitgeber die Erfindung frei, kann der Arbeitnehmer unbeschränkt über die Erfindung, deren Anmeldung und Verwertung verfügen.

Nimmt der Arbeitgeber die Erfindung in Anspruch, so muß er dies innerhalb von 4 Monaten nach der Erfindungsmeldung dem Arbeitnehmer mitteilen. Die Erfindung kann hierbei beschränkt oder unbeschränkt in Anspruch genommen werden.

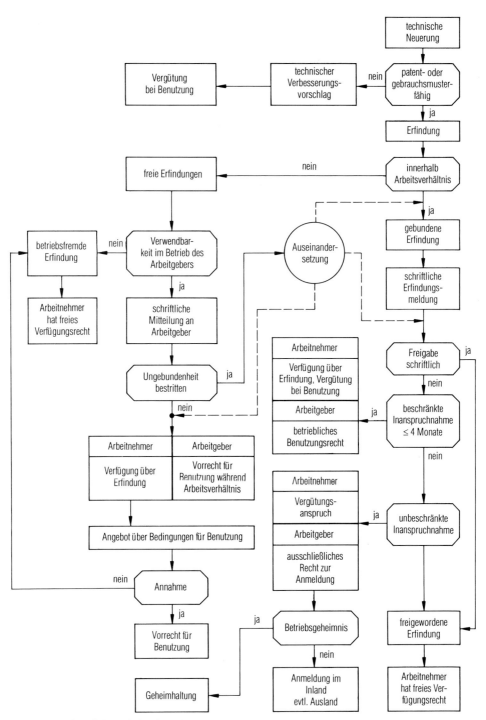

Bild D-11. Ablauf des Arbeitnehmer-Erfindungsgesetzes (ArbEG)

Bei beschränkter Inanspruchnahme erwirbt der Arbeitgeber ein nichtausschließliches Recht zur Benutzung der Diensterfindung. Er muß dem Arbeitnehmer lediglich für die Benutzung eine angemessene Vergütung zukommen lassen.

Bei der unbeschränkten Inanspruchnahme gehen alle Rechte an der Diensterfindung unmittelbar auf den Arbeitgeber über. Der Arbeitnehmer erwirbt dadurch einen Vergütungsanspruch gegenüber dem Arbeitgeber. Innerhalb der vorgeschriebenen Frist von 4 Monaten läßt sich in vielen Fällen die wirtschaftliche Bedeutung der Erfindung schwer abschätzen. Für den Arbeitgeber empfiehlt es sich daher, die Erfindung unbeschränkt in Anspruch zu nehmen. Andernfalls kann der Arbeitnehmer frei über die Erfindung verfügen, und außerdem die Verwertung der Erfindung möglicherweise Konkurrenten gestatten. Mit der unbeschränkter Inanspruchnahme ist die Erfindung entweder im Inland *unverzüglich anzumelden* oder bei einem Betriebsgeheimnis die Erfindung *geheimzuhalten*.

Die häufigsten Streitigkeiten treten in Verbindung mit der Angemessenheit der Vergütung bei unbeschränkter Inanspruchnahme der Erfindung und in Verbindung mit dem Zahlungszeitpunkt der Vergütung auf. Der nach dem Arbeitnehmer-Erfindergesetz geregelte *Vergütungsanspruch* besteht zusätzlich zum Entlohnungsanspruch im Rahmen des Arbeitsvertrags und ist auch von diesem unabhängig. Bei der Entstehung des Vergütungsanspruchs spielen somit weder die Höhe der Entlohung des Arbeitnehmers noch dessen Stellung im Betrieb eine Rolle. Diese Gesichtspunkte kommen erst bei der Bemessung der Vergütung zum Tragen, bei der insbesondere die wirtschaftliche Verwertbarkeit der Erfindung, die Aufgaben und die Stellung des Arbeitnehmers im Betrieb sowie der Anteil des Betriebs an dem Zustandekommen der Diensterfindung zu berücksichtigen sind. Insbesondere bei Klein- und Mittelbetrieben ist es häufig üblich, unter Abweichung von der starren Regelung nach dem Arbeitnehmer-Erfindergesetz eine pauschalere und flexiblere Lösung mit einem privatrechtlichen Vertrag anzuwenden.

Kann keine Einigung hinsichtlich der Vergütung erzielt werden, ist als eine Art Vorschaltverfahren vor einer arbeitsgerichtlichen Auseinandersetzung beim Deutschen Patentamt eine Schiedsstelle eingerichtet worden. Sie kann auf Antrag von Arbeitnehmer- oder Arbeitgeberseite zur Erstellung eines Einigungsvorschlags angerufen werden. Der Einigungsvorschlag ist ein privatrechtlicher Vertrag, dessen Einhaltung und Erfüllung den Vertragsparteien überlassen ist. Wird keine Einigung erzielt, so ist das Arbeitsgericht anzurufen.

Bei einer *betriebsungebundenen Erfindung* hat der Arbeitgeber während des Bestehens des Arbeitsverhältnisses ein Vorrecht auf die betriebliche Nutzung der Erfindung unter vom Arbeitnehmer angebotenen Bedingungen. Der Arbeitgeber muß nur für tatsächliche Benutzungen des Erfindungsgegenstands bezahlen, während der Arbeitnehmer ansonsten über die Erfindung frei verfügen kann. Ein Arbeitnehmer hat erst dann eine betriebsfremde Erfindung gemacht, wenn der Arbeitgeber die Bedingungen für die Benutzung nicht annimmt oder die Verwendbarkeit im Betrieb des Arbeitgebers völlig ausgeschlossen ist. Eine derartige betriebsfremde Erfindung ist rechtlich vollständig losgelöst vom Arbeitnehmer- und Arbeitgeberverhältnis.

D 6.10 Supranationale Zusammenarbeit auf dem Gebiet des gewerblichen Rechtsschutzes

Auf europäischer Ebene wurde eine solche Zusammenarbeit seit 1. Juli 1978 durch das Inkrafttreten des Europäischen Patentübereinkommens (EPÜ) geschaffen. Auf internationaler Ebene ist der weltweite Zusammenschluß nach dem Vertrag über die Internationale Zusammenarbeit auf dem Gebiet des Patentwesens (Patent-Cooperation-Treaty, PCT) in Kraft.

Weiterführende Literatur

Arbeitsgesetze: Beck-Texte; dtv-Band 5, 44. Auflage. München: Deutscher Taschenbuch Verlag 1993.

Baumbach, A., Duden, K. und Hopt, K. J.: Kommentar zum Handelsgesetzbuch mit Gesellschaftsrecht. München: Verlag C. H. Beck.

Bodenschatz. W., Fichna, G. und Voth, D.: Produkthaftung, 4. Auflage. Frankfurt/M: Maschinenbauverlag 1990.

Brox, H.: Besonderes Schuldrecht, 18. Auflage. München: Verlag C. H. Beck 1992.

Capelle, H. und Canaris, K.: Handelsrecht, Juristische Kurzlehrbücher. München: Verlag C. H. Beck.

Fitting,K. und Auffarth, F.: Betriebsverfassungsgesetz, Handkommentar, 17. Auflage. München: Verlag Franz Vahlen 1992.

Frey, H.: Arbeitsrechtliche Fehler in der Personalverwaltung, 2. Auflage. München: Verlag C. H. Beck 1987.

Friedrich, W.J.: Rechtsbegriffe des täglichen Lebens von A bis Z, 9. Auflage. München: Verlag C. H. Beck 1992.

Halbach, G. und Paland, N.: Übersicht über das Recht der Arbeit, Herausgeber: Bundesminister für Arbeit und Sozialordnung, 4. Auflage. München: 1991.

Hering, H.: Gewerblicher Rechtsschutz. Heidelberg: Springer-Verlag 1982.

Hueck, G.: Gesellschaftsrecht, Juristische Kurzlehrbücher. München: Verlag C. H. Beck.

Kullmann, H.J.: Höchstrichterliche Rechtsprechung zur Produkthaftung. Köln: Verlag Kommunikationsforum 1987.

Kullmann, H.J. und Pfister, B.: Produzentenhaftung (Loseblattausgabe, 2 Bände). Berlin: Erich Schmidt Verlag 1992.

Meisel, P.: Arbeitsrecht für die betriebliche Praxis; Deutscher Institutsverlag, 7. Auflage. 1992.

Niebling, J.: Allgemeine Geschäftsbedingungen von A bis Z, Beck-Texte im dtv, 2. Auflage. München: Verlag C. H. Beck 1991.

Ostertag, U. und Ostertag, R.: Gewerblicher Rechtsschutz - Praxisnah, Band 1 und Band 2. Grafenau: Lexika-Verlag 1978.

Palandt, O.: Bürgerliches Gesetzbuch, 50. Auflage. München: Verlag C. H. Beck 1991.

Palandt, O.: Kommentar zum Bürgerlichen Gesetzbuch, 52. Auflage. München: Verlag C. H. Beck 1993.

Schmidt-Salzer, J. und Hollmann, H. H.: Kommentar EG-Richtlinie Produkthaftung, Band 1. Heidelberg: Verlag Recht und Wirtschaft 1986.

Spiegelhalter, H. J.: Handlexikon Arbeitsrecht. München: Verlag C. H. Beck 1991.

Stege, D. und Weinsbach, F. K.: Betriebsverfassungsgesetz; Handkommentar für die betriebliche Praxis, 6. Auflage. Mannheim: Deutscher Institutsverlag 1990.

Stillner, W.: Der Kaufvertrag, Beck-Texte im dtv, 2. Auflage. München: Verlag C. H. Beck 1991.

Graf von Westphalen, F.: Produkthaftungshandbuch, Band 1, 1989, Band 2, 1991. München: Verlag C. H. Beck.

Zur Übung

Ü D1: A eröffnet am 8. Oktober ein großes Textilgeschäft, B am gleichen Tag ein großes Baugeschäft. Die Eintragung von A und B in das Handelsregister erfolgt am 15. November. Ab wann ist das HGB für die jeweils abgeschlossenen Geschäfte anzuwenden?

Ü D2: Kaufmann A verkauft an B sein Handelsgeschäft, der es mit Einverständnis von Kaufmann A unter der bisherigen Firma fortführt. Beide vereinbaren vertraglich, daß der Käufer B für die Geschäftsverbindlichkeiten bis zum Kaufvertragsabschluß nicht haften soll. Welche Wirkung hat diese Vereinbarung gegenüber Dritten?

Ü D3: Der Geschäftsführer A hat den bisherigen Handelsbevollmächtigten B zum Prokuristen bestellt und im Handelsregister eintragen lassen. Die Prokura wird später widerrufen. Bevor der Widerruf eingetragen und bekannt gemacht wird, zahlt der nichtwissende Dritte X einen dem A geschuldeten größeren Betrag an B. B ist seit wenigen Tagen nicht mehr bei A beschäftigt. Der Dritte X möchte nun wissen, ob er diese hohe Summe mit befreiender Wirkung an B bezahlt hat oder ob er den Betrag an die Firma des A nochmals bezahlen muß.

Ü D4: A, B und C sind Gesellschafter einer OHG. Zur Geschäftsführung sind A und B berechtigt, C ist von der Geschäftsführung durch Vertrag ausgeschlossen. A will das Geschäft branchenfremd ausdehnen. Deshalb kauft A im Auftrag und für Rechnung der OHG von G Maschinen für 1 Mio DM, ohne B und C vorher von seinen Plänen zu unterrichten. B stimmt nachträglich zu. C widerspricht im Nachhinein ausdrücklich. Als G den Gesellschafter C wegen eines nicht bezahlten Rests vom Kaufpreis in Anspruch nimmt, weigert sich C zu zahlen. Muß C an G bezahlen?

Ü D5: Gehört das Arbeitsrecht zum Privatrecht?

Ü D6: Welche Rechtsfolge hat die bewußt unwahre Beantwortung einer rechtlich zulässigen Frage im Personalfragebogen?

Ü D7: Welche Rechte hat der Betriebsrat bei der Einstellung eines Arbeitnehmers?

Ü D8: Wie kann das Arbeitsverhältnis beendet werden?

Ü D9: Welche Bedeutung hat die Abmahnung?

Ü D10: Welches Recht hat der Betriebsrat bei der Kündigung eines Arbeitnehmers durch den Arbeitgeber?

Ü D11: Bei Benutzung eines Spezialklebers zum Festkleben eines Kunststoffbodenbelags durch einen Handwerker wurden Dämpfe frei, die sich entzündeten. Dabei wurde der Handwerker verletzt, und in dem Raum befindliche Gegenstände wurden beschädigt. Die Arbeiten wurden bei geschlossenem Fenster durchgeführt. In dem Raum war ein Gasherd in Betrieb. Die Verpackung des Klebers war mit dem Hinweis „Feuergefährlich!" bedruckt. Haftet der Klebemittelhersteller für den Personen- und Sachschaden, oder wie hätte er die Haftung vermeiden können?

E Rechnungswesen

Ein Unternehmen stellt Produkte und Dienstleistungen her, um sie am Markt zu verkaufen. Die dazu eingesetzten Vermögenswerte (z.B. Grundstücke, Gebäude, Maschinen) und die *ins* Unternehmen fließenden *Umsatzerlöse* und das Unternehmen *verlassenden* (z.B. Kosten für Material und Personal) *Kapitalströme* werden durch das Rechnungswesen systematisch erfaßt und verfolgt. Man schafft Grundlagen für die Kalkulation und die Entwicklung des Unternehmens hinsichtlich *Vermögen, Kapital, Finanzlage, Ertragskraft*

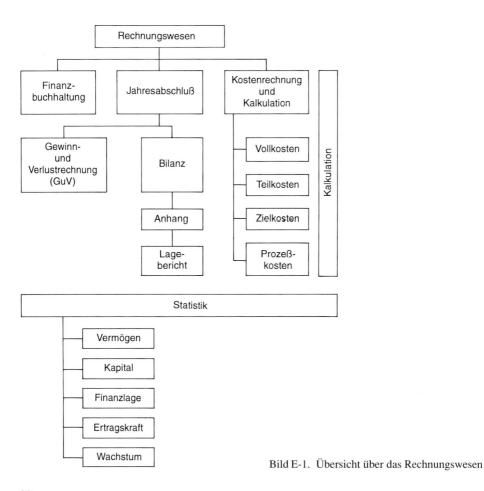

Bild E-1. Übersicht über das Rechnungswesen

und *Wachstum*. Aus diesen Gründen sind die Daten des Rechnungswesens wichtige Informationsquellen zur *erfolgsorientierten Steuerung* des Unternehmens im Sinne eines modernen *Controlling* (Abschn. H 4). Wie Bild E-1 in einer Übersicht zeigt, besteht das Rechnungswesen aus vier Teilen:

Finanzbuchhaltung (FiBu)
Dort werden alle Zahlungsein- und -ausgänge nach Kostenarten (Abschn. E 2.5) erfaßt und nach bestimmten *Kontierungsrichtlinien* möglichst auch direkt auf die entsprechenden betrieblichen *Kostenstellen* verteilt.

Jahresabschluß
Er besteht aus der *Gewinn- und Verlustrechnung (GuV)* (Ermittlung der Erlöse, der Aufwendungen und der Erträge) und der *Bilanz* (Gegenüberstellung von Vermögen und Kapital).

Kostenrechnung und Kalkulation
In der Kostenrechnung werden die Kosten in Form von *Kostenarten* erfaßt und auf *Kostenstellen* verteilt. Mit diesem *Betriebsabrechnungsbogen* (Abschn. E 2.7.2) lassen sich *Kalkulationsgrundlagen* (z.B. Stundensätze für Personal und Maschinen) erstellen, mit denen die Produkte und Dienstleistungen des Unternehmens kalkulierbar sind. Spezielle Arten der Kostenrechnung, wie die *Deckungsbeitragsrechnung* (Abschn. E 4) erlauben, genaue *Preisuntergrenzen* für Produkte und Dienstleistungen anzugeben, so daß zumindest kostendeckend verkauft werden kann. In diesem Zusammenhang wichtig sind modernere Verfahren der Kostenrechnung, beispielsweise die *Zielkostenrechnung,* die von einem Marktpreis ausgehend die Kosten des Unternehmens festlegt und die *Prozeßkostenrechnung,* die eine verursachungsgerechte Zuordnung der Gemeinkosten (ganzer Herstellungsprozeß) ermöglicht.

Statistik
In der betrieblichen Statistik dienen die Zahlen der FiBu, der GuV, der Bilanz und der Kostenrechnung dazu, die *Entwicklung des Unternehmens* (Vermögen, Kapital, Rentabilität, Umsätze, Kosten) zu verfolgen sowie unternehmerische Entscheidungen fundiert treffen zu können.

E 1 Jahresabschluß

Der Jahresabschluß aller Kaufleute umfaßt nach § 242 Abs. 3 HGB die *GuV-Rechnung* sowie die *Bilanz*. Kapitalgesellschaften müssen zusätzlich einen *Anhang* erstellen und einen *Lagebericht* abfassen (§ 264 Abs. 1 HGB). Aus der GuV-Rechnung und der Bilanz werden Kennzahlen gebildet und ihre zeitliche Entwicklung verfolgt. Im Rahmen dieser *Bilanzanalyse* erhält man einen möglichst genauen Überblick über die *derzeitige Lage* und die *zukünftigen Aussichten* des Unternehmens (Abschn. E 1.3). Die zentralen Begriffe sind in Tabelle E-1 zusammengestellt.

E 1.1 Gewinn- und Verlustrechnung (GuV)

Ihre Aufgabe besteht darin, den erzielten Erfolg (Gewinn oder Verlust) aufzuzeigen. Durch eine entsprechende Gliederung nach § 275 Abs. 2 HGB werden Erträge und Aufwendungen (Material- und Personalaufwand sowie Abschreibungen) gegenübergestellt.

Tabelle E-1. Zentrale Begriffe im Rechnungswesen

Begriff	Erklärung
Aufwand	während einer Periode entstandener Wertverzehr
Materialaufwand	Aufwand für Roh-, Hilfs- und Betriebsstoffe, für bezogene Waren und Dienstleistungen Dritter
Personalaufwand	Löhne und Gehälter sowie Personalabgaben, Aufwendungen für die Altersversorgung und Unterstützung
Abschreibungen	in Geld bewerteter Verschleiß der Maschinen, Anlagen und Gebäude sowie die Wertminderung immaterieller Anlagen (z. B. Lizenzen), soweit sie in der Bilanz ausgewiesen sind
Zinsaufwand	Aufwendungen für bezahlte Zinsen
Zweckaufwand	Aufwand aufgrund des Betriebszwecks
neutraler Aufwand	Aufwand, *betriebsfremd* (nicht dem Betriebszweck entsprechend, z. B. Spenden), *periodenfremd* (nicht in Abrechnungsperiode entstanden, z. B. Steuernachzahlungen) oder *außerordentlich* (fallen unregelmäßig oder unvorhergesehen an, z. B. Brandschaden)
Ertrag	der Ertrag zeigt den in einer Abrechnungsperiode erwirtschafteten *Bruttowertzuwachs*, d. h. alle vom Unternehmen erzeugten Produkte und Dienstleistungen, unabhängig davon, ob sie dem Betriebszweck dienen *(Zweckertrag)* oder nicht *(neutraler Ertrag)*
Umsatzerlöse (Kontenklasse 8)	Erlöse, die durch den Verkauf an Gütern und Dienstleistungen erzielt wurden. Davon abzuziehen sind die *Erlösschmälerungen,* das sind die Mehrwertsteuer, Skonti und gewährte Rabatte
Bestandsveränderungen an fertigen und unfertigen Erzeugnissen	bewertete Vorräte an Roh-, Hilfs- und Betriebsstoffen, eingekauftes Material, Halbzeuge sowie die in Arbeit befindlichen Teile (mit den Herstellkosten bewertet)
sonstige betriebliche Erträge	darunter fallen beispielsweise die Erlöse beim Verkauf von Maschinen oder anderen Betriebsgegenständen
Erträge aus Beteiligungen, aus Wertpapieren und Finanzanlagen und Zinserträgen	verschiedene Erträge aus finanziellen Tätigkeiten
außerordentliche Erträge	Erträge, die nicht in der Abrechnungsperiode erwirtschaftet worden sind (z. B. Schadensvergütungen)
Betriebsergebnis	das Betriebsergebnis ist die Differenz zwischen Erträgen und Aufwendungen der betrieblichen Tätigkeit
Finanzergebnis	Differenz zwischen Ertrag und Aufwand aus finanziellen Tätigkeiten
außerordentliches Ergebnis	werden von den außerordentlichen Erträgen die außerordentlichen Aufwendungen abgezogen, dann ergibt sich das außerordentliche Ergebnis
Jahresüberschuß/ Jahresfehlbetrag	werden von der Summe aus Betriebsergebnis, Finanzergebnis und außerordentlichem Ergebnis die *ertragsabhängigen* Steuern und andere Abgaben abgezogen, dann ergibt sich ein *Jahresüberschuß* (Gewinn) oder *Fehlbetrag* (Verlust)

Wird von den Gesamterlösen der Materialaufwand abgezogen, dann ergibt sich das *Rohergebnis* (Rohertrag). Das *Betriebsergebnis* erhält man, wenn man vom Gesamterlös die betrieblichen Aufwendungen abzieht. Zusätzlich zum Betriebsergebnis wird das *Finanzergebnis* errechnet. Dies ist die Gegenüberstellung der Einnahmen und Ausgaben für Finanzgeschäfte. Das Betriebs- und das Finanzergebnis zusammen stellen das *Ergebnis der gewöhnlichen Geschäftstätigkeit* dar. Berücksichtigt wird noch das *außerordentliche Ergebnis* (hängt nicht mit dem Betriebszweck zusammen) und die Steuern. Aus diesen Positionen errechnet sich der *Jahresüberschuß* bzw. der *Jahresfehlbetrag*.

In Tabelle E-2 ist die GuV eines Beispielunternehmens dargestellt. Seine Produkte sind: mechanische, elektronische und computerunterstützte Komponenten im Bereich der Türen und Dächer von Pkw. Es werden vor allem mechanische und elektrische Fensterheber, Schiebedächer und Sitzverstellungen hergestellt. In Tabelle E-2 ist das Jahr 2 das aktuelle Jahr und das Jahr 1 das Vorjahr. Aus der GuV ist zu erkennen, daß sich der Umsatz von 18 557 500 DM im Vorjahr auf 21 518 000 DM erhöht hat (Steigerung um 16 %). Das Ergebnis ist im selben Zeitraum von 1 229 600,– auf 1 840 600 DM gestiegen (um 600 000 DM oder etwa 50 %).

Um Abweichungen innerhalb eines Monats feststellen zu können, wird die GuV monatlich erstellt. Dabei ist es sinnvoll, wie in Tabelle E-3, die Monatszahlen absolut und in Prozent zu sehen und außerdem die bis zum aktuellen Monat aufgelaufenen *(kumulierten)* Werte. Auf diese Weise können Abweichungen schnell erkannt werden, so daß sofortige Abhilfemaßnahmen eingeleitet werden können. Es ist zu erkennen, daß das Betriebsergebnis im Monat März –180 580 DM beträgt (bezogen auf den Umsatz: –27,61 %). Insgesamt beträgt das Betriebsergebnis bis einschließlich März –290 340 DM oder –12,57 % vom Umsatz. Die positiven Finanzgeschäfte konnten den betrieblichen Verlust mindern. Insgesamt ist im laufenden Jahr eine negative Umsatzrendite in Höhe von –2,22 % enstanden; vor allem deshalb, weil der Monat März so schlecht war. Der Verlust im Monat März ist mit –88 260 DM erheblich. Da in den beiden Vormonaten Januar und Februar geringe Gewinne erwirtschaftet wurden, beträgt der Verlust insgesamt lediglich –50 840 DM.

Tabelle E-2. GuV des Beispielunternehmens Kettlitz

Gewinn- und Verlustrechnung der Firma Kettlitz			DM/Jahr 1	DM/Jahr 2
1.		Umsatzerlöse	18 557 500	21 518 000
2.	+/–	Erhöhung oder Verminderung des Bestands an fertigen und unfertigen Erzeugnissen	180 300	216 000
3.	+	andere aktivierte Eigenleistungen		
4.	+	sonstige betriebliche Erträge	166 800	282 600
		Summe Gesamterlöse	18 904 600	22 016 600
5.	–	Materialaufwand – für Roh-, Hilfs- und Betriebsstoffe und für bezogene Waren	5 680 400	6 388 900
		– für bezogene Leistungen	802 600	872 400
		Summe Materialaufwand	6 483 000	7 261 300
		Rohergebnis (Gesamterlöse – Materialaufwand)	12 421 600	14 755 300
6.	–	Personalaufwand – Löhne und Gehälter	5 094 400	6 000 600
		– soziale Abgaben und Aufwendungen für Altersversorgung und Unterstützung	1 373 600	1 839 400
		Summe Personalaufwand	6 468 000	7 840 000
7.	–	Abschreibungen – auf immaterielle Vermögensgegenstände, Sachanlagen	2 038 600	2 198 000
		– auf Umlaufvermögen	134 400	102 000
		Summe Abschreibungen	2 173 000	2 300 000
8.	–	Sonstige betriebliche Aufwendungen	1 444 300	595 300
		Summe betrieblicher Aufwendungen außer Materialaufwand	10 085 300	10 735 300
		Betriebsergebnis	2 336 300	4 020 000
9.	+	Erträge aus Beteiligungen	10 800	20 300
10.	+	Erträge aus anderen Wertpapieren		
11.	+	sonstige Zinsen und ähnliche Erträge	148 400	104 200
12.	–	Abschreibungen auf Finanzanlagen und Wertpapiere		
13.	–	Zinsen und ähnliche Aufwendungen	193 200	257 400
		Finanzergebnis	– 34 000	– 132 900
14.		Ergebnis der gewöhnlichen Geschäftstätigkeit	2 302 300	3 887 100
15.	+	außerordentliche Erträge	100 000	79 000
16.	–	außerordentliche Aufwendungen		
		außerordentliches Ergebnis	100 000	79 000
18.	–	Steuern vom Einkommen und vom Ertrag	1 121 000	2 062 200
19.	–	sonstige Steuern	51 700	63 300
		Summe Abgaben	1 172 700	2 125 500
20.		Jahresüberschuß/Jahresfehlbetrag	1 229 600	1 840 600

Tabelle E-3. GuV monatlich und kumuliert

Gewinn- und Verlustrechnung, monatlich	lfd. Monat März/DM	%	Jahr DM	%
1. Umsatzerlöse	650 700	99,51	2 286 700	99,75
2. +/– Erhöhung oder Verminderung des Bestands an fertigen und unfertigen Erzeugnissen				
3. + andere aktivierte Eigenleistungen				
4. + sonstige betriebliche Erträge	3 200	0,49	5 700	0,25
Summe Gesamterlöse	653 900	100	2 292 400	100
5. – Materialaufwand				
– für Roh-, Hilfs- und Betriebsstoffe und für bezogene Waren	56 000	8,56	180 000	7,85
– für bezogene Leistungen	211 800	32,39	657 800	28,69
Summe Materialaufwand	267 800	40,95	837 800	36,55
Rohergebnis (Gesamterlöse – Materialaufwand)	386 100	59,05	1 454 600	63,45
6. – Personalaufwand				
– Löhne und Gehälter	298 200	45,60	894 600	39,02
– soziale Abgaben und Aufwendungen für Altersversorgung und Unterstützung	89 460	13,68	357 840	15,61
Summe Personalaufwand	387 660	59,28	1 252 440	54,63
7. – Abschreibungen				
– auf immaterielle Vermögensgegenst., Sachanlagen	92 000	14,07	275 000	12,00
– auf Umlaufvermögen	12 500	1,91	37 500	1,64
Summe Abschreibungen	104 500	15,98	312 500	13,63
8. – Sonstige betriebliche Aufwendungen	74 500	11,39	180 000	7,85
Summe betrieblicher Aufwendungen außer Materialaufwendungen	566 660	88,66	1 744 940	76,12
Betriebsergebnis	–180 560	–27,61	–290 340	–12,67
9. + Erträge aus Beteiligungen	40 000	6,12	120 000	5,23
10. + Erträge aus anderen Wertpapieren	3 900	0,60	24 500	1,07
11. + sonstige Zinsen und ähnliche Erträge	56 000	8,56	120 000	5,23
12. – Abschreibungen auf Finanzanlagen u. Wertpapiere	1 200	0,18	12 000	0,52
13. – Zinsen und ähnliche Aufwendungen	5 000	0,76	15 000	0,65
Finanzergebnis	93 700	14,33	237 500	10,36
14. Ergebnis der gewöhnlichen Geschäftstätigkeit	–86 860	–13,28	–52 840	–2,31
15. + außerordentliche Erträge	3 000	0,46	20 000	0,87
16. – außerordentliche Aufwendungen	200	0,03	3 000	0,13
17. außerordentliches Ergebnis	2 800	0,43	17 000	0,74
18. – Steuern vom Einkommen und vom Ertrag	4 200	0,64	15 000	0,65
19. – sonstige Steuern				
Summe Abgaben	4 200	0,64	15 000	0,65
20. Jahresüberschuß/Jahresfehlbetrag	–88 260	–13,50	–50 840	–2,22

E 1.2 Bilanz

E 1.2.1 Aufgaben der Bilanz

Eine Bilanz legt Rechenschaft über den Erfolg eines Unternehmens gegenüber der *Geschäftsführung,* den *Gesellschaftern,* den *Banken* und den *Kunden* ab. In der Bilanz wird die Vermögenslage eines Unternehmens *(Aktiva)* der Kapitalausstattung *(Passiva)* gegenübergestellt. Insbesondere geht dabei hervor, mit welchen Finanzmitteln (Eigen- bzw. Fremdkapital auf der Passivseite) das Vermögen erwirtschaftet wurde.

E 1.2.2 Gliederung der Bilanz

Die Gliederung der Bilanz ist für Kapitalgesellschaften nach § 266 Abs. 2 und 3 im HGB vorgeschrieben (Bild E-2). Kleine Kapitalgesellschaften können eine verkürzte Bilanz vorlegen. In ihr werden lediglich die mit Buchstaben und römischen Ziffern bezeichneten Posten aufgeführt.

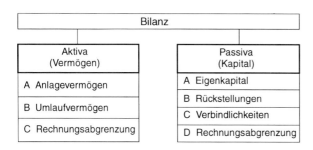

Bild E-2. Gliederung der Bilanz

E 1.2.2.1 Aktivseite

Auf der Aktivseite findet eine Gliederung hauptsächlich in *Anlagevermögen* und *Umlaufvermögen* statt.

Zum Anlagevermögen zählen alle Vermögensgegenstände, die aus *betrieblicher Sicht Gebrauchsgüter* sind, d. h. mehrmals im Unternehmen benutzt werden (z. B. Maschinen und Anlagen). Zum Umlaufvermögen werden die Gegenstände gerechnet, die *Verbrauchsgüter* sind, d. h. nur *einmal* im Unternehmen eingesetzt werden (z. B. Rohstoffe, Material, Halbzeuge und Betriebsstoffe). Die Entwicklung der einzelnen Gegenstände des Anlagevermögens müssen im *Anlagenspiegel* zusammengestellt werden. Wie Tabelle E-4 zeigt, werden dabei die Herstellkosten erfaßt, ferner die Zu- und Abgänge sowie die Umbuchungen und Abschreibungen.

Tabelle E-5 zeigt die Aktivseite der Firma Kettlitz. Zu einigen wichtigen Posten, deren Bedeutung nicht unmittelbar aus der Formulierung hervorgeht, werden nähere Erläuterungen ausgeführt.

Immaterielle Vermögensgegenstände

Hierzu zählen Konzessionen (z. B. im Gaststättengewerbe oder bei der Personenbeförderung), gewerbliche Schutzrechte (z. B. Patente und Gebrauchsmuster) und ähnliche

Tabelle E-4. Anlagespiegel eines produzierenden Unternehmens

Bilanzposten	Herstellungs-kosten DM	Zugänge DM	Abgänge DM	Umbuchun-gen DM	Abschreibungen kumuliert DM	Buchwert Abschlußjahr DM	Buchwert Vorjahr DM	Abschreibungen Abschlußjahr DM
A. Aufwendungen für Erweiterung des Geschäftsbetriebs		28 600				28 600		
B. Anlagevermögen								
I. Immaterielle Vermögensgegenstände								
1. Lizenzen	654 900	382 400	38 600		337 300	661 400	480 600	196 600
2. Geschäfts- oder Firmenwert		596 000			149 000	447 000		149 000
II. Sachanlagen								
1. Grundstücke und Bauten	12 620 400	2 321 000			8 600 600	6 340 800	4 960 400	940 600
2. Technische Anlagen	5 380 600	906 200	304 300		3 122 300	2 860 200	2 480 200	506 200
3. Betriebs- und Geschäftsausstattung	3 240 000	576 200	326 400		2 809 200	680 600	540 000	405 600
III. Finanzen								
1. Anteile an verbundenen Unternehmen		1 420 800				1 420 800		
2. Beteiligungen	120 300					120 300	120 000	− 300
Summe	22 016 200	6 231 200	669 300	0	15 018 400	12 559 700	8 581 200	2 197 700

Tabelle E-5. Aktivseite der Firma Kettlitz

Aktiv-seite	Jahr 1 DM	Jahr 2 DM
A. ausstehende Einlagen davon eingefordert:		
B. Aufwendungen für die Ingangsetzung und Erweiterung des Geschäftsbetriebs		28 600
C. Anlagevermögen		
I. immaterielle Vermögensgegenstände		
1. Konzessionen, gewerbliche Schutzrechte und ähnliche Rechte und Werte sowie Lizenzen		661 400
2. Geschäfts- und Firmenwert	480 600	447 700
3. geleistete Anzahlungen		
Summe immaterielle Vermögensgegenstände	480 600	1 108 400
II. Sachanlagen		
1. Grundstücke, grundstücksgleiche Rechte und Bauten einschl. der Bauten auf fremden Grundstücken	4 960 400	6 340 800
2. technische Anlagen und Maschinen	2 480 200	2 860 200
3. andere Anlagen, Betriebs- und Geschäftsausstattung	540 000	680 600
4. geleistete Anzahlungen und Anlagen im Bau		
Summe Sachanlagen	7 980 600	9 881 600
III. Finanzanlagen		
1. Anteile an verbundenen Unternehmen		1 420 800
2. Ausleihungen an verbundene Unternehmen		
3. Beteiligungen	120 300	120 300
4. Ausleihungen an Unternehmen, mit denen ein Beteiligungsverhältnis besteht		
5. Wertpapiere des Anlagevermögens		
6. sonstige Ausleihungen		
Summe Finanzergebnis	120 300	1 541 100
Summe Anlagevermögen	8 581 500	12 559 700
D. Umlaufvermögen		
I. Vorräte		
1. Roh-, Hilfs- und Betriebsstoffe	886 400	982 300
2. unfertige Erzeugnisse, unfertige Leistungen	280 300	320 600
3. fertige Erzeugnisse und Waren	140 600	480 700
4. geleistete Anzahlungen	80 400	50 100
Summe Vorräte	1 387 700	1 833 700
II. Forderungen und sonstige Vermögensgegenstände		
1. Forderungen aus Lieferungen und Leistungen, davon mit einer Laufzeit von mehr als 1 Jahr	2 600 600	2 650 200
2. Forderungen gegen verbundene Unternehmen, davon mit einer Restlaufzeit von mehr als 1 Jahr		250 100
3. Forderungen gegen Unternehmen, mit denen ein Beteiligungsverhältnis besteht, davon mit einer Restlaufzeit von mehr als 1 Jahr		
4. sonstige Vermögensgegenstände	90 400	80 400
Summe Forderungen	2 691 000	2 980 700

Tabelle E-5 (Fortsetzung)

Aktiv- seite			Jahr 1 DM	Jahr 2 DM
	III.	Wertpapiere 1. Anteile an verbundenen Unternehmen 2. eigene Anteile 3. sonstige Wertpapiere	2 080 400	430 600
		Summe Wertpapiere	2 080 400	430 600
	IV.	Schecks, Kassenbestand, Bundesbank- und Postgiroguthaben, Guthaben bei Kreditinstituten	730 700	980 700
		Summe Guthaben	730 700	980 700
		Summe Umlaufvermögen	6 889 800	6 225 700
E.		Rechnungsabgrenzungsposten I. sonstige Rechnungsabgrenzungsposten II. Disagio (wahlweise im Anhang)	85 600	76 700
		Summe Rechnungsabgrenzungsposten	85 600	76 700
Summe Aktiva			15 556 900	18 862 100
G.		Nicht durch Eigenkapital abgedeckter Fehlbetrag		

Rechte (z. B. Wegerecht, Fischereirecht oder Rechte zum Bezug von Aktien) und ähnliche Werte (z. B. Kundenkartei oder ungeschützte Erfindungen) sowie Lizenzen. Der Geschäfts- und Firmenwert ist die Differenz zwischen Gesamtvermögen des Unternehmens und der Summe der einzelnen Vermögensgegenstände. Es handelt sich um einen *ideellen* Wert, der nur aktiviert werden darf, wenn er käuflich erworben wurde.

Unfertige Erzeugnisse, unfertige Leistungen

Dazu zählen alle Erzeugnisse, deren Produktionsprozeß noch nicht abgeschlossen ist (z. B. selbst produzierte Halbfabrikate, die weiterverarbeitet werden) oder Dienstleistungen, die noch nicht abgeschlossen sind.

Rechnungsabgrenzungsposten

Dazu zählen alle Ausgaben, die vor dem Bilanzstichtag für einen Aufwand getätigt wurden, der nach dem Bilanzstichtag liegt (z. B. Vorauszahlungen für Zinsen, Mieten oder Versicherungsprämien).

E 1.2.2.2 Passivseite

Die *Passivseite* gibt die Finanzmittel an und ist gegliedert in *Eigenkapital* und *Fremdkapital* (Tabelle E-6). Zum besseren Verständnis seien einige Posten näher erklärt.

Sonderposten mit Rücklageanteil

Hierbei unterscheidet man zwei Fälle:
1. Steuerfreie Rücklagen. Das sind beispielsweise Rücklagen nach §6b EStG und die Rücklage für Ersatzbeschaffung nach Abschnitt 35 ESTR.

Tabelle E-6. Passivseite einer Bilanz

Passiv-seite			Jahr 1 DM	Jahr 2 DM
A.	Eigenkapital			
	I.	Gezeichnetes Kapital	4 000 000	8 000 000
	II.	Kapitalrücklagen	1 600 000	
	III.	Gewinnrücklagen		
		1. gesetzliche Rücklage	1 700 500	560 200
		2. Rücklage für eigene Anteile		
		3. satzungsgemäße Rücklagen		
		4. andere Gewinnrücklagen		
	Summe Gewinnrücklagen		1 700 500	560 200
	IV.	Gewinnvortrag/Verlustvortrag	32 200	
	V.	Jahresüberschuß/Jahresfehlbetrag	1 229 600	1 800 400
B.	Sonderposten mit Rücklagenanteil		1 670 200	1 800 400
C.	Rückstellungen			
		1. Rückstellungen für Pensionen und ähnliche Verpflichtungen	1 230 400	1 400 600
		2. Steuerrückstellungen	408 600	520 400
		3. Rückstellungen für latente Steuern	0	0
		4. sonstige Rückstellungen	1 070 300	1 000 500
	Summe Rückstellungen		2 709 300	2 921 500
D.	Verbindlichkeiten			
		1. Anleihen davon konvertibel davon Restlaufzeit bis zu 1 Jahr		
		2. Verbindlichkeiten gegenüber Kreditinstituten davon Restlaufzeit bis zu 1 Jahr	1 430 000 252 000	1 880 000 331 000
		3. erhaltene Anzahlungen auf Bestellungen davon Restlaufzeit bis zu 1 Jahr	30 200 27 000	12 300 68 000
		4. Verbindlichkeiten aus Lieferungen und Leistungen davon Restlaufzeit bis zu 1 Jahr	62 300 195 000	55 000 305 700
		5. Verbindlichkeiten aus der Annahme gezogener Wechsel und der Ausstellung eigener Wechsel davon Restlaufzeit bis zu 1 Jahr	34 000 106 700	90 000 250 600
		6. Verbindlichkeiten gegenüber verbundenen Unternehmen davon Restlaufzeit bis zu 1 Jahr	440 000 33 400	666 000 75 000
		7. Verbindlichkeiten gegenüber Unternehmen, mit denen ein Beteiligungsverhältnis besteht davon Restlaufzeit bis zu 1 Jahr		
	Summe Verbindlichkeiten		2 610 600	3 733 600
E.	Rechnungsabgrenzungskosten		4 500	5 800
Summe Passiva			14 327 300	17 021 500

2. Unterschiedsbetrag zwischen steuerlichen und handelsrechtlichen Abschreibungen (z. B. Sonderabschreibungen in den neuen Bundesländern).

Der Sonderposten Rücklageanteil steht zwischen Eigenkapital und Fremdkapital, was seiner Mischstellung entspricht. Denn dieser Posten wird erst bei der Auflösung versteuert.

Rückstellungen

Rückstellungen sind *Verpflichtungen,* deren Eintritt nach Zeitpunkt und Höhe noch unbestimmt ist (Pensionen, Steuern, Kosten für Garantien und Prozesse).

Rechnungsabgrenzungskosten

Darunter fallen Einnahmen, die vor dem Bilanzstichtag eingegangen sind, aber Erträge nach diesem Termin betreffen (z. B. im voraus erhaltene Miete).

E 1.2.2.3 Anhang zur Bilanz

Der Anhang zur Bilanz folgte einer Gliederung nach Tabelle E-7 und enthält folgende Informationen:

Tabelle E-7. Beispiel eines Anhangs zur Bilanz

A. Allgemeine Erläuterungen

I. Bilanzierungs- und Bewertungsmethoden (§ 284 Abs. 2 HGB)
   1. In den Herstellkosten sind die aktivierungsfähigen Aufwendungen nach steuerlichen Vorschriften enthalten.
   2. Die Abschreibungen richten sich nach den gültigen AfA-Tabellen. Es wurde die degressive Abschreibungsmethode (unter Berücksichtigung des steuerlichen Höchstsatzes) angewandt mit der Absicht, später auf lineare Abschreibung zu wechseln.
   3. Bei der Bewertung der Vorräte wird das Lifo-Verfahren (Last-in-first-out) angewandt. Bei Hardware-Komponenten mußte wegen des Preisverfalls das Niedrigstwertprinzip gemäß § 253 Abs. 3 Satz 1 und 2 angewandt werden.

II. Währungsumrechnung (§ 284 Abs. 2 Nr. 2 HGB)
   Forderungen und Verbindlichkeiten in fremden Währungen werden nach den Tageskursen abgerechnet, soweit nicht ein gesunkener Wechselkurs eine Abwertung der Forderung oder ein gestiegener Kurs eine Höherbewertung der Verbindlichkeiten erforderlich macht.

B. Erläuterungen zur GuV-Rechnung und zur Bilanz

I. GuV-Rechnung
   1. Angabe nach § 277 Abs. 3 HGB: Außerplanmäßige Abschreibungen nach § 253 Abs. 2 Satz 3 HGB (dauernde Wertminderung) wurden auf die Computerausstattung in Höhe von 720 600 DM vorgenommen.
   2. Der ausgewiesene Steueraufwand entfällt zu 2 % auf das außerordentliche Ergebnis.

II. Bilanz
   1. Angabe nach § 268 Abs. 6 HGB (gesonderter Ausweis in den Rechnungsabgrenzungsposten auf der Aktivseite): Von den aktiven Rechnungsabgrenzungsposten entfällt ein Betrag von 18 200 DM (Vorjahr 15 100 DM) auf ein Disagio (§ 250 HGB).
   2. In der Bilanz nicht ausgewiesene Pensionsrückstellungen aufgrund von Altzusagen belaufen sich auf 253 000 DM.
   3. Die sonstigen Rückstellungen enthalten vor allem Rückstellungen für Gewährleistungsverpflichtungen (Produkthaftung) und für drohende Verluste aus schwebenden Geschäften.
   4. Angaben nach § 268 Abs. 7 HGB Haftungsverhältnisse): Die Haftungsverhältnisse betreffen ein Wechselobligo in Höhe von 120 000 DM.

E 1.2.2.4 Lagebericht zur Bilanz

Ein Beispiel für einen Lagebericht zeigt Tabelle E-8.

Tabelle E-8. Beispiel für einen Lagebericht

Lagebericht

1. Hauptziele

   Die Umsatzplanungen wurden erreicht und die geplanten Ergebnisse sogar übertroffen.

   Die Umsatzerlöse stiegen im Vergleich zum Vorjahr um 2 960 500 DM (Steigerungsrate von etwa 16%). Beigetragen dazu haben insbesondere die Sparte elektrische Fensterheber (Zuwachs von 1 470 500 DM) und Sitzverstellungen (Zuwachs von 1 109 200 DM). Die Erlöse aus der Sparte Schiebedächer sind nur um 380 800 DM gestiegen.

   Die Kapitalerhöhung um 4 Mio auf 8 Mio war ohne Aufnahme neuer Gesellschafter möglich. Dies unterstreicht die Finanzkraft des Unternehmens und auch in Zukunft die Eigenständigkeit bei weiterem Kapitalbedarf.

2. Zukünftige Entwicklung

   Die Erträge in der Sparte Schiebedächer werden weiter zurückgehen. Deshalb ist in den kommenden Jahren ein Ausbau der ertragreichen Sparten elektrische Fensterheber und Sitzverstellungen geplant. Mit einem geplanten Neubau sollen die hierfür erforderlichen räumlichen Voraussetzungen geschaffen werden. Mit dem Erwerb der englischen Firma MOSS-Components wurde der erste Schritt zu einem Wachstum im europäischen Markt getan. Weitere Unternehmen sollen in Frankreich, in Spanien gekauft und weitere Produktionsstätten in Osteuropa gebaut werden.

3. Personalentwicklung

   Im Berichtsjahr wurden die Mitarbeiter von 70 geringfügig auf 75 erhöht. Dabei handelt es sich um jüngere Mitarbeiter im Vertrieb. Für die Ausweitung der europäischen Geschäfte sind keine weiteren Mitarbeiter notwendig; es wurden die geeigneten Mitarbeiter der erworbenen Unternehmen übernommen.

   Durch gezielte Weiterbildungsmaßnahmen werden die Mitarbeiter geschult, um auf dem europäischen Markt unter verschärften Wettbewerbsbedingungen erfolgreich sein zu können.

E 1.3 Auswertung mit Kennzahlen (Bilanzanalyse)

E 1.3.1 Aufgaben der Analyse

In der Bilanzanalyse bildet man Kennzahlen aus GuV und Bilanz, um einen richtigen und genauen Überblick über die derzeitige Lage des Unternehmens zu geben und einen Ausblick auf die zukünftigen Entwicklungschancen zu erhalten. Um richtige Schlüsse zu ziehen, ist es vor allem wichtig, die *Entwicklung* der Kennzahlen zu verfolgen.

Aus den einzelnen Bereichen des Jahresabschlusses können folgende Informationen gewonnen werden:

Informationen aus der GuV
Gegenüberstellung von Erträgen und Aufwendungen sowie deren Zusammensetzung.

Informationen aus der Bilanz
Die Bilanz zeigt die Bestandteile und die Höhe des Vermögens (Aktiva) und die Finanzierung durch Eigen- und Fremdkapital (Passiva).

Informationen aus dem Anhang
Zusätzliche Informationen zum Jahresabschluß (z.B. Entwicklung und Zusammensetzung einzelner Posten), Begründung von Maßnahmen und deren Auswirkungen in der Bilanz oder in Zukunft.

Informationen aus dem Lagebericht
In ihm wird der Geschäftsverlauf geschildert und besondere Vorkommnisse erläutert (z.B. Neustrukturierung von Unternehmensteilen) und auf die zukünftige Geschäftsentwicklung eingegangen (z.B. Produktinnovationen, Marktentwicklung und Personalentwicklung).

E 1.3.2 Aufbau der Kennzahlenanalyse

Tabelle E-9 zeigt die Bereiche, in denen Kennzahlen ermittelt werden und Tabelle E-10 konkrete Werte für den Beispielbetrieb.

Tabelle E-9. Kennzahlenanalyse

Vermögensaufbau	Kapitalstruktur	Finanzlage	Ertragskraft	Wachstum
1. Vermögens-intensitäten – Anlagevermögens-intensität – Umlaufvermögens-intensität – Vorratsintensität – Anlagekoeffizient 2. Umschlags-koeffizient – Umschlagshäufig-keit der Vorräte – Lagerdauer der Vorräte – Umschlagshäufig-keit der Forderun-gen aus Lieferungen und Leistungen – Kundenziel	1. Kapitalquoten – Eigenkapitalquote – Rücklagenquote – Selbstfinanzie-rungsgrad – Bilanzkurs – Rückstellungs-quote – Personalrück-stellungsquote – Fremdkapitalquote – lang- und mittel-fristige Finanzie-rungsquote – kurzfristige Finan-zierungsquote – Vorfinanzierungs-quote – Verschuldungs-grad 2. Umschlags-koeffizient – Kapitalumschlag – Eigenkapital-umschlag – Umschlagshäufig-keit der Verbind-lichkeiten aus Lie-ferungen und Lei-stungen – Lieferantenziel	1. horizontale Bilanzkennziffern – Anlagendeckung I – Anlagendeckung II – Liquidität 1. Grades – Liquidität 2. Grades – Liquidität 3. Grades – working capital 2. Finanzierungs-potential – Cash-Flow – Cash-Flow-Umsatzrate – Innenfinanzie-rungsgrad – dynamischer Ver-schuldungsgrad Ergänzung der Kenn-zahlenanalyse zur Finanzlage durch Bewegungsbilanz	1. Ergebnis-entwicklung – prozentuale Ände-rung des Jahres-ergebnisses – prozentuale Ände-rung des Jahres-ergebnisses vor Steuern – Anteil des Betriebs-ergebnisses – Anteil des Finanz-ergebnisses – Anteil des außer-ordentlichen Ergebnisses – prozentuale Ände-rung der Aus-schüttung 2. Kostenstruktur – Materialintensität – Personalintensität – Abschreibungs-intensität – Intensität der son-stigen betrieblichen Aufwendungen 3. Rentabilität – Eigenkapital-rentabilität – Gesamtkapital-rentabilität – Umsatzrentabilität	1. Wachstumsindizes und Wachstums-quoten – Umsatzwachstum – Betriebsergebnis-wachstum – Cash-Flow-Wachstum – Gesamtkapital-wachstum – Eigenkapital-wachstum – Fremdkapital-wachstum – Anlagevermögens-wachstum – Umlaufvermögens-wachstum – Cash-Flow-Gesamt-kapitalrendite – Eigenkapitalquote 2. Personal-produktivität – Pro-Kopf-Umsatz – Pro-Kopf-Leistung 3. Wachstums-elastizität – Umsatzwachstums-elastizität – Kapitalwachstums-elastizität

Tabelle E-10. Kennzahlen für den Beispielbetrieb

Bilanzanalyse mit Kennzahlen		Vorjahr	Berichtsjahr
Mitarbeiter	Anzahl	70	75
Umsatzerlöse	in DM	18 904 600	22 016 600
Gesamtkapital	in DM	15 556 900	18 862 100
Vermögensaufbau			
Anlagevermögen-Intensität	in %	55,16	66,59
Vorratsintensität	in %	8,92	9,72
Anteil der Hilfsstoffe an Vorräten	in %	63,88	53,57
Anteil unfertige Erzeugnisse an Vorräten	in %	20,20	17,48
Anteil fertige Erzeugnisse an Vorräten	in %	10,13	26,21
Anlagenkoeffizient		1,24	2,02
Forderungen zu Umsatzerlösen	in %	14,23	13,54
Umschlaghäufigkeit der Forderungen		6,90	7,20
Kapitalstruktur			
Eigenkapitalquote	in %	55,04	55,14
Rückstellungsquote (mit Pensionen)	in %	17,42	15,49
Vorfinanzierungsquote	in %	0,57	0,18
kurzfristige Finanzierungsquote	in %	11,53	15,47
Finanzlage			
Anlagendeckung	in %	99,78	82,81
Liquidität 3. Grades	in %	264,00	167,00
Cash-Flow-Umsatzrate	in %	96,00	96,00
Ertragskraft			
Betriebsergebnis	in %	125,00	127,00
Anteil des Betriebsergebnisses	in %	97,25	101,35
Materialintensität	in %	34,29	32,98
Personalintensität	in %	34,21	35,61
Umsatzrentabilität	in %	6,50	8,36
Kapitalumschlag	in %	122,00	117,00
Return on Investment (ROI)	in %	7,90	9,76
Gesamtkapitalrentabilität	in %	9,15	11,12
Wachstum			
Pro-Kopf-Umsatz	in DM	270 066	293 555
Pro-Kopf-Wertschöpfung	in DM	125 776	158 133
Pro-Kopf-Personalaufwand	in DM	92 400	104 533

Vermögensaufbau (Tabelle E-11)
Es werden die Vermögensanteile anhand der Zahlen der Aktivseite der Bilanz untersucht *(vertikale Bilanzanalyse der Aktiva)*.

Kapitalstruktur (Tabelle E-12)
Das Kapital besteht aus Eigen- und Fremdkapital. Die Höhe des Eigenkapitals ist besonders wichtig, weil es dem Unternehmen langfristig und unabhängig zur Verfügung steht. Das Fremdkapital stammt von fremden Geldgebern und ist in der Regel nur zeitlich begrenzt im Unternehmen.

Tabelle E-11. Kennzahlen zum Vermögensaufbau

Kennzahl	Berechnung
Anlagevermögen-Intensität	$\dfrac{\text{Anlagevermögen}}{\text{Gesamtvermögen}} \cdot 100$
Umlaufvermögen-Intensität	$\dfrac{\text{Umlaufvermögen}}{\text{Gesamtvermögen}} \cdot 100$
Vorratsintensität	$\dfrac{\text{Vorräte}}{\text{Umlaufvermögen}} \cdot 100$
Anlagenkoeffizient	$\dfrac{\text{Anlagevermögen}}{\text{Umlaufvermögen}} \cdot 100$
Umschlagshäufigkeit der Vorräte	$\dfrac{\text{Umsatz}}{\text{durchschnittlicher Vorrätebestand}}$
Umschlagsdauer der Vorräte	$\dfrac{365}{\text{Umschlagshäufigkeit der Vorräte}}$
Umschlagshäufigkeit der Forderungen aus Lieferungen und Leistungen	$\dfrac{\text{Umsatz}}{\text{durchschnittlicher Bestand an Forderungen aus Lieferungen und Leistungen}}$
Kundenziel	$\dfrac{365}{\text{Umschlagshäufigkeit der Forderungen aus Lieferungen und Leistungen}}$

Finanzlage (Tabelle E-13)
Hierbei wird eine *horizontale Bilanzanalyse* durchgeführt, d. h. die Vermögenswerte auf der Aktivseite der Bilanz mit dem Kapital auf der Passivseite verglichen. Dabei gilt die Regel, daß die Vermögensteile (z. B. das Anlagevermögen und der eiserne Bestand des Umlaufvermögens) durch langfristiges Kapital, d. h. durch Eigenkapital finanziert werden sollte. Das Umlaufvermögen kann durch lang- bzw. kurzfristiges Fremdkapital gedeckt sein. Dabei ist vor allem die *Zahlungsfähigkeit* (Liquidität) eines Unternehmens von besonderer Bedeutung.

Eine besonders wichtige Kennzahl ist der *Cash-Flow* und die *Cash-Flow-Umsatzrate*. Der Cash-Flow gibt an, wieviele Geldmittel das Unternehmen erwirtschaftet hat. Vom Jahresergebnis wird der ausgabenlose Aufwand (z. B. Abschreibungen) hinzuaddiert und der einnahmenlose Ertrag (z. B. Auflösung von Sonderposten mit Rücklageanteil) gekürzt. Die genaue Berechnung zeigt die Formel in Tabelle E-13.

Ertragskraft (Tabelle E-14)
Die Ertragskraft eines Unternehmens zeigen die verschiedenen Erfolgskomponenten der Ergebnisentwicklung, die Kostenstrukturen und die Rentabilitäten.

Tabelle E-12. Kennzahlen zur Kapitalstruktur

Kennzahl	Berechnung
Eigenkapitalquote	$\dfrac{\text{Eigenkapital}}{\text{Gesamtkapital}} \cdot 100$
Rücklagenquote	$\dfrac{\text{Rücklagen}}{\text{Eigenkapital}} \cdot 100$
Selbstfinanzierungsgrad	$\dfrac{\text{Gewinnrücklagen}}{\text{Gesamtkapital}} \cdot 100$
Bilanzkurs	$\dfrac{\text{Eigenkapital}}{\text{gezeichnetes Kapital}} \cdot 100$
Rückstellungsquote	$\dfrac{\text{Rückstellungen}}{\text{Gesamtkapital}} \cdot 100$
Pensionsrückstellungsquote	$\dfrac{\text{Pensionsrückstellungen}}{\text{Gesamtkapital}} \cdot 100$
Fremdkapitalquote	$\dfrac{\text{Fremdkapital}}{\text{Gesamtkapital}} \cdot 100$
Lang- und mittelfristige Finanzierungsquote	$\dfrac{\text{lang- und mittelfristiges Fremdkapital}}{\text{Gesamtkapital}} \cdot 100$
kurzfristige Finanzierungsquote	$\dfrac{\text{kurzfristiges Fremdkapital}}{\text{Gesamtkapital}} \cdot 100$
Vorfinanzierungsquote	$\dfrac{\text{erhaltene Kundenanzahlungen}}{\text{Fremdkapital}} \cdot 100$
Verschuldungsgrad	$\dfrac{\text{Fremdkapital}}{\text{Eigenkapital}} \cdot 100$
Kapitalumschlag	$\dfrac{\text{Umsatz}}{\text{durchschnittliches investiertes Gesamtkapital}}$
Eigenkapitalumschlag	$\dfrac{\text{Umsatz}}{\text{durchschnittliches investiertes Eigenkapital}}$
Umschlagshäufigkeit der Verbindlichkeiten aus Lieferungen und Leistungen	$\dfrac{\text{Materialaufwand}}{\text{durchschnittlicher Bestand an Verbindlichkeiten aus Lieferungen und Leistungen}}$
Lieferantenziel	$\dfrac{365}{\text{Umschlaghäufigkeit der Verbindlichkeiten aus Lieferungen und Leistungen}}$

Tabelle E-13. Kennzahlen zur Finanzlage

Kennzahl	Berechnung
Anlagendeckung I	$\dfrac{\text{Eigenkapital}}{\text{Anlagevermögen}} \cdot 100$
Anlagendeckung II	$\dfrac{\text{Eigenkapital + langfristiges Fremdkapital}}{\text{Anlagevermögen}} \cdot 100$
Liquidität 1. Grades	$\dfrac{\text{Geldwerte}}{\text{kurzfristiges Fremdkapital}} \cdot 100$
Liquidität 2. Grades	$\dfrac{\text{Finanzumlaufvermögen}}{\text{kurzfristiges Fremdkapital}} \cdot 100$
Liquidität 3. Grades	$\dfrac{\text{Umlaufvermögen}}{\text{kurzfristiges Fremdkapital}} \cdot 100$
working capital	Umlaufvermögen minus kurzfristiges Fremdkapital
Cash-Flow	Jahresüberschuß bzw. Jahresfehlbetrag + Abschreibungen +/– Veränderung langfristiger Rückstellungen (Pensionsrückstellungen) +/– Einstellung/Auflösung des Sonderpostens mit Rücklagenanteil ——————————— Cash-Flow
Cash-Flow-Umsatzrate	$\dfrac{\text{Cash-Flow}}{\text{Umsatz}} \cdot 100$
Innenfinanzierungsgrad	$\dfrac{\text{Cash-Flow}}{\text{Zugänge des Anlagevermögens}} \cdot 100$
dynamischer Verschuldungsgrad	$\dfrac{\text{Fremdkapital minus Geldwerte}}{\text{Cash-Flow}}$

Tabelle E-14. Kennzahlen zur Ertragskraft

Kennzahl	Berechnung
Prozentuale Änderung des Jahresergebnisses	$\dfrac{\text{Jahresergebnis Berichtsjahr}}{\text{Jahresergebnis Vorjahr}} \cdot 100$
Prozentuale Änderung des Jahresergebnisses vor Steuern	$\dfrac{\text{Jahresergebnis vor Steuern Berichtsjahr}}{\text{Jahresergebnis vor Steuern Vorjahr}} \cdot 100$
Anteil des Betriebsergebnisses	$\dfrac{\text{Betriebsergebnis}}{\text{Gesamtergebnis}} \cdot 100$
Anteil des Finanzergebnisses	$\dfrac{\text{Finanzergebnis}}{\text{Gesamtergebnis}} \cdot 100$
Anteil des außerordentlichen Ergebnisses	$\dfrac{\text{Außerordentliches Ergebnis}}{\text{Gesamtergebnis}} \cdot 100$
Prozentuale Änderung der Ausschüttung	$\dfrac{\text{Ausschüttung Berichtsjahr}}{\text{Ausschüttung Vorjahr}} \cdot 100$
Materialintensität	$\dfrac{\text{Materialaufwand}}{\text{Gesamtleistung}} \cdot 100$
Personalintensität	$\dfrac{\text{Personalaufwand}}{\text{Gesamtleistung}} \cdot 100$
Abschreibungsintensität	$\dfrac{\text{Abschreibungsaufwand}}{\text{Gesamtleistung}} \cdot 100$
Intensität der sonstigen betrieblichen Aufwendungen	$\dfrac{\text{Sonstige betriebliche Aufwendungen}}{\text{Gesamtleistung}} \cdot 100$
Eigenkapitalrentabilität	$\dfrac{\text{Jahresergebnis vor Steuern}}{\text{durchschnittliches investiertes Eigenkapital}} \cdot 100$
Gesamtkapitalrentabilität	$\dfrac{\text{Jahresergebnis vor Steuern + Zinsaufwand}}{\text{durchschnittliches investiertes Eigenkapital}} \cdot 100$
Umsatzrentabilität (Gewinnspanne)	$\dfrac{\text{Betriebsergebnis}}{\text{Umsatz}} \cdot 100$

Eine wichtige Größe ist der *Return on Investment (ROI)*. Er ist nach Bild E-3 das Produkt aus der *Umsatzrentabilität* (Betriebsergebnis pro Umsatz) und des Kapitalumschlags (Umsatz pro investiertes Gesamtkapital). In diese Kennzahlen fließen weitere wichtige Kennzahlen ein, so daß das ROI-Schema (Bild E-3) ein aussagefähiges *Kennzahlensystem* darstellt.

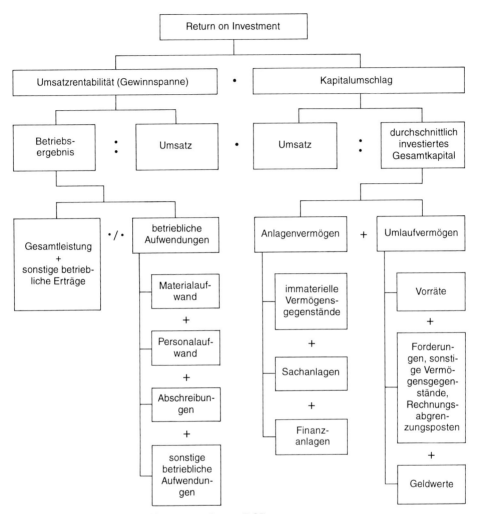

Bild E-3. Aufbau der Kennzahl Return on Invest (ROI)

Wachstum (Tabelle E-15)

Die zeitliche Entwicklung von Umsatzerlösen, Ergebnissen und Kapitaleinsatz sind wichtige Anhaltspunkte für die Wachstumsmöglichkeiten eines Unternehmens. Wachstumselastizitäten geben an, inwieweit das Unternehmen am branchenüblichen Wachstum teilgenommen hat.

Es ist an dieser Stelle darauf hinzuweisen, daß nur die bestehenden Zahlen ausgewertet werden können. Die positive Entwicklung eines Unternehmens ist aber auch sehr stark von qualitativen Eigenschaften abhängig, beispielsweise von der Qualität des Managements, dem Know-how und der Motivation der Mitarbeiter sowie vom Betriebsklima.

Tabelle E-15. Kennzahlen zum Wachstum

Kennzahl	Berechnung
Umsatzwachstum	$\dfrac{\text{Umsatzänderung}}{\text{Umsatz der Vorperiode}} \cdot 100$
Betriebsergebniswachstum	$\dfrac{\text{Betriebsergebnisänderung}}{\text{Betriebsergebnis der Vorperiode}} \cdot 100$
Cash-Flow-Wachstum	$\dfrac{\text{Cash-Flow-Änderung}}{\text{Cash-Flow der Vorperiode}} \cdot 100$
Gesamtkapitalwachstum	$\dfrac{\text{Änderung des Gesamtkapitals}}{\text{gesamtkapital der Vorperiode}} \cdot 100$
Eigenkapitalwachstum	$\dfrac{\text{Änderung des Eigenkapitals}}{\text{Eigenkapital der Vorperiode}} \cdot 100$
Fremdkapitalwachstum	$\dfrac{\text{Änderung des Fremdkapitals}}{\text{Fremdkapital der Vorperiode}} \cdot 100$
Anlagevermögenswachstum	$\dfrac{\text{Änderung des Anlagevermögens}}{\text{Anlagevermögen der Vorperiode}} \cdot 100$
Umlaufvermögenswachstum	$\dfrac{\text{Änderung des Umlaufvermögens}}{\text{Umlaufvermögen der Vorperiode}} \cdot 100$
Cash-Flow-Gesamtkapitalrendite	$\dfrac{\text{Cash-Flow}}{\text{durchschnittliches Gesamtkapital}} \cdot 100$
Cash-Flow-Eigenkapitalrendite	$\dfrac{\text{Cash-Flow}}{\text{durchschnittliches Eigenkapital}} \cdot 100$
Eigenkapitalquote	$\dfrac{\text{Eigenkapital}}{\text{Gesamtkapital}} \cdot 100$
Pro-Kopf-Umsatz	$\dfrac{\text{Umsatz}}{\text{Anzahl Mitarbeiter}} \cdot 100$
Pro-Kopf-Leistung	$\dfrac{\text{Gesamtleistung}}{\text{Anzahl Mitarbeiter}} \cdot 100$
Umsatzwachstumselastizität	$\dfrac{\text{Umsatzwachstum des Unternehmens}}{\text{Umsatzwachstum der Branche}}$
Kapitalwachstumselastizität	$\dfrac{\text{Wachstum des Gesamtkapitals des Unternehmens}}{\text{Wachstum des Gesamtkapitals der Branche}}$

E 2 Kosten- und Leistungsrechnung

E 2.1 Einordnen in den Betriebsablauf

Der Zweck eines Betriebs *(Betriebszweck)* ist die Erstellung von Leistungen, d. h. von *Produkten* (z. B. elektrische Fensterheber) und *Dienstleistungen* (z. B. Beratung oder Wartungsverträge). Dazu bedarf es der *Produktionsfaktoren* Material, Menschen, Maschinen und Mittel (Kapital). Um diese Produktionsfaktoren zu zu koordinieren, bedarf es einer *Organisation* und eines *Informationssystems* (z. B. der Kosten- und Leistungsrechnung). Zusätzlich zu der Inanspruchnahme der Produktionsfaktoren bedarf es auch noch der *Dienstleistung Dritter* (z. B. Steuerberater) und erfordert auch *öffentliche Abgaben* (z. B. Steuern), um den Betriebszweck zu erfüllen.

Alle diese betriebsbedingten *Wertverzehre* werden *Kosten* genannt (Bild E-4). Dabei ist es gleichgültig, ob diesem Wertverzehr *tatsächliche Ausgaben (Grundkosten)* zugrundeliegen oder nicht *(kalkulatorische Kosten)*.

E 2.2 Aufgaben

Die Kosten- und Leistungsrechnung hat folgende Aufgaben zu erfüllen:

Erfassen der Kosten und Leistungen
Die Hauptaufgabe der Kosten- und Leistungsrechung besteht darin, die innerhalb einer Periode (z. B. eines Jahres) entstandenen Kosten und Leistungen zu erfassen. Dabei müssen folgende Voraussetzungen eingehalten werden:

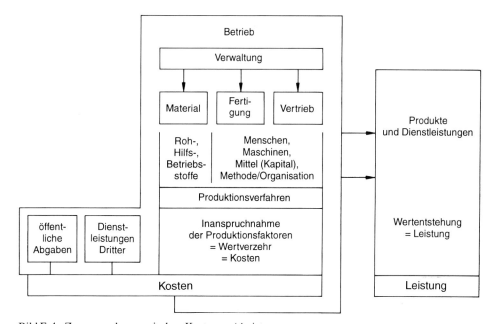

Bild E-4. Zusammenhang zwischen Kosten und Leistung

- Objektivität und Vollständigkeit
  Gleiche Sachverhalte müssen immer gleich behandelt werden. Gehören beispielsweise dem Unternehmer die Gebäude selbst, so muß eine *kalkulatorische Miete* angesetzt werden.

- Periodengerecht
  Jeder Periode müssen diejenigen Kosten zugewiesen werden, in der sie entstanden sind. Das kann zu Abgrenzungen zur Finanzbuchhaltung führen. Beispielsweise wird das Weihnachtsgeld im November eines Jahres als Ausgabe gebucht. Die kostenmäßige Zuordnung muß aber in allen zwölf Monaten (am genauesten nach Fabrikkalendertagen) erfolgen.

- Verursachungsgerecht
  Jeder Leistung dürfen nur diejenigen Kosten zugeordnet werden, die sie auch verursacht haben.

- Abgrenzung außergewöhnlicher Ereignisse
  Außergewöhnlich Ereignisse (z.B. nicht bezahlte Rechnungen wegen Konkurs des Kunden) sollten gesondert verrechnet werden (z.B. unter kalkulatorischen Wagnissen).

Ermittlung des Betriebsergebnisses
Werden von den Erlösen für die Leistungen die Kosten des Betriebs abgezogen, so errechnet sich das *Betriebsergebnis*. Können den Erlösen der einzelnen Produktsparten (z.B. elektrische Fensterheber, mechanische Fensterheber) die von ihnen verursachten Kosten verrechnet werden, dann sind die Sparten-Ergebnisse ermittelbar.

Kontrolle der Wirtschaftlichkeit
Die im Betrieb vorhandenen Produktionsfaktoren (z.B. Material, Menschen, Maschinen, Mittel) sind bestmöglichst einzusetzen. Der Wertverzehr dieser Produktionsfaktoren zum Erstellen einer Leistungseinheit (z.B. die Kosten pro elektrischem Fensterheber in einem Pkw) sind ein Maß für die Wirtschaftlichkeit des Herstellungs- und Managementprozesses.

Beobachtung der Kostenentwicklung
Die ständige Beobachtung der Kostenentwicklung erlaubt eine Beurteilung der Wirtschaftlichkeit des ganzen Betriebs oder einzelner Betriebsteile.

Der Verbrauch an Produktionsfaktoren (in Menge und Zeit) sowie die erzielbaren Marktpreise der Produkte werden erfaßt und ausgewertet. Aus diesen Erkenntnissen können Kosten geplant, d.h. vorher festgelegt werden. Dies erlaubt eine Kontrolle der Plankosten und damit eine Aussage zur Wirtschaftlichkeit.

Kalkulation
Mit den Werten der Kostenrechnung können die Kosten ermittelt werden, die zum Erstellen einer *Leistungseinheit* erforderlich sind.

Preiskontrolle und Sortimentsplanung
Lassen sich kalkulierten Verkaufspreise bestimmter Leistungen auf Dauer nicht erzielen, so kann es sinnvoll sein, diese Leistungen aus dem Sortiment zu nehmen. Die oft zu treffende Entscheidung, ob es besser ist, etwas *selbst* herzustellen oder zu *kaufen,* ist ohne Kostenrechnung überhaupt nicht möglich.

Statistische Untersuchungen und Entscheidungsunterstützung
Werden die Zahlen aus der Kostenrechnung statistisch untersucht, dann lassen sich wertvolle Hinweise für zukünftige Entscheidungen gewinnen (z.B. Ertragsentwicklung einzelner Produkte). Dies hat wiederum Auswirkungen auf Investitionen und Finanzierungsmöglichkeiten.

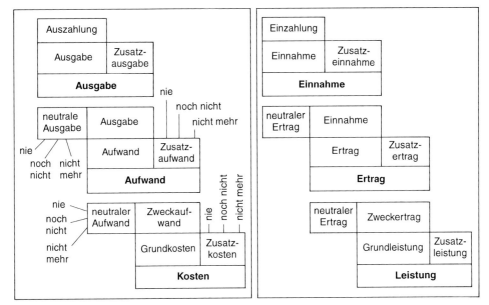

Bild E-5. Abgrenzung der Begriffspaare in der Kostenrechnung

Informationssystem zur Steuerung des Unternehmens
Aus der Kostenrechnung werden Informationen gewonnen, die dem Management helfen, das Unternehmen erfolgreich zu steuern *(Controlling,* Abschn. H 3). Die Kostenrechnung liefert dem Unternehmer Kennzahlen und Größen, die betriebliche Zusammenhänge aufzeigen sowie die Einordnung des Unternehmens in seine Umwelt.

E 2.3 Zentrale Begriffe

In der Kosten- und Leistungsrechnung spielen folgende *Begriffspaare* eine wichtige Rolle (Bild E-5):

- Ausgaben und Einnahmen,
- Aufwand und Ertrag,
- Kosten und Leistung.

Die einzelnen Begriffe sind in Tabelle E-16 zusammengestellt.

E 2.4 Kostenartenrechnung

Die Kostenartenrechnung bildet die Grundlage der Kostenrechnung. Sie gibt Antwort auf die Frage: „Welche Kosten entstehen im Unternehmen?" Damit ist ein Überblick über die gesamte *Kostensituation* des Unternehmens bezüglich *Kostenstruktur* und *Kostenniveau* möglich.

115

Tabelle E-16. Zentrale Begriffe in der Kostenrechnung

Begriff	Erklärung
Ausgabe	Abhängig von Zahlungsmitteln (z. B. Bargeld, Scheck, Überweisung)
Zusatzausgabe	Ausgabe ohne Auszahlung (z. B. Kauf auf Kredit)
neutrale Ausgabe	Ausgabe ohne Bezug zum Betriebszweck. Es gibt Ausgaben, die nie (Privatentnahmen), noch nicht (später verbuchte Materialentnahmen) oder nicht mehr (verbuchtes, aber später bezahltes Material) Aufwand bzw. Ertrag werden
Einnahme	Zugang von Zahlungsmitteln
Zusatzeinnahme	Einnahme ohne Zahlung (z. B. Wareneinkauf zur Verrechnung bestehender Schuld)
neutrale Einnahme	Einnahme ohne Bezug zum Betriebszweck
Aufwand	Wertverzehr, der auf Ausgaben beruht
Zusatzaufwand	Aufwand, dem keine Ausgabe entspricht
neutraler Aufwand	Aufwand, dem keine Kosten gegenüberstehen (z. B. Spenden)
Ertrag	Einnahmen, die dem Wertzuwachs entsprechen
Zusatzertrag	Ertrag, dem keine Einnahme gegenübersteht
neutraler Ertrag	Ertrag ohne entsprechende Leistung (z. B. Schenkung)
Kosten	betriebsbedingter Werteverzehr
Leistung	vom Betrieb erzeugter Wertezuwachs
Einzelkosten	Kosten, die sich direkt auf Leistungen zurechnen lassen (z. B. Fertigungsmaterial oder Fertigungslohn)
Sondereinzelkosten	entstehen unregelmäßig (z. B. Spezialvorrichtung zur Montage einer Maschine)
Gemeinkosten	Kosten, die sich nicht oder nur unwirtschaftlich auf eine Leistung verrechnen lassen (z. B. Gemeinkosten der Beschaffung und des Lagers)
Herstellkosten	Summe aus Material- und Fertigungskosten (einschließlich der Material- und Fertigungs-Gemeinkosten)
Selbstkosten	Summe aus Herstellkosten und Vertriebs- und Verwaltungskosten
variable Kosten	Kosten, die von der Produktion abhängig sind (z. B. Materialkosten und Fertigungslöhne)
fixe Kosten	Kosten, die von der Produktion völlig unabhängig sind (Kosten der Betriebsbereitschaft)
Durchschnittskosten	durchschnittliche Kosten pro Stück
Grenzkosten	Zuwachs an Gesamtkosten, wenn die Produktion um eine Einheit erhöht wird

Tabelle E-17. Einteilung der Kostenarten

Konten			Kostenarten
40			Stoffkosten, Verbrauch an bezogenen Leistungen
	4000		Materialkosten
41			Personalkosten
	4100		Löhne und Gehälter
		4110	Löhne
		4120	Gehälter
		4130	Aushilfslöhne
		4133	Urlaubsgeld
		4140	Krankengeldzuschüsse
		4141	Vermögenswirksame Leistungen
		4150	Sozialabgaben
		4151	Arbeitgeberanteil Sozialversicherung
		4152	Beiträge zur Berufsgenossenschaft
		4160	Aufwendungen für Altersversorgung
		4180	andere Personalkosten
		4181	Betriebsveranstaltungen
		4184	Schwerbehindertenabgabe
42			Raumkosten, Kosten der Betriebs- und Geschäftsausstattung (ohne Abschreibungen)
	4200		Raumkosten
		4210	Mieten
		4220	Pachten
		4230	Energiekosten (Strom, Gas, Wasser)
		4235	Heizkosten
		4240	sonstige Raumkosten
	4250		Miet- und Leasingkosten für Betriebs- und Geschäftsausstattung
	4260		Kleinwerkzeuge und Kleinmaterial
	4270		Instandhaltung und Wartung von Betriebs- und Geschäftsausstattung sowie Werkzeugen
43			Steuern, Beiträge, Versicherungen, öffentliche Abgaben
	4300		Gewerbeertragssteuer
	4310		Gewerbekapitalsteuer
	4320		Vermögenssteuer
	4340		Beiträge (IHK, Fachverbände)
	4360		Gebühren und Abgaben
	4370		Versicherungen
44			Fahrzeugkosten (ohne Abschreibungen)
	4400		Fahrzeugkosten
		4410	Treibstoff und Öl
		4420	Ersatzteile und Reparaturen
		4430	Fahrzeugpflege
		4460	Kfz-Steuer
		4470	Kfz-Versicherungen
		4480	sonstige Fahrzeugkosten

Tabelle E-17 (Fortsetzung)

Konten			Kostenarten
45			Werbe- und Bewirtungskosten
	4500		Werbung
	4550		Bewirtung und Beherbergung von Geschäftsfreunden (steuerlich abziehbar)
	4570		Bewirtung und Beherbergung von Geschäftsfreunden (steuerlich nicht abziehbar)
46			Reise- und Vertreterkosten, Kosten für Warenabgabe und -zustellung
	4600		Reisekosten
	4650		Vertreterprovisionen
	4670		Ausgangszölle
	4680		Ausgangsfrachten
	4690		Transportversicherung
47			Verwaltungskosten
	4700		Verwaltungskosten
		4710	Postkosten
		4720	Nebenkosten des Finanz- und Geldverkehrs
		4730	Bürokosten (Büromaterial, Fachzeitschriften)
		4740	Rechts-, Beratungs- und Prüfungskosten
		4750	Lizenzkosten
		4770	sonstige Verwaltungskosten
48			sonstige Kosten
49			kalkulatorische Kosten
	4900		kalkulatorische Kosten
		4910	kalkulatorische Abschreibungen
		4920	kalkulatorischer Unternehmerlohn
		4930	kalkulatorische Miete
		4940	kalkulatorische Zinsen
		4950	kalkulatorische Wagnisse
		4990	sonstige kalkulatorische Kosten

Durchgeführt wird die Kostenartenrechnung in drei Schritten:

1. Kostenerfassung

Im Rahmen der Kostenerfassung werden die Kosten als der normale, bewertete Verzehr an Gütern und Dienstleistungen, der bei der Erstellung und Verwertung der betrieblichen Leistung anfällt, *unmittelbar,* d.h. *vollständig* und *wirtschaftlich* festgestellt. Wirtschaftlich heißt in diesem Zusammenhang: Von einer Feingliederung der Kostenarten ist dann abzusehen, wenn der Aufwand zur Erfassung und Aufbereitung der Kosten höher ist als die Kosten selbst.

2. Kostengliederung

Die Kostengliederung nimmt eine Zuordnung der Kosten nach folgenden Kriterien vor:

Aufteilung nach der Art der verbrauchten Produktionsfaktoren
Die anfallenden Kosten werden sinnvollerweise nach der Art der eingesetzten Produktionsfaktoren (z. B. Material, Menschen, Maschinen, Räume, Fahrzeuge, Steuern und Beiträge, Verwaltung) aufgeteilt. Tabelle E-17 zeigt eine übliche Einteilung für einen Kostenartenplan. Bei den Personalkosten (4100) wird zwischen *Fertigungslohn* als variable Kosten und den fixen Kosten: *Gemeinkostenlohn* und *Gehalt* unterschieden.

Aufteilung nach der Art der Verrechnung
Nach Art der Verrechnung lassen sich *Einzel-, Gemein- und Sondereinzelkosten* unterscheiden (Abschn. E 2.3). Sondereinzelkosten können wie Einzelkosten dem Leistungsträger direkt zugerechnet werden. Da sie meist unregelmäßig anfallen, behandelt man sie aus Gründen der Wirtschaftlichkeit und der genauen Zurechenbarkeit meist wie Gemeinkosten.

Aufteilung nach der Abhängigkeit vom Beschäftigungsgrad
Je nach Art der Beschäftigung unterscheidet man in fixe (von der Beschäftigung unabhängige) und variable (von der Beschäftigung abhängige) Kosten.

Auf folgende Kostenarten wird im einzelnen eingegangen:

Kalkulatorische Kosten
Zu den *Grundkosten,* die dem *Zweckaufwand* entsprechen, d. h. nach Bild E-5 zu Ausgaben führen, kommen noch die *kalkulatorischen Kosten* als Zusatzkosten (nicht ausgabenwirksam). Sie sind notwendig, um alle tatsächlichen Wertverzehre zu erfassen. Zu den kalkulatorischen Kosten werden gerechnet:

● Kalkulatorischer Unternehmerlohn
   Arbeitet der Geschäftsinhaber selbst mit, so ist ein kalkulatorischer Unternehmerlohn anzusetzen. Er richtet sich nach dem Einkommen vergleichbarer Tätigkeiten in anderen Betrieben.

● Kalkulatorische Miete
   Befindet sich das Unternehmen in eigenen Räumen, so ist eine kalkulatorische Miete anzusetzen, die der vergleichbaren, marktüblichen Miete entspricht.

● Kalkulatorische Abschreibung
   Als Abschreibungen in der Bilanz dürfen nur die gesetzlich zulässigen angesetzt werden. In der Kostenrechnung müssen aber die *tatsächlichen Wertverzehre* der Maschinen, Anlagen und Gebäude berücksichtigt werden. Der Abschreibungswert ist der *gegenwärtige Wiederbeschaffungswert* und der Abschreibungszeitraum die *tatsächliche Nutzungsdauer* der Gegenstände im Unternehmen.

● Kalkulatorische Zinsen
   Auf das betriebsnotwendige Kapital (sowohl Eigen- als auch Fremdkapital) müssen kalkulatorische Zinsen verrechnet werden. Der Zinssatz entspricht dem langfristiger Kapitalanlagen.

● Kalkulatorische Wagnisse
   Hier werden die Risiken erfaßt, die sich aus der betrieblichen Tätigkeit ergeben (außer dem Kapitalwagnis des Unternehmers und der versicherten Wagnisse). Es kommen im allgemeinen folgende Wagnisse in Betracht:

   – Beständewagnisse (unbrauchbares Material),

   – Entwicklungswagnisse (fehlgeschlagene Entwicklungen),

   – Fertigungswagnisse (außergewöhnliche Ausschußquoten),

   – Gewährleistungswagnisse (Garantieverpflichtungen),

   – Forderungswagnisse (nicht bezahlte Rechnungen).

Sekundäre Kosten

Als Kostenarten dürfen nur die hier erwähnten Grundkosten und kalkulatorischen Kosten (d.h. die primären Kosten) angesetzt werden. Die sekundären Kosten bestehen aus mehreren Kostenarten, beispielsweise bei selbst ausgeführten Reparaturarbeiten aus Material- und Personalkosten. Zu den sekundären Kosten gehören im wesentlichen alle Kosten der *innerbetrieblichen Leistungsverrechnung*.

Tabelle E-18. Einteilung der Kostenstellen

Nummer			Kostenstellen
100			allgemeine Hilfsstellen
	110		allgemeine Bereichsstellen
	120		Grundstücke und Gebäude
	130		Energie
	140		Fuhrpark
	150		Sozialeinrichtungen
200			Materialwirtschaft
	210		Einkauf
	220		Wareneingangsprüfung
	230		Lager
		231	Lager 1
		232	Lager 2
300			Hilfsstellen der Fertigung
	310		Betriebsleitung
	320		Konstruktion
	330		Arbeitsvorbereitung
400			Fertigung
	410		Stanzerei
	420		Dreherei
	430		Fräserei
	440		Bohrerei
	450		Schleiferei
500			Montage
	510		Montage Produktgruppe 1
	520		Montage Produktgruppe 2
600			Verwaltung
	610		Geschäftsleitung
	620		Personalwesen
	630		Finanzwesen
	640		Rechnungswesen
700			Vertrieb
	710		Vertriebsleitung
	720		Vertriebsgebiet 1
	730		Vertriebsgebiet 2

E 2.5 Kostenstellenrechnung

E 2.5.1 Begriff und Aufgabe

Die Kostenstellenrechnung nimmt die *Einteilung* des Unternehmens in Kostenstellen und die *Verrechnung* der entstandenen Kosten vor. Sie ist zum einen *Voraussetzung* für die *Kostenträgerrechnung (Kalkulation).* Zum anderen lassen sich mit ihrer Hilfe die Kosten am Ort ihrer Entstehung bezüglich Art und Höhe feststellen, so daß man *kostenintensive Bereiche* aufdecken und deren *Kostenentwicklung* bzw. *Wirtschaftlichkeit* überwachen kann.

E 2.5.2 Bildung der Kostenstellen

Kostenstellen werden in der Regel nach *betrieblichen Zuständigkeiten* bzw. den *Funktionen* in einem Unternehmen eingeteilt, weil dies die Orte sind, in denen die Kosten entstehen.

Eine weitere Untergliederung erfolgt nach der *Art der erstellten Leistung.* Hierbei unterscheidet man zwischen *Haupt- und Nebenkostenstellen. Hauptkostenstellen* sind Bereiche des Unternehmens, in denen die *Hauptleistungen* erstellt werden (z. B. Fertigungsstellen, Verwaltung oder Vertrieb). *Nebenkostenstellen* liefern keine *direkt produktbezogenen Leistungen.* Es sind dies *allgemeine Kostenstellen* wie Kantine oder Pforte und *Hilfskostenstellen,* die Leistungen direkt für eine oder mehrere Hauptkostenstellen erbringen (z. B. Konstruktion).

E 2.5.3 Beispiel einer Kostenstellensystematik

Kostenstellen sind, wie bereits erwähnt, die *Orte,* in denen die Kosten anfallen oder denen sie zugerechnet werden können. Tabelle E-18 zeigt eine übliche Gliederungssystematik für ein Fertigungsunternehmen.

E 2.6 Betriebsabrechnungsbogen (BAB)

E 2.6.1 Aufgaben des BAB

Der BAB erfüllt folgende Aufgaben:

Tabellarische Zusammenstellung von Kostenarten und Kostenstellen
Während die Einzelkosten (z. B. Materialkosten und Fertigungslöhne) den *Kostenträgern* (Produkten) *direkt zugeordnet* werden können, werden die Gemeinkosten nach Kostenarten erfaßt und den Kostenstellen belastet. Diese tabellarische Zusammenstellung von Kostenarten und Kostenstellen sowie die Kostenverrechnung findet im BAB statt (Bild E-6).

Umlage der Kosten
Die Kosten der allgemeinen Hilfsstellen (Kostenstellen 100) werden mit *Schlüsseln* auf die nachgelagerten Kostenstellen umgelegt. Ebenso die Kosten der Fertigungs-Hilfsstellen auf die Fertigung.

Errechnung von Zuschlagssätzen
Aus den Kosten nach Umlagen werden die *Zuschlagssätze* bzw. *Stundensätze* der Kostenstellen errechnet. Es sind dies:

- Materialgemeinkosten-Zuschläge (MGK),
- Fertigungsgemeinkosten-Zuschläge (FGK),
- Stundensätze (z.B. der Konstruktion),
- Verwaltungsgemeinkosten-Zuschläge (VerwGK) und
- Vertriebsgemeinkosten-Zuschläge (VGK).

Mit diesen Größen kann kalkuliert werden *(Kalkulationssätze)*.

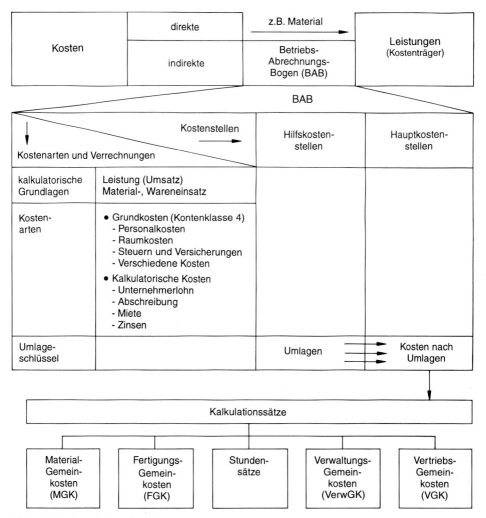

Bild E-6. Aufbau des Betriebsabrechnungsbogens (BAB)

E 2.6.2 Erstellung eines BAB

Zum Erstellen eines BAB (Tabelle E-19) sind folgende Schritte erforderlich:

1. Schritt: Erfassen der Leistungen und des Wareneinsatzes

In der ersten Zeile des BAB werden die Leistungen (Netto-Umsatz) und in der zweiten Zeile der Materialeinsatz erfaßt.

2. Schritt: Auswahl der Kostenarten

3. Schritt: Auswahl der Kostenstellen

4. Schritt: Erfassen der Grundkosten, Abgrenzen und Überführen in die Kostenrechnung

Die Zahlen der Buchhaltung können nicht immer in die Kostenrechnung übernommen werden. Beispielsweise darf das Urlaubs- und Weihnachtsgeld nicht in dem Monat der Auszahlung erfaßt werden, sondern muß über alle Monate hinweg in der Kostenrechnung berücksichtigt werden.

5. Schritt: Verteilung der Kosten auf die Kostenstellen

Die Kosten müssen möglichst *direkt* und *verursachungsgerecht* den Kostenstellen zugeordnet werden. Tabelle E-20 zeigt ein Beispiel.

6. Schritt: Kalkulatorische Kosten ermitteln

Die kalkulatorischen Kosten sind nicht ausgabewirksam, sondern dienen dazu, die Substanz des Unternehmens zu sichern.

kalkulatorische Abschreibungen
In Tabelle E-21 sind die abzuschreibenden Gegenstände nach ihren Kostenstellen geordnet. Die kalkulatorische Abschreibung ist linear und errechnet sich als Quotient aus dem Wiederbeschaffungswert und der Nutzungsdauer:

$$kalkulatorische\ Abschreibung = \frac{Wiederbeschaffungswert}{Nutzungsdauer}$$

kalkulatorische Zinsen
Da durchschnittlich der halbe Wiederbeschaffungswert als Kapital gebunden ist, gilt folgende Formel für die kalkulatorischen Zinsen des Anlagevermögens:

$$kalkulatorische\ Zinsen = \frac{Wiederbeschaffungswert}{2} \times Zinssatz$$

Als Zinssatz ist der Zins für langfristiges Fremdkapital zu wählen (im Beispiel 8%). Die kalkulatorischen Zinsen werden, wie die kalkulatorischen Abschreibungen, den entsprechenden Kostenstellen belastet.

kalkulatorische Wagnisse
Als kalkulatorische Wagnisse werden 0,5% vom Umsatz berechnet. Dies entspricht dem durchschnittlichen jährlichen Forderungsausfall. Die kalkulatorischen Wagnisse werden auf die Kostenstelle des Vertriebs gebucht.

7. Schritt: Umlage bestimmter Kostenstellen festlegen

Die Kostenstellen, die für andere Kostenstellen Leistungen erbringen, werden möglichst verursachungsgerecht auf die entsprechenden Kostenstellen gebucht. Im vorliegenden Fall sind dies folgende Kostenstellen:

Tabelle E-19. Beispiel eines BAB

Betriebsabrechnungsbogen (BAB)

Kostenarten	Zahlen der Kosten-rechnung	Kostenstellen 100 Hilfsstellen 110 Allgemein	120 Sozialraum	200 Materialwirtschaft 210 Einkauf	230 Lager
Netto-Umsatz	13 320,00				
Materialeinsatz (32%)	4 262,00			3 409,60	852,40
Fertigungslohn (15%)	2 000,00				
Sozialkosten FL	500,00				
Summe Fertigungslöhne	2 500,00				
Lohn und Gehalt (25%)	3 330,00	133,20		499,50	266,40
Sozialkosten	830,00	33,20		124,50	66,40
Summe Lohn u. Gehalt	4 160,00	166,40		624,00	332,80
Summe Personalkosten	6 660,00	166,40	0,00	624,00	332,80
Miete	180,00		5,40	3,60	10,80
Heizung	50,00		1,50	1,00	3,00
Wasser/Strom	18,00	0,90		0,90	0,90
Summe Raumkosten	248,00	0,90	6,90	5,50	14,70
Steuern	166,00	166,00			
Versicherung	24,00	24,00			
Beiträge	8,00	8,00			
Summe Beiträge, Vers.	198,00	198,00			
Fahrzeugkosten	80,00			8,00	
Werbekosten	220,00				
Reisekosten	105,00			10,50	
Porto/Telefon	108,00			16,20	5,40
Rechtskosten	36,00	36,00			
Beratungskosten	8,00				
Summe versch. Kosten	557,00	36,00		34,70	5,40
kalk. Abschreibungen	186,25				8,00
kalkulatorische Zinsen	58,80				4,80
kalk. Wagnisse (0,5% v. Umsatz)	67,00				
Summe kalk. Kosten	312,05				12,80
Gesamtkosten	7 975,05	401,30	6,90	664,20	365,70
Umlage 310					
Umlage 110			12,04	8,03	24,08
Umlage 120				1,52	0,57
Kosten nach Umlage				673,74	390,35

Bezugsbasen		Kalkulationssätze	
Fertigungsmaterial	4 262,00	Material-Gemeink.	25 %
Fertigungslöhne	2 500,00	Fertigungs-Gemeink.	207 %
Konstruktionsstunden	12 000,00	Stundensatz f. Konstr.	84,55
Herstellkosten	10 592,26	Verwaltungs-Gemeink.	8 %
		Vertriebs-Gemeink.	8 %

Tabelle E-19 (Fortsetzung)

Kostenstellen

300 Fertigungs-Hilfsstellen 310 Konstr./AV	400 Fertigung 410 Drehen	420 Fräsen	500 Montage 510 Endmont.	600 Verwaltung 610 Geschäftsltg.	620 Personal	700 Vertrieb 710 Vertr.-ltg.	720 Vertrieb 1
	600,00	400,00	1 000,00				
	150,00	100,00	250,00				
	750,00	500,00	1 250,00				
732,60	266,40	266,40	266,40	266,40	266,40	99,90	266,40
182,60	66,40	66,40	66,40	66,40	66,40	24,90	66,40
915,20	332,80	332,80	332,80	332,80	332,80	124,80	332,80
915,20	1 082,80	832,80	1 582,80	332,80	332,80	124,80	332,80
12,60	36,00	45,00	54,00	3,60	3,60	3,60	1,80
3,50	10,00	12,50	15,00	1,00	1,00	1,00	0,50
0,90	5,04	5,76	1,80	0,36	0,54	0,36	0,54
17,00	51,04	63,26	70,80	4,96	5,14	4,96	2,84
				20,00	4,00	12,00	36,00
22,00						154,00	44,00
				26,25	5,25	15,75	47,25
10,80				19,44	12,96	21,60	21,60
				8,00			
32,80	0,00			73,69	22,21	203,35	148,85
16,00	75,00	40,00	36,00		11,25		
3,20	24,00	16,00	7,20		3,60		
						67,00	
19,20	99,00	56,00	43,20		14,85	67,00	
984,20	1 232,84	952,06	1 696,80	411,45	375,00	400,11	484,49
	177,16	216,52	590,52				
28,09	80,26	100,33	120,39	8,03	8,03	8,03	40,01
2,27	3,79	3,22	4,73	0,57	0,95	0,38	0,95
1 014,56	1 494,04	1 272,13	2 412,44	420,04	383,97	408,51	489,45

Tabelle E-20. Verteilung der Kosten auf die Kostenstellen

Betriebsabrechnungsbogen (BAB)

Kostenarten	Umlage	Kostenstellen			
		100 Hilfsstellen 110 Allgemein	120 Sozialraum	200 Materialwirtschaft 210 Einkauf	230 Lager
Materialeinsatz (32%)	prozentual			80%	20%
Fertigungslohn (15%)	prozentual				
Sozialkosten FL	prozentual				
Summe					
Fertigungslöhne	prozentual				
Lohn u. Gehalt (25%)	prozentual	4%		15%	8%
Sozialkosten	prozentual	4%		15%	8%
Summe Lohn u. Gehalt	prozentual	4%		15%	8%
Summe Personalkosten	prozentual	4%		15%	8%
Fläche in m² (in %)			36 (3%)	24 (2%)	72 (6%)
Miete	Fläche		3%	2%	6%
Heizung	Fläche		3%	2%	6%
Wasser/Strom	Verbrauch	5%		2%	5%
Summe Raumkosten					
Steuern	Hilfsstelle	100%			
Versicherung	Hilfsstelle	100%			
Beiträge	Hilfsstelle	100%			
Summe Beiträge, Vers.					
Fahrzeugkosten	direkt			10%	
Werbekosten	direkt				
Reisekosten	direkt			10%	
Porto/Telefon	direkt			15%	5%
Rechts- und Beratungskosten	Hilfsstelle	100%			
Summe versch. Kosten					
kalk. Abschreibungen	Tab. E-19				
kalkulatorische Zinsen	Tab. E-19				
kalk. Wagnisse (0,5% v. Umsatz)	Vertrieb				
Summe kalk. Kosten					
Umsatz 310	Prozent Fertig.				
Umlage 110	wie Miete				
wie Mitarbeiter (%)				5 (8%)	2 (3%)
Umlage 120	Mitarbeiter			8%	3%

126

Tabelle E-20 (Fortsetzung)

Kostenstellen

300 Fertigungs-Hilfsstellen 310 Konstr./AV	400 Fertigung 410 Drehen	420 Fräsen	500 Montage 510 Endmont.	600 Verwaltung 610 Geschäftsltg.	620 Personal	700 Vertrieb 710 Vertr.-ltg.	720 Vertrieb 1
		30%	20%	50%			
		30%	20%	50%			
		30%	20%	50%			
22%	8%	8%	8%	8%	8%	3%	8%
22%	8%	8%	8%	8%	8%	3%	8%
22%	8%	8%	8%	8%	8%	3%	8%
22%	8%	8%	8%	8%	8%	3%	8%
84 (7%)	240 (20%)	300 (25%)	360 (30%)	24 (2%)	24 (2%)	24 (2%)	12 (1%)
7%	20%	25%	30%	2%	2%	2%	1%
7%	20%	25%	30%	2%	2%	2%	1%
5%	28%	32%	10%	2%	3%	2%	3%
				25%	5%	15%	45%
10%						70%	20%
10%				25%	5%	15%	45%
10%				18%	12%	20%	20%
							100%
	18%	22%	60%				
7 (12%)	12 (20%)	10 (17%)	15 (25%)	2 (3%)	3 (5%)	1 (2%)	3 (5%)
12%	20%	17%	25%	3%	5%	2%	5%

Tabelle E-21. Berechnung der kalkulatorischen Abschreibungen und der kalkulatorischen Zinsen

Kostenstelle	Gegenstand	Jahr der Anschaffung	Wieder-beschaffung TDM	Nutzungs-dauer Jahre	kalkulatorische Abschreibungen TDM	erfolgte Abschreibungen TDM	kalkulatorische Zinsen TDM
230 Lager	Hochregallager	−4	120	15	8	32	4,8
310 Konstruktion	CAD-System	−1	80	5	16	16	3,2
410 Dreherei	Drehautomaten	−3	600	8	75	225	24
420 Fräserei	Fräsautomaten	−4	400	10	40	160	16
510 Endmontage	Roboter	−1	180	5	36	36	7,2
620 Personal	EDV-Anlage	−5	90	8	11,25	56,25	3,6
Summe					186,25	525,25	58,8

Tabelle E-22. Flächengröße und Mitarbeiterzahl in den Kostenstellen

Kostenstelle	m²	Prozent	Mitarbeiter	Prozent
120 Sozialrum	36	3%		
210 Einkauf	24	2%	5	8%
230 Lager	72	6%	2	3%
310 Konstruktion/ Arbeitsvorbereitung	84	7%	7	12%
410 Drehen	240	20%	12	20%
420 Fräsen	300	25%	10	17%
510 Endmontage	360	30%	15	25%
610 Geschäftsleitung	24	2%	2	3%
620 Personal	24	2%	1	2%
710 Vertriebsleitung	24	2%	1	2%
720 Vertrieb 1	12	1%	3	5%

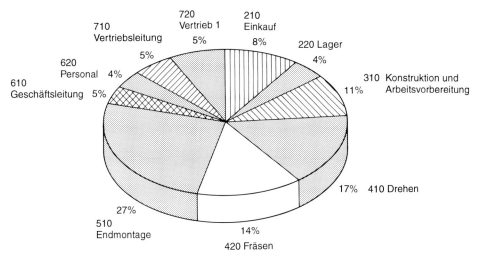

Bild E-7. Kostenanteile nach Umlage

- Konstruktion und Arbeitsvorbereitung (310) mit folgenden Umlageschlüsseln:

  18% für die Dreherei (410)
  22% für die Fräserei (420)
  60% für die Endmontage (510).

- Allgemeine Hilfsstelle (110). Sie wird wie die Miete nach m² umgelegt (Tabelle E-22).

- Sozialraum (120). Er wird entsprechend den Mitarbeitern umgelegt (Tabelle E-22).

Bild E-7 zeigt die prozentuale Verteilung der Kosten nach Umlage.

Eine besondere Form der Kostenumlage ist die *innerbetriebliche Leistungsverrechnung.* Dabei sind zunächst die *aktivierungspflichtigen* innerbetrieblichen Leistungen von den *nicht aktivierungspflichtigen* zu trennen. Die Kostenumlage der *nicht aktivierungspflichtigen* Kosten kann man nach den folgenden beiden Methoden verrechnen:

Einseitige Leistungsverrechnung
Zwischen den Kostenstellen besteht ein einseitiges Leistungslieferer- und Leistungsnehmer-Verhältnis. In diesem Falle werden die Kosten des Leistungslieferers in Vor- oder Hilfskostenstellen erfaßt, die in eine Richtung den Kostenstellen der Leistungsempfänger weiterverrechnet werden.

Gegenseitige Leistungsverrechnung
Zwischen mehreren Kostenstellen sind Leistungstransfers entstanden, d.h. die Kostenstelle A hat für die Kostenstelle B und diese umgekehrt für Kostenstelle A Leistungen erbracht. Dies ist insbesondere bei der Berechnung der Kosten von Projekten (Abschn. R) der Fall, in denen viele Mitarbeiter aus unterschiedlichen Bereichen zusammenarbeiten.

8. Schritt: Erstellung der Kalkulationsgrundlagen

Alle Gemeinkostenzuschlagssätze werden nach folgender Formel berechnet:

$$Gemeinkostenzuschlagssatz = \frac{Gemeinkosten}{Bezugsgröße} \times 100$$

Die entsprechenden Bezugsgrößen lauten:

- Fertigungsmaterial (Materialeinsatz) für den Material-Gemeinkosten-Zuschlag (MGK). Im vorliegenden Beispiel sind das 4262000 DM.
- Fertigungslöhne für den Fertigungs-Gemeinkosten-Zuschlag (FGK). Nach dem BAB sind dies 2500000 DM.
- Herstellkosten für den Verwaltungs- und den Vertriebs-Gemeinkosten-Zuschlag. Die Herstellkosten errechnen sich nach folgendem Schema:

Fertigungsmaterial (4262000 DM)

+ Materialgemeinkosten (Kosten nach Umlage der Kostenstellen 210 (Einkauf: 673740 DM) und 230 (Lager: 365700 DM)). Insgesamt sind dies: 1039440 DM.

+ Fertigungslöhne (2500000 DM).

+ Fertigungs-Gemeinkosten (Kosten nach Umlage der Kostenstellen 410 (Drehen: 1494040 DM), 420 (Fräsen: 1272130 DM) und 510 (Endmontage: 2412440 DM). Insgesamt ein Betrag von 5178610 DM, Tabelle E-19).

= Herstellkosten (10592260 DM).

9. Schritt: Errechnen der Kalkulationssätze

Die Gemeinkosten-Zuschlagssätze bzw. der Stundensatz für die Konstruktion errechnen sich wie folgt:

Material-Gemeinkosten-Zuschlag (MGK):

$$MGK = \frac{Kosten\ der\ Materialwirtschaft\ (210\ und\ 230)}{Fertigungsmaterial} \times 100$$

$$= \frac{1064090}{4262000} \times 100 = 25\%$$

Fertigungs-Gemeinkosten-Zuschlag (FGK):

$$FGK = \frac{Kosten\ der\ Fertigung\ (410, 420\ und\ 510)}{Fertigungslöhne} \times 100$$

$$= \frac{5178610}{2500000} \times 100 = 207\%$$

Stundensatz für Konstruktion:

$$Stundensatz\ für\ Konstruktion = \frac{Kosten\ der\ Konstruktion}{Konstruktionsstunden}$$

$$= \frac{1014560}{10592,26} = 95,78\ DM/h$$

Verwaltungs-Gemeinkosten-Zuschlag (Verw.GK):

$$erw.\ GK = \frac{Kosten\ der\ Verwaltung\ (610\ und\ 620)}{Herstellkosten} \times 100$$

$$= \frac{804010}{10592260} \times 100 = 8\%$$

Vertriebs-Gemeinkosten-Zuschlag (VertrGK):

$$GK = \frac{Kosten\ des\ Vertriebs\ (710\ und\ 720)}{Herstellkosten} \times 100$$

$$= \frac{897\,960}{10\,592\,260} \times 100 = 8\%$$

Mit diesen Zuschlagssätzen lassen sich Kalkulationen durchführen.

E 3 Kalkulation

E 3.1 Aufgaben

Die Kalkulation ermittelt die *Kosten* der Leistungen und errechnet daraus die *Preise* der einzelnen Güter. Die Kalkulation gibt weiterhin wichtige Hinweise für die Wirtschaftlichkeit des Hestellungsprozesses und Daten für die Bewertung von Halb- und Fertigfabrikaten in den Bilanzen. Zusammenfassend hat die Kalkulation folgende Aufgaben zu erfüllen; und zwar die

- Ermittlung der Kosten einzelner Leistungen, die
- Ermittlung der Daten für die Bestandsbewertung,
- Informationen für den Einkauf, die Konstruktion und die Fertigung,
- Informationen für die Sortimentspolitik und die
- Ermittlung der Preise.

Je nach Zeitpunkt für die Kalkulation wird unterschieden in:

- Vorkalkulation,
- Zwischenkalkulation und
- Nachkalkulation.

In der *Vorkalkulation* werden mit vorher festgelegten *Plankosten* und zu erwartenden *Plan-Gemeinkostenzuschlägen* die Kosten ermittelt. Die Nachkalkulation dagegen bestimmt die tatsächlich angefallenen Kosten und Gemeinkostenzuschläge. Falls sich die Fertigungszeit einer Leistung (z.B. einer Papiermaschine oder einer Presse) über mehrere Monate erstreckt, dann sind *Zwischenkalkulationen* nützlich, die den augenblicklichen Kostenstand feststellen.

E 3.2 Kostendurchlauf in der Vollkostenrechnung

Bild E-8 zeigt, wie die Kosten bei der Vollkostenrechnung bis zur Kalkulation durchlaufen. Die Einzelkosten (1) werden direkt dem Kostenträger zugeordnet, während die Gemeinkosten (2) als Block über den BAB durch Anwendung von Zuschlagssätzen verrechnet werden. In der *Kostenträger-Zeitrechnung* ergibt sich das Betriebsergebnis aus der Differenz zwischen Umsatz und Selbstkosten.

Bild E-8. Kostenverrechnung bei der Kalkulation mit Vollkosten

E 3.3 Zuschlagskalkulation

Bei der Zuschlagskalkulation werden die dem Produkt *direkt zurechenbaren* Kosten (z.B. Materialkosten) als Einzelkosten ermittelt. Die *Gemeinkosten* hingegen, die nicht direkt das Produkt verursacht, werden mit Hilfe von *Zuschlägen* verrechnet. In Abschn. E 2.6.2 sind einige Gemeinkosten-Zuschlagssätze aus den Kostenverhältnissen des BAB errechnet worden.

Bild E-9 zeigt das Schema der Zuschlagskalkulation. Im produzierenden Unternehmen treten *Fertigungskosten* auf. Sie bestehen aus den *Fertigungslöhnen,* den *Sonderkosten der Fertigung* (z.B. spezielle Vorrichtungen) und den *Fertigungs-Gemeinkosten.*

Wie Tabelle E-23 zeigt, ist bei einem Materialeinsatz von 120 000 DM, bei 124 Fertigungsstunden zu 124 DM, 207% Fertigungs-Gemeinkosten, je 8% Vertriebs- und Verwaltungs-Gemeinkostenzuschläge, 10% Gewinnzuschlag und 15% Mehrwertsteuer der kalkulatorische Brutto-Erlös 303 740 DM. *Kalkulatorisch* heißt in diesem Zusammenhang, daß dies ein Wert ist, der vom Betrieb aufgrund seiner Kostenstruktur kalkuliert wurde. Ob dieser Preis als *Marktpreis* gültig sein kann, ist nicht gewiß.

Werden *umsatzabhängige Provisionen* bezahlt, *Skonti* und *Rabatte* gewährt, dann sind die Rechnungen komplizierter. Der kalkulatorische Netto-Erlös 1 ist dann der Bezugswert. Tabelle E-24 zeigt das Rechenschema der Kalkulation unter Berücksichtigung von Erlösschmälerungen.

Bemessungsgrundlage der Vertreterprovision ist der Erlös, der (ohne Skonto) in das Unternehmen fließt. Das ist im vorliegenden Schema die Zeile 19: *kalkulatorischer Netto-Erlös 4.* Dieser Wert wird folgendermaßen errechnet:

$$\textit{kalkulatorischer Netto-Erlös 4} \ = \ \frac{\textit{kalkulatorischer Netto-Erlös 1}}{t}$$

Der Prozentsatz t gibt an, wieviel Prozent des kalkulierten Netto-Erlöses 4 dem tatsächlich erzielten kalkulierten Netto-Erlös 1 entspricht. Die einzelnen Berechnungen der Prozentsätze für Rabatt (r), Skonto (s) und Vertreterprovision (v), wie sie bereits in Tabelle E-24 im Kalkulationsschema aufgeführt wurden, sind in Tabelle E-25 zusammengestellt.

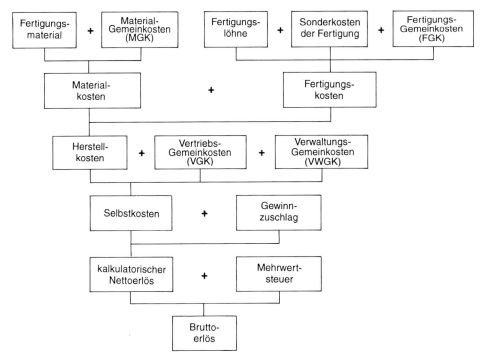

Bild E-9. Schema der Zuschlagskalkulation im produzierenden Unternehmen

Tabelle E-26 zeigt ein Beispiel für eine Zuschlagskalkulation mit Erlösschmälerungen. Wenn alle Kosten des Unternehmens (einschließlich Gewinn, aber ohne Mehrwertsteuer) berücksichtigt werden sollen, muß das Produkt einen Netto-Preis von 264 122 DM haben. Deshalb stimmen die Werte von Zeile 13 in Tabelle E-23 und von Zeile 13 in Tabelle E-26 überein. Werden alle Erlösschmälerungen berücksichtigt, dann ergibt sich ein kalkulatorischer Netto-Erlös 4 in Höhe von 345 890 DM. Er errechnet sich nach folgender Gleichung:

$$kalkulatorischer\ Netto\text{-}Erlös\ 4\ =\ \frac{264\,122}{76{,}36} \times 100 = 345\,890\ DM$$

Die Rechnung wird zunächst bis zur Zeile 13 (kalkulatorischer Netto-Erlös 1) gerechnet. Dann wird nach obiger Formel der kalkulatorische Netto-Erlös 4 errechnet (Zeile 19). Anschließend werden rückwärts die Zeilen 17 und 15 (kalkulatorischer Netto-Erlös 3 und 2) und Zeile 20 (Sonderkosten Vertrieb), Zeile 21 und 22 (Mehrwertsteuer) und Zeile 23 (kalkulatorischer Brutto-Erlös 2) errechnet.

Tabelle E-23. Zuschlagskalkulation eines Fertigungsunternehmens

1	Material		120000 TDM
2	Material-Gemeinkosten		30000 TDM
3	Materialkosten		150000 TDM
4	Fertigungslöhne	124 h	16740 TDM
5	Fertigungs-Gemeinkosten		34652 TDM
6	Sonderkosten der Fertigung		5600 TDM
7	Fertigungskosten		56992 TDM
8	Herstellkosten		206992 TDM
9	Verwaltungs-Gemeinkosten		16559 TDM
10	Vertriebs-Gemeinkosten		16559 TDM
11	Selbstkosten		240110 TDM
12	Gewinnzuschlag		24011 TDM
13	kalkulatorischer Nettoerlös		264122 TDM
14	Mehrwertsteuer		39618 TDM
15	kalkulatorischer Bruttoerlös		303740 TDM

Material-Gemeinkosten	25 %
Stundensatz Fertigung	135 DM/h
Fertigungs-Gemeinkosten	207 %
Verwaltungs-Gemeinkosten	8 %
Vertriebs-Gemeinkosten	8 %
Gewinnzuschlag	10 %
Umsatzsteuer	15 %

E 3.3.1 Maschinenstundensatz-Rechnung

Um auszurechnen, was eine Maschinenstunde kostet, wird der Maschinenstundensatz nach folgender Formel berechnet:

$$Maschinenstundensatz = \frac{maschinenabhängige\ Kosten}{Maschinenlaufzeit}$$

Deshalb wird zunächst die *Maschinenlaufzeit* ermittelt und anschließend die *maschinenabhängigen Kosten* (Tabelle E-27).

Die Maschinenlaufzeit ist die *betriebliche Nutzungsdauer,* innerhalb derer die Maschine zur Produktion eingesetzt ist. In Tabelle E 27 ist die betriebliche Nutzungszeit für drei Fräsmaschinen errechnet. Krankheitstage werden nicht berücksichtigt, weil dann Springer die Produktion an den Maschinen vornehmen müssen.

Entscheidend für die betriebliche Nutzungsdauer und damit für den Maschinenstundensatz ist (neben den Arbeitstagen und der täglichen Arbeitszeit) die Anzahl der Schichten. Von den ermittelten Soll-Laufstunden werden dann die Rüst- und Wartungszeiten abgezogen. Dann ergibt sich die betriebliche Nutzungszeit. Sie beträgt 1500 h bei der Fräsmaschine 1, 2500 h bei der Fräsmaschine 2 und 2000 h bei der Fräsmaschine 3.

Tabelle E-24. Rechenschema der Kalkulation unter Berücksichtigung von Erlösschmälerungen

1	Material
2	Material-Gemeinkosten (in % von Zeile 1)
3	Materialkosten (Summe aus Zeile 1 und 2)
4	Fertigungslöhne
5	Fertigungs-Gemeinkosten (in % von Zeile 4)
6	Sonderkosten der Fertigung (z.B. Vorrichtungen)
7	Fertigungskosten (Summe aus Zeile 4 bis 6)
8	Herstellkosten (Summe aus Zeile 7 und 3)
9	Verwaltungs-Gemeinkosten (in % von Zeile 8)
10	Vertriebs-Gemeinkosten (in % von Zeile 8)
11	Selbstkosten (Summe aus Zeile 8 bis 10)
12	Gewinnzuschlag (in % von Zeile 11)
13	kalkulatorischer Nettoerlös 1 (Bezugswert)
14	Vertreterprovision (v % vom tatsächlich erzielten Erlös, vor Skonto: Zeile 19)
15	kalkulatorischer Nettoerlös 2 (kalkulatorischer Barverkaufspreis)
16	Skonto (s % von Zeile 17)
17	kalkulatorischer Nettoerlös 3 (kalkulatorischer Zielverkaufspreis)
18	Rabatt (r % von Zeile 19)
19	kalkulatorischer Nettoerlös 4
20	Sonderkosten Vertrieb
21	kalkulatorischer Bruttoerlös 1
22	Umsatzsteuer (15% von Zeile 21)
23	kalkulatorischer Bruttoerlös 2

Tabelle E-25. Berechnung der verschiedenen Prozentwerte für die Kalkulation nach Schema in Tabelle E-23

Berechnungen	Prozent allgemein	Prozent Beispiel
kalkulatorischer Nettoerlös 4 (Zeile 19)	100 %	100 %
r % Rabatt (z.B. 12%) (Zeile 18)	r %	12 %
Prozent 1	$p\% = (100\% - r\%)$	88 %
s % Skonto (in Prozent von Zeile 17; z.B. 3%) (Zeile 16)	$s\% \times p\%$	2,64 %
v % Vertreterprovision (in Prozent von Zeile 19; z.B. 9%) (Zeile 14)	v %	9 %
Prozentsatz t des kalkulatorischen Nettoerlöses 1	$t = p\% - s\% \times p\% - v\%$	76,35 %

Tabelle E-26. Zuschlagskalkulation eines Fertigungsunternehmens mit Erlösschmälerungen

1	Material		120000 DM
2	Material-Gemeinkosten		30000 DM
3	Materialkosten		150000 DM
4	Fertigungslöhne	124 h	16740 DM
5	Fertigungs-Gemeinkosten		34652 DM
6	Sonderkosten der Fertigung		5600 DM
7	Fertigungskosten		56992 DM
8	Herstellkosten		206992 DM
9	Verwaltungs-Gemeinkosten		16559 DM
10	Vertriebs-Gemeinkosten		16559 DM
11	Selbstkosten		240110 DM
12	Gewinnzuschlag		24011 DM
13	kalkulatorischer Nettoerlös 1		264122 DM
14	Vertreterprovision		31130 DM
15	kalkulatorischer Nettoerlös 2		295252 DM
16	Skonto		9131 DM
17	kalkulatorischer Nettoerlös 3		304383 DM
18	Rabatt		41507 DM
19	kalkulatorischer Nettoerlös 4		345890 DM
20	Sonderkosten Vertrieb		4300 DM
21	kalkulatorischer Bruttoerlös 1		350190 DM
22	Umsatzsteuer		52528 DM
23	kalkulatorischer Bruttoerlös 2		402718 DM

Material-Gemeinkosten	25 %
Stundensatz Fertigung	135 DM/h
Fertigungs-Gemeinkosten	207 %
Verwaltungs-Gemeinkosten	8 %
Vertriebs-Gemeinkosten	8 %
Gewinnzuschlag	10 %
Vertreterprovision	9 %
Skonto	3 %
Rabatt	12 %
Umsatzsteuer	15 %
Prozentsatz t	76,36 %

Tabelle E-27. Betriebliche Nutzungszeit für drei Fräsmaschinen

Bestimmung der Maschinenlaufzeit (in Stunden pro Jahr)

	Fräsmaschine 1	Fräsmaschine 2	Fräsmaschine 3
Anzahl der Wochen im Jahr	52	52	52
Arbeitstage je Woche	5	5	5
Arbeitstage	260	260	260
Betriebsurlaub	30	30	30
Feiertage	12	12	12
Lauftage	218	218	218
Schichten je Tag	1	2	1,5
Soll-Lauftage	218	436	327
Stunden je Tag	7,5	7,5	7,5
Soll-Laufstunden	1 635	3 270	2 453
Rüstzeit h/Jahr	100	700	375
Wartungszeit h/Jahr	35	70	78
betriebliche Nutzungszeit	1 500	2 500	2 000

Tabelle E-28 zeigt ein Beispiel für eine Maschinenstundensatzrechnung. Dazu dienen folgende Daten:

- Grunddaten der Maschine (Zeile 1 bis 9)
- Daten zur Berechnung (Zeile 10 bis 12)
- Fixe Maschinenkosten (Zeile 13 bis 15)
- Variable Maschinenkosten (Zeile 16 bis 20)

Daraus errechnen sich die fixen und variablen Anteile des Maschinenstundensatzes. Tabelle E-28 zeigt folgendes Ergebnis: Obwohl die Fräsmaschine 2 in der Anschaffung mit 420.000 DM am teuersten ist, liegt der Stundensatz mit 76,79 DM/h am niedrigsten. Dies hängt vor allem mit den längeren Laufzeiten der Maschine (im Zweischichtbetrieb) zusammen.

E 3.3.2 Kalkulation im Handel

Jedes Unternehmen führt, meist zur Abrundung seiner Produktpalette, auch Handelsware. Deshalb spielt die Handelskalkulation eine Rolle. Das Schema einer einfachen Zuschlagskalkulation zeigt Tabelle E-29.

In der Praxis werden jedoch, vor allem im Einzelhandel, die Verkaufspreise mit Hilfe eines einheitlichen *Kalkulationsaufschlags* ermittelt, der die differenzierte Kostenverursachung der einzelnen Teilleistungen nicht berücksichtigt. Dabei sind die Begriffe *Kalkulationsaufschlag* und *Handelsspanne* zu unterscheiden.

Der *Kalkulationsaufschlag* ist die Differenz zwischen Verkaufspreis und Einstandspreis, bezogen auf den *Einstandspreis*. Die Formel dazu lautet:

$$Kalkulationsaufschlag = \frac{Verkaufspreis - Einstandspreis}{Einstandspreis}$$

Er gibt an, mit welchem Faktor man den Einkaufspreis multiplizieren muß, um zum Verkaufspreis zu kommen.

Tabelle E-28. Beispiel einer Maschinenstundensatzrechnung

	Grunddaten der Maschine	Einheit	Formel	Fräsmaschine 1	Fräsmaschine 2	Fräsmaschine 3
1	Anschaffungswert	DM		280000	420000	350000
2	Preisindex	(1 + %)		1,5	1,3	1,7
3	betriebliche Nutzungsdauer	Jahre		8	12	10
4	betriebliche Nutzungszeit	h/Jahr		1500	2500	2000
5	Raumbedarf	m²		5	5	5
6	elektrischer Anschlußwert	kW		3	7	5
7	Hilfs- und Betriebsstoffe	DM/Monat		300	200	300
8	Instandhaltung	%/Jahr		5,50%	3,20%	5,00%
9	Werkzeugkosten	DM/Monat		200	300	200
	Daten zur Berechnung					
10	Kalkulationssatz p	%		10%	10%	10%
11	Platzkosten (PK)	DM/(m² × Jahr)		22	22	22
12	Stromkosten (SK)	DM/kWh		0,19	0,19	0,19
	fixe Maschinenkosten					
13	kalkulatorische Abschreibung	DM/h	$(1) \times (2)/((3) \times (4))$	23,33	14,00	17,50
14	kalkulatorische Zinsen	DM/h	$0{,}5 \times (3) \times (10)/(100 \times (4))$	9,33	8,40	8,75
15	Raumkosten	DM/h	$(5) \times (11)/(4)$	0,07	0,04	0,06
	Maschinenstundensatz fix			32,74	22,44	26,31
	variable Maschinenkosten					
16	Fertigungslöhne	DM/h		45,00	45,00	45,00
17	Betriebskosten	DM/h	$12 \times (7)/(4)$	2,40	0,96	1,80
18	Werkzeugkosten	DM/h	$12 \times (9)/(4)$	1,60	0,96	1,20
19	Instandhaltung	DM/h	$(8) \times (1) \times (2)/(100 \times (4))$	15,40	6,99	14,88
20	Stromkosten	DM/h	$0{,}33 \times (6) \times (12)$	0,19	0,44	0,31
	Maschinenstundensatz variabel			64,59	54,35	63,19
	Maschinenstundensatz gesamt			97,33	76,79	89,49

Tabelle E-29. Schema der Handelskalkulation

	Einkauf der Ware
+	Bezugskosten
=	Einstandspreis
+	Handlungskosten (Betriebskosten)
=	Selbstkosten der Ware
+	Gewinn
=	Nettoverkaufspreis der Ware
+	Mehrwertsteuer
=	Bruttoverkaufspreis der Ware

Die Handelsspanne errechnet sich aus:

$$Handelsspanne\ in\ \% \ = \ \frac{Verkaufspreis - Einstandspreis}{Verkaufspreis} \times 100$$

Die Handelsspanne gibt an, wieviel Prozent vom Verkaufspreis abgezogen werden können, um zum Einkaufspreis zu gelangen.

E 4 Deckungsbeitragsrechnung

E 4.1 Wesen der Deckungsbeitragsrechnung

Der Nachteil einer Kalkulation auf Vollkostenbasis besteht in der *willkürlichen Zuordnung* der fixen Kosten auf die Leistungsträger, obwohl kein Zusammenhang zwischen den fixen Kosten der Betriebsbereitschaft und den Leistungen besteht. Um diesen Fehler zu vermeiden, wird eine *Teilkostenrechnung* gewählt, in der zwischen *variablen Kosten* (von der Leistung abhängig) und *fixen Kosten* (von der Leistung unabhängig) unterschieden wird. Eine besonders einfache und sehr aussagefähige Teilkostenrechnung ist die im folgenden vorgestellte *Deckungsbeitragsrechnung*. Der Deckungsbeitrag ist dabei, wie Bild E-10 zeigt, die Differenz zwischen Netto-Umsatz und variablen Kosten:

$$Deckungsbeitrag\ =\ Netto\text{-}Umsatz - variable\ Kosten$$

Der Deckungsbeitrag gibt also an, wieviele Finanzmittel in das Unternehmen gelangen, um die fixen Kosten zu *decken*. Wie Bild E-10 deutlich macht, läßt die Höhe des Deckungsbeitrages allein noch keine Aussage über den Gewinn oder Verlust von Sparten oder ganzen Unternehmungen zu. Erst wenn die zu deckenden fixen Kosten ebenfalls bekannt sind, ist diese Frage beantwortbar. Sind nämlich die Deckungsbeiträge höher als die zu deckenden fixen Kosten, dann entsteht ein Ertrag, im anderen Fall ein Verlust. Für den Ertrag E gilt also:

$$Ertrag\ E\ =\ Deckungsbeitrag - fixe\ Kosten$$

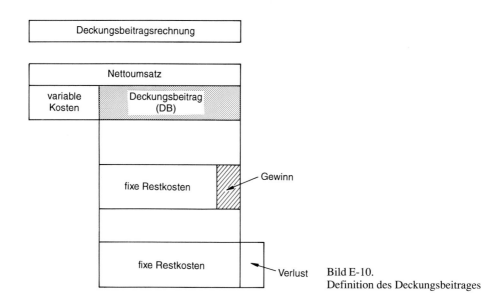

Bild E-10.
Definition des Deckungsbeitrages

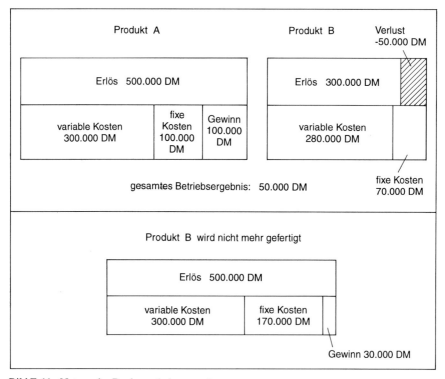

Bild E-11. Nutzen der Deckungsbeitragsrechnung

Bild E-11 zeigt den Vorteil der Deckungsbeitragsrechnung, weil bei einer Kalkulation mit Vollkosten falsche Sortimentsentscheidungen gefällt werden können. Im vorliegenden Beispiel werden zunächst die beiden Produkte A und B hergestellt. Beim Produkt A werden 500 000 DM erlöst. Nach Abzug der variablen und fixen Kosten bleibt ein Gewinn von 100 000 DM übrig. Das Produkt B erzielt einen Erlös von 300 000 DM. Nach Abzug der variablen und fixen Kosten entsteht ein Verlust von 50 000 DM. Insgesamt erzielt man mit beiden Produkten ein Betriebsergebnis in Höhe von 50 000 DM.

Wenn die Geschäftsleitung entscheidet, das verlustbringende Produkt B nicht mehr herzustellen, dann stellt sich die Situation folgendermaßen dar: Das Produkt A muß in diesem Fall alle Fixkosten, d.h. auch die Fixkosten des Produkts B in Höhe von 70 000 DM tragen. Damit liegt der gesamte Betriebsgewinn statt bei 50 000 DM nur bei 30 000 DM. Der Grund liegt darin, daß das Produkt B auch einen Deckungsbeitrag zur Deckung seiner eigenen Fixkosten in Höhe von 20 000 DM (300 000 DM – 280 000 DM = 20 000 DM) geleistet hätte. Dieser Deckungsbeitrag fehlt dem Unternehmen bei Nichtverkauf des Produktes B, so daß sein Gewinn um diese 20 000 DM von vorher 50 000 DM auf nunmehr 30 000 DM schmilzt.

Bild E-12 zeigt den Kostendurchlauf bei der Deckungsbeitragsrechnung. Im Gegensatz zur Vollkostenrechnung (Bild E-8) werden nur die *variablen Gemeinkosten* im BAB verrechnet und daraus Zuschlagssätze ermittelt. Die fixen Gemeinkosten hingegen werden nicht verrechnet, sondern vom Deckungsbeitrag abgezogen. Dadurch ergibt sich ein Gewinn bzw. ein Verlust.

Besonders aussagefähig können Deckungsbeiträge sein, die auf Sparten oder Produkte, auf Regionen oder auf Mitarbeiter bezogen werden.

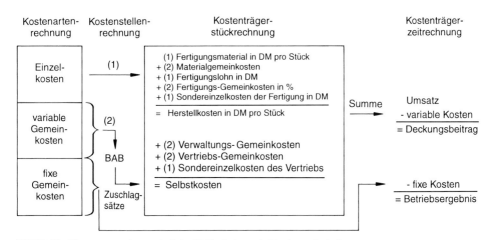

Bild E-12. Kostenverrechnung bei der Kalkulation mit Deckungsbeiträgen

E 4.2 Mehrstufige Deckungsbeitragsrechnung für Sparten bzw. Produkte

E 4.2.1 Schema

Die Gleichbehandlung aller Fixkosten, wie sie in der einfachen Deckungsbeitragsrechnung durchgeführt wird, führt dazu, daß wesentliche Informationen über die Kosten in der Abrechnung verlorengehen. Diese Nachteile vermeidet eine *mehrstufige Deckungsbeitragsrechnung*. Die fixen Kosten werden einzelnen Bereichen zugeordnet, so daß mehrere Deckungsbeiträge entstehen, wie Bild E-13 zeigt.

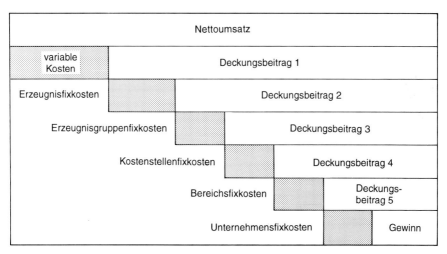

Bild E-13. Mehrstufige Deckungsbeitragsrechnung

Der Deckungsbeitrag einer Stufe liefert die Finanzmittel für die folgenden Stufen und ist damit ein Maßstab für den Erfolg in einer Stufe. Die einzelnen Deckungsbeiträge werden wie folgt errechnet:

Vom Netto-Umsatz werden die variablen Kosten abgezogen. Dann entsteht der *Deckungsbeitrag 1*.

Unter *Erzeugnisfixkosten* versteht man alle Fixkosten, die dem einzelnen Produkt zuzuordnen sind, z. B. Entwicklungskosten oder Werbekosten zur Produkteinführung. Werden diese vom Deckungsbeitrag 1 abgezogen, dann ergibt sich der *Deckungsbeitrag 2*. Er gibt an, wieviele Finanzmittel zur Deckung der Fixkosten für die restlichen Unternehmensbereiche zur Verfügung stehen.

Die *Erzeugnisgruppenfixkosten* umfassen alle fixen Kosten, die einer bestimmten Produktgruppe zugeordnet werden können. Dazu zählen beispielsweise Werbekosten für Produktgruppen oder Patente. Werden diese abgezogen, dann ergibt sich der *Deckungsbeitrag 3*.

Bei den *Kostenstellenfixkosten* fallen alle diejenigen Fixkosten an, die direkt und eindeutig einer Kostenstelle zugeordnet werden können, z. B. Meisterlohn für den Kostenstellenleiter oder kalkulatorische Abschreibungen und kalkulatorische Zinsen für die Maschinen. Werden diese berücksichtigt, dann ergibt sich der *Deckungsbeitrag 4*.

Die *Bereichsfixkosten* sind fixe Kosten eines ganzen Bereiches, z.B. eines Werkes oder der gesamten Fertigung. Durch Abzug dieser fixen Bereichskosten ergibt sich der *Deckungsbeitrag 5*.

Die *Unternehmensfixkosten* umfassen alle diejenigen Fixkosten, die nur dem Unternehmen insgesamt zugerechnet werden können. Dazu zählen beispielsweise die Gehälter der Direktoren oder der Lohn des Pförtners. Nach Abzug dieser Unternehmensfixkosten stellt sich ein Gewinn (bei einem positiven Ergebnis) oder ein Verlust (bei einem negativen Ergebnis) ein.

E 4.2.2 Beispiel

Für ein produzierendes Unternehmen mit den drei Sparten: Fräsmaschinen, Drehmaschinen und Schleifmaschinen wird eine mehrstufige Deckungsbeitragsrechnung durchgeführt, wie sie schematisch in Bild E-14 zu sehen ist. In Tabelle E-30 ist ein Beispiel ausführlich durchgerechnet.

Folgende Positionen sind erwähnenswert:

1. Spartenumsatz

2. Wareneinsatz

3. Deckungsbeitrag 1
Pro Sparte wird vom Nettoumsatz der Wareneinsatz abgezogen. Daraus ergibt sich der Deckungsbeitrag 1. Er dient zur Deckung aller andere Kosten, mit Ausnahme des Wareneinsatzes.

4. Fremdleistungen
Dazu gehören alle Kosten, die für Leistungen Dritter aufgebracht werden müssen. Dazu zählen beispielsweise Schweißarbeiten für die Maschinen, die als Lohnauftrag an Fremdfirmen vergeben werden.

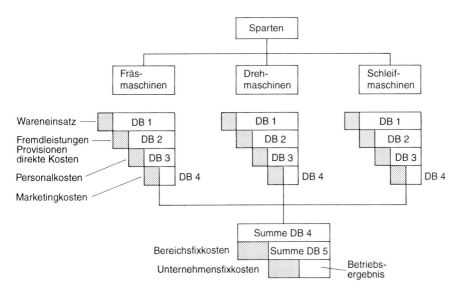

Bild E-14. Schema zum Beispiel für eine mehrstufige Deckungsbeitragsrechnung. DB = Deckungsbeitrag

143

Tabelle E-30. Kosten- und Ergebnisplan

Kosten- und Ergebnisplan		Nettoumsatz DM
Summe Fräsmaschine		3 390 000
Summe Drehmaschine		6 930 000
Summe Schleifmaschine		3 000 000
Summe Umsatz gesamt		13 320 000
direkte Kosten des Umsatzes		
Wareneinsatz		
Wareneinsatz Fräsmaschine		780 000
Wareneinsatz Drehmaschine		1 500 500
Wareneinsatz Schleifmaschine		680 000
Summe Wareneinsatz		2 960 500
Deckungsbeitrag 1 Fräsmaschine		2 610 000
Deckungsbeitrag 1 Drehmaschine		5 429 500
Deckungsbeitrag 1 Schleifmaschine		2 320 000
Summe Deckungsbeitrag 1		10 359 500
Fremdleistungen Fräsmaschine		78 000
Fremdleistungen Drehmaschine		230 700
Fremdleistungen Schleifmaschine		71 500
Summe Fremdleistungen		380 200
Provisionen Fräsmaschine		169 500
Provisionen Drehmaschine		554 400
Provisionen Schleifmaschine		150 000
Summe Provisionen		873 900
direkte Kosten Fräsmaschine		247 500
direkte Kosten Drehmaschine		785 100
direkte Kosten Schleifmaschine		221 500
Summe direkte Kosten		1 254 100
Deckungsbeitrag 2 Fräsmaschine		2 362 500
Deckungsbeitrag 2 Fräsmaschine in Prozent	69,69 %	
Deckungsbeitrag 2 Drehmaschine		4 644 400
Deckungsbeitrag 2 Drehmaschine in Prozent	67,02 %	
Deckungsbeitrag 2 Schleifmaschine		2 098 500
Deckungsbeitrag 2 Schleifmaschine in Prozent	69,95 %	
Summe Deckungsbeitrag 2		9 105 400
Summe Deckungsbeitrag 2 in Prozent	68,36 %	

Tabelle E-30 (Fortsetzung)

Kosten- und Ergebnisplan		Nettoumsatz DM
Betriebskosten		
Personalkosten Fräsmaschine		678 000
Personalkosten Drehmaschine		2 079 000
Personalkosten Schleifmaschine		170 000
Sume Personalkosten		2 927 000
Deckungsbeitrag 3 Fräsmaschine		1 684 500
Deckungsbeitrag 3 Drehmaschine		2 565 400
Deckungsbeitrag 3 Schleifmaschine		1 928 500
Summe Deckungsbeitrag 3		6 178 400
Summe Deckungsbeitrag 3 in Prozent	46,38 %	
Marketingkosten		
Marketing Fräsmaschine		421 200
Marketing Drehmaschine		843 000
Marketing Schleifmaschine		360 000
Summe Marketing		1 264 200
Deckungsbeitrag 4 Hardware		1 263 300
Deckungsbeitrag 4 Software		1 722 400
Deckungsbeitrag 4 Dienstleistungen		1 568 500
Summe Deckungsbeitrag 4		4 554 200
Summe Deckungsbeitrag 4 in Prozent	34,19 %	
Weitere Kosten		
Leistungen Dritter		230 000
Mietkosten		780 000
Investitionen		860 000
Kommunikationen		560 000
Reisekosten		280 000
Zinsen und Versicherungen		180 000
Rechtsberatung		70 000
Summe kalkulatorische Abschreibungen		186 250
Summe weiterer Kosten		3 146 250
Summe Deckungsbeitrag 5		1 407 950
Summe Deckungsbeitrag 5 in Prozent	10,57 %	
Personalkosten Verwaltung		450 000
Geschäftsleitung		760 000
Summe Verwaltung und Geschäftsleitung		1 210 000
Summe Betriebskosten		8 547 450
Betriebsergebnis vor Steuern		555 950
Betriebsergebnis vor Steuern in Prozent	4,19 %	

5. Provisionen

Hier werden die Verkaufsprovisionen berücksichtigt. Es ist darauf zu achten, daß diese nicht noch einmal als Personalkosten verrechnet werden. An Provisionen werden gewährt:

- Auf Fräsmaschinen 5% vom Nettoumsatz,
- auf Drehmaschinen 8% vom Nettoumsatz,
- auf Schleifmaschinen 5% vom Nettoumsatz.

6. Direkte Kosten

Die Kosten für Fremdleistungen und Provisionen können den Sparten direkt zugeordnet werden, d. h. es sind *direkte Kosten des Umsatzes.*

7. Deckungsbeitrag 2 (absolut und prozentual)

Der Deckungsbeitrag 2 deckt die restlichen Betriebskosten und ist die Differenz aus dem Deckungsbeitrag 1 und den direkten Kosten:

Deckungsbeitrag 2 = Deckungsbeitrag 1 – direkte Kosten

8. Personalkosten

Diese verteilen sich folgendermaßen:

- Fräsmaschinen: 20% vom Nettoumsatz,
- Drehmaschinen: 30% vom Nettoumsatz,
- Schleifmaschinen: 25% vom Nettoumsatz.

9. Deckungsbeitrag 3 (absolut und prozentual)

Er ergibt sich als Differenz aus dem Deckungsbeitrag 2 und den Personalkosten.

Deckungsbeitrag 3 = Deckungsbeitrag 2 – Personalkosten

Der Deckungsbeitrag 3 deckt alle Fixkosten ab, die außer Wareneinsatz, Fremdleistungen, Provisionen und Personalkosten noch vorhanden sind. Es sind im Durchschnitt 46,38% des Umsatzes.

10. Marketingkosten

Für jede Sparte werden die anteiligen Messekosten von je 150000 DM hinzuaddiert. Die übrigen Marketingkosten wurden folgendermaßen festgelegt:

- Fräsmaschinen: 8% vom Nettoumsatz,
- Drehmaschinen: 10% vom Nettoumsatz,
- Schleifmaschinen: 7% vom Nettoumsatz.

11. Deckungsbeitrag 4 (absolut und prozentual)

Werden vom Deckungsbeitrag 3 die Marketingkosten abgezogen, dann ergibt sich der Deckungsbeitrag 4.

Deckungsbeitrag 4 = Deckungsbeitrag 3 – Marketingkosten

Mit dem Deckungsbeitrag 4 werden alle fixen Kosten, die nicht von den Sparten verursacht werden, gedeckt.

12. Weitere Kosten

Die weiteren Kosten können nicht mehr spartenweise zugeordnet werden.

13. Deckungsbeitrag 5 (absolut und prozentual)

Der Deckungsbeitrag 5 deckt die Personalkosten der Verwaltung und der Geschäftsleitung.

$$Deckungsbeitrag\,5 = Deckungsbeitrag\,3 \;-\,weitere\;Kosten$$

14. Personalkosten der Verwaltung und Geschäftsleitung

Alle Kosten ergeben zusammen die Betriebskosten. Das Betriebsergebnis resultiert aus der Differenz zwischen Nettoumsatz und sämtlichen fixen Kosten. Im vorliegenden Beispiel ist das Betriebsergebnis 557950 DM.

E 4.3 Kunden-Deckungsbeitragsrechnung

Die Kunden-Deckungsbeitragrechnungs zeigt auf, welche Deckungsbeiträge die einzelnen Kunden bzw. Branchen in das Unternehmen fließen lassen.

Der Deckungsbeitrag 1 errechnet sich aus der Differenz zwischen Nettoumsatz und Wareneinsatz.

$$Deckungsbeitrag\,1 = Nettoumsatz - Wareneinsatz$$

Vom Deckungsbeitrag 1 werden die Kosten für das *Direct Marketing* abgezogen. Daraus ergibt sich der Deckungsbeitrag 2. Folgende Direct Marketing Aktionen fanden statt, und zwar: Telefon-Marketing, Werbebriefe mit Antwortkarten und Anzeigen in Fachzeitschriften.

$$Deckungsbeitrag\,2 = Deckungsbeitrag\,1 - Kosten\,f\ddot{u}r\,Direct\,Marketing$$

Besonders kostenintensiv sind *Firmenbesuche und Vorführungen* der Software. Werden diese Kosten berücksichtigt, so ergibt sich der Deckungsbeitrag 3.

$$Deckungsbeitrag\,3 = Deckungsbeitrag\,2 - Kosten\,f\ddot{u}r\,Firmenbesuche\,und\,Vorf\ddot{u}hrungen$$

Die Kosten für die *individuelle Auslegung und Anpassung der Maschine* werden vom Deckungsbeitrag 3 abgezogen, und es ergibt sich der Deckungsbeitrag 4.

$$Deckungsbeitrag\,4 = Deckungsbeitrag\,3 - individuelle\,Auslegung\,und\,Anpassung\,der\,Maschine$$

Berücksichtigt man die Kosten für die *Installation und den Testlauf vor Ort,* so erhält man den Deckungsbeitrag 5.

$$Deckungsbeitrag\,5 = Deckungsbeitrag\,4 - Installation\,und\,Testlauf\,vor\,Ort$$

Zum Schluß werden noch die Kosten für *Service und Wartung* abgezogen. Das Ergebnis ist der Deckungsbeitrag 6.

$$Deckungsbeitrag\,6 = Deckungsbeitrag\,5 - Kosten\,f\ddot{u}r\,Service\,und\,Wartung$$

Die Kunden-Deckungsbeitragsrechnung für fünf Branchen zeigt Tabelle E-31.

Tabelle E-31. Mehrstufige Kunden-Deckungsbeitragsrechnung für die Produktsparte Software

	Gesamt	Werkzeug-maschinen	Pumpen	Verpackungs-maschinen	Textil-maschinen	Antriebs-technik
Nettoumsatz	6.930.000	1.732.500	1.247.400	1.524.600	1.732.500	693.000
Wareneinsatz	2.494.800	623.700	374.220	589.050	658.350	249.480
Deckungsbeitrag 1	4.435.200	1.108.800	873.180	935.550	1.074.150	443.520
Deckungsbeitrag 1 / Umsatz	64,00%	64,00%	70,00%	61,36%	62,00%	64,00%
Kosten für Direct Marketing	414.414	103.950	124.740	60.984	69.300	55.440
Deckungsbeitrag 2	4.020.786	1.004.850	748.440	874.566	1.004.850	388.080
Deckungsbeitrag 2 / Umsatz	58,02%	58,00%	60,00%	57,36%	58,00%	56,00%
Kosten für Firmenbesuche und Vorführungen	970.200	346.500	99.792	198.198	173.250	152.460
Deckungsbeitrag 3	3.050.586	658.350	648.648	676.368	831.600	235.620
Deckungsbeitrag 3 / Umsatz	44,02%	38,00%	52,00%	44,36%	48,00%	34,00%
individuelle Auslegung und Anpassung der Maschine	1.428.966	485.100	149.688	274.428	346.500	173.250
Deckungsbeitrag 4	1.621.620	173.250	498.960	401.940	485.100	62.370
Deckungsbeitrag 4 / Umsatz	23,40%	10,00%	40,00%	26,36%	28,00%	0,00%
Installation und Testlauf vor Ort	321.552	69.300	37.422	76.230	69.300	69.300
Deckungsbeitrag 5	1.300.068	103.950	461.538	325.710	415.800	-6.930
Deckungsbeitrag 5 / Umsatz	18,76%	6,00%	37,00%	21,36%	24,00%	-1,00%
Service und Wartung	158.004	34.650	37.422	30.492	34.650	20.790
Deckungsbeitrag 6	1.142.064	69.300	424.116	295.218	381.150	-27.720
Deckungsbeitrag 6 / Umsatz	16,48%	4,00%	34,00%	19,36%	22,00%	-4,00%

E 4.4 Kalkulation mit Deckungsbeiträgen

Mit diesen Kalkulationen werden die erforderlichen Deckungsbeiträge erzielt. Dazu sind die Zahlen aus der Vollkostenrechnung notwendig (BAB nach Abschn. E 2.6, Tabelle E-19). Ferner ist es erforderlich, daß die variablen Kosten von den fixen Kosten getrennt sind. In den folgenden zwei Abschnitten wird mit den Zahlen aus der Kostenrechnung gearbeitet und daraus die Kalkulation abgeleitet. Den vorhandenen Fixkosten werden die zu erzielenden Deckungsbeiträge gegenübergestellt.

E 4.4.1 Kalkulation bei fehlendem preislichen Spielraum

Werden die Preise durch den Markt vorgegeben, dann ist für das Unternehmen kein preislicher Spielraum vorhanden, um die Kosten des Unternehmens durch entsprechende Preise decken zu können. Das Unternehmen muß den Marktpreis akzeptieren. Werden vom Marktpreis die Erlösschmälerungen, die variablen Kosten und die Fixkosten abgezogen, dann bleibt ein Deckungsbeitrag übrig, der zur Deckung der restlichen Fixkosten des Unternehmens dient (Bild E-15).

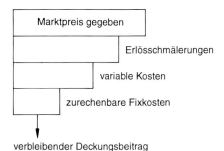

Bild E-15. Kalkulationsschema bei fehlendem preislichen Spielraum

In Tabelle E-32 wird die Kalkulation für ein Fertigungsunternehmen durchgeführt. Grundlage ist die Zuschlagskalkulation nach Tabelle E-23 (Abschn. E 3.3).

Wie Tabelle E-32 zeigt, wird nach Abzug der Erlösschmälerungen, der variablen Kosten im Material- und Fertigungs- sowie im Vertriebsbereich und der zurechenbaren Fixkosten ein verbleibender Deckungsbeitrag in Höhe von 65 625 DM errechnet. Er dient dazu, die restlichen Fixkosten des Unternehmens zu decken.

Im vorliegenden Fall kann die *Preisuntergrenze* ermittelt werden, bei der gerade noch die anteiligen Fixkosten gedeckt sind. Der verbleibende Deckungsbeitrag ist gleich null (bei einem Brutto-Erlös von 250476 DM, weil keine Deckungsbeiträge für die restlichen Fixkosten des Unternehmens zur Verfügung stehen.

E 4.4.2 Kalkulation bei vorhandenem preislichen Spielraum

Bei vorhandenem Preisspielraum ist es möglich, die internen Kosten des Unternehmens zu verrechnen und somit in der Kalkulation zu berücksichtigen (Bild E 16).

Zunächst ermittelt man die variablen Kosten und anschließend die fixen Kosten. Beides zusammen ergibt den *Soll-Deckungsbeitrag*. Das ist der Deckungsbeitrag, der in das Unternehmen fließen muß, wenn die Fixkosten gedeckt werden sollen.

149

Tabelle E-32. Kalkulation mit Deckungsbeiträgen bei fehlendem preislichen Spielraum für ein Fertigungsunternehmen

1	Bruttoerlös 1		340 000 DM
2	Rabatt		40 800 DM
3	Skonto		5 984 DM
4	Bruttoerlös 2		293 216 DM
5	Umsatzsteuer		43 982 DM
6	Nettoerlös		249 234 DM
7	Material		120 000 DM
8	Fertigungslöhne	124 h	16 740 DM
9	Sonderkosten der Fertigung		5 600 DM
10	Sonderkosten Vertrieb		4 300 DM
11	Summe variabler Kosten		146 640 DM
12	Deckungsbeitrag 1		102 594 DM
13	Material-Gemeinkosten		6 000 DM
14	Fertigungs-Gemeinkosten		30 969 DM
15	Summe zurechenbarer Fixkosten		36 969 DM
16	verbleibender Deckungsbeitrag		65 625 DM

Material-Gemeinkosten	5 %
Stundensatz Fertigung	135 DM/h
Fertigungs-Gemeinkosten	185 %
Skonto	2 %
Rabatt	12 %
Umsatzsteuer	15 %

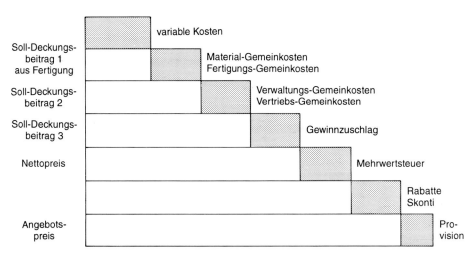

Bild E-16. Schema einer Deckungsbeitragskalkulation bei vorhandenem preislichen Spielraum. DB = Deckungsbeitrag

Tabelle E-33. Faktoren zur Kalkulation bei vorhandenem Preisspielraum

Berechnete Größen	Beispiel DM	Formel
Soll-Deckungsbeitrag (SDB)	100,00	
Mehrwertsteuer (m = 0,15)	15,00	$SDB \cdot m$
Rabatt (r = 0,10)	11,50	$SDB \cdot (1 + m) \cdot r$
Skonto (s = 2%)	2,07	$SDB \cdot (1 + m) \cdot (1 - r) \cdot s$
Angebotspreis A	101,43	
Provision (p = 9%)	111,46	$A / (1 - p)$

Zu diesem Soll-Deckungsbeitrag sind jetzt die Mehrwertsteuer, der Rabatt und das Skonto hinzuzuzählen, um den Angebotspreis (ohne Provision) zu erhalten. In Tabelle E-33 sind die Berechnungen allgemein und an einem Beispiel zusammengestellt.

In Tabelle E-34 ist die Berechnung für das Fertigungsunternehmen analog der Zuschlagskalkulation nach Tabelle E-24 (Abschn. E 3.3) durchgeführt.

Zuerst werden die variablen Kosten des Materials und der Fertigung zusammengestellt. Die Kalkulation wird dabei in drei Stufen für den Deckungsbeitrag durchgeführt:

Soll-Deckungsbeitrag 1
Er deckt die zurechenbaren fixen Kosten aus dem Material- und Fertigungsbereich.

Soll-Deckungsbeitrag 2
Mit ihm werden die zurechenbaren fixen Kosten im Bereich der Verwaltung und des Vertriebs gedeckt.

Soll-Deckungsbeitrag 3
Dieser berücksichtigt die Soll-Deckungsbeiträge 1, 2 und einen zusätzlichen Gewinnzuschlag.

Anschließend werden die Beträge für die Mehrwertsteuer, die Rabatte und Skonti sowie für die Provisionen hinzuaddiert, so daß sich ein Mindest-Angebotspreis ergibt.

E 4.4.3 Kalkulation mit Soll-Deckungsbeitrags-Faktoren

Ziel dieser Kalkulation ist es, den Materialpreis mit einem Faktor zu multiplizieren, damit der gewünschte Endpreis entsteht. Die Faktoren werden dabei nach folgender Formel berechnet:

$$Faktor = \frac{1}{(1 - Fixkosten / Umsatz)}$$

Auch hier werden, wie Tabelle E-35 am Beispiel des Verkaufs von Fräsmaschinen zeigt, drei Faktoren für die Berücksichtigung unterschiedlicher Fixkosten errechnet:

Berücksichtigung der zurechenbaren Fixkosten 1
Hier werden die direkt zurechenbaren Fixkosten berücksichtigt; es sind dies 19,45% vom Umsatz.

Berücksichtigung der Restfixkosten 2 als Anteil am Umsatz
Da der Hardware-Bereich 30% des Umsatzes beträgt, werden 30% der Restfixkosten ver-

Tabelle E-34. Kalkulation mit Deckungsbeiträgen bei vorhandenem Preisspielraum für ein Fertigungsunternehmen

1	Material		120 000 DM
2	Fertigungslöhne	124 h	16 740 DM
3	Sonderkosten der Fertigung		5 600 DM
4	Sonderkosten Vertrieb		4 300 DM
5	Summe variabler Kosten		146 640 DM
6	Material-Gemeinkosten		6 000 DM
7	Fertigungs-Gemeinkosten		30 969 DM
8	Soll-Deckungsbeitrag 1 aus Fertigung		36 969 DM
9	Verwaltungs-Gemeinkosten		9 180 DM
10	Vertriebs-Gemeinkosten		22 033 DM
11	Soll-Deckungsbeitrag für Verwaltung und Vertrieb		31 214 DM
12	Soll-Deckungsbeitrag 2		68 183 DM
13	Gewinnzuschlag		21 482 DM
14	Soll-Deckungsbeitrag 3		89 665 DM
15	Summe variabler Kosten und Soll-Deckungsbeitrag 3		236 305 DM
16	Mehrwertsteuer		35 446 DM
17	Bruttoerlös		271 751 DM
18	Rabatt		28 357 DM
19	Skonto		6 238 DM
20	Summe Erlösschmälerungen		34 595 DM
21	Angebotspreis ohne Provision		306 346 DM
22	Mindest-Angebotspreis mit Provision		336 643 DM

Material-Gemeinkosten		5 %
Stundensatz Fertigung		135 DM/h
Fertigungs-Gemeinkosten		185 %
Verwaltungs-Gemeinkosten		5 %
Vertriebs-Gemeinkosten		12 %
Gewinnzuschlag		10 %
Skonto		3 %
Rabatt		12 %
Umsatzsteuer		15 %
Provision		9 %

rechnet. Sie werden zu den direkt zurechenbaren Fixkosten addiert. Im Beispiel sind es 27,87% vom Umsatz.

Berücksichigung eines Gewinnbeitrags G/U
Zusätzlich zu den Fixkosten und den anteiligen Fixkosten soll noch ein Gewinnbeitrag erwirtschaftet werden. Er beträgt für das Beispiel 8%. Dann ergibt sich insgesamt ein Soll-Deckungsbeitrag/Umsatz von 35,87%.

Nach der obigen Formel werden die entsprechenden Faktoren errechnet, mit denen der Wareneinsatz multipliziert werden muß, um denjenigen Angebotspreis zu errechnen, der die gewünschten Fixkosten deckt.

In Tabelle E-35 wird als Beipiel ein Rechnersystem mit einem Wareneinkaufswert von 780 000 DM gerechnet. Es ist deutlich zu sehen, wie unterschiedlich die Brutto-Preise sind.

Tabelle E-35. Kalkulation mit Soll-Deckungsbeitragsfaktoren

1	Nettoumsatz Fräsmaschinen		339000 DM
2	zurechenbare Fixkosten 1		659312 DM
3	Fixkosten 1 / Umsatz	19,45%	
4	anteilige Fixkosten 2 (30% · weitere Kosten)		285600 DM
5	Fixkosten 2 / Umsatz	8,42%	
6	Summe Fixkosten 1 und 2		944912 DM
7	(Fixkosten 1 und 2) / Umsatz	27,87%	
8	Gewinnzuschlag / Umsatz (% v. Umsatz)	8,00%	
9	Fixkosten 1 und 2) / Umsatz + Gewinn/Umsatz	35,87%	
	Umsatzanteil	30,00%	
	Gewinnzuschlag	8,00%	
	Mehrwertsteuer	15,00%	
	Wareneinsatz		780000 DM
	Mindest-Netto-Umsatz 1		968327 DM
	Mehrwertsteuer		145249 DM
	Mindest-Brutto-Umsatz 1		1113577 DM
	Faktor 1	1,24	
	Wareneinsatz		780000 DM
	Mindest-Netto-Umsatz 2		1081433 DM
	Mehrwertsteuer		162215 DM
	Mindest-Brutto-Umsatz 2		1243648 DM
	Faktor 2	1,39	
	Wareneinsatz		780000 DM
	Mindest-Netto-Umsatz 3		1216346 DM
	Mehrwertsteuer		182452 DM
	Mindest-Brutto-Umsatz 3		1398798 DM
	Faktor 3	1,56	

E 5 Sonstige Verfahren

E 5.1 Gewinnschwellen-Analyse (Break-Even-Punkt)

Die *Gewinnschwelle* oder der *Break-Even-Punkt* ist erreicht, wenn *Umsatz* und *Kosten* gleich groß sind. In der grafischen Darstellung des *Break-Even-Diagramms* werden in der senkrechten Achse immer die Umsätze und Kosten aufgetragen und in der waagrechten Achse produktspezifische Kennzahlen, meist Umsatz oder Stückzahlen. Voraussetzung ist, daß die Gesamtkosten in fixe und variable Anteile aufgeteilt werden können.

Bild E-17 zeigt eine Umsatz-Break-Even-Analyse. Bei geringen Umsätzen überwiegen die Gesamtkosten, so daß ein Verlust entsteht. Wenn die Gesamtkostenkurve die Umsatzgerade schneidet, dann ist die Gewinnschwelle (Break-Even-Punkt) erreicht. Bei höheren Umsätzen gerät man in die Gewinnzone. In Bild E-17 ist der Deckungsbeitragsverlauf (schraffiert). Er ist die Fläche zwischen der Umsatzgerade und der Gerade, die die variablen Kosten beschreibt.

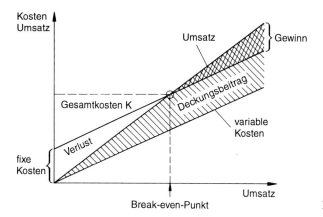

Bild E-17. Break-Even-Analyse.

Im folgenden werden die Break-Even-Punkte (als Mindestumsatz bzw. Mindeststückzahl) für ein Produkt aufgeführt. Diese Darstellung kann man für das gesamte Unternehmen, Sparten und andere Produkt-/Marktsegmente (z. B. strategische Geschäftseinheiten nach Abschn. H 2, Bild H 9) heranziehen.

E 5.1.1 Break-Even-Umsatz-Diagramm (Mindestumsatz)

Am Beispiel des Unternehmens, das im BAB in Tabelle E-19 dargestellt ist, wird das Vorgehen erläutert:

1. Schritt: Einzeichnen der Umsatzkurve

Sie entspricht der 45°-Linie, da sowohl auf der senkrechten als auch auf der waagerechten Achse der Umsatz aufgetragen wird.

2. Schritt: Einzeichnen des Umsatzwertes

Der Umsatzwert in Höhe von 13320000 DM wird als Punkt P_1 in die Umsatzkurve eingezeichnet.

3. Schritt: Kurve der variablen Kosten

Auf der waagerechten Achse wird der Umsatz (13320000 DM) eingezeichnet und auf der senkrechten Achse die variablen Kosten (4262000 DM). Das ergibt den Punkt P_2.

4. Schritt: Waagerechte Linie für die fixen Kosten

Die fixen Kosten betragen 7975050 DM. Sie werden in der senkrechten Achse als waagerechte Linie eingezeichnet, da sie unabhängig vom Umsatz anfallen (waagerechte gestrichelte Linie durch Punkt P_3).

5. Schritt: Einzeichnen der Gesamtkostenkurve

Die Gesamtkosten sind die Summe aus den fixen und variablen Kosten. Deshalb beginnt die Gesamtkostenkurve am Punkt P_3 mit der Steigung der variablen Kosten (Parallele zum Verlauf der variablen Kosten durch den Punkt P_3).

6. Schritt: Ermitteln des Break-Even-Punktes

Der Punkt, an dem die Umsatzkurve die Gesamtkostenkurve schneidet, ist der Break-Even-Punkt. Er beträgt im Beispiel 11500000 DM.

154

7. Schritt: Ermitteln des Gewinns bzw. des Verlusts

Der Gewinn bzw. der Verlust ist der Betrag, der beim entsprechenden Umsatz über bzw. unter der Gesamtkostenkurve liegt. Im Beispiel beträgt der Gewinn 1 082 920 DM. Bild E-18 zeigt das Ergebnis.

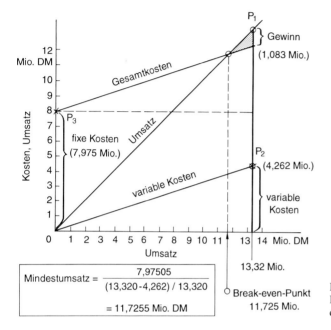

$$\text{Mindestumsatz} = \frac{7,97505}{(13,320 - 4,262) / 13,320}$$
$$= 11,7255 \text{ Mio. DM}$$

13,32 Mio.

Break-even-Punkt
11,725 Mio.

Bild E-18.
Break-Even-Diagramm für
das Beispiel

Die Berechnung des Break-Even-Punktes, d.h. des Mindestumsatzes, ergibt sich aus folgender Gleichung:

$$Mindestumsatz \; = \; \frac{fixe \; Kosten}{(Deckungsbeitrag / Umsatz)}$$

$$= \; \frac{fixe \; Kosten}{(Umsatz \; - \; variable \; Kosten)} \times Umsatz$$

Mit den Werten des Beispiels errechnet man den Mindestumsatz zu:

$$\text{Mindestumsatz} \; = \; \frac{7\,975\,050 \times 13\,320\,000}{(13\,32\,000 - 4\,262\,000)} = 11\,725\,500 \text{ DM}$$

Die Zusammenhänge können sehr übersichtlich in einem *Umsatz-Ertragsdiagramm* sichtbar gemacht werden, wie Bild E-19 zeigt. Es werden in der waagerechten Achse die Umsätze und in der senkrechten Achse nach oben der Ertrag und nach unten der Verlust eingezeichnet. Um die Break-Even-Gerade einzeichnen zu können, müssen nur zwei Punkte vorhanden sein. Dies sind:

Fixe Kosten

Wenn kein Umsatz getätigt wird, sind alle fixen Kosten Verlust. Dies ist Punkt P_1 mit den Koordinaten des Beispiels P_1 (0/–7,075 Mio DM).

Getätigter Umsatz und erwirtschafteter Ertrag

Ist der Umsatz und der erwirtschaftete Ertrag bekannt, dann läßt sich der Punkt P_2 konstruieren. Er ist im vorliegenden Beispiel P_2 (13,320 Mio DM/1,083 Mio DM).

Durch Verbinden der beiden Punkte P_1 und P_2 entsteht die Ertragsgerade, welche die Gewinnschwelle beim Mindestumsatz schneidet. Er beträgt, wie bereits bekannt, 11,725 Mio DM.

Zur analytischen Bestimmung kann obige Formel herangezogen werden. Die gleichen Zusammenhänge lassen sich aber auch durch die Ertragsgeraden verstehen. Die Ertragsgerade E lautet:

$$E = \frac{Deckungsbeitrag}{Umsatz} \times x - K_{fix}$$

Die Steigung der Geraden ist der Deckungsbeitrag/Umsatz, x ist die Variable des Umsatzes und K_{fix} sind die fixen Kosten. Der Break-Even-Punkt ist erreicht, wenn E = 0 ist, d.h. wenn gerade kein Ertrag erwirtschaftet wird. Dann errechnet sich der gesuchte Mindestumsatz $x = U_{mind}$ zu:

$$U_{mind} = \frac{K_{fix}}{Deckungsbeitrag} \times Umsatz$$

Dies ist genau dieselbe Gleichung wie oben.

Mit dieser Darstellung können folgende Möglichkeiten durchgespielt werden (Bild E-19):

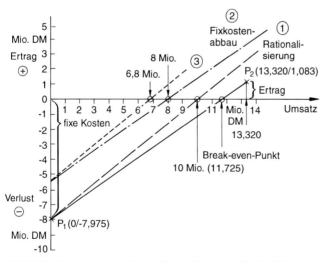

Bild E-19. Umsatz-Ertrags-Break-Even-Diagramm für das Beispiel

156

Maßnahmen zur Erhöhung des Deckungsbeitrags (Rationalisierung oder günstigerer Einkauf)

Durch Erhöhung des Deckungsbeitrags wird (bei gleichen Fixkosten) die Steigung der Ertragsgeraden größer. Deshalb verschiebt sich der Break-Even-Umsatz auf 10 Mio DM (Variante 1 in Bild E-19). Maßnahmen zur Erhöhung des Deckungsbeitrags sind im wesentlichen kostengünstigerer Einkauf, Rationalsierungsmaßnahmen (Senkung der Fertigungskosten, ohne die Fixkosten zu erhöhen) oder Preiserhöhungen.

Maßnahmen zur Senkung der fixen Kosten (z. B. Personalabbau)

Bei einem Umsatzrückgang auf 8 Mio DM muß ein Abbau der fixen Kosten (z. B. Personalkosten oder EDV-Kosten durch Auslagerung (Outsourcing)) auf 5,4 Mio DM erfolgen, um nicht in die Verlustzone zu geraten (Variante 2 in Bild E-19).

Werden beide Maßnahmen: Erhöhung des Deckungsbeitrags und Senkung der Fixkosten gleichzeitig verwirklicht, dann ist sogar ein Umsatzrückgang auf 6,8 Mio DM denkbar, ohne daß ein Verlust eintritt (Variante 3 in Bild E-19).

Wie Bild E-19 zeigt, verbessern Maßnahmen zur *Verringerung der Fixkosten* wesentlich deutlicher das Ergebnis als die Erhöhung des Deckungsbeitrags. Ferner sind der Erhöhung des Deckungsbeitrags meist bald Grenzen gesetzt (keine Erhöhung der Marktpreise, Ausschöpfung der Rationalisierungs- und der Einkaufsmöglichkeiten). In diesen Fällen kommt bei Umsatzrückgängen nur eine Senkung der Fixkosten in Betracht, was häufig gleichzusetzen ist mit Abbau von nicht produktiv tätigem Personal.

E 5.1.2 Break-Even-Stückzahldiagramm (Mindeststückzahl)

Die waagrechte Achse zeigt die Stückzahl. Im vorliegenden Beispiel wurden 592 Maschinen zum Stückpreis von 22 500 DM verkauft. Die Konstruktion des Break-Even-Stückzahldiagramms erfolgt entsprechend den obigen Ausführungen. Wie Bild E-20 zeigt, liegt die Mindeststückzahl bei 521 Stück.

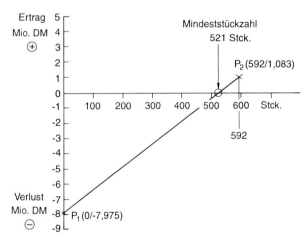

Bild E-20. Break-Even-Stückzahldiagramm

Die entsprechende Gleichung lautet:

$$Mindeststückzahl = \frac{fixe\ Kosten}{Deckungsbeitrag} \times Stückzahl$$

Mit den Werten des Beispiels ergibt sich für die Mindeststückzahl:

$$Mindeststückzahl = \frac{7\,975,05}{(13\,320 - 4\,262)} \times 592 = 521\ Stück$$

E 5.2 Zielkostenmanagement (Target Costing)

E 5.2.1 Wesen des Zielkostenmanagements

Beim Zielkostenmanagement handelt es sich um einen umfassenden Prozeß der *marktorientierten* Kostenplanung, -steuerung und -kontrolle. Ausgangspunkt sind die vom Markt bzw. vom Kunden geforderten oder gewünschten Produktmerkmale. Durch Marktanalyse wird der *Verkaufspreis* gefunden, der Gewinn abgezogen und daraus die Zielkosten ermittelt:

Zielkosten = Verkaufspreis – Gewinn.

Das Wesentliche am Zielkostenmanagement sind folgende Eigenschaften; und zwar:

- *konsequente Marktorientierung,* die
- Betonung der *frühen Phasen der Produktentstehung,* die
- Kostenplanung nach *Produktfunktionen* (wertanalytischer Ansatz nach Abschn. M) und die
- Einbeziehung von *Änderungen der Technologien und Marktstrukturen.*

E 5.2.2 Vorgehensweise

Beim Zielkosten-Management geht man in folgenden Stufen vor (Bild E-21):

1. Strategische Planung

Ausgehend von der *Strategischen Planung* (Abschn. H 1) werden die strategischen Geschäftseinheiten (SGE oder Sparten) gebildet. Sie gibt diejenigen Produkt-Markt-Bereiche an, in denen das Unternehmen tätig sein will. Hier werden die *Zielmärkte* und die *Zielkunden* festgelegt.

2. Verkaufsplanung

Es werden für die definierten *Zielmärkte* marktspezifisch die Produktfunktionen festgelegt. Anschließend ermittelt man (meist durch eine Marktuntersuchung) die *Funktionswerte,* d.h. den Marktpreis der einzelnen Funktionen. Daraus lassen sich dann einzelne Funktionen budgetieren.

3. Stückzahlen für die Märkte festlegen

4. Verkaufspreise in den Märkten ermitteln

5. Festlegen der Zielkosten

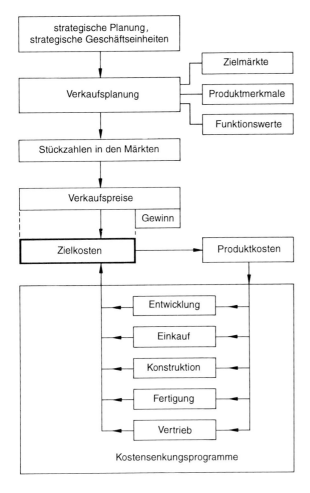

Bild E-21. Vorgehensweise beim Zielkostenmanagement

Aus den Verkaufspreisen abzüglich des Gewinns ergeben sich die Zielkosten. Die Zielkosten sind anschließend auf die Teile des Produkts verteilen. Dies kann in zweierlei Weise geschehen:

Komponentenmethode
Bei ihr werden die Zielkosten für Komponenten, Baugruppen und Teile festgelegt. Diese Methode eignet sich gut für neue Produkte, die sich im Aufbau bereits gefertigter Produkte ähnlich sind.

Funktionsmethode
Die Kosten werden den einzelnen Funktionsbereichen zugeordnet. Diese Methode hat in Japan die meisten Erfolge gebracht. Folgende Aufgaben sind zu erledigen:

● Festlegen und Klassifizieren der Funktionen eines Produkts;

● Gewichten der einzelnen Funktionen relativ zueinander;

● Zuteilen der Funktionskosten den einzelnen Funktionen. Dabei spielen die Gewichtungen der Funktionen eine wichtige Rolle.

6. Regelkreis zum Erreichen der Zielkosten

In Bild E-21 ist der Regelkreis zwischen den tatsächlichen Produktkosten und den Zielkosten zu erkennen. Das Zielkostenmanagement ist nur dann erfolgreich, wenn *alle Unternehmensbereiche* (von der Entwicklung bis zum Vertrieb) mit einbezogen werden.

Ein erfolgreiches Zielkostenmanagement erfordert zwingend eine funktionsübergreifende Teamarbeit. Gemeinsam im Team muß die Wertschöpfungskette als *ganzheitliche Prozeßkette* durchforstet werden (Prozeßkostenrechnung, Abschn. E 5.3). Häufig stellt sich heraus, daß die Produktionskosten zu hoch sind. In diesen Fällen sind *Kostensenkungsprogramme* einzusetzen, damit man die Zielkosten erreichen kann. In vielen Fällen ist die *Auslagerung (Outsourcing)* einzelner Aufgaben eine sehr gute Lösung. Zur Bestimmung der Wertanteile und zur Verbesserung des Preis-/Leistungsverhältnisses spielt besonders die *Wertanalyse* (Abschn. M) eine wichtige Rolle. Wegen der immer *geringer* werdenden *Fertigungstiefe* (kleiner Anteil an eigengefertigten Teilen, hoher Anteil an Fremdbezug) wird es zunehmend wichtiger, die *Zulieferer* so bald wie möglich in den *Produkt-Entstehungsprozeß* einzubeziehen. Auf diese Weise kann der Zulieferer kostengünstiger und schneller entwickeln und herstellen.

E 5.2.3 Beispiel

An dem von *Tanaka* veröffentlichten Beispiel zur Entwicklung eines Füllfederhalters wird das Vorgehen beim Zielkostenmanagement erläutert. Wie Bild E-22 zeigt, werden folgende acht Schritte durchlaufen:

1. Schritt: Bestimmen der Funktionsstruktur

Die Funktionen eines Produkts werden *vom Kunden festgelegt*. Dabei trennt man in:

● harte Funktionen,
 welche die technischen Anforderungen des Produktes beschreiben und

● weiche Funktionen,
 die im wesentlichen den Benutzerkomfort betreffen.

Tabelle E-36 zeigt eine Zusammenstellung der harten und Tabelle E-37 der weichen Funktionen.

2. Schritt: Gewichten der Produktfunktionen

Das Gewichten der Produktfunktionen erfolgt in folgenden zwei Teilschritten:

Gewichtung der harten zu den weichen Funktionen.
Zuerst wird eine Gewichtung der *harten* zu den *weichen* Funktionen vorgenommen. Im vorliegenden Beispiel wurden 1200 potentielle Kunden befragt. Das Ergebnis lag bei 35% harte Funktionen und 65% weiche Funktionen.

Teilgewichte für die harten und die weichen Funktionen
Anschließend werden die Teilgewichte der einzelnen harten und die weichen Funktionen vergeben (Tabelle E-38).

3. Schritt: Grobentwurf des Produkts

Nachdem die Produktfunktionen und ihre Teilstruktur bekannt sind, wird der Grobentwurf eines neuen Produktes erstellt. Dabei ist anzuraten, einen Prototypen zu bauen.

4. Schritt: Kostenschätzung

Mit dem Grobentwurf und den Erfahrungen beim Bau eines Prototypen können die

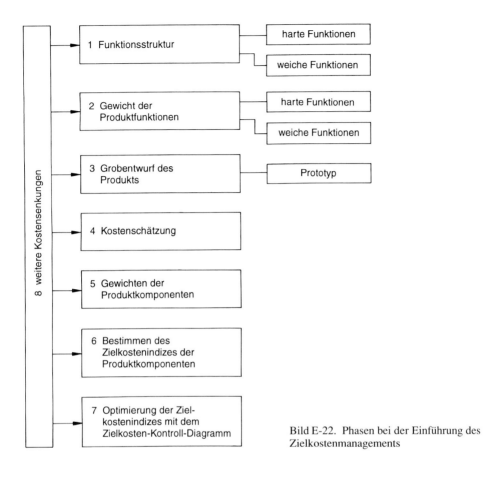

Bild E-22. Phasen bei der Einführung des Zielkostenmanagements

Kostenanteile für die einzelnen Komponenten entsprechend der Teilgewichte nach Tabelle E-38 bestimmt werden.

5. Schritt: Gewichten der Produktkomponenten

In einer Matrix nach Tabelle E-39 werden in den Zeilen die Komponenten und in den Spalten die harten Funktionen dargestellt. Die Teilgewichte werden beispielsweise so ermittelt:

Die harte Funktion h1 (Markieren) wird von den vier Komponenten: Tinte, Federspitze, Federring und Federhalter realisiert. Jede dieser Komponenten hat einen bestimmten prozentualen Anteil an der Realisierung. Dieser Anteil wird vom Hersteller festgelegt und ist in Tabelle E-39 im oberen Kasten zu sehen. Die Zahl 5,7 ergibt sich für die Zelle K1/h1 dadurch, daß die Teilgewichte von K1 (Markieren mit 16,2%) mit dem Teilgewicht der Komponente h1 (Tinte mit 35%) multipliziert wird (16,2% × 35% = 5,7). Werden die Zeilen in Tabelle E 39 aufsummiert, dann ergibt sich der Gesamtanteil der Komponente am Produkt. Dasselbe muß für die weichen Funktionen durchgeführt werden.

161

Tabelle E-36. Definition harter Funktionen

h1	=	markieren
h2	=	mit Tinte versorgen
h3	=	Tinte führen
h4	=	Spitze befestigen
h5	=	Tinte speichern
h6	=	Schaftraum bereitstellen
h7	=	Federhalter ventilieren
h8	=	vor dem Auslaufen schützen
h9	=	Inneres schützen
h10	=	innere Teile versorgen
h11	=	Federring befestigen
h12	=	Verschlußkappe befestigen
h13	=	vor Tintenverdunstung schützen
h14	=	Tinte ansaugen
h15	=	Spitze schützen

Tabelle E-37. Definition weicher Funktionen

s1	=	Schreibgefühl
s1.1	=	Geschmeidigkeit
s1.2	=	Federstrich
s1.3	=	Tintenversorgung
s1.4	=	Ausgeglichenheit der Spitze
s2	=	Design
s3	=	Aufmachung
s3.1	=	Darstellung des Herstellernamens
s3.2	=	Darstellung des Produktnamens
s3.3	=	Darstellung der Tintenfarbe
s4	=	Schreibbild
s4.1	=	Farbqualität
s4.2	=	Einheitlichkeit der Linienführung
s4.3	=	Farbkonsistenz
s4.4	=	Tintenklecksen
s4.5	=	Farbgleichheit
s5	=	Gebrauchskomfort
s5.1	=	Kappen- und Federhalterpaßform
s5.2	=	Größenkomfort
s5.3	=	Halterungshandling
s5.4	=	Fingerbeschmutzung
s5.5	=	Handhabbarkeit

Tabelle E-38. Teilgewichte der harten und weichen Funktionen

Harte Funktionen

	h1	h2	h3	h4	h5	h6	h7	h8	h9	h10	h11	h12	h13	h14	h15	gesamt
Teilgewichte	16,2	13,6	12,5	5,3	8,3	4,1	5,3	6,7	3,9	3,9	3,3	3,0	4,6	6,0	3,3	100%

Weiche Funktionen

	w1				w2	w3			w4					w5					gesamt
	w1.1	w1.2	w1.3	w1.4		w3.1	w3.2	w3.3	w4.1	w4.2	w4.3	w4.4	w4.5	w5.1	w5.2	w5.3	w5.4	w5.5	
Teilgewichte	5,5	6,6	5,9	5,8	17,4	3,7	3,6	6,1	3,8	4,9	4,6	5,5	5,0	3,7	3,9	3,5	5,8	4,7	100%

Tabelle E-39. Teilgewichte der komponenten für die harten Funktionen

Komponenten \ harte Funktionen (Teilgewicht %)	h1 Markieren	h2 Tintenversorgung	h3 Tintenführung	h4 Spitzenhalterung	h5 Tintenspeicher	h6 Schaftraummarkierung	h7 Federhalterventilation	...
	16,2	13,6	12,5	5,3	8,3	4,1	5,3	...
K1 Tinte	35 \ 5,7	40 \ 5,4	33 \ 4,1					...
K2 Federspitze	35 \ 5,7	60 \ 8,2	33 \ 4,1					...
K3 Federring	10 \ 1,6		10 \ 1,3	100 \ 5,3				...
K4 Tintensauger			6 \ 0,7		100 \ 8,3			...
K5 Griffel			4 \ 0,5			50 \ 2,0	32 \ 1,7	...
K6 Federhalter	20 \ 3,2		10 \ 1,3			50 \ 2,1	32 \ 1,7	...
K7 Abschlußkappe								...
K8 Luftraum			4 \ 0,5				36 \ 1,9	...
K9 Schutzkappe								...

6. Schritt: Bestimmen der Zielkostenindizes der Produktkomponenten

Für die einzelnen Komponenten wird der *Zielkostenindex* bestimmt. Er ist das Verhältnis der Teilgewichte (TG) der einzelnen Komponenten (harte wie weiche), bezogen auf die einzelnen Kostenanteile (KA).

$$ZI = TG\,(\%)\,/\,KA\,(\%)$$
$$ZI_h = TG_{kh}\,/\,KA\,(\%)$$
$$ZI_w = TG_{kw}\,/\,KA\,(\%)$$

Dabei bedeuten:

ZI	Ziekostenindex
TG	Teilgewicht je Komponente
KA	Kostenanteil
ZI_h	Zielkostenindex für harte Funktionen
TG_{kh}	Teilgewicht je Komponente für harte Funktionen
ZI_w	Zielkostenindex für weiche Funktionen
TG_{kw}	Teilgewicht je Komponente für weiche Funktionen

Tabelle E-40. Zielkostenindex für Komponenten

Komponenten	Kostenanteil in %	harte Funktionen		weiche Funktionen	
		Teilgewichte in %	Zielkosten-index	Teilgewichte in %	Zielkosten-index
K1: Tinte	6,9	17,3	2,51	22,0	3,19
K2: Federspitze	18,5	18,3	0,99	16,9	0,91
K3: Federring	6,5	10,9	1,68	5,2	0,80
K4: Tintensauger	11,6	9,7	0,84	1,2	0,10
K5: Griffel	1,2	4,9	4,08	2,0	1,67
K6: Federhalter	36,3	28,8	0,79	31,0	1,67
K7: Abschlußkappe	3,9	2,8	0,72	1,7	0,44
K8: Luftraum	1,1	3,4	3,09	2,2	2,00
K9: Schutzkappe	14,0	3,9	0,28	17,8	1,26
Gesamt:	100,0	100,0		100,0	

In Tabelle E-40 sind die Zielkostenindizes für die harten und weichen Funktionen zusammengestellt.

Der Zielkostenindex von 1 stellt das Optimum dar, weil dann die Kosten der Komponente dem Anteil der Komponente am Gesamtsystem entsprechen würden. Dies ist meistens beim ersten Mal nicht zu erreichen.

7. Schritt: Optimierung der Zielkostenindizes mit dem Zielkosten-Kontroll-Diagramm

Der Zielkostenindex gibt an, ob die Ausgestaltung einer Funktion zu teuer (Zielkostenindex < 1) oder zu billig (Zielkostenindex > 1) ist. Da ein Zielkostenindex eine zu enge Forderung ist, wird mit dem Zielkosten-Kontroll-Diagramm eine *optimale Zielkostenzone* definiert. Wie Bild E-23 zeigt, wird die Gewichtung in der waagrechten Achse und der Kostenanteil in der senkrechten Achse aufgezeichnet. Die Winkelhalbierende zeigt den optimalen Wert des Zielkostenindex (ZI = 1). Die schraffierte Fläche zeigt die Zielkostenzone. Sie wird durch die beiden Kurven Y1 und Y2 nach unten bzw. nach oben begrenzt. Sie bestimmen mit ihrem mathematisch nach Bild E-23 definierten Verlauf, daß *Abweichungen* im Bereich *niedriger* Teilgewichte *größer* sein dürfen als bei höheren Teilgewichten. Der Parameter q wird *Entscheidungsparameter* genannt. Er entscheidet über die *Breite* der Zielkostenzone und wird im Team festgelegt.

Die ausgerechneten Zielkostenpunkte in Tabelle E-40 werden ins Zielkosten-Kontroll-Diagramm eingezeichnet. Für die harten Funktionen ist dies in Bild E-24 zu sehen. Die Ergebnisse zeigen, daß die Komponente K 6 (Federhalter) sowohl bei den harten, als auch bei den weichen Funktionen zu teuer ist (Zielkostenindex von 0,79). Hier müssen Kostensenkungsmaßnahmen eingeleitet werden. Bei der Komponente K 1 (Tinte) mit einem Zielkostenindex von 2,51 ist zu prüfen, ob nicht angesichts der zu niedrigen Kostenanteile eine Funktionsverbesserung angebracht ist.

Bei der Berechnung der Zielkosten basieren die harten und die weichen Funktionen auf den Gesmatkosten. Dadurch tritt eine gewisse Verzerrung ein. Dies wird behoben, wenn die harten und die weichen Funktionen in ein gemeinsames Zielkosten-Kontroll-Diagramm eingezeichnet werden. Die Berechnungen sind wie folgt:

$$ZP_i = g \times ZP_{hi} + (1-g) \times ZP_{wi}$$

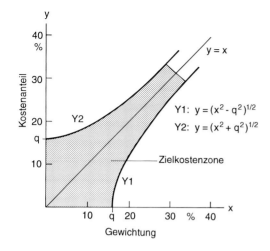

Bild E-23. Bestimmung der optimalen Zielkostenzone.
Y1 untere Begrenzung der Zielkostenzone
Y2 obere Begrenzung der Zielkostenzone
x Funktionsteilgewicht
y Funktionskostenanteil
q Entscheidungsparameter zur Definition der Zielkostenzone, gesetzt vom Top Management

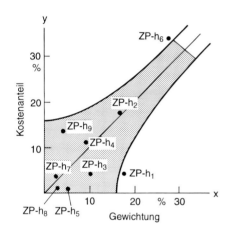

Bild E-24. Zielkostenpunkte für Komponenten harter Funktionen.
$ZP - h_{1...9}$ Zielkostenpunkte für die Komponenten 1 bis 9 bezogen auf die harten Funktionen

Darin bedeuten:

ZP_i integrierter Zielkostenpunkt der Komponente i

g   Nutzenteilgewicht für die harten Funktionen

$1-g$ Nutzenteilgewicht für die weichen Funktionen

ZP_{hi} Zielkostenpunkt für die harten Funktionen der Komponente i

ZP_{wi} Zielkostenpunkt für die weichen Funktionen der Komponente i

Das Ergebnis ist in Bild E-25 zu sehen. Danach sind endgültige Aussagen sinnvoll möglich.

8. Schritt: Weitere Kostensenkungen

Nachdem erkannt wurde, welche Funktionen zu teuer realisiert wurden, müssen *Kostensenkungsmaßnahmen* eingeleitet werden. Bild E-25 zeigt an dem Regelkreis, daß alle

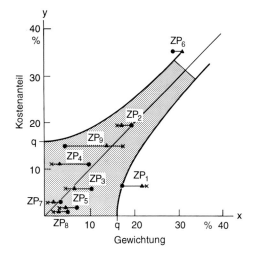

Bild E-25. Integriertes Zielkostenkontroll-
diagramm.
● Zielkostenpunkt für Komponenten bei
harten Funktionen
✕ Zielkostenpunkt für Komponenten bei
weichen Funktionen
▲ zusammengefaßter (integrierter) Zielkostenpunkt
ZP_i integrierter Zielkostenpunkt der Komponente i

Schritte im Hinblick auf eine Kostensenkung zu überprüfen sind. Ein erfolgversprechen-
der Ansatz ist die *Prozeßkostenrechnung* (Abschn. E 5.3).

Kostensenkungsprogramme sind Programme zur *Steigerung der Produktivität,* d.h., es
müssen

● Kosten gesenkt und die

● Leistung erhöht werden.

Wichtige Werkzeuge sind hierbei die:

● Wertanalyse (Abschn. M), die

● Planung und Steuerung der Kosten und Erträge (Abschn. H),

● Simultaneous Engineering, (parallele Entwicklung, Konstruktion und Fertigung), die

● Konstruktion nach Kostenvorgabe (Design to Cost), das

● integrierte Qualitätsmanagement (TQM: Total Quality Management), das

● Zeit-Management (Abschn. Q 3) und die

● kontinuierlichen Verbesserungskonzepte (KVP, Kaizen).

E 5.3 Prozeßkostenrechnung

E 5.3.1 Wesen der Prozeßkostenrechnung

Mit der Prozeßkostenrechnung wird es möglich, die *Gemeinkosten* der *indirekten Bereiche* besser zu planen und zu steuern sowie eine *verursachungsgerechtere* Verrechnung auf
die Kostenträger sicherzustellen.

Bei der Prozeßkostenrechnung steht der *Prozeß,* d.h. die Tätigkeiten und Aktivitäten als
kostenbestimmende Faktoren der Gemeinkosten im Vordergrund. Nach diesem Verständ-

nis wird ein Unternehmen als eine Folge von Aktivitäten aufgefaßt, die in den einzelnen Funktionsbereichen (von der Entwicklung bis zum Vertrieb) stattfinden und Kosten verursachen.

E 5.3.2 Vorgehen

Die Prozeßkostenrechnung wird in folgenden Schritten durchgeführt (Bild E-26) und an einem praktischen Beispiel (Tabelle E-41) erläutert:

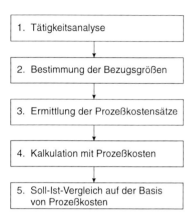

Bild E-26. Schema zur Durchführung einer Prozeß-kostenrechnung

1. Schritt: Tätigkeits-Analyse

Alle Tätigkeiten, die Gemeinkosten verursachen, werden analysiert. Dabei kann man auf die Ergebnisse einer Funktionsanalyse zurückgreifen, die bei einer Wertanalyse (Abschn. M 4.5, Bild M-15) durchgeführt wurde. Die einzelnen Tätigkeiten sind entweder abhängig von der Leistungserbringung oder unabhängig von der Leistungserbringung (leistungsmengenneutral).

Für jede Einzeltätigkeiten ist der benötigte Zeibedarf (absolut und in Prozent der Gesamtkapazität) anzugeben. In der Praxis haben sich folgende Vorgehensweisen bewährt, die

● Analyse der Dokumente, das

● Aufschreiben durch die Mitarbeiter selbst und die

● Interviews mit standardisierten Fragebögen,

2. Schritt: Bestimmung der Bezugsgrößen (cost driver)

Im Beispiel in Tabelle E-41 wird ein kunststoffverarbeitendes Unternehmen gewählt, das folgende drei Produktgruppen herstellt:

● Kunststofftanks für Haushalt, Industrie und Automobile (5000 Stück in 10 Losen),

● Gehäuse für Motorkapselungen (15 000 Stück in 15 Losen) und

● Stühle (800 Stück in 2 Losen).

Als hauptsächliche Gemeinkostenverursacher (cost driver) und ihre Bezugsgrößen wurden festgestellt (Tabelle E-41):

Tabelle E-41. Gegenüberstellung der herkömmlichen Kalkulation und der Prozeßkostenrechnung

Herkömmliche Kalkulation (Kostenträgerstückrechnung)

Artikel		Kunststofftank	Gehäuse	Stuhl
Stück		5000	15000	800
Lose pro Jahr		10	15	2
Material	DM	18,00	12,00	8,00
Qualitätssicherung	DM	12,00	10,00	2,00
Materialkosten	DM	30,00	22,00	10,00
Maschinenstunden	h	0,04	0,05	0,02
Maschinenstundensatz	DM/h	1700,00	1700,00	1700,00
Maschinenkosten	DM	68,00	85,00	34,00
Wartung/Instandhaltung	DM	10,00	18,00	4,00
sonst. Fertigungs-Gemeinkosten	DM	12,00	18,00	10,00
Fertigungskosten	DM	90,00	121,00	48,00
Herstellkosten	DM	120,00	143,00	58,00
Verwaltungskosten (25%)	DM	30,00	35,75	14,50
Vertriebskosten (18%)	DM	21,60	25,74	10,44
Selbstkosten	DM	171,60	204,49	82,94

Prozeßkostensätze

Gemeinkosten		Gesamtkosten	Kostenfaktor	Bezugsgröße	Prozeßkostensatz
Qualitätssicherung	DM	240000,00	Anzahl Lose	27	8888,89
Maschinenkosten Produktion	DM	640000,00	Prod.-zeit (h)	1238	516,96
Maschinenkosten Rüsten	DM	110000,00	Rüstzeit (h)	412	266,99
Verwaltung	DM	510000,00	80% fix	Herstell-kosten	18% Herstellkosten-Zuschlag
			20% Anzahl Produkte	3	34000,00
Vertrieb	DM	390500,00	60% fix	Herstell-kosten	13% Herstellkosten-Zuschlag
			40% Anzahl Produkte	3	52066,67

Prozeßkostenrechnung

Artikel		Kunststofftank	Gehäuse	Stuhl
Stück		5000	15000	800
Lose pro Jahr		10	15	2
Material	DM	18,00	12,00	8,00
Qualitätssicherung	DM	17,78	8,89	22,22
Materialkosten	DM	35,78	20,89	30,22
Maschinenstunden produktiv	h	0,03	0,04	0,02
Maschinenkosten	DM/h	51,02	63,78	25,51
Rüstzeit (h pro Los)	DM	25	10	6
Rüstkosten pro Stück	DM	13,35	2,67	4,00
Wartung/Instandhaltung	DM	10,00	18,00	4,00
sonst. Fertigungs-Gemeinkosten	DM	12,00	18,00	10,00
Fertigungskosten	DM	111,40	112,48	49,53
Herstellkosten	DM	147,18	133,37	79,75
Verwaltungskosten fix	DM	26,49	24,01	14,36
Vertriebskosten Produkt	DM	6,80	2,27	42,50
Vertrieb fix	DM	19,13	17,34	10,37
Vertrieb Produkt	DM	10,41	3,47	65,08
Selbstkosten	DM	210,02	180,46	212,06

- Qualitätssicherung mit Anzahl Losen;
- Maschinenkosten, aufgeteilt in Produktions- und Rüstzeit,
- Verwaltung, aufgeteilt nach fixen und produktabhängigen Kosten und
- Vertrieb, aufgeteilt nach fixen und produktabhängigen Kosten.

3. Schritt: Ermittlung der Prozeßkostensätze

Mit den Daten für die Kosten und die Bezugsgrößen errechnen sich nach Tabelle E-41 folgende *Prozeß-Kostensätze:*

- Qualitätssicherung: 8 888,89 DM/Los;
- produktiver Maschinenstundensatz: 516,96 DM/h;
- Rüstkostensatz: 266,99 DM/h;
- Verwaltungssatz fix: 18% der Herstellkosten;
- Verwaltungssatz variabel: 34 000 DM/Produktgruppe;
- Vertriebssatz fix: 13% auf die Herstellkosten;
- Vertriebssatz variabel: 52 066,67/Produktgruppe.

4. Schritt: Kalkulation mit Prozeßkosten

Mit den Prozeßkostensätzen kann man eine stückbezogene Kalkulation durchführen, wie Tabelle E-41 zeigt. Dabei sind die Bezugsgrößen auf die Stückzahl umzurechnen.

5. Schritt: Soll-Ist-Vergleich auf der Basis von Prozeßkosten

In Tabelle E-41 ist eine herkömmliche Kostenträgerstückrechnung mit Zuschlagssätzen und eine Prozeßkostenrechnung zu sehen. Es ist zu erkennen, daß die Stückpreise völlig unterschiedlich sind. In Tabelle E-42 sind die Unterschiede zwischen der herkömmlichen Stückkalkulation und der Prozeßkostenrechnung zusammengestellt. Es ist erkennbar, daß es große Unterschiede gibt. Das Gehäuse ist um 24,03 DM/Stück billiger geworden. Verteuert haben sich vor allem die Stühle um 129,12 DM/Stück von 82,94 DM/Stück auf 212,06 DM/Stück. Es ist dabei allerdings zu prüfen, ob die hohen Verwaltungs- und Vertriebskosten pro Stück nach Tabelle E-41 in dieser Höhe aufrechterhalten bleiben können.

Tabelle E-42. Gegenüberstellung der Stückkosten aus der herkömmlichen Kalkulation mit der Prozeßkostenrechnung

Stückkosten	Kunststofftank DM	Gehäuse DM	Stuhl DM
Herstellkosten (herkömmlich)	120,00	143,00	58,00
Herstellkosten (Prozeß)	147,18	133,37	79,75
Differenz (Herstellkosten Prozeß zu herkömmlich)	27,18	−9,63	21,95
Selbstkosten (herkömmlich)	171,60	204,49	82,94
Selbstkosten (Prozeß)	210,02	180,46	212,06
Differenz (Selbstkosten Prozeß zu herkömmlich)	38,42	−24,03	129,12

E 5.3.3 Einführung

Zur Einführung einer Prozeßkostenrechnung in einem Unternehmen wird folgendes Vorgehen vorgeschlagen:

1. Abschätzung einer Prozeßkostenrechnung

Innerhalb weniger Mannwochen verschafft man sich mit einer Abschätzung die Sicherheit, ob sich eine Einführung der Prozeßkostenrechnung lohnt. Dabei sollte man im einzelnen folgendes durchführen:

● Auswahl einiger besonders wichtiger Produktgruppen oder Produkte,

● Beschränkung auf die großen Gemeinkostenblöcke aus der Kostenrechnung,

● Feststellen der wichtigsten Bezugsgrößen und

● Probe-Kalkulation mit einem Tabellenkalkulationsprogramm.

2. Einführen der Prozeßkostenrechnung

Wenn sich die Einführung der Prozeßkostenrechnung lohnt, sollte sie, zusätzlich zur herkömmlichen Kostenrechnung, umfassend eingeführt werden. Dazu gehören folgende Tätigkeiten:

● alle Produktgruppen oder Produkte erfassen,

● alle Kostenstellen berücksichtigen,

● Prozeßketten aufbauen (auch kostenstellenübergreifend) und

● Einführung der Prozeßkostenrechnung im gesamten Unternehmen (DV-gestützt).

3. Erkenntnisse in Maßnahmen umsetzen

Nach der Einführung der Prozeßkostenrechnung müssen Maßnahmen zur Verbesserung der Unternehmensorganisation, der Sortimentspolitik und der Vermarktung der Produktes eingeleitet werden. Dies betrifft insbesondere folgende Maßnahmen:

● Prozeßverantwortlichkeit einführen,

● Kennzahlen für die Bewertung der Gemeinkosten entwickeln,

● Sortimentspolitik und

● Preispolitik ändern.

Die Prozeßkostenrechnung kann eine wichtige Rolle beim Zielkostenmanagement (Abschn. E 5.2) spielen.

Weiterführende Literatur

Chielewicz, K.: Betriebliches Rechnungswesen I, Finanzrechnung und Bilanzen, 3. Auflage. Reinsbek 1983.

Holzwarth, J.: Von der bestehenden Kostenrechnung zur Prozeßkostenrechnung. In: Praxis-Lexikon der Kostenrechnung, Heft Nr. 5 v. 24. 9. 1992. Freiburg: Haufe-Verlag 1992.

Kicherer, H.-P.: Kosten- und Leistungsrechnung. In: *W. Kresse:* Die neue Schule des Bilanzbuchhalters, Band 3, 6. Auflage. Stuttgart: Taylorix Fachverlag 1993.

Kilger, W.: Einführung in die Kostenrechnung. Opladen: Westdeutscher Verlag 1976.

Olfert,K., Körner, W. und Langenbeck, J.: Bilanzen, 5. Auflage. Ludwigshafen: Kiehl Verlag 1989.

Meyer, C.: Bilanzierung nach Handels- und Steuerrecht, 7. Auflage. Herne/Berlin: Verlag Neue Wirtschafts-Briefe 1988.

Riebel, P.: Einzelkosten- und Deckungsbeitragsrechnung. Opladen: Westdeutscher Verlag 1982.

Schwarz, H.: Kostenträgerrechnung und Unternehmungsführung. Herne: Verlag Neue Wirtschaftsbriefe 1985.

Tanaka, M.: Cost Planning and Control Systems in the Design Phase of a New Product. In: *Monden, Y. und Sakurai, M.* (Hrsg.): Japanese Management Accounting - A World Class Approach to Profit Management, Cambridge, Mass. 1989, S. 49 bis 71.

Zur Übung

Ü E 1.1: Aus welchen Teilen besteht der Jahresabschluß und welche Informationen sind daraus wichtig?

Ü E 1.2: Warum sind die Bestände an fertigen und unfertigen Erzeugnissen bei den Umsatzerlösen zu berücksichtigen?

Ü E 1.3: Was bedeuten Abschreibungen, und was versteht man unter Abschreibungen auf immaterielle Vermögensgegenstände?

Ü E 1.4: Nach welchen Gliederungsprinzipien ist eine GuV im Gegensatz zu einer Bilanz aufgebaut?

Ü E 1.5: Welche Informationen stehen im Anhang und im Lagebericht zu einer Bilanz? Warum sind diese Zusätze erforderlich?

Ü E 1.6: Was ist der Unterschied zwischen Rücklagen und Rückstellungen? Welche Arten gibt es?

Ü E 1.7: Mit welchen Arten von Kennzahlen können Unternehmen beurteilt werden. Was muß man für eine richtige Interpretation der Kennzahlen beachten?

Ü E 1.8: Was versteht man unter Cash-Flow und Cash-Flow-Quote? Welche Aussagen sind damit zu machen?

Ü E 1.9: Geben Sie Kennzahlen zur Liquidität und zur Produktivität an. Welche Informationen können Sie daraus ableiten?

Ü E 1.10: Was versteht man unter ROI. Wie ist diese Kennzahl zusammengesetzt und was bedeuten die einzelnen Teilkennzahlen?

Ü E 2.1: Was sind Kosten?

Ü E 2.2: Was versteht man unter kalkulatorischen Kosten?

Ü E 2.3: Was ist der Unterschied zwischen kalkulatorischen Abschreibungen und AFA? Wie werden die kalkulatorischen Abschreibungen errechnet?

Ü E 2.4: Welche Wagnisse gehören zu den kalkulatorischen Wagnissen? Warum gehört das unternehmerische Risiko nicht dazu?

Ü E 2.5: Wie kann man eine innerbetriebliche Leistungsverrechnung vornehmen?

Ü E 2.6: Wie errechnen sich die Gemeinkostenzuschläge für: Material, Fertigung, Verwaltung und Vertrieb und wie errechnet man Stundensätze für die Fertigung und die Konstruktion?

Ü E 3.1: Erstellen Sie über eine Zuschlagkalkulation den kalkulatorischen Bruttoerlös gemäß Schema in Tabelle E-23, wenn folgende Daten bekannt sind: 180000 DM Materialkosten; 18% Material-Gemeinkosten; 78 Fertigungsstunden zu je 180 DM/h; 213% Fertigungs-Gemeinkosten, 5600 DM Kosten für Fertigungsvorrichtungen; 6% Verwaltungs-Gemeinkosten, 9% Vertriebs-Gemeinkosten; 8% Gewinnzuschlag und 15% Mehrwertsteuer.

Ü E 3.2: Erstellen Sie mit obigen Daten über eine Zuschlagkalkulation mit Erlösschmälerungen nach Tabelle E-24 den kalkulatorischen Brutto-Erlös, wenn zusätzlich folgende Daten bekannt sind: 2% Skonto und 12% Rabatt.

Ü E 3.3: Die Testaplast GmbH fertigt Kunststoffteile im Spritzgußverfahren. Hauptabnehmer ist die Automobilindustrie, mit der feste Lieferverträge abgeschlossen sind. Auftragsbezogen wird aber auch für andere Kunden gefertigt. In der zurückliegenden Periode wurde für 3 Aufträge gefertigt: Auftrag 1: Frontkonsolen; Auftrag 2: Türverkleidungen (Komplettsets) und Auftrag 3: Gehäuseteile für einen Spielwarenhersteller. Auftrag 1 und 2 sind Abrufaufträge, d.h. geliefert wird Just in time, die Abrechnung erfolgt 14-tägig. Um stete Lieferbereitschaft zu gewähren, muß Lagerhaltung betrieben werden. Auftrag 3 wurde vollständig abgewickelt. Für Auftrag 2 und 3 wurden Spezialwerkzeuge benötigt, deren Kosten als Sondereinzelkosten der Fertigung ausgewiesen sind.

Teil 1: Vollkostenrechnung
Folgende Daten stehen zur Verfügung: eine Zusammenstellung der Kostenarten (Ü E 3.3.1) und die Zuordnung der Kostenarten auf Kostenstellen (Ü E 3.3.2) sowie der Umsatz der Abrechnungsperiode. Die Produktion hat folgende Werte festgehalten: den Materialverbrauch sowie die Lohnkosten je Auftrag (Ü E 3.3.3) und die gefertigten sowie die ausgelieferten Stückzahlen (Ü E 3.3.3). Für die vergangene Abrechnungsperiode ist durchzuführen: die Kostenstellenrechnung, die Kostenträgerstückrechnung (Kalkulation) und die Kostenträgerzeitrechnung (Betriebsergebnisrechnung). In folgenden Schritten soll vorgegangen werden:
1. Erstellen Sie den BAB der Testaplast GmbH gemäß Ü E 3.3.4. Ordnen Sie dazu die Gemeinkosten nach Ü E 3.3.2 den Kostenstellen zu und führen Sie die Kostenumlage durch.
2. Berechnen werden sollen die Zuschlagssätze für Material- und Fertigungsgemeinkosten und ermitteln die Herstellkosten nach Ü E 3.3.5. Anschließend werden die Zuschlagssätze für Verwaltungs- und Vertriebsgemeinkosten berechnet.
3. Erstellt werden soll nach Ü E 3.3.6 eine Nachkalkulation für die in Auftrag 1 bis 3 gefertigten Produkte je Stück.
4. Nach Ü E 3.3.7 soll eine Betriebsergebnisrechnung durchgeführt werden.

Tabelle Ü E 3.3.1

Kostenarten – Istwerte
Testaplast GmbH – Vollkostenrechnung

Kto.-Nr.	Kostenart	DM
	Einzelkosten	
3000	Fertigungsmaterial	2 650 000
3100	Rohstoffe	785 000
3200	Hilfs- und Betriebsstoffe	320 000
3300	Energiekosten	465 000
4000	Fertigungslöhne	720 000
	Gemeinkosten	
4010	Gemeinkostenlöhne	260 000
4020	Gehälter	1 155 000
4050	soziale Abgaben	255 000
4100	Raumkosten / Miete	100 000
4110	Instandhaltung, Reparaturen	45 000
4200	Werbekosten, Messen	135 000
4210	Reisekosten	33 000
4220	Kfz-Kosten	98 000
4300	sonstige Verwaltungskosten	168 000
4800	Abschreibungen	320 000
	Sondereinzelkosten (SEK)	
0200	Spezialwerkzeuge (SEK Fertigung)	132 000
4400	Ausgangsfrachten (SEK Vertrieb) Verpackung	151 000
	Summe	7 792 000

Tabelle Ü E 3.3.2

Kostenarten – Verteilung
Testaplast GmbH – Vollkostenrechnung

Kostenarten			Kostenstellen						
Kto.-Nr.	Kostenarten	Gießerei 100	Bearbeitung vorbereitung 110	Arbeits-wirtschaft 120	Material 200	Verwaltung 500	Vertrieb 600	Fuhrpark 700
4010	Gemeinkostenlöhne	60000	115000	55000	85000	580000	430000	
4020	Gehälter	23000	42000	9900	15300	104400	77700	25000
4050	soziale Abgaben	14950	28250			35000	55000	4500
4100	Raumkosten / Miete							10000
4110	Instandhaltung, Reparaturen	8300	32930	2500	1270			
4200	Werbekosten, Messen					5500	129500	
4210	Reisekosten						33000	
4220	Kfz-Kosten	1540	1380				8550	89450
4300	sonstige Verwaltungskosten			18500	2680	136700	7150	
4800	Abschreibungen	176000	96000	8000	9600	8000	14400	8000
Umlage	Kostenstelle 120: Nach Stunden	765	515		88500	5500	142400	
	Kostenstelle 700: Nach gefahrenen km	1560	1380	660				

Tabelle Ü E 3.3.3

Ermittlung der Herstellkosten
Testaplast GmbH – Vollkostenrechnung

		Auftrag 1 DM	Auftrag 2 DM	Auftrag 3 DM	Summe DM
Fertigungsmaterial		1 060 000	1 092 500	497 500	2 650 000
Rohstoffe		314 000	323 627	147 373	785 000
Hilfs- und Betriebsstoffe		130 000	147 500	42 500	320 000
Energiekosten		188 000	238 500	38 500	465 000
Summe Fertigungsmaterial		1 692 000	1 802 127	725 873	4 220 000
Material-Gemeinkosten	Zuschlagssatz DM				
Fertigungslöhne					
Gießerei		110 000	130 000	25 000	265 000
Bearbeitung		63 000	207 000	185 000	455 000
Fertigungs-Gemeinkosten					
Gießerei	Zuschlagsatz DM				
Bearbeitung	Zuschlagsatz DM				
Sondereinzelkosten der Fertigung		0	32 000	100 000	132 000
Herstellkosten der hergestellten Leistung					

Fertigung: Stückzahlen		Auftrag 1	Auftrag 2	Auftrag 3	Summe DM
gefertigte Stückzahl		10 000	16 000	200 000	– –
Herstellkosten / Stück					– –
verkaufte Stückzahl		11 500	15 000	200 000	– –
Bestandsveränderung	Stück DM	–1 500	1 000	0	– –
Herstellkosten der abgesetzten Leistung					

174

Tabelle Ü E 3.3.4

Betriebsabrechnungsbogen
Vollkostenrechnung

| Kostenarten | | Kostenstellen | | | | | | | |
Kto.-Nr.	Summe	Gießerei 100	Bearbeitung 110	Arbeits-vorbereitung 120	Summe Fertigung (100 + 110)	Material-wirtschaft 200	Verwaltung 500	Vertrieb 600	Fuhrpark 700
Summe 1									
Umlage Kostenstelle 700									
Zw-Summe Kostenstelle 120									
Summe 2									

Tabelle Ü E 3.3.5

Ermittlung der Zuschlagssätze
Testaplast GmbH – Vollkostenrechnung

Zuschlagssatz für:
  Material-Gemeinkosten
  Fertigungs-Gemeinkosten Gießerei
  Fertigungs-Gemeinkosten Bearbeitung

  Verwaltungs-Gemeinkosten
  Vertriebs-Gemeinkosten

Tabelle Ü E 3.3.6

Ermittlung der Herstellkosten
Testaplast GmbH – Vollkostenrechnung

		Auftrag 1 DM	Auftrag 2 DM	Auftrag 3 DM
Fertigungsmaterial Rohstoffe Hilfs- und Betriebsstoffe Energiekosten				
Summe Fertigungsmaterial				
Material-Gemeinkosten				
Fertigungslöhne Gießerei Bearbeitung				
Fertigungs-Gemeinkosten Gießerei	Zuschlagsatz DM			
Bearbeitung	Zuschlagsatz DM			
Sondereinzelkosten der Fertigung				
Herstellkosten				
Verwaltungs-Gemeinkosten	Zuschlagsatz DM			
Vertriebs-Gemeinkosten	Zuschlagsatz DM			
Sondereinzelkosten des Vertriebs				
Selbstkosten				

Tabelle Ü E 3.3.7

Kostenträgerzeitrechnung / Betriebsergebnisrechnung
Testaplast GmbH – Vollkostenrechnung

	Auftrag 1	Auftrag 2	Auftrag 3	Gesamt
verkaufte Stückzahl	11 500	15 000	200 000	– –
Verkaufserlöse je Stück brutto	290,00	250,00	5,95	– –
gewährte Rabatte, Skonti	3 %	3 %	5 %	– –
Verkaufserlöse je Stück netto				– –
Herstellkosten je Stück				– –
Ergebnis nach Herstellkosten je Stück				– –
Selbstkosten je Stück				– –
Ergebnis nach Selbstkosten je Stück				
Umsatzkostenrechnung	DM	DM	DM	DM
Umsatzerlös brutto				
gewährte Rabatte, Skonti				
Umsatzerlöse netto				
Herstellkosten der abgesetzten Leistung				
Ergebnis nach Herstellkosten				
Selbstkosten der abgesetzten Leistung				
Ergebnis nach Selbstkosten = Betriebsergebnis				

Betriebskostenergebnisrechnung nach dem Gesamtkostenverfahren Testaplast GmbH – Vollkostenrechnung	DM
Umsatzerlöse brutto gewährte Rabatte, Skonti	
Umsatzerlöse netto Gesamtkosten der Periode Bestandsveränderungen	
Betriebsergebnis	

Teil 2: Teilkostenrechnung
Die Testaplast GmbH erstellt die Kostenrechnung nach dem Prinzip der Teilkostenrechnung. Dazu werden die entstandenen Kosten in fixe und variable Kosten unterteilt (Ü E 3.3.8). Im Gegensatz zur Vollkostenrechnung werden bei der Teilkostenrechnung nur die variablen Gemeinkosten in den BAB übernommen. Die Fixkosten bleiben bei der Kostenstellen- sowie Kostenträgerrechnung außer Ansatz, erst in die Ermittlung des Betriebsergebnisses gehen sie als Kostenblock ein. Erstellt werden sollen:

1. Der Betriebsabrechnungsbogen der Testaplast GmbH gemäß Ü E 3.3.9 samt Kostenumlage.
2. Die Zuschlagssätze für Material- und Fertigungs-Gemeinkosten und die variablen Herstellkosten nach Ü E 3.3.10 und Ü E 3.3.11.

3. Die Nachkalkulation für die in Auftrag 1 bis 3 gefertigten Produkte je Stück nach Ü E 3.3.12.
4. Die Betriebsergebnisrechnung nach Ü E 3.3.13.
5. Wie ist die Entscheidung zu beurteilen, den lt. Vollkostenrechnung verlustbringenden Auftrag 3 nicht anzunehmen?

Ü E 4.1: Bei einem Umsatz von 36 Mio DM im Pressenbau fallen folgende Kosten an: Materialeinsatz: 9 Mio DM; Marketing-Aktionen: Messekosten in Höhe von 4,5 Mio DM; Kosten für Testinstallationen: 9,5 Mio DM; Anpassung der Maschine: 9,6 Mio DM; Installation 1,6 Mio DM; Service und Wartung: 760 000 DM Berechnen Sie die stufenweise Deckungsbeiträge (absolut und prozentual) nach dem Schema von Tabelle E-30. Was können Sie unternehmen, um die Deckungsbeiträge zu erhöhen?

Ü E 4.2: Eine Kalkulation mit Deckungsbeiträgen bei Preisvorgabe durch dem Markt ist vorzunehmen. Folgende Daten sind bekannt: Brutto-Erlöse: 260 000 DM, Materialkosten: 120 000 DM, Material-Gemeinkosten: 8%, Fertigungsstunden: 96 h, Fertigungsstundensatz: 180 DM/h, Fertigungs-Gemeinkosten: 210%, Vorrichtungen: 6000 DM, Vertriebssonderkosten: 5300 DM.
a) Wie groß ist der Deckungsbeitrag nach Schema von Tabelle E-31 bei 3% Skonto, 18% Rabatt und 15% Mehrwertsteuer?
b) Wie groß müßte der Marktpreis sein, damit der Deckungsbeitrag null wird?

Ü E 5.1: Mit Fixkosten von 10,5 Mio DM wird bei 30 Mio DM Umsatz ein Ergebnis von 1,5 Mio DM erwirtschaftet. Berechnen Sie und zeichnen Sie den Break-Even-Punkt. Wegen des härter werdenden Wettbewerbs wird für das nächste Jahr für denselben Umsatz ein Verlust von 2 Mio DM geplant. Um wieviel Mio DM müssen Sie Ihre Fixkosten senken, damit Sie 1,5 Mio DM Gewinn erwirtschaften? Wo liegt Ihr neuer Break-Even-Punkt?

Ü E 5.2: Eine Zielkostenrechnung für eine Kaffemaschine soll durchgeführt werden. Die harten Funktionen sollen zu 60% und die weichen zu 40% gewichtet werden. Die harten und weichen Funktionen und ihre Teilgewichte sind in Tabelle Ü 5.3.2 a angegeben. Tabelle Ü 5.3.2 b zeigt die Aufteilung der harten und weichen Komponenten auf die Funktionen und Tabelle Ü 5.3.2 c den Kostenanteil der Funktionen. Bestimmt werden soll der Zielkostenindex für die harten und die weichen Kosten sowie der gesamte Zielkostenindex. Zeichnen Sie die Ergebnisse in ein Zielkostendiagramm ein und diskutieren Sie mögliche Maßnahmen.

Ü E 5.3: Eine Fertigungslinie stellt Getriebe für BMW, Mercedes und VW her. Die Daten, die herkömmliche Kostenträger-Stückrechnung und die Grunddaten zur Berechnung der Prozeßkostensätze sind in beigefügter Tabelle zu sehen. Es soll eine Prozeßkostenrechnung aufgestellt werden.

Tabelle Ü E 3.3.8

Kostenarten – Istwerte
Vollkostenrechnung

Kto.-Nr.	Kostenart	Summe DM	variabel DM	fix DM
	Einzelkosten			
3000	Fertigungsmaterial	2 650 000	2 650 000	
3100	Rohstoffe	785 000	785 000	
3200	Hilfs- und Betriebsstoffe	320 000	320 000	
3300	Energiekosten	465 000	465 000	
4000	Fertigungslöhne	720 000	720 000	
	Gemeinkosten			
4010	Gemeinkostenlöhne	260 000	140 000	120 000
4020	Gehälter	1 155 000		1 115 000
4050	soziale Abgaben	255 000	28 000	227 000
4100	Raumkosten / Miete	100 000		100 000
4110	Instandhaltung, Reparaturen	45 000	25 000	20 000
4200	Werbekosten, Messen	135 000		135 000
4210	Reisekosten	33 000		33 000
4220	Kfz-Kosten	98 000	45 000	53 000
4300	sonstige Verwaltungskosten	168 000		168 000
4800	Abschreibungen	320 000		320 000
	Sondereinzelkosten (SEK)			
0200	Spezialwerkzeuge (SEK Fertigung)	132 000	132 000	
4400	Ausgangsfrachten (SEK Vertrieb) Verpackung	151 000	151 000	
	Summe	7 792 000	5 461 000	2 331 000

Kostenarten – Verteilung
Testaplast GmbH – Teilkostenrechnung

		Kostenstellen				
Kostenarten		Gießerei	Bearbeitung	Arbeitsvor-bereitung	Material wirtschaft	Fuhrpark
Kto.-Nr.	Kostenarten	100	110	120	200	700
4010	Gemeinkostenlöhne	27 000	73 000		40 000	
4020	Gehälter					
4050	soziale Abgaben	5 500	14 500		8 000	
4100	Raumkosten / Miete					
4110	Instandhaltung, Reparaturen	6 600	14 630	2 500	1 270	
4200	Werbekosten, Messen					
4210	Reisekosten					
4220	Kfz-Kosten					45 000
4300	sonstige Verwaltungskosten					
4800	Abschreibungen					
Umlage	Kostenstelle 120:					
	Nach Stunden	765	515			
	Kostenstelle 700:					
	Nach gefahrenen km	1 560	1 380	660	88 500	

Tabelle Ü E 3.3.9

Betriebsabrechnungsbogen
Testaplan GmbH – Teilkostenrechnung

Kostenarten		Kostenstellen					
Kto.-Nr.	Summe	Gießerei 100	Bearbeitung 110	Arbeits- vorbereitung 120	Summe Fertigung (100 u. 110)	Material- wirtschaft 200	Fuhrpark 700
Summe 1							
Umlage Kostenstelle 700							
Zw-Summe Kostenstelle 120							
Summe 2							

Tabelle Ü E 3.3.10

Ermittlung der Zuschlagssätze
Testaplast GmbH – Teilkostenrechnung

Zuschlagssatz für:
    Material-Gemeinkosten
    Fertigungs-Gemeinkosten Gießerei
    Fertigungs-Gemeinkosten Bearbeitung

Tabelle Ü E 3.3.11

Ermittlung der Herstellkosten
Testaplast GmbH – Teilkostenrechnung

		Auftrag 1 DM	Auftrag 2 DM	Auftrag 3 DM	Summe DM
Fertigungsmaterial		1 060 000	1 092 500	497 500	2 650 000
Rohstoffe		314 000	323 627	147 373	785 000
Hilfs- und Betriebsstoffe		130 000	147 500	42 500	320 000
Energiekosten		188 000	238 500	38 500	465 000
Summe Fertigungsmaterial		1 692 000	1 802 127	725 873	4 220 000
Material-Gemeinkosten	Zuschlagssatz DM				
Fertigungslöhne					
Gießerei		110 000	130 000	25 000	265 000
Bearbeitung		63 000	207 000	185 000	455 000
Fertigungs-Gemeinkosten					
Gießerei	Zuschlagsatz DM				
Bearbeitung	Zuschlagsatz DM				
Sondereinzelkosten der Fertigung		0	32 000	100 000	132 000
variable Herstellkosten der erbrachten Leistung					

Fertigung: Stückzahlen		Auftrag 1	Auftrag 2	Auftrag 3	Summe DM
gefertigte Stückzahl		10 000	16 000	200 000	– –
Herstellkosten / Stück					– –
verkaufte Stückzahl		11 500	15 000	200 000	– –
Bestandsveränderung	Stück DM	–1 500	1 000	0	– –
Sondereinzelkosten des Vertriebs					
variable Kosten der abgesetzten Leistung					

181

Tabelle Ü E 3.3.12

Kostenträgerstückrechnung / Kalkulation
Testaplast GmbH – Teilkostenrechnung

	Auftrag 1 DM	Auftrag 2 DM	Auftrag 3 DM
Fertigungsmaterial Rohstoffe Hilfs- und Betriebsstoffe Energiekosten			
Summe Fertigungsmaterial			
Material-Gemeinkosten			
Fertigungslöhne Gießerei Bearbeitung			
Fertigungs-Gemeinkosten Gießerei Zuschlagsatz DM Bearbeitung Zuschlagsatz DM Sondereinzelkosten der Fertigung			
variable Herstellkosten			
Sondereinzelkosten des Vertriebs			
variable Selbstkosten			

Tabelle Ü E 3.3.13

Kostenträgerzeitrechnung / Betriebsergebnisrechnung
Testaplast GmbH – Teilkostenrechnung

	Auftrag 1	Auftrag 2	Auftrag 3	Gesamt
verkaufte Stückzahl	11 500	15 000	200 000	– –
Verkaufserlöse je Stück brutto	290,00	250,00	6,25	– –
gewährte Rabatte, Skonti	3 %	3 %	5 %	– –
Verkaufserlöse je Stück netto				– –
variable Selbstkosten je Stück				– –
Deckungsbeitrag je Stück				
				– –
Umsatzkostenrechnung	DM	DM	DM	DM
Umsatzerlös brutto				
gewährte Rabatte, Skonti				
Umsatzerlöse netto				
variable Selbstkosten der abgesetzten Leistung				
Deckungsbeitrag				
Fixkostenblock	– –	– –	– –	
Betriebsergebnis				

F Finanzierung

Dieser Abschnitt befaßt sich nach Bild F-1 mit der *betrieblichen Finanzwirtschaft,* stellt die wichtigsten *Instrumente und Methoden* vor und zeigt die *Anwendung* anhand praktischer Beispiele.

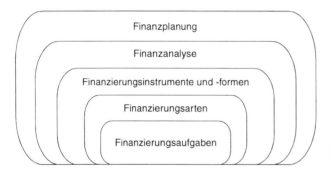

Bild F-1.
Übersicht zur Finanzierung

F 1 Einführung

F 1.1 Finanzierungsbegriff

Der Begriff Finanzierung umfaßt heute alle *Maßnahmen der Mittelbeschaffung* im Finanzbereich einer Unternehmung. Die *Finanzierung im engeren Sinn* betrachtet lediglich die Beschaffung von Kapitalmitteln. Hingegen bedeutet die Finanzierung *im weiteren Sinne* die Kapitaldisposition jeglicher Art für die Beschaffung von Geldmitteln zur Verwendung als Eigen- oder Fremdkapital sowie für die Beschaffung von Sachkapital, das in Anlagegüter der Unternehmung eingebracht wird, ferner die Disposition und die Verwaltung von Finanzmitteln, insbesondere die Liquiditätssicherung sowie die Bereiche Kapitalstrukturierung, Kapitalfreisetzung und Kapitalabfluß.

F 1.2 Finanzierung im Unternehmen

Für die Leistungserstellung benötigen die Unternehmen Kapital für Gebäude, Grundstücke, Anlagen, Maschinen, Fahrzeuge und für Geschäftseinrichtungen. Für die Mitarbeiter der Unternehmung fallen Löhne und Gehälter an, aus den bezogenen Rohstoffen, Halbfabrikaten und Fertigprodukten entstehen Verbindlichkeiten gegenüber den Lieferanten. Zudem leistet das Unternehmen Steuerzahlungen, Abgaben und Gebühren sowie

Aufwendungen für die betriebliche Verwaltung des Unternehmens (Bild F-2). Für die Gründung, Aufrechterhaltung, Erweiterung und die Modernisierung der Produktionskapazitäten werden Güter und Dienstleistungen benötigt, die in der Unternehmung Finanzierungsvorgänge auslösen.

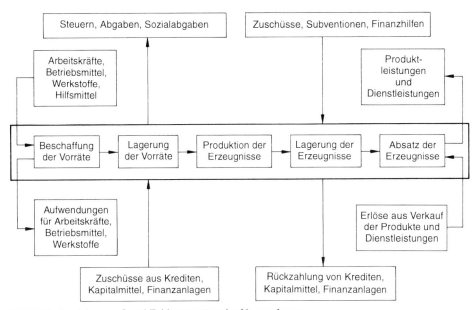

Bild F-2. Betriebsprozeß und Zahlungsströme im Unternehmen

F 1.3 Beziehung zu Finanzmärkten

Betrachtet man die Kapitalströme in der Unternehmung (Bild F-3), so erkennt man einen *inneren geschlossenen Kreislauf*, bestehend aus den Ausgaben durch die Kapitalverwen-

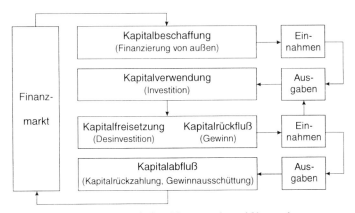

Bild F-3. Kapitalströme zwischen Finanzmarkt und Unternehmung

dung und die zurückfließenden, in der Regel höheren Einnahmen. Die Einnahmen aus den Umsatzerlösen von Produkten und die Dienstleistungen fließen zu einem Teil dem inneren Kreislauf zu und stehen somit der erneuten Kapitalverwendung zur Verfügung. Auch aus dem Verkauf von investierten Anlagen und Maschinen erlöst das Unternehmen Einnahmen. Der andere Teil der Einnahmen wird in Form von Kapitalrückzahlungen und Gewinnen dem Finanzmarkt zurückgeführt und steht von neuem als Finanzierungskapital den Investoren zur Verfügung. Der *äußere Finanzkreislauf* ist geschlossen.

F 1.4 Investition und Finanzierung

Für die Existenzfähigkeit eines Unternehmens ist das Kapital eine wichtige Voraussetzung. Das Kapital wird im Anlagevermögen und in Teilen des Umlaufvermögens gebunden. Eine wesentliche Aufgabe der Finanzierung ist die Beschaffung der Finanzmittel, die in Investitionen (Abschn. G) ihre Verwendung finden. Dabei sind sowohl die Finanzierung und die Investition sowie die Kapital- und Vermögensstrukturierung als auch die Liquidität eng miteinander verbunden und voneinander abhängig.

Für die Investitionsentscheidungen ist zum einen die Wirtschaftlichkeit entscheidend. Von der bilanziellen Seite her (Abschn. E 1.2.3) betrachtet, steht die Beschaffung von Geldmitteln als Eigen- und Fremdkapital *(Mittelherkunft)* auf der Passivseite der Bilanz, die Beschaffung von Sachkapital als Anlage- und Umlaufvermögen *(Mittelverwendung)* hingegen auf der Aktivseite der Bilanz.

F 2 Finanzierungsaufgaben

F 2.1 Liquidität und finanzielles Gleichgewicht

Die Veränderungen auf finanzwirtschaftlicher Seite werden in *Bewegungsrechnungen* erfaßt und im Wertestrom als Einnahmen und Ausgaben gemessen. Die darin enthaltenen Veränderungen der liquiden Geldmittel sind die Einzahlungen und Auszahlungen (Bild F-4).

Die Gewährleistung des Fortbestands des Unternehmens durch Sicherung der Liquidität ist die Mindestaufgabe der betrieblichen Finanzwirtschaft.

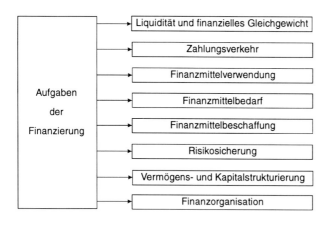

Bild F-4. Übersicht der Finanzierungsaufgaben

Die Liquidität des Unternehmens ist gewährleistet, wenn zur Erfüllung der Verbindlichkeiten die entsprechenden Mittel zum richtigen Zeitpunkt in ausreichender Höhe vorhanden sind. Das Unternehmen muß *ständig* seinen *finanziellen Zahlungsverpflichtungen nachkommen* können und seine Zahlungsfähigkeit sichern. Dabei fließen dem Unternehmen aus dem Verkauf seiner Produkte Geldmittel zu. Diesen Einnahmen stehen aber *zeitlich versetzt* die Ausgaben für die hergestellten und verkauften Produkte gegenüber. Die Geldströme aus Einzahlungen und Auszahlungen müssen so gestaltet und gesteuert werden, daß die Zahlungsfähigkeit aufrechterhalten wird.

Verfügt das Unternehmen über einen *höheren Bestand* an *flüssigen Mitteln* in der Kasse und als Bankguthaben, als es an Ausgaben zu einem bestimmten Zeitpunkt leisten muß, so beeinflussen die *überschüssigen Mittel* die *Rentabilität* des Unternehmens *ungünstig,* da sie meist keine ausreichende Verzinsung bieten. Eine Lösung bietet die kurzfristige und zinsbringende, aber möglichst risikoarme Anlage dieser Mittel.

F 2.2 Zahlungsverkehr

Zu den wichtigen Aufgaben der betrieblichen Finanzwirtschaft zählen die *Vereinnahmung* und die *Weiterverwendung* von Bargeld aus der Kassenhaltung, sowie die Abwicklung des bargeldlosen inländischen und ausländischen Zahlungsverkehrs. Der gesamte *Zahlungsverkehr* der Unternehmung ist so zu gestalten, daß die zur Zahlung anstehenden Fälligkeiten rationell, kostengünstig, schnell und sicher abgewickelt werden können.

F 2.3 Finanzmittelverwendung

Die beschafften Finanzmittel werden im eigenen Unternehmen für die *Investitionen* verwendet. Aber auch außerhalb des Unternehmens finden die Mittel in *Finanztiteln* (Wertpapiere) und Barvermögen bei Banken oder auch in direkten Darlehen für andere Unternehmungen ihre Verwendung.

F 2.4 Finanzmittelbedarf

Vor jeder Investitionsentscheidung wird der Kapitalbedarf einer Investition unter Berücksichtigung der Höhe der gebundenen Mittel und der für sie benötigten Zeitdauer ermittelt. Tabelle F-1 zeigt die Ermittlung des Kapitalbedarfs bei einer Kapazitätserweiterung.

F 2.5 Finanzmittelbeschaffung

Nach der Ermittlung des Finanzmittelbedarfs werden die Finanzmittel unter Berücksichtigung wichtiger Faktoren beschafft. Dies sind in erster Linie die Wahl einer geeigneten *Finanzierungsform* (Außen-, Innen-, Selbst-, Eigen- oder Fremdfinanzierung) sowie die Festlegung der entsprechenden *Finanzierungsarten* (Häufigkeit, Fristigkeit und Herkunft der Finanzmittel). Besondere Bedeutung haben dabei die *einmaligen* und *laufenden Kosten* der Finanzierung.

Tabelle F-1. Kapitalbedarfsermittlung einer Kapazitätserweiterung

Anlageninvestitionen	Kauf des Grundstücks	250 000 DM
	Bau der neuen Produktionsstätte	1 500 000 DM
	Einrichtung der Produktionsstätte	750 000 DM
	Anschaffung von Maschinen	1 000 000 DM
	Kauf von Fahrzeugen	200 000 DM
	gesamt	3 700 000 DM
Kapitalbindungsdauer	Lagerungsdauer von Rohstoffbeständen	40 Tage
	Verarbeitungsdauer	20 Tage
	Lagerungsdauer der Fertigprodukte	10 Tage
	Zahlungsziel für die Kunden	30 Tage
	gesamt	100 Tage
Tagesaufwand	Materialeinsatz	15 000 DM
	Hilfsstoffe	2 000 DM
	Löhne	10 000 DM
	Gemeinkosten	3 000 DM
	gesamt	30 000 DM
Kapitalbindung im Umlaufvermögen	Kapitalbindungsdauer × Tagesaufwand	3 000 000 DM
Kapitalbindung im Anlagevermögen		3 700 000 DM
Kapitalbedarf	gesamt	6 700 000 DM

F 2.6 Risikosicherung

Eine der herausragenden Aufgaben der Finanzierung ist die *Sicherung* gegen *Währungsrisiken* und *Kursschwankungen,* insbesondere für international orientierte Unternehmen mit hohen Import- bzw. Exportquoten.

F 2.7 Vermögens- und Kapitalstrukturierung

Die betriebliche Finanzwirtschaft hat die Aufgabe, für ein ausgewogenes Verhältnis der horizontalen und vertikalen Vermögens- und Kapitalstruktur und des finanzwirtschaftlichen Gleichgewichts (Verhältnis zwischen Forderungen und Verbindlichkeiten) zu sorgen.

F 3 Finanzierungsarten

Einen Überblick gibt Bild F-5.

F 3.1 Art der Kapitalmittel

Aus bilanzieller Sicht unterscheiden sich die Kapitalmittel auf der Kapitalseite der Bilanz (Passiva) in Eigen- und Fremdkapital. Die wesentlichsten Unterschiede zeigt Tabelle F-2.

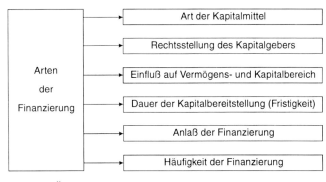

Bild F-5. Übersicht über die Arten der Finanzierung

Tabelle F-2. Eigenkapital und Fremdkapital im Vergleich

	Eigenkapital	Fremdkapital
Rechtsverhältnis und Rechtsstellung	Beteiligung als Unternehmenseigner	Schuldverhältnis als Gläubiger
Verfügbarkeit der zeitlichen Bereitsstellung	unbefristet	befristet
Anspruch auf Verzinsung des Kapitals	nein	ja
Erfolgsbeteiligung am Gewinn oder Verlust	ja	nein
Mitbestimmung durch Kapitalgeber	ja	nein
Kündigung des Kapitals	nein	ja

F 3.2 Herkunft der Kapitalmittel

Das Unternehmen kann sich durch eigene und durch externe, von außen zufließende Mittel finanzieren. Eine *Innenfinanzierung* liegt vor, wenn das Unternehmen aus eigenen Mitteln Rücklagen oder stille Reserven bildet (Bild F-6). Auch durch (überhöhte) Abschreibungen kann eine Innenfinanzierung entstehen. Kennzeichnend für die *Außenfinanzierung* sind Zuflüsse fremder Mittel aus Einlagen und Beteiligungen, die in das Gesellschaftskapital fließen und entsprechenden Vermögenswerten auf der Aktivseite gegenüberstehen. Die Rechtsform der Unternehmung bestimmt weitestgehend die Außenfinanzierung von Eigenkapital als Einlagen- oder Beteiligungsfinanzierung, beispielsweise die Kapitalerhöhung einer Aktiengesellschaft.

Bild F-6. Einteilung nach Herkunft der Kapitalmittel

189

Mit der Finanzierung aus *langfristigen Rückstellungen,* insbesondere aus Pensionsrückstellungen erhöhen sich die Fremdmittel des Unternehmens. Allerdings ergeben sich bei Auflösung oder Aufdeckung der stillen Reserve nicht unbedeutende steuerliche Probleme.

F 3.3 Rechtsstellung des Kapitalgebers

Der Unternehmer finanziert als *Eigentümer* bei der Eigenfinanzierung seinen Betrieb selbst mit *unbefristetem Eigenkapital.* Daraus erhält er keinen Anspruch auf Verzinsung des eingebrachten Eigenkapitals, sondern den Anteil am Gewinn und auch am Verlust des Unternehmens. Dies ist besonders bei der Wahl der Rechtsform (Abschn. D 1) zu berücksichtigen.

Bei der *Fremdfinanzierung* dagegen treten als Kapitalgeber nicht die Eigentümer, sondern Gläubiger (Banken) und Miteigentümer (Aktionäre) auf, die dem Schuldnerunternehmen Kapital überlassen gegen Anspruch auf rechtzeitige Rückzahlung mit Verzinsung der Fremdfinanzmittel.

Schließlich kann sich das Unternehmen aus seiner erfolgreichen Tätigkeit selbst Finanzmittel zur Verfügung stellen. Diese Selbstfinanzierung geschieht durch Nichtausschüttung von Gewinnen, Finanzierung aus Abschreibungsgegenwerten, Veräußerung von Vermögensgegenständen oder der Durchführung von Rationalisierungsmaßnahmen. Bild F-7 zeigt die Finanzierungsarten, wie sie in die Eigen- und Fremdfinanzierung auf der einen und die Innen- und Außenfinanzierung auf der anderen Seite eingeteilt werden können.

F 3.4 Einfluß auf den Vermögens- und Kapitalbereich

Die Finanzierungsvorgänge wirken sich erheblich auf die Bilanzstruktur des Vermögens- und Kapitalbereichs aus. Bild F-8 zeigt die Zusammenhänge. Als Folge von Mittelzuflüssen aus der Innen- und Außenfinanzierung nehmen Vermögen bzw. Kapital zu und schlagen sich in einer *Bilanzverlängerung* nieder. Nehmen die Vermögens- bzw. Kapitalbestände durch die Rückzahlung des von außen zugeführten Eigen- und Fremdkapitals ab, bilden sich *Bilanzverkürzungen.* Die Ausschüttung von Gewinnen und der Ausweis von Bilanzverlusten verkürzen die Bilanz ebenfalls.

F 3.5 Dauer der Kapitalbereitstellung (Fristigkeit)

Die *Laufzeiten* der Investitionen sollen denen der *Finanzierung entsprechen.* Kurzfristige Mittel finanzieren kurzfristige Investitionen mit einer Laufzeit von bis zu einem Jahr. Längerfristige Finanzmittelverwendungen finanzieren sich aus längerlaufenden Mitteln. Grobe Fehldispositionen hinsichtlich der Dauer der Kapital- und Vermögensbereitstellung gefährden auch hier den Bestand des Unternehmens (Tabelle F-3).

F 3.6 Anlaß der Finanzierung

Die wesentlichsten Anlässe zur Finanzierungen entstehen bei

Gründung des Unternehmens
Neugründung eines Gesamtunternehmens oder Gründung von ausgelagerten Gesellschaften, Betriebsteilen oder Niederlassungen;

	Innenfinanzierung		Außenfinanzierung
	Selbstfinanzierung	—	
Eigenfinanzierung	Finanzierung aus zurückbehaltenem Gewinn (Gewinnthesaurierung)	Finanzierung aus Abschreibungsgegenwerten	Einlagen- bzw. Beteiligungsfinanzierung
		Finanzierung aus überhöhten Rückstellungsgegenwerten	
	Rücklagenbildung	Finanzierung durch Verringerung des Umlaufvermögens	
		Finanzierung aus Vermögensumschichtung	
Fremdfinanzierung	Finanzierung aus angemessenen Rückstellungsgegenwerten		Kreditfinanzierung
			Subventionsfinanzierung
Sonderinstrumente			Leasing
			Francising
			Factoring

Bild F-7. Zusammenhang zwischen Art und Herkunft der Kapitalmittel

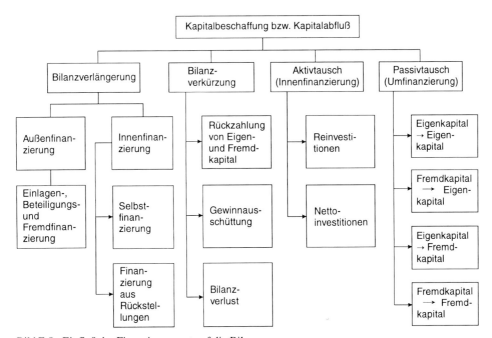

Bild F-8. Einfluß der Finanzierungsart auf die Bilanz

Tabelle F-3. Fristigkeit von Investitionen und Finanzierungen

Fristigkeit	kurzfristig	mittelfristig	langfristig	unbefristet
Dauer	bis 1 Jahr	1 bis 5 Jahre	über 5 Jahre	–
Beispiele	Dispositions-kredit	Finanzierungs-kredit	Pensionsrück-stellungen	Beteiligungs-kapital

Erhöhung des Kapitals
Eintritt weiterer Gesellschafter oder Erhöhung der Gesellschaftsanteile in Mengenvolumen und Wert;

Konzernbildungen oder Gesellschaftsfusionen
Zusammenführung mehrerer Unternehmen mit oder ohne Mehrheitsbeteiligungen und gemeinsamer Dachgesellschaft, Verschmelzung mehrerer Gesellschaft in neue Unternehmung;

Unternehmensumwandlungen
Veränderung der bisherigen Rechtsform der Unternehmung u.a. zur günstigeren Kapitalmittelbeschaffung.

F 4 Finanzierungsinstrumente und -formen

Die nachfolgenden Instrumente und Formen der Finanzierung sind entsprechend ihrer Art und Herkunft gegliedert (Bild F-9).

F 4.1 Außenfinanzierung

F 4.1.1 Beteiligungsfinanzierung

Die Beteiligungsfinanzierung führt dem Unternehmen von außen langfristig und meist ohne feste Verzinsung Eigenkapital durch die Eigentümer einer Einzelunternehmung, die Miteigentümer einer Personengesellschaft oder die Anteilseignern einer Kapitalgesellschaft zu. Die bisherigen Eigentümer erhöhen ihre Einlagen, oder neue Gesellschafter erweitern das Eigenkapital. Neben Geldeinlagen sind auch Sacheinlagen (Maschinen, Rohstoffen, Waren) oder Einlagen in der Form von Rechten (Patente, Wertpapiere) möglich.

Einzelunternehmung
Durch die Zuführung von Mitteln aus dem Privatvermögen des Unternehmers wird das außenfinanzierte Eigenkapital aufgestockt. Der Einzelunternehmung können frei und ohne besondere gesetzliche Auflagen Kapitalmittel aus dem Gesellschaftervermögen zugeführt oder entnommen werden *(variables Beteiligungskapital)*. Die stille Gesellschaftsbeteiligung führt der Einzelunternehmung weitere Kapitalmittel zu. Die Gläubiger wirken nicht geschäftsführend und treten nach außen nicht für Verbindlichkeiten ein, haben aber Anspruch auf Gewinn und sind gegebenenfalls mit ihrer Einlage am Verlust beteiligt.

Personengesellschaften
Für die *OHG* gilt ebenfalls das variable Beteiligungskapital. Die geschäftsführungsberechtigten Gesellschafter erhöhen oder verringern ihre bestehende Kapitaleinlage frei im

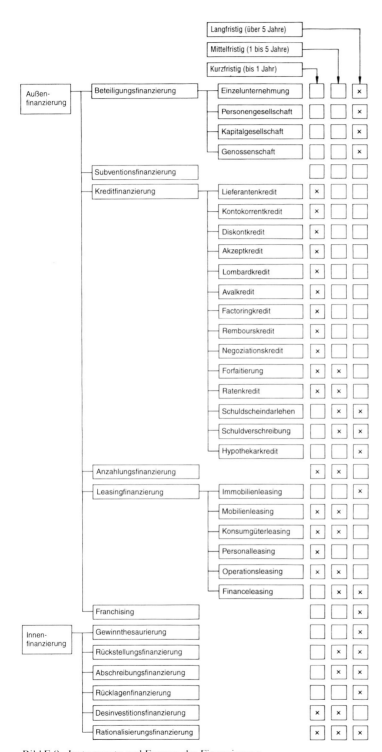

Bild F-9. Instrumente und Formen der Finanzierung

Rahmen der gefaßten Regelungen des Gesellschaftsvertrages. Mit der Aufnahme neuer geschäftsführungsberechtigter Gesellschafter und deren Einlage erweitert die Gesellschaft ihre Eigenkapitalbasis.

Die *KG* dagegen trennt ihr Gesellschaftskapital in *geschäftsführungsberechtigtes Komplementärkapital* und *nicht geschäftsführungsberechtigtes Kommanditkapital*. Dabei trägt das eingebrachte Kapital der Komplementäre wie bei der OHG und der Einzelunternehmung die Eigenschaften des variablen Beteiligungskapitals. Bei der Ausstattung des Gesellschaftskapital durch die Kommanditisten hingegen handelt es sich um festes Beteiligungskapital.

Kapitalgesellschaften
Das nominell fest gebundene und haftende Beteiligungskapital der Kapitalgesellschaft (GmbH, AG) ist erfolgsbeteiligt und dividendenberechtigt. Nicht erfolgsbeteiligtes und nicht dividendenberechtigtes Beteiligungskapital sind die Rücklagen. Die Gewinne, die den Gesellschaftern zustehen, aber nicht ausgeschüttet werden, sind die *freien Rücklagen.* Das aus Aktienemissionen stammende Aufgeld *(Agio)* oder die Zuzahlungen bei der Begebung von Optionsanleihen werden als *offene Rücklage* bezeichnet.

Das Stammkapital der *GmbH* beträgt mindestens 50 000 DM mit der Mindesteinlage von 500 DM eines Gesellschafters. Der Eigenkapitalmittelzufluß erfolgt durch die Erhöhung bestehender Stammeinlagen der Gesellschafter oder die Aufnahme neuer Gesellschafter mit Einbringung weiterer Geschäftsanteile.

Zur Finanzierung eines großen Beteiligungskapitalvolumens eignet sich die *AG.* Mit einem Grundkapital als haftendes Beteiligungskapital von mindestens 100 000 DM und fünf Gesellschaftern ausgestattet, wird das Beteiligungskapital am Kapitalmarkt meist breit gestreut. Dabei unterliegen die Aktionäre keiner Verpflichtung, ihre Unternehmensanteile ständig zu halten und können ihre Beteiligungen am organisierten Kapitalmarkt der Börse veräußern. Das Aktienkapital ist üblicherweise zu einem Nennwert von 50 DM je Aktie gestückelt. Die AG kann *Stammaktien* und *Vorzugsaktien* ausgeben. Mit der Stammaktie wird das Recht zur Teilnahme an der Hauptversammlung (Auskunftserteilung, Stimmrecht, Beschlußanfechtung), das Recht auf Dividendenzahlung und Anteil am Liquidationserlös sowie das Recht zum Bezug junger Aktien verbrieft. Bei der Begebung von Vorzugsaktien erhält der Anteilseigner gegenüber den Stammaktionären bestimmte Vorzüge, nimmt dafür aber bestimmte Einschränkungen in Kauf.

Neben der *Gründungsfinanzierung* stehen der Gesellschaft zur Beschaffung weiterer Mittel zum Zweck der Beteiligungsfinanzierung Kapitalerhöhungen zur Verfügung. Die ordentliche Kapitalerhöhungen des Grundkapitals erfolgt nach Beschluß der Hauptversammlung mit der Ausgabe neuer Aktien. Mit der genehmigten Kapitalerhöhung berechtigt die Hauptversammlung den Vorstand, während eines Zeitraums von fünf Jahren eine im Wert bestimmte *Kapitalerhöhung* entsprechend des zeitlichen Finanzmittelbedarfs der Gesellschaft und der Situation am Kapitalmarkt durchzuführen. Aus der Ansammlung einbehaltener Gewinne *(Gewinnthesaurierung)* entstandene offene Rücklagen werden bei einer Kapitalerhöhung aus Gesellschaftsmitteln in Grundkapital umgewandelt. Mit der *bedingten Kapitalerhöhung* stehen der Gesellschaft bestimmte Umtausch- und Bezugsrechte für die neuen Aktien zur Verfügung. Eine aus *steuerlichen Aspekten* entwickelte Form ist die *Dividendenkapitalerhöhung* der AG. Um eine hohe Belastung mit Körperschaftsteuer bei der Gewinnthesaurierung zu vermeiden, schüttet die Gesellschaft die einbehaltenen Gewinne an ihre Aktionäre aus und verringert dadurch die Steuerbelastung. Um die freigesetzten Mittel von den Aktionären zurückzuholen, bietet die Gesellschaft ihren Aktionären die vorteilhaften Möglichkeiten zur Wiederanlage an. Dieses Verfahren wird als *Schütt-aus-hol-zurück-Politik* bezeichnet.

Die Außenfinanzierung der eG verhält sich annähernd der Außenfinanzierung einer GmbH. Die Beschaffung des Beteiligungskapitals geschieht durch die Ausgabe von Geschäftsanteilen gegen die Beteiligungseinlage der Genossen oder der Neuaufnahme weiterer Genossen.

F 4.1.2 Kreditfinanzierung

Die Kreditfinanzierung überläßt dem Kreditnehmer ein in der Höhe festgelegtes und im Zeitraum befristetes Kreditkapital. Als Preis für die Überlassung der Mittel fordert der Kreditgeber eine dem Markt entsprechende Verzinsung. Der Kreditnehmer verpflichtet sich, den fälligen Zins- und Tilgungsverpflichtungen zu den vereinbarten Zeitpunkten nachzukommen. In der Regel bedienen sich Kreditmittelgeber entsprechender *Kreditabsicherungen*.

Außer den Kreditfinanzierungen über den organisierten nationalen und internationalen Kredit- und Kapitalmarkt mit Banken, Versicherungen und sonstigen Finanzierungsinstitutionen nutzen Unternehmen auch nichtorganisierte Kreditfinanzierungsformen mit Lieferanten, anderen Unternehmen und öffentlichen Einrichtungen als Gläubiger.

F 4.1.2.1 Ablauf einer Kreditfinanzierung

Bevor eine Kreditfinanzierung zustande kommt, bedarf es der Ermittlung des erforderlichen Kreditbedarfs der Unternehmung. Anschließend ist zu prüfen, wer ein entsprechendes Kreditvolumen zu welchen Konditionen anbietet. Zur Entscheidungsfindung werden verschiedene Alternativen der Kreditfinanzierung nach der Form der Kreditgewährung gegenübergestellt. Seitens des Kreditnehmers sollten mindestens folgende Aspekte berücksichtigt werden:

● Kreditbedarfsermittlung,

● Finanzierungsform,

● Kreditmittelerhältlichkeit,

● Zins- und Tilgungsmodus,

● Finanzierungskonditionen,

● Investitionsrechnung,

● Alternativenvergleich und

● Kreditsicherung.

F 4.1.2.2 Kreditprüfung

Zur Gewährung einer Kreditfinanzierung sind verschiedene Voraussetzungen erforderlich, die durch eine Prüfung der Kreditwürdigkeit *(Bonitätsprüfung)* belegt werden sollen. Der Kreditsuchende muß neben der vertraglich geregelten Zahlung der Raten *(Tilgung)* auch die aus der Kreditfinanzierung vereinbarten *Zinsen* zu bezahlen. Der Kreditgeber bedient sich zur Bonitätsprüfung verschiedener *Informationsquellen*. Dazu dienen umfassende *innerbetriebliche* (z.B. Bilanz und GuV) und *außerbetriebliche Informationen* (z.B. Geschäftspartnerberichte oder Informationen über Wirtschaftsauskunfteien).

F 4.1.2.3 Kreditmittelsicherung

Zur Absicherung gegen Risiken einer teilweisen oder vollständigen Nichtrückzahlung oder verspäteten Rückzahlung fordern Kreditgeber neben den Kreditprüfungen und Kreditüberwachungen von den Schuldnern Kreditsicherheiten. Im Prinzip handelt es sich um Personal- und Realsicherungen (Bild F-10). Aus der *Kreditsicherung mit Personalsicherheiten* leiten sich schuldrechtliche Ansprüche gegen Personen als Sicherungsgeber ab, die mit ihrem Vermögen haften.

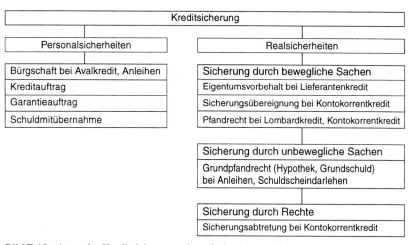

Bild F-10. Arten der Kreditsicherung mit typischen Anwendungen

Innerhalb einer *Bürgschaft* verpflichtet sich der Bürge gegenüber dem Gläubiger vertraglich, für die Verbindlichkeiten des Dritten (Hauptschuldners) einzutreten. Durch den nicht gesetzlich geregelten *Garantievertrag* verspricht der Garantierende einem anderen (Gläubiger), für den Erfolg einzustehen, der ihm aus der Unternehmung eines Dritten (Hauptschuldner) erwächst, insbesondere bei Risiken aus der Unternehmung. Die ebenfalls nicht gesetzlich geregelte *Schuldmitübernahme* besteht dem Wesen nach in der Übernahme einer fremden Verbindlichkeit durch einen neuen Schuldner. Für die Verbindlichkeiten haften somit beide Schuldner.

Im Zuge der *Kreditsicherung aus Realsicherheiten* verlangen Gläubiger die Erbringung von dinglichen Sicherheiten an Grundstücken, Gebäuden, Anlagen, Produkten und Handelswaren.

Für *bewegliche Sachen als Sicherungsmittel* setzen Gläubiger den Eigentumsvorbehalt, die Sicherungsübereignung und das Pfandrecht ein. Im Falle des *Eigentumvorbehalts* behält sich der Verkäufer bis zur vollständigen Bezahlung das Eigentum an der verkauften Sache vor. Beim *verlängertem Eigentumsvorbehalt* tritt der Käufer dem Verkäufer die Forderung aus der Weiterveräußerung ab. Mit der *Sicherungsübereignung* wird das Eigentum eines bestimmten Sicherungsgutes an den Kreditgeber übereignet, jedoch ohne tatsächliche Übergabe. Mit der Sicherungsübereignung erhält der Kreditgeber den Status des Eigentümers. Der Kreditnehmer bleibt lediglich unmittelbarer Besitzer der Sache. Nach den gesetzlichen Regelungen des Pfandrechts ist der Gläubiger berechtigt, bei

Nichterfüllung der durch das *Pfandrecht* gesicherten Forderung, den Pfandgegenstand zur Befriedigung seiner Forderungen zu verwerten.

Für *unbewegliche Sachen als Sicherungsmittel* nutzen Gläubiger die Grundpfandrechte in der Form einer *Hypothek* oder einer Grundschuld. Mit einer Hypothek wird ein Grundstück belastet. Dabei weisen die Höhe der Forderung und der Umfang der eingetragenen Hypothek einen unmittelbaren Zusammenhang auf *(Akzessorietät)*. Der Schuldner muß nicht Eigentümer des belasteten Grundstücks sein. Er haftet für die eingegangene Verbindlichkeit nicht nur mit seinem Gesamtvermögen, sondern auch mit dem belasteten Grundstück und dessen Bestandteilen, insbesondere dem Gebäuden. Durch Eintragung einer *Grundschuld* wird ein Grundstück belastet. Im Gegensatz zur Hypothek ist die Grundschuld unabhängig von einer Forderung und kann unabhängig von einer Kreditinanspruchnahme bestehen bleiben.

Schließlich bieten sich noch *Rechte* als Sicherungsmittel an, beispielsweise die Sicherungsabtretung oder das Rechtspfand. Durch die *Sicherungsabtretung* tritt der Kreditnehmer *(Zedent)* Forderungen ab, die zur Sicherung der Forderung des Kreditgebers *(Zessionär)* dienen. Der Gläubiger wird somit berechtigt, bei Zahlungsverzug des Schuldners bestehende Außenstände einzuziehen.

F 4.1.2.4 Lieferantenkredit

Mit dem Lieferantenkredit räumt der Lieferant dem Kunden im Kaufvertrag einen *befristeten Zahlungsaufschub* ein (Zielkauf) und gewährt ihm dadurch Kredit. Der Kunde kann über die durch den Lieferantenkredit freigewordenen Mittel vorübergehend anderweitig verfügen und seine Liquidität erhöhen. Die Abwicklung des Lieferantenkredits ist organisatorisch nicht aufwendig, da keine besonderen Formalitäten zu beachten sind, und auf umfassende Kreditwürdigkeitsprüfungen verzichtet wird. Die *Sicherung* der Forderungen gegenüber dem Abnehmer geschieht durch *Eigentumsvorbehalt*. Mit der Ausnutzung des scheinbar günstigen Lieferantenkredits bezahlt der *Abnehmer* einen *hohen Zins* (Vielfaches der Zinsen eines Bankkredits). Bereits in ihren Preiskalkulationen berücksichtigen Lieferanten die Zinsbelastung des Zahlungsaufschubs. Es sollte stets geprüft werden, ob durch anderweitige, wesentlich günstigere Finanzierungsalternativen, beispielsweise durch einen kurzfristigen Bankkredit, die Sofortzahlung unter Skontoabzug vorgenommen werden kann. Bei Nutzung des Lieferantenkredits ist es für den Abnehmer günstig, zum spätesten Zeitpunkt die Zahlung zu leisten. Zur Verdeutlichung dient folgendes Beispiel: Ein Rechnungsbetrag ist zahlbar innerhalb von 30 Tagen. Bei Zahlung innerhalb von 10 Tagen mit 3% Skontoabzug (Tabelle F-4). Der Jahreszinsaufwand für die Gewährung von 3% Skonto beträgt 55,67%.

Tabelle F-4. Zinsertrag durch Nutzung des Skontoabzugs

Rechnungsbetrag (DM)	10000
Zahlungsziel (Tage)	30
Skontozeit (Tage)	10
Skontosatz (%)	3
Skontobetrag (DM)	300
Nettobetrag (DM)	9 700,00
Zinsaufwand (%)	3,09
Jahreszinsaufwand (%)	55,67

Folgende Formeln liegen dabei zugrunde:

$$Zinsaufwand\ (\%)\ =\ \frac{Skontobetrag}{Nettobetrag}\ \times\ 100$$

$$Jahreszinsaufwand\ (\%)\ =\ \frac{Zinsaufwand}{Zahlungsziel\ -\ Skontofrist}\ \times\ 360$$

F 4.1.2.5 Kontokorrentkredit

Die Bank des Kreditnehmers gewährt ihm die Überziehung des Kontos bis zu einem gemeinsam vereinbarten Höchstbetrag *(Kreditrahmen)*. Als Kosten fallen für den Kreditnehmer Kreditzinsen, Kreditprovisionen zur Bereitstellung und Umsatzprovisionen an. Für Überschreitungen des gewährten Kreditrahmens (falls dies überhaupt möglich ist) entstehen zusätzliche Überziehungsprovisionen. Der Kontokorrentkredit dient zur Finanzierung von *Spitzenbelastungen,* beispielsweise Lohnzahlungen oder Skontozahlungen. Wie Tabelle F-5 zeigt, kann bei denselben Kreditkosten in Höhe von 12500 DM ein längerfristiger Kredit in Höhe von etwa 150000 DM aufgenommen werden, während nur ein Kontokorrentkredit in Höhe von 100000 DM finanzierbar ist.

Tabelle F-5. Kostenvergleich zwischen Kontokorrentkredit und längerfristiger Kreditfinanzierung

	Kontokorrentkredit	längerfristiger Kredit
Kreditdauer in Monate	12	12
durchschnittlicher Kreditbetrag (DM)	100000,00	147058,82
durchschnittlicher Zinssatz (%)	12,50	8,50
Kreditkosten in DM	12500,00	12500,00

F 4.1.2.6 Diskontkredit

Den Wechselkrediten Diskontkredit und Akzeptkredit liegt jeweils ein *Wechselgeschäft* zugrunde. Der *Wechsel* als Wertpapier enthält ein *Zahlungsversprechen des Ausstellers.* Der Aussteller des Wechsels weist mit dieser unbedingten Zahlungsanweisung den Bezogenen an, eine *festgelegte Geldsumme* zu einem bestimmten *Fälligkeitstermin* zu zahlen. Mit Ankauf des Käuferwechsels räumt die Bank dem Verkäufer gegen einen bestimmten Zinssatz *(Diskontsatz)* einen Diskontkredit ein und sichert den Kredit gleichzeitig mit dem Wechsel.

Der Käufer erwirbt vom Verkäufer Produkte auf Ziel. Anschließend zieht der Verkäufer einen Wechsel auf den Käufer. Akzeptiert er die Wechselziehung, wird er ihn an den Verkäufer zurückreichen. Der Verkäufer reicht den Wechsel bei seiner Bank ein, die ihm daraufhin einen Wechseldiskontkredit gewährt. Zum Fälligkeitstermin legt die Bank den Wechsel dem Käufer vor, der die Wechselsumme bezahlt. Die Bank wiederum finanziert sich durch den Verkauf des Wechsels an die Landesbank und erhält dadurch einen *Rediskontkredit* (Bild F-11). Das Wechselgeschäft ist für den Verkäufer günstig, da ihm u. a. durch den Zeitunterschied zwischen Ausstellung und Zahlung die Möglichkeit zur Refinanzierung geboten wird. Bei Produktkauf auf Kredit sind die Kosten für Lieferantenkredit, Kontokorrentkredit und Wechseldiskontkredit miteinander zu vergleichen. Der Wechseldiskontkredit verursacht aufgrund höherer Kreditsicherheit und besseren Liquiditätsgrad gegenüber dem Lieferantenkredit wesentlich niedrigere Zinskosten.

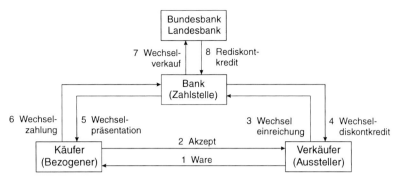

Bild F-11. Schema eines Wechseldiskontgeschäfts

F 4.1.2.7 Akzeptkredit

Der Akzeptkredit ist ähnlich dem Diskontkredit. Die Finanzierung entsteht jedoch nicht dadurch, daß das ankaufende Kreditinstitut des Kundenwechsels dem Lieferanten einen Diskontkredit einräumt, sondern indem das Unternehmen einen *Wechsel auf das Kreditinstitut* zieht, das den Wechsel akzeptiert und dem Unternehmen im Prinzip seinen eigenen Kredit auf Wechselbasis zur Verfügung stellt. Zum Fälligkeitszeitpunkt legt die Bank dem Unternehmen den Wechsel vor, und das Unternehmen stellt der Bank den Wechselbetrag auf seinem Kontokorrentkonto bereit. Bei dieser Kreditleihe fallen Zinsen, Wechselsteuer und Provisionen an. Mit dem Akzeptwechsel werden keine Geldmittel ausgezahlt. Diese Form der Kreditleihe bietet für das Unternehmen den Vorteil geringerer Kosten und wird häufig zur Zahlung von Forderungen aus *Außenhandelsgeschäften* eingesetzt. Der Schuldner trägt dann nur Akzeptprovision und Wechselsteuer. Indem die Bank praktisch ihren guten Namen zur Verfügung stellt, gewährt sie dementsprechend nur besten Schuldnern einen Akzeptkredit.

F 4.1.2.8 Lombardkredit

Kennzeichnend für den Lombardkredit ist die Sicherung mit *wertbeständigen* und *rasch umwandelbaren Sachen oder Rechten.* Hierzu eignen sich qualitativ hochwertige und verpfändbare Wertpapiere, Wechsel, Produkte, Forderungen oder Edelmetalle, die jedoch nicht vollständig beliehen werden (Teilwert über 50% bis 80% des Gesamtwerts). Die Lombardkreditfinanzierung findet häufig im *Warenhandel* statt. Wegen des *höheren Risikos* gegenüber dem Wechselgeschäft verzinst sich der *Lombardkredit* mit bis zu *einem Prozentpunkt über dem Diskontsatz.* Daneben sind Kreditprovisionen zu leisten. Insbesondere bei ausgeschöpfter Kreditlinie eignet sich der Lombardkredit zur kurzfristigen Finanzierung, ohne Vermögensgegenstände veräußern zu müssen.

F 4.1.2.9 Avalkredit

Das Kreditinstitut übernimmt für das Unternehmen eine *Bürgschaft* in bestimmter Höhe, mit der Zahlungsansprüche Dritter gegen das Unternehmen besichert werden. Anstelle der vertraglichen Bürgschaft kann auch eine Garantie treten. Die Bürgschaft trägt im Gegensatz zur Garantie *akzessorischen Charakter,* das bedeutet die Abhängigkeit vom Bestehen der Schuld und ihrem Umfang. Die Garantie hängt somit nicht von einer bestehenden Schuld ab. Kosten entstehen nur für Provisionen. Von Bedeutung ist der Avalkredit bei *Importgeschäften.* Das Kreditinstitut besichert gegenüber den Zollbehörden importbezogene Aufwendungen (Zölle, Steuern), die der Importeur aus Liquiditätsgründen erst später zahlt. Zur Erlangung eines Auftrags von öffentlichen Institutionen oder bei Großaufträgen setzen die Auftraggeber meist Avalkredite mit Bankbürgschaften voraus. Damit werden ggf. zu zahlende Vertragsstrafen oder auch die Anzahlungsleistungen des Auftraggebers bei Nichterfüllung des Vertrags gesichert.

F 4.1.2.10 Factoringkredit

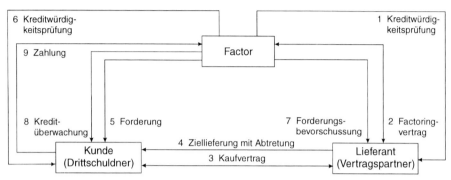

Bild F-12. Schema eines offenen Factoring

Das Unternehmen verkauft, wie Bild F-12 zeigt, vertraglich Forderungen an ein *Finanzierungsinstitut (Factor).* Der Factor übernimmt damit das Ausfallrisiko der erworbenen Forderungen, die durch Zahlungsunfähigkeit des Abnehmers entstehen können. Dadurch, daß dem Unternehmen aus dem Forderungsverkauf sofort Geldmittel zufließen, erleidet es keine Liquiditätsengpässe. Gleichzeitig kann es aber seinen Kunden Forderungsstundung anbieten und dem Factor das Kreditrisiko übertragen. Der Kredit selbst ergibt sich aus der Forderungsübernahme und der Vorschußzahlung des Factors und finanziert somit einen Teil des Umlaufvermögens. Für den Verkauf erhält der Factor vom Unternehmen ein *Entgelt,* zusammengesetzt aus Sollzinsen, Risikoprämie und Factoringgebühr. Der Factor bietet weitere Zusatzdienstleistungen an, die wesentlich zur Entlastung des Unternehmens vom Verwaltungsaufwand beitragen, beispielsweise die Führung der ausgelagerten Debitorenbuchhaltung, die Übernahme des Mahnwesens, den Inkassodienst nicht abgetretener Forderungen oder die Übernahme der Rechnungsstellung.

F 4.1.2.11 Ratenkredit

Analog zum persönlichen Teilzahlungskredit gewähren Teilzahlungsbanken den Unternehmen für kurz- bis mittelfristige Investitionen den *gewerblichen Ratenkredit.* Die Tilgung erfolgt mit monatlichen vom Kreditnehmer zu akzeptierenden Wechseln. Durch Sicherungsübereignung sichert der Kreditgeber den Ratenkredit.

F 4.1.2.12 Schuldscheindarlehen

Ein Schuldscheindarlehen gewährt ein langfristiges Darlehen zur Investitionsfinanzierung gegen Aushändigung eines Schuldscheins. Die Kreditgeber sind meist *Kapitalsammelstellen,* beispielsweise Versicherungsgesellschaften und Sozialversicherungsträger, die am

Kapitalmarkt gegen feste Verzinsung und gleichbleibende Kreditsummentilgung (Ratenzahlung) an Großunternehmen Darlehen einräumen. Hierbei verlangen Versicherungsgesellschaften für die Sicherung *erstrangige Grundpfandrechte. Schuldscheindarlehen* finden *außerhalb des Bankensystems* statt, wobei die Banken die Funktion der Kreditvermittlung zwischen Kapitalsammelstellen und Unternehmen übernehmen. Da keine staatliche Genehmigungen vorgeschrieben sind und somit Börsenzulassungsverfahren entfallen, entstehen für die Aufnahme eines Schuldscheindarlehens im Gegensatz zur Schuldverschreibung für den Kreditnehmer geringe Kosten. Neben den Emissionskosten entfallen auch die umfassenden Publizitätspflichten.

F 4.1.2.13 Schuldverschreibung

Schuldverschreibungen *(Obligationen)* werden von Industrie, Handel und Realkreditinstituten als Pfandbriefe, aber auch von der öffentlichen Hand (Bund, Länder und Gemeinden), sowie von den Sondervermögen des Bundes (Post, Bahn) ausgegeben. Die Ausgabe (Emission) einer Schuldverschreibung muß staatlich genehmigt werden und beinhaltet bei den ausgebenden Unternehmen *(Emittent)* umfassende Bonitätsprüfungen. Bei den Schuldverschreibungen handelt es sich um *Inhaberpapiere,* für die der jeweilige Inhaber seine Rechte geltend machen kann. Die Urkunde *(Mantel)* enthält die Regelungen zum Rechtsverhältnis zwischen Gläubiger *(Obligationär)* und Schuldner *(Emittent),* insbesondere zu Laufzeit, Verzinsung, Emissionskurs, Sicherung und Tilgung. Der Gläubiger kann wie bei der Aktie die Obligation nicht kündigen, dafür aber an der Börse veräußern.

F 4.1.2.14 Hypothekarkredit

Die Eintragung einer Hypothek sichert eine feste Kreditsumme. Die Verpfändung oder Abtretung von Grundpfandrechten an Immobilien erfolgt zugunsten des Kreditgebers. Der Beleihungswert des Vermögensgegenstands bildet sich aus dem arithmetischen Mittel von Sachwert und Ertragswert.

F 4.1.2.15 Rembourskredit

Der Rembourskredit entstand aus den im Außenhandel zugrundeliegenden *Risiken,* die sich aus der räumlichen Entfernung zwischen Käufer *(Importeur)* und Verkäufer *(Exporteur)* ergaben. Dabei haben die gängigen Regelungen der Leistungserfüllung aus Warengeschäften (Leistung Zug-um-Zug) zur Folge, daß die Zahlung des Kaufpreises an den Lieferanten erst bei Entgegennahme der Waren durch den Importeur erfolgt, und der Lieferant für eine bestimmte Zeitspanne weder über die Waren, noch über Zahlungen verfügt. Zur Lösung dieser Situation entwickelte sich der Rembourskredit. Er ist eine der wichtigsten *Exportfinanzierungen.* Durch den Ankauf eines Wechsels handelt es sich bei dieser kurzfristigen Fremdfinanzierung um einen Außenhandelskredit. Der Exporteur refinanziert sich durch Diskontierung des Wechsels. Die Abwicklung erfolgt durch *Dokumentenakkreditiv.* Bild F-13 zeigt den Vorgang. Zur Sicherstellung der Zahlung durch den Importeur verpflichtet sich die Bank des Exporteurs, die Geldzahlung dann zu leisten, wenn der Exporteur die erfolgte Lieferung an den Importeur mit der Vorlage entsprechender Dokumente (Rechnungen, Frachtversicherungspolicen, Seefrachtkonnossement) bei der Bank nachweist. Bereits zum Zeitpunkt des Transportbeginns erhält der Exporteur somit Zahlungen. Mit der Übernahme des *Akkreditivs* durch die Bank, steht dem Exporteur und dem Importeur ein erstklassiger Schuldner gegenüber. Für den Exporteur entfällt somit die Prüfung der Zahlungsfähigkeit seines Kunden. Der Importeur erhält aus der Verzögerung der Zahlung bis zur Fälligkeit einen Vorteil.

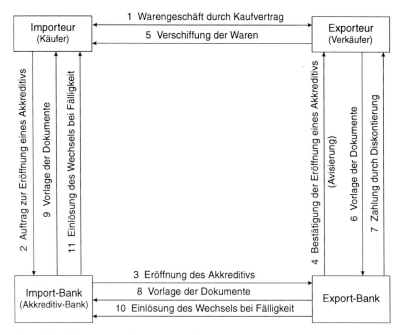

Bild F-13. Schema eines Rembourskredits

F 4.1.2.16 Forfaitierung

Bei dieser Form der kurzfristigen (vereinzelt mittel- und langfristigen) Außenfinanzierung *verkauft der Gläubiger* bei Vorliegen guter Sicherheiten (z.B. Wechsel, Akkreditiv, Bankgarantie, Ausfuhrgarantie oder Ausfuhrbürgschaft des Bundes) *offenstehende Forderungen oder Wechsel* aus Exportgeschäften an ein spezialisiertes Finanzierungsinstitut. Im Gegensatz zum Factoring kann der Gläubiger *einzelne Forderungen* veräußern, wodurch den Service- und Dienstleistungen des ankaufenden Finanzierungsinstituts keine Bedeutung zukommen. Mit der teuren Forfaitierung verbessert der Exporteur seine Liquidität, indem ausstehende Forderungen in Geldmittel umgewandelt werden. Darüber hinaus befreit er sich vom bestehenden Kreditrisiko gegenüber dem Schuldner und entlastet seine Bilanz von langfristigen Forderungen.

F 4.1.3 Anzahlungsfinanzierung

Vor der Lieferung von Anlagen oder Erzeugnissen erfolgt an den Auftragnehmer eine oder mehrere *Vorauszahlungen* durch den Auftraggeber (Abnehmer). Vom Wesen her ist die kurz- bis mittelfristige Anzahlungsfinanzierung (Kundenkredit, Abnehmerkredit, Kundenanzahlung, Vorauszahlungskredit) keine Kreditfinanzierung, sondern ist eine *Abschlagszahlung* auf das Gesamtentgelt für die zu erstellende Leistung. Die Zahlungen sind abhängig vom *Herstellungsfortschritt* und sind zu bestimmten vertraglich vereinbarten Zeitpunkten vom Auftraggeber zu leisten. Im Wohnungsbau wird beispielsweise als Anzahlung jeweils ein Drittel des Kaufpreises bei Vertragsschluß, Fertigstellung des Rohbaus und Gesamtfertigstellung geleistet; im Maschinenbau je ein Drittel bei Auftragserteilung, Lieferung und Zielvereinbarung. Die Anzahlungsfinanzierung ist für den Auftragnehmer ein gewisser Schutz gegen zukünftige zum Zeitpunkt der Fertigstellung drohende *Zahlungsunfähigkeit* (Insolvenz). Weiterhin sichert die Anzahlungsfinanzierung in einem gewissen Maß die Abnahme der meist speziell für den Auftraggeber hergestellten Erzeugnisse oder Anlagen. Für der Auftragnehmer entstehen lediglich Kosten in der Form kalkulierbarer Zinsen.

F 4.1.4 Leasingfinanzierung

Mit der Nutzung von Fremdeigentum gegen Entgelt bietet das Leasing als Sonderform der Fremdfinanzierung eine *Alternative zu gängigen Instrumenten* der Finanzierung. Bild F-14 zeigt die Zusammenhänge. Durch Vertrag wird die zweckgebundene Überlassung von körperlichen, nicht verbrauchbaren Gegenständen *(Leasingobjekt)* für eine bestimmte Zeit vereinbart. Für die Vermietung der Wirtschaftsgüter des Vermieters *(Leasinggeber)* zahlt der Mieter *(Leasingnehmer)* eine Miete *(Leasingzahlung)*. Zwischen Leasingnehmer und Hersteller kann eine Leasinggesellschaft geschaltet werden.Die *Abgrenzung zu anderen Vertragsformen* (Miete, Pacht) liegt in der Nutzungsüberlassung ohne Vertragskündigung innerhalb einer bestimmten Grundmietzeit. Darüber hinaus decken in der Regel die Leasingraten die Gesamtkosten des Leasinggebers. Der Leasingnehmer übernimmt die Risiken eines zufälligen Untergangs. Weiterhin räumt der Leasinggeber verschiedene Optionsrechte ein.

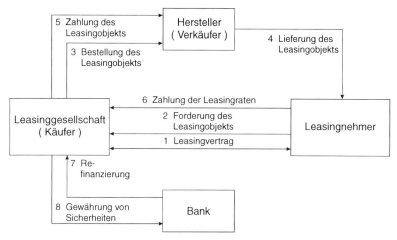

Bild F-14. Schema einer Leasingfinanzierung über eine Leasingfirma

Bild F-15 zeigt einen Vergleich zwischen Barkauf, Kreditkauf und Leasing einer Investition. Dabei zeigen die Kurven charakteristische Verläufe, die abhängig von den Zahlenwerten lediglich verschieden stark ausgeprägt sind. Es ist aus diesem Beispiel zu erkennen, daß der Barkauf in den ersten drei Jahren stark belastet. Nach etwa dreieinhalb Jahren ist der Barkauf besser als Leasing und nach etwa sechs Jahren besser als die Kreditfinanzierung. Werden diese drei Finanzierungsformen lediglich nach ihren Überschüssen bewertet, dann ist Leasing immer die schlechteste Möglichkeit. Die Vorteile liegen hierbei vor allem im steuerlichen Bereich und in der Liquiditätserhöhung.

Anschaffungswert in DM	1000000
Nutzungsdauer in Jahren	8
Jahreseinnahmen in DM	200000

Werte zum Kreditkauf	
Kreditbedarf in DM	1000000
Kreditdauer in Jahren	8
Kreditzinsen in %	7,0
Kredittilgung in Jahren	8

Werte zum Leasing	
Grundmietzeit in Jahren	5
Abschlußgebühr in %	10,0
Montasleasingraten in %	2,0
Verlängerungsmiete pro Jahr in DM	20000

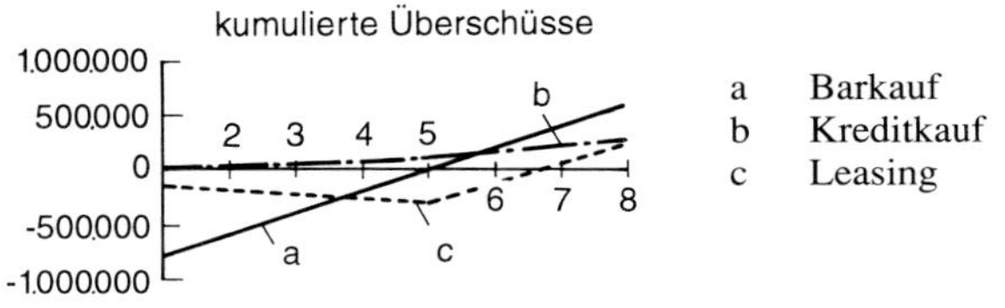

Legend:

a Barkauf
b Kreditkauf
c Leasing

kumulierte Überschüsse

Ausgaben		Anfang	1. Jahr	2. Jahr	3. Jahr	4. Jahr	5. Jahr	6. Jahr	7. Jahr	8. Jahr	Summe
Barverkauf		1000000	0	0	0	0	0	0	0	0	0
Kreditkauf	Zins	0	70000	61250	52500	43750	36000	26250	17500	8750	315000
	Tilgung	0	125000	125000	125000	125000	125000	125000	125000	125000	1000000
	Summe	0	195000	186250	177500	168750	160000	151250	142500	133750	1315000
Leasing	Abschlußgebühr	0	100000	0	0	0	0	0	0	0	100000
	Leasingrate	0	240000	240000	240000	240000	240000	0	0	0	1200000
	Verläng.-miete	0	0	0	0	0	0	20000	20000	20000	60000
	Summe	0	340000	240000	240000	240000	240000	20000	20000	20000	1600000
Einnahmen		0	200000	200000	200000	200000	200000	200000	200000	200000	1600000
Überschüsse kumuliert											
Barkauf		-1000000	-800000	-600000	-400000	-200000	0	200000	400000	600000	
Kreditkauf		0	5000	18750	41250	72500	112250	161250	218750	285000	
Leasing		0	-140000	-180000	-220000	-260000	-300000	-120000	60000	240000	

Bild F-15. Vergleich zwischen Barkauf, Kreditkauf und Leasing

F 4.1.4.1 Mobilität der Leasingobjekte

Bild F-16 zeigt eine Gliederung der Leasingarten nach dem Grad ihrer Mobilität. Mit dem *Immobilienleasing* (Anlagenleasing) werden unbewegliche Sachen (z.B. Verwaltungsgebäude, Produktionsgebäude, Garagen oder Supermärkte) mit einer Laufzeit von bis zu 30 Jahren geleast.

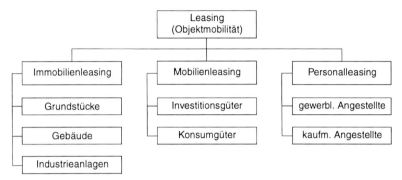

Bild F-16. Gliederung nach der Mobilität der Leasingobjekte

Mit dem *Mobilienleasing* (Equipmentleasing) werden Ausrüstungsgegenstände mit einer kurzen bis mittleren Laufzeit von mehreren Jahren geleast (z.B. Produktionsmaschinen, Werkzeugmaschinen, Baumaschinen, Fuhrpark, Nutzfahrzeuge, Büromaschinen, Datenverarbeitungsanlagen oder Büromöbel).

Auch Arbeitnehmer zur Abdeckung von personellen Spitzenauslastungen können über *Personalleasing* bereitgestellt werden, wie dies in der Bauwirtschaft und im Maschinenbau üblich ist.

F 4.1.4.2 Leasingnehmer

Mit den höchsten Zuwächsen ist das Leasing bei *Wirtschaftsunternehmen* am verbreitetsten. Neben privatwirtschaftlichen Unternehmen und privaten Haushalten nehmen auch öffentliche Institutionen Leasing (z.B. Krankenhäuser oder Schulgebäude) als Finanzierungsalternative in Anspruch. Für die private Mietfinanzierung wird den Privathaushalten das *Konsumgüterleasing* angeboten. Nach Ablauf der Mietzeit erwirbt der Leasingnehmer das Eigentum an der Mietsache. Häufig erfolgt eine Anbindung an Serviceleistungen durch den Leasinggeber (z.B. Wartung und Instandhaltung bei Pkw, Fernseher oder Waschmaschinen).

F 4.1.4.3 Leasinggeber

Treten zwischen dem Hersteller und dem Leasingnehmer keine weiteren Beteiligten auf, so handelt es sich um *Herstellerleasing* (Directleasing, direktes Leasing). Schließt der Leasingnehmer den Leasingvertrag nicht mit dem Hersteller des Leasingobjekts, sondern mit einer auf Leasing spezialisierte Gesellschaft als Leasinggeber, liegt ein *Finanzierungsleasing* (indirektes Leasing) vor. Die Leasinggesellschaft kauft vom Hersteller das Leasingobjekt und least es an den Leasingnehmer. Im Regelfall übernimmt der Leasinggeber die mit der Funktion des Eigentümers an den Wirtschaftsgüter verbundenen Aufgaben. Er aktiviert die Wirtschaftsgüter als Vermögensgegenstand in seiner Bilanz. Anstelle des Leasinggebers kann auch der Leasingnehmer der wirtschaftliche Eigentümer sein und somit die Leasingobjekte steuerlich abschreiben.

F 4.1.4.5 Vorteile und Nachteile einer Leasingfinanzierung

Die wesentlichen *Vorteile einer Leasingfinanzierung für den Leasingnehmer* liegen in der *Entlastung der Eigenkapitalbasis* des Unternehmens. Durch Leasing freigesetzte liquide Mittel können für andere Investitionsvorhaben reserviert werden. Bei einem drohenden oder bereits vorhandenem Liquiditätsengpaß stabilisiert Leasing die Liquiditätsituation. Die regelmäßigen Leasingzahlungen sind kalkulierbar und planbar. Zur Anpassung an betriebliche Erfordernisse bietet sich die Modifizierung der Leasingzeit an. Insgesamt kann das Unternehmen *schneller und flexibler* an den *technischen Fortschritt angepaßt* werden. Gleichzeitig *verringern* sich die *Investitionsrisiken*. Leasing vermeidet die Bindung von Mitteln im Vermögen des Unternehmens, indem in der Regel *keine Bilanzaktivierung* durch den Leasingnehmer erfolgt. Die Leasingzahlungen werden als Aufwendungen in der Gewinn- und Verlustrechnung angesetzt. Basierend auf nicht eintretendem Eigenkapitalabfluß, *entlastet Leasing anfänglich* die Liquidität um bis zu 30% des Investitionsvolumens im Vergleich zu üblichen Investitionsfinanzierungen. Darüber hinaus liegen *anfänglich die Leasingraten* meist unter den *Raten üblicher Investitionsfinanzierungen*.

Tabelle F-6. Checkliste der Einflußfaktoren für Kauf und Leasing

Kauf	Leasing
Anschaffungskosten	Dauer der Grundmietzeit
technische und wirtschaftliche Nutzungsdauer	Höhe und Anzahl der Leasingzahlungen
Eigen- und Fremdfinanzierungskosten	Verlängerung und Kosten der Grundmietzeit
Restwerte	Verwertungsmöglichkeiten
Verfahren und Höhe der Abschreibung	Wartungs- und Servicekosten
gegenwärtige und zukünftige Steuerbelastung	gegenwärtige und zukünftige Steuerbelastung
Kapitalrendite	Kapitalrendite
Zahlungstermine	Zahlungstermine

Neben den Vorteilen sind auch *Nachteile für den Leasingnehmer* mit einer Leasingfinanzierung verbunden. Die *Gesamtsumme der Leasingzahlungen* liegt mit bis zu *130%* weit über dem Gesamtwert der Neuanlage. Ursächlich hierfür sind die hohen Leasingaufwendungen. Die anfänglich relativ geringe *Liquiditätsbelastung nimmt* mit fortschreitender Leasingzeit *zu*. Tabelle F-6 zeigt eine Checkliste zum Kauf oder Leasing.

F 4.1.5 Franchisefinanzierung

Die Franchisefinanzierung als Sonderform der langfristigen Fremdfinanzierung besteht aus einem befristeten, lizenzähnlichen und für alle Franchiseunternehmen einheitlichen *Kooperationsvertrag* zwischen dem Franchisenehmer *(Franchisee)* und dem Franchisegeber *(Franchisor)*. Gegenstand des Vertrags ist die Nutzung von Geschäftsformen, Marken, Warenzeichen, Schutzrechten, Ausstattungen, Vertriebs- und Absatzmethoden sowie

Erfahrungen des Franchisegebers durch den Franchisenehmer, der seinerseits eine *rechtlich selbständige Führung* des Franchiseunternehmens betreibt.

Für die Nutzung leistet der Franchisenehmer eine *einmalige Gebühr* und einen *regelmäßigen Umsatzanteil* (1% bis 3%). Der Franchisenehmer trägt teilweise oder vollständig die Investitionskosten. Der Franchisenehmer nutzt das Know-how, die Erfahrungen über die Produkte und Dienstleistungen des Franchisegebers. Weiterhin profitiert er von den Absatzwegen und Vertriebsorganisationen sowie vom einheitlichen Erscheinungsbild aller Franchiseunternehmen. Im Gegenzug zeigt sich der Franchisenehmer für den Erfolg verantwortlich und übernimmt somit das Geschäftsrisiko. Der Franchisegeber erhält umfassende Informationsrechte sowie Kontroll- und Weisungsbefugnisse. Bei geringem oder knappem eigenen Ressourceneinsatz (z.B. Finanzmittel, Personal oder Zeit) kann der Franchisegeber rasch sein eigenes Vertriebsnetz auf- und ausbauen. Gegenüber dem Franchisenehmer tritt der Franchisegeber auch in einer Beratungsfunktion auf und bietet vielfältige Hilfen und Unterstützungen an. Im *Dienstleistungssektor* sind Francisesysteme am häufigsten verbreitet, beispielsweise bei Schnellimbiß- und Restaurantketten, bei Mode- und Kosmetikboutiquen, bei Autovermietungen, bei Kaffeeherstellern, bei Reparatur- und Heimdiensten und bei Privat(nachhilfe)schulen.

F 4.2 Innenfinanzierung

Neben der externen Zuführung von Finanzmitteln kann das Unternehmen auch eine interne Finanzierung vornehmen (Bild F-17). Der Unterschied zur Außenfinanzierung liegt darin begründet, daß *Eigenkapital* nicht von außen, sondern *vom Unternehmen selbst* aus eigener Kraft aufgebracht wird. Die wesentliche Voraussetzung für die Innenfinanzierung durch Gewinnansammlung *(Gewinnthesaurierung)* liegt im Erzielen eines *entsprechenden Überschusses* aus dem Umsatzprozeß des Geschäftsjahrs. Auch durch *(überhöhte) Abschreibungen* können sich im Unternehmen Finanzierungsreserven bilden. Aus den *langfristigen Rückstellungen* (z.B. für Pensionen) entstehen beachtliche Finanzierungspotentiale. Mit dem *Verkauf von Produktionsanlagen* und Betriebsmittel fließen gebundene Mittel als Desinvestitionserlös zurück. Auch aus *Produktivitätssteigerungen* durch Rationalisierungen können Finanzierungen vorgenommen werden. Verbleiben die Mittel befristet oder unbefristet im Unternehmen, so liegt eine Innen- oder Selbstfinanzierung vor (Bild F-17). Eine *Cash-Flow-Finanzierung* bedeutet die Summe aus der Gewinnthesaurierung, der Abschreibungsfinanzierung und der Rückstellungsfinanzierung (langfristige Rückstellungen).

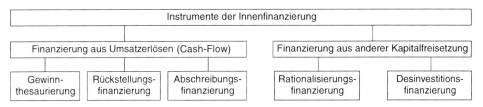

Bild F-17. Übersicht über die Instrumente der Innenfinanzierung

F 4.2.1 Gewinnthesaurierung

Angesammelte Gewinne fließen dem Beteiligungskapital als *Eigenkapital* zu. Die Finanzierung aus einbehaltenen und versteuerten Gewinnen – meist als Selbstfinanzierung bezeichnet – unterteilt sich in die *offene* und *stille Selbstfinanzierung*.

Offene Selbstfinanzierung
Für die Bildung einer offenen Selbstfinanzierung muß das Unternehmen nach Abzug der Aufwendungen und Steuern sowie unter Berücksichtigung von Bewertungsmöglichkeiten einen respektablen, versteuerten Gewinn erwirtschaften.

Neben der kurzfristigen Einstellung von Gewinnen in die Gewinnrücklage der Gesellschaft, schafft die Selbstfinanzierung durch Einbehaltung von Gewinnen in offene Rücklagen zusätzliches, langfristiges Eigenkapital ohne Zinsaufwendungen und Kapitalbeschaffungskosten.

Stille Selbstfinanzierung
Durch die Bildung stiller Reserven entstehen bei einer stillen Selbstfinanzierung Rücklagen unterschiedlicher Fristigkeiten. Der Betrag einer stillen Reserven ist der Unterschied zwischen dem Buchwert und dem wirklichen, höheren Marktwert eines Aktivpostens bzw. dem wirklichen, niedrigeren Marktwert eines Passivpostens. Im Rahmen der Ausnutzung legaler steuer- und handelsrechtlicher Bewertungsmaßnahmen werden unversteuerte Gewinne nicht ausgewiesen und einbehalten. Dabei erfolgt innerhalb der Bilanz eine *Unterbewertung von Aktivposten* oder eine *Überbewertung von Passivposten*. Die gebildeten stillen Reserven sind in der Bilanz nicht erkennbar und stehen der Unternehmung bis zur (unfreiwilligen) Auflösung zur Verfügung. Durch eine gewährte Steuerstundung gewährt das Finanzamt dem Unternehmen einen zinslosen Kredit und verbessert seine Liquiditätslage. Im Prinzip verschiebt die Bildung stiller Reserven die *Ausweisung von Gewinnen in die Zukunft*. Diese Reservenbildung bietet dem Unternehmen die Möglichkeit zur *Verschleierung der tatsächlichen Gewinnsituation* oder zur Glättung von starken Gewinnschwankungen, indem in gewinnstarken Unternehmensphasen stille Reserven gebildet wurden, um sie in gewinnschwachen oder verlustreichen Unternehmensphasen auflösen zu können.

Im Gegensatz zu den Kapitalgesellschaften können die Einzelunternehmen und die Personengesellschaften die Möglichkeiten der Kapitalmärkte zur Kapitalmittelbeschaffung nicht in entsprechendem Umfang nutzen. Somit ist für diese Gesellschaften die Selbstfinanzierung von erheblicher Bedeutung. Aber unter den steuerlichen Aspekten und der bilanzpolitischen Gewinnausweisung kann die Selbstfinanzierung für die Kapitalgesellschaften attraktiv sein. In Tabelle F-7 sind die Vor- und Nachteile der Selbstfinanzierung zusammengestellt.

F 4.2.2 Rückstellungsfinanzierung

Rückstellungen dürfen für zu erwartende, aber ungewisse Ansprüche gebildet werden. Die Rückstellungen stehen dem Unternehmen als Fremdkapitalmittel solange zur Verfügung, bis sie aufgelöst werden, d. h. bis sie für den Zweck ihrer Bildung Verwendung finden. Neben der langfristigen Rückstellungsfinanzierung stehen die kurz- und mittelfristige Finanzierung durch Rückstellungen eher im Hintergrund (Tabelle F-8). Die Finanzierungseffekte einer Pensionsrückstellung hängen wesentlich ab von der *Ertragssituation,* der *Differenz* zwischen *Zuführungen und Leistungen der Pensionsrückstellung* im Geschäftsjahr, der *Altersstruktur* der Belegschaft und der *Steuersituation* des Unternehmens (Tabelle F-9).

Tabelle F-7. Vor- und Nachteile der Selbstfinanzierung

Vorteile der Selbstfinanzierung	Nachteile der Selbstfinanzierung
kostengünstige Beschaffung und Verwendung von Finanzmitteln	Fehlinvestition aufgrund subjektiver Betrachtung
Zinsvorteil aus Steuerstundung	Nachversteuerung bei Aufdeckung der stillen Reserven
Erhöhung der Bonität	Befristung durch zukünftige Aufdeckung stiller Reserven
keine Vorschriften zur Finanzmittelverwendung	höherer Gewinnausweis bei Aufdeckung kann Gesellschafteransprüche steigen
keine Verpflichtung zur Rückzahlung	keine „kritische Beratung" durch Dritte (z.B. Banken)
Verbesserung der Eigenkapitaldecke	Verschleierung der Gewinnsituation gegenüber Gläubigern und der Öffentlichkeit
Sicherheiten nicht notwendig	Verschleierung der Rentabilität aufgrund verschleierter Gewinne
keine Beeinflußung durch Mitspracherechte Dritter	Veränderungen von Kursen aufgrund falscher Unternehmensdarstellung
keine gravierenden Anteilsverschiebungen	höherer Gewinnausweis bei Aufdeckung kann Gesellschafteransprüche steigern

Tabelle F-8. Pensionsrückstellungen nach der Fristigkeit

	Pensionsrückstellungen	
kurzfristig	mittelfristig	langfristig
Steuern	Prozeßkosten	Pensionen
Abschlußprüfungskosten	Garantieleistungen	Steuern
Hauptversammlungskosten	drohende Verluste aus schwebenden Geschäften	Prozeßkosten
Bürgschaftsverluste		Garantieleistungen
unterlassene Aufwendungen für Instandhaltung		
Provisionen Gratifikationen Gewinnbeteiligungen Rabatte		

Tabelle F-9. Vorteile und Nachteile einer Finanzierung durch Pensionsrückstellungen

Vorteile einer Pensionrückstellung	Nachteile einer Pensionrückstellung
Aufbau eines festen Potentials an Finanzmitteln	Risiken bei Veränderungen in der Altersstruktur der Belegschaft
Verringerung der Steuerbelastung	hohe Zahl an Leistungsfällen (Tod des Berechtigten)
Zufluß von Fremdkapital ohne Unternehmensbeeinflussung	ungünstige Ertragsaussichten erschweren Leistungszahlungen
Bindung der Mitarbeiter an das Unternehmen	Auflösung der Rückstellungen führt zu Steuerbelastungen aufgrund von Ertragssteigerungen

F 4.2.3 Abschreibungsfinanzierung

Bei Gegenständen treten Wertminderungen durch technische Abnutzung und wirtschaftliche Entwertung auf. Die Ursachen hierfür sind unter anderem technischer Verschleiß, Entwertung durch technischen Fortschritt, Bedarfsverschiebungen oder Preisänderungen. Die Aufwendungen für diesen Werteverzehr bei Anlagen und Betriebsmitteln während einer bestimmten Periode sind die *Abschreibungen.*

In der Höhe der Verringerung des bilanziellen Vermögenswertes werden Abschreibungen als *Aufwand* in der Gewinn- und Verlustrechnung gebucht. Abschreibungen auf Anlagevermögen bewirken dadurch eine *verbesserte Darstellung* der tatsächlichen Vermögenslage und Erfolgssituation. Indem die Abschreibung bilanziell angesetzt wird, mindert sich der Erfolg in der Periode, ohne daß die Gewinnanteile ausgeschüttet oder besteuert werden. Zeitlich verzögert *fließen die* verbuchten und in der Preiskalkulation berücksichtigten *Abschreibungen* dem Unternehmen über *Umsatzerlöse wieder zurück.* Die Abschreibungen müssen mit dem Verkauf der Erzeugnisse am Markt verdient werden. Der Effekt der *Kapitalfreisetzung* erlaubt dem Unternehmen gegen Ende des Abschreibungszeitraums, aus der Summe der zurückgeflossenen Abschreibungsgegenwerte Investitionen für die dann abgenutzten Anlagen vorzunehmen. Durch die Ansammlung der Finanzmittel bis zum Zeitpunkt der Ersatzinvestition verfügt das Unternehmen über liquide Mittel, die in weitere Ersatzanlagen investiert werden, ohne Einsatz von Eigenkapital oder Fremdkapital. Investiert das Unternehmen sofort nach dem Mittelzufluß der Abschreibungsgegenwerte, kann dies eine *Kapazitätserweiterung* bis zur Verdopplung der anfänglichen Kapazitäten bewirken. Bild F-18 zeigt ein Beispiel. In den ersten fünf Jahren soll jährlich eine neue Maschine beschafft werden. Jede Maschine wird für fünf Jahre zur Produktion eingesetzt und für diesen Zeitraum auch linear abgeschrieben. Mit jeder Verschrottung einer verbrauchten Maschine soll eine neue Maschine beschafft werden. Für die Gesamtproduktion sollen nach dem Kapazitätsaufbau in den ersten fünf Jahren ständig fünf Maschinen im Einsatz sein. Für den gesamten zehnjährigen Produktlebenszyklus dürfen maximal zehn Maschinen verbraucht werden. Aus den Abschreibungsgegenwerten werden somit ab dem fünften Jahr die neuen Maschinen finanziert. Für die Maschinen sind steigende Beschaffungspreise unterstellt. Nach dem zehnten Jahr soll man die Produktion stufenweise einstellen. Die Darstellung zeigt, daß trotz einer angenommenen Preissteigerungsrate von jährlich 3% alle Maschinen ohne Eigen- oder Fremdkapitalzufluß aus den (am Markt verdienten) Abschreibungsgegenwerten vollkommen finanziert werden und

Beschaffungsperiode einer neuen Maschine:	1 Jahr	
Abschreibungszeitraum jeder Maschine:	5 Jahre	
Anzahl der zu beschaffenden Maschinen:	5 Stück	
Preissteigerungsrate jährlich:	3%	
Produktlebenszyklus:	10 Jahre	

Legende:
- Anschaffungskosten
- Gesamtabschreibung
- Ersatzinvestition
- Liquide Geldmittel
- Freigesetzte Mittel

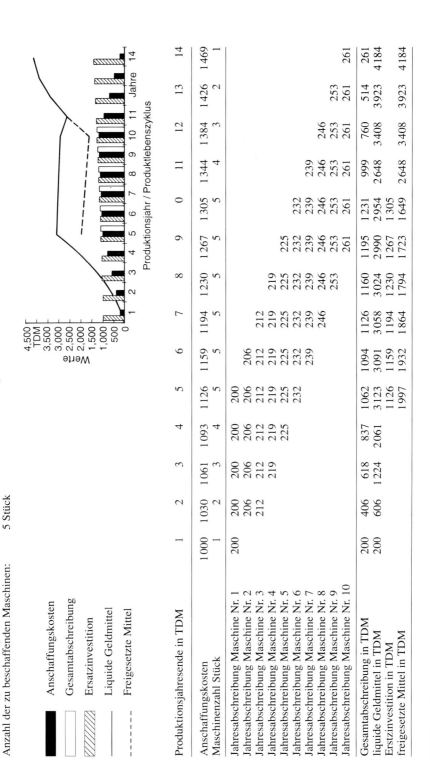

Produktionsjahresende in TDM	1	2	3	4	5	6	7	8	9	10	11	12	13	14
Anschaffungskosten	1000	1030	1061	1093	1126	1159	1194	1230	1267	1305	1344	1384	1426	1469
Maschinenzahl Stück	1	2	3	4	5	5	5	5	5	5	4	3	2	1
Jahresabschreibung Maschine Nr. 1	200	200	200	200	200									
Jahresabschreibung Maschine Nr. 2		206	206	206	206	206								
Jahresabschreibung Maschine Nr. 3			212	212	212	212	212							
Jahresabschreibung Maschine Nr. 4				219	219	219	219	219						
Jahresabschreibung Maschine Nr. 5					225	225	225	225	225					
Jahresabschreibung Maschine Nr. 6						232	232	232	232	232				
Jahresabschreibung Maschine Nr. 7							239	239	239	239	239			
Jahresabschreibung Maschine Nr. 8								246	246	246	246	246		
Jahresabschreibung Maschine Nr. 9									253	253	253	253	253	
Jahresabschreibung Maschine Nr. 10										261	261	261	261	261
Gesamtabschreibung in TDM	200	406	618	837	1062	1094	1126	1160	1195	1231	999	760	514	261
liquide Geldmittel in TDM	200	606	1224	2061	3123	3091	3058	3024	2990	2954	2648	3408	3923	4184
Ersatzinvestition in TDM					1126	1159	1194	1230	1267	1305				
freigesetzte Mittel in TDM					1997	1932	1864	1794	1723	1649	2648	3408	3923	4184

Bild F-18. Finanzierung aus Abschreibungen

gegen Ende des Produktlebenszyklus beachtliche Liquiditätsüberschüsse entstehen, die für Investitionen in Produktionsmaschinen eines Neuprodukts einsetzbar sind.

F 4.2.4 Rationalisierungsfinanzierung

Rationalisierungen *verbessern* oder *modernisieren* die betrieblichen Produktionsanlagen mit dem Ziel der *Erhöhung der Wirtschaftlichkeit* im Leistungserstellungsprozeß durch Kostensenkungsmaßnahmen. Mit geringerem Kapitalmitteleinsatz kann das gleiche oder ein höheres Produktions- und Umsatzvolumen erreicht werden. Dadurch setzen die Rationalisierungen Finanzmittel frei, die somit eingespart oder für andere Investitionen einsetzbar sind. Rationalisierungen sind an jeder Stelle im Leistungserstellungsprozeß einer Unternehmung möglich, beispielsweise durch:

- Verringern der Lagerbestände durch optimierte Einkaufsdisposition,
- Senken der Lagerdauer,
- Anpassen des Produktprogramms an Markterfordernisse,
- Beschleunigen des Produktionsprozesses,
- Erhöhen des Anteils von Normteilen, Halb- und Fertigprodukten,
- Beschleunigen des Umsatzprozesses,
- Vermindern von Zahlungszielen,
- Verbessern der Zahlungsüberwachung,
- Verringern der Fertigungstiefe durch Fremdfertigung (make-or-buy) und
- Ausgliedern (outsourcing) bestimmter Funktionen wie Werbung, Marktforschung, Mahnwesen, Inkassowesen, Lohnbuchhaltung oder Datenverarbeitung.

F 4.2.5 Desinvestitionsfinanzierung

Mit der Freisetzung des in Investitionen gebundenen Kapitals erzielt das Unternehmen Einnahmen über den Verkauf von Maschinen, Produkten und Waren. Die Rückgewinnung der Kapitalwerte als Umkehrung der Investition kann für alle Vermögensgegenstände (z.B. Grundstücke, Gebäude, Anlagen, Maschinen, Roh-, Hilfs- und Betriebsstoffe) und auch Vermögenswerte (z.B. Rechte, Beteiligungen, Verkaufsgebiete) der Aktiva vorgenommen werden.

F 5 Finanzanalyse

Eine Finanzanalyse zeigt die *Strukturen* und *Proportionen* der *gesamten Finanzverfassung* eines Unternehmens in ihren zeitlichen Veränderungen. Aus der Finanzanalyse lassen sich Aussagen zur Liquidität, Rentabilität und Sicherheit treffen. Zusammen mit den absoluten Werten der einzelnen Bilanzposten und den Kennzahlen der Finanzanalyse vermittelt die Finanzanalyse ein umfassendes *Finanzprofil* (Bild F-19). Im direkten Vergleich mit anderen Unternehmen der Branche oder insgesamt anderen Branchen ergeben Finanzanalysen wertvolle Hinweise. Die Finanzanalyse legt somit die Basis für eine laufende Unternehmenskontrolle und unterstützt damit die gegenwärtige Unternehmenssteuerung und zukünftige Unternehmensplanung.

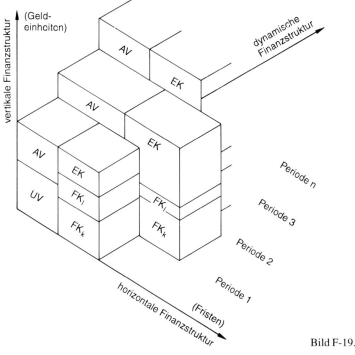

Bild F-19. Gliederung der Bilanz

F 5.1 Horizontale Finanzstrukturkennzahlen und Finanzierungsregeln

Neben den vertikalen Finanzstrukturkennzahlen können insbesondere die *horizontalen Finanzstrukturkennzahlen* Aussagen zur *Sicherung* des weiteren Unternehmensfortbestands leisten, da hierbei die Betrachtungen zur *Unternehmensliquidität* im Vordergrund stehen. Dabei werden gegenseitige, zeitliche Beziehung zwischen den *Bilanzposten der Aktivseite und Passivseite* (Abschn. E 3.1) berücksichtigt. Den Ansatz hierfür bilden die klassischen Finanzierungsregeln.

F 5.1.1 Goldene Bilanzregel

Die ursprünglich für Banken entwickelte *goldene Bilanzregel* (goldene Bankregel) verfolgt das Prinzip der *Fristenkongruenz*. Das bedeutet die Deckung der langfristig gebundenen Anlagegüter durch langfristiges Kapital, meist Eigenkapital. Das *Umlaufvermögen* soll durch *kurzfristige Kapitalmittel* gedeckt sein, wobei der *Sicherheitsbestand* (eiserne Bestand) *langfristig finanziert* sein sollte.

Für die Investition und die Finanzierung bedeutet dies, daß kurzfristige Investitionen mit kurzfristigen Mitteln und langfristige Investitionen mit langfristigen Mitteln zu finanzieren sind. Grundstücke und Gebäude des Anlagevermögens werden durch (unbefristetes) Beteiligungskapital und übriges Anlagevermögen und Umlaufvermögen durch (befristetes) kurz-, mittel-, langfristiges Kapital aus Krediten finanziert.

F 5.1.2 Goldene Finanzierungsregel

Als Liquiditätsgrundsatz bedeutet die goldene Finanzierungsregel für Wirtschaftsunternehmen, daß *langfristige Investitionen nicht mit kurzfristigen Mitteln finanziert werden sollen.*

F 5.1.3 Two-to-One-Rule

Eine weitere horizontale Finanzierungsregel ist die *Two-to-One-Rule* (banker's rule, banker's ratio, current ratio) welche besagt, daß zwischen *Umlaufvermögen* und *kurzfristigem Fremdkapital* ein *Verhältnis von 2:1* erreicht werden soll.

F 5.1.4 One-to-One-Rule

Die *One-to-One-Rule* bezeichnet das Verhältnis von 1:1 zwischen *baren Mittelbeständen* mit kurzfristig liquidierbarem Umlaufvermögen und *kurzfristigem Fremdkapital.*

F 5.2 Vertikale Finanzstrukturkennzahlen

Die vertikalen Finanzstrukturkennzahlen betrachten nur die *Zusammensetzung des Kapitals* und des *Vermögens,* ohne eine gegenseitige Beziehung zu berücksichtigen.

Die *Kennzahlen der Aktiva* geben Einblicke in die *Vermögensstruktur* und das Investitionsverhalten der Unternehmung, beispielsweise Anlagenintensität, Investitionsquote, Investitionsdeckung, Abschreibungsquote oder Lagerumschlagsdauer.

Die *Kennzahlen der Passiva* verdeutlichen die Struktur und die Qualität der *Finanzierung* des gesamten Unternehmens, beispielsweise die Eigenkapitalquote, den Verschuldungsgrad, den kurzfristigen Verschuldungsgrad oder den langfristigen Verschuldungsgrad.

F 5.3 Kennzahlensystem zur Finanzanalyse

Auf der Grundlage von Kennzahlen lassen sich Finanzentscheidungen einfacher treffen. Hierzu kommen die *Kennzahlen* zur Finanzierung und zur Kapitalstruktur zum Einsatz, mit deren Hilfe die Größenwerte und Fristigkeiten in ihren zeitlichen Veränderungen strukturiert verglichen werden können. Bild F-20 zeigt die Kennzahlen in ihren Strukturen und Tabelle F-10 die entsprechenden Formeln.

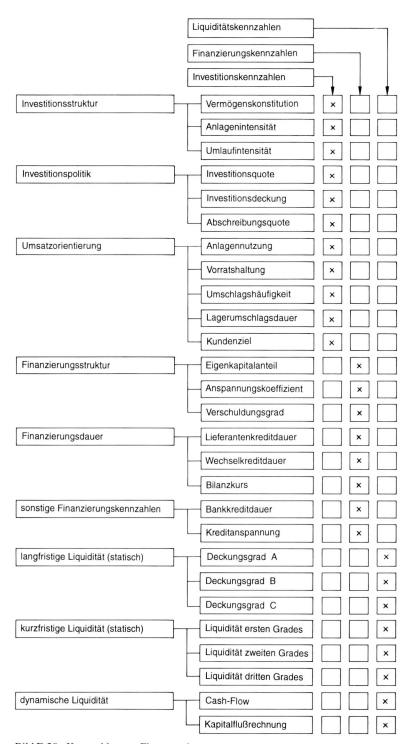

Bild F-20. Kennzahlen zur Finanzanalyse

Tabelle F-10. Kennzahlen zur Finanzanalyse

Kennzahl	Formel
Vermögenskonstitution	$\text{Vermögenskonstitution} = \dfrac{\text{Anlagevermögen}}{\text{Umlaufvermögen}} \times 100$
Anlagenintensität	$\text{Anlageintensität} = \dfrac{\text{Anlagevermögen}}{\text{Gesamtvermögen}} \times 100$
Umlaufintensität	$\text{Umlaufintensität} = \dfrac{\text{Umlaufvermögen}}{\text{Gesamtvermögen}} \times 100$
Investitionsquote	$\text{Investitionsquote} = \dfrac{\text{Nettoinvestitionen in Sachanlagen}}{\text{Jahresanfangsbestand der Sachanlagen}} \times 100$
Investitionsdeckung	$\text{Investitionsdeckung} = \dfrac{\text{Abschreibungen auf Sachanlagen}}{\text{Bruttoinvestitionen}} \times 100$
Abschreibungsquote	$\text{Abschreibungsquote} = \dfrac{\text{Abschreibungen auf Sachanlagen}}{\text{Jahresbestand an Sachanlagen}} \times 100$
Anlagennutzung	$\text{Anlagennutzung} = \dfrac{\text{Umsatz}}{\text{Sachanlagen}} \times 100$
Vorratshaltung	$\text{Vorratshaltung} = \dfrac{\text{Vorrat}}{\text{Umsatz}} \times 100$
Umschlagshäufigkeit	$\text{Umschlaghäufigkeit des Gesamtvermögens} = \dfrac{\text{Umsatz}}{\text{Gesamtvermögen}} \times 100$
	$\dfrac{\text{Umschlagshäufigkeit des Anlagevermögens}}{} = \dfrac{\text{Abschreibungen des Anlagevermögens}}{\text{Bestand des Anlagevermögens}}$
Lagerumschlagsdauer	$\text{Lagerumschlagsdauer} = \dfrac{\text{Durchschnitt des Jahresbestands}}{\text{Wareneinsatz}} \times 100$
Kundenziel	$\text{Kundenziel} = \dfrac{\text{Warenforderungsbestand (Durchschnitt)}}{\text{Umsatz}} \times 36$
Eigenkapitalanteil	$\text{Eigenkapitalanteil} = \dfrac{\text{Eigenkapital}}{\text{Gesamtkapital}} \times 100$
Anspannungskoeffizient	$\text{Anspannungskoeffizient} = \dfrac{\text{Fremdkapital}}{\text{Gesamtkapital}} \times 100$
Verschuldungsgrad	$\text{Verschuldungsgrad} = \dfrac{\text{Fremdkapital}}{\text{Eigenkapital}} \times 100$
Lieferantenkreditdauer	$\text{Lieferantenkreditdauer} = \dfrac{\text{Kreditorenbestand (durchschnittlich)}}{\text{Wareneingang}} \times 365$
Wechselkreditdauer	$\text{Wechselkreditdauer} = \dfrac{\text{Schuldwechselbestand (durchschnittlich)}}{\text{Wareneingang}} \times 365$
Bankkreditdauer	$\text{Bankkreditdauer} = \dfrac{\text{Geschäftskontenbestand (durchschnittlich)}}{\text{Wareneingang}} \times 365$

Tabelle F-10 (Fortsetzung)

Kennzahl	Formel
Bilanzkurs	$\text{Bilanzkurs} = \dfrac{\text{Eigenkapital}}{\text{Grundkapital}} \times 100$
Kreditanspannung	$\text{Kreditanspannung} = \dfrac{\text{Wechselverbindlichkeiten}}{\text{Warenschuld}}$
Deckungsgrad A	$\text{Deckungsgrad A} = \dfrac{\text{Eigenkapital}}{\text{Anlagevermögen}} \times 100$
Deckungsgrad B	$\text{Deckungsgrad B} = \dfrac{\text{Eigenkapital + Fremdkapital (langfristig)}}{\text{Anlagevermögen}} \times 100$
Deckungsgrad C	Deckungsgrad C $= \dfrac{\text{Eigenkapital + Fremdkapital (langfristig)}}{\text{Anlagevermögen + Umlaufvermögen (langfristig)}} \times 100$
Liquidität ersten Grades	$\text{Liquidität ersten Grades} = \dfrac{\text{flüssiger Zahlungsmittelbestand}}{\text{kurzfristige Verbindlichkeiten}} \times 100$
Liquidität zweiten Grades	Liquidität zweiten Grades $= \dfrac{\text{Zahlungsmittelbestand + kurzfristige Forderungen}}{\text{kurzfristige Verbindlichkeiten}} \times 100$
Liquidität dritten Grades	$\text{Liquidität dritten Grades} = \dfrac{\text{kurzfristiges Umlaufvermögen}}{\text{kurzfristige Verbindlichkeiten}} \times 100$
Cash-Flow	$\begin{array}{l} \text{Betriebseinzahlungen einer Periode} \\ -\ \text{Betriebseinzahlungen einer Periode} \\ \hline \text{Cash-Flow (Finanzüberschuß einer Periode)} \end{array}$
Cash-Flow aus der GuV	$\begin{array}{l} \text{Jahresüberschuß (Reingewinn)} \\ +\ \text{Abschreibungen} \\ +\ \text{Erhöhungen der langfristigen Rückstellungen} \\ -\ \text{Verringerung der langfristigen Rückstellungen} \\ \hline \text{Cash-Flow} \end{array}$
Investitionsfähigkeit	$\text{Investitionsfähigkeit} = \dfrac{\text{Cash-Flow}}{\text{Nettoinvestition}} \times 100$
Entschuldung	$\text{Entschuldung (Jahre)} = \dfrac{\text{Nettoverschuldung}}{\text{Cash-Flow}}$

F 6 Finanzplanung

Die Planung der betrieblichen Finanzwirtschaft bedeutet die *gedankliche Vorwegnahme dispositiver Maßnahmen* zur Sicherung des finanziellen Gleichgewichts zwischen erwarteten Einnahmen und Ausgaben innerhalb des Planungszeitraums (Abschn. H 3.4.3). Der Schutz des Unternehmens vor finanziellen Unwägbarkeiten und die Überwachung und Steuerung der Liquiditätsentwicklung bilden wesentliche Aufgaben.

Der Finanzplan setzt sich aus dem *Einnahmen- und Ausgabenplan* zusammen. Der Einnahmenplan erfaßt zu erwartende Zahlungsmittelzuflüsse aus Umsatzerlösen. Der Ausgabenplan erfaßt zu erwartende Zahlungsmittelabflüsse aus Aufwendungen. Die Gegenüberstellung der Einnahmen und Ausgaben zeigt die zu erwartende *Über- oder Unterdeckung* innerhalb des Planungszeitraums, zu denen das Finanzmanagement Maßnahmen zur Herstellung des finanziellen Gleichgewichts durchführt. Dabei sind Maßnahmen zum Ausgleich bei *Unterdeckung* beispielsweise die Aufnahme von Krediten oder die Zuführung eigener Mittel. Als Maßnahmen bei *Überdeckung* bietet sich die *Anlage überschüssiger Mittel* in Termingelder, Rückzahlung von Krediten oder auch eine (begrenzte) Bestandsaufstockung von Warenbeständen und Rohmaterialien an.

Während sich die *kurzfristige Finanzplanung* auf die Liquiditätssicherung ausrichtet, besitzt die lang- und mittelfristige Finanzplanung strategischen Charakter.

F 6.1 Instrumente der Finanzplanung

Die Übersicht in Bild F-21 zeigt die wichtigsten Instrumente zur Finanzplanung. Alle Instrumente sind auch für mehrere Perioden anwendbar, mit Ausnahme der Liquiditätsplanung.

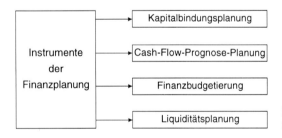

Bild F-21. Übersicht über die Instrumente zur Finanzplanung

F 6.1.1 Kapitalbindungsplanung

Die Kapitalbindungsplanung ermittelt durch Gegenüberstellung der Finanzmittelverwendung und der Finanzmittelbeschaffung das Gleichgewicht im Planungszeitraum und die Umschichtungen im Vermögen. Der strukturelle Aufbau entspricht einer Bewegungsbilanz, die nicht Bestände, sondern deren Veränderungen zwischen zwei Bilanzen erfaßt. Während die Aktivseite die Mittelverwendung zeigt, weist die Passivseite die Mittelbeschaffung aus. In Tabelle F-11 zeigt ein Beispiel eine Kapitalbindungsplanung, bei der im

Zeitraum 1 eine Deckungslücke auftaucht, die durch Kreditfinanzierung im Zeitraum 2 ausgeglichen wird.

Tabelle F-11. Kapitalbindungsplanung

Kapitalverwendung (Mio DM)		Kapitalherkunft (Mio DM)		Zeitraum 1	Zeitraum 2
				1.1.-31.12.1993	1.1.-31.12.1994
Finanzmittelverwendung		Finanzmittelbeschaffung			
Anlagevermögen	70	Beteiligungsfinanzierung	30	30	
Umlaufvermögen	30	Kreditfinanzierung	50	55	
Finanzmittelabflüsse		Rücklagendotierung	30	30	
Kreditrückzahlung	15	Desinvestitionen			
Gewinnausschüttung	5	Abschreibungserlöse	15	15	
Gewinnsteuer	20	Verminderung des			
		Anlagevermögens	10	10	
Summe	140	Summe	135	140	
		Deckungslücke		– 5	0

F 6.1.2 Cash-Flow-Prognose-Rechnung

Im Gegensatz zum Kapitalbindungsplan werden in der Cash-Flow-Prognose-Rechnung die Umsatzerlöse mitberücksichtigt. Die beiden Elemente der Cash-Flow-Prognose-Rechnung sind die Entstehungsrechnung und die Verwendungsrechnung. Durch Annahme verschiedener Kapazitätsauslastungen werden Unsicherheiten und konjunkturelle Veränderungen in der Planungsperiode berücksichtigt (Tabelle F-12).

Tabelle F-12. Einperiodige Cash-Flow-Prognose-Rechnung mit Kapazitätsauslastungsgrad

Kapazitätsauslastung		90 %	100 %	110 %
Entstehungsrechnung				
Umsatzerlöse	DM	110	150	160
Zuschreibungen	DM	30	30	30
Beteiligungen	DM	70	70	70
Zuflüsse aus Betriebseinnahmen	DM	210	250	260
variable Betriebsausgaben	DM	80	100	100
fixe Betriebsausgaben	DM	20	20	20
Abflüsse aus Betriebseinnahmen	DM	100	120	120
Cash-Flow	DM	110	130	140
Verwendungsrechnung				
Investitionen	DM	50	80	80
Schuldentilgung	DM	30	30	30
Gewinnausschüttung	DM	20	20	20
Aufwendungen	DM	100	130	130
Deckung	DM	10	0	10

F 6.1.3 Finanzbudgetierung

Die Finanzbudgetierung ist das Kernstück der Unternehmensplanung großer divisional gegliederter Unternehmen und Unternehmensverbunde *(Konzerne)*. Die Finanzbudgetierung übernimmt dabei die Aufgaben der Planung und Steuerung der einzelnen gewinnverantwortlichen Profit-Center. Die Unternehmenseinheiten erhalten ein jährliches Budget oder Mehrjahresbudget zu ihrer freien, aber zielorientierten Verwendung.

F 6.1.4 Liquiditätsplanung

Die oben aufgezeigten Instrumente der Finanzplanung in weiterem Sinne berücksichtigen nicht die zum Unternehmensfortbestand erforderliche *Liquiditätssicherung*. Zur Liquiditätsplanung eignet sich hierzu ein *Finanzplanungsverfahren* in engerem Sinne für einen mehrmonatigen Zeitraum und revolvierender, d.h. fortschreitender Planung aber konstantem Planungszeitraum. Dazu wird nach jedem abgeschlossenen Monat die Planung für die restlichen Monate aktualisiert und fortgeschrieben (Tabelle F-13). Infolge der Unsicherheiten über Eingang und Höhe von Zahlungen durch Ausnutzung von Zahlungszielen oder schlechter Zahlungsmoral der Schuldner bedarf es der Prognose des Zahlungsverhaltens mittels einer Verweilzeitverteilung. Bild F-22.

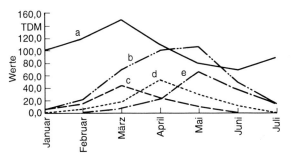

a	Getätigter Umsatz
b	Gesamte Monatszahlungen
c	Zahlungen für Januar-Umsatz
d	Zahlungen für Februar-Umsatz
e	Zahlungen für März-Umsatz

	Januar	Februar	März	April	Mai	Juni	Juli	
getätigter Umsatz	100,0	120,0	150,0	110,0	80,0	70,0	90,0	Summe
Zahlungen für Januar-Umsatz	5,0	15,0	45,0	25,0	10,0	0,0	0,0	100,00
Zahlungen für Februar-Umsatz	0,0	6,0	18,0	54,0	30,0	12,0	0,0	120,0
Zahlungen für März-Umsatz	0,0	0,0	7,50	22,5	67,5	37,5	15,0	150,0
Gesamte Monatszahlungen	5,0	21,0	70,5	101,5	107,5	49,5	15,0	

	1. Monat	2. Monat	3. Monat	4. Monat	5. Monat
Verteilung der Zahlungen	5%	15%	45%	25%	10%

Bild F-22. Prognose des Zahlungsverhaltens

F 6.2 Entscheidungskriterien zur Finanzplanung

Vor jeder Finanzierungsentscheidung sind verschiedene quantitative und qualitative Aspekte der einzelnen Finanzierungsmöglichkeiten zu betrachten, die in Bild F-23 zusammengestellt sind. Dabei muß der *Investitionserfolg* mindestens die *Finanzierungskosten* decken.

Tabelle F-13. Liquiditätsplanung

| Zeit | Januar | | | | | | | | | | | |
| Werte in TDM | Woche 1 | | | Woche 2 | | | Woche 3 | | | Woche 4 | | |
	Soll	Ist	Diff.	Soll	Ist	Diff.	Soll	Ist	Diff.	Soll	Ist	Diff.
Zahlungsmittelbestand	5	5	−0%	−4	−5	+20%	−8	−7	−14%	1	−1	+200%
Umsatzeinnahmen	62	60	−3%	65	66	+2%	72	75	+4%	80	82	+2%
Sonstige Einnahmen	2	2	−0%	2	3	+33%	4	5	+20%	2	2	−0%
Reine Finanzeinnahmen	2	2	−0%	2	2	−0%	1	1	−0%	1	2	+50%
Summe der Einnahmen	66	64	−3%	69	71	+3%	77	81	+5%	83	86	+3%
Personalausgaben	30	30	−0%	30	30	−0%	30	31	+3%	30	31	+3%
Materialausgaben	15	16	+6%	15	16	+6%	20	21	+5%	15	17	+12%
Anlagenausgaben	20	20	−0%	20	18	−11%	16	15	−7%	20	22	+9%
Steuerausgaben	1	1	−0%	1	1	−0%	1	1	−0%	1	2	+50%
Sonstige Ausgaben	5	4	−25%	5	4	−25%	5	5	−0%	5	6	+17%
Reine Finanzausgaben	3	3	−0%	3	4	+25%	3	2	−50%	3	4	+25%
Summe der Ausgaben	74	74	−0%	74	73	−1%	75	75	−0%	74	82	+10%
Überschuß/Fehlbetrag	−3	−5	+40%	−9	−7	−29%	−1	−1	−0%	−2	3	+33%

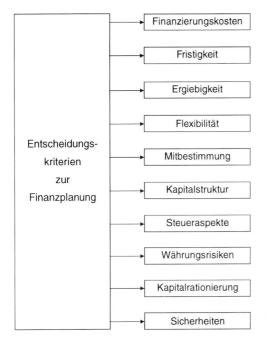

Bild F-23. Entscheidungskriterien zur Finanzplanung

F 6.2.1 Finanzierungskosten und Tilgungsformen

Als *direkte Finanzierungskosten* treten *Zinskosten* und *Dividendenausschüttungen* auf. Die Besteuerung von Anleihen, höheren Gewinnen aus dem Mittelrückfluß und Rechnungszinsen auf Pensionsrückstellungen bilden die *indirekten Kosten*.

Einmalige Finanzierungskosten treten bei der Ausgabe von Aktien und Anleihen als Emissionskosten auf. Für Kredite fallen Bearbeitungskosten, Bereitstellungsprovisionen und Disagio an. Unter Berücksichtigung der Kreditfinanzierungskosten ermöglicht der *effektive Kreditzinssatz* eine quantitative Vergleichbarkeit.

Die regelmäßige Zahlung von *Zinsen und Dividenden* verursacht laufende Kosten. Durch die Bindung der Zinsen an die Marktzinssätze über regelmäßige Zinsanpassung entstehen variable Zinskosten. Neben den Kosten sind auch *Tilgungsraten* zu leisten, die jedoch keine Kosten darstellen.

Im Gegensatz zur Abzahlungstilgung sind bei der Annuitätentilgung nicht die Tilgungsraten konstant, sondern die aus Zinsen und Tilgung zusammengesetzte *Annuität*. Wie Bild F-24 zeigt, nehmen die Zinsen im Laufe der Zeit ab und die Tilgungsraten nehmen zu.

Erfolgt die Auszahlung der Kreditsumme mit einem Abschlag *(Disagio)*, kann die tatsächliche Verzinsung *(Effektivzins)* über der Kreditverzinsung *(Nominalzins)* liegen. Mit steigendem Disagio sinkt der Nominalzins. Bei Kreditzahlung mit Raten kann meist zwischen steigendem oder fallendem Tilgungsanteil gewählt werden.

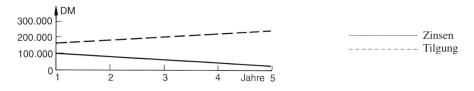

Jahr	Restschuld am Jahresanfang	Zinsen	Tilgung	Annuität	Restschuld am Jahresende
1	1 000 000	100 000	163 797	263 797	836 203
2	836 203	83 620	180 177	263 797	656 025
3	656 025	64 603	198 195	263 797	457 830
4	457 830	45 783	218 014	263 797	239 816
5	239 816	23 987	239 816	263 797	0
		318 987	1 000 000	1 318 987	

Bild F-24. Zinsen und Tilgung bei einer Annuitätentilgung

Auf die Kapitalstruktur des Unternehmens hat die Finanzmittelbeschaffung erheblichen Einfluß. Da Gläubiger zur Gewährung von Finanzmitteln meist bestimmte Relationen der Kapital- und Vermögensstruktur voraussetzen, können mit Rücksicht auf eine ausgeglichene Struktur nicht immer die günstigsten Finanzierungsalternativen gewählt werden. Besondere *Kapitalstrukturrisiken* liegen in einer übermäßigen Fremdkapitalzuführung. Das Verhältnis von Eigenkapital zu Fremdkapital wirkt sich auf die Rentabilität aus. Die Hebelwirkung aus steigender Verschuldung erhöht die Eigenkapitalrentabilität. Das Optimum wird erreicht, bis der Kostensatz des Fremdkapitals gleich der zunehmenden Rentabilität des Eigenkapitals ist *(Leverage-Effekt)*. Das Beispiel nach Tabelle F-14 zeigt die *Hebelwirkung:* Auf der Basis einer hohen Eigenkapitalrentabilität nimmt diese trotz steigendem Fremdkapitalzins und wachsender Verschuldung noch zu. Der entsprechende Gegeneffekt zeigt sich drastisch bei einer geringen Eigenkapitalrentabilitätsbasis. Bei einem Verschuldungsgrad von 43% auf der Basis der Eigenkapitalrentabilität von 15% ergeben sich im Beispiel die günstigsten Werte. Die externe Anlage des freigesetzten Eigenkapitals erweist sich dann als rentabel, wenn die gesamte Eigenkapitalrentabilität die Fremdkapitalzinsen zuzüglich der Verzinsung aus externen Anlagen übersteigt.

F 6.2.2 Entscheidungsmatrix zur Finanzierung

Zu einer umfassenden Beurteilung der Vor- und Nachteile werden die quantitativen und qualitativen Merkmale der einzelnen Finanzierungsalternativen einander gegenübergestellt (Tabelle F-15).

Tabelle F-14. Leverage-Effekt bei konstanten Gesamtkapitelbedarf

Eigen-kapital DM	Fremd-kapital DM	Verschul-dungsgrad in %	Fremdkapital-zinsen %,	DM	Netto-gewinn DM	Eigenkapital-rentabilität in %
5 000 000	0	0 %	–	–	750 000	15,0 %
4 500 000	500 000	11 %	6,0 %	30 000	720 000	16,0 %
4 000 000	1 000 000	25 %	8,0 %	80 000	670 000	16,8 %
3 500 000	1 500 000	43 %	10,0 %	150 000	600 000	17,1 %
3 000 000	2 000 000	67 %	12,0 %	240 000	510 000	17,0 %
2 500 000	2 500 000	100 %	14,0 %	350 000	400 000	16,0 %
2 000 000	3 000 000	150 %	16,0 %	480 000	270 000	13,5 %
5 000 000	0	0 %	–	–	150 000	3,0 %
4 500 000	500 000	11 %	6,0 %	30 000	120 000	2,7 %
4 000 000	1 000 000	25 %	8,0 %	80 000	70 000	1,8 %
3 500 000	1 500 000	43 %	10,0 %	150 000	0	0,0 %
3 000 000	2 000 000	67 %	12,0 %	240 000	–90 000	–3,0 %
2 500 000	2 500 000	100 %	14,0 %	350 000	–200 000	–8,0 %
2 000 000	3 000 000	150 %	16,0 %	480 000	–330 000	–16,5 %

Tabelle F-15. Finanzierungsentscheidungsmatrix

	Gewichtung	Bankkredit			Leasing		
		Punkte	Wert	Anteil	Punkte	Wert	Anteil
direkte Finanzierungskosten	2,0	8	16,0	37 %	5	10,0	18 %
indirekte Finanzierungskosten	1,0	7	7,0	16 %	4	4,0	7 %
Zinsvariabilität	0,5	5	2,5	6 %	1	0,5	1 %
Fristigkeit	1,5	2	3,0	7 %	6	9,0	16 %
Ergiebigkeit	0,5	4	2,0	5 %	4	2,0	4 %
Flexibilität	1,0	5	5,0	11 %	2	2,0	4 %
Mitbestimmung	1,0	1	1,0	2 %	9	9,0	16 %
Kapitalstruktur	1,0	3	3,0	7 %	8	8,0	14 %
Steueraspekte	0,5	2	1,0	2 %	10	5,0	9 %
Kapitalrationierung	0,5	3	1,5	3 %	5	2,5	5 %
Sicherheiten	0,5	3	1,5	3 %	7	3,5	6 %
			43,5	100 %		55,5	100 %

F 6.3 Langfristige Finanzplanung

Die langfristige Finanzplanung in der Form einer Mehrjahresplanung soll wesentliche Strukturen des Unternehmen vorplanen und den langfristigen und ertragreichen Unternehmensfortbestand sichern. Für die Planerstellung sind einige wichtige Aspekte zu berücksichtigen:

- Entwicklung der Relationen von Bilanzposten,
- Entwicklung der Kennzahlen zur Finanzanalyse,
- Entwicklung der Vermögens- und Kapitalstrukturen,
- Entwicklung der Aufwands und Ertragsstrukturen,

- Umsatzentwicklung (quantitative und qualitative) in den verschiedenen Produktbereichen,
- Ertragsentwicklung der einzelnen Produktbereiche,
- Entwicklung von Gewinnen und Eigenmitteln,
- Festlegung der Wachstumsfinanzierung,
- Abschätzung des Kapitalbedarfs umfangreicher Investitionsvorhaben und
- Abschätzung der Auswirkungen finanzwirtschaftlicher Anpassungen aufgrund vorhergehender Fehlentwicklungen.

Als Planungsbasis stehen beispielsweise Jahresabschlüsse, Erfahrungswerte, Kennzahlen und Grundsatzentscheidungen zur Verfügung.

F 6.4 Mittelfristige Finanzplanung

Die mittelfristige Finanzplanung betrachtet die finanzielle Entwicklung innerhalb *eines Geschäftsjahres*. Als ausführlicher Feinplan der langfristigen Finanzplanung stehen bei der mittelfristigen Finanzplanung Liquidität und Ertrag im Vordergrund. Auch hier sind wesentliche Punkte zu beachten:

- Feststellung des Zeitpunkts und der Höhe zu erwartender Liquiditätsüberschüsse und Liquiditätsengpässe;
- Entwicklung von Maßnahmen zum Ausgleich der Liquiditätsüberschüsse und Liquiditätsengpässe;
- Absicherung der Kreditlinien und Verbesserung der Kreditwürdigkeit;
- Gestaltung der Aufwands- und Ertragsstrukturen;
- Festlegung der Zeitpunkte für umfangreiche Zahlungen aus Materialeinkäufen und Anlageinvestitionen;
- Fixierung der Ertragsziele und der Bilanzstrukturen für das Geschäftsjahr und
- Feststellung von Abweichungen von der langfristigen Finanzplanung.

Zur Planung stehen beispielsweise Daten aus den Bereichen Absatz, Produktion, Beschaffung von Personal und Investition zur Verfügung. In monatlichen Planungsabschnitten wird die mittelfristige Finanzplanung bei Ein- und Ausgaberechnungen, Finanzkonten, Planerfolgsrechnungen und Planbilanzen angewendet.

F 6.5 Kurzfristige Finanzplanung

Die kurzfristige Finanzplanung liefert für eine kurze Periode eine Vorschau der zukünftigen Zahlungsbereitschaft des Unternehmens. Sie erfaßt die Einnahmen und die Ausgaben für die nächste Zukunft und dient der kurzfristigen Liquiditätssicherung. Die Aufgaben einer kurzfristigen Finanzplanung in Form eines Liquiditätsplans sind:

- Gegenüberstellung der zu erwartenden Einnahmen und Ausgaben für eine Periode,
- Sicherung der Liquiditätsreserven für unvorhersehbare Zahlungsverschiebungen,
- Einhaltung der bestehenden Kreditlinien und
- Schaffung einer Grundlage für finanzielle Entscheidungen.

Als Planungsbasis dienen Bilanzbestände und bestehende Vertragsverhältnisse zu Auftragsbeständen und Bestellverpflichtungen, sowie Arbeitsverträge, Mietverträge und Steuerverpflichtungen. Die kurzfristige Liquiditätsvorschau wird in Tages- oder Wochenabschnitten geplant.

Weiterführende Literatur

Blomeyer, K.: Exportfinanzierung. Nachschlagewerk für die Praxis. Wiesbaden: Gabler Verlag 1986.

Buchner, R.: Grundzüge der Finanzanalyse. München: Vahlen Verlag 1981.

Büschgen, H.E.: Internationales Finanzmanagement. Frankfurt: 1986.

Christians (Hrsg.), W.: Finanzierungshandbuch, 2. Auflage. Wiesbaden: Gabler Verlag 1988.

Däumler, K.-D.: Betriebliche Finanzwirtschaft, 5. Auflage. Herne/Berlin: Verlag Neue Wirtschaftsbriefe 1991.

Eilenberger, G.: Finanzierungsentscheidungen multinationaler Unternehmungen. Würzburg/Wien: Physica Verlag 1980.

Dukraczyk, J.: Finanzierung, 4. Auflage. Stuttgart: Poeschel Verlag 1989.

Franke, G. und Hax, H.: Finanzwirtschaft des Unternehmens und Kapitalmarkt, 2. Auflage. Berlin/Heidelberg: Springer Verlag 1990.

Fischer, O.: Finanzierung der Unternehmung I, 2. Auflage. Tübingen 1989.

Gabele, E. und Weber, F.: Kauf oder Leasing, Bonn 1985.

Hahn, O.: Finanzwirtschaft, 2. Auflage. Landsberg/Lech: mi-Verlag 1983.

Hauschildt, J.: Finanzorganisation, Finanzplanung und Finanzkontrolle. München: Vahlen Verlag 1981.

Jahrmann, F.-U.: Finanzierung. Herne/Berlin: Verlag Neue Wirtschaftsbriefe 1985.

Joschke, H. K.: Finanzplanung, Management-Enzyklopädie, 2. Auflage. München: Vahlen Verlag 1983.

Perridon, L. und Steiner, M.: Finanzwirtschaft der Unternehmung, 5. Auflage. München: Vahlen Verlag 1988.

Rehkugler/Schindel: Finanzierung, 2. Auflage. München: Florentz-Verlag 1984.

Süchting, J.: Finanzmanagement, Theorie und Politik der Unternehmensfinanzierung, 5. Auflage. Wiesbaden: Gabler Verlag 1989.

Vormbaum, H.: Finanzierung der Betriebe, 8. Auflage. Wiesbaden: Gabler-Verlag 1990.

Wöhe, G. und Bilstein, J.: Grundzüge der Unternehmensfinanzierung, 5. Auflage. München: Vahlen Verlag 1988.

Zur Übung

Ü F1: Ein Unternehmen stellt mit einer Maschine innerhalb von neun Wochen gleichartige Produkte her. Der Produktionsprozeß umfaßt drei Wochen. Der jeweils folgende Produktionsprozeß kann bereits nach zwei Wochen gestartet werden. Die Herstellung der Produkte erfordert eine regelmäßige Rohstoffanlieferung in wöchentlichem Turnus. Die Rohstoffe kosten je Anlieferung 20000 DM und werden sofort bar bezahlt. Nach Fertigstellung lagern die Produkte bis zur Auslieferung an den Kunden durchschnittlich eine Woche. Die Kunden leisten die Zahlungen in Höhe von 50000 DM durchschnittlich eine Woche nach Auslieferung der Produkte.

a) Ermitteln Sie die Anzahl der Produktionsprozesse.

b) Ermitteln Sie den wöchentlichen und den kumulierten Kapitalbedarf im Zeitverlauf durch Gegenüberstellung von Einzahlungen und Auszahlungen.

c) Bewerten Sie die Ergebnisse.

d) Mit welchen geeigneten Instrumenten kann man den Kapitalbedarf finanzieren?

Ü F2: Zur kurzfristigen Finanzierung stehen einem Unternehmen Kontokorrentkredit und Finanzierung über einen langfristigen Kredit zur Verfügung. Der zu finanzierende Zeitraum beträgt sechs Monate. Für den Kontokorrentkredit sind 10% im Jahr aufzubringen und für den langfristigen Kredit lediglich 7%.

a) Ermittelt werden soll bei konstanten Kreditkosten der jeweilige Kreditbetrag für die beiden Finanzierungsmöglichkeiten.

b) Ermittelt werden sollen bei konstantem Kreditbetrag die jeweiligen Kreditkosten.

c) Stellen Sie die Vor- und die Nachteile der beiden Finanzierungsmöglichkeiten gegenüber.

Ü F3: Die Finanzierung von Warenlieferungen in Höhe von 50 000 DM soll durch Inanspruchnahme eines Lieferantenkredits an den Kunden erfolgen. Der Abzug von 5% Skonto wird innerhalb von 15 Tagen gewährt. Danach beträgt das Zahlungsziel (rein netto) 40 Tage.

a) Wie groß ist der Skontobetrag und der zu zahlende Nettobetrag?

b) Ermittelt werden soll der Zinsaufwand für den Skontozeitraum und der Jahreszinssatz.

Ü F4: Einem Unternehmen stehen zur Finanzierung einer Investition von 500 000 DM der Barkauf, der Kreditkauf und das Leasing zur Verfügung. Die Anlage soll 5 Jahre genutzt werden. Aus der Investition erhält das Unternehmen einen Einnahmerückfluß von jährlich 130 000 DM. Die Anlage kann zum Barpreis von 500 000 DM oder auf Kredit mit einem Zinssatz von 10% pro Jahr erworben und in fünf Jahren gleichmäßig getilgt werden. Im Falle des Leasing kann die Anlage auf eine Grundmietzeit von vier Jahren mit einer einmaligen Abschlußgebühr von 10% gemietet werden. Die monatlichen Leasingraten betragen 3% des Anschaffungswerts. Über die Grundmietzeit hinaus kann die Anlage mit einer jährlichen Verlängerungsmiete von 10 000 DM gemietet werden.

a) Ermittelt werden sollen im Zeitverlauf für jede Finanzierungsvariante die Ausgaben und die Einnahmen und die daraus kumulierten Überschüsse.

b) Bewerten Sie die Ergebnisse der verschiedenen Finanzierungsvarianten.

G Investitions- und Wirtschaftlichkeitsrechnung

Bei einer Investition wird *Kapital langfristig* angelegt, um *Produktions-* und *Finanzanlagen* oder *immaterielle Werte* zu beschaffen (Bild G-1).

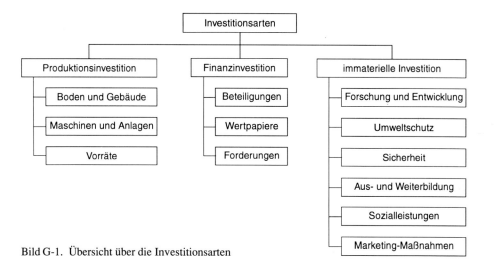

Bild G-1. Übersicht über die Investitionsarten

Neue technische Anlagen und Maschinen sind in der Regel technisch besser. Deshalb tätigt man nicht nur eine Ersatz-Investition *(Reinvestition),* sondern eine *Erweiterungs-Investition.* Denn mit dieser Maschine kann man in größeren Stückzahlen kostengünstiger und mit hohem Qualitätsstandard fertigen.

Meist ist die Beschaffung dieser Betriebsmittel sehr teuer, so daß eine Fehlentscheidung unbedingt zu verhindern ist. In folgenden Punkten sichert man sich ab:

Wirtschaftlichkeit
Die einzelnen Alternativen werden hinsichtlich ihrer Kosten, Deckungsbeiträge und Gewinne (je Zeitabschnitt oder je Stück) verglichen.

Risiko
Je schneller das eingesetzte Kapital ins Unternehmen zurückfließt (d.h. je kleiner die Amortisationsdauer), um so geringer ist das Risiko.

Rentabilität
Das eingesetzte Kapital muß nicht nur ins Unternehmen zurückfließen, sondern auch verzinst werden.

228

Liquidität

Je nach Finanzierungsmodell (z.B. Leasing oder Bankkredit) wird der Liquiditätsspielraum des Unternehmens verändert.

Sonstige Kriterien

Zur Beurteilung von Investitionen können auch soziale, ethische oder andere Wertvorstellungen herangezogen werden.

Bild G-2 zeigt eine Übersicht über die Verfahren der Investitionsrechnung. Man unterscheidet zwischen *statischen* (keine Kapitalverzinsung) und *dynamischen* (Verzinsung der Kapitalströme). Die beiden Methoden des Kosten- und Gewinnvergleichs gehören zu den *Wirtschaftlichkeitsrechnungen*. An einem Beispiel für die Entwicklung von NC-Kopplungssoftware für CNC-Fräsmaschinen werden die Verfahren erläutert.

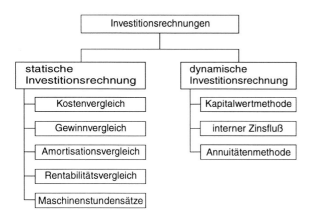

Bild G-2. Übersicht über die Verfahren der Investitionsrechnung

G 1 Statische Verfahren

G 1.1 Kostenvergleichsrechnung

Die verschiedenen Investitionsalternativen werden durch Gegenüberstellung ihrer *wesentlichen Kosten* beurteilt. Dazu gehören:

- Anschaffungswert;
- Kapitalkosten
  (Abschreibungen und Zinsen);
- fixe Kosten
  (fixe Personalkosten und Rüstkosten);
- variable Kosten
  (Materialkosten, Fertigungslohnkosten, Werkzeugkosten, Energie- , Strom- und Wasserkosten sowie Wartungskosten);

Die Kosten können je Zeitabschnitt oder je Ausbringungsmenge (Stückzahl) betrachtet werden.

Tabelle G-1 zeigt die Kostenvergleichsrechnung für die Entwicklung von NC-Kopplungssoftware für drei verschiedene NC-Maschinen. Die Maschine 1 ist in der Anschaffung am teuersten (560000 DM). Auch die Kapitalkosten sind, wenn auch geringfügig, höher als bei den zwei anderen Maschinen. Die größten Kostenvorteile dieser Maschine liegen in dem komfortablen Programmierinterface. Dadurch ist der Programmieraufwand um ein Drittel geringer als bei den beiden anderen Maschinen (er beträgt 200000 DM statt 300000 DM). Die variablen Kosten weichen bei allen drei Maschinen nicht wesentlich voneinander ab. Wie die Auswertung nach Tabelle G-1 zeigt, weist die Maschine 1 die geringsten Gesamtkosten je Zeitabschnitt auf und ist somit die beste Alternative.

In Tabelle G-2 ist der Kostenvergleich je Mengeneinheit in DM/Stück für die einzelnen Maschinen zu sehen. Bei dieser Rechnung wird noch deutlicher, daß die leistungsfähigere Maschine 1 mit Abstand die kostengünstigste Alternative darstellt.

G 1.2 Gewinnvergleichsrechnung

Werden außer den Kosten die Umsätze in den Zeitabschnitten oder die erzielbaren Marktpreise je Stück berücksichtigt, dann kann man die Gewinne der verschiedenen Alternativen vergleichen.

Im vorliegenden Fall werden außer den Kosten für die Erstellung der NC-Software (Maschinen plus Kosten zur Software-Erstellung) auch die Umsätze der unterschiedlichen Softwarepakete möglichst realistisch eingeschätzt. Dann ergibt sich die Gewinnvergleichsrechnung nach Tabelle G-3. Es ist deutlich zu erkennen, daß die NC-Kopplungssoftware für die Maschine 1 wahrscheinlich zunächst zu Verlusten führen wird. Die Softwareentwicklung für diese Maschine ist zwar sehr kostengünstig durchzuführen, und auch der Preis für die Software ist relativ niedrig. Diese sehr teure Maschine ist aber neu auf dem Markt und relativ teuer. Deshalb ist sie nicht so häufig in der Praxis eingesetzt, weswegen auch nur wenige Softwarepakete verkauft werden können. Für die Maschinen zwei und drei sind Gewinne zu erwarten, weil der Softwarepreis hoch und die verkaufte Stückzahl größer ist. Trotzdem ist zu überlegen, die Software auf der Maschine 1 zu entwickeln, weil die Wachstumschancen wesentlich besser sind. An diesem Beispiel wird klar, daß Investitionsentscheidungen nicht nur nach den Ergebnissen der Investitionsrechnungen gefällt werden dürfen, sondern daß hier auch eine strategische, in die Zukunft gerichtete Unternehmenspolitik berücksichtigt werden muß.

G 1.3 Amortisationsrechnung

Es wird die *Amortisationsdauer* bestimmt. Das ist die Zeit, in der das Kapital für die Investition wieder in die Unternehmung zurückgeflossen ist. Die Amortisationsdauer ist damit eine Kennzahl für das *Risiko:*

Je kürzer die Amortisationszeit, desto geringer ist das Risiko.

Die Amortisationsdauer wird nach folgender Formel berechnet:

$$Amortisationsdauer \ = \ \frac{Kapitaleinsatz - Restwert}{durchschnittlicher\ Rückfluß}$$

Tabelle G-1. Kostenvergleichsrechnung je Zeitabschnitt für drei Alternativen

Kostenvergleichsrechnung zur Entwicklung von NC-Kopplungssoftware für drei Maschinen

Kosten	Maschine 1	Maschine 2	Maschine 3
Anschaffungswert in DM	560 000	300 000	220 000
Lebensdauer Jahre	10	8	5
Abschreibungen in DM	56 000	37 500	44 000
Zinsen (10% auf 1/2 Anschaffungswert)	28 000	15 000	11 000
Kapitalkosten in DM	84 000	52 500	55 000
Programmieraufwand (Mannstunden)	200 000	300 000	300 000
Rüstkosten in DM	10 000	15 000	18 000
Summe Fixkosten DM	210 000	315 000	318 000
Materialkosten in DM	15 000	12 000	11 000
Werkzeugkosten in DM	20 000	25 000	30 000
Wartungskosten in DM	28 000	24 000	13 200
Summe der variablen Kosten DM	63 000	61 000	54 200
Summe Gesamtkosten DM	357 000	428 500	427 200

Tabelle G-2. Kostenvergleichsrechnung je Stück für drei Alternativen

Kostenvergleich je Stück in DM/Stück	Maschine 1	Maschine 2	Maschine 3
Anschaffungswert	560 000	300 000	220 000
Lebensdauer in Jahren	10	8	5
Stückzahl je Jahr	120 000	100 000	80 000
Abschreibungen	0,47	0,38	0,55
Zinsen (10% auf 1/2 Anschaffungswert)	0,23	0,15	0,14
Kapitalkosten je Stück	0,70	0,53	0,69
Programmieraufwand (Mannstunden)	1,67	3,00	3,75
Rüstkosten	0,08	0,15	0,23
Summe Fixkosten je Stück	1,75	3,15	3,98
Materialkosten	0,13	0,12	0,14
Werkzeugkosten	0,17	0,25	0,38
Wartungskosten	0,23	0,24	0,17
Summe variable Kosten je Stück	0,53	0,61	0,68
Summe Gesamtkosten je Stück	2,98	4,29	5,34

Der durchschnittliche Rückfluß ist die Differenz aus Umsatz und Kosten zuzüglich den Abschreibungen:

$$durchschnittlicher\ Rückfluß = Umsatz - Kosten + Abschreibungen$$

Die Abschreibungen müssen hinzugezählt werden, weil mit ihnen bereits ein Teil des Kapitals angespart wird, das zur Erneuerung der Anlage dient. Es muß darauf hingewiesen werden, daß die Abschreibungen von Unternehmen häufig nicht nur gezielt Investitionen zufließen, sondern auch zu anderen Zwecken verwendet werden.

Tabelle G-3. Gewinnvergleichsrechnung für drei Alternativen

Kosten	Maschine 1	Maschine 2	Maschine 3
Anschaffungswert in DM	560 000	300 000	220 000
Lebensdauer in Jahren	10	8	5
Abschreibungen in DM	56 000	37 500	44 000
Zinsen (10% auf 1/2 Anschaffungswert)	28 000	15 000	11 000
Kapitalkosten in DM	84 000	52 500	55 000
Programmieraufwand (Mannstunden)	200 000	300 000	300 000
Rüstkosten in DM	10 000	15 000	18 000
Summe fixe Kosten in DM	210 000	315 000	318 000
Materialkosten in DM	15 000	12 000	11 000
Werkzeugkosten in DM	20 000	25 000	30 000
Wartungskosten in DM	28 000	24 000	13 200
Summe variable Kosten in DM	63 000	61 000	54 200
Summe Gesamtkosten in DM	357 000	428 500	427 200
Preis der NC-Kopplungssoftware in DM	18 000	22 000	25 000
Schätzung der verkauften Stückzahl	15	25	25
Umsatz in DM	270 000	550 000	625 000
Gewinn in DM	−87 000	121 500	197 800

Tabelle G-4. Amortisationsrechnung zur Entwicklung von NC-Kopplungssoftware für drei Maschinen

Kosten	Maschine 1	Maschine 2	Maschine 3
Abschreibungen in DM	56 000	37 500	44 000
Zinsen (10% auf 1/2 Anschaffungswert)	10 000	15 000	15 000
Kapitalkosten in DM	66 000	52 500	59 000
Programmieraufwand (Mannstunden)	200 000	300 000	300 000
Summe Kapitaleinsatz DM	266 000	352 000	359 000
Restwert	0	0	0
Kapitaleinsatz - Restwert DM	266 000	352 500	359 000
Umsatz in DM	270 000	550 000	625 000
Summe Gesamtkosten DM	111 000	113 500	118 000
Abschreibungen in DM	56 000	37 500	44 000
durchschnittlicher Rückfluß DM	215 000	474 000	551 000
Amortisationsdauer in Jahren	1,24	0,74	0,65

In Tabelle G-4 ist die Berechnung der Amortisationsdauer für die Software-Entwicklung der NC-Maschinen zusammengestellt. Daraus ist erkennbar, daß sich die Software für die Maschine 3 bereits in 0,65 Jahren (etwa in 8 Monaten) amortisieren wird. Die Software für die Maschine 1 hat eine doppelt so lange Amortisationsdauer, d.h. das Entwicklungsrisiko ist auch etwa doppelt so groß. Trotzdem ist auch hier zu bedenken, daß bei der neuen Maschine 1 in einen zukünftig wachsenden Markt investiert wird und es sein kann, daß die Maschinen 2 und 3 nicht mehr lange auf dem Markt sein werden.

G 1.4 Rentabilitätsrechnung

Werden die Überschüsse nicht absolut errechnet, sondern im Verhältnis zum durchschnittlich eingesetzten Kapital betrachtet, dann ergeben sich Rentabilitätsbetrachtungen. Die Gesamtkapital-Rentabilität (Rendite oder ROI: Return on Investment) ist folgendermaßen definiert (Bild G-3):

$$Rentabilität \ = \ \frac{Gewinn}{eingesetztes \ Kapital} \times 100$$

Im Falle der Investitionsrechnung ist das eingesetzte Kapital gleich den Kosten für den Kauf des Investitionsgutes. Im vorliegenden Beispiel wird aus den Zahlen der Gewinnvergleichsrechnung nach Tabelle G-3 die Rentabilität entsprechend den Zusammenhängen nach Bild G-3 errechnet:

$$Rentabilität \ = \ \frac{Gewinn}{Umsatz} \times \frac{Umsatz}{eingesetztes \ Kapital}$$

Wie aus Tabelle G-5 zu entnehmen ist, sind die Umsatzrentabilitäten (Gewinn/Umsatz), die Umschlagshäufigkeiten (Umsatz/eingesetztes Kapital) und die Rentabilität für die Maschine 1 am schlechtesten und für die Maschine 3 am günstigsten. Die Umschlagshäufigkeit zeigt an, wieviel Prozent der Investitionskosten im Jahr zurückfließen. Eine Umschlagshäufigkeit von 0,48 bedeutet, daß nur 48% der Investitionskosten zurückgeflossen sind.

Für Rationalisierungsinvestitionen wendet man eine vereinfachte Rechnung an. Die Einsparungen an den variablen Kosten durch eine neue Maschinen sind die Gewinne. Sie werden auf die Kosten der Investition bezogen, so daß sich die Rentabilität wie folgt errechnet:

$$Rentabilität \ = \ \frac{(variable \ Kosten - variable \ Kosten \ neu)}{Kosten \ der \ Investition}$$

Im vorliegenden Beispiel handelt es sich um die Prüfungen im Rahmen der Qualitätssicherung. Während im bisherigen Fall 160000 DM Lohnkosten für die Prüfer bezahlt wurden,

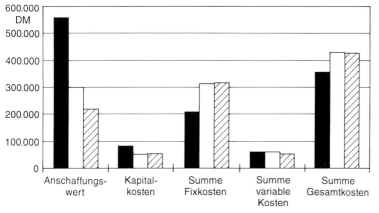

Bild G-3. Bestandteile der Rendite

233

Tabelle G-5. Rentabilitätsrechnung für drei Alternativen

Kosten	Maschine 1	Maschine 2	Maschine 3
Anschaffungswert in DM	560000	300000	220000
Lebensdauer in Jahren	10	8	5
Abschreibungen in DM	56000	37500	44000
Zinsen (10% auf 1/2 Anschaffungswert)	28000	15000	11000
Kapitalkosten DM	84000	52500	55000
Programmieraufwand (Mannstunden)	200000	300000	300000
Rüstkosten in DM	10000	15000	18000
Summe fixe Kosten DM	210000	315000	318000
Materialkosten in DM	15000	12000	11000
Werkzeugkosten in DM	20000	25000	30000
Wartungskosten in DM	28000	24000	13200
Summe variable Kosten DM	63000	61000	54200
Summe Gesamtkosten DM	357000	428500	427200
Preis der NC-Kopplungssoftware in DM	18000	22000	25000
Schätzung der verkauften Stückzahl	15	25	25
Umsatz in DM	270000	550000	625000
Gewinn in DM	−87000	121500	197800
Umsatz-Rentabilität in %	−32,22%	22,09%	31,65%
Umschlagshäufigkeit	0,48	1,83	2,84
Rentabilität in %	−15,54%	40,50%	89,91%

Tabelle G-6. Rentabilität bei Rationalisierungsinvestitionen

Investitionskosten	alter Zustand	neue Alternative 1	neue Alternative 2
Kosten der Investition in DM		220000,00	340000,00
variable Kosten DM/Jahr	160000,00	120000,00	80000,00
Rentabilität in %		18,18	23,53

wurden zwei Prüfgeräte untersucht. Das erste Prüfgerät kostet 220000 DM und hat jährliche Lohnkosten von 120000 DM, während das zweite Gerät Anschaffungskosten von 340000 DM hat, aber lediglich Lohnkosten in Höhe von 80000 DM verursacht. Die Berechnung der Rentabilität zeigt Tabelle G-6. Daraus ist zu ersehen, daß die Alternative 2 trotz hoher Investitionskosten wegen der geringen Lohnkosten eine hohe Rentabilität aufweist.

G 1.5 Berechnung der Maschinenstundensätze

Diese Berechnung (Abschn. E 4) ist dann durchzuführen, wenn die Maschinenkosten im Vergleich zu den Personalkosten sehr hoch sind. In modernen Fertigungsinseln ist dies häufig der Fall, da eine Person mehrere sehr teure, automatisch arbeitende Maschinen bedient. Beim Vergleich der Maschinenstundensätze ist der Maschine der Vorzug zu geben, die geringere Kosten hat. Für die Errechnung der Maschinenstundensätze gilt die Formel:

$$Maschinenstundensatz = \frac{maschinenabhängige\ Kosten}{Maschinenlaufzeit}$$

Dabei müssen sich die maschinenabhängigen Kosten und die Laufzeiten auf die gleichen Perioden beziehen.

In Tabelle G-7 ist eine Maschinenstundensatzrechnung (Abschn. E 4) für drei Fräsmaschinen zu sehen. Obwohl die Maschine 2 in der Anschaffung mit 420 000 DM am teuersten ist, liegt der Maschinenstundensatz mit 76,79 DM am niedrigsten. Dies hängt vor allem mit den langen Laufzeiten dieser Maschine zusammen.

G 2 Dynamische Verfahren

Im Gegensatz zu den statischen Verfahren werden bei den dynamischen die Ein- bzw. Auszahlungen *zeitgenau verzinst*. Dabei unterscheidet man zwischen *Aufzinsung* (Zukunftswert des eingesetzten Kapitals) und *Abzinsung* (Gegenwartswert zukünftiger Ausgaben).

Folgende finanzwirtschaftliche Begriffe sind dabei von Bedeutung (Bild G-4):

Barwert, Gegenwartswert oder Kapitalwert
Eine einmalige Zahlung K_n oder mehrmalige Zahlungen e werden auf den *Gegenwartswert* K_0 *abgezinst.*

Endwert
Eine einmalige Zahlung K_0 oder mehrmalige Zahlungen e werden mit Zins und Zinseszins *aufgezinst.*

Jahreswert oder Annuität
Die regelmäßigen konstanten Jahresbeiträge dienen zur Bezahlung des Zinses und der Tilgung einer Schuld.

G 2.1 Kapitalwertmethode

Durch eine Investition werden *Einzahlungen* und *Auszahlungen* verursacht *(Zahlungsströme)*, die zu *unterschiedlichen Zeitpunkten* anfallen. Zu diesem Zweck werden für die Rückflüsse in den verschiedenen Zeitabständen ihre Barwerte errechnet. Die Summe aller dieser Barwerte ist der *Kapitalwert*. Es gilt folgender Zusammenhang:

$$K_0 = \frac{e_1 - a_1}{q} + \frac{e_2 - a_2}{q^2} + \frac{e_3 - a_3}{q^3} + \frac{L}{q^n} - a_0$$

$$K_0 = \sum_{i=0}^{n} (e_i - a_i)\, q^{-i}$$

Dabei bedeuten:
e Einnahmen in den Nutzungsjahren,   q Aufzinsungsfaktor,
a Ausgaben in den Nutzungsjahren, a_0 Anschaffungswert,
L Liquidationserlös.

Tabelle G-7. Maschinenstundensatzrechnung für drei Alternativen

Grunddaten der Maschine	Einheit	Formel	Fräsmaschine 1	Fräsmaschine 2	Fräsmaschine 3
Anschaffungswert	DM		280000,00	420000,00	350000,00
Preisindex	(1+%)		1,5	1,3	1,7
betriebliche Nutzungsdauer	Jahre		8	12	10
betriebliche Nutzungszeit	h/Jahr		1500	2500	2000
Raumbedarf	qm		5	5	5
elektrischer Anschlußwert	kW		3	7	5
Hilfs- und Betriebsstoffe	DM/Monat		300	200	300
Instandhaltung	%/Jahr		5,50%	3,20%	5,00%
Werkzeugkosten	DM/Monat		200,00	200,00	200
Daten zur Berechnung					
Kalkulationssatz p	%		10,00%	10,00%	10,00%
Platzkosten	DM/(m²/Jahr)		22	22	22
Stromkosten	DM/kWh		0,19	0,19	0,19
fixe Maschinenkosten					
kalkulatorische Abschreibung	DM/h	(1)/(3) · (4)	23,33	14,00	17,50
kalkulatorische Zinsen	DM/h	0,5 · (1) · (10)/(100 · (4)	9,33	8,40	8,75
Raumkosten	DM/h	(5) · (11)/(4)	0,07	0,04	0,06
Maschinenstundensatz fix			32,74	22,44	26,31
variable Maschinenkosten					
Fertigungslöhne	DM/h	12 · (7)/(4)	45,00	45,00	45,00
Betriebskosten	DM/h	12 · (9)/(4)	2,40	0,96	1,80
Werkzeugkosten	DM/h		1,60	0,96	1,20
Instandhaltung	DM/h	(8) · (1) · (2)/(100 · (4)	15,40	6,99	14,88
Stromkosten	DM/h	0,33 · (6) · (12)	0,19	0,44	0,31
Maschinenstundensatz variabel			64,59	54,35	63,19
Maschinenstundensatz gesamt			97,33	76,79	89,49

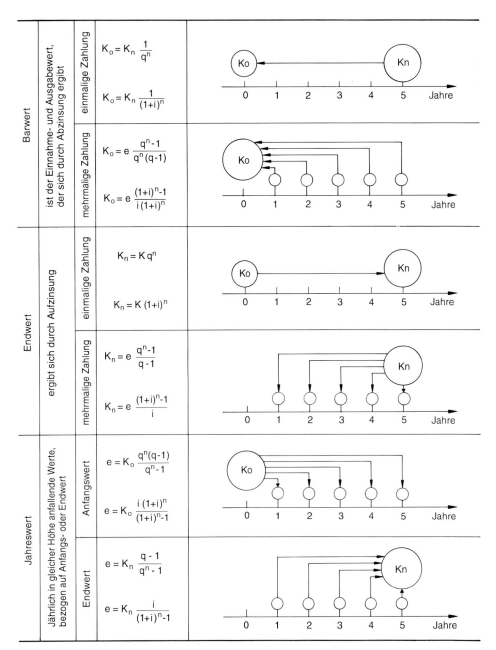

Bild G-4. Begriffe der Investitionsrechnung

237

Der Kapitalwert nimmt mit steigenden Zinssätzen ab und mit fallenden Zinssätzen zu.

Die Formeln berücksichtigen die Tatsache, daß Einnahmen um so wertvoller sind, je früher sie eintreffen, und Ausgaben um so weniger wirksam sind, je später sie anfallen.

Festzuhalten ist: In die Ausgaben gehen die gesamten Betriebsausgaben für die Investition ein, also außer den Kaufzahlungen und Einbaukosten für das Investitionsobjekt beispielsweise auch die Materialkosten und die Löhne für die Instandhaltung und die Reparaturen. In den Einnahmen wird auch der voraussichtliche Verkaufserlös berücksichtigt.

Tabelle G-8 zeigt die Beurteilung von Investitionsentscheidungen mit der Kapitalwertmethode.

Tabelle G-8. Kapitalwert zur Beurteilung von Investitionen

Kapitalwert	Aussage
positiv $K_0 > 0$ Investition vorteilhaft	Investitionsvorhaben erwirtschaftet nicht nur die Kosten der Gesamtinvestition einschl. Kapitalverzinzung, sondern auch einen Investitionsgewinn.
$K_0 = 0$	Investitionsvorhaben erwirtschaftet gerade die Kosten für die Gesamtinvestition einschl. Kapitalverzinsung.
negativ $K_0 > 0$ Investition unvorteilhaft	Investitionsvorhaben erwirtschaftet nicht die Kosten für die Gesamtinvestition einschl. der Kapitalverzinsung. Es entsteht ein Investitionsverlust.

In Tabelle G-9 wird eine dynamische Investitionsrechnung durchgeführt. Es wird mit einem jährlichen Zinsfuß von 12% gerechnet, oder einem Zinssatz je Quartal in Höhe von 3%. In einem Software-Unternehmen wird für die Entwicklung von NC-Kopplungssoftware im 4. Quartal des laufenden Jahres (Jahr 0) eine Entwicklungsmaschine zum Preis von 120 000 DM gekauft. Zusätzlich zum Kaufpreis entstehen noch Umbau- und Mobiliarkosten in Höhe von 40 000 DM. Somit ergeben sich Ausgaben im 4. Quartal 0 in Höhe von − 160 000 DM. Diesen stehen noch keine Ausgaben gegenüber.

Tabelle G-9. Kapitalwert-Methode

Kalkulationszinssatz im Jahr:	12%			
Kalkulationszinssatz im Quartal:	3%			

Zahlungsströme in TDM	4. Quartal 0	1. Quartal 01	2. Quartal 01	3. Quartal 01	4. Quartal 01
Investitionskosten in TDM	120				
Einnahmen E		0	120	180	240
Ausgaben A	40	35	90	60	120
Rückfluß (E-A)	−160	−35	30	120	120
Kapitalwert:	50,73				
interner Zinsfuß:	10,93 %				
Annuität:	−34,94				

Zur Entwicklung der NC-Kopplungssoftware arbeiten im ersten Quartal zwei Entwickler. Deren Lohnkosten betragen 35 000 DM im ersten Quartal 01. Im zweiten Quartal ist nur ein Entwickler tätig. Weitere Kosten entstehen durch den Aufbau der Marke und die Tätigkeit der Vertriebsbeauftragten. Insgesamt entstehen im 2. Quartal Kosten in Höhe von 90 000 DM. Im dritten Quartal liegt der Aufwand bei 60.000 DM. Durch erhöhte Verkaufsanstrengungen treten im 4. Quartal Ausgaben in Höhe von 120 000,– DM auf.

Die Software hat einen Paketpreis von 12 000 DM. Im zweiten Quartal werden 10 Pakete verkauft. Dadurch entstehen Einnahmen in Höhe von 120 000 DM. Im dritten Quartal werden 15 Stück und im vierten Quartal 20 Stück verkauft.

Die entsprechenden Rückflüsse und der Kapitalwert sind in Tabelle G-9 zu sehen. Der Kapitalwert beträgt 50 730 DM. Das bedeutet: Die Investition hat die Kosten der Investition einschließlich der Kapitalverzinsung innerhalb eines Jahres erwirtschaftet und dazu noch einen Gewinn von 50 730 DM. Die Investition hat sich also gelohnt.

G 2.2 Interner Zinsfuß

Der *interne Zinsfuß* ist der Zinssatz, mit dem die *Kapitalströme* (Einzahlungs- und Auszahlungsreihen) eines Investitionsobjektes verzinst werden. Er entspricht damit der *Effektivrendite* der Investition vor Abzug der Zinszahlungen.

Ein Investitionsobjekt ist dann vorteilhaft, wenn der interne Zinsfuß größer oder zumindest gleich groß ist wie der kalkulatorische Zins (z.B. der Zinssatz für langfristig angelegtes Kapital). Alternative Investitionen sind umso vorteilhafter, je größer der interne Zinsfuß ist. Berechnet wird der interne Zinsfuß mit finanzmathematischen Methoden für die Bedingung für den Kapitalwert: $K_0 = 0$.

$$K_0 = \sum_{i=0}^{n} (e_i - a_i)\, q^{-i} = 0$$

Näherungsweise kann der interne Zinsfuß folgendermaßen ermittelt werden: Man ermittelt zwei Zinssätze i_1 bzw. i_2 so, daß die zugehörigen Kapitalwerte K_{01} bzw. K_{02} negativ bzw. positiv sind. Mit folgender linearen Interpolationsmethode wird der interne Zinssatz errechnet:

$$r = i_1 - K_{01} \frac{i_2 - i_1}{K_{02} - K_{01}}$$

Bild G-5 zeigt dieses Vorgehen an obigem Beispiel. Wie die genaue Rechnung in Tabelle G-9 zeigt, beträgt der interne Zinsfuß für das obige Beispiel 10,93 %.

In Tabelle G-10 ist der interne Zinsfuß für drei verschiedene Investitionsalternativen dargestellt. Im dritten Fall sind die Kosten für die Entwicklungsmaschine fast doppelt so teuer (200 000 DM). Durch die komfortablere Entwicklungsumgebung und die schnellere Maschine können Personalkosten gespart werden. Bei gleichen Umsätzen steigt der interne Zinsfuß auf 12,09 %. Deshalb ist diese Alternative zu wählen.

G 2.3 Annuitätenmethode

In der Annuitätenmethode werden die *regelmäßigen Jahreszahlungen* (Annuitäten) des Investitionsobjektes berechnet. Die Annuitäten sind also die über die Zinseszinsrechnung

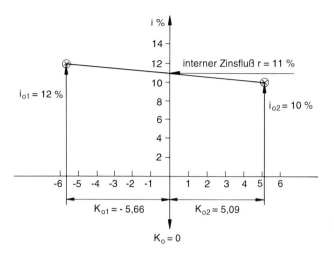

Bild G-5. Ermittlung des internen Zinsflusses durch lineare Interpolation

Tabelle G-10. Interner Zinsfuß für drei Investitionsobjekte

	Investitionsobjekt 1				
	Investitionskosten TDM	Einnahmen E TDM	Ausgaben A TDM	Rückfluß (E-A) TDM	interner Zinsfuß
4. Quartal 0	120		40	−160	
1. Quartal 01		0	35	−35	
2. Quartal 02		120	90	30	10,93%
3. Quartal 03		180	60	120	
4. Quartal 04		240	120	120	

	Investitionsobjekt 2				
	Investitionskosten TDM	Einnahme E TDM	Ausgaben A TDM	Rückfluß (E-A) TDM	interner Zinsfuß
4. Quartal 0	160		50	−210	
1. Quartal 01		0	40	−40	
2. Quartal 02		160	90	70	7,47%
3. Quartal 03		180	60	120	
4. Quartal 04		240	120	120	

	Investitionsobjekt 3				
	Investitionskosten TDM	Einnahme E TDM	Ausgaben A TDM	Rückfluß (E-A) TDM	interner Zinsfuß
4. Quartal 0	200		20	−220	
1. Quartal 01		0	25	−25	
2. Quartal 02		120	50	70	12,09%
3. Quartal 03		180	60	120	
4. Quartal 04		240	80	160	

auf einen konstanten Wert gebrachten jährlichen Zahlungsdifferenzen aus Ein- und Auszahlungen für die Dauer der Investition.

Von mehreren Investitionsobjekten ist das am vorteilhaftesten, das den größten positiven jährlichen Rückfluß (Annuität) besitzt.

Das Annuitätenverfahren ist eine Variante der Kapitalwertmethode. Kapitalwert K_0 und Annuität A stehen in folgendem Zusammenhang:

$$Annuität = K_0 \times Kapitalwiedergewinnungsfaktor$$

$$Annuität = K_0 \times \frac{q^n\,(q-1)}{q^n - 1}$$

Tabelle G-11. Annuität für drei Investitionsobjekte

Investitionsobjekt 1
Kalkulationszinssatz pro Quartal 3%
Kalkulationszinssatz pro Jahr 12%

	Investitionskosten TDM	Einnahmen E TDM	Ausgaben A TDM	Rückfluß (E-A) TDM	Kapital- wert DM	Annuität DM
4. Quartal 0	120		40	−160		
1. Quartal 01		0	35	−35		
2. Quartal 02		120	90	30	49,26	13,66
3. Quartal 03		180	60	120		
4. Quartal 04		240	120	120		

Investitionsobjekt 2
Kalkulationszinssatz pro Quartal 3%
Kalkulationszinssatz pro Jahr 12%

	Investitionskosten TDM	Einnahme E TDM	Ausgaben A TDM	Rückfluß (E-A) TDM		
4. Quartal 0	160		50	−210		
1. Quartal 01		0	40	−40		
2. Quartal 02		160	90	70	32,60	9,04
3. Quartal 03		180	60	120		
4. Quartal 04		240	120	120		

Investitionsobjekt 3
Kalkulationszinssatz pro Quartal 3%
Kalkulationszinssatz pro Jahr 12%

	Investitionskosten TDM	Einnahme E TDM	Ausgaben A TDM	Rückfluß (E-A) TDM		
4. Quartal 0	200		20	−220		
1. Quartal 01		0	25	−25		
2. Quartal 02		120	50	70	71,54	19,85
3. Quartal 03		180	60	120		
4. Quartal 04		240	80	160		

Tabelle G-11 zeigt die Annuitäten der verschiedenen Investitionsobjekte. Dabei ist zu erkennen, daß bei allen drei Alternativen die Annuitäten negativ sind. Die zweite Investition ist die günstigste. Doch auch dort muß bei einem Kalkulationszinsfuß von 12% im Jahr und dem positiven Kapitalwert von 32,60 mit einem durchschnittlichen Verlust pro Quartal in Höhe von 9040 DM gerechnet werden. Dabei ist zu berücksichtigen, daß der Quartalsverlust auf den Investitionszeitpunkt bezogen ist und alle Rückflüsse sofort zum Kalkulationszinsfuß angelegt werden.

G 2.4 Spezielle Verfahren

Die enge Verflechtung von *Investitionen, Absatzchancen* und *Finanzen* erfordert manchmal sehr umfangreiche Zusatzrechnungen. In ihnen werden vor allem *Risikoeinschätzungen* vorgenommen und die kritischen Parameter (z.B. neue Technologien, Umweltverordnungen oder Wandel der Kundenbedürfnisse) bestimmt, die den Erfolg der Investition maßgeblich beeinflussen. Werden in einer *Sensitivitätsanalyse* diese Parameter bewußt verändert, dann sieht man die Auswirkungen der Investition im besten und im schlechtesten Falle. Dann sind nicht mehr genaue Zahlen entscheidend, sondern es sind *Spielräume* erkennbar, innerhalb derer sich der Erfolg der Investition bewegen wird.

Weiterführende Literatur

Blohm, H. und Lüder, K.: Investition, 6. Auflage. Müchen: Vahlen Verlag 1991.
Grob, H.-L.: Investitionsplanung mit vollständigen Finanzplänen. München: Vahlen Verlag 1989.
Hering, E.: Mathematische Probleme der Betriebswirtschaft. Wiesbaden: Vieweg Verlag 1987.
Rautenberg, H. G. und Vornbaum, H.: Finanzierung und Investition. Düsseldorf: VDI-Verlag 1993.
Spremann, K.: Investition und Finanzierung, 3. Auflage. München: Vahlen Verlag 1989.
Swoboda, P.: Investition und Finanzierung, 3. Auflage. Göttingen: Westdeutscher Verlag Göttingen 1986

Zur Übung

Ü G1: In welchen Fällen ist für ein Unternehmen eine Investition in Personal von besonderer Bedeutung?

Ü G2: Führen Sie eine zeit- und stückzahlbezogene Kostenvergleichsrechnung für die in Tabelle G-12 aufgeführten Anlagen durch. Wie hoch ist die kritische Auslastung (die Auslastung, bei denen beide Maschinen gleiche Kosten verursachen)?

Ü G3: Für ein Investitionsobjekt entstehen innerhalb von 6 Jahren Nutzungsdauer die in Tabelle G-13 dargestellten Zahlungsströme. Berechnen Sie den Kapitalwert, die Annuität dieser Investition bei einer Verzinsung von 10% und von 12%. Wie groß ist der interne Zinsfuß?

Tabelle G-12. Zur Ü G2

	Anlage 1:		
a)	Informationen zum Investitionsobjekt:	Jahr	DM
	Investitionssumme		300.000
	Investitionsdauer in Jahren	6	
	Auslastung, Leistungseinheiten / Jahr		140.000
b)	Fixe Kosten:		
	Abschreibung DM / Jahr		50.000
	Zinsen DM / Jahr		30.000
	sonstige Fixkosten		40.000
c)	Variable Kosten:		
	Materialkosten		25.000
	Energiekosten		5.000
	Löhne und Lohnnebenkosten		16.000
	sonstige variable Kosten		5.800
	Anlage 2:		
a)	Informationen zum Investitionsobjekt:	Jahr	DM
	Investitionssumme		150.000
	Investitionsdauer in Jahren	6	
	Auslastung, Leistungseinheiten / Jahr		90.000
b)	Fixe Kosten:		
	Abschreibung DM / Jahr		25.000
	Zinsen DM / Jahr		15.000
	sonstige Fixkosten		40.000
c)	Variable Kosten:		
	Materialkosten		20.000
	Energiekosten		8.000
	Löhne und Lohnnebenkosten		32.000
	sonstige variable Kosten		5.700

Tabelle G-13. Zur Ü G3

Zahlungsströme in TDM	Nutzungsdauer (Jahre)						
	0	1	2	3	4	5	6
Anschaffung	350						
Einnahmen E_t	–	180	220	250	160	140	100
Ausgaben A_t	106	76	90	110	80	40	60
Verkaufserlös							35
Rückfluß (E_t-A_t)	–456	104	130	140	80	100	75

243

H Planung, Steuerung und Controlling

H 1 System der Planung

Planung ist die *gedankliche Vorwegnahme* des betrieblichen Geschehens. Sie ist damit ein Teil des unternehmerischen Entscheidungsprozesses mit dem Ziel, Produkte und Dienstleistungen für die Kundenbedürfnisse so bereitzustellen, daß zum einen die Kunden zufrieden gestellt werden und zum andern das Unternehmen erfolgreich wirtschaftet. Planung ist wegen der Marktdynamik ein *ständiger Prozeß.* Man unterscheidet im wesentlichen *strategische Planungen* (Planung der Rahmenbedingungen und Konzepte, Abschn. H 2) und *operative Planungen* (Planung der konkreten Maßnahmen, Abschn. H 3). Planungssysteme weisen die in Tabelle H-1 aufgeführten Eigenschaften auf.

Wesentlich für die *Qualität der Planung,* d.h. ihre Richtigkeit, ist, daß jeder an der Planung Beteiligte seine Aufgaben in bester Qualität erledigt und seine Erfahrungen optimal einbringt. Dazu führt man ein internes *Lieferanten-Kunden-Verhältnis* ein. Das bedeutet, jede Arbeit wird so gut erledigt, daß sie ohne Nacharbeit an die nächste Station (Kunde) geschickt werden kann. Dabei wird den Kundenanforderungen höchste Beachtung geschenkt.

H 1.1 Phasen der Planung

Die Unternehmensplanung hat die Aufgabe, das Unternehmen *langfristig* zu sichern. Die Informationen aus dem Markt (Analyse des Umfelds, Abschn. N 2) wertet man aus diesem Grund systematisch aus. Dabei sind die unternehmerischen Risiken erkennbar, so daß sich *Marktchancen wahrnehmen* und *Gefahren vermeiden* lassen. Insbesondere werden aus den Marktbedürfnissen und den Kundenwünschen Ziele formuliert, mit denen systematisch bedarfsgerechte Produkte und Dienstleistungen auf den Markt gebracht bzw. entwickelt werden.

Wie Bild H-1 zeigt, verläuft die Planung in folgenden Phasen:

Phase 1: Festlegen der Unternehmensgrundsätze:
(Wer bin ich, was kann ich und was will ich?)
Hierbei wird niedergeschrieben, mit welchen Produkten und Dienstleistungen das Unternehmen auf den Märkten tätig sein und von welchen inneren Werten sich das Unternehmen leiten lassen will.

Phase 2: Festlegen der Unternehmensziele
(Was möchte ich erreichen?)
Das sind im wesentlichen Ziele in Bezug auf Marktanteile, Umsatz, Ertrag, Wachstum, Personal und Kapital.

Tabelle H-1. Eigenschaften von Planungssystemen

1. Grad der Übereinstimmung mit den Führungsprinzipien (Abschn. B)

2. Grad des Planungsumfangs (Schwerpunktplanung, Flächenplanung)

3. Grad der Planabstimmung
   (Koordination, Bewertung nach Dringlichkeit und Wichtigkeit, Reihenfolge nach Planungslogik)

4. Grad der Anpassungsfähigkeit (schnelle und wenig aufwendige Neuplanung und Umplanung)

5. Grad der Vereinheitlichung
   (Festlegen von Planungs-Standards und Vereinheitlichung der Planungssystematik sowie
   der Planungselemente)

6. Grad der Genauigkeit

7. Grad der Organisation
   (fester oder freier Ablauf)

8. Grad der Dokumentation
   (Schriftform)

9. sonstige Eigenschaften
   (z.B. Übersichtlichkeit der Darstellung)

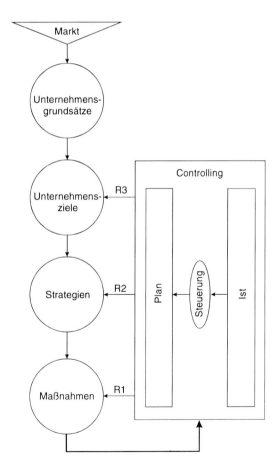

Bild H-1. Schema zur Planung und
Steuerung von Unternehmen

Phase 3: Festlegen der Vorgehens- und Verhaltensweisen zur Zielerreichung (Strategien)
(Wie kann ich meine Ziele erreichen?)
Es werden die Strategien festgelegt, mit denen die Ziele erreicht werden sollen. Phase 2 (Zielfestlegung) und Phase 3 (Strategieentwicklung) werden als *strategische Planung* bezeichnet.

Phase 4: Planung von Maßnahmen
(Wie sehen die konkreten Schritte zur Zielerreichung aus?)
Die einzelnen Maßnahmen und Schritte, die für das Erreichen der Ziele notwendig sind, werden in der *operativen Planung* festgelegt.

Phase 5: Kontrolle der Zielerreichung und Steuerungsinstrumente
(Habe ich alles erreicht? Was muß ich tun, um die Ziele zu erreichen?)
In bestimmten Abständen ist zu kontrollieren, ob die Ziele erreicht wurden. Bei Abweichungen muß man untersuchen, ob

- die Ziele korrigiert,

- die Strategien geändert oder

- andere Wege beschritten werden müssen.

Das *Controlling,* verstanden als *Steuerung* zur Erreichung der Unternehmensziele, übernimmt die Aufgabe, mit geeigneten Maßnahmen zur Gegensteuerung in diesen drei Regelkreisen (R1, R2 und R 3 in Bild H-1) Ziele oder veränderte Ziele zu erreichen (Abschn. H 4).

H 1.2 Planungsgrundsätze im Unternehmen

Die Planungsgrundsätze eines Unternehmens beruhen auf folgenden zwei Grundlagen: der *Unternehmens-Philosophie* und dem Erscheinungsbild eines Unternehmens *(Corporate Identity, CI)*.

Unternehmensphilosophie
Die Philosophie eines Unternehmens ist eine *Vision,* d.h. eine konkrete, bildhafte Vorstellung, die den Unternehmenszweck und das Unternehmensziel der *Öffentlichkeit* und *allen Mitarbeitern* zeigen soll. Die Inhalte der Unternehmensphilosophie werden in den *Unter-*

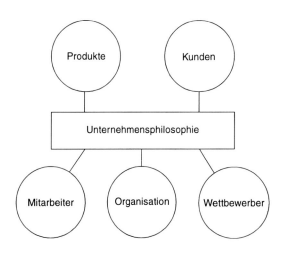

Bild H-2. Bereiche der Unternehmensphilosophie

246

nehmensgrundsätzen formuliert. Sie müssen den *Hauptzweck* und das *Ziel* des Unternehmens festlegen. Diese Unternehmensgrundsätze müssen allgemeine Gültigkeit (mindestens 10 Jahre) besitzen und sich auch bei Veränderung des Umfelds eines Unternehmens nicht ändern. Sie enthalten nach Bild H-2 Aussagen zu den Bereichen *Produkte, Kunden, Wettbewerber, Mitarbeiter* und *Organisation.*

Bevor die Unternehmensgrundsätze veröffentlicht werden, müssen sie unbedingt mit allen beteiligten Mitarbeitern des Unternehmens diskutiert worden sein. Denn nur, wenn die Mitarbeiter diese Grundsätze akzeptieren, kann das Unternehmen nach außen seine Kultur gemeinsam verkörpern. Tabelle H-2 zeigt die Unternehmensgrundsätze eines CAD-Systemhauses.

Erscheinungsbild des Unternehmens (Corporate Identity)
Nach der Unternehmensphilosophie richtet sich das Erscheinungsbild des Unternehmens (CI: Corporate Identity). Dazu zählen die *einheitliche Unternehmenskultur* (Ccult: Corporate Culture), die *gemeinsame Kommunikation* (CCom: Corporate Communication) und die *einheitliche Gestaltung* des Erscheinungsbildes eines Unternehmens vom Logo bis zu den Prospekten, Firmenfahrzeugen, der Außen- und Innengestaltung (CD: Corporate Design).

H 2 Strategische Planung

In Bild H-3 ist gezeigt, daß die kurzfristige (bis zu einem Jahr) Liquiditätsplanung auf der mittelfristigen (bis zu fünf Jahre) Erfolgsplanung aufbaut. Diese wiederum setzt voraus, daß in der *langfristigen strategischen Planung* (über 5 Jahre) die *Erfolgsmöglichkeiten*

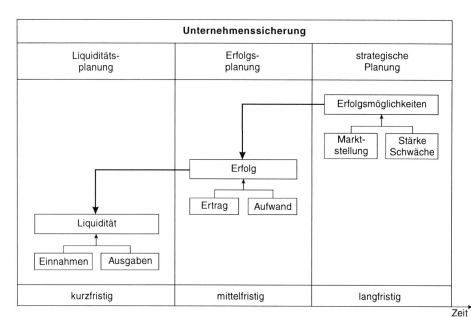

Bild H-3. Planung in der Zeit und in verschiedenen Ebenen

Tabelle H-2. Unternehmensgrundsätze eines CAD/CAM-Unternehmens

1. Unternehmensgrundsätze

- Wir erhöhen die Produktivität unserer Kunden in Konstruktion (CAD) und Fertigung (CAM/CIM) durch den Einsatz von Rechnersystemen und Programmen. Ferner bieten wir Dienstleistungen für den erfolgreichen Einsatz dieser Systeme, übernehmen die Wartung und die Systemverantwortung.

- Wir ermöglichen unseren Kunden Wettbewerbsvorteile durch schnellere Anpassung an sich ändernde Märkte, durch höhere Innovationsgeschwindigkeiten, durch Freiwerden ihres kreativen Potentials und effizienteren Einsatz ihrer bestehenden Ressourcen.

- Es ist unser Ziel, bestehende Kundenbeziehungen als loyaler Geschäftspartner zu pflegen und als kompetenter Anbieter neue Kunden zu gewinnen.

- Wir wissen, daß unser langfristiger Erfolg darauf gründet, daß jeder Mitarbeiter in jedem Bereich mit ganzem Einsatz, hochmotiviert und begeistert seine Aufgaben erfüllt.

2. Produkte

- Wir verbessern unsere Produkte ständig durch intensive Forschung und Entwicklung.

- Im Praxiseinsatz unserer Produkte und durch die vertrauensvolle Zusammenarbeit mit unseren Kunden gewinnen wir ständig neues Know-how, das wir allen Kunden zur Verfügung stellen.

3. Kunden

- Wir glauben, daß die Ausrichtung auf die Kundenwünsche der Schlüssel des geschäftlichen Erfolgs ist.

- Nach dem Verkauf müssen unsere Produkte gewartet und neuen Bedingungen angepaßt werden. Das erfordert, über den Verkauf hinaus, eine dauernde konstruktive Kommunikation mit unseren Kunden.

4. Wettbewerber

- Wir bekennen uns zum Wettbewerb als ein Teil der freien Marktwirtschaft.

- Wir betrachten den Wettbewerber als eine Herausforderung, unsere Produkte noch kundenfreundlicher, produktivitätsfördernder und effizienter zu entwickeln.

- Wir achten die Mitarbeiter des Wettbewerbers wie die unsrigen.

5. Mitarbeiter

- Jede Arbeit im Unternehmen ist beachtenswert und jeder Mitarbeiter verdient Respekt.

- Wir achten die Individualität des einzelnen Mitarbeiters und seine Würde im geschäftlichen und im privaten Umgang.

- Unser Ziel ist es, das Selbstbewußtsein, das Verantwortungsgefühl und die Motivation der Mitarbeiter zu stärken, damit sie selbständig und in höchster Qualität ihre Arbeit erledigen.

- Wir möchten alle Mitarbeiter auf allen Ebenen ermuntern, partnerschaftlich zusammenzuarbeiten, um in der Arbeit eine Erfüllung zu sehen und die Firmenziele zu erreichen.

6. Organisation

- Wir wollen ein offenes und partnerschaftliches Umfeld für unsere Mitarbeiter bieten, um einerseits die Firmenziele zu verdeutlichen und zu erreichen und andererseits die beruflichen Wünsche der einzelnen Mitarbeiter zu erfüllen suchen. Dazu bieten wir folgendes:
  - klare Zielvorgaben und Erwartungen an unsere Mitarbeiter,
  - regelmäßige Unterrichtung über die Ziele und deren Erfüllung.
  - Möglichkeiten der Aus- und Weiterbildung, um bestehende Aufgaben effizienter lösen oder neue Aufgaben übernehmen zu können.
  - Ermutigung, kalkulierbare Risiken einzugehen und aus etwaigen Fehlern zu lernen.
  - Offenes Ohr für die Anliegen unserer Mitarbeiter.

- Wir glauben schließlich, daß diese Werte und Möglichkeiten wesentlich sind, um die persönliche Entwicklung der Mitarbeiter zu fördern und damit den langfristigen Erfolg des Unternehmens sicherzustellen.

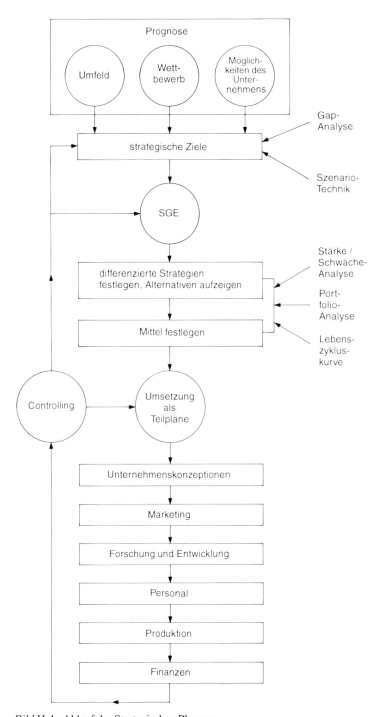

Bild H-4. Ablauf der Strategischen Planung

bzw. die *Erfolgspotentiale* des Unternehmens gefunden und festgelegt wurden. Bild H-3 zeigt, daß die Voraussetzungen für den augenblicklichen Erfolg des Unternehmens in der strategischen Planung liegen. Der Prozeß der strategischen Planung weist nach Bild H-4 folgende Stationen auf:

1. Festlegen der strategischen Ziele
Die strategischen Ziele können erst dann festgelegt werden, wenn

● die Umwelt des Unternehmens untersucht wurde,

● die Wettbewerbssituation bekannt ist und

● die Möglichkeiten (Potentiale) des Unternehmens klar sind.

Um die zukünftigen Entwicklungen abschätzen zu können, werden *Prognosen* angefertigt.

2. Festlegen der strategischen Geschäftseinheiten (SGE)
Es müssen strategische Geschäftseinheiten (SGE) oder Geschäftsfelder bzw. Sparten des Unternehmens festgelegt werden. Für diese werden unterschiedliche Strategien festgelegt und Alternativen aufgezeigt. Je nach Strategie bzw. Alternative teilt man die Mittel (Finanz-, Sach- und Personalmittel) zu.

3. Umsetzung als Teilpläne
Die festgelegten Strategien müssen in Teilpläne in den jeweiligen unternehmerischen Funktionen Marketing, Forschung und Entwicklung, Personal, Produktion und Finanzen umgesetzt werden.

4. Controlling
Mit geeigneten Steuerungsmaßnahmen ist sicherzustellen, daß Ziele, Strategien und Maßnahmen so korrigiert werden, daß die Voraussetzungen für eine erfolgreiche Erfolgs- und Liquiditätssteuerung nach Bild H-3 möglich wird.

H 2.1 Prognose

Prognosen sind *Vorhersagen* für einen *bestimmten Zeitraum*. Diese Vorhersagen treffen mit einer bestimmten *Wahrscheinlichkeit* ein. Sie betreffen im wesentlichen folgende Bereiche:

● Veränderungen von Wertvorstellungen,

● Veränderung der Bevölkerungszahl und -struktur,

● Veränderung der Konjunktur,

● Veränderung der Kaufkraft,

● Veränderung der Konsumgewohnheiten und

● Veränderung der Investitionsgewohnheiten.

Sehr viele Prognosen, vor allem für die Konjunktur und im Absatzbereich, gehen von *Zeitreihen* (Werte in bestimmten Zeitabständen) aus. Werden diese Zeitreihen bestimmten *Prognosemodellen* unterworfen, dann ergeben sich Vorhersagen für die Zukunft.

In Bild H-5 sind die *Verfahren der Prognoserechnung* zusammengestellt. Bild H-5 zeigt im linken Teil die verschiedenen *Verläufe der Nachfrage* und im rechten Teil die Methoden zur Vorhersage *(Prognosemethoden)*. Für den H- und T-Verlauf der Nachfrage sind die drei Methoden: *Lineare Regression, gleitender Mittelwert* und *exponentielle Glättung* in der Praxis bewährt. Für die anderen Verläufe der Nachfrage gibt es Spezialmethoden, beispielsweise die *polynome Regression* (Darstellung beliebiger Kurvenverläufe auf Polynombasis) und die *Methode der exponentiellen Glättung höherer Ordnung* (beruhend auf Exponentialfunktionen).

250

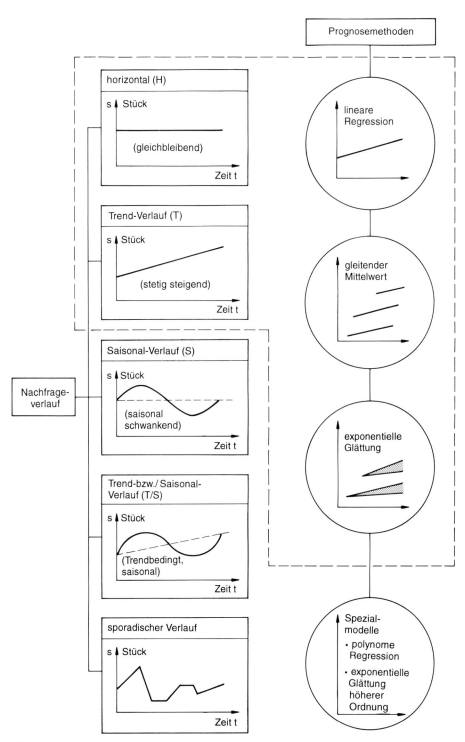

Bild H-5. Prognosemodelle

Lineare Regression

Bei der linearen Regression wird diejenige *Gerade* berechnet, für die der *Fehler minimal* ist. Wie Bild H-6 zeigt, ergibt sich für a eine Nachfrage von 156,6 Stück. Für jedes weitere Quartal verringert sich die Nachfrage um etwa 4 Stück (B = −4), so daß sich für das 9. Quartal eine Nachfrage von 120 Stück ergibt.

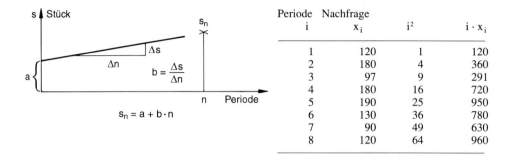

| Periode | Nachfrage | | |
i	x_i	i^2	$i \cdot x_i$
1	120	1	120
2	180	4	360
3	97	9	291
4	180	16	720
5	190	25	950
6	130	36	780
7	90	49	630
8	120	64	960

$$\Sigma i = 36 \quad \Sigma x_i = 1107 \quad \Sigma i^2 = 204 \quad \Sigma i x_i = 4811$$

$$b = \frac{\Sigma i\, x_i - \frac{1}{N} \Sigma i \Sigma i x_i}{\Sigma i^2 - \frac{1}{N}(\Sigma i)^2} \qquad b = \frac{4811 - \frac{1}{8} \cdot 36 \cdot 1107}{204 - \frac{1}{8} \cdot 36^2}$$

$$a = \frac{1}{N}\,(\Sigma x_i - b\,\Sigma i) \qquad a = \frac{1}{8}\,(1107 + 4{,}06 \cdot 36) = 156{,}64$$

$$s_n = a + b \cdot n = 156{,}64 - 4{,}06 \cdot n \qquad s_9 = 156{,}64 - 4{,}06 \cdot 9 = 120$$

Bild H-6. Beispiel zur linearen Regression

Gleitender Mittelwert

Beim gleitenden Mittelwert wird berücksichtigt, daß die neuesten Werte auch die besseren sind. Im übrigen laufen dieselben Berechnungen ab wie bei der linearen Regression. Im vorliegenden Fall werden nur die Absatzwerte für die letzten 4 Quartale berücksichtigt. Nach Tabelle H-3 erhält man dann folgendes Ergebnis: $s_5 = 70$ Stück. Im Vergleich zu den 120 Stück ist das sehr wenig. Dies rührt daher, daß der deutlich rückläufige Trend im zweiten Jahr zu dieser Prognose führte.

Tabelle H-3. Beispiel für die Methoden des gleitenden Mittelwertes

| Periode | Nachfrage | | | |
i	x^i	i^2	$i \cdot x^i$	
1	190	1	190	$s_n = a + b \cdot n$
2	130	4	260	$b = \dfrac{\Sigma i\, x^i - \frac{1}{N}\Sigma i \Sigma i x^i}{\Sigma i^2 - \frac{1}{N}(\Sigma i)^2} \quad b = \dfrac{1200 - \frac{1}{4} \cdot 10 \cdot 530}{30 - \frac{1}{4} \cdot 10^2}$
3	90	9	270	
4	120	16	480	$a = \dfrac{1}{N}\,(\Sigma x^i - b\,\Sigma i) \quad a = \dfrac{1}{4}(530 - 25 \cdot 10) = 195$

$\Sigma i = 10 \quad \Sigma x^i = 530 \quad \Sigma i^2 = 30 \quad \Sigma i x^i = 1200 \qquad s_n = a + B\ n = \qquad s_5 = 70$

Exponentielle Glättung

Mit diesem Modell werden die Vergangenheitswerte und ihre Abweichungen zur Prognose herangezogen. Die zugehörige Gleichung lautet:

$$V_n = V_a + \alpha(\Delta V)$$

Darin bedeutet:

V_n Vorhersagewert neu

V_a Vorhersagewert alt

α Glättungsfaktor (zwischen 0 und 1)

$\alpha = 0$: Anfangsvorhersage wird übernommen;

α klein: Träge Reaktion auf Vorhersageschwankungen;

α groß: Schnelle Reaktion auf Vorhersageschwankungen;

$\alpha = 1$: Keine Berücksichtigung der Vergangenheitsdaten

ΔV Verbrauchsabweichung (tatsächlicher Verbrauch – Vorhersagewert alt)

Tabelle H-4 zeigt ein Beispiel. Für die Berechnung nimmt man beispielsweise die Vorhersage für die Periode 4. Dann gilt für die obige Formel für $\alpha = 0{,}2$:

$$V_4 = V_3 + \alpha \cdot \Delta V = 132 + 0{,}2 \cdot (97{-}135) = 132 + 0{,}2 \cdot (-35) = 125$$

Das heißt, die Abweichungen werden mit dem Gewicht des Glättungsfaktors α in die Prognose mit einbezogen. In Tabelle H-4 wird deutlich, daß mit größerem α die Abweichung einen stärkeren Einfluß auf die Vorhersagewerte hat. Für die neunte Periode wird für $\alpha = 0{,}2$ eine Nachfrage von 130 Stück, für $\alpha = 0{,}4$ von 124 Stück und für $\alpha = 0{,}6$ eine Nachfrage von 117 Stück vorhergesagt.

Prognosen sind Aussagen für die Zukunft. Da die Zukunft nicht sicher ist, werden Prognosewerte in der Regel nicht genau stimmen. Viel wichtiger als der genaue Wert ist der Trend und die Größenordnung der Werte. Um zuverlässige Prognosen zu erhalten, muß folgendes sichergestellt sein:

- *Sichere Datenbasis:* Das bedeutet, daß man auf die Qualität der gesammelten Informationen sehr großen Wert legt.
- *Richtiges Prognosemodell:* Es kommt darauf an, das richtige Modell zu wählen. In den vorhandenen Modellen kann man nur das berücksichtigen, was bereits in der Vergangenheit vorkam und wofür Daten vorhanden sind. Wenn sich noch nie vorgekommene Änderungen einstellen, müssen die Vorhersagen falsch sein, weil es dafür noch kein Modell gibt. Da in zunehmendem Maße die Veränderungen unvorhersagbar sind, muß man mit Prognosen sehr kritisch umgehen.

H 2.2 Festlegen der strategischen Ziele

Zu Beginn des strategischen Planungsprozesses und zur Festlegung der strategischen Ziele muß, wie Bild H-4 zeigt,

- eine Analyse des Umfeldes erfolgen (Abschn. N 2),
- die Wettbewerbssituation bekannt sein (Abschn. N 4.2) und
- die Stellung des Unternehmens in diesem Umfeld analysiert werden.

Tabelle H-4. Methode der exponentiellen Glättung

Periode i	Nachfrage V_a	Vorhersage V_n	Abweichung $\Delta V = V_a - V_n$	Alpha = 0,2 Alpha · Abweichung $\alpha \cdot \Delta V$
1	120			
2	180	120	60	12
3	97	132	−35	−7
4	180	125	55	11
5	190	136	54	11
6	130	147	−17	−3
7	90	143	−53	−11
8	120	133	−13	−3
9		130		

Periode i	Nachfrage V_a	Vorhersage V_n	Abweichung $\Delta V = V_a - V_n$	Alpha = 0,4 Alpha · Abweichung 0,4 · Abweichung
1	120			
2	180	120	60	24
3	97	144	−47	−19
4	180	125	55	22
5	190	147	43	17
6	130	164	−34	−14
7	90	151	−61	−24
8	120	126	−6	−3
9		124		

Periode i	Nachfrage V_a	Vorhersage V_n	Abweichung $\Delta V = V_a - V_n$	Alpha = 0,6 Alpha · Abweichung $\alpha \cdot \Delta V$
1	120			
2	180	120	60	36
3	97	156	−59	−35
4	180	121	59	36
5	190	156	34	20
6	130	176	−46	−28
7	90	149	−59	−35
8	120	113	7	4
9		117		

Bedeutende Aufschlüsse kann man durch eine Branchenanalyse gewinnen, wie sie im *Branchenwürfel* nach Bild H-7 dargestellt ist. Die einzelnen Produkte und Dienstleistungen werden in folgende drei Dimensionen eingeteilt:

Konzentrationsgrad
Die Branchen sind entweder konzentriert (wenige große, marktbeherrschende Unternehmen) oder zersplittert (sehr viele mittlere oder kleine Unternehmen);

Wettbewerbsmärkte
Die Unternehmen sind entweder international (globale Märkte) oder national tätig;

Branchenzyklus
Auch eine Branche kann dem *Lebenszyklus* unterliegen. Es gibt entstehende Branchen (z.B. Kommunikations- und Medientechnik), reife Branchen (z.B. die CAD-Branche) und Branchen im Niedergang (z.B. verkettete Fertigungstechnologien, Abschn. L 1).

Je nach Stellung im *Branchenwürfel* sind andere strategische Zielsetzungen sinnvoll.

Um strategische Ziele festzulegen, können auch die *Gap-Analyse* und die *Szenario-Technik* zum Einsatz kommen.

Bild H-8 zeigt die Gap-Analyse *(Analyse der strategischen Lücke)*. Es ist zu erkennen, daß bei gleichbleibendem Produktionsprogramm der Umsatz des Unternehmen nach zwei Jahren abnehmen wird. Zusätzliche Verkaufsförderung und Rationalisierungsmaßnahmen können die *Leistungslücke* beheben, d.h., der Umsatzrückgang setzt später ein (ab dem dritten Jahr) und ist nicht so gravierend. Dennoch bleibt zum geplanten Umsatzverlauf eine *strategische Lücke* (Gap). Sie kann sich nur schließen, wenn

- neue Produkte entwickelt *(Produkt-Innovationen)*,
- neue Technologien entwickelt *(Prozeß-Innovationen)* und
- neue *Märkte* erobert werden.

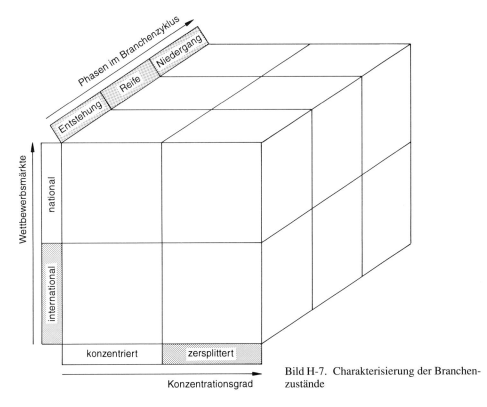

Bild H-7. Charakterisierung der Branchen-
zustände

255

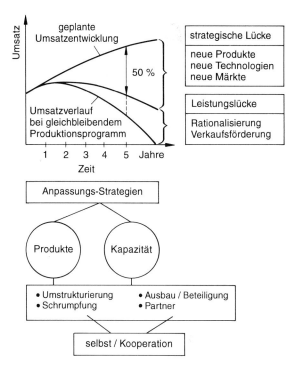

Bild H-8. Gap-Analyse

Falls trotz dieser Maßnahmen Umsatzeinbußen zu erwarten sind oder Unternehmen aus eigener Kraft die Umsatzentwicklungen nicht verwirklichen können, sind entsprechende *Anpassungsstrategien* zu entwickeln. Sie betreffen folgende Bereiche:

Produkte oder Dienstleistungen
Hierbei handelt es sich um *Schrumpfungs-Strategien* und *Umstrukturierungen*. Sie enthalten Stückzahlverminderungen, Verringerung der Variantenzahl und Programmbereinigungen bis zur Verlagerung, Veräußerung oder Stillegung einzelner Geschäftsbereiche.

Kapazitätsanpassung
Bei der Anpassung der Kapazitäten an die veränderten Umsätze sind Ausbau-, Beteiligungs- oder Partnermodelle denkbar. Immer mehr werden *Kooperationen* mit anderen Partnern oder sogar *strategische Allianzen* eingegangen, um gemeinsam schnelle Innovationen zu erreichen, kostengünstige Forschung und Materialbeschaffung zu ermöglichen sowie Vertriebswege effizient und kostensparend zu nutzen.

Die *Szenario-Technik* hilft die möglichen, zukünftigen Situationen zu ermitteln und den Verlauf der Entwicklung aufzuzeigen, der zu diesen Situationen führen kann. Um die *Bandbreite* der Entwicklungen aufzeigen zu können, wird vom schlechtesten Fall *(worst case)* und vom besten Fall *(best case)* ausgegangen. Mit der Szenario-Technik wird das *Denken* in *Bandbreiten,* in *Alternativen* und in *Wenn-Dann-Konstellationen* geübt. Dies ist besonders für zukünftige Entwicklungen wichtig für die es keine genauen Daten geben kann.

H 2.3 Festlegen der strategischen Geschäftseinheiten (SGE)

Strategische Geschäftseinheiten (SGE), Sparten oder Geschäftsfelder eines Unternehmens sind *Produkt-Markt-Kombinationen*, die *marktorientiert* und nach folgenden Kriterien gebildet werden:

● Erfüllung eines gemeinsamen Kundenwunsches;

● klares Wettbewerbsumfeld;

● abgrenzbar zu anderen Produkt-Markt-Kombinationen des Unternehmens;

● einheitliche Strategien (z.B. Preise, Qualität, technische Eigenschaften und Substitutionsmöglichkeiten) zum Erlangen relativer Wettbewerbsvorteile.

Mit den SGEs wird es, wie der Name sagt, möglich, mit völlig unterschiedlichen Strategien je nach Kundenwunsch und Wettbewerb erfolgreich zu sein.

Tabelle H-5 zeigt eine Checkliste, um SGEs zu bilden. Folgende drei Merkmale (mit einem Kreuz versehen) müssen unbedingt vorhanden sein, um eine SGE Geschäftseinheit bilden zu können:

● gleiche Kundenbedürfnisse,

● gleiche Bedarfslage und

● identische Wettbewerbslage.

Um die SGE beurteilen zu können und für sie geeignete Strategien zu entwickeln und die Mittel in Form von Personal-, Sach- und Finanzmitteln bereitzustellen, gibt es im wesent-

Tabelle H-5. Checkliste zum Bestimmen strategischer Geschäftseinheiten

Kriterien	vorhanden	
	ja	nein
Produktmerkmale		
– Zufriedenstellung gleicher Kundenbedürfnisse	(X)	
– einheitliche Lebensdauer		
– übereinstimmende Prinzipien bei der Produkt- und Markgestaltung		
– identische Preis- und Qualitätssegmente		
– vergleichbare Substitutionskonkurrenz		
Marktmerkmale		
– gleiche Bedarfslage	(X)	
– identische Käufer- oder Verwenderzielgruppen		
– übereinstimmende Absatzregion		
– vergleichbares Zustandekommen der Marktbeziehungen (örtlich, zeitlich, rechtlich)		
– gleiche Absatzmittlergruppen		
– identische Wettbewerbslage	(X)	
– übereinstimmende exogene Faktoren		
– Marktzugang		
Unternehmensmerkmale		
– gemeinsame praktische Erfahrungen mit den Produkten		
– vergleichbare Intensität hinsichtlich Marketing, Forschung und Entwicklung, Fertigung, Finanzierung		

lichen folgende drei wichtige Werkzeuge, die in Bild H-4 in einer Übersicht zusammengestellt sind:

Stärke-Schwäche-Analyse (Abschn. N 4.2.4)

Lebenszykluskurve (Abschn. L 1.2)
Im Interesse der Überlebensfähigkeit des Unternehmens ist darauf zu achten, daß genügend Produkte in den einzelnen Phasen sind. Bei den hohen Innovationsgeschwindigkeiten sollten über die Hälfte aller Produkte nicht älter als zwei Jahre sein.

Portfolio
Diese ermöglichen, im Gegensatz zu den Stärke-/Schwächen-Analysen und der Lebenszykluskurve, eine *ganzheitliche* Sicht des Unternehmens. Alle Produkte und Dienstleistungen eines Unternehmens werden eingeordnet. Auf diese Weise können *strategische Unternehmenskonzeptionen* entwickelt werden. In Tabelle H-6 sind alle möglichen Strategien zusammengestellt. Daraus lassen sich die geeigneten auswählen. Anschließend werden, je nach Strategie, die Finanz- und Sachmittel bereitgestellt sowie die Personalkapazitäten abgestimmt.

Tabelle H-6. Zusammenstellung möglicher Stragien

Strategie	Ausprägungen
Programm oder Sortiment	konzentrieren, diversifizieren, standardisieren
Investitionen	desinvestieren, nicht investieren, investieren
Marktanteile	schrumpfen, halten, erhöhen
Marketing oder Vertrieb	keine Aktionen, normale Aktionen, aggressive Aktionen
Preis	niedrig, marktgerecht, hoch
Kosten	senken, halten, erhöhen
Ertrag	negativ, null, positiv
Innovation	keine, normal, hohe
Risiko	keines, begrenzen, bewußt, kalkuliert eingehen
Kooperationen	allein, Niederlassungen, Partner

H 2.4 Planung in den Teilbereichen

Mit den Strategien werden die Voraussetzungen geschaffen, um die Ressourcen (Menschen, Maschinen, Material, Mittel) so optimal einzusetzen, daß *relative Wettbewerbsvorteile* entstehen. Bei der Umsetzung der Strategien in konkrete Aktionen in den Funktionsbereichen wird folgendermaßen vorgegangen:

Auswahl der Normstrategie
Nach Tabelle H-6 wird eine Normstrategie ausgewählt, die das Ziel global festlegt.

Aktionen in den Funktionsbereichen
Ist eine strategische Alternative ausgewählt worden, so werden

● die notwendigen Entscheidungen auf Geschäftsleitungsebene oder in speziellen Teams gefällt,

● die *Spielregeln und Richtlinien* (einschließlich der Controlling-Bereiche) zur Umsetzung der Entscheidungen festgelegt und anschließend

- die einzelnen Maßnahmen als *meßbare Ziele* beschrieben, die Verantwortlichen benannt, der Endtermin festgelegt und die Kosten budgetiert. Diese Maßnahmen betreffen zum einen die Unternehmens-Konzeption im allgemeinen, aber auch die entsprechenden Funktionsbereiche des Unternehmens, wie Marketing und Vertrieb, Forschung und Entwicklung, Personal, Produktion sowie Finanzen.

H 2.4.1 Planung der Unternehmenskonzeption

Um Unternehmen in sich schnell ändernden, globalen Märkten mit hartem, weltweiten Wettbewerb sichern zu können, sind verschiedene Strategien denkbar. Im wesentlichen geht es darum, Marktchancen schnell zu ergreifen und sich ändernden Kundenwünschen Rechnung zu tragen. Um das fehlende Know-how, die fehlenden Ressourcen an Material, Personal und Finanzen zu erhalten und die knappen Zeithorizonte einhalten zu können, gibt es verschiedene Möglichkeiten der Unternehmenskonzeptionen:

- *Beteiligung*
- *Kauf*
- *Fusion*
- *Kooperation in einzelnen Funktionen*
- *Strategische Allianzen*
- *Virtuelles Unternehmen*

  Für ein Unternehmen, das hochflexibel, schnell, anpassungsfähig und von höchster Kompetenz in allen Feldern einer komplexen Kundenanforderung sein muß, ist diese Unternehmensform die beste. Für eine bestimmte Zeit der Marktchance wird durch ein *Generalunternehmer* ein Netzwerk völlig unabhängiger Unternehmen (z.B. Kunden, Zulieferer, Wettbewerber, Partner) vereinbart. In ihm werden die *besten Kernkompetenzen* aller beteiligten Unternehmen für die *Projektdauer* koordiniert. Für den

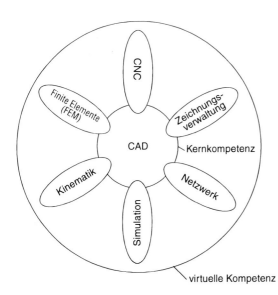

Bild H-9. Aufbau eines virtuellen Unternehmens

Kunden und den Markt erscheint das Unternehmen in sehr vielen Bereichen lösungskompetent. Man vermutet ein viel größeres Unternehmen, als tatsächlich vorhanden. In solchen Fällen liegt ein *virtuelles Unternehmen* vor. Eine Veranschaulichung dieser Unternehmenskonzeption zeigt Bild H-9. Für eine CIM-Lösung eines Unternehmens bedarf es sehr vieler Komponenten: Im Mittelpunkt steht die CAD-Anwendung. Ein CAD/CAM-Unternehmen ist deshalb der *Generalunternehmer.* Er wählt die für dieses Projekt am besten geeigneten Partner aus und koordiniert deren Leistung. Wie Bild H-9 zeigt, kommt der Kunde in den Genuß der für ihn optimalen Lösung. Es erscheint ihm so, wie wenn die beauftragte Firma ein *unglaublich universelles Spezialwissen* gleich eines Universalgenies besitzt. In Tabelle H-7 sind die Vor- und Nachteile der virtuellen Firma gegenübergestellt.

Tabelle H-7. Vor- und Nachteile virtueller Unternehmen

Vorteile	Nachteile
eigene Stärken ausbaubar;	abhängig von den richtigen Partnern;
krisensicher, da mit verschiedenen Partnern und Produkten präsent;	abhängig von den richtigen Produkten;
global tätig, ohne allzuviel Ressourcen einzusetzen;	abhängig von den richtigen Mitarbeitern innerhalb und außerhalb des Unternehmens;
den Kundenwünschen entsprechend hoch flexibel;	starke unternehmerische Herausforderung, ständige Kommunikation und Kooperation mit Kunden, Mitlieferanten und Partnern;
alles aus einer Hand;	Problematik der Schnittstellen: Wann hört die Arbeit des einen Unternehmens auf und die des anderen beginnt?
Partner, mit denen man nicht klar kommt, kann man auswechseln;	Kreativität im Spiel: Jeder muß gewinnen;
zeitgebundene und daher wieder lösbare Zusammenarbeit mit anderen Unternehmen;	Aufbau eines Kommunikations-Netzwerks innerhalb und außerhalb des Unternehmens;
für die Kunden die beste Lösung denkbar, da alle Unternehmen ihre Kernkompetenz zur Kundenlösung einsetzen;	Mitarbeiter müssen fachlich sehr gut sein (um als Partner anerkannt zu sein), teamfähig, flexibel, hochmotivierbar und hoch belastbar;
gezieltes Wahrnehmen schnell wechselnder Markchancen;	starke Abhängigkeit von den Partnern (Vertrauen);
hohe Schnelligkeit im Markt;	professionelles und sympathisches Pflegen von Partnerschaften (teamfähig auch mit anderen Unternehmen);
die neuen Markanforderungen werden erfüllt: Schnelligkeit, Schlankheit (flache Hierarchien), Anpassungsfähigkeit an schnell wechselnde Marktbedürfnisse, hohe Qualität zu geringen Kosten;	professionelles Projektmanagment (partnerumgreifend);
Beschränkung auf die Kernkompetenzen (spitz statt breit).	kein eigenes Firmen-Know-how;
	Gefahr, eigene Kernkompetenzen an den Wettbewerb abzugeben;
	Verlust von geistigem Eigentum in Form von Lizenzen;
	kein unverwechselbares Produkt- und Dienstleistungsspektrum.

Für jede dieser Unternehmenskonzeption ist eine spezielle Planung erforderlich, bei der vor allem die Teilpläne für einzelne Funktionen in die Gesamtplanung richtig und ohne großen Aufwand integriert werden können.

H 2.4.2 Teilpläne für die einzelnen Funktionen

Die Teilpläne für die einzelnen Funktionen werden in den folgenden Abschnitten an Beispielen ausführlich behandelt. Deshalb werden sie an dieser Stelle nur zusammenfassend erwähnt:

- *Pläne für Marketing und Vertrieb*
  Bild H-10 zeigt für die einzelnen Bereiche des Marketing-Mix die Vorgaben, die in den Plänen zu berücksichtigen sind. Für die Preisplanung ist der Effekt der *Erfahrungskurve* mit zu berücksichtigen. Nach empirischen Untersuchungen können mit steigenden Absatzmengen und steigenden Marktanteilen die Stückkosten gesenkt werden. Dies hat seine Ursachen in der *kontinuierlichen Verbesserung* im *technischen* und *wirtschaftlichen Bereich,* ferner im Bereich der *Mitarbeiterführung* und der *Verbesserung der Information und Kommunikation.*

- *Planung der Forschung und Entwicklung*
  Es ist sinnvoll, auf dem zukunftsträchtigen Gebiet von *Schlüsseltechnologien* zu forschen, damit man einen Marktvorsprung vor der Konkurrenz (relativer Wettbewerbsvorteil) erringen kann.

- *Pläne für die Beschaffung und Produktion*

- *Aspekt des Umweltschutzes*

- *Aspekte der Qualität und Zuverlässigkeit*

- *Aspekte der Dienstleistung für das Unternehmen*

- *Personalplanung* (Abschn. H 3.5) *und*

- *Finanzplanung.*

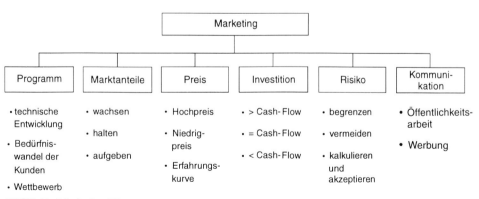

Bild H-10. Marketing-Planung

261

H 2.5 Controlling für die strategische Planung

Im *strategischen Controlling* erfolgt die *Steuerung* der vereinbarten *Strategien*. Wenn Abweichungen auftreten, sind folgende Ursachen verantwortlich:

- falsche oder mangelnde Umsetzung der Strategien in den Funktionen,
- falsch festgelegte strategische Geschäftseinheiten oder
- falsche strategische Ziele.

In allen diesen Fällen müssen neue strategische Orientierungen vorgenommen und der Kreislauf nach Bild H-4 erneut durchlaufen werden.

H 3 Operative Planung

Während die strategische Planung nach Bild H-3 die Möglichkeiten des Erfolgs plant, ist die operative Planung kurzfristig orientiert und plant die Umsätze, Kosten und Erträge für das laufende Jahr. Deshalb muß die operative Planung als kurzfristige Planung in die strategische Planung eingebettet sein.

H 3.1 Planungsschema

Bild H-11 zeigt die einzelnen Pläne im Zusammenhang. Es ist zu erkennen, daß man üblicherweise vom *Geschäftsplan* ausgeht. Er ist ein *Umsatzplan,* der ergänzt um einen *Kostenplan* zu einem *Ergebnisplan* erweitert wird. Die erwarteten Umsätze können entweder aus *Prognosewerten* herrühren oder aber bereits durch vorhandene Aufträge planbar sein.

In Bild H-11 werden die einzelnen Pläne nach ihren unternehmerischen *Funktionen* eingeteilt. Weil in allen Plänen Kosten enthalten sind und Personal gebunden wird, ist der *Kosten- und Personalplan* funktionsübergreifend dargestellt.

H 3.2 Zeitliche Abfolge der Planungen

In Bild H-12 werden die einzelnen Planungsschritte in ihrer zeitlichen Abfolge dargestellt. Wenn beispielsweise die Planungen zum Beginn des neuen Geschäftsjahrs im Januar abgeschlossen sein sollen, dann müssen die Planungsarbeiten Mitte September (in der 38. Woche) beginnen.

Schritt 1: Erarbeiten der Planungsgrundlagen (38. Woche)
Zunächst sind in Schritt 1 die Planungsgrundlagen zu erarbeiten (z.B. Trends der Marktentwicklungen, Prognose der Steigerung von Materialien und Löhnen, Steigerung des Bruttosozialprodukts; Entwicklung der Kaufkraft, besondere Vorlieben der Kunden und Verbraucher).

Schritt 2: Umsatzplan (40. Woche)
Zusammen mit der Vertriebsabteilung werden die Umsätze des nächsten Jahres pro Monat festgelegt, und zwar aufgeteilt nach den einzelnen Sparten und Regionen bzw. Vertriebsbeauftragte.

Schritt 3, 4 und 5: Personal-, Kosten- und Ergebnisplan (41. Woche)
Ausgehend von den Umsätzen werden die Pläne für Personal und Kosten entworfen und ein Ergebnisplan aufgestellt.

Schritt 6: Investitionsplan (43. Woche)
Ausarbeiten der erforderlichen Investitionspläne (Gebäude, Anlagen, Maschinen und Programme).

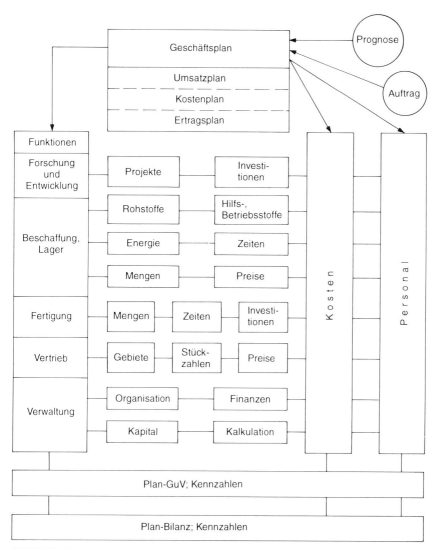

Bild H-11. Planungssystematik für die operative Planung

Schritt 7: Einkaufsplan (45. Woche)
Für die benötigten Materialien werden die benötigten Mengen geplant und entsprechend der Lieferzeiten vorbestellt.

Schritt 8 und 9: Kapital- und Finanzplan (47. Woche)
Es werden die Kapitalzu- und -abflüsse geplant und die Finanzierung gesichert.

Schritt 10: Kalkulationsplan (49. Woche)
Die für den Vertrieb maßgeblichen Kalkulationen werden erarbeitet. Neben den Kosten sind besonders Rabatte, Skonti und Boni sowie Provisionen zu berücksichtigen.

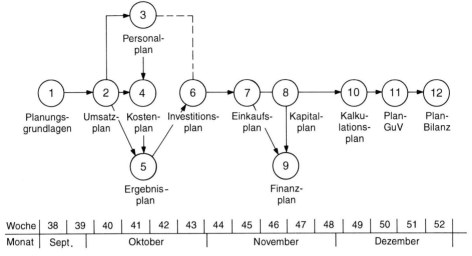

Bild H-12. Zeitlicher Ablauf der Planungen

Schritt 11 und 12: Plan GuV und Plan-Bilanz (51. Woche)
Für das kommende Geschäftsjahr werden die GuV (Abschn. E 1.2) und die Bilanz (Abschn. E 1.2) geplant, einschließlich der wichtigen Kennzahlen (Abschn. E 1.3).

H 3.3 Geschäftsplanung

In Bild H-11 wurden die einzelnen Pläne besprochen und in Bild H-12 wurde der zeitliche Ablauf der Planung vorgestellt. Im folgenden wird am Beispiel eines Profit-Centers des CAD/CAM-Unternehmens Hard- und Soft GmbH die Geschäftsplanung mit den einzelnen Teilplänen vorgestellt. In Bild H-13 ist das Schema der vorgestellten integrierten Geschäftsplanung zu sehen. Basis aller Planungen ist der Umsatzplan in Abhängigkeit des Auftragseingangsplans, der von der Prognose bestimmt wird. Die Planung erfolgt für einzelne Produktgruppen (Sparten bzw. strategische Geschäftseinheiten), die einzelne Produkte enthalten. In folgenden Schritten wird geplant:

Vertriebsprognose und Umsatzplan
Die Mitarbeiter des Vertriebs schätzen aufgrund der Marktsituation den Umsatz in den einzelnen Produktgruppen und Produkten für das nächste Jahr. Daraus ergibt sich der Umsatzplan des Unternehmens für das nächste Jahr.

Geschäftsplan
Er enthält eine Planung des *Auftragseingangs,* der den Umsatz bestimmt, ferner den *Umsatzplan* und einen *Kostenplan.* Daraus ergibt sich ein *Betriebsergebnisplan.*

Finanzplan
Hier werden alle ein- und ausgabenwirksamen Kapitalströme zusammengefaßt.

Plan-GuV und Plan-Bilanz
Ausgehend von diesen Daten kann man eine Plan-GuV und eine Planbilanz erstellen.

264

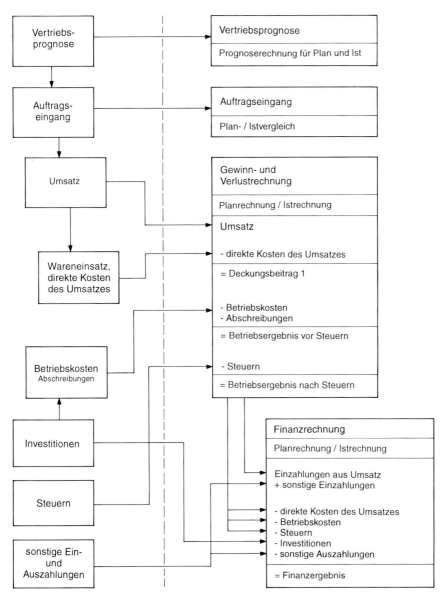

Bild H-13. Systematik der Geschäftsplanung

H 3.3.1 Umsatzplan

Für die einzelnen Produktgruppen und Produkte wird der Nettoumsatz geplant. Tabelle H-8 zeigt den Umsatzplan für das CAD/CAM-Unternehmen Hard- und Soft GmbH. Aus Gründen der Übersichtlichkeit wird eine Geschäftsstelle des Unternehmens geplant, die als Profit-Center im Unternehmen geführt wird und damit genau gleich geplant wird wie das Gesamtunternehmen. Für das Unternehmen wird der Nettoumsatz geplant. Da die Einkaufskonditionen bzw. für die Dienstleistungen die gewährten Durchschnittsrabatte bekannt sind, kann aus dem Bruttoumsatz der Nettoumsatz errechnet werden. Bei einem geplanten Nettoumsatz von 2 Mio DM wird durchschnittlich etwa 14,5% Rabatt gewährt, so daß ein Bruttumsatz von 2,33 Mio DM erzielt werden muß. Der Wareneinsatz wird über einen Prozentsatz aus dem Listenpreis errechnet. Nettoumsatz abzüglich Wareneinsatz ergibt den Rohertrag (oder den Deckungsbeitrag 1).

Tabelle H-8. Umsatzplan der Hard- und Soft GmbH

Plan Nr. 1					Datum:	01.01. Jahr 1
Umsatzplan	Umsatz Listen- preise	Rabatt %	Netto- umsatz DM	Wareneinsatz in % auf Listenpreis	Rohertrag DM	Waren- einsatz DM
Hardware						
Workstations	1 031 250	25,00	825 000	65,00	154 688	670 313
Peripherie	100 000	25,00	80 000	65,00	15 000	65 000
Summe Hardware	1 131 250	25,00	905 000	65,00	169 688	735 313
Software						
Basissoftware	924 000	12,00	825 000	50,00	363 000	462 000
eigene Anwen- dungs-Software	36 750	5,00	35 000	0,00	35 000	0
Fremdsoftware für Spezialanwen- dungen	40 250	15,00	35 000	80,00	2 800	32 200
Summe Software	1 001 000	11,84	895 000	49,37	400 800	494 200
Dienstleistungen						
Postprozessoren	70 000	0,00	70 000	30,00	49 000	21 000
Schulung / Installation	84 000	5,00	80 000	0,00	80 000	0
Wartung	52 500	5,00	50 000	50,00	23 750	26 250
Summe Dienstleistungen	206 500	3,25	200 000	22,88	152 750	47 250
Summe gesamt	2 338 750	14,48	2 000 000	69,08	723 238	1 276 763

H 3.3.2 Geschäftsplan

Tabelle H-9 zeigt den Geschäftsplan der Geschäftsstelle des CAD/CAM-Unternehmens. Folgende Teilpläne werden hierbei berücksichtigt:

Planung des Auftragseingangs
Der Umsatzplan wird in einem zweiten Schritt auf Abrechnungsperioden verteilt (im vorliegenden Fall sind das Monate). Basis dafür ist die Planung des Auftragseingangs. Bei

Tabelle H-9. Geschäftsplan

Planung Auftragseingang (AE) Hard- und Soft GmbH		Plan Nr. 1		
	Summe	Monat 1	Monat 2	Monat 3
Vorgabe AE	2450000	100,00%	10,00%	10,00%	10,00%
		2450000	245000	245000	245000
Umsatz in Folgemonat 1		40%	40%	40%
			98000	98000
Umsatz in Folgemonat 2		0%	40%	40%
			0	98000
Umsatz in Folgemonat 3		0%	0%	20%
			0	0
Summe Umsatz	2009000	0	98000	196000

Umsatzplan	Umsatz netto	Monat 1	Monat 2	Monat 3
Aufteilung Umsatz	100,00%	0,00%	4,88%	9,76%
Hardware				
Workstations	825000	0	40244	80488
Peripherie	80000	0	3902	7805
Summe Hardware	905000	0	44146	88293
Software				
Basissoftware	825000	0	40244	80488
eigene Anwendungs-Software	35000	0	1707	3415
Fremdsoftware für Spezialanwendungen	35000	0	1707	3415
Summe Software	895000	0	43659	87317
Dienstleistungen				
Postprozessoren	70000	0	3415	6829
Schulung / Installation	80000	0	3902	7805
Wartung	50000	0	2439	4878
Summe Dienstleistungen	200000	0	9756	19512
Summe Umsatz gesamt	2000000	0	97561	195122
Direkte Kosten des Umsatzes				
Wareneinsatz				
Hardware	735313	0	35869	71738
Software	494200	0	24107	48215
Dienstleistungen	47250	0	2305	4610
Summe Wareneinsatz	1276763	0	62281	124562
Fremdleistungen	8000	0	390	780
Provisionen	60000	0	2927	5854
Summe direkte Kosten des Umsatzes	1344763	0	65598	131196
Deckungsbeitrag	655238	0	31963	63926
	32,8%	0,0%	32,8%	32,8%

Tabelle H-9 (Fortsetzung)

	Umsatz netto	Monat 1	Monat 2	Monat 3
Betriebskosten				
Personalkosten				
Gehalt	387 500	24 583	24 583	24 583
Nebenkosten	72 500	4 500	4 500	4 500
Summe Personalkosten	460 000	29 083	29 083	29 083
weitere Kosten Aufteilung:	100,00%	12,00%	10,00%	6,00%
Dienstleistungen	3 000	360	300	180
Sachkosten	5 000	600	500	300
Marketing	32 000	3 840	3 200	1 920
Kommunikation u. Transport	17 600	2 112	1 760	1 056
Raumkosten	3 000	360	300	180
Zinsen, Versicherungen	11 500	1 380	1 150	690
Abschreibungen	18 965	606	606	606
Summe weitere Kosten	91 065	9 258	7 816	4 932
Summe Betriebskosten	551 065	38 341	36 899	34 015
Betriebsergebnis vor Steuern	104 173	−38 341	−4 936	−29 911

einer Lieferzeit von vier bis sechs Wochen kann der Auftragseingang in einem Monat erst im darauf folgenden Monat zu Umsatz werden. Diese Verteilung geschieht über Prozente.

Planung des Umsatzes
Ausgehend von dieser groben Umsatzplanung erfolgt die Aufteilung in die einzelnen Sparten und Produkte und in die einzelnen Abrechnungsperioden (Monate).

Planung der Kosten des Umsatzes
Bei der Kostenplanung unterscheidet man zweckmäßigerweise zwei Bereiche:

● Direkte Kosten des Umsatzes
   Dies sind die Kosten, die vom Umsatz direkt verursacht werden. Dazu gehören beispielsweise der Wareneinsatz, die Fremdleistungen und die Provisionen.

● Betriebskosten
   Dazu gehören die fixen Kosten für Personal und die weiteren Kosten. Die einzelnen Kosten ergeben sich aus dem Personalplan, der Planung für Investitionen und Abschreibungen (Tabelle H-10).

Bild H-14 zeigt den Geschäftsplan. Als Linien sind die Plandaten für die Umsätze, Deckungsbeiträge (DB) und Ergebnisse zu sehen. Die Balkendiagramme zeigen die Planungen des Umsatzes, des Deckungsbeitrags und des Ergebnisses pro Monat.

H 3.3.3 Finanzplan

In der Finanzübersicht nach Tabelle H-11 werden alle ein- und ausgabewirksamen Größen des Geschäftsplanes erfaßt. Hinzu kommen noch die weiteren Ein- und Auszahlungen. Zu den weiteren Einzahlungen *(Cash in)* gehören beispielsweise der Mittelzufluß aus der Kreditaufnahme, Kapitaleinlagen der Gesellschafter oder Steuererstattungen. Bei den Ausgaben *(Cash out)* werden die *Abschreibungen nicht berücksichtigt,* weil kein Mittelabfluß stattfin-

Tabelle H-10. Personal- und Investitionsplan

Personalplanung
1. Gehalt

Mitarbeiter	Jahresgehalt DM	1. Monat DM	2. Monat DM	3. Monat DM
Geschäftsleitung	100000	8333	8333	8333
Vertrieb	85000	7083	7083	7083
Vertrieb (ab Monat 7)	80000	0	0	0
Kundendienst (KD)	75000	6250	6250	6250
KD (ab Monat 4)	70000	0	0	0
Verwaltung (halbtags)	35000	2917	2917	2917
Summe Personalplan	445000	24583	24583	24583

2. Nebenkosten

Mitarbeiter	Nebenkosten %	Nebenkosten DM	1. Monat DM	2. Monat DM	3. Monat DM
Geschäftsleitung	15,00	15000	1250	1250	1250
Vertrieb	20,00	17000	1417	1417	1417
Vertrieb (ab Monat 7)	20,00	16000	0	0	0
KD	20,00	15000	1250	1250	1250
KD (ab Monat 4)	20,00	14000	0	0	0
Verwaltung (halbtags)	20,00	7000	583	583	583
Summe Personalplan		84000	4500	4500	4500

Investitionen	%	in Monat DM	1. Monat DM	2. Monat DM	3. Monat DM
Büroausstattung	15000	1	15000	0	0
2. Arbeitsstation	31000	4	0	0	0
Software Update	2000	1	2000	0	0
Postprozessor	24000	6	0	0	0
Kraftfahrzeuge	20000	1	20000	0	0
Telefonanlage	1000	1	1000	0	0
PC	4000	4	0	0	0
PC Netz-Software	2500	4	0	0	0
Summe Investitionen	99500		38000	0	0

Abschreibungen	AfA-Dauer Jahre	AfA-Betrag DM	1. Monat DM	2. Monat DM	3. Monat DM
Büroausstattung	10	1500	125	125	125
2. Arbeitsstation	4	7750	0	0	0
Software Update	3	667	56	56	56
Postprozessor	3	8000	0	0	0
Kraftfahrzeuge	4	5000	417	417	417
Telefonanlage	10	100	8	8	8
PC	4	1000	0	0	0
PC Netz-Software	4	625	0	0	0
Summe Abschreibungen		18965	606	606	606

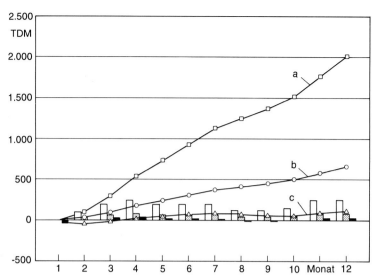

Bild H-14. Grafische Auswertung des Geschäftsplans. a Umsatz kumuliert, b DB kumuliert,
c Ergebnis kumuliert

☐ Umsatz Ist   ▒ DB Ist   ■ Ergebnis Ist

Tabelle H-11. Finanzübersicht

	Summe	1. Monat DM	2. Monat DM	3. Monat DM
Cash in				
aus Umsatzerlösen	1 734 600	0	29 268	99 512
weitere Einzahlungen				
Darlehensaufnahmen	0	0	0	0
Desinvestitionen	0	0	0	0
Sonstige Einzahlungen	0	0	0	0
Summe weitere Einzahlungen	0	0	0	0
Summe Cash in	1 734 600	0	29 268	99 512
Cash out				
umsatzabhängige Ausgaben				
Wareneinkauf	1 211 799	6 250	37 434	80 998
Provisionen	60 000	0	2 927	5 854
Fremdleistung, -reparaturen	8 000	0	390	780
Fracht, Verpackung	0	0	0	0
Summe umsatzabhängige Ausgaben	1 279 799	6 250	40 751	87 632

Tabelle H-11 (Fortsetzung)

	Summe	1. Monat DM	2. Monat DM	3. Monat DM
Summe umsatzabhängige Ausgaben	1 279 799	6 250	40 751	87 632
Betriebskosten				
Personalkosten	460 000	29 083	29 083	29 083
Dienstleistungen	3 000	360	300	180
Sachkosten	5 000	600	500	300
Marketing	32 000	3 840	3 200	1 920
Kommunikation, Transport	17 600	2 112	1 760	1 056
Raumkosten	3 000	360	300	180
Zinsen, Versicherung, Beiträge	11 500	1 380	1 150	690
Summe Betriebskosten	532 100	37 735	36 293	33 409
weitere Ausgaben				
Investitionen	99 500	38 000	0	0
Darlehenstilgungen	0	0	0	0
Steuern	0	0	0	0
sonstige Auszahlungen	0	0	0	0
Summe weitere Ausgaben	99 500	38 000	0	0
Summe Cash out	1 911 399	81 985	77 045	121 042
Saldo Cash in/out	−176 800	−81 985	−47 776	−21 530
Saldo Cash in/out kumuliert		−81 985	−129 762	−151 291
Cash flow		−43 985	−47 776	−21 530
Cash flow kumuliert	−77 300		−91 762	−113 291
Bankbestände Monatsbeginn	50 000	50 000	−31 985	−79 762
Bankbestände Monatsende	−126 800	−31 985	−79 762	−101 291
Kontokorrent	200 000	200 000	200 000	200 000
verfügbare liquide Mittel	73 200	168 015	120 238	98 709
Liquiditätskennziffern				
offene Posten Debitoren		0	68 293	163 902
offene Posten Kreditoren		37 500	62 347	105 911
Saldo OP		−37 500	5 946	57 922
Liquidität 1		−69 485	−73 816	−43 300
Kreditrahmen Kontokorrent		200 000	200 000	200 000
Avale		0	0	0
Liquidität 2		130 515	126 184	156 700

det. Dagegen werden die geplanten Investitionen voll ausgabenwirksam. Ergänzend kommen weitere Ausgaben hinzu, beispielsweise zur Tilgung von Krediten. Die Steuerzahlungen werden nach den vom Finanzamt vorgegebenen Zahlungsterminen eingetragen.

Da der Umsatz bei einem gegebenen Zahlungsziel (z. B. 14 Tage) nicht sofort als Geldeingang verbucht werden kann, andererseits der Wareneingang wegen der Zahlungsbedingungen nicht sofort zu einem Geldausgang führt, wird diese Verschiebung des Geldein-

Tabelle H-12. Umsatz- und Finanzplan

	Summe DM	1. Monat DM	2. Monat DM	3. Monat DM
Umsatz	2 000 000	0	97 561	195 122
cash in aus Umsatz in %	30%	30%	30%	
cash in aus Umsatz	600 000	0	29 268	58 537
OP Debitoren		0	0	68 293
cash in aus OP Debitoren in %		60%	60%	60%
cash in aus OP Debitoren	1 134 600	0	0	40 976
Wareneinsatz		0	62 281	124 562
Lagerbestand		0	25 000	25 000
Veränderung Lagerbestand	50 000	25 000	0	0
Wareneinkauf gesamt		25 000	62 281	124 562
cash out Wareneinkauf in %		25%	30%	40%
cash out Wareneinkauf	632 219	6 250	18 684	49 825
OP Kreditoren	0	18 750	37 500	62 347
cash out aus OP Kreditoren in %		0%	50%	50%
cash out aus OP Kreditoren	579 581	0	18 750	31 173

und -ausgangs in einem eigenen Plan für *Debitoren* (Zahlungseingänge von Schuldnern) und *Kreditoren* (Zahlungsausgänge an Gläubiger) zusammengestellt (Tabelle H-12).

Aus den geplanten Salden des Geldzu- und -abflusses ergibt sich ein Netto-Geldbetrag, der im Unternehmen vorhanden ist oder fehlt. Das ergibt die Bankbestände zu Monatsbeginn bzw. zu Monatsende (Tabelle H-11). Zusammen mit den Krediten der Banken errechnen sich die verfügbaren liquiden Mittel. Werden diese unterschritten, dann ist das Unternehmen zahlungsunfähig. Wie die Rechnung nach Tabelle H-11 zeigt, ist die Zahlungsfähigkeit in jedem Monat gegeben. Die grafische Auswertung des Finanzplans zeigt Bild H-15.

H 3.3.4 Planung des gesamten Unternehmens

Ausgehend von der Einzelplanung in den einzelnen selbständigen Geschäftsstellen wird nach denselben Methoden eine Gesamtplanung für das Unternehmen vorgenommen. Tabelle H-13 zeigt einen Umsatzplan des gesamten CAD/CAM-Unternehmens. Das gesamte Geschäftsjahr ist in 12 Monate unterteilt. Mit einzelnen Prozentwerten lassen sich, wie bereits in Tabelle H-11 für die Geschäftsstelle gezeigt, die monatlichen Umsätze je Sparte ermitteln. Diese Prozentwerte werden nach den Erfahrungen der letzten Jahre angenommen. Bei der Erstellung des Umsatzplans geht man in folgenden Schritten vor:

1. Festlegen der Umsätze der einzelnen Sparten und deren Produkte
Eingegeben werden die gesamten geplanten Umsätze für die einzelnen Sparten und deren Produkte. Insgesamt sind dies 13,32 Mio.

2. Prozentuale Aufteilung der Spartenumsätze auf die Monate
Für jede Sparte kann der monatliche Umsatz in Prozenten geplant werden. Damit ist es möglich, die Umsatzerfahrungen der letzten Jahre mit in die Planung einzubeziehen. Im vorliegenden Fall ist der 3. Monat (März) besonders umsatzschwach. Dies hat den Grund, daß im Messemonat wenig gekauft wird, weil die meisten Kunden auf die Messeneuheiten warten.

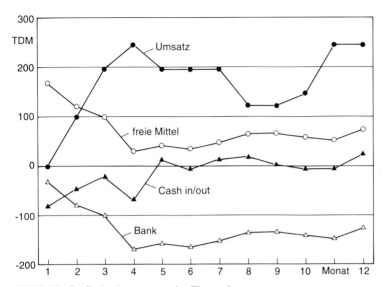

Bild H-15. Grafische Auswertung des Finanzplans.

Tabelle H-13. Umsatzplan

	Umsatz netto	1. Monat DM	2. Monat DM	3. Monat DM
Aufteilung Umsatz Hardware	100,00%	5,00%	6,00%	5,00%
Computer	1 800 000	90 000	108 000	90 000
Plotter	840 000	42 000	50 400	42 000
Peripherie	460 000	23 000	27 600	23 000
Handelsware	290 000	14 500	17 400	14 500
Summe Hardware	3 390 000	169 500	203 400	169 500
Aufteilung Umsatz Software	100,00%	5,00%	6,00%	5,00%
CAD 2D	3 000 000	150 000	180 000	150 000
CAD 3D	1 300 000	65 000	78 000	65 000
NC-Kopplung	1 100 000	55 000	66 000	55 000
Netzwerk	360 000	18 000	21 600	18 000
Normteil-Bibliothek	300 000	15 000	18 000	15 000
Zeichnungsverwaltung	450 000	22 500	27 000	22 500
sonstiges	420 000	21 000	25 200	21 000
Summe Software	6 930 000	346 500	415 800	346 500
Aufteilung Umsatz Dienstleistung	100,00%	9,00%	9,00%	5,00%
Hardware Wartung	120 000	10 800	10 800	6 000
Software Wartung	1 000 000	90 000	90 000	50 000
Unix-Schulung	350 000	31 500	31 500	17 500
CAD-Schulung	550 000	49 500	49 500	27 500
Produktivitätsberatung	280 000	25 200	25 200	14 000
Service	700 000	63 000	63 000	35 000
Summe Dienstleistungen	3 000 000	270 000	270 000	150 000
Summe Umsatz gesamt	13 320 000	786 000	889 200	666 000

3. Aufteilung der Produktumsätze innerhalb der Sparten
Entsprechend der eingegebenen Prozentsätze für die Sparten werden die Umsätze der einzelnen Produkte berechnet.

H 3.3.5 Umsatz-, Kosten- und Ergebnisplan für das gesamte Unternehmen

Tabelle H-14 zeigt einen Umsatz-, Kosten- und Ergebnisplan für die einzelnen Produktsparten eines CAD/CAM-Unternehmens. Die Jahresdaten sind prozentual in monatliche Teilbeträge aufgeteilt, so daß die Kosten und die Ergebnisse monatsweise planbar sind. In einer *stufenweisen Deckungsbeitragsrechnung* (Abschn. E 4.2) werden in Stufen die *direkten,* d.h. den Umsätzen direkt zurechenbare Kosten abgezogen und daraus die einzelnen Deckungsbeiträge ermittelt. Die Deckungsbeiträge werden folgendermaßen errechnet:

> *Deckungsbeitrag 1 = Netto-Umsatz – Materialeinsatz.*

> *Deckungsbeitrag 2 = Deckungsbeitrag 1 – Fremdleistungen - Provisionen.*

Fremdleistungen sind Kosten, die für Leistungen Dritter anfallen. Im Bereich Software sind dies Programmierkosten von fremden Programmierern. Kosten für *Provisionen* entstehen bei Umsätzen in den Sparten Hard- und Software. Da die Handelsspannen im Hardwarebereich sehr klein sind, können dort nur geringe Provisionen bezahlt werden. Es ist zu beachten, daß die Provisionen nicht mehr in den Personalkosten berücksichtigt werden. Kosten für Fremdleistung und Provisionen sind *direkte Kosten,* weil sie direkt den Umsätzen zuzuordnen sind (ohne Umsätze keine direkte Kosten). Der Deckungsbeitrag 2 dient zur *Deckung der restlichen Betriebskosten.* Es ist aus Tabelle H-11 zu erkennen, daß die Sparte Hardware nur einen umsatzbezogenen Deckungsbeitrag 2 (DB_2/U) von 28,13% erwirtschaftet. Das heißt, von jeden 100 DM bleiben nur 28,13 DM im Unternehmen, um die restlichen Betriebskosten zu decken. Die geringen Deckungsbeiträge rühren im wesentlichen vom Preisverfall von Hardware her und von den hohen Rabattforderungen der Kunden. Im Softwarebereich sind es 44% und im Dienstleistungsbereich 91%. Im Schnitt ergibt sich ein DB_2/U von 50,55%.

> *Deckungsbeitrag 3 = Deckungsbeitrag 2 – Personalkosten.*

Der Deckungsbeitrag 3 gibt an, wieviel Kapital in die Firma fließt, wenn alle direkten Kosten und das Personal bezahlt sind. Durch die hohen Personalkosten im Softwarebereich nimmt auch der Deckungsbeitrag in dieser Sparte deutlich ab. Insgesamt steht nur noch ein DB_3/U von 23,21% zur Verfügung.

> *Deckungsbeitrag 4 = Deckungsbeitrag 3 – Marketingkosten.*

Werden die Marketingkosten (im wesentlichen Werbung und Messekosten) abgezogen, dann errechnet sich der Deckungsbeitrag 4. Er dient zur Deckung der restlichen Unternehmenskosten.

> *Deckungsbeitrag 5 = Deckungsbeitrag 4 – weitere Kosten.*

In den weiteren Kosten sind alle Kosten enthalten bis auf die Personalkosten der Verwaltung und der Geschäftsleitung. Dieser Deckungsbeitrag gibt an, wieviel Kapital zur Deckung der Verwaltungs- und Geschäftsleitungskosten zur Verfügung steht.

Tabelle H-14. Umsatz-, Kosten- und Ergebnisplan

	Umsatz netto DM	1. Monat DM	2. Monat DM	3. Monat DM
Summe Hardware	3 390 000	169 500	203 400	169 500
Summe Software	6 930 000	346 500	415 800	346 500
Summe Dienstleistung	3 000 000	270 000	270 000	150 000
Summe Umsatz gesamt	13 320 000	786 000	889 200	666 000
direkte Kosten des Umsatzes				
Wareneinsatz				
Aufteilung Wareneinsatz Hardware in %	100,00 %	5,00 %	6,00 %	5,00 %
Summe Hardware	2 288 250	114 413	137 295	114 413
Aufteilung Wareneinsatz Software in %	100,00 %	5,00 %	6,00 %	5,00 %
Summe Software	2 494 800	124 740	149 688	124 740
Aufteilung Umsatz Dienstleistung in %	100,00 %	9,00 %	9,00 %	5,00 %
Summe Dienstleistung	240 000	21 600	21 600	12 000
Summe Wareneinsatz	5 023 050	260 753	308 583	251 153
Deckungsbeitrag 1 Hardware	1 101 750	55 088	66 105	55 088
Deckungsbeitrag 1 Software	4 435 200	221 760	266 112	221 760
Deckungsbeitrag 1 Dienstleistung	2 760 000	248 400	248 400	138 000
Summe Deckungsbeitrag 1	8 296 950	525 248	580 617	414 848
Fremdleistung Hardware	33 900	1 695	2 034	1 695
Fremdleistung Software	693 000	34 650	41 580	34 650
Fremdleistung Dienstleistung	30 000	2 700	2 700	1 500
Summe Fremdleistung	756 900	39 045	46 314	37 845
Provision Hardware	114 413	5 721	6 865	5 721
Provision Software	693 000	34 650	41 580	34 650
Provision Dienstleistung	0	0	0	0
Summe Provision	807 413	40 371	48 445	40 371
direkte Kosten Hardware	148 313	7 416	8 899	7 416
direkte Kosten Software	1 386 000	69 300	83 160	69 300
direkte Kosten Dienstleistung	30 000	2 700	2 700	1 500
Summe direkte Kosten	1 564 313	79 416	94 759	78 216
Deckungsbeitrag 2 Hardware	953 438	47 672	57 206	47 672
Deckungsbeitrag 2 Hardware in %	28,13 %			
Deckungsbeitrag 2 Software	3 049 200	152 460	182 952	152 460
Deckungsbeitrag 2 Software in %	44,00 %			
Deckungsbeitrag 2 Dienstleistung	2 730 000	245 700	245 700	136 500
Deckungsbeitrag 2 Dienstleistung in %	91,00 %			
Summe Deckungsbeitrag 2	6 732 638	445 832	485 858	336 632
Summe Deckungsbeitrag 2 in %	50,55 %	56,72 %	54,64 %	50,55 %

Tabelle H-14 (Fortsetzung)

	Umsatz netto DM	1. Monat DM	2. Monat DM	3. Monat DM
Betriebskosten				
Personalkosten Hardware	421 000	32 385	32 385	32 385
Personalkosten Software	2 480 400	190 800	190 800	190 800
Personalkosten Dienstleistung	400 000	30 769	30 769	30 769
Summe Personalkosten	3 301 400	253 954	253 954	253 954
Deckungsbeitrag 3 Hardware	532 438	15 287	24 822	15 287
Deckungsbeitrag 3 Software	566 800	−36 340	−7 848	−36 340
Deckungsbeitrag 3 Dienstleistung	2 330 000	214 931	214 931	105 731
Summe Deckungsbeitrag 3	3 431 238	191 878	231 904	82 678
Summe Deckungsbeitrag 3 in %	25,76 %	24,41 %	26,08 %	12,41 %
Marketingkosten in % Aufteilung:	100,00 %	3,00 %	9,00 %	15,00 %
Marketing Soft- u. Hardware (70%, 30%)	300 000	9 000	27 000	45 000
Marketing Dienstleistung	40 000	1 200	3 600	6 000
Summe Marketing	340 000	10 200	30 600	51 000
Deckungsbeitrag 4 Hardware	442 438	12 587	16 722	1 787
Deckungsbeitrag 4 Software	358 800	−44 640	−26 748	−69 840
Deckungsbeitrag 4 Dienstleistung	2 290 000	213 731	211 331	99 731
Summe Deckungsbeitrag 4	3 091 238	181 678	201 304	31 678
Summe Deckungsbeitrag in %	23,21 %	23,11 %	22,64 %	4,76 %
weitere Kosten				
Leistungen Dritter	107 000	8 917	8 917	8 917
Mietkosten	180 000	15 000	15 000	15 000
Investitionen	125 000	10 417	10 417	10 417
Kommunikation	240 000	20 000	20 000	20 000
Reisekosten	48 000	4 000	4 000	4 000
Zinsen und Versicherungen	60 000	5 000	5 000	5 000
Rechtsberatung	12 000	1 000	1 000	1 000
Summe kalkulatorische Abschreibungen	180 000	15 000	15 000	15 000
Summe weitere Kosten	952 000	79 333	79 333	79 333
Summe Deckungsbeitrag 5	2 139 238	102 345	121 971	−47 655
Summe Deckungsbeitrag 5 in %	16,06 %	13,02 %	13,72 %	−7,16 %
Personalkosten Verwaltung	200 000	15 385	15 385	15 385
Geschäftsleistung	585 000	45 000	45 000	45 000
Summe Verwaltung und Geschäftsleitung	785 000	60 385	60 385	60 385
Summe Betriebskosten	5 378 400	403 872	424 272	444 672
Betriebsergebnis vor Steuern	1 354 238	41 960	61 586	−108 040
Betriebsergebnis vor Steuern in %	10,17 %	5,34 %	6,93 %	−16,22 %

> *Ergebnis vor Steuern = Deckungsbeitrag 5 – Kosten der Verwaltung und Geschäftsleitung.*

Es entsteht ein Betriebsergebnis vor Steuern von 1 354 238 DM. Dies entspricht einer Umsatzrentabilität von 10,17%. Die Ergebnisse in den einzelnen Monaten sind sehr unterschiedlich. Im Monat 3 wird das Betriebsergebnis negativ. Dies ist sehr wichtig zu erkennen, um rechtzeitig für Liquidität in diesem Monat zu sorgen.

H 3.4 Personalplanung

Zu den wichtigsten Erfolgsfaktoren eines Unternehmens gehören die Mitarbeiter. Deshalb ist die Personalentwicklung im Unternehmen von höchster Wichtigkeit (Abschn. P 2). Die einzelnen Aspekte sind in Bild H-16 zu sehen. Die Personalführung ist zuständig für die *Motivation* der Mitarbeiter und für ihre *Fort- und Weiterbildung*. Dabei müssen folgende drei Aspekte beachtet werden:

Fachlicher Aspekt
Wer Produkte und Dienstleistungen verkaufen will, muß diese gut kennen.

Persönlicher und sozialer Aspekt
Im Laufe des Berufslebens ändern sich die Tätigkeitsschwerpunkte der Mitarbeiter. Waren früher vor allem manuelle Fertigkeiten gefragt, so sind derzeit geistige, planerische und konzeptionelle Fähigkeiten wichtig. Zunehmend von Bedeutung sind auch sprachliches Ausdrucksvermögen und die Beherrschung von Fremdsprachen. Der Verkäufer von heute muß Beziehungen aufbauen und Vertrauen gewinnen können. Immer wichtiger wird es, in Gruppen zu arbeiten. Dazu müssen die Mitarbeiter durch entsprechende Schulungen teamfähig gemacht werden. Ferner muß ein toleranter und die Person achtender Umgangston gepflegt werden.

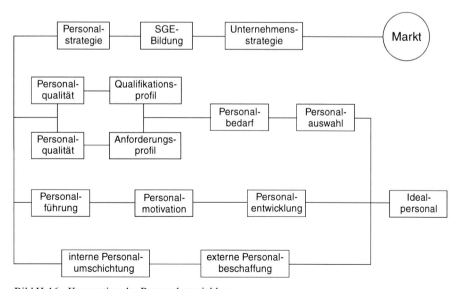

Bild H-16. Konzeption der Personalentwicklung

Betrieblicher Aspekt

Die Weiterbildungsaufwendungen müssen sich auch für das Unternehmen lohnen, beispielsweise durch größere Schnelligkeit, bessere Qualität, höhere Produktivität und Wirtschaftlichkeit.

Von großer Wichtigkeit für das Engagement und die Motivation aller Mitarbeiter ist die Wahl eines geeigneten *Entlohnungssystems*. Solche Lohn- und Gehaltssysteme haben einen fixen Anteil (z.B. Grundlohn bzw. Grundgehalt) und einen variablen Anteil (z.B. Prämienlohn oder Erfolgsbeteiligung). Die möglichst gerechte Ausgestaltung der fixen und variablen Anteile ist von Unternehmen zu Unternehmen, manchmal von Abteilung zu Abteilung (z.B. in der Forschung oder im Vertrieb) verschieden, ist aber eine große Herausforderung an die Geschäftsleitung und an die Arbeitnehmervertreter.

Für die anstehenden Aufgaben des Unternehmens müssen Mitarbeiter zur Verfügung stehen, die folgenden Anforderungen genügen:

- richtige Auswahl (passend zur Firmenphilosophie und passend zu den Mitarbeitern der Firma),
- richtiges Einsatzgebiet,
- richtige Entlohnung,
- geeignete Fort- und Weiterbildung,
- hohe Arbeitsmotivation.

Bild H-17 zeigt, welche Mitarbeiter an welchen Stellen in der Organisation und in den Sparten beschäftigt sind und welche Personalkosten deshalb entstehen.

Wird das Unternehmen in neuen Schwerpunkten tätig, oder muß es sich anderen Markterfordernissen anpassen, dann sind Verschiebungen der Tätigkeiten des Personals die Folge. Um dies planmäßig gestalten zu können, wird ein *Personalentwicklungsplan* aufgestellt, der mit dem Betriebsrat abgestimmt sein muß. Als Beispiel wird angenommen, daß das CAD/CAM-Unternehmen in zunehmendem Maße als *Generalunternehmer* auftritt. Das bedeutet, daß das Unternehmen seinen Kunden alles aus einer Hand anbieten wird: von der Problemanalyse bis zur fertigen Installation. Diese Beratungsleistung und die gesamte Kundenbetreuung wird in einer neuen Abteilung "Consulting" wahrgenommen. Nach Tabelle H-15 wird dieses Ziel erreicht durch Versetzung, Neueinstellung, Kündigung und Pensionierung.

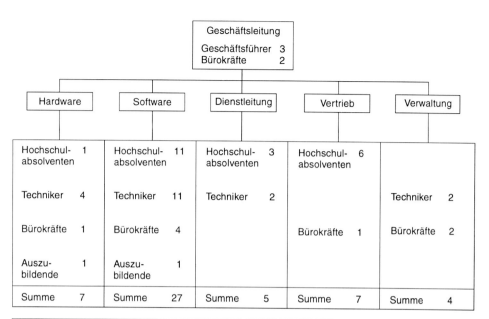

Beschäftigung in den einzelnen Sparten	Hochschul-ablolventen		Techniker		Bürokräfte		Auszu-bildende		Summe	
	Anzahl	Kosten DM	Anzahl	Kosten DM	Anzahl	Kosten DM	Anzahl	Kosten DM	Anzahl	Kosten DM
Hardware	1	7.850	4	6.500	1	4.200	1	4.500	7	23.050
Summe Kosten Hardware		7.850		26.000		4.200	1	4.500		161.350
Software	11	4.700	11	5.000	4	4.200		3.000	27	16.900
Summe Kosten Software		51.700		55.000		16.800		3.000		456.300
Dienstleistung	3	7.300	2	6.500					5	13.800
Summe Kosten Dienstleistung		21.900		13.000		0		0	7	69.000
Vertrieb	6	7.333			1	4.000				11.333
Summe Kosten Vertrieb		44.000		0		4.000		0		79.333
Geschäftsleitung	3	9.750							3	9.750
Summe Kosten Geschäftsleitung		29.250		0		0		0		29.250
Verwaltung			2	5.000	2	3.500			4	8.500
Summe Kosten Verwaltung		0		10.000		7.000		0		34.000
Summe Personal	24		19		8		2		53	
Summe Brutto		154.700		104.000		32.000		7.500		298.200
Sozialversicherung (20%)		30.940		20.800		6.400		1.500		59.640
Kirchensteuer (10%)		15.470		10.400		3.200		750		29.820
Summe Nebenkosten		46.410		31.200		9.600		2.250		89.460
Summe Personalkosten		201.110		135.200		41.600		9.750		387.660

Bild H-17. Personalplanung in den einzelnen Sparten

Tabelle H-15. Personalentwicklungsplan

SGE	Mitarbeiter	V	V	V	V	V	V	V	V	V	V	V	V	V	V	V	V	N	K	P	zukünftig	Anzahl
Geschäftsleitung	GFÜ	x																			x	1
	Betriebswirt	x																			x	1
	Techniker	x																		x			
Vertrieb	MA 1 FÜ	x	x																			
	MA 2	x																			x		
	MA 3-4	x		x																		
	MA 5-6	x																		x			
	Büro 1	x				x																
Hardware	Einkauf FÜ	x					x															
	Tec 1	x						x														
	Tec 2	x							x													
	Tec 3	x								x												
	Azubi	x									x											
	Büro	x										x										
Software 2D	Inf. F	x																			x	1
	Inf 1	x											x									
	Inf 1-2	x																			x	2
	Inf 3	x												x								
	Math 1	x													x							
3D	Ing 1	x																			x	1
	Ing 2																	x			x	1
	Inf 1-2	x																			x	2
	Inf 3	x												x							x	1
	Math 1	x													x						x	1
	Büro 1	x																			x	1
	Büro 2	x														x						
NC-Kopplung	NC 1	x																			x	1
	NC 2	x																x	x		x	1
Netzwerk	Net 1	x																			x	1
	Azubi	x																x	x		x	1
Peripherie	Per 1-11	x																			x	11
Verwaltung	Rewe 1 Fü	x																			x	1
	Rewe 2-3	x																			x	2
	Pers 1	x																			x	1
	Büro 1	x										x									x	1
	Büro 2	x														x					x	1
Service	SW 1 Fü	x																			x	1
	SW 2	x																			x	1
	HW 1						x														x	1
	HW 2																	x			x	1
	Azubi									x											x	1
Schulung	3 CAD 1 Fü	x																			x	1
	3 CAD 2																	x			x	1
	CIM 1																	x			x	1
	Univ 1							x													x	1

Tabelle H-15 (Fortsetzung)

SGE	Mitarbeiter		V	V	V	V	V	V	V	V	V	V	V	V	V	V	V	V	N	K	P	zukünftig	Anzahl
Consulting	Con 1 Fü		x																			x	1
	Con 2-4			x																		x	2
	Con 5-6																x					x	2
	Con 7							x														x	1
	Con 8									x												x	1
	Büro 1				x																	x	1
Handelsware	Einkauf Fü					x																x	1
	Hawa 1														x							x	1
	Hawa 2	x																				x	1
		53																6	2	1		56
Versetzung (V)																							
Neueinstellung (N)																							
Kündigung (K)																							
Pensionierung (P)																							

(GFÜ: Geschäftsführer; Inf: Informatiker; Ing: Ingenieur; HW: Hardware; SW: Software; Math: Mathematiker; FÜ: Führungskraft; Tec: Techniker)

H 4 Controlling

H 4.1 Aufgabe des Controlling

Das Wort Controlling kommt von *„to control"* und bedeutet: *„steuern"*, *„führen"* und *„kontrollieren"*. Das bedeutet, daß Controlling sich keinesfalls nur auf die Kontrolle beschränkt, sondern ein *Steuer-* und *Führungskonzept* darstellt, das

- Ziele planvoll ansteuert,
- die eigenen Möglichkeiten des Unternehmens dafür optimal einsetzt sowie
- Engpässe auf dem Weg zur Zielerreichung abbaut und die Kräfte des Unternehmens so bündelt, daß die Ziele schnellstmöglich erreichbar sind.

Wie aus Bild H-18 hervorgeht, ist somit Controlling ein *ziel-, nutzen-* und *engpaßorientiertes Führungskonzept,* mit dem Unternehmen kurz-, mittel- und langfristig *erfolgreich geführt* werden können. Dabei ist folgendes zu beachten:

Ganzheitliche Betrachtung des Unternehmens
Es dürfen keine Teile des Unternehmens isoliert betrachtet werden. Bei einer Optimierung von Teilen des Unternehmens (z.B. das Beschaffungswesen) kann sich das gesamte System verschlechtern (z.B. längere Fertigungszeiten). Das bedeutet: es geht um eine *ganzheitliche Schau* des Unternehmens. Alle Maßnahmen des Controlling dienen dazu, die *Wettbewerbsposition des gesamten Unternehmens* zu stärken.

Zielorientierung am Kundennutzen
Die Unternehmensziele sind an den *Marktbedürfnissen,* d.h. am Nutzen für den Kunden auszurichten. Nur wenn es gelingt, die drängenden Marktprobleme *besser zu lösen als der Wettbewerber,* dann wird das Unternehmen erfolgreich überleben können. Aus dieser Sicht sind *Controlling und Marketing* untrennbar miteinander verbunden. Die Voraussetzungen dafür sind, daß die Produkte und Dienstleistungen des Unternehmens

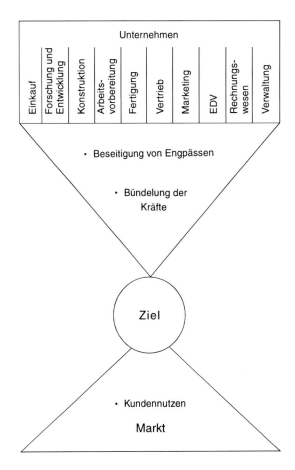

Bild H-18. Controlling als ziel-, nuzen- und engpaßorientierte Konzeption

- in kürzester Zeit,
- zu geringst möglichen Kosten
- in hoher Qualität

dem Kunden angeboten werden können. Dabei ist der Kunde nicht nur ein Marktabnehmer, sondern *jede nachfolgende Station* im Unternehmen, für die eine Leistung erbracht wird (interner Kunde). Beispielsweise ist die Station Arbeitsvorbereitung der Kunde für die Konstruktion.

Damit ein Unternehmen als ganzes den Kundennutzen besser erfüllen kann als der Wettbewerber, müssen folgende Bedingungen erfüllt werden:

Orientierung an den Möglichkeiten und Stärken des Unternehmens
Ein Unternehmen hat bestimmte Stärken und Schwächen. Nur dann kann ein Unternehmen dauerhaft erfolgreich sein, wenn es seine *Stärken verstärkt.* Das bedeutet, es müssen solche Ziele ausgesucht werden, für die das Unternehmen (d.h. seine Mitarbeiter, seine Maschinen und Anlagen sowie sein Know-how) besondere Stärken aufweist.

282

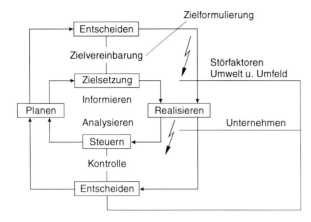

Bild H-19. Regelkreis eines Unternehmens

Vermeidung von Engpässen
Um die Ziele zu erreichen, müssen die Engpässe beseitigt werden. Sie hindern das Unternehmen daran, schnell und sicher die gesteckten Ziele zu erreichen. Man findet sie, wenn man die Frage beantworten kann: „Was hindert mich am meisten, meine Ziele zu erreichen?"

Zusammenfassend läßt sich sagen: Das Controlling ist die *Navigationszentrale* und der *Controller* ist der *Navigator,* der, vergleichbar mit einem Kapitän, sein Unternehmensschiff sicher durch alle Bedrohungen des Marktes zu einem lohnenden Ziel führt. Wird, wie Bild H-19 zeigt, das Unternehmen als *Regelkreis* verstanden, dann sind die wichtigsten Tätigkeiten eines Controllers:

● Informieren,

● Analysieren,

● Realisieren und

● Steuern.

Je nachdem, ob es sich um *strategische* oder um *operative Ziele* handelt, kann man das Controlling einteilen in:

Strategisches Controlling
Das strategische Controlling dient zur Existenzsicherung, indem es die langfristigen Ziele anhand der Erkenntnisse über zukünftige Marktchancen und -risiken festlegt, unter Berücksichtigung der eigenen Möglichkeiten und Stärken. Seine Aufgaben sind:

● Systematisieren aller für das Unternehmen wichtigen *Trends* im Umfeld des Unternehmens, der *Stärken und Schwächen* des Unternehmens und die dauernde Beobachtung ihrer Entwicklung.

● Entwickeln der sich daraus ergebenden *Chancen* und *Risiken* für das Unternehmen unter Berücksichtigung der *vorhandenen Möglichkeiten* (Mitarbeiter, Maschinen und Anlagen sowie Kapital).

● Festlegen der *geplanten Strategien* zur Zielerreichung und Einbinden der Pläne in das *operative Controlling.*

● Beachten von Änderungen der für die Zielsetzung maßgeblichen *Einflußfaktoren* und gegebenenfalls die Entwicklung von *Anpassungsstrategien* oder *Planänderungen.*

● *Operatives Controlling*

Aufgabe des operativen Controlling ist die Sicherung der Lebensfähigkeit des Unternehmens *(Liquidität)*, einer angemessenen Verzinsung des eingesetzten Kapitals *(Rentabilität)* sowie ein optimales Kosten- und Leistungsverhältnis *(Wirtschaftlichkeit)*. Das operative Controlling durchläuft den gleichen Regelkreis wie das strategische Controlling (Planung, Analyse und Steuerung), allerdings mit anderen Informationen.

In der *operativen Planung* wird die Gesamtplanung des Unternehmens realisiert (Abschn. H 3). In der *operativen Analyse* werden die Abweichungen des Soll-Ist-Vergleichs untersucht und Maßnahmen zur besseren Zielerreichung ergriffen. Damit werden folgende Aufgaben erfüllt:

- Ursachenanalyse der Abweichung,
- Suchen nach Maßnahmen zum Ausschalten dieser Ursachen,
- Beobachten der Wirksamkeit der eingeleiteten Maßnahmen.

Die *operative Information* umfaßt die Berichterstattung über realisierte Ergebnisse und den Grad der jeweiligen Erfüllung. Ziel ist es, den Entscheidungsträgern maßgeschneiderte Informationen zu liefern, und zwar *aufgabenbezogen, richtig, rechtzeitig* und *verdichtet.*

Die *operative Steuerung* ergreift Maßnahmen zur Planerfüllung und schließt damit den Regelkreis der Planung, Information und Analyse. Sie ist das *Korrekturglied,* das die *Abweichungsanpassung* vornimmt.

Wegen der Bedeutung des Controlling für den Erfolg des Unternehmens sollte seine Stelle als *Stabsstelle der Geschäftsleitung* angegliedert sein. Nur dann kann ein Controller unabhängig tätig sein und besitzt im Namen der Geschäftsleitung die nötige Autorität.

H 4.2 Einsatz des Controlling

Die in Abschn. H 4.1 oben beschriebene Methode und Konzeption des Controlling lassen sich in allen Funktionen eines Unternehmens einsetzen. Dabei geht man immer nach dem gleichen Regelkreis (Bild H-19) vor und paßt die Informationen entsprechend an.

Die *Werkzeuge des Controlling* sind ebenfalls anwendungsneutral, d.h. sie sind in vielen Bereichen einsetzbar. Dazu gehören im wesentlichen:

- ABC-Analyse (Abschn. N 5.2.3),
- Abweichungsanalyse (Abschn. N 6.6),
- Amortisationsrechnung (Abschn. G 1.3),
- Break-even-Analyse (Abschn. E 5.1),
- Deckungsbeitragsrechnung (Abschn. E 4 und Abschn. N 5.2.5.2),
- Gap-Analyse (Abschn. H 2.2),
- Kennzahlen-Analyse (Abschn. E 1.4),
- Kosten-Analyse (Absch. H 3.3.6),
- Kreativitätstechniken (Abschn. L 2.3),
- Netzplantechnik (Abschn. R 4.2.4.1),
- Nutzwert-Analyse (Abschn. N 4.2.4),
- Portfolio (Abschn. N 5.2.2),
- Produkt-Lebenszyklus (Abschn. L 1.2.1),

- Stärke-Schwäche-Analyse (Abschn. N 4.2.4),
- Wertanalyse (Abschn. M),
- Wirtschaftlichkeits-Analyse (Abschn. G 2).

Im folgenden werden einige Beispiele zum operativen Controlling vorgestellt. Es soll vor allem erkennbar sein, wie die einzelnen *Teilpläne* aufeinander *abgestimmt* sein müssen, um eine *sinnvolle Gesamtplanung* zu betreiben.

H 4.2.1 Abweichungsanalyse für Geschäfts- und Finanzpläne

In der Abweichungsanalyse ist zu erkennen, wie groß die Abweichungen der Ist-Werte von den Soll- (Plan-) Werten sind. Die Abweichungen können sich auf Umsätze, Kosten, Erträge, Deckungsbeiträge oder andere Kenngrößen beziehen. Im folgenden wird die Abweichungsanalyse am Beispiel der Geschäftsstelle des CAD/CAM-Unternehmens Hard- und Soft GmbH durchgeführt. Dabei werden die Abweichungen in folgenden Plänen untersucht:

Geschäftsplan und Finanzplan
Für die ersten fünf Monate ist die grafische Auswertung des Plan-Ist-Vergleiches für den Geschäftsplan in Bild H-20 zu sehen. Die kumulierten Plandaten für Umsatz, Deckungsbeitrag und Ergebnis sind als Linie eingezeichnet, die aktuellen Ist-Werte als Balken. Es ist zu erkennen, daß die Geschäftsstelle bis zum 5. Monat zwar einen über Plan liegenden Umsatz erreicht hat, daß aber der geplante Deckungsbeitrag nicht erreicht wurde.

Den grafischen Verlauf der Soll-Ist-Werte für den Finanzplan zeigt Bild H-21. Die schwarzen Symbole geben die Plan-Daten an und die hellen Symbole die Ist-Daten. Man sieht, daß die Abweichungen teilweise sehr groß sind. Insgesamt liegt man bis zum 5. Monat in den freien Mitteln voll im Plan, obwohl der Cash in/out unter Plan liegt.

Gewinn- und Verlustrechnung sowie Bilanz
Tabelle H-16 zeigt den Plan-Ist-Vergleich für die Gewinn- und Verlustrechnung der Geschäftsstelle des CAD/CAM-Unternehmens Hard- und Soft GmbH. Es werden sowohl die Monatswerte als auch die kumulierten Jahreswerte einem Soll-Ist-Vergleich unterzogen. Wie Tabelle H-16 zeigt, ist im betrachteten Monat ein Umsatzzuwachs um 11% und ein Deckungsbeitrag um 3% über Plan zu verzeichnen. Insgesamt wurden bis zum betrachteten Monat zwar ein Umsatzplus um 9% erzielt, wobei sich allerdings der Deckungsbeitrag um 14% verschlechterte. Dies hat seine Ursachen im harten Wettbewerb, der höhere Rabatte abverlangte.

H 4.2.2 Personal-Controlling

Aufgaben in einem Unternehmen stellen an die Mitarbeiter bestimmte Anforderungen. Diese können in einem *Soll-Anforderungsprofil* zusammengestellt werden. Wird das entsprechende Ist-Anforderungsprofil dem Soll-Profil gegenübergestellt, dann sind die Defizite erkennbar, die durch entsprechende Maßnahmen (z.B. Schulungen) behoben werden müssen.

Im vorliegenden Beispiel soll ein Mitarbeiter aus der Hardware-Abteilung in die Consultant-Abteilung versetzt werden. Bild H-22 zeigt das Soll-Profil (gestrichelt) im Vergleich zum Ist-Profil (durchgezogene Linie). Die Bewertungen lassen sich auch nach einem Stärke-Schwäche-Profil (Abschn. N 4.2.4) auswerten. Die Anforderungen sind in folgende drei Bereiche unterteilt:

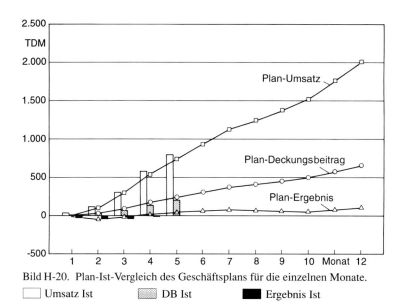

Bild H-20. Plan-Ist-Vergleich des Geschäftsplans für die einzelnen Monate.

☐ Umsatz Ist   ▨ DB Ist   ■ Ergebnis Ist

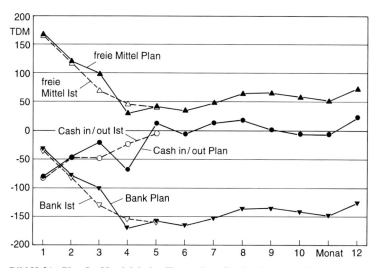

Bild H-21. Plan-Ist-Vergleich des Finanzplans für die einzelnen Monate

Tabelle H-16. Gewinn- und Verlustrechnung; Plan-Ist-Vergleich mit Abweichungen.

lt. Umsatzkostenrechnung	Monatswerte				Jahreswerte			
	Ist DM	Plan DM	Abweichung absolute DM	Abweichung relative DM	Ist DM	Plan DM	Abweichung absolute DM	Abweichung relative DM
Gesamterlöse	216761	195122	21639	11%	799003	731707	67296	9%
direkte Kosten des Umsatzes								
Aufwend. für Rohstoffe und Waren	138389	124562	13827	11%	551713	467108	84605	18%
Aufwend. für bezogene Leistungen	5800	780	5020	643%	17103	2927	14176	484%
Provisionen	6503	5854	649	11%	23970	21951	2019	9%
Summe direkte Kosten des Umsatzes	150692	131196	19495	15%	592787	491986	100800	20%
Deckungsbeitrag	66069 30,5%	63926 32,8%	2144	3%	206217 25,8%	239721 32,8%	-33504	-14%
Betriebskosten								
Personalkosten								
direkte Personalkosten	29865	30417	-552	-2%	131554	134583	-3029	-2%
indirekte Personalkosten	5913	5667	247	4%	26048	24833	1214	5%
Summe Personalkosten	35778	36083	-305	-1%	157602	159417	-1815	-1%
weitere Kosten								
Dienstleistungskosten	112	180	-68	-38%	1215	1200	15	1%
Sachkosten	65	300	-235	-78%	1687	2000	-313	-16%
Marketingaufwendungen	687	1920	-1233	-64%	11607	12800	-1193	-9%
Kommunikation und Transport	645	1056	-411	-39%	4938	7040	-2102	-30%
Raumkosten	165	180	-15	-8%	928	1200	-272	-23%
Zinsen, Versicherungen, Beiträge	87	690	-603	-87%	6913	4600	2313	50%
Abschreibungen	1364	1387	-23	-2%	4548	4590	-42	-1%
Summe weitere Kosten	3125	5713	-2588	-45%	31836	33430	-1594	-5%
Summe Betriebskosten	38903	41796	-2893	-7%	189438	192847	-3409	-2%

Tabelle H-16 (Fortsetzung)

lt. Umsatzkostenrechnung	Monatswerte				Jahreswerte			
	Ist DM	Plan DM	Abweichung absolute DM	relative DM	Ist DM	Plan DM	Abweichung absolute DM	relative DM
Ergebnis der üblichen Geschäftstätigkeit	27166	22129	5037	23%	16779	46874	−30095	−64%
neutrale Erträge und Aufwendungen								
neutrale Erträge	0	0	0	0%	0	0	0	0%
neutrale Aufwendungen	0	0	0	0%	0	0	0	0%
neutrales Ergebnis	0	0	0	0%	0	0	0	0%
Ergebnis vor Steuern	27166	22129	5037	23%	16779	46874	−30095	−64%
Steuern	5750	0	5750	100%	5750	0	5750	100%
Jahresüberschuß-Fehlbetrag	21416	22129	−713	−3%	11029	46874	−35845	−76%

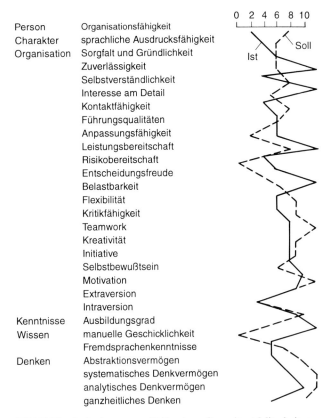

		0 2 4 6 8 10
Person	Organisationsfähigkeit	
Charakter	sprachliche Ausdrucksfähigkeit	
Organisation	Sorgfalt und Gründlichkeit	
	Zuverlässigkeit	
	Selbstverständlichkeit	
	Interesse am Detail	
	Kontaktfähigkeit	
	Führungsqualitäten	
	Anpassungsfähigkeit	
	Leistungsbereitschaft	
	Risikobereitschaft	
	Entscheidungsfreude	
	Belastbarkeit	
	Flexibilität	
	Kritikfähigkeit	
	Teamwork	
	Kreativität	
	Initiative	
	Selbstbewußtsein	
	Motivation	
	Extraversion	
	Intraversion	
Kenntnisse	Ausbildungsgrad	
Wissen	manuelle Geschicklichkeit	
	Fremdsprachenkenntnisse	
Denken	Abstraktionsvermögen	
	systematisches Denkvermögen	
	analytisches Denkvermögen	
	ganzheitliches Denken	

Bild H-22. Anforderungsprofil für einen Consultant-Mitarbeiter

- Person, Charakter und Organisation;
- Kenntnisse und Wissen sowie
- Denken.

Wie aus Bild H-22 zu entnehmen ist, liegen die Defizite des Mitarbeiters in folgenden Bereichen:

- Organisationsfähigkeit,
- Selbständigkeit,
- Kontaktfähigkeit,
- Kreativität,
- Motivation,
- Ausbildungsgrad,
- systematisches Denkvermögen und
- analytisches Denkvermögen.

Mitarbeiter sollten regelmäßig beurteilt werden, um eine leistungsgerechte Entlohnung festzulegen und dem Mitarbeiter zu zeigen, daß man auf seine Arbeit angewiesen ist. Eine

Beurteilungsbogen

Name, Vorname	Geburtsjahr	Eintrittsjahr	Personal-Nummer
Häberle, Hans	1969	1989	1989

Abteilung/Filiale/Zweigstelle	Niederl./Kostenst.-Nr.	Funktionsbezeichnung	Stellen-Nummer
Berater			

Anlaß der Beurteilung

[x] regelmäßige Beurteilung   [ ] sonstiger Anlaß   [ ] Austritt

[ ] Ende der Probezeit: Befürworten Sie die Weiterbeschäftigung [x] Ja [ ] Nein

Einsatz am derzeitigen Arbeitsplatz von/bis: 1989 bis auf weiteres

Tätigkeitsbeschreibung in Stichworten
(entfällt bei bestehender Stellenbeschreibung, bitte dann nur "siehe Stb" angeben):

siehe Stellenbeschreibung

Haben sich die Anforderungen der Stelle seit der letzten Beurteilung in wesentlichen Punkten geändert ?

Grund der Änderung   [x] Nein [ ] Ja

Beurteilungsmaßstab

überragt weit die Anforderungen der Stelle	übertrifft deutlich die Anforderungen der Stelle	übertrifft die Anforderungen der Stelle	erfüllt die Anforderungen der Stelle			erfüllt im allgemeinen die Anforderungen der Stelle	erfüllt mit Einschränkungen die Anforderungen der Stelle	erfüllt nicht die Anforderungen der Stelle
140	130	120	110	100	90	80	70	60

Punkte gemäß Beurteilungsmaßstab

für Mitarbeiter **ohne Führungsverantwortung**		zusätzlich für Mitarbeiter mit **Führungsverantwortung**	
Arbeitsergebnis		**Führungsverhalten**	
Arbeitsqualität	80	Planung und Koordination	
Arbeitsquantität	100	Entscheidungsverhalten	
Arbeitsverhalten		Information und Kommunikation	
Zusammenarbeit	110	Delegation	
Arbeitsplanung	80	Kontrolle	
Arbeitseinsatz	120	Motivation	
Selbständigkeit:	100	Entwicklung und Förderung	
Übernahme von Verantwortung	80		

Bild H-23. Beurteilungsbogen

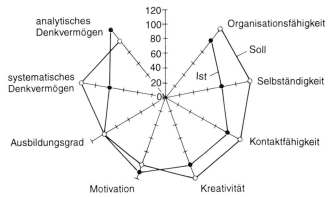

Bild H-24. Bewertungsspinne für einen Mitarbeiter

Möglichkeit der Mitarbeiterbeurteilung zeigt der Beurteilungsbogen nach Bild H-23. Nach den Personalien und der Stellenbeschreibung folgt die Bewertung in einer Punkteskala von 140 bis 40. Die Punktzahl 100 bedeutet befriedigende bis mittelmäßige Leistung. Im Beurteilungsbogen wird noch getrennt zwischen

● Mitarbeiter ohne Führungsverantwortung und

● Mitarbeiter mit Führungsverantwortung.

Die oben bewerteten Kriterien lassen sich grafisch besonders aussagefähig als *Bewertungs-Spinne* (Bild H-24) darstellen. Die Beurteilung wird mit Schulnoten oder Punkten vorgenommen, wobei gilt:

● sehr gut (1: 140 Punkte);

● gut (2: 120 Punkte);

● befriedigend (3: 100 Punkte);

● könnte besser sein (4: 80 Punkte);

● mangelhaft (5: 60 Punkte).

Die Auswertung zeigt Bild H-24. Die Ist-Werte sind als schwarze Punkte und die Soll-Werte als weiße Punkte dargestellt. Dadurch werden die oben erwähnten Defizite deutlich erkennbar. Diese Analysen dienen als Gundlage für die Personalgespräche und für Maßnahmen der Aus- und Weiterbildung.

H 4.2.3 Vertriebs-Controlling

Durch ein Vertriebs-Controlling wird der Vertrieb gesteuert. Zu diesem Zweck teilt jeder Vertriebsmitarbeiter periodisch (z.B. monatlich) der Vertriebsleitung folgende Informationen mit:

● Vertriebsprojekte, die derzeit bearbeitet werden,

● geschätzter Auftragswert,

● Wahrscheinlichkeit, mit der ein Vertriebsprojekt zu einem Auftrag wird,

● Abschlußmonat des Vertriebsprojekts,

● Zuordnung der Vertriebsprojekte nach Sparten und Produkte.

Tabelle H-17. Beispiel für ein Vertriebs-Controlling

Vertriebsbeauftragter: Toni Muster

Vertriebsprognose Monatssummen			Prognose, 100% DM	Prognose, abge- wertet DM	Prognose- differenz DM	Ziel DM
1	08/95		280000	154000	126000	250000
2	09/95		508000	216000	292000	250000
3	10/95		789000	299820	489180	300000
4	11/95		1680000	705600	974400	300000
5	12/95		220000	79200	140800	300000
6	01/96		0	0	0	250000
7	02/96		0	0	0	250000
8	03/96		115000	34500	80500	250000
9	04/96		25000	7500	17500	225000
10	05/96		0	0	0	225000
11	06/96		0	0	0	225000
12	07/96		0	0	0	250000
Summe			3617000	1496620	2120380	3075000

Spartensummen	Prognose, 100% DM	Prognose abge- wertet DM	Prognose- differenz DM
PC-Anwendungen	434040	149662	284378
Unix-Systeme 2D	1085100	598648	486452
Unix-System 3D	1808500	598648	1209852
Großrechner-Systeme	289360	149662	139698
Summe	3617000	1496620	2120380

Klassifizierung nach (bezogen auf Prognose 100%)		Wahrscheinlich- keit DM	Volumen DM
	1	330000	750000
	2	410000	523000
	3	2877000	2344000
Summe		3617000	3617000

Auftragseingang Rückblick	Ist DM	Plan DM
08/92	112560	250000
09/92	89660	250000
10/92	268000	300000
11/92	680100	300000
12/92	75850	300000
01/93	412660	250000
02/93	12500	250000
03/93	550000	250000
04/93	55600	225000
05/93	32550	22500
06/93	358900	225000
07/93	125000	250000
Summe	2773380	3075000

Tabelle H-17 zeigt die Daten für einen Vertriebsbeauftragten. Die Auswertung erfolgt in folgenden Schritten:

Rückblick des Auftragseingangs
Der Rückblick enthält Plan- und Ist-Werte der Vergangenheit und liefert einen Vergleich zur Prognose.

Prognose Auftragseingang
Es werden die Prognosewerte dem geplanten Auftragseingangs-Soll gegenübergestellt. Die prognostizierten Budgets werden zu vollen und abgewerteten Budgetwerten dargestellt. Die Abwertung errechnet sich aus dem Auftragswert, multipliziert mit der Wahrscheinlichkeit, mit der das Vertriebsprojekt zum Auftragseingang wird.

Zuordnung zu Sparten und Produkten
Damit erhält man Aufschluß über die Tendenz des Käufermarkts, über die Stärken der Produktgruppen und Abhaltspunkte für die Auslastung sowie der Ertragslage des Unternehmens.

Einteilung in Budgetgrößen
Man sieht, wie sich das prognostizierte Auftragsvolumen bezüglich der Größe der einzelnen Aufträge zusammensetzt. Im vorliegenden Beispiel werden Auftragsklassen über 500 000 DM, zwischen 200 000 DM und 500 000 DM und solche unter 200 000 DM gebildet.

Abschlußeinschätzung
Hier fließt die Wahrscheinlichkeit ein, mit welcher der Vertriebsbeauftragte glaubt, seine Projekte zum Abschluß zu bringen. Man unterscheidet im vorliegenden Beispiel A-Projekte (Abschluß-Wahrscheinlichkeit größer als 60%), B-Projekte (Abschluß-Wahrscheinlichkeit zwischen 30% und 60%) und C-Projekte (Abschluß-Wahrscheinlichkeit kleiner als 30%).

Die grafische Auswertung der Daten ist in Bild H-25 zusammengestellt. Links oben ist der Auftragseingang im Rückblick dargestellt. Die graue Kurve zeigt die Planvorgaben und die weiße Linie die tatsächlichen Auftragseingänge. Rechts oben liegt die Kurve für die Prognose des Auftragseingangs. Die graue Kurve zeigt die Prognose und die weiße die nach den Wahrscheinlichkeiten abgewertete Auftragslinie. Im Hintergrund ist schwarz der Soll-Auftragseingang zu sehen. Das Bild zeigt einen weit über Plan liegenden Auftragseingang bis zum Jahresende. Für das nächste Jahr sind allerdings noch keine bis sehr wenige Aufträge in Sicht. Das bedeutet, daß sich der Vertriebsbeauftragte intensiv um Anschlußaufträge kümmern und intensiv aquirieren muß. Unten links ist die Aufteilung der Aufträge nach Sparten zu sehen. Es ist auffallend, daß sich die Aufträge mit 3D-Software zu Lasten der 2D-Software vergrößern. Wenn dieser Trend anhält, müssen im Unternehmen größere Kapazitäten für dieses Produkt bereitgestellt werden. In der Mitte von Bild H-25 sind unten die Budgetgrößen dargestellt. Es fällt auf, daß etwa 2/3 aller Aufträge eine Auftragsgröße unter 200 000 DM aufweisen und nur etwa 20% Großaufträge mit einem Volumen über 500 000 DM sind. Das bedeutet, daß viel Arbeit für viele relativ kleine Projekte notwendig sind. Aus der Abschluß-Einschätzung in Bild H-25 ist zu erkennen, daß über 2/3 aller Aufträge mit einer Wahrscheinlichkeit von unter 30% sehr unsicher ist. Nur etwa 10% der Aufträge sind sicher. Diese hohe Unsicherheit spiegelt die derzeitig verhaltene Konjunktur wider, in der Investitionen aufgeschoben werden. Auf der anderen Seite sind die Vertriebsmitarbeiter so zu schulen, daß sie eine höhere Abschlußsicherheit beim Kunden erreichen.

Die Auswertungen der einzelnen Vertriebsmitarbeiter werden sinnvollerweise so verdichtet, daß ein Überblick über das ganze Unternehmen nach dem Schema der Tabelle H-17

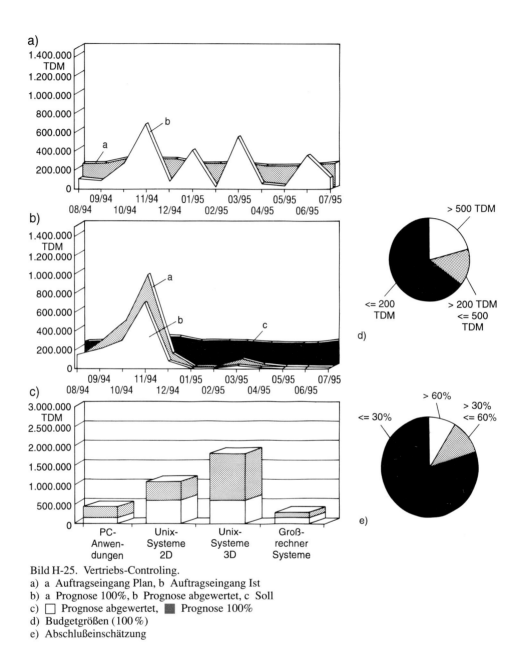

Bild H-25. Vertriebs-Controling.
a) a Auftragseingang Plan, b Auftragseingang Ist
b) a Prognose 100%, b Prognose abgewertet, c Soll
c) ☐ Prognose abgewertet, ■ Prognose 100%
d) Budgetgrößen (100 %)
e) Abschlußeinschätzung

und des Bildes H-25 möglich wird. Ebenfalls möglich ist eine Auswertung nach Regionen und nach Ländern. Auf diese Weise wird das Unternehmen in die Lage versetzt, gezielte Maßnahmen zur erfolgreichen Vertriebssteuerung zu ergreifen.

Weiterführende Literatur

Bodendorf, F.: Kennzahlengestützte Unternehmensanalyse. München: Oldenbourg Verlag 1988.
Hahn, D. und Taylor, B.: Strategische Unternehmensplanung. Würzburg: Physica Verlag 1980.
Hering, E. und Zeiner, H.: Controlling für alle Unternehmensbereiche mit Fallbeispielen für den praktischen Einsatz, 2. Auflage. Stuttgart: Taylorix Verlag 1994.
Hinterhuber, H. H.: Strategische Unternehmensführung. Berlin: Walter de Gruyter-Verlag 1977.
Horvath, P.: Controlling, 2. Auflage. München: Vahlen-Verlag 1990.
Horvath, P. und Reichmann, T.: Vahlens großes Controllinglexikon. München: Vahlen Verlag 1993.
Koch, H.: Unternehmensstrategien und Strategische Planung. zfbf, Sonderheft 15, 1983.
Kreikebaum, H.: Strategische Unternehmensplanung. Stuttgart: Kohlhammer Verlag 1981.
Pfeil, B.: Planungshandbuch mit 40 Muster-Formularen. Landsberg/Lech: mi-Verlag 1984.
Reichmann, T.: Controlling mit Kennzahlen, 3. Auflage. München: Vahlen Verlag 1992.
Steinmann, H.: Planung und Kontrolle. München: Vahlen Verlag 1981.
Ziegenbein, K.: Controlling, 2. Auflage. Ludwigshafen: Kehl-Verlag 1986.
ZVEI: ZVEI-Kennzahlensystem. Betriebswirtschaftlicher Ausschuß des Zentralverbandes Elektrotechnik und Elektronikindustrie, 4. Auflage. Frankfurt: ZVEI-Verlag 1989.

Zur Übung

Ü H1: Zeigen Sie das Vorgehen bei einer Planung beispielsweise des neuen Produkts Elektroauto für einen neuen Markt (z. B. China).

Ü H2: Welche Aufgaben erfüllt eine strategische und eine operative Planung?

Ü H3: Warum ist bei turbulenten Tagesgeschäften und schnell wechselnden Marktbedürfnissen eine langfristige und strategische Planung wichtig?

Ü H4: Was ist eine CI, und weshalb ist sie so wichtig? Entwerfen Sie eine CI für einen Hersteller CNC-gesteuerter Fräsmaschinen.

Ü H5: Was muß man bei der Bildung strategischer Geschäftseinheiten berücksichtigen? Bilden Sie strategische Geschäftseinheiten für einen Hersteller von HiFi-Technik.

Ü H6: Für welche Aufgaben kann man die Methode der Gap-Analyse und der Szenario-Technik einsetzen? Zeigen Sie die Vorgehensweise der Methoden bei der Aufgabe, ein Elektroauto für China zu entwickeln und zu vermarkten.

Ü H7: Schildern Sie den Effekt der Erfahrungskurve. Für welche Aufgaben ist sie gut und für welche Probleme ist sie schlecht geeignet?

Ü H8: Was versteht man unter einer virtuellen Fabrik. Wie kann dieser Ansatz für die Entwicklung und Vermarktung von Elektroautos in China verwirklicht werden?

Ü H9: Zeigen Sie die verschiedenen Pläne innerhalb der operativen Planung. Wie können diese zeitlich umgesetzt werden?

Ü H10: Zeigen Sie, wie man eine Geschäftsplanung aufstellt und wie man die Planungsunsicherheiten in bezug auf Geldeingang, Warenbestellung und Auftragserteilung berücksichtigen kann.

Ü H11: Was sind die Aufgaben eines Controllings, und wie sieht der prinzipielle Ablauf aus?

Ü H12: Zeigen Sie für einige Controlling-Werkzeuge den Einsatz am praktischen Beispiel.

K Organisation, Materialwirtschaft und Logistik

K 1 Organisation in der Unternehmensführung

K 1.1 Organisation und Organisationsformen

Die Organisation findet ihren besonderen Ausdruck in der *Arbeitsteilung* (Bild K-1). Die Teilung beinhaltet das *Differenzieren* und das *Koordinieren* der Arbeit mit Hilfe verschiedener Formen, von der physischen bis zur internationalen Form.

> *Organisieren ist das Zusammenfügen geteilter Arbeit. Organisation ist damit nicht nur Tätigkeit (Prozeß, Ablauforganisation).*
> *Sie ist ebenso Struktur (Aufbauorganisation).*

Arbeitsteilung und Organisation dienen dem Ziel, die Effizienz, die Wirtschaftlichkeit und die Produktivität des Unternehmens zu verbessern. Dies betrifft nicht nur die Organisation der betrieblichen Teilfunktionen (von der Entwicklung bis zum Vertrieb), sondern auch die Organisation des Umgangs des Unternehmens mit den Kunden und dem Wettbewerb.

Die Organisation hat nach den intern wie extern bestimmten Unternehmenszielen das wirksame Zusammenspiel der *sechs M* zu gewährleisten (Bild K-2). Der *Mensch* setzt wirksame *Methoden* und *Mittel* (Sach- Personal- und Geldmittel) ein, um mit *Maschinen* und *Material* die gewünschten Produkte herstellen zu können. Dabei spielt auch das Umfeld (Milieu) eine wichtige Rolle. Die Tätigkeit, die Struktur und das Verhalten, als Merkmale jeder Organisation, führen so zum Erfolg. Die Organisation ist somit ein wichtiger Bestandteil eines effizienten Managements (Tabelle K-1).

Die mögliche Differenzierung des Industriebetriebs nach *Programm, Potential und Prozeß* (Tabelle K-2) veranschaulicht, wie vielfältig und unterschiedlich die Organisation diese Verbindung zu gewährleisten hat.

Organisation ist also vor allem die *Tätigkeit des Organisierens.* Sie umfaßt sowohl

● das *Formalisieren von Verhaltenserwartungen,* als auch

● das *Strukturieren von sozialen Systemen.*

In den *traditionellen Organisationssystemen* unterscheidet man zwischen *Struktur-* und *Prozeßgestaltung* (Bild K-3):

Aufbauorganisation
Sie umfaßt die Strukturgestaltung des jeweiligen Unternehmens. Die Bildung und Gliederung von *funktionalen Einheiten* und die *Institutionalisierung* der Organisation ist ihr Gegenstand. Dadurch wird der Rahmen für die Abläufe geschaffen. Es wird horizontal und vertikal geteilt. Die Gliederung folgt sowohl sachlichen als auch formalen Prinzipien wie das mit den Ein-, Mehr- und Stablinienorganisationen im folgenden ausgeführt wird.

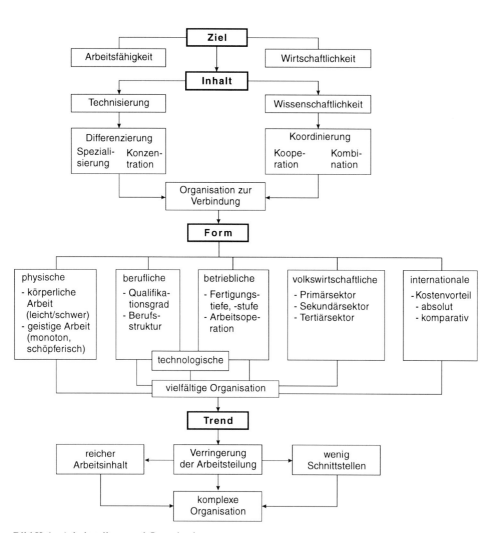

Bild K-1. Arbeitsteilung und Organisation

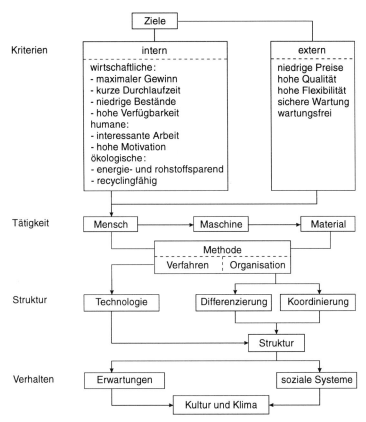

```
                    ┌─────────┐
                    │  Ziele  │────────────────────────┐
                    └─────────┘                         │
Kriterien          intern                         extern
         ┌──────────────────────────┐   ┌──────────────────────────┐
         │- - - - - - - - - - - - - -│   │- - - - - - - - - - - - - -│
         │ wirtschaftliche:         │   │ niedrige Preise          │
         │ - maximaler Gewinn       │   │ hohe Qualität            │
         │ - kurze Durchlaufzeit    │   │ hohe Flexibilität        │
         │ - niedrige Bestände      │   │ sichere Wartung          │
         │ - hohe Verfügbarkeit     │   │ wartungsfrei             │
         │ humane:                  │   │                          │
         │ - interessante Arbeit    │   │                          │
         │ - hohe Motivation        │   │                          │
         │ ökologische:             │   │                          │
         │ - energie- und rohstoffsparend│ │                       │
         │ - recyclingfähig         │   │                          │
         └──────────────────────────┘   └──────────────────────────┘
```

Kriterien — intern / extern

Tätigkeit — Mensch → Maschine → Material — Methode (Verfahren | Organisation)

Struktur — Technologie — Differenzierung — Koordinierung — Struktur

Verhalten — Erwartungen — soziale Systeme — Kultur und Klima

Bild K-2. Organisation und die vier M

Ablauforganisation
Sie umfaßt die *Prozeßgestaltung* und damit die *Funktionsausübung*. Sie kann sowohl verfahrens- als auch objektorientiert sein, was vom Massencharakter der Leistungsprozesse abhängt. Die Organisationsformen können vorrangig vom *zeitlichen* oder vom *räumlichen Ablauf* geprägt sein. Zu ihrer eindeutigen Darstellung bedient man sich der Analyse der Arbeitsgänge, Fluß-, Ablauf- und Balkendiagrammen und der Netzplantechnik (Abschn. R).

Das Problem dieser traditionellen Organisationssysteme besteht in der übermäßigen formalen Trennung von Struktur und Prozeß, womit zumeist auch ein unverkennbares Vorherrschen der Strukturorganisation verbunden ist. Wirksame Organisationen erfordern jedoch die zunehmend *integrierte Gestaltung* der Organisation, in der dem Leistungsprozeß die maßgebliche Rolle zukommt.

Die *klassischen Strukturtypen* lassen sich auf vier Grundmodelle zurückführen (Bild K-4). Die Unterscheidung zwischen Linien- und Funktionalorganisation geht auf zwei *Prinzipien* zurück:

Tabelle K-1. Management als Organisations- und Führungslehre

Organisationslehre

1. Gestaltungsaufgaben und -mittel der Organisation:
   - Konzentration und Teilung der Arbeit,
   - Spezialisierung und Differenzierung,
   - Kombination, Kooperation und Koordinierung;

2. Ablauforganisation:
   - Prozeßanalyse und -synthese,
   - Informationsprozeßorganisation,
   - Gestaltung von Leistungs- und Leitungsprozessen,
   - Methoden der Prozeßanalyse, -darstellung und -gestaltung;

3. Aufbauorganisation:
   - Aufgabenanalyse und -synthese,
   - Betriebstypologie,
   - Organisationstypen,
   - Methoden und Techniken der Strukturgestaltung.

Führungslehre

1. Führungsfunktionen:
   - Zielfindung und Innovation,
   - Planung und Entscheidung,
   - Organisation, Steuerung und Kontrolle,
   - Mitarbeiterführung, -motivation und -information,
   - Repräsentation;

2. Führungsverhalten:
   - Psychologie, Autorität, Identifikation, Konflikt,
   - Führungsstil und -konzepte,
   - Kreativitätsförderung;

3. Führungsbereiche:
   - Spitzen-, mittlere und untere Führungsebene,
   - strategische, taktische und operative Führung,
   - Funktionsbereiche und -einheiten,

4. Führungsmethoden und -verfahren.

- die *Einheit in der Auftragserteilung,* die jedem nur einen Vorgesetzten zuweist, dem er auch allein verantwortlich ist, und
- die *Spezialisierung der Leitung,* womit die Arbeitsteilung auch für Leitungsaufgaben gilt.

Damit wird versucht, eine Übereinstimmung der formellen Entscheidungskompetenz mit der Fachkompetenz zu erreichen.

Darüber hinaus versucht die *Matrixorganisation* zur mehrdimensionalen Gliederung zu kommen und so auch den Weg zur Projektorganisation zu eröffnen. Mit dem Verlassen der pyramidenförmigen Organisation wird sogleich höhere Flexibilität und Komplexverantwortung ermöglicht. Die Wahl der Organisationsform erweist sich letztlich als ein sehr anspruchsvoller Entscheidungsprozeß. Dabei sind die Vor- und Nachteile der verschiedenen Modelle genau abzuwägen (Tabelle K-3).

Tabelle K-2. Mögliche Differenzierung von Betrieben

1. Produktionsprogramm:

   - Herkunft nach Branchen,
   - Verwendungszweck (Investition, Konsum),
   - Güterart (Güter, Leistungen),
   - Kompliziertheit (einfache, zusammengesetzte Produktion),
   - Produktionsgröße (Einzel-, Serien-, Massenproduktion),
   - Absatzbindung (Auftrags-, Angebots-, Vorratsplanung).

2. Potentialeinsatz:

   - Arbeitsintensität der Produktion nach Anteil der Lohnaufwendungen,
   - Qualifikationsanspruch der Produktion,
   - Anlagenintensität der produktion auch nach Umfang und Erneuerungszeiträumen,
   - Vorrats- und Materialintensität der Produktion,
   - Energieintensität der Prozesse,
   - Werbungsintensität für die Produkte,
   - Finanz-, Kapitalintensität der Produktion.

3. Prozeß:

   - dominierende Bearbeitungsverfahren,
   - Steuerungstechnologien,
   - Technisierungsgrad,
   - Stufigkeit der Produktion,
   - Produktionsorganisation,
   - Reihenfolge der Prozesse,
   - Fertigungsprinzipien,
   - Kontinuität und Art der Materialverwertung

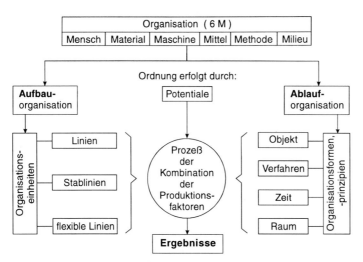

Bild K-3. Traditionelle Organisationssysteme

Tabelle K-3. Charakteristik der grundlegenden Strukturtypen

	Linienorganisation	Stablinien-Organisation	funktionale Organisation	Matrix-Organisation
Grundsätze	– Einheit der Leitung, – Einheit des Auftrags-empfangs,	– Einheit der Leitung, – Spezialisierung von Stäben auf Leitungs-hilfsfunktionen ohne Kompetenzen gegen-über der Linie,	– Spezialisierung, – direkter Weg, – Mehrfachunterstellung – funktionale Aufteilung der Leitungskompe-tenzen,	– Spezialisierung nach Dimensionen, – Gleichberechtigung der Dimensionen – kooperative Entschei-dungen zwischen Dimensionsleitern
Eigenarten	– Linie als Dienstweg für Anordnung, Anrufung, Beschwerde, Informa-tion, – Linie als Delegations-weg, – hierarchisches Denken, – keine Spezialisierung bei der Leitungsfunktion, – Praxis: a) Tendenz zur Bildung von „Passerellen"; b) Tendenz zur Anglie-derung von Stäben und Komitees;	– Entscheidungs- von Fachkompetenzen ge-trennt, – Funktionsaufteilung nach Phasen der Wil-lensbildung, – systematische Ent-scheidungsvorberei-tung, – Praxis: a) Tendenz zur Bil-dung einer eigenen funktionalen Stabs-hierarchie; b) Tendenz zu zentra-len Dienstellen (un-echte Funk-tionalisierung);	– Übereinstimmung von Fachkompetenzen und Entscheidungskompe-tenzen, – funktionale Speziali-sierung der Leitungs-organe, – Praxis: Tendenz zur unechten Funktionali-sierung (nur funktio-nale Dienstellen, z.B. Personalwesen),	– perfektionierte Form der funktionalen Organisation, – systematische Rege-lung der Kompetenz-kreuzungen, – Teamarbeit der Dimensionsleiter, – Praxis: Tendenz zur Gewichtung eines Dimensionsleiters als Primus inter pares,

Vorteile	– klare Kompetenz- und Verantwortlichkeitsbe-reiche,
	– klare Anordnungen,
	– einfach Koordination oder Kontrolle,
	– Sicherheit bei Vorge-setzten und Untergebe-nen,
	– tüchtige Linienchefs werden gefördert;
		– Einheit der Leitung trotz gewisser Spezia-lisierung,
		– Entlastung der Li-nieninstanzen,
		– fachkundige Entschei-dungsvorbereitung,
		– Ausgleich zwischen Spezialistendenken und übergeordneten Zusammenhängen;
			– fachkundige Entschei-dungen,
			– Entbürokratisierung:
			  • kurze Kommunika-tionswege,
			  • größere Leitungs-kapazität,
			– psychologischer Vor-teil der funktionalen Autorität (Fachkom-petenz ist wichtiger als hierarchische Stel-lung);
				– sachgerechte Team-entscheidungen,
				– übersichtliche klare Koordination,
				– institutionalisierter Konflikt zwischen Dimensionen,
				– psychologische Vor-teile der funktionalen Autorität;

Nachteile	_ Unvereinbarkeit mit dem Grundgesetz der Spezialisierung,
	– Schwerfälligkeit, Büro-kratisierung:
	  • unterdimensionierte Kommunikations-struktur,
	  • Betonung der Hierarchie,
	  • Überlassung der Leitungsspitze,
	– lange Kommunikations-wege, Informationsfilte-rung,
	– Belastung der Zwi-scheninstanzen.
		(Gefahren und Aus-wüchse)
		– Stab als „Alternative" zu richtiger Organisa-tion („Wasserkopf"),
		– Stab als Vorwand für mangelhafte Delega-tion,
		– Stab als „Graue Emi-nenz" (Macht ohne Verantwortung),
		– Stab als Konkurrenz zur Linie (Reibungs-möglichkeiten).
			– Kompetenzüberschrei-tungen kaum vermeid-bar,
			– Unsicherheit bei Vor-gesetzten und Unter-gebenen,
			– komplizierte Kommu-nikationsstruktur, schwierige Koordina-tion und Kontrolle,
			– fehlender Blick für das Ganze beim Spe-zialisten:
			  • Ressortdenken
			  • Überbewertung der eigenen Aufgabe.
				– Kompetenzabgrenzun-gen sind aufwendig,
				– großer Kommunika-tionsbedarf,
				– kaum nachvollzieh-bare Entscheidungs-prozesse,
				– Gefahr zu vieler Kom-promisse oder Kon-flikte,
				– Fehlen klarer Ergeb-nisverantwortung.

a) Patriarchalisches System

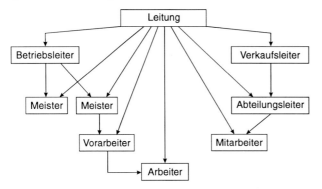

b) Einlinien-Organisation

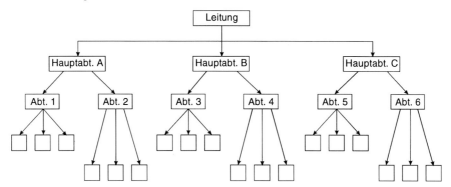

c) Mehrlinien-Organisation

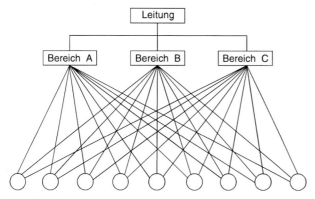

Bild K-4. Grundlegende Organisationsstrukturen

d) Stab-Linien-Organisation

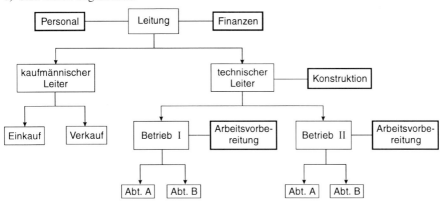

e) Matrix-Organisation

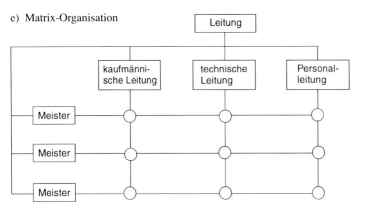

f) Funktionale Organisation

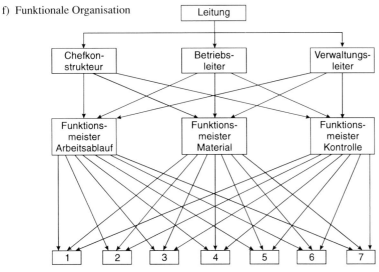

Bild K-4 (Fortsetzung)

Die Organisation hat die Aufgabe, *Differenzierung und Koordinierung* zu harmonisieren und dabei das Wechselspiel zwischen den Elementen der Arbeitsteilung zu gewährleisten. Deshalb ist die Organisation vor allem *prozeß-* und nicht strukturorientiert, d. h. die *Ablauforganisation* hat *Vorrang* vor der Aufbauorganisation.

Jüngere Entwicklungen bestätigen, daß eine *Trendwende* begonnen hat. Spätestens mit der Abkehr vom Fließband in der Fahrzeugherstellung begann eine *Umkehr im Prinzip der Arbeitsteilung*. Statt immer stärker, wird nur noch so stark wie nötig geteilt. Das ermöglicht *reichere Arbeitsinhalte*. Es fördert *selbstverantwortliche Gruppenarbeit* und entspricht damit dem Führungsstil unserer Zeit. Umgekehrt wird die Organisation wesentlich komplexer gestaltet. Integration der Fertigungsstufen ist dafür ebenso Voraussetzung wie die umfassende Verwendung leistungsfähiger Organisationstechnik.

Die Entwicklung von Arbeitsteilung und Organisation folgt heute Trends, die zu einer veränderten Unternehmensphilosophie führen (Bild K-5). Das schafft gleichermaßen Voraussetzungen, die sowohl für die Flexibilität der Unternehmen unabdingbar sind, als auch für ihren Anspruch als soziale Einheit, die zu hoher Leistung motivieren kann.

Mit dem Fortgang der *internationalen Arbeitsteilung,* namentlich durch den einheitlichen Binnenmarkt für Westeuropa, verändern sich auch diesbezügliche Organisationsansprüche.

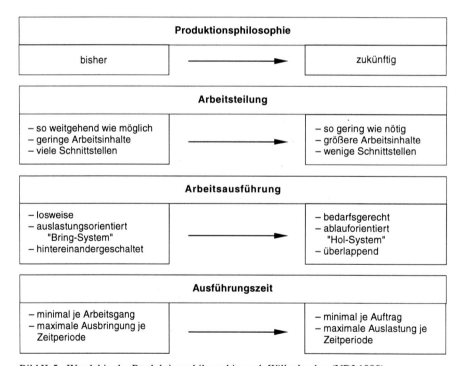

Bild K-5. Wandel in der Produktionsphilosophie nach *Willenbacher* (VDI 1990)

K 1.2 Organisation und wirtschaftliche Interessen

Die Organisation hat den *Ausgleich widersprüchlicher Interessen* zu vermitteln (Bild K-6). Durch die Organisation ist die annähernde Übereinstimmung von Unternehmensinteressen mit denen anderer Wirtschaftspartner außerhalb und innerhalb des Unternehmens anzustreben. Das schließt ein, Leistungen zu erbringen, die dem Bedarf entsprechen, die Arbeitsorganisation so zu gestalten, daß sie zur *Identifikation der Mitarbeiter* mit dem Unternehmensziel beiträgt und auch die öffentliche Wirtschaftspolitik für das eigene Unternehmen sinnvoll zu erschließen. Dazu sind die verschiedenen Marktbeziehungen zu organisieren.

Schließlich hat dieser vielfältige Organisationsprozeß in der Wirtschaftlichkeit seinen Niederschlag zu finden. So kann Organisation folgendermaßen verstanden werden:

> *Organisation ist der Vermittler zwischen verschiedenen Interessen.*

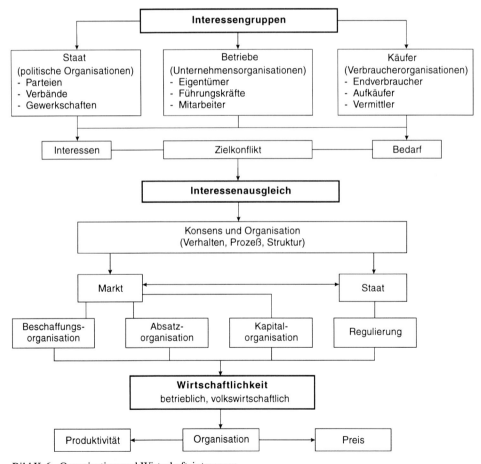

Bild K-6. Organisation und Wirtschaftsinteressen

Die *Zielsetzung* moderner Produktions- oder Leistungsunternehmen ist aus betrieblicher Sicht auf Gewinn, sichere Kunden, Flexibilität, hohe Qualität und niedrige Kosten gerichtet. Geringe Kapitalbindung durch kurze Durchlaufzeiten und geringe Bestände sind dafür bedeutsam. Doch diese Zielstellung entspricht nur der Sicht des eigenen Unternehmens. Die Organisation kann nicht nur von den unternehmensinternen Zielen ausgehen. Sie hat diese Ziele stets und immer wieder neu mit den verschiedenen Interessen in Einklang zu bringen.

Organisation in der Betriebsführung zielt also auf die *Erschließung des Marktes*. Er stellt sich jedem Unternehmen in drei Formen dar (Bild K-7):

Beschaffungsmarkt
Auf ihm sind alle materiellen wie immateriellen Vorleistungen, wie Betriebsmittel und Werkstoffe, aber auch Informationen, einschließlich vieler Zulieferungen und gegebenenfalls auch Arbeitskräfte zu besorgen. Dem dient die *Beschaffungsorganisation*.

Absatzmarkt
Auf ihm sind alle erbrachten Leistungen möglichst verlustfrei abzusetzen. Das bedingt eine wirksame *Absatzorganisation*.

Kapitalmarkt
Über ihn sind die nötigen finanziellen Mittel für das zu Beschaffende bzw. die zweckmäßige Verwendung der finanziellen Erlöse des Absatzes zu organisieren.

Die Erschließung des Markts in seinen Formen ist ein ausgesprochen dynamischer und veränderlicher Organisationsprozeß; denn der Markt unterliegt unverrückbaren *Gesetzen* von Angebot und Nachfrage (Tabelle K-4). In diesem Rahmen muß die Organisation wirksam werden. Das heute weitgehend vorherrschende Überangebot gebietet eine Organisation, die bessere Qualität oder niedrigere Preise oder höhere Flexibilität als die Kon-

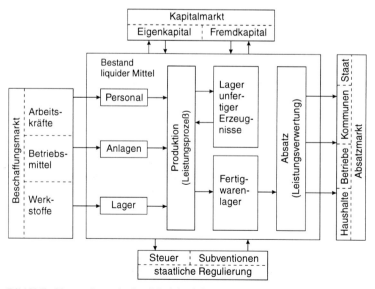

Bild K-7. Unternehmen in den Marktbeziehungen

Tabelle K-4. Marktgesetze.

Nachfrage- bzw. Angebotsveränderung	Auslöser	Änderungsrichtung nach	
		Menge	Preis
1. Nachfrageänderung			
● Nachfrage steigt	Nachfrageüberschuß	steigt	steigt
● Nachfrage fällt	Angebotsüberschuß	fällt	fällt
2. Angebotsänderung			
Angebot steigt	Angebotsüberschuß	steigt	fällt
Angebot fällt	Nachfrageüberschuß	fällt	steigt

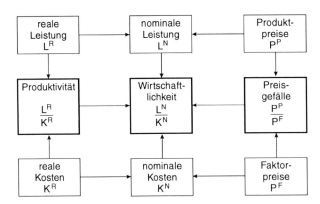

Bild K-8. Wirtschaftlichkeit und Produktivität

kurrenz ermöglicht bzw. diese Vorteile kombiniert. Die Wirkung der Marktgesetze muß in dem möglichen Spielraum der Preise zwischen Angebot und Nachfrage genutzt werden.

Eine noch so perfekte Organisation wird über die Marktmöglichkeiten und -kräfte den vollen Ausgleich unterschiedlicher Interessen nicht erreichen können. Kommunale, ökologische, humane und vor allem globale Interessen lassen sich über die Organisation des Markts kaum oder gar nicht ausgleichen. Hier ist der *Interessenausgleich durch den Staat* zu organisieren (Wirtschaftspolitik).

Gemessen wird die *Effizienz der Organisation* an Kriterien wie *Wirtschaftlichkeit, Produktivität* und *Kosten* (Bild K-8). Über die langfristige stabile Entwicklung des Unternehmens gibt vor allem die Produktivität Auskunft, da sie die reale Leistung im Verhältnis zu den realen Kosten ausweist. Doch auf die Wirtschaftlichkeit haben Preisveränderungen stetig Einfluß, die das Gefälle zwischen den Faktorpreisen (Kosten für Beschaffung der Produktionsfaktoren Arbeitskraft, Betriebsmittel, Werkstoffe) und den Preisen für die erbrachte Leistung (Produkt-preise) ausdrücken.

Für die Ermittlung von Wirtschaftlichkeit und Produktivität werden zahlreiche *Kennziffern* herangezogen (Tabelle K-5). Damit lassen sich die Ursachen für Leistungszuwachs bzw. -verlust für ganz bestimmte Kosten- bzw. Aufwandsentwicklungen genau verfolgen.

1. Arbeit
   - Produktionsmenge je Arbeitskraft, je Beschäftigten,
   - Produktionsmenge je Arbeitsstunde, je Beschäftigtenstunde,
   - Produktionsmenge pro 1 DM Arbeitsvergütung,
   - Bruttoproduktionswert je Arbeitskraft,
   - Bruttoproduktionswert je Arbeitsstunde,
   - Bruttoproduktionswert pro 1 DM Arbeitsvergütung,
   - Nettoproduktionswert je Arbeitskraft,
   - Nettoproduktionswert je Arbeitsstunde,
   - Nettoproduktionswert pro 1 DM Arbeitsvergütung;

2. Anlagen
   - Produktionsmenge je 1 DM Sachanlagevermögen,
   - Produktionsmenge je 1 DM Abschreibungen,
   - Bruttoproduktionswert je 1 DM Sachanlagevermögen,
   - Bruttoproduktionswert je 1 DM Abschreibungen,
   - Nettoproduktionswert je 1 DM Sachanlagevermögen,
   - Nettoproduktionswert je 1 DM Abschreibungen;

3. Material
   - Produktionsmenge pro 1 ME Rohstoffverbrauch,
   - Produktionsmenge pro 1 DM Rohstoffverbrauch,
   - Bruttoproduktionswert pro 1 ME Rohstoffverbrauch,
   - Bruttoproduktionswert pro 1 DM Rohstoffverbrauch,
   - Nettoproduktionswert pro 1 ME Rohstoffverbrauch,
   - Nettoproduktionswert pro 1 DM Rohstoffverbrauch.

K 1.3 Organisation der Leistungsprozesse

Als Leistungsprozeß wird der *Prozeß der Vorbereitung, Erbringung und Realisierung der Leistung und ihrer Vermarktung* verstanden. Das zeigt bereits, daß der Leistungsprozeß in *typische Phasen* gegliedert ist. Diese Gliederung gilt ganz unabhängig davon, ob es sich um die Produktion materieller Güter oder um Dienstleistungen handelt (Bild K-9). Damit kann der Leistungsprozeß gleichzeitig als betriebliches System von Eingangs- und Ausgangsgrößen (Input und Output) betrachtet und gestaltet werden. In ihm erfolgt durch Fertigungs- und Betriebsorganisation die Verbindung der Produktionsfaktoren entsprechend den technologischen Bedingungen.

Zunächst ist für die Betriebsführung die Gliederung nach den Hauptphasen bedeutsam. Dabei geht es um die Teilprozesse der

- Beschaffung der Produktionsfaktoren, der

- Kombination der Produktionsfaktoren und des

- Absatzes der Leistung (Tabelle K-6).

Nach dieser Gliederung verlaufen die Stoff- bzw. Informationsströme. Im Wertumfang dieses Flusses sind gegenläufig die finanziellen Werte zu sichern und als Kosten und Gewinn einzubringen.

Für die Betriebsführung heißt Organisation der Leistungsprozesse:

- Güter- bzw. Leistungsfluß und

- Geldfluß und Informationsfluß.

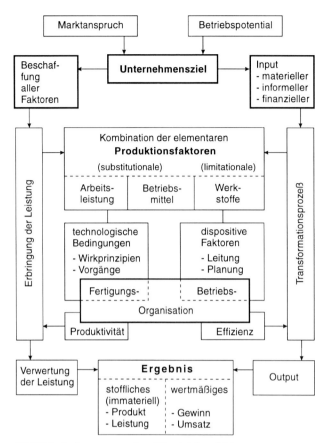

Bild K-9. Leistungsprozeß und Produktionsfaktoren

Die Güter- und Geldströme sind gegenläufig als zwei Seiten des Leistungsprozesses zu organisieren, und zwar auch prinzipiell im nötigen Gegenwert. Daraus ergibt sich die Struktur des Leistungsprozesses. Sie stellt sich stets als *Verflechtung* seiner *stofflichen* bzw. *informellen* und *wert-* bzw. *geldmäßigen* Bewegung dar (Bild K-10).

Unter den Bedingungen gegenwärtiger Wirtschaftstätigkeit ist es kaum noch möglich, Leistungsprozesse nur nach ökonomischen Zielstellungen zu organisieren. *Ökologische wie ökonomische Zwänge* erfordern die Einbeziehung ökologischer Zielsetzungen in die Gestaltung der Leistungsprozesse (Bild K-11). Diese Art der Organisation gibt dem Unternehmen vor allem langfristige Vorteile. Sie zwingt gleichermaßen zu steter Innovation; denn hier ist viel Neuland zu erschließen.

Als Hilfsmittel der Betriebsführung zur Analyse des Kombinationsprozesses eignet sich die *Ertrags- oder Produktionsfunktion,* welche die Beziehung zwischen Faktorertrag und Faktoreinsatz quantitativ zum Ausdruck bringt. Damit sind Richtungen und Rahmen der Organisation von Leistungsprozessen abgesteckt. Sie setzen gleichfalls *Bedingungen* voraus, nach denen die *Zuordnung* von Aufträgen im Unternehmen eine optimale Organisation ermöglicht. Zu diesen zählen:

Tabelle K-6. Die Grundphasen des betrieblichen Leistungsprozesses.

Beschaffung der Produktionsfaktoren (als Prozeß der *Leistungsvorbereitung*)
– Arbeitskräfte für nötige Arbeitsleistungen nach
  ● Berufsstruktur,
  ● Qualifikationsniveau,
  ● der Anzahl;
– Betriebsmittel
  ● Maschinen, Anlagen, Einrichtungen,
  ● Gebäude,
  ● Transportmittel;
– Werkstoffe
  ● Rohstoffe und Materialien,
  ● Hilfs- und Betriebsstoffe,
  ● Halb- und Fertigerzeugnisse;
– (gegenläufig verlaufen die Geldleistungen);

Kombination der Produktionsfaktoren
– Be- und Verarbeitung als Prozeß der *Leistungserbringung* (elementare Arbeit),
– Planung, Leitung und Organisation einschl. Steuerung und Kontrolle (dispositive Arbeit);

Absatz der Erzeugnisse bzw. der Leistung als Prozeß der Leistungsrealisierung bzw. der *Leistungsverwertung*
– Markterschließung, -forschung,   – Absatzorganisation,
– Marktbearbeitung, Werbung,   – (gegenläufig verlaufen die Geldleistungen);

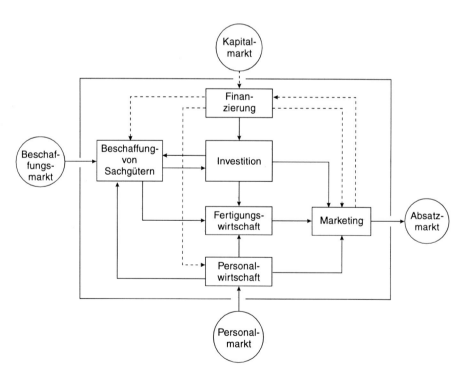

Bild K-10. Struktur des Leistungsprozesses

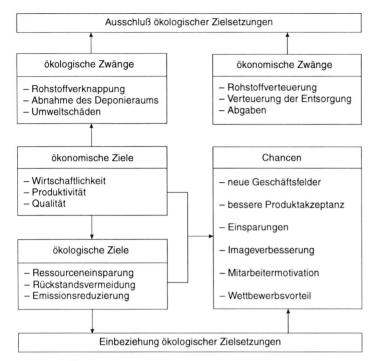

Bild K-11. Ökologie in ökonomischen Zielen (nach IPT 1990)

Kapazitätsbedingungen
Menschen und Maschinen besitzen eine bestimmte Arbeitszeit. Die Aufträge sind so zu verteilen, daß diese Zeit optimal genutzt wird.

Qualitätsbedingungen
Die Aufträge stellen an Menschen und Maschinen bestimmte Qualitätsanforderungen, die mit geringst möglichen Kosten erfüllt werden müssen.

Konformitätsbedingungen
Bei allen Arbeiten dürfen die Unternehmensziele nicht aus den Augen verloren werden.

Mit der Zuordnung von Aufträgen ist jedoch nicht nur die Kalkulation des Leistungspotentials verbunden. Optimale Organisation bedingt in gleicher Weise die *Übertragung von Kompetenzen*. Die Kompetenz umfaßt

● *Handlungsrechte* und

● *Verantwortlichkeit* für Folgen.

Damit sind wesentliche Bedingungen für eine optimale Organisation gegeben. Das Organisieren selbst macht nun das vollständige Ausnutzen der Handlungsrechte nötig.

Die Organisation der Leistungsprozesse ist vielfach auch technologisch bedingt. Organisation und Verfahren sind schließlich die wesentlichen Elemente jedes *technologischen Prozesses*.

Tabelle K-7. Verfahren des technologischen Prozesses nach der vorrangigen Art der Veränderung des Arbeitsgegenstands.

Arbeitsgegenstand	Art der Veränderung			
	Gewinnung	Transport	Formung	Wandlung
Stoff	mechanisch physikalisch chemisch biologisch	mechanisch	mechanisch physikalisch chemisch	chemisch (biologisch)
Energie	physikalisch chemisch	mechanisch physikalisch	physikalisch chemisch	physikalisch chemisch
Information	physikalisch	physikalisch chemisch	mechanisch physikalisch chemisch	mechanisch physikalisch

Der Einfluß der Verfahren auf die Organisation des Leistungsprozesses geht vorrangig in den folgenden Richtungen vor sich:

1.Art der Veränderung
Wie Tabelle K-7 zeigt, werden Stoffe, Energien oder Informationen im technologischen Prozeß, also durch entsprechende Verfahren und Organisation verändert. Die Art der Veränderung kann wiederum sehr verschieden sein, und von der Stoffgewinnung bis zur Informationswandlung reichen.

2.Branchentypische Verfahren
Für bestimmte Branchen sind ganz spezifische Verfahren typisch. So dominieren im Bergbau doch weitgehend mechanische Verfahren, während in der Chemieindustrie vorrangig chemische und biologische Prozesse genutzt werden. Ist in der Metallverarbeitung die Formgebung maßgeblich, so wird die Bauwirtschaft durch Fügen und Transportieren geprägt.

3.Technologische Bedingtheit
Sie erweist sich also als ein weiterer Aspekt, der bei der Wahl der Organisationsvariante für Leistungsprozesse zu beachten ist. Dabei ist die optimale Kombination der Produktionsfaktoren häufig von einer wirksamen Kombination verschiedener Technologien abhängig. Beispielsweise erspart das Explosivumformen mehrere Bearbeitungsvorgänge und kann auch zum Härten der Oberfläche genutzt werden. Die Verbindung spanabhebender mit chemischen Prozessen mindert den Umfang mechanischer Bearbeitung und ermöglicht gleichzeitig die Oberflächenbehandlung. Hier zeigen sich noch viele Möglichkeiten wirksamer Organisation.

K 1.4 Organisation von sozialen Systemen

Organisation ist bisher als Tätigkeit des Organisierens, als *dispositive Arbeit* zur Kombination der Produktionsfaktoren, und als *Prozeß* der Erbringung von Leistungen behandelt worden. Damit ist die *Organisation* im Sinne von *Koordinieren* und *Kombinieren* bereits deutlich als *soziale Betätigung* ausgewiesen. Durch ihren sozialen Bezug beinhaltet die Organisation also auch *soziales Verhalten,* das bewußte Einordnen des einzelnen und sei-

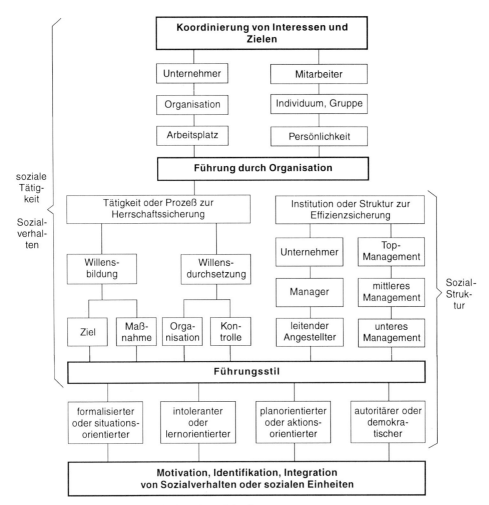

Bild K-12. Führung und Organisation als soziales System

ner individuellen Tätigkeit in das soziale Gefüge (Bild K-12). Ein ausgeprägtes Sozialverhalten ist eine Bedingung für optimale Organisation unter Beachtung der vorhandenen Qualifikation und des Selbstbewußtseins, das die Mitarbeiter im Unternehmen heute auszeichnet.

Schließlich sind Organisation und Führung nach ihrer Wirkung als *Funktion* oder Tätigkeit und als *Institution* zu unterscheiden. In diesem großen Rahmen lassen sich die Leitungsfunktionen auch weiter gliedern und vom Ansatz der fünf Funktionen, die Fayol entwickelte, bis zum POSDCORB-Konzept führen (Tabelle K-8).

Die Organisation im Unternehmen ist um so wirksamer, je mehr sie das Potential dieser sozialen Verhältnisse und das Sozialverhalten in der Gesellschaft nutzt. Situations-, lern- und aktionsorientierte *Führungsstile,* die bewußt auf die Qualität der zwischenmenschli-

Tabelle K-8. Managementfunktionen nach dem POSDCORB-Konzept von *Gulick* und *Urwick* 1937

P	Planning (Planung)
O	Organizing (Organisation)
S	Staffing (Personalbeschaffung)
D	Directing (Anweisung)
C O	Coordination (Koordinierung)
R	Reporting (Berichterstattung)
B	Budgeting (Bilanzierung)

Hergeleitet aus fünf Leitungsfunktionen nach *Henry Foyol* 1916.

Planung (prévoir)
Organisation (organiser)
Anweisung (commander)
Koordination (coordonner) und
Kontrolle (contrôler)

chen Beziehungen setzen, kommen der sozialen Funktion der Organisation am nächsten. Sie sind ohne Frage auch am besten dazu geeignet, soziale Stabilität und Effizienz innerhalb des Unternehmens zu entwickeln.

Die soziale Funktion der Organisation hat die *Stärkung des sozialen Potentials* jedes Mitarbeiters zum Ziel. Sie ist die Grundlage sozialer Stabilität des Unternehmens. In ihr äußert sich das Sozialverhalten. Daher sind Führungskonzepte, die auf die *Selbstführung* setzen (Bild K-13) am wirkungsvollsten, um die persönliche Leistungsfähigkeit zu entfalten. Hier liegt ein soziales Potential, das in vielen Unternehmen wegen überholter Organisationssysteme nur begrenzt genutzt wird.

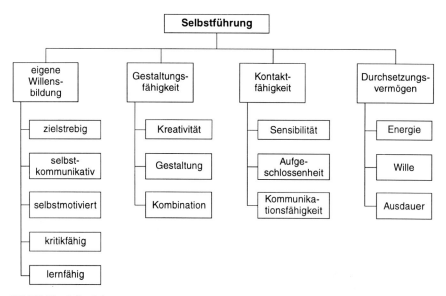

Bild K-13. Selbstführung

Die Organisation des sozialen Verhaltens unterliegt in mittleren und großen Unternehmen *verschiedenen Anspruchsebenen.* Hier handelt es sich jeweils um soziale Subsysteme, in denen Sozialverhalten wirkt und zu organisieren ist. Organisation erfolgt also in mehreren Führungsebenen. Genauso, wie innerhalb des Unternehmens das Teilsystem auf das Gesamtinteresse auszurichten, das heißt zu organisieren ist, stellt sich dieser Anspruch für das Unternehmen auch bezüglich gesamtgesellschaftlicher Interessen.

Zusammenfassend kann festgestellt werden, daß Organisation die Gestaltung eines Unternehmens bedeutet im Hinblick auf

- Tätigkeit (Ablauf und Funktion),
- Struktur (Institution) und
- Verhalten (Sozialisation).

K 2 Logistik in der Betriebsorganisation

K 2.1 Logistik als Prinzip

Logistik wuchs in den vergangenen Jahren zu einem viel benutzten Wort heran. Die stetige Suche nach den folgerichtigen Zusammenhängen, letztendlich nach dem logischen Schluß in der immer komplizierter werdenden Unternehmensorganisation zwang schließlich auch hier zur Nutzung der Logistik.

> *Logistik ist die Anwendung der mathematischen Logik auf die Prozesse und Strukturen der Unternehmensführung und -organisation.*

Logistik ist damit nicht Zubehör oder Ergänzung, sondern *Prinzip der Unternehmensorganisation,* das vor allem auf die optimale Versorgung mit den gerade nötigen Gütern und Informationen mit Hilfe von logischen Zusammenhängen zielt.

In jüngster Zeit verstärkt sich der Druck zur logistischen Organisation des Unternehmens. Betriebsorganisation nach logistischem Prinzip ist zur Bedingung erfolgreicher Unternehmertätigkeit geworden. Die *Ursachen* für eine logistische Organisation liegen in folgendem:

- Die Grenzen traditioneller Betriebsorganisation werden immer mehr zum Hemmnis effizienten Wirtschaftens. Das äußert sich vor allem im System herkömmlicher, historisch entstandener *Arbeitsteilung.* Sie brachte viele Schnittstellen und eine Spezialisierung der Arbeitstätigkeiten hervor, die hohen Koordinierungsaufwand erfordern und den flüssigen Verlauf des Leistungsprozesses oft sogar unbegründet unterbrechen. Die Veränderung des Prinzips der Organisation ist unübersehbar nötig.
- Das Verhältnis zwischen *Spezialisierung* und *Integration* der Arbeitsprozesse unterliegt einem grundlegenden Wandel. Entgegen der über viele Jahrzehnte vorherrschenden Spezialisierung ist heute die Integration zur entscheidenden Tendenz geworden. Das ist bereits technisch bedingt, wie es die Verflechtung der Technologien unserer Zeit belegt. Es ist ebenso wirtschaftlich verursacht. Dem Druck auf zunehmende Flexibilität einerseits und sinkenden Herstellungskosten andererseits kann nur über ein verändertes Organisationsprinzip entsprochen werden. Traditionell schließen sich beide Erfordernisse oft aus.
- Der Zwang zur *optimalen Nutzung aller Produktionsfaktoren.* Zweifellos gibt es auch traditionelle Methoden der Optimierung, beispielsweise der Vorgabezeiten (Tabelle K-9).

Tabelle K-9. Bestimmung der Vorgabezeiten

bei Arbeitskräften	bei Betriebsmitteln
Tätigkeitszeit	Hauptzeit
+ Wartezeit	+ Nebenzeit
= Grundzeit	= Nutzungszeit
	+ Brachzeit
+ Erholungszeit	= Grundzeit
+ Verteilzeit	+ Verteilzeit
= Zeit je Einheit	= Ausführungszeit je Einheit
× Anzahl der Einheit	× Anzahl der Einheiten
= Ausführungszeit	= Ausführungszeit
+ Rüstzeit	+ Rüstzeit
= Auftragzeit	= Belegungszeit

Tabelle K-10. Zeitmessungssysteme

1. Work-Factor-System
Gliederung nach acht Grundbewegungen für alle manuellen Arbeiten:
- Bewegen
- Greifen
- Loslassen
- Verrichten
- Fügen
- Demontieren
- Ausführen
- Prüfen u.a. geistige Vorgänge

Anwendung in Massenfertigung

2. Methodes Time Measurement (MTM)
Gliederung manueller Arbeiten in acht Grundbewegungen:
- Hinlegen
- Greifen
- Bringen
- Loslassen
- Fügen
- Trennen
- Drücken
- Drehen

neun Körper-, Bein- und Fußbewegungen
- Seitenschritt
- Körperdrehung
- Bewegen
- Aufrichten
- zwei Blickfunktionen
- Knien
- Setzen
- Gehen
- Bein- und Fußbewegung

Verwendung von MTM-Normalzeitwerten
(1 TM-Unit = 0,036 s oder 0,0006 min)

3. Multimomentaufnahme
Analyse gleichartiger Arbeitssysteme
Ziel: Feststellen der Häufigkeit vorher festgelegter Ablaufarten.

Diese Hilfsmittel wirken jedoch nur in *Teilen* der Unternehmung. Sie bedürfen einer folgerichtigen Zusammenfassung, um alle Faktoren in der gegebenen Zeit optimal zu nutzen. Dazu sind auch Zeitmessungssysteme geeignet (Tabelle K-10). Mit dem *logistischen Prinzip* der Organisation geht es darum, Personal, Betriebsmittel, Finanzmittel, Materialien und Informationen in einem bestimmten Umfeld (Milieu) und damit die besagten *sechs M* gleichberechtigt und *effizient* zu nutzen.

K 2.2 Übergang zur logistischen Organisation

Aus dem bereits dargestellten Druck auf die herkömmliche Betriebsorganisation wird der Übergang zur logistischen Organisation deutlich. Es zeigt sich die Vielfalt der *steigenden Ansprüche* an die Unternehmensorganisation. So hat die Beschaffung kurze Zeiten, möglichst geringe Lager bis zur Just-in-Time-Auslieferung zu gewährleisten. In der Produktion geht es um niedrige Bestände und hohe Auslastung, um kurze Durchlaufzeiten und hohe Flexibilität. Dem Absatz obliegt schneller Vertrieb bei hoher Qualität, auch des Kundendienstes. Diesen Ansprüchen ist in ihrer Gesamtheit nur noch mit der logistischen Gestaltung der Abläufe und auch der Strukturen zu genügen.

Ziele einer logistischen Organisation sind daher im wesentlichen:

- kurze Durchlaufzeiten,
- hohe Maschinenauslastung,
- kurze Liegezeiten,
- niedrige Bestände und
- geringe Kapitalbindung.

Dabei sind die Bestände durch Einsatz aktueller Beschaffungs- und Fertigungsinformationen immer weiter zu verringern. So durchdringt die Logistik die gesamte Unternehmensorganisation. Sie drängt zur *ganzheitlichen Leitung* (Bild K-14). Deshalb existiert eine *prinzipielle Verflechtung* zwischen computerintegrierten Produktions- und Leistungsprozessen (*CIM:* Computer Integrated Manufacturing) und der logistischen Organisation.

Ohne CIM gibt es kaum eine komplexe logistische Unternehmensorganisation und -führung. Ebenso bedingt CIM die logistische Organisation. Produktionsplanungs- und -Steuerungssysteme *(PPS)* als Kennzeichen integrierter Betriebsführung sind demnach Teile einer logistischen Organisation, genauso wie entsprechende Informationssysteme (*LIS:* Logistische Informations-Systeme). Vielfach wird das PPS sogar als Kernstück logistischer Organisation betrachtet. Logistik bedingt und fördert Integration. Sie ermöglicht *durchgängige Versorgungsketten* vom Beschaffungs- bis zum Absatzmarkt. Im innerbetrieblichen Verlauf bricht sie mit der tayloristischen Arbeitsteilung, indem die Zielausrichtung durchgängig ist. Damit erreicht logistische Organisation *Wirkungen,* die auf die *optimale Nutzung aller Leistungsfaktoren* zielen.

Als die wesentlichen Optimierungsbereiche der logistischen Organisation erweisen sich heute:

Informationsfluß
Durch die Informations- und Kommunikationstechnik wird eine bedeutende Verkürzung des Informationsdurchlaufs ermöglicht und damit ein unnötiger Materialfluß verhindert.

Materialfluß
Mit direkten Kundenaufträgen werden die Lieferbeziehungen vereinfacht und durch automatisierte Umschlags- und Lagerprozesse im Unternehmen die Materialmenge verringert, ihr Fluß beschleunigt und die Lager verkleinert.

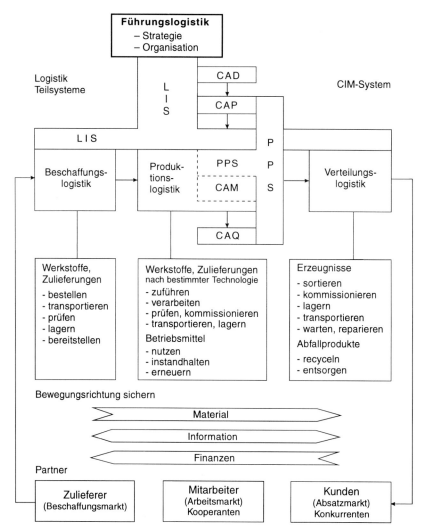

Bild K-14. Logistik in der Unternehmensorganisation

Transport
Er führt über vereinfachte Wege zum Kunden und verkürzt die internen Wege im Unternehmen.

Der *Übergang* zur logistischen Betriebsorganisation läßt sich nicht mit einem Schlag vollziehen. In der Regel sind für komplexe Lösungen umfangreiche Vorarbeiten nötig. Logistik beginnt daher zumeist *partiell,* beispielsweise in einzelnen Bereichen (Bild K-15). Der nächste Schritt umfaßt häufig logistisch begründete *durchgängige Teilfunktionen.* Erst damit entstehen Voraussetzungen für das nächst höhere Niveau der Betriebsführung, der *logistischen Gesamtorganisation.*

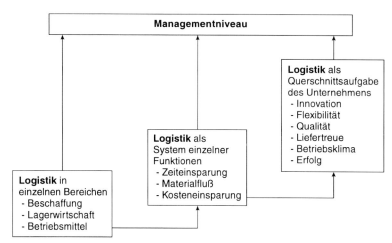

Bild K-15. Logistikebenen in der Betriebsführung

K 2.3 Logistiksysteme

Da der Übergang zur logistischen Unternehmensorganisation in der Regel in bestimmten Bereichen beginnt, handelt es sich hierbei um *Teil- oder Subsysteme* (Bild K-16). Daraus folgt eine *Gliederung* nach bestimmten Teilen des *Leistungsprozesses,* wie

Beschaffungslogistik
Sie dient nicht nur der Optimierung der Beschaffungsprozesse, sondern beschafft auch die Produktionsfaktoren zum Zwecke der notwendigen Versorgung aller Unternehmensprozesse. *Versorgungslogistik* ist somit der Sinn aller Beschaffungsprozesse.

Produktionslogistik
Sie gestaltet den Verlauf unmittelbarer Prozesse der Leistungserbringung. Da diese Prozesse im allgemeinen weitgehend technisiert verlaufen, läßt sich sogar eine besondere Organisation der Anlagen, also die *Anlagenlogistik* hervorheben. Sie wirkt jedoch nicht neben, sondern als Teil der Produktionslogistik.

Absatzlogistik
Sie besorgt die straffe, optimale Verwertung der Produkte und Dienstleistungen. Sie schließt die Verteilungsorganisation *(Distributionslogistik)* ein, insbesondere, wenn nicht nur auftragsgebundene, sondern lagergebundene Erzeugnisse oder Leistungen erbracht werden.

Damit existieren innerhalb des Unternehmens verschiedene Logistiksysteme in den einzelnen Teilen der Leistungsprozesse.

Darüber hinaus erfaßt die Organisation *durchgängige Funktionen,* wie die *Lagerwirtschaft,* die *Transportprozesse* oder die *Informationsflüsse.* Schließlich existiert kein Unternehmen isoliert von anderen Wirtschaftssubjekten. Also umfassen Logistiksysteme auch die Organisation *externer Beziehungen.* Damit gibt es eine ganze Anzahl von möglichen Logistiksystemen in der Unternehmensorganisation.

Bei aller Vielfalt und Differenziertheit der Unternehmen bildeten sich einige Grundstrukturen heraus, auf die praktisch alle logistischen Systeme zurückgeführt werden können.

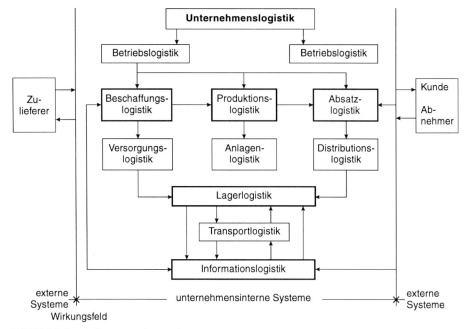

Bild K-16. Logistiksysteme im Betrieb

Es lassen sich folgende drei *Systemalternativen* unterscheiden:

Zentralsysteme
Hier werden alle Vorgänge zentral erfaßt und gesteuert. Sie besitzen *lange Informationswege* und sind *anonym*.

Frei vernetzte Systeme
Sie sind durch die extreme Vielfachkommunikation schwer steuerbar.

Strukturiert vernetzte Systeme
Hier werden möglichst viele Funktionen selbständig erfüllt; aber es ist eine einheitliche Zielstellung und Steuerbarkeit vorhanden.

Die Wahl der jeweils wirksamsten Systemalternative für das betreffende Subsystem ist nun wiederum eine komplizierte Aufgabe. Sie bedingt die exakte Analyse der vorhandenen Organisation, der Möglichkeiten und Potentiale in ihrer Veränderung (Tabelle K-11). Zu den Bedingungen, die einer genauen Analyse und Bewertung bedürfen, zählen auch die weiteren Wechselwirkungen zu neben-, vor- und nachgelagerten Systemen.

Tabelle K-11. Potentiale des Unternehmens (Auswahl)

Potentialbereich	Potentialarten			
	Personal	Information	Sachmittel	Finanzen
Forschung und Entwicklung	Forscher Konstrukteure Technologen	Dokumente Schutzrechte Beziehungen	Forschungstechnik Prüfmittel Informationstechnik	Innen: Außenfinanzierung
Beschaffung	Lagerwirtschaftler Einkäufer	Lieferbedingungen Lieferbeziehungen Lieferorganisation	Lagereinrichtungen Transportmittel Informationstechnik	
Produktion	Ingenieure Techniker Facharbeiter Hilfskräfte	Verfahren Organisationssysteme	Immobilien Prozeßtechnik Infrastruktur Informationstechnik	lang- und kurzfristige Mittel
Absatz	Marktforscher Vertreterpersonal Kundendienste	Marktinformation Marktorganisation Marktbeziehungen	Verkaufseinrichtungen Transportmittel Informationstechnik	Bedingungen: • Zinsen • Rückflußzeiten u.a.
Führung	Top-Management mittleres Management unteres Management	Wettbewerbssituation Führungsstile Führungsmethoden	Informationstechnik technische Einrichtungen Immobilien	

K 3 Einkauf und Beschaffungslogistik

K 3.1 Beschaffungsobjekte

Die Beschaffung ist bei weitem nicht auf die Einkaufsabteilung beschränkt. Sie umfaßt vielfältige Prozesse und stellt den ersten Akt der Leistungsprozesse dar. Beschaffung richtet sich demnach unmittelbar an den *Kundenbedürfnissen,* d.h. an der Nachfrage, aus. Die direkte *Vorbereitung der Leistungserbringung* ist ihr besonderes Tätigkeitsfeld.

Der *Gegenstand* der Beschaffung umfaßt alle Bedingungen, die der Leistungsprozeß erfordert (Bild K-17):

Arbeitsleistung
Das eigene Personal erbringt die erforderliche Arbeitsleistung. Bei weiterem Bedarf kann der Arbeitsmarkt in Anspruch genommen werden durch die Einstellung von Dauer- oder Zeitbeschäftigten. Arbeitsleistungen lassen sich auch auch in *Kooperation* mit anderen Unternehmen (auch Kunden) erbringen bzw. durch Betriebsmittel ersetzen, also substituieren. In diesen Fällen ist die Personalbeschaffung differenziert vorzunehmen.

Sachmittel
Sie werden in Form von *Betriebsmitteln* und *Material* benötigt. Sie gehen unterschiedlich intensiv in den Wertschöpfungsprozeß ein: vollständig als Material, aber nur allmählich durch Maschinen und Anlagen. Sie sind demzufolge auch verschieden häufig zu beschaf-

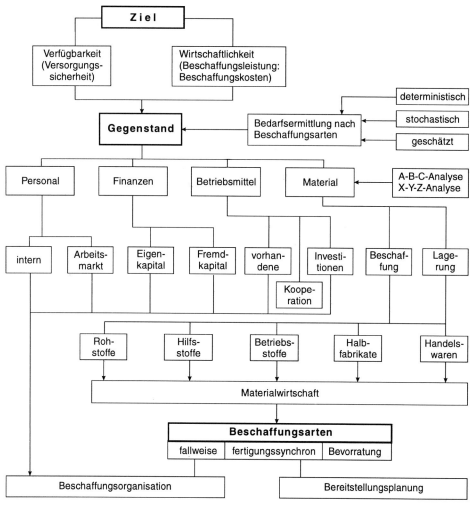

Bild K-17. Beschaffungsobjekte

fen: ununterbrochen oder in kurzen Bestellrhythmen als Material, aber in größeren Abständen zyklisch bzw. periodisch als Betriebsmittel. Die laufende Materialbeschaffung ist vor allem Aufgabe des Einkaufs. Doch der Einkauf ist ebenso mit anderen Beschaffungsprozessen verbunden.

Finanzen

Die Finanzen fließen stets gegenläufig zu den Güterströmen im gleichen Gegenwert *(Äquivalent)* in das Unternehmen. Deshalb ist der Beschaffung eines bestimmten Werts an Materialien oder Maschinen stets der finanzielle Gegenwert bereitzustellen. Reichen dafür die eigenen Mittel des Unternehmens nicht aus, so kann auch Fremdkapital in Anspruch genommen werden (Abschn. F).

Information

Die Information wird heute als *besonderes* Beschaffungsobjekt hervorgehoben. Sie koordiniert die arbeitsteiligen und die integrierten Prozesse im Unternehmen. Sie ist damit zum wesentlichen *Produktionsfaktor* geworden; denn ohne Informationsverarbeitung und Kommunikation ist ein Unternehmen nicht lebensfähig.

Die verschiedenartigen Gegenstände der Beschaffung können auf folgenden *unterschiedlichen Wegen* erworben bzw. besorgt werden:

- Kauf,
- Mieten,
- Pachten,
- Leasen und
- vertikale Konzentration.

Für die einzelnen Beschaffungsobjekte sind die genannten Wege unterschiedlich nutzbar. Während die Besorgung des Materials über Kauf oder vertikale Konzentration erfolgt, sind für die Betriebsmittelbeschaffung auch Mieten und Pachten gebräuchlich. Über Leasing (Abschn. F 4.1) verbreitet sich nun auch die Besorgung von Arbeitsmitteln und sogar des Personals. Damit wandeln sich auch die Formen und Möglichkeiten des Einkaufs.

Sowohl für die Versorgung mit den nötigen Beschaffungsobjekten als auch für die Wahl der Wege gibt das *Ziel der Beschaffung* den Ausschlag. Es besteht in

der *Verfügbarkeit* der dem Unternehmensziel dienenden Leistungsbedingungen, die jeweils

- in der erforderlichen *Menge,*
- zum gewünschten *Zeitpunkt,*
- in der geforderten *Qualität,*
- zu günstigen *Preisen* und
- am benötigten *Ort*

zu beschaffen sind, und in

der *Wirtschaftlichkeit,* die für die Beschaffung, wie für alle anderen Wirtschaftsaktivitäten, an dem Verhältnis zwischen der Leistung und den Kosten zu messen ist. Das sind eben nicht nur die Kosten im engeren Sinne, die bei der Besorgung der Faktoren entstehen, sondern auch die weiteren Kosten, welche die Verfügbarkeit gewährleisten (Tabelle K-12).

Für die Lösung der vielfältigen Beschaffungsaufgaben finden sich in mittleren und größeren Unternehmen in der Regel mindestens die folgenden vier Beschaffungsstellen, beispielsweise

- die *Personalabteilung* für die Beschaffung der Arbeitsleistung,
- die *Investitionsabteilung* für die Erneuerung der Betriebsmittel,
- die *Finanzabteilung* sowie
- die *Einkaufsabteilung.*

Dabei ist zu beachten, daß die *Einkaufsabteilung* ein Bereich der Unternehmung ist. Sie wird auch als strukturelles Subsystem bezeichnet. Dagegen ist der Beschaffungsprozeß ein gedanklicher Systemausschnitt bzw. ein *funktionales* Subsystem. Doch das trifft vor allem für Vergangenheit und Gegenwart zu. Die Zukunft läßt sicher das funktionale Sub-

Tabelle K-12. Gesamtkosten der Beschaffung

Beschaffungskosten im engeren Sinne	Lagerkosten	Fehlmengenkosten
unmittelbare Beschaffungskosten (Menge, Einstandspreis)	Raumkosten Vorrathaltungskosten	Preisdifferenzen Konventionalstrafen
mittelbare Beschaffungskosten (bestellfixe Kosten)	Zinskosten sonstige Kosten	sonstige Kosten (entgangene Gewinne)

system immer stärker gegenüber der Struktur in Erscheinung treten. Anders lassen sich die vielen Probleme der Beschaffung, wie Mengen- und Sortimentsprobleme, Raumüber-brückungs- und Zeit- sowie Kosten- und Finanzprobleme, kaum erfolgreich lösen, die vor allem in den Einkaufsabteilungen anstehen.

Innerhalb der Beschaffungsfunktion nimmt die *Materialversorgung* zweifellos die *meiste Zeit* in Anspruch. Materialien sind in sehr verschiedener Art ununterbrochen bereitzustellen (Tabelle K-13). *Materialbeschaffung* erfolgt sowohl *strategisch,* über Produkt- und Struk-turpolitik, als auch *taktisch,* über Konditions-, Lieferanten- und Kommunikationspolitik. Materialbedarf kann dabei mit Hilfe der *XYZ-Analyse* gewichtet werden. Es bedeuten:

- X konstanter Verbrauch,
- Y schwankender Verbrauch,
- Z völlig unregelmäßiger Verbrauch.

Tabelle K-13. Objekte der Materialbeschaffung

1. Rohstoffe
   - Grundstoffe als Hauptbestandteile des Produkts (Holz, Sand, Metall),
   - bearbeitete Zulieferungen vorgelagerter Betriebe (Legierungen, Lösungen);
2. Hilfsstoffe
   - Nebenstoffe, die ins Produkt eingehen, aber deren Funktion nur verstärken (Farben, Leime, Nieten);
3. Betriebsstoffe
   - Stoffe, die nicht ins Produkt eingehen, aber zur Herstellung nötig sind, sich im Betriebsprozeß verbrauchen,
   - vor allem Energie, Schmiermittel, Reinigungsmittel;
4. Halbfabrikate
   - fremdbezogene Teile, die nur durch Montage (ohne Verarbeitung) ins Produkt eingehen,
   - Baugruppen, Armaturen, Zubehörteile;
5. Handelswaren
   - Ergänzungssortiment, Güter, die das Produkt bzw. das Fertigungsprogramm vervollständigen (Zubehör),
   - Erweiterungssortiment, Güter, die nicht direkt zum Produkt gehören und ebenfalls unverarbeitet weiterverkauft werden;
6. sonstige Materialien
   - Verpackung,
   - geringwertige Betriebsmittel,
   - Büromaterial.

Damit ist die Vorhersagegenauigkeit recht verschieden. In der ABC-Analyse (Abschn. N 5.2.3) wird nach dem Beschaffungswert gewichtet:

- A-Güter mit 70% bis 80% des Gesamtverbrauchswerts bei nur 10% bis 20% der Materialverbrauchsmenge,
- B-Güter mit 10% bis 20% des Gesamtverbrauchswerts bei 10% bis 30% der Verbrauchsmenge und
- C-Güter mit 5% bis 10% des Gesamtverbrauchswerts, aber 60% bis 70% der Materialverbrauchsmenge (Abschn. M 5).

Wird die ABC- mit der XYZ-Analyse kombiniert (Bild K-18), dann kann eine Einteilung in Wert (ABC) und Gängigkeit (XYZ) vorgenommen werden. Sie betrifft das Bestellverfahren (z.B. gängige X-Artikel und Y-Artikel mit geringem Wert vollautomatisch zu bestellen).

Diese Unterscheidungsmerkmale zeigen, daß mit verhältnismäßig *geringem Materialanteil* eine *hohe Funktionserfüllung* möglich ist, wenn die Materialauswahl optimal verläuft. Sie gibt auch direkte Hinweise auf das Verhältnis zwischen laufender Beschaffung und Beständen. Dazu werden die Beschaffungsarten unterschieden und zwar nach

- *fallweiser* Beschaffung oder *Einzelbeschaffung,* die im Bedarfsfall auszulösen ist, nach
- *fertigungssynchroner* Beschaffung, für die im besonderen das *Just-in-Time-System* (JIT) steht und nach
- *Vorratsbeschaffung,* die zwangsläufig mit Lagerhaltung verbunden ist (Abschn. K 5 und Abschn. K 6).

Aus diesen Unterschieden ergeben sich bereits sehr *unterschiedliche Ansprüche* an die Beschaffungsorganisation durch die Unternehmensleitung und die Einkaufsabteilung.

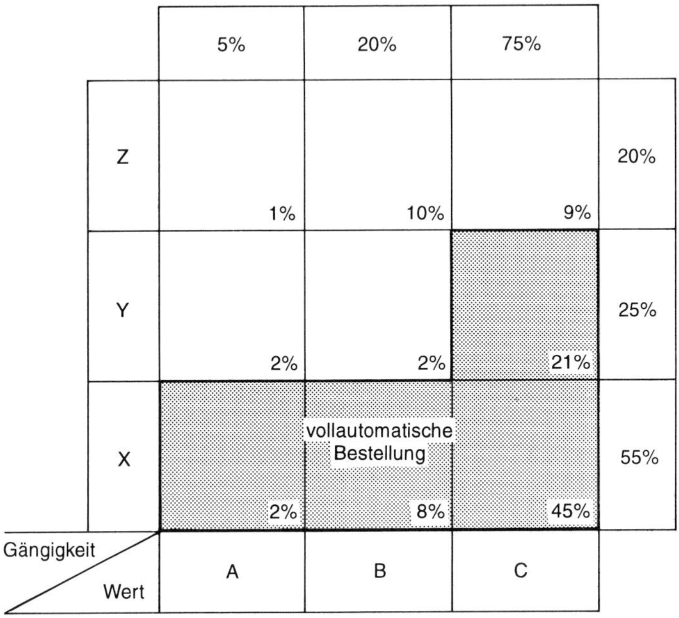

Bild K-18. ABC–XYZ-Analyse für die Beschaffungsentscheidung

K 3.2 Beschaffungsorganisation

Der Beschaffungsfunktion obliegt die Versorgung des Unternehmens mit allen notwendigen Produktionsfaktoren. Dementsprechend ist die Beschaffungsorganisation zu gestalten. Sie hat, wie bereits erwähnt, unentwegt den *Widerspruch* zwischen der *Verfügbarkeit* einerseits und der *Wirtschaftlichkeit* andererseits zu lösen. Jede Überhöhung, selbst die 100prozentige Verfügbarkeit, führt sofort zu steigenden Kosten. Deshalb liegt das Optimum bei einer annähernden (90% sicheren) Verfügbarkeit. Umgekehrt kann übertriebene Kosteneinsparung in der Beschaffung deren Verfügbarkeit zu stark einschränken, also den Leistungsprozeß stören, was am Ende zu größeren Verlusten führt, als die Einsparungen erbrachten.

Die Betriebsorganisation folgt in ihrem Verlauf einem festen Schema (Bild K-19). Unabhängig davon, welche Faktoren im Unternehmen bereits vorhanden sind, ergeben sich speziell für die Materialbeschaffung – analog für alle Faktoren – folgende *Prozeßschritte:*

Analyse des Markts und die Wertanalyse
Die Analyse des Markts und der Kosten steht am Beginn des Beschaffungsprozesses. Aus der *Marktanalyse* ergeben sich zumeist viele Möglichkeiten des Angebots an nötigen Faktoren. Da sich auf dem Markt beständig Veränderungen vollziehen, ist für die wichtigsten Positionen ein Frühwarnsystem unentbehrlich. Auf diese Angebotsanalyse folgt der nächste Schritt, die Analyse der Aufwendungen, der Kosten- und Preisentwicklung, also die *Wertanalyse* (Abschn. M). Mit ihr stellt man fest, ob das Angebot seinen Preis wert ist.

Lieferantenbeurteilung
Nach der Klärung des Marktangebots, der Frage *was* angeboten wird, und der Wertanalyse, also der Frage zu welchem Preis es zu beschaffen ist, bleibt die Suche nach dem Lieferanten. Die *Lieferantenbeurteilung* zeigt die Sicherheit, mit der die Versorgung erfolgen kann. Damit wird die Entscheidung für die Wahl des Lieferanten vorbereitet.

Verhandlung und Bestellung
Nach der Entscheidung für einen Lieferanten folgen die *Verhandlungen*. In ihnen sind alle Bedingungen der Lieferung zu klären. Dem erfolgreichen Abschluß der Verhandlungen durch den Liefervertrag folgt schließlich die *Bestellung*. Sie wird durch eine *Eingangs-* und *Lagerkontrolle* begleitet. Dieser Verlauf macht den Beschaffungsprozeß in seiner logischen Abfolge deutlich. Er vollzieht sich in diesen Schritten, jedoch nicht nur nacheinander, sondern *nebeneinander*. Gerade das kennzeichnet die logistische Gestaltung der Beschaffungsorganisation.

Bei der Materialbeschaffung wird die Bestellung zum direkten Auslöser des Versorgungsprozesses. Sie umfaßt zunächst die *Bestellmengen*. Auf die benötigte Menge wirken die unmittelbare *Bearbeitungszeit* und die gesamte *Werkstoffzeit* direkt ein (Tabelle K-14). Lange Durchlaufzeiten infolge fehlender Integration der Prüfprozesse und nennenswerte Liegezeiten erhöhen den Materialbedarf und somit die Beschaffungskosten. Das gleiche gilt für die Beschaffung von Betriebsmitteln. Auch hier sind die Einsatzzeiten so hoch bzw. so kontinuierlich wie möglich zu gestalten, um den spezifischen Bedarf an Betriebsmitteln so niedrig wie möglich zu halten (Tabelle K-15).

Die Bestellung erfolgt anschließend in einem ganz bestimmten *Bestellsystem,* das sowohl *kontinuierlich* als auch *periodisch* angelegt sein kann. Der Bestandsverlauf zwischen beiden Systemen unterscheidet sich deutlich voneinander (Bild K-20). Die Wahl zwischen beiden Systemen wird vor allem von der Materialmenge, aber auch von anderen Lieferbedingungen bestimmt.

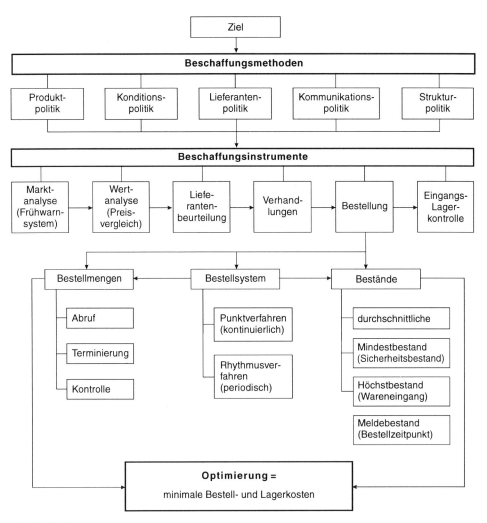

Bild K-19. Beschaffungsorganisation

Schließlich hängt die Bestellung mit der *Bestandsentwicklung* unmittelbar zusammen. Die verschiedenen Bestandsarten dienen dem *rechtzeitigen Auslösen* der Bestellung ebenso wie der *Minimierung der Bestände.*

Allein die genannten Aspekte zeigen, wie vielschichtig der Bestellvorgang verläuft. Seine Optimierung zwingt zur *ganzheitlichen Gestaltung,* also zu *logistischer Organisation.* Sie wiederum verlangt ebenfalls die *Integration* von Planung und Steuerung der Beschaffungsprozesse (Bild K-21).

Für die Einkaufs- wie für alle Beschaffungsprozesse ist nicht zuletzt zwischen *zentraler* und *dezentraler* Organisation zu wählen. Kann die *zentrale Organisation kostengünstiger* beschaffen und vielfach auch die *Lagerhaltung verringern,* so ist bei *dezentraler Organi-*

sation die Beschaffung *flexibler* und erfordert *geringere Transportkosten.* Sie paßt auch besser in die Gruppenarbeit, die Eigenverantwortlichkeit der Arbeitsgruppen. Damit ist sie für logistische Organisation oft vorteilhafter. Die weitere Veränderung der Beschaffungsprozesse bedingt immer stärker ihre ganzheitliche Gestaltung ebenso wie ihre Durchgängigkeit. Hoher Fluß und geringe Lager als Ausdruck der Beschaffungslogistik führen schließlich zur Optimierung der Beschaffungsfunktion. Daran wird vor allem die Einkaufsabteilung des Unternehmens in ihrer Wirksamkeit gemessen.

Tabelle K-14. Gliederung der Werkstoffzeit

Haupttätigkeiten	Zusatztätigkeiten	Abkürzung
Arbeitsgegenstand	Einwirken	AE
	Fördern	AF
Verändern	zusätzliches	
	Verändern	AZ
Prüfen		AP
Liegen	ablaufbedingtes	
	Liegen	AA
	zusätzliches	
	(sonstiges) Liegen	AS
	Lagern	AL
nicht erkennbar		AX

Tabelle K-15. Gliederung der Betriebsmittelzeit

Zustand des Betriebsmittels	Tätigkeit	Zusatztätigkeiten	
im Einsatz	Nutzung	Hauptnutzung	BH
		Nebennutzung	BN
		zusätzliche	
		Nutzung	BZ
	Unterbrechen	ablaufbedingtes	
	der Nutzung	Unterbrechen	BA
außer Einsatz BL		störungsbedingtes	
		Unterbrechen	BS
		erholungsbedingtes	
		Unterbrechen	BE
Betriebsruhe (BR)		persönlich bedingtes	
		Unterbrechen	BP
	nicht erkennbar		BX

a) Bestellpunkt – Verfahren

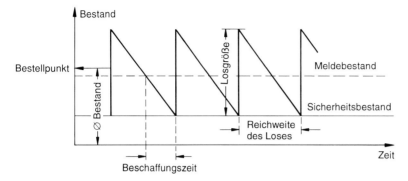

b) Bestellrhythmus – Verfahren

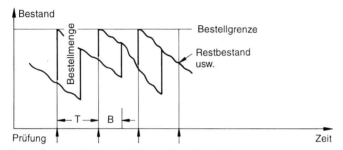

Bild K-20. Bestandsverlauf bei verschiedenen Bestellverfahren.
(T: Überprüfungsintervall; B: Beschaffungszeit)

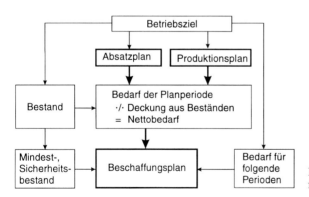

Bild K-21. Schema der Beschaffungsplanung

K 3.3 Bedarfsermittlung und Bestellrechnung

In der Materialwirtschaft unterscheidet man folgende *Bedarfsarten, den*

- *Primärbedarf* (an fertigen, verkaufsfähigen Erzeugnissen), den
- *Sekundärbedarf* (an Werkstoffen, Halbzeugen und Fertigungsteilen), den
- *Tertiärbedarf* (Hilfs- und Betriebsstoffe, verschleißende Werkzeuge), den
- *Bruttobedarf* (periodenbezogen, ohne Ausschuß, Lager- und Bestellbestände) und den
- *Nettobedarf* (Bruttobedarf abzüglich Lager- und Bestellbestand und Bestandsreservierungen).

Es gibt zwei Möglichkeiten der Bedarfsermittlung (Bild K-22). Die erste ist die *deterministische*. Bei ihr wird der Materialbedarf nach Menge und Termin genau bestimmt. Der Bruttobedarf wird ermittelt, in dem für jede Periode der gesamte Sekundärbedarf aus der Stücklistenauflösung bestimmt wird, zuzüglich

- Zusatzbedarf für geplanten Ausschuß (Ungenauigkeiten),
- geschätzten zusätzlichen Marktbedarf und
- Primärbedarf an Ersatzteilen.

Werden vom Bruttobedarf der verfügbare Lagerbestand, der disponierbare Zugang aus dem Fertigungsauftrag und der Bestellbestand abgezogen, dann ergibt sich der Nettobedarf. Unter Berücksichtigung des Ausschusses ergibt sich ein erweiterter Nettobedarf. Bedarf der einzelnen Perioden wird zu kostengünstigen Bestellungen zusammengefaßt, die entsprechend der Lieferzeit vorher bestellt werden.

Bei der *stochastischen Bedarfsermittlung* ist der Bedarf auf den Absatzmärkten nicht genau bekannt. Er muß geschätzt werden. Hierzu dienen mathematische Methoden der Prognoserechnung (Abschn. H 3.3).

Bei der *optimalen Bestellmenge* ist die Frage zu entscheiden, ob eine große Menge auf einmal, oder ob mehrmals kleine Mengen bestellt werden sollen.

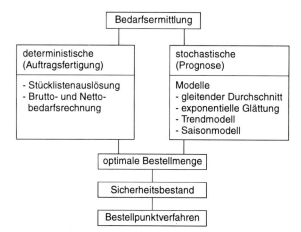

Bild K-22. Möglichkeiten der Bedarfsermittlung

Die Vorteile *großer Bestellmengen* sind

- Liefersicherheit,
- Sicherheit der Preissteigerungen,
- Kosteneinsparung durch Mengenrabatte,
- Kosteneinsparung durch weniger Verwaltungsvorgänge,
- Versandkosten und Prüfungen.

Als Vorteile *kleiner Bestellmengen* erweisen sich

- geringe Kapitalbindung,
- geringe Lagerkosten (kleine Flächen),
- geringes Risiko der Veralterung und
- hohe Flexibilität gegenüber Veränderungen bei Lieferanten und Kunden.

Diese Überlegungen werden in einem Kostenmodell berücksichtigt, das aus zwei Anteilen besteht:

1. Fixe Beschaffungskosten K_{fix}

Hierzu zählen alle Kosten, die von der Bestellmenge unabhängig sind. Es sind dies die Kosten der Disposition, der Bestellschreibung, der Lieferschein- und Wareneingangsprüfung und der anteiligen Kosten für die Buchhaltung. Die Formel dazu lautet:

$$K_{fix} = \text{fixe Kosten je Bestellung } (A) \times \frac{\text{Jahresbedarf } (n)}{\text{Bestellmenge } (x)}$$

$$K_{fix} = A \times \frac{n}{x}$$

Diese Kurve ist eine Hyperbel (Bild K-23).

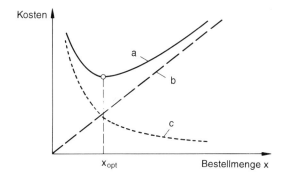

Bild K-23. Kostenmodell der Bedarfsermittlung. a Gesamtkosten, b variable Lagerkosten, c fixe Bestellkosten

331

2. Variable Kosten der Lagerhaltung K_{var}

Dazu zählen alle Kosten, die durch die Lagerung der bestellten Menge verursacht werden: der Einstandspreis, die Zinsen für das aufgewandte Kapital, Kosten für die Lagerhaltung und Risikozuschläge für Veralterung, Schwund oder Bruch. Dies wird zum Lagerkostensatz p zusammengefaßt. Es gilt folgender Zusammenhang:

$$K_{var} = \text{Lagerkostensatz (p)} \times \text{Einstandspreis (s)} \times \frac{\text{durchschnittl. Lagermenge (x)}}{2}$$

$$K_{var} = p \times s \times \frac{x}{2}$$

Die Kurve für die variablen Lagerkosten ist eine Gerade mit der Steigung ($p \times s/2$).

Der *Lagerkostensatz* p errechnet sich aus den banküblichen Zinsen für langfristiges Fremdkapital und den nach VDI-Richtlinie 3330 zu berücksichtigenden Kosten (Tabelle K-16). Deshalb ergibt sich beispielsweise mit banküblichen Zinsen von 8 % ein gesamter Lagerkostensatz von bis zu 28 %.

Tabelle K-16. Lagerkostensatz nach VDI 3330

bankübliche Fremdkapitalzinsen (zur Zeit)	8%
sonstige Zinssätze:	
Veralterung	3% bis 5%
Verlust durch Bruch	2% bis 4%
Transport	2% bis 4%
Lagerung und Abschreibung	1,5% bis 2%
Lagerwaltung	1% bis 2%
Steuern	1% bis 2%
Versicherung	0,5% bis 1%
gesamte sonstige Zinsen	11% bis 20%
Lagerkostensatz	19% bis 28%

Die gesamten Kosten (Fixkosten K_{fix} und variable Kosten K_{var}) müssen ein Minimum werden. Deshalb gilt:

$$K_{ges} = K_{fix} + K_{var} \quad \rightarrow \quad Minimum!$$

$$K_{ges} = A \times \frac{n}{x} + p \times s \times \frac{x}{2} \quad \rightarrow \quad Minimum!$$

Wie man aus der Differentialrechnung weiß, muß dazu die erste Ableitung der Gesamtkostenkurve gleich null gesetzt werden. Daraus errechnet sich die optimale Bestellmenge x_{opt}, so daß gilt:

$$x_{opt} = \sqrt{\frac{200 \times A \times n}{p \times s}}$$

Es ist:

A   Fixe Bestellkosten in DM/Bestellung
n   Jahres- bzw. Periodenbedarf (Stückzahl pro Jahr bzw. pro Periode)
p   Lagerkostensatz in %
s   Stückpreis in DM/Stück.

Ein Beispiel veranschaulicht die Rechnung:

A = 150 DM/Bestellung   p = 20%
n = 150000 Stück/Jahr   s = 3,80 DM/Stück.

In die Formel eingesetzt, ergibt sich:

$$x_{opt} = \sqrt{\frac{200 \times 150\ DM \times 150000\ Stück}{20 \times 3,80\ DM/Stück}} = 7694,84\ Stück$$

Die optimale Bestellmenge beträgt also etwa 7700 Stück. Diese Stückzahl ist jetzt noch daraufhin zu überprüfen, ob sie in genormte Behälter (z.B. Bundesbahnpaletten oder genormte Eurokisten) paßt. Wie der Verlauf der Gesamtkostenkurve nach Bild K-23 zeigt, liegt ein flaches Kostenminimum vor, d.h. es ist kostengünstiger, mehr zu bestellen als weniger. Bei einem Jahresbedarf von 150000 Stück und einer optimalen Bestellmenge von 7700 Stück müssen etwa 20 Bestellungen pro Jahr erfolgen, d.h. etwa alle zwei Wochen eine Bestellung. In diesem Zusammenhang ist zu prüfen, ob dazu die erforderlichen Kapazitäten und die Infrastruktur vorhanden ist.

Der *Sicherheitsbestand* b_s dient dazu, bei Ausfall oder Verzögerung der Bestellungen noch genügend Material oder Halbfabrikate zu besitzen, um *ungestört produzieren* zu können, so daß die Lieferbereitschaft des eigenen Unternehmens aufrecht erhalten werden kann. Zugleich ist festzuhalten, daß der Sicherheitsbestand den *durchschnittlichen Lagerbestand erhöht;* deshalb muß er produktspezifisch festgelegt werden.

Um die gebrauchten Mengen rechtzeitig zu erhalten, muß man zu einer bestimmten Zeit *(Bestellpunkt)* oder bei einer bestimmten Lagermenge *(Meldebestand)* bestellen (Bild K-24). Das *Bestellverfahren* bedingt, daß bei Eintreffen der Ware nur noch der geplante Sicherheitsbestand auf Lager liegt. Dafür gilt folgende Gleichung:

$$Bestellpunkt = Verbrauch/Zeiteinheit\ (V) \times [Lieferzeit\ (t_{Liefer})$$
$$+ Sicherheitszeit\ (t_{Sich})] + Sicherheitsbestand\ (b_s)$$

$$Bestellpunkt = V \times (t_{Liefer} + t_{Sich}) + b_s$$

Die Wiederbeschaffungszeit ist der Zeitraum, der von der Erkennung der Notwendigkeit der Bestellung bis zum physischen Vorhandensein der Ware im Lager vergeht. Tabelle K-17 zeigt eine Zusammenstellung der Zeiten.

Tabelle K-17. Wiederbeschaffungszeit

Einkaufsvorbereitung und Bestellung	6 Tage
Transportzeit	2 Tage
Annahme-, Lager- und Prüfzeit	1 Tag
Sicherheitszeit	1 Tag

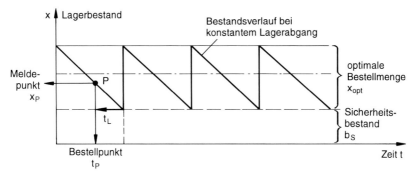

Bild K-24. Verfahren des Bestellpunktes

K 4 Produktionslogistik und Lagerwirtschaft

K 4.1 Arbeitsteilung in Fertigungsprozessen

Der Leistungsdruck, der durch den internationalen Wettbewerb auf den Unternehmen lastet, läßt Aufwandsverringerung nur in einer komplexen Organisation zu. Damit geht es um wesentliche *Veränderungen in der Prozeßgestaltung* (Bild K-25). Die Richtung dieser Änderungen kann nur die stärkere Komplexität und Gesamtheit der Organisation sein, also die *logistische Gestaltung* der Fertigungsprozesse. Dafür bieten sich verschiedene *Wege* an:

Verringerung der Operationen
Die Verringerung der Handlungen oder Operationen, Veränderung der Transportmittel und die weitere Automatisierung von Arbeiten;

Verringerung des Transportaufwands
Die Verkürzung der Wege, die Verkleinerung der Fertigungsflächen und damit die Verringerung des Transportaufwands;

Paralleler bzw. simultaner Ablauf verschiedener Prozesse
Mit parallelen bzw. simultanen Abläufen von Arbeitsgängen, beim *Simultaneous Engineering* beispielsweise die rechtzeitige Einbindung der Fertigung bereits bei der Neuentwicklung, werden *Entwicklungszeiten verkürzt.* Parallele Tätigkeiten helfen auch, *Bestände einzusparen* und *Kapazitäten,* insbesondere die Betriebsmittel, *auszugleichen.*

Alle Wege richten sich auf die *weitere Integration* der unterschiedlichen Arbeitsvorgänge und Operationen. Mit der Harmonisierung der Arbeiten und der Betriebsmittel wird gleichermaßen der *Materialfluß* optimiert (Bild K-26).

Die *Integration als bestimmende Richtung* der Gestaltung der Fertigungsprozesse ist über zahlreiche *Schritte* und unterschiedliche Aktivitäten möglich. Das sind vor allem:

Simultaneous Engineering
Durch *parallele Ausführung* der Produktgestaltung (Entwicklung und Konstruktion), der Produktplanung (Arbeitsvorbereitung) und der Fertigung wird die gesamte Entwicklungs- und Fertigungszeit verkürzt. Die einzelnen Arbeiten verlaufen zeitlich überlagert, auch mit dauernder Rückkopplung. Dadurch wird die Innovationszeit verkürzt (Bild K-27) und das Produkt gelangt schneller auf den Markt.

334

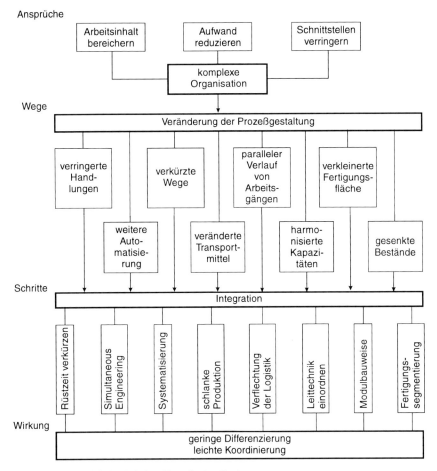

Bild K-25. Wandel der Arbeitsteilung in der Fertigung

Systematisierung der Auftragsabwicklung
Durch Nutzung der Systematisierungsmittel kann den Bereichen der unmittelbaren Vorbereitung und der Durchführung der Produktion der spezifische Beitrag bei der Auftragsabwicklung, auch im Gesamtverlauf, verbindlich vorgegeben werden. Das schließt auch den unterschiedlichen Zeithorizont, d.h. die Fristigkeit der Arbeiten ein (Tabelle K-18).

Rüstzeitverkürzung
Die traditionellen Arbeiten zur Umrüstung verliefen und verlaufen vielfach noch heute bei Stillstand der Maschine. Vorbereiten und Aufräumen bedingen jedoch nicht die Stillstandszeit. Sie lassen sich verlagern, und zwar in die *Laufzeit* der Maschine vor bzw. nach dem Umrüsten (Bild K-28). Für die Laufzeit der Maschine entsteht damit ein deutlicher Zeitgewinn.

Schlanke Produktion (lean production)
Die Durchsetzung des Prinzips der *schlanken Produktion* (lean production) beinhaltet nicht nur die *Schlankheit des Produkts,* dem alles Überflüssige erspart bleibt. Es setzt

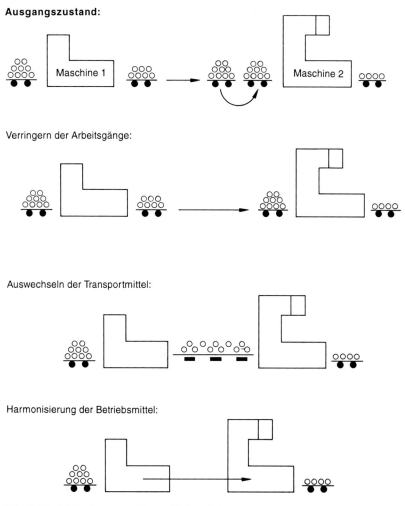

Ausgangszustand:

Maschine 1 — Maschine 2

Verringern der Arbeitsgänge:

Auswechseln der Transportmittel:

Harmonisierung der Betriebsmittel:

Bild K-26. Maßnahmen zur Materialflußoptimierung

ebenso auf die *Schlankheit der Produktion* und ihrer *Organisation*. Damit unterscheidet sich die Produktionsorganisation wesentlich von handwerklicher Produktion oder Massenproduktion (Tabelle K-19). Hierbei geht es jedoch nicht nur um Weglassen von Überflüssigem. *Qualifizierte Gruppenarbeit* ist ebenso Bedingung, wie *automatisierte Produktion großer Mengen*. Analog gilt das Prinzip auch für die *Fertigung kleiner Mengen*.

Modulbauweise
Durch die Modulbauweise der Fertigungsteile werden komplexe Produktteile nach dem Baukastenprinzip hergestellt, welche die Arbeit in der Fertigung erleichtern und die Montage wesentlich vereinfachen (Tabelle K-20). Das Beispiel zeigt, wie komplex der Arbeitsanspruch bis zur Konstruktion zurückwirkt. Es schließt die Eingliederung der Leittechnik in das Modulprinzip ein.

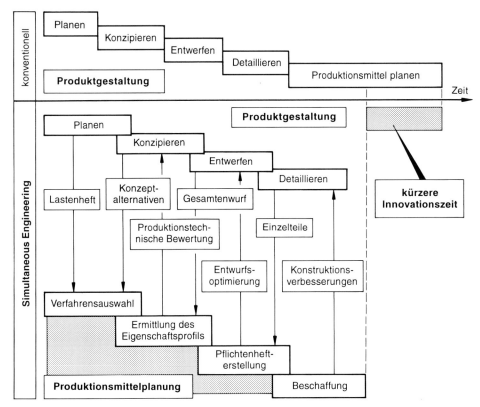

Bild K-27. Simultaneous Engineering nach VDI 1988

Segmentierung der Fertigung (Fraktale)
Die Segmentierung der Fertigungsprozesse (Fraktale) ist die konsequente Fortsetzung des Modulprinzips, die im folgenden noch näher behandelt wird (Abschn. K 5.2).

Verflechtung der Produktionslogistik
Die Produktionslogistik ist mit den vor- und nachgelagerten Bereichen ganzheitlich verflochten. Nur dann werden die in der Produktion erzielten Erfolge durch Engpässe vor bzw. nach der Produktion nicht wieder verspielt.

Mit diesen Schritten wird die *Integration* in einer Breite vorangetrieben, die konsequent zu logistischer Fertigungsorganisation führt. Die Koordinierung wird trotz großer Verschiedenheit (Komplexität) deutlich vereinfacht. Das erleichtert die Betriebsführung, macht sie übersichtlicher und flexibler.

Die Reorganisation der Fertigungsorganisation hat nachhaltige *Wirkungen auf die Lagerwirtschaft*. Zunächst wird der Materialbedarf wesentlich präziser nach Sortiment und Terminen erfaßt. Die Nebenläufigkeit (Parallelität) von Arbeitsgängen verkürzt den Durchlauf und mindert so ebenfalls den Materialbedarf. Schließlich werden für gleiche Kapazitäten geringere Lagerbestände benötigt, die jedoch härter an die Grenze der Verfügbarkeit herangefahren werden. Logistische Organisation der Lagerwirtschaft umfaßt den gesamten Materialfluß des Unternehmens (Abschn. K 6.2 und Abschn. K 6.3).

Tabelle K-18. Systematisierungsmittel zur Auftragsabwicklung (Auswahl)

kurzfristig	mittelfristig	langfristig
Konstruktion		
• Checkliste, • Normung • Vordruckzeichnungen, • Mikroverfilmung;	• Konstruktionsrichtlinien • Wiederholteilekataloge, • Funktionsträgerkataloge;	• Reorganisation, • Baukastensystematik, • Termin- und Kapazitäts- planungssysteme;
Arbeitsvorbereitung		
• Zeitrichtwertkataloge, • Arbeitsplanverwaltungs- system • Plantafeln;	• Maschinen- und Fertigungshilfe, Mittelkataloge • Standardarbeitspläne;	• Reorganisation, • Planung autonomer Fertigungsinseln, • Leitstand zur Planung und Steuerung;
Fertigung		
• Optimierung des Transportwesens, • Arbeitsplatzgestaltung, • Zwischenlagerbestimmung;	• Standardisierung von Werkzeugen und Vor- richtungen, • Teilefamilienfertigung;	• Betriebsdatenerfassungs- systeme;
Montage		
• Überwachung des Montagefortschritts, • Vorgabezeiten, • Prüfpläne.	• Terminplanungssystem, • Personaleinsatzplanung, • Optimierung der Montage- reihenfolge.	• Reorganisation, • Gruppentechnologie, • Baukastensystematik.

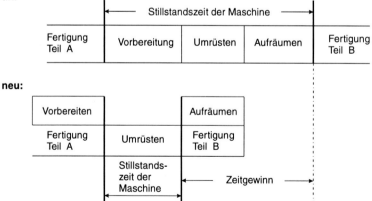

Bild K-28. Möglichkeiten der Rüstzeitverkürzung

Tabelle K-19. Schlanke Produktion

schlanke Produktion	Massenproduktion	handwerkliche Produktion
Kennzeichen		
• Teams vielseitig ausgebilde-ter Arbeitskräfte auf allen Ebenen der Organisation, • hochflexible, zunehmend automatisierte Maschinen, • große Produktmengen in enormer Vielfalt;	• spezialisierte Fachleute für planende und steuernde Aufgaben, • ungelernte oder angelernte Arbeiter im Produktions-bereich, • hohes Produktionsvolumen und lange Produktlebens-zyklen;	• hochqualifizierte Arbeiter, • einfaches, aber flexibles Werkzeug, • kundenorientierte Produktion, geringes Produktionsvolumen;
Problem		
Streben nach Vollkomenheit	Starrheit	Kosten

Tabelle K-20. Anforderungen an Produktion mit Modulen (am Beispiel der Fahrzeuggestaltung)

1. Modulprinzip
   • Module als geschlossene Komponenten,
   • Entfrachten der Endmontage,
   • Operationsbündelung in Vormontagen;

2. Regelungs- (Indexier)hilfen
   • feste Zuordnung aller Fügeoperationen,
   • Positionieren ohne komplizierte Sensortechnik;

3. Nutzung neuer Materialien
   • Materialersparung,
   • Erleichterung Konstruktion;

4. Vereinfachung der Vorgänge
   • Erleichterung der Bewegungsfiguren,
   • Beschränkung von Fügebewegungen;

5. Sandwich-Bauweise
   • Zugänglichkeit für Gesamtkörper,
   • Montagemöglichkeit im Innenraum.

K 4.2 Fertigungssegmentierung

Die Gestaltung von Segmenten in der Fertigung ist nicht neu. Viele Einzelbeispiele zeugen davon, speziell im Fahrzeugbau seit der Verbreitung der Fließfertigung. Neu dagegen ist das Bemühen, den *ganzen Fertigungsprozeß* zu segmentieren. Dafür gibt es verschiedene Ansätze:

Strategische Geschäftseinheiten
In der langfristigen, strategischen Planung (Abschn. H 2) der Produktion werden strategische Geschäftseinheiten (SGE) bestimmt und ebensolche Einheiten formiert, die aus der Sicht der Betriebsführung ein großes Segment des Unternehmens darstellen.

Gruppenarbeit
In der Personal- und Organisationsentwicklung symbolisiert die zunehmende Orientierung auf Gruppenarbeit solche Segmente in der Gliederung des Unternehmens als *sozialer Einheit.*

Fertigungszellen
In der technischen Vorbereitung sowie der Fertigungstechnologie präsentieren Fertigungsinseln, *Fertigungszellen* und Gruppentechnologien den Trend zum Segmentieren.

Alle diese Ansätze laufen auf die durchgängige Segmentierung der Fertigungsprozesse hinaus. Das zeigt anschaulich der *Verlauf der Segmentierung* (Bild K-29). Auf der Basis einer gründlichen Produktanalyse erfolgt die Aufgliederung der wesentlichen Produk-

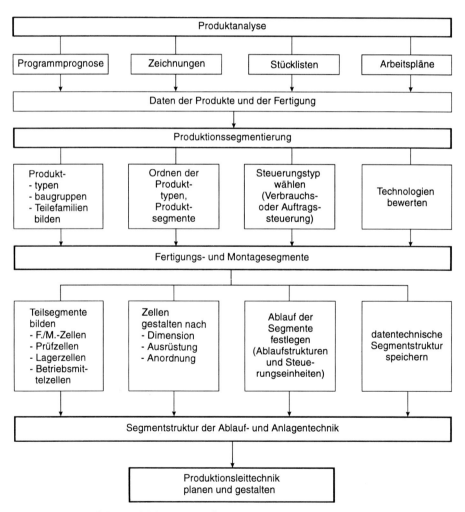

Bild K-29. Verlauf der Produktionssegmentierung

tionsbedingungen in Segmente (auch Fraktale genannt). Produkttypen sind zu bilden und zuzuordnen. Der Steuerungstyp ist auszuwählen und schließlich die Technologie zu bewerten. Daran schließt sich die Bildung und Gestaltung der Fertigungs- und Montageelemente an. Nach bisherigen Erfahrungen sollte die Formierung der Segmente in der *Teilefertigung* nach *technologischen* und die in der *Montage* nach *produktbezogenen* Kriterien vorgenommen werden. Schließlich sind dementsprechend die Segmente des Ablaufs und der Anlagentechnik einzusetzen.

Ansätze und Verlauf der Segmentierung haben stets davon auszugehen, daß diese Organisationsveränderung nicht als Selbstzweck erfolgt, sondern auf handfeste *Ursachen* zurückgeht (Tabelle K-21). Technologischer Wandel, Marktumbrüche und verändertes Managementverhalten zwingen unabänderlich zu diesem neuen Organsiationskonzept. Sind die Ansätze der Segmentierung heute zweifellos noch im Reifen, so zeigt der Verlauf, daß die Fertigungssegmentierung ein wichtiges *Element logistischer Gestaltung* ist. Es verändert die Arbeitsteilung in der Richtung der sich heute abzeichnenden Trends zur Gruppenarbeit und Mehrmaschinenbedienung.

Bei allen Unterschieden in Anlässen, Ansätzen und Reifegrad läßt sich der *Inhalt der Fertigungssegmentierung* wie folgt kennzeichnen:

1. Kundenorientierung und Marktwirkung
Ziel ist eine kompromißlose Orientierung an den Kundenbedürfnissen, d.h. am Markt. Darauf sind Strategie, Fertigungsbereiche, Flexibilität, Qualität und Zeit sowie die Gestaltung der Prozesse und Strukturen ausgerichtet.

2. Geringere Fertigungsbreite
Methodisch wird mit der Segmentierung eine geringere Fertigungsbreite bei *höherer Fertigungstiefe* erreicht. Das kann bis zur Vereinigung mehrerer Produktionsstufen reichen. Diese Produktorientierung verringert den Koordinierungsaufwand und vereinfacht die Prozesse.

3. Integration verschiedener Funktionen
Organisatorisch zielt das Segmentieren auf die Integration verschiedener Funktionen (z.B. gehört das Disponieren zu einer elementaren Produktionstätigkeit). In den Segmenten wird hohe Selbständigkeit erreicht, die selbst Kostenverantwortung und Controlling (Abschn. H 4) einschließt. Für Gruppenarbeit entstehen damit günstige Voraussetzungen.

Tabelle K-21. Ursachen der Fertigungssegmentierung

1. Wandlungen in der Technologie:
   - Möglichkeit zur gleichzeitigen Produktivitäts- und Flexibilitätssteigerung,
   - Entkopplung des Menschen vom Produktionsprozeß,
   - geringe Bedeutung von Erfahrungskurveneffekten;

2. Umbrüche im Markt:
   - Marktsättigung,
   - Notwendigkeit zu qualitativem Wachstum,
   - Globalisierung;

3. Veränderungen im Managementverhalten:
   - geänderte Zielfunktionen,
   - starke Betonung der Wertschöpfung in der Produktion,
   - Einfluß japanischer Produktionsmethoden,
   - Gruppenorientierung und Mitarbeiteridentifikation.

4. Verflechtung der Produktionsfaktoren

Durch die Segmentierung werden die Produktionsfaktoren (Menschen, Maschinen, Mittel und Methoden) in einem bisher nicht gekannten Niveau miteinander vernetzt. Die *elementaren* und *dispositiven Faktoren* nach *Gutenberg* werden in veränderter Weise kombiniert (Tabelle K-22).

Die schrittweise Durchsetzung der Fertigungssegmentierung beginnt stets mit der *Analyse der Ausgangssituation.* Sie kann dann sowohl *vertikal* als auch *horizontal* den Prozeß erfassen und endet immer mit *Wirtschaftlichkeitsbewertungen.* Demgemäß werden die einzelnen Schritte gesetzt, die den genannten Prinzipien genügen. Sie begründen nicht nur *höhere Effizienz der Arbeit,* sondern ebenso den Weg zur *Identifikation der Mitarbeiter* mit ihrer Arbeit, zu höherer Verantwortung für deren Ausführung. Damit können neben *wirtschaftlichen* auch *humane Ziele* verwirklicht werden.

Die Prinzipien der Fertigungssegmentierung ähneln mehrfach denen des *Kanban-Systems.* Dieses System ging von Japan aus und verbreitete sich schnell in anderen Industrieländern. Es zielt auf selbststeuernde Regelkreise zwischen erzeugenden und verbrauchenden Unternehmensbereichen und hat die *Holpflicht* für die jeweils *nachfolgende Verbrauchseinheit* festgelegt. Flexibler Personal- und Betriebsmitteleinsatz sind mit der Übertragung kurzzeitiger Steuerung an ausführende Mitarbeiter mittels spezieller Begleitkarten gekoppelt. Auch mit diesem System wird auf Segmentierung und logistische Organisation hingearbeitet.

Bei der Kanban-Steuerung handelt es sich um eine *verbrauchsorientierte Werkstattsteuerung,* die den einzelnen Werkstätten einen bestimmten Freiraum für eigene Entscheidungen überläßt, beispielsweise die Maschinenbelegung. Die Rüstzeiten müssen bei der Kanban-Steuerung auf ein Minimum begrenzt sein, so daß Losgrößen in der Größe einer Ta-

---

Tabelle K-22. Prinzipien der Fertigungssegmentierung nach *Wildemann*

1. Flußoptimierung durch
   - Verändern des Ablaufs, von Transportwegen und -behältern,
   - Reduzieren der Rüstzeiten zur durchgängigen Produktionsbeschleunigung,
   - Harmonisieren der Kapazitäten und Losgrößen,
   - Einführen der Holpflicht;

2. verkleinerte Kapazitätsquerschnitte in jeder Fertigungsstufe zum Zwecke der
   - Segmentespezialisierung und Kostenreduzierung,
   - Verringerung des Ausfallrisikos,
   - vielfältigen Betriebsgrößenvariation,
   - Schaffung reproduzierbarer Moduln;

3. Betriebsmittelkonzentration (räumlich) zum
   - Verkürzen der Wege im störungsfreien Durchfluß,
   - engen Mitarbeiterkontakt und leichterer Koordination,
   - variablen Layout, das Kapazitäten nach Produktionsprogramm verändern läßt;

4. selbststeuernde Regelkreise mit
   - verringerten Vorgaben,
   - hoher Verantwortung für Qualität und Menge,
   - Komplettbearbeitung von Teilen und Baugruppen.

5. Entkopplung von Mensch und Maschine sowohl
   - sachlich (Arbeitsbereicherung) als auch
   - zeitlich (Maschinenlaufzeit: Arbeitszeit).

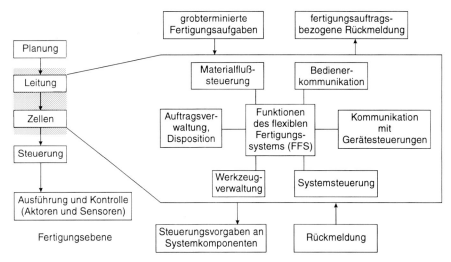

Bild K-30. Leittechnik in den Fertigungsebenen

gesproduktion und weniger wirtschaftlich produziert werden können. Die *geringen Losgrößen* führen zu einer *hohen Flexibilität* der Werkstätten, die es erlaubt, die *Bestände* der Zwischenläger im Produktionsbereich auf ein Minimum zu *reduzieren,* ohne daß die Lieferbereitschaft beeinträchtigt wird. Auf diese Weise lassen sich die Durchlaufzeiten für ein Produkt stark verkürzen. Eine voll ausgelastete Werkstatt kann nicht flexibel auf die Nachfrage einer nachfolgenden Werkstatt reagieren und kommt deshalb für eine Kanban-Steuerung nicht in Betracht.

Die Durchsetzung der Fertigungssegmentierung hat *verschiedene Wirkungen* für die Produktionsorganisation. Die Arbeitsteilung wandelt sich nicht nur im unmittelbaren Fertigungsprozeß, sondern auch darüber hinaus. So fließen Planungs- und Entscheidungsfunktionen in die ausführende Tätigkeit ein. Das Segment nimmt ebenso Kontrolle und Kostenbewertung in sich auf. Die *komplexe Fertigungsgestaltung* reicht damit von der *Planung* über die *Steuerung* bis zur *Kostenbewertung.* Auch die Leittechnik ist hier fest eingeordnet (Bild K-30). Das erleichtert den Auftragsdurchfluß und die Steuerung der verschiedenen Faktoren. Es fördert die *Durchgängigkeit zwischen den Fertigungsebenen.*

Die Fertigungssegmentierung ermöglicht bedeutende *Aufwandsverringerungen,* vor allem durch die Materialflußoptimierung. Weniger Fertigungsstufen bewirken den gleichen Effekt. Sie weisen erheblich kürzere Rüst-, Durchlauf- und Lieferzeiten, verringerte Bestände und Qualitätskosten sowie höhere Arbeitsproduktivität aus. Diese Ergebnisse variieren in Abhängigkeit vom Grad der Segmentierung und der logistischen Gestaltung der Fertigung.

K 4.3 Anlagenlogistik und Fertigungssteuerung

Produktionslogistik umfaßt bei weitem nicht nur den Materialfluß, sondern schließt die folgerichtige *Kombination aller Produktionsfaktoren* ein. Die Organisation nach logistischem Prinzip koordiniert also Material- und Informationsfluß ebenso, wie effiziente Nutzung der Betriebsmittel in den betrieblichen Arbeitsprozessen. Gerade diese logische Gestaltung der Gesamtheit ist Logistik.

Die Anlagenlogistik ist also zunächst nur Teil, aber ein untrennbares Element der Produktionslogistik. Sie hat speziell die Planung, Entscheidung, Nutzung und Bewertung der Anlagen zum Gegenstand (Bild K-31). *Logistische Anlagenorganisation* umfaßt damit mehrere Phasen:

1.Planung
Die Planung von Projekten und Objekten wird mit Studien über Zuverlässigkeit und Verfügbarkeit untersetzt. Sie finden durch *Wirtschaftlichkeitsanalysen* ihre Ergänzung. Damit ist die Grundlage für die *Entscheidung* zur Nutzung ganz bestimmter Anlagen gegeben.

2.Nutzung
Die Nutzung der Anlagen umfaßt den Betrieb im Sinne von betreiben und die Bewirtschaftung. Werkstück-, Werkzeug- und Vorrichtungsfluß sichern vor allem den Betrieb. Durch Ver- und Entsorgen erfolgt die Bewirtschaftung ebenso wie durch Gewährleistung der nötigen Sicherheit.

3.Controlling
Controlling (Abschn. H 4) steuert die Ziele an. Dazu ist die laufende Bewertung für die Gewährleistung der Wirtschaftlichkeit unentbehrlich. Eine optimale Nutzung der Anlagen setzt die genaue Kalkulation der Einflüsse auf Durchlauf und Bestand voraus.

Bild K-31. Anlagenlogistik

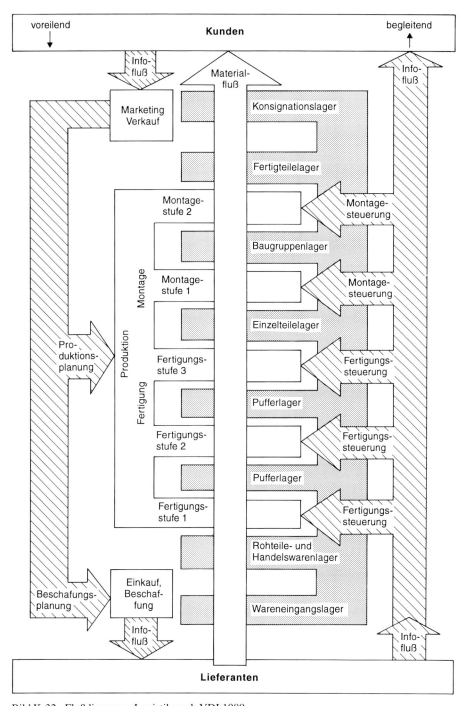

Bild K-32. Flußdiagramm Logistik nach VDI 1989

Die straffe Organisation der Anlagennutzung bedingt eine *Fertigungssteuerung,* die nicht losgelöst vom Fertigungsverlauf wirkt. Die ständige Einbindung in den laufenden Prozeß erleichtert die optimale Nutzung der Anlagen (Bild K-32). Steuerungsfunktionen werden wahrgenommen, angepaßt an die Bedingungen jeder Fertigungsstufe. Außerdem kann die Fertigungssteuerung ständig auf Veränderungen reagieren, die über den Informationsweg ins Unternehmen gelangen (z. B. über den Vertrieb).

Logistische Anlagenorganisation verstärkt schließlich den Druck auf eine *optimierte Lagerwirtschaft.* Werden doch durch sie die spezifischen Lagerfunktionen, wie laufende Zufuhr, Puffern oder Ausliefern direkt an den Maschinenrhythmus gebunden.

K 4.4 Qualitätsmanagement

Die *Qualität* der Güter und Leistungen steht in jedem Unternehmen in mehrfacher Beziehung zur *Organisation.* Qualitätsgerechte Arbeit will organisiert sein, und zwar genau in der notwendigen Qualität. Dazu sind die Anlagen entsprechend einzusetzen und zu überwachen. Also geht es um die Güte der Prozeßgestaltung. Deshalb gehört die rechnergestützte Qualitätssicherung (CAQ) heute ebenso zur Produktionslogistik, wie sie ein Element des Systems der Produktionsplanung und Steuerung (PPS) darstellt (Bild K-15).

Qualität unterliegt stets ganz *bestimmten Ansprüchen.* Zu viel Qualität wird zu teuer und zu wenig kostet ebenfalls Kunden. Deshalb wird *Qualität* nach den Richtlinien der Internationalen Standard Organisation (ISO) definiert als

> *Summe aller Merkmale und Eigenschaften eines Produkts oder einer Dienstleistung, die dazu befähigt, vorgegebene Anforderungen zu befriedigen.*

Diesen Anspruch hat die Produktionslogistik zu erfüllen.

Dem dient das *Qualitätsmanagement.* Sie umfaßt alle Maßnahmen organisatorischer und technischer Art zur Gewährleistung der vorgegebenen Qualität. Dabei ist zu beachten, daß der Einfluß auf ihre Gestaltung in den einzelnen Phasen der Produktion sehr unterschiedlich möglich ist. Das zeigen die Kosten, die bei der Fehlerbeseitigung auftreten. Je weiter der Produktionsprozeß fortgeschritten ist, desto höher steigen die Kosten zur Beseitigung von Fehlern. Je früher auf Fehlerbeseitigung geachtet wird, desto größer sind die Einflußmöglichkeiten. Damit beginnt das Qualitätsmanagement bereits im Stadium des Entwurfs sowie in der Entwicklung, d.h. das *vorbeugende Qualitätsmanagement* spielt eine entscheidende Rolle.

Bild K-33. Qualitätskreis

Daraus folgt, daß Qualität ein komplexer Anspruch an die Organisation ist. Deshalb schafft sich jedes Unternehmen ein *Qualitätsmanagementsystem,* das sich auf die vorhandene Ablauf- und Aufbauorganisation stützt. Es ist vielfach mit der Prozeßgestaltung verbunden. Der *Qualitätskreis* (Bild K-33) durchläuft von der Entwicklung bis zur Entsorgung alle Prozesse des Unternehmens.

Qualitätsmanagement ist als Teil der Produktionsorganisation nicht nur nach innen gerichtet. Es betrifft gleichermaßen die *Lieferbeziehungen* von außerhalb. Erfahrungsgemäß zählt die Qualität zum bestimmenden Kriterium bei der Auswahl von Zulieferern. Sie rangiert sogar noch vor den Preisen und der Termintreue. Für die Qualitätsmaßstäbe wird heute die DIN EN ISO 9000 Norm mehr und mehr verbindlich (Tabelle K-23). In ihr sind nicht nur Leitfäden der Qualitätsarbeit vorgegeben. Sie umfaßt ebenso verschiedene Qualitätsmanagementsysteme, die für spezielle Anwendungen geeignet sind. Bei der Fertigung für den Export kann die Qualität jedoch langfristig nur noch nach ISO-Normen bzw. innerhalb Europas nach den europäischen Normen erfolgen. Damit wird die Beherrschung der internationalen Norm auch zur Bedingung logistischer Produktionsorganisation.

Tabelle K-23. DIN EN ISO-Normenreihe

DIN EN ISO 9000	Qualitätsmanagement- und Qualitätssicherungsnormen Leitfaden zur Auswahl und Anwendung von Qualitätsnormen
DIN EN ISO 9001	Qualitätssicherungssysteme Modell zur Gestaltung der Qualitätssicherung in Design u. Entwicklung, Produktion, Montage u. Kundendienst
DIN EN ISO 9002	Qualitätssicherungssysteme Modell zur Gestaltung der Qualitätssicherung speziell in Produktion und Montage
DIN EN ISO 9003	Qualitätssicherungssysteme Modell zur Gestaltung der Qualitätssicherung bei der Endprüfung
DIN EN ISO 9004	Qualitätsmanagement und Elemente des Qualitätssicherungssystems Leitfaden zur Betriebsführung

K 5 Absatzlogistik und Materialflußoptimierung

K 5.1 Absatzbedingungen

Im folgenden wird die Absatz- und damit die Marketingfunktion des Unternehmens nur soweit behandelt, wie sie die logistische Betriebsorganisation betrifft und damit abrundet. Deshalb finden neben den Bedingungen des *Absatzes* die *Materialflußoptimierung* und die *Vertriebsorganisation* besondere Beachtung. Andere Aspekte des Marketing finden sich in Abschn. N.

Die Absatzlogistik hat die verschiedenen Bedingungen zu nutzen bzw. zu respektieren, die bereits auf das Unternehmen einwirken. Gemäß diesen Bedingungen werden die Marktziele erarbeitet, die die beständige Marktforschung und den direkten Absatz betreffen (Tabelle K-24). Die Absatzbedingungen wirken immer wieder auf diese Ziele, zwingen zu deren Korrektur, Präzisierung oder auch grundlegender Veränderung (Controlling, Abschn. H 4).

Tabelle K-24. Marktziele

---

1. Marktforschungsziele:
   - Formalziele, wie Validität, Reliabilität, Kostenwirtschaftlichkeit,
   - Sachziele, wie Marktpotentialmessung, Bestimmung von Marktelastizitäten, Kontrollen des Werbeerfolgs;

2. absatzpolititsche Ziele:
   - Formalziele, wie Deckungsbeitrag, Umsatz, Absatz, Marktanteil,
   - Sachziele,
     - produktpolitische Sachziele, wie Markenpräferenz, technische Leistungsfähigkeit,
     - preispolitische Sachziele, wie günstiges Preisimage, Lagerumschlag,
     - distributionspolitische Ziele, wie Lieferbereitschaft (Lieferzeit), Distributionsdichte,
     - kommunikationspolitische Sachziele, wie Kontaktvolumen, Bekanntheitsgrad.

Die wesentlichen Bedingungen für die Organisation des Absatzes sind (Bild K-34):

Markttypen
Sie werden durch das Verhältnis zwischen Angebot und Nachfrage charakterisiert. Prägte bis in die 60er Jahre der Verkäufer mit seinen vielfach nicht ausreichenden Angebot den Markt, so bestimmt heute mehr der *Käufer* auf einem meist übersättigten Markt *(Käufermarkt)*. Er wählt aus und entscheidet (Tabelle K-25). Damit werden *Marketing und Vertrieb* zu den wichtigsten Funktionen eines Unternehmens und beeinflussen wesentlich die Beschaffung und die Produktion.

Marktformen
Sie bewegen sich zwischen der *vollständigen Konkurrenz* einerseits und dem *beidseitigen Monopol* andererseits. In der Skala finden sich die zahlreichen Varianten der Anbieter wie der Nachfrager (Tabelle K-26). In Abhängigkeit vom Konkurrenzdruck bzw. -spielraum hat jedes Unternehmen seine eigene Absatzorganisation zu gestalten.

Marktarten
Die Marktarten sagen aus, in wieweit für das jeweilige Erzeugnis Marktbeziehungen wirken (Bild K-35), ob die Märkte *begrenzt, spezialisiert* bzw. *reguliert* existieren. Damit wird eine weitere mögliche Begrenzung für die Absatzorganisation erfaßt.

Marktpartner
Aus den oben genannten Bedingungen ergibt sich, welche Partner sich in welcher Struktur und Stärke, mit welchem Einfluß auf dem Markt gegenübertreten, wie demzufolge der Absatz zu organisieren ist.

Die Bestimmung der Absatzorganisation setzt damit ein *umfangreiches Informationssystem* voraus. Dazu müssen die unterschiedlichen Quellen regelmäßig genutzt werden (Tabelle K-27). Erst auf ihrer Basis kann die Organisation des Absatzes logistisch gestaltet werden. Das umfaßt die komplexe Absatzvorbereitung, den wirksamen Einsatz der Absatzinstrumente und schließlich die Optimierung des Materialflusses von der Fertigung bis zum Kunden, also den *lückenlosen,* logisch begründeten *Verlauf des ganzen Absatzprozesses.*

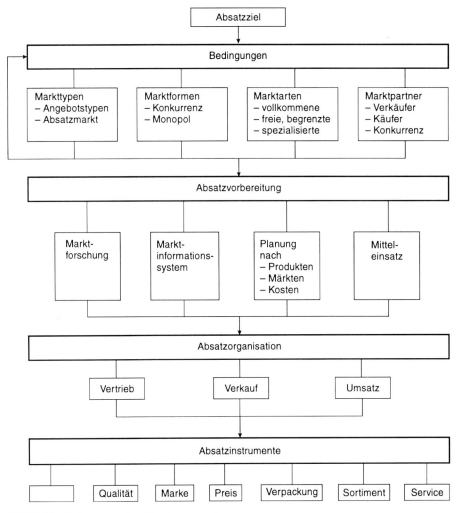

Bild K-34. Bedingungen der Absatzorganisation

K 5.2 Materialflußoptimierung und Lagerwirtschaft

Im optimalen Fluß des Materials findet die Absatzlogistik ihren sichtbaren Ausdruck. *Optimal* heißt dabei, nicht mehr Material als unbedingt nötig, das für den jeweiligen Gebrauch geeignetste Material, das mit möglichst wenig Bearbeitung zum Zweck geführt werden kann und schließlich keine übermäßíge Lagerung des Materials innerhalb der bzw. nach den Verarbeitungsvorgängen.

Diesen Ansprüchen an optimalem Materialfluß kann ein Unternehmen nur mit einer straff organisierten Lagerwirtschaft genügen. Durch die Lagerorganisation sind verschiedene *Funktionen* regelmäßig zu erfüllen. Auf die Verfügbarkeit wurde im Zusammenhang mit

349

Tabelle K-25. Markttypen: Verkäufer- und Käufermarkt

Merkmal	Verkäufermarkt	Käufermarkt
wirtschaftliches Entwicklungsstadium	Knappheitswirtschaft	Überflußgesellschaft
Verhältnis Angebot zu Nachfrage	Nachfrage > Angebot (Nachfrageüberhang), Nachfrager aktiver als Anbieter	Angebot > Nachfrage (Angebotsüberhang), Anbieter aktiver als Nachfrager
Engpaßbereich der Unternehmung	Beschaffung und/oder Produktion	Absatz
primäre Anstrengungen der Unternehmung	rationelle Erweiterung der Beschaffungs- und Produktionskapazität	Weckung von Nachfrage und Schaffung von Präferenzen für eigenes Angebot
langfristige Gewichtung der betrieblichen Grundfunktionen	Primat der Beschaffung oder Produktion	Primat des Absatzes

Tabelle K-26. Marktformen

Angebot	Nachfrage		
	viel	wenig	eins
viel	vollständige Konkurrenz Polypol	Nachfrageoligopol	Nachfragemonopol
wenig	Angebots- oligopol	zweiseitiges Oligopol	beschränktes Nachfragemonopol
eins	Angebots- monopol	beschränktes Angebotsmonopol	zweiseitiges Monopol

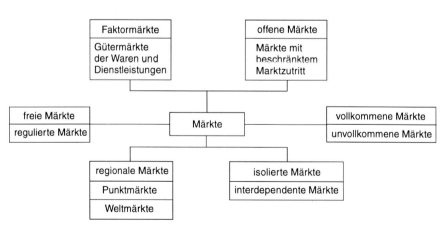

Bild K-35. Arten der Märkte

Tabelle K-27. Informationsquellen

intern:
- Umsatzstatistik,
- Auftragsstatistik,
- Kostenrechnung,
- Kundenkartei,
- Kundenkorrespondenz,
- Absatzmittlerkartei,
- Vertreterbericht,
- Kundendienstbericht,
- Bericht des Einkaufs;

extern:
- amtliche Statistik, Umsätze,
- amtliche Statistik, Preise,
- Prospekte, Kataloge,
- Geschäftsbericht,
- Wirtschaftszeitung,
- Fachzeitschrift,
- Adreß-, Handbücher usw.,
- Adressenbüros,
- Messekatalog und -besuch.

der Wirtschaftlichkeit bereits verwiesen (Abschn. K-4.1). Darüber hinaus hat das Lager zwischen Angebots- und Nachfrageschwankungen auszugleichen, also zu *puffern*. Durch das Lager ist nach der Sortimentsentwicklung zu sortieren und teilweise sogar anzubieten. In manchen Branchen sind im Lager auch Alterungsprozesse zu bewältigen. Diese verschiedenen Funktionen bedingen eine *differenzierte Lagerorganisation.*

Zur Gewährleistung des optimalen Materialflusses werden vor allem *Lagerarten* bezüglich ihrer Funktionen und Stufen unterschieden. Die typischen Lagerarten sind (Bild K-36):

Hauptlager
Es dient zunächst als *Wareneingangslager* der Bevorratung mit den beschafften Materialien, die über ABC- oder XYZ-Analysen ermittelt werden. Es dient ebenso als *Fertigwarenlager* zur Bereitstellung der Lieferungen an die Kunden. In größeren Unternehmen werden die Hauptlager, auch unterschiedlicher Fertigungslinien, zum *Zentrallager* zusammengeführt. Das erleichtert die Lagerverwaltung, kann aber auch den Materialfluß behindern.

Nebenlager
Das Nebenlager dient der Aufnahme bestimmter Roh- und Hilfsstoffe und der Einlagerung bereits hergestellter Güter, die je nach Bedarf an nachgeordnete Lager- und Verbrauchsstellen abgegeben werden. Damit wird auch im Nebenlager teilweise schon zwischengelagert. Mitunter werden solche Lager auch als *Hilfslager* bezeichnet.

Zwischenlager
In ihm erfolgt vor allem der *Ausgleich* (Puffer) zwischen dem Verlauf der Stufen des innerbetrieblichen Leistungsprozesses. Der Ausgleich erfolgt sowohl *zeitlich* zwischen den Bearbeitungs- und Verwendungszeitpunkten als auch *räumlich* zwischen den Bearbeitungs- und Verwendungsorten. Der Ausgleich kann ebenfalls nach quantitativer und qualitativer Art unterschieden werden, beispielsweise durch bestimmte Mischungen, die auf die Güte wirken.

351

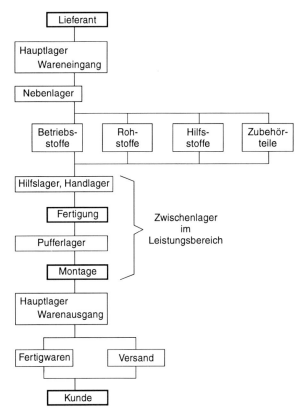

Bild K-36. Lagerarten

Zur künftigen Lagerorganisation gehört zweifellos die *Pflicht zur Rücknahme verbrauchter Produkte*. Materialflußoptimierung gewinnt damit eine neue Dimension. In dem Maße, wie der Verbrauch der Naturreserven immer weiter vorangetrieben wird, ändern sich die Ansprüche an das *Recycling*. Selbst Verfahren der Müllverwertung, wie sie seit zwei Jahrzehnten verbreitet zur Anwendung kommen, genügen diesen Ansprüchen nicht mehr. Sie belasten die natürliche Umwelt zu sehr.

Die künftige Stoffwirtschaft kann nur noch auf *funktionsfähige Kreisläufe* ausgerichtet sein. Daraus folgt, daß der Materialfluß nach den Möglichkeiten der Rückführung zu gestalten ist. Die verschiedenen Stufen von der

● *Wiederverwendung* und der
● *Weiterverwendung* bis zur
● *Wiederverwertung* und der
● *Weiterverwertung*

bieten bereits den Ansatz dieses Modells der künftigen Materialwirtschaft. Er mündet in dem *geschlossenen Kreislaufmodell* (Bild K-37). Also hat die Materialwirtschaft die laufende Rücknahme verbrauchter Produkte, mindestens teilweise zu kalkulieren und auf deren Aufbereitung zu setzen.

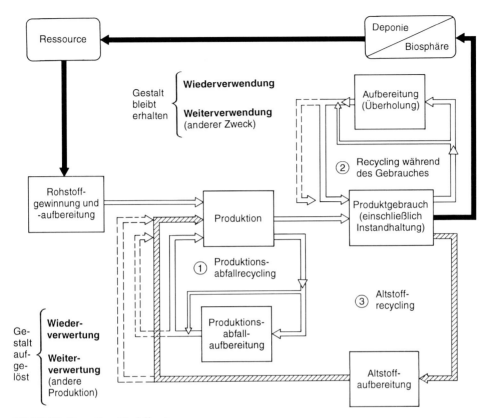

Bild K-37. Recycling-Modellsystem

K 5.3 Lagersteuerung

Zur Lagersteuerung werden Kennzahlen herangezogen, die in Bild K-38 zusammenge-stellt sind. Eine der wichtigsten Größen ist die *Lagerumschlagshäufigkeit (LU)*. Sie gibt an, wie oft das Lager innerhalb eines Betrachtungszeitraums (z.B. eines Jahres) erneuert (d.h. umgeschlagen) wurde. Die Gleichung dazu lautet:

$$LU = \frac{Verbrauch\ pro\ Jahr}{durchschnittlicher\ Lagerbestand}$$

Der Verbrauch pro Jahr (oder der Verbrauch innerhalb eines Zeitraums) ist aus dem Auf-wand für Material aus der Gewinn- und Verlustrechnung (Abschn. E 1.2) zu entnehmen.

Der durchschnittliche Lagerbestand innerhalb eines Jahres ergibt sich aus den Inventurbe-ständen der beiden Jahre nach folgender Rechnung:

$$Durchschnittlicher\ Lagerbestand =$$
$$\frac{(Inventurbestand\ am\ Anfang\ des\ Zeitraums + Inventurbestand\ am\ Ende\ des\ Zeitraums)}{2}$$

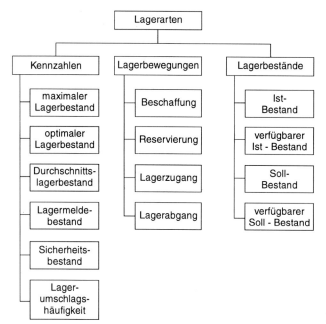

Bild K-38. Lagerhaltung

Nach oben genanntem Beispiel ist der Verbrauchswert VW = 275 000 DM. Nach der Bilanz beträgt der durchschnittliche Lagerbestand (LB) = 68 750 DM. Daraus errechnet sich ein Lagerumschlag von:

LU = 275 000 DM/68 750 DM = 4.

Das bedeutet: Der Lagerwert wird viermal im Jahr umgeschlagen, d.h., es muß auch viermal bestellt werden. Bild K-39 zeigt die Verhältnisse.

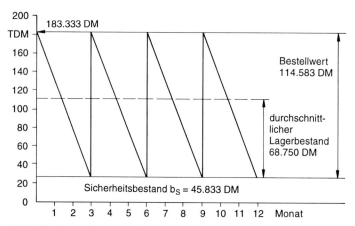

Bild K-39. Bestandsentwicklung

Tabelle K-28. Festlegung der Einkaufspolitik nach der ABC-Analyse

	A-Artikel	B-Artikel	C-Artikel	Summe
Wertgrenze DM	> 1100	92 bis 1100	< 92	
Anzahl %	5%	20%	75%	100%
Anzahl absolut	75	300	1125	1500
Verbrauchswerte %	75%	20%	5%	100%
Verbrauchswerte absolut DM	206250	55000	13750	275000
durchschnittlicher Lagerbestand DM				68750
Lagerumschlag				4
Sicherheitsbestand (2 Monate)				45833
Bestand insgesamt				114583
Bestellrhythmus	monatlich	halbjährlich	jährlich	
durchschnittlicher Lagerbestand DM	8594	13750	6875	29219
Lagerumschlag	24	4	2	9
Sicherheitsbestand	halber Monat	1 Monat	nichts	
Wert des Sicherheitsbestands DM	8594	4583	0	13177
Bestand insgesamt DM	17188	18333	6875	42396
Verringerung des durchschnittlichen Lagerbestands DM				39656
prozentuale Verringerung:				58%
Verringerung des Sicherheitsbestands DM			32656	
prozentuale Verringerung				71%
Verringerung des Gesamtbestands DM				72188
prozentuale Verringerung:				63%

Im folgenden Beispiel wird gezeigt, wie durch eine differenzierte Bestellpolitik der durchschnittliche Lagerbestand erheblich gesenkt werden kann, so daß wesentlich weniger Kapitalbindung entsteht. In Tabelle K-28 ist die ausführliche Rechnung zu sehen.

A-Artikel (Bild K-40 oben)
Die 75 A-Artikel (das sind 5% aller Artikel) belegen 75% des Verbrauchswerts, d.h. 206000 DM. Um den durchschnittlichen Lagerbestand ∅LB zu senken, wird monatlich bestellt. Dann errechnet sich ∅ LB zu:

$$\varnothing \, LB = \frac{206\,000 \; DM}{12 \times 2} = 8\,594 \; DM$$

Der Lagerumschlag LU beträgt dann:

$$LU = \frac{206\,000 \; DM}{8\,594 \; DM} = 24$$

Der durchschnittliche Gesamtbestand des A-Materials ist damit von 206250 DM auf 17188 DM (∅LB + Sicherheitsbestand b_s) gesenkt worden.

B-Artikel (Bild K-40 Mitte)
Die 300 B-Artikel (20% der Teile) belegen 20% des Wertes (55000 DM). Sie werden alle 6 Monate bestellt. Dadurch errechnet sich der durchschnittliche Lagerbestand (∅LB) zu:

a) Bestandsentwicklung A-Material

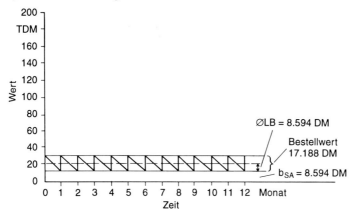

b) Bestandsentwicklung B-Material

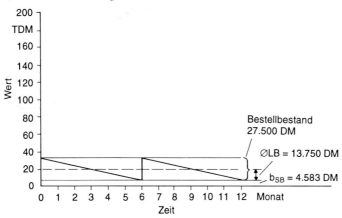

c) Bestandsentwicklung C-Material

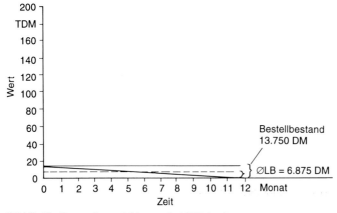

Bild K-40. Bestandsentwicklung mit ABC-Analyse

$$\varnothing\,LB = \frac{55\,000\,DM}{2 \times 2} = 13\,750\,DM$$

Für den Lagerumschlag LU gilt dann:

$$LU = \frac{55\,000\,DM}{13\,750\,DM} = 4$$

Wird der Sicherheitsbestand b_s in Höhe eines Monats berücksichtigt, dann wird der Bestand an B-Artikeln von 55 000 DM auf 18 333 DM gesenkt ($\varnothing$LB + Sicherheitsbestand b_s).

C-Artikel (Bild K-40 unten)
Es gibt 75 % C-Artikel (das sind 1125 Stück), die 5 % des Verbrauchswertes belegen (13 750 DM). Sie werden nur einmal im Jahr bestellt. Damit ergibt sich ein $\varnothing$LB von:

$$\varnothing\,LB = \frac{13\,750\,DM}{1 \times 2} = 6\,875\,DM$$

Der Lagerumschlag beträgt dann:

$$LU = \frac{13\,750\,DM}{6\,875\,DM} = 2$$

Bei den C-Artikeln wird kein Sicherheitsbestand berücksichtigt, weil einmal im Jahr in großen Mengen eingekauft wird.

In Tabelle K-28 und Bild K-41 ist zusammengestellt, wie sich die ABC-gesteuerte Lagerbestandsführung auf die Bestände auswirkt. Es ist zu erkennen, daß durch diese Maßnahmen

- der durchschnittliche Lagerbestand von 68 750 DM um 58 % auf 39 531 DM gesenkt,
- der Sicherheitsbestand um 71 % von 45 833 DM auf 32 656 DM verringert und
- der Gesamtbestand von 114 583 DM auf 42 396 DM, das sind 72 188 DM (63 %), gesenkt werden konnte.

Der Lagerumschlag LU und der Sicherheitsbestand b_s sind wichtige Kenngrößen, mit denen ein Lager wirtschaftlich gesteuert werden kann. Vor allem folgende Vorkommnisse deuten darauf hin, daß *Maßnahmen zur Rationalisierung des Lagers* sinnvoll sein können:

- Wiederholt auftretende, schwerwiegende Auftragsrückstände (wegen Materialmangel oder wesentlichen Überschreitungen der Liefertermine);
- starker Wechsel der Kunden oder eine große Anzahl an Auftragsstornierungen;
- keine gleichmäßige Fertigung möglich (Terminjägerei und Notbeschaffungsaktionen);
- übermäßige Maschinenstillstandszeiten wegen Materialmangels;
- häufig notwendige Fertigung in unwirtschaftlichen Losgrößen;
- ständig zunehmende Lagerbestände bei gleichzeitig unverändertem oder gar sinkendem Auftragsbestand;
- regelmäßig wiederkehrende, erhebliche Abschreibungen auf Lagerbestände und Notverkäufe;
- stark schwankende und zu geringe Lagerumschläge bei den wichtigsten Lagergütern.

Auf die *Wirtschaftlichkeit* eines Lagers haben zudem noch folgende Größen Einfluß:

- richtige Bestellorganisation,
- rationeller Materialfluß,
- funktionsgerechte Lagerhaltung und
- zweckmäßige Lagereinrichtung.

In bestimmten Abständen kann es sinnvoll sein, eine mit dem Vertrieb abgestimmte *Sortimentsbereinigung* vorzunehmen.

K 5.4 Logistische Vertriebsorganisation

Mit den Absatzbedingungen und den Ansprüchen an Materialflußoptimierung und Lagerwirtschaft ist der Rahmen abgesteckt, in dem sich die Vertriebsorganisation zu bewegen hat. Der Organisation kommt es dabei zu, verschiedene *Aspekte des Vertriebs* sinnvoll zusammenzuführen und miteinander zu verbinden. Das gilt zunächst schon für die technische Seite, die im betrieblichen Unternehmen im allgemeinen auch unter dem Begriff *Vertrieb* läuft. Dazu kommt die kaufmännische Seite mit Vertrags- und Auftragswesen, Versand und anderen Aufgaben, die als *Verkauf* bezeichnet werden. Schließlich geht es um den speziellen finanziellen Ausweis des Absatzes, der im *Umsatz* seinen Ausdruck findet.

Die Ansprüche an die Vertriebsorganisation sind damit nur in ihrer Komplexität wirksam zu erfassen. Deshalb zählt zu den *Grundsätzen ihrer Gestaltung* unbedingt ihr *integrativer Aufbau*. Über ihn ist die feste Einordnung des Absatzes in das Gesamtunternehmen zu sichern. Damit wird bereits logistischem Anspruch genügt. Integration ins Gesamtsystem zwingt ebenso zur Fähigkeit, auf die Marktdynamik zu reagieren. Eine effiziente Organisation kann damit nur eine flexible Organisation sein. Mit der Flexibilität wird gleichzeitig der nötige Raum für Innovationsfähigkeit eröffnet.

Schließlich ist für die Absatzorganisation die Spezialisierung zweckmäßig vorzunehmen. Sie kann nach verschiedenen Gesichtspunkten erfolgen, die stets in ihrer Veränderung zu fassen sind.

Die logistische Organisation muß auch im Vertrieb vorrangig vom Verlauf, d.h. vom Prozeß des Absatzes bestimmt sein. Demzufolge werden die Typen der Absatzorganisation vor allem danach unterschieden, ob sie sich vorrangig

- an der Produktion und ihrer Technologie,
- an den Kunden in ihrer Struktur,
- an den Produkten und deren Entwicklung oder
- an den Funktionen des Unternehmens

ausrichten (Bild K-42) und somit stärker direkt oder mehr indirekt den Kunden erreichen sollen.

Der Vorrang in der Gestaltung der Absatzorganisation läßt sich auch stärker kombinieren, in dem beispielsweise Produkt- und Funktionsorientierung in der Matrixorganisation vereint werden (Bild K-43). In jedem Fall heißt auch hier logistisch nichts weiter, als logisch begründete, fest integrierte und flexible Prozesse des Absatzes für das Unternehmen zu erreichen.

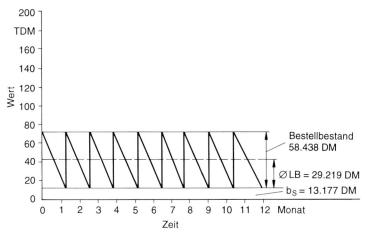

Bild K-41. Bestandsentwicklung nach ABC-Analyse

a) Produktionsprozeßorientierte Unternehmung

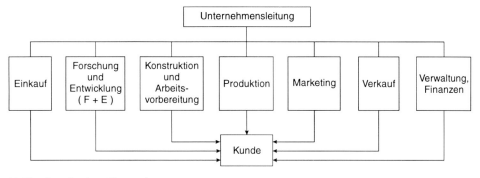

b) Kundenorientierte Unternehmung

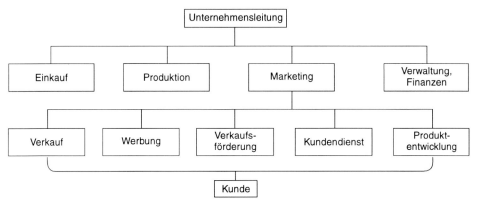

Bild K-42. Typen der Absatzorganisation

c) Produktionsorientierte Unternehmung

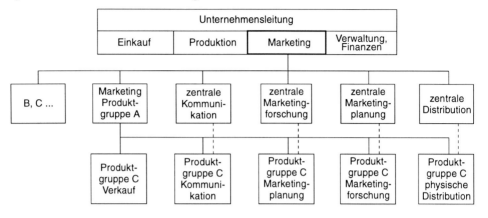

d) Funktionsorientierte Unternehmung

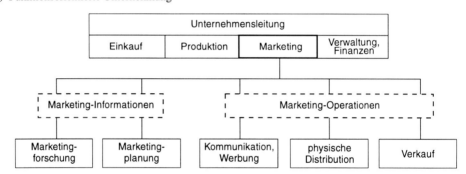

Bild K-42 (Fortsetzung)

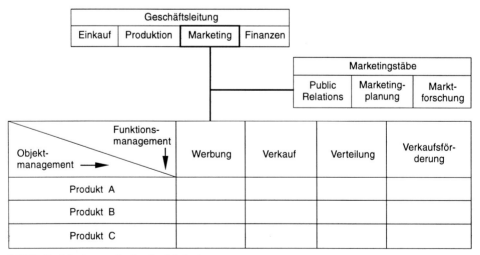

Bild K-43. Matrixorganisation im Marketing

Weiterführende Literatur

Ahlert, D., Franz, K.-P. und Kaefer, W.: Grundlagen und Grundbegriffe der Betriebswirtschaftslehre, 5. Auflage. Düsseldorf: VDI-Verlag 1990.

Arnolds, H., Heege, F. und Tussing, W.: Materialwirtschaft und Einkauf, 7. Auflage. Wiesbaden: Gabler Verlag 1990.

Baugut, G.und Krüger, S.: Unternehmensführung. Opladen: Westdeutscher Verlag 1976.

Bea, F. X., Dichtl, W. und Schweitzer, G.: Allgemeine Betriebswirtschaftslehre Band 2, 5. Auflage 1991 und Band 3, 5. Auflage. Stuttgart: Fischer Verlag 1991.

Brodtmann, E. und T.: Erfolgreiche Betriebs- und Unternehmensführung, 5. Auflage. Düsseldorf: VDI-Verlag 1992.

Bühner, R.: Betriebswirtschaftliche Organisationslehre. 6. Auflage. München: Oldenburg Verlag 1992.

Bullinger, H.-J. (Hrsg): Die CIM-fähige Fabrik. Berlin: Springer Verlag 1988.

Draeger, W.: Technologie im Blickfeld des Ingenieurs. Leipzig: Fachbuchverlag 1984.

Entreß, G. und L.: Einführung in die Informationsverarbeitung. Düsseldorf: VDI-Verlag 1989.

Fayol, H.: Allgemeine und industrielle Verwaltung. München und Berlin 1929.

French, W. L. und Bell C. H. jr.: Organisationsentwicklung, 3. Auflage. Bern/Stuttgart: Haupt-Verlag 1990.

Frese, E.: Grundlagen der Organisation, 4. Auflage. Wiesbaden: Gabler 1988.

Gulick, L. H. und Urwick, L. F.: Papers on the Science of Administration. New York 1937.

Gutenberg, E.: Grundlagen der Betriebswirtschaftslehre. 1. Band, 24. Auflage. Berlin: Springer Verlag 1983.

Hackstein, R.: Produktionsplanung und -steuerung (PPS), 2. Auflage. Düsseldorf: VDI-Verlag 1989.

Hartmann, H.: Materialwirtschaft. Stuttgart: Taylorix Fachverlag 1988.

Hering, E., Triemel, J. und Blank, H. P.: Qualitätssicherung für Ingenieure, 2. Auflage. Düsseldorf: VDI-Verlag 1994.

Hopfenbeck, W.: Allgemeine Betriebswirtschafts- und Managementlehre. Landsberg/Lech: mi-Verlag 1989.

Kern, H., M. Schumann: Das Ende der Arbeitsteilung? 4. Auflage. München: Beck 1990.

Kern, W.: Industrielle Produktionswirtschaft, 3. Auflage. Stuttgart: Poeschel 1980.

Korndörfer, W.: Unternehmensführungslehre, 7. Auflage. Wiesbaden: Gabler Verlag 1990.

Mintzberg, H.: The structuring of organization. Englewood Cliffs, New York 1979.

Produktionslogistik (Hsg. VDI-CIM/FML): Düsseldorf: VDI-Verlag 1991.

Produktionsmanagement '91. VDI-Berichte 930. Düsseldorf: VDI-Verlag 1991.

Staehle, W.: Management, 5. Auflage. München: Vahlen Verlag 1990.

Steinbuch, P. A.: Organisation, 8. Auflage. Kiehl, Ludwigshafen: 1990.

Uhrich, H.: Unternehmenspolitik, 3. Auflage. Bern/Stuttgart: Haupt-Verlag 1990.

Uhrich, P. und Fluri, E.: Management, 6. Auflage. Bern/Stuttgart: Haupt-Verlag 1992.

Warnecke, H.-J.: Die Montage im CIM-Konzept. Berlin: Springer Verlag 1988.

Westkämper, E.: Segmentierung in der Produktion, In: Produktionslogistik (VDI-Berichte 826). Düsseldorf: VDI-Verlag 1990.

Wettbewerbsfaktor Produktionstechnik. Düsseldorf: VDI-Verlag 1990.

Wildemann, H.: Die modulare Fabrik. München: Gfmt Verlag 1988.

Wildemann, H. (Hrsg.): Fabrikplanung. Frankfurt: FAZ Verlag 1989.

Wittlage, H.: Unternehmensorganisation, 5. Auflage. Herne: Verlag Neue Wirtschaftsbriefe, 1993.

Zur Übung

Ü K1: Warum ist Organisation Bedingung jeder Arbeitsteilung und wohin gehen die Tendenzen der Arbeitsteilung?

Ü K2: Worin liegt der Nutzen der Unterscheidung der Organisation von Leistungsprozessen nach Güter- und Geldströmen?

Ü K3: Inwiefern bedingen sich Organisationsprozesse, Strukturen und Sozialverhalten in der Unternehmensorganisation?

Ü K4: Wodurch unterscheiden sich Willensbildung und Willensdurchsetzung in der Betriebsführung?

Ü K5: Wodurch unterscheiden sich Aufbau- und Ablauforganisation voneinander und wie ist ihr Wechselverhältnis zueinander?

Ü K6: Worin besteht das Ziel der Unternehmenslogistik?

Ü K7: Wodurch unterscheiden sich Einkauf und Beschaffung voneinander?

Ü K8: Worin besteht das Ziel der Beschaffungsprozesse?

Ü K9: Welcher Analysen bedient sich die Einkaufsabteilung?

Ü K10: Was sind die Schritte der Materialbeschaffung?

Ü K11: Inwiefern wird die Lagerwirtschaft durch Produktionslogistik verändert?

Ü K12: Was unterscheidet die verschiedenen Lagerarten voneinander?

Ü K13: Welche Stufen der Stoffrückführung kennzeichnet das gegenwärtige Recycling?

L Produktfindung und Produktentwicklung

L 1 Produktpolitische Bedingungen

L 1.1 Unternehmensziele und Ansprüche

Die *Produktpolitik* umfaßt verschiedene Aspekte der Unternehmensführung, die das jeweilige Produktprogramm oder auch Dienstleistungsprogramm betreffen. Hervorzuheben sind hierfür als *Bestandteile*

- der Produktbedarf in seiner Entwicklung und die dazu nötige Hervorbringung von Produktideen;
- die Produktkonstruktion, ihr Aufbau und ihre Gestaltung und damit die nächste Stufe der Produktentwicklung;
- die Produktherstellung mit den erforderlichen Werkstoffen, Betriebsmitteln und Verfahren, also die Produktion als Weg zur Schaffung von Produkten bzw. Leistungen in entsprechenden Produktbereichen oder Geschäftsfeldern und schließlich
- das Produktprogramm in seiner dynamischen Gestaltung, insbesondere bezüglich Sortiment, Altersstruktur, Erneuerungsrate, Umsatzanteilen und Kundenstruktur.

Demgemäß verläuft die Produktpolitik des Unternehmens in verschiedenen *Etappen* ab, die vorrangig vom Marktbedarf und der Technikentwicklung beeinflußt werden (Bild L-1). Die wichtigsten Etappen sind hierbei die *Produktideen, Produktkonzepte* und die *Produkteinführung.* Dem dienen die verschiedenen Instrumente der Produktpolitik (Abschn. L 3).

Zu den maßgeblichen Bedingungen der Produktpolitik gehören die *Unternehmensziele.* Sie bestimmen den Rahmen, geben den Spielraum der Produktpolitik vor (Tabelle L-1).

Die Produktpolitik wird heute immer mehr von der *Neuproduktentwicklung* geprägt. Das hat im wesentlichen zwei *Ursachen:*

- *wirtschaftliche,* die aus der Marktentwicklung, der Kaufkraftstärke und der fortdauernden Veränderung des Bedarfs resultieren,
- *technische,* die durch umfassende Erfindertätigkeit und deren weltweiter Nutzungsmöglichkeit bedingt sind.

Bei der sich heute darstellenden Marktsituation ergeben sich ganz besondere *Ansprüche an die Produktpolitik.* So gilt es, neben der Suche nach homogenen Kundengruppen, mit der Produktentwicklung *individuellen Bedürfnissen* mehr zu entsprechen. Ebenso ist *ökologischen Notwendigkeiten* eher zu genügen. Das betrifft bei weitem nicht nur die Verpackung, sondern vorrangig die *Wiederverwertbarkeit* von Produkten. Produktentwicklung wird schließlich mehr und mehr für *globale* oder *internationale Märkte* betrieben.

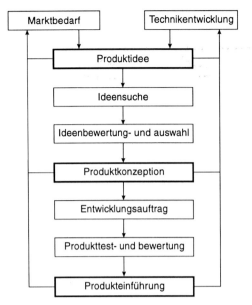

Bild L-1. Etappen der Produktpolitik

Tabelle L-1. Ziele der Produktpolitik

1. Gewinnziele, wie
   - hohe Kapitalrentabilität,
   - beständige Liquidität,
   - Image,
   - zunehmender Deckungsbeitrag;

2. Wachstum
   - Gewinn,
   - Qualitätswandel (High-Tech-Produkte),
   - Umsatz,
   - Kapitalwert;

3. Wettbewerbsposition durch
   - technologischen Vorsprung,
   - höheren Marktanteil,
   - Führung in der Qualität,
   - Produktimage;

4. Nutzung vorhandener Kapazitäten, wie
   - Produktionsfaktoren,
   - Innovationspotentiale,
   - höhere Fertigungstiefe;

5. Rationalisierung der Leistungsprozesse durch
   - logistische Organisation,
   - Nutzung möglicher Synergieeffekte,
   - wirksame Kooperation;

6. Stabilisierung durch
   - sicheren Service,
   - breite Kundenkreise,
   - saisonalen und konjunkturellen Leistungsausgleich.

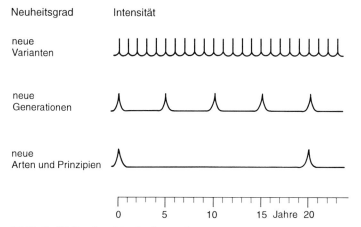

Neuheitsgrad	Intensität
neue Varianten	
neue Generationen	
neue Arten und Prinzipien	

Bild L-2. Wellencharakter des Innovationsprozesses

Diese Ansprüche stoßen derzeit auf Widerstände, welche die Kompliziertheit wirksamer Produktpolitik verdeutlichen. Zu nennen sind hierfür:

Innovationsprobleme
Zeigt sich vielfach schon ein Mangel an bedeutenden Produktideen, so wird er durch den geringen Anteil an produktionsfähigen Ideen und den hohen Anteil von Abbrüchen bzw. Fehlleistungen bei Innovationen noch verstärkt.

Aufwandsprobleme
Verschärfte Wettbewerbsbedingungen, stets steigende Kosten bei Neuproduktentwicklungen und dazu die Kapitalknappheit infolge hoher Zinssätze lassen die Aufwendungen oft schneller steigen als die zu erwartenden Erlöse.

Administrationsprobleme
Durch Gesetze und Verwaltungsregelungen werden mit Sicherheits-, Prüfungs- und Genehmigungsbedingungen und -verfahren produktpolitische Hemmnisse geschaffen, die nicht umgangen werden können.

Aus diesen Bedingungen folgt, daß die Produktpolitik vielfältige *Verflechtungen* zu gewährleisten hat. Deshalb ist Produktpolitik nicht geradlinig, linear, sondern in Intervallen zu spüren. Der *Wellencharakter von Innovationen* ist zu beherrschen (Bild L-2). Neue Varianten treten eben viel häufiger auf und sind nicht so kostenaufwendig wie neue Generationen von Produkten oder gar neue technologische Prinzipien.

L 1.2 Produktanalysen

Zu den Bedingungen der Produktpolitik gehören neben den Zielen und Ansprüchen ebenso exakte Analysen des Produkts oder der Leistung. Das gilt für den *Produktlebenszyklus* und betrifft gleichermaßen die Untersuchung der Produktbereiche wie auch die Struktur des Produktprogramms. Keine dieser Analysen ist für sich genommen hinreichend aussagefähig für produktpolitische Entscheidungen.

L 1.2.1 Produktlebenszyklus

Jedes Produkt hat im Marktgeschehen einen Beginn und ein Ende. Dazwischen liegt der *Lebenszyklus*. Er ist für die einzelnen Produkte sehr verschieden. Manche Produkte sind seit Generationen im Angebot und entsprechen noch immer dem Bedarf, wie Bäckerbrötchen, Molkereibutter, Haushaltskerzen oder manche Kleinwerkzeuge. Andere Produkte haben sich innerhalb einer Generation überlebt, wie Fahrradmotoren, Tonbänder oder sie sind in längeren Zeiträumen (Dampflokomotiven, Elektronenröhren) oder in wesentlich kürzeren wieder vom Markt verschwunden, wie Holzspeichenräder an Kraftfahrzeugen oder diskrete Festkörperschaltungen in elektronischen Bauelementen.

Unabhängig vom jeweiligen Produkt läßt sich der Produktlebenszyklus in markante Phasen gliedern (Bild L-3):

Einführungsphase
Sie ist die erste Phase der Realisierung der Produktidee. Ihr geht bereits intensive Arbeit voraus. Sie ist dennoch durch Verlust gekennzeichnet, denn sie reicht bis zum Überspringen der Gewinnschwelle. Produkte, die diesen Punkt nicht erreichen, erweisen sich als Fehlleistung, als Flop.

Wachstumsphase
Sie folgt der Einführung und ist durch Marktdurchdringung charakterisiert. Rasches Wachstum bringt guten Gewinn, läßt aber auch die Konkurrenz stärker werden. Mit der Verringerung der Wachstumsraten endet diese Phase.

Reifephase
Sie bringt weiterhin Wachstum, aber bereits abnehmendes. In ihr wird mit Verbesserungen und ausgeprägter Preiselastizität auf die drängende Konkurrenz reagiert, d.h. der Preis wird an die Absatzmöglichkeiten angepaßt. Diese Phase verringert die Gewinnchancen.

Rückgangsphase (Degenerations- oder Verfallphase)
Sie beginnt mit dem Rückgang der Produktion und geht mit dem Unterschreiten der Gewinnschwelle in die Verlustphase über. Diese endet mit der Einstellung der Produktfertigung. Sie ist durch Verlust charakterisiert.

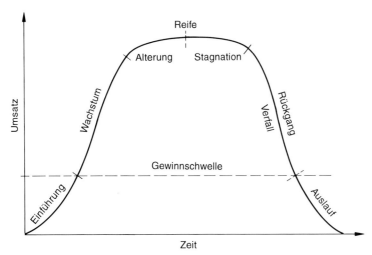

Bild L-3. Schema des Produktlebenszyklus

366

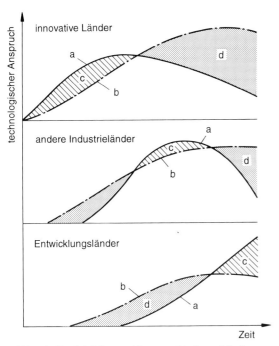

Bild L-4. Produktlebenszyklus verschiedener Ländergruppen.
a Produktion, b Verbrauch, c Export, d Import

Nach dieser Gliederung lassen sich *typische Merkmale des Produktlebenszyklus* herausstellen (Tabelle L-2). Von diesen Merkmalen gibt es jedoch verschiedene *Abweichungen*. Nicht selten gelingt es, ein Produkt aus der Reifephase wieder in die Wachstumsphase zu bringen *(Relaunching)*. Das gilt sehr häufig für Bekleidung beim Wechsel in der Mode. Selbst aus der Auslaufphase sind Erzeugnisse wieder in die Einführungsphase überführt worden, wie der Volkswagen-Käfer oder der Trabant auf außereuropäischen Märkten.

Tabelle L-2. Typische Merkmale des Produktlebenszyklus

Merkmale	Phasen			
	1	2	3	4
Kennzeichnung	Einführung	Wachstum	Reife	Rückgang
Beginn	Markteinführung	Gewinnschwelle	Wachstums-rückgang	Gewinnschwelle
Ende	Gewinnschwelle	Wachstums-rückgang	Gewinnschwelle	Auslaufen
Deckungsbeitrag	Verlust	hoher Gewinn	sinkender Gewinn	Verlust
Preiselastizität	gering	mittel	stark	gering
Konkurrenz	klein	zunehmend	stärker	abnehmend

Ursachen für andere Abweichungen sind:

Besonderheiten nach Produktarten, die zu einer anders gearteten Zeitkurve des Umsatzes führen. Der Umsatz beim erfolgreichen, häufig gekauften Produkt steigt schneller, kommt höher und hält länger an als die Umsätze bei selten oder nur einmal gekauften Produkten.

Besonderheiten des Lebensphasenverlaufs zwischen Produkten unterschiedlicher *Branchen.* Informations- und Kommunikationstechnik, Haushaltstechnik und Dienstleistungen zählen zu den Branchen mit den derzeit günstigsten Zyklenverläufen. Kohle und Stahl sind in den negativen Phasen zu finden.

Besonderheiten im Lebenszyklenverlauf von Produkten *verschiedener Ländergruppen* (Bild L-4). Während die führenden Industrieländer mit Neuprodukten schnell in den Export kommen und darüber bedeutende Gewinne erzielen, sind die Entwicklungsländer vor allem die Importeure neuer Produkte und zahlen den dafür geforderten Gewinn.

Allein diese Abweichungen von der allgemeinen Kurve, einem sehr verallgemeinerten Verlauf, verweisen auf *Einschränkungen der Aussagekraft von Lebenszyklus-Analysen.* So sind die Kriterien der zeitlichen Abgrenzung zwischen den Phasen nicht immer exakt meßbar. Die Zeitdauer der Phasen läßt sich nicht vorausbestimmen.

L 1.2.2 Analyse der Produktbereiche

Die Analyse der Produktbereiche erweist sich als weitere Möglichkeit zur exakteren Ermittlung der Bedingungen der Produktpolitik. Sie befaßt sich mit den kleineren oder größeren *Geschäftsbereichen.* Dazu dient die *Produktportfolio-Analyse* (Abschn. N 5.2.2), in der die Produkte vom Markt her (Marktwachstum bzw. Marktattraktivität) und vom Unternehmen aus (Marktanteil, Produktstärke) betrachtet werden.

L 1.2.3 Produktionsprogrammstruktur

Die Produktionsprogrammstruktur ergibt sich zunächst einmal aus den *Umsatzanteilen* der Produkte am Gesamtumsatz des Unternehmens. So kann man die Rangfolge der Produkte im Umsatz erfassen.

Die Erfassung der Umsatzanteile kann auch nach Produktgruppen vorgenommen werden. Die Programmstruktur erfordert eine nötige Ergänzung durch die *Altersstruktur* der Produkte. Diese wiederum ergibt sich aus der Einordnung des Produkts in die Lebenszyklusphasen sowie aus der abgelaufenen und der zu erwartenden Laufzeit des Produkts.

Damit können sich Produkte sehr unterschiedlichen Alters in der gleichen Zyklusphase befinden. Die Altersstruktur ist unmittelbar mit der Kundenstruktur verbunden (Abschn. N 5.2.4). Dabei führt die Abhängigkeit von nur einem Kunden oft zu einem hohen Risiko für das Unternehmen.

Schließlich umfaßt die Analyse des Produktionsprogramms auch die *Deckungsbeitragsstruktur* (Abschn. N 5.2 und N 6.2). Sie geht über die Aussagen zum Umsatz hinaus und zeigt den Beitrag des Produktes an der Deckung der fixen Kosten. Die Ordnung der Produkte nach Deckungsbeiträgen ergibt meist eine andere Reihenfolge als bei einer Ordnung nach Umsatzanteilen.

Die Deckungsbeitragsstruktur läßt sich auch auf bestimmte Betriebsmittel übertragen. Sie bietet Aussagen zur wirksameren Nutzung einzelner Betriebsmittel, und zwar nicht nur nach ihrer Nutzzeit, sondern auch nach ihrer Wirtschaftlichkeit. Die Analyse der

Deckungsbeitragsstruktur (Abschn. N 5.2.5) gibt wichtige Hinweise für die Veränderung der Kostenstruktur und ebenso zur Preis- und Konditionspolitik des Unternehmens.

L 1.3 Technikanalyse und Technikgenerationen

Zu den wesentlichen Bedingungen der Produktpolitik zählt die möglichst genaue Einschätzung der technischen Möglichkeiten und ihrer Trends, also die *Technikanalyse*. Sie beginnt schon mit der Bewertung der technischen Möglichkeiten und Grenzen in der Wirtschaft, wie in der Gesellschaft überhaupt. Die *Technikeinstellung* zeigt deutliche Vorbehalte in der deutschen Öffentlichkeit, insbesondere gegenüber den Großtechnologien.

Die Technikanalyse umfaßt die *Werkstoffe* sowie den *Weg der Produktherstellung* (Prozeß), und damit den Einsatz bestimmter *Betriebsmittel*. Ihr Investitionsaufwand steigt für Hochtechnologie-Anlagen erheblich an und lohnt demzufolge nur, wenn die Vorzüge dieser komplexen Betriebsmittelsysteme auch bei der Verarbeitung der eingesetzten Werkstoffe weitgehend nutzbar sind. Für die Hersteller solcher Betriebsmittel ist wiederum zu prüfen, in welchem Umfang und in welcher Weise die Bauelemente und -gruppen für den jeweiligen Zweck kombiniert werden.

Aus der Analyse der Werkstoffe und der Betriebsmittel für die Produktpolitik folgt bereits der Zwang zur exakten Erfassung ihres Zusammenspiels. Die Analyse der *Technologie* zeigt die möglichen Alternativen für Verfahren und Organisation im Produktherstellungsprozeß. Dafür sind die Entwicklungsrichtungen der Technologie aufschlußreich (Bild L-5). Sie offenbaren den Trend nach

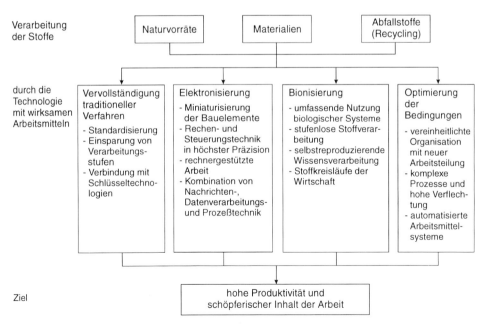

Bild L-5. Entwicklungsrichtungen der Technologie

- der Vervollkommnung der traditionellen Verfahren,

- der zunehmenden Nutzung der Hoch- oder Schlüsseltechnologien und

- dem Zwang zur Optimierung der Bedingungen.

Die Integration wird dabei deutlich sichtbar.

Bei der Analyse der Technik kommt dem *Generationswechsel* in der Technik besonderes Gewicht zu. Ein Generationswechsel der Technik umfaßt die wesentliche *Erhöhung ihres Gebrauchswerts* und die *Verringerung des Aufwands* zur Herstellung, Nutzung und Entsorgung. Die Generationsfolgen sind besonderer Ausdruck der *Zyklizität* der Technikentwicklung.

L 1.4 Programm- und Sortimentspolitik

Optimale Programmgestaltung umfaßt mehrere Dimensionen in ihrer engen Verflechtung. Es sind:

1. *Programme* (Was wird produziert?)
Das umfaßt die artmäßige Zusammensetzung des Produktprogramms. Es erfordert die Entscheidung über Produkte bzw. Produktlinien und damit die Bestimmung des *Inhalts* des Leistungsprogramms.

2. *Mengen* (Wieviel wird produziert?)
Hierbei geht es um die mengenmäßige Struktur des Programms. Dafür ist zu entscheiden, wie sich Sortimentsbreite und -tiefe entwickeln. *Umfang und Struktur* des Programms werden bestimmt.

3. *Termine* (Wann wird produziert?)
Sie regeln die zeitliche Gliederung des Programms. Damit sind Entscheidungen über die Rangfolgen und Prioritäten im Sortiment zu fällen. Mit ihnen wird der *Zeitpunkt* des Produktangebots auf dem Markt festgelegt.

Produktgestaltung nach diesen Dimensionen bedingt die proportionale Zuordnung der Elemente des Produktionsprogramms. Das betrifft (Bild L-6):

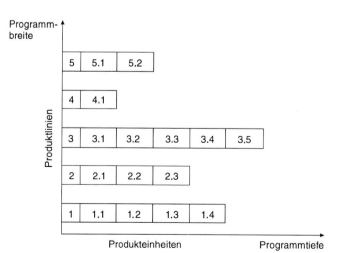

Bild L-6. Elemente des Produktprogramms. Bei 15 Produkteinheiten = 5 Produktlinien, durchschnittliche Tiefe = 3

Tabelle L-3. Einflußgrößen der Sortimentsplanung nach *Meffert*

1. Ertragswirtschaftliche Determinanten:
   - Grad der Nachfragekonkretisierung,
   - Verbindlichkeit der Nachfrage,
   - Nachfrageschwankungen;

2. Kostenwirtschaftliche Determinanten:
   - Warenkosten,
   - Handlungskosten,
   - kalkulatorischer Ausgleich;

3. Finanzwirtschaftliche Determinanten:
   - Kapitalbindung und Lagerumschlag,
   - Liquiditäts- und Risikoaspekte.

- *Produktlinien* als Gruppen von Produkten, die produktionstechnisch, bedarfs- oder herkunftsmäßig zusammengehören.

- *Programmbreite* als Anzahl von Produktarten oder -linien, die parallel im Programm enthalten sind.

- *Programmtiefe* als Zeichen für die Anzahl der Artikel, Typen oder

- *Varianten,* die jede Produktlinie umfaßt.

Damit wird die *Sortimentsplanung* bereits abgesteckt. Es erfordert die Bestimmung von *Kriterien für die Sortimentszusammensetzung.* Das sind die Orientierungen nach

- der Herkunft des Materials,

- dem Bedarf durch Verbraucher/-gruppen,

- den Preisen und

- der Verkäuflichkeit der Ware.

Diese Kriterien wirken stets zusammen, auch wenn jeweils der Vorrang einer Orientierung gesetzt wird.

Darüber hinaus sind weitere Faktoren von Einfluß, die im besonderen die *Effizienz* kennzeichnen (Tabelle L-3). Diese Faktoren sind schon deshalb ganz wesentlich für die Sortimentsplanung, da ihre Wirkung vorrangig am Deckungsbeitrag gemessen wird (Abschn. N 5.2.5).

L 2 Ideensuche und Ideenfindung

L 2.1 Quellen für Produktideen

Der Unternehmensführung stehen verschiedene *Ideenquellen* für neue Produkte zur Verfügung. Sie liegen sowohl im Inneren des Unternehmens als auch außerhalb und lassen sich nach ihrer Herkunft vor allem nach Quellen unterscheiden, die vom Markt ausgehen und solche, die aus der technischen Entwicklung resultieren (Tabelle L-4).

Tabelle L-4. Ideenquelle für neue Produkte

Unternehmensintern	Unternehmensextern
vom Markt	vom Markt
• Marktforschung,	• Kunden,
• Absatz und Verkauf,	• Handelsunternehmen,
• Service,	• Marktforschungsorganisation,
• Mitarbeiter;	• Werbeagenturen und Berater,
	• Konkurrenz,
	• Wirtschaftsverbände,
	• öffentliche Einrichtungen;
von der Technik	von der Technik
• Forschung und Entwicklung,	• Forschungsinstitute,
• Patentwesen,	• Erfinder,
• betriebliches Vorschlagswesen,	• Messen,
• Produktion.	• Publikationen.

Als *Auslöser* nutzbarer Produktideen sind die unternehmensexternen Quellen von besonderem Gewicht und hier wiederum Kunden, Wettbewerb und andere Gruppen, die vor allem das Marktgeschehen in der steten Veränderung widerspiegeln (Bild L-7). Demzufolge sind diese Ideenquellen auch mit ständigem Interesse zu verfolgen.

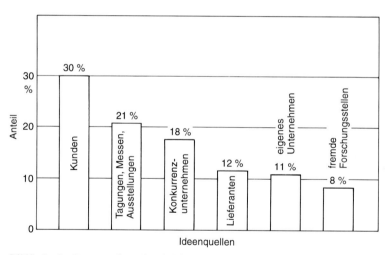

Bild L-7. Auslöser nutzbarer Produktideen

Untersuchungen der letzten Jahre zeigen, daß unter den *Initiatoren* neuer Ideen die unternehmensinternen Gruppen Boden gewonnen haben. Die Mitarbeiter der Forschungs- und Entwicklungsbereiche dominieren danach sogar mit 55%igem Anteil. Absatzbereiche und Kunden belegen danach die folgenden Plätze. Zweifellos darf hierbei nicht übersehen werden, daß von den letztgenannten und weiteren Gruppen oft nur die Anstöße zu neuen Ideen gegeben werden, deren Ausarbeitung dann im FuE-Bereich erfolgt. Die stete Ver-

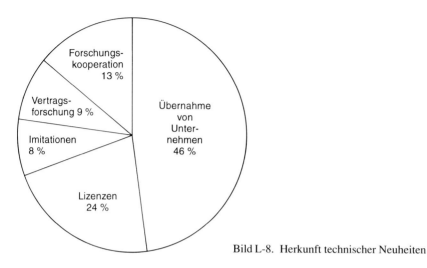

Bild L-8. Herkunft technischer Neuheiten

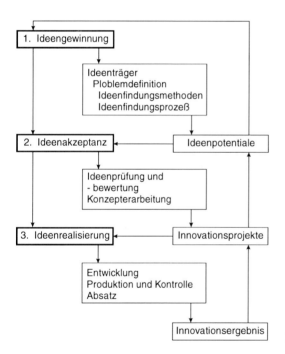

Bild L-9. Etappen der Ideenentwicklung

bindung der Ingenieure in diesem Bereich mit anderen Initiatorengruppen bedarf daher der Förderung durch die Unternehmensleitung.

Schließlich zeigt auch die *Herkunft technischer Neuheiten* nach eigener bzw. ausgegliederter Ideenarbeit, von *Brockhoff* 1989 ermittelt, auf welche *Ideenträger* sich das Unternehmen stützen kann (Bild L-8). Rangiert hier die Übernahme von Unternehmen an der Spitze, was im wesentlichen für Großunternehmen möglich ist, so sind die anderen Ideenträger in Abhängigkeit vom Grad der Neuheit unterschiedlich verfügbar.

Die Produktideen unterliegen einem *mehrstufigen Prozeß,* in dem sie von der Ideengewinnung über die Ideenakzeptanz zur Ideenverwirklichung geführt werden (Bild L-9).

Die wirksame Erschließung von Ideenquellen für neue Produkte ist für die Unternehmen in der deutschen Wirtschaft der Gegenwart von besonders *hohem Wert.* Dafür gibt es vor allem zwei Gründe:

Hohe Qualifikation der Beschäftigten und damit hohes Lohnniveau sowie relativ niedrige Arbeitszeiten lassen sich nur durch höhere Qualität im Leistungsangebot kompensieren. Anders ist die nötige Wettbewerbsfähigkeit auf den Märkten kaum zu erreichen.

Rückläufige Zahlen von Patentanmeldungen seit 1989 widerspiegeln nicht nur die Zerstörung des Forschungspotentials im Osten Deutschlands, sondern ebenso ein Nachlassen erfinderischer Leistungen im Westen. Diese gefährlichen Trends müssen für die Unternehmensführung als sehr ernstes Signal verstanden und gewertet werden.

L 2.2 Wege der Ideenfindung

Die Erschließung der verschiedenen Ideenquellen und ihrer Träger ist für eine effiziente Unternehmensführung unverzichtbar. Es gibt unterschiedliche Möglichkeiten der Ideenfindung:

1. Schaffung der notwendigen *Technikakzeptanz.* Die in den 80er Jahren noch sehr verbreitete Ablehnung der Technik, insbesondere der Großtechnik, hat sich in der bundesdeutschen Öffentlichkeit deutlich verringert. Dennoch ist Technikkritik vorhanden und geboten. Der VDI hat vor allem den Mißbrauch technischer Entwicklungen verurteilt. Technikakzeptanz bedingt auch bei den Ingenieuren eine sachliche Bewertung neuer Ideen.

2. *Förderung* neuer Ideen über die entsprechende Anerkennung, schnelles Prüfen der Ideen, Stimulierung von Vorschlägen. Eine Atmosphäre der steten Suche nach Verbesserung ist hierfür besonders geeignet.

3. Wirksame *Organisation der Ideenarbeit.* Für sie ist die Gliederung bzw. Zuordnung des Forschungs- und Entwicklungsbereiches besonders wichtig. Die verschiedenen organisatorischen Möglichkeiten sollten daraufhin geprüft werden, wie Markt- und Betriebsinteressen bei nötigen Erneuerungen möglichst sinnvoll zueinander finden. Dabei sind die jeweiligen Vor- und Nachteile von Zentralisation und Dezentralisation genau zu prüfen.

Mit dem Beschreiten der verschiedenen Wege der Ideenfindung geht es in der Betriebsführung um die Überwindung der Widerstände, die sich überall und auch immer wieder gegen neue Ideen auftun. Die *Innovationsbarrieren* sind vielfältig (Bild L-10). Sie werden mit sachlichen Gründen vorgetragen und sind ebenso aus Unkenntnis bzw. hartem Konservatismus heraus wirksam.

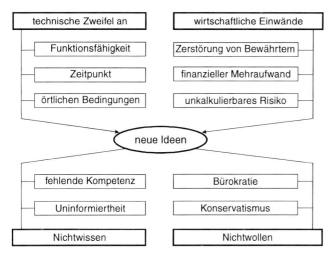

Bild L-10. Innovationsbarrieren

L 2.3 Methoden der Ideenfindung

Ideensuche und Ideenfindung für neue Produkte und Lösungen bedingen heute aus mehreren Gründen geeignete Methoden:

- Viele Produkte sind außerordentlich hoch entwickelt. Ihre weitere Vervollkommnung ist nicht leicht möglich.

- Neue Ideen werden weltweit in großer Fülle entwickelt. Die große Stoffülle auf dem jeweiligen Produktgebiet ist – zumindest weitgehend – zu verarbeiten.

- Neue Ideen stehen vielen Ansprüchen gegenüber. Sie fordern komplexe Kenntnisse.

Damit ist eine *Systematisierung der Methoden zur Ideenfindung,* also eine Methodik, unentbehrlich geworden. Die Methoden lassen sich vielfach gliedern. Sie sind häufig nach zwei Gruppen unterschieden. Das sind

Die *intuitive* Ideenfindung.
Hier wird mit viel Schöpfertum, oft in wilder Ideensuche und instinktiv, nach neuen Lösungen gesucht. Dazu zählen vor allem Brainstorming, Brainwriting und Synektik.

Die *systematische* Ideenfindung.
Sie stützt sich auf gründliche Analysen und setzt über Systematisierung und Objektivierung einzelner Bedingungen und der Gesamtheit der Lösungen auf Innovation. Der morphologische Kasten, Attribute Listing und Problemlösungsbaum werden dazu eingesetzt.

Da bei allen Methoden Schöpfertum und Systematik gefragt sind, führt diese Zweiteilung zu übermäßiger Vereinfachung. Die Vielfalt der Methoden der Ideenfindung läßt folgende *Klassifizierung* zu (Bild L-11):

1. *Gruppendiskussion,* die nach bestimmten Regeln und festgefügtem Ablauf in kleinen Gruppen geführt wird. Die geläufigsten sind

Brainstorming (Tabelle L-5)
Hierbei werden „Ideenproduzierer" und ihre „Kritiker" voneinander getrennt, so daß erstere ungehemmt in 20- bis 30-Minuten-Diskussionen ihre Ideen hervorbringen. Die Kritiker

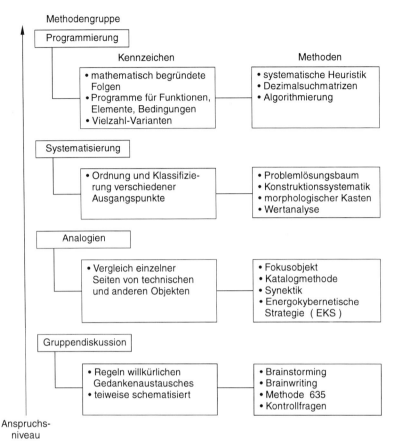

Methodengruppe

Programmierung

Kennzeichen	Methoden
• mathematisch begründete Folgen • Programme für Funktionen, Elemente, Bedingungen • Vielzahl-Varianten	• systematische Heuristik • Dezimalsuchmatrizen • Algorithmierung

Systematisierung

• Ordnung und Klassifizie-rung verschiedener Ausgangspunkte	• Problemlösungsbaum • Konstruktionssystematik • morphologischer Kasten • Wertanalyse

Analogien

• Vergleich einzelner Seiten von technischen und anderen Objekten	• Fokusobjekt • Katalogmethode • Synektik • Energokybernetische Strategie (EKS)

Gruppendiskussion

• Regeln willkürlichen Gedankenaustausches • teiweise schematisiert	• Brainstorming • Brainwriting • Methode 635 • Kontrollfragen

Anspruchs-
niveau

Bild L-11. Kreativitätsmethodik

nehmen anschließend deren rationelle Bewertung vor. So soll durch Unordnung in der Diskussion die Ordnung im Denken überlistet werden. Diese Methode wird vielfach variiert.

Brainwriting und die Methode 635 (Tabelle L-6)
Dem Brainstorming ähnlich, werden nach kurzer Problemdiskussion die Lösungsvorschläge in ein Formblatt eingetragen und durch die Teilnehmer im kurzzeitigen Wechsel ergänzt. Die Methode 635 bedeutet, daß 6 Teilnehmer 3 Vorschläge in jeweils 5 Runden notieren und bearbeiten. Damit werden maximal $6 \times 3 \times 5 = 108$ Vorschläge erzeugt.

Kontrollfragen (Tabelle L-7)
Es ist eine weitere Form der Gruppendiskussion, die jedoch eher schematisiert verläuft. Durch die Abarbeitung einer Liste hinführender Fragen werden realere Ideen als in den vorgenannten Methoden hervorgebracht.

Die Methoden dieser Gruppe sind durch ihre Abhängigkeit von jeweiligen Teilnehmern, dem Diskussionsleiter und anderen Einflüssen sehr subjektiv geprägt. Durch ihre Einfachheit und allgemeine Zugänglichkeit sowie ihre universelle Verwendbarkeit ist die zweckgerichtete Nutzung dieser Methoden für die Ideenfindung unbedingt zu empfehlen.

376

Tabelle L-5. Regeln des Brainstorming

1. Die Teilnehmer können und sollen ihrer Phantasie freien Lauf lassen.
   Jede Anregung ist willkommen.

2. Ideenmenge geht vor Ideenqualität. Es sollen möglichst viele Ideen herausgesagt werden.

3. Es gibt keinerlei Urheberrechte. Die Ideen anderer Teilnehmer können und sollen aufgegriffen
   und weiterentwickelt werden.

4. Kritik oder Wertungen sind während des Brainstorming streng verboten.

Tabelle L-6. Schritte der Ideensuche nach Methode 635

1. Schritt: Problemvorstellung – maximal fünf Minuten durch den Auftraggeber.

2. Schritt: Die Teammitglieder versuchen das Problem neu zu formulieren.
   Der Auftraggeber wählt die ihm am interessantesten erscheinenden Neuformulierungen.

3. Schritt: Eintragung der Neuformulierung in das Formblatt.
   Nunmehr herrscht absolutes Stillschweigen in der Gruppe.

4. Schritt: Jedes Teammitglied trägt in sein Formblatt in die Felder 1.1., 1.2 und 1.3 je eine Idee
   zum Problem ein. Zeitdauer drei Minuten.

5. Schritt: Weitergabe der Formblätter. Jedes Teammitglied hat jetzt vier Minuten Zeit, um die
   Ideen des Vorgängers kennenzulernen und in die Felder 2.1, 2.2 und 2.3 je eine weitere Idee
   einzutragen (neue Ideen oder Weiterentwicklung aus 1.1 ff.).

6. Schritt: Weitergabe der Formblätter – Verfahren analog zu Schritt 5 –
   Zeitspanne fünf Minuten usw. bis 6.1, 6.2, 6.3 ausgefüllt.

Tabelle L-7. Kontrollfragen (Schema)

Wenn nun diese Aufgabe durch eine andere ersetzt wird?

Wenn man es nun umgekehrt macht?

Wenn man dafür ein anderes Material verwendet?

Wenn nun die gegenwärtige Form des Objektes verändert wird?

2. *Analogien* sind eine weitere Methodengruppen, die auf dem Vergleich technischer Lösungen mit wirtschaftlichen Effekten und anderen Prozessen außerhalb der Technik beruhen. Der Vergleich wird hier zum bestimmenden Merkmal bei der Ideensuche. Verbreitete Methoden dieser Gruppe sind die

Fokusobjektmethode
Sie nutzt sprachliche (speziell semantische) Eigenschaften der Begriffe, um zu Analogien zu gelangen. Merkmale von zufällig gewählten Objekten werden auf ein zu vervollkommnendes Objekt übertragen, wodurch ungewöhnliche Kombinationen entstehen, mit denen die psychische Trägheit überlistet werden soll. Das zufällige Objekt Tiger und das zu ver-

Tabelle L-8. Verlauf der Synektik

---

1. Problemformulierung,
2. erste direkte Analogien,
3. persönliche Analogien,
4. symbolische (unwirkliche) Analogien,
5. zweite direkte Analogien,
6. Analyse der Analogien,
7. Lösung schaffen, erzwingen,
8. neue Lösungsansätze,
9. phantastische Analogien,
10. dritte direkte Analogien.

---

vollkommnende Produkt Bleistift führen zur Kombination „gestreifter Bleistift". Diese Methode bietet ein ganzes Feld von Kombinationen, die zu originellen, aber ebenso zu absurden Ideen hinführen.

Katalogmethode
Sie wird in verschiedenen Varianten angewandt. Durch Katalogisierung technischer und anderer Bedingungen erleichtert sie die Auswahl neuer Kombinationen.

Synektik
Als Vereinigung heterogener Elemente setzt diese Methode auf das Training der Einbildungskraft und die psychologische Einstimmung vor Konferenzen und Exkursionen. Die Diskussion erfolgt in professionellen Gruppen, die zunehmend Erfahrungen sammeln und dabei auch mit Analogien arbeiten (Tabelle L-8).

Energokybernetisches System (EKS)
Die Methode des energokybernetischen Denkens nutzt den Vergleich in ähnlicher Weise wie die Katalogmethode. Bei den Vergleichen fehlt jedoch auch hier die Systematik noch weitgehend.

Vielfach beziehen sich Analogien auf die technische Verwertbarkeit biologischer Vorgänge und stützen sich dabei auf Erkenntnisse der *Bionik*. Die Methodengruppe der Analogien geht mehr von den realen Bedingungen aus. Sie ist auf bestimmte Seiten der jeweiligen Lösung oder des Produkts gerichtet, erfaßt vorrangig einzelne Teile. Das Fehlen der Ganzheit und der Systematisierung zeigt die Begrenztheit ihrer Anwendungsmöglichkeit.

3. *Systematisierung* ist das bestimmende Merkmal der nächsten Methodengruppe. Das Ordnen wesentlicher Aspekte, Merkmale und Bedingungen wird dafür unentbehrlich. Hervorgehoben werden für diese Gruppe folgende:

Problemlösungsbaum
In ihm werden die Bedingungen und möglichen Lösungen zusammengestellt und geordnet. Damit entstehen Verästelungen nach ganz bestimmten Kriterien, die auch die weitere Differenzierung ermöglichen, wie es das Beispiel des *Relevanzbaumverfahrens* zeigt (Tabelle L-9).

Konstruktionssystematik
Diese Methode geht einen Schritt weiter. Hier werden die einzelnen Bedingungen sowohl systematisiert als auch klassifiziert. Damit sind sie nach ihrem Bedeutungsgrad geordnet und entsprechend gewichtet.

Tabelle L-9. Relevanzbaum für die Weltraumtechnik

Ebene	Ansichten	Absichten im Weltraum
A	2 Zwecke	Forschung Nutzung
B	15 Ziel	Mond
C	65 Interessengebiete	Zusammensetzung
D	301 Aufgaben	Strukturchemie
E	46 Konzepte	bemannte Station
F	195 Systeme	Kernenergie
G	786 Subsysteme	Zusatz-Energie
H	687 Elemente	Kraftquelle
I	Typ (Wahl)	Kernreaktor (Konverter)
K	2329 technologische Mängel	Wärmeverlust Schirmung

Methode des morphologischen Kastens
Nach *Zwicky* wird ein zu lösendes Problem in seine typischen Elemente zergliedert. Dann werden alle bekannten bzw. möglichen Lösungen zusammengestellt und durch Kombination zu neuen Lösungswegen geführt. Dazu sind die verschiedenen Parameter in ihrer unterschiedlichen Ausprägung erfaßt. So lassen sich Bedarfstrends, Marktentwicklungen und technische Möglichkeiten durch Strukturierung in Übereinstimmung bringen, wie das die Beispiele zeigen (Bild L-12).

Wertanalyse (Abschn. M).

Die Methoden des Systematisierens sind komplizierter, aber erfassen die realen Bedingungen genauer als die vorher genannten. Ideensuche läßt sich stärker objektivieren und wird effizienter.

4. Die *Programmierung* umfaßt alle die Methoden der Ideensuche, in denen der Verlauf des Suchprozesses durch komplexe Systematisierung von Funktionen, Bedingungen und Erfordernissen neuer Produkte bzw. Lösungen programmiert verläuft. Bekannt sind dafür:

Systematische Heuristik
Heuristische Programmen werden als geordnete Menge von Vorschriften verstanden. Sie sind hierarchisch gegliedert und reichen vom Oberprogramm bis zum Arbeitsprogramm, worauf sich die Programmbibliothek aufbaut (Bild L-13).

Dezimalsuchmatrizen
Sie weisen Ähnlichkeiten zur systematischen Heuristik aus. Merkmale des Produkts bzw. Objekts werden mit heuristischen Verfahren verbunden. Die Merkmale sind dazu in zehn Gruppen gegliedert und werden mit den bekanntesten heuristischen Verfahren in eine Übersicht gebracht, die systematisch abzuarbeiten ist.

a) Beispiel für Stadtautos

Parameter	Ausprägungen					
Personen-kapazität	1 Person	2 Personen	3 Personen	4 Personen	mehr als 4 Personen	
Lastraum	keiner	im Bug	im Heck	an der Seite	über Kopf (Dach)	unter Flur
Antriebs-aggregat	Elektro-motor	Gas-motor	Diesel-motor	Otto-motor	Dampf-turbine	Speicherung kinetischer Energie
Karosserie-material	Stahlblech	Alublech	Kunst-stoff	Holz-verbund-material	- - -	
Bauform (Silhouette)						- - -

b) Beispiel für Markttrends

Bild L-12. Morphologisches Tableau. ✕ interessant erscheinende Suchfelder, ○ kaum Anhaltspunkte

Bild L-13. Struktur der Programmbibliothek zur Systematischen Heuristik. FKT Funktionsbeschreibung, VP Verfahrensprinzip, tP technisches Prinzip, A Ausgangsgröße, E Eingangsgröße

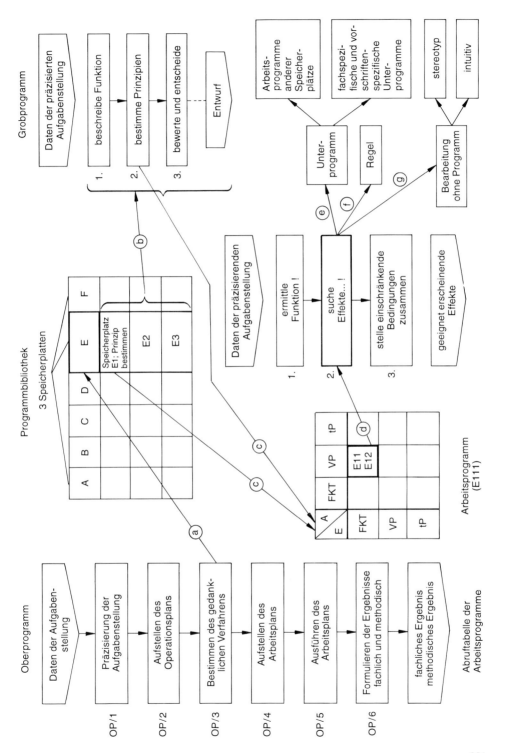

381

Algorithmierung

Sie hebt das Programmieren auf eine höhere Niveaustufe, in dem sie exakte, mathematisch bestimmte Folgen von Suchschritten festlegt. Der Algorithmus führt zur schematischen Lösung oder zum Abbruch der Aufgabe. Die Lösung technischer Widersprüche ist Ziel des Algorithmus zur Lösung von Erfindungsaufgaben, wie sie *Altschuller* entwickelte. Dazu erfaßt die Schrittfolge der Ideensuche 35 Prinzipien (Tabelle L-10). Die Widersprüche sind hier zu sehr auf die technische Seite reduziert.

Mit künftigen Rechnersystemen und den Möglichkeiten komplexer Programmierung vollzieht sich der Übergang von der Daten- zur Wissensverarbeitung. Damit geht der Aufbau einer heute noch kaum vorstellbaren Wissensbank einher. Sie wird zur neuen Ideenquelle, deren systematische Nutzung die Ideenfindung erheblich fördert.

Für die *Wahl der geeigneten Methode* sind bestimmte Auswahlkriterien nötig. Sie sind vor allem vom Ziel der Erneuerung, ihrem inhaltlichen Niveau und der Art und Weise der Veränderung abhängig (Tabelle L-11).

Tabelle L-10. Prinzipien zur Lösung technischer Widersprüche nach *Altschuller*

1. Zerstückelung
2. Abtrennung
3. Schaffung optimaler Bedingungen
4. Asymmetrie
5. Kombination
6. Mehrzwecknutzung
7. Matroschka
8. Gegengewicht durch aerodynamische, hydrodynamische und magnetische Kräfte
9. Vorspannung
10. Vorher-Ausführung
11. Vorbeugen
12. kürzester Weg – ohne Anheben und Absinken des Objektes
13. Umkehrung
14. shärische Lösung
15. Anpassung
16. nicht vollständige Lösung
17. Übergang in eine andere Dimension
18. Veränderung der Umgebung
19. Impulseffekt
20. kontinuierliche Arbeitsweise
21. schneller Durchgang
22. Umwandlung des Schädlichen in Nützliches
23. Keil durch Keil – Überlagerung einer schädlichen Erscheinung mit einer anderen
24. Zulassen des Unzulässigen
25. Selbstbedienung
26. Arbeiten mit Modellen
27. Ersetzen der teuren Langlebigkeit durch eine billige Kurzlebigkeit
28. Übergang zu höheren Formen
29. Nutzung pneumatischer und hydraulischer Effekte
30. Verwendung elastischer Umhüllungen und dünner Folien
31. Verwendung von Magneten
32. Veränderung von Farbe und Durchsichtigkeit
33. Gleichartigkeit der verwendeten Werkstoffe
34. Abwerfen oder Umwandeln nicht notwendiger Teile
35. Veränderung der physikalisch-technischen Struktur

Tabelle L-11. Eignung von Kreativitätsmethoden

Ziel der Erneuerung	Methoden
● Produktideen mit begrenztem Suchbereich:	Brainstorming, Brainwriting;
● Produktideen zu bekannten Problemen:	Heuristik, progressive Abstraktion;
● Produktverbesserungen:	Attribute-Listing;
● Produkt- und Verfahrenserneuerung (partielle):	Synektik, Analogien;
● komplexe Erneuerung von Produkt und Verfahren:	morphologischer Kasten, Algorithmen

L 2.4 Auswahl und Bewertung der Ideen

Sind die Ideenquellen erschlossen, die möglichen Wege genutzt und dazu auch die jeweilig geeigneten Suchmethoden verwandt, so bleibt für die Unternehmensführung die Aufgabe ihrer Auswahl und Bewertung.

Die *Ausscheidungskurve neuer Produkte* zeigt die zahlreichen Möglichkeiten der Beendigung oder des Abbruchs der Arbeit an neuen Produktideen (Bild L-14). Danach scheidet etwas mehr als die Hälfte neuer Produktideen bereits durch die Vorauswahl aus. Viele Ideen durchlaufen aber noch die folgenden Etappen. 5% erreichen sogar noch die Testmärkte. Selbst während der Markteinführung scheiden immer wieder Produktideen aus, die dann bereits Produktrealität sind und demzufolge dem Unternehmen in mehrfacher Hinsicht Schaden zufügen. Sie kosten Geld und auch Ansehen.

Mit Versäumnissen in der Auswahl werden *Produktmißerfolge* gefördert.

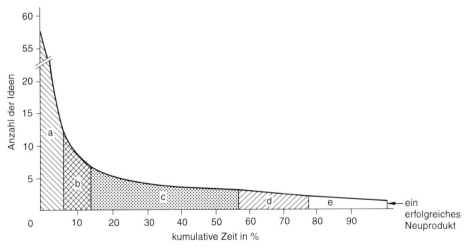

Bild L-14. Ausscheidungskurve neuer Produktideen.
a Vorauswahl, b Wirtschaftlichkeitsanalyse, c Entwicklung, d Testmärkte, e Einführung

Tabelle L-12. Vorauswahl von Produktideen mit Checkliste

Unternehmen:

- Paßt die Idee zur Zielsetzung des Unternehmens?
- Entspricht die Idee dem Unternehmensprogramm?
- Welche Auswirkungen ergeben sich für das Image?
- Paßt die Idee in das Verkaufsprogramm?
- Paßt die Idee in das Produktions- und Beschaffungsprogramm?
- Wie ist die Umsatzerwartung?
- Wie ist die Deckungsbeitragserwartung?
- Wann kann der Break-even-Point erreicht werden?
- Welche eigenen Produkte werden ersetzt?
- Wie groß sind nötige Investitionen?

Zielgruppe:

- Welche Kundenwünsche erfüllt die Idee?
- Auf welche Zielgruppe wirkt die Idee?
- Können mit der Idee Präferenzen aufgebaut werden?

Wettbewerb und Markt:

- Fördert die Idee die Marktstellung?
- Wurde die Idee schon von der Konkurrenz verwirklicht?
- Birgt die Idee Wettbewerbsvorteile?
- Wie ist die Marktanteilserwartung?
- Wie ist die Distributionserwartung?
- Welche Lebensdauer wird erwartet?
- Wie wird sich der Lebenszyklus entwickeln?
- Ist die Idee auch für Auslandsmärkte geeignet?

Umwelt:

- Wie ist die Umweltfreundlichkeit?
- Kann die Idee ökologisch verträglich realisiert werden?
- Gibt es rechtliche Probleme?

Bewertung

Kriterien	Bewerter 1	2	3	4	5	Durchschnitt
1						
2						
3						
4						

Bewertungsskala: 1 negativ, 2 neutral, 3 positiv

Tabelle L-13. Produktbewertungsmodell nach *O'Meara*

	sehr gut (10)	gut (8)	durchschnittlich (6)	schlecht (4)	sehr schlecht (2)
1. Markttragfähigkeit:					
• Erforderliche Absatzwege,	ausschließlich gegenwärtige	überwiegend gegenwärtige	zur Häle gegenwärtige	überwiegend neue	ausschließlich neue
• Beziehung zur bestehenden Produktgruppe,	Vervollständigung	Abrundung	einfügbar	verträglich	unverträglich
• Preisverhältnis zu ähnlichen Produkten,	Preis liegt darunter	Preis liegt z.T. darunter	Preis entspricht dem	Preis liegt z.T. darüber	Preis liegt meist darüber
• Konkurrenzfähigkeit der Produkte,	den Konkurrenzprodukten überlegen	mehrere Eigenschaften sind überlegen	entsprechen den Konkurrenzprodukten	einige überlegene Eigenschaften	keine überlegenen Eigenschaften
• Einfluß auf Umsatz der alten Produkte;	steigert	unterstützt	kein Einfluß	behindert	verringert
2. Lebensdauer:					
• Haltbarkeit,	groß	überdurchschnittlich	durchschnittlich	relativ gering	schnelle Veralterung zu erwarten
• Marktbreite,	Inland und Ausland	breiter Inlandsmarkt	breiter Regionalmarkt	enger Regionalmarkt	enger Spezialmarkt
• Saisoneinflüsse,	keine	kaum	geringe	etliche	starke
• Exklusivität;	Patentschutz	z.T. Patentschutz	Nachahmung schwierig	Nachahmung teuer	Nachahmung leicht und billig
3. Produktionsmöglichkeiten:					
• benötigte Produktionsmittel,	mit stilliegenden	mit vorhandenen	z.T. mit vorhandenen	teilweise neue nötig	völlig neue erforderlich
• benötigtes Personal und techn. Wissen,	vorhanden	im wesentlichen vorhanden	teilweise erst zu beschaffen	weitgehend zu beschaffen	gänzlich neu zu beschaffen
• benötigte Rohstofflieferanten;	Exklusivlieferanten	bisherige Lieferanten	ein Neulieferant	mehere Neulieferanten	viele Neulieferanten
4. Wachstumspotential:					
• Marktstellung,	Befriedigung neuer Bedürfnisse	erhebliche Produktverbesserung	gewisse Produktverbesserung	geringe Produktverbesserung	keine Produktverbesserung
• Investitionsbedarf,	sehr hohe	hoher	durchschnittlicher	geringer	kein
• Erwartete Anzahl an Endverbrauchern	starke Zunahme	geringe Zunahme	Konstanz	geringe Abnahme	erhebliche Abnahme

Deshalb muß die Auswahl nach strengen Maßstäben vorgenommen werden. Für die *Vorauswahl* von Produktideen sind verschiedene Methoden im Gebrauch. Hervorzuheben ist die Vorauswahl mit Checkliste (Tabelle L-12). Danach werden wesentliche Bereiche hinsichtlich der Wirkungen von Produktideen geprüft und einer ersten Wertung unterzogen. Je gründlicher die Prüfung erfolgt, desto sicherer lassen sich Mißerfolge verhindern.

Für die Auswahl und die Bewertung von Produktideen eignet sich auch die Matrix des *Produktbewertungsmodells* (Tabelle L-13). Mit der Markttragfähigkeit, der Lebensdauer, den Produktionsmöglichkeiten und dem Wachstumspotential werden die Chancen und die Risiken der Produktidee exakt durchgespielt. Sie sind die Grundlage für die Entscheidung über die weitere Nutzung der Produktidee im Rahmen vorhandener Potentiale bzw. Bedingungen oder durch zusätzliche Aufwendungen. Ideen, die gegenwärtig nicht nutzbar sind, werden archiviert, um sie zu einem möglichen späteren Zeitpunkt wieder zur Verfügung zu haben.

L 3 Instrumente der Produktpolitik

L 3.1 Innovationsentscheidungen

Innovationsentscheidungen sind unter den *verschiedenen Aspekten* zu fällen (Bild L-15). Ihr Kernstück sind die Elemente des Neuprodukts. Da bei Erneuerungen jedoch in den seltensten Fällen Abschied von allem Alten genommen wird, bezieht sich die Innovationsentscheidung auf unterschiedliche Gegenstände. Das sind:

- *Neuheitsgrad (Dimension der Erneuerung)*
  Damit ist zu befinden, in welchen Ebenen das Neuprodukt in der Tat neu ist, welche Elemente bisheriger Produkte erneuert werden (Bild L-16). Produkte mit höchstem Neuheitsgrad, mit denen völlig Neues auf den Markt gelangt, sind streng genommen die einzigen Neuprodukte. Diese totale Art der Erneuerung ist aber weder vom Kunden generell gefordert, noch vom Hersteller als einziges machbar.

- *Produktvariation*
  Damit wird entschieden, das vorhandene Produkt dem veränderten Marktbedarf anzupassen. Es geht um die *Produktdifferenzierung,* die auf ganz bestimmte Kundengruppen abzielt. Mit der Variation wird ebenso über Produktverbesserungen entschieden, die in einzelnen Ebenen des Produkts erfolgen.

- *Produktdiversifikation (Erneuerungsumfang)*
  Hier wird über den Umfang der Erneuerung bezüglich Produkt, Produktion und Kunden entschieden (Bild L-17). Die *konzentrische* Diversifikation umfaßt die Erneuerung des Produkts mit vorhandenen Technologien für die bisherigen Kunden. Mit der *horizontalen* Diversifikation sind auch die Technologien zu erneuern und mit der *konglomerativen* (auch laterale genannt) ebenso der Kundenkreis. Mit der Entscheidung für die letzte Variante ist für das Unternehmen ein hohes Risiko verbunden.

- *Produkteliminierung*
  Sie beinhaltet eine *Programmbereinigung* und ist häufig die Kehrseite der vorgenannten Entscheidungen, die im Ergebnis von Produkt- und Marktanalysen gefällt wurden. Die Produkteliminierung kann einen sehr verschiedenen Umfang haben. Sie erfaßt einzelne Artikel, beispielsweise 6-Korn-Joghurt, oder eine ganze Marke, wie den Bio-Joghurt. Sie kann auch darüber hinausgehen und den Produkttyp, z.B. VW Golf GTI/G60, oder die Produktlinie (VW Golf) oder auch die Produktklasse (VW-Pkw) erfassen.

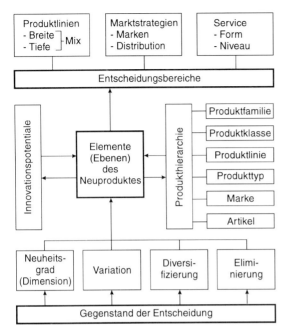

Bild L-15. Aspekte der Innovationsentscheidungen

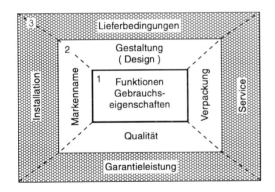

Bild L-16. Ebenen des Neuproduktes

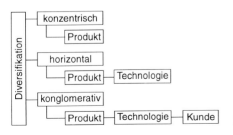

Bild L-17. Erneuerungsumfang

Tabelle L-14. Wesentliche Innovationspotentiale

Unternehmensintern:
- kreative Mitarbeiter,
- Werkstoffe und Technologien,
- Informationsorganisation,
- Produktprogramm und -politik,
- Design und Marketing;

marktbedingt:
- Kundenwünsche und -bedarf,
- neue Erkenntnisse,
- Marktveränderungen,
- Konkurrenzverhalten;

gesellschaftsbedingt:
- Strukturwandel,
- demographische Entwicklung,
- Änderung der Wertvorstellungen,
- juristische Normen.

Die Innovationsentscheidungen betreffen damit die gesamte Produkthierarchie. Je höher die Hierarchiestufe, desto umfangreicher die Erneuerung und desto höher auch die Chancen und die Risiken. Bei den Innovationsentscheidungen geht es in jedem Fall auch um die wirksame Nutzung aller Innovationspotentiale (Tabelle L-14).

L 3.2 Produktentwicklung

L 3.2.1 Neuproduktplanung

Die Neuproduktplanung wird in *mehreren Stufen* vorgenommen. Die wichtigsten sind:

- *Innovationsentscheidung*
  Mit dieser Vorstufe fällt die grundsätzliche Entscheidung für die Orientierung auf ein neues Produkt. Der Rahmen für den Neuheitsgrad, für Produktvariation oder Produktdiversifikation wird hiermit angestrebt.

- *Produktideengewinnung*
  In dieser Phase sind bereits Kapazitäten zu planen, die nach den Vorgaben der ersten Stufe die Erarbeitung neuer Ideen zu bewältigen haben. Dominiert hier die Kreativität, oft sogar die Intuition, so sind dennoch entsprechende Kräfte an Personal, Finanzen und Zeiträume exakt festzulegen. Da die Ausfallquote neuer Produktideen im Verlauf der gesamten Planung relativ hoch ist, darf die Ideengewinnung auch nicht zu eng kalkuliert werden. Dabei können die Methoden der Ideenfindung wirksam verwandt werden (Abschn. L 2.3).

- *Produktideenprüfung*
  In dieser Phase erfolgt die zuvor behandelte Bewertung der Ideen und ihre Vorauswahl. Diese Phase schließt auch die Wirtschaftlichkeitsprüfung ein. Damit wird die Realisierung der Ideen unmittelbar vorbereitet.

● *Neuprodukt(-ideen-)verwirklichung*
Vielfach setzt hier die technische Entwicklung ein. In manchen Unternehmen war die technische Entwicklung schon in den vorgenannten Stufen aktiv. Es folgen Produktion bzw. Leistungserbringung mit den nötigen Tests und die Markteinführung.

Die Neuproduktplanung verläuft somit als mehrstufiger *regelkreis-artiger Prozeß* (Bild L-18). Zwischen den Stufen bestehen wechselseitige Beziehungen. War die Ideengewinnung nicht erfolgreich, beginnt sie wieder von vorn.

Als ein nützliches Mittel der Neuproduktplanung hat sich in vielen Unternehmen die *Produktkonzeption* bewährt. Sie gliedert die unterschiedlichen Ansprüche an das neue Produkt und zwingt damit zur möglichst präzisen Formulierung der Vorgaben, die in der Produktplanung benötigt werden. Die Produktkonzeption kann nach einer festen Struktur erarbeitet werden (Tabelle L-15). Sie ist ein weiteres Instrument der Produktpolitik.

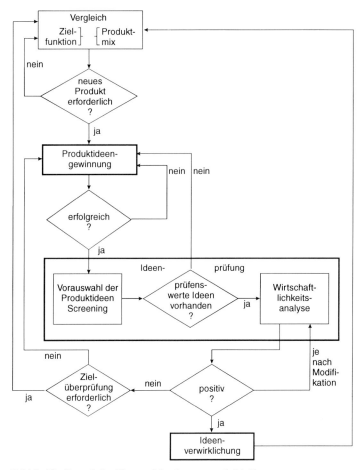

Bild L-18. Prozeß der Neuproduktplanung nach *Meffert*

Tabelle L-15. Struktur einer Produktkonzeption

1. Unternehmensintern:
   - Unternehmensziel,
   - Produktanalyse,
   - Produktentwicklungsstrategie,
   - Einführungswege;

2. Marktanalyse:
   - Marktpotential,
   - Bedarf nach Zielgruppen,
   - Konkurrenz,
   - Absatzmöglichkeiten,
   - Absatzerfordernissen;

3. Nebenproduktkriterien:
   - Ziel u. Produktnutzen,
   - Funktion,
   - Aufbau und Design,
   - Markierung und Verpackung,
   - Preis,
   - Service;

4. wirtschaftliche Erwartungen:
   - Marktanteile, Distribution,
   - Umsatzentwicklung,
   - Deckungsbeitrag,
   - Wirtschaftlichkeitsanalyse.

L 3.2.2 Neuproduktplazierung

Wurden mit dem Produktkonzept bereits die Marktmöglichkeiten durch entsprechende Analysen abgesteckt, d. h. das Wettbewerbsfeld umrissen, so hat man die Plazierung, d. h., die Einordnung in den Markt im einzelnen vorzunehmen. Bei der Neuproduktplazierung sind die Vorteile gegenüber anderen Produkten differenziert zu begründen, die sich im

- Gebrauchswert,
- Peis,
- Lieferbedingungen oder
- Recyclingfähigkeit

zeigen.

In Bild L-19 werden Möglichkeiten der Produkt- und Markenplazierung veranschaulicht. Varianten für einen mittleren Preis bei mittlerem Kaloriengehalt sind im Vergleich solchen mit niedrigem Preis und niedrigem Kaloriengehalt gegenübergestellt. Diese Varianten lassen sich in einer Matrix von mindestens 9 Feldern mit den entsprechenden Varianten erfassen (Abschn. L 2.3). Die Plazierung erweist sich somit als ein weiteres Instrument der Produktpolitik. Sie ergänzt die Planung bzw. präzisiert sie.

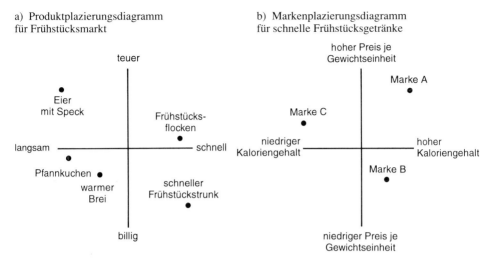

a) Produktplazierungsdiagramm
   für Frühstücksmarkt

b) Markenplazierungsdiagramm
   für schnelle Frühstücksgetränke

Bild L-19. Produkt- und Markenplazierung nach *Kotler*

L 3.2.3 Markttest

Beim Test des Produkts auf dem Markt werden die Testprodukte mit verschiedenen *Verfahren* an eine bestimmte Gruppe von Testkunden herangeführt. Zweck der Tests ist die marktgemäße Prüfung der Aufnahme des Neuprodukts. Der Test kann als *Volltest* erfolgen, indem eine Gesamtbewertung angestrebt wird. Gebrauchswert, Güte, Preis, Liefer- und Rücknahmebedingungen werden zur Bewertung gestellt. Im Ergebnis wird die optimale Produktgestaltung über den Austausch von Produktelementen (Substitutionsverfahren) erreicht. Ebenso ist ein *Teiltest* möglich, in dem nur einzelne Elemente zu beurteilen sind.

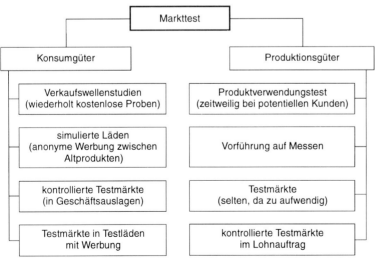

Bild L-20. Markttestmethoden

Für den Markttest bieten sich vielfältige Methoden an (Bild L-20). Ihre Wahl hängt von der Art des Neuproduktes und von den jeweiligen Marktbedingungen ab sowie den möglichen Aufwendungen, die dafür vom Unternehmen eingesetzt werden.

Aus dem Ergebnis der Produkt- und Markttests ergeben sich nötige *Entscheidungsalternativen* (Tabelle L-16). Sie bewegen sich im allgemeinen zwischen der Produkteinführung, der weiteren Arbeit am Neuprodukt, um es zu verbessern oder besser an den Kunden zu bringen, und schließlich dem Abbruch der Arbeit an diesem Produkt.

Tabelle L-16. Konsequenzen aus Testmarktergebnissen

Versuchsrate	Wiederverkaufsrate	Entscheidung
hoch	hoch	Produkt einführen
hoch	niedrig	Produkt weiter bearbeiten oder beenden
niedrig	hoch	Verkaufsförderung verbessern
niedrig	niedrig	Produkt einstellen

L 3.3 Wirtschaftlichkeitsprüfung

Vorauswahl und Bewertung von Produktideen zeigten schon die relativ hohe Ausscheidungsquote vor dem erfolgreichen Einführen in den Markt (Abschn. L 2.4). Dabei sind bei der Vorauswahl verschiedene Faktoren der Wirtschaftlichkeit oft nur sehr grob erfaßt. Die Ursachen der Mißerfolge in der Vorauswahl wirken so teilweise bis in die Phase der Wirtschaftlichkeitsprüfung.

Die Wirtschaftlichkeit läßt sich anhand mehrerer *Faktorengruppen* überprüfen. Nach dem Modell von *O'Meara* (Tabelle L-13), das in der Unternehmenspraxis hohe Verbreitung findet, sind vier solcher Gruppen erfaßt, die im einzelnen durchzurechnen sind. Das betrifft

- Marktfähigkeit,
- Lebensdauer des Produkts,
- Produktionsmöglichkeiten und
- Wachstumspotential.

Diese vier Gruppen sind in weitere 15 Teilfaktoren gegliedert. Mit diesem Modell erfolgt zugleich eine *Gewichtung der Faktoren* nach der Reihenfolge und nach dem jeweiligen Wirkungsgrad zwischen 10 und 2 Punkten.

Mit dieser Wirtschaftlichkeitsprüfung sind mehrere Mängel einfacher Bewertungsmodelle überwunden. Vor allem sind die Wirkungen verschiedener Innovationsstrategien erfaßt und Risikofaktoren infolge unsicherer Informationen besser berücksichtigt.

Die Wirtschaftlichkeitsprüfung findet im *Preis des Produkts* seinen besonderen Ausdruck. Die Entscheidung für den Preis erfolgt in unmittelbarem Zusammenhang mit den *Produktarten*. Hier ist zunächst zu prüfen, auf welchem Preisniveau für das neue Produkt die günstigsten Chancen bestehen. Nach dem Beispiel der Tabelle L-17 sind vier der neun Felder bereits von der Konkurrenz besetzt. Aus den fünf unbesetzten muß entsprechend dem angestrebten Preisniveau das geeignete gewählt werden.

Tabelle L-17. Produktarten und Preisniveau

Produktarten	Preisniveau		
	hoch	mittel	niedrig
Modeprodukte	Konkurrenz		
Standard-Verbrauchsgüter		Konkurrenz	Konkurrenz
langlebige Verbrauchsgüter	Konkurrenz		

Als bewährtes Hilfsmittel der Wirtschaftlichkeitsprüfung ist die *Break-Even-Analyse* in Gebrauch (Abschn. E 5). Sie zeigt, wie hoch der Absatz sein muß, um alle Kosten zu decken, d.h. wieviel Neuprodukte zu verkaufen sind, um alle Aufwendungen von der Entwicklung bis zum Service wieder zurück zu erhalten. Damit ist die unterste Grenze der Wirtschaftlichkeit gesetzt. Erst mit ihrem Überschreiten bringt das Neuprodukt Gewinn.

Die Wirtschaftlichkeitsprüfung ist in verschiedenen Phasen der Neuproduktentwicklung gefragt. In letzter Instanz gibt sie den Ausschlag für die Entscheidung über die Ideenverwirklichung. Sie ist damit ein maßgebliches Instrument der Produktpolitik, mit dem eine erfolgreiche Produktentwicklung abgeschlossen wird.

L 3.4 Einführung neuer Produkte

Mit dem erfolgreichen Abschluß einer Neuproduktentwicklung sind durch die Unternehmensführung Entscheidungen über deren Markteinführung zu treffen. Sie umfassen:

- den *Zeitpunkt* der Einführung, der von saisonalen und von konjunkturellen oder sogar von betriebsinternen Aspekten, wie Verkauf von Beständen des abzulösenden Produkts, bestimmt werden kann;
- den jeweiligen *Markt,* der vorerst oder überhaupt mit dem neuen Produkt erreicht werden soll sowie
- die entsprechende *Marketing-Strategie,* die mit der Einführung angewandt wird (Abschn. N).

Für die Einführung des Neuprodukts ist der Verlauf der Aufnahme ein markantes Spiegelbild. Die *Innovationsaufnehmer* lassen sich beispielsweise in mehrere Gruppen gliedern (Bild L-21), wie

- Innovatoren,
- Frühaufnehmer,
- frühe Mehrheit,
- späte Mehrheit und
- Nachzügler.

Diese Gliederung ist wiederum mit der Break-Even-Analyse zu vergleichen. Damit läßt sich verfolgen, in welcher Gruppe die kritische Grenze für das Neuprodukt überschritten wird. Entsprechend dem Tempo dieses Verlaufs sind die nötigen Entscheidungen zum Marketing zu treffen.

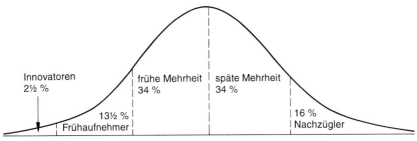

Anteil der Aufnehmergruppen an der Verbreitungszeit

Bild L-21. Innovationsaufnehmer nach Zeiten

Die Einführung vieler Neuprodukte ist im weiteren Verlauf von den Leistungen des Kundendienstes bzw. der Kundenbetreuung nach dem Kauf (after sales service) abhängig (Bild L-22). Durch den Kundendienst wird nicht nur der Absatz des Neuprodukts begleitet und gefördert. In gleicher Weise kann er auch dessen Nachfolger wieder den Boden unter der Kundschaft bereiten.

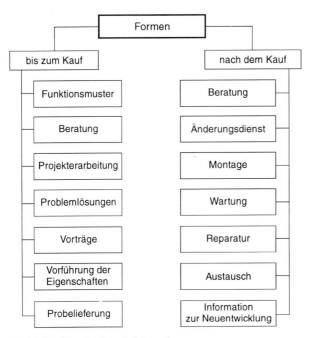

Bild L-22. Kundendienstleistungsformen

394

Weiterführende Literatur

Adam, D.: Produktionspolitik, 4. Auflage. Wiesbaden: Gabler 1986.
Altschuller, G. S.: Erfinden. Wege zur Lösung technischer Probleme. Berlin: Verlag Technik 1984.
Brockhoff, K.: Produktpolitik, 2. Auflage. Stuttgart: G. Fischer, 1986.
Draeger, W.: Innovation – Invention – Kreativität. Düsseldorf: VDI Verlag 1991.
Draeger, W.: Ingenieurarbeit. Berlin: Verlag Technik 1986.
Gilde, W.: Wege zum Erfolg, 2. Auflage. Halle: Mitteldeutscher Verlag 1987.
Hansen, F.: Konstruktionswissenschaft, 3. Auflage. Berlin: Verlag Technik 1980.
Hauschildt, J.: Innovationsmanagement. München: Vahlen Verlag 1993.
Hüttel, K.: Produktpolitik, 2. Auflage. Kiehl, Ludwigshafen: 1992.
Keynes, J. M.: Allgemeine Theorie der Beschäftigung, des Zinses und des Geldes, 6. Auflage. Berlin: Duncker & Humblot 1986.
Kotler, Ph.: Marketing-Management, 4. Auflage. Stuttgart: Poeschel 1989.
Meffert, H.: Marketing. Berlin: Verlag Die Wirtschaft 1990.
Müller, J.: Grundlagen der Systematischen Heuristik. Berlin: Dietz-Verlag 1980.
Schlicksupp, H.: Ideenfindung. Würzburg: Vogel Verlag 1990.
Schlicksupp, H.: Produktinnovation. Würzburg: Vogel Verlag 1988.
Ulrich, H.: Unternehmenspolitik. 3. Auflage. Bern: Haupt 1990.

Zur Übung

Ü L1: Welche Ursachen führen zur Neuproduktentwicklung und gegen welche Widerstände hat sich die Produktpolitik durchzusetzen?

Ü L2: Was sagen Produktlebenszyklus-Analysen aus?

Ü L3: Warum wird die Produktprogrammstruktur nach Umsatz, Produktgruppe, Produktalter und Deckungsbeitrag unterschieden?

Ü L4: Welche Aussagen erbringt die Technikanalyse für die Produktpolitik?

Ü L5: Wie wirken die Dimensionen der Programmgestaltung auf die Produktpolitik?

Ü L6: Durch welche Kriterien ist die Sortimentspolitik gekennzeichnet?

Ü L7: Was kennzeichnet einen Generationswechsel der Technik?

Ü L8: Wozu dient eine Methodik der Ideenfindung?

Ü L9: Welche Vorzüge hat die Gruppendiskussion gegenüber programmierten Methoden?

Ü L10: Welche Vorzüge hat die Produktvariation gegenüber der Produktdiversifikation?

Ü L11: Was ist Gegenstand der Entscheidung über die Markteinführung?

Ü L12: Warum gebietet sich eine Differenzierung der Innovationsprozesse nach verschiedenen Gegenständen?

Ü L13: Welche Maßnahmen sind gegen Markteintrittsbarrieren geeignet?

Ü L14: Welche Möglichkeiten bieten Nutzungsstrategien?

Ü L15: Nach welchen Kriterien erfolgt die Wahl der Strategie?

M Wertanalyse

M 1 Einleitung

M 1.1 Der Wertanalyse-Begriff

Der Begriff *Wertanalyse* (WA) ist in Deutschland und in vielen anderen Ländern Gegenstand eigener Normen. In DIN 69910 wird die WA folgendermaßen definiert:

> *Wertanalyse ist ein System zum Lösen komplexer Probleme, die nicht oder nicht vollständig algorithmierbar sind. Sie beinhaltet das Zusammenwirken der Systemelemente Methode, Verhaltensweisen und Management, bei deren gleichzeitiger gegenseitiger Beeinflussung mit dem Ziel einer Optimierung des Ergebnisses.*

Um diese Ziele zu erreichen, muß man von folgenden zwei Blickwinkeln ausgehen:

Blickwinkel des Markts
Es ist festzustellen, ob das Produkt oder die Dienstleistung Bestandteile enthält, die vom Kunden aus als wertlos betrachtet, d.h. unnötig sind. Für diese Bestandteile ist er nicht bereit, Geld auszugeben.

Blickwinkel des Unternehmens
Es müssen die Bestandteile, auf die der Kunde nicht verzichten will, mit möglichst geringen Kosten hergestellt werden.

Deshalb kann WA auch folgendermaßen verstanden werden:

> *Wertanalyse ist eine systematische, auf Funktionen gerichtete Methode, die es dem Unternehmen erlaubt, den vom Kunden erwarteten Wert mit den geringsten Kosten herzustellen.*

Das WA-Objekt als Gegenstand einer WA-Arbeit kann hierbei ein Erzeugnis, eine Dienstleistung, eine Herstellungsweise, ein Produktionsmittel, eine einzelne Tätigkeit oder eine Tätigkeitsfolge, ein Hilfsmittel oder eine Konzeption sein. Die WA kann sowohl bei der Konzeption und Entwicklung eines WA-Objekts als auch bei seiner Veränderung und Weiterentwicklung eingesetzt werden. Im wesentlichen unterscheidet man nach Bild M-1 folgende drei Arten der WA:

Wertplanung
Sie wird bei der Suche nach WA-Objekten (z.B. bei der Suche nach neuen Produkten oder Dienstleistungen) eingesetzt.

Wertgestaltung
Sie setzt im Stadium der Entwicklung von WA-Objekten (z.B. Entwicklung von Produkten) ein.

Bild M-1. Anwendungsgebiete der Wertanalyse

Wertverbesserung

Die WA dient zur Verbesserung der WA-Objekte (z.B. Verbesserung eines Fertigungsverfahrens).

Die WA ist wesentlich umfassender als eine bloße Kostensenkung und -vermeidung. Wertanalytische Arbeit orientiert sich an *Wertzielen* wie beispielsweise Leistungsqualität, Unternehmensergebnis, Sicherheit, soziale Bedürfnisse, Ressourcenschonung, Verkürzung der Durchlaufzeit, Kundenakzeptanz oder Servicefreundlichkeit, ohne dabei Kostengesichtspunkte als strengen Bewertungsmaßstab außer acht zu lassen.

Diese wertorientierte Ausrichtung wird bereits an dem einfachen Beispiel einer Wertverbesserung in Bild M-2 deutlich. Durch *Integration* mehrerer Funktionen des Niveaustutzens in einem Teil und durch Materialänderung konnten nicht nur eine Kostensenkung von 64% der Herstellkosten erreicht werden, sondern auch eine erhebliche Vereinfachung der innerbetrieblichen Arbeitsvorbereitung und Verringerung der Durchlaufzeiten. Außerdem läßt sich die neue Lösung jetzt als Ersatzteil für alle produzierten Varianten verwenden.

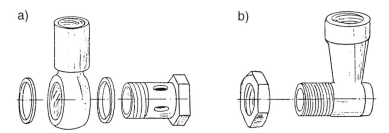

Bild M-2. WA-Beispiel „Niveaustutzen zum Ölstandsanzeiger eines Kraftfahrzeuges".
a) Vor Wertanalyse: Gelöteter Niveaustutzen, Hohlschraube und zwei Kupferdichtungen
b) Nach Wertanalyse: Niveaustutzen aus Zinkdruckguß und flache SK-Mutter

M 1.2 Wertanalyse als System (Wertanalyse-Tisch)

Die Wertanalyse wird, wie in Abschn. M 1.1 aufgezeigt, in DIN 69910 als *System zum Lösen von Problemen* verstanden, das durch Zusammenwirken und gegenseitige Beeinflussung der Systemelemente sein Ziel anstrebt, nämlich eine *optimale Lösung*. Im Gegensatz zu der noch vor nicht allzu langer Zeit verbreiteten Ansicht, daß in erster Linie die *Methode* den WA-Erfolg beeinflußt, steht der ganzheitliche Systemansatz, der den Erfolg nur dann sichergestellt sieht, wenn *alle Systemelemente* gleichermaßen an der Zielerreichung mitwirken. Die WA ist aber auch Teil eines umfassenderen Systems (Unternehmen, Markt, Umfeld) und steht mit diesem in Wechselwirkung. Es ist dies die Grundvorstellung eines *offenen Systems,* in dem die WA-Arbeit erst durch Wechselbeziehungen mit dem umgebenden Umfeld voll wirksam wird.

M 2 Methodische Grundprinzipien der Wertanalyse

Wertanalytisches Arbeiten und wertanalytische Methodik, so wie sie heute verstanden werden, können in den in Bild M-3 dargestellten Grundprinzipien, den „10 Geboten" der WA zusammengefaßt werden. Auf die wichtigsten dieser Grundprinzipien wird in den folgenden Abschnitten ausführlicher eingegangen.

Bild M-3. Die zehn Grundprinzipien der Wertanalyse

M 2.1 Ganzheitliche Betrachtungsweise

Der wertanalytische Grundsatz der ganzheitlichen Betrachtungsweise bedeutet vor allem, daß erarbeitete Lösungen von Aufgaben und Problemen für ein Unternehmen nur dann sinnvoll sind, wenn *alle bedeutsamen Einflüsse* aus dem Unternehmen selbst und aus dem Unternehmensumfeld berücksichtigt worden sind. Darüber hinaus trägt aber die WA dem ganzheitlichen Anspruch durch ihr gesamtes methodisches Konzept und das Zusammenwirken ihrer Systemelemente Rechnung.

M 2.2 Orientierung an klaren Zielvorgaben

Die klassische Zielsetzung für die WA-Arbeit besteht in der Forderung nach Orientierung an möglichst *quantifizierten Zielvorgaben;* denn klare Zielformulierungen fördern die Konzentration auf das Wesentliche und steigern dadurch die Effizienz des gesamten WA-Projekts. Die *Dinge richtig tun, d.h.* eine größtmögliche *Effizienz* anzustreben, ist aber nur eine Komponente der WA-Zielsetzung. Ihr vorausgehen muß die Frage nach der *Effektivität – die richtigen Dinge tun –, d.h.* danach, welche Probleme überhaupt mit der WA gelöst werden können und sollen. Die *wertanalytischen Ziele* sind somit in das unternehmerische Zielsystem eingebaut; dabei wird zwischen *WA-Ausgangszielen* und *WA-Projektzielen* unterschieden.

WA-Ausgangsziele sind ihrer Art nach *strategische Ziele* und sollten beispielsweise in Form der folgenden Fragestellungen bereits vor einem *WA-Projekt* geklärt werden:

Welches WA-Arbeitsfeld ist auszuwählen?
Hier werden aus der Unternehmenszielsetzung unter Berücksichtigung der geplanten Wirkungen der WA-Arbeit Unternehmensbereiche (Bereichsziele) oder eine Unternehmensleistung (z.B. Produktziele) ausgewählt, an der die WA-Arbeit wirksam werden soll.

Welche WA-Aufgaben können aus dem Arbeitsfeld entwickelt und im Rahmen von konkreten WA-Projekten bewältigt werden?

Sind die in Aussicht genommenen Aufgabenstellungen überhaupt mit der WA zu lösen oder können das andere heuristische (z.B. Ideenfindungstechniken) oder algorithmische (z.B. EDV-gestützte) Methoden nicht besser (und vor allem kostengünstiger)?

WA-Projektziele werden von der WA-Gruppe entwickelt, wenn bereits eine Aufgabenstellung für ein konkretes WA-Projekt vorliegt. Sie werden im allgemeinen als *Soll-Zustand*, gegebenenfalls auch als *Idealzustand* formuliert und als *Grobziele* und *Einzelziele* (Detailziele) festgelegt.

Das *WA-Grobziel* wird in der Vorbereitungsphase des Projekts (Grundschritt 1) entwickelt und legt den mit dem WA-Projekt angestrebten Zustand aus der Sicht der Aufgabenstellung sowie den zulässigen Aufwand für das WA-Team fest.

WA-Einzelziele werden aus dem Grobziel entwickelt und legen als Abschluß der Informationsphase die Ausgangsbedingungen für die Ideenfindung in Grundschritt 4 in Form von *Kostenzielen* (Soll-Kosten), Funktionenzielen (Soll-Funktionen) und – darin enthalten – Leistungs-, Markt-, Qualitäts- und Terminzielen, endgültig fest.

Entscheidend für die *Zielformulierung* ist, daß sie in *quantifizierter Form* erfolgt. Bei WA-Objekten aus dem marktwirtschaftlichen Bereich (Produkte, Dienstleistungen) wird das durch das Kostenziel (z.B. Einsparung, Amortisationszeit, Ausmaß der Durchlaufzeitverkürzung) relativ leicht möglich sein. Die Praxis der WA zeigt, daß sich aber auch für *qualitative Ziele* wie Humanisierung der Arbeit, Umweltfreundlichkeit oder andere Funktionen, meist quantifizierte Zielvorgaben (z.B. als Vergleichs- oder Relativgrößen) finden lassen.

M 2.3 Funktionenorientierte Denk- und Arbeitsweise

Funktion im Sinne der WA ist jede einzelne Wirkung des WA-Objekts. Diese wird durch folgende zwei Bestandteile beschrieben:

- ein quantifizierbares Substantiv und
- ein Tätigkeitswort (Verb) im Infinitiv.

Das Beispiel einer umfassend quantifizierten Funktionenbeschreibung für eine Taschenlampe zeigt Bild M-4.

wirkungsbestimmende Größen: 220V, 30W, Oberflächen- temperatur 120 °C Lebensdauer 1000 h, maximale Stoßbelastung 20g, 3mm, 0,1s	Funktionskosten: DM 2,30 = 27% auf Basis der Gesamtkosten	Hierarchieposition aus der Sicht des Gesamt-Funktionen- Zusammenhanges: **2**
	Licht erzeugen	
Diese Funktion wird erfüllt im Vergleich zu einer Leuchtstoffröhre Typ ... : Lichtleistung　　15% Lebensdauer　　20% Stoßbelastung　10% Kosten 400% Basis DM Preis des Endprodukts		Wichtigkeit der Funktion aus der Sicht des Kunden:　1

Bild M-4. Beispiel einer quantifizierten Funktionsbeschreibung

- Was macht das WA-Objekt?
- Warum macht der Gegenstand das?
- Wozu wird das Objekt benötigt?
- Wozu kann man den Gegenstand verwenden?

Je nach Art der WA-Objekte lassen sich die *Benutzeranforderungen* den beiden Funktionenarten Gebrauchs- bzw. Geltungsfunktion zuordnen (Bild M-9 und Abschn. N 3.2 Bild N 10):

Gebrauchsfunktionen sind zur sachlichen Nutzung (technischer und/oder organisatorischer Art) des WA-Objekts erforderlich und in der Regel aufgrund physikalischer und/oder wirtschaftlicher Daten bzw. Qualitäts- und/oder Verhaltensstandards quantifizierbar.

Geltungsfunktionen hingegen sind ausschließlich subjektiv wahrnehmbare, personenbezogene Wirkungen (Aussehen, Komfort, Sozialmaßnahmen, Prestige) eines WA-Objekts und allenfalls mit Methoden der Meinungsforschung bewertbar.

Eine weitere und mit der vorangegangenen kombinierbaren Gliederung der Funktionen ist möglich nach *hierarchischen Gesichtspunkten*. Als Beispiel wird die Taschenlampe gewählt (Tabelle M-1):

Hauptfunktionen (Grundfunktionen)
Sie bezeichnen den eigentlichen Verwendungszweck eines WA-Objekts (Licht erzeugen, Wärme erzeugen, Energie liefern, Lichtstrahl bündeln).

Nebenfunktionen (Hilfsfunktionen)
Sie sind bedingt notwendig, um die Hauptfunktionen zu erfüllen (Glühlampe schützen, Aussehen gestalten, Zugang erlauben).

Unnötige Funktionen
Sie tragen aus der gegenwärtigen Sicht des Anwenders oder Herstellers nicht zum Nutzen des WA-Objekts bei (vermeidbare Funktion) oder ergeben sich als Folge einer gewählten Problemlösung (lösungsbedingt unnötige Funktion), beim Beispiel der Taschenlampe die Funktion: „Wärme erzeugen".

Tabelle M-1. Beispiel Taschenlampe: Funktionenbeschreibung und Gliederung nach Haupt- und Nebenfunktionen sowie unnötige Funktionen

Funktionenträger	Funktion	Hauptfunktion	Nebenfunktion	unnötige Funktion
Taschenlampe insgesamt	Licht erzeugen	X		
Glühlampe	Licht erzeugen, Wärme erzeugen	X		X
Batterie	Energie liefern	X		
Linse	Lichtstrahl bündeln, Glühlampe schützen	X	X	
Gehäuse	Aussehen gestalten Lampe, Batterie und Linse schützen		X*	
Gewinde an der vorderen Kappe und am Gehäuse	Zugang erlauben		X	
Gewinde an der hinteren Kappe und am Gehäuse	Zugang		X	

* Geltungsfunktion, alle anderen sind Gebrauchsfunktionen.
Erste Schlußfolgerung: Vordere und hintere Kappe erfüllen die gleiche Funktion, eine Kappe würde daher genügen.

Diese hier kurz aufgezeigte Vorgehensweise, nämlich die Schritte Funktionenbeschreibung, Funktionengliederung und die nachfolgende Zuordnung von Kosten zu den Funktionen ist das Kernstück der *wertanalytischen Funktionenarbeit (Funktionenanalyse)*. Folgende Grundfragen können beispielsweise mit Hilfe der Funktionenarbeit im Rahmen eines WA-Projekts beantwortet werden:

● Welche Funktion wird von einem WA-Objekt tatsächlich und nicht nur vermeintlich erwartet?

● Welche Möglichkeiten gibt es, diese Funktion zu erfüllen?

● Können diese Funktionen ganz oder teilweise auch von einem anderen Erzeugnis übernommen werden?

● Welche durch die Funktion bedingten Anforderungen, Bedingungen, Vorgaben usw. werden von jedem Teil verlangt?

● Ist diese Anforderung unbedingt erforderlich? Sind Abstriche möglich?

Die Arbeit mit Funktionen, das funktionenorientierte Denken ist maßgeblich für den Erfolg einer WA-Arbeit verantwortlich.

M 2.4 Innovativ-kreatives Problemlösen

Kreativität als zielgerichtete, individuelle Leistung soll im wertanalytischen Prozeß dazu beitragen, zu *neuartigen, innovativen* Lösungen zu gelangen. Dabei wird hauptsächlich organisierte Kreativität gefordert, d.h. es werden *kreative Methoden* eingesetzt.

Diese dienen der Ideenfindung durch die systematische Anwendung bestimmter Denkprinzipien (Abschn. L).

M 2.5 Ganzheitliche Beurteilung der Arbeitsergebnisse

Nach der Wertauffassung der WA hat ein WA-Objekt keinen Wert an sich (objektiver Wert), sondern erhält diesen in Hinblick auf eine bestimmte Zielsetzung im Sinne des *Maßes der Nutzenstiftung.* Allgemein wird der WA-Wertbegriff auf drei Maßstäbe bezogen, deren gegenseitige Gewichtung jedoch nicht normiert werden kann:

Qualität
als Sammelbegriff für die erwartete Ausprägung der Funktion, Leistung, Zuverlässigkeit und Güte.

Rentabilität
als Sammelbegriff für alle ökonomischen Fakten und Zusammenhänge im Hinblick auf die gebotene Qualität.

Aktualität
als Sammelbegriff für alle zeitlichen Zusammenhänge von Termin, Bedarfsdeckung, Markt, Neuheit, Mode oder Saison im Hinblick auf die gebotene Qualität.

Der *WA-Begriff* kann im Sinne dieser Wertdiskussion nunmehr genauer definiert werden:

> *Die WA ist eine an zielbezogenen Beurteilungskriterien orientierte, auf ganzheitlicher Betrachtungsweise beruhende Objektgestaltung mit dem Ziel einer Wert-Maximierung eines Objekts.*

Das *Bestimmungsschema für den Wert* eines Objekts besteht somit aus zwei wesentlichen Schritten:

1. Schritt: Bestimmung des Erfüllungsgrads

Der Erfüllungsgrad ist das Verhältnis von (erreichter bzw. erreichbar erscheinender) Realität zum vorgegebenen Ziel. Es gilt:

$$Erfüllungsgrad = \frac{Realität}{Ziele} .$$

Die Beurteilung kann sich auf Erfüllung von Gebrauchs- und Geltungsfunktion, lösungsbedingten Vorgaben oder Spezifikationen beziehen (z.B. technische Wertigkeit), aber auch die Erfüllung wirtschaftlicher Vorgaben (z.B. erreichte Kosteneinsparung bezogen auf das Kostenziel) einbeziehen.

2. Schritt: Gewichtung der Beurteilungskriterien

Die Gewichtung der Kriterien und ihre Bewertung erfolgt in einer *Nutzwertanalyse* (Abschn. N 4.2.4).

Für die Gewichtung von Beurteilungskriterien ist es außerdem hilfreich, wenn die Zielvorgaben streng unterschieden werden in

- *Festforderungen* (z.B. viersitziger Pkw),
- *Mindestforderungen* (z. B. Höchstgeschwindigkeit mindestens 140 km/h) und
- *Wünsche* (z. B. Wartungsfreundlichkeit, hoher Sitzkomfort).

Das bedeutet beispielsweise für *Festforderungen,* daß deren Nichterfüllung die völlige Untauglichkeit des betreffenden Objekts bzw. Objektbereiches bedingt, genauso wie das Unterschreiten von *Mindestforderungen,* so daß hierfür keine besonderen Gewichtungsfaktoren ermittelt werden müssen.

M 3 Organisation der Wertanalyse-Arbeit

M 3.1 Ablauforganisation der Wertanalyse (WA-Arbeitsplan)

Die wertanalytische Tätigkeit folgt einem speziellen Arbeitsplan, der in seiner Struktur bzw. seiner Abfolge der einzelnen zu durchlaufenden Schritte *(Phasen)* den Erkenntnissen über Struktur und Ablauf innovativer, schöpferischer Prozesse entspricht und in DIN 69910 genormt ist. Tabelle M-2 zeigt das *Phasenmodell* der WA und die in den einzelnen Grundschritten eingesetzten Werkzeuge.

Zu Beginn des Prozesses, im Rahmen der Projektvorbereitung, stehen *allgemeine Planungstechniken* (für den gesamten Ablauf des Projekts) im Vordergrund. Zweckmäßige Ergänzung finden sie durch den gezielten Einsatz von *Präsentationstechniken* (Abschn. Q 2), da gerade hier wichtige Überzeugungsarbeit zu leisten ist. Bei der *Analyse* der Objektsituation und Beschreibung des Soll-Zustands ist die Kenntnis von *Beschreibungs-, Analyse-* und *Kontrolltechniken* von besonderer Bedeutung. Demgegenüber ist für das Entwickeln und Festlegen von neuen Lösungen der Einsatz von *Kreativitäts-, Optimierungs-* und schließlich *Bewertungstechniken* wichtig. Für die erfolgreiche Verwirklichung der ausgewählten Lösung kann auf entsprechende *Entscheidungs-* und *Durchsetzungstechniken* nicht verzichtet werden.

Im folgenden werden die *Arbeitsinhalte der sechs Grundschritte des WA-Arbeitsplans* nach DIN 69910 kurz erläutert (Tabelle M-2):

Grundschritt 1: Projekt vorbereiten
Eine umfassende und systematische Projektvorbereitung ist Voraussetzung für einen gesicherten Ablauf und gute Ergebnisse des WA-Projekts. In diesem sechs Teilschritte umfassenden ersten Grundschritt wird vom Management ein *Projektmoderator* benannt, es werden *Projektziele* definiert, *Rahmenbedingungen* und *Entscheidungsstellen* festgelegt, das *WA-Team* zusammengestellt und *Terminziele* geplant.

Grundschritt 2: Objektsituation analysieren
Die Analyse der Ausgangssituation des WA-Objekts bedeutet dessen umfassendes Erkennen mit dem Zweck, durch Abstrahieren mittels funktionenorientierter Betrachtung Veränderungspotentiale zu erkennen und damit ein möglichst breites Lösungsfeld zu erschließen. Tabelle M-3 zeigt dies am Beispiel eines Radiergummis.

Zu diesem Zweck werden zunächst alle verfügbaren *Informationen* gesammelt, die das ausgewählte WA-Objekt und sein Umfeld betreffen. Dazu gehören Anwender-, Markt-, Unternehmens- und Wettbewerbsdaten ebenso wie beispielsweise einschlägige Sicherheitsvorschriften. Weiterhin werden Kosteninformationen beschafft bzw. erstellt, also beispielsweise Kalkulationsunterlagen und Vergleichskosten ermittelt. Desweiteren sind in diesem Arbeitsschritt der WA die *Funktionen* des jeweiligen Objekts zu bestimmen, die *Funktionengliederung* zu erstellen und die *Kosten den Funktionen* zuzuordnen.

Tabelle M-2. Arbeitsplan der Wertanalyse nach DIN 69910 (Kurzform) und zugehörige Arbeitskriterien

Grundschritt	Teilschritt	Arbeitstechniken (Auswahl)
Grundschritt 1 Projekt vorbereiten	Teilschritt 1. Moderator benennen, 2. Auftrag übernehmen, Grobziel mit Bedingungen festlegen, 3. Einzelziele festlegen, 4. Untersuchungsrahmen abgrenzen, 5. Projektorganisation festlegen, 6. Projektablauf planen;	Kostenschwerpunktsanalyse (z.B. ABC-Analyse), Kosten- kennziffernanalyse, Aus- schußanalyse, Netzplantechnik, Präsentationstechniken
Grundschritt 2 Objektsituation analysieren	Teilschritt 1. Objekt- und Umfeldinformation beschaffen, 2. Kosteninformationen beschaffen, 3. Funktionen ermitteln, 4. lösungsbedingte Vorgaben ermitteln, 5. Kosten der Funktionen zuordnen;	Marktanalysemethoden, Be- fragungsmethoden, Check- listenverfahren, Methoden der systematischen Erfassung von Information und Idee, Kosten- analyse, Funktionenanalyse
Grundschritt 3 Soll-Zustand beschreiben	Teilschritt 1. Informationen auswerten, 2. Soll-Funktionen festlegen, 3. lösungsbedingte Vorgaben festlegen, 4. Kostenziele den Soll-Funktionen zuordnen;	
Grundschritt 4 Lösungsideen entwickeln	Teilschritt 1. vorhandene Ideen sammeln, 2. neue Ideen entwickeln,	Verfahren zur Stimulation des kreativen Denkens und Pro- blemlösens: Brainstorming, Synektik, Morphologie u.ä.
Grundschritt 5 Lösungen festlegen	Teilschritt 1. Bewertungskriterien festlegen, 2. Lösungsideen bewerten, 3. Ideen zu Lösungsansätzen verdichten und darstellen 4. Lösungsansätze bewerten, 5. Lösungen ausarbeiten, 6. Lösungen bewerten, 7. Entscheidungsvorlage erstellen, 8. Entscheidungen herbeiführen;	Kostenvergleichsrechnungen, Wirtschaftlichkeitsvergleichs- rechnungen, Punktbewertungs- verfahren
Grundschritt 6 Lösungen verwirklichen	Teilschritt 1. Realisierung im Detail planen, 2. Realisierung einleiten, 3. Realisierung überwachen, 4. Projekt abschließen.	Präsentationstechniken, Kontrollrechnungsverfahren

Grundschritt 3: Soll-Zustand beschreiben

Mit dem Beschreiben des Soll-Zustands, also der Festlegung der Funktionen- und Kostenziele, wird die Grundlage für die Ideensuche und für die Auswahl der Lösungen zum Erreichen der Einzelziele festgelegt.

Im Teilschritt 1 werden die bisher gesammelten und strukturierten Informationen geprüft, um Schwerpunkte zu bilden und, ausgehend von den Zielvorgaben, Kriterien für die spä-

Tabelle M-3. Abstrahierende (verfremdende) Wirkung der funktionenorientierten Betrachtung (Beispiel Radiergummi)

Aufgabenstellung	Lösungsfeld
• Aufgabe erkennen:	Der Radiergummi entfernt meine Schrift
• Aufgaben beschreiben:	Ein mit Bleistift geschriebenes Wort soll man ausradieren können
• Funktion formulieren:	Bleistiftstrich ausradieren
• Beschreibung verfremden:	Zeichen löschen

tere Bewertung der verschiedenen Lösungsvorschläge festzulegen. Im Teilschritt 2 wird die ermittelte WA-Objekt-Situation kritisch geprüft und das *Ausmaß der Funktionenerfüllung* bewertet. Dabei beurteilt die WA-Arbeitsgruppe, inwieweit eine bestimmte Funktion durch den Ist-Zustand erfüllt wird, um so *übererfüllte, untererfüllte* und *unnötige* Funktionen zu ermitteln.

Die Ergebnisse der kritischen Prüfung werden in einer *Soll-Funktionen-Gliederung* zusammengefaßt, der die Soll-Erfüllungsgrade zugeordnet werden. In den folgenden Schritten werden nun die lösungsbedingenden Vorgaben (z. B. quantifizierte Größen, Gesetze und Vorschriften) im Hinblick auf den Soll-Zustand geprüft und schließlich die *Soll-Kosten* (Kostenziele) den Soll-Funktionen (Funktionenziele) zugeordnet. Als Ergebnis können *Soll-Funktionskosten* und *Soll-Funktionenträgerkosten* definiert werden.

Soll-Funktionengliederung und Soll-Funktionskostenzuordnung sind Ansatzpunkte für die *anschließende Lösungssuche* und die darauf folgende *Prüfung der Zielerreichung* (Beurteilung) der gefundenen Lösungen.

Grundschritt 4: Lösungsideen entwickeln
Dieser Grundschritt ist der schöpferische Schwerpunkt der WA. Unter der Leitung eines Moderators sucht die WA-Arbeitsgruppe mit *Kreativitätstechniken* (Abschn. L 2.3) nach *alternativen Lösungen.*

Wesentlich für die WA-Methode ist die *Trennung* der schöpferischen von der bewertenden Phase: Die unter Einsatz von *Kreativitätstechniken* gefundenen Ideen werden zunächst kritiklos gesammelt. Die genaue Prüfung nach technischen und wirtschaftlichen Gesichtspunkten erfolgt erst in Grundschritt 5.

Grundschritt 5: Lösungen festlegen
In dieser Phase des WA-Arbeitsplans werden die nunmehr vorliegenden Lösungsideen in einem mehrstufigen Bewertungsprozeß zu einer *Entscheidungsvorlage* entwickelt.

Dazu werden zuerst die Bewertungskriterien von Grundschritt 3 übernommen und durch weitere lösungsrelevante Vorgaben ergänzt. Sodann wird eine *Reihung der Ideen* nach dem Grad der Realisierungsmöglichkeit vorgenommen und nicht realisierbare Ideen ausgeschieden. Als nächstes werden die realisierbaren Ideen zu *Lösungsansätzen* verdichtet und diese dann mit Hilfe von qualitativen und quantitativen *Bewertungskriterien* bewertet.

Anschließend stellt man die Lösungsansätze im einzelnen dar, variiert sie und legt schließlich die *Lösungen* fest. Diese werden sodann nach dem Grad ihrer Annäherung an die WA-Ziele geordnet. In den abschließenden Teilschritten wird die detaillierte *Entscheidungsinformation* für das Entscheidungsgremium erstellt und zuletzt – nach einer entsprechenden Präsentation der Ergebnisse – die *Entscheidung* herbeigeführt.

Grundschritt 6: Lösungen verwirklichen
Schließlich plant man die *Realisierung* der Lösungsvorschläge *im Detail,* leitet ihre Durchführung ein und überwacht sie. Das WA-Projekt endet mit einem Abschlußbericht und der Auflösung der Projektorganisation.

M 3.2 Aufwand zur Durchführung einer Wertanalyse

In produzierenden Unternehmen wird die WA, wie Bild M-5 zeigt, vorwiegend in der Fertigung und in der Montage eingesetzt. Für die einzelnen Grundschritte nach Tabelle M-2 werden durchschnittlich die in Bild M-5 angegbenen Zeitanteile benötigt. Am vorgestellten Beispiel wird ersichtlich, daß der Aufwand einer WA im Regelfall erheblich ist und nicht unterschätzt werden darf. Werden die benötigten 570 h mit einem Stundensatz von 150 DM/h verrechnet, so ergeben sich Kosten für die WA in Höhe von 85500 DM. Es ist deshalb zu empfehlen, nur WA-Objekte zu untersuchen, die einen Nutzen (z. B. Einsparungen) aufweisen, der mindestens 4 bis 10 mal höher ist als die voraussichtlichen Kosten. Im vorliegenden Beispiel sind dies Kosteneinsparungen in Höhe von 342000 DM bis 885000 DM. Auf der anderen Seite kann auch der Gesamtaufwand für die WA nach folgender Formel begrenzt werden:

Gesamtaufwand = (0,25 bis 0,10) × Kostensenkung

Einsatzgebiete im Unternehmen

Aufwand in den Phasen

Grundschritt	Aufwand in %	Beispiel in h
1. Vorbereitung	5	28,5
2. Situationsanalyse	20	114
3. Soll - Zustand	5	28,5
4. Lösungen entwickeln	10	57
5. Lösungen festlegen	40	228
6. Lösungen verwirklichen	20	114
Gesamtprojekt	100	570

$$\frac{Nutzen}{WA\text{-}Aufwand} = \frac{4 \text{ bis } 10}{1}$$

Bild M-5. Einsatzgebiete und Aufwand der WA in Unternehmen

M 4 Anwendungsbereiche der Wertanalyse

Ein Grundprinzip der WA ist ihr *anwendungsneutraler Einsatz,* d. h., die WA kann man ohne Änderung ihrer Grundsätze auf Probleme und Aufgaben unterschiedlichster Art anwenden. Dennoch haben sich einige typische Anwendungsschwerpunkte entwickelt, die jeweils besondere Leistungsmerkmale der WA erkennen lassen. Es sind dies:

● *Wertverbesserung: WA an bestehenden Leistungen, Arbeitstechniken und Arbeitsabläufen*
Einsatzschwerpunkte der Wertverbesserung sind insbesondere *Serienprodukte* und *Anlagen* im Sachleistungsbereich sowie *Versicherungs-* und *Bankleistungen* im Dienstleistungsbereich. Im Bereich der Arbeitstechniken und -abläufe sind als Einsatzschwer-

punkte *Produktionsprozesse* sowie *Verwaltungsabläufe* in Unternehmen und sonstigen Organisationen zu nennen.

- *Wertgestaltung: WA an entstehenden Leistungen, Arbeitstechniken und Arbeitsabläufen*

Einsatzschwerpunkte der Wertgestaltung sind die Produktentwicklung und die Anlagenplanung. Dabei ist neben den Hauptparametern, die bereits bei der Wertverbesserung zu berücksichtigen sind, auf eine adäquate Einordnung der WA in die Systematik des Entwicklungs- und Planungsablaufs besonderes Augenmerk zu legen.

- *Wertanalyse in Behörden und Körperschaften*

- *Wertanalyse zwischen Geschäftspartnern*

Technischer Fortschritt, die anhaltende Tendenz zur Spezialisierung und das wachsende Volumen an Zulieferungen und öffentlichen Aufträgen erfordern in vielen Bereichen der Wirtschaft zunehmend eine zwischenbetriebliche Zusammenarbeit der Marktpartner. Als Basis und Spielregel einer derartigen Zusammenarbeit ist die WA besonders gut geeignet.

- *Wertanalyse bei Büro- und Verwaltungstätigkeiten*

Bei einer alleinigen Bearbeitung von Büro- und Verwaltungstätigkeiten durch Organisationsfachleute sind vorwiegend Personalfachleute eingeschaltet. Es kommen wieder häufig die Forderungen der funktionenorientierten Analyse und Lösungssuche zu kurz, weil besondere Rücksicht auf die betroffenen Stellen genommen wird und man die gegenseitigen Beziehungen und Zuordnungen einzelner Bereiche nicht anzutasten wagt.

Neben der *ganzheitlichen Betrachtungsweise* der WA ist somit auch die richtige *psychologische Vorgehensweise* ein wesentlicher Erfolgsfaktor. Man wird daher bei bestimmten Untersuchungsobjekten Vertreter der Organisationsabteilung und der Personalabteilung und des Betriebsrats in das Team aufnehmen. Es sei auch noch erwähnt, daß bei der WA-Anwendung im Büro- und Verwaltungsbereich die Realisierung der Vorschläge aus den erwähnten psychologischen und personalpolitischen Gründen meist wesentlich länger dauert, als man es von der WA an Produkten her gewohnt ist.

- *Spezielle Formen der Wertanalyse-Anwendung*

Ergänzend zur WA gibt es eine Reihe von methodischen Konzepten, die für spezielle Anwendungsbereiche der WA gebraucht werden oder für ähnliche Vorgehensweisen wie bei der WA geprägt wurden. Besondere Schwerpunkte der WA-Anwendung liegen im *Beschaffungs-* und *Energiebereich,* ferner im *nicht produktiven Bereich* mit hohem Gemeinkostenanteil. Beispielhaft sind hier zu nennen:

- Administrative WA (AWA),
- Energie-WA (EWA),
- Funktionen Analyse System Technik (FAST),
- Funktions-WA (FWA),
- Funktions-Kosten-Optimierung (FKO),
- Gemeinkosten-Aufwand-Nutzen-Analyse (GANA),
- Gemeinkosten-Frühwarnsystem (GWS),
- Gemeinkosten-Systems-Engineering (GSE),
- Gemeinkosten-WA (GWA),
- Organisations-WA (OWA),
- Overhead Value Analysis (OVA) (ähnlich der GWA),
- Produktivitätsanalyse (PRA).

M 5 Wertanalyse-Fallstudie: Bremsmagnet für Wechselstromzähler

Die folgende WA-Studie ist ein Beispiel für eine Wertverbesserung eines bestehenden Produkts und stammt aus einem Unternehmen der Meßgerätebranche.

Grundschritt 1: Projekt vorbereiten
Die *Auswahl des WA-Objekts* „Magnet, vollständig" erfolgte durch eine Kostenanalyse; dabei wurde das WA-Objekt als zweitteuerste Baugruppe des insgesamt 12 Baugruppen umfassenden Produkts „Wechselstromzähler DX" ermittelt. Der hohe Kostenanteil ergab sich vor allem aus den hohen Materialkosten infolge teuren Rohmaterials sowie aus den erforderlichen engen Toleranzen, insbesondere beim Luftspalt des Magneten.

Folgende *Zielsetzungen,* die der WA-Teamleiter (Moderator) gemeinsam mit der Geschäftsleitung festlegte, wurden dem WA-Team vorgegeben:

- Kostensenkung um 30%;
- Empfindlichkeit des Bauteils gegen Verschmutzung senken;
- Teilevielfalt reduzieren.

Der *Aufwand* für die Untersuchung wurde mit 63000 DM für Personalaufwand (Informationssammlung, technische Arbeiten, WA-Teamarbeit und Erfolgskontrolle) sowie 250000 DM für Sachaufwand (Werkzeuge, Druckgußform), insgesamt also für 313000 DM geplant.

Im *WA-Team* waren Mitarbeiter aus folgenden Arbeitsbereichen bzw. Fachabteilungen vertreten: Einkauf, Konstruktion, Labor, Fertigungsplanung, Betriebsleitung, fallweise Verkauf sowie der WA-Moderator.

Für die Abwicklung der WA-Untersuchung „Magnet, vollständig" wurde ein detaillierter *Ablaufplan* in Übereinstimmung mit dem Ablaufplan des Gesamtprojekts „Wechselstromzähler DX" erstellt.

Grundschritt 2: Objektsituation analysieren
Die *Sammlung der Objekt- und Umfeldinformationen* erstreckte sich auf alle erreichbaren technischen Daten und vorhandenen Unterlagen vom Entwicklungsbeginn des Magneten bis zum Zeitpunkt der Untersuchung, einschließlich aller bis dahin durchgeführten Änderungen und deren Begründungen. So wurden folgende Informationen gesammelt bzw. Daten ermittelt:

- Prüfen der Materialverwendungsnachweise und Vergleich mit den Normen;
- Erfassung der bisherigen Lieferanten und Preise;
- Erfassung der Bearbeitungsmethoden zum Zeitpunkt des Untersuchungsbeginns;
- Sammlung der am Markt befindlichen Produkte (Magnet-Rohlinge und komplette Magneten) zur Auswertung und Durchführung von Vergleichsanalysen durch das WA-Team.

Das WA-Objekt „Magnet, vollständig" (Bild M-6) ist eine Baugruppe, die im Wechselstromzähler DX und im Drehstromzähler DY verwendet wird. Beide Elektrizitätszähler arbeiten nach dem Prinzip eines Induktionsmotorzählers, der ein der Winkelgeschwindigkeit des Läufers proportionales Bremsmoment erfordert. Dieses Bremsmoment wird durch einen Magneten erzeugt, dessen Bremswirkung zum Erzielen eines Drehzahlabgleichs durch eine Magnetregulierschraube verstellbar sein soll. Um die Genauigkeit des Zählers unter bestimmten Einflüssen und über lange Zeit zu gewährleisten, muß der Magnet verschiedene Bedingungen, wie beispielsweise mechanische und magnetische Stabilität und Verstellbarkeit der Dämpfung erfüllen.

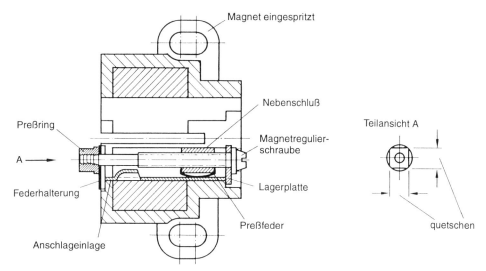

Bild M-6. Magnet, vollständig (vor WA)

Die Fertigung des vollständigen Magneten erfolgt durch ein Druckgußverfahren; dabei werden zwei Magnetrohlinge in eine Gußform (im Ist-Zustand eine 4-fach-Form) eingesetzt und mit Aluminium-Druckguß umspritzt. Die Teile „Magnet" und „Befestigungsschrauben" werden fremdbezogen, die anderen Teile eigengefertigt. Die *Kostenanalyse* des vollständigen Magneten zeigt nach Tabelle M-4 für die variablen Kosten einen Wert von 17,64 DM.

Die *Ermittlung der Funktionen* begann bei der übergeordneten Funktion des WA-Objekts „Magnet, vollständig" bzw. der Funktion, die das Objekt innerhalb des Elektrizitätszählers zu erfüllen hat, nämlich „Läufer bremsen". Um diese Aufgabe zu erfüllen, muß

Tabelle M-4. Kostenanalyse, Zustand (alle Kostenangaben in DM/Stück)

Lfd. Nr.	Anzahl	Teil	Material DM	Lohn DM	variable Kosten gesamt DM
1	1	Magnet eingespritzt	12,15	2,94	15,09
2	2	Magnet	(11,74)	–	(11,74)
3	1	Anschlageinlage	0,08	0,07	0,15
4	1	Lagerplatte	0,07	0,05	0,12
5	1	Federhaltung	0,06	0,06	0,12
6	1	Preßfeder	0,02	0,04	0,06
7	1	Preßring	0,01	0,01	0,02
8	1	Magnetregulierschraube	0,13	0,13	0,26
9	1	Nebenschluß	0,05	0,33	0,38
10	2	Befestigungsschraube	0,08	–	0,08
–	–	Montage	–	1,36	1,36
–	12	Magnet vollständig	12,65	4,99	17,64

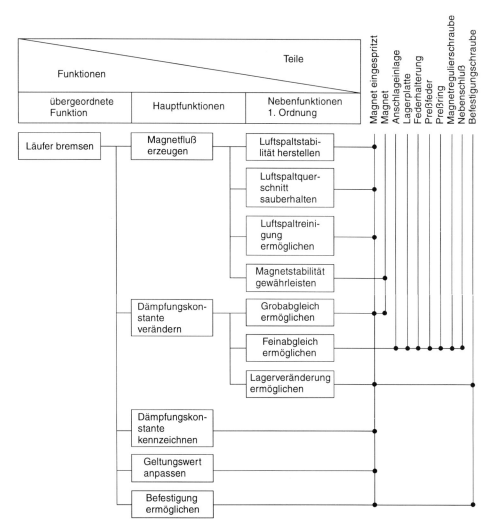

Bild M-7. Funktionengliederung, IST-Zustand

ein Magnetfluß erzeugt, die Dämpfungskonstante verändert und gekennzeichnet sowie die Befestigung der Baugruppe im Zähler ermöglicht werden. Diese für die WA-Untersuchung als eigentliche Hauptfunktionen zu bezeichnenden Aufgaben wurden des weiteren in Nebenfunktionen gegliedert. Haupt- und Nebenfunktionen wurden sodann zu einer *Funktionengliederung* zusammengefaßt (Bild M-7).

Die *Funktionen bestimmenden Größen,* wie die Dämpfungskonstante, die Einbaumaße, die Festigkeitskennzahlen und die Lebensdauer sind in der Funktionengliederung nicht enthalten, sondern wurden in einem eigenen Beiblatt (getrennt nach unabdingbaren und wahlfreien Eigenschaften, unter Angabe von Maximal- und Minimalwerten) aufgelistet.

Tabelle M-5. Vorgehensschema für die Erstellung der Funktionenkosten-Matrix

Funktionen / Teile (Funktionsträger)	Magnetfluß erzeugen				Dämpfungskonstante verändern			Dämpfungskonstante kennzeichnen	Geltungswert anpassen	Befestigung ermöglichen	variable Teilekosten in DM/100 Stck.
	Luftspaltstabilität herstellen	Luftspaltquerschnitt sauberhalten	Luftspaltreinigung ermöglichen	Magnetstabilität gewährleisten	Grobabgleich ermöglichen	Feinabgleich ermöglichen	Lageveränderung ermöglichen				
	DM | %	DM | %	DM | %	DM | %	DM | %	DM | %	DM | %	DM | %	DM | %	DM | %	
Magnetgehäuse											1509,—
Magnet											(1174,—)
Anschlageinlage											15,—
Lagerplatte											12,—
Federhalterung											12,—
Preßfeder											6,—
Preßring											2,—
Magnetregulierschraube											26,—
Nebenschluß											38,—
Befestigungsschraube											8,—
Montage											136,—
Summe Funktionskosten											1764,—

Die *Zuordnung von Funktionen und Teilen* (Bild M-7) ist im weiteren notwendige Voraussetzung für die Erstellung einer *Funktionenkosten-Matrix*.

Diese Matrix wurde im vorliegenden Fallbeispiel aus Platzgründen zwar nicht erstellt, die prinzipielle Vorgangsweise ist aber in Tabelle M-5 aufgezeigt.

Die Teilekosten werden dabei nach einem geschätzten Gewichtungsschlüssel auf die einzelnen Funktionen aufgeteilt. Die Addition der jeweiligen Spalten ergibt sodann die jeweiligen Funktionskosten. Dabei ist zu beachten, daß auch Tätigkeiten, wie Montage und Prüfung als Funktionenkostenträger zu berücksichtigen sind. Die Funktionenkosten-Matrix bringt eine auf die konstruktiven Zusammenhänge bezogene Kostenaufschlüsselung. Sie läßt leichter als eine nur teilebezogene Kostenanalyse technische und wirtschaftliche Schwachstellen von bestehenden und konzipierten Produkten und Lösungsvorschlägen erkennen.

Grundschritt 3: Soll-Zustand beschreiben
Die *Auswertung der Informationen* zeigte für die Funktionserfüllung, daß aus marktmäßiger Sicht die Funktion „Geltungswert anpassen" als unnötig zu bezeichnen war. Die hierfür vorgenommene Silberlackierung konnte somit entfallen. Im übrigen war in Übereinstimmung mit der im Grundschritt 1 formulierten Zielsetzung anzustreben, die wesentlichen Funktionen *(Soll-Funktionen)* nach Möglichkeit auf eine kleinere Anzahl kostengünstigerer Funktionenträger (Teile) zusammenzufassen. Dabei waren aber folgende Wünsche bzw. Auflagen des Verkaufs und der Fertigung als *lösungsbedingte Vorgaben* zu beachten:

- Ein neuer Magnet muß die gleichen Befestigungspunkte im Zähler haben, wie der bisherige, d.h., er muß bei den vorhandenen Elektrizitätszählervarianten einbaubar bzw. austauschbar sein.

- Die neue Magnet-Spritzgußform muß ebenso wie die bisherige für alle erforderlichen Magnetstärkevarianten anwendbar sein.

- Der Magnet muß einen Grob- und Feinabgleich mit einem Regelbereich von mindestens 20% haben.

- Für eine gewünschte zusätzliche Soll-Funktion „Temperaturkompensation ermöglichen", die erst zu einem späteren Zeitpunkt verwirklicht werden soll, sollen die entsprechenden Einbaumöglichkeiten vorgesehen werden.

Die Auswertung der *Kosteninformationen* ergab bei den Teilekosten, daß die Position „Magnet, eingespritzt" fast 90% der Gesamtkosten verursacht. Die Funktionenkosten-Analyse läßt ferner erkennen, daß der Großteil der verbleibenden Kosten allein durch die Nebenfunktion „Feinabgleich ermöglichen" verursacht wird. Die Ansatzpunkte für die Neugestaltung und Lösungssuche wurden hier bereits sichtbar.

Grundschritt 4: Lösungsideen entwickeln
Die Suche nach Lösungsmöglichkeiten wurde im Rahmen von zwei *Brainstorming-Sitzungen* durchgeführt. Dabei wurden in der ersten Sitzung die folgenden Lösungsmöglichkeiten für die Gesamtkonzeption der Baugruppe „Magnet, vollständig" ermittelt:

1. Abgehen vom derzeitigen Doppelspurmagneten,
2. Fremdbezug des vollständigen Magneten (Normmagnet),
3. Herstellung des vollständigen Magneten durch einen Lieferanten nach eigenen Angaben,
4. Übernahme einer Magnetkonzeption mit geringerem Magnetvolumen von einem Konzernbetrieb.

Für die als realisierbar qualifizierte Alternative (Nr. 4) wurden in der zweiten Brainstorming-Sitzung Lösungsmöglichkeiten für die Einzelfunktionen bzw. -teile gesucht. Die gefundenen Lösungsmöglichkeiten wurden in einer Ideenliste (Tabelle M-6) zusammengestellt.

Grundschritt 5: Lösungen festlegen
Die in der Ideenliste aufgeführten Ideen wurden anschließend an die Brainstorming-Sitzung einer Schnellbewertung unterzogen; dabei wurden die am Fuß der Ideenliste ange-

Tabelle M-6. Ideenliste der Brainstorming-Sitzungen (Auszug)

Ideenliste	Sitzung vom:
Objekt: Magnet, vollständig	Funktion: Läufer bremsen

Lfd. Nr.	Ideen	Wertung
1	vollständigen Magnet als Bauelement kaufen, Befestigungselement dazukaufen	3
2	Aufnahmebohrung als Schlitze ausführen	①
3	Lagerplatte durch Normscheibe ersetzen	1
4	Abschlußplättchen aus Kunststoff	①
5	Preßring durch Nietung des Plättchens ersetzen	①
6	Magnetvolumen verkleinern wie im Konzernbetrieb	①
7	Magnetstärke in Guß kennzeichnen	①
8	für die Rohlinge andere Magnetlieferanten suchen	①
9	dem Rohling Rostschutz geben	2
10	eine Magnetsorte für mehrere Varianten verwenden (neues Aufstärkegerät)	①
11	Magnet mit Schwenksockel herstellen	0
12	alterungsbeständigen Magneten verwenden	①
13	Nebenschlußführung durch Trapezform verbessern	①
14	Oberflächenbehandlung der Magnetregulierschraube weglassen	①
15	Oberflächenbehandlung des Nebenschlusses ändern (statt vernickeln verzinken)	①
16	statt der bisheigen Vierfach-Druckguß-Form eine Sechsfach-Form verwenden	①

Wertungsklassen:
0 = unbrauchbar
1 = realisierbar
① = Realisierung vorgesehen (nach Grundschritt 5 vermerkt)
2 = in späteren Lösungen realisierbar
3 = nur bei Neuprodukten realisierbar

gebenen *Bewertungskriterien* angewendet. Die Kennzeichnung mit einem Kreis für die tatsächlich zur Realisierung vorgeschlagenen Lösungsmöglichkeiten wurde gegen Ende des Grundschritts 5 angebracht.

Der zur Realisierung ausgewählte *Lösungsansatz 4* wurde einer eingehenden technischen Prüfung unterzogen. Die in Aussicht genommene Magnetkonstruktion des Konzernbetriebs wurde im Laufe dieser Prüfung entsprechend den während der zweiten Lösungsphase gefundenen Detaillösungsmöglichkeiten und den betrieblichen Anforderungen modifiziert. Für die vorgesehene Temperaturkompensation wurden Laboruntersuchungen durchgeführt, ebenso sind Verbesserungen in den Fertigungsmethoden studiert und erprobt worden.

Die in Bild M-8 dargestellte ausgearbeitete *Lösung* zeigt eine von 12 auf 9 verminderte Teilezahl. Sowohl das Volumen des Magnetrohlings als auch jenes des umspritzten Magneten ist geringer. Das Gewicht des kompletten Magneten beträgt statt bisher 81 g nunmehr 70 g. Durch die Verwendung einer 6-fach-Druckgußform anstatt einer vorerst vorgesehenen 4-fach-Form konnte man ferner für diese Operation eine geschätzte Zeiteinsparung von 25% erzielen.

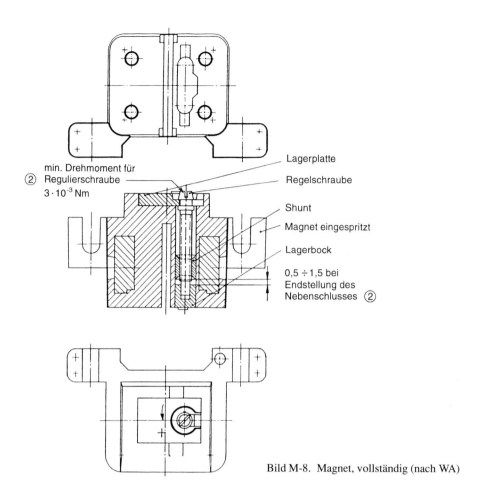

min. Drehmoment für
② Regulierschraube
3 · 10⁻³ Nm

Lagerplatte
Regelschraube
Shunt
Magnet eingespritzt
Lagerbock
0,5 ÷ 1,5 bei
Endstellung des
Nebenschlusses ②

Bild M-8. Magnet, vollständig (nach WA)

Tabelle M-7. Kalkulation des Lösungsvorschlags

Lfd. Nr.	Anzahl	Teil	variable Kosten gesamt DM/Stck.
1	1	Magnet eingespritzt	10,45
2	2	Magnet	(7,10)
3	1	Lagerplatte	0,11
4	1	Regulierschraube	0,24
5	1	Nebenschluß	0,23
6	1	Lagerblock	0,18
7	2	Befestigungsschraube	0,08
–	–	Montage	0,63
–	9	Magnet vollständig	11,92

Tabelle M-8. Kostenvergleich bisherige und neue Lösung

Zählertype	variable bish. Ausführungen	Kosten (DM) neue Ausführungen	Stck./Jahr	Ersparnis Stck./DM	Ersparnis Jahr/DM
DX	17,64	11,92	55 000	5,72	315 000
DY	17,64	13,34	45 000	4,30	194 000
DY	19,32	14,50	30 000	4,82	145 000
gesamt			130 000		654 000

Die in Bild M-8 dargestellte Lösung wurde kalkuliert (Tabelle M-7) und in einem *Kostenvergleich* der bisherigen Lösung gegenübergestellt.

Im einzelnen ergaben sich für die in den Zählervarianten DX und DY verwendeten Magneten die in Tabelle M-8 angeführten Einsparungen.

Nach Beschaffung und Bearbeitung aller noch fehlenden Unterlagen für die Entscheidungsvorbereitung und nach eingehender Erörterung des Vorschlags im Team wurde beschlossen, die Lösung zur Freigabe und Genehmigung der Investition an die Geschäftsleitung als *Entscheidungsvorlage* weiterzuleiten (Tabelle M-9).

Grundschritt 6: Lösungen verwirklichen
Nach *Genehmigung* des Lösungsvorschlags wurde für die Anschaffung des Werkzeugs und die *Verwirklichung* der Lösung ein Arbeitsablauf- und Zeitplan erstellt, dessen Einhaltung das Team während der Einführungsphase zu überwachen hatte.

Ein Blick auf die wichtigsten *Termine* der WA-Untersuchung und der Einführung der Lösung zeigt, daß die 1. Team-Sitzung ca. 1 Monat nach Beginn der Informationsphase stattfand, 5 Monate danach mit insgesamt 15 Team-Sitzungen die WA-Untersuchung beendet wurde, 2 Monate später die Präsentation (Entscheidungsvorlage) erfolgte, die Null-Serie weitere 10 Monate später aufgenommen wurde und 4 Monate darauf die Serienproduktion begann. Zwischen Beginn (Entscheidung für die WA-Untersuchung) und Ende (Serieneinführung) der WA-bezogenen Aktivitäten liegen somit insgesamt 2 Jahre und 8 Wochen.

Die nach erfolgter Einführung des WA-Objekts durchgeführten *Kontrollrechnungen* ergaben, daß der tatsächliche Aufwand für die Untersuchung 140% des geschätzten Aufwands und die tatsächlichen Einsparungen wegen des Absinkens der ursprünglich angenommenen Stückzahl 86% der geschätzten Einsparungen betrug. Dennoch ergibt sich noch ein Verhältnis von Gesamtaufwand zu Einsparungen im ersten Einsatzjahr von 1:1,3 und somit eine Amortisationzeit von 0,8 Jahren. Da aber mit einer Verwendungsdauer des Produkts von noch mindestens drei Jahren zu rechnen ist, ergibt sich insgesamt ein Aufwand-Nutzen-Verhältnis von 1:4 gegenüber dem ursprünglich geschätzten von 1:6,3. Bezogen auf das einzelne Stück ergaben sich nach der Nachkalkulation folgende Vergleichswerte (Tabelle M-10).

Tabelle M-9. Präsentation des WA-Ergebnisses (Entscheidungsvorlage)

Präsentation des WA-Ergebnisses		Datum:	Nr.: 1

Objekt: Magnet, vollst., DX, DY Nr.: Hauptfunktion: Läufer bremsen Lösungen der engeren Wahl: 1 Team:	Zur Entscheidung an Dion: Vorschlag sanktioniert verworfen am: Zur Information an:

			Klasse*	0	1	2	3
			Anzahl	2/1	1/13	1/1	0/1

1 Anzahl d. gefund. Alternativen/Ideen: 4/16

2	Stückzahl pro Jahr		130000
3	Herstellkosten pro Stück vorher	DM	17,64 – 19,32
4	Herstellkosten pro Stück nachher	DM	11,92 – 14,50
5	Ersparnis pro Stück	DM	5,72 – 4,82
6	Ersparnis pro Jahr	DM	654000
7	Einführungsaufwand gesamt	DM	313000

8 Amortis.dauer: $\dfrac{\text{Einführungsaufwand}}{\text{Ersparnis/Jahr}} \ 12 = \dfrac{313000}{654000} \ 12 = 6 \ \text{Monate}$

9 Aufwand-Nutzen-Verhältnis: $\dfrac{\text{Einführungsaufwand}}{\text{Ersparnis in 3 Jahren}} = \dfrac{313000}{1\,962\,000} = 1:6,3$

10 Beschreibung, Charakteristika oder Skizzen:
vorher
nachher

Anzahl der Einzelteile: 12	9
Gewicht: 81 g	70 g

● geschlossene Langlöcher	● kleineres Volumen der Magnetrohlinge und des umspritzten Magneten ● offene Befestigungslanglöcher – aus formtechnischen Gründen ● Zusatzmöglichkeit Temperaturkompensation

Beilagen:	1. Berechnung (2 Blätter) 2. Arbeits- und Zeitplan für die Durchführung 3. Besonderheiten des Objektes 4. Umfang und Beschreibung der Studie	*) Klasse 0: verworfen Klasse 1: realisierbar Klasse 2: später realisierbar Klasse 3: im Neuprodukt realisierbar

Tabelle M-10. Vergleichswerte bei der Nachkalkulation

Zählertype	ursprüngliche, variable Kosten in %	variable Kosten gemäß Beschluß in %	variable Kosten gemäß Nachkalkulation in %
DX	100	68	66
DY	100	76	68
DZ	100	76	67

Weiterführende Literatur

Bisani, F.: Reserven wecken durch Wertanalyse/Wertgestaltung in: Praktiker-Checklisten Nr. 61. Hrsg.: H.O. Rasche, 4. Auflage. Stuttgart: Schäfferverlag 1990.

DIN 69910: Wertanalyse. Hrsg. DIN Deutsches Institut für Normung e.V. Berlin u. Köln: Beuth-Verlag 1987.

Freitag, N. und Kaniowsky, H.: Das Arbeiten mit kreativen Methoden. In: Schriftenreihe des Wirtschaftsförderungsinstitutes, Broschüre Nr. 161. Hrsg.: Wirtschaftsförderungsinstitut der Bundeswirtschaftskammer. Wien 1986.

Gasthuber, H. und Wecko, K.: Praktische Wertanalyse am Beispiel eines Bremsmagneten für Wechselstromzähler. Wien: Diss. Wirtschaftsuniversität 1981

Gasthuber, H: Wertanalyse-Fallbeispiel „Kleiderhaken" (mit Formularsatz VDI 02 801). In: Arbeitsberichte des Institutes für Technologie und Warenwirtschaftslehre der Wirtschaftsuniversität Wien, Heft 1/1984.

Heege, F.: Wertanalyse, 2. Auflage. Wiesbaden: Gabler Verlag 1991.

Huber, R.: Gemeinkosten-Wertanalyse. Methoden der Gemeinkosten-Wertanalyse (GWA) als Element einer Führungsstrategie für die Unternehmensverwaltung. 2. Auflage. Bern und Stuttgart: Verlag Haupt 1987.

Jehle, E.: Wertanalyse in Verwaltung und Verbänden. Verbandsmanagement, 2 (1986), Mitteilungen der Forschungsstelle für Verbands- und Genossenschafts-Management, Universität Freiburg/Schweiz, 30/35.

Kaniowsky, H.: Das Arbeiten mit Wertanalyse. In: Schriftenreihe des Wirtschaftsförderungsinstitutes, Broschüre Nr. 220. Hrsg.: Wirtschaftsförderungsinstitut der Bundeswirtschaftskammer. 2. Auflage. Wien 1992.

Kaniowsky H., und Würzl, A.: Wertanalyse und Organisationsentwicklung. In: Schriftenreihe des Wirtschaftsförderungsinstitutes, Broschüre Nr. 221. Hrsg.: Wirtschaftsförderungsinstitut der Bundeswirtschaftskammer. 2. Auflage. Wien 1992.

Miles, L.D.: Value Engineering - Wertanalyse - die praktische Methode zur Kostensenkung, 2. Auflage. Landsberg/Lech: mi-Verlag 1967.

Miles, L.D.: Techniques of Value Analysis and Engineering. New York: Mc Graw Hill 1972 rev.

ÖNORM A 6750: Wertanalyse; Begriffe, Grundsätze, Einflüsse, Vorgangsweisen. Hrsg.: Österreichisches Normungsinstitut. Wien 1984.

ÖNORM A 6751: Wertanalyse zwischen Geschäftspartnern. Hrsg.: Österreichisches Normungsinstitut. Wien 1988.

ÖNORM A 6752: Wertanalyse-Stelle; Organisatorische Eingliederung, Stellenbeschreibung. Hrsg.: Österreichisches Normungsinstitut. Wien 1987.

ÖNORM A 6753: Wertanalyse-Koordinator; Aufgaben, Anforderungen. Hrsg.: Österreichisches Normungsinstitut. Wien 1988.

ÖNORM A 6757: Wertanalyse-Management; Planung, Durchführung und Controlling der Wertanalyse (WA). Hrsg.: Österreichisches Normungsinstitut. Wien 1992.

VDI Zentrum Wertanalyse (Hrsg.): Wertanalyse; Idee – Methode – System, 4. Auflage. Düsseldorf: VDI-Verlag 1991.

Wellenreuther, H.: Aktionsprogramm – Integrierte Leistungsverbesserung durch Wertanalyse. Landsberg/Lech: mi-Verlag 1982.

Wohinz, J.W.: Wertanalyse – Innovationsmanagement. Würzburg/Wien: Westdeutscher Verlag 1983.

Zur Übung

Ü M1: Erklären Sie das System WA durch den WA-Tisch am Beispiel der Auswertung von Zeitschriften in der Unternehmung.

Ü M2: Beschreiben Sie die Funktionen (Haupt- und Nebenfunktionen sowie unnötige Funktion) eines Autoscheinwerfers.

Ü M3: Stellen Sie die Ist- und Soll-Kosten der Haupt- und Nebenfunktionen des in Ü M2 beschriebenen Autoscheinwerfers zusammen.

Ü M4: Stellen Sie einen WA-Plan für Maßnahmen auf, um von säumigen Zahlern möglichst bald das Geld zu erhalten.

Ü M5: Welche der folgenden Problemstellungen halten Sie für eine wertanalytische Bearbeitung geeignet? (ankreuzen!)
a) Der Projektleiter von Produkt X wurde gekündigt, seine Stelle muß neu besetzt werden.
b) Seit einer Woche hat die Fertigung um 60% mehr Ausschuß.
c) Das Produkt C (60% des Gesamtumsatzes) wird seit 15 Jahren unverändert produziert. Der Absatz geht seit Monaten leicht zurück.
d) Eine Zulieferfirma ist aufgrund eines Maschinenschadens nicht in der Lage, den Liefertermin einzuhalten. Dadurch wird die eigene Produktion gefährdet.
e) Der Fertigungsleiter vermutet, daß bei der in Auftrag genommenen Einzelanfertigung (Gesamtwert ca. 20 000 DM) Einsparungen von ca. 10% möglich wären.
f) Die Verkaufszahlen des Produkts B (40% des Gesamtumsatzes) sinken, seit die Konkurrenz ein ähnliches Produkt auf den Markt gebracht hat.

Ü M6: Versuchen Sie, eine geeignete WA-Gruppe, bestehend aus 6 bis 8 Personen, zusammenzustellen. Überlegen Sie dabei, wer Informationen oder Fachwissen für die jeweilige Aufgabenstellung zur Verfügung stellen könnte. WA-Objekt ist:
a) ein Büroschreibtisch,
b) eine Kraftstoffpumpe,
c) der Auftragsdurchlauf in einem Kleinbetrieb.

Ü M7: Versuchen Sie, die folgenden Funktionen richtig zuzuordnen (Tabelle Ü M 7):

Ü M8: Versuchen Sie, die folgenden Funktionen einer Schreibtischleuchte in ein Gliederungsschema einzuordnen:

Leuchtkreis bilden, Licht verteilen, Wärme reflektieren, Wärme ableiten, Kunden ansprechen, Licht spenden, Wärme transportieren, Licht reflektieren.

Ü M9: Für welche der folgenden Aufgabenstellungen halten Sie Gruppenarbeit und/oder die Anwendung von Kreativitätstechniken für sinnvoll? (ankreuzen!)
a) Lösung einer Gleichung.
b) Auswahl einer Alternative (die Auswahlkriterien sind vorgegeben und klar quantifizierbar).
c) Ermittlung von Informationen über ein Produkt aus verschiedenen Unternehmensbereichen.
d) Weiterentwicklung eines Taschenrechners.
e) Erstellung eines EDV-Programms für Lohnverrechnung.
f) Entwicklung eines neuartigen Flaschenverschlusses.
g) Lösung eines Kostenrechnungsbeispiels.

Ü M10: Zwei zur Auswahl stehende Lösungsvarianten werden nach den Kriterien Design, Wirtschaftlichkeit und Qualität bewertet. Welche Lösungsvariante wählen Sie unter Beachtung der angegebenen Gewichtungen und Erfüllungsgrade aus (Tabelle Ü M-10)?

Tabelle Ü M-7.

Nr.	Untersuchungsobjekte	Funktion		Zuordnung*)
		Hauptwort	Tätigkeitswort	
1	Auto	Personen	transportierten	
2		Kraft	übertragen	
3	Ring	Träger	schmücken	
4	Schreibtisch	Schreibunterlage	bieten	
5		Zimmer	verschönern	
6	Feuerzeug	Wärme	erzeugen	
7		Gas	aufbewahren	
8	Fernseher	Helligkeit	verstellen	
9	Sessel	Arm	abstützen	
10	Plattenspieler	Dreh-geschwindigkeit	verändern	

*) GebrF = Gebrauchsfunktion
   GeltF = Geltungsfunktion
   HF   = Hauptfunktion
   NF   = Nebenfunktion
   UF   = unnötige Funktion

Tabelle Ü M-10

Kriterien	Lösung 1			Lösung 2	
	G	E_1	T_1/N_1	E_2	T_2/N_2
Design	20	0,9		0,8	
Qualität	30	1,0		0,7	
Wirtschaftlichkeit	50	0,7		1,0	
gesamt	100				

N Marketing

N 1 Aufgaben des Marketing

Marketing bedeutet, die dringenden *Wünsche* der *Kunden schnell* zu erkennen und daraus in *kürz*ester Zeit kunden- und marktorientierte Produkte und Dienstleistungen zu entwickeln und anzubieten. Für den Kunden muß dabei deutlich der *Nutzen* erkennbar sein (auch gegenüber der Konkurrenz). Sind auf diese Weise *relative Wettbewerbsvorteile* errungen worden, dann werden auch Marktpreise zu erzielen sein, die zum Erfolg des Unternehmens beitragen.

Eine kurzgefaßte Definition von Marketing lautet daher:

> *Marketing sind alle Aktionen, um die Produkte und Dienstleistungen eines Unternehmens zum Nutzen des Kunden und des Unternehmens zu vermarkten.*

Marketing ist, wie Bild N-1 zeigt, ein vernetztes System, das aus folgenden fünf Bereichen besteht:

1. Umfeld (Welche Trends sind entscheidend?)
Der Markt ist einem ständigen Wandel unterworfen. Deshalb ist es wichtig, die Trends zu erfassen, die für das Unternehmen entscheidend sind. Eine systematische Verfolgung der

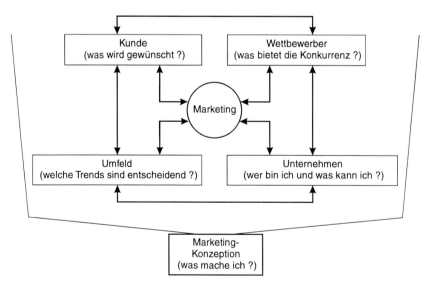

Bild N-1. Elemente des Marketing

entsprechenden Entwicklungen im gesellschaftlichen, ökonomischen und technischen Umfeld ist notwendig, um sich bietende Marktchancen gezielt zu ergreifen.

2. Kunde (Was will der Kunde?)
Dies ist die wichtigste Frage, die zu beantworten ist. Denn nur, wenn die Kundenwünsche bekannt und in kürzester Zeit zu erfüllen sind, kann erfolgreich verkauft werden.

3. Wettbewerber (Was bietet die Konkurrenz?)
Erfolgreich kann ein Unternehmen nur sein, wenn es die Kundenwünsche erkennbar besser erfüllt als die Konkurrenz. Aus diesem Grund muß der Wettbewerb systematisch beobachtet werden.

4. Unternehmen (Was bin ich und was kann ich?)
An dieser Stelle muß der *Unternehmenszweck* klar festgelegt, die *Unternehmensphilosophie* oder die *Unternehmensgrundsätze* erarbeitet (Was bin ich?) und festgestellt werden, ob das Unternehmen finanziell, maschinell, personell und organisatorisch in der Lage ist, die Kundenwünsche besser zu erfüllen als die Wettbewerber.

5. Marketing-Konzeption (Welche Ziele werden konkret verfolgt?)
Wenn die ersten vier Punkte geklärt sind, kann sich das Unternehmen auf dem Markt *positionieren*. Dementsprechend wird das Unternehmen seine Kompetenz im Markt sichtbar machen, d. h. die Öffentlichkeitsarbeit und die Werbung zielgerichtet einsetzen.

Bild N-2 zeigt die geschilderten Zusammenhänge auf. Ausgehend von einem *zentralen Marktproblem* (Kundenwünsche) mit beispielsweise den Teilproblemen P 1 bis P 4 sucht

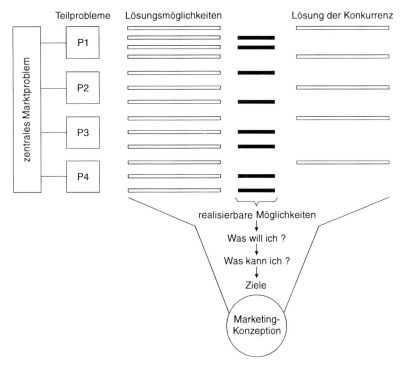

Bild N-2. Systematik des Marketing

das Unternehmen Möglichkeiten zu deren Lösung. Sind die Lösungsvorschläge der Konkurrenz bekannt (rechts im Bild N-2), dann bleiben die restlichen Lösungsansätze für das Unternehmen übrig. Diese werden dann daraufhin untersucht, ob das Unternehmen solche Lösungen überhaupt *realisieren will* (im Gleichklang mit der Unternehmensphilosophie) und ob es die Voraussetzungen mitbringt, diese Lösungen *verwirklichen zu können*. Daraus ergeben sich im Anschluß klare Ziele für eine Marketing-Konzeption.

Im folgenden werden die einzelnen Bereiche ausführlich beschrieben. Die angeführten Beispiele beziehen sich meist auf ein mittelständisches Unternehmen, das flexible Montagesysteme im Baukastenprinzip herstellt.

N 2 Analyse des Umfelds

Die Produkte und Dienstleistungen der Unternehmen werden auf den Märkten verkauft. Je nach Typ des Marktes und seinen Spielregeln von Angebot, Nachfrage und Preisfindung sind andere Strategien erfolgreich (Abschn. K 6.1).

In ständig sich wandelnden Märkten können Unternehmen nur erfolgreich sein, wenn sie Produkte und Dienstleistungen entwickeln und bereitstellen, die dem Trend entsprechen. Deshalb ist es von erheblicher Bedeutung, das Umfeld des Unternehmens zu kennen. Bild N-3 zeigt, in welchen Bereichen die einzelnen Trends untersucht werden müssen. Um

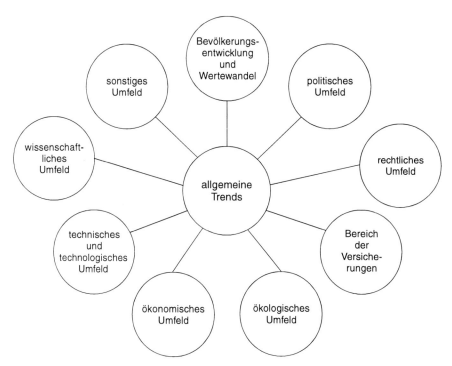

Bild N-3. Analyse des Umfeldes

einen schnellen Überblick zu erhalten, sollten alle Informationen in diese Rubriken eingeordnet und gesammelt werden. Am Ende jedes Bereiches wird festgestellt, welche *Einflußfaktoren* besonders wichtig sind, und mit welchen Maßnahmen die sich ergebenden Chancen genutzt werden sollen (Tabelle N-1).

Die einzelnen Informationen können von den statistischen Landes- und Bundesämtern bezogen, oder aus den Tageszeitungen entnommen werden. Auch die Berufsverbände (z.B. VDI und VDMA) bieten ihren Mitgliedsfirmen wertvolles Informationsmaterial, ebenfalls die Industrie- und Handelskammern (IHK). Zusätzlich stehen noch spezielle Informationsbanken und Wirtschaftsdienste bereit. Tabelle N-2 zeigt eine Übersicht. Zur Organisation der Daten ist wichtig, daß sie mindestens jedes halbe Jahr auf ihre Bedeutung für das Unternehmen geprüft werden.

Es ist absolut notwendig, dieses Informationssystem für die externen Einflußfaktoren aufzubauen, auch wenn es eines gewissen Aufwands bedarf. Das Unternehmen ist damit in der Lage, sich den Veränderungen des Markts schnell anzupassen und darin die Chancen zu erkennen und sie zum Nutzen der Kunden und zum Vorteil der eigenen Unternehmung wahrzunehmen.

N 2.1 Allgemeine Trends

Folgende Haupttrends sind zu beobachten:

Trend zur Selbstverwirklichung
Die Kunden streben in ihrem Beruf und in ihrer Freizeit an, sich selbst zu verwirklichen und weigern sich zunehmend, sich von außen vorgegebenen Regeln unterzuordnen.

Neue Rolle der Frau
Vermehrt möchten vor allem junge Frauen nach der Kinderpause wieder in das Arbeitsleben zurückkehren. Immer mehr Frauen streben in höhere Postionen.

Tabelle N-1. Übersicht über wichtige Einflußfaktoren, den möglichen Chancen und den ergriffenen Maßnahmen

Bereich		
Einflußfaktoren	Chancen	Maßnahmen

Tabelle N-2. Informationsquellen

1. Staatliche und halbstaatlichen Stellen

1.1. Statistisches Bundesamt
   – Statistisches Jahrbuch für die Bundesrepublik Deutschland
   – Indikatoren zur Wirtschaftsentwicklung
   – Bevölkerungsstruktur und Wirtschaftskraft der Bundesländer
   – Fachserie 1: Bevölkerung und Erwerbstätigkeit
   – Fachserie 2: Unternehmen und Arbeitsstätten
   – Fachserie 4: produzierendes Gewerbe
   – Statistik des Auslandes

1.2. Presse- und Informationsamt der Bundesregierung
   – aktuelle Beiträge zur Wirtschafts- und Finanzpolitik
   – sozialpolitische Umschau

1.3. Bundesministerium für Wirtschaft
   – die Wirtschaftslage in der Bundesrepublik Deutschland
   – Kooperationsfibel
   – Exportfibel – Wegweise für kleine und mittlere Unternehmen
   – Mittelstandsfibel „Leistung und Wettbewerb"
   – Programm zur Förderung der beschleunigten Markteinführung energiesparender Technologien und Produkte
   – Forschungs- und Technologieförderung für kleine und mittlere Unternehmen
   – Wirtschaftspolitik in Daten

1.4. Bundesministerium für Arbeit und Sozialordnung
   – Die Standortwahl der Industriebetriebe in der Bundesrepublik Deutschland – verlagerte, neuerrichtete und stillgelegte Betriebe

1.5. Bundesministerium für Finanzen
   – BMF-Broschüre: „Maßnahmen zur Stärkung der Nachfrage und zur Verbesserung des Wirtschaftswachstums"

1.6. Bundesministerium für Forschung und Technologie
   – Förderfibel (Informationen über die Förderung von Forschung und Innovationen in der Bundesrepublik Deutschland)

1.7. Deutsche Bundesbank
   – Monatsberichte und Geschäftsberichte der Deutschen Bundesbank
   – Reihe 4: „Saisonbereinigte Wirtschaftszahlen"
   – Reihe 5: „Die Währungen der Welt"

1.8. Kreditanstalt für Wiederaufbau (KfW)
   Merkblätter für Finanzierungshilfen kleiner und mittlerer Betriebe

1.9. Bundesstelle für Außenhandelsinformation
   – ausführliche Berichte über die Wirtschaftsstruktur einzelner Länder

2. Institute

2.1. Ifo-Institut für Wirtschaftsforschung
   – Ifo-Schnelldienst (Investitionsumfragen, Prognoseergebnisse)
   – die Wirtschaftskonjunktur (Zahlen zur Wirtschaftsentwicklung; Zahlen zur Investitionstätigkeit
   – Ifo-Spiegel der Wirtschaft
     Struktur und Konjunktur in Bild und Zahl

2.2. Deutsches Institut für Wirtschaftsforschung

2.3. Rheinisch-Westfälisches Institut für Wirtschaftsforschung

Tabelle N-2 (Fortsetzung)

2.4. HWWA-Institut für Wirtschaftsforschung
   – Konjunktur von morgen
   – Finanzierung und Entwicklung

2.5. Institut für Weltwirtschaft an der Universität Kiel

2.6. Institut der deutschen Wirtschaft
   – iw-trends (Indikatoren, Prognosen, Analysen)

2.7. Institut für Mittelstandsforschung

2.8. Wirtschafts- und Sozialwissenschaftliches Institut des
   Deutschen Gewerkschaftsbundes GmbH (WSI)
   – WSI-Konjunkturberichterstattung
   – WSI-Lohn- und Preistabellarium
   – WSI-Konjunkturdaten-Tabellarium

3. Verbände, Kammern, Vereinigungen

3.1. Bundesvereinigung der Deutschen Arbeitgeberverbände (BDA)

3.2. Bundesverband der Deutschen Industrie (BDI)
   – BDI-Industrie-Konjunktur
   – BDI-Mittelstandsinformation

3.3. Deutscher Indsutrie- und Handelstag (DIHT)
   – Waren und Märkte
   – Exportchancen auf Auslandmessen

3.4. Rationalisierungskuratorium der Deutschen Wirtschaft (RKW) e.V.
   – Merkblätter vom Arbeitskreis Mittel- und Kleinbetriebe (AKM)

3.5. Verein Deutscher Ingenieure (VDI)

3.6. REFA-Verband für Arbeitsstudien und Betriebsorganisation

3.7. Bundesverband Materialwirtschaft und Einkauf (BME)
   – BME-Marktübersicht

4. Dokumentations- und Auskunftsstellen

4.1. Gesellschaft für Information und Dokumentation mbH (GID)

4.2. Technologie-Information

4.3. Messewesen
   – Ausstellungen und Messe-Ausschuß der Deutschen Wirtschaft (AUMA) e.V.

4.4. Markt- und Meinungsforschung, Marketing

4.5. Unternehmensberatung

5. Pressewesen, Bibliotheken

6. ausländische Informationsfundstelle

6.1. Kommission der Europäischen Gemeinschaften

6.2. Presse- und Informationsbüro der Kommission der Europäischen Gemeinschaften

6.3. Organisation für Wirtschaftliche Zusammenarbeit und Entwicklung (OECD)

6.4. Wirtschafts- und Sozialrat der Vereinten Nationen

Trend zum Genießen
Vor allem junge Menschen, die nach dem Kriege in einer Wohlstandsgesellschaft aufge-
wachsen sind, möchten einen Teil ihres Lebens genießen und möglichst viel erleben.

Zunehmende Individualisierung
Der einzelne Kunde will seine ganz persönlichen Wünsche befriedigt wissen.

schneller Wandel der Wünsche und Anforderungen

Zunehmende Bedeutung sozialer und kultureller Belange
Wie Bild N-4 zeigt, werden Produkte und Dienstleistungen nicht mehr nur nach der Leistung und dem Preis (Preis/Leistungsverhältnis) beurteilt. Vielmehr werden auch Aspekte
der Gesundheit und Umwelt *(ökologische Komponente),* des Sinns (ethische Komponente) und der Beziehungen *(soziale Komponente)* immer wichtiger. Die Kunden und die
Mitarbeiter suchen in diesen Bereichen eine Balance. Das bedeutet, daß die Produktentwicklungen und die Marketing-Konzeptionen diese Bereiche immer intensiver zu berücksichtigen haben.

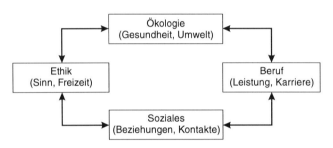

Bild N-4. Produkte und Mitarbeiter im Interessenausgleich
unterschiedlicher Gebiete

Aus diesen allgemeinen Trends ergeben sich für das Marketing folgende Konsequenzen:

Fragmentierung der Märkte
Die Märkte werden immer kleiner (Trend zu *Teilmärkten* und *Spezialmärkten)* und sind
immer weniger in Kategorien einteilbar. Eine *Marktsegmentierung,* d.h. eine Aufteilung
in bestimmte Marktgruppen, die sich ähnlich verhalten, ist schwer möglich. Die Kunden
verhalten sich zunehmend *gespaltener.* Als Beispiel: Akademiker kaufen im Supermarkt
ihre Ware und gehen abends im besten Lokal essen.

Differenzierung der Produkte
Die verschiedenen Produkte und Dienstleistungen unterscheiden sich immer mehr voneinander, und die Vielfalt der Produkte und Dienstleistungen steigt.

Zeit als Wettbewerbsfaktor
Es wird immer wichtiger, auf die schnellen Veränderungen auch schnell zu reagieren. Der
Schnellere wird vor dem Langsameren siegen. Deshalb ist Zeit ein wichtiger Wettbe-
werbsfaktor geworden.

Mittelmaß verliert an Bedeutung
Wurden früher die preiswertesten Produkte am häufigsten und die teuersten am wenigsten
verkauft, so werden zunehmend teure und billige Produkte sehr häufig gekauft werden. Die
Produkte der mittleren Preisklasse hingegen finden immer weniger Käufer (Bild N-5).

Vergangenheit   Zukunft

- Qualitätsführer
- zusätzliche Dienstleistungen
- ethischer Mehrwert

Bild N-5. Käufer für Produkte unterschiedlicher Preisgruppen

N 2.2 Bevölkerungsentwicklung und Wertewandel

Die *Bevölkerungsentwicklung* (demographische Entwicklung) zeigt, nach Geschlechtern getrennt, wieviele Personen in bestimmten Altersgruppen leben. Dies kann sich auf eine ganze Volkswirtschaft beziehen (z.B. Deutschland) oder auf kleinere Märkte (z.B. Bundesländer, Kreise, Städte, Wahlbezirke, Straßen). Erfahrungsgemäß besitzen bestimmte Altersgruppen eigene Wertvorstellungen. Kunden verschiedenen Alters besitzen deshalb eine ganz unterschiedliche Kaufmotivation, die es anzusprechen gilt. Deshalb sind Informationen über die Größe der Marktsegmente in den Altersgruppen und deren Wertvorstellungen von großer Bedeutung für ein erfolgreiches Vermarkten von Gütern und Dienstleistungen. Dabei muß man stets berücksichtigen, daß die Altersgruppen ständig älter werden (das Alter verschiebt sich nach oben) und oft die gleichen Personen ihre Wertvorstellungen ändern. Um die bedeutendsten Informationen zusammenzufassen, benutzt man eine Checkliste nach Tabelle N-3.

Tabelle N-3. Übersicht zu relevanten globalen Trends.

Bereiche	Ergebnisse
Bevölkerungsentwicklung ● global ● Alterspyramide (Männer/Frauen)	mehr alte Menschen
Veränderungen der Haushalte	mehr Single-Haushalte mehr Zwei-Personen-Haushalte
Freizeitverhalten	mehr Freizeit
Wertewandel	

N 2.3 Politisches Umfeld

Die möglichen Chancen und Risiken, die sich bei Änderungen im politischen Umfeld ergeben, können systematisch in folgender Checkliste zusammengestellt werden (Tabelle N-4). Dabei handelt es sich um politische Änderungen in der unmittelbaren Umgebung (z.B. im Gemeinderat einer Stadt) bis hin zu größeren politischen Umwälzungen (z.B. gemeinsamer europäischer Binnenmarkt oder offene Grenzen zu Osteuropa).

Tabelle N-4. Übersicht zum politischen Umfeld

Bereiche	Chancen
Gemeiderat – Steuersätze – Gewerbegebiete – Straßenbau – Infrastruktur – Stadtentwicklung – Vergünstigungen – Auflagen	
Kreistag – regionale Planung – industriefreundlich – Infrastrukturplanung – Steuern, Abgaben	
Landtag des Bundeslandes – Wirtschaftspolitik – Abgaben-Politik – Investitionsanreize – Steuervergünstigungen – Subventionen – Arbeitsbeschaffungsmaßnahmen	
Regierung – Steuerpolitik – Gesetze – Investitionsvergünstigungen – Kredithilfen – Subventionspolitik	
Gewerkschaften – Arbeitszeit – Lohnforderungen – Sicherheitsmaßnahmen – Kündigungen	
Europäischer Binnenmarkt – keine Zölle – freier Arbeitsmarkt – Zuschüsse – Öffnung Osteuropas – günstige Löhne – zusätzliche Märkte – Mangel an Devisen	

N 2.4 Rechtliches Umfeld

In diesem Bereich (Abschn. D) sind alle Gesetze und Vorschriften systematisch gesammelt, die für das Unternehmen von *Bedeutung* sind. Ferner wird zusammengestellt, welche Auswirkungen diese Gesetze auf das Unternehmen, die Mitarbeiter und die Kunden haben. Dabei sollten folgende Rechtsgebiete berücksichtigt werden:

- Handelsrecht,
- Steuerrecht,
- Arbeitsrecht,
- Wettbewerbsrecht,
- Produkthaftung,
- Notfall.

Für den Notfall, daß der Firmeninhaber tödlich verunglückt oder längere Zeit aus Krankheitsgründen ausfällt, muß Vorsorge getroffen werden. Es muß klar sein, in welchen Händen die Geschäftsführung liegt und wer die Gesellschafter sind.

N 2.5 Versicherungen

Hier sind die Versicherungen für das Unternehmen, die Mitarbeiter und auch für die Kunden zusammengestellt. Es ist ratsam, den Umfang des Versicherungsschutzes und die Höhe der Prämien regelmäßig zu prüfen. Die Versicherungen lassen sich können in folgende Rubriken einteilen:

- Unfallversicherung,
- Haftpflichtversicherung,
- Rechtschutzversicherung und
- Lebensversicherung.

Es ist zu beachten, daß Versicherungen für die Unternehmen auch ein Service-Angebot sein können. Beispielsweise Maschinenausfallversicherungen oder Transportversicherungen.

N 2.6 Ökologisches Umfeld

In diesem Bereich wird erfaßt, welche Umwelttrends und Umweltgesetze für das Unternehmen gelten, welche Auswirkungen sie für das Unternehmen haben und welche Maßnahmen ergriffen werden müssen (Tabelle N-5). Das Verhalten zum Umweltschutz und die Maßnahmen eines Unternehmens in diesem Bereich sind sehr bedeutsam, da die öffentliche Meinung die Industrie danach beurteilt. Deshalb können die Umweltschutzaktivitäten von Unternehmen auch mit großem Erfolg in der Öffentlichkeitsarbeit und in der Werbung eingesetzt werden.

N 2.7 Ökonomisches Umfeld

In diesem Bereich werden die volkswirtschaftlichen Rahmendaten gesammelt, die für das Unternehmen von Wichtigkeit sind. Die Sammlung dieser Daten und die erwarteten Auswirkungen auf das Unternehmen kann man nach Tabelle N-6 erstellen (rechte Spalte unternehmensspezifisch).

Tabelle N-5. Übersicht über das ökologische Umfeld

Umweltbereich	Auswirkungen/Maßnahmen
Produktpolitik	FCKW-freie Produkte asbestfrei recyclingfähige Materialien geringer Energieverbrauch Erhöhung der Lebensdauer Korrosionsschutz
Fertigung	wasserlöslichen Lacke lösungsmittelfreie Reinigung Einsatz von wiederverwendbaren Stoffen: Schrott, Altpapier, usw. Kraft-Wärme-Kopplung Filtersysteme
Verpackung	recyclingfähig Mehrweg Rohstoff-schonend
Abfallvermeidung Abfallverwertung	Wasseraufbereitung Schrotteinsatz
Transportmittel	Bahn, Container, Lkw

Tabelle N-6. Übersicht über das konjunkturelle Umfeld

Bereich	Auswirkungen
Arbeitsmarktlage – Anzahl Arbeitslose – Personalknappheit – Teilzeitmöglichkeiten	
Kaufkraft	
Inflationsrate	
Teuerungen des Materials	
Abhängigkeit von Banken – Kreditrahmen – Kreditzinsen – Bürgschaften	
Konjunkturentwicklung	

N 2.8 Technisches und technologisches Umfeld

Das technische und technologische Umfeld bietet die Möglichkeit, Maschinen und Prozesse so einzurichten, daß sie einer umweltorientierten Unternehmensführung (Abschn. N 2.6) entsprechen und trotzdem eine rentable und wirtschaftliche Fertigung bzw. Angebote von Dienstleistungen ermöglichen. Ein Beispiel für die Zusammenstellung dieser Informationen bietet Tabelle N-7. Die entsprechenden Vorteile sind unternehmensspezifisch einzutragen. Auf den technologischen Wandel ist ausführlich in Abschn. L eingegangen worden.

N 2.9 Wissenschaftliches Umfeld

Die neuesten Erkenntnisse der Wissenschaft sollten übersichtlich erfaßt werden, damit man sie in der Entwicklung rechtzeitig berücksichtigen kann. Oftmals ist es auch zweckmäßig, zu den Forschungseinrichtungen und Hochschulen Kontakte zu unterhalten, um gezielt Entwicklungen vorantreiben zu können. Die Einteilung wird entsprechend den wichtigen fachlichen Bereichen vorgenommen.

N 2.10 Zusammenfassung der Ergebnisse

Es ist zu empfehlen, die wichtigsten Erkenntnisse über das Umfeld entsprechend den zuvor vorgeschlagenen Kategorien systematisch zusammenzustellen. Geordnet nach den verschiedenen Gebieten werden die Chancen aufgeführt und die entsprechenden Maßnahmen beschrieben (Tabelle N-8). Auf einen Blick ist zu erkennen, welche Chancen sich dem Unternehmen bieten, wenn das Umfeld sich ändert, und welche Maßnahmen ergriffen werden sollten.

Tabelle N-7. Übersicht über das technologische Umfeld

Technische Neuerungen	Vorteile
Neue Werkstoffe	
neue Prozeßverfahren ● Löten ● Schweißen ● Bohren	
neue Fertigungsverfahren ● Roboter ● fahrerlose Transportsysteme ● flexible Fertigung ● Just in time	
neue Lagersysteme ● chaotisches Lager ● lagerfrei	
Kommunikationssysteme ● DFÜ ● PPS ● Netzwerke ● Datenbanken	

Tabelle N-8. Zusammenstellung der Trends, Chancen und Maßnahmen

Veränderungen	Chancen	Maßnahmen
1. allgemeine Trends 2. Bevölkerungswachstum 3. Politisch 4. rechtlich 5. Versicherungen 6. Umwelt 7. Wirtschaft 8. Technik 9. Wissenschaft 10. Sonstiges		

N 3 Analyse der Marktbedürfnisse (Kundenwünsche)

Ein Unternehmen ist immer dann erfolgreich, wenn es die Kundenwünsche rasch erkennt und sie schneller und besser erfüllen kann als die Konkurrenz. Deshalb ist es von größter Wichtigkeit, die folgenden beiden Fragen richtig beantworten zu können:

- „Welches sind die wichtigsten Probleme und Wünsche der Kunden?"
- „Wie löst das Unternehmen die Probleme und erfüllt die Kundenwünsche am schnellsten und besten?"

Es muß mit allem Nachdruck darauf hingewiesen werden, daß sich alle Mitarbeiter eines Unternehmens in erster Linie nach den Kundenwünschen zu orientieren haben und sich nicht hauptsächlich auf innerbetriebliche Belange (z.B. Fertigungsmöglichkeiten) konzentrieren dürfen. Dies betrifft alle Funktionen des Unternehmens: den Einkauf, die Konstruktion, die Fertigung und den Vertrieb. Die *kompromißlose* Orientierung an den *Kundenwünschen* ist Voraussetzung für jeglichen unternehmerischen Erfolg.

N 3.1 Allgemeine Menschenkenntnis

Um sich auf den Kunden einzustellen und mit ihm richtig umzugehen, ist Menschenkenntnis erforderlich. Es gibt eine Fülle von Methoden, Eigenschaften von Menschen einzuschätzen (Abschn. Q). In Bild N-6 sind die wichtigsten Methoden zusammengestellt. Ausgegangen wird von den Grundlagen, d.h. von den wichtigsten Bedürfnissen eines Menschen. Die Charakterbestimmung aufgrund der *äußeren Erscheinung* wird in diesem Abschnitt nicht behandelt. Unbestreitbar ist aber, daß vor allem die *Körpersprache* einen verhältnismäßig guten Aufschluß über die Gefühle und Gedanken des Menschen vermittelt. Zur Persönlichkeitsfindung werden folgende zwei Methoden in der Praxis am häufigsten eingeset, das

- Struktogramm nach *Schirm* und den
- Hirn-Dominaz-Test nach *Hermann.*

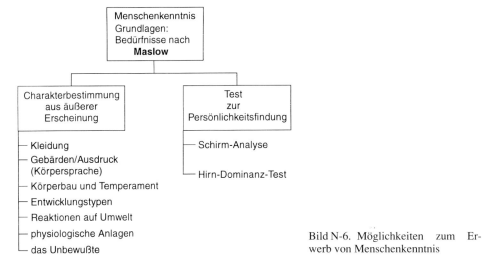

Bild N-6. Möglichkeiten zum Erwerb von Menschenkenntnis

N 3.1.1 Grundlagen

Bereits 1943 hat der Psychologe *A. M. Maslow* herausgefunden, daß der Mensch ganz besondere Bedürfnisse hat. Die Besonderheit liegt darin, daß eine Hierarchie der Bedürfnisse vorliegt, so daß die höheren Bedürfnisse erst zur Geltung kommen, wenn die unteren (nachgeordneten) bereits weitgehend befriedigt sind. Diese Zusammenhänge zeigt die *Maslowsche Bedürfnis-Pyramide* nach Bild N-7 a. Als Beipiel: Erst wenn die *Grundbedürfnisse* nach Nahrung, Schlaf, Wohnung und Sexualität weitgehend gestillt sind, treten *Sicherheitsbedürfnisse* (z. B. Schutz vor Gefahr) in den Vordergrund. Auch wenn immer mehrere Kaufgründe ausschlaggebend sind, so ist doch die Beachtung dieser grundlegenden psychologischen Erkenntnis wichtig. Die Maslowsche Bedürfnis-Pyramide sollte im Einzelfall auf das Unternehmen, seine Sparten oder Produkte abgestimmt werden. Bild N-7b zeigt dies am Beispiel eines flexiblen Fertigungssystems. Es ist auch einleuchtend, daß die Produkte und Dienstleistungen um so teurer werden, je höher die Ansprüche sind, die in der Bedürfnispyramide befriedigt werden.

N 3.1.2 Schirm-Test

Die Methode beruht auf der modernen Hirnforschung. Sie besagt, daß der Mensch im Laufe der Evolution drei Gehirne besitzt: das Stammhirn aus der Zeit der Reptilien, das Zwischenhirn aus der Zeit der Nagetiere und das Großhirn aus der Zeit der Säugetiere. Diesen drei Gehirnen hat *Schirm* eine passende Farbe zugeordnet und ihre Eigenschaften beschrieben (Bild N-8a und Tabelle N-9). Mit speziellen Fragen werden die Stärke der drei Farbkomponenten ermittelt und in ein *Struktogramm* übertragen. Dabei geht man, wie Bild N-8b zeigt, von einer gleichmäßigen Verteilung aus. Je nach Typ werden dann die einzelnen Farbfelder relativ zueinander größer oder kleiner.

Wichtig ist, daß die Farbkombinationen *keine Werturteile* über den Menschen zulassen, sondern nur seine *Eigenschaften* beschreiben. Das bedeutet: Ein dynamischer Rot-Typ kann ebenso erfolgreich sein wie ein blauer Verstandesmensch. Die bevorzugte Farbe

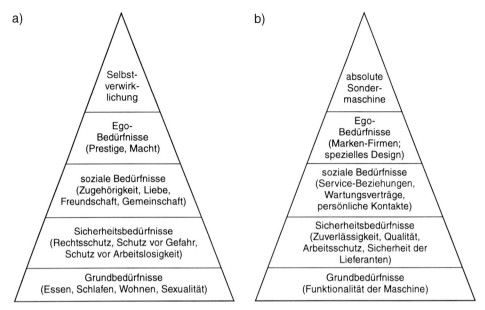

Bild N-7. Maslowsche Bedürfnispyramide. a) Allgemein; b) für ein spezielles Unternehmen (flexible Fertigungssysteme)

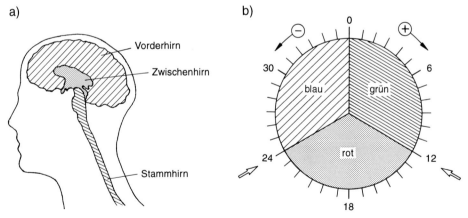

Bild N-8. Struktogramm nach *Schirm*. a) Drei verschiedene Gehirne; b) Struktogramm (Quelle: *Schirm*. Die Biostrukturanalyse, IBA Baar 1989)

Tabelle N-9. Bedeutung der einzelnen Farben im Struktogramm nach *Schirm*

Farbe	Beziehung zu Menschen	Zeitverständnis	Arbeitsweise	Stärken und Schwächen
grün	leichte Kontaktaufnahme	Vergangenheit	intuitives Handeln	Gefühl für Menschen
	Ausstrahlung, Sympathie und Beliebtheit	Erfahrung nutzen	unterbewußte Signale beachten	Freundlichkeit, Ausgeglichenheit
	Interesse an Menschen	an Gewohntem orientieren		andere Menschen wollen nicht soviel Kontakt
rot	Bedürfnis nach Überlegenheit	Gegenwart	konkrete und praktikable Lösungen	mitreißender Schwung
	Kämpfernatur	sofortiges Handeln	aktiv und dynamisch	Vorschnelligkeit
	starker Wille und Autorität	Riskobereitschaft	improvisieren und probieren	Hektik und Unüberlegtheit
blau	Bedürfnis nach Distanz	Zukunft	systematisches Denken	planvolles, geduldiges Vorgehen
	zurückhaltend und abwartend	Zeiteinteilung, Planen	Erfassen von Zusammenhängen	überzeugen durch Nachdenken
	in sich gekehrt	Handlungsfolgen bedenken	hohes Abstraktionsvermögen	befangen anderen gegenüber
			Neigung zur Perfektion	Langsamkeit der Entschlüsse

zeigt an, auf welchen Bereichen der Käufer ansprechbar ist. Beispielsweise wird einen blauen Verstandesmenschen eine genaue Erklärung der technischen Einzelheiten einer Maschine mehr interessieren als eine Demonstration mit Erlebnis- und Schaueffekten.

N 3.1.3 Hirn-Dominanz-Instrument (HDI)

Der amerikanische Forscher *Ned Herrmann* trug die Ergebnisse der modernen Gehirnforschung zusammen und entwickelte eine Einteilung des Gehirns in 4 Bereiche (Bild N-9a und N-9b). Die rechte Gehirnhälfte ist für ganzheitliches Erfassen, Denken in Analogien und Bildern sowie Emotionen zuständig. In der linken Gehirnhälfte sind die Eigenschaften wie logisches, analytisches Denken, Sprache und Lesen zu finden (Bild N-9 a). Werden diese beiden Hälften nochmals geteilt, so entspricht der obere Teil dem *Intellekt (cerebral)* und der untere Teil dem *Verhalten (limbisch)* (Bild N-9b).

Mit speziellen Fragebögen werden die Ausprägungen ermittelt und in einem Diagramm die Ergebnisse eingezeichnet. Bild N-9 zeigt ein mögliches Ergebnis. Es ist zu erkennen, daß im technischen, analytischen und logischen Bereich (links oben in Bild N-9b) und im organisierten, planenden Bereich (links unten in Bild N-9b) deutliche Vorteile gegenüber den ganzheitlichen (rechts oben in Bild N-9b) und den emotionalen (rechts unten in Bild N-9b) Möglichkeiten liegen. Dies ist nach den Untersuchungen des Herrmann Instituts Deutschlands das typische Männer-Profil.

a)

links   rechts

Sprache, Lesen ⎯⎯⎯⎯   ⎯⎯⎯ analoges Denken

digitales Denken ⎯⎯⎯   ⎯⎯ visuelles Denken

Organisation ⎯⎯⎯   ⎯⎯ Körpersprache

logisches Denken ⎯⎯⎯   ⎯⎯⎯ Rhythmus, Tanz

Mathematik ⎯⎯⎯   ⎯⎯⎯ ganzheitliche
                                                                      Erfahrung
Planung ⎯⎯⎯
                                                                   ⎯⎯ Emotionen
Details ⎯⎯⎯

Analyse ⎯⎯⎯   ⎯⎯⎯ Musikalität

verbale Kommunikation ⎯⎯
                                                                   ⎯ Synthese

Gedächtnis für Wörter und Sprachen   Gedächtnis für Personen,
                                                          Sachen und Erlebnisse

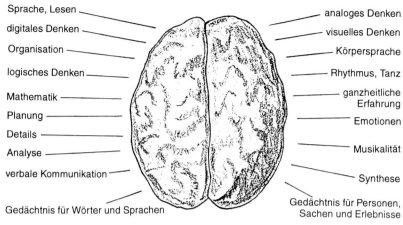

b)

cerebral
(oben, Intellekt)

logisch	artistisch
sequentiell	synthetisch
analytisch	ganzheitlich
technisch	erfinderisch
mathematisch	konzeptionell

links ⎯⎯⎯⎯⎯⎯⎯⎯⎯⎯⎯⎯⎯⎯⎯⎯⎯ rechts

administrativ	emotional
konservativ	musikalisch
kontrolliert	mitteilsam
organisiert	emphatisch
geplant	spirituell

limbisch
(unten, Verhalten)

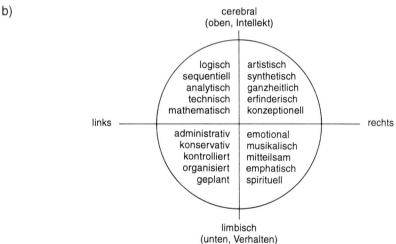

c)

logisch   cerebral (Intellekt)   artistisch
sequentiell   synthetisch
analytisch   ganzheitlich
technisch   erfinderisch
mathematisch   konzeptionell

links   rechts

administrativ   emotional
konservativ   musikalisch
kontrolliert   mitteilsam
organisiert   emphatisch
geplant   limbisch (Verhalten)   spirituell

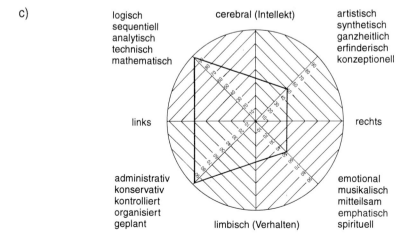

436

N 3.2 Ermitteln der Kundenwünsche und ihre Erfüllung

Die Kundenwünsche sind bei unterschiedlichen Produkten verschieden. Üblicherweise werden die Produkte in die Bereiche Investitionsgüter und Konsumgüter eingeteilt. Der Nutzen für den Kunden kann in einen *Gebrauchs-Nutzen* und in einen *Geltungs-Nutzen* eingeteilt werden. Bild N-10 zeigt, daß bei einem *Investitionsgut* der *Gebrauchs-Nutzen* im Vordergrund steht (z. B. muß eine Papiermaschine vor allem den technischen Anforderungen genügen). Bei einem *Konsumgut* ist sowohl der *Gebrauchs-* als auch der *Geltungs-Nutzen* maßgebend (z. B. muß eine Kaffeemaschine technisch einwandfrei arbeiten und ein schönes Design aufweisen). *Schmuckgegenstände* dagegen müssen nur *Geltungs-Nutzen* bieten. In der Marketing-Konzeption muß man auf diesen unterschiedlichen Nutzen eingehen.

Der Erfolg eines Unternehmens hängt davon ab, ob es die *Kundenwünsche* erkannt hat. Wichtige Möglichkeiten, Kundenwünsche zu erfahren sind Umfragen bei Lieferanten, Kunden und auf Messen.

Ganz wichtig ist es, die Vertriebsmitarbeiter anzuhalten, die Kundenwünsche zu registrieren und zu sammeln. Es ist zu empfehlen, die Kundenwünsche aus den verschiedenen Quellen nach Oberbegriffen zu ordnen, festzuhalten von welcher Firma (oder Branche) sie kommen und Möglichkeiten zur Erfüllung anzugeben. Am Beispiel eines flexiblen Montagesystems im Baukastensystem eines mittelständischen Unternehmens wird in Tabelle N-10 das Prinzip dargestellt.

Kreativitätstechniken wie Brainstorming (Abschn. L 2.3) dienen dazu, nach Möglichkeiten zu suchen, wie die Kundenwünsche erfüllt werden können.

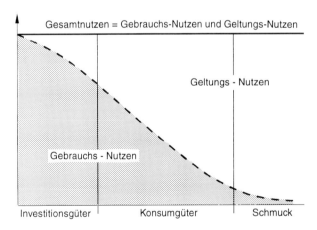

Bild N-10. Gebrauchs- und Geltungsnutzen von Produkten

Bild N-9. Hirn-Dominanz-Instrument (HDI). a) Funktionen der beiden Gehirnhälften; b) Eigenschaften der vier Gehirnregionen; c) HDI-Diagramm (Quelle: *Spinola R.* und *Peschanel F.D.:* Das Hirn-Dominanz-Instrument (HDI), Gabal-Verlag, Speyer 1988)

Tabelle N-10. Ermittlung der Kundenwünsche

Wunsch in Bereich	Kunde/Branche	Möglichkeiten
System Umrüstbarkeit Umrüstzeiten verringern Puffer vergrößern	Plagwitz/Fahrzeugzulieferer Klupa/Sondermaschinenbau Festing/Werkzeugbau	
Transport schneller	Linser/Feinmechanik	
Elektronik Anschluß von Meßmaschinen Anschluß von Geräten zur Qualitätssicherung programmierbare Steuerung	Schreiber/Optik Weber/Elektrotechnik Breitmaier/Feinmechanik	
Kommunikation Vernetzung mit anderen Fertigungsmaschinen	Schmid/Fahrzeugbau	
Automatisierung Anschluß von Sensoren	Palser/Fahrzeugzulieferer	

N 3.3 Analyse der Kunden nach Marktsegmenten

Durch eine *Marktsegmentierung* wird der gesamte Markt in *Teilmärkte,* d h. Segmente oder Zielgruppen aufgeteilt. Durch eine Marktsegmentierung bieten sich dem Unternehmen folgende Vorteile:

● Strukturierung der Kundenvielfalt,

● Senken der Kosten für die Marketing-Maßnahmen und

● gezielte Erfüllung klar definierter Wünsche.

Bild N-11 zeigt die verschiedenen Möglichkeiten der Marktsegmentierung:

Marktsegmentierung nach Regionen
Die Einteilung nach Regionen wird in der Praxis am häufigsten vorgenommen. Die Teilmärkte werden anschließend nach bestimmten Kriterien beurteilt. Dazu zählen im wesentlichen:

● Währungskurs,

● Transportkosten,

● Vertriebskosten,

● Möglichkeiten des Services,

● Handelshemmnisse,

● heimische Konkurrenzprodukte,

● Entwicklung des Markts.

Alle vorhandenen und geplanten Teilmärkte sollten regelmäßig (z. B. einmal im Jahr) einer Beurteilung unterzogen werden, um die weitere Vorgehensweise festzulegen.

Bild N-11. Möglichkeiten der Marktsegmentierung

Marktsegmentierung nach Produktanforderungen

Die verschiedenen Kunden werden die Produkte in ganz unterschiedlicher Weise einsetzen. Eine flexible Montageanlage wird beispielsweise in einer chemischen Fabrik anders eingesetzt als in einer Gießerei oder einer Maschinenfabrik. Außer den in Bild N-11 gezeigten Anforderungen sind insbesondere folgende zu beachten:

- Einsatzbedingungen (Industrieumgebung),

- Auslastungsgrad,

- Umrüstbarkeit,

- Preis und Folgekosten.

Marktsegmentierung nach Branchen

Empfehlenswert ist hierbei eine Brancheneinteilung nach dem Schema des Verbandes Deutscher Maschinen- und Anlagenbauer (VDMA) nach Tabelle N-11. Besonders für die Investitionsgüterindustrie ist diese Einteilung wichtig, da in den einzelnen Branchen sehr verschiedene Anforderungen gestellt werden.

Von der statistischen Bundesanstalt liegen Wirtschaftsdaten über die einzelnen Branchen vor. Deshalb sind konjunkturelle und strukturelle Entwicklungen absehbar und damit das Risiko für das Unternehmen kalkulierbar.

Marktsegmentierung nach Verhalten des Kunden

Üblicherweise wird die Einteilung des Kunden nach seiner *Umsatzgröße* vorgenommen. Im folgenden wird gezeigt, wie man eine Einteilung nach der *Wichtigkeit* des Kunden vornehmen kann. In einer *ABC-Analyse* (Abschn. N 5.2.3) wird die *Bedeutung der Kunden für das Unternehmen* ermittelt. Zur Bewertung wird der Umsatz herangezogen, den die einzelnen Unternehmen getätigt haben (Tabelle N-12). Daraus leitet sich die folgende *Kunden-Umsatz-ABC-Analyse* her (Tabelle N-13 und Bild N-12). Erfahrungsgemäß werden mit nur 20% der Kunden etwa 80% des Umsatzes gemacht. Deshalb wird es möglich, sich auf relativ wenige, aber wesentliche Kunden zu konzentrieren.

Im vorliegenden Beispiel werden die Grenzen des A-Bereichs auf 80% der Umsatzsumme festgelegt, der B-Bereich umfaßt 15% des Umsatzes und der C-Bereich 5% des Umsatzes. Tabelle N-13 zeigt das Ergebnis.

Tabelle N-11. Brancheneinteilung

Lfd. Nr.	Branche	Kurzform Abkürzung
1	Werkzeugmaschinen und Fertigungssysteme	Wzm
2	Hütten- und Walzwerkeinrichtungen	HuW
3	Thermoprozeß- und Abfalltechnik	TPT
4	Gießereimaschinen	Gima
5	Prüfmaschinen	Prüf
6	Holzbearbeitungsmaschinen	Holz
7	Präzisionswerkzeuge	Pzw
8	Schweiß- und Druckgastechnik	SDG
9	allgemeine Lufttechnik	ALT
10	Kraftmaschinen	Krm
11	Pumpen	Pu
12	Kompressoren und Vakuumpumpen	KuV
13	Bau- und Baustoffmaschinen	BuB
14	Gummi- und Kunststoffmaschinen	GuK
15	Bergbaumaschinen	Berg
16	Landmaschinen- und Ackerschlepper-Vereinigung	LAV
17	Reinigungssysteme	RS
18	Nahrungsmittelmaschinen und Verpackungsmaschinen	NuV
19	verfahrenstechnische Maschinen und Apparate	VtMA
20	Geldschränke und Tresoranlagen	GT
21	Waagen	Waa
22	Fördertechnik	Förd
23	Druck- und Papiertechnik	DuP
24	Fachverband Informationstechnik im VDMA und ZVEI	FV IT
25	Textilmaschinen	Txm
26	Bekleidungs- und Ledertechnik	Blt
27	Wäscherei- und chemische Reinigungsmaschinen	WuC
29	Feuerwehrfahrzeuge und -geräte	FFG
31	Armaturen	Arm
34	Antriebstechnik	Ant
36	Fluidtechnik	FLUID
37	Montage, Handhabung, Industrieroboter	MHI
38	Heizungs-, Klima- und Gebäudeautomation	HKG

Tabelle N-12. Daten zur Kunden-Umsatz-ABC-Analyse

Kunde	Umsatz DM
Plagwitz	4 242 000
Linser	252 000
Schreiber	406 000
Weber	980 000
Klupa	1 274 000
Palser	1 596 000
Breitmaier	2 548 000
Festing	2 702 000
Summe aller Umsätze	14 000 000

Tabelle N-13. Kunden-Umsatz-ABC-Analyse

Kunde	Umsatz DM	kumulierter Umsatz DM	kumulierter Wert in %	Bereich in %
Plagwitz	4 242 000	4 242 000	30,3 %	A
Festing	2 702 000	6 944 000	49,6 %	(80 %)
Breitmaier	2 548 000	9 492 000	67,8 %	
Palser	1 596 000	11 088 000	79,2 %	
Klupa	1 274 000	12 362 000	88,3 %	B
Weber	980 000	13 342 000	95,3 %	(15 %)
Schreiber	406 000	13 748 000	98,2 %	C
Linser	252 000	14 000 000	100 %	(5 %)

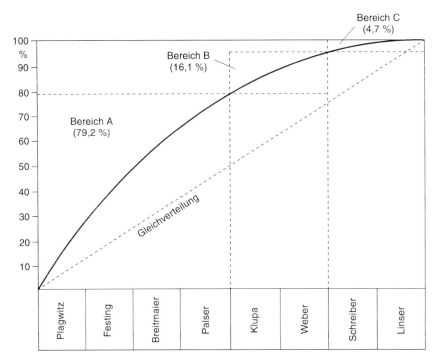

Bild N-12. Grafik der Kunden-Umsatz-ABC-Analyse

Wie die grafische Auswertung in Bild N-12 zeigt, sind die wichtigsten Kunden (A-Kunden): Plagwitz (30,3 % des Umsatzes), gefolgt von Festing (19,3 %), Breitmaier (18,2 %) und Palser (11,4 %). Die Wünsche dieser Kunden sind von besonderem Interesse. Damit ergibt sich auch eine Dringlichkeit für die Umsetzung der Wünsche der einzelnen Unternehmen nach Tabelle N-10.

Aus diesen Gründen werden in unserem Beispiel folgende Produktentwicklungen weiter verfolgt:

- Umrüstbarkeit des Systems (Wunsch von Plagwitz),
- Puffer vergrößern (Wunsch von Festing),
- programmierbare Steuerungen (Wunsch Breitmaier) und
- Anschluß von Sensoren (Wunsch von Palser).

An dieser Stelle sei allerdings darauf hingewiesen, daß ein guter Kunde nicht ein Kunde mit hohem Umsatz sein muß. Die sonstigen Verhaltensweisen des Kunden spielen für die Kostensituation des Unternehmens eine wichtige Rolle. Dazu gehören beispielsweise folgende Kriterien:

- Altkunde/Neukunde,
- Dauerkunde/Gelegenheitskunde,
- Zahlungsmoral,
- Kundentreue,
- Preisbewußtheit,
- schwierig/einfach bei der Auftragsabwicklung,
- sehr wichtiger Kunde (Meinungsbildner),
- Einstellung zum Produkt (Gegner, keine Einstellung, Anhänger).

Aus diesen Kriterien (oder aus noch weiteren) ist im konkreten Fall eine Auswahl zu treffen. Anschließend wird eine Kunden-Nutzwertanalyse (Abschn. N 4.2) durchgeführt, indem die Kriterien gewichtet und bewertet werden.

Marktsegmentierung nach Technologie und Kundenbindung
Unterscheidet man in Low-Tech- bzw. High-Tech-Prufukte und in schwache bzw. starke Kundenbindung, so ergeben sich nach Bild N-13 vier Felder. In diese werden die Produkte eingeordnet. Für den Markterfolg ist es unerläßlich, zu den Produkten die passenden Verkäuferpersönlichkeiten zu finden.

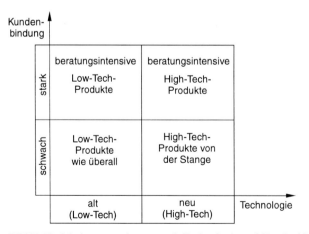

Bild N-13. Marktsegmentierung nach Technologie und Kundenbindung

Marktsegmentierung nach den Wettbewerbern
Die Stärke und das Verhalten des Wettbewerbs beeinflussen in ganz erheblichem Umfang die Auswahl der Marktsegmente. Insbesondere ist es die

- Sortimentsstruktur und Produkt-Schwerpunkte, die
- Art des Vertriebswegs und die
- Preispolitik.

N 4 Analyse der Wettbewerber

Die Wettbewerbsverhältnisse auf den Märkten sind für den Unternehmenserfolg entscheidend. Deshalb ist es wichtig, die *Wettbewerbskräfte* zu kennen und die Lage des eigenen Unternehmens relativ zum Wettbewerb *(Wettbewerbsanalyse)*.

N 4.1 Kräfte des Wettbewerbs

Die Ertragskraft und der Erfolg des Unternehmens werden durch den Wettbewerb bedroht. Dabei handelt es sich nach *M. Porter* um fünf Wettbewerbskräfte (Bild N-14):

- Wettbewerb zwischen vorhandenen Konkurrenten,
- Gefahr durch neue Wettbewerber,
- Gefahr durch neue Produkte,
- Macht der Lieferanten,
- Macht der Kunden (des Käufers).

An der stärksten Wettbewerbskraft müssen die konkreten Erfolgsstrategien ausgerichtet werden.

Für die bekannten Wettbewerber ist folgendes zu beachten:

Hohe Austrittsbarrieren
Die Branche zu verlassen und sich völlig neuen Produkten oder Märkten zuzuwenden, können neben einer gefühlsmäßigen Bindung noch folgende Hinderungsgründe entgegenstehen:

- zu spezielle Produktionsausrüstung, die nicht oder nur weit unter Wert veräußerbar ist;
- hohe fixe Austrittskosten, beispielsweise für Abfindungen der Arbeitnehmer, Garantieleistungen oder Ersatzteilpflicht;
- enger Zusammenhang mit anderen Geschäftsbereichen. Dadurch entsteht ein negatives Image, das auch die übrigen ertragreichen Produkte beeinflußt.

Überkapazität und geringes Wachstum
In diesen Fällen wird um Marktanteile härter gekämpft.

Mangel an Differenzierung
Wenn kein Produkt-Image (z.B. durch eine Marke) aufgebaut wurde, ist ein Umsteigen auf ein Konkurrenzprodukt leicht.

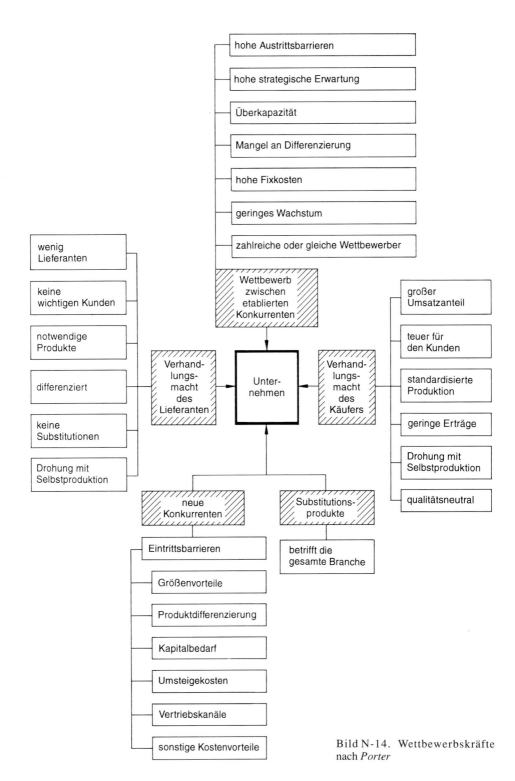

hohe Austrittsbarrieren

hohe strategische Erwartung

Überkapazität

Mangel an Differenzierung

hohe Fixkosten

geringes Wachstum

zahlreiche oder gleiche Wettbewerber

Wettbewerb zwischen etablierten Konkurrenten

wenig Lieferanten

keine wichtigen Kunden

notwendige Produkte

differenziert

keine Substitutionen

Drohung mit Selbstproduktion

Verhandlungsmacht des Lieferanten

Unternehmen

Verhandlungsmacht des Käufers

großer Umsatzanteil

teuer für den Kunden

standardisierte Produktion

geringe Erträge

Drohung mit Selbstproduktion

qualitätsneutral

neue Konkurrenten

Substitutionsprodukte

Eintrittsbarrieren

Größenvorteile

Produktdifferenzierung

Kapitalbedarf

Umsteigekosten

Vertriebskanäle

sonstige Kostenvorteile

betrifft die gesamte Branche

Bild N-14. Wettbewerbskräfte nach *Porter*

N 4.2 Wettbewerbsanalyse

In der Wettbewerbsanalyse werden die Wettbewerber erfaßt und ihre Daten gesammelt. Dann ist es möglich, anhand festgelegter Kriterien die Stärken und Schwächen relativ zum Wettbewerb festzustellen, aus denen sich die *relativen Wettbewerbsvorteile* ableiten lassen.

Die *Wettbewerbsanalyse* läßt sich in folgenden Schritten durchführen:

- Ermittlung der direkten und potentiellen Wettbewerber,
- Chancen und Gefahren durch die Wettbewerbskräfte
- Gefahren durch die potentiellen Wettbewerber,
- Bewertung relativ zur Konkurrenz,
- Auswertung der Wettbewerbsanalyse,
- Reaktionsweise des Wettbewerbers.

N 4.2.1 Ermittlung der direkten und potentiellen Wettbewerber

Zunächst werden die direkten und die potentiellen (möglichen) Wettbewerber ermittelt und die Daten systematisch erfaßt. Im vorliegenden Beispiel kann dies für die Wettbewerber nach Tabelle N-14 geschehen.

Tabelle N-14. Informationen über die Wettbewerber

Firma:	
Adresse:	
Ansprechpartner:	
Telefon:	
Telefax:	
Gründungsjahr:	
Gesellschaftsform:	
Kapital:	
Mitarbeiter (Summe):	
Mitarbeiter (Sparte):	
Umsatz (Sparte):	
Branchen:	
Länder:	
Produktbezeichnungen:	
Patente:	
Vertriebsart:	
Partner:	
Kundenliste:	
Bemerkungen:	

Tabelle N-15. Zusammenstellung der direkten und möglichen Wettbewerber

Firmen \ Produktbereiche	direkte Konkurrenz			potentielle Konkurrenz		
	Einzweckmontagemaschinen A	flexibles Montagesystem (FMS) B	Montageroboter C	Zubehörteile D	spanabhebende Rund- und Längstaktmaschinen E	Sondermaschinenbau F
1. Bach GmbH			20			
2. Bierer KG						
3. Cäser GmbH						3
4. Dorma GmbH	10					
5. Dorsig KG				10		
6. Dürer Söhne GmbH + Co.						2
7. Fisto KG				25		
8. Fischer GmbH + Co.						
9. Gabel Karl GmbH		35				
10. Haller GmbH						3
11. Hiemer GmbH					65	
12. Ihle KG						25
13. Ilsner KG					112	
14. Kost Maschinen					2	
15. Reich			115			
16. Roland GmbH						0,5
17. Weber KG			15			
18. Weiß Maschinebau GmbH				3		
19. Zorn AG					150	
20. Maier GmbH		50				
Summe in Mio. DM	10	85	150	38	329	33,5

Die einzelnen Informationen werden ausgewertet und möglichst übersichtlich zusammengestellt. Tabelle N-15 zeigt die Maschinentypen der direkten Konkurrenz und die Unternehmen, die potentielle Konkurrenten sein könnten. Die Zahlen bedeuten die Umsätze in Millionen. Das Beispielunternehmen, die Firma Maier, ist dabei mit eingezeichnet.

Mit der *strategischen Karte* wird das Ergebnis veranschaulicht (Bild N-15). Auf der waagerechten Achse werden die Maschinenarten aufgetragen und auf der senkrechten Achse eine für den Markt wichtige Größe, beispielsweise die Qualität. Die Kreisfläche zeigt den Umsatz der strategischen Gruppe. Im Kreis steht die Abkürzung für die Gruppe und am Kreisrand die Anzahl der Unternehmen, die zu dieser strategischen Gruppe gehören.

Wie aus Bild N-15 zu entnehmen ist, liefern die im Markt befindlichen Unternehmen alle eine mittlere bis hohe Qualität. Am gefährlichsten als potentieller Konkurrent ist die strategische Gruppe E (Taktmaschinen). Sie besitzt ein fast mittleres Qualitätsniveau und ist sehr umsatzstark. Diese strategische Gruppe muß man besonders beobachten.

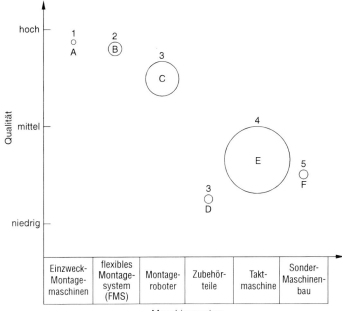

Bild N-15. Strategische Karte für ein Beispielunternehmen.
(Buchstaben: Maschinenarten; Zahlen: Unternehmen; nach Tabelle N-15)

N 4.2.2 Chancen und Gefahren durch die Wettbewerbskräfte

Die Chancen und Gefahren, die aufgrund der fünf Wettbewerbskräfte für ein Produkt entstehen, wird in Bild N-16 gezeigt. In der Mitte steht die betrachtete strategische Geschäftseinheit, in unserem Fall das flexible Montagesystem der Firma Maier. Die weiter außen liegenden fünf Kreissegmente zeigen die fünf Wettbewerbskräfte. Ihnen werden die einzelnen Merkmale zugeordnet. Der Grad der Bedrohung durch diese Eigenschaften wird durch eine Markierung auf einer der drei Linien angegeben (von innen nach außen: stark bedrohlich, bedrohlich und weniger bedrohlich). Im vorliegenden Beispiel findet eine starke Bedrohung durch folgende Faktoren statt:

- im Wettbewerb mit den bestehenden Konkurrenten durch geringe Wachstumsraten, hohe Fixkosten, Überkapaziäten und hohe Austrittsbarrieren;

- im Wettbewerb mit neuen Konkurrenten lediglich in den Vertriebskanälen;

- durch die Verhandlungsmacht der Lieferanten, da das betrachtete Unternehmen kein wichtiger Kunde ist, dieses Produkt zur Auslastung seiner Kapazitäten braucht und vom Lieferanten mit Sebstproduktion bedroht wird;

- durch die Verhandlungsmacht des Käufers, der das teure Produkt meiden könnte und trotz geringem Ertrag mit Eigenproduktion droht;

- durch Substitutionsprodukte ist keine unmittelbare Bedrohung vorhanden.

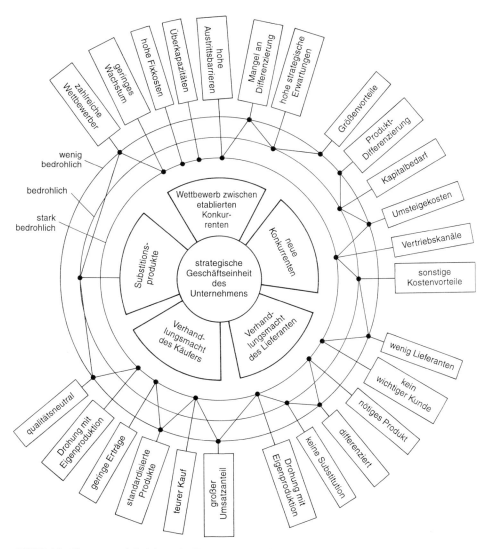

Bild N-16. Chancen und Gefahren der Wettbewerbskräfte

N 4.2.3 Gefahren durch die direkte und potentielle Konkurrenz

Die Gefahren werden durch das *Interesse am Eintritt* oder durch die *Eintrittsbarriere* (Schwierigkeiten eines Unternehmens, in den Markt einzutreten) beschrieben. Tabelle N-16 zeigt das Interesse am Eintritt insgesamt und die Eintrittsbarrieren in den Einzelpunkten Erfahrung, Umstellkosten, Know-how, Vertrieb und Überkapazität. Aus Tabelle N-16 ist zu erkennen, daß besonders neben den Unternehmen aus der Branche der Zubehörteile vor allem die bereits erwähnten Hersteller von spanabhebenden Rund- und Längstaktmaschinen ernstzunehmende potentielle Konkurrenten sein können. Deshalb sind diese Industriezweige genau zu beobachten.

Tabelle N-16. Interesse am Eintritt und Eintrittsbarrieren für potentielle Wettbewerber

Kriterien	Zubehörteile	spanabhebende Rund- und Längstaktmaschinen	Sondermaschinenbau
Interesse am Eintritt	3	3	1
Gewichtung (× 2)	6	6	2
Eintrittsbarrieren			
Erfahrung	3	3	2
Umstellungskosten	3	2	2
Know-how	2	2	2
Vertrieb	2	2	3
Überkapazität	3	3	2
insgesamt	19	18	13

Interesse am Eintritt:	Eintrittsbarrieren:
1 groß	1 niedrig
2 mäßig	2 mittel
3 gering	3 hoch

N 4.2.4 Bewertung relativ zur Konkurrenz

Für die Bewertung werden typische Kriterien gewählt, nach denen sich auch die anderen Systeme beurteilen lassen. Zuerst wird das eigene Unternehmen (Firma Maier) in einer *Stärke-Schwäche-Analyse* bewertet (Tabelle N-17). Dabei wurden Noten vergeben. Wie aus den Auswertungen zu sehen ist, liegen die Stärken des betrachteten Unternehmens

Tabelle N-17. Beurteilung des Beispielunternehmens anhand ausgefüllter Kriterien

Kriterien	Beurteilung des Montagesystems	Note
1. Kosten der Maschine	geringe Fixkosten niedrige Konstruktionskosten	2
2. Wiederverwendbarkeit der Betriebsmittel	hoch, durchdachtes System; Elemente können wiederverwendet werden	2
3. Einsatzbereiche (Größe der zu montierenden Teile)	auf kleine Teile beschränkt	3
4. erweiterungsfähig	nur bedingt möglich	3
5. Bearbeitungsmöglichkeiten 1-, 2-, 3dimensional	3dimensional	1
6. Transportierart	Schiebetransfersystem	3
7. Speichermöglichkeiten (Puffer)	Speicher möglich	2
8. Ausbringung der Fertigteile je Stunde	ca. 900 Stck./h	2
9. Genauigkeit (Positionierung)	± 0,01 mm	1
10. Vielseitigkeit	auf Produktionsänderungen kann relativ schnell eingegangen werden	3

*) Benotung des Montagesystems:
1 sehr gut; 2 gut, 3 zufriedenstellend, 4 mangelhaft

Tabelle N-18. Nutzwert-Analyse der Wettbewerber

Kriterien	Ge-wich-tung	Bach		Dorma		Gabel		Reich		Weber		Maier	
		N	P	N	P	N	P	N	P	N	P	N	P
1. Kosten der Maschine	10	3	30	2	20	2	20	4	40	3	30	2	20
2. Wiederverwendbarkeit der Betriebsmittel	5	2	10	4	20	3	15	1	5	2	10	2	10
3. Einsatzbereich (Größe der Teile)	2	3	6	3	6	2	4	2	4	3	6	3	6
4. erweiterungsfähig	2	3	6	4	8	2	4	2	4	3	6	3	6
5. Bearbeitungsmöglichkeiten (2-, 2-, 3dimensional)	2	1	2	3	6	2	4	2	4	2	4	1	2
6. Transportierart	5	1	5	3	6	2	4	2	4	2	4	1	2
7. Speichermöglichkeiten (Puffer)	3	2	6	3	9	2	6	2	6	2	6	2	6
8. Ausbringung, Fertigteile/Stunde	5	3	15	1	5	2	10	3	15	3	15	2	10
9. Genauigkeit (Positionierung)	8	2	16	1	8	2	16	3	24	3	24	1	8
10. Vielseitigkeit	10	2	20	4	40	3	30	2	20	2	20	3	30
Summe	52		116		132		119		137		131		113
Durchschnittsnote			2,2		2,5		2,3		2,6		2,5		2,1

Tabelle N-19. Relative Wettbewerbsvorteile

Kriterien	Noten*	
	Firma Maier	Konkurrenz gesamt
5. Bearbeitungsmöglichkeiten (1-, 2-, 3dimensional)	1	2,2
9. Genauigkeit (Positionierung)	1	2,0
2. Wiederverwendbarkeit der Betriebsmittel	2	2,9
7. Speichermöglichkeiten (Puffer)	2	2,7
1. Kosten der Maschine	2	2,4
8. Ausbringung der Fertigteile je Stunde	2	2,0
10. Vielseitigkeit	3	3,0
4. Erweiterungsfähig	3	2,9
3. Einsatzbereich (Größe der Teile)	3	2,5
6. Transportierart	3	2,0

*) Benotung des Montagesystems:
1 sehr gut, 2 gut, 3 zufriedenstellend, 4 mangelhaft

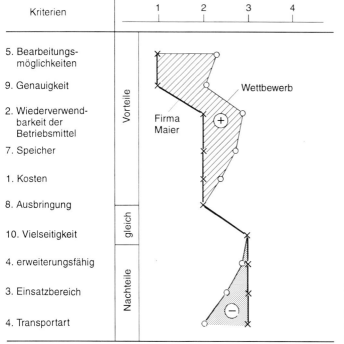

Kriterien	1	2	3	4

Vorteile

5. Bearbeitungs-
   möglichkeiten

9. Genauigkeit

2. Wiederverwend-
   barkeit der
   Betriebsmittel

7. Speicher

1. Kosten

8. Ausbringung

gleich

10. Vielseitigkeit

4. erweiterungsfähig

Nachteile

3. Einsatzbereich

4. Transportart

Firma Maier
Wettbewerb

Bild N-17. Nach fallenden Vorteilen sortierte Stärke-Schwäche-Profil-Analyse eines Beispielunternehmens

eindeutig bei den Bearbeitungsmöglichkeiten und der Genauigkeit. Anschließend werden die Produkte der Wettbewerber in gleicher Weise untersucht. Dazu wird das Verfahren der *Nutzwert-Analyse* angewandt. Die ausgewählten Kriterien werden zuerst gewichtet und anschließend Noten vergeben. Das Ergebnis zeigt Tabelle N-18.

Die *relativen Wettbewerbsvorteile* sind leicht zu erkennen, wenn nach fallenden Vorteilen sortiert wird. Das Ergebnis zeigt Tabelle N-19 und die zugehörige Grafik Bild N-17. Aus ihr sind sofort die Vor- und die Nachteile zu erkennen. Die Vorteile liegen bei der Maschine der Firma Maier im Gegensatz zur Konkurrenz bei:

- mehr Bearbeitungsmöglichkeiten,
- höhere Genauigkeit,
- Wiederverwendbarkeit der Betriebsmittel,
- Speichermöglichkeit und
- Kostenverringerung.

Vergleichbar mit der Konkurrenz ist sie in den Punkten:

- Ausbringung und
- Vielseitigkeit.

Nachteile gegenüber der Konkurrenz liegen bei den Eigenschaften

- Erweiterbarkeit,
- Einsatzbereich und
- Transportart.

451

N 4.2.5 Auswertung der Wettbewerbsanalyse

Am Ende der Wettbewerbsanalyse werden die Schlußfolgerungen gezogen. Sie lauten für das obige Beispiel:

Die Chancen für die Firma Maier stehen gut. Die Schwachpunkte des Montagesystems (Transportart, Einsatzbereiche und Vielseitigkeit) sind zu verbessern. Da bei den Montagerobotern mit sinkenden Preisen zu rechnen ist, werden sie zukünftig immer stärkere Konkurrenten. Deshalb sollten Montageroboter in naher Zukunft in das Produktionsprogramm aufgenommen werden. Ebenfalls mit Konkurrenz ist bei den Herstellern von spanabhebenden Rund- und Längstaktmaschinen zu rechnen. Dieses Marktsegment muß genau beobachtet werden.

N 5 Unternehmensanalyse (Wer bin ich und was kann ich?)

Nachdem in den vorangegangenen Abschnitten die Trends des Marktes (Umfeld) beachtet wurden (Abschn. N 2), die Marktbedürfnisse erkannt sind (Kunde, Abschn. N 3) und die Wettbewerber (Abschn. N 4) untersucht wurden, muß man klären, ob das Unternehmen die geforderten Marktbedürfnisse überhaupt befriedigen will und auch kann. Deshalb sind folgende Fragen zu beantworten:

● Wie versteht sich das Unternehmen (Unternehmensphilosophie)?
● Mit welchen Produkten bzw. Produktgruppen ist das Unternehmen erfolgreich auf dem Markt?
● Welche Ressourcen (Finanzen, technische Ausrüstung, Mitarbeiter) stehen zur Verfügung?
● Wo sind die Schwachstellen und wie sind diese zu beheben?
● Wie können neue Produkte entwickelt werden (Innovationen)?
● Wie sieht der Kunde das Unternehmen?

N 5.1 Unternehmensphilosophie

Hier muß man sich im klaren sein, was für ein Unternehmen man ist bzw. man sein will, d. h. welche Visionen man von seiner Unternehmung hat. Die Unternehmensphilosophie (Abschn. H 1.2) gibt darüber Auskunft.

N 5.2 Feststellung der erfolgreichen Produkte bzw. Produktgruppen

N 5.2.1 Strategische Geschäftseinheiten

Ein Unternehmen wird nicht als Ansammlung verschiedener Abteilungen, Funktionsbereiche und Produkte verstanden, sondern als eine Vielzahl von in bezug auf *Wettbewerber und Märkte* gleichartigen Geschäften. Diese werden *strategische Geschäftseinheiten* (SGE) genannt, weil für sie bestimmte Handlungsmöglichkeiten oder *Strategien* erfolgversprechend sind (Abschn. H 2.3). Dabei ist es wichtig, daß für verschiedene SGE auch unterschiedliche Strategien erfolgreich sind. SGE sollten so abgegrenzt werden, daß sie

- den gleichen Kundenwunsch zufrieden stellen und somit in klar definierten Märkten auf bestimmte Wettbewerber treffen und
- dieselben technischen Funktionen erfüllen und möglichst denselben Herstellungsprozeß durchlaufen.

N 5.2.2 Portfolio-Technik

Der Begriff Portfolio stammt aus der Finanzwissenschaft. Wertpapierbündel (Portefeuilles) sollten so zusammengestellt werden, daß deren Risiko-, Gewinn- und Renditeerwartungen ausgeglichen sind. Dies bedeutet, daß entweder für eine gewünschte Gewinnrate oder Rendite das Risiko minimiert oder für eine gewisse Risikobereitschaft die Gesamtrendite des Wertpapier-Portefeuilles maximiert wird.

Diese Idee überträgt man auf das Unternehmen. In einem *Produkt-Portfolio* wird das Produktionsprogramm bzw. die SGEs nach Chancen und Risiken der zukünftigen Ertragsentwicklung eingeteilt.

Das Portfolio eines gesamten Unternehmens sollte ausgeglichen sein in bezug auf

- Risiken und Chancen der Erträge,
- Cash Zu- bzw. Abflüsse,
- hohe und geringe Renditen.

Die Elemente eines Produkt-Portfolios werden von zwei Standpunkten aus beurteilt und grafisch dargestellt:

- ihre Stärke im Unternehmen in der waagrechten Achse,
- ihre Erfolgschancen auf den Absatzmärkten in der senkrechten Achse.

In der Praxis werden am häufigsten folgende zwei Portfolios verwendet:

- Marktwachstum-Marktanteil-Portfolio mit vier Feldern und das
- Marktattraktivität-Produktstärke-Portfolio mit neun Feldern.

Wie Portfolios aufgestellt werden und welche Schlüsse daraus für die Entwicklung des Produktionsprogramms gezogen werden können, zeigt Bild N-18.

Die Hauptstärken der Portfolio-Technik liegen in der Einfachheit, guten Anschaulichkeit und leichten Handhabbarkeit. Im einzelnen sind folgende Vorteile von Bedeutung:

- Durch das methodische Einordnen des Produktionsprogramms eines Unternehmens nach den Kriterien, die den größten Einfluß auf die zukünftigen Ertragsmöglichkeiten haben (z.B. der relative Marktanteil und das Marktwachstum), werden völlig verschiedene Produkte oder SGEs für strategische Entscheidungen direkt vergleichbar.
- Es wird der große Fehler vermieden, daß alle Produkte an einem einzigen, kurzfristigen Erfolgsmaßstab gemessen werden, beispielsweise an der Rendite. Je nach Lage in den einzelnen Feldern des Portfolios sind unterschiedliche Entscheidungsregeln für Investitionen, Kosten, Risiko, Preis- und Absatzpolitik gültig. Diese Regeln werden *Normstrategien* genannt. Dadurch wird erreicht, daß die knappen Finanzmittel gezielt nur in die erfolgversprechenden Produkte investiert werden.
- Die spezifischen Produkt-Markt-Strategien orientieren sich im wesentlichen an den zukünftigen Ertragschancen und nicht so sehr an gegenwärtigen oder vergangenen Erfolgskennzahlen.

Bild N-18. Schema für die Erstellung von Portfolios

N 5.2.2.1 Marktwachstum-Marktanteil-Portfolio

In diesem Portfolio werden der *relative Marktanteil* auf der waagerechten Achse und das *Marktwachstum* auf der senkrechten Achse gezeichnet. Dabei mißt der *relative Marktanteil* (eigener Marktanteil dividiert durch den durchschnittlichen Marktanteil aller Unternehmen) die *Produktstärke* oder die *Wettbewerbsposition* und das *Marktwachstum* die *Marktattraktivität*. Werden die Achsen jeweils in die Bereiche niedrig und hoch eingeteilt, dann entsteht das Marktwachstum-Marktanteil-Portfolio mit vier Feldern (Bild N-19).

Bild N-19 zeigt, daß die Trennlinie beim relativen Marktanteil die Produkte mit geringer Rendite (niedriger relativer Marktanteil) von denen hoher Rendite unterscheidet. Die Mittellinie beim Marktwachstum trennt zwischen Cash-freisetzenden und Cash-verbrauchenden Produkten.

Es entstehen vier Felder, die den *Lebenszyklus* eines Produkts (Markteintritt, Marktreife, Marktsättigung und Marktrückzug) beschreiben. Sie heißen:

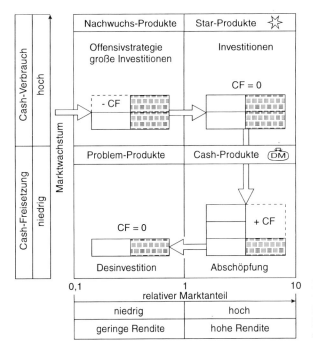

Bild N-19. Schema des Markt-
wachstum-Marktanteil-Portfolio
☐ Einnahmen
▥ Ausgaben
⟹ Verlauf des Produktzyklus

1. Nachwuchs-Produkte
(hohes Marktwachstum, niedriger Marktanteil; oberes Feld links in Bild N-19)

An dieser Stelle befinden sich meist die *neuen Produkte*. Sie sind nicht sehr rentabel und benötigen hohe Finanzmittel, befinden sich aber in einem attraktiven Markt mit überdurchschnittlichen Wachstumsraten. Es muß entschieden werden, welche Produkte gefördert werden sollen und können und welche nicht.

2. Star-Produkte
(hohes Marktwachstum, hoher Marktanteil; oberes Feld rechts in Bild N-19)

In diesem Feld befinden sich die besten Produkte des Unternehmens. Häufig ist das Unternehmen mit diesen Produkten Marktführer. Um den relativen Marktanteil bei hohem Marktwachstum halten zu können, sind Investitionen nötig, welche die erwirtschafteten Gelder meist aufzehren.

3. Cash-Produkte
(geringes Marktwachstum, hoher Marktanteil; unteres Feld rechts in Bild N-19)

Hier befinden sich die rentablen Produkte, die ausgereift und im Markt gut eingeführt sind. Es lassen sich hier Finanzmittel erwirtschaften, die im wesentlichen zur Förderung der Nachwuchs-Produkte benötigt werden.

4. Problem-Produkte
(geringes Marktwachstum, geringer Marktanteil; unteres Feld links in Bild N-19)

Produkte in diesem Feld sind weder rentabel noch setzen sie Finanzmittel frei. Es muß deshalb eine gezielte Sortimentsbereinigung stattfinden. Dadurch werden Finanzmittel frei, die für lohnende, neue Produkte benötigt werden.

Tabelle N-20. Normalstrategie des Marktwachstum – Marktanteil-Portfolio

Strategie-schwerpunkt	Nachwuchs	Star	Cash	Problem
	Marketingstrategien			
	Offensivstrategie	Investitions-strategie	Abschöpfungs-strategie	Desinvestions-strategie
Programmpolitik	Produkt-spezialisierung	Sortiment aus-bauen, diversi-fizieren	Imitation	Programm-begrenzung
Abnehmermärkte und Marktanteile	gezielt vergrößern	Gewinnbasis verbreitern: – Regionen – Anwendungen	Position ver-teidigen, Kon-kurrenzabwehr	Aufgeben: – Kundenselektion – regionaler Rückzug
Preispoltik	tendenzielle Niedrigpreise	Preisführer-schaft anstreben	Preisniveau stabilisieren	tendenzielle Hoch-preispolitik
Vertriebspolitik	stark ausbauen	aktiver Einatz: – Werbung – Markennamen – Zweitmarken	Produktwerbung Kundendienst verbessern	zurückgehender Einsatz von Ver-triebsmitteln
Risiko	akzeptieren	akzeptieren	begrenzen	vermeiden
Investitionen	hohe Erweite-rungsinvestitionen	vertretbares Maximum: Investition > Abschreibung	Ersatzinvesti-tionen Investition = Abschreibung	Minimum Stillegung Investition < Abschreibung

Die üblichen Strategien *(Normalstrategien)* für diese vier Felder sind der Tabelle N-20 zu entnehmen.

Die Bedeutung der Produkte innerhalb des Unternehmens zeigt der Umsatz. Er wird deshalb als *Kreisfläche* dargestellt. In einem Kreisausschnitt lassen sich weitere Produktinformationen zeigen. Hier werden üblicherweise die *Deckungsbeiträge pro Umsatz* eingezeichnet.

Ein Beispiel des Unternehmens Maier, das flexible Montagesysteme herstellt (Abschn. N 4.2.4), erläutert, in welchen Schritten man ein Portfolio erstellt.

1. Schritt: Einteilung in strategische Geschäftseinheiten (SGE)
Die Produkte sind speziell für bestimmte Branchen entwickelt, so daß eine branchenspezifische Einteilung in folgende SGE erfolgt:

- Produktgruppe 1: Automobil
- Produktgruppe 2: Sondermaschinen und Verpackung
- Produktgruppe 3: Werkzeugbau
- Produktgruppe 4: Feinmechanik und Optik
- Produktgruppe 5: Elektrotechnik.

2. Schritt: Marktanteil, Marktwachstum und Umsatz

Tabelle N-21 zeigt die Daten. Der relative Marktanteil errechnet sich aus der Division des Umsatzes des betrachteten Unternehmens und des durchschnittlichen (je Unternehmen) Umsatzes in dieser Gruppe:

$$\textit{relativer Marktanteil} = \frac{\textit{Unternehmensumsatz}}{\textit{durchschnittlicher Umsatz}}$$

3. Schritt: Erstellen des Portfolios

Das Portfolio wird erstellt. Die Grenzlinie für das Marktwachstum ist das *durchschnittliche Marktwachstum* des vergangenen Jahres (im vorliegenden Fall 5 %) und für den Marktanteil 1. Das Marktwachstum und der Marktanteil ergeben für jede SGE die Koordinaten eines Punkts im Portfolio. Der Radius ist proportional zum Umsatz. Man setzt für den größten Umsatz den größtmöglichen Radius an und verkleinert die Radien entsprechend der Umsätze. Als Kreisausschnitt (gerastert) wird der entsprechende Deckungsbeitrag je Umsatz eingezeichnet. Das Ergebnis zeigt Bild N-20.

4. Schritt: Erklärung des Ergebnisses und Wahl der Strategie

In folgenden Feldern sind Produkte:

1. Nachwuchs-Produkte

(hohes Marktwachstum, niedriger Marktanteil)

Produkte in diesem Feld sind noch nicht rentabel und benötigen mehr Finanzmittel, als sie durch den geringen Umsatz erwirtschaften können (Deckungsbeitrag von 12 %). Es muß das Ziel sein, schnell Marktanteile zu gewinnen und dafür die erforderlichen Finanzmittel bereitzustellen (Produktgruppe 5: Branche der Elektrotechnik).

2. Star-Produkte

(hohes Marktwachstum, hoher Marktanteil)

In diesem Feld befinden sich die Starprodukte des Unternehmens. Meist ist das Unternehmen Marktführer. Die Renditen werden benötigt, um die starke Position auf dem Markt halten zu können.

Tabelle N-21. Daten für ein Marktwachstum – Marktanteil-Portfolio eines Beispielunternehmens

Produkte	relativer Marktanteil	Marktwachstum in %	Umsatz DM	Deckungsbeitrag/ Umsatz
Produktgruppe 1 Automobil	1,3	8 %	3 910 000	43 %
Produktgruppe 2 Sondermaschinen/ Verpackung	0,7	2 %	127 400	30 %
Produktgruppe 3 Werkzeugbau	1,1	3 %	2 702 000	35 %
Produktgruppe 4 Feinmechanik/ Optik	1,0	7 %	3 206 000	33 %
Produktgruppe 5 Elektrotechnik	0,5	7 %	90 800	12 %

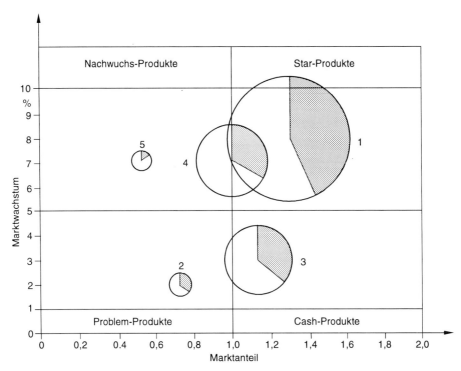

Bild N-20. Marktwachstum-Marktanteil-Portfolio eines Beispielunternehmens

Marktführer ist die Produktgruppe 1 (Automobil) und auf dem Weg dazu die Produktgruppe 4 (Feinmechanik und Optik). Mit der Produktgruppe 1 werden auch die größten absoluten und relativen Deckungsbeiträge erzielt. Deshalb ist ein Ausbau dieser Produktgruppe aus eigener Kraft möglich. Zusätzlich werden noch Finanzmittel übrig bleiben, die zur Förderung der Produktgruppe 5 (Nachwuchs-Produkt: Elektrotechnik) herangezogen werden sollten.

3. Cash-Produkte
(geringes Marktwachstum, hoher Marktanteil)
SGEs in diesem Feld sind rentabel und setzen Finanzmittel frei, die zur Unterstützung anderer Produktgruppen (z.B. der Nachwuchsprodukte) eingesetzt werden können. Das betrifft die Produktgruppe 4 (Werkzeugbau). Es ist verwunderlich, daß der relative Deckungsbeitrag (Deckungsbeitrag pro Umsatz) geringer ist als bei den Stars. Es muß in dieser Produktgruppe versucht werden, Kosten zu senken und Deckungsbeiträge zu erhöhen

4. Problem-Produkte
(geringes Marktwachstum, geringer Marktanteil)
In diesem Feld liegen problematische SGEs. Sie sind weder rentabel, noch setzen sie Finanzmittel frei. Es ist zu überlegen, ob man diese Produkte aus dem Programm entfernen kann.

Dies ist im vorliegenden Beispiel die Produktgruppe 2 (Sondermaschinen und Verpackung). Bevor diese Produktgruppe aus dem Programm genommen wird, sollte überlegt werden, wie der fehlende Umsatz ausgeglichen werden könnte. Ferner sollte diese

Produktgruppe eine Spezialisierung in der Branche der Verpackungshersteller erfahren, um auf diese Weise gute Deckungsbeiträge zu erwirtschaften.

In einem *ausgewogenen* Produktportfolio ist die Produktpalette hinsichtlich Rendite und Risiko ausbalanciert. Es sorgen ausreichend viele Nachwuchsprodukte (Innovationen) für den Unternehmenserfolg von morgen, falls sie Stars werden. Die Stars sorgen für die Geldquellen von morgen (Cash-Produkte). Es müssen immer genügend Cash-Produkte vorhanden sein, um die Finanzmittel von heute zu erwirtschaften, mit denen die Gewinnbringer von morgen (Stars) und übermorgen (Nachwuchs-Produkte) finanziert werden können.

Die Einordnung von SGE in das Portfolio gestattet es, rentable und nicht rentable Geschäftseinheiten (Marktanteil hoch bzw. niedrig) auf der einen Seite und Finanzmittel bindende und freisetzende (Marktwachstum hoch bzw. niedrig) auf der anderen Seite zu unterscheiden. Auf diese Weise werden langfristige Erfolgschancen und finanzielle Spielräume ersichtlich.

Das Portfolio erlaubt es, für jede SGE spezifische Strategien zu ergreifen, um auf diese Weise differenziert im Markt arbeiten zu können.

N 5.2.2.2 Marktattraktivität-Produktstärke-Portfolio

Das in Abschn. N 5.2.2.1 erläuterte Marktwachstum-Marktanteil-Portfolio wird dann genauer, wenn zum einen

- eine Vielzahl an Bestimmungsgrößen für die Produktstärke und die Marktattraktivität herangezogen werden und zum anderen
- eine Einteilung der Achsen in drei Teile (niedrig, mittel, hoch) stattfindet. Dadurch ergeben sich neun Felder.

Wie Bild N-21 zeigt, kann man die Marktattraktivität und die Produktstärke unter den Gesichtspunkten *Markt, Rentabilität* und *Risiko* betrachten. Innerhalb dieser Bereiche können spezielle, für die betrachteten SGE wichtige Kriterien zur Bewertung ausgewählt werden.

Bild N-21 zeigt das Portfolio mit neun Feldern und den drei Bereichen oder Feldgruppen: Ernten, Selektieren und Wachsen. Die Symbole geben an, ob Finanzmittel erforderlich werden (+), in der Regel nicht notwendig sind (0) oder freigesetzt werden (–). Für die einzelnen Feldgruppen gilt:

Ernten (Felder E1 bis E3)

Das Minus (–) besagt, daß es in diesem Bereich zu einer möglichst großen Finanzmittelfreisetzung kommen sollte; denn hier liegen Produkte, die in einem wenig attraktiven Markt lediglich eine geringe Produktstärke aufweisen. Je nach Lage der Produkte im E-Feld sollte man für sie einen schrittweisen oder einen vollständigen Rückzug aus dem Markt einleiten. Sobald die Produkte keinen Mindest-Deckungsbeitrag mehr abwerfen, ist eine möglichst schnelle Produktbereinigung vorzunehmen.

Ein erfolgreiches Ernten wird nur in den Feldern E1 und E3 möglich sein, da hier

- mittlere Marktattraktivitäten oder mittlere Produktstärken vorliegen und
- das Produkt zwar in der Sättigungsphase, aber noch nicht in der Rückzugsphase liegt.

Selektieren (Felder S1 bis S3)

Das Symbol „0" zeigt, daß sich in diesem Bereich Produkte in einem Übergangsstadium zwischen Wachsen und Ernten befinden, bei denen weder eine Finanzmittelfreisetzung

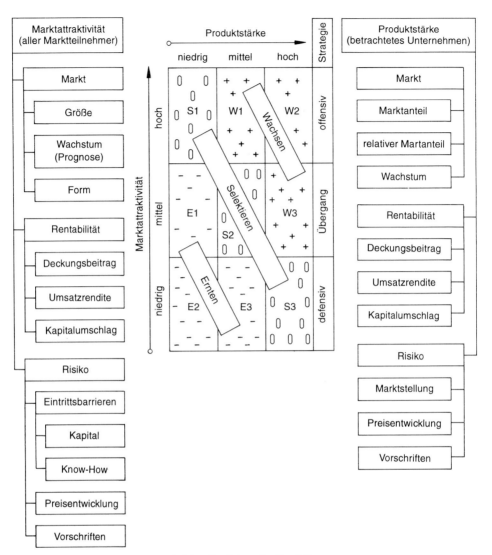

Bild N-21. Schema des Marktattraktivität-Produktstärke-Portfolios

noch eine -bindung erfolgt. In dieser Diagonalen des Portfolios sind also Produkte zu finden, die sich dadurch auszeichnen, daß entweder eine hohe Marktattraktivität mit einer niedrigen Produktstärke oder umgekehrt kombiniert ist, oder diese Produkte eine mittelmäßige Marktattraktivität und Produktstärke aufweisen.

Produkte im Feld S1 zeichnen sich durch eine hohe Marktattraktivität, aber geringe Produktstärke aus. Sie sind mit den Nachwuchs-Produkten im Marktwachstum-Marktanteil-Portfolio zu vergleichen. Für Produkte in diesem Feld muß entschieden werden, ob die

460

Produktstärke in diesem attraktiven Markt erhöht werden kann (z. B. durch eine Wertanalyse, Abschn. M). Falls dies nicht möglich ist, muß man die Produkte aussondern.

Im Feld S2 befinden sich mittelmäßige Produkte in bezug auf Marktattraktivität und Produktstärke. Hier sind spezielle Überlegungen zur Investition oder Desinvestition anzustellen, die vor allem die Produkte in ihrer Lebenszyklusphase betrachten: Sind es alternde Produkte, so wird eine schrittweise Produkt- und Kundenbereinigung anzuraten sein. Eine zusätzliche Kostenverringerung (z. B. durch eine Wertanalyse) dürfte in der Regel mit den oben erwähnten Maßnahmen die Produktstärke so erhöhen, daß eine Verlagerung in Richtung S3 stattfinden kann. Befinden sich hier Produkte, deren Marktattraktivität zunehmen könnte, so wird eine gezielte Investition unter zusätzlicher Erhöhung der Produktstärke ratsam sein (Verlagerung in Richtung W2).

In Feld S3 liegen Produkte, die mit den Cash-Produkten des Marktwachstum-Marktpositions-Portfolios vergleichbar sind und somit die dort erwähnten Maßnahmen zu ergreifen sind.

Wachsen (Felder W1 bis W3)

Das Plus (+) bedeutet, daß hier Finanzmittel gebunden sind oder investiert werden müssen, da sich in diesen Feldern Wachstumsprodukte befinden. Produkte in diesen Feldern zeigen mittlere bis hohe Marktattraktivitäten und Produktstärken. Ziele in diesen Positionen sind: Aufbau von neuen Marktpositionen und Produktanwendungsfelder oder Erhaltung der Marktführerschaft.

Das hat zur Folge, daß hohe Investitionen für die Entwicklung der Produkte und deren wirtschaftliche Herstellungsverfahren vorgenommen werden müssen. Auf hohe, augenblickliche Gewinne oder Cash-Flows muß zugunsten späterer, wahrscheinlich noch höherer Finanzmittelfreisetzung verzichtet werden können. Für Produkte in diesem Bereich ist ein vertretbares Risiko zu akzeptieren.

Ist ein Marktattraktivität-Produktstärke-Portfolio ausgeglichen, dann werden die Produkte in den Ernten-Feldern soviel Finanzmittel erwirtschaften, um die Wachstumsprodukte der Felder W und ausgewählte Produkte aus den Feldern S finanzieren zu können. Für Produkte in diesen unterschiedlichen Bereichen sind ganz verschiedene Maßnahmen notwendig, die *Normalstrategien* genannt werden (Tabelle N-22). Sie bilden den Rahmen für erfolgreiche unternehmerische Entscheidungen. Das Vorgehen zeigt folgendes Beispiel:

1. Schritt: Festlegen der SGE
Wie für das Marktwachstum-Marktpositions-Portfolio wurden auch hier die Produktgruppen bzw. SGE der Firma Maier zugrunde gelegt.

2. Schritt: Festlegen und Gewichten der Kriterien für Marktattraktivität und Produktstärke
Nach folgenden drei Gesichtspunkten werden sowohl die Marktattraktivität und die Produktstärke beurteilt: Markt, Rentabilität und Risiko.

Für die Marktattraktivität werden folgende Kriterien verwendet:

- Marktwachstum (Markt),
- Rendite der Branche (Rentabilität),
- Preisentwicklung (Riskio).

Für die Produktstärke wurden folgende Kriterien verwendet:

- Marktanteil (Markt),
- Umsatzrendite der Produkte (Rendite),
- technischer Vorsprung (Risiko).

Tabelle N-22. Normalstrategie des Marktattraktivität-Produktstärke-Portfolio

Aktivitätsbereiche	Normalstrategie		
	ernten	selektieren	wachsen
Marktanteil	Aufgeben für Ertrag – Kundenauswahl – regionaler Rückzug	Positionen behalten gezielt wachsen	Hinzugewinnen neue Kunden, neue Gebiete neue Technologien
Investitionen	Minimum bis keine Investitionen < Abschreibungen	Ertragsgesteuert Investitionen = Abschreibungen	vertretbares Maximum Investitionen > Abschreibungen Kapazitätseinwirkung
Risiko	vermeiden	begrenzen	akzeptieren
Programmpolitik	Programmbereinigung, keine neuen Produkte	Spezialisierung Schwerpunktbildung	Sortiment ausbauen diversifizieren neue Produkte
Kosten	Abbau von Fixkosten und Personalkosten	Rationalisierung von Personal und Verfahren Kontrolle des Kapital- einsatzes	Fixkostendegression Erfahrungskurve Lernkurve
Preispolitik	hohe Preise	gleichbleibend	Preis bestimmend
Absatzpolitik	kaum Marketing- mittel	gezielte Produkt- werbung	offensiver Einsatz von Marketingmitteln

3. Schritt: Bestimmen der Marktattraktivität und der Produktstärke
Mit einer Nutzwert-Analyse werden die einzelnen Kriterien gewichtet (zwischen 1 und 2) und Punkte vergeben (1: niedrig; 2: mittel; 3: hoch). Die Werte der betrachteten Produktgruppe werden mit einer idealen Produktgruppe verglichen. Die Prozentzahlen ergeben das entsprechende Feld (bis 33%: 1. Feld; bis 66%: 2. Feld; über 66%: 3. Feld). Tabelle N-23 zeigt das Ergebnis.

4. Schritt: Erstellen des Portfolios
Die Koordinaten für die Marktattraktivität und die Produktstärke bilden den Mittelpunkt des Kreises für die Produktgruppe. Der Radius entspricht dem Umsatz und der Kreisausschnitt dem Deckungsbeitrag pro Umsatz (Tabelle N-21). Das Ergebnis zeigt Bild N-22.

5. Schritt: Erklärung des Ergebnisses und Wahl der Strategie
Die Produktgruppen 1 und 5 liegen im gleichen Feld des Marktwachstum-Marktpositions-Portfolio.

Im Übergangsfeld S2 liegen die restlichen Produkte. Vor allem bei den Produktgruppen 3 und 4 ist zu empfehlen, die Produktstärke zu erhöhen, da der Markt attraktiv ist. Die Produktgruppe 2 besitzt eine relativ hohe Produktstärke. Deshalb ist zu überlegen, ob eine Marktsegmentierung vorgenommen werden kann, durch die ganz gezielt rentable Teilbranchen angesprochen werden können.

N 5.2.2.3 Wettbewerbsorientierte Portfolios

In Bild N-23 sind die Weiterentwicklungen der Portfolios zusammengestellt. Oben in Bild N-23 ist ein Portfolio zu erkennen, das die Wettbewerbssituation darstellt. Die Achsen sind: Wettbewerbsvorteile (d. h. Produktstärke) sowie die Anzahl der Möglichkeiten, die-

Tabelle N-23. Daten für ein Marktattraktivität-Produktstärke-Portfolio eines Beispielunternehmens

Bewertung strategische Geschäftseinheit	Einteilung	Marktattraktivität			Summe Ideal %	Produktstärke			Summe Ideal %
		Markt-wachstum	Branchen-rendite	Preis-entwicklung		Markt-anteil	Umsatz-rendite	technischer Vorsprung	
Produktgruppe 1 Automobil	Gewicht	2	1,5	1	9,5	2	1,5	1	9,75
	Punktzahl	2,5	2	1,5	13,5	2,5	1,5	2,5	13,5
	Nutzwert	5	3	1,5	70%	5	2,25	2,5	72%
Produktgruppe 2 Sondermaschinen/ Verpackung	Gewicht	2	1,5	1	8,75	2	1,5	1	5,25
	Punktzahl	1,5	2,5	2	13,5	1	1,5	1	13,5
	Nutzwert	3	3,75	2	65%	2	2,25	1	38%
Produktgruppe 3 Werkzeugbau	Gewicht	2	1,5	1	5	2	1,5	1	8
	Punktzahl	1	1	1,5	13,5	2	2	1	13,5
	Nutzwert	2	1,5	1,5	37%	4	3	1	60%
Produktgruppe 4 Feinmechanik und Optik	Gewicht	2	1,5	1	9	2	1,5	1	6,5
	Punktzahl	2	2	2	13,5	2	1	1	13,5
	Nutzwert	4	3	2	66%	4	1,5	1	48%
Produktgruppe 5 Elektrotechnik	Gewicht	2	1,5	1	11,5	2	1,5	1	3,75
	Punktzahl	3	2	2,5	13,5	1	0,5	1	13,5
	Nutzwert	6	3	2,5	85%	2	0,75	1	27%

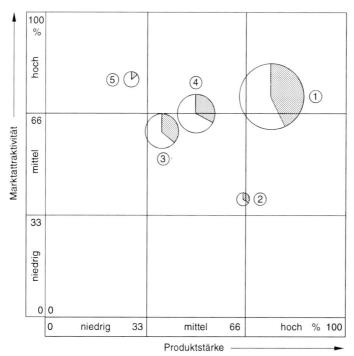

Bild N-22. Marktattraktivität-Produktstärke-Portfolio eines Beispielunternehmens

se wahrzunehmen. Um sich dort erfolgreich zu behaupten, gibt es folgende drei grundsätzliche Strategien:

- *Konzentration* auf bestehende Produkte und Märkte (Nischenpolitik),
- *Differenzierung* (z.B. durch Aufbau eines Markenimages) und
- *Standardisierung* zu Niedrigstpreisen.

Im wettbewerbsorientierten Portfolio (oben in Bild N-23) ergeben sich vier Felder, die den Branchenzustand beschreiben:

Zersplitterte Branchen
In ihnen gibt es zwar geringe Wettbewerbsvorteile, dafür aber sehr viele Chancen. In diesem Bereich sind die meisten Klein- und Mittelbetriebe anzusiedeln. Es empfiehlt sich eine Differenzierungs- oder aber eine Konzentrationsstrategie für ertragreiche Produkt-Markt-Kombinationen.

Branchen mit Stillstand
Bei diesen sind weder nennenswerte Wettbewerbsvorteile vorhanden, noch Möglichkeiten erkennbar, diese wahrzunehmen. Dies sind stagnierende Branchen. Dort erfolgreich zu sein, ist sehr schwierig, weil sich hier die Problem-Produkte des Unternehmens befinden. Unten in Bild N-23 stehen die Möglichkeiten: entweder aufgeben, eine gezielte Ernte- und Aussteigestrategie verfolgen oder eine Nische finden, die vom Wettbewerb übersehen wurde.

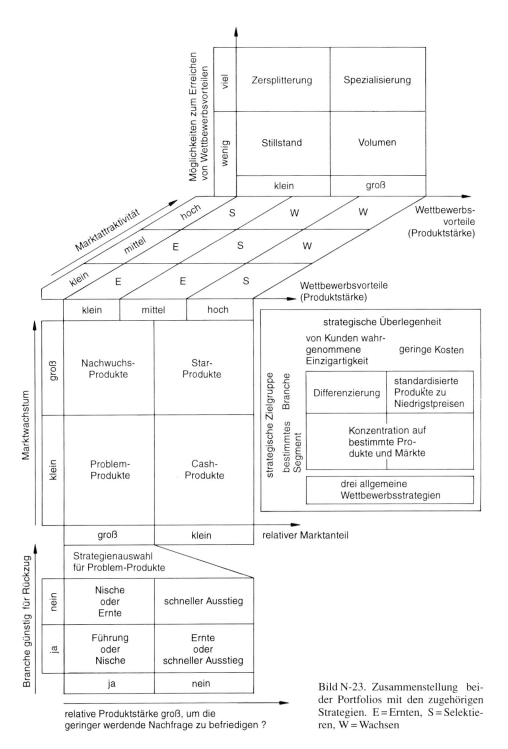

Bild N-23. Zusammenstellung beider Portfolios mit den zugehörigen Strategien. E = Ernten, S = Selektieren, W = Wachsen

Spezialisierte Branchen
Sind große Wettbewerbsvorteile auf vielen Wegen zu erreichen, dann ist die Strategie der *Spezialisierung* oder der *Differenzierung* (z.B. Aufbau eines Markenimages) erfolgversprechend. In diesen Branchen gibt es sehr viele Wettbewerbsvorteile und viele Möglichkeiten, diese wahrzunehmen.

Branchen mit Volumenwachstum
Hierbei gibt es zwar viele Wettbewerbsvorteile, aber sehr wenige Möglichkeiten, diese wahrzunehmen. Die einzige Möglichkeit erfolgreich zu sein, besteht darin, große Stückzahlen standardisierter Produkte herzustellen und diese zu möglichst niedrigen Preisen zu verkaufen.

N 5.2.3 ABC-Analyse

In einer ABC-Analyse werden die zu untersuchenden Tätigkeiten, betriebswirtschaftliche Kennzahlen oder andere Untersuchungsgegenstände danach beurteilt, ob sie im Hinblick auf ein Aussageziel A: sehr wichtig, B: wichtig und C: unwichtig sind. Erfahrungsgemäß wird mit der ABC-Analyse die *20:80-Regel* bestätigt. Sie besagt, daß nur 20% an Verursachern 80% an Wirkung erzielen. Beispielsweise zeigte die Kunden-Umsatz-ABC-Analyse (Abschn. N 3.3 und Bild N-12), daß mit nur 20% der Kunden 80% des Umsatzes getätigt werden. Mit der ABC-Analyse kann man herausfinden, welches die *wesentlichen 20%* sind. Werden diese genau gesteuert, so hat man 80% des Ziels erreicht. Der entscheidende Vorteil der ABC-Analyse besteht darin, sich auf das *Wesentliche* (das meist auch nur 20% der Aufgabenfülle umfaßt) konzentrieren zu können, um erfolgreich zu sein.

Eine ABC-Analyse wird in folgenden Schritten erstellt:

1. Schritt: Formulierung der Aufgabenstellung
(z.B. Kunden-Umsatz-ABC-Analyse).

2. Schritt: Erfassen der Daten
(z.B. der Kunden und der zugehörige Umsatz, Tabelle N-12).

3. Schritt: Wertsumme ermitteln
(z.B. die Summe der Umsätze; nach Tabelle N-12 sind es 14 000 000 DM).

4. Schritt: Bilden der Rangreihenfolge, d.h. absteigende Sortierung der Wertanteile
(z.B. Sortieren nach fallenden Umsätzen, Tabelle N-13).

5. Schritt: Laufende Aufsummierung (Kumulieren) der Wertanteile und Angabe der kumulierten Prozentanteile am Gesamtwert
(z.B. Bilden der kumulierten Umsatzsumme und des kumulierten Prozentanteils, Tabelle N-13).

6. Schritt: Festlegen der Prozentgrenzen für den A-, B- und den C-Bereich
(z.B. 80% des Umsatzes ist der A-Bereich, die folgenden 15% der B-Bereich und die restlichen 5% der C-Bereich).

7. Schritt: Grafisches Aufzeichnen und Auswerten der Ergebnisse
(Bild N-12 und Abschn. N 3.3).

Da der Umsatz eines Unternehmens der wesentlichste Erfolgsfaktor ist, wird die Qualität der Zusammensetzung des Umsatzes in den folgenden ABC-Analysen untersucht. Die Bedeutung der Kunden am Umsatz wurde in Abschn. N 3.3 an der *Kunden-Umsatz-ABC-Analyse* (Bild N-12 und Tabelle N-13) vorgestellt. Im folgenden wird eine *Markt-Umsatz-ABC-Analyse* vorgestellt, die die Wichtigkeit einzelner Märkte beschreibt.

In Bild N-24 sind die Märkte und die Marktanteile den Umsätzen gegenübergestellt. Dies ist wichtig, wenn man Schwerpunkte in den Märkten legen will. Eindeutig zeigt die ABC-Analyse, daß das Unternehmen vorrangig die Märkte in Deutschland und Europa bedient (78 % des Umsatzes bei 50 % Marktanteil). Es ist zu empfehlen, diese Marktstellung unter dem Blickwinkel eines gemeinsamen europäischen Markts noch rentabler auszubauen.

N 5.2.4 Altersstruktur-Analyse

Aufgrund des Wandels der Kundenwünsche, der Einsatzumgebung der Produkte und des technischen Fortschritts unterliegen die meisten Produkte den Gesetzen des Lebendigen (Lebenszyklus, Abschn. L 1: Geborenwerden (Markteinführung des Produkts), Wachsen (Umsatzzunahme), Reifen (hohes Umsatzvolumen, ausgereiftes Produkt, keine Umsatzsteigerung mehr möglich) und Sterben (sinkende Umsätze und Marktrückgang). Wenn für alle Produkte solche Lebenszyklen bestehen, dann muß man dafür sorgen, daß das ganze Produktprogramm aus einer gesunden Mischung von jungen, reifen und alten Produkten besteht. Die Altersstruktur-Analyse stellt fest, ob genügend reife, Finanzmittel bringende Produkte und ebenso neue Produkte vorhanden sind. Eine Überalterung des Angebots an Gütern und Dienstleistungen ist zu vermeiden.

Als Beispiel wird die Altersstruktur-Analyse für die wichtigste Branche Automobil (42,2 % des Umsatzes) durchgeführt. Dazu werden die Produkte in 6 Produktgruppen untergliedert und folgende Daten zusammengestellt:

● Stückzahlanteil,

● Umsatzanteil und

● Lebenserwartung.

Die grafische Auswertung erfolgt folgendermaßen: In der senkrechten Achse wird die Lebenserwartung (fallend) aufgetragen. Auf der linken waagrechten Achse sind die Stückzahlanteile und auf der rechten waagrechten Achse die Umsatzanteile der Produkte zu sehen (Bild N-25). Als gestrichelte Linien sind die Idealverläufe der Produkt- bzw. Umsatzanteile eingezeichnet.

Die Altersstruktur-Analyse zeigt, daß das Erzeugnisprogramm relativ gut aufgebaut ist: Produkte mit geringer Lebenserwartung haben einen kleinen Anteil am Produktionsprogramm, und den größten Umsatzanteil bringen die Produkte in der Reifephase. Eine große Schwäche liegt jedoch darin, daß Wachstumsprodukte mit einer Lebenserwartung von 5 bis 7 Jahren fehlen. Dazu sind geeignete Maßnahmen zu ergreifen. Beispielsweise wäre denkbar, die Produktserie S3 aufzugeben und die Produktserie S1 noch weiter auszubauen.

N 5.2.5 Erfolgsstruktur-Analyse

Außer den geschilderten Umsatzanalysen eines Produktprogramms sind Informationen über die Erfolgswirksamkeit dieser Umsätze unentbehrlich, weil eine sinnvolle, unternehmenssichernde Produktprogrammplanung keine reine Umsatzplanung sein darf, sondern die Erhöhung des Erfolgs zum Ziel hat. Der Erfolg wird in zweierlei Hinsicht beurteilt, und zwar durch Gegenüberstellung der *Umsatzrentabilität* und durch Darstellung der *Deckungsbeiträge pro Umsatz*. Die einzelnen Daten sind der Tabelle N-24 zu entnehmen.

Märkte	Umsatz-anteil in %	kumul. Umsatz-anteil in %	Markt-anteil in %	kumul. Markt-anteil in %
Bundesrepublik Deutschland	35	35	10	10
Europa innerhalb der EG	20	55	10	20
Osteuropa	15	70	10	30
Amerika und Kanada	10	80	20	50
Europa außerhalb der EG	8	88	20	70
Japan	6	94	15	85
Schwellenländer	4	98	8	93
Entwicklungsländer	2	100	7	100

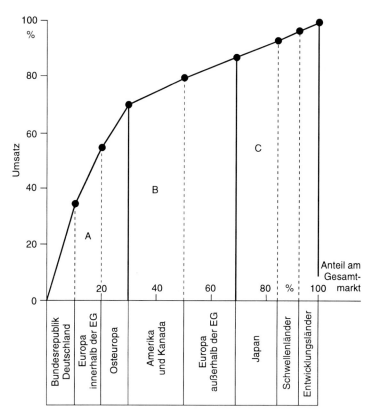

Bild N-24. Markt-Umsatz-ABC-Analyse

Produkte	Anteil der Produkte in %	Umsatz Mio. DM	Umsatzanteil in %	Lebenserwartung in Jahren
S1	20	1,26	21,3	8
S2	10	0,963	16,3	7
S3	5	0,035	0,6	6
S4	35	2,069	33,5	5
S5	20	1,318	22,3	4
S6	10	0,355	6,0	3

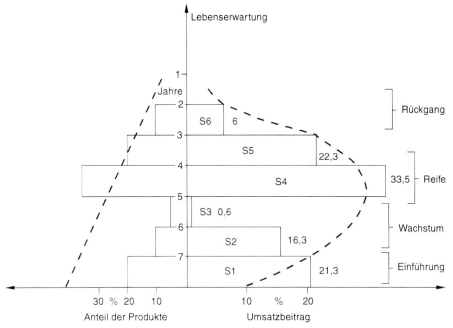

Bild N-25. Altersstrukturanalyse

N 5.2.5.1 Umsatz-Umsatzrentabilitäts-Profil

Bild N-26 zeigt das Umsatz-Umsatzrentabilitäts-Profil der einzelnen Produktgruppen. In der senkrechten Achse wird der Umsatz kumuliert aufgetragen. Die Umsatzrentabilität ist in der Waagerechten so dargestellt, daß links vom Ursprung die verlustbringenden und rechts die gewinnbringenden Produktgruppen zu sehen sind. Die Produktgruppen werden nach steigenden Umsatzrentabilitäten geordnet. Deshalb sind zuerst die Produktgruppe mit den höchsten Verlusten und zuletzt die Produktgruppen mit den höchsten Gewinnen zu sehen. Die entstehenden Flächen sind ein Maß für den Verlust (links in Bild N-26) oder den Gewinn (rechts in Bild N-26) der einzelnen Produktgruppe. Für das ganze Unternehmen ist ein Mindest-Deckungsbeitrag von 33% erforderlich. Aus Bild N-26 sind folgende Aussagen möglich:

• Die Produktgruppen 5 (Elektrotechnik mit –190.000 DM) und 2 (Sondermaschinen und Verpackungen mit –38000 DM) sind die Verlustbringer.

Tabelle N-24. Daten zur Erfolgsstruktur-Analyse

Produktgruppen Kennzahlen	1 Automobil	2 Sondermaschinen/ Verpackung	3 Werkzeugbau	4 Feinmechanik	5 Elektrotechnik
Umsatz (U) in DM	5 910 000	1 274 000	2 702 000	3 206 000	908 000
Kosten (K)	5 319 000	1 312 000	2 648 000	3 206 000	1 098 000
Gewinn in DM $G = U - K$	591 000	−38 000	54 000	0	−190 000
Umsatzrentabilität $\frac{G}{U} \cdot 100$ in %	10	−3	2	0	−21
Umsatzanteil in %	42,2	9	19	23	6,8
Deckungsbeitrag pro Umsatz	43	30	35	33	12

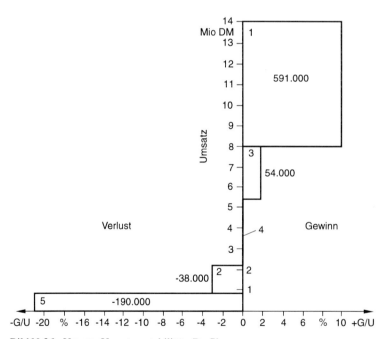

Bild N-26. Umsatz-Umsatzrentabilitäts-Profil

- Wie das Portfolio in Bild N-20 zeigt, ist dies bei der innovativen Produktgruppe 5 normal. Für die Produktgruppe 2 sind Maßnahmen zur Kostensenkung einzuleiten.
- Die Produktgruppe 4 (Feinmechanik und Optik) läuft kostendeckend.
- Die Gewinnbringer sind die Produktgruppe 3 (Werkzeugbau) und 1 (Automobil).
- Die Gewinne übersteigen die Verluste, so daß noch ein positives Ergebnis erwirtschaftet wird.
- Die Analyse zeigt, daß mit höheren Umsätzen auch die Gewinne steigen. Dies ist bei einem gesunden Unternehmen der Fall.

N 5.2.5.2 Umsatz-Deckungsbeitrags-Profil

Soll ein Umsatz-Umsatzrentabilitäts-Profil erstellt werden, dann müssen den Produktgruppen oder Produkten Gewinne zugeordnet werden können. Um diese zu ermitteln, müssen aber die gesamten Kosten, d.h. auch die Fixkosten dieser Elemente bekannt sein. Für Produktgruppen ist zwar eine verursachungsgerechte Fixkostenzuordnung besser durchführbar als für Einzelprodukte. Dennoch ist eine stückbezogene Fixkostenverteilung prinzipiell unmöglich und kann zu schwerwiegenden Fehlern führen. Deshalb wird es häufig besser sein, den Erfolg anhand von *Deckungsbeiträgen* (DB) zu beurteilen. Deckungsbeiträge errechnen sich aus der Differenz zwischen Umsatz und variablen Kosten und geben die Finanzmittel an, mit denen die Fixkosten gedeckt werden können (Abschn. E 3). Niedrige Deckungsbeiträge zeigen meist einen geringen Erfolg an.

Da der Umsatz und die variablen Kosten relativ leicht zu ermitteln sind, steht mit dem Deckungsbeitrag eine exakt bestimmbare Kennzahl zur Verfügung. Je nach Aussagefähigkeit können *spezifische Deckungsbeiträge* gewählt werden, beispielsweise:

- Deckungsbeitrag pro Stück,
- Deckungsbeitrag pro Engpaßeinheit (z.B. Fertigungsstunde),
- Deckungsbeitrag pro Periode,
- Deckungsbeitrag pro Umsatz.

Im vorliegenden Fall wird die Kennzahl Deckungsbetrag pro Umsatz verwendet. Sie gibt an, wieviel DM Deckungsbeitrag pro DM Umsatz erwirtschaftet wird. Die entsprechenden Zahlen sind der Tabelle N-24 zu entnehmen.

Bild N-27 zeigt das Umsatz-Deckungsbeitrags-Profil des Beispielunternehmens. Der Umsatz ist in der senkrechten Achse aufgezeichnet und in der waagrechten der Deckungsbeitrag pro Umsatz (DB/U) in Prozent. Die Flächen in diesem Profil sind ein Maß für den Deckungsbeitrag, der zur Deckung der Unternehmensfixkosten in den Betrieb fließt. Die Podukttgruppen werden dabei so sortiert, daß die umsatzstärksten zuerst und die umsatzschwächsten zuletzt berücksichtigt werden. Da die umsatzstärksten Produktgruppen meist die wichtigsten sind, zeigt Bild N-27 von unten nach oben den Grad der Bedeutung für das Unternehmen an (ABC-Prinzip). Eine *Pyramidenform* eines solchen Profils zeigt ein *erfolgsträchtiges* Unternehmen, bei dem die umsatzstärksten Produkte auch die meisten Deckungsbeiträge liefern. Eine *Trichterform* zeigt eine für das Unternehmen ungünstige Verteilung der Produktgruppen (die umsatzstärksten Produktgruppen liefern am wenigsten Deckungsbeiträge).

Der *Mindestdeckungsbeitrag pro Umsatz* ist in Bild N-27 durch Schraffur angezeigt (im vorliegenden Fall 33%). Alle Produktgruppen mit höheren Deckungsbeiträgen pro Umsatz sind Gewinnbringer (durch Raster angezeigt), alle Produktgruppen mit geringeren sind verlustreich (Schraffur).

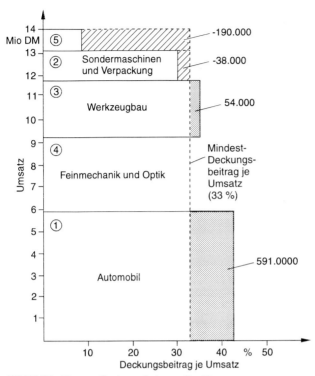

Bild N-27. Umsatz-Deckungsbeitrags-Profil

Tabelle N-25. Formular zum Eintragen von Schwachstellen

Schwachstelle	Abhilfe	Nutzen	Kosten	Zeit

N 5.3 Erkennen der Schwachstellen und Verbesserungen

Um besser als der Wettbewerber die Marktprobleme lösen zu können, müssen Schwachstellen erkannt und das ganze Unternehmen ständig verbessert werden (KVP: Kontinuierlicher Verbesserungsprozeß).

So wie der Körper ein Abwehrssystem besitzt, das vor Krankheiten schützt, so sollte ein System aufgebaut werden, das die eigenen Kräfte mobilisiert, damit die Schwachstellen erkannt und gezielt abgebaut werden können. Jeder Mitarbeiter ist aufgefordert, die von ihm erkannten Schwachstellen zu notieren und gleichzeitig Maßnahmen zur Abhilfe vorzuschlagen sowie deren Nutzen, Zeit und Kosten anzugeben (Tabelle N-25). Einmal im Monat sollte eine Besprechung stattfinden, in der die Verbesserungen in die Wege geleitet werden.

Zur systematischen Analyse der Schwachstellen kann auch ein Stärke-Schwäche-Profil herangezogen werden (Abschn. N 4.2.4).

N 5.4 Entwicklung neuer Produkte und Dienstleistungen (Innovationen)

Jedes Produkt hat eine begrenzte Lebensdauer auf dem Markt *(Lebenszyklus)* und durchläuft die Phasen des Markteintritts, des Wachsens, der Reife und des Überholtseins. Um zu jeder Zeit verkaufsfähige Produkte und Dienstleistungen zu besitzen, muß ein Unternehmen immer wieder *neue Produkte* entwickeln (Abschn. L).

N 5.5 Zusammenstellung der Ressourcen

Um auf dem Markt die Kundenwünsche befriedigen zu können, muß man einen Überblick besitzen über die Möglichkeiten bzw. die Engpässe. Es sind dies im wesentlichen:

- Mitarbeiter,
- technische Ausrüstung (Maschinen),
- Finanzmittel,
- Sonstige Engpässe.

Die Tabelle N-26 zeigt den Aufbau solcher Übersichten.

N 6 Marketing-Konzeptionen

Aus den Trends (Abschn. N 2), den zentralen Kundenbedürfnissen (Abschn. N 3), den Positionen der Wettbewerber (Abschn. N 4) und den Möglichkeiten des eigenen Unternehmens (Abschn. N 5) können *klare Marktziele* formuliert, die *Strategien* und *Maßnahmen* zur Zielerreichung festgelegt und die Mittel zugeteilt werden. Daraus ergeben sich *konkrete Maßnahmen,* die klar *kontrollierbar* sind. Das Vorgehen zeigt Bild N-28.

N 6.1 Strategien

Unter *Strategien* versteht man die *prinzipiellen Stoßrichtungen,* mit denen man den Markt bearbeiten will. Die auszuwählenden Strategien hängen zum einen vom *Markt* ab und

Tabelle N-26. Übersicht über die Ressourcen

Mitarbeiter

Mitarbeiter	Know-how	Zeit	Kosten DM/Jahr
	Ingenieur Maschinenbau Konstruktion Organisator Planer	220 Tage 1540 Std.	70 000

Maschinen

Maschine	Funktionen	Kapazität Std./Tag Stck./Tag	Personal	Kosten	Bemerkung

Finanzmittel

Finanzmittel	Herkunft	Höhe	verfügbar
Eigenkapital	Gesellschafter einbehaltener Gewinn stille Teilhaber		
Fremdkapital	Hypothekenkredit Kreditrahmen Bank 1 Kreditrahmen Bank 2 Bürgschaften		

Lieferanten

Lieferant	Art der Ware	Stückzahl	Wert

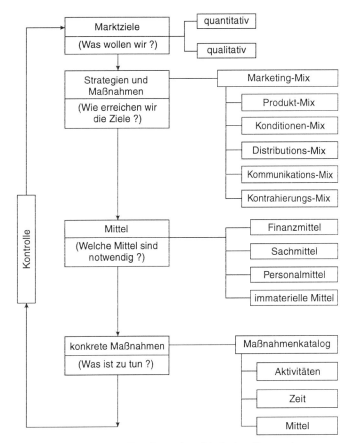

Bild N-28. Schema zur Erstellung einer Marketing-Konzeption

zum anderen von den *Möglichkeiten* und *Erfolgsfaktoren* des Unternehmens. Aus den Strategien werden Maßnahmen abgeleitet. Sie sind die einzelnen Tätigkeiten, die im Rahmen der gewählten Strategien liegen. In den Abschnitten über die *Portfolios* (Abschn. N 5.2.2) wurden die zugehörigen *Normalstrategien* (Tabelle N-20 und Tabelle N-22) beschrieben. Die wettbewerbsorientierten Portfolios und ihre Strategien sind in Bild N-23 dargestellt und in Abschn. N 5.2.2.3 beschrieben. Im folgenden werden die grundsätzlichen Strategien zusammengestellt.

N 6.1.1 Strategien für Wettbewerbsmärkte

Tabelle N-27 stellt die drei grundsätzlichen Strategien: *Konzentration, Differenzierung* und *Standardisierung* den verschiedenen Märkten gegenüber. Es ist festzustellen, daß nur in einem *wachsenden Markt* standardisierte Produkte zu günstigsten Preisen angeboten werden können. Setzt man in stagnierenden Märkten Preise herab, so dient dies zum Erringen höherer Marktanteile und zum Verdrängen der Konkurrenz. In *stagnierenden*

Tabelle N-27. Strategie und Markttypen

Strategien / Märkte	Konzentration	Differenzierung	Standardisierung
zersplittert	X	X	
stagnierend	X		
Spezialisierung	X	X	
Stückzahl mit Wachstums			X

Märkten ist eine *Konzentration* auf ertragsstarke Produkte und auf Produktgruppen erforderlich, in denen das Unternehmen sehr große Stärken besitzt. Die Strategie der Konzentration erfordert eine umfassende Sortimentsbereinigung. Dabei dürfen nicht nur die interne Ertragssituation eine Rolle spielen, sondern es muß vor allem darauf geachtet werden, daß die *Kundenwünsche optimal* zu erfüllen sind. Vor der Aufgabe von Produkten ist daher zu prüfen, ob mit den Methoden der Wertanalyse (Abschn. M) Herstellkosten gesenkt werden können, ohne die Qualität und die Kundenanforderungen zu schmälern.

N 6.1.2 Strategien aus den Portfolios

Für das *Marktwachstum-Marktanteil-Portfolio* gelten folgende Strategien (Tabelle N-20):

- *Offensiv-Strategien für den erfolgversprechenden Nachwuchs,*
- *Investitions-Strategien für die Stars,*
- *Abschöpfungs-Strategien für die Kühe und*
- *Desinvestitions-Strategien für die Sorgenkinder.*

Für das *Marktattraktivität-Produktstärke-Portfolio* sind folgende Strategien empfehlenswert:

Ernte-Strategien
(Rückzug auf lohnende Märkte, Branchen und Kunden und erzielen von maximalen Deckungsbeiträgen).

Selektions-Strategien
Marktpositionen werden gehalten. Nur ausgewählte Produkte wachsen. Ein Teil der Produkte muß aufgegeben werden.

Wachstums-Strategien
In diesem Bereich werden neue Kunden auf bestehenden oder auf neuen Märkten gewonnen. Wachstumsstrategien sind meist nur mit neuen Produkten sinnvoll durchzusetzen, es sei denn, man plant einen Verdrängungswettbewerb.

Die einzelnen Maßnahmen zur Umsetzung der Strategien sind in Tabelle N-22 zusammengestellt.

N 6.1.3 Strategien und Innovation

Die Innovationen unterscheiden sich darin, ob

- das Produkt,
- die Technologie oder/und
- der Markt neu sind.

Bild N-29 zeigt eine Zusammenstellung von Innovationen (Abschn. L). Für die Strategien ist es vor allem entscheidend, ob die Märkte und die Produkte neu sind. Bild N-30 zeigt den *Innovationswürfel*. Er ist längs der Marktachse aufgeklappt. Dies soll zeigen, daß es viel teurer und risikoreicher ist, auf neuen Märkten Fuß zu fassen, als in bekannten Märkte zu verkaufen. Im unteren Teil von Bild N-30 sind die Strategien nach *Ansoff* angegeben.

Bezeichnung	Tech-nologie	Produkt	Markt	Vor- und Nachteile
einfache Innovation Technologieentwicklung (evtl. Produktverbesserung)	neu	alt	alt	bestehender Markt **Vorteil:** - geringe Finanzmittel - geringes Risiko - schneller Erfolg
einfache Innovation Produktentwicklung	alt	neu	alt	
komplexe Innovation Technologie- und Produktentwicklung	neu	neu	alt	**Nachteil:** - geringer Beitrag zur langfristigen Unternehmenssicherung
Markterschließung	alt	alt	neu	neuer Markt
Technologie-diversifikation	neu	alt	neu	**Vorteil:** - hoher Beitrag zur langfristigen Unternehmenssicherung
Produkt-diversifikation	alt	neu	neu	**Nachteil:** - hoher Finanzmittelbedarf
totale Innovation Technologie- und Produktdiversifikation	neu	neu	neu	- hohes Erfolgsrisiko - kein schneller Erfolg

Rechts außen (Pfeile nach unten): zunehmende Finanzmittelbindung — zunehmendes Risiko — größerer möglicher Beitrag zur Zukunftssicherung — Zeitdauer, bis Erfolg erkennbar

Bild N-29. Einteilung von Innovationen

N 6.2 Festlegen der Marktziele

Es müssen am Anfang die Marktziele in *qualitativer* und *quantitativer* Hinsicht festgelegt werden. Zu den *qualitativen* Zielen zählen beispielsweise die

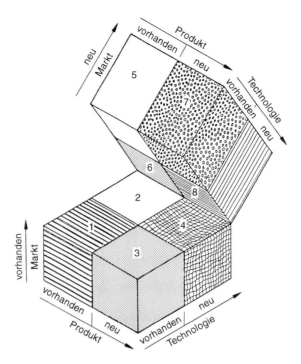

	vorhandener Markt					neuer Markt			
Würfel-element-Nr.	Produkt	Techno-logie	Innovationsart		Würfel-element-Nr.	Produkt	Techno-logie	Innovationsart	
1	v	v	– (Markterhaltung)		5	v	v	– (Markterweiterung)	
2	v	n	Technologie-Innovation		6	v	n	Technologie- und Markt-Innovation	
3	n	v	Produkt-Innovation		7	n	v	Produkt- und Markt-Innovation	
4	n	n	Produkt- und Technologie-Innovation		8	n	n	Produkt-Technologie- und Markt-Innovation	

Markt \ Produkt	vorhanden	neu
vorhanden (v)	Marktdurchdringung	Produktentwicklung
	• Verdrängung • Marktbesetzung	• Differenzierung • Innovation
neu (n)	Markterschließung	Diversifikation
	• Segmentierung • Globalisierung (international)	• horizontal • vertikal • lateral

- Verbesserung des Betriebsklimas,
- kürzere Entscheidungswege,
- regelmäßige Informationen und Treffs,
- gemeinsame überbetriebliche Unternehmungen,
- Einführen einer Firmenzeitung für die Familie und
- Familiennachmittage.

Die quantitativen Ziele werden an einem Beispiel weiterverfolgt. Dazu werden die Umsatz- bzw. Marktanteilsziele festgelegt und zwar für:

- Teilmärkte (Regionen),
- Branchen und
- Produkte.

N 6.2.1 Geschäftspläne (Umsatzpläne)

Aus den Marktzielen heraus werden der *Umsatzplan (Geschäftsplan)* erarbeitet (Abschn. H 2). Die Planzahlen ermittelt man im Zusammenhang mit den Aussagen der Portfolio-Analyse; denn dort werden die Strategien: Wachsen, Halten und Schrumpfen festgelegt. Die Jahresumsätze werden für jede Branche monatlich vorgenommen, und zwar nach *Erfahrungswerten* in Prozent.

N 6.2.2 Mehrstufige Deckungsbeitragsrechnung

Nach der Umsatzplanung werden *Deckungsbeiträge* ermittelt. Zunächst werden die Kosten für den Wareneinsatz (Materialkosten) vom Umsatz abgezogen und der Deckungsbeitrag 1 ermittelt. Anschließend werden Stufe um Stufe diejenigen Kosten geplant, die *direkt mit dem Kunden* zu tun haben. Dies sind insbesondere die Kosten für Marketing, Firmenbesuche und Vorführungen, individuelle Anpassung der Maschinen, Installation und Test vor Ort und Service und Wartung (Abschn. H 3.3.5).

Das Ergebnis zeigt Tabelle N-28. Es werden neben den absoluten Deckungsbeiträgen auch die prozentualen Deckungsbeiträge angegeben. Der letzte Deckungsbeitrag pro Umsatz zeigt an, wieviel Prozent die fixen Branchenkosten betragen dürfen, damit kostendeckend gearbeitet werden kann.

Bild N-30. Innovationen, Märkte und Strategien

Tabelle N-28. Mehrstufige Branchen-Deckungsbeitragsrechnung für ein Beispielunternehmen

	Gesamt	Automobil	Sonder-maschinen	Werkzeugbau	Feinmechanik	Elektrotechnik
1 Nettoumsatz	15395800	6233900	590000	3240000	3841100	1490800
2 Wareneinsatz	4965708	2182000	224200	1036800	1075508	447200
3 Deckungsbeitrag 1 in DM	10430092	4051900	365800	2203200	2765592	1043600
4 Deckungsbeitrag 1 / U in %	67,7%	65%	62%	68%	72%	70%
5 Kosten für Marketing	1374334	498712	23600	259200	384110	208712
6 Deckungsbeitrag 2 in DM	9055758	3553188	342200	1944000	2381482	834888
7 Deckungsbeitrag 2 / U in %	58,8%	57%	58%	60%	62%	56%
8 Kosten für Firmenbesuche und Vorführungen	1234335	374034	29500	259200	422521	149080
9 Deckungsbeitrag 3 in DM	7821423	3179154	312700	1684800	1958961	685808
10 Deckungsbeitrag 3 / U in %	50,8%	51%	53%	52%	51%	46%
11 Individuelle Anpassung der Maschine	1145569	187017	47200	226800	460932	223620
12 Deckungsbeitrag 4 in DM	6675854	2992137	265500	1458000	1498029	462188
13 Deckungsbeitrag 4 / U in %	43,36%	48%	45%	45%	39%	31%
14 Installation und Test vor Ort	476770	124678	11800	97200	153644	89448
15 Deckungsbeitrag 5 in DM	6199084	2867459	253700	1360800	1344385	372740
16 Deckungsbeitrag 5 / U in %	40,26%	46%	43%	42%	35%	25%
17 Service und Wartung	251477	62339	17700	64800	76822	29816
18 Deckungsbeitrag 6 in DM	5947607	2805120	236000	1296000	1267563	342924
19 Deckungsbeitrag 6 / U in %	38,63%	45%	40%	40%	33%	23%

N 6.3 Bestimmen der Maßnahmen

Mit *Maßnahmen* werden die Wege beschrieben, mit denen diese Ziele erreicht werden sollen. Im Marketing ist das der *Marketing-Mix*, d.h. eine Mischung aus folgenden Möglichkeiten (Bild N-31):

- Produkt-Mix,
- Konditionen-Mix,
- Distributions-Mix,
- Kommunikations-Mix und
- Kontrahierungs-Mix.

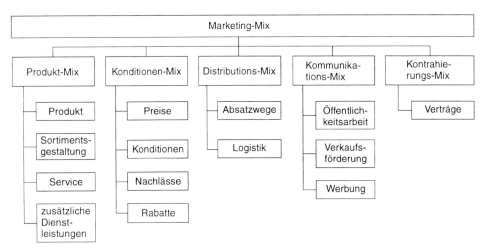

Bild N-31. Marketing-Mix

N 6.3.1 Produkt-Mix

Der Produkt-Mix legt fest, mit welchen Produkten das Unternehmen aktiv auf dem Markt auftreten will. Dabei gibt es folgende Punkte zu beachten:

Produktgestaltung
Es werden alle Informationen, welche die Eigenschaften des Produkts beschreiben, systematisch gesammelt und geordnet. Die Produktgestaltung (Design) ist dabei ein wesentlicher Aspekt. Wichtig ist auch, darauf hinzuweisen, daß für die Kaufentscheidung nicht nur die reine Funktion ausschlaggebend ist, sondern auch der *Zusatz- oder Geltungsnutzen* (Abschn. N 3.2).

Warenpräsentation und Verpackung
Mit der Verpackung ist eine gute Warenpräsentation möglich. Prinzipiell hat eine Verpackung produkt- und marktbezogene Aufgaben (Bild N-32). Produktbezogene Aufgaben sind:

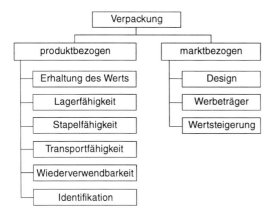

Bild N-32. Möglichkeiten der Verpackung

- Werterhaltung. Verpackung dient zum Schutz der Ware und kann auch zur Konservierung dienen (z. B. Vakuumverpacken oder steriles Abfüllen).
- Lager-, Stapel- und Transportfähigkeit. Dies ist für einen kostensparenden Lager- und Transportbetrieb wichtig.
- Wiederverwendbarkeit. Es ist aus Umweltschutzgründen darauf zu achten, daß Verpackungen nicht entsorgt, sondern wiederverwendet werden können.
- Identifikation. Mit der Verpackung ist das Produkt direkt identifizierbar (Barcode). Für den Kunden ist dieser Aspekt vor allem bei vielen gleichartigen Konkurrenzprodukten in Selbstbedienungsgeschäften wichtig.

Marktbezogene Aufgaben sind:

- Design.
- Werbeträger. Die Verpackung kann eine große Hilfe beim Verkauf sein. Entsprechende Aufmachung erregt die Aufmerksamkeit der Kunden, und die aufgedruckten Informationen liefern dem Kunden die für den Kaufentscheid wichtigen Informationen. Häufig haben bestimmte Marken auch ganz bestimmte Verpackungen.
- Wertsteigerung. Während Klarsichtpackungen die Ware direkt zeigen, werden oftmals keine durchsichtigen Verpackungen gewählt. Dies ist vor allem dann der Fall, wenn diese Produkte verwechselbar mit der Konkurrenz sind. In diesen Fällen soll die Verpackung das Verlangen des Käufers steigern.

Sortimentsgestaltung
Unter Sortimenten versteht man das gesamte Leistungsprogramm eines Herstellers. Dazu zählen die selbst hergestellten und beschafften Produkte sowie die Dienstleistungen. Die Sortimentsgestaltung spielt vor allem im Handel eine große Rolle. Doch auch für die Industrie sind diejenigen Waren und Dienstleistungen, nach denen der Kunde verlangt, für den Erfolg und das langfristige Überleben entscheidend.

Service und zusätzliche Dienstleistungen
Es kann wichtig sein, über das Produkt hinaus Dienstleistungen (z. B. Service) anzubieten. Dies erhöht den Wert der Ware und man kann höhere Preise erzielen. Ganz wesentlich dabei ist, daß mit Dienstleistungen *Kontakte zum Kunden* hergestellt werden. Mit diesem persönlichen Kontakt lassen sich gute Verkaufsgespräche anbahnen und führen. Dienstleistungen sollten, wenn möglich, zu *vernünftigen Preisen* verkauft werden. Es ist nur im Ausnahmefall sinnvoll, diese zusätzlichen Werte kostenlos bereitzustellen.

N 6.3.2 Konditionen-Mix

Wie Bild N-31 zeigt, besteht der Konditionen-Mix aus den *Preisen,* den *Konditionen* und den *Nachlässen.*

Preispolitik
Der Preis ist das Entgelt für die Leistungen. Das Unternehmen möchte einen ihren Zielen entsprechenden Preis erzielen und der Käufer einen angemessenen Preis bezahlen. Wie Bild N-33 zeigt, gibt es für die Unternehmen im wesentlichen folgende vier Ziele:

1. Erhöhung der Rentabilität,

2. Erhöhung des Gewinns,

3. Erringen von Marktanteilen,

4. Anpassung an den Wettbewerb.

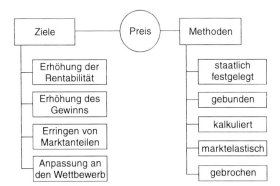

Bild N-33. Ziele und Methoden der Preisfindung

Um die Rentabilität oder den Gewinn zu steigern, können auch die Preise gesenkt werden; denn bei nicht voll ausgelasteten Kapazitäten ist es sinnvoll, zu geringen Preisen zu verkaufen, um den Absatz zu steigern, der die Kapazitäten auszulasten vermag. Höhere Marktanteile werden in der Regel durch niedrige Preise erkauft.

Häufig ist es sinnvoll, sich der Preispolitik an den Wettbewerber anzupassen. Auf keinen Fall darf man hierbei aber mit dem Wettbewerber vergleichbare Produkte anbieten, da sonst der Preis das alleinige Kaufargument sein wird. In diesen Fällen werden Preiskämpfe ausgetragen, die für alle beteiligten Unternehmen nachteilig sind.

In Bild N-33 sind die Methoden zur Preisfindung dargestellt. Es gibt *staatlich festgelegte* und *gebundene Preise* (z.B. bei Büchern). Bei den *kalkulierten Preisen* verwendet man die betrieblichen Kosten als Kalkulationsgrundlage (Abschn. E 4). Bei den *marktelastischen Preisen* richtet man sich nach den Preisvorstellungen der Käufer. Die *gebrochenen Preise* (statt 1000 DM nur 999 DM) dienen dazu, den Preis nicht so hoch erscheinen zu lassen.

Es ist darauf hinzuweisen, daß die bloße Nennung des Preises noch keine Marketing-Maßnahme sein kann. Mit dem Preis müssen vor allem die *Vorteile* genannt werden, die der Käufer mit dem Erwerb dieses Produkts erhält. Es muß dem Käufer sichtbar und erlebbar gemacht werden, welchen Nutzen er aus dem Angebot ziehen kann. Dem Käufer soll der Eindruck vermittelt werden, daß die Produkte und Dienstleistungen *preiswürdig* sind, d.h. ein gutes *Preis-Leistungsverhältnis* aufweisen.

Tabelle N-29. Gründe einer Rabattpolitik

Art des Rabatts	Gründe für den Rabatt
Mengenrabatt	kostengünstiger Mehrabsatz
Rabattstaffeln	Erhöhung der Auftragsgröße
Saisonrabatt	Senken der Lagerkosten
Einführungsrabatt	Gewinnung neuer Kunden
Umsatzrabatt	Erhaltung von Dauerkunden
Abschlußrabatt	Erleichterung der Planung
Leistungsrabatt	Motivation der Händler

Konditionen
In diesem Feld geht es vor allem um die *Zahlungsbedingungen* wie *Skonti* und *Zahlungsziele*. Ferner um Boni, d. h. um *Rückvergütungen* ab einer bestimmten Umsatzgröße.

Nachlässe
Hierbei handelt es sich um die *Rabattpolitik* eines Unternehmens. Es soll der weitverbreiteten Meinung entgegengetreten werden, die glaubt, daß gewährte Rabattte bereits an anderer Stelle dem Verkaufspreis dazugeschlagen worden seien. Wie Tabelle N-29 zeigt, gibt es betriebswirtschaftliche Gründe zur Gewährung von Rabatten. Rabatte können dazu eingesetzt werden, die Preise unterschiedlich zu gestalten *(Preisdifferenzierung)*.

N 6.3.3 Distributions-Mix

Bei dieser Strategie sind die Wege der Verteilung der Produkte und Dienstleistungen vom Hersteller zum Käufer zu wählen. Dabei unterscheidet man nach Bild N-31 zwischen den *Absatzwegen* und der *Logistik*.

Absatzwege
Produkte und Dienstleistungen können *direkt* (über Einzelhändler) oder *indirekt* (über Zwischenhändler) zum Kunden gelangen. Eine weitere Vertriebsform ist das *Franchising*. In diesem Fall stellt der Franchise-Geber dem Franchise-Nehmer die zu verkaufenden Produkte und die Marketing-Konzepte zur Verfügung. Häufig werden sogar genaue Vorschriften zur Gestaltung von Verkaufsraum und Produktionsstätten gemacht (z. B. Mc Donalds). Der Verkauf der Güter und Dienstleistungen wird auf eigene Rechung und Risiko des Unternehmers getätigt. Eine weitere Vertriebsform ist der *Shop-in-the-shop*. In diesem Fall ist der Verkaufsraum innerhalb eines größeren Einkaufszentrums (z. B. Bäckerei oder Metzgerei in Supermärkten). Dies hat den Vorteil, daß viele Kunden im Kaufhaus sind und sich manche zu sogenannten *Impulskäufen* entschließen.

Zu den Absatzwegen gehören auch die *Lieferdienste,* wie sie für Tiefkühlkost oder den Getränkedienst typisch sind.

Logistik
Vorausgesetzt, daß die entsprechende Nachfrage besteht, werden die vom Kunden gewünschten Produkte und Dienstleistungen beschafft. Deshalb sind auch die Aufgaben der *Marketing-Logistik* nach Bild N-34 ähnlich den Zielen des Einkaufes (Abschn. K). Es wird auch eine Frage der Betriebsgröße sein, ob diese Aufgaben wahrgenommen werden können. Klein- und Mittelbetriebe sind in der Regel mit derartigen Aufgaben überfordert und werden die Logistik an Speditionsunternehmen abgeben. Für größere Unternehmen kann die Dienstleistung der Logistik ein wirkungsvolles Marketing-Instrument sein.

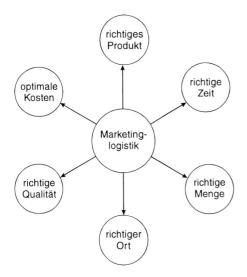

Bild N-34. Aufgaben der Marketing-Logistik

N 6.3.4 Kommunikations-Mix

Dazu zählen alle Möglichkeiten, den Kunden und die Öffentlichkeit über das Unternehmen zu unterrichten und die Vorteile der Produkte und Dienstleistungen zu zeigen. Bild N-31 zeigt die Bestandteile.

Öffentlichkeitsarbeit (Public Relation: PR)
Ein Unternehmen steht mit der Öffentlichkeit in Verbindung. Wie Bild N-35 zeigt, kann man dabei zwischen der *äußeren Umgebung* (andere Unternehmen, Gewerkschaften, Verbände, Parteien, Regierungen und Massenmedien) und der *inneren Umgebung* (Familien der Mitarbeiter, Kunden, Lieferanten, Wettbewerber, Behörden, Banken und Freunde) unterscheiden. Man muß klar betonen, daß das Unternehmen positive Kontakte zur Öffentlichkeit aufbauen und Vertrauenswerbung betreiben muß; denn das Unternehmen kann nur so lange existieren, wie es die Öffentlichkeit erlaubt.

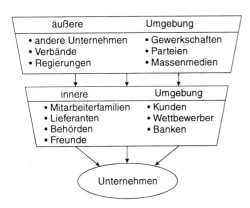

Bild N-35. Aufgaben der Öffentlichkeitsarbeit (PR)

Deshalb ist gezielte Öffentlichkeitsarbeit (PR) zur Sicherung des Unternehmens unerläßlich. Folgende Möglichkeiten einer wirksamen Öffentlichkeitsarbeit bestehen:

- Geschäftsberichte,
- Presseinformationen, Pressekonferenzen,
- Herausgabe von Fachberichten, Broschüren und Büchern,
- Aktivitäten in Schulen, Vereinen und Gemeinden,
- Spendenaktionen und Hilfsleistungen,
- Bildungs- und Freizeitveranstaltungen mit Diskussionen,
- Betriebsbesichtigungen,
- Kontakte zu Behörden und Regierungen,
- Jubiläen des Unternehmens und der Mitarbeiter,
- Vorstellungen neuer Produkte,
- Eröffnungen und Ausstellungen.

Voraussetzung ist, daß eine klare *Firmenphilosophie,* eine eindeutige *Geschäftspolitik* und
ein erkennbares *äußeres Erscheinungsbild* (Corporate Identity, CI) vorliegt.

Verkaufsförderung
Hierbei sind alle Aktionen zu verstehen, die zur Förderung des Verkaufs dienen. Häufig
bedient man sich dabei des Vorgehens nach *AIDA:*

- A (Attraction: Aufmerksamkeit erregen),
- I (Interest: Interesse an den Produkten oder Dienstleistungen erwecken),
- D (Desire: den Kaufwunsch wecken),
- A (Action: den Kaufwunsch als Kaufakt vollziehen).

Meist wird eine *Verkaufsschulung* durch spezielle Trainer durchgeführt. Diese Verkaufs-
schulungen vermitteln im wesentlichen folgende Inhalte

- verkaufspsychologisches Grundwissen,
- Umsetzung dieses Wissens auf den konkreten Verkaufsfall (Kundengeschmack, Kun-
denbehandlung, Produktpräsentation, Argumentation),
- Verkaufstraining mit Video-Aufnahmen,
- Stellungnahme und Diskussion zu den Video-Aufnahmen,
- Verbesserung des Verkaufsverhaltens,
- Behandlung von Einwänden,
- Bewährung in Konfliktsituationen,
- Kaufsignale und Abschlußmethodik,
- Verkauf von weniger gefragten Produkten,
- Gewinnung von Neukunden,
- Pflegen von Stammkunden,
- Verhalten bei Nichtkauf, Reklamationen und unvorhergesehenen Verkaufssituationen,
- Umsatzverbesserung durch Imagepflege und gezielter Werbung.
- Erkennen und Beheben eigener Schwächen,
- Berichtswesen (Berichte über Umsätze, Bericht über nicht zustandegekommene Auf-
träge, Verbesserungsvorschläge für Produkte, Dienstleistungen sowie Verbesserungen
von Schwachstellen in der Unternehmung).

Bei einer wirkungsvollen Verkaufsförderung müssen der Vertrieb sowie die Entwicklungs- und Produktionsmannschaft als ein Team zusammenarbeiten. Dies hat folgende Gründe: Die Informationen des Vertriebs helfen den Entwicklern schneller, marktnahe Innovationen zu entwickeln. Auf der anderen Seite kann die Entwicklung und die Fertigung dem Vertrieb genaue Produktkenntnisse vermitteln, die für den Kunden ein wesentliches Kaufargument sein können. Auf eine harmonische Zusammenarbeit dieser Abteilungen ist deshalb zu achten.

Werbung
Bei der Werbung wird der potentielle Kunde mit zwanglosen Mitteln so beeinflußt, daß er das Produkt bzw. die Dienstleistung kaufen möchte. Das bedeutet, daß eine Werbung

- *klare Ziele* verfolgen und
- eine *Beeinflussung* des Käufers auslösen muß.

Die Werbebotschaft sollte mit *Wohlwollen* aufgenommen werden (deshalb sollten es zwanglose Mittel sein). Was Farben, Formen, Grafiken und Texte anbelangt, bietet die *Werbepsychologie* geeignete Anhaltspunkte. Wichtig ist, daß der Umworbene aus der Werbung einen konkreten Vorteil für sich erkennen kann. Ferner sind die Bedürfnisse des Menschen nach Sicherheit, Anerkennung und Unabhängigkeit zu berücksichtigen (Maslowsche Pyramide, Abschn. N 3.1.1).

Bild N-36 zeigt die Ziele, die Aussagen und Maßnahmen der Werbung sowie die Werbeplanung. Die Werbeplanung ist ein Teil der Marketingplanung und orientiert sich am Umsatz- und Ertragsplan (Tabelle N-28). In der Werbeplanung müssen die nach Bild N-36 zusammengestellten Fragen beantwortet werden. Voraussetzung dafür ist die Kenntnis folgender Tatbestände:

- Produkte und Dienstleistungen,
- Umsatzvorgaben (in Stückzahl und Preis),
- Absatzgebiete,
- Kenntnisse der Käuferschichten,
- Kenntnisse der Kaufmotive,
- Konkurrenzanalyse (Absatzwege, Werbung, Preise),
- Werbeetat.

In Tabelle N-30 sind die *Werbemittel* zusammengestellt.

Die Werbestreuung kann durch folgende Medien erfolgen: Post, Zeitung, Austräger, Plakate, Funk, Fernsehen und Kino.

Eine besondere Form ist das *Response-Marketing*. Bei dieser Methode muß sich der Kunde selbst melden, beispielsweise durch Zurücksendung von Coupons, Bestellungen, Losnummern oder ähnliches. In diesem Fall meldet sich eine interessierte Käuferschaft, die man im Anschluß daran zum Kauf bewegen muß.

Ob die Ausgaben für Werbung als Werbekosten oder als Investitionskosten zur Unternehmenssicherung angesehen werden, ist im Einzelfall zu prüfen. Zu den Kosten für das Marketing zählen:

- Kundenbewirtung
- Parkgebührenerstattung,
- Einkaufsvergütung,
- Rabatte,

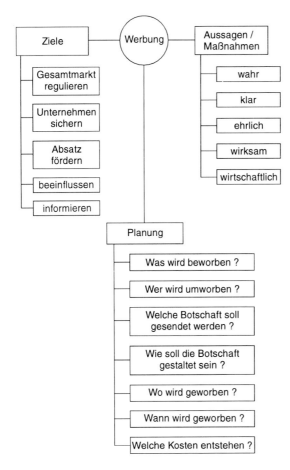

Bild N-36. Ziele und Möglichkeiten der Werbung

Tabelle N-30. Werbemittel

Akustische Werbemittel	gesprochene Werbung im Unternehmen oder im Rundfunk; musikalische Werbung im Unternehmen oder im Rundfunk, Rundspruchanlagen
drucktechnische bzw. graphische Werbemittel	Prospekte, Kataloge, Hauszeitschriften, Broschüren, Fachberichte, Bücher, Flugblätter, Handzettel, Werbebriefe, Kalender, Anzeigen, Beilagen, Plakate, Preislisten, Preisschilder, Verpackung, Leuchtwerbung, Banden
Projektions-Werbemittel	Diashow, Videos, Filme, Fernsehwerbung
Werbeveranstaltungen	Betriebsbesichtigungen, Vertretertreffen, Personalversammlungen, Kinderfeste, Umzüge, Modeschauen, Ausstellungen, Werbeaufführungen, Sponsoring
dekorative Werbemittel	Fahrzeuge, Kleidung, Fassade, Schaufenster, Vitrinen, Innenausstattung, Ausstellungen, Messen
Werbegeschenke	Geschenke, Warenproben, Werbefiguren, Werbepackungen, Werbemodelle

- Boni,
- Geschenke zu Kundenjubiläen,
- Beerdigungskränze für Kunden.

Für die Konsumgüter wurden in Zusammenarbeit mit dem Rationalisierungskomitee der Deutschen Wirtschaft (RKW) spezielle Kontenarten für Werbung eingeführt. Es sind dies:

0   Anzeigenwerbung,

1   Fernsehwerbung,

2   Rundfunkwerbung,

3   Film- und Diawerbung,

4   Außenwerbung,

5   Druckschriftenwerbung,

6   Werbung durch Messen und Ausstellungen,

7   Werbung am Ort des Wiederverkaufs,

8   Werbesonderveranstaltungen und sonstige Werbemittel,

9   allgemeine Werbekosten.

Tabelle N-31 zeigt einen Werbeplan für den Bereich Elektrotechnik (Tabelle N-28).

N 6.3.5 Kontrahierungs-Mix

Im Kontrahierungs-Mix sind die Vertragswerke zwischen Unternehmen und Kunden zu finden. Bei größeren Projekten, beispielsweise im Sondermaschinenbau, sind die Vorleistungen des Kunden verzeichnet (z. B. Baumaßnahmen) und die Leistungen des Unternehmens festgehalten (einschl. der Installation und der Abnahmetests). Manchmal werden auch bei Lieferverzug Vertragsstrafen (Pönalen) vereinbart. Üblicherweise werden dort auch die Fragen der Produkthaftung und der Qualitätssicherung behandelt.

N 6.4 Zuteilen der Mittel

Für die einzelnen Strategien werden die Finanzmittel, die Sachmittel, die Personalmittel und immateriellen Mittel (z.B. das Firmenimage) festgelegt.

N 6.5 Festlegen konkreter Maßnahmen

Die einzelnen Ziele müssen in folgenden Punkten ganz konkret festgelegt sein:

- Maßnahme,
- Kosten,
- Endtermin,
- Verantwortlicher.

Bei drohender Termin- und Kostenüberschreitung muß der jeweilige Sachbearbeiter dies melden. Solche Informationen sind *Bringschulden*. Im anderen Falle läuft man Gefahr, daß wichtige Termine überschritten oder das Kostenbudget erheblich überzogen wird.

Tabelle N-31. Werbeplan für die Sparte Elektrotechnik
Verantwortlich: Karl Scheurer

Kosten in DM	Gesamt	Monat 1	Monat 2	Monat 3	Monat 4	Monat 5	Monat 6	Monat 7	Monat 8	Monat 9	Monat 10	Monat 11	Monat 12
Anzeigen	42000	13000			13000					13000	3000		
Fachartikel	8000		2000			2000	2000			1000	1000		
Briefaktion	8212		6000					2212					
Telefonaktion	5500			2500					2000			1000	
Messe	52000			32000							20000		
Ausstellungen	36000					20000					16000		
Sonderveranstaltungen	27000		7000				8000			7000	5000		
Sponsoring	30000			20000									10000
Summe in DM	280712	13000	15000	54500	13000	22000	10000	2212	2000	21000	45000	1000	10000

Tabelle N-32. Übersicht über die Tätigkeiten

Maßnahme	Kosten DM	Endtermin	verantwortliche Person
Umrüstbarkeit	450000	15. Februar 1993	Herr Scheurer
Puffer vergrößern	180000	30. November 1992	Herr Zeiner
Sondermaschinen fertigung aufgeben	40000	31. Dezember 1992	Herr Bürgler
Branche Elektrotechnik gezielt ausbauen	250000	1. Phase 1. März 1993	Frau Güttler

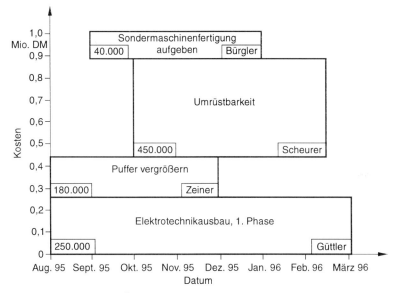

Bild N-37. Kosten-Zeit-Übersicht der Maßnahmen

Alle Marketing-Aktivitäten werden nach dem Schema in Tabelle N-32 zusammengestellt. Im folgenden werden als Beispiel die Produkt-Innovationen angeführt. Diese Maßnahmen orientieren sich zum einen an den Wünschen der wichtigsten Kunden (Tabelle N-10) und an der Lage der Strategischen Geschäftseinheiten im Portfolio (Bild N-20). Zusätzlich muß anhand der Tabellen N 26 bis N 29 geprüft werden, ob die Finanz-, Sach- und Personalmittel ausreichen, alle Maßnahmen durchzuführen. Am Ende bleiben folgende Maßnahmen übrig, die in Tabelle N-32 zusammengefaßt werden. Zur besseren Kontrolle können sie in einer *Zeit-Kosten-Übersicht* zusammengefaßt werden (Bild N-37). Auf diese Weise sind alle Maßnahmen klar formuliert und kontrollfähig.

N 6.6 Marketing-Controlling

Die einzelnen Maßnahmen müssen prüfbar sein, damit sich der Erfolg als Grad der Zielerreichung messen läßt. Dabei kann man die Umsatzpläne monatlich oder vierteljährlich auf ihre Planerreichung prüfen. Es werden die Umsätze der Produkte und Sparten eines Monats bzw. eines Quartals den Ist-Umsätzen gegenübergestellt. Daraus errechnen sich die absoluten und relativen Abweichungen. Es ist sinnvoll, nicht nur die einzelnen Monate für sich zu betrachten, sondern auch die kumulierten Monatswerte (kumulierter Plan-Umsatz, kumulierter Ist-Umsatz, kumulierte absolute Abweichung und kumulierte relative Abweichung). Die kumulierten Werte zeigen, in wieweit das Unternehmen seine Ziele bis zum aktuellen Monat erreicht hat. Dabei werden die Umsatzschwankungen in den einzelnen Monaten ausgeglichen.

Bild N-38 zeigt eine grafische Auswertung einer Abweichungsanalyse. Dargestellt sind die absoluten Abweichungen der Sparte Automobil für den Monat 4. Es ist ein deutliches Plus für die gesamte Sparte zu erkennen. Lediglich bei der Montagemaschine Typ MM 30 ist ein Fehlbetrag von etwa 5000 DM festzustellen.

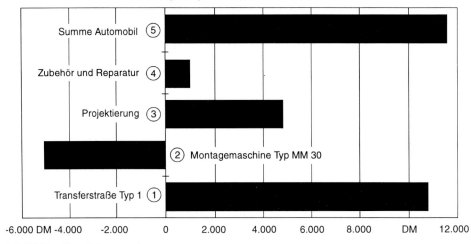

Bild N-38. Abweichungsanalyse

Weiterführende Literatur

Ansoff, H. I.: Corporate Strategy. New York: McGrawHill 1965.

Hermann, N.: Kreativität und Kompetenz – Das einmalige Gehirn. Fulda: PAIDIA Verlag 1991.

Hinterhuber, H. H.: Strategische Unternehmensführung. Berlin: Verlag Walter de Gruyter 1980.

Kotler, P. und Bliemel, F.: Marketing-Management, 7. Auflage. Stuttgart: Poeschel Verlag 1992.

Porter, M.: Wettbewerbsstrategie. Frankfurt: Campus Verlag 1983.

Schirm, R. W.: Die Biostrukturanalyse 1 und 2. Baar: Verlag IBSA (Institut für Biostruktur-Analyse AG) 1989.

Spinola, R. und Peschanel, F. D.: Das Hirn-Dominanz-Instrument (HDI). Speyer: GABAL-Verlag 1988.

Stevens, H. und Cox, J.: Jenseits des Bermuda-Dreiecks. Landsberg/Lech: mi-Verlag 1991.

Weissmann, A.: Marketing-Strategie. Landsberg/Lech: mi-Verlag 1990.

Zur Übung

Ü N1: Einmal im Jahr plant der Marketingleiter eines CAD/CAM-Unternehmens eine Strategiebesprechung. Zu welchen Bereichen benötigt er Informationen? Welchen Abteilungen überträgt man die Beschaffung der Informationen und wie bereitet man diese zur Sitzung auf?

Ü N2: Aufgezeigt werden soll die Systematik, mit der die Daten für die Umfeldanalyse gesammelt und eingeordnet werden.

Ü N3: Mit welchen Methoden und Aktionen erhält man Auskunft über die Wünsche der Kunden? Ein Fragenkatalog für eine CAD/CAM-Firma soll zusammengestellt werden. In welcher Weise kann man hieraus bereits Entwicklungsaktivitäten oder Verbesserungsmaßnahmen einleiten?

Ü N4: Welche Erkenntnisse lassen sich aus dem Schirm-Test und der HDI-Analyse für die optimale Zusammensetzung der Geschäftsführung (bestehend aus Geschäftsführer, kaufmännischer Leiter, Fertigungsleiter und Vertriebsleiter) ziehen? Wie können die Erkenntnisse zur Auswahl von Teams herangezogen werden?

492

Ü N5: Für die CAD/CAM-Firma sollen Sie eine Marktsegmentierung vornehmen. Welche Einteilungsmöglichkeit wählt man?

Ü N 6: Eine Kunden-Umsatz-ABC-Analyse liefert folgende Daten, die interpretiert werden sollen.

Kunde	Umsatz DM
Dorsch	1 300 500
Fischer	950 000
Peterson	345 000
Caliz	1 790 000
Scheurle	1 290 000
Schenk	480 500
Binder	679 000
Häcker	560 800
Fakner	1 060 500

Ü N7: Für eine CAD/CAM-Firma soll eine Wettbewerbsanalyse erstellt werden. In welchen Schritten geht man vor, welche Informationen braucht man und wie erhält man diese?

Ü N8: In einer Stärke-Schwäche-Analyse sollen die relativen Wettbewerbsvorteile gegenüber der Konkurrenz aufgezeigt werden.

Ü N9: Für die SGE des CAD/CAM-Unternehmens soll ein Marktwachstum-Marktanteil-Portfolio aufgestellt, der DB/U eingetragen und gezeigt werden, welche Marketing-Strategien für die SGE gewählt werden.

Ü N10: Es soll eine Konzeption aufgestellt werden, wie man eine dauernde Schwachstellenanalyse einrichten kann, so daß sofortige Verbesserungen umgesetzt und die entsprechenden Mitarbeiter belohnt werden.

Ü N11: Es soll ein Geschäftsplan aufgestellt werden, der zeigt, mit welchen Instrumenten des Marketing-Mix die SGE zu fördern sind und wieviele Kosten veranschlagt werden.

Ü N12: Ein Marketingplan für die Öffentlichkeitsarbeit soll aufgestellt werden (Aussagen, Werbeträger, Kosten und Zeitpunkte).

O Messeplanung

O 1 Bedeutung von Messen und Ausstellungen

Der Messeplanung wurde ein eigener Abschnitt gewidmet, weil einerseits die Bedeutung der Messen für die Unternehmen immer größer wird und andererseits die Messen sehr teuer sind (etwa 2000 DM/m^2). In vielen Unternehmen muß daher klar entschieden werden, auf welchen Messen man ausstellt. Vor allem ist eine gründliche Messeplanung dringend notwendig. In großen Unternehmen ist dafür eine eigene Abteilung verantwortlich, während in kleinen und mittleren Unternehmen die Marketing-Abteilung die Aufgaben der Messeplanung wahrnimmt. Häufig werden in diesen Fällen externe Unternehmen beauftragt, die sich auf Messeplanung spezialisiert haben. Für kleinere Firmen kann es günstiger in bezug auf Kosten und Image sein, sich als Partner auf den Ständen eines Großunternehmens zu präsentieren. In diesem Fall verringern sich nicht nur die Standmieten, sondern auch viele der umfangreichen organisatorischen Arbeiten. Zudem kann es vorteilhaft sein, am Image des großen Unternehmens teilhaben zu können.

Messen ermöglichen den Firmen, das *Unternehmen* in seiner *Gesamtheit* vorzustellen und die *Kompetenz* auf der *Produkt- und Dienstleistungsseite* zu zeigen. In diesem Sinne sind die Messen ein wichtiger Platz für die *Kommunikation:* sie sind ein Umschlagplatz für den Austausch von Produkten, Dienstleistungen, Ideen und Know-how.

Messen und Ausstellungen können einen großen Überblick über die Technik geben und global und international sein, oder aber sich auf bestimmte technische Gebiete oder Regionen beschränken. Man unterscheidet daher zwischen einer *Universalmesse* (Mehrverbraucherveranstaltung, z.B. Hannover Messe Industrie), *einer Fachmesse mit internationalem Anspruch* (z.B. Interbrau oder EMO), einer *Fachmesse mit nationalem Anspruch* (z.B. Domotechnika), einem *Kongreß mit Fachmessen* (z.B. Optica) und *regionale Messen* bzw. *Ausstellungen* (Handwerksmesse Ostalb).

Die Bedeutung der Messe im Vergleich zu den anderen Kommunikationsmitteln zeigt Bild O-1. Es ist deutlich zu erkennen, daß Messen einen nahen Kontakt zum *Kunden* und zum *Produkt* ermöglichen und damit einen ganz wichtigen Platz im Marketing einnehmen. Messen gehören zu den wichtigen *Marketing-Instrumenten* und betreffen alle Teile des *Marketing-Mix* (Abschn. N 6.2). Aus diesem Grunde ist die Messeplanung eine *komplexe Organisationsleistung* und ist eine wichtige Führungsaufgabe im Unternehmen.

O 1.1 Messe als Ort der Kommunikation

Nach Bild O-2 ist die Messe ein idealer Platz für die Kommunikation. Insbesondere dient sie folgenden Zielen:

Darstellung des Unternehmens in der Öffentlichkeit (Imagepflege)
Es bietet sich hier die Möglichkeit, das ganze Unternehmen, dessen Philosophie, dessen

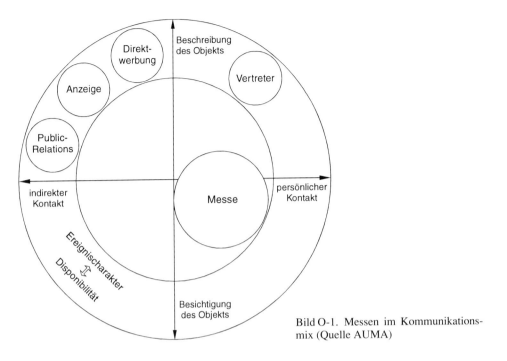

Bild O-1. Messen im Kommunikationsmix (Quelle AUMA)

Produkte und dessen Mitarbeiter einer großen Öffentlichkeit vorzustellen. Dazu werden Firmeninformationen, Produktinformationen, Pressemappen, Fach- und Informationsveranstaltungen sowie Werbematerial bereitgestellt.

Kundenkontakt (Alt- und Neukunden)

Mitbewerber
Auf Messen sind alle wichtigen Wettbewerber vertreten. Deshalb ist es ohne großen Aufwand möglich, eine Wettbewerbsanalyse (Abschn. N 4.2) durchzuführen.

Aus Gründen des *Wettbewerbsvorsprungs* werden häufig nicht die allerneuesten Entwicklungen gezeigt: denn der erste auf dem Markt hat die größten Chancen, schnell Marktanteile zu sichern und einen guten Preis für seine Leistungen erzielen zu können.

Zeigen der Kompetenz
Neue Produkte und Dienstleistungen können auf der Messe präsentiert werden. Mit entsprechenden Fachveranstaltungen am Messestand oder im Tagungszentrum sowie einschlägige Fachartikel in renommierten Zeitschriften (die als Mitnahmeexemplare ausliegen) kann die Kompetenz sehr vielen Teilnehmern gezeigt werden.

Lieferantenkontakt
Auf der Messe können bestehende Lieferanten besucht und die persönlichen Beziehungen gepflegt, aber auch neue Beschaffungsquellen gefunden werden.

Kontakte zur Wissenschaft
Der Kontakt zu Universitäten, Instituten und Hochschulen ist notwendig. Auf diese Weise ist sicherzustellen, daß die Innovationen *im Trend* liegen und den neuesten wissenschaftlichen Erkenntnissen entsprechen.

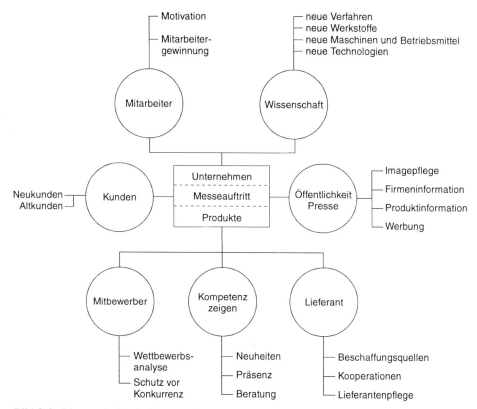

Bild O-2. Messen als Ort der Kommunikation

Motivation der Mitarbeiter
Wenn Mitarbeiter auf die Messe gehen, kehren sie meist hochmotiviert wieder zurück. Sie hatten die Möglichkeit, sich selbst und das Unternehmen darzustellen und vieles an Produkt- und Umfeldwissen dazu zu lernen.

O 1.2 Interesse der Messebesucher

Die meisten Messebesucher bleiben einen Tag auf der Messe (61 %) und bereiten sich intensiv (28 % ein bis zwei Tage) auf den Messebesuch vor. Etwa ein Drittel der Zeit entfallen auf den Messebummel (Zeit, um sich einen Überblick zu verschaffen oder sich auszuruhen). Im Durchschnitt werden 10 Aussteller besucht, wobei das Standpersonal zu 88 % kontaktiert wird. Am meisten werden folgende Informationen nachgefragt:

- Technische Neuerungen,
- Angebotsüberblick,
- Technische Daten bestimmter Produkte,
- Preise und Konditionen,

- Kontaktpflege zu Lieferanten,
- Suche nach neuen Lieferanten,
- Investitionsbegleitende Maßnahmen (z. B. Schulungen),
- Wettbewerbsvergleiche.

O 2 Phasen der Messeplanung

Damit sich die hohen Messekosten (2000,– DM/m^2) auch lohnen, muß man die Messe sehr gut vorbereiten. Es ist daher zu empfehlen, *mindestens ein Jahr vorher* mit der Planung der Messe zu beginnen. Bild O-3 zeigt die vier Phasen einer erfolgreichen Messeplanung und Tabelle O-1 eine Checkliste zu sehen, die man als Planungshilfe einsetzen kann.

Die Reihenfolge der Tätigkeiten und ihre Abhängigkeiten sowie die zuständigen Abteilungen werden zweckmäßigerweise in einem *Netzplan* (Abschn. R) zusammengestellt (Bild O-4). Durch die übersichtliche Darstellung aller Tätigkeiten und der Verantwortlichkeiten sind die Aufgaben im einzelnen und in der Gesamtschau erkennbar. Wie in jedem Netzplan lassen sich *kritische Wege* (Abschn. R) erkennen, auf denen sich keine Verzögerungen ergeben dürfen, ohne das Gesamtprojekt zu gefährden.

O 2.1 Interne Messeplanung

In der internen Messeplanung muß man entscheiden, welche Messe das Unternehmen besuchen wird, welche Kosten anfallen werden und welche weitere Aktivitäten zu planen sind.

O 2.1.1 Auswahl der Messe

Tabelle O-2 faßt die Messeziele zusammen. Diese können gewichtet und bewertet werden. Das Ergebnis dieser Nutzwertanalyse (Abschn. N 4.2.4) zeigt, ob sich eine Messe für das Unternehmen lohnt.

O 2.1.2 Ermitteln der Kosten

Im Anschluß daran ermittelt man die Kosten für die Messe. Als Beispiel dient dazu das Formular nach Tabelle O-3. Es ist so aufgebaut, daß eine Vor- und eine Nachkalkulation möglich ist. Dadurch lassen sich Kostenabweichungen erkennen und in der nächsten Planung berücksichtigen. Zur Kostenschätzung kann man davon ausgehen, daß 1 m^2 Messestand etwa 2000 DM kostet. Die durchschnittliche Kostenverteilung zeigt Bild O-5. Die Kostenermittlung bezüglich Standkosten und Standnebenkosten geschieht in direkter Absprache mit der jeweiligen Messeleitung und ist auch von dem Typ des Standes abhängig.

Wenn sich die Messe lohnt und finanzierbar ist, dann erfolgt die Anmeldung. Für viele Messen, beispielsweise die CeBIT und die Hannover Industriemesse ist eine Anmeldung mindestens ein Jahr vorher notwendig.

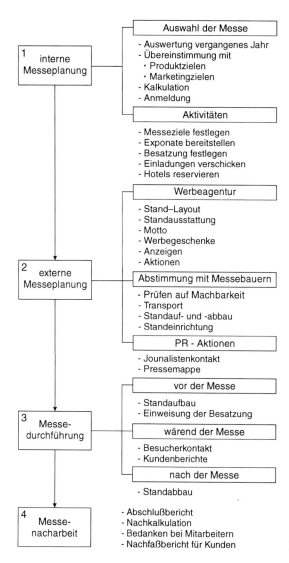

Bild O-3. Phasen der Messeplanung

O 2.1.3 Einzelne Aktivitäten

Folgende Aufgaben müssen erledigt werden:

Festlegen der tatsächlichen Messeziele
An dieser Stelle müssen die Messeziele klar und kontrollfähig formuliert sein. Nur dann ist eine Beurteilung des Messeerfolgs möglich. Aus den in Tabelle O-2 genannten Messezielen werden die wichtigsten herausgesucht und konkret beschrieben (Tabelle O-4). Ausgehend von diesen Zielen werden folgende Aufgaben parallel erledigt:

Tabelle O-1. Checkliste zur Messeplanung

lfd. Nr.	Planung	Vermerke
1	Ausstellungsbedingungen und Informationsmaterial bei Messegesellschaft anfordern	❑
2	Ausstellungsprogramm bei den beteiligten Geschäftsbereichen abfragen, koordinieren, genehmigen lassen	❑
3	Standgröße und -lage	
3.1	Standgröße festlegen	❑
3.2	Lage des geplanten Stands mit der Messegesellschaft aushandeln	❑
4	Anmeldeformular der Messegesellschaft ausfüllen, Einschreibgebühr überweisen	❑
5	Kontenkarte zur Erfassung der Kosten anlegen	❑
6	Besprechung mit Vertrieb	
6.1	Ausstellungsschwerpunkt und deren Darstellung festlegen	❑
6.2	Spezifizierung der einzelnen zur Ausstellung vorgesehenen Produkte	❑
6.3	im Betrieb befindliche Produkte (Funktionsmodelle)	❑
6.4	Anschauungsmodelle	❑
7	Besprechung mit Architekt und Standbaufirma	
7.1	Standentwurf anfertigen	❑
7.2	Modell oder 3-D-Zeichnung anfertigen lassen	❑
7.3	Stand genehmigen lassen	❑
7.4	Auftragserteilung (Kosten, Termine)	❑
7.5	Bauzeichnung des Stands einschl. Details	❑
8	Besprechung mit Grafiker	
8.1	farbliche Gestaltung, Flächenaufteilung für Beschriftung und Grafik	❑
8.2	Fotos, Dias, Grafiken festlegen	❑
8.3	Auftragserteilung (Kosten, Termine)	
9	Beschriftungstexte (einschl. evtl. anfallende Übersetzungen) festlegen, Schriften und Firmenlogos beschaffen	❑
10	Produkte und sonstiges Ausstellungsmaterial (z.B. technische Modelle) disponieren	❑
11	Montagepersonal anfordern und einteilen	❑
12	Auftragsformulare ausfüllen	
12.1	Elektro- und Wasserinstallation	❑
12.2	Fernsprech- und Telefaxanschlüsse	❑
12.3	Katalogeintragungen und Anzeigen	❑
12.4	Ausstellerausweis, Aufbauausweise, Eintrittskartengutscheine	❑
12.5	Parkscheine	❑
12.6	Standreinigung	❑
12.7	Standbewachung	❑
12.8	Leihmöbel	❑
13	Prospektmaterial (auch spezielles, wie z.B. Messekalender) drucken und (in Zusammenarbeit mit dem Vertrieb) disponieren	❑
14	Werbegeschenke bestellen	❑
15	Anzeigen in kundenorientierten Fachzeitschriften mit Hinweis auf Messe	❑

Tabelle O-1 (Fortsetzung)

lfd. Nr.	Planung	Vermerke
16	Pressearbeit	❏
16.1	Pressekonferenz	❏
16.2	Presseinformation	❏
16.3	Fotos und Bildmaterial	❏
17	Aufbautermine festlegen	❏
18	Transportwege und Versandtermine festlegen (Versandpapiere, Zoll)	
18.1	Standmaterial	❏
18.2	Produkte	❏
18.3	Displays	❏
18.4	Werbe- und Pressematerial	❏
19	Einladungen für Eröffnungsfeier und offizielle Veranstaltungen beschaffen und verteilen	❏
20	Einladungskarten (ggf. mit Eintrittsgutscheinen an Kunden verschicken)	❏
21	Unterrichtung des Vertriebs über Hallen- und Standnummer, Telefon- und Telefaxanschlüsse, Termine, endgültiges Ausstellungsprogramm	❏
22	Quartierbestellung	❏
23	Wagen mit Fahrer (für Abholung vom Flugplatz)	❏
24	Standleitung und Verantwortlichkeiten festlegen	❏
25	Standpersonal festlegen	
25.1	Information (auch Dolmetscher)	❏
25.2	Vermittlung und Telefax	❏
25.3	Prospektausgabe	❏
25.4	Küche, Garderobe, Gästebetreuung	❏
26	Liste und Kartei des vertrieblichen und technischen Standpersonals	❏
27	Anwesenheitskartei vorbereiten	❏
28	Visa für Aufbau- und Standpersonal bei Auslandsmessen	❏
29	Liste und Kartei der angemeldeten Besucher	❏
30	Unterlagen für Standbetrieb drucken	
30.1	Standordnung	❏
30.2	Internes Telefonverzeichnis	❏
30.3	Übersichtsmappe mit sämtlichen Unterlagen	❏
30.4	Getränkekarten	❏
31	Information für Standbesetzung	
31.1	Schulung des Standpersonals	❏
31.2	Informationsmappe mit sämtlichen Unterlagen	❏
31.3	Einweisung des Standpersonals auf dem Stand	❏
32	Besucherblocks und Auftragsblocks beschaffen	❏
33	Namensschilder für Standbesatzung	❏
34	Bekleidung für weibliches Personal	❏
35	Büromaterial Briefbogen, Briefumschläge, Bleistifte, Kugelschreiber, Büroklammern, Locher, Heftmaschine, Uhu, Farbstifte, Stempel mit Stempelkissen, Schere, Tesafilm, Quittungsblocks, Radierer, Schreibmaschine, Ordner	❏

Tabelle O-1 (Fortsetzung)

lfd. Nr.	Planung	Vermerke
36	Material für Standaufbau und Standbetrieb: Tische, Stühle, Schränke, Prospektfächer, Garderobenschränke, Vitrinen, Teppiche, Vorhänge, Papierkörbe, Beleuchtungskörper, Schalttafel für Stromanschluß, Heizlüfter, Wandschmuck (Fotos, Poster), Dia-Kästen, Schlüssel für sämtliche Möbel	❑
	Küche: Kühlschrank, Spülbecken, Geschirrschrank, Plastikeimer, Treteimer, Spiegel, Besen, Schaufel, Handtuchhalter, Kleiderbügel, Staubsauger, Reinigungsmittel, Fensterleder, Geschirrtücher, Handtücher, Staubtücher,	❑
	Geschirr und Zubehör: Teller, Tassen, Untertassen, Messer, Gabeln, Löffel, Kaffeekanne, Kaffeemaschine, Kaffeefilter, Milchkännchen, Zuckerdosen, Trinkgläser, Likörgläser, Blumenvasen, Aschenbecher, Büchsenöffner, Zündholz- briefchen, Flaschenöffner, Korkenzieher, Tablett, Warmwasserboiler, elektrischer Kochtopf, Plastikschüssel	❑
	Verschiedenes: Leitern, Sackkarren, Werkzeugkiste, Feuerlöscher, Verbandskasten und Medikamente, Abdecktücher, Reserve-Firmenschilder für Geräte, Plexiaufsteller für Bezeichnungsschilder	❑
37	Getränke und Tabakwaren bestellen	❑
38	Blumendekoration bestellen	❑
39	Versicherung (örtlicher Havariekommissar?)	❑
40	Hilfspersonal für Aufbau, Gabelstapler zum Entladen, usw.	❑
41	Verpackungsmaterial für Rücktransport	❑
42	Lagerung des Leerguts	❑
43	Firmen-Parkplatzkennzeichnung	❑
44	Standfotograf bestellen	❑
45	Geld für Standkasse	❑
46	Übergabe des Stands	❑
47	Abbau vorbereiten:	
47.1	Termine	❑
47.2	Antransport des Leerguts	❑
47.3	Montagepersonal, Hilfspersonal, Gabelstapler	❑
47.4	Rücktransport der Produkte (wohin?)	❑
47.5	Rücktransport des Standmaterials	❑
47.6	Spedition beauftragen	❑
48	Abrechnung Messe	❑

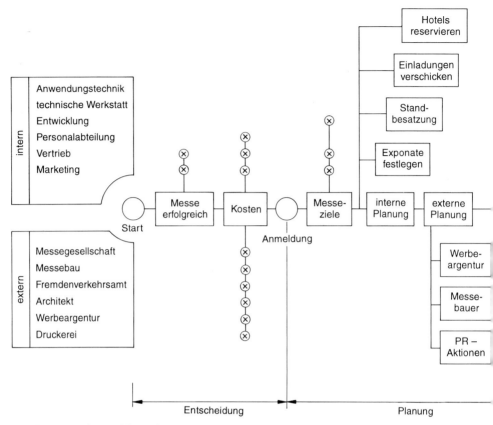

Bild O-4. Netzplan zur Messeplanung 1

Exponate bereitstellen

Standbesetzung festlegen
Hierbei sind sowohl die eigenen Mitarbeiter als auch das fremde Standpersonal auszusuchen. Wichtig ist, daß ein *Standleiter* bestimmt wird. Er ist für die gesamte Organisation während der Messe verantwortlich und muß bereits in sämtliche Vorbereitungsarbeiten einbezogen worden sein. Insbesondere ist er zuständig für den

● Ab- und Aufbau des Standes, die

● Motivation des Standpersonals,

● Planung der Tageszeiten (Standzeit, Tischzeit, Pausen), die

● Planung von Pkw- Einsätzen und die

● Betreuung der Kunden.

Um ein einheitliches Erscheinungsbild auf dem Stand abzugeben, ist es sinnvoll, sich über die *Kleiderfrage* zu verständigen. Einen Einsatzplan nach Tabelle O-5 muß man erstellen. Wenn der Einsatzplan den Kunden zugeschickt wird, können auch diese ihren Messeaufenthalt gezielt planen.

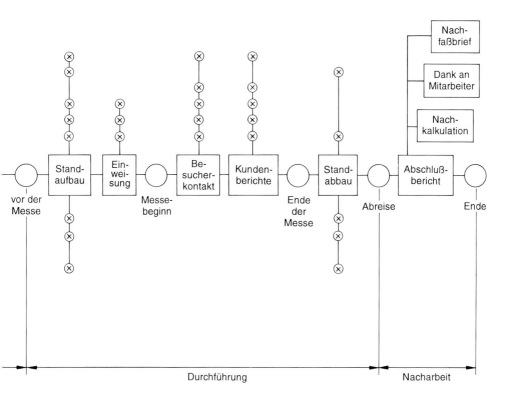

Einladungen verschicken

Die Einladungen sollten zielgruppenspezifisch, originell und so persönlich wie möglich erfolgen. Folgende Möglichkeiten sind denkbar:

- Einladung an Interessenten mit Brief oder Karte,
  – mit einem Eintritts-Gutschein,
  – einem Geschenkgutschein beim Standbesuch,
  – einer Antwortmöglichkeit;

- Einladung an Interessenten mit einer Anzeige in Zeitschriften;

- persönliche Einladung durch die Vertriebsmitarbeiter;

- Einladung an Journalisten der entsprechenden Fachpresse. Dazu gehören entsprechende Pressemappen ausgehändigt und ein für Journalisten (auch kulinarisch) interessantes Programm vorbereitet.

Tabelle O-2. Festlegen der Messeziele

globale Ziele im Marketing-Mix	Möglichkeiten der Realisierung
Kommunikationsziele	Pflege der bestehenden Kontakte Anbahnen neuer Kontakte Präsentation des Unternehmens neue Marktinformation Erfahren neuer Kundenwünsche
Preis- und Konditionenziel	Feststellen der Preisspielräume Akzeptanz von Serviceleistungen und deren Preise
Distributionsziel	Suche nach Vertriebsmitarbeitern Partner zum Ausbau des Vertriebsnetzes Verkürzung der Lieferwege Wegfall von Handelsstufen Steigerung des Umsatzes Messeabschlüsse in Höhe von:
Produktziel	Vorstellung von Produktinnovationen Vorstellen von Prototypen Marktakzeptanz bestehender Produkte Marktakzeptanz neuer Produkte
sonstige Ziele	Erstellen von Wettbewerbsanalysen Feststellen der Branchensituation Erkunden von Exportchancen Erkunden von neuen Märkten Erkennen von Markttrends

O 2.2 Externe Messeplanung

In der externen Messeplanung werden alle Aktivitäten zusammengefaßt, die überwiegend von unternehmensexternen Stellen erledigt werden (Bild O-3 und O-4). Dies betrifft vor allem die *Werbeagentur* und den *Messebauer*.

Bei den *Aktionen für die Öffentlichkeitsarbeit* sind folgende Punkte zu beachten:

- Informationen vor und nach der Messe in der Lokal- und Fachpresse. Dies dient zur Imagebildung für das Unternehmen und meist ist es eine kostenlose Werbung.

- Nur wirkliche Neuigkeiten in der Öffentlichkeit präsentieren.

- Pressemappen bereitstellen, in denen eine kurze Beschreibung des neuen Produkts und entsprechende Hochglanzfotos enthalten sind, ferner eine Kurzdarstellung des Unternehmens mit Foto sowie einen Schreibblock mit Schreibzeug.

- Pressekonferenzen sollten auf dem Stand stattfinden (um Zeit für die Journalisten und Kosten für das Unternehmen zu sparen) und sich terminlich nicht mit anderen wichtigen Veranstaltungen überschneiden.

- Vorträge sollten als Kurzfassung ausgeteilt werden, ferner sollten das Thema, die Uhrzeit und die Referenten vermerkt sein.

- Namen und Reaktionen der Messeteilnehmer notieren.

Tabelle O-3. Zusammenstellung der Messekosten nach AUMA

Messekosten	Vorkalkulation		Nachkalkulation	
Kostenbeitrag an den Veranstalter	DM	DM	DM	DM
– Beteiligungspreis (Standmiete)	_____		_____	
– Eintragungen in den Katalog	_____		_____	
– Eintragungen in Informationssysteme	_____		_____	
– Ausstellerausweise	_____		_____	
– Parkscheine	_____		_____	
Kosten für Exponate				
– Vorführmodelle	_____		_____	
– Transport	_____		_____	
– Leergutlagerung	_____		_____	
– Zoll	_____		_____	
– Versicherung	_____		_____	
Standbaukosten und Standversorgung				
– eigener Stand	_____		_____	
• Architektenhonorar und Statik	_____		_____	
• Standbaufirma und Standbaumaterial	_____		_____	
• Transport von Standbauten	_____		_____	
– Mietstand	_____		_____	
– Standausstattung	_____		_____	
• Möbel/Teppiche/Beleuchtung	_____		_____	
• Küchenausstattung	_____		_____	
• Büroausstattung	_____		_____	
• Videorecorder/Diaprojektor	_____		_____	
• Standbeschriftung/-displays	_____		_____	
• Großfotos, Dias, Schilder	_____		_____	
• Dekoration	_____		_____	
• Telefon, Telefax, Telex	_____		_____	
• Strom, Wasser, Gas	_____		_____	
– Standbewachung	_____		_____	
– Standreinigung	_____		_____	

Tabelle O-3 (Fortsetzung)

Messekosten	Vorkalkulation		Nachkalkulation	
Werbung, Presse, Verkaufsförderung	DM	DM	DM	DM
– Direktwerbung				
– Einladungsaktion				
– Drucksachen/Prospekte/Pressemappen				
– Übersetzungen				
– Anzeigen				
– Werbemittel des Veranstalters				
– Werbegeschenke/Proben/Muster				
– Eintrittsgutscheine für Besucher				
– Durchführung von Veranstaltungen/Aktionen				
– Bewirtung				
– Standfotos				
Personalkosten				
– Tagegeld und Zuschläge				
– Unterkunft				
– Reisekosten				
– Messekleidung				
– Montagepersonal für Auf- und Abbau				
– Dolmetscher				
– Aushilfskräfte				
Kostenbeitrag an den Veranstalter				
Kosten für Exponate				
Standbaukosten und Standversorgung				
Werbung, Presse, Verkaufsförderung				
Personalkosten				

Tabelle O-4. Formulierung der Messeziele

Ziele	Konkretisieurng
Vorstellen von Produktinnovationen	Produktneuheit 1 ——————— Produktneuheit 2 ——————— Produktneuheit 3 ———————
Konkrete Vertriebsziele	Anzahl Altkunden pflegen: Anzahl Neukunden finden: Messeabschlüsse: Produktgruppe 1: ———— DM Produktgruppe 2: ———— DM Produktgruppe 3: ———— DM
neue Vertriebsmitarbeiter	Suche nach zwei Vertriebsmitarbeitern für die Gebiete in Ostdeutschland
neue Vertriebspartner	Suche nach Vertriebspartner in Frankreich und Spanien
Erstellen von Wettbewerbsanalysen	mit einer genau ausgearbeiteten Frageliste wird der Wettbewerber beurteilt (z. B. Standgröße, Anzahl Standpersonal, Neuheiten, strategische Aussagen)

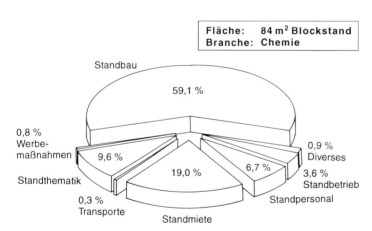

Bild O-5. Beispiel für die Kostenverteilung

Tabelle O-5. Einsatzplan

Personal	1. Tag	2. Tag	3. Tag	4. Tag	5. Tag	6. Tag	Anzahl Tage
Geschäftsführung							
Hering	X	X	X				3
Draeger			X	X	X	X	4
Vertriebsleiter							
gesamt (Hiller)	X	X	X			X	4
Produktgruppe 1 (Justen)		X	X	X			3
Produktgruppe 2 (Klein)	X			X	X	X	4
Produktgruppe 3 (Eiberger)			X	X	X	X	4
Vertrieb Produktgruppe 1							
Heberlen	X				X	X	3
Walzer		X	X	X			3
Vertrieb Produktgruppe 2							
Weldenbacher	X	X	X				3
Gentner				X	X	X	3
Vertrieb Produktgruppe 3							
Häberle	X	X				X	3
Pfleiderer			X	X	X	X	4
Entwicklungsingenieure							
Stoll			X	X	X		3
Bupple	X	X					2
Marketing							
Gückerle	X	X			X	X	4
sonstige Standbesetzung							
Sekretariat u. Bedienung							
Giwin	X	X	X				3
Großmann				X	X	X	3
Kontaktvermittlung							
Hippl	X	X	X	X	X	X	6
(3 externe Hostessen	X	X	X	X	X	X	18)
Mitarbeitertage	10	10	11	10	10	11	62

O 2.3 Messe-Durchführung

O 2.3.1 Vor der Messe

Vor der Messe findet der *Messeaufbau* statt. Dazu bedarf es einer gründlichen Planung (Tabelle O-6).

Die Standbesatzung wird rechtzeitig vor Messebeginn (z. B. am Vorabend der Messe-eröffnung) eingewiesen. Der Standleiter weist die Mitarbeiter auf ihre Aufgaben hin (Tabelle O-7).

Tabelle O-6. Checkliste für den Messeaufbau

Tätigkeiten für den Messeaufbau	erledigt	
	ja	nein
Bereitstellung der Messepapiere (z.B. Vertrag mit Messegesellschaft, mit dem Standbauer, mit der Spedition; ferner Einfahrtscheine ins Messegelände);		
Anzahl, Qualifikation und Zeiten des eigenen und fremden Personals;		
Transportgegenstände (z.B. Standelemente, Ausrüstung, Einrichtung, Exponate);		
Transportwege (z.B. LKW, Bahn);		
Entladen im Messegelände und in der Messehalle (z.B. Einfahrtberechtigungen, Hallenkräne, Gabelstapler);		
Aufbauhelfer bereitstellen, (z.B. für Standaufbau, Installation, Teppichboden);		
Werkzeuge und Verbandskasten mitnehmen;		
Ersatzteile bereitstellen (z.B. Leuchtstoffröhren);		
Verpflegung besorgen;		
Funktionsprüfung der Installationen (Küche, Telefon, Telefax) und der Geräte (Strom-, Wasser-, Preßluftanschluß);		
Probelauf der Demonstrationen		

Tabelle O-7. Checkliste für den Standleiter

Tätigkeiten für den Standleiter	erledigt	
	ja	nein
Begrüßung der Mitarbeiter und Vorstellung der externen Mitarbeiter;		
Verkünden der Messeziele		
Hinweis auf die Kleiderordnung und das Tragen von Namensschildern;		
Wichtigkeit jedes Kundenbesuches;		
Hinweis auf Organisatorisches – An- und Abmelden vom Stand; – Belegungsliste der Besprechungszimmer; – Telefon von Polizei, Feuerwehr und Hallenmeister; – Adressen von Hotels und Restaurants, ferner der Post; – Verbindungen von Bahn, Bus und Flugzeug; – Auslage von Streuprospekten und von teuren Firmenkatalogen; – Bewirtungsmöglichkeiten; – regelmäßiger Treff am Ende jedes Messetages auf dem Stand; – Aktualisieren der Informationen.		
Mitarbeitermotivation		

O 2.3.2 Während der Messe

Ein Messetag beginnt mit einem Zusammentreffen der Standbesatzung eine halbe Stunde bevor die Besucher kommen. Der Standleiter übernimmt die Aufgaben nach Tabelle O-7:

Während des Messetages überwacht der Standleiter die Bewirtungsaktionen und die Kontakte mit den Kunden. Er führt eine An- und Abwesenheitsliste, stellt die Funktionssicherheit aller Objekte dar und reagiert je nach Engpaß. Besonders wichtig zur Dokumentation der Kundenkontakte ist der *Kundenbericht* (Bild O-6). In diesem Zusammenhang ist wichtig, daß man vom Kunden

- die Visitenkarte erhält;
- seinen genauen Kundenwunsch feststellt;
- den akuten Bedarf ermittelt, um ihn zu klassifizieren
  (A-Kunde: Abschluß oder kurz vor dem Abschluß;
  B-Kunde: sehr interessiert, aber noch in der Entscheidungsphase;
  C-Kunde: interessiert, aber vorläufig kein Abschluß möglich);
- Produktanregungen und -verbesserungen festhält.

Zum Abschluß eines Messetages werden die Kundenberichte ausgewertet. Dabei wird bekanntgegeben:

- Anzahl der Kontakte (Kundenberichte);
- Kontakt-Intensität (Anzahl Kundenberichte/Mitarbeitertage; z.B. 60 Kontakte bei 10 Mitarbeitern: Kontakt-Intensität = 60/10 = 6);
- Anzahl und Prozent-Anteil der A-Kontakte; der
- getätigte Umsatz und
- Grad der Zielerreichung an Kontakten und Umsätzen.

Wichtige Nachrichten werden noch am Abend per Fax in die Zentrale gemeldet, damit dort am nächsten Tag bereits die entsprechenden Maßnahmen ergriffen werden (z.B. Angebotsschreibung oder Zusendung technischer Detailinformationen).

Allen Mitarbeitern wird für ihren Einsatz gedankt. Ein gemeinsames Abendessen verbessert den Kontakt zwischen den Mitgliedern der Standbesatzung und motiviert sie für die kommenden Tage.

O 2.4 Messenacharbeit und Erfolgsanalyse

Sofort nach Ende der Messe und der Rückkehr in das Unternehmen muß mit der Nacharbeit und gegebenenfalls mit der Vorarbeit auf die Messe im nächsten Jahr begonnen werden.

O 2.4.1 Abschlußbericht

Im Abschlußbericht muß der Messeerfolg gewürdigt werden. Dies umfaßt folgende Bereiche:

- *Messeerfolg (Tabelle O-8)*
- *Anregungen durch die Besucher*

Bild O-6. Kundenbericht (nach: AUMA)

Kundenbericht

Messe / Ausstellung _____

Tag | 1. | 2. | 3. | 4. | 5. | 6. | 7. | 8. | 9.

Gesprächsführer _____

Uhrzeit _____

Adresse

Visitenkarte

Branche

Wirtschafts-struktur

Name _____

Firma _____

Adresse _____

Tel. _____
Telex _____
Telefax _____

Wer entscheidet noch mit?

Name _____
Funktion _____
Tel. _____

Aufgabenbereich

○ Geschäfts-/Unternehmensleitung
○ Einkauf/Beschaffung
○ Fertigung/Produktion
○ Vertrieb/Marketing
○ Forsch./Entw./Konstruktion
○ Finanzen
○ Verwaltung/Organisation

○ Konkurrenz
○ Presse und Werbung

○ Handwerk
○ Industrie
○ Großhändler
○ Einzelhändler
○ Exporteur
○ Importeur
○ Berater
○ Schule
○ Behörde
○ Endverbraucher

Kundenstruktur

○ Neukunde
○ Altkunde

○ Deutschland
○ EG
○ übriges Europa
○ USA / Kanada
○ Latein-Amerika
○ Afrika
○ Nah-Ost
○ Mittel-Ost
○ Fern-Ost
○ Osteuropa

Verhandlungssprache _____

Korrespondenzsprache _____

Gesprächsinhalt

Produkte: _____

Umsätze: _____

Klassifizierung

| A | | B | | C |

Bemerkungen

_____

Ergebnis

übergeben

○ Visitenkarte
○ Prospekt/Handzettel
○ Preisliste
○ Muster

zusenden

_____

Produktanregungen

_____

Produktverbesserungen

_____

Besuch vereinbart
Datum

Sonstiges veranlassen

511

Tabelle O-8. Erreichen der Messeziele

Tageserfolg	1. Tag	2. Tag	3. Tag	4. Tag	5. Tag	6. Tag
Anzahl Kunden						
Kontakt-Intensität						
Anzahl A-Kunden						
erwartete Umsätze von A-Kunden						
getätigte Messeumsätze						

Produktgruppen-Erfolg

	Produkt-gruppe 1	Produkt-gruppe 2	Produkt-gruppe 3	Produkt-gruppe 4
Anzahl Kunden				
Kontakt-Intensität				
Anzahl A-Kunden				
erwartete Umsätze von A-Kunden				
getätigte Messeumsätze				

Gebietserfolg

	Verkaufs-gebiet 1	Verkaufs-gebiet 2	Verkaufs-gebiet 3	Verkaufs-gebiet 4
Anzahl Kunden				
Kontakt-Intensität				
Anzahl A-Kunden				
erwartete Umsätze von A-Kunden				
getätigte Messeumsätze				

Es wird zusammengestellt (Tabelle O-9), welche Demonstrationen, Aktionen oder Exponate das stärkste Interesse der Messebesucher gefunden haben. Ebenso wird zusammengetragen, welche Kritik von den Messebesuchern geübt wurde (fehlende Ausstellungsstücke oder Mißfallen an bestimmten Dingen).

● *Wettbewerbsanalyse (Abschn. N 4.2)*
● *Verbesserungsvorschläge für die nächste Messe*

O 2.4.2 Nachkalkulation

Die tatsächlich entstandenen Kosten werden in das Formular nach Tabelle O-3 eingetragen. Dann wird sichtbar, ob die geplanten Kosten über- oder unterschritten wurden. Die Nachkalkulation dient als Vorlage für die Vorkalkulation der nächsten Messe.

Tabelle O-9. Positives und Negatives auf der Messe

Positives	
beste Demonstrationen:	
beste Aktionen:	
beste Exponate:	
sonstiges Positive:	
Negatives	
besonders vermißt wurde:	
als besonders schlecht fiel auf:	
sonstiges Negative:	

O 2.4.3 Dank an die Mitarbeiter

Für den Messeeinsatz wird man allen Mitarbeitern der Standbesatzung danken, eventuell mit einem Erinnerungsfoto des Standes und der Mannschaft.

O 2.4.4 Nachfaßbriefe an die Kunden (Follow Up)

In einer Nachfaßaktion werden die Wünsche der Kunden nach den Kundenberichten bearbeitet. Dies sollte sofort geschehen, solange der Messeeindruck noch frisch ist. Den Kunden, die nicht auf der Messe waren, sollte man die Pressemappe mit den Messeneuheiten zuschicken und beim späteren telefonischen Nachfassen nach deren Wünschen fragen.

O 2.4.5 Sonstige Aktionen

Zur Nachbearbeitung der Messe können auch Aktionen gehören, wie einen zusammenfassenden Artikel in der Lokalpresse oder im Wirtschaftsteil einer Zeitung veröffentlichen

lassen oder Informationen zur Messe, evtl. sogar den Abschlußbericht an gute Vertriebs-
partner weiterleiten.

Weiterführende Literatur

AUMA: Erfolgreiche Messebeteiligung Made in Germany. Köln: AUMA 1992.
Rasche, H. O.: Wie man Messe-Erfolge programmiert. Frankfurt: Maschinenbauverlag 1984.
Spiegel-Verlagsreihe: Messen und Messebesucher in Deutschland. Hamburg: SPIEGEL-Verlag 1992.
Steinmetz, E.: Messen für Investitionsgüter. Essen: Vulkan-Verlag 1982.
Strothmann, K.-H. und Busche, M.: Handbuch Messemarketing. Wiesbaden: Gabler-Verlag 1992.

Zur Übung

Ü O1: Welchen Stellenwert besitzt die Messe für die Öffentlichkeitsarbeit?

Ü O2: Wie müssen die Mitarbeiter für den Messestand geschult werden und welche Rolle spielt dabei der Standleiter?

Ü O3: Es wurde eine neue CNC-Steuerung für Werkzeugmaschinen im Auftrag eines großen Herstellers entwickelt. Wie muß man den Messeauftritt planen?

Ü O4: Das Unternehmen ist Hersteller von Kommunikations-Netzwerken. Wie plant es die Messe?

Ü O5: Wie wird jeder Messetag abgeschlossen und wie bearbeitet man nach Messeschluß die Messe-
kontakte?

P Personalführung

P 1 Inhalt und Ansprüche

P 1.1 Personal in der Betriebsführung

Die Personalführung ist eine wichtige Voraussetzung erfolgreicher Leitung. Sie wird in unterschiedlichen Funktionsbereichen und Leitungsebenen wahrgenommen und kann eine kleine Gruppe von Mitarbeitern betreffen oder auch die Leitung von Führungskräften. Unabhängig von der Führungsebene und dem Aufgabenbereich zeichnet sich die Führung des Personals durch folgende Besonderheiten gegenüber anderen Aufgaben aus:

- Die Personalführung hat *Objekte* zum Gegenstand, die gleichermaßen auch *Subjekte* sind, d.h. Menschen mit eigenen Vorstellungen, Werten und Interessen. Das ist bei der Führung von Mitarbeitern stets zu respektieren, will der Leiter nicht Gleichgültigkeit, Desinteresse, Passivität oder sogar Widerstand gegen seine Weisungen hervorrufen. Deshalb setzt eine kluge Personalführung auf Motivation, um hohe Leistungen zu erzielen und eine weitgehende Identifikation mit der Arbeit und dem Unternehmen herzustellen.

- Das Personal ist der *maßgebliche Produktions- bzw. Leistungsfaktor* in jedem Unternehmen. Das ändert sich auch mit weiterer Technisierung körperlicher wie geistiger Arbeit nicht. Im Gegenteil, hochtechnisierte Prozesse bedingen erst recht qualifiziertes Personal, das in weitgehender Eigenverantwortung tätig ist. Delegation der Verantwortung soweit wie möglich nach unten, Übertragung von Kompetenzen an die Ausführenden, also hoher Leistungsanspruch, ergeben sich daraus für alle Prozesse der Personalführung.

Damit unterscheidet sich die Personalführung von anderen Führungstätigkeiten. Sie ist sogar der Schlüssel zum Erfolg auf allen anderen Gebieten der Betriebsführung.

> *Da Führung immer die Arbeit mit Mitarbeitern einschließt, ist Personalführung bestimmender Teil der Führungstätigkeit.*

Zur Lösung von Führungsaufgaben wird stets Sachkenntnis benötigt. Sachkenntnis umfaßt in der Personalführung vor allem die Personal- oder *Menschenkenntnis* (Abschn. N 3.1). Vom realen Bewerten der Stärken und Schwächen der Mitarbeiter, ihrer besonderen Eigenschaften und Neigungen hängen im hohen Maße die Art der Aufgabenübertragung sowie die Form und Intensität der Anleitung und Kontrolle beim Erfüllen der Arbeitsaufgabe ab.

Menschenkenntnis ist elementare Voraussetzung jeder Personalführung. Daher ist jede Führungskraft gehalten, sich mit den unterschiedlichen Eigenschaften ihrer Mitarbeiter zu befassen, sie genau zu beobachten, um sachkundig leiten zu können. Ein Minimum an Kenntnissen der Psychologie ist dafür unerläßlich.

Bild P-1. Bestandteile der Personalführung

Die Personalführung umfaßt *mehrere Bestandteile* bzw. *Dimensionen* (Bild P-1):

Personalpolitik

Sie wird von der Unternehmensleitung bestimmt und ist Teil der gesamten Unternehmenspolitik. Die Unternehmensstrategie und im besonderen die Führungsstile und -methoden haben auf die Personalpolitik starken Einfluß. Ebenso wirken äußere Bedingungen, wie der Arbeitsmarkt, die Sozialgesetzgebung oder das öffentliche Bildungswesen auf die Personalpolitik des Unternehmens ein.

Personalarbeit

Sie dient der Verwirklichung der Personalpolitik und damit der ständigen Gewährleistung der personellen Voraussetzungen für eine effiziente Unternehmensführung. Die Personalarbeit ist Sache aller Führungskräfte, die in der täglichen Arbeit auf die Nutzung der personellen Potentiale, ihre Erhaltung und Entwicklung einwirken. Sie bewerten das Personal, das ihnen jeweils untersteht. Nur der kleinere Teil der Personalarbeit obliegt nicht dem jeweils zuständigen Leiter.

Personalwesen

Es ist die konkrete Organisationseinheit für die Personalführung im Unternehmen, d.h. die Stabsabteilung, in der die

● Personalplanung und -beschaffung koordiniert,

● Personalentwicklung und -beurteilung kontrolliert und gefördert,

● Personalbetreuung unterstützt und

● Personalentlohnung und andere arbeitswirtschaftliche Aufgaben zusammengefaßt werden und schließlich die Personalverwaltung erfolgt.

Durch diese Abteilung wird die Personalführung auf allen Ebenen der Leitung unterstützt. Führungskräfte erhalten von ihr die nötigen Informationen, Beratungshilfe und auch die entsprechenden Unterlagen oder auch Rechtsbeistand.

Personalwirtschaft

Sie umfaßt die rein wirtschaftliche Seite der Personalführung. Dazu gehört die Versorgung des Unternehmens mit den für die jeweilige Arbeitsaufgabe geeigneten Mitarbeitern. Ebenso zählt die nötige Versorgung der Mitarbeiter durch Entlohnung, Verwaltung und andere Bedingungen mit entsprechenden Aufwendungen dazu.

Aus der Sicht des Unternehmens ist Personal:

Arbeitsträger, der mit seiner Tätigkeit Leistungen erbringt, d.h. Werte schafft. Jeder Mitarbeiter trifft Entscheidungen, die wesentlich für die Unternehmensentwicklung sind. Als Arbeitsträger sind Mitarbeiter zugleich Kostenverursacher.

Individuum, das ganz bestimmte Motive hat und auch eigene Interessen vertritt. Stimmen diese Interessen mit denen des Unternehmens überein, so wirkt es sich positiv auf die Motivation zur Leistung aus. Andernfalls können Probleme entstehen.

Koalitionspartner, der seine spezifischen Interessen gegenüber dem Unternehmen vertritt und damit auch auf einen Interessenausgleich hinarbeitet, der wiederum für die Leistungsfähigkeit des Unternehmens unverzichtbar ist.

Diese Eigenschaften zu berücksichtigen heißt, die Wirkung der Personalführung zu verstärken.

P 1.2 Anforderungen an die Personalführung

Generelle Anforderungen an die Führung der Mitarbeiter ergeben sich aus betriebsinternen und aus externen Faktoren. Sie unterliegen einem deutlichen *Wertewandel,* der durch mehrere Entwicklungen bedingt ist:

- Die Erschließung des *menschlichen Leistungsvermögens* wird mehr und mehr entscheidend für die Nutzung der Hochtechnologien und die wirksame Produktionsorganisation.

- Die *Bevölkerungsstruktur* ändert sich immer stärker zu höheren Anteilen Älterer und Rentner. Dem Alter entsprechendes Firmenhandeln zum Markt ist ebenso gefragt wie altersgerechte Arbeitsbedingungen im Innern des Betriebes.

- Die stärkere Hinwendung zu *ideellen Werten,* insbesondere bei jüngeren Mitarbeitern, läßt Motivation, Qualifikation und Identifikation mit dem Unternehmen gegenüber materiellen Anreizen an Bedeutung gewinnen.

- Die Veränderungen auf den *Arbeitsmärkten* wirken widersprüchlich auf die Wertung des Personals. Der Bedarf an qualifizierten Kräften ganz bestimmter Berufe erhöht deren Marktwert. Andererseits führt die Massenarbeitslosigkeit, auch in akademischen Berufen, zur Entwertung des Personals. Massenhafter Freisetzung von Physikern und Ingenieuren stehen dauerhaft sinkende Patentanmeldungen in Deutschland gegenüber.

Diesen Veränderungen in den Ansprüchen an die Personalführung kann nur entsprochen werden, wenn die Arbeit mit dem Personal auch als langfristig wirkender Erfolgsfaktor verstanden wird. Die Veränderungen im Wertewandel des Personals sind dazu genau zu beobachten und gepaart mit solider Menschenkenntnis in der Personalführung zu berücksichtigen. BMW ist ein Beispiel für weitsichtige Personalpolitik (Tabelle P-1).

P 1.3 Ziele der Personalführung

Die Personalführung ist Teil der Betriebsführung als Ganzes. Demzufolge sind auch deren Ziele denen des Unternehmens untergeordnet. In der Personalführung wirken neben den wirtschaftlichen Interessen des Unternehmens auch andere wirtschaftliche und nichtwirtschaftliche Interessen und Motive hinein (Bild P-2). Die Zielsetzung unterliegt ebenso verschiedenen Einflußfaktoren wie die Zielrealisierung, die nicht nur innerhalb des Unternehmens erfolgt.

Tabelle P-1. Thesen des BMW-Szenario 2000

These	Inhalt
These 1:	Der qualifizierte Mitarbeiter wird zum selbstbewußten Unternehmer seiner eigenen Arbeitskraft.
These 2:	Der eigentliche Schlüssel für Effizienz und Produktivität liegt in der Unternehmens- und Führungskultur.
These 3:	Qualifizierung wird zum erfolgsrelevanten Faktor für das Unternehmen und den einzelnen Mitarbeiter.
These 4:	Die Zeit revolutionärer technologischer Veränderungen in der Produktion ist vorbei: die Zukunft ist von evolutionärer Weiterentwicklung der Arbeits- und Organisationsstruktur geprägt.
These 5:	Der ältere Mitarbeiter wird zu einer zentralen Herausforderung für die Personalarbeit!
These 6:	Die Attraktivität von BMW als Arbeitgeber hängt immer mehr auch von einer Vorreiterrolle auf dem Gebiet ökologieorientierter Innovationen innerhalb der Automobilindustrie ab.

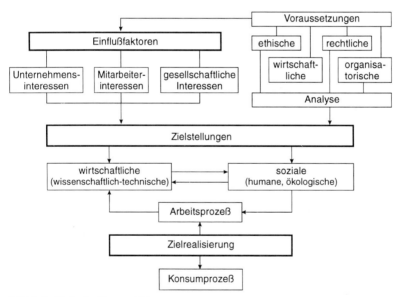

Bild P-2. Ziele der Personalführung

Die *wirtschaftlichen Ziele* umfassen

● die optimale Nutzung des personellen Potentials und

● die Verringerung der betrieblichen Aufwendungen für Personal.

Das schließt die Nutzung qualitativer Potentiale besonders ein, also Kreativität und Innovationen.

518

Tabelle P-2. Vergleich von Gruppenarbeit und Fließbandarbeit

Merkmale	Gruppenarbeit	Fließbandarbeit
Produktionsfluß	durchgängig kontinuierlich	kontinuierlich nur am Band
Materialverlust	stark reduziert	relativ hoch
Qualitätssicherung	in Selbstverantwortung	mit höherem Kontrollaufwand
Arbeitsanspruch	vielfältig	einseitig, stark begrenzt
Motivation	stärker	geringer

Die *sozialen Ziele* umfassen

● die persönliche Entwicklung durch Motivation, Qualifizierung, Mitbestimmung und andere förderliche Bedingungen sowie

● zunehmend interessante, anspruchsvolle Arbeit und entsprechende Vergütung, also Arbeitszufriedenheit.

Die Personalführung erreicht höhere Wirksamkeit durch die Verbindung beider Ziele. Sie tendiert mehr und mehr zum Miteinander (Tabelle P-2). Umfangreiche Menschenkenntnis erweist sich als Bedingung für das Erreichen dieser Ziele.

Mit dem höheren Reifegrad der Prozesse der Personalführung setzen sich mehrere *Entwicklungsrichtungen* in der Unternehmenspraxis durch. Das sind:

Gruppenarbeit
Sie löst vor allem die traditionelle Fließbandarbeit ab. Die Gruppe übernimmt komplexere Arbeiten und mehr Verantwortung. Höhere Vielseitigkeit überwindet die Mängel des Fließbandes. Die Arbeitsintensität ist ebenfalls sehr hoch, aber eben bei reicheren Arbeitsinhalten. Ihre Vorteile sind unbestreitbar (Tabelle P-2).

Individualisierung
Sie geht bei bestimmten Aufgaben von individuellen Eignungen der Mitarbeiter aus und gestaltet die Arbeit nach deren individuellen Leistungspotentialen. Damit sind kollektive Regelungen außer Kraft gesetzt. Für die Personalführung folgen daraus individueller Personaleinsatz, individuelle Lohn- und Arbeitszeitregelungen sowie individuelle Karriereplanung (Tabelle P-3).

Flexibilisierung
Sie zielt auf die effiziente Unternehmensführung durch hohe Anpassungsfähigkeit an wechselnde Markterfordernisse bzw. sich ändernde Marktangebote. Die Flexibilisierung betrifft die gesamte Leitung und Organisation des Unternehmens. Sie hat verschiedene Wirkungen auf die Personalführung. Potentielle Flexibilisierungsaspekte reichen vom Personalbestand über die Qualifizierung bis zum Führungsverhalten (Tabelle P-4).

Die Ziele der Personalführung werden in unterschiedlichen Funktionen wahrgenommen. Dabei ergibt sich eine ganz bestimmte Arbeitsfolge, ein Prozeßverlauf (Bild P-3):

Personalpolitik
Sie wird aus der Unternehmenspolitik hergeleitet und stützt sich auf die laufende Analyse des Personalbestands in seiner Struktur und seiner qualitativen Wirksamkeit und damit auf umfassende Personalkenntnis;

Tabelle P-3. Wege der Individualisierung nach *Scholz*

Bereich	Umsetzung	Inhalt
Arbeitszeit	flexible Perioden und Lebensarbeitszeit	dem einzelnen Mitarbeiter werden Arbeitszeitoptionen angeboten, zwischen denen er wählen kann; das Zeitangebot ist auf die Wünsche der Mitarbeiter angelegt
Vergütung	Potentiallohn Cafeteria-System	Abhängigkeit der Entlohnung von der im Tätigkeitsfeld notwendigen Qualifikation; Lohnkomponenten können gemäß der eigenen Bedürfnisse zusammengestellt werden
Personalentwicklung	Orientierung am Entwicklungsbedarf des einzelnen	Angebot von mehreren Optionen, aus denen der Mitarbeiter seinen Bedürfnissen entsprechend wählen kann
Führung	Abkehr von den Einheitskonzepten	differenziertes Führungsverhalten und differenzierter Einsatz von Führungsinstrumenten gegenüber jedem Mitarbeiter
Personalführung	An die Stelle von traditionellen Regelungsformen der Über- und Unterordnung treten weiche Koordinationsmechanismen	zum Beispiel Wahl des Vorgesetzten aus den eigenen Reihen, Erhöhung der Entscheidungstransparenz durch Informationspolitik
Personalbeurteilung	Abkehr von standardisierten Beurteilungssystemen	Beurteilung nur bei konkretem Anlaß, Berücksichtigung der Wertehaltungen, Aufwärtsbeurteilungen

Tabelle P-4. Potentielle Flexibilisierungsaspekte nach *Kolb*

Anwendungsfelder	Umsetzung
Personalbestand	Stammaushilfskräfte; Leiharbeitnehmer; Vergabe von Teilaufträgen nach außen
Arbeitsorganisation	Berücksichtigung individueller Unterschiede der Mitarbeiter hinsichtlich ihrer Fähigkeiten, Bedürfnisse und Wertvorstellungen
Arbeitszeitstrukturen	Flexibilität bezüglich Chronometrie und/oder Chronologie: Zusammenhang von dynamischen, flexiblen und variablen Arbeitszeiten mit Soll-Personalbestand
Personalqualifikation	Vermittlung arbeitsplatzunabhängiger Schlüsselqualifikation
materielle Anreizsystem	Maßnahmen und Instrumente, die der Bedürfnisbefriedigung, der Aktivierung und Motivierung der Mitarbeiter dienen
Vergütungssysteme	Unternehmensseite: flexible Personalkosten; Mitarbeiterseite: Optionen, die den Präferenzen des einzelnen entgegenkommen sollen
Personalführung	situationsangemessenes Führungsverhalten
Leistungen des Personalbereiches	Personalmanagement als Dienstleistungsfunktion, die sich an der Nachfrage der Betroffenen orientiert

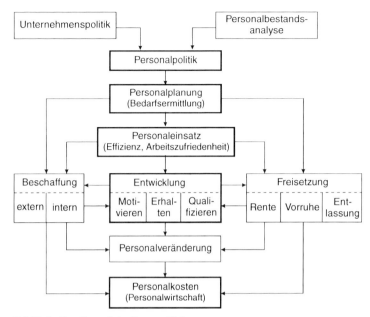

Bild P-3. Der Prozeß der Personalführung

Personalplanung
Sie leitet den Personalbedarf ab, der qualitativ über Einsatz und Entwicklung des Personals und vorrangig quantitativ über Beschaffung und Freisetzung gedeckt werden kann
bzw. zu Personalveränderungen führt;

Personalbeschaffung
Sie dient der Realisierung der Personalplanung durch die Nutzung des internen und des
externen Arbeitsmarktes zur Besorgung des notwendigen Personals;

Personaleinsatz
Er hat vorrangig die effiziente Nutzung des personellen Potentials, die volle Erschließung
seiner Fähigkeiten für die Leistungsprozesse des Unternehmens zum Ziel und ist somit
Planrealisierung;

Personalentwicklung
Sie ist weitere Realisierung der Personalplanung insbesondere bezüglich der Erhaltung,
Motivierung und Qualifizierung des Personals;

Personalfreisetzung
Durch die Überleitung in den Ruhestand oder in Vorruhestandsregelungen erfolgen vor al-
lem die biologisch bedingten Freisetzungen. Darüber hinaus sind für notwendig werdende
Freisetzungen von Personal Entlassungen oft unvermeidbar;

Personalkostenentwicklung
Sie ist bereits Gegenstand der Personalplanung und der Kostenplanung und erfaßt hier die
wirtschaftlichen Ergebnisse des Personaleinsatzes.

Voraussetzungen erfolgreicher Personalführung in allen ihren Teilen sind: *Differenzierte
Analysen* der Eignungen für bestimmte Aufgaben, *Vertrauen* in die Entwicklungsmöglich-

keiten jedes Mitarbeiters und zielstrebige, geduldige Beobachtung ihrer positiven *Verän-derungen*. Die einzelnen Funktionen werden in kleineren Unternehmen im Zusammen-hang mit anderen Führungsaufgaben erfüllt. In mittleren Unternehmen fallen sie zuneh-mend den Personalbereichen zu, in Großunternehmen sogar speziellen Abteilungen des Personalbereiches.

P 1.4 Mitbestimmung im Betrieb

Die Mitbestimmung des Personals oder seiner Vertretungen an der Unternehmensent-wicklung erstreckt sich im wesentlichen auf die Personalführung. Mitbestimmung geht davon aus, daß Personal im Unternehmen Koalitionspartner ist und als solcher maßgeb-lich zur wirtschaftlichen Effizienz beitragen kann. Der Geltungsbereich der Gesetze zur Unternehmensmitbestimmung ist für die einzelnen *Unternehmensformen* verschieden. Die Differenzierung betrifft darüber hinaus auch die Betriebsgrößen der Unternehmen. So setzt sie bei GmbHs erst ab 500 Beschäftigten ein. Aktiengesellschaften unterliegen im wesentlichen dem Betriebsverfassungsgesetz (Abschn. D 3.4).

Der *rechtliche Rahmen* für die Beziehungen zwischen Unternehmen und Mitarbeitern geht über die Beteiligungsrechte weit hinaus. Er existiert in drei Ebenen (Bild P-4):

- *individuelle Beziehungen,* die auch in Betriebsvereinbarungen geregelt werden;
- *kollektive Beziehungen,* die zwischen den Unternehmen und den Beschäftigten bzw. ih-rer Vertretung existieren und
- *gesetzliche Beziehungen,* die für die Personalführung in allen Ebenen den juristischen Rahmen vorgeben.

Für Unternehmen in speziellen Industrien beispielsweise gelten Regelungen, die eine fest-gelegte Anzahl von Vertretern des Betriebsrats und der Gewerkschaften für den Auf-sichtsrat vorgeben. Sie schließen auch die Übertragung des Postens des Arbeitsdirektors an Vertreter der Gewerkschaften ein.

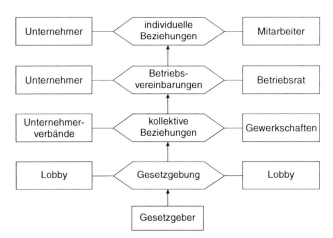

Bild P-4. Ebenen der Rechtsbeziehungen im Unternehmen

P 1.5 Träger der Personalarbeit

Die Personalführung wird an der Erfüllung ihrer Ziele und Funktionen gemessen. Daraus folgt bereits, daß sie kein enges Ressort darstellt. Sie wird von verschiedenen Kräften des Unternehmens getragen, die sich wiederum auf gründliche Menschenkenntnis stützen. Ihre Träger sind:

- Das *Personal* selbst, im weitesten Sinne. Durch seine Leistung beeinflußt es den Personalbedarf. Mit Identifikation und Motivation entwickelt es Leistungen und wirkt darüber auch auf die Kostenentwicklung ein.

- *Führungskräfte der untersten Leistungsebene.* Sie setzen Mitarbeiter leistungsgerecht ein, fördern deren Entwicklung, beurteilen und bewerten die Leistung und bestimmen somit weitgehend die Nutzung des Personals und deren Kosten.

- Die *Unternehmensleitung* mit Hilfe von Stabsorganen. In größeren Unternehmen ist die Personalabteilung weiter gegliedert (Bild P-5). Hier werden viele Funktionen koordiniert, einheitliches Vorgehen geregelt, die Einhaltung gesetzlicher Vorgaben kontrolliert bzw. gewährleistet.

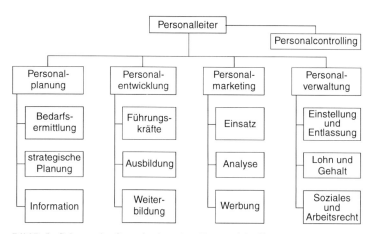

Bild P-5. Schema der Organisation einer Personalabteilung

Aus dieser Gliederung geht hervor, daß, unabhängig vom Vorhandensein spezieller Funktionsbereiche, der wesentliche Träger der Personalarbeit nur der unmittelbare Leiter sein kann. Von seiner Fähigkeit zur realen Bewertung der individuellen Leistungspotentiale, dem geeigneten Einsatz der Mitarbeiter und ihrer wirksamen Förderung hängt der Erfolg der Betriebsführung maßgeblich ab.

Der *Personalabteilung* kommt vor allem die Aufgabe der Koordinierung zu. Sie wirkt an der Personalstrategie und koordiniert die Teilpläne der Personalentwicklung miteinander und mit anderen Teilplänen des Unternehmens. Gleichzeitig berät sie alle Leiter in Personalfragen und übernimmt Personalverwaltungsaufgaben. Sie ist auch der Partner für öffentliche Einrichtungen in Personalangelegenheiten.

P 2 Aufgaben der Personalführung

Aus den Unternehmenszielen und den entsprechenden Zielen der Personalführung lassen sich deren Aufgaben im einzelnen herleiten. Dabei kommt jedem Leiter in der Wirtschaft sein Anteil an der Erfüllung der jeweiligen Funktionen der Personalführung zu. Er hat die ihm unterstellten Mitarbeiter planmäßig zu nutzen, effizient einzusetzen, vielfältig zu entwickeln und dabei auch auf vorteilhafte Kostenentwicklung hinzuarbeiten. Für Führungskräfte in technischen Bereichen sind

- Personalplanung,
- Personalbeschaffung,
- Personalentwicklung und
- Personalbeurteilung

ständige Teile der Führungsarbeit. Sie werden im folgenden genauer betrachtet.

P 2.1 Personalplanung

Planvolles Handeln in der Personalarbeit beeinflußt die Entwicklung jedes Unternehmens maßgeblich. Es ist auf verschiedene *Ursachen* zurückzuführen. Das sind vorrangig:

Qualifizierte Mitarbeiter
Sie sind, unabhängig von der Konjunkturlage, knapp. Ihre Gewinnung und Erhaltung ist ein langfristiger Prozeß, muß also langfristig geplant werden. Sie bestimmen vor allem die *Leistungsfähigkeit* und das *Image* des Unternehmens.

Technisierung
Die moderne Technik ist nicht nur teuer, sondern bedingt vielfach sehr *qualifizierte Kräfte* zur Bedienung und Wartung. Dafür muß geeignetes Personal zu jedem Zeitpunkt zur Verfügung stehen, also auch planmäßig vorbereitet werden.

Wirtschaftlicher Wandel
Die Veränderungen auf den Märkten vollziehen sich überwiegend vorhersehbar. Daher ist die planmäßige Vorbereitung des Personals auf Strukturveränderungen nötig. Kurzfristige Personalanpassungen sind zumeist teuer, kompliziert durchsetzbar und schaden dem Ansehen des Unternehmens.

Soziale Ansprüche
Planmäßige Personalführung trägt dazu bei, die Beschäftigung zu sichern bzw. plötzliche, unvorbereitete Entlassungen zu vermeiden. Im Falle unvermeidbarer Entlassungen können Umschulungen oder auch Umsetzungen sozial verträglich geplant, mit den Betreffenden abgestimmt und gestaltet werden.

Der Personalplanung liegen damit sehr unterschiedliche Motive und Ursachen zugrunde. Die Personalplanung beginnt, wie jede Planung, bei der Frage nach dem, was notwendig ist. Die *Bedarfsermittlung* ist der erste Schritt. Dem Personalbedarf liegen vor allem zwei Dimensionen zugrunde. Das sind

- die Bedarfsstruktur nach der *Qualifikation,* also der Anforderungshöhe, die auf entsprechender Ausbildung fußt und
- die Bedarfsstruktur nach *Tätigkeiten,* die die Art der Arbeit und damit die nötige Spezialisierung zum Inhalt hat.

Tabelle P-5. Wandel der Bedarfsstruktur nach Tätigkeiten
(gestützt durch repräsentative Untersuchungen)

Tätigkeitsgruppe	Arbeitsaufgaben	1990 in %	2010 %
produktionsorientierte	Reparieren	6	5
Tätigkeiten	Maschineneinrichtung und Wartung	8	12
	Stoffgewinnung und Verarbeitung	21	12
insgesamt		35	29
produktorientierte	Allgemeine Dienste	16	14
(primäre)	(Reinigung, Bewirtung, Lagerung,		
Dienstleistungen	Transport, Sicherung)		
	Bürotätigkeiten	16	12
	Handelstätigkeit	10	11
insgesamt		42	37
übrige (sekundäre)	Beratung, Betreuung, Versicherung, Bildung u.ä.	12	18
Dienstleistungen	Leitung und Organisation	6	8
	Forschung, Entwicklung	5	8
insgesamt		23	34

Beide Dimensionen unterliegen stetigen Veränderungen, die auf die Ermittlung des Personalbedarfs im Unternehmen fortdauernd einwirken.

Der *Personalbedarf nach der Qualifikationshöhe* läßt eine beständige Zunahme der höherqualifizierten Tätigkeiten erkennen. Mittelqualifizierte Arbeiten verringern ihren Anteil an der Arbeit leicht. Die einfachen Tätigkeiten gehen sogar stark zurück. Sie ist in jedem Unternehmen unterschiedlich wirksam, manchmal auch für bestimmte Zeiträume in dieser Art nicht vorhanden. Es bedarf also einer konkreten Analyse.

Veränderungen in der *Bedarfsstruktur nach Tätigkeiten* sind ebenso von der Tendenz unübersehbar (Tabelle P-5). Der wesentlichste Wandel ist die Verringerung der Produktionstätigkeit und hier wiederum der Anteil von Arbeiten zur unmittelbaren Stoffgewinnung bzw. ihrer Verarbeitung. Demgegenüber fallen immer mehr Tätigkeiten im Dienstleistungsbereich an und hier vorrangig zur Beratung, Bildung, Forschung und Entwicklung. Auch die Tätigkeitsstruktur bedarf in jedem Unternehmen exakter Analyse. Die allgemeinen Trends können sich im Einzelfall auch umgekehrt zeigen.

Auf den *Personalbedarf* wirken verschiedene Faktoren. *Bestimmungsfaktoren* sind unternehmensintern und extern (Tabelle P-6). Sie lassen sich wiederum nach denen aus dem Personalbereich und denen aus anderen Bereichen gliedern und ebenso nach ihrer zeitlichen Wirkung unterscheiden. Damit wird deutlich, daß die Personalbedarfsermittlung und -planung nur als komplexe Aufgabe gelöst werden kann.

Für die Personalbedarfsermittlung lassen sich unterschiedliche Methoden anwenden. Die gebräuchlichsten sind (Bild P-6):

- *arbeitsplatz- und aufgabenbezogene* Bedarfsermittlung, mit der entweder über den Ablaufplan oder die spezifische Aufgabe bzw. deren Aggregation der Bedarf festgestellt wird und

Tabelle P-6. Bestimmungsfaktoren für den Personalbedarf

unternehmensintern			unternehmensextern	
im Personalbereich bestimmt		nicht im Personalbereich bestimmt		
kurzfristig	mittelfristig	mittelfristig	mittelfristig	langfristig
Arbeitsablauf	Organisationsgrad Humanisierungsstrategien, Qualifikationsstrategien, Arbeitszeitregelungen, Arbeitsbedingungen	Vertriebssystem, Produktionstechnologie, Automatisierungsgrad	Tarifpolitik, Arbeits- und Sozialrecht, Arbeitsmarktsituation	Bildungspolitik, Bevölkerungsentwicklung

- *prozeßbezogene* Bedarfsermittlung, bei der vorrangig vom Produktionsprogramm, dem Arbeitsablauf, der Organisation oder auch den Investitionen und ihrer jeweilig nötigen personellen Sicherung zum Bedarf vorgedrungen wird.

Die Wahl der jeweiligen Methode zur Bedarfsermittlung wird vom Gegenstand bestimmt. Geht es um eine eng begrenzte kleinere Einheit, bieten sich die arbeitsplatz- und aufgabenbezogenen Methoden an. Ist der Bedarf für größere Bereiche bzw. neu zu gestaltende Prozesse zu ermitteln, sind die prozeßbezogenen Methoden geeignet.

Sind durch die Planung die Fragen nach dem Bedarf beantwortet, so bleibt als nächster Schritt die Analyse des Vorhandenen. Die *Personalbestandsanalyse* steht der Bedarfsermittlung gegenüber, was für den Bedarf bereits vorhanden ist, d.h., wieweit der Bedarf gedeckt ist. Die Differenz aus tatsächlichem Bedarf und Bedarfsplan einerseits und Bestandsanalyse andererseits ergibt den Personalbestandsplan.

Der Prozeß der *Personalbestandsplanung* geht unmittelbar vom Unternehmensprogramm aus (Bild P-7). Darin wird

- der Personalbestand in seiner Veränderung erfaßt,
- mit dem Stellenbestand in der bedarfsgerechten Veränderung in Übereinstimmung gebracht und
- die nötigen Veränderungen des Personals veranlaßt.

Für die Personalbestandsplanung ist die *Stellenbeschreibung* unverzichtbar. Sie erlaubt

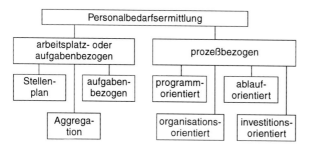

Bild P-6. Methoden der Personalbedarfsermittlung

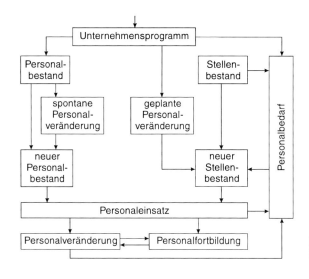

Bild P-7. Prozeß der Personalbestandsplanung

die Feinbegründung des geplanten Personalbestands. Eine Stellenbeschreibung (Tabelle P-7) zwingt zur exakten Einordnung der jeweiligen Stelle in den arbeitsteiligen Prozeß. Damit werden auch Abgrenzungen zu anderen Tätigkeiten, Befugnissen, Vertretungen und Anforderungen bestimmt. Der Anspruch an vielseitige Verwendbarkeit des Personals zwingt dazu, die Abgrenzungen nicht zu eng zu fassen.

Bedarfs- und Bestandsplanung sind die ersten Schritte der Personalplanung. Sie werden durch weitere Planungen präzisiert, in denen die jeweiligen Bedingungen exakt erfaßt sind. Das betrifft nicht nur die allgemein wirkenden Bedingungen der Personalentwicklung im Unternehmen, sondern auch die Beherrschung der wichtigsten *Arten der Personalplanung* (Bild P-8). Das sind:

- Die *Individualplanung,* in der es um individuelle Maßnahmen der Personalentwicklung geht und

- die *Gesamtplanung* (Kollektivplanung),
  mit der Schritte zur Gesamtentwicklung der jeweiligen Mitarbeitergruppe oder -abteilung festgelegt sind.

Aus dieser Differenzierung ergeben sich die verschiedenen Planteile. Im Rahmen der Individualplanung sind folgende *Planteile* zu unterscheiden:

Besetzungsplanung
Sie erfolgt vorrangig als Stellenbesetzungsplanung, wenn im Stellengefüge wesentliche Veränderungen zu erwarten sind. Bei personellen Veränderungen innerhalb des Stellenplans wird die *Nachfolgeplanung* bevorzugt (Tabelle P-8). Das Beispiel zeigt, daß hier mit einer Ausnahme nur personelle Veränderungen erfolgen, die auch zeitlich genau aufeinander abgestimmt sind.

Einarbeitungsplanung
Mit ihr wird die Vorbereitung neu ins Unternehmen eintretender Mitarbeiter gewährleistet (Tabelle P-9). Das Ziel dieses Plans ist die möglichst gründliche Einarbeitung, die auch in vertretbaren Zeiträumen zu bewältigen ist. Zwischen einem Absolventen und einem Wechsler, der ähnliche oder die gleiche Tätigkeit bereits in anderen Unternehmen versah, ist dabei prinzipiell zu unterscheiden.

Tabelle P-7. Möglicher Inhalt einer Stellenbeschreibung

Stellenbezeichung	Leiter der Abteilung Kostenträgerrechnung
Stelleneinordnung Unterstellung: Überstellung:	Leiter der kaufmännischen Verwaltung Leiter der Gruppe Nachkalkulation Leiter der Gruppe Preisbildung Leiter der Gruppe Permanente Inventur
Stellenaufgaben	fachliche und disziplinarische Leitung der Kostenträgerrechnung
Stellenziel	Sicherung der Richtigkeit und Aussagekraft der Kostenträgerrechnung marktoptimale Preisbildung unter Berücksichtigung der vertriebspolitischen Vorgaben
Stellenbefugnisse	Prokura gemäß der Richtlinie für Abteilungsleiter
Stellenverantwortung	gemäß der Richtlinien für Abteilungsleiter
Stellenvertretung Vertritt: Wird vertreten:	Leiter der Abteilung Betriebsabrechnung Leiter der Gruppe Nachkalkulation
Stellenanforderungen Ausbildung: Erfahrung: Kenntnisse	Diplom-Kaufmann oder Dipl.-Betriebswirt (FH) fünf Jahre Betriebszugehörigkeit drei Jahre Kostenträgerrechnung EDV-Anwendung in der Kostenrechnung

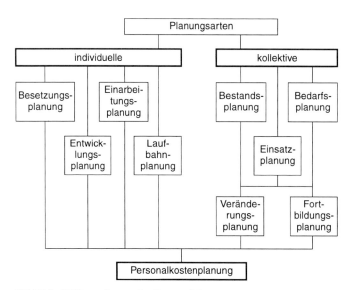

Bild P-8. Differenzierung der Personalplanung

Tabelle P-8. Nachfolgeplanungsbeispiel

Stelle	Zeitraum nach Quartalen 1995				1996			
	I	II	III	IV	I	II	III	IV
Leiter Forschung	Dr. Schöller				Prof. Mertens			
Gruppenleiter 1	Dr. Gernhuber						Mette	
Gruppenleiter 3	Henninger			Müller				
Leiter Entwicklung	Weingart					Dr. Schoeller		
Gruppenleiter 5	Maier						Lehmann	
Gruppenleiter 6	unbesetzt						Maier	
Projektleiter	neue Stelle				Henninger			

Tabelle P-9. Einarbeitungsplanungsbeispiel

Einarbeitung von Frau Weicher

Datum	Uhrzeit	Ort	Partner	Aufgabe
01.09.	10.00	P-Abteilung	Herr Lind	Arbeitsvertrag vorbereiten,
	11.00	Sanitätsstelle	Dr. Klaus	Einstellungsuntersuchung,
	13.30	M.Abt.	Herr Will	Vorstellung in der Abteilung,
	14.00	Z. 112	Frau Bähr	Einführung in den Einarbeitungsplan,
02.09. bis 05.09.	08.00	Z. 132	Herr Ring	Marktforschungspraktikum,
08.09. bis 12.09.	07.00	Z. 1523	Frau Griese	Messevorbereitung,
14.09. bis 21.09.		Düsseldorf	Frau Griese	Messebeteiligung,
23.09. bis 26.09	08.00	Z. 148	Herr Kehr	Kundenbesuche,
29.09.	10.00	Z. 112	Frau Bähr Frau Griese	Bewertung der Einarbeitung

Entwicklungsplanung

Sie umfaßt Ziele für die vorgesehene Stelle, oder auch für die berufliche Zukunft bzw. für den erforderlichen Kenntniserwerb und die dazu nötigen Maßnahmen seitens des Unternehmens und des Mitarbeiters.

Laufbahnplanung

Mit ihr wird über die begrenzten Ziele der Entwicklungsplanung hinaus für besonders entwicklungsfähige Mitarbeiter die mehrstufige Entwicklung geplant (Bild P-9). Sie äußert sich im Aufstieg über mehrere Stufen des Stellenplans hinweg. Besonders geeignet ist die Planung für die zielstrebige Herausbildung von Nachwuchskräften.

Alle genannten Planteile bedürfen regelmäßiger Kontrolle und bei Abweichungen auch Korrekturen.

Für die *Gesamtplanung* ist zu unterscheiden zwischen (Bild P-10)

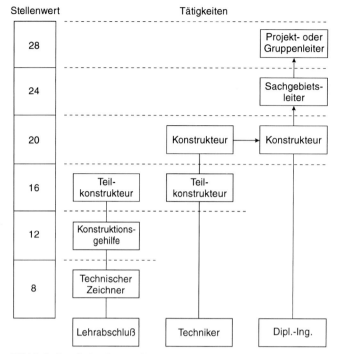

Stellenwert	Tätigkeiten

Bild P-9. Laufbahnplanung für Konstrukteure

- der Personalbedarfsplanung
- der Personalbestandsplanung und
- der Personaleinsatzplanung,

wie sie bereits erläutert wurden. Daraus ergeben sich die Personalveränderungen in ihren verschiedenen Formen wie Fortbildung, Umsetzung oder auch Ruhestand, Pensionierung oder Entlassung.

Alle Planteile der beiden Arten der Personalplanung sind mit Kosten verbunden. Sie finden deshalb auch ihre kostenmäßige Zusammenfassung im *Personalkostenplan,* der in größeren Unternehmen weiter untergliedert ist (Bild P-10).

Für die verschiedenen Planungsaufgaben benötigt die Personalführung auch die erforderlichen Daten (Tabelle P-10). Sie betreffen den Markt, die Produktion, die Stellen, die Personen und das Entgelt.

P 2.2 Personalbeschaffung

Die Personalbeschaffung ist eine weitere Aufgabe der Personalführung. Sie dient ebenfalls der Umsetzung der Personalplanung in die Unternehmenspraxis. Sie hat den speziellen Auftrag,

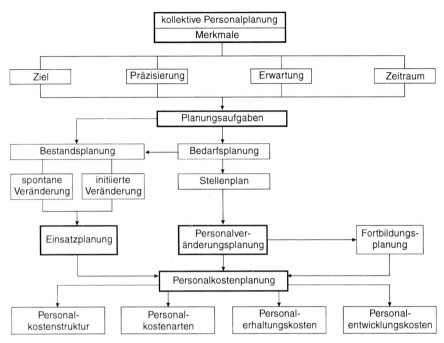

Bild P-10. Bestandteile der Personalgesamtplanung

Tabelle P-10. Mindestdatengerüst für die Personalplanung

marktbezogene Daten	produktions-bezogene Daten	stellenbezogene Daten	personenbezogene Daten	entgeltbezogene Daten
Umsatzentwicklung, Marktanteilsquoten, Informationen über Marktstellung der Konkurrenz	Kennziffern zum Verhältnis Personaleinsatz und Ausbringung, Personalkostenanteil am Umsatz	Übersicht über vorhandene Stellen nach Anzahl, Anforderungen, organisatorischen Einheiten	Personalstand an bestimmten Stichtagen, Personalbewegung (Zugänge, Abgänge, Fluktuationsquote), Qualifikationsstruktur, Quoten bestimmter Mitarbeitergruppen (Arbeiter und Angestellte, Männer, Frauen, Facharbeiter und Ungelernte, Deutsche und Ausländer usw.), Krankenstandsquote, Urlaubslisten	Durchschnittslohn und -gehalt, tarifliches und übertarifliches Entgelt nach Lohn und Gehaltsgruppen, Tätigkeitsgruppen, organisatorischen Einheiten, Sozialkosten

> *das Personal bereit zu stellen, das für die Erreichung der Unternehmensziele nötig ist.*

Die Personalbereitstellung unterliegt jeweils verschiedenen Ansprüchen. Das erforderliche Personal muß

- in der richtigen Anzahl;
- in der notwendigen Qualifikation nach Berufen und nach dem Ausbildungsniveau;
- zum geforderten Zeitpunkt, und auch
- am geplanten Arbeitsort

vorhanden sein. Da die *Qualität* des Personals – nach beruflicher Qualifikation und Leistungsmotivation – entscheidend die Leistungsfähigkeit beeinflußt, kann geringe Qualität des Personals einen größeren Personalbedarf hervorrufen bzw. hohe Qualität des Personals den quantitativen Personalbedarf mindern.

Die Personalbeschaffung erfolgt in unterschiedlichen Arten und auf zahlreichen Wegen. Die *Beschaffungsarten* lassen sich nach der betriebsinternen (Bild P-11) und der externen Beschaffung gliedern. Für die externe Beschaffung steht der gesamte äußere Arbeitsmarkt zur Verfügung. Die interne Beschaffung orientiert sich am Potential der vorhandenen Mitarbeiter des Unternehmens, d.h. auf den inneren Arbeitsmarkt.

Unabhängig von der Beschaffungsart, die für die Bedarfsdeckung gewählt wird, treffen im Prozeß der Personalbeschaffung *verschiedene Interessen* aufeinander (Tabelle P-11). Es ist Aufgabe der Führungskräfte, die Interessen des Unternehmens soweit wie möglich durchzusetzen. Dazu ist auch die Kenntnis der Interessen und Vorstellungen der Mitarbeiter bzw. der Bewerber nötig, um für das Arbeitsplatzangebot einen geeigneten Inhaber zu finden.

Die *interne Personalbeschaffung* ist in vielen Bedarfsfällen die nächstliegende Beschaffungsart. Das trifft vor allem für mittlere und größere Unternehmen zu, da sie über einen größeren inneren Arbeitsmarkt verfügen. Mit der internen Beschaffung lassen sich oft auch Personalfreisetzungen wieder auffangen. So können unvermeidbare *Freisetzungen* in mögliche Versetzungen münden (Bild P-12).

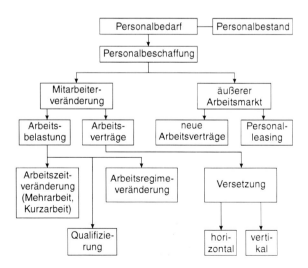

Bild P-11. Arten der Personalbeschaffung

Tabelle P-11. Interessen im Beschaffungsprozeß

Interessenträger	Interessen
Unternehmen	Mitarbeiter mit hohem Leistungspotential, hohe Arbeitsmotivation des Bewerbers, qualifikationsgerechte Bewerber, Kündbarkeit, viele Bewerber, keine ungerechtfertigte Einstellung, Wahrheit über den Bewerber, Nutzung öffentlicher Fördermittel;
Mitarbeiter/Bewerber	interessante Arbeit, qualifikationsgerechter Einsatz und Lohn, Sicherheit des Arbeitsplatzes, wenig Mitbewerber, keine ungerechtfertigte Ablehnung, Wahrheit über die Arbeit, Betonung eigener Stärken, individuelle Behandlung.

Die *gebräuchlichsten Wege* interner Personalbeschaffung sind folgende:

Personalentwicklung
Sie erfolgt insbesondere durch die Qualifizierung bzw. die eigenverantwortliche Heranbildung des Nachwuchses (Abschn. P 2.3).

Mehrbelastung
Überstunden, Sonderschichten, Veränderungen der Arbeitszeit oder des Arbeitsfeldes lassen eine bestimmte Mehrarbeit des Personals zu. Das ist vor allem möglich, wenn eine hohe Leistungsmotivation der Mitarbeiter vorhanden ist und ein gutes Betriebsklima herrscht. Doch der Mehrbelastung sind Grenzen gesetzt. Sie können juristischer Art sein, aus regionalen Beziehungen resultieren (öffentliches Verkehrsnetz) oder auch durch die individuellen Leistungspotentiale bestimmt werden.

Versetzungen
Sie sind nach dem Betriebsverfassungsgesetz (§ 95,3) die Zuweisung eines anderen Arbeitsbereiches. Das können sowohl andere Aufgaben oder Tätigkeiten, als auch andere Verantwortung oder Unterstellung sein. Als Gründe kommen sowohl betriebliche Umstellungen als auch Veränderungen beim betreffenden Mitarbeiter (Ausbildungsabschluß, Invalidität) oder bei anderen Mitarbeitern (Krankheit, berufliche Veränderung) in Betracht. Die Versetzung erfolgt auf Weisung oder durch Änderungskündigung (§ 102,3 BetrVG).

Für die interne Personalbeschaffung kann auf Verlangen des Betriebsrats auch eine innerbetriebliche Stellenausschreibung erfolgen. Die interne Beschaffung hat offenkundig *Vorteile für das Unternehmen*. Das Unternehmen ist den Mitarbeitern mit seinen Zielen, Aufgaben, Führungsstilen und anderen Besonderheiten bekannt. Dadurch würde die Einarbeitungszeit kürzer ausfallen als bei Neueingestellten. Die Mobilität der Mitarbeiter wird gestärkt und ihre Motivation gefördert. Doch über die interne Beschaffung kann nicht jeder Personalbedarf gedeckt werden.

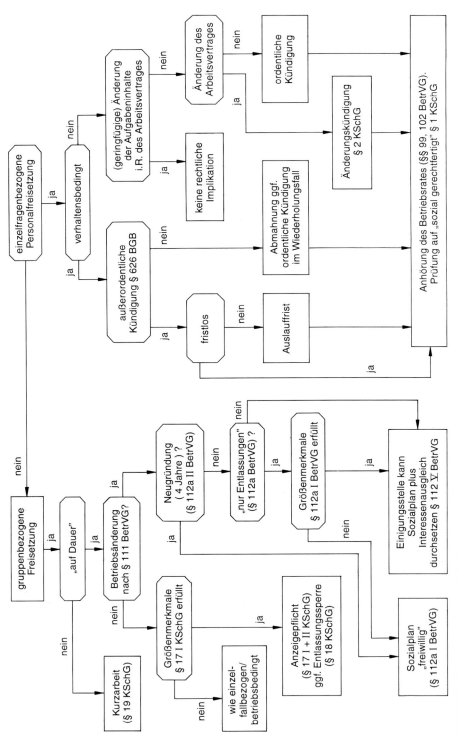

Bild P-12. Freisetzungen nach *Scholz*

534

Tabelle P-12. Gliederung des Arbeitsmarkts

Gruppierung	Gliederung

aus betrieblicher Sicht	– interne Beschaffungsmöglichkeit,
	– externe Potentiale,
	  ● offener Markt (Arbeitssuchende),
	  ● latenter Markt (Abwerbung u.a.),
	– regionale Angebote;

aus der Bewerbersicht	– primärer Arbeitsmarkt (sichere, begehrenswerte Arbeitsplätze)
	– sekundärer Arbeitsmarkt (unsichere, unattraktive Arbeitsplätze),
	  ● Teilzeitarbeit,
	  ● befristete Arbeitsverhältnisse,
	  ● Leiharbeit,
	  ● Scheinselbständigkeit;

aus der Sicht der Arbeitsverwaltung (Ordnungspolitik)	1. Arbeitsmarkt (nach Arbeitsförderungsgesetz AFG), 2. Arbeitsmarkt (Arbeitsbeschaffungsmaßnahmen ABM), 3. Arbeitsmarkt (Sozialhilfe).

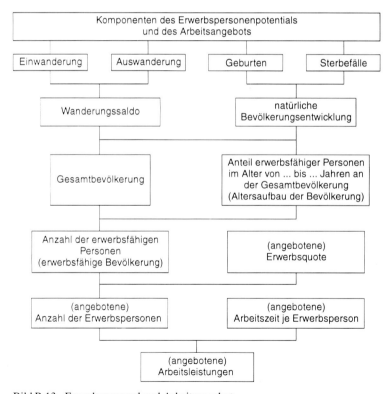

Bild P-13. Erwerbspersonal und Arbeitsangebot

Die *externe Personalbeschaffung* erstreckt sich zunächst einmal auf ein wesentlich größeres Potential. Sie unterliegt jedoch ganz bestimmten *Bedingungen* und Einflüssen. Das sind

- der *Arbeitsmarkt* in seiner vielfältigen Gliederung und fortdauernden Veränderung (Tabelle P-12);

- die Stellung des *Betriebs in der Region,* d. h. sein Einfluß im Ort oder Kreis, sein Image, die Konkurrenzsituation und andere Einflüsse;

- die Entwicklung des *Erwerbspersonals,* sein Potential und deren Einsatz im Vergleich zum Arbeitsangebot (Bild P-13). Diese Entwicklung vollzieht sich vor dem Hintergrund der demographischen Veränderungen. Die Altersstruktur in Deutschland zeigt einen enormen Rückgang des Anteils an jungen Menschen und damit ein Zunehmen von alten Menschen in der Bevölkerung. Die Alterspyramide bildet sich zur Pilzform (Bild P-14). Die Weiterbeschäftigung älterer Mitarbeiter wird damit nötig, ebenso auch die Einrichtung altersspezifischer Arbeitsplätze.

- die *staatliche Bildungspolitik* sowie der Wirkungsgrad der Bildungsmaßnahmen und zwar quantitativ von den Eintrittszeiten der jungen Menschen in den Arbeitsmarkt und qualitativ vom Eintrittsniveau;

- die öffentliche *Arbeitsmarktpolitik* (Bild P-15), die bei der zur Zeit großen Arbeitslosigkeit vor allem Möglichkeiten der Arbeitsplatzerhaltung und -beschaffung zu fördern hat, die wesentlich die Personalbeschaffung prägen;

- die *Analyse* der Beschaffungsmöglichkeiten, die den Arbeitsmarkt nach innen und außen umfaßt und die nötigen Führungsdaten zusammenträgt (Bild P-16).

Der externen Personalbeschaffung stehen verschiedene Wege zur Verfügung. Hervorgehoben seien hier die folgenden:

Persönliche Kontakte
Der Leiter oder Mitarbeiter des Unternehmens knüpft sie. Damit übernimmt der Beschaffer eine gewisse Bürgschaft für den Geworbenen.

Stellenanzeigen
Sie sind offen möglich, d. h., mit Angabe des Betriebs oder auch gedeckt, d. h. chiffriert, möglich. Für sie ist der Zeitpunkt, die Aufmachung und Gestaltung bedeutsam. Maßgeblich ist jedoch ihr Inhalt, der aus der Anzeige hervorgehen sollte (Tabelle P-13).

Personalleasing
Der Personalverleiher (-geber) schließt mit den Leiharbeitern Arbeitsverträge, die auch die Basis für die Tätigkeit bei der Personalleihfirma (-nehmer) sind (Bild P-17). Die Personalleihfirma ist auch für die Einhaltung bestimmter Rechte des Personals verantwortlich. Die zeitliche Begrenzung der Ausleihe ist für das Unternehmen, das sich Personal ausleiht, von erheblichem Vorteil, weil es darüber hinaus keine Verpflichtungen mehr hat.

Bewerbungen
Sie erreichen vor allem bei hoher Arbeitslosigkeit ein erhebliches Ausmaß. Deshalb ist die gründliche Auswertung der Bewerbungsunterlagen bedeutsam. Das betrifft

- Bewerbungsschreiben,
- Lebenslauf mit Bewerberfoto,
- Personalbogen,
- Schul- und Arbeitszeugnisse sowie
- Referenzen und evtl. Arbeitsproben.

536

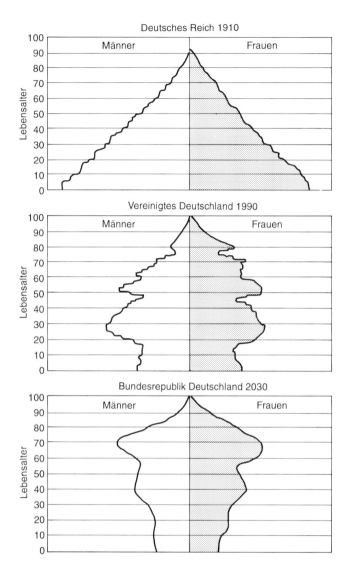

Bild P-14. Veränderung der Altersstruktur

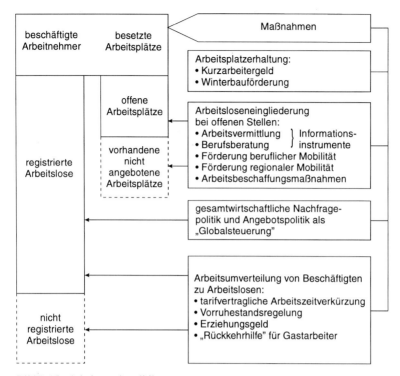

Bild P-15. Arbeitsmarktpolitik

Allein Ausdruck, Wortumfang und Satzbau in Bewerbungsschreiben bieten Anhaltspunkte für die Bewertung des Kandidaten. Sie geben einen Einblick in geistige Potentiale und Anhaltspunkte zu Charaktereigenschaften, die sich mit dem vergleichen lassen, was für die zu besetzende Stelle benötigt wird.

Zum Vergleich verschiedener Bewerbungsunterlagen bieten sich Auswertungsbogen an. In der Führungspraxis werden die jeweiligen Unterlagen nach Bewertungskriterien benotet, um so zu einem quantifizierten Urteil zu gelangen (Tabelle P-14). Das sind zweifellos Hilfsmittel, die eine Bewertung des Bewerbers erleichtern. Sie ersetzen keineswegs die qualitative Wertung, die aus persönlichen Gesprächen hervorgehen kann und Menschenkenntnis voraussetzt.

Die Auswertung von Beurteilungen und Zeugnissen setzt häufig die Kenntnis der Zeugnissprache voraus (Tabelle P-15). Viele Eigenschaften bzw. Leistungen werden nur umschrieben, um möglichen rechtlichen Auseinandersetzungen aus dem Wege zu gehen.

Die beiden Arten der Personalbeschaffung bieten damit vielfältige Wege und Möglichkeiten. Welche der beiden Arten im jeweiligen Bedarfsfall vorzuziehen ist, oder in welcher Weise beide Arten kombiniert zur Anwendung kommen, das hängt von den spezifischen Bedingungen ab. In jedem Fall haben beide Beschaffungsarten ihre *Vor- und Nachteile* (Tabelle P-16). In der Personalarbeit sind diese gegeneinander abzuwägen. Danach fällt die Entscheidung für die jeweilige Art und den dazu entsprechenden Weg.

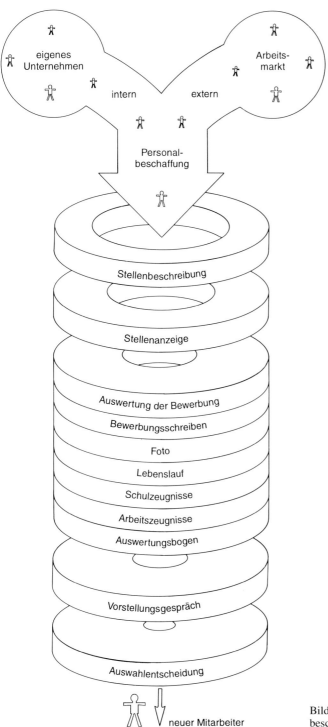

eigenes Unternehmen

Arbeits-markt

intern

extern

Personal-beschaffung

Stellenbeschreibung

Stellenanzeige

Auswertung der Bewerbung

Bewerbungsschreiben

Foto

Lebenslauf

Schulzeugnisse

Arbeitszeugnisse

Auswertungsbogen

Vorstellungsgespräch

Auswahlentscheidung

neuer Mitarbeiter

Bild P-16. Verlauf der Personal-beschaffung

Tabelle P-13. Inhalt einer Stellenanzeige nach *Olfert/Steinbuch*

Wir sind:	Aussagen über das Unternehmen *(Beispiele)*: Firmenname Firmenzeichen Branche Standort des Unternehmens Größe des Unternehmens Mitarbeiterzahl Führungsstil
Wir haben:	Aussage über die freie Stelle *(Beispiele)*: Ausschreibungsgrund Aufgabenbeschreibung Verantwortungsumfang Vertretungsmacht Entwicklungschancen
Wir suchen:	Aussagen über die Anforderungsmerkmale *(Beispiele)*: Berufsbezeichnung Vorbildung Ausbildung Kenntnisse Fähigkeiten Berufserfahrung persönliche Eigenschaften Alter
Wir bieten:	Aussagen über die Leistungen *(Beispiele)*: Hinweise auf Lohn- oder Gehaltshöhe Wohnungshilfe Fahrgeld (zuschuß) Sozialleistungen Betriebsklima gleitende Arbeitszeit
Wir bitten:	Nennung der Bewerbungsunterlagen (Beispiele): Bewerbungsschreiben Lebenslauf Zeugnisse Lichtbild persönliche Vorstellung

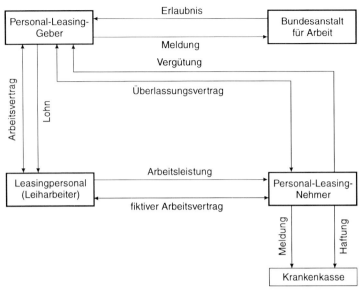

Bild P-17. Personalleasing nach *Oltmanns*

Tabelle P-14. Mögliche Form eines Auswertungsbogens

Auswertungsbogen							Stelle:						Datum:		
Name: geb.:															
Bewerbungs- unterlage	Bewertungs- kriterien	1	2	3	4	5	Bemerkung	1	2	3	4	5	Bemerkung		
Bewerbungs- schreiben															
Bewerber- foto															
Lebenslauf															
Schul- zeugnisse															
Arbeits- zeugnisse															
Gesamturteil 1 = sehr gut 2 = gut 3 = befriedigend 4 = ausreichend 5 = nicht ausreichend															

Tabelle P-15. Zeugnissprache

Formulierung	Bewertung
... stets vollste Zufriedenheit ...	sehr gute Leistungen
... stets volle Zufriedenheit ...	gute Leistungen
... volle Zufriedenheit ...	befriedigende Leistungen
... Zufriedenheit ...	ausreichende Leistungen
... im großen und ganzen zur Zufriedenheit ...	mangelhafte Leistungen
... hat sich bemüht ...	sehr mangelhafte Leistungen
... hat alle Arbeiten ordnungsgemäß erledigt ...	als Arbeitskraft ohne Initiative
... mit seinen Vorgesetzten gut zurechtgekommen ...	Mitläufer, der sich anpaßte
... bemühte sich, den Anforderungen gerecht zu werden ...	hat versagt
... hat sich im Rahmen seiner Fähigkeiten eingesetzt ...	hat getan was er konnte, aber nicht viel
... zeigte für seine Arbeit Verständnis ...	war faul und hat nichts geleistet
... galt als umgänglicher Kollege ...	war bei Kollegen nicht gern gesehen
... trug durch seine Geselligkeit zur Verbesserung des Betriebsklimas bei ...	neigte zu übertriebenem Alkoholgenuß

Tabelle P-16. Vergleich interner und externer Personalbeschaffung

interne Personalbeschaffung Vorteile	Nachteile
Betriebskenntnis,	begrenzte Auswahl,
schnelle Besetzungsmöglichkeit,	Fortbildungsaufwand,
geringe Beschaffungskosten,	Spannungen unter Mitarbeitern,
Mitarbeiterpotentiale sind bekannt,	Vernachlässigung, Sachentscheidungen,
Aufstiegschancen motivieren,	Betriebsblindheit,
Nachrücken des Nachwuchses,	Beförderungsautomatik,
Einhaltung Entgeltniveau,	Bedarf bleibt;
offene Personalpolitik;	

externe Personalbeschaffung Vorteile	Nachteile
größere Auswahl	Fluktuation,
Erneuerungspotential,	Probezeitrisiko,
objektivere Anerkennung,	fehlende Betriebskenntnis,
Bedarf ist gelöst.	fehlende Aufstiegswege,
	größerer Beschaffungsaufwand.

P 2.3. Personalentwicklung

Die Personalentwicklung vollzieht sich vor dem Hintergrund des Wertewandels gegenüber dem Personal und auch innerhalb desselben (Abschn. P 1.2). Personalentwicklung ist die *Umsetzung der Personalplanungen*. Mit ihr wird in Unternehmen eine Übereinstimmung zwischen dem Potential des Personals und dem Personalbedarf hergestellt. In der Regel richtet sich die Personalentwicklung somit auf die im Unternehmen bereits tätigen Mitarbeiter, also auf das *vorhandene personelle Potential*.

Personalentwicklung in Unternehmen ist in der Gegenwart aus verschiedenen Gründen *besonders aktuell;* denn

- die Arbeitsanforderungen unterliegen vielfältigen Veränderungen,
- die Erwartungen der Mitarbeiter an Entwicklungsmaßnahmen im Betrieb steigen mehr und mehr,
- bei vielen Führungskräften vollzieht sich ein positiver Einstellungswandel gegenüber dem Potential und
- die staatlich geförderte Qualifizierungsoffensive erhöht gleichermaßen die Meßlatte für betriebliche Maßnahmen.

Mit der Personalentwicklung im Unternehmen werden wirtschaftliche Ziele verfolgt. Sie sind gleichsam Voraussetzung für andere soziale Zielsetzungen. Damit geht es bei der Personalentwicklung meistens um Kostensenkungen und die Nutzung des Leistungspotentials der Mitarbeiter.

Die Personalentwicklung umfaßt ein ganzes System von Ansprüchen, Arbeitsphasen und Instrumenten (Bild P-18). Die maßgeblichen sind vor allem der Personaleinsatz, die Bewertung (Beurteilung) des Personals, seine Qualifizierung sowie weitere Motivierungen.

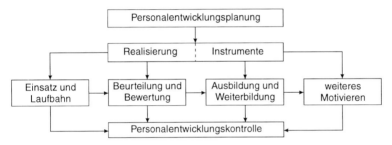

Bild P-18. System der Personalentwicklung

P 2.3.1 Personaleinsatz und Personalauswahl

Der Personaleinsatz stellt zweifellos das entscheidende Instrument der Entwicklung der Mitarbeiter dar. Dafür ist Menschenkenntnis besonders gefragt. Beim Einsatz der Mitarbeiter, dem Übertragen von Arbeitsaufgaben, gilt es doch, stets die individuellen Stärken und Neigungen bestmöglich für die Arbeitsleistungen zu nutzen. Mit anspruchsvollen Aufgaben wird gleichzeitig Verantwortung übertragen. Kompetenz wird gestärkt. Vorherrschend wenig anspruchsvolle Arbeitsaufgaben hemmen die Entwicklung des Leistungspotentials und damit auch das Selbstwertgefühl. Auf Dauer verringern zu geringe Anforderungen auch die Anpassungsfähigkeit des einzelnen. Das läßt sich dann auch mit Fortbildungsmaßnahmen nur noch begrenzt ausgleichen.

Für den wirkungsvollen Personaleinsatz sind drei *elementare Voraussetzungen* unverzichtbar. Das sind:

Das Arbeitssystem.
Seine Gestaltung und Entwicklung wird in Abschn. P 3 behandelt.

543

Das Leistungspotential.
Es besteht sowohl aus dem jeweils individuellen Potential des Mitarbeiters und dessen Leistungsbereitschaft sowie aus den Leistungsbedingungen, die von den Anforderungen an die Mitarbeiter und von der Personalführung geprägt sind (Bild P-19).

Die Personalführung.
Mit hohen Ansprüchen an das Personal, der nötigen Förderung und der gerechten Bewertung des Personals stärkt sie die Leistungsmotivation und macht somit den Personaleinsatz effizient. Die Personalführung schafft dadurch leistungsfördernde Bedingungen des Einsatzes der Mitarbeiter.

Diese Voraussetzungen schließen ein, daß einerseits die Arbeitsaufgabe genau festgelegt ist und andererseits das Leistungspotential des Mitarbeiters wirklichkeitsnah eingeschätzt wird.

> *Im Personaleinsatz geht es immer um die sinnvolle Verbindung der Arbeitsaufgaben mit den Leistungspotentialen der Mitarbeiter.*

Daraus folgt schon, daß die *Arbeitsaufgabe* nicht unabhängig vom Qualifikationspotential der Mitarbeiter bestimmt werden kann. Je qualifizierter die Mitarbeiter, desto komplexer die Aufgabenstellung. Andererseits sind bei der Gestaltung der Aufgaben auch Grenzen gesetzt, die nur mit finanziellen Verlusten überschritten werden können.

Die *Leistungspotentiale* der Mitarbeiter sind in der Leitungsarbeit oft sehr schwer zu ermitteln. Solche Fragen, wie

● reicht die Qualifikation für die Tätigkeiten,

● schafft die Arbeit dem Betreffenden Befriedigung,

● wird eine neue Aufgabe genügend beherrscht,

● können bisher brachliegende Fähigkeiten und Kenntnisse stärker zur Anwendung kommen

stellen sich dem Leiter. Er sucht nach Kriterien, die ihm dabei behilflich sind. Kriterien bieten sich in der Bewertung der Persönlichkeit des Mitarbeiters an, die wiederum zunächst ausgeprägte Menschenkenntnis verlangen.

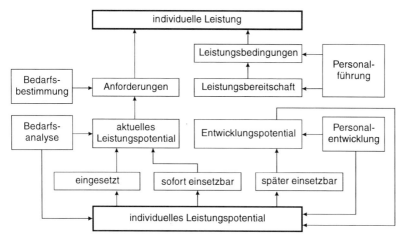

Bild P-19. Leistungsfaktoren und Personalführung

Aus allgemeinen, nicht auf die Arbeit bezogenen *Persönlichkeitsmerkmalen* läßt sich bereits ein relativ gesichertes Bild über die vorhandenen Leistungspotentiale herleiten (Tabelle P-17). Diese Tabelle kann in einer Werteskala für den Betreffenden erarbeitet werden. Damit wird eine grobe Fehleinschätzung vermieden. Stark ausgeprägte Eigenschaften lassen sich für den vorgesehenen Einsatz besonders berücksichtigen. Durch die Kenntnis schwach ausgeprägter Eigenschaften können Fehlbesetzungen verhindert bzw. vermindert werden, da die Personenkenntnis objektiver begründet ist.

Für den effizienten Personaleinsatz sind die *Fähigkeitsmerkmale* noch aussagefähiger (Tabelle P-18). Sie umfassen die speziellen Eignungen für Arbeitsaufgaben unter ganz bestimmten Bedingungen. Mitarbeitern, die über hohe Gedächtnisleistungen verfügen, aber kaum kreativ sind, lassen sich sicher viele Aufgaben in der Programmierung übertragen. In der Forschung sollten sie besser nicht eingesetzt werden. Mitarbeiter von extremer Pünktlichkeit und Exaktheit sind für die Abrechnung unentbehrlich; ob sie für Marketingaufgaben in Betracht kommen, ist zweifelhaft.

Mit Hilfe der Persönlichkeits- und Fähigkeitsmerkmale sind stark und schwach ausgeprägte Eigenschaften der Mitarbeiter deutlicher zu ermitteln. Damit ist ein Weg gewiesen, das Leistungspotential des einzelnen zu erfassen und demgemäß für den Einsatz, soweit wie irgend möglich, zu nutzen. Das gilt ganz besonders für Aufgaben, die ein hohes Maß an Kreativität erfordern.

Schöpferische Mitarbeiter sind gerade für Innovationsprozesse unbedingt nötig. Sie zeichnen sich durch Eigenschaften aus, die ebenso erfaßbar sind, wie allgemeine Persönlichkeitsmerkmale. Mit verschiedenen Versuchen sind sie sogar nach dem Grad ihrer Ausprägung zu ermitteln (Bild P-20). Die Erfassung der einzelnen Merkmale erfolgt auf einer Werteskala, die aus Tests und deren Bewertungen hervorgehen. Unkonventionelle Querdenker, die es bis zur originellen Idee beim Aufspüren von Problemen bringen und dazu noch Organisationsfähigkeit besitzen, sind für Innovationsprojekte die geeigneten Partner.

Für die zu treffende *Auswahl geeigneter Mitarbeiter* stehen heute zahlreiche Verfahren zur Verfügung, von denen die psychologischen Testverfahren besonders hervorgehoben werden (Tabelle P-19). Sie beziehen sich sowohl auf die gesamte Persönlichkeit als auch auf bestimmte Fähigkeiten. Je nachdem wie anspruchsvoll bzw. verantwortungsvoll die Aufgabe ist, erfolgt die Verwendung ganz spezieller oder sehr komplexer Testverfahren.

Neben den Testverfahren lassen sich *weitere Instrumente* verwenden, um die Personalauswahl vor groben Fehlurteilen zu schützen (Bild P-21). Das betrifft sowohl die Auswahl von Mitarbeitern aus dem Kreis der Bewerber, als auch die Auswahl für bestimmte Tätigkeiten aus dem Kreis der vorhandenen Mitarbeiter.

In jedem Fall sind diese Verfahren nur Hilfsmittel. Wirksamer Einsatz des Personals ist stets eine individuelle Aufgabe, die der Leiter nicht schematisch für alle oder viele gleich lösen kann. Sie bedingt vor allem Menschenkenntnis. Dazu gehört Offenheit, so daß jeder weiß, woran er ist. Nicht zuletzt ist der wirksame Personaleinsatz eine Daueraufgabe, die zielstrebig immer wieder neu zu lösen ist. Sind doch Ansprüche und Potentiale selbst stetiger Veränderung unterworfen.

P 2.3.2 Personalgespräch

Das Personalgespräch erweist sich in der praktischen Führungsarbeit als besonders geeignetes Arbeitsinstrument. Es wird neben dem Dienstgespräch und der Dienstbesprechung genutzt und erfüllt folgende *Funktionen:*

Tabelle P-17. Allgemeine Persönlichkeitsmerkmale

Ausdruck der Persönlichkeit	Merkmale
Selbstsicherheit	Eigenständigkeit
	Selbstbejahung
	Selbstbeherrschung
	Vorherrschaft
	Erfolgspotential
Sozialisation	Geselligkeit
	Verantwortlichkeit
	Anpassungsbereitschaft
	Toleranz
	Mitgefühl
Leistungspotential	Leistungswille
	Konzentrationskraft
	Lernfähigkeit
	Ausdauer
spezifisches Führungspotential	Arbeitsorientierung
	Weitblick
	Rationalität
	Intuition

Tabelle P-18. Systematik von Fähigkeitsmerkmalen

Kategorie	Beispiele
kenntnisbezogene Merkmale	
• Ausbildung	Beruf, akademischer Grad
Abschlüsse	
Fortbildung	Fachwirt, REFA, Sprachen
• Berufspraxis	Tätigkeiten
physische Merkmale	
• Zustand	Körpermaße, Behinderungen
• Fähigkeiten	Funktionstüchtigkeit
	Beweglichkeit
• Beanspruchbarkeit	
passiv	Klima, Lärm
aktiv	Kraft, Ausdauer
	Geschicklichkeit
psychische Merkmale	
• geistige Fähigkeit	Gedächtnisleistung
	Kreativität
• Arbeitsverhalten	
aufgabenbezogen	Pünktlichkeit, Exaktheit
personenbezogen	Hilfsbereitschaft, Anpassungsfähigkeit
• psychomotorische Fähigkeiten	Auge-Hand-Koordination
• psychische Belastbarkeit	Zeitdruck, Verantwortung

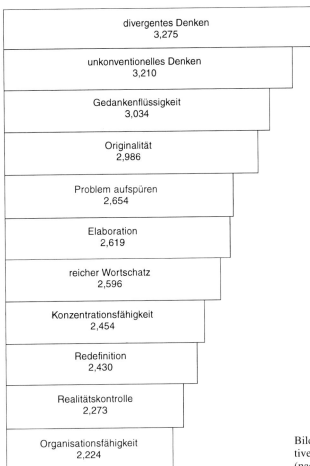

divergentes Denken 3,275	
unkonventionelles Denken 3,210	
Gedankenflüssigkeit 3,034	
Originalität 2,986	
Problem aufspüren 2,654	
Elaboration 2,619	
reicher Wortschatz 2,596	
Konzentrationsfähigkeit 2,454	
Redefinition 2,430	
Realitätskontrolle 2,273	
Organisationsfähigkeit 2,224	

Bild P-20. Typische Merkmale krea-
tiver Mitarbeiter nach *Nütten*
(nach Wichtungsfaktor)

- *Informationsaustausch* zwischen Vorgesetztem und Mitarbeiter über Entscheidungen, neue Aufgabenstellungen und die Erfüllung von Aufgaben.
- *Anerkennung und Kritik* durch den Vorgesetzten. Kritik sollte vor allem sachbezogen und ausgewogen vorgetragen werden. Andernfalls mindert sie die Leistungen. Dieser Grundsatz gilt auch bei Gesprächen, die der Personalauswahl dienen.
- *Beurteilung und Bewertung* von Leistungen, Leistungspotentialen und Entwicklungs-möglichkeiten, einschließlich Fördermaßnahmen, Einarbeitungen und dergleichen.

Personalgespräche führen

- der Personalleiter oder sein beauftragter Mitarbeiter,
- der Bereichs- oder Abteilungsleiter, der für den Mitarbeiter bzw. die Stelle zuständig ist und
- der unmittelbare Vorgesetzte.

Tabelle P-19. Klassifikation psychologischer Testverfahren nach *Briekenkamp*

Testarten	Testfeld
Persönlichkeitstest	
subjektive Tests	Persönlichkeitsfragebogen Interessen- und Neigungstests;
objektive Tests	Testbatterie nach Cattell apparative Verfahren z.B. zur Ermittlung von Lernkurven;
projektive Tests	Formdeuteverfahren, verbalthematische Verfahren, zeichnerische und gestalterische Verfahren;
Fähigkeitstests	
allgemeine Leistungstests	Aufmerksamkeitstest, Konzentrationstests, Willenseinsatztests;
Intelligenztests	allgemeine Intelligenztests, spezielle Intelligenztests;
spezielle Fähigkeiten	sensorische Fähigkeiten, motorische Fähigkeiten Einzelfunktionen des Bewegungsapparates.

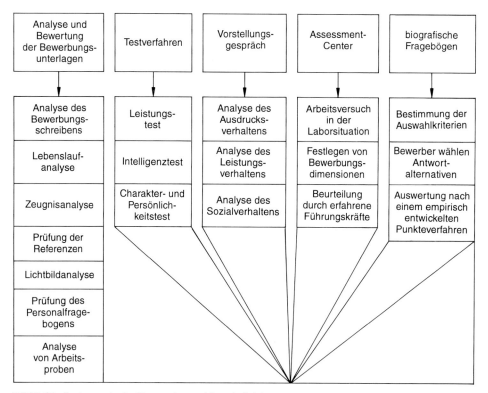

Bild P-21. Instrumente der Personalauswahl nach *Stieler*

Die *Gesprächsführung* erfolgt nacheinander, um die Urteilssicherheit zu erhöhen. Das gilt vor allem für Bewerbergespräche.

In der Führungspraxis werden bei den Gesprächen häufig *Fehler* gemacht. So erfolgt eine vorschnelle Bewertung oder die Äußerung von Zustimmung oder Ablehnung, bevor alle nötigen Informationen ausgetauscht wurden. Eine zu hohe Gesprächsaktivität des Gesprächsführers behindert einen ausreichenden Informationsaustausch. Die Gesprächsführung im Stil einer scharfen Prüfung, mitunter sogar mit Fangfragen, läßt den Bewerber verstummen. Er wird sich dann auf ein Minimum an Aussagen beschränken.

Diese Mängel begrenzen den Aussagewert der Gespräche bei Bewerbern und den Motivationswert bei Mitarbeitern. Bei schlecht vorbereiteten Gesprächen treten sie besonders deutlich in Erscheinung. Deshalb muß sich der Gesprächsführer für jedes Personalgespräch Zeit nehmen, um Personalentscheidungen zu fällen, die für die Firma von hohem Nutzen sind.

Der *Verlauf von Personalgesprächen* ist weitgehend von gründlicher Vorbereitung abhängig. Das betrifft die solide Leistungsbewertung, die gründliche Analyse der Bewerbungsunterlagen sowie das Einholen weiterer Informationen und nicht zuletzt die rechtzeitige Einladung des Mitarbeiters oder Bewerbers und eine förderliche Atmosphäre beim Gespräch.

Die Gesprächsführung sollte nach folgenden Regeln verlaufen:

Form
- Gespräch unter vier Augen,
- keine Amtsautorität hervorkehren,
- Unterbrechungen vermeiden,
- an Persönlichkeit des Beurteilten anpassen.

Inhalt
- Merkmale der Leistung bewerten (nicht die Merkmale der Person),
- ausgewogene Kritik vorbringen (keine schematische oder pauschale Kritik),
- gemeinsame Beratung zur Verbesserung der Arbeit, den Beurteilten aktiv einbeziehen, dessen Meinung hören,
- neue Ziele festlegen und Vertrauen ausdrücken.

Mit dem Gespräch verfolgt der Leiter immer das Ziel, Leistungspotentiale zu fördern, um sie besser zu nutzen. Also ist taktvolle Offenheit sicher auch die geeignete Art, Leistungsmotivation zu stärken.

Das Gespräch läßt sich in *mehrere Phasen* gliedern (Bild P-22). Neben der Auflockerung zur Beseitigung von Spannungen und dem Abschluß mit dem Résume geht es um die

- *Interviewphase,* in der der Gesprächsführer weitere Informationen zusammenträgt, vorhandene prüft und sich sein Urteil bildet;
- *Informationsphase* für den Mitarbeiter bzw. Bewerber, um über den vorgesehenen Auftrag oder Einsatz weitere Unterrichtung zu erhalten und
- *Verhandlungsphase,* in der die (neuen) Bedingungen der Arbeit zu klären sind.

Das Gespräch endet mit der Übereinkunft bzw. bei Bewerbern zumeist mit der Vereinbarung eines weiteren Gespräches (Tabelle P-20).

Für die *Interviewphase* empfiehlt sich eine präzise Analyse der (neuen) Arbeitsanforderungen sowie die weitgehende Standardisierung der Fragen und des Berichtes durch den

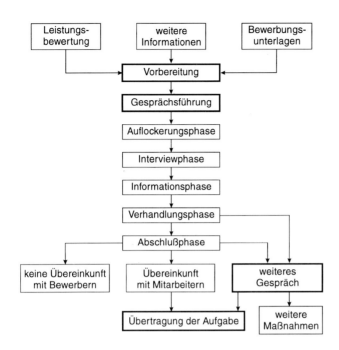

Bild P-22. Verlauf des Personalgesprächs

Tabelle P-20. Phasen des Vorstellungsgespräches

Phase	wesentlicher Inhalt
Begrüßung des Bewerbers	Vorstellung der Gesprächspartner, Dank für die Bewerbung, Begründung der Einladung, Versicherung der Vertraulichkeit;
Besprechung seiner persönlichen Situation	Herkunft, Elternhaus/Familie, Wohnort;
Besprechung seiner Entwicklung	schulischer Werdegang, berufliche Ausbildung, berufliche Tätigkeiten, berufliche Pläne, Weiterbildungspläne;
Information über das Unternehmen	Unternehmensdaten, Unternehmensorganisation, Arbeitsplatz;
Vertragsverhandlung	bisheriges Einkommen, erwartetes Einkommen, sonstige Unternehmensleistungen, Nebentätigkeiten;
Gesprächsabschluß	Hinweise auf weitere Zusage, Dank für das Gespräch.

Tabelle P-21. Frage und Lüge im Personalgespräch

	Offenbarungspflicht (von sich aus)	zulässige Frage und wahrheitsgemäße Beantwortung	unzulässige Frage und Verweigerungs- bzw. Lügerecht
Wettbewerbsverbot	ja	ja	nein
Schwerbehinderten-eigenschaft	wenn der Bewerber wegen der Behinderung die vorgesehene Arbeit nicht oder beschränkt leisten kann		
chronische Krankheiten		soweit für die Stelle von Bedeutung	wenn kein Einfluß auf vertragsgemäße Leistung
beruflicher Werdegang einschließlich Wehr- oder Zivildienst	nein	ja	nein
Schwangerschaft	nein	wenn nur weibliche Bewerberinnen in Betracht kommen	wenn sich auch Männer bewerben
letztes Einkommen		wenn es Schlüsse auf Eignung für angestrebten Posten zuläßt	wenn nicht aufschlußreich für die erforderliche Qualifikation
Vorstrafen	bei höherer Stellung, z.B. Lehrer mit Sittlichkeitsvorstrafen	soweit für Stelle von Bedeutung, z.B. Eigentumsdelikt bei Kassierer, Verkehrsdelikt bei Fahrer	
Vermögens-verhältnisse		zulässig bei Vertrauensstellungen	ja
Religions- und Parteizugehörigkeit	nein	ausnahmsweise konfessionelle Einrichtungen, religions- oder parteigebundene Verlage	(Ausnahme siehe vorangegangene Spalte)
Gewerkschafts-zugehörigkeit		allenfalls wegen Tarifbindung oder betrieblichem Beitragseinzug	
Heiratsabsicht		nein	ja

Gesprächsführer. Damit können die vielfältigen Faktoren, die speziell auf ein Auswahlinterview einwirken, besser erfaßt werden. Das gilt sowohl für den Mitarbeiter oder Bewerber als auch für den Gesprächsführer und die Gesprächssituation.

Personalgespräche unterliegen auch *rechtlichen Rahmenbedingungen.*
So sind im Prinzip nur arbeitsbezogene Fragen zulässig (Tabelle P-21). Grundsätzlich nicht erlaubt sind Fragen nach einer möglichen Schwangerschaft, nach der Konfessionszugehörigkeit, nach der ethnischen oder rassischen Abstammung sowie nach Gewerkschafts- oder Parteizugehörigkeit. Nicht erlaubt sind ebenso Persönlichkeitstests, die auf die Gesamtpersönlichkeit gerichtet sind und den jeweiligen Arbeitsanspruch überschreiten. Die Offenbarungspflicht geht aus dieser Tabelle hervor.

P 2.3.3 Personalqualifizierung

Die ständige Hebung des *Qualifikationsniveaus* der Mitarbeiter ist maßgebliche Voraussetzung für die Entwicklung ihres Leistungspotentials. Sie ist heute in vielen Unternehmen zu einer selbstverständlichen Führungsaufgabe geworden. Mit ihr sind nicht nur Führungskräfte oder Hochschulabsolventen erfaßt, sondern gleichermaßen Beschäftigte mit geringerer Qualifikation.

Die notwendigen Maßnahmen richten sich dabei zumindest auf folgende Dimensionen (Bild P-23):

- *Persönliche Qualifizierung.* Sie zielt auf alle Ansprüche an die Entfaltung der Persönlichkeit, unabhängig von der jeweiligen beruflichen Tätigkeit.

- *Fachliche Qualifizierung.* Sie dient vor allem der Erweiterung der beruflichen Kenntnisse und Fähigkeiten und damit der beruflichen Disponibilität.

- *Betriebliche Qualifizierung.* Mit ihr wird auf die wirksame Ausübung ganz bestimmter Arbeitsaufgaben vorbereitet. Sie ist direkt tätigkeitsbezogen.

Langfristig orientierte Personalqualifizierung ist darauf gerichtet, diese verschiedenen Dimensionen in ihren Wechselbeziehungen zu erfassen.

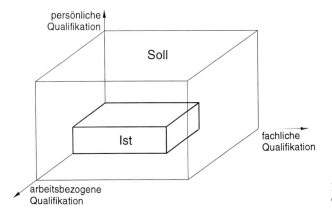

Bild P-23. Dimensionen der Qualifikation

Die Qualifizierung des Personals ist Personalentwicklung im engeren Sinne. Ihr *Ziel* besteht

- in der *Erhaltung* des vorhandenen Qualifikationspotentials, seine Aktualisierung und Spezialisierung einerseits. Dazu dienen vielfältige, vorrangig kurzzeitige Bildungsmaßnahmen, wie Computerkurse für neue Rechner, andere Anwenderschulungen oder Kurse, die auf neue Verfahren vorbereiten.

- in der *Erhöhung* des gegebenen Qualifikationspotentials, seine deutliche Stärkung. Dazu sind vorrangig langzeitige Bildungsmaßnahmen in unterschiedlichen Formen bestimmt, wie Fachwirtfortbildung, Führungskräftelehrgänge oder Fernkurse.

Die Personalqualifizierung dient damit der ständigen Erhaltung und Erweiterung des Leistungspotentials der Mitarbeiter.

Die *betriebliche Bildung* wird im Rahmen des dualen Bildungssystems durch öffentliche Bildungsmaßnahmen vorbereitet und begleitet, d.h. ergänzt. Sie umfassen zwei große Bereiche:

Ausbildung. Sie erfolgt für Auszubildende entweder in eigenen oder überbetrieblichen Lehrwerkstätten, die von mehreren Unternehmen, von Innungen, Kammern oder Gewerkschaften getragen werden. Für die Ausbildung im Betrieb regelt das *Berufsbildungsgesetz*

- die Bedingungen für die Eignung des Unternehmens als Ausbildungsstätte,

- die Anforderungen an die Eignung der Ausbilder, d.h. den Nachweis der Ausbildereignung und

- die Eignung der Auszubildenden in einem der zugelassenen Ausbildungsberufe, die immer mehr mit Spezialisierungen in einer zweiten Stufe verbunden werden (Bild P-24).

Die Ausbildung im Betrieb geht über die praktischen Unterweisungen im jeweiligen Beruf hinaus. Sie kann ebenso den Ergänzungsunterricht umfassen, der obligatorisch für alle Auszubildenden im Unternehmen erteilt wird, oft in Kooperation zwischen mehreren Unternehmen. Schließlich fällt in die Ausbildung auch das Praktikum von Studenten, die diese Ausbildungsphase in Unternehmen absolvieren und nach einem festen Programm die Betriebspraxis erlernen.

Weiterbildung. Der Weiterbildung obliegen verschiedene Aufgaben. Die wichtigsten sind

- Anpassungsfortbildung, die zur Beherrschung veränderter Arbeitsanforderungen nötig ist, sie umfaßt auch die berufliche Reaktivierung;

- Umschulung in neue Berufe oder für andere berufliche Tätigkeiten bei Umstrukturierungen, die mit dem Wegfall bisheriger Beschäftigungen verbunden sind sowie

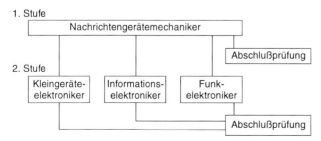

Bild P-24. Stufenausbildungsberufe

553

● Höherqualifizierung, auch Aufstiegsfortbildung genannt, die eine breite Palette von Maßnahmen des Betriebes, des Mitarbeiters und auch außerbetriebliche Einrichtungen umfaßt.

Die Weiterbildung erweist sich damit als ein unbegrenztes System vielfältiger Möglichkeiten, das sowohl individuell durch die Mitarbeiter als auch aus Betriebsinteresse durch die Unternehmen gestaltet, gefördert und genutzt werden muß.

Die Planung und Gestaltung der Personalqualifizierung ist ein wesentlicher Teil der Personalplanung und der Personalführung überhaupt. Für die unterschiedlichen Maßnahmen sind jeweils mehrere Planungsaktivitäten nötig. Das zeigen die *Komponenten der Bildungsplanung* (Bild P-25). Sie umfassen

● die vom *Bildungsbedarf* ausgehenden *Ziele* und *Inhalte,* die auch jeweils unter Beachtung der Vorbildung, der Erfahrungen und des Alters der Teilnehmer zu spezifizieren sind;

● die Wahl der geeigneten Formen, *Methoden* und *Medien* (Tabelle P-22). Sie ist wiederum von der Art der Qualifizierung, den Teilnehmern und anderen Bedingungen abhängig. Als eine sehr wirksame Methode erweisen sich in verschiedenen Bildungsformen die *Fallspiele*. Sie demonstrieren am konkreten Fall den Grad der Kenntnisaneignung, die unmittelbar mit der Fähigkeit zur Wissensanwendung verbunden wird.

● die Auswahl und Vorbereitung der *Lehrkräfte* und – möglichst mit ihnen – die Wege der Erfolgskontrolle sowie

● den Verlauf der Maßnahme, ihre *Organisation* und wirtschaftliche Bewertung.

Diese Komponenten sind alle mit – zum Teil erheblichen – Aufwendungen verbunden. Sie verursachen Kosten, die auch für Bildungsmaßnahmen nach verschiedenen *Kostenarten* gegliedert erfaßt werden (Tabelle P-23). Diese Unterteilung verdeutlicht, in welchem Umfang Bildungsleistungen innerhalb des Unternehmens (interne Kosten) oder außerhalb (externe Kosten) erbracht wurden.

Die nochmalige Unterteilung der *internen Kosten* nach Maßnahmen außerhalb des Arbeitsplatzes oder am Arbeitsplatz läßt für die Unternehmensführung

● die vielfältigen Möglichkeiten der Qualifizierung des Personals und

● die unterschiedlichen Aufwendungen für verschiedene Maßnahmen

erkennbar werden.

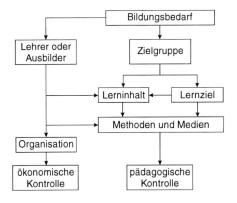

Bild P-25. Komponenten eines betrieblichen Bildungssystems

Tabelle P-22. Formen und Methoden der betrieblichen Bildung

Methoden der Bildung am Arbeitsplatz (training on the job)	Methoden der Bildung außerhalb des Arbeitsplatzes (training off the job)
Anleitung durch den Vorgesetzten	Vorlesungsmethode (Lehrvortrag, Referat)
planmäßige betriebliche Unterweisung	programmierte Unterweisung
Beratung mit Spezialisten	Selbststudienprogramm
Personaleinsatz als Assistent (Nachfolger, Stellvertreter)	Konferenzmethode
Betrauung mit Sonderaufgaben (developmental assignment, special assignment)	Kreativitätstraining
Job-rotation (geplanter Arbeitsplatzwechsel)	Fallstudien
Trainingsprogramm	Planspiel
Junior-Vorstand und Juniorenfirma	Rollenspiel

Tabelle P-23. Kostenarten im Bildungsbereich

Kosten externer Bildungsmaßnahmen	Kosten interner Bildungsmaßnahmen außerhalb des Arbeitsplatzes	Kosten interner Bildungsmaßnahmen am Arbeitsplatzes
Seminargebühren,	Honorare und Reisespesen externer Referenten,	Kosten für die Unterweisung oder Unterrichtung der Mitarbeiter durch den Vorgesetzten
Reise- und Aufenthaltskosten,	anteilige Gehälter interner Referenten,	Kosten für ausgefallene Arbeitszeit
Kosten für ausgefallene Arbeitszeit der Bildungsteilnehmer,	Raum- und Lehrmittelkosten,	Kosten für Minderleistungen (Opportunitätskosten)
Kosten für Minderleistungen (Opportunitätskosten),	Kosten für ausgefallene Arbeitszeit der Seminarteilnehmer	anteilige Verwaltungskosten der Personalabteilung.
anteilig zu verrechnende Verwaltungskosten der Personalabteilung.	Kosten für Minderleistungen (Opportunitätskosten),	
	anteilige Verwaltungskosten der Personalabteilung.	

Die Personalqualifizierung ist letztlich ein vielschichtiger Prozeß. Sie enthält bedeutende Möglichkeiten der Erhöhung des Leistungspotentials, die jedoch ebenso Kosten erzeugen. Zwischen den unterschiedlichen Formen und Methoden ist damit auch aus wirtschaftlichen Gründen gründlich abzuwägen.

P 2.3.4 Personalmotivation

Die bisher behandelten Instrumente der Personalentwicklung ließen bereits ihre Wirkung auf die Motivation deutlich hervortreten. Positiven Einfluß auf die Arbeitsleistung haben

- der *Arbeitseinsatz,* der weitgehend mit den Fähigkeiten übereinstimmt und dem Mitarbeiter in der Arbeit das abfordert, was er leisten kann;
- die *Personalgespräche* und Besprechungen, die dem Mitarbeiter das Gefühl gerechter und würdiger Behandlung vermitteln;
- die *Bildungsmaßnahmen,* die geeignet sind, das Leistungspotential des Mitarbeiters zu stärken.

Motivieren erfolgt somit bereits mit dem bisher betrachteten Instrumentarium. Die Personalmotivation ist jedoch vielfältiger und hat die ganze Pyramide von Bedürfnissen für das Erreichen hoher betrieblicher Leistungen zu nutzen (Maslowsche Bedürfnispyramide, Abschn. N 3.1).

Die Personalmotivation zielt auf zwei Entscheidungen:

- Die *Teilnahmeentscheidung.* Dahinter verbergen sich Motive, die den Menschen dazu bewegten, in das Unternehmen einzutreten sowie weiterhin in ihm tätig zu sein.
- Die *Leistungsentscheidung.* Das sind die Motive für die jeweilige Arbeitsleistung, ihre Menge und Qualität.

Für den Leiter sind die Antworten auf diese Fragen maßgeblich. Über die Personalmotivation wird doch ein größerer Leistungszuwachs erzielt als durch die zumeist nur langfristig erreichbare Entwicklung der Fähigkeiten (Bild P-26). Deshalb lohnt es sich, die Motive genauer zu analysieren und zu nutzen.

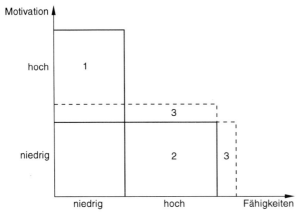

Bild P-26. Leistung durch Motivation und Fähigkeiten

Tabelle P-24. Faktoren der Leistungsmotivation

Gruppen (Reihenfolge ohne Wertung)	Faktoren (Reihenfolge ohne Wertung)
Motivatoren	Leistungserfolg, Anerkennung der Leistung, Selbstbestätigung, Inhalt der Arbeit, Arbeitsplatzsicherheit, Arbeitsentgelt, Karriere, Entfaltungsmöglichkeiten;
Förderfaktoren	Unternehmensimage, Führungsstile, Arbeitsorganisation, Beziehungen in der Arbeitsgruppe, weitere Arbeitsbedingungen, Sozialstatus, Privatleben.

Motive zur Arbeit und zu ganz bestimmten Leistungen existieren sehr vielfältig (Tabelle P-24). Zu den unmittelbar wirkenden Motiven, den *Motivatoren,* zählen heute in hohem Maße die Arbeit selbst, die Möglichkeit, sich in ihr zu verwirklichen und dort eine soziale Anerkennung zu finden. Das gilt besonders ausgeprägt für Mitarbeiter in anspruchsvollen Berufen und Tätigkeiten. Mit der Förderung dieser Motive folgen Führungskräfte dem positiven Menschenbild (Abschn. P 2.4). Sie stärken das soziale Wesen der Mitarbeiter und damit diejenigen ihrer Eigenschaften, die vor allem das Menschsein ausmachen. Dafür ist die Arbeit das günstigste Feld und durch nichts ersetzbar. Deshalb ist Arbeitslosigkeit auch eine grausame soziale Geisel. Neben den Motivatoren wirken weitere Faktoren, wie das Betriebsklima, die sozialen Beziehungen, aber auch ganz individuelle Vorgänge, die aus dem Privatleben des einzelnen herrühren und die Arbeit beeinflussen.

Die *Wertung der Motive* ist sehr unterschiedlich. Selbst unter Motivationsforschern geht die Rangordnung der einzelnen Motive weit auseinander (Tabelle P-25), weil die jeweiligen Motive bei jedem Mitarbeiter unterschiedlich *gewichtet sind.* Das soweit zu erfahren, wie es zum Motivieren für Arbeitsleistung bei jedem Mitarbeiter nötig ist, bleibt der Menschenkenntnis des jeweiligen Leiters überlassen. Dazu sind die anderen Instrumente der Personalentwicklung zielstrebig einzusetzen.

Die *Differenzierung der Motive* des einzelnen kann zunächst einmal in zwei Gruppen vorgenommen werden. Das sind die materiellen und die ideellen. Demzufolge sind auch die Anreize in diesen beiden Richtungen zu nutzen (Bild P-27).

Monetäre Anreize:
Sie lassen sich leicht messen und auch relativ schnell verändern. Zu dem Arbeitsentgelt zählen vor allem Sozialleistungen. Wirksamer lassen sich häufiger noch Erfolgsbeteiligungen einsetzen, die nach ganz bestimmten Grundlagen zu gestalten sind (Bild P-28).

Nichtmonetäre Anreize:
Sie sind wesentlich schwerer meßbar und auch kaum schnell zu verändern. Ihre Wirkung ist langzeitgebunden. Mit diesen Anreizen lassen sich auch Problemsituationen überwin-

Tabelle P-25. Rangfolgen von Motiven

Motivforscher	Motive
nach *Maslow:*	Selbstverwirklichung, Anerkennungsbedürfnis, soziale Bedürfnisse, Sicherheitsbedürfnisse, physiologische Bedürfnisse;
nach *Herzberg:*	Arbeit selbst, Verantwortung, Beförderung, Beziehungen zu Vorgesetzten, Untergebenen und Mitarbeitern, Sicherheit, Arbeitsbedingungen, Gehalt;
nach *McCleeland:*	Leistungsstreben, Machtstreben, Zugehörigkeitsstreben, Vermeidungsstreben.

Bild P-27. Gliederung der Anreize zur Arbeitsleistung

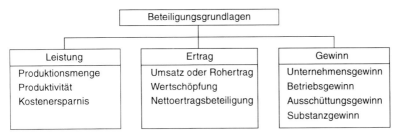

Bild P-28. Kriterien der Erfolgsbeteiligung

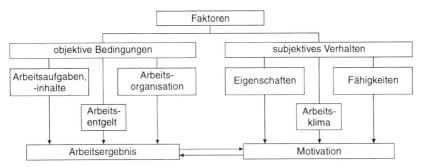

Bild P-29. Faktoren der Arbeitszufriedenheit

den, für welche die monetären nicht immer ausreichen. Lange Betriebszugehörigkeit und hohe Arbeitszufriedenheit sind starke Motivatoren.

Die Personalmotivation konzentriert sich damit in starkem Maße auf *Arbeitszufriedenheit* im weitesten Sinne (Bild P-29). Das betrifft die materiellen Bedingungen und damit auch den Einsatz monetärer Anreize. Nicht minder wirken darauf Verhalten des einzelnen und die Beziehungen der Mitarbeiter zueinander, aber auch zum Leiter. Die Faktoren für die Arbeitszufriedenheit zu fördern, bringt gleichsam stärkere Motivation hervor.

P 2.4 Personalbeurteilung

Die Personalbeurteilung ist ein unverzichtbares Führungsinstrument mit den Zielen:

- *Entscheidungsgrundlagen* zu schaffen für Vergütung, Beförderung, Versetzungen oder auch für die Beendigung von Arbeitsverhältnissen;

- Voraussetzungen der *Personalentwicklung* zu verbessern, insbesondere zur Beratung der Mitarbeiter bezüglich Bildungsmaßnahmen, der wirksamen Nutzung der Leistungspotentiale und ihrer periodischen Bewertung;

- Hebung des Wirkungsgrades der *Führungstätigkeit* durch intensive Kommunikationsbeziehungen, die Offenlegung bestimmter Teile der Personalarbeit und die Befriedigung von Informationsbedürfnissen.

Beurteilungen sind ein unentbehrliches Führungsinstrument für

- den Personaleinsatz,
- die Entgeltermittlung,
- die Personalentwicklung und speziell
- die Leistungsmotivation.

Ein Leiter, der sich einer offenen Bewertung realer Leistungen der Mitarbeiter entzieht, kann keine wahrheitliche Beurteilung abgeben.

Die Personalbeurteilungen unterscheiden sich vor allem nach Umfang, Systematik und Regelmäßigkeit. Die Wahl der jeweiligen Art ist davon abhängig, welcher Zweck mit der jeweiligen Beurteilung verfolgt wird. Bei der Entgeltermittlung kann nur die erbrachte Leistung zählen. Beurteilungen zum Zwecke der Entwicklung in Führungspositionen müssen dagegen die ganze Persönlichkeit in die Bewertung einbeziehen. Der jeweilige Gegenstand der Beurteilung entscheidet damit über die Verwendung der Beurteilungsart.

Den Führungskräften stehen für Beurteilungen mehrere Methoden zur Verfügung (Bild P-30). Diese Methoden haben jedoch *Ansprüchen* standzuhalten. Das sind

- *Objektivität,* d.h. die zuverlässige Bewertung wirklicher Leistungen, Potentiale, Eigenschaften;
- *Gültigkeit,* d.h. die Bewertung auch in ihrer Veränderlichkeit und Überprüfbarkeit;
- *Bedingungsgleichheit,* d.h. die reale Vergleichbarkeit zwischen den verschiedenen zu Beurteilenden, die Verwendung gleicher Leistungsmaßstäbe, die durch die Standardisierung der Beurteilung erleichtert wird.

Zu den Beurteilungsmethoden gehört vor allem die Verwendung von *Beurteilungskriterien.* Sie lassen sich schematisieren bzw. auch in mehr oder weniger ausführlichen Tabellen erfassen. Hierbei geht es um ganz bestimmte Potentiale des Betreffenden (Tabelle P-26). Darüber hinaus lassen die verschiedenen Kriterien eine Gewichtung zu. Ihre Rangfolge bzw. ihr Einfluß können damit unterschiedlich erfaßt werden (Tabelle P-27). In dem Beispiel sind für Führungskräfte vor allem qualitative Eigenschaften hervorgehoben.

Für die *Persönlichkeitsbeurteilung* ist das Menschenbild, das in der Personalführung dominiert, von maßgeblichem Einfluß (Tabelle P-28). Die Gegenüberstellung pessimistischer und optimistischer Grundauffassungen vom Menschen zeigt bereits, wie verschie-

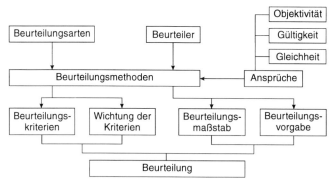

Bild P-30. Beurteilungsmethoden

Tabelle P-26. Nutzung der Beurteilungskriterien nach *Olfert/Steinbruch*

Beurteilungskriterium	Häufigkeit der Nutzung %
Fachkenntnisse	80
Fleiß und Arbeitseinsatz	74
Verhalten gegenüber Vorgesetzten und Mitarbeitern	72
Zuverlässigkeit	64
Arbeitsqualität	62
Belastbarkeit	58
Ausdrucksfähigkeit	54
Arbeitstempo	54
Organisations- und Planungsvermögen	48
Verantworungsbereitschaft	45

Tabelle P-27. Beispiel einer Kriteriengewichtung

Kriterien für das Führungspersonal	Gewichtung
Qualität der Leistung	2
berufliches Können	1
Verantwortungsbewußtsein	1
Führungsqualitäten	2
Dispositionsfähigkeit	1
Rationalisierungserfolge	1

Tabelle P-28. Menschenbilder

pessimistische Menschenbilder	optimistische Menschenbilder
Machiavelle (1469–1527) Der Mensch ist undankbar, heuchlerisch, gewinnsüchtig	*Locke (1632–1704)* Der Mensch ist vernünftig, neigt zur Kooperaton und gegenseitigen Unterstützung
Hobbes (1588–1679) Der Mensch begehrt Prestige, Macht und materielle Güter	*Neo-Freudianer (Sullivan, Fromm, Horney)* Der Mensch strebt nach Befriedigung von Bedürfnissen und zwar gemeinsam mit anderen; situative Faktoren beeinflussen sein Potential
A. Smith (1723–1790) Der Mensch ist selbstsüchtig, egoistisch	*Mayo (1880–1949)* Der Mensch ist ein soziales Wesen: als Guppenmitglied entwickelt er gemeinsames Verhalten gegenüber der Umwelt
Darwin (1809–1882) *Spencer (1820–1903)* Nur die Stärksten obsiegen im Kampf	*Maslow (1908–1970)* *McGregor (1906–1964)* Der Mensch verfügt über eine Hierarchie von Bedürfnissen; befriedigte Bedürfnisse motivieren nicht.
S. Freud (1856–1939) Der Mensch ist von Natur aus primitiv, wild und böse	
F. W. Taylor (1856–1915) Der Mensch ist wie ein Teil einer Maschine: er ist faul, egoistisch, muß kontrolliert werden.	

Tabelle P-29. Das Bild vom Mitarbeiter in drei Managementmodellen nach *Hopfenbeck*

traditionelles Modell	Human Relations Modell	Human Ressources Modell
	Annahmen	
Menschen verabscheuen die Arbeit	Menschen wollen sich als bedeutend und nützlich empfinden	Menschen wollen sinnvolle Ziele und daran mitwirken
Lohn ist wichtiger als die Arbeit selbst	Menschen benötigen Anerkennung, Arbeitsmotivation ist wichtiger als Geld	Die meisten Menschen könnten viel kreativiere und verantwortungsvollere Aufgaben übernehmen
Nur wenige können Kreativität, Selbstbestimmung und Selbstkontrolle ausüben		
	Empfehlungen an den Manager	
Untergebene eng überwachen und kontrollieren,	jedem Arbeiter ein Gefühl der Nützlichkeit und Wichtigkeit geben	Anlagen und Qualitäten der Mitarbeiter nutzen
Aufgaben in einfache, repetitive Schritte aufteilen,	Mitarbeiter gut informieren, auf ihre Einwände hören,	Atmosphäre schaffen, in der Mitarbeiter sich voll entfalten können
detaillierte Arbeitsanweisungen entwickeln und durchsetzen;	Mitarbeitern Gelegenheit zur Selbstkontrolle bieten,	Mitbestimmung praktizieren, Fähigkeit zur Selbstbestimmung und -kontrolle entwickeln;
Gedächtnis Geduld gesellschaftliches Engagement Handwerkliches Geschick Hilfsbereitschaft Humor	Pünktlichkeit Realitätssinn Risikobereitschaft Sachlichkeit schauspielerische Fähigkeiten Schlagfertigkeit	Zielstrebigkeit Zuverlässigkeit

denartig Beurteilungen des gleichen Menschen ausfallen müssen, wenn sie von Anhängern dieser beiden Menschenbilder angefertigt werden.

Die beiden grundlegenden Einstellungen zum Menschen haben unmittelbare Auswirkungen auf das *Mitarbeiterbild* in den jeweiligen Führungsmodellen (Tabelle P-29). Das traditionelle Modell folgt dem pessimistischen Menschenbild. Es gibt dem Leiter Empfehlungen, die auf streng geregelte, einfache, unselbständige Arbeit hinauslaufen. Das ist keine moderne Personalführung; denn Motivation wird nur auf Geldverdienen reduziert und anspruchsvolle Arbeit findet hier keinen Platz. In der zeitgemäßen Personalführung wird der Mitarbeiter geachtet, gefordert und zu hoher Selbständigkeit gedrängt. Dadurch lassen sich Leistungspotentiale freisetzen.

Die wirksame Nutzung des progressiven Mitarbeiterbildes fußt auf der gründlicher Analyse der Eigenschaften und Fähigkeiten. Dafür bietet sich das *Polaritätsprofil* an (Bild P-31, Abschn. H 4.2.2), mit dem sich ganz bestimmte Eigenschaften quantitativ er-

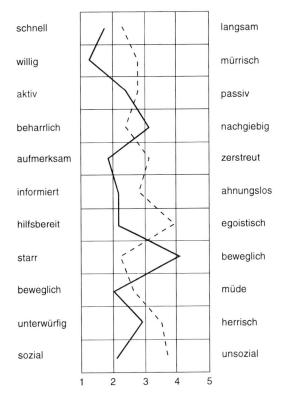

	1	2	3	4	5	
schnell						langsam
willig						mürrisch
aktiv						passiv
beharrlich						nachgiebig
aufmerksam						zerstreut
informiert						ahnungslos
hilfsbereit						egoistisch
starr						beweglich
beweglich						müde
unterwürfig						herrisch
sozial						unsozial

Bild P-31. Beispiel für das Polaritätsprofil des sozialen Verhaltens

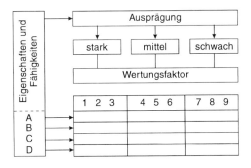

Bild P-32. Stärke-Schwächen-Analyse

fassen lassen. Verschiedene Paare gegensätzlicher Attribute werden gegenübergestellt und durch einen Linienring miteinander verbunden. Das Vergleichsprofil idealer Eigenschaften läßt danach auch eine Wertung zu.

Neben der Persönlichkeitsbeurteilung kommt der *Leistungsbeurteilung* eine ganz spezifische Funktion zu. Sie setzt auf die Bewertung der Leistungspotentiale des Mitarbeiters und ihren Einsatz. Sie besteht aus folgenden drei Beurteilungen:

563

Tabelle P-30. Mögliche Eigenschaften und Fähigkeiten (nach alphabetischer Gliederung)

Abstraktionsvermögen	Improvisationstalent	schriftstellerische Fähigkeiten
Allgemeinwissen	Intelligenz	Selbständigkeit
analytisches Denkvermögen	Intuition	Selbstbeherrschung
Anpassungsfähigkeit	Kombinationsgabe	Selbstbewußtsein
Anspruchsdenken	Kommunikationsfähigkeit	Selbstdisziplin
Aufgeschlossenheit	Kompromißfähigkeit	Selbstkritik
Auftreten	Konsequenz	Selbstsicherheit
Ausdauer	Kontaktfähigkeit	Sensibilität
Ausdrucksfähigkeit	Konzentrationsfähigkeit	Sorgfalt
Ausgeglichenheit	Kooperationsfähigkeit	Spontanität
Begeisterungsfähigkeit	Kreativität	Sprachkenntnisse
Belastbarkeit	Kritikfähigkeit	sprachliche Fähigkeiten
Beobachtungsgabe	künstlerische Fähigkeiten	strategisches Denken
Detailtreue	Leistungsbereitschaft	systematisches Denkvermögen
diplomatisches Geschick	Lernbereitschaft	Tatkraft
Durchhaltevermögen	logisches Denkvermögen	Teamfähigkeit
Durchsetzungsvermögen	Loyalität	technisches Verständnis
Dynamik		Toleranz
Eigeninitiative	Mobilität	Überzeugungsvermögen
Einfühlungsvermögen	Mut	Umgang mit Geld
Einsatzbereitschaft	Optimismus	Umgang mit Menschen
Entscheidungsfreude	organisatorische Fähigkeiten	Umgang mit Zahlen
Entscheidungsfähigkeit	pädagogisches Geschick	Umgang mit der Zeit
Fachkenntnisse	Phantasie	Verantwortungsbewußtsein
Fleiß	planerische Fähigkeiten	Verhandlungsgeschick
Flexibilität	positives Denken	verkäuferische Fähigkeiten
Frustationstoleranz	praktische Intelligenz	Verschwiegenheit
Führungsfähigkeit	Problemlösungsfähigkeit	Vitalität

- Die *Potentialbeurteilung* bewertet vor allem das, was der Mitarbeiter bereits kann.
- Die *Leistungsbewertung* schätzt ein, wie er seine gegenwärtigen Potentiale einsetzt bzw. eingesetzt hat.
- Die *Entwicklungsbeurteilung* deckt auf, inwieweit die vorhandenen Potentiale weiter gestärkt werden können.

Dem Führungspersonal stehen weitere Beurteilungsverfahren zur Verfügung, um das vielfältige Geflecht von Eigenschaften und Fähigkeiten zu erfassen.

Die *Stärke-Schwächen-Analyse* bietet sich dafür an (Bild P-32). Die gewünschten Eigenschaften und Fähigkeiten werden in ihrer jeweiligen Ausprägung erfaßt und nach Leistungsfaktoren auch noch weiter differenziert. Dafür kann eine umfangreiche Skala von Eigenschaften und Fähigkeiten herangezogen werden. Wegen des Aufwands wird man sich auf die besonders gefragten Positionen beschränken, also eine Auswahl vornehmen (Tabelle P-30). Eine spezifische Form der Stärke-Schwächen-Analyse bietet sich mit dem *Beurteilungsbogen* an (Bild P-33). Auch hier lassen sich ganz bestimmte Eigenschaften und Fähigkeiten auswählen, die in die Fünf-Punkte-Skala einzutragen sind. Mögliche Auswertungen zeigt Abschn. H 4.2.2. Beurteilungen sind schließlich immer mit einem *Beurteilungsgespräch* verbunden (Abschn. P 2.3.2).

Bild P-33. Beurteilungsbogen nach *Scholz*

Bewertungsbogen für Gruppenmitglied Nr. _____ / _____ in Gruppe _____

1. Sucht Konsens ◄————————————————► Sucht Konflikt
   ☐   ☐   ☐   ☐   ☐

2. Erkennt andere Meinung an ◄——————————► Beharrt auf seiner Meinung
   ☐   ☐   ☐   ☐   ☐

3. Geht auf die Beiträge anderer ein:
   ☐   ☐   ☐   ☐   ☐
   sehr oft   häufig   manchmal   selten   nie

4. Fördert (ermuntert, unterstützt) ruhige bzw. passive Gruppenmitglieder:
   ☐   ☐   ☐   ☐   ☐
   sehr oft   häufig   manchmal   selten   nie

5. Versucht Ergebnisse konstruktiv zusammenzufassen, verknüpft einzelne Beiträge:
   ☐   ☐   ☐   ☐   ☐
   sehr oft   häufig   manchmal   selten   nie

6. Argumentiert:
   sachbezogen ◄————————————————► persönlich
   ☐   ☐   ☐   ☐   ☐

7. Unterbricht nicht ◄————————————————► Unterbricht häufig
   ☐   ☐   ☐   ☐   ☐

8. Äußert Selbstkritik bzw. akzeptiert berechtigte Kritik:
   ☐   ☐   ☐   ☐   ☐
   sehr oft   häufig   manchmal   selten   nie

9. Kritisiert andere:
   ☐   ☐   ☐   ☐   ☐
   sehr oft   häufig   manchmal   selten   nie

10. Prägt das Gruppenergebnis:
    a) durch hohe Qualität und Relevanz seiner Beiträge:
    ☐   ☐   ☐   ☐   ☐
    stark   deutlich   mittel   wenig   nicht
    b) durch seine Aktivität und Initiative:
    ☐   ☐   ☐   ☐   ☐
    stark   deutlich   mittel   wenig   nicht
    c) durch konstruktive Lösungsvorschläge:
    ☐   ☐   ☐   ☐   ☐
    stark   deutlich   mittel   wenig   nicht
    d) durch innovative Ideen (neue Standpunkte bzw. Perspektiven) zum Ablauf:
    ☐   ☐   ☐   ☐   ☐
    stark   deutlich   mittel   wenig   nicht

11. Zeigt Interesse am Experiment (Mitarbeit) ◄——————► Zeigt Desinteresse
    ☐   ☐   ☐   ☐   ☐

P 3 Arbeitssystem in der Personalarbeit

P 3.1 Arbeitssystem und Arbeitsgestaltung

Der Personalbedarf orientiert sich an der zu verrichtenden Arbeit. Bei der Personalbeschaffung geht es daher um Personen mit bedarfsgerechten Qualifikationen und Berufen, die für die jeweilige Aufgabe geeignet sind. Arbeitsansprüche bestimmen die Personalentwicklung, um das benötigte Leistungspotential zu erhalten. Bereits diese Aspekte zwingen dazu, die Tätigkeiten in jedem Bereich des Unternehmens komplex zu erfassen und demgemäß zu gestalten.

Jede Wirtschaftätigkeit besteht aus verschiedenen *Elementen des Arbeitssystems,* die sich alle um die Arbeitsaufgabe ordnen und zu ihrer Lösung unentbehrlich sind (Bild P-34).

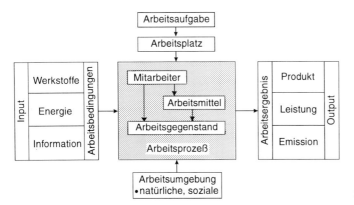

Bild P-34. Arbeitssystem

Solche Elemente sind

- der *Mensch,* der als Träger der Arbeitskraft mit der Arbeit den entscheidenden Beitrag leistet und sich dazu
- der *Arbeitsmittel* bedient. Diese sind heute umfangreiche Hilfsmittel, die sowohl körperliche als auch geistige Funktionen übernehmen und
- den *Arbeitsplatz* in den meisten Tätigkeiten maßgeblich prägen. Auf ihn wirken weitere *Bedingungen* und Einflüsse,die den Arbeitsvorgang, d.h. die unmittelbare Bearbeitung von
- *Arbeitsgegenständen* in materieller wie immaterieller Art ermöglichen bzw. begleiten und zu dem
- *Arbeitsergebnis* führen, das als Produkt oder Leistung quantitativ und qualitativ bewertet wird und darüber das Arbeitsentgelt bestimmt.

Im *Arbeitssystem* werden gleichzeitig zahlreiche *Beziehungen hergestellt.* Das sind

- Beziehungen zwischen den Menschen, als den hier tätigen Personen,

- Beziehungen zwischen Menschen und den Betriebsmitteln, die hier als Arbeitsmittel wirken sowie Beziehungen zwischen den verschiedenen Bedingungen und Einflüssen und
- Beziehungen der handelnden Personen zu den Arbeitsergebnissen.

Den Verlauf dieser Beziehungen im Arbeitssystem möglichst reibungslos zu gestalten, erfordert eine ganz bestimmte *Vorgehensweise.* Die wesentlichen Schritte dazu sind:

- Die Gestaltung der *Arbeitsorganisation* einschließlich der Gestaltung des Arbeitsplatzes und der Arbeitsumgebung;
- die Ermittlung der *Arbeitsanforderungen* und die dementsprechende Qualifizierung der Mitarbeiter;
- die Gestaltung der *Arbeitszeit* und damit die Regelung der Zeitwirtschaft des Unternehmens sowie die
- *Entgeltgestaltung* und damit die Wahl der Vergütungs- und Lohnformen, die Bestimmung ihrer Anteile und ihrer gerechten Veränderung.

Die Ermittlung der Arbeitsanforderungen wird somit in der Personalarbeit zu einer entscheidenden Aufgabe. Die Ergonomie gibt dafür die Instrumente vor. Sie erlauben es, *Beanspruchungen* differenziert und exakt zu erfassen (Tabelle P-31). Aussagen zum Arbeitsplatz, zu den Arbeitsmethoden und zur Arbeitsumgebung sind darüber erreichbar. Sie bilden die Voraussetzungen für die entsprechende Arbeitsgestaltung.

Tabelle P-31. Aspekte ergonomischer Studien nach *Drumm*

	physische Beanspruchung	psychophysische Beanspruchung	psychische Beanspruchung
Arbeitsplatz	Form, Funktion und Anordnung der Arbeitsmittel	Beanspruchung der Sinnesorgane ausgelöst durch Farbe, Form, Helligkeit, Anordnung, Geräusche von Arbeitsmitteln, Kontrollinstrumenten sowie Arbeitsobjekten	Zeitdruck (z.B. Akkord)
Arbeitsmethode	Arbeitshaltung, Form und Gewicht von Arbeitsmitteln	Arbeitsrhythmus, Pausengestaltung	Anforderung an Konzentrationsvermögen, Genauigkeit, Informationsermittlung und -verarbeitung, Unfallgefahr
Arbeitsumgebung	Strahlung, Gase, Staub, Hitze oder Kälte, Rauch	Lärm, Klima, Licht	persönliche und organisatorische Konflikte am Arbeitsplatz

Die *Arbeitsbelastung* ist in jedem Arbeitssystem mit ganz bestimmten Beanspruchungen und weiteren *Anforderungsmerkmalen* verbunden. Nach REFA werden Kenntnisse, Geschicklichkeit und Verantwortung einerseits und Umgebungseinflüsse andererseits unterschieden (Tabelle P-32). Sie lassen sich über verschiedene Formen der Datenermittlung erfassen. Einige sind exakt meßbar. Andere sind nur beschreibbar, wozu deren Klassifizierung erfolgt.

Tabelle P-32. Anforderungsmerkmale nach REFA

REFA-Schema	Beispiele	Datenermittlung
Kentnisse	Ausbildung, Erfahrung	in Klassen beschreibbar
Geschicklichkeit	Hand- und Fingerfertigkeit, Körpergewandtheit	
Verantwortung	für die eigene Arbeit, Arbeit anderer, Sicherheit,	in Klassen beschreibbar, bzw. Konsequenzen abschätzbar
geistige Belastung	Aufmerksamkeit, Denktätigkeit,	Dauer, Art und Häufigkeit meßbar, bzw. beschreibbar
muskelmäßige Belastung	dynamische, statische, einseitige Arbeit	
Umgebungseinflüsse	Klima, Staub, Rauch, Lärm, Hitze, Licht	meßbar und zählbar
	Nässe, Schmutz, Dämpfe, Glätte	in Klassen beschreibbar
	Erkältungsgefahr, Unfallgefahr	allgemein beschreibbar

Da viele *Umgebungseinflüsse* nachhaltig die Leistungen der Mitarbeiter und deren Leistungsmotivation beeinträchtigen, spielt ihre Verringerung bei der Arbeitsgestaltung eine wesentliche Rolle (Tabelle P-33). Die möglichen Maßnahmen beziehen sich sowohl auf

- den Bau und die Betriebsmittel als auch auf
- die *Arbeitsorganisation* und die *Mitarbeiter* selbst.

Die Arbeitsgestaltung muß heute den steten Ansprüchen an die *Humanisierung der Arbeit* gerecht werden. Deshalb sind neue Arbeitsmittel, wie neue technologische Lösungen, menschengerecht zu gestalten. Damit sind Innovationen nicht mehr ausschließlich oder vorrangig auf die Technik abgestimmt. Sie umfassen ebenso organisatorische und personalwirtschaftliche Komponenten. Die soziale Funktion der Technik wird dadurch deutlicher. Ihre Wirkung durch die Integration mit anderen sozialen Prozessen wird verstärkt. Das Potential der Arbeit als Feld der Entfaltung des Menschen kann darüber bedeutend erweitert werden.

Die Arbeitsgestaltung hat auch die physischen Anlagen des Menschen zu berücksichtigen, wie sie in der allgemeinen *Tagesleistungskurve* (Abschn. Q 2.2.1) zum Ausdruck kommen. Dabei ist zu beachten, daß die umfangreiche Verwendung elektronisch gesteuerter Arbeitsmittel die Personalbeanspruchung verändert. Abstraktionsvermögen, Formalisierung der Arbeitsweise, sprachliche Verständigung und Kommunikation sowie andere soziale Eigenschaften werden von den Mitarbeitern verlangt.

Um die Arbeiten flexibel, individuell und gegenseitig anpaßbar zu gestalten, wird der Arbeitsinhalt auch zunehmend vereinheitlicht. Die Generalisierung in der Arbeitsaufgabengestaltung fördert gerade die Eigenschaften der Mitarbeiter, die vor allem für eine hohe Leistungsmotivation bedeutsam sind.

Um ein wirksames Arbeitssystem zu gestalten, sind die vielfältigen Teilaufgaben zu lösen. Beispielsweise kann die Arbeitsvorbereitung (Bild P-35) über Arbeitszeit- und Arbeitsfolgeplanung auf die Fertigungsplanung und mit Hilfe der Arbeitsverteilung, Betriebsmittelbereitstellung und Auslastungskontrolle auf die Fertigungssteuerung einwirken. Bei allen Schritten der Arbeitsgestaltung sind diese Beziehungen zu kalkulieren.

Tabelle P–33. Arbeitsgestaltung zur Verminderung von Umgebungseinflüssen nach *Scholz*

	bauliche Maßnahmen	maschinenbezogene Maßnahmen	arbeitsorganisatorische Maßnahmen	mitarbeiterbezogene Maßnahmen
Schall	Gebäudeform Lärmschutzkabinen, schallschluckende Stoffe;	Schalldämpfung, Abschirmung;	Lärmpausen	persönlicher Gehörschutz, Initiative zum Eigenschutz;
Klima	Raumklimatisierung, Sonnenschutz;	Schutzanstrich, Schutzverkleidung, Verwendung von Geräten mit geringer Wärmeabgabe;	Kurzpausen Räume mit günstigem Klima während der Arbeitspausen;	Klimaschutzbekleidung
mechanische Schwingungen	Abschirmung;	Schwingabschirmung durch entsprechende Lagerung;	entsprechend der Belastung angemessene Erholungspausen;	
Beleuchtung	abhängig von der Arbeitsaufgabe, dem Arbeitsplatz sowie individueller Disposition, allgemeine Anforderungen: – ausreichende Lichtverhältnisse, – gleichmäßige Beleuchtung, – passende Leuchtfarbe, – zweckmäßiger Lichteinfall, – Blendungsfreiheit;			
Farbe	Sicherheitsfarben (rot, grün, gelb) Ordnungsfarben (blau) Farbkombinationen			
chemische und biologische Stoffe	Sauglüftung, hermetische Abriegelung, Alarmsysteme;			
ionisierende Strahlung	Abschirmung, Belüftung;			

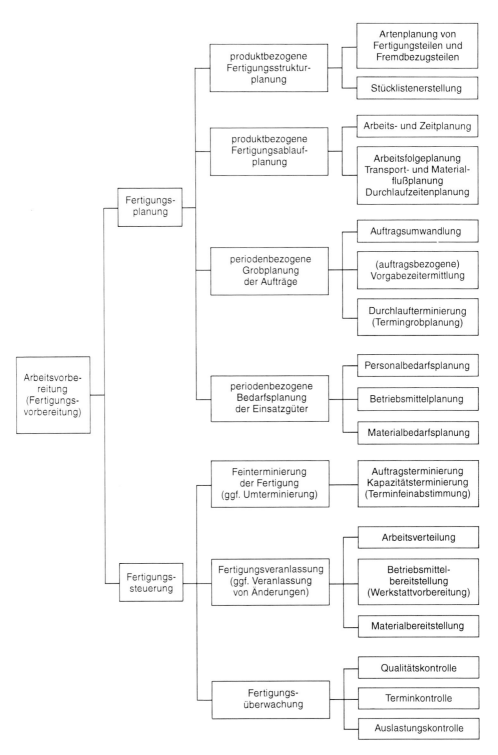

P 3.2 Arbeitsbewertung

Die Gestaltung von Arbeitssystemen geht mit der Arbeitsbewertung einher. Die Wertungsebenen menschlicher Arbeit verdeutlichen, daß die *Beanspruchsbewertung* sogar unmittelbarer Teil der Arbeitsgestaltung ist und auf diese zurückwirkt (Tabelle P-34). Diesen Bewertungsebenen der Arbeitsbeanspruchung hat jeder Gestaltungsprozeß der Arbeit zu genügen. Sie sind bezüglich individueller und kollektiver Wirkungen unterschiedlich ausgeprägt. So ist die Ausführbarkeit an bestimmte Kenntnisse und Fertigkeiten gebunden. Die Zufriedenheit kann vom Arbeitsanspruch aber auch vom Lebensalter abhängen.

Arbeit läßt sich quantitativ und qualitativ, also nach Menge und Güte bewerten. Dafür haben sich in der betrieblichen Praxis Bewertungsverfahren durchgesetzt, die beide Aspekte vereinen; denn jede Arbeit zielt auf Ergebnisse, die in *Menge* und in *Güte* zu erreichen sind. Das zeigt sich wie folgt:

- In den *Rangreihenverfahren* wird die Quantifizierung durch Reihenfolgen mit der qualitativen Analyse verbunden. Gleichzeitig werden einzelne Arbeiten nach ihrem Anspruch gewichtet.

- In den *Lohngruppenverfahren* sind mengenmäßige Anforderungen mit der qualitativen Erfassung der Anforderungen gekoppelt. Dazu sind die Arbeiten sehr pauschal zusammengefaßt.

Der quantitativen Bewertung der Arbeit dienen *Zeitstudienverfahren* (Bild P-36). Sie ermöglichen entweder eine direkte Zeitmessung, oder beschränken sich auf Stichproben bzw. beruhen auf Elementarzeiten, die summiert werden. Alle Zeitstudienverfahren weisen schließlich den quantitativen Bedarf an Mitarbeitern für die jeweilige Stelle aus.

Die direkte Zeitmessung stützt sich unmittelbar auf das *REFA-Zeitschema* (Bild P-37). Die Vorgabezeiten gliedern sich danach in *Haupt-, Neben-* und *Störzeiten*. Diese Zeitvorgaben

Tabelle P-34. Bewertung der Beanspruchung nach *Rohmert*

Wertungsebene menschlicher Arbeit	vorrangiger Bezug	Problemkreise und Zuordnung an Einzeldisziplinen
Ausführbarkeit	individuell	antropometrisches (menschliche Körpermaße), psychophysisches (Beanspruchung der Sinnesorgane) und technisches (Arbeitsphysiologie) Problem
Erträglichkeit	kollektiv	arbeitsphysiologisches, arbeitsmedizinisches und technisches Problem (Arbeitsphysiologie und Arbeitsmedizin)
Zumutbarkeit	kollektiv	soziologisches und ökonomisches Problem, Arbeitssoziologie, Arbeitspsychologie, Personalwirtschaftslehre, Rationalisierungsforschung
Zufriedenheit	individuell	sozial-psychologisches und ökonomisches Problem (Arbeits- und Sozial-/Individualpsychologie, Personalwirtschaftslehre)

Bild P-35. Teilaufgaben der Arbeitsvorbereitung

wirken jeweils in den einzelnen Auftragszeiten. Die Arbeitsbewertung ist die Grundlage für die Ermittlung des Arbeitsbedarfs nach Menge und Struktur und damit auch der Bedarfsplanung. Sie hat ebenso Einfluß auf Arbeitszeitregelungen im Unternehmen. Im besonderen begründet sie jedoch die differenzierte Gestaltung der Arbeitsvergütung.

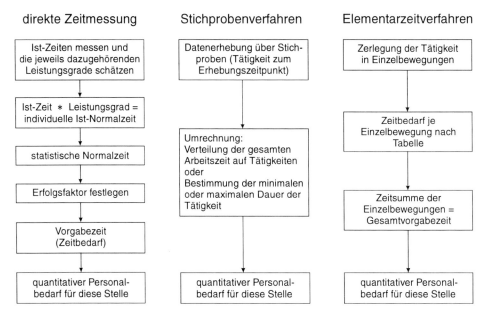

Bild P-36. Zeitstudienverfahren nach *Scholz*

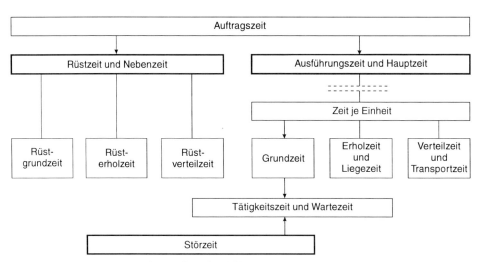

Bild P-37. Gliederung der Auftragszeit nach REFA

P 3.3 Arbeitsvergütung und Personalkosten

Das Personal ist der maßgebliche Leistungsträger des Unternehmens. Da jede Leistung Aufwand verursacht, ist Personal gleichzeitig ein Kostenverursacher. Der entscheidende Personalaufwand entsteht durch die Arbeitsvergütung. Diese ist gegenüber anderen Aufwandsarten, wie den Kosten für Arbeitssicherheit, Sozialeinrichtungen oder Fortbildung, nicht nur vom Umfang her die größte *Personalkostenposition, sondern* sie muß auch regelmäßig verfügbar sein.

Die Arbeitsvergütung erfolgt nach Tätigkeiten, Qualität und Menge der Leistung, Betriebszugehörigkeitszeiten und sogar nach Branchen differenziert. Diese *Differenzierung* unterliegt mehreren *Kriterien* (Bild P-38). Hervorzuheben sind

- Anforderungsgerechtigkeit,
- Leistungsgerechtigkeit,
- Verhaltensgerechtigkeit und
- Sozialgerechtigkeit.

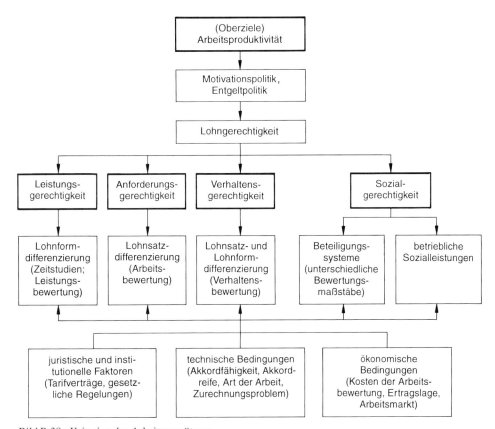

Bild P-38. Kriterien der Arbeitsvergütung

Diese Kriterien zusammen machen die *Lohngerechtigkeit* aus, die wiederum auf die Leistungsmotivation und letztlich auf das Leistungsverhalten der Mitarbeiter wirkt. Außerdem unterliegt die Entgeltgestaltung auch anderen *Bedingungen,* wie

- rechtlichen Bestimmungen oder Vereinbarungen,
- wirtschaftlichen Verhältnissen und
- technischen Möglichkeiten,

die in der Personalführung auch in ihrer gegenseitigen Abhängigkeit wirken und zu beherrschen sind. Eine exakte Arbeitsbewertung ist immer wieder Voraussetzung dafür.

Die Arbeit wird nach Zeitlohn oder Leistungslohn vergütet (Bild P-39). Beide Formen werden vielfach gemischt eingesetzt, und zwar wenn Projektlohnempfänger für bestimmte Arbeiten einen Durchschnittslohn erhalten oder wenn Gehaltsempfänger für bestimmte Leistungen *Prämien* bekommen. Die gegenwärtige Praxis zeigt, daß Prämien immer mehr zur Anwendung gelangen, während vom Akkordlohn vielfach abgegangen wird. Das entspricht den komplexeren Arbeitsanforderungen. Auch das Arbeitsverhalten ist dadurch höher bewertet. Demzufolge weisen reine Zeitlöhne rückläufige Anteile am Lohn aus.

Für Gehaltsempfänger wirken neben der Qualifikation die Berufszugehörigkeitszeiten stark auf die Steigerung der Vergütung.

Da die Arbeitskosten zu den großen Kostenpositionen im Unternehmen gehören, ist ihr *internationaler Vergleich* nicht unbedeutend. Zwischen den westeuropäischen Staaten liegt die Bundesrepublik mit den direkten Kosten im Mittelfeld (Bild P-40). Bei den Personalzusatzkosten liegt sie an der Spitze, wobei einige dieser Kosten in anderen Ländern von der öffentlichen Hand getragen werden. Hinter den hohen Lohnkosten stehen hohe Qualifikation und hohe Leistungspotentiale. Lohnkürzung ist für die Wirtschaft kein Ausweg, weil dadurch die Kaufkraft zurückgeht und der Binnenmarkt eingeschränkt wird. Die entscheidende Lösung bringt der qualitative Leistungsanspruch, der bisher nicht genug genutzt wird.

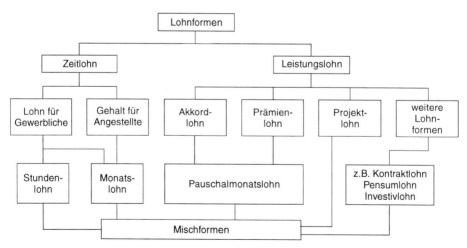

Bild P-39. Hauptlohnformen

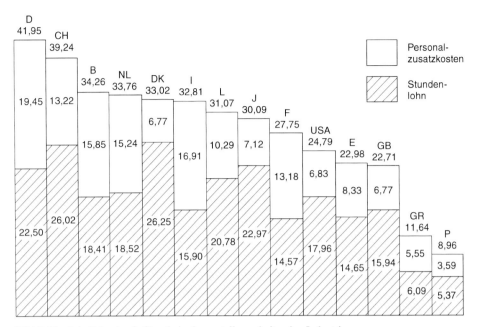

Bild P-40. Arbeitskosten je Stunde in der metallverarbeitenden Industrie

Mit der Arbeitsvergütung fallen die hauptsächlichen Personalkosten an. Sie umfassen mehrere Komponenten (Tabelle P-35). Die *Lohnkosten* sind überwiegend unmittelbar einkommenswirksam. Das gilt auch für Lohnzusatzkosten.

Außer den Kosten für die Arbeitsvergütung (Entgeltkosten) entstehen weitere Personalkosten (Tabelle P-36). Diese Positionen sind von der Unternehmensleitung weitgehend beeinflußbar. Sie können in Abhängigkeit von der wirtschaftlichen Situation verringert oder vergrößert werden. Das darf aber nicht zu Lasten der Zukunft des Unternehmens geschehen. Deshalb sind Kosten für die Erhaltung qualifizierter Kräfte, für die Sicherung nötiger Stammbelegschaft und für die Qualifizierung der Mitarbeiter aus der strategischen Sicht der Unternehmensentwicklung zu kalkulieren.

P 3.4 Arbeitszeit

Das Arbeitssystem gliedert sich in die *zeitlichen Dimensionen,*

- Dauer der Arbeitszeit,
- Nutzung der Arbeitszeit und
- Verteilung der Arbeitszeit.

Arbeitszeitregelungen finden in verschiedenen Systemen *(Zeitregimen)* ihren Niederschlag. Neben den traditionellen Standardarbeitszeiten mit einheitlichem Arbeitsbeginn und Arbeitsschluß sowie den nötigen Pausen, setzen sich heute mehr und mehr flexible Zeitregelungen durch (Bild P-41). Sie fördern einerseits individuelle Entfaltungsmöglich-

Tabelle P-35. Zusammensetzung der betrieblichen Lohnkosten

Komponenten der Lohnkosten	Elemente der Lohnkostenkomponenten	Lohnkostencharakter	Einkommenswirksamkeit
anforderungsabhängiger Entgeltanteil (Arbeitswertlohn)	außertarifliche Zulagen aus persönlicher Bewertung, tarifliches Grundentgelt	Direktlohn für geleistete Arbeit	unmittelbar einkommenswirksam
leistungsabhängiger Entgeltanteil	Prämien und Umsatzprovisionen, Akkordüberverdienste		
	außertarifliche Zulagen aus persönlicher Bewertung		
	tarifliche Zulagen aus persönlicher Bewertung		
sonstige Entgeltanteile	tarifliche und außertarifliche Sonderzahlungen, z.B. – Weihnachts- und Urlaubsgeld, – Verpflegungszuschüsse, – Familienunterstützungen		
	tarifliche und gesetzliche Zahlungen für nicht geleistete Arbeit, z.B. – Lohnfortzahlung im Krankheitsfall, – Lohnfortzahlung im Urlaub, – Zusatzurlaub auf Grund des Schwerbehinderten-Gesetzes	Lohnzusatzkosten	
weitere Lohnkosten	gesetzliche, tarifliche und außertarifliche Aufwendungen, z.B. – Arbeitgeberanteil zur gesetzlichen Sozialversicherung – betriebliche Vermögensbildung – betriebliche Altersversorgung	Lohnzusatzkosten	nicht bzw. nur mittelbar einkommenswirksam

keiten, andererseits bieten sie dem Unternehmen Vorteile bezüglich Arbeitsplatzauslastung und anderen Personalkosten. Dabei unterscheidet man vor allem

- *gleitende Tages- und Wochenarbeitszeitregelungen* mit Voll- und Teilzeitarbeit;
- *gleitende Jahresarbeitszeiten* nach Zeitumfang und Zeitfolge sowie
- *flexible Lebensarbeitszeit* mit gleitenden Übergang in den Ruhestand.

Der Umfang der Arbeitszeit macht auch einen internationalen Vergleich erforderlich (Tabelle P-37). Danach bewegt sich die Jahressollzeit zwischen den EG-Staaten grob um 1700 Stunden. In der Bundesrepublik Deutschland wird die kürzeste Zeit ausgewiesen. Japan, die USA und die Schweiz liegen deutlich darüber. Die tatsächliche Arbeitszeit weicht von diesem Soll jedoch teilweise deutlich ab. Einfluß haben darauf auch die Fehlzeiten. Die wirksame Nutzung der verfügbaren Arbeitszeit dürfte für die Personalführung die entscheidende Folgerung sein.

Tabelle P-36. Systematisierung der Personalkosten nach RKW

Kostenkategorie	Kostenart
Personalkosten Entgelt	Lohn Gehalt, Tarifangestellte, Gehalt außertarifliche Angestellte,
Personalnebenkosten aufgrund von Tarif und Gesetz	Arbeitgeberbeiträge zur gesetzlichen Sozial- und Unfallversicherung, Tarifurlaub, bezahlte Ausfallzeit, schwerbehindert, werksärztlicher Dienst, Arbeitssicherheit, Kosten Betriebsverfassung und Mitbestimmung, sonstige Kosten (Einmalzahlungen, Abfindungen etc.), vermögenswirksame Leistungen;
aufgrund freiwilliger Leistungen	Küchen und Kantinen, Wohungshilfen, Fahrt- und Transportkosten, soziale Fürsorge, Betriebskrankenkasse, Arbeitskleidung, betriebliche Altersversorgung, Versicherungen und Zuschüsse, Bezahlung von Ausfallzeiten, sonstige Leistungen (z.B. Jubiläen, Verbesserungsvorschläge etc.)
Aus- und Weiterbildung	

Tabelle P-37. Tarifliche Jahressoll-Arbeitszeit 1992

Land	Arbeitszeit h	Fehlzeiten h
Japan	2040	33
USA	1912	55
Schweiz	1865	104
Schweden	1792	208
Italien	1788	113
Frankreich	1771	125
Großbritannien	1762	102
Norwegen	1744	106
Belgien	1748	170
Österreich	1722	117
Niederlande	1727	133
Dänemark	1684	88
Deutschland	1665	146

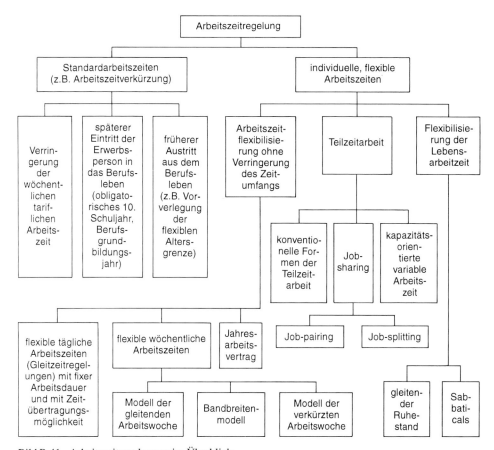

Bild P-41. Arbeitszeitregelungen im Überblick

P 4 Personalführungskonzepte und -instrumente

Die *Personalarbeit* reicht von der Erarbeitung und Bestimmung der Personalpolitik des Unternehmens bis zur Kalkulation und Aufbringung der Personalkosten (Bild P-42). Alle diese Aufgaben sind vom Führungspersonal zu bewältigen. Sie sind zu koordinieren, denn sie bedingen einander. Damit ist die Personalarbeit

informationsorientiert;
denn wirksame Führung des Personals stützt sich auf ein umfangreiches Netz von Informationen, die immer wieder neu zu beschaffen sind und gleichzeitig

verhaltensorientiert;
zielen doch alle Maßnahmen der Arbeit mit dem Personal auf die Ausprägung bestimmter Verhalten, die schließlich alle in Leistungsverhalten münden.

Mit diesen Orientierungen wird die Personalarbeit als Führungsaufgabe auf allen Ebenen der Leitung geleistet.

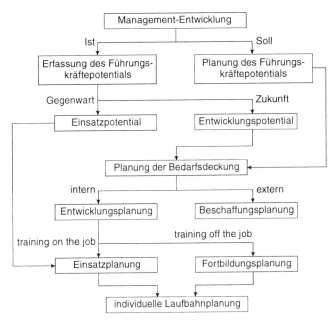

Bild P-42. Personalentwicklung im Management nach *Ulrich/Fluri*

P 4.1 Von der Personalverwaltung zur Personalführung

Die Ansprüche an die Mitarbeiterführung, die bereits genannt wurden, bedingen einen *Wandel in der Personalarbeit*. Er läßt sich als Übergang von der Personalverwaltung zur Personalführung bezeichnen (Tabelle P-38). Die wichtigsten Veränderungen sind:

● Mitarbeiter werden vom Objekt zum *Subjekt,* sie sind nicht vor allem Behandelte und Kostenfaktoren sondern Handelnde und Leistungsträger;

● Ziel ist die Entwicklung der menschlichen Ressourcen und der Ausgleich mit den Unternehmensinteressen, und damit die *Identifikation* der Mitarbeiter mit dem Unternehmen und seinen Aufgaben;

● der Führungsstil gegenüber den Mitarbeitern wird vom vertikalen zum *Horizontalmanagement.* Dezentrale Mitarbeiterführung tritt an die Stelle uneffizienter Zentralisierung;

● Personalplanung wird zum *integrierten* Bestandteil der Unternehmensplanung und ist nicht nur die Folge der Planung materieller Aufgaben.

Mit diesem Wandel kommt der Personalarbeit ein sehr komplexes Herangehen zu, die nicht mehr nur am Rande mit zu erledigen ist. Führungskräfte benötigen zu deren Bewältigung vielfältige theoretische Grundlagen (Bild P-43). Das betrifft im besonderen

● Menschenbilder (Tabelle P-28) und Charaktertypen,

● Verhaltensgrundlagen,

● Motivationsfaktoren und

● Führungsstile (Abschn. Q 1).

Tabelle P-38. Unterschiede zwischen Personalverwaltung und Personalführung

Personalverwaltung	Personalführung
Ziel: Einsatz der richtigen Personen am richtigen Ort zur richtigen Zeit und die kostengünstige Entlassung ungeeigneter Personen	Ziel: Abstimmung der verfügbaren menschlichen Ressourcen, Fähigkeiten und Möglichkeiten auf Aufgaben und Ziele des Unternehmens
die Angestellten werden Objekten der Unternehmensstrategie	die Mitarbeiter sind Subjekte der Unternehmensstrategie
die Arbeiter sind Produktions- und Kostenfaktoren	die Mitarbeiter bilden die Organisation und einen Teil der Investitionen
Vertikalmanagement von unterstellten Personen	Horizontalmanagement und Pflege aller Ressourcen
Führung als separate Funktion	Betonung des Manager-Teams
zentrale Personalfunktion in Stabsabteilungen	dezentrale Personalfunktion im Linienmanagement
Spezialisten nehmen operative Funktionen wie Personalplanung, -evaluation oder -entschädigung wahr	Linienmanagement regelt Einsatz und Koordination aller Ressourcen einer Unternehmenseinheit, um die strategischen Ziele zu erreichen
Linienmanager führen Personen nach bestimmten Regeln und Abläufen	Personalspezialisten unterstützen Linienmanagement
Personalplanung wird reaktiv aus der Unternehmensplanung hergeleitet	Personalführung ist vollständig in die Unternehmensplanung integriert
die Personalpolitik bezweckt einen Austausch zwischen ökonomischen und sozialen Zielen und Interessen	Personalführung sucht den Ausgleich zwischen den Bedürfnissen der integrierten Organisation und den Bedürfnissen des künftigen Umfelds

Der *Führungsstil* wandelt sich von der autoritären zur demokratischen Mitarbeiterführung (Tabelle P-39). Dadurch verbessert sich das eigenverantwortliche Miteinander zwischen Führungsperson und Mitarbeiter und auch unter den Mitarbeitern. Der Führungsstil ist somit aufgaben- und beziehungsorientiert (Bild P-44). Aus dem autoritären und dem demokratischen, partizipativen entwickelt sich der integrierende Führungsstil. Wirtschaftliche Interessen, die sich in der Aufgabenorientierung niederschlagen und soziale Interessen im engeren Sinne, die sich vor allem in der Beziehungsorientierung ausdrücken, werden miteinander verbunden.

P 4.2 Technik und Personalführung

Die heutige Technik ist nicht nur aufwendig, sie ist auch zunehmend komplex. Ihr wird sowohl körperliche als auch geistige Arbeit übertragen. Damit steigen die Kosten für die Betriebsmittel. Gleichzeitig werden sie als Arbeitsmittel auch flexibler einsetzbar.

Ein neues Verhältnis von Technik und Personal verändert auch die Personalführung:

Flexibilität wird nicht mehr nur oder vorrangig von den Personen verlangt, sondern die Arbeit wird flexiblen Maschinensystemen übertragen.

580

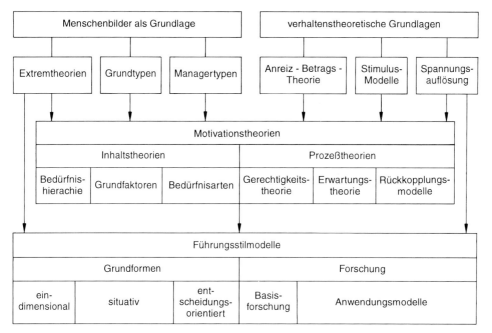

Bild P-43. Führungsgrundlagen

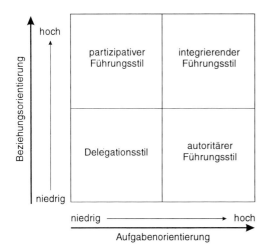

Bild P-44. Führungsstile

Tabelle P-39. Charakteristik der Führungsstile

Gruppenleiter	autoritär	demokratisch
Häufigkeit seines Eingreifens	etwa zweimal sooft wie bei der demokratischen Leitung	deutlich weniger häufig als bei autoritären Leitung
Art seines Eingreifens	mit Befehlen, häufig autoritär	Eingreifen kaum mit Befehlen, sachliches Verhalten, selbständige Problemlösungen
Betonung des Wissens des Gruppenleiters	deutlich herausgestellt	schwach ausgeprägt
Nachgeben, Einlenken	nur ausnahmsweise	bei guten Argumenten
Abstand zu den Gruppenmitgliedern	große soziale Distanz	vorhanden, doch gering

Gruppenmitglieder		
Verhalten der Gruppenmitglieder	Tendenz zur destruktiven Kritik, herrschsüchtig	Offenheit, Teamgeist, konstuktive Kritik
Struktur der Gruppe	Rangstreben, suchen nach „Schuldigen" beim Mißlingen	Betonung gegenseitiger Hilfe, kaum Rangstreben
Verhältnis zum Gruppenleiter	erkennbares Bemühen, sich beim Gruppenleiter beliebt zu machen	gesucht wird sachbezogene Hilfestellung des Gruppenleiters
Arbeitsantrieb	Arbeit wie es der Gruppenleiter will, Unterbrechung, Verlangsamung bei nachlassender Kontrolle	Arbeit als eigenes Anliegen eingestuft, leidet wenig bei fehlender Arbeitsaufsicht

Personelle Einheiten, wie Gruppen oder Abteilungen, übernehmen neue Aufgaben oder Tätigkeiten, da sie sich auf weitgehend ähnliche technische Basis und organisatorische Strukturen stützen. Das bedingt eine weitsichtige Strukturpolitik.

Fehlerquoten sinken erheblich, da durch die Übertragung von Routinearbeit an die Technik viele Fehlerquellen beseitigt werden.

Investitionen werden größer und aufwendiger. Sie zwingen daher auch zur umfangreichen Vorbereitung der Mitarbeiter, also zu Bildungsinvestitionen als festen Bestandteil der Unternehmensentwicklung.

Die Personalführung reagiert damit auf den Wandel der Technik. Sie stützt sich ebenso auf moderne *Techniken der Führung,* die auf der Überzeugung der Mitarbeiter, ihrer Einsicht beruhen (Bild P-45).

- Überzeugung der Mitarbeiter erfolgt nach solchen Prinzipien wie Zielstrebigkeit, Verständlichkeit und Sachlichkeit;
- Sie bedient sich der Logik und Rhetorik ebenso, wie der Frage- und Fünfsatztechnik (Abschn. Q 4.2.2).

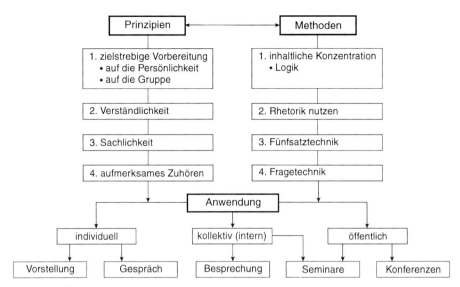

Bild P-45. Überzeugung im Management

P 4.3 Personalmarketing

Marketing (Abschn. N) ist für den Absatz der Produkte zum Allgemeingut in der Betriebsführung geworden. Nicht so in der Personalarbeit; denn es gibt erhebliche Unterschiede zwischen Produkt- und Personalmarketing. Sie betreffen:

Das Objekt. Geht es beim Personalmarketing um Arbeitsplätze und Mitarbeiter, so geht es beim Produktmarketing um Produkte, die an Kunden gebracht werden.

Die Methoden. Gegenüber der Absatzmarktforschung, dem Marketing-Mix und dem Service im Produktmarketing dominieren im Personalmarketing die Arbeitsmarktanalyse, Anzeigen und vor allem Personalgespräche.

Die Maßnahmen. Die Positionierung auf dem Arbeitsmarkt und die dazu nötigen Personalführungsstrategien kennzeichnen das Marketing von Personal gegenüber Marktstrategien beim Marketing von Produkten.

Das Personalmarketing hat besondere Aufgaben und Strategien (Tabelle P-40):

Intensivstrategien eignen sich vor allem für Anreiz- und Entwicklungsaufgaben. Man wendet sich an bewährte Zielgruppen (z.B. Absolventen einer Fachhochschule) mit dem bekannten Image und paßt das Arbeitsplatzangebot im bestimmten Umfang dem Arbeitskräfteangebot an.

Diversifikationsstrategien dienen vorrangig der Personalentwicklung. Mit neuen Anreizen (z.B. Fortbildung, moderne Technik) werden auch neue Arbeitsmärkte erschlossen.

Integrations- und Aquisitionsstrategien sind für Entwicklungs- und Reduktionsaufgaben einsetzbar. Durch die Veränderung des Arbeitsplatzangebotes und der ausschließlichen Orientierung auf Personalsuche und -auswahl, wird sogar auf jeden Personalentwicklungsaufwand verzichtet. Hohe Arbeitslosigkeit erspart damit dem Unternehmen erhebliche Personalkosten. Künftiger Personalbedarf, der mit längerfristigen Innovationen ent-

Tabelle P-40. Aufgaben und Strategien des Personalmarketing nach *Scholz*

Personalmarketingaufgaben	Personalmarketingstrategien
Anreizmarketing	Intensivstrategien Diversifikationsstrategien
Entwicklungsmarketing	Intensivstrategien Integrativstrategien Diversifikationsstrategien
Revitalisierungsmarketing	Intensivstrategien
Erhaltungsmarketing	Intensivstrategien Akquisitionsstrategie
Reduktionsmarketing	Integrativstrategien Akquisitionsstrategie

Tabelle P-41. Aufgaben des Personalcontrolling

Personalführungsbereiche	Controllingfunktionen
Personalbestandsanalyse	Fähigkeitscontrolling Strukturcontrolling
Personalbedarfsbestimmung	Anforderungscontrolling Bedarfsstrukturcontrolling
Personalbeschaffung	Beschaffungswegcontrolling Bewerberauswahlcontrolling
Personalentwicklung	Bildungscontrolling Laufbahncontrolling
Personaleinsatz	Arbeitsplatzcontrolling Arbeitsaufgabencontrolling Arbeitszeitcontrolling
Personalfreisetzung	Freisetzungsformcontrolling Freisetzungsabwicklungscontrolling
Personalführung	Motivationscontrolling Führungscontrolling
Personalkostenmanagement	Budgetcontrolling Kostenstrukturcontrolling

steht, wird dabei kaum beachtet. Diese Art des Marketing gefährdet eine zukunftsorientierte Personalentwicklung.

P 4.4 Personalcontrolling

Das Controlling dient auch in der Personalführung der Informationsbeschaffung zur gründlichen Entscheidungsvorbereitung (Abschn. H 4.2.2). Demzufolge fallen in den einzelnen Führungsbereichen spezifische *Controllingfunktionen* an (Tabelle P-41).

Tabelle P-42. Gliederung der Personalkennzahlen

Personalfunktion	mögliche Kennzahlen
Personalbedarf	Netto-Personalbedarf, Arbeitsvolumen und Arbeitszeit, Qualifikationsstruktur, Behindertenanteil, Frauenanteil, Durchschnittsalter der Belegschaft, Durchschnittsdauer der Betriebszugehörigkeit;
Personalbeschaffung	Bewerber je Ausbildungsplatz, Vorstellungsquote, Effizienz der Beschaffungswege, Personalbeschaffungskosten je Eintritt, Produktivität der Personalbeschaffung, Grad der Personaldeckung, Frühfluktuationsrate, Anzahl Versetzungswünsche nach kurzer Dienstdauer;
Personaleinsatz	Vorgabezeit, Leistungsgrad, Arbeitsproduktivität, Arbeitsplatzstruktur, Verteilung des Jahresurlaubs, Überstundenquote, Durchschnittskosten je Überstunde, Leistungsspanne, Entsendungsquote, Rückkehrquote;
Personalerhaltung und Leistungsstimulation	Fluktuationsrate, Fluktuationskosten, Krankheitsquote, Unfallhäufigkeit, Ausfallzeit infolge Unfall, Kosten von Arbeitsunfällen, Grad der Unfallschwere, Lohnformenstruktur, Lohngruppenstruktur, vermögensbildende Leistung je Mitarbeiter, Erfolgsbeteiligung je Mitarbeiter, Altersversorgungsanspruch je Mitarbeiter, Nutzungsgrad betrieblicher Sozialeinrichutngen, Aufwand für freiwillige betriebliche Sozialleistungen je Mitarbeiter
Personalentwicklung	Ausbildungsquote, Übernahmequote, Struktur der Prüfungsergebnisse, Struktur der Bildungsmaßnahmen, jährliche Weiterbildungszeit je Mitarbeiter, Anteil der Personalentwicklungskosten an den Gesamtpersonalkosten, Weiterbildungskosten je Tag und Teilnehmer, Bildungsrendite
betriebliches Vorschlagwesen	Verbesserungsvorschlagsrate, Struktur der Einreicher, Bearbeitungszeit je Verbesserungsvorschlag, Annahmequote, Realisierungsquote, Durchschnittsprämie, Einsparungsquote
Personalfreisetzung	Sozialplankosten je Mitarbeiter, Abfindungsaufwand je Mitarbeiter
Personalkostenplanung und Kontrolle	Personalintensität, Personalkosten in Prozent der Wertschöpfung, Personalzusatzkostenquote, Personalkosten je Mitarbeiter, Personalkosten je Stunde

Sie reichen

- von der *Beurteilung* der Mitarbeiter, deren Fähigkeiten, Entwicklung und Motivation über
- die *Entwicklung* der Arbeitsplätze und -anforderungen
- bis zur *Personalorganisation, -planung* und *-kostenentwicklung.*

Der Erfüllung dieser verschiedenen Controllingfunktionen dienen unterschiedliche *Maßnahmen.* Eine Maßnahme, die sich auf breite Mitarbeit stützt, ist die *Mitarbeiterbefragung.* Sie kann Stärken und Schwächen der Personalführung offenlegen und zu geeigneten Schritten nötiger Veränderung drängen. Weitere Maßnahmen sind die genaue Analyse der Leistungsentwicklung jedes einzelnen Mitarbeiters und immer wieder das Personalgespräch oder die Besprechung.

Bei allen Maßnahmen des Controlling in der Personalführung sind umfangreiche Zahlenreihen zu verarbeiten. Das System der *Personalkennzahlen* reicht wiederum vom Personalbedarf bis zu den Personalkosten (Tabelle P-42). Die Übersicht zeigt, daß hier mit manueller Verarbeitung der Kennzahlen kein aktuelles Controlling mehr zu erreichen ist.

In jedem großen Unternehmen ist der Aufbau von *Personaldatenbanken* und das Arbeiten damit für das Personalcontrolling zur unverzichtbaren Bedingung geworden (Bild P-46). Das betrifft für das ganze Unternehmen, also weitgehend zentralisiert, zunächst

- die Anforderungsdatei, die sich auf Stellen und Stellenbeschreibungen stützt,
- die Bewerber- und Gesprächsdatei,
- die Fortbildungsdatei und die
- Kostenstellendatei.

Darüber hinaus ist für den unmittelbaren Leiter von Arbeitsgruppen der Zugriff zu weiteren Dateien erforderlich. Neben den genannten zählen dazu

- die *Qualifikationsdatei,* die gleichzeitig ein Teil der Mitarbeiterdatei ist,
- die *Fachabteilungsdatei,* soweit sie die Mitarbeiter der zuständigen Abteilung erfaßt.

Damit ist in mittleren und Großunternehmen für die Personalentwicklung bereits eine integrierte Systemarchitektur entstanden (Bild P-47). Die Datenbanken lassen sich für die unterschiedlichen Bereiche der Personalführung nutzen. Die EDV ist damit zu einem Hilfsmittel der Personalarbeit geworden.

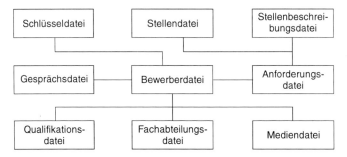

Bild P-46. Datenbank für Personalentscheidungshilfe

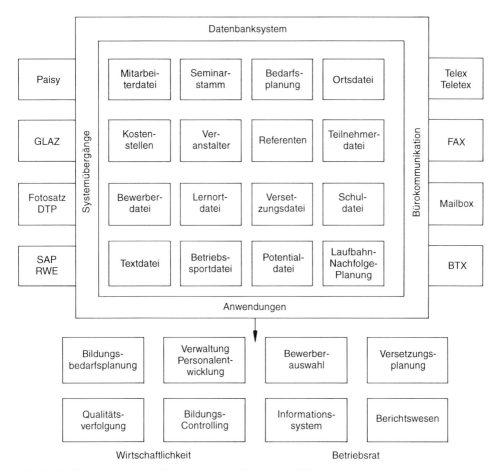

Bild P-47. Systemarchitektur für Personalentwicklung nach *Bellgardt*

Weiterführende Literatur

Audehm, D., U. Nikol: Bewerbungstechnik. Düsseldorf: VDI-Verlag 1992.

Bellgardt, P.: EDV-Einsatz im Personalwesen. Heidelberg: Sauer-Verlag 1990.

Brickenkamp, R. (Hrsg): Handbuch psychologischer und pädagogischer Texte. Bd. 1. Göttingen: Hogrefe Verlag 1975.

Chmielewicz, K. u.a.: Die Mitbestimmung im Aufsichtsrat und Vorstand. In: DBW 37 (1977).

Draeger, W.: Ingenieurarbeit. Berlin: Verlag Technik 1986.

Drumm, H.J.: Personalwirtschaftslehre, 2. Auflage. Berlin: Springer Verlag 1992.

Feix, W.E.: Personal 2000. FAZ. Frankfurt/Main: Gabler Verlag 1991.

Franke, H. und *Buttler, F.:* Arbeitswelt 2000. Frankfurt/Main: Fischer Verlag 1991.

Hackstein R.: Arbeitswissenschaft im Umriß, Band 1 u. 2. Essen: Giradet Verlag 1987.

Hentze, J.: Personalwirtschaftslehre, Band. 1, 4. Auflage. Berlin: Haupt Verlag 1980.

Hoffmann, R.: Human Capital im Betrieb. Heidelberg: Sauer Verlag 1991.

Hopfenbeck, W.: Allgemeine Betriebswirtschafts- und Managementlehre. Landsberg/Lech: Verlag moderne industrie 1989.

Kolb, M. In: *Weber, W.* und *Weinmann, J.* (Hrsg): Strategisches Personalmanagement. Stuttgart: Poeschel Verlag 1989.

Nütten, I. und *Sauermann, P.:* Die anonymen Kreativen. FAZ. Frankfurt a. M.: Gabler Verlag 1988.

Olfert, K. und *Steinbuch, P. A.:* Personalwirtschaft, 4. Auflage. Ludwigshafen (Rhein): Kiehl Verlag 1990.

Pillat, R.: Neue Mitarbeiter anwerben, auswählen und einsetzen. Freiburg: Haufe Verlag 1986.

Rohmert, W. und *Landau, K.:* Das Arbeitswissenschaftliche Erhebungsverfahren zur Tätigkeitsanalyse (AET). Bern: Huber Verlag 1979.

Scholz, C.: Personalmanagement, 3. Auflage. München: Vahlen Verlag 1993.

Scholz, C., Staudt, E. und *Steger, U.:* Die Zukunft der Arbeitsgesellschaft. Frankfurt/Main: Campus Verlag 1992.

Staehle, W. H.: Management, 5. Auflage. München: Vahlen Verlag 1990.

Wunderer, R. (Hrsg): Führungsgrundsätze in Wirtschaft und öffentlicher Verwaltung. Stuttgart: Poeschel Verlag 1983.

Zur Übung

Ü P1: Worin bestehen Ziele und Besonderheiten der Personalführung im Unternehmen?

Ü P2: Welche Funktionen hat die Personalführung zu erfüllen?

Ü P3: Welche Gründe zwingen zur langfristigen Planung der Personalarbeit?

Ü P4: Wodurch unterscheidet sich die individuelle von der kollektiven Personalplanung?

Ü P5: Worin bestehen die elementaren Voraussetzungen des wirkungsvollen Personaleinsatzes?

Ü P6: Was sind die Funktionen des Personalgespräches?

Ü P7: Welche Aufgaben obliegen der betrieblichen Weiterbildung?

Ü P8: Was sind wesentliche Ziele und Ansprüche der Personalbeurteilung?

Ü P9: Mit welchen spezifischen Zielen werden Leistungsbeurteilungen vorgenommen?

Ü P10: Was kennzeichnet ein Arbeitssystem?

Ü P11: Nach welchen Kriterien wird die Arbeitsgestaltung bewertet?

Ü P12: Nach welchen Kriterien wird die Arbeitsvergütung geregelt?

Ü P13: Wodurch unterscheidet sich die moderne Personalführung von der traditionellen Personalverwaltung?

Ü P14: Was kennzeichnet das neue Verhältnis von Technikentwicklung und Personalführung?

Q Management-Techniken

Q 1 Überblick

Die in Abschn. B vorgestellten Führungsstile sind die *geistigen Grundhaltungen,* die das Verhalten der Führenden gegenüber den Geführten bestimmen. Dieses einheitliche und personenbezogene Verhaltensmuster, d. h. der Führungsstil eines Unternehmens, ist durch bestimmte *Management-Stilfaktoren* erkennbar (Tabelle Q-1). Wie in Abschn. B 2 ausgeführt wird, bestimmen die Führungsstile und die *Management-Stilfaktoren* maßgeblich den Innovationsgrad und das Innovationstempo der Unternehmen, indem sie das vorhandene kreative Potential der Mitarbeiter wecken. Besonders *hemmend* für die Kreativität sind zu *stark formalisierte Abläufe* und zu *starre Organisationen* sowie *intolerante Haltung* gegenüber Fehlern und Mißerfolgen.

Tabelle Q-1. Management-Stil-Faktoren nach *Sommerlatte*

	Positionsskala je Merkmal							
	extrem	stark	mittel	schwach	schwach	mittel	stark	extrem
Verfahren der Mittel-bereitstellung	formalisiert				situationsorientiert			
Haltung gegenüber Mißerfolgen	intolerant				lernorientiert			
Verhältnis zwischen Planung und Aktion	planungsorientiert				aktionsorientiert			
Qualität der zwischen-menschlichen Beziehungen	nicht bewußt gesteuert				bewußtes Management-Ziel			

Q 1.1 Managertypen

Für ganz bestimmte Marktsituationen sind bestimmte *Manager-Typen* besonders erfolgreich. Tabelle Q-2 zeigt die Einteilung der Manager-Typen nach der Lebenszyklusphase der Produktpalette und der Wettbewerbsposition ihrer Unternehmen:

Tabelle Q-2. Managertypen nach *Laukamm*

Lebenszyklus-Phase Marktposition	Entstehung	Wachstum	Reife	Alter
dominant		Verteidiger		Verwalter
stark				
günstig				
haltbar		Gründer		Sanierer
schwach				

Gründer und Aufbauer
Diese Manager müssen mit neuen Produkten und Dienstleistungen einen Markt erobern, der im Entstehen und damit wachstumsfähig ist. Die schwache Marktposition erfordert großen Pioniergeist.

Verteidiger
Eine starke Marktposition mit neuen Produkten muß gehalten und ständig verteidigt werden.

Verwalter
Der Marktführer besitzt überwiegend alte Produkte und Technologien. Diese müssen optimal verwaltet werden.

Sanierer
Wenn alte Produkte und Technologien vorhanden sind und die Marktposition des Unternehmens schwach ist, muß das Unternehmen saniert werden.

Q 1.2 Managementtechniken

Die Management-Stilfaktoren, die ein Kennzeichen des jeweiligen Führungsstils sind, bestimmen die Wahl der *Management-Techniken*. Wie Bild Q-1 in einer Übersicht über die verschiedenen Management-Techniken zeigt, betrifft dies Werkzeuge für folgende Bereiche bzw. Aufgaben:

1.Führungstechniken (Management-by-Techniken)
Sie können in aufgabenbezogene und *mitarbeiterbezogene* Führungstechniken unterteilt werden (Bild Q-2). Folgende Führungstechniken sind im Einsatz:

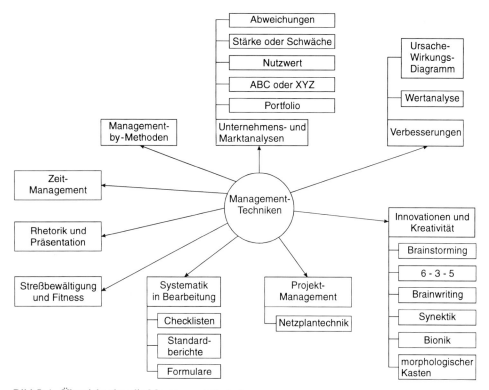

Bild Q-1. Übersicht über die Management-Techniken

Management by Objectives (MbO)

Das ist ein Management nach Zielvereinbarung. Das Management und die verantwortlichen Mitarbeiter legen gemeinsam Ziele fest mit Zeiten (Zeitdauer und Endtermin), Kosten, Kapazitäten und Verantwortlichkeit. Diese zielorientierte Führungstechnik ist sehr wirkungsvoll und wird häufig eingesetzt. Der Erfolg wird durch den Grad der Zielerreichung meßbar. Die Mitarbeiter kann man danach bewerten und entsprechende Korrekturmaßnahmen einleiten.

Management by Results (MbR)

Hierbei führt man ergebnisorientiert. Das ist eine spezielle Form des MbO, wobei das Ziel das Ergebnis ist.

Management by Exception (MbE)

Das bedeutet: Führung durch *Ausnahmeregelungen*. Solange die erzielten Resultate keine markanten Abweichungen aufweisen, besteht für die verantwortlichen Führungskräfte keine Veranlassung einzugreifen. Bei diesem Führungsstil besitzen die Mitarbeiter der unteren Hierarchieebenen große Freiräume und die der oberen Ebenen werden von Routinearbeiten entlastet. Dies ist ein sehr effizienter Führungsstil. Wichtig ist, daß klare Ziele und Befugnisse vorliegen, die Ausnahmefälle genau festgelegt und die Eingreifregeln definiert werden.

Management by Crisis (MbC)

Unternehmenskrisen werden, wie persönliche Krankheiten, zum Anlaß genommen, das Unternehmen in allen seinen Bestandteilen auf die Zweckmäßigkeit und die Überlebens-

591

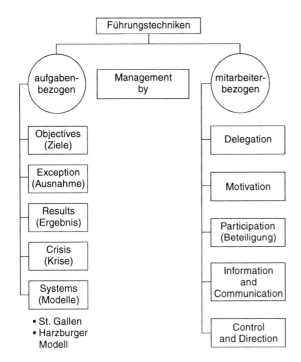

Bild Q-2. Führungstechniken mit „Management-by"

fähigkeit hin zu untersuchen. Auf diese Weise dient eine Krise dazu, sinnvolle Änderungen im Unternehmen durchzuführen: beispielsweise werden neue Strukturen geschaffen, neue Märkte entdeckt und neue Produkte entwickelt oder innerbetriebliche Abläufe im Material- und Informationsfluß optimiert.

Management by Systems (MbS)

Grundlage der Führung ist ein *umfassendes Führungsmodell* für das Unternehmen. Ziel ist es, die Mitarbeiter als selbständige Unternehmer einzusetzen. Dazu gehört, daß man ihnen einen bestimmten Aufgabenbereich voll verantwortlich überträgt, d.h. mit den Aufgaben auch Kompetenzen und Kosten- bzw. Ergebnisverantwortung überträgt. Dies ist im Zusammenhang mit den neueren Entwicklungen eines schlanken Unternehmens (lean management) eine erfolgversprechende Führungstechnik; denn dadurch werden sachlich fundierte und schnelle Entscheidungen möglich.

Management by Delegation (MbD)

Die Entscheidungen und die Verantwortung werden weitgehend auf die Mitarbeiter verlagert *(Harzburger Modell)*. Dadurch wird, wie beim Management by Systems, die Verantwortungsbereitschaft, die Leistungsfähigkeit und die Eigeninitiative der Mitarbeiter gefördert. Lediglich wirkliche Führungsaufgaben (z.B. alle Aufgaben der kurz- und langfristigen Unternehmenssicherung) sind nicht delegierbar.

Management by Motivation (MbM)

Die Mitarbeiter werden motiviert, die Unternehmensziele zu erreichen. Diese Motivation kann in Form von Geldprämien, freie Zeiten, Urlaub, Geschenke oder anderen Zuwendungen geschehen.

Management by Participation (MbP)
Die Mitarbeiter werden an der Zielfindung und an den entsprechenden Entscheidungen beteiligt. Damit wird erreicht, daß sich die Mitarbeiter mit den Unternehmenszielen besser identifizieren und damit leistungsfähiger werden.

Management by Information and Communication (MbIC)
Im Mittelpunkt stehen hier die Gewinnung, Verarbeitung und Übertragung von Informationen mit modernen Kommunikationsmitteln in Form von *Management-Informations-Systemen* (MIS). Bedeutsam ist dies für Unternehmen, die stets auf aktuelle Daten zurückgreifen und sehr schnell und sicher am Markt reagieren müssen.

Management by Control and Direction (MbCD)
Grundlage für die Führung des Unternehmens ist ein ausgebautes Controlling-System (Abschn. H 3) auf der Basis des Rechnungswesens.

Die erwähnten Methoden sind sich z. T. sehr ähnlich oder ergänzen sich; aufgabenbezogene Modelle müssen durch entsprechenden Mitarbeiterbezug verwirklicht werden. Am häufigsten werden in der Praxis eingesetzt:

Management by Objectives (MbO) und Management by Exception (MbE)
Dies erfolgt in Zusammenhang mit einer Mischung aus den in Bild Q-2 gezeigten mitarbeiterbezogenen Führungstechniken. Diese Managementtechniken haben folgende Eigenschaften. Sie beteiligen die *Mitarbeiter* am Entscheidungsprozeß. Dabei werden Aufgaben *delegiert* und die Mitarbeiter sind stark *motiviert*. Bedingung für einen erfolgreichen Einsatz ist eine zuverlässige *Information* und *Kommunikation*. Zudem müssen die Mitarbeiter eine *klare Führung spüren,* die sich selbst an den oben erwähnten Zielen orientiert und erfolgreiche Mitarbeiter belohnt.

2. Unternehmen und Markt
Diese Management-Techniken beziehen sich, wie Bild Q-1 zeigt, auf das Produkt und den Kunden. Bevorzugte Techniken sind:

- Portfolio (Abschn. H 2),
- ABC-/XYZ-Analyse (Abschn. N 5.2.3),
- Nutzwert-Analyse (Abschn. N 4.2.4),
- Stärke-Schwäche-Analyse (Abschn. N 4.2.4),
- Abweichungs-Analyse (Abschn. H 4.2.1),
- Ursachen-Wirkungs-Diagramm (MuM-Analyse; Bild Q-3).

3. Verbesserungen
Um bestehende Produkte, Dienstleistungen oder Abläufe zu verbessern, gibt es im wesentlichen zwei Techniken:

Ursache-Wirkungs-Diagramm (Fischgräten-Diagramm nach Ishikawa).
Mit diesem Diagramm kann man nach dem in Bild Q-3 gezeigten Vorgehen die *Ursachen* bestimmter Mängel und Schwachstellen ermitteln. Wenn diese bekannt sind, können die Ursachen gezielt abgestellt werden und man vermeidet ein blindes Handeln an den Symptomen. Mit den aufgeführten 6 Ursachen (2 mal MUM) lassen sich prinzipiell alle Ursachentypen erfassen. Sie sind im Einzelfall den tatsächlichen Aufgaben anzupassen.

Wertanalyse (Abschn. M).
Die Wertanalyse zeigt auf, ob die vom Kunden erwarteten Funktionen mit den günstigsten Kosten hergestellt worden sind. Daran anschließend werden *kontinuierliche Verbesserungsprogramme* (KVP oder japanisch: KAIZEN-Programme) durchgeführt.

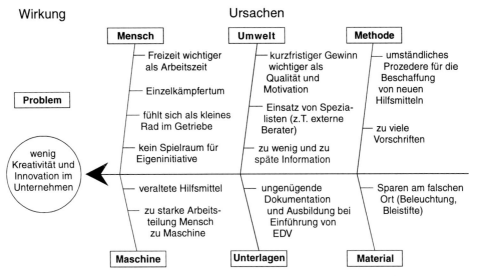

Bild Q-3. Ursache-Wirkungs-Diagramm (Fischgräten-Diagramm nach Ishikawa) für das Problem: „Wenig Kreativität und Innovation im Unternehmen".

4. *Innovationen und Kreativität (Abschn. L)*

5. *Projekt-Management (Abschn. R)*

6. *Systematik in der Bearbeitung*
Die Vorgänge in einem Unternehmen müssen *effektiv* (zielorientiert) und *effizient* (rationell) bearbeitet werden. Das gilt ebenso für die Untersuchungen im Unternehmen. Dabei haben sich *Checklisten, Formulare* und *Standardberichte* bewährt.

7. *Streßbewältigung und Fitneß (Abschn. Q 3)*

8. *Rhetorik und Präsentation (Abschn. Q 4)*

9. *Zeitmanagement (Abschn. Q 2)*.

Q 1.3 Menschenkenntnis

Der Umgang mit der Zeit (Zeitmanagement, Abschn. Q 2), Streß und Fitneß (Abschn. Q 3) sowie Rhetorik (Abschn. Q 4) und Lesetechnik (Abschn. Q 6) sind ebenso wie die Personalführung (Abschn. P) und Teile des Marketing (Abschn. N 3) mit der *Kenntnis um den Menschen* verknüpft. Im folgenden können keine tiefgehenden medizinischen und psychologischen Abhandlungen erwartet werden. Es geht im wesentlichen darum, die *wichtigsten Grundlagen* zu kennen, dem Ingenieur Mut zu machen, sich auch mit sich zu beschäftigen und *praktische Tips* für den Alltag eines Ingenieurs zu geben.

Q 2 Zeitmanagement

Das Zeitmanagement bietet eine systematische Methode an, um die Zeit *optimal* einzuteilen und die Tätigkeit auf *wesentliche Aufgaben* zu konzentrieren. Damit ist man nicht nur im Beruf erfolgreich. Es steht auch für das Privatleben soviel Zeit zur Verfügung, daß sich Erholung, Ausgeglichenheit und Zufriedenheit einstellen.

Q 2.1 Umgang mit der Zeit

Q 2.1.1 Umfrageergebnisse bei Ingenieuren

In folgenden Bereichen eines Unternehmens bzw. beim Studium wird die Arbeitsbelastung als hoch empfunden (Umfrageergebnis der GEVA 1990):

- Personalabteilung,
- Geschäftsleitung,
- Forschung und Lehre,
- Studium,
- Verkauf und Einkauf.

Nach den Umfragen geht es besonders hektisch in der Produktion und im Verkauf zu. Die Führungskräfte in der Geschäftsleitung können sich durch Sekretärinnen abschirmen lassen und auch durch Delegation viel Hektik ersparen. Es erstaunt, daß in den Entwicklungsabteilungen offensichtlich relativ viel Hektik herrscht. Es ist für diese Abteilungen offensichtlich schwer, ausreichende Freiräume im Sinne von störungsarmen Zeiten einzurichten und Teile der Arbeit in Blöcken zu organisieren. Führungskräfte gehen sehr bewußt mit ihrer Zeit um. Allerdings sind auch sie, trotz methodischer Zeitplanung, meist überlastet und haben wenig Zeit im privaten Bereich.

Q 2.1.2 Selbsteinschätzung

Im folgenden wird anhand von Fragen ermittelt, wie man mit der Zeit umgeht. Es geht dabei um die zeitliche Belastung, die Güte des Zeitmanagements und die Qualität der Planung eines Tagesablaufs. Dabei werden folgende Tests eingesetzt:

Workaholics-Test
Um die zeitliche Belastung festzustellen, beantwortet man die Fragen nach Tabelle Q-3 und multipliziert sie mit den Faktoren für die Rubriken.

Zeit-Nutzwert
Mit einem Fragebogen nach Tabelle Q-4 wird erkennbar, wie gut das Zeitmanagement ist.

Tagesgestaltung
In Tabelle Q-5 ist zusammengestellt, wie man einen Tag sinnvoll planen kann. Je mehr dieser Vorschläge bereits berücksichtigt sind, desto besser ist die Organisation des Tagesablaufs.

Tabelle Q-3. Workaholics-Test nach *L.J. Seiwert*

Höhe des Workaholics-Werts	immer	oft	nie
Arbeiten Sie täglich mehr als 10 Std.?			
Arbeiten Sie an Wochenenden und Feiertagen?			
Können Sie bei jeder Gelegenheit arbeiten?			
Sind Sie jeden Tag ausgebucht?			
Haben Sie zu wenig Schlaf?			
Fällt es Ihnen schwer, in Urlaub zu fahren?			
Fällt es Ihnen schwer, absolut nichts zu tun?			
Sind Sie ehrgeizig und strebsam?			
Lieben Sie Ihre Arbeit?			
Wenn Sie alleine essen, arbeiten oder lesen Sie?			
Gesamtpunktzahl	× 3	× 2	× 1
Summe Workaholics-Wert:			

Auswertung:

10 bis 15 Punkte: kein Workaholic	Rubrik immer: Faktor 3
16 bis 22 Punkte: vielbeschäftigt	Rubrik oft: Faktor 2
23 bis 30 Punkte: ernsthaft gefährdeter Workaholic	Rubrik nie: Faktor 1

Tabelle Q-4. Bestimmung des Zeit-Nutzwerts (Güte des Zeitmanagements)

Höhe des Zeit-Nutzwerts	immer	oft	nie
Haben Sie genügend Zeit für Ihre Arbeits- und Terminplanung?			
Legen Sie schriftlich Ihre Aufgaben und deren Endtermin fest?			
Erledigen Sie die wichtigen Dinge zuerst?			
Erledigen Sie nur die Dinge, die Sie selbst tun müssen oder wollen und delegieren Sie die anderen Aufgaben?			
Können Sie während wichtiger Aufgaben ungestört sein?			
Berücksichtigen Sie für Ihre Arbeiten Ihre persönliche Leistungskurve?			
Haben Sie Spielräume für Unvorhergesehenes in Ihrer Zeitplanung?			
Vergeben Sie den Aufgaben Prioritäten und erledigen Sie diese nach dieser Reihenfolge?			
Können Sie jeden Vorgang nur einmal bearbeiten?			
Planen Sie regelmäßig auch angenehme, private Termine?			
Gesamtpunktzahl	× 3	× 2	× 1
Summe Workaholics-Wert:			

Auswertung:

10 bis 15 Punkte: keine Zeitplanung	Rubrik immer: Faktor 3
16 bis 22 Punkte: mäßige, zu verbessernde Zeitplanung	Rubrik oft: Faktor 2
23 bis 30 Punkte: gutes Zeitmanagement	Rubrik nie: Faktor 1

Tabelle Q-5. Organisation des Tagesablaufs nach *L.J. Seiwert*

Organisation des Tagesablaufs	
Tagesanfang	
positive Einstimmung zum Tagesbeginn	
gemütliches Frühstück und ohne Hast zur Arbeit	
Arbeitsbeginn zu gleichbleibenden Zeiten	
kurze Anlaufzeit im Büro	
Terminplan mit Sekretärin abstimmen	
wichtige Schwerpunktaufgabe sofort am Morgen erledigen	
Tagesablauf	
gute Arbeitsvorbereitung	
stille Stunden in den störarmen Zeiten einrichten	
Tagesstörkurve berücksichtigen	
kleinere, ähnliche Aufgaben im Block erledigen	
angefangene Arbeiten abschließen	
zur richtigen Zeit Pausen einlegen	
unvorhergesehene, emotionale Arbeiten vermeiden	
Zeiten einhalten und Zeitplan prüfen	
Tagesende	
möglichst alles Unerledigte abschließen	
dem Tag einen Höhepunkt geben	
abschließende Kontrolle des Arbeitsplans	
Zeitplan für den nächsten Tag erledigen	
mit positiver Stimmung den Tag beenden	

Je mehr Aussagen angekreuzt werden, um so erfolgreicher ist die Tagesgestaltung.

Q 2.2 Gegebenheiten

Um die Zeit optimal verwalten zu können, muß man die im folgenden beschriebenen Gegebenheiten berücksichtigen:

Q 2.2.1 Leistungskurve

Der menschliche Tagesrhythmus ist sehr stark abhängig von der Ortszeit, dem Klima und den Lebensgewohnheiten. Bei den meisten Menschen hat die körperliche und geistige Leistungsfähigkeit über 24 Stunden den nach Bild Q-4 dargestellten Verlauf.

Es ist darauf hinzuweisen, daß diese Leistungskurve nach REFA nur im Durchschnitt für den Menschen gilt. Für Abendmenschen und Schichtarbeiter sieht die Leistungskurve anders aus. Sie besitzt am Morgen ihr Leistungstief und steigert sich bis in die Abendstunden zum Leistungshoch. Aus diesem Grund sollte man seine eigene Leistungskurve selbst bestimmen und sich danach richten.

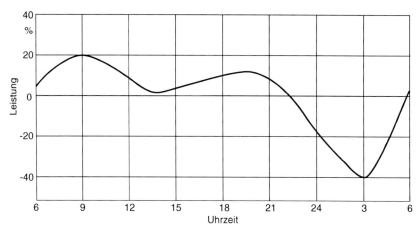

Bild Q-4. Normale Leistungskurve

Q 2.2.2 Tagesstörkurve

Die Tagesstörkurve in einem Unternehmen weist einen prinzipiellen Verlauf nach Bild Q-5 auf. Die ruhigsten Zeiten sind zwischen 7 und 8 Uhr morgens. Zwischen 8 und 10 Uhr sind nur mäßige Störungen zu verzeichnen. Es ist deshalb zu empfehlen, die wichtigsten und anstrengendsten Tagesaufgaben in dieser Zeit zu erledigen. Die Zeit größter Störungen liegt zwischen 11 und 12 Uhr. In dieser Zeit sollte man möglichst Routinearbeit erledigen. Während der Mittagspause ist es meist störungsfrei. Deshalb kann man in dieser Zeit sehr konzentriert und störungsfrei arbeiten. Der Störpegel schnellt nach der

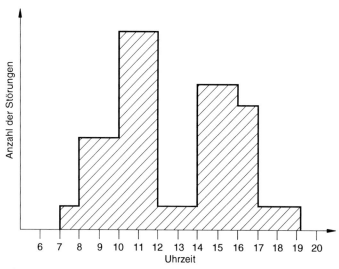

Bild Q-5. Tagesstörkurve

598

Mittagspause um 14 Uhr wieder an und läßt ab Geschäftsschluß deutlich nach. Falls es die Arbeit zuläßt, sollte man sich die Arbeit entsprechend der Tagesstörkurve einteilen.

Q 2.2.3 Konzentrationsabfall

Der Mensch kann sich nicht beliebig lange konzentrieren. Der Konzentrationsverlauf ist in Bild Q-6 zu sehen. Es ist wichtig, spätestens nach einer Stunde eine Pause einzulegen.

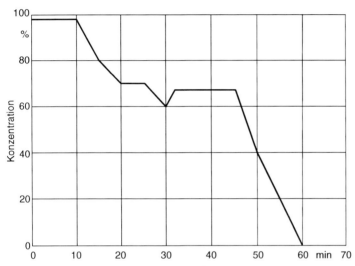

Bild Q-6. Konzentrationsabfall mit der Zeit

Q 2.2.4 Pareto-Prinzip (ABC-Prinzip oder 20:80-Regel)

Für das Zeitmanagement bedeutet das Pareto-Prinzip: In 20% der eingesetzten Zeit lassen sich 80% aller wesentlichen Arbeiten durchführen. Aus der Fülle der Arbeiten muß deshalb die Entscheidung getroffen werden, welche Arbeiten vorrangig mit Prioritäten durchzuführen sind. Oft besteht die tägliche Arbeit nur aus wenigen Aufgaben, die von *hoher Wichtigkeit* und *Dringlichkeit* sind. Um die wesentlichen Aufgaben von den weniger wichtigen trennen zu können, bedient man sich der ABC-Analyse (Bild Q-7).

A-Aufgaben (15% aller Aufgaben) sind von besonders hohem Wert und können daher nur von der Führungskraft allein oder im Team gelöst werden. *B-Aufgaben* (20% aller Aufgaben) sind durchschnittlich wichtig und lassen sich deshalb meistens delegieren. *C-Aufgaben* (65% aller Aufgaben) sind reine Routinearbeiten, haben einen geringen Wert und sollten von einer Führungskraft unbedingt delegiert werden. Deshalb gilt folgende wichtige Aussage:

> *Es gilt vorrangig die richtigen Dinge zu tun, und dann die Dinge richtig zu tun, dh., Effektivität geht vor Effizienz.*

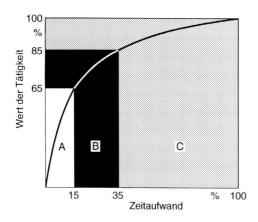

Bild Q-7. ABC-Analyse der Aufgaben

Q 2.3 Zielsetzungen

Wenn Ziele eindeutig festgelegt und nicht überhöht gesteckt sind, besteht die Möglichkeit auf *Erfolg*, der dem *Grad der Zielerreichung* entspricht. Um die *richtigen Ziele* zu finden, müssen folgende drei Bereiche untersucht werden:

1. Zielanalyse (was will ich?),
2. Situationsanalyse (was kann ich?),
3. Zielformulierung (wie kann ich was erreichen?).

Es ist wichtig, das Ziel, und sei es auch noch so fern, nicht aus dem Auge zu verlieren und im richtigen Augenblick das Richtige zu tun. Teilweise kann man es selbst entscheiden, teilweise kommen Dinge von außen auf einen zu, denen man sich beugen muß. Dann ist wieder die eigene Kraft gefordert, von diesem Rückschlag auf den richtigen Weg zum gleichen oder einem anderen Ziel zu finden.

Q 2.4 Planung

Die Planung legt durch eine systematische Untersuchung des Aufgabenbereiches die Teilaufgaben und deren Reihenfolge fest, damit die Ziele mit den vorgegebenen Zeiten und innerhalb eines Kostenrahmens erreicht werden können.

Hilfreich für die Planung der Tätigkeiten ist die *ALPEN-Methode* nach *Seiwert* in den Schritten:

- *A*ktivitäten und Termine zusammenstellen,
- *L*änge der Tätigkeiten schätzen,
- *P*ufferzeiten reservieren,
- *E*ntscheidungen treffen und
- *N*achkontrolle.

Q 2.4.1 Zusammenstellen von Aktivitäten und Terminen

Den Ausgangspunkt für die Zeitplanung bildet der *Tagesplan* (Tabelle Q-6). Folgende Punkte sollten bei der Erstellung von Tagesplänen berücksichtigt werden:

- Nicht die ganze Arbeitszeit verplanen (maximal 60%);
- Die Zeitvorgaben realistisch ansetzen.
- Verbindliche Vorgabe der Tätigkeitsdauer und der Endtermine.
- Vergabe von Prioritäten für die einzelnen Tätigkeiten.
- Prinzipiell die Möglichkeit der Delegation mit einplanen.
- Persönliche Störgrößen (z.B. unnötige Telefonate) abbauen.
- Telefonate, Briefwechsel und ähnliches zu Zeitblöcken zusammenfassen.

Tabelle Q-6. Tagesplan Montag, den 24. September

Uhr-zeit	Termine	Dauer	Kontakte
8	Diplomarbeit besprechen	0,5	Telefonate
9	Monatsauswertung VP-Prüfen	0,75	Prof. Dr. Schreiber
			Prof. Dr. Dr. Hering
			Prof. Dr. Weber
10	Post Briefe diktieren	1,0	Direktor Dorsch
			Jürgen Marquardt
11	Personalgespräch Herr C.	0,5	
			Briefe:
12	Mittagessen mit Herrn O.	1,0	Festing GmbH
			Plagwitz Optik AG
13	Briefe diktieren	0,5	Maschinenfabrik Hering GmbH
14	Telefonate	1,0	Taylorix Fachverlag
15	Wertanalysegruppe vorbereiten	0,75	Aufgaben:
16	stille Stunde		Tagesplan erstellen, Diplomarbeit besprechen
17	Werbe-Etat prüfen	0,5	Werbeetat vorbereiten, Monatsauswertung prüfen
18	Parteisitzung vorbereiten	0,5	WA-Sitzung vorbereiten
			Personalgespräch Herr Dumke
			Controllingkonzept für FuE-Bereich prüfen
19	Bodybuilding		
20	Bodybuilding		
21	Parteisitzung		Sonstiges:
22	Parteisitzung		Englischkurs anmelden
23	Parteisitzung		Tisch bei Willi bestellen

Q 2.4.2 Schätzen der Zeitdauer von Aktivitäten

Meist wird *genau die Zeit* benötigt, die tatsächlich *zur Verfügung* steht. Das bedeutet, daß es Arbeiten gibt, die unter Zeitdruck, ohne die Qualität der Arbeit zu mindern, in kürzester Zeit erledigt werden. Deshalb sind die Zeiten mit großer Sorgfalt zu schätzen und als *realistische Zeiten* einzutragen.

Q 2.4.3 Reservieren von Pufferzeiten

Nach einem alten Sprichwort: „Erstens kommt es anders, zweitens als man denkt", sollte die Zeiteinteilung folgendermaßen vorgenommen werden:

- 60 % der Zeit für geplante Aktivitäten,
- 20 % der Zeit für spontane Aktivitäten (Störungen, Zeitdiebe) und
- 20 % der Zeit für schöpferische und soziale Aktivitäten (kreative Zeiten).

Auch wenn es die augenblickliche Arbeitssituation nicht zuläßt, sollte man prinzipiell eine Zeiteinteilung in dieser Form wählen. Dann kann man seine Arbeit gut in der vorhergesehenen Zeit erledigen und hat noch Zeit für das, was man nicht vorhersehen kann.

Q 2.4.4 Entscheidungen über Prioritäten, Kürzungen und Delegation

Es ist eine wichtige Aufgabe im Unternehmen, Entscheidungen bezüglich Prioritäten zu treffen. Ein nützlicher Vorschlag ist dabei die

Prioritätensetzung nach Dringlichkeit und Wichtigkeit
Die Prioritäten sollten nach Dringlichkeit und Wichtigkeit in ein Portfolio nach Bild Q-8 eingetragen werden. Daraus sind folgende Aktionen abzuleiten:

A-Aufgaben
Diese sind dringend und wichtig. Sie müssen von den *Führungskräften* selbst und als erstes erledigt werden, und zwar möglichst im Leistungshoch, wenn es sich einrichten läßt.

B-Aufgaben
Diese sind zwar wichtig, aber nicht dringend. Für solche Aufgaben werden die Zeitdauer und der Endtermin festgelegt, eventuell *delegiert,* wobei das Einhalten der festlegten Zeiten und Kosten überwacht wird.

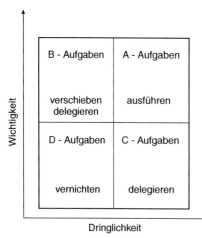

Bild Q-8. Dringlichkeits-Wichtigkeits-Portfolio

C-Aufgaben

Solche Aufgaben sind dringend, aber nicht wichtig. Sie werden *delegiert* und *nachrangig erledigt*. Es ist empfehlenswert, diese Tätigkeiten von *Mitarbeitern als Block* im *Leistungstief* erledigen zu lassen.

D-Aufgaben

Diese Tätigkeiten sind weder dringend noch wichtig. Solche Arbeiten sollten nicht weiter verfolgt werden. Man heftet entweder die Papiere ab oder wirft die Unterlagen sofort weg. Dies betrifft nicht die Geschäftsvorfälle, die man sorgfältig dokumentieren muß (z. B. in der Buchhaltung oder bei der Qualitätssicherung). Aber es gibt sehr viele unnötige Informationen; denn nur 4 % der Informationen werden gebraucht und 50 % aller Informationen sind überflüssig.

Delegation

Um die Arbeiten auszuwählen, die man delegieren sollte, wird die ABC-Analyse (Abschn. N 5.2.3) eingesetzt. Die Aufgaben werden nach *Dringlichkeit* und *Wichtigkeit* in einem Portfolio nach Bild Q-8 zusammengestellt. Auf diese Weise kann man schnell feststellen, welche Aufgaben selbst auszuführen und welche zu delegieren sind.

Falls delegiert wird, muß man folgende Fragen beantworten:

- *Wer* soll es tun?
- *Warum* soll er es tun (Motivation)?
- *Wie* soll er es tun (Umfang, Details)?
- *Womit* soll er es tun (Arbeitsmittel)?
- *Wie lange* darf es dauern?
- *Wann* muß es fertig sein?

Tabelle Q-7 zeigt ein Beispiel.

Tabelle Q-7. ABC-Analyse

Aufgabe	Datum	A	B	C	delegiert	Ende	erledigt
Diplomarbeit besprechen	24.09.		X		–	24.09.	
Werbeetat vorbereiten	24.09.	X			–	24.09.	
Monatsauswertung prüfen	24.09.		X		Herr L.	25.09.	
Wertanalysesitzung vorbereiten	24.09.		X		–	24.09.	
Personalgespräch mit Herrn C.	24.09.	X			–	24.09.	
Controllingkonzept für FuE prüfen	24.09.	X			Herr M.	30.10.	
Vorstandsentwurf vorbereiten	25.09.		X		Herr B.	05.10.	
Hotel buchen	25.09.			X	Frau B.	27.09.	
Konkurrenzanalyse ausführen	25.09.		X		Herr S.	30.10.	

a) Tätigkeiten, nicht organisiert

b) Tätigkeiten, zu Blöcken organisiert

Bild Q-9. Zeitgewinn beim Zusammenfassen von Blöcken

Gespräch; Briefe; Telefonate; Sonstiges

Für eine rationelle Abwicklung ist es dringend anzuraten, gleichartige Tätigkeiten zu *Arbeitsblöcken* zusammenzufassen und diese zu einem Zeitpunkt zu erledigen, wo man wenig ausgelastet ist. Die Zeitersparnis ist in Bild Q-9 zu sehen.

Die in diesem Abschnitt gezeigten Möglichkeiten eines rationellen Zeitmanagements sind wichtige Empfehlungen. Eingebunden in einen Betriebsablauf muß man in der Praxis meist Kompromisse schließen.

Q 2.5 Prüfung der ausgeführten Arbeit

Bei der Prüfung der ausgeführten Tätigkeiten, der Kosten und der eingehaltenen Termine sind Schritte, wie das *Erfassen des Ist-Zustands,* ein *Soll-Ist-Vergleich,* eine *Abweichungsanalyse* und daraus entwickelte *Gegensteuerungsmaßnahmen* zur Zielerreichung oder Neuformulierung der Ziele empfehlenswert. Diese Tätigkeiten brauchen ebenfalls Zeit. Deshalb muß die Prüfung auf die wichtigsten Tätigkeiten (Meilensteine, Abschn. R) beschränkt werden.

Q 3 Streßbewältigung und Fitneß

Q 3.1 Wesen und Wirkung von Streß

Unter Streß (technisch ausgedrückt Belastung oder Beanspruchung) versteht man:

> *Streß ist eine dauernde oder häufig wiederkehrende Belastung des menschlichen Organismus. Streß wird mit Anpassungsreaktionen beantwortet, die die Abwehreinrichtungen des Körpers mobilisieren. Diese versagen allerdings bei Überbeanspruchung.*

Aus dieser Definition geht hervor, daß Streß die *Anpassung* des Menschen an *Umweltänderungen* verursacht. Damit ist Streß ein wichtiges Element zum *Überleben* des Menschen in einer sich ständig ändernden Welt. Bild Q-10 zeigt die Streßfaktoren *(Stressoren)* und ihre *Einwirkung.* Beide zusammen ergeben die *Streßintensität,* die von der Umwelt auf den Menschen einwirkt. Ganz wichtig ist, darauf hinzuweisen, daß Streß sehr stark

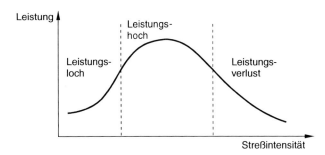

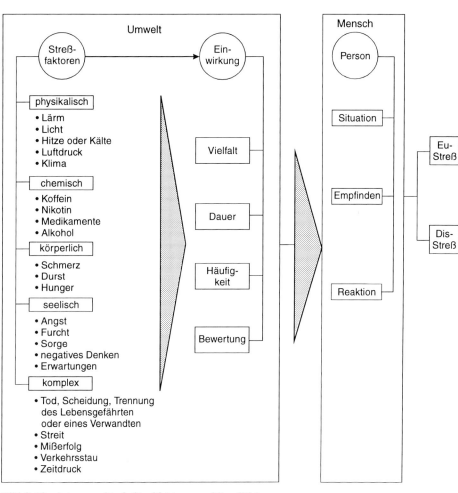

Bild Q-10. Arten von Streß, Streßfaktoren und ihre Wirkung

Tabelle Q-8. Ermitteln der persönlichen Streßbelastung. (Quelle: Techniker Krankenkasse)

Streßfaktoren	Häufigkeit			×	Bewertung			=	Belastung		
	nie	manch-mal	häufig	sehr oft	nicht stö-rend	kaum stö-rend	ziem-lich störend	stark stö-rend	Produkt		
									1	2	3
	0	1	2	3	0	1	2	3			
Termindruck											
Zeitnot, Hetze											
Dienstreisen											
Ungenaue Anweisungen und Vorgaben											
Verantwortung											
Aufstiegswettbewerb/ Konkurrenzkampf											
Konflikte mit Kollegen											
Konflikte mit Mitarbeitern											
Ärger mit Chef											
Ärger mit Kunden											
Ungerechtfertigte Kritik an mir											
Dauerndes Telefonklingeln											
Informationsüberflutung											
Neuer Verwantwortungs-bereich											
Umweltverschmutzung											
Lärm											
Anruf von Vorgesetzten											
Autofahrt in der Stoßzeit											
Schulschwierigkeiten der Kinder											
Streiterei											
Ärger mit Verwandtschaft											
Krankheitsfall in der Familie											
Hausarbeit											
Rauchen											
Alkoholgenuß											
Übermäßige Kalorienzufuhr											
Bewegungsmangel											
Schwierigkeiten bei Kontaktaufnahme											
Unerfreuliche Nachrichten											
Hohe laufende Ausgaben											
Konflikte mit Kindern											
Zu wenig Schlaf											

Tabelle Q-8 (Fortsetzung)

Streßfaktoren	Häufigkeit			×	Bewertung			=	Belastung		
	nie	manch-mal	häufig	sehr oft	nicht stö-rend	kaum stö-rend	ziem-lich störend	stark stö-rend	Produkt		
	0	1	2	3	0	1	2	3	1	2	3
Menschenansammlung											
Trennung vom (Ehe-) Partner / von der Familie											
Konflikte in der Partner-schaft											
Einkaufen in der Stoßzeit											
Behördenbesuche											
Mißerfolge											
ärztliche Untersuchungen											
Sorgen											
Unzufriedenheit mit dem Aussehen											
Eigene Beispiele:											

Je höher das Endergebnis, umso größer ist die Streßbelastung

Endergebnis: _____

personen- und situationsbezogen wirkt. Beispielsweise kann für den einen Menschen eine Bergwanderung eine Qual sein, für den anderen eine Freude. Der Mensch entscheidet also, ob Umwelteinwirkungen als freudiger Streß *(Eu-Streß)* oder als schmerzlicher Streß (Dis-Streß) empfunden werden. Wichtig für einen Menschen ist, daß er versucht, *positiv* mit dem Streß umzugehen. Dann wird seine Belastungsfähigkeit größer, er wird zufriedener und leistungsfähiger. In Tabelle Q-8 kann der einzelne seine individuelle Streßbelastung ermitteln, um die schädlichen Streßwirkungen eindämmen zu können.

Q 3.2 Methoden zur Streßbewältigung

Bild Q-11 stellt einige Möglichkeiten vor, Streß abzubauen oder erst gar nicht aufkommen zu lassen. Dabei wird in kurzfristige und langfristige Methoden unterschieden. Wichtig ist, nochmals darauf hinzuweisen, daß ein ausgeglichenes Maß von *Anspannung* und *Entspannung* Voraussetzung einer langfristigen Streßbewältigung ist. Deshalb spielt auch die *Atmung* in diesem Zusammenhang eine wichtige Rolle. Mit einer ausgeglichenen, ruhigen Atmung kann man Streß abbauen. Jedoch sollte man nicht an den Streß verursachenden Vorfall denken. Nichts denken und zur inneren Ruhe zu kommen, regeneriert Körper und Nerven. Diese Übung in der Praxis richtig auszuführen, verlangt eine profes-

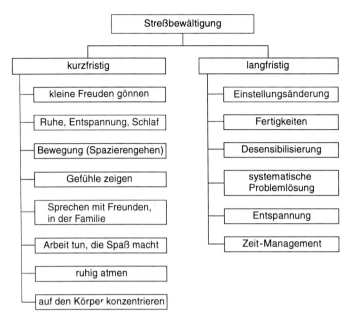

Bild Q-11. Methoden der kurz- und langfristigen Streßbewältigung

sionelle Anleitung, meist unter ärztlicher Aufsicht. Bei dieser Gelegenheit kann man sich auf seinen Körper konzentrieren. Man muß lernen, in sich hineinzuhorchen, um die Körpersignale wahrzunehmen. Man lernt sich dadurch kennen, weiß sich und seine Körperreaktionen einzuschätzen und zu steuern. Damit kommt mancher Streß gar nicht erst an einen heran.

Q 3.3 Fitneß

Unter Fitneß wird weitläufig Gesundheit verstanden, die den Menschen befähigt, die anfallenden, übertragenen Aufgaben zu erledigen. Unter Fitneß und Gesundheit ist ein *dynamischer Zustand* gemeint, bei dem der *Mensch insgesamt* im *Gleichgewicht* ist. Diese Fitneß besteht, wie Bild Q-12 zeigt, aus *körperlicher* und *geistiger* (mentale) Fitneß. Körper und Geist dürfen nicht getrennt betrachtet werden, sondern bilden eine *integrative Einheit*. Beispielsweise ruft eine körperliche Unfitneß eine geistige Unfitneß hervor. Das körpereigene *Immunsystem* schützt den Menschen vor schädlichen Einflüssen auf Körper und Geist. Um dieses Immunsystem zu stärken, sollten die in Bild Q-12 aufgeführten Bereiche beachtet bzw. entwickelt werden. Besonders hervorzuheben ist der Bereich *Psycho-Hygiene*. Auch hier gilt wieder die allgemeine Feststellung, daß ein *positives Denken* sich positiv auf die Fitneß auswirkt. Zu allem Bemühen, etwas zu erreichen, d.h., an ein vorgegebenes oder selbst gestecktes Ziel heranzukommen, gehört generell eine positive Lebenseinstellung. Sie wird geprägt durch Freude am Leben trotz aller Erschwernis, die das Leben mit sich bringt. Die Schattenseiten des Lebens sind zu meistern; sie sind eine Herausforderung an einen selbst, der man sich stellen muß.

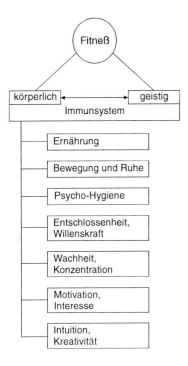

Bild Q-12. Bestandteile körperlicher und geistiger Fitneß

Q 4 Rhetorik

Q 4.1 Grundlegende Begriffe

Rhetorik gehört zu den Techniken der Kommunikation (Bild Q-13) und ist die Wissenschaft und die Lehre des *gekonnten Redens.* Kommunikation verbindet den Redner *(Sender),* der seine Information über einen *Kanal* (z.B. ein Mikrophon) vermittelt, mit dem Zuhörer *(Empfänger).* Man muß sich als Redner bewußt machen, daß eine Rede nur gut sein kann, wenn sie den Empfänger voll verständlich erreicht in Diktion und sachlichem Inhalt. Das bedeutet, daß man wissen muß, zu *wem (Zuhörerkreis)* und über welches *Interessengebiet* man redet. Eine *verständliche* Sprache ist dabei erstes Gebot. Auf diese Weise wird sichergestellt, daß der Redner und der Zuhörer in Beziehung treten. Dabei ist es wichtig, daß sich der Empfänger optimal angesprochen fühlt. Eine gut gegliederte, optisch aufbereitete, wohldurchdachte Vermittlung *(Präsentationstechnik,* Abschn. Q 5) erleichtert die positive Kontaktaufnahme.

Die Verständigung findet, wie Bild Q-13 zeigt, auf folgenden zwei Ebenen statt:

1. Sach-Ebene
Das sind die Argumente, die mit dem Verstand erfaßt und nachgeprüft werden können. Das bedeutet, daß nur rationale Argumente, die der Zuhörer verstehen kann, als richtig anerkannt werden.

2. Beziehungsebene
Jeder Kontakt zwischen Menschen stellt eine *zwischenmenschliche Beziehung* her. Daraus sollte sich eine für Redner und Zuhörer angenehme Atmosphäre entwickeln.

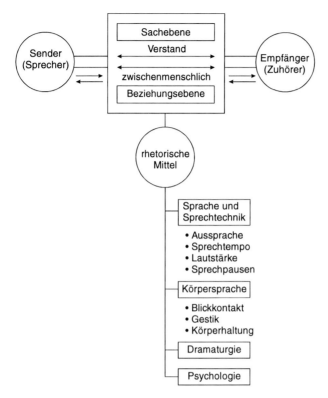

Bild Q-13. Schema der Kommunikation

Q 4.2 Vorbereitung

Q 4.2.1 Zielbestimmung und Stoffsammlung

Um ein Thema abzuhandeln, müssen folgende drei Elemente berücksichtigt werden:

Beschäftigung mit dem Thema
Man muß eine umfassende und systematische Stoffsammlung erstellen. Alle Informationen werden dabei nach bestimmten Oberbegriffen geordnet. Damit man keine wesentlichen Aspekte vergißt, empfiehlt sich eine *Spektrum-Analyse* mit den Betrachtungs-Ebenen ETHOS:

E: economical (wirtschaftlicher Aspekt),

T: technical (technischer Aspekt),

H: human (menschlicher Aspekt),

O: organizational (organisatorischer Aspekt),

S: social (sozialer und politischer Aspekt).

Nach der Stoffsammlung und der Gliederung muß man die zusammengetragenen Informationen auf das *Wesentliche* beschränken. Dazu dient das ABC-Prinzip:

A: Muß-Argumente (sehr wichtige Kernargumente),

B: Soll-Argumente (nicht ganz so wichtige Argumente),

C: Kann-Argumente (relativ unwichtige Randargumente).

Berücksichtigung des Zuhörers
Man muß sich stets klar machen, vor welchem Publikum man seine Ausführungen darlegt und sich bemühen, den Zuhörer einzubeziehen.

Festlegen des Ziels
Es muß den Zuhörern klar sein, was mit der Abhandlung des Themas erreicht werden soll.

Q 4.2.2 Gliederung

Zur Gliederung eines Vortrags hat sich die *Fünfsatz-Technik* bewährt. Sie besteht aus folgenden fünf Schritten:

● 1. Schritt: Aufmerksamkeit auf das Thema lenken (15% der Zeit),

● 2. bis 4. Schritt: Erörterung des Hauptteils (75% der Zeit),

● 5. Schritt: Zusammenfassung der Erkenntnisse (10% der Zeit).

In Bild Q-14 sind drei verschiedene Arten der Gliederung nach der Fünfsatz-Technik zusammengestellt.

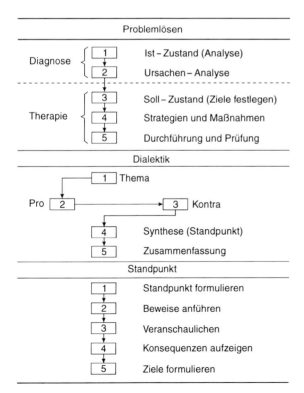

Bild Q-14. Möglichkeiten der Gliederung nach dem Fünfsatz

Q 4.3 Durchführung

Folgende vier Gesichtspunkte sind für eine erfolgreiche Rede entscheidend:

1. Zeit
Man sollte prinzipiell niemals über 45 Minuten reden, weil sonst die Konzentration und Aufnahmefähigkeit der Zuhörer nachläßt.

2. Verständlichkeit
Eine verständliche Rede zeichnet sich durch folgende Eigenschaften aus:

- Einfachheit
  (geläufige Wörter, kurze Sätze, konkrete und anschauliche Darstellung).
- Klarheit
  (klare, folgerichtige und übersichtliche Darbietung).
- Kürze
  (aufs Ziel konzentriert und aufs Wesentliche beschränkt).
- Anregungen
  (Bilder, Karikaturen, Witze, Anekdoten).

3. Sprache
Es empfiehlt sich, dem Thema gemäß und Interesse für die Sache weckend, zu sprechen. Dazu werden folgende Mittel eingesetzt und verändert Aussprache, Sprechtempo, Lautstärke und legt Sprechpausen ein.

Tabelle Q-9. Gesten der Sicherheit und Unsicherheit bei de Körpersprache nach *A. Thiele*

Gesten der Sicherheit	Gesten der Unsicherheit
• gute Gesamtverfassung aufrechte Haltung, gute Spannung Tiefenatmung positive Grundeinstellung	• schlechte Gesamtverfassung schiefe, gekrümmte Haltung, Überspanntheit, flacher Atem, Fahrigkeit, Hektik
• offener, ruhiger Blickkontakt mit den Augen führen	• kein Blickkontakt unsteter, stierer Blick
• positive Gestik zwischen Hüfte und Schultern sicherer Stand auf beiden Beinen, freundliche Mimik	• negative Gestik Hände bleiben am Körper oder werden versteckt Hin- und Herpendeln mit den Beinen, Hochziehen der Schultern, verbissene Mimik
• gute Rhetorik gute Artikulation, mäßiges Grundtempo, wechselndes Tempo und Lautstärke, freier Vortrag, Engagement und Dynamik, Begeisterung	• schlechte Rhetorik zu leises Sprechen, Schnellsprechen ohne Pausen, Füll-Laute (ö, äh), monoton und Verlegenheitspausen, Festhalten am Konzept, keine Begeisterung
• Übereinstimmung zwischen Form und Inhalt Inhalt des Gesprochenen und die Form (Rhetorik, Körpersprache, Optik) stimmen überein, hohes Maß an Glaubwürdigkeit	• schlechte Übereinstimmung zwischen Form und Inhalt geringes Maß an Glaubwürdigkeit, da Inhalt und Form nicht übereinstimmen

4. Körpersprache

Mit der Körpersprache wendet man sich dem Zuhörer zu. Besonders wichtig sind:

- Blickkontakt mit dem Zuhörer,
- Körperhaltung,
- Mimik (Mienenspiel) und Gestik,
- Distanzverhalten zu anderen Menschen und
- Fußbewegungen.

In Tabelle Q-9 sind die Merkmale der Körpersprache für Sicherheit und Unsicherheit zusammengestellt.

Q 4.4 Fragen und Einwände

Q 4.4.1 Fragen

Mit gezielten Fragen kann man eigene Wissenslücken schließen. Fragen dienen aber auch dazu, Diskussionen in Gang zu bringen und den Standpunkt eines Redners auszuloten. Mit unfairen Fragen wird versucht, jemand in Beweisnot zu bringen oder seine Glaubwürdigkeit zu erschüttern. Zum besseren Verständnis ist es sinnvoll, folgende *W-Fragen* zu stellen: Wer?, Was?, Wie?, Wo?, Wann, Warum?, Wozu? und Womit?

Q 4.4.2 Einwände

Einwände der Zuhörer muß man gekonnt behandeln. Dazu gehört eine positive Grundhaltung gegenüber anderen Personen sowie ein souveränes Beherrschen des betreffenden Fachgebiets. Einwände behandelt man sinnvollerweise in folgenden Phasen (Bild Q-15):

Aktives Zuhören
Mit dieser Haltung zeigt man die Bereitschaft, den Einwand des anderen ernst zu nehmen.

Nachdenken
Es ist sinnvoll, keine vorschnellen Antworten zu geben, ohne darüber nachgedacht zu haben. Solche Schnell-Anworten wirken vorbereitet und pauschal und signalisieren dem Frager, daß sein Einwand nicht ernst genommen wird.

Rückfragen
Dadurch werden die Zuhörer aktiv in die Rede mit einbezogen und äußern sich zum Stand des Themas. Dadurch kann man sich über die Positionen der andern Gewißheit verschaffen.

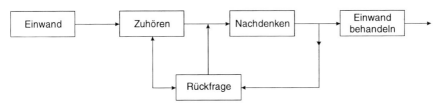

Bild Q-15. Phasen bei der Einwandbehandlung

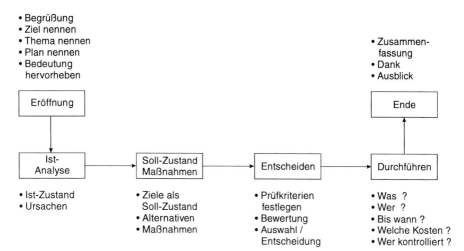

Bild Q-16. Phasen eines Mitarbeitergespräches zur Problemlösung

Behandlung des Einwandes
Schroffe Ablehnung und überlegenes Abwehren des Einwandes sind nicht zu empfehlen, weil sie die Glaubwürdigkeit des Redners in Frage stellen. Auf jeden Fall muß die Würde dessen, der fragt, gewahrt bleiben.

Q 4.5 Gespräche mit Mitarbeitern

Ratschläge für Gespräche mit Mitarbeitern und für Besprechungen sind in Abschn. P zusammengestellt. Wichtig sind in diesem Abschnitt die *Verkaufsgespräche*. Sie dienen dazu, die Produkte und Dienstleistungen eines Unternehmens zu verkaufen. Verkaufsgespräche – vor allem in den Vertriebsabteilungen - sind daher von großer Bedeutung. In Bild Q-16 sind die einzelnen Phasen des Verkaufsgesprächs zusammengestellt.

Q 5 Präsentationstechniken

Präsentationstechniken dienen dazu, die Mitglieder zu *informieren,* zu *überzeugen* und zu *motivieren.* Für viele Kommunikationsaufgaben innerhalb und außerhalb eines Unternehmens bieten Präsentationen folgende Möglichkeiten:

● Darstellung der zu lösenden Aufgabe,

● Aufzeigen der gesteckten Ziele,

● Wesentliches sofort erkennbar,

● Verdeutlichen der Sachkompetenz,

● Steuern des Prozesses der Kreativität: Zusammenstellen der Ideen und Motivation zur Nennung weiterer Möglichkeiten,

● Vorbereitung von Entscheidungen,

● Darstellung der Ergebnisse und Ansporn zu weiterer Arbeit.

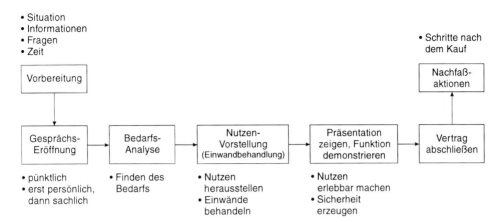

Bild Q-17. Phasen eines Verkaufsgespräches

Eine erfolgreiche Kommunikation basiert auf zwei Kompetenzen (Bild Q-17):

Soziale Kompetenz
Sie besteht vor allem in der Persönlichkeit des Vortragenden und in seinen rhetorischen Qualitäten (Abschn. Q 4).

Technische Kompetenz
Hierzu dient die richtige Auswahl der Präsentationsmittel (Bild Q-18).

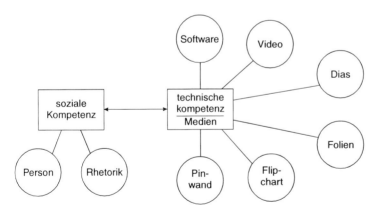

Bild Q-18. Technische und soziale Kompetenz sowie Medieneinsatz

Q 6 Technik des Schnellesens

Q 6.1 Lesen und Leseerfolg

Fortschritte auf allen Gebieten des menschlichen Daseins hängen vom raschen und zuverlässigen Informationsaustausch ab. Dabei werden die Wissensgebiete immer umfangreicher, d. h., die Informationsfülle steigt ständig. Das Lesen ist dabei für die Aufnahme von Information von größter Bedeutung: nach *Baker* werden nämlich 85% aller Informationen über das Lesen aufgenommen. Damit ist Lesen eine Grundvoraussetzung für das Lernen. Demzufolge bedeutet die Verbesserung der Lesetechnik eine *Verbesserung der Informationsaufnahme* und eine *Erweiterung der Lernmöglichkeit,* nämlich in kurzer Zeit viel zu erfahren.

Erfolgreiches Lesen ist von zwei Faktoren abhängig: Erstens von der *Motivation,* d. h., vom Interesse und vom Engagement, mit der man liest. Zweitens von der *Konzentration* des Lesers. Dabei werden die Sinnesorgane auf das Lesen ausgerichtet und mögliche Störquellen ausgeschaltet.

Um noch aufmerksamer zu lesen und den Leseerfolg zu erhöhen, sollte man sich beim Lesen folgende Fragen stellen:

- *Was ist das Kernproblem der Abhandlung?*
- *Welche Stellung bezieht der Autor?*
- *Mit welchen Punkten seiner Begründung bin ich einverstanden?*
- *Welchen Punkten seiner Begründung widerspreche ich?*
- *Welche Nebenprobleme werden angesprochen?*
- *Wie ist die Stellungnahme des Autors dazu?*
- *Wie stehe ich dazu?*

Außerdem ist es empfehlenswert, sich die wichtigsten Informationen *herauszuschreiben.* Werden solche Text-Zusammenfassungen *(Exzerpte)* erstellt, dann muß konzentriert gelesen werden. Das Erstellen von Exzerpten hat einige Vorteile: Man prägt sich die Informationen beim Erstellen ein und verringert die Informationsfülle, so daß man später nur noch die Exzerpte lesen muß, aber nicht mehr das ganze Werk. Auch wenn dies im Augenblick Zeit kostet, so lohnt es sich doch insgesamt.

Q 6.2 Rationelles Lesen

Um sich in ein neues Sachgebiet einzuarbeiten, ist die wichtigste Aufgabe, den richtigen Lesestoff zu finden und auszuwählen *(selektives Lesen).* Dies ist dann nicht möglich, wenn bestimmte Schriftstücke durchgearbeitet werden müssen. Texte mit vielen Einzelheiten oder solche mit komplizierten Sachverhalten, erfordern einen hohen Zeitaufwand. Dazu gehören Fachbücher, Fachartikel und fremde Schriftsätze, deren Inhalte dem Leser neu sind. Sind die Texte leicht zu lesen oder enthalten sie nur wenige Informationen, entstammen sie meist aus dem eigenen Fachgebiet, aus Zeitungen oder der täglichen Korrespondenz. Um jeden Text mit hohem Tempo lesen zu können, muß man sich auf einen Teil der angebotenen Aussagen beschränken. Deshalb muß man sich vor dem Lesen im klaren darüber sein, weshalb eigentlich gelesen werden muß und wieviel Zeit man dafür einsetzen will. Zur Auswahl des Textes ist es ratsam, ein Vorwort, ein Inhaltsverzeichnis, eine Gliederung oder Überschriften heranzuziehen. Beim ersten

Tabelle Q-10. Möglichkeiten der Markierung

Zeichen	Bedeutung
!	wichtig, Hauptpunkt
+	gut, treffend, wahr, richtig
-	falsch, irrig, schlecht
?	fraglich, unbekannt
←	Querverweis, Belegstelle
Σ	Zusammenfassung, Schlußfolgerung
D	Definition, Begriffserklärung

Durchgang werden die wichtigen Stellen mit bestimmten Symbolen gekennzeichnet (Tabelle Q-10).

Für das rationelle Lesen ist es ratsam, *mehrere Lesedurchgänge* einzuplanen. Beim ersten Durchgang verschafft man sich einen groben Überblick und setzt die Arbeitsmarken an die entsprechenden Textstellen (Tabelle Q-10). Danach werden die markierten Stellen so oft wie nötig durchgelesen. Es ist immer wieder wichtig, darauf hinzuweisen, daß beim Lesen keine Wörter eingesammelt werden sollen, sondern Gedanken aufgespürt werden müssen.

Q 6.2.1 Lesen von Fachartikeln und Fachbüchern

Fachartikel werden gelesen, um neues Wissen zu erwerben, bereits vorhandenes Wissen aufzufrischen oder fehlerhaftes Wissen zu korrigieren. Damit steht der Fachartikel in engem Zusammenhang zum Fach- und Lehrbuch, hat aber meist den Vorteil der größeren Aktualität und Kürze.

Durch die große Anzahl und den Umfang der Fachzeitschriften ist es dem Leser nicht mehr möglich, alle zu einem Thema erscheinenden Artikel aufmerksam zu lesen. Deshalb gilt es, die Lesetechnik des *Überfliegens* anzuwenden, d.h., es muß ausgewählt und Neues herausgefiltert werden. Dabei geht man das Risiko ein, wichtige Informationen zu übersehen.

Ist man in der Lesezeit für Fachartikel oder Abschnitte eines Fachbuches begrenzt, dann sollte man sich vorher über die *Leseabsicht* klar werden und folgende Fragen stellen:

● Warum soll dieser Artikel bzw. Abschnitt gelesen werden und

● welcher Gewinn ist daraus zu erwarten?

Aus diesen Antworten sollte man einen Leitsatz festlegen, der während des Lesen immer vor Augen ist. Auf diese Weise kann mit dem Lesen nach folgenden Regeln begonnnen werden:

● Der Beitrag wird im ganzen möglichst zügig durchgesehen und entschieden, ob es sich lohnt, mehr Zeit dafür zu investieren.

● Im zweiten Durchgang wird versucht, den Inhalt zu verstehen und sich über den Abschluß oder Fortgang der Lesearbeit im klaren zu werden.

● Lesen heißt, das zu sammeln, was wichtig ist. Es ist anzuraten, sich Notizen und Markierungen zu machen und Strukturen aufzudecken.

Je länger die Lesearbeit dauert, um so wichtiger ist es, zuvor *optimale Arbeitsbedingungen* zu schaffen. Ein Arbeitsplatz zum Lesen sollte folgendermaßen beschaffen sein:

- ausreichende Beleuchtung,
- zweckmäßiges Mobiliar,
- gute Sauerstoffzufuhr,
- angenehme Bekleidung,
- ausreichend großer Arbeitsplatz,
- griffbereite Hilfsmittel und
- genügend Ruhe.

Wichtig ist auch, entsprechende Ruhepausen einzuplanen, in denen man etwas völlig anderes tun sollte.

Q 6.2.2 Tägliche Korrespondenz

Auf dem Schreibtisch landen täglich eine Fülle von Drucksachen, Berichten und Briefen. Hierbei ist die schnelle und richtige Auswahl von besonderer Bedeutung. Dabei sollte man sich an folgende drei grundsätzlichen Entscheidungsregeln halten:

1. Unwichtiges, Wertloses oder Uninteressantes ignorieren.
2. Nicht interessant für den Adressaten. Falls es für andere Mitarbeiter interessant sein könnte, muß es über die Hauspost dorthin gebracht werden.
3. Wichtige und interessante Mitteilungen.

Sehr häufig wird der Fehler gemacht, die Post erst einmal durchzusehen und dabei umzustapeln. Später wird man sich dann näher mit der Post beschäftigen. Es sollte prinzipiell die Regel sein, die Post nur *einmal* zur Hand zu nehmen. Es ist zu empfehlen, bei Briefen sich sofort Notizen zu machen, auf die man sich bei einem Diktat berufen kann. Das allerbeste ist, direkt auf Band zu antworten. Briefe, deren Inhalt nicht einer sofortigen Erwiderung bedarf, sollte man sammeln und als Block auf einmal rationell erledigen (Abschn. Q 2).

Weiterführende Literatur

Ammelburg, G.: Rhetorik für den Ingenieur, 5. Auflage. Düsseldorf: VDI-Verlag 1991.
Beelich/Schwede: Lern- und Arbeitstechnik. Würzburg: Vogel Verlag 1982.
Beyer, G.: Gedächtnis- und Konzentrationstraining. Düsseldorf: VDI-Verlag 1974.
Blanchard, K. und *Johnson, S.:* Der 01-Minuten-Manager. Hamburg: Rowohlt-Verlag 1983.
Jahrmarkt, M.: Mental-Fitneß für Manager. Düsseldorf: ECON-Verlag 1990.
Metzig/Schuster: Lernen zu lernen. Berlin, Heidelberg: Springer Verlag 1982.
Naef, R. D.: Rationeller Lernen lernen. Weinheim/Basel: 1976.
Ott, E.: Optimales Lesen. Hamburg: 1991.
Seifert, J. W.: Visualisieren - Präsentieren – Moderieren, 5. Auflage. Bremen: GABAL-Verlag 1989.
Seiwert, L. J.: Das 1×1 des Zeitmanagements. Düsseldorf: VDI-Verlag 1988.
Seiwert, L. J.: Mehr Zeit für das Wesentliche, 6. Auflage. Landsberg/Lech: mi-Verlag 1987.
Sommerlatte, T. u.a.: Innovationsmanagement. Schaffen einer innovativen Unternehmenskultur. In: *A. D. Little International* (Hrsg.): Management der Geschäfte von morgen, 2. Auflage. Wiesbaden: Gabler Verlag 1987, S. 59.

Thiele, A.: Die Kunst zu überzeugen, 2. Auflage. Düsseldorf: VDI-Verlag 1990.

Thiele, A.: Überzeugend Präsentieren. Düsseldorf: VDI-Verlag 1991.

Wagner-Link, A.: Aktive Entspannung und Streßbewältigung. Stuttgart: expert Verlag, Taylorix Fachverlag 1989.

Zielke, W.: Besser, schneller, rationeller Lesen. München: 1973.

Zielke, W.: Rationelles Lesen programmiert lernen, 2. Auflage. München: 1972.

Zur Übung

Ü Q1: Im folgenden Fallbeispiel wird der Ablauf eines Managers geschildert. Zeigen Sie, welche Tätigkeiten wie lange dauern und wie man durch eine Zeitplanung zu einer sinnvollen Zeiteinteilung ohne Streß findet.

Herr Dr. Limpu ist ein vielbeschäftigter Prokurist und verantwortlich für den Vertrieb. Er hat 6 Vertriebsbeauftragte unter sich. An einem typischen Arbeitstag spielt sich folgendes ab:

Morgens um 8 Uhr kommt er ins Büro und fragt seine Sekretärin, welche Termine er hat. Es stellt sich heraus, daß er am Vormittag 7 Kunden anrufen muß und um 9.30 Uhr eine Vertriebsbesprechung anberaumt hat. Um 11 Uhr hat sich ein wichtiger Kunde angesagt, mit dem er Essen gehen möchte. Am Nachmittag hat er sich vorgenommen, den Geschäftsplan für das nächste Quartal gründlich zu überarbeiten und mit seinen Vertriebsleuten die neuen Vorgaben und Ziele durchzusprechen und zu beschließen.

Bereits um 8.10 Uhr kommt ein Vertriebsbeauftragter zu ihm und fragt ihn, ob er ein neues Firmenfahrzeug bekommen kann. Dies wird bis 9 Uhr ernsthaft diskutiert, dann aber vereinbart, dieses Thema in der Vertriebsbesprechung zu einem Diskussionspunkt zu erheben. Anschließend telefoniert Herr Dr. Limpu 3 Kunden an. Um 9.30 Uhr geht er zu seiner Sekretärin und fragt, ob Sie die Unterlagen für die Besprechung zusammengetragen hat. Als diese verneint, bekommt er einen Wutanfall und schreit seine Sekretärin an. Dr. Limpu beginnt mit wenigen Minuten Verspätung und eröffnet die Sitzung ohne Unterlagen. Deshalb wird das Thema Dienstwagen zur Diskussion gestellt. Gegen 10 Uhr bringt die Sekretärin die Unterlagen für Dr. Limpu und seine Mitarbeiter. Er schiebt sie beiseite, weil er erst dieses Problem ausdiskutieren möchte. Um 11.30 Uhr macht ihn seine Sekretärin darauf aufmerksam, daß ein wichtiger Kunde schon einige Zeit auf ihn warte. Er schließt die Sitzung und widmet sich seinem Kunden. Um 12.30 Uhr verabschiedet er sich zum Mittagessen und kommt um 14 Uhr wieder. Seine Sekretärin sagt ihm, daß er unbedingt 3 Kunden anrufen müßte und noch 4 weitere auf seiner Telefonliste stehen. Da erreicht ihn ein Anruf eines alten Kunden, der ihn bittet, sofort zu kommen. Herr Dr. Limpu glaubt, daß er das seinem alten Kunden schuldig ist und verläßt gegen 14.40 Uhr sein Büro.

Ü Q2: Warum empfinden die Menschen Streß unterschiedlich?

Ü Q3: Welche wichtigen Streßfaktoren gibt es und von welchen Wirkungselementen sind diese abhängig?

Ü Q4: Mit welchen Methoden kann der Streß bewältigt bzw. abgebaut werden?

Ü Q5: Was versteht man unter Fitneß und wie kann man sich fit halten?

Ü Q6: Wie bereitet man sich auf eine Rede vor?

Ü Q7: Zu welchem Zweck setzt man Präsentationstechniken ein und welche Medien gibt es?

Ü Q8: Mit welchen Methoden kann man schnell Lesen?

R Projektmanagement

R 1 Begriffsdefinitionen

R 1.1 Projekt

In DIN 69900 wird ein Projekt folgendermaßen definiert:

> *Ein Projekt ist ein Vorhaben, das im wesentlichen gekennzeichnet ist durch:*
> - *Einmaligkeit der Bedingungen in ihrer Gesamtheit,*
> - *Zielvorgabe,*
> - *zeitliche, finanzielle, personelle oder andere Begrenzungen,*
> - *hohe Risiken,*
> - *Abgrenzung gegenüber anderen Vorhaben und eine*
> - *projektspezifische Organisation.*

R 1.2 Projektmanagement

In Anlehnung an DIN 69901 wird unter Projektmanagement verstanden:

> *Die Gesamtheit von Führungsaufgaben, -organisation, -techniken und -mitteln zur zielorientierten Durchführung großer Vorhaben. Das Projektmanagement besteht aus:*
> - *Führungsaufgaben*
>   *(Zielsetzung, Planung, Steuerung und Überwachung)*
> - *Führungsaufbau (Projektorganisation)*
> - *Führungstechnik (Führungsstil) und*
> - *Führungsmittel (Methoden).*

Allgemein bezeichnet der Begriff Projektmanagement alle leitenden und administrativen Aktivitäten, die zur Durchführung eines Projekts notwendig sind. Bild R-1 zeigt die Anforderungen an ein gutes Projektmanagement aus *fachlicher, wirtschaftlicher* und *personeller Sicht.*

R 1.3 Phasen des Projektmanagements

Projekte werden nach einzelnen *Phasen* bearbeitet. Diese dienen der genauen Abgrenzung der einzelnen, aufeinanderfolgenden Arbeitsabschnitte, erhöhen die Transparenz über das

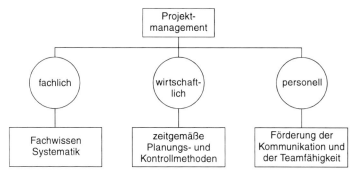

Bild R-1. Anforderungen an ein Projekt-Management

Markt- unter- suchung und Machbar- keits- analyse	Planungs- planung und Planungs- vorgabe	Funktions- planung	Planung und Wirtschaft- lichkeits- berechnung	Durch- führung	Abnahme	Inbetrieb- nahme

Bild R-2. Phasenmodell des Projekt-Managements

Projekt und sichern den folgenden Projektablauf in sachlicher, qualitativer und wirtschaftlicher Hinsicht. Bild R-2 zeigt die üblichen sieben Phasen. Je nach Art des Projekts und den speziellen Gegebenheiten werden die Projektphasen ganz individuell definiert. Häufig finden sich folgende vier Phasen eines Projektes wieder und zwar die:

- Vorklärungsphase, die
- Planungsphase, die
- Durchführungsphase und die
- Nutzungsphase.

Wie das Projekt von Phase zu Phase gesteuert wird, zeigt Bild R-3.

R 2 Zweck des Projektmanagements

Die Bearbeitung von Projekten ist innerhalb der konventionellen Linienorganisation und mit den normalen Instrumentarien zur Bearbeitung des Tagesgeschäfts kaum möglich. Die Abwicklung von Projekten im industriellen und behördlichen Bereich stellt die Verantwortlichen vor eine ständig schwieriger werdende Aufgabe. Insbesondere die Bestrebung nach technologisch und wirtschaftlich optimalen Projektergebnissen, im *industriellen Bereich* durch die Forderungen nach kurzen Lieferzeiten und geringen Preisen bei hoher Qualität in einem harten, globalen Wettbewerb und im *behördlichen Bereich* durch die Allgemeinwohlverpflichtung, erfordern zwingend ein systematisches Vorgehen unter Be-

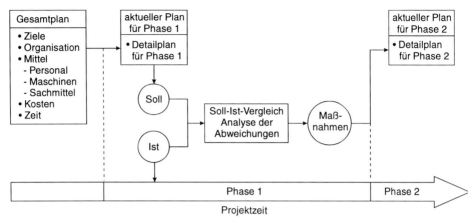

Bild R-3. Steuerung eines Projektes

achtung der wirtschaftlichen Effizienz. Dies bedeutet, ein Projektmanagement organisatorisch, führungsbezogen und methodisch zu institutionalisieren.

Während man in den Fachbereichen eines Unternehmens die jeweiligen Spezialistenstandpunkte vertritt, muß das Projektmanagement Einzellösungen zu einem *systemoptimalen Gesamtentwurf* integrieren. Dies führt zu einer größeren Annnäherung der Fachbereiche zueinander und zu größerer interdisziplinärer Tätigkeit.

Projektmanagement soll nicht kompliziert, sondern *möglichst einfach* sein. Es beinhaltet folgende Aspekte, den

- *organisatorischen Aspekt*
  (z.B. Projektleiter und Projektbüros), die

- *innerbetriebliche Projektorganisation*
  Dazu gehören Hilfsmittel zur Projektplanung und -durchführung, Werkzeuge zur Projektplanung, -verfolgung und -steuerung sowie den

- *motivationspolitischen Aspekt*
  Sie betreffen alle Projektbeteiligte über alle Projektphasen hinweg.

R 3 Organisatorische Aspekte des Projektmanagements

Projekte können nicht ohne *administrative Maßnahmen* gesteuert werden. Die *Projektorganisation* muß darauf ausgerichtet sein, der Projektleitung ohne Verzögerung alle nötigen aktuellen Informationen zur Verfügung zu stellen, um eine zielgerichtete Steuerung zu ermöglichen. Diese Voraussetzung schafft man durch die Installation einer projektausgerichteten *Organisationsform* und der Errichtung von *Projektinstanzen*. Bild R-4 zeigt die Aufgaben einer *Projektorganisation*. Im Interesse des Projekts, des Unternehmens und der Mitarbeiter ist eine klare und eindeutige Abgrenzung notwendig. Die organisatorische Einführung des Projektmanagements, dessen Aufgaben und Befugnisse müssen innerhalb eines Unternehmens schriftlich formuliert und bekanntgegeben werden.

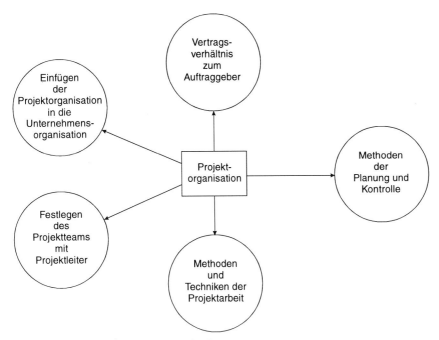

Bild R-4. Aufgaben einer Projektorganisation

R 3.1 Grundformen der Projektorganisation

Eine Projektorganisation steht selten allein. Sie hat die Linienorganisation um projektspezifische organisatorische Regelungen zu ergänzen. Die Aufbauorganisation innerhalb eines Projekts umfaßt alle personen- und gruppenbezogenen Aspekte. Es werden drei Formen von Projektorganisation unterschieden:

- reine Projektorganisation (Task Force),
- Einfluß-Projektorganisation (Stabs-Projektorganisation),
- Matrix-Projektorganisation (Projektmatrixorganisation) und
- Time-Sharing-Organisation.

R 3.1.1 Reine Projektorganisation (Task Force)

Hierbei wird parallel zur existierenden Aufbaufunktion des Unternehmens eine *Projektorganisation* gebildet (Bild R-5). Die für das Projekt nötigen Mitarbeiter werden aus ihren Fachabteilungen organisatorisch herausgelöst und zu einer neuen, zeitlich begrenzten Organisationseinheit zusammengefaßt. Die so gefundenen Mitarbeiter arbeiten befristet ausschließlich für die Ziele des Projekts. Sie werden von einem Projektleiter geleitet, der umfassende Kompetenzen und Verantwortung hat.

Durch die reine Projektorganisation wird eine straffe Arbeitsform mit klaren und eindeutigen Weisungsverhältnissen, Ausschluß von Störungen der Projektbeteiligten durch das

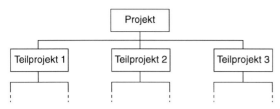

Bild R-5. Reines Projekt-Management

Tagesgeschäft oder durch Dritte sowie einer hohen Motivation der Projektleitung geschaffen. Die Form des reinen Projektmanagements wird in der Regel nur für Großprojekte genutzt, führt hingegen bei einer Vielzahl von mittleren und kleinen Projekten zu unwirtschaftlichem Einsatz von Personalkapazitäten. Tabelle R-1 zeigt im einzelnen die Vor- und Nachteile.

Tabelle R-1. Vor- und Nachteile der reinen Projektorganisation

Vorteile	Nachteile
klare Projektverantwortung	Zusammenstellung des Teams ist schwierig
klare Kompetenzen des Projektleiters	enge Beschäftigung nur mit diesem Projekt
gute Kontrollmöglichkeiten für Projektleiter und Team	kein Kontakt zu anderen Abteilungen oder Projekten
wenig Konflikte mit anderen Abteilungen	Schwierigkeiten bei der Wiedereingliederung
hohe Motivation	Konflikte zwischen normaler Organisation des Unternehmens und dem Projekt
starker Gruppenzusammenhalt	Gefahr der Doppelarbeit in verschiedenen, ähnlichen Projekten
schnelle Entscheidungsfindung	

R 3.1.2 Einfluß-Projektorganisation

Die Mitarbeiter des Projekts bleiben innerhalb ihrer Fachabteilungen, und die Entscheidungsbefugnis bleibt der Linie vorbehalten. Der Projektleiter hat nur *beratende* oder vorbereitende Funktionen (Stabsfunktion) und somit auch weit weniger Möglichkeiten, Entscheidungen durchzusetzen. Diese Form der Projektorganisation zeigt vorteilhafterweise eine hohe Flexibilität hinsichtlich des Mitarbeitereinsatzes. Die weiteren Vor- und Nachteile zeigt Tabelle R-2.

R 3.1.3 Projekt-Matrixorganisation

Die Projekt-Matrixorganisation ist eine Mischung aus Einfluß-Projektorganisation und der reinen Projektorganisation. Hierbei wird die normale Linienorganisation eines Unternehmens durch die weitere Instanz des Projektleiters erweitert. Die Projekt-Matrixorganisation

Tabelle R-2. Vor- und Nachteile des Einfluß-Projektmanagement

Vorteile	Nachteile
wenig Änderungen der Organisation erforderlich	Projektleiter ist auf seinen Einfluß angewiesen und muß ständig neue Gespräche suchen
Motivation erhöht durch gute Kontakte	große Belastung des Projektleiters
	schwierige Entscheidungsfindung
	Projektleiter hat keine formalen Rechte und Verpflichtungen

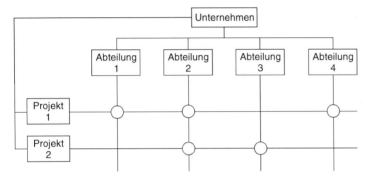

Bild R-6. Matrix-Projekt-Management

bedeutet vor allem die Teilung der Macht zwischen Linienmanagement und Projektleiter, was eine Doppelunterstellung an den Weisungsschnittstellen bedeutet (Bild R-6).

Die Stärken dieser Organisationsform liegen im *Erhalt von Spezialisierungsvorteilen* bei gleichzeitiger *projektorientierter Integration,* dem Zwang zur Kooperation zwischen den Fachabteilungen und der Know-how Pflege und dessen Transfer von Projekt zu Projekt. Die ungewohnte Weisungsstruktur erfordert ein flexibles Verhalten der Mitarbeiter. Die Vor- und Nachteile zeigt Tabelle R-3.

R 3.1.4 Time-Sharing-Projektorganisation

Bei der Time-Sharing-Organisation wird ein Mitarbeiter für einen bestimmten Zeitraum der Woche 100%ig für das Projekt abgestellt und ist während der übrigen Zeit 100%ig für seine Linienabteilung tätig. Dadurch werden die Nachteile der Linien- und Matrixorganisation vermieden.

Bild R-7 zeigt in einer Zusammenschau, für welche Projektarten die entsprechenden Organisationsformen geeignet sind.

Tabelle R-3. Vor- und Nachteile der Matrixorganisation

Vorteile	Nachteile
bestmögliche Abstimmung der Kapazitäten	schwierige und langwierige Kommunikation (Abstimmungen und dauernde Begründungen)
große Transparenz	Möglichkeiten von Ziel- und Interessenkonflikten
Gesamtoptimum möglich	bei klarer Abgrenzung ein hoher Verwaltungsaufwand
häufige Absprachen fördern die Gesamtansicht	hohe Belastung aller Beteiligten
Zugriff auf Spezialisten möglich	

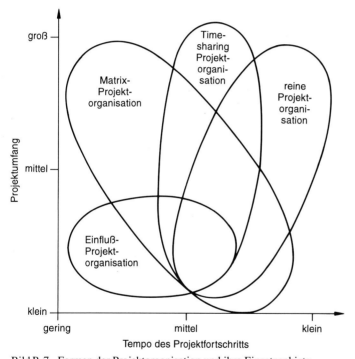

Bild R-7. Formen der Projektorganisation und ihre Einsatzgebiete

R 3.2 Projektinstanzen

Projektinstanzen sind der *Projektleiter,* das *Projektbüro* und das *Projektteam.*

R 3.2.1 Projektleiter

Die Aufgaben und Verantwortlichkeiten eines Projektleiters sind je nach Projektziel sehr unterschiedlich. Sie können Planungs-, Koordinations-, Kontroll- und Dokumentationsaufgaben beinhalten. Jedenfalls ist es die Aufgabe und die Verantwortung des Projektleiters das vorher *festgelegte Projektziel* im vorgegebenen Kosten- und Terminrahmen zu erreichen. In diesem Sinne trägt der Projektleiter die Gesamtverantwortung für das Projekt. Er ist also sowohl für die *technische* als auch für die *administrative Abwicklung* des Projekts voll verantwortlich. Ein Projektleiter muß über ausgezeichnete Fachkenntnisse der wichtigsten Projektbereiche verfügen, da der Steuerungs- und Entscheidungsprozeß innerhalb eines Projekts gesamtheitlich durch einen Projektleiter vorgenommen werden muß.

Um diese schwierige Aufgabe zwischen technischer und kaufmännischer Anforderung meistern zu können, muß der Projektleiter mit umfassenden Vollmachten und Kompetenzen ausgestattet sein. Dies sind:

- Planung, Leitung und Kontrolle der technischen Aufgabenstellung,
- Auswahl von Unterauftragnehmern und Lieferanten,
- Planung, Freigabe und Kontrolle der Projektkosten,
- Terminablaufplanung und Kontrolle,
- Einführen einer funktionsfähigen Projektorganisation und
- Auswahl des Schlüsselpersonals.

R 3.2.2 Projektbüro

Das Projektbüro ist eine der *zentralen Einrichtungen* einer Projektorganisation. Ihm kommt größte Bedeutung zu. Das Projektbüro wird von einem Projektleiter geleitet. Zu den Aufgaben des Projektbüros zählen die

- zentrale Stelle für die ein- und ausgehende Post, die
- Registrierung, Verteilung und Aufbewahrung aller Dokumente, die
- Schreibdienste und die
- Dienstleistungen jeglicher Art für das Projekt.

Die zentrale Verwaltung von Dokumenten ist sehr wichtig. Ein Projekt ist ein *Gemeinschaftsprodukt* und kein Individualvorhaben. Deshalb muß bei einem Projekt jeder Mitarbeiter zu jeder Zeit an jede Unterlage gelangen können.

R 3.2.3 Projektteam

Teamarbeit ist nötig, um umfangreiche und komplexe Aufgaben zu lösen, wie es Projekte darstellen. Dazu müssen aus sachlichen und zeitlichen Gründen mehrere Personen unterschiedlicher Qualifikation koordiniert zusammenarbeiten. Unter einem Team versteht man:

> Ein Team ist eine hierarchiefreie Arbeitsgruppe aus Mitgliedern unterschiedlicher Fachbereiche bzw. Funktionen. Es bearbeitet und löst eine Aufgabe, die von ihm selbst entwickelt oder von außen vorgegeben wurde. Das Ziel des Teams wird von allen Gruppenmitgliedern uneingeschränkt verfolgt. Zur Lösung der Aufgabe gelten für alle Mitglieder des Teams bestimmte Normen und Spielregeln.

Das *Team-Management* umfaßt, wie Bild R-8 zeigt, die

- Organisation, die
- Arbeitsmethodik und den
- zwischenmenschlichen Bereich.

Zur klaren Verteilung der Rollen und Aufgaben innerhalb des Teams kann es sinnvoll sein, den einzelnen Teammitgliedern *Stellenbeschreibungen* für ihre Tätigkeit auszuhändigen (Abschn. P 2.1).

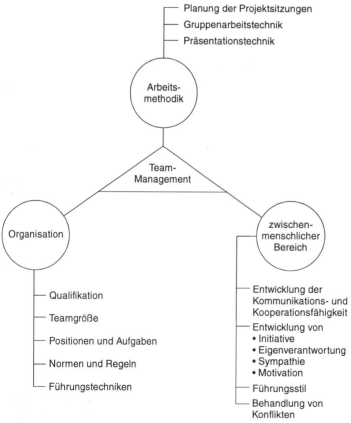

Bild R-8. Aufgaben des Team-Managements

Nach verschiedenen Untersuchungen treten folgende Probleme während der Projektarbeit in der Praxis am häufigsten auf:

- Kommunikation (25%),
- Führung (15%),
- Koordination (11%),
- Team (5%),
- Sonstige (unter 5%).

Die Ursachen dafür liegen in den meisten Fällen bei den Teammitgliedern und sind im wesentlichen darin begründet:

- Einzelkämpfertum und Egoismus.
  Ein Egoist dient nur sich selbst. Er will Anerkennung für sich selbst gewinnen und will als Star glänzen. Ein egoistischer Einzelkämpfer ist genauso wenig zu gebrauchen, wie ein egoistisches Teammitglied. Im Team muß jeder der Sache dienen und nicht sich selbst.
- Spezielles Know-how wichtiger als interdisziplinäres Know-how.
- Konkurrenzdenken statt Kooperation.
  Oft wird Wissen nicht weitergegeben aus Angst, ein anderer könnte es zum eigenen Nachteil verwenden.
- Hoher Zeit- und Kostendruck und keine zügige Abwicklung.
- Schlechte Führung und mangelnde Menschenkenntnis.

R 4 Projektplanung und -steuerung

R 4.1 Stationen des Planungsprozesses

Die Projektplanung besteht, wie Bild R-9 zeigt, aus folgenden Teilen:

Festlegen der Ziele (Was soll erreicht werden?)

Die Projektziele sind die Ergebnisse des Projektes, die unter bestimmten *Restriktionen* und *Risiken* zustande kommen. Für eine gute Zielbestimmung dienen folgende Grundsätze:

- Ziele müssen als Zielbündel *strukturiert* werden im Sinne von Oberzielen, Zwischenzielen und Unterzielen sowie von Mußzielen und Wunschzielen (Kann-Zielen). Als Darstellungsart hat sich eine *hierarchische Baumstruktur* bewährt. Die Strukturierung sollte so *detailliert* wie *nötig* durchgeführt werden. Das bedeutet: Für das *Gesamtprojekt* ist eine *grobe* Einteilung und für die *einzelnen Phasen* eine *feinere* Einteilung zu wählen.
- Ziele müssen möglichst operational (d.h. handlungsorientiert) festgelegt sein.
- Ziele sollten sich an Wirkungen orientieren, die man beeinflussen kann. Dabei sollte man die *erwünschten* und die *unerwünschten* Wirkungen beschreiben.
- Zielkonflikte dürfen nicht bestehen bleiben. Sie sind aufzulösen.

Festlegen der einzelnen Aktivitäten in Umfang und Qualität (Was muß mit welcher Qualität im einzelnen erledigt werden?)

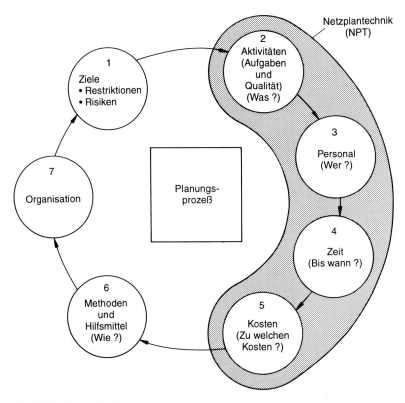

Bild R-9. Phasen des Planungsprozesses

In einem *Projektstrukturplan* nach Tabelle R-4 werden die einzelnen Aktivitäten aufgeschrieben und ihr Qualitätsstandard festgehalten.

Einteilen des Personals (Wer macht was?)
Entsprechend der *Mitarbeiterqualifikation* werden für die Tätigkeiten die geeigneten Mitarbeiter ausgewählt und in Tabelle R-4 eingetragen. Es empfiehlt sich, dort die Maßnahmen einzuplanen, wie man bei Engpässen oder Ausfällen zu verfahren hat.

Festlegen des Endtermins (Bis wann?)
Dazu muß die Dauer der einzelnen Tätigkeiten ermittelt werden. Um aus der Tätigkeitsliste die Endtermine ermitteln zu können, sind die vorhergehenden und die nachfolgenden Tätigkeiten zu erfassen.

Festlegen der Kosten (Zu welchen Kosten?)
Die Zusammenhänge zwischen Aktivitäten, Personen, Zeit und Kosten kann man übersichtlich in einem *Netzplan* zusammenstellen (Abschn. R 4.2.4). Er gibt Antwort auf die wichtige Frage: „Was ist von wem bis wann zu welchen Kosten erledigt worden?" Mit Hilfe eines Netzplans können auch wichtige Kontrollpunkte *(Meilensteine)* festgelegt werden.

Tabelle R-4. Muster eines Strukturplans

Projektstrukturplan			Projekt:	Datum: Planer:						
Phase	Projektteil	Bezeichnung der Aktivität	Vorgänger	Nachfolger	Mitarbeiter	Qualität	Aufwand (Zeit)	Beginn	Ende	Aufwand (Kosten)

Auswahl der erforderlichen Methoden und Hilfsmittel
Für die einzelnen Aktivitäten müssen die erforderlichen Methoden (z. B. Brainstorming zur Ideenfindung oder Operations Research-Methoden zur Optimierung) herangezogen und die entsprechenden Hilfsmittel (z. B. Rechner mit Software oder Metaplantafeln) bereitgestellt werden.

R 4.2 Wichtige Planungsphasen im einzelnen

R 4.2.1 Schätzung des Aufwands und des Risikos

Wird die Schätzung des Aufwands nach der *ganzheitlichen* Methode durchgeführt, dann geht man nach den in Bild R-10 zusammengestellten Schritten vor. Folgende Gründe führen zu Abweichungen von den Werten in der Aufwandsschätzung:

- Änderung der Anforderungen an das Projekt während der Projektbearbeitung,
- unzureichende Projektvorgaben und
- Ungenauigkeit der Ermittlungsverfahren.

Aus diesem Grunde ist es dringend geboten,

- *Änderungen* im Projekt einzukalkulieren und gezielt abzufragen,
- eine *gute Aufgabenbeschreibung* vorzunehmen und
- mit *erfahrenen Partnern* die Aufwandsschätzung vorzunehmen.

Jedes Projekt ist mit einem *Risiko* behaftet. Deshalb müssen alle *Phasen des Planungsprozesses* nach Bild R-9

- nach ihrem *Risikoanteil* untersucht,
- mit einem *Risikofaktor bewertet* und die
- *Maßnahmen* aufgestellt werden, die beim Eintritt des Risikofalls ergriffen werden müssen, um die Auswirkungen so gering wie möglich zu halten.

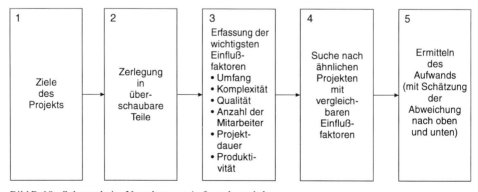

Bild R-10. Schema beim Vorgehen zur Aufwandsermittlung

Tabelle R-5 zeigt ein Formular zur planvollen Risikoabschätzung. Die Probleme der Risikoplanung bestehen darin, daß Risiken

- *nicht vollständig* erfaßt werden können,
- sich während des Projektfortschritts *ändern* und
- eine völlige Risikoabsicherung zu *überhöhtem Aufwand* führt.

Tabelle R-5. Planung des Risikos

Art des Risikos	ja	nein	unbekannt	Höhe in DM	Aufwand Zeitangabe Std.	Bemerkungen
klare Aufgabenstellung						
klare Projektstruktur						
Risiko der Projektteile:						
Risiko in den einzelnen Phasen:						
technische Risiken						
Risiken von seiten der Mitarbeiter						
Risiken bei den Geschäftspartnern						
methodische Risiken						
kommunikative Risiken						
sonstige Risiken						

R 4.2.2 Kostenplanung

Die Kosten werden nach der üblichen Einteilung (Abschn. E 3) geplant als

- *Kostenarten,*
  unterschieden in:

Projekt-Einzelkosten für

- Personal,

- Material,
- Maschinen,
- Fremdleistungen,
- Reisekosten,
- Ausbildungskosten und Fachliteratur,
- Kosten der EDV und
- Versicherung- und Transportkosten.

Außerdem unterscheidet man
Projekt-Gemeinkosten für
- Verwaltung,
- zentrale Dienstleistungen,
- Miete und
- Sonstiges.

- *Kostenstellen*

- *Kostenträger*
  Als Kostenträger kommen in Betracht, das
  - Gesamtprojekt, ein
  - Teil eines Projekts, eine
  - Phase eines Projekts oder eine
  - einzelne Aktivität.

- *zeitliche Zuordnung*
  Es ist sinnvoll, die einzelnen Kosten den zeitlichen Planungsabschnitten zuzurechnen (Bild R-11a), und die gesamten bisher angefallenen Kosten (kumulierte Kosten) im Zeitverlauf darzustellen (Bild 11b).

a) Kosten je Planungsabschnitt

b) Verlauf der Projektkosten

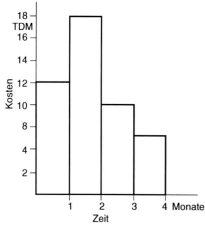
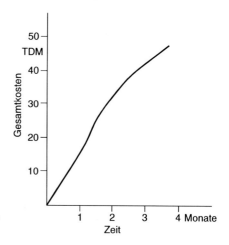

Bild R-11. Planung der Projektkosten

R 4.2.3 Terminplanung

Zur Terminplanung von Projekten haben sich folgende Verfahren bewährt:

Liste der Meilensteine
Meilensteine sind wichtige Etappen eines Projekts. An ihnen kann das Erreichte erkannt werden und es wird klar, ob die Termine und der Kostenrahmen eingehalten worden sind. Tabelle R-6 zeigt eine Liste der Vorgänge.

Terminplan
Der Terminplan nach Tabelle R-7 zeigt die Zuordnung der Tätigkeiten auf die Personen und die Zeiten.

Tabelle R-6. Vorgangsliste des Beispiels

Vor- gang Nr.	Beschreibung	direkter Vorgänger	direkter Nachfolger	Dauer in Wochen
1	Standortwahl	–	12	15
2	Einstellung des Verkaufsleiters	–	3, 4, 5	6
3	Festlegen der Handelsgrößen	2	9	2
4	Etikettenentwurf	2	6, 7	3
5	Auswahl der Fachhändler	2	8	4
6	Etiketten-Fertigentwurf	4	9	2
7	Vorbereitung der Werbekampagne	4	10	8
8	Einstellung der Vertreter	5	10	10
9	Auswahl der Verpackungs- und Etikettiermaschinen	3, 6	12	6
10	Durchführung der Werbekampagne	7, 8	11	10
11	Bestellung durch den Fachhandel	10	13	12
12	Lieferung der Maschinen	9	13	8
13	Auslieferung der Produkte	12, 11	–	3

Tabelle R-7. Formular zur Projektplanung

Projekt/Auftrag Projektnummer:	Bezeichnung:					

Projektleiter _____ Stellvertreter _____

Projektphase – Planung	Mitarbeiter	Beginn	Ende	Manntage	Kosten	Bemerkungen

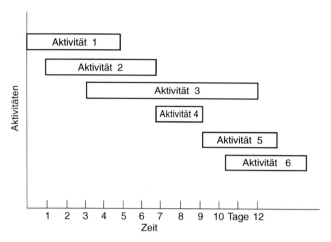

Bild R-12. Balken (Gantt-)-Diagramm

Balkendiagramm
Bei der Planung der Aktivitäten bzw. von Personal werden die Zeiten als Balken eingezeichnet, wie Bild R-12 zeigt. Man nennt diese Diagramme auch *Gantt-Diagramme*. Der
große Vorteil besteht darin, daß dadurch die einzelnen Projektschritte in ihrer Zeitfolge
veranschaulicht sind.

R 4.2.4 Aufgaben-, Personal-, Kosten- und Terminplanung mit der Netzplantechnik

Die Netzplantechnik (NPT nach DIN 69900) erlaubt, umfangreiche Projekte so zu planen,
daß die *erforderlichen Mittel* (Menschen, Maschinen, Material und Kapital) und *Methoden* zur vorgesehenen *Zeit,* in der erforderlichen *Menge* und *Qualität* am richtigen Ort zur
Verfügung stehen. Das bedeutet, daß viele Vorgänge, die zwangsweise *nacheinander* oder
möglicherweise *nebeneinander* ablaufen, sicher beherrscht werden müssen. Die Systematik zeigt Bild R-13.

Der so entwickelte Netzplan ist eine anschauliche, systematische und klare *Gliederung*
der Einzelaufgaben im Gesamtzusammenhang und ermöglicht, *Zeiten, Kosten* und *Kapazitäten* sicher zu planen. Planabweichungen lassen sich schnell erkennen und ihre Auswirkungen im Hinblick auf Zeit und Kosten sicher beurteilen, so daß erfolgversprechende
steuernde Gegenmaßnahmen rechtzeitig in die Wege geleitet werden können. Aus diesen
Gründen gehört die Netzplantechnik zu den erfolgreichsten Verfahren der Planung, Steuerung und Kontrolle von umfangreichen Projekten und ist universell einsetzbar.

R 4.2.4.1 Methoden der Netzplandarstellung nach DIN 69900

Ein Netzplan setzt zwei unterschiedliche Elemente miteinander in Beziehung:

Vorgänge (Tätigkeiten, Aktivitäten)
Sie beschreiben die zeitverbrauchenden Teilabschnitte mit einem Anfangs- und Endzeit-
punkt und

636

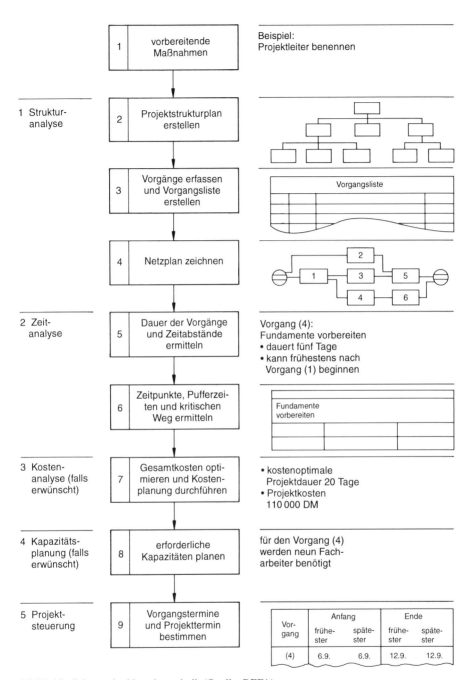

| 1 | vorbereitende Maßnahmen | Beispiel: Projektleiter benennen |

1 Struktur-analyse

| 2 | Projektstrukturplan erstellen |

| 3 | Vorgänge erfassen und Vorgangsliste erstellen |

Vorgangsliste

| 4 | Netzplan zeichnen |

2 Zeit-analyse

| 5 | Dauer der Vorgänge und Zeitabstände ermitteln |

Vorgang (4):
Fundamente vorbereiten
• dauert fünf Tage
• kann frühestens nach Vorgang (1) beginnen

| 6 | Zeitpunkte, Puffer-zeiten und kritischen Weg ermitteln |

Fundamente vorbereiten

3 Kosten-analyse (falls erwünscht)

| 7 | Gesamtkosten opti-mieren und Kosten-planung durchführen |

• kostenoptimale Projektdauer 20 Tage
• Projektkosten 110 000 DM

4 Kapazitäts-planung (falls erwünscht)

| 8 | erforderliche Kapazitäten planen |

für den Vorgang (4) werden neun Fach-arbeiter benötigt

5 Projekt-steuerung

| 9 | Vorgangstermine und Projekttermin bestimmen |

Vor-gang	Anfang		Ende	
	frühe-ster	späte-ster	frühe-ster	späte-ster
(4)	6.9.	6.9.	12.9.	12.9.

Bild R-13. Schema der Netzplantechnik (Quelle: REFA)

637

Ereignisse
Sie sind nicht zeitverbrauchende Zustände während der Projektdurchführung und bestimmen als Zeitpunkte Anfang oder Ende von Vorgängen.

Die grafischen Elemente eines Netzplans bestehen aus:

● *Knoten* (Kasten oder Kreis), die durch

● *Pfeile* miteinander verbunden sind.

Je nach Darstellung von Ereignissen oder Vorgängen und deren Zuordnung auf Knoten oder Pfeile ergeben sich nach Tabelle R-8 *drei wesentliche Varianten* der Netzplantechnik.

Der Netzplan liefert folgende, für den Zeitablauf wichtige Informationen:

Pufferzeiten (P)
Sie entstehen, wenn frühestmöglicher (FA) und spätestmöglicher (SA) Zeitpunkt unterschiedlich sind (SA – FA = P). Sie geben den *zeitlichen Spielraum* an, um den sich der Anfangstermin eines Vorgangs verzögern kann, ohne die Gesamtdauer des Projekts zu verlängern und

● *kritischer Weg (critical path)*
Er ist der längste Weg durch einen Netzplan. Auf ihm sind die *Pufferzeiten gleich null* (in Bild R-14 mit einem Kreuz gekennzeichnet). Das bedeutet, daß eine zeitliche Verzögerung einer Tätigkeit auf dem kritischen Pfad zu einer zeitlichen Verlängerung des gesamten Projekts führt. Ein kritischer Weg gibt also Auskunft über die *kritischen Vorgänge* innerhalb eines Netzplans und ist durch die Verbindung aller Vorgänge mit der Pufferzeit null sichtbar (dicke ausgezogene Linie in Bild R-14).

Tabelle R-8. Arten von Netzplänen

Netzplanart	Bezeichnung	Schema
Ereignis-Knoten-Netzplan: Beschreibung der Ereignisse (EKN)	Projekt Evaluation and Review Technique (PERT)	Ereignis
Vorgangs-Knoten-Netzplan: Beschreibung der Vorgänge durch Knoten (VKN)	Metra-Potential-Methode/ Precedence Method (MPM/PM)	→ K | P | D Vorgangsbezeichnung → FA | FE | SA | SE
Vorgangs-Pfeil-Netzplan: Beschreibung der Vorgänge durch Knoten (VPN)	Critical Path Method (CPM)	K FA|SA → Vorgang D → K FA|SA

K	Kennziffer des Vorgangs
P	Pufferzeit (x bedeutet Pufferzeit = null)
D	Dauer des Vorgangs
FA	frühestmöglicher Anfang des Vorgangs
FE	frühestmögliches Ende des Vorgangs
SA	spätest erlaubter Anfang des Vorgangs
SE	spätest erlaubtes Ende des Vorgangs.

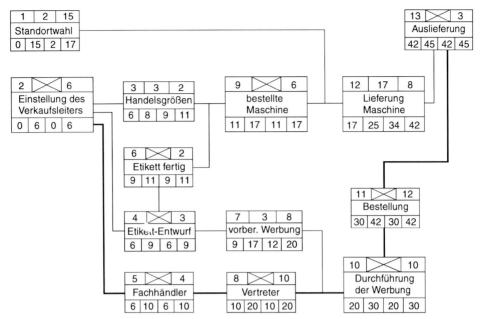

Bild R-14. Vorgang-Knoten-Netzplan des Beispiels

R 4.2.4.2 Beispiel eines Netzplans

Ein spezielles, in Deutschland entwickeltes Zweikomponenten-Gießharz zum Herstellen von Modellbauformen will man in den USA über den Fachhandel vertreiben. Es geht darum, ein Vertriebsnetz für bestehende Produkte in neuen Märkten aufzubauen.

Die aus Deutschland gelieferten Gießharzgebinde müssen den amerikanischen Handelsgrößen entsprechend umverpackt werden. Folgendes ist bei der Durchführung des Projektes zu beachten:

- Festlegen der Handelsgröße, Entwurf der Verpackungsform und der Etikettierung durch eine Kommission deutscher und amerikanischer Experten unter Leitung eines versierten, neu einzustellenden Verkaufsleiters;

- Auswahl, Bestellung und Lieferung der Verpackungs- und Etikettiermaschinen an den für den Vertrieb ausgesuchten amerikanischen Standort;

- Auswahl der Fachhändler, Einstellung der Vertreter durch den Verkaufsleiter sowie Schulung des gesamten Vertriebsperonals;

- Starten einer Werbekampagne und

- Entgegennahme der Bestellung sowie Auslieferung der Produkte an den Fachhandel.

Ein Netzplan läßt sich nach folgendem Schema aufstellen:

- Festhalten aller Tätigkeiten, die für die Erfüllung des Projekts unbedingt erforderlich sind. Für jede Tätigkeit werden folgende vier Fragen beantwortet und in eine *Vorgangsliste* (Tabelle R-6) eingetragen:

1. Welche Tätigkeit(en) muß (müssen) unmittelbar vorher abgeschlossen sein *(direkte Vorgänger)?*

2. Welche Tätigkeit(en) folgt (folgen) unmittelbar *(direkte Nachfolger)?*
3. Welche Tätigkeit(en) kann (können) gleichzeitig ablaufen?
4. Wie lange dauern die einzelnen Tätigkeiten?

Tabelle R-6 zeigt die Vorgangsliste und Bild R-14 den zugehörigen Vorgangs-Knoten-Netzplan. Wie aus Bild R-14 ersichtlich, ist das gesamte Projekt frühestens nach 45 Wochen abgeschlossen und der kritische Pfad (dicker Linienzug in Bild R-14) läuft entlang folgender Tätigkeiten: „Einstellung des Verkaufsleiters" – „Auswahl der Fachhändler" – „Einstellung der Vertreter" – „Durchführung der Werbekampagne" – „Bestellung durch den Fachhandel" – „Auslieferung der Produkte". Dieser kritische Weg muß genau überwacht werden, da jede zeitliche Verzögerung eine Verlängerung der gesamten Projektdauer bedeutet.

R 4.2.4.3 Kritische Würdigung der Netzplantechnik

Die Netzplantechnik besteht aus den drei, für jede Planung notwendigen Bausteinen:

1. *Zerlegen*
   in Tätigkeiten, für die Zeiten, Kosten oder andere Kapazitäten bereitzustellen sind;
2. *Zusammenfügen*
   aller Einzeltätigkeiten unter Beachtung der Vorgänger und der Nachfolger sowie
3. *Darstellen*
   in einer Grafik.

Die in Abschn. R 4.2.4.2 aufgezeigten Vorteile der Netzplantechnik werden für äußerst komplexe und umfangreiche Projekte noch größer, wenn man entsprechende *Computerprogramme* einsetzen kann. Dann ist es möglich:

- sämtliche Rechenabläufe (Termine, Kosten und Kapazitäten sowie den kritischen Weg) schnell und richtig zu erledigen;
- die Projektdaten auf dem jeweils neuesten Stand verfügbar zu halten, um
- einen Soll-Ist-Vergleich schnell und vollständig anzustellen, um entsprechende Maßnahmen einleiten zu können;
- Änderungen von Projekten während der Projektlaufzeit sind ohne Probleme zu berücksichtigen;
- besondere Auskünfte durch entsprechende Sortierung oder Mischung der aktuellen Informationen sind zu erstellen;
- bei großen und komplexen Projekten sind sofortige Steuerungsmaßnahmen an der richtigen Stelle einzuleiten und
- für spätere Projekte mit vorhandenen Netzplänen (Standardnetzpläne für bestimmte Projekttypen) kann man sehr schnell und sicher neue Projekte planen.

R 4.3 Verfahren zur Projektsteuerung

Die Projektsteuerung läuft nach einem Regelkreis ab (Bild R-3). Dabei ist es wichtig, den *Projektfortschritt* zu messen. Folgende Informationen sind erforderlich:

- Verbrauchte Zeit (absolut und in % der Projektdauer),
- noch benötigte Zeit (absolut und in % der Projektdauer),

- verbrauchte Kosten (absolut und in % des Gesamtbudget),
- noch erwartete Kosten (absolut und in % des Gesamtbudgets),
- Berichtswesen zur Dokumentation des Fortschritts (Projekttagebuch) und
- Maßnahmen zur Erreichung des Projektziels unter Einhalten des Zeitrahmens und des Kostenbudgets.

R 4.3.1 Berichtswesen (Projekttagebuch)

Das Berichtswesen dient dazu, den Fortschritt des Projekts schnell erkennen zu können. Im vorliegenden Fall werden folgende drei Teile vorgestellt:

1.Projektplanung (Projektleiter mit Projektteam)
Bevor das Projekt gestartet wird, muß es genau geplant werden. Im Einvernehmen mit dem Projektteam geschieht dies mit einem Formular.

2.Wochenbericht der Mitarbeiter
Jeder Mitarbeiter erstellt je Woche seinen Wochenbericht nach Tabelle R-9. Als Zeitangabe genügt die Genauigkeit von einer halben Stunde. Können Tätigkeiten nicht den Projekten zugeordnet werden, so sind sie als interne Tätigkeiten (auf einem gesonderten Blatt) aufzuführen. Der Wochenbericht ist am Freitag früh in der Buchhaltung (oder bei einer anderen festgelegten Stelle) abzugeben. Am Montag nachmittag liegen dann die ausgewerteten Ergebnisse vor.

3.Projektbericht
Mit Projektbeginn ist der Bericht zum Projekt zu erstellen. Er dient dazu, den zeitlichen Fortschritt und die Art der Tätigkeit festzuhalten sowie Besonderheiten zu dokumentieren. Auszufüllen sind im Formular nach Tabelle R-10. Der Projektbericht bleibt bis zum Abschluß des Projekts beim Projektleiter, der ihn anschließend in die Buchhaltung zur Abrechnung bringt.

Tabelle R-9. Formulare zum Wochenbericht

Wochenbericht

Name:		Woche:								
Projekt-Nr.	Projektphase, Tätigkeit	Mo	Di	Mi	Do	Fr	Sa	So	Summe	Bemerkungen
Summe										

Abgabe: Jeden Freitag an Buchhaltung

Tabelle R-10. Formulare zum Projekt-Bericht

| | | | | Datum: _____ |
| Projekt-Nr. _____ | | | | Blatt: _____ |

Projekt-Bezeichnung:_____ Projektleiter: _____

Projektphase		Mitar-beiter	Datum	Zeitaufwand in h		Tätigkeiten lt. Schlüssel in h									
Nr.	Bezeichnung			ist	offen	01	02	03	04	05	06	07	08	09	10
Summe															

R 4.3.2 Zeit-Kosten-Fortschritt

In Bild R-15 ist der Fortschritt des Projekts in der Zeit und in den Kosten zu sehen. In der *Zeit-Kosten-Fortschrittskurve* (Bild R-15 a) lassen sich durch Vergleich der Plan- mit der Ist-Kurve *Kostenüberschreitungen* (ab 120 Manntagen nach Bild R-15) und *Terminverzögerungen* feststellen.

Wenn es möglich ist, Teile eines Projekts zu verkaufen, so könnte eine projektbezogene Kosten- und Ertragsplanung wie in Bild R-16 aussehen. Wie man sieht, ist ab dem Monat 05/93 ein positiver Ertrag geplant. Durch Verzögerungen des Projekts ist dieser geplante Ertrag noch nicht realisiert worden.

R 4.3.3 Einleitung von Maßnahmen

In den erforderlichen *Projektsitzungen* wird das *aktuelle Projekttagebuch* vorgestellt. Mögliche Inhalte sind:

- Abweichungen vom Plan (Kosten, Zeit, sonstige Kapazitäten) mit Begründungen aufzuzeigen,
- Prioritäten der Abweichungen festzulegen,
- Maßnahmen zur Zielerreichung zu suchen, zu finden und festzulegen,
- Festhalten der Ergebnisse in einer Ergebnisliste, in der die Ergebnisse nach folgenden Kategorien bewertet werden:

Aufforderung (A)
Dies ist eine begrenzte Aufgabe, die bis zu einem bestimmten Termin von den festgelegten Personen erledigt werden muß.

Beschluß (B)
Dies ist eine *bindende Einigung* aller Besprechungsteilnehmer über die besprochenen Punkte (Termine, Kosten, Methoden, Verfahrensweisen, Aufgabenverteilung).

a) Zeit-Kosten-Fortschrittskurve

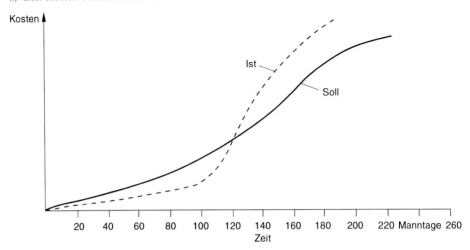

b) Kostenverbrauch

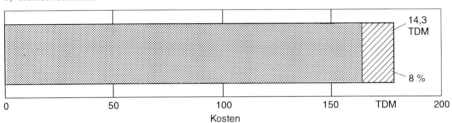

c) Zeitverbrauch

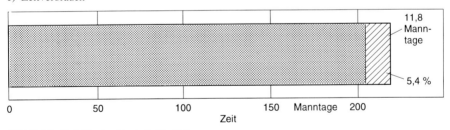

Bild R-15. Zeit-Kosten-Fortschritts-Erfassung

  ▨ verbraucht
  ▨ Restbudget

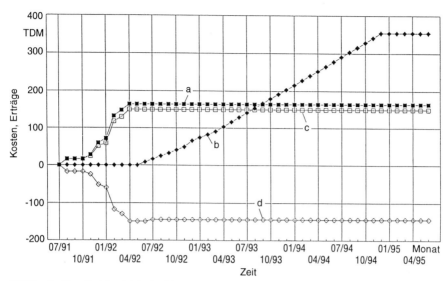

Bild R-16. Plan-Ist-Vergleich der Kosten und Erträge
a Kostenplan   b Ertragsplan   c Kosten Ist   d Ertrag Ist

Empfehlung (E)
Hier wird eine Maßnahme oder eine Methode für die Zukunft empfohlen.

Feststellung (F)
Es werden die wichtigen Sachverhalte, die als Entscheidungsgrundlage dienen, festgehalten.

Weiterführende Literatur

Andreas, D. Rademacher, G. und *Sauter, B.:* Projektcontrolling und Projektmanagement im Anlagen- und Systemgeschäft. Frankfurt: Maschinenbau Verlag GmbH 1992.
Groh, H. und *Gutsch, R. W.:* Netzplantechnik. Düsseldorf: VDI-Verlag 1982.
Heuer, G.: Projektmanagement. Würzburg: Vogel Verlag 1979.
Madauss, B.: Projektmanagement. Stuttgart: Metzlersche Verlagsbuchhandlung 1991.
Michel, R.: Projektcontrolling und Reporting. Zürich: Verlag industrielle Organisation 1989.
Motzel, E. (Hrsg.): Projektmanagement in der Baupraxis. Berlin: Ernst & Sohn Verlag 1993.
Schmitz H. und Windhausen, M.: Projektplanung und Projektcontrolling Düsseldorf: VDI Verlag 1986.
Schwarze, J.: Netzplantechnik. Herne: Verlag neue Wirtschaftsbriefe 1990.
Steinberg, C.: Projektmanagement in der Praxis. Düsseldorf: VDI-Verlag 1990.
Wirtz, T. und *Mehrmann, E.:* Effizientes Projektmanagement. Düsseldorf: ECON Taschenbuch Verlag 1992.
Wischnewski, E.: Modernes Projektmanagement. Eine Anleitung zur effektiven Unterstützung, Durchführung und Steuerung von Projekten. Wiesbaden: Vieweg-Verlag 1993.
Wulffen, H.: Projektmanagementsysteme in der Praxis. Computerwoche November und Dezember 1986.

Zur Übung

Ü R1: Unter welchen Voraussetzungen kann ein Kundenauftrag ein Projekt sein?

Ü R2: Welche Grundformen des Projektmanagements gibt es und für welche Projekttypen sind diese besonders geeignet?

Ü R3: Welche Aufgaben hat ein Projektteam und welche Probleme kann es zwischen den Teammitgliedern geben?

Ü R4: Welches sind die wichtigsten Aufgaben und welches die wichtigsten Eigenschaften eines Projektleiters?

Ü R5: Es soll ein Fertigungslager für eine Just-in-Time-Anlieferung von etwa 40 Achslager pro Tag eingerichtet werden. a) Wie läuft der Planungsprozeß? b) Wie ist die Zuordnung der Kosten und Termine auf die Aufgaben? c) Wie sieht ein möglicher Netzplan aus? d) Mit welchen Controlling-Instrumenten wird die Steuerung des Projekts ermöglicht?

S Bedeutung des Euro im Unternehmen

In diesem Abschnitt werden die Auswirkungen der Einführung des Euro auf folgenden Gebieten erläutert:

- Beschaffung und Materialwirtschaft,
- Finanz- und Rechnungswesen sowie
- Kostenrechnung und Controlling.

S 1 Beschaffung und Materialwirtschaft

S 1.1 Der Euro im Einkauf

Der Einkauf ist das Tor, durch den der Euro in das Unternehmen kommt. Bevor ein Kunde bestellt und bevor man eigene Preise für Produkte und Dienstleistungen kalkulieren kann, muß man wissen, welche Einkaufspreise in Euro für die zu beschaffenden Rohstoffe, Halbfabrikate, Waren und Dienstleistungen bezahlt werden müssen. In folgenden Bereichen müssen Überlegungen angestellt werden:

- Vorbereitung auf die Preisverhandlungen mit den wichtigsten Lieferanten,
- Anpassung bestehender Einkaufsverträge,
- Behandlung der offenen Bestellungen und
- Einkaufsvorteile mit dem Euro.

Ziel muß dabei sein, alle Möglichkeiten der Kostensenkung beim Einkauf zu nutzen, weil auch das eigene Unternehmen seitens ihrer Kunden erheblichen Forderungen nach Preiszugeständnissen ausgesetzt sein wird.

S 1.2 Überprüfen der Einkaufsbedingungen

Vor dem Übergang zum Euro, also zweckmäßigerweise vor dem frühesten Beginn des Euro als Buchgeld am 1.1.1999, sollten die Einkaufsbedingungen sorgfältig überprüft werden. Dabei müssen folgende Punkte beachtet werden:

- Festlegung der Währung, in der bezahlt wird: nationale Währung, Euro oder Drittwährung (z.B. US $).
- Festlegen des Zeitpunktes, ab dem es sinnvoll ist, in Euro einzukaufen.
- Währung für Lieferanten, die nicht zu den EWU-Ländern zählen. Es kann empfehlenswert sein, auch diese in Euro bezahlen zu lassen, um sie auch in das künftige Währungsrisiko einzubinden.
- Vereinbarung von zusätzlichen Preisgleitklauseln.
- Änderungen oder Fortführung von langfristig abgeschlossenen Verträgen.
- Anfordern neuer Preislisten mit beiden Währungsausprägungen (nationale Währung und Euro).

Beibehaltung der alten Währung oder Umstellung auf Euro bei offenen Bestellungen (eventuell neue Zahlungsbedingungen aushandeln).

S 1.3 Lieferantenauswahl

Mit der Einführung des Euro sollte man die gesamte Lieferantenstruktur kritisch überprüfen. Die Bewertung bestehender und neuer Lieferanten muß sehr sorgfältig vorgenommen werden. Es ist dringend anzuraten, daß der künftige Einkaufs- bzw. Angebotsbereich grundsätzlich den gesamten Gültigkeitsbereich des Euro umfaßt. Deshalb sollte man sich gleich Vergleichsangebote in Euro vorlegen lassen. Hierbei sollte ganz bewußt der neue Wettbewerbsdruck ausgenutzt werden. Anfragen über den bisherigen Lieferantenkreis hinaus können für die lokalen Einkaufsverhandlungen hilfreich sein.

S 1.4 Beschaffungsmarketing im größeren Wirtschaftsraum der EWU

Durch die Einführung des Euro ist man in der Lage, die Einkaufspreise und Zahlungsbedingungen im gesamten Währungsraum unmittelbar vergleichen zu können. Auf diese Weise eröffnen sich dem Beschaffungsmarketing neue Wege und Möglichkeiten im Hinblick auf Kostensenkung und Erhöhung der Mitarbeiter- und Kundenzufriedenheit. Neue Beschaffungsstrategien lassen sich auf noch nicht eingefahrenen Wegen und in der Umstellungsphase auf Euro oft leichter finden als im bisherigen Beziehungsgeflecht. Zur Nutzung neuer Beschaffungsquellen sollte man vorteilhafterweise Partner mit gleichen Einkaufsinteressen innerhalb und außerhalb der Branche suchen (Einkaufspooling). Es muß auch darauf geachtet werden, daß die Lieferanten nicht nur Material, Teile und Dienstleistung liefern, sondern darüber hinaus wichtige Impulse für Entwicklung und Fertigung geben. Damit leistet der Lieferant auch einen Beitrag zur erfolgreichen Verwirklichung kundenorientierter Produkte und Dienstleistungen. Diese neue Rolle des Lieferanten sollte unbedingt in die Überlegungen der Lieferantenbeziehungen eingehen.

Bei der Auswahl neuer Lieferanten ist in allen Fällen erhöhte Sorgfalt am Platze und häufig eine völlige Neubewertung notwendig (s. Abschn. K 3.2). Hauptkriterien zur Bewertung sollten sein:

- Preise,
- Zahlungskonditionen,
- Lieferpünktlichkeit und -zuverlässigkeit,
- Qualität und
- Hilfe bei der Produktentwicklung.

Es ist auch anzuraten, Angebote im Internet zu suchen und in diesem Sinne zu vergleichen.

Bei dieser Gelegenheit sind alle Möglichkeiten zur Senkung der Beschaffungskosten zu nutzen. Dazu zählen:

- Günstigere Transport-, Lager- und Frachtmöglichkeiten (z.B. Bestellung und Auslieferungen innerhalb 24 Stunden, Recycling der Verpackung),
- Wegfall von Kosten bei grenzüberschreitenden Zahlungen,
- elektronischer Datenaustausch (Edifact),
- monatliche Sammelrechnungen und
- zusätzliche Serviceangebote.

S 1.5 Erweitertes Feld der Materialwirtschaft

In allen direkt mit dem Einkauf verbundenen Bereichen wird es ebenfalls grundlegende Änderungen durch den Euro geben. Gemeint sind die Logistik, Lagerwirtschaft, Transportkosten, Transportwege und Frachten, Zollfragen und unterschiedliche Mehrwertsteuersysteme.

Die Lieferkosten, allen voran die Transportkosten, müssen genau verglichen werden. Während die Herstellkosten der Produkte durch intensive Rationalisierung erheblich gesenkt werden konnten, sind die Kosten der Verteilung (Distributionskosten) in stärkerem Maße gewachsen. Hier bringt die EWU wegen der sinkenden Speditions- bzw. Transportkosten Chancen für bessere Lieferabkommen.

Das Verhältnis zwischen außerbetrieblicher (im Beschaffungs- und Absatzmarkt) und innerbetrieblicher Logistik wird einschneidende Änderungen erfahren. Konzepte wie "just-in-time" bedürfen der Überprüfung. Durch andere Liefermöglichkeiten, beispielsweise mit dezentralen Auslieferungslagern können möglicherweise ebenfalls erheblich Zeit und Kosten gespart und die Kapitalbindung in Bezug auf Vorräte und Lagereinrichtung weiter verringert werden. Fertigungsstätten oder Vertriebszentren werden zunehmend so eingerichtet, daß fertigungs- oder bedarfssynchrone Anlieferung möglich ist. Folgende Aspekte sind bei der Umstellung auf Euro in diesem Zusammenhang von Bedeutung:

- Veränderung des Sortiments der Produkte und Dienstleistungen,
- Preise neuer Lieferanten für das alte bzw. neue Sortiment,
- preisgünstigerer Einkauf aus Euro-Ländern im Vergleich zu nicht-Euro-Länder (z.B. Übersee),
- Zeitpunkt der Umstellung der in- und ausländischen Lieferanten sowie der Einkaufsvereinigungen auf Euro,
- Änderung der Frachtabkommen,
- Neuregelung der Fakturierung,
- Wechsel der Speditionen und
- Kostenverschiebungen bei Veränderung in der Lagerhaltung (z.B. Konsignationslager, Zollager).

S 2 Finanz- und Rechnungswesen

S 2.1 Zahlungsverkehr

Jedes Unternehmen ist ab 1.1.1999 prinzipiell "Euro-fähig". Jede Bank führt das derzeitige DM-Konto wahlweise auch in Euro. Auf diese Weise können die Zahlungsverpflichtungen auf Wunsch auch in Euro erfüllt werden. Diese Praxis kann bis zum 31.12.2001 beibehalten werden. In diesem Fall verhält man sich so wie die deutsche Steuerverwaltung, die Sozialversicherungsträger und viele öffentliche Einrichtungen. Auf der anderen Seite werden ab Januar 1999 viele Unternehmen ihren Lieferanten nur noch in Euro überweisen und Rechnungen nur noch in Euro ausstellen. Einen Eindruck von den Absichten namhafter Großunternehmen gibt Tabelle S-1.

Tabelle S-1. Umstellungsplanung von Großunternehmen (Quelle: BMWi)

Unternehmen	Umstellungszeitpunkt	Auswirkungen für die Zulieferer
BASF	Ostern 2000, rück- wirkend zum 1.1.2000	• vom 1. 1. 1999 an Fakturieren in Euro möglich, • Wahlmöglichkeit zwischen Euro und DM bleibt während der gesamten Übergangsphase bis 1. 1. 2002 bestehen.
Bayer	1. 1. 1999	• vom 1. 1. 1999 an Fakturieren in Euro möglich, • Wahlmöglichkeit zwischen Euro und DM bleibt während der gesamten Übergangsphase bis 1. 1. 2002 bestehen.
BMW	1. 1. 1999	• vom 1. 1. 1999 an Fakturieren in Euro möglich, • Wahlmöglichkeit zwischen Euro und DM bleibt während der gesamten Übergangsphase bis 1. 1. 2002 bestehen, Euro wird jedoch bevorzugt.
Bosch	1. 1. 1999	• vom 1. 1. 1999 an Fakturieren in Euro möglich, • Ziel ist, von 2001 an nur noch in Euro abzurechnen.
Daimler-Benz	1. 1. 1999	• von 1. 1. 1999 an ist der Euro Hauswährung, • Zulieferer sollen möglichst früh in Euro fakturieren.
Ford	1. 1. 1999	• noch keine endgültige Entscheidung, wahrscheinlich keine lange Wahlmöglichkeit.
Hoechst	in Planung	• noch keine endgültige Entscheidung, Phase mit Wahlmöglichkeit soll jedoch so kurz wie möglich gehalten werden.
Opel	1. 1. 1999	• noch keine endgültige Entscheidung, Phase mit Wahlmöglichkeit soll jedoch mindestens 2 Jahre dauern.
Siemens	1. 10. 1999	• vom 1. 1. 1999 an Fakturieren in Euro möglich. • Wahlmöglichkeit zwischen Euro und DM bleibt während der gesamten Übergangsphase bis 1. 1. 2002 bestehen, Euro wird jedoch klar bevorzugt.
VW		• noch keine endgültige Entscheidung.

Der Bargeldverkehr in den heutigen Landeswährungen wird stetig zurückgehen und dem Euro-Buchgeld Platz machen. Es liegt im Ermessen des eigenen Unternehmens, zu welchem Zeitpunkt man sich von der DM trennt und den Euro einführt. Spätestens am 2. Januar 2002 jedoch wird die Bank jede eingezahlte DM in Euro gutschreiben und nur noch in Euro ausbezahlen.

S 2.2 Rechnungswesen

Die Euro-Einführung wird zur kompletten Umstellung des internen und externen Rechnungswesens führen. Jeder Beleg, jeder Ausweis, jede Auswertung und jede Aufstellung in einer Landeswährung kann nach dem 1.1.1999 auch in Euro erfolgen. Eine frühzeitige Planung der Umstellung ist deshalb zur Vermeidung interner Abstimmungsprobleme und externer Mißverständnisse unabdingbar.

Grundsätzlich kann jedes Unternehmen seine bisherige Rechnungslegungspraxis auch nach dem Übergang zum Euro unverändert fortführen. Änderungen sind jedoch notwendig bei der Währungsumrechnung, bei der Behandlung umstellungsbedingter Kosten, bei konsolidierten Abschlüssen und bei der Entwicklung neuer Vergleichs- und Kennzahlen.

S 2.3 Festlegen des Umstellungszeitpunktes

Beim Bestimmen des geeigneten Umstellzeitpunkts im Rechnungswesen müssen die Anforderungen der Lieferanten und der Kunden berücksichtigt werden. Grundsätzlich kann man zu jedem beliebigen Punkt innerhalb der dreijährigen Übergangszeit umstellen. Es ist jedoch dringend anzuraten, sich mit den wichtigsten Partnerunternehmen im Einkaufs- und Vertriebsbereich abzustimmen. Es ist offensichtlich, daß Unternehmen, die nahe am lokalen Endverbraucher stehen (Einzelhandel, Dienstleister), eher spät umstellen, während international tätige Unternehmen eher einen frühen Termin wählen werden.

Eine wichtige Entscheidungsgrundlage ist die für das Unternehmen erwartete Entwicklung des Belegvolumens. Spätestens, wenn mehr als die Hälfte des Volumens in Euro kommt, sollte man die DM als Hauswährung aufgeben (Bild S-1). Die meist gewichtigere Entscheidungsbasis bildet allerdings die Leistungsfähigkeit der Datenverarbeitung.

Sobald man im eigenen Unternehmen den Zeitpunkt der Umstellung auf den Euro festgelegt hat, wird man die externen Geschäftspartner, d.h. die Kunden und die Lieferanten davon überzeugen müssen, Transaktionen nur noch in Euro abzuwickeln. Dennoch wird das Unternehmen gezwungen sein, über den gesamten Dreijahreszeitraum zwei

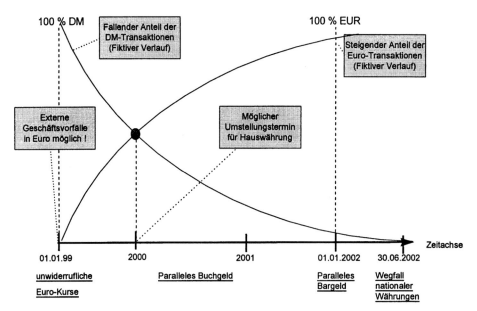

Bild S-1. Umstellung der Hauswährung von DM auf Euro

Hauptwährungen zu führen und das ist völlig anders als eine zusätzliche Fremdwährung aufzunehmen. Folgende Besonderheit wirkt sich dabei aus:

● Bei längeren Geschäftsverläufen vom Angebot über die Leistungserstellung, Fakturierung, Teil- und Abschlußzahlung bis hin zur Mahnung kann jederzeit bei allen Beteiligten von DM auf Euro gewechselt werden. Dabei können auch währungsgesplittete Zahlungen auftreten.

S 2.4 Besonderheiten für Rechnungswesen und Zahlungsverkehr

Bei der Euro-Umstellung wird die Fehlerhäufigkeit zwangsläufig erheblich zunehmen und damit auch der Aufwand für die Rechnungsprüfung.

Das laufende Rechnungswesen kann zum 1. Januar 1999 auf Euro umgestellt werden. Während einer dreijährigen Übergangsphase muß das Unternehmen in der Lage sein, gleichzeitig den Euro und die bisherige Landeswährung zu verarbeiten. Die DV-Module des Rechnungswesens müssen für alle Geldtransaktionen, beispielsweise für die Ein- und Ausgangsrechnungen oder für den Barverkehr und die Zahlungsbelege zu festen Kursen in Euro und umgekehrt umrechnen können. Kontenauszüge für Kunden und Lieferanten sollten mit entsprechenden Salden (zweispaltig) in zwei Währungen ausgedruckt werden, so wie es die Banken vorsehen.

Einzelne Zahlungsbereiche wie die Bargeld-Verkäufe können noch nicht in Euro abgewickelt werden, weil Münzen und Banknoten erst ab Januar 2002 verfügbar sind. Allerdings können Kunden ihre Rechnungen schon ab 1.1.1999 mit bargeldähnlichen Zahlungsmitteln, etwa Barschecks oder Kreditkarten, voll oder zum Teil in Euro begleichen. Das gilt auch für Privatkunden, etwa im Einzelhandel. Der Verkäufer ist zwar bis 1.1.2002 rechtlich nicht gezwungen, Euro-Zahlungen anzunehmen. Dennoch ist es außerordentlich wichtig, daß jedes Unternehmen die Umstellung auf den Euro systematisch plant.

Weitere wichtige Aspekte zur Euro-Umstellung im Rechnungswesen sind:

● Abklärung von Bilanzfragen und Bilanzumstellungstermin,
● Bewertungsfragen,
● Behandlung von Rückstellungen und Beständen,
● Abschreibungen sowie
● Rückvalutierungen und Stornierungen.

Die statistischen Auswertungen der Daten eines Unternehmens und die betriebswirtschaftlichen Kennzahlen müssen so weitergeführt und die Vergangenheitswerte in Euro umgerechnet werden, daß kein Bruch entsteht.

S 2.5 Umstellungen in der Buchhaltung

Die Umstellung auf den Euro sollte stets zum ersten Tag eines neuen Geschäftsjahres erfolgen, so daß das vorangegangene Geschäftsjahr noch in der bisherigen Landeswährung abgeschlossen wird. Die Umstellung der Buchhaltung bedeutet die Umstellung des kompletten Rechnungswesens. d.h. mit Kontoführung (offene Posten und Salden) und Mahnwesen, mit Ausgangszahlungen, Bankauszügen sowie allen Auswertungen und Abschlüssen (Umsatzsteuer-Voranmeldung, Ergebnisrechnung und statistische Meldungen).

Für den Übergang auf den Euro ab 1999 sind auch für die Buchhaltung in erster Linie die EU-Verordnungen und das deutsche Euro-Einführungsgesetz maßgebend.

S 2.6 Gesetzliche Aspekte

Bei der Umstellung auf Euro sind folgende gesetzliche Rahmenbedingungen zu beachten:

- Feste, nicht mehr veränderbare Umrechnungskurse;
- lineare Umrechnung mit sechs signifikanten Ziffern;
- Umrechnungsdifferenzen erfolgswirksam ausbuchen;
- inverse Kurse sind nicht zugelassen. Das bedeutet: Bei der Umrechnung zwischen nationalen Währungseinheiten wird immer zunächst in Euro umgerechnet, gerundet auf mindestens drei Dezimalstellen. Als Zeitpunkt der Umrechnung (Realisierung) gilt der 1.1.1999, nicht der 31.12.98.
- Bilanzpositionen sind alle monetären Aktiva und Passiva der Teilnehmerwährungen, ebenso Forderungen und Verbindlichkeiten sowie alle Devisentermingeschäfte und Währungsswaps.
- Bei der Aktivierung von Aufwendungen stellen alle Positionen sofort abziehbaren Aufwand dar. Entgeltlich erworbene immaterielle Vermögensgegenstände (z.B. Software) sind aktivierungspflichtig. Für Aufwendungen, mit denen immaterielle Vermögensgegenstände geschaffen wurden, gilt eine Bilanzierungshilfe. Der Ausweis erfolgt vor dem Anlagevermögen als "Aufwendungen für die Währungsumstellung auf den Euro". Die Position ist in jedem folgenden Geschäftsjahr zu mindestens $1/4$ abzuschreiben; es gelten eine Ausschüttungssperre und eine Erläuterungspflicht. Eine gesonderte Eröffnungsbilanz in Euro wie bei einer Währungsreform ist nicht zu erstellen, da die einzelnen Bilanzpositionen nicht neu zu bewerten, sondern nur linear umzurechnen sind.

Durch die Umrechnung mit sechs signifikanten Stellen können sich kleine Differenzen durch Auf- und Abrundung ergeben. Dennoch ist es sinnvoll, bis auf zwei Stellen hinter dem Komma zu runden. Für alle Umstellungsfälle muß man im Vorfeld die Rundungsfehler abschätzen, so daß man beim Runden selbst großzügig verfahren kann oder für spezielle Gebiete genauere Rundungsrechnungen durchführen muß. Ein Hinweis muß an dieser Stelle angebracht werden: Wenn selbst erstellte Exceltabellen automatisch auf Euro umrechnen, können durch die entstehenden Rundungsfehler erhebliche Gesamtfehler auftreten. Wegen der Genauigkeit der Umrechnung muß man einen Softwarespezialisten fragen.

- Die früheste Euro-Umstellung ist rückwirkend auf den 1. Januar 1999 möglich. Bei Unternehmen, die nicht am 31. Dezember abschließen, muß die Umstellung spätestens in dem Geschäftsjahr erfolgen, in dem die Übergangszeit endet (z.B. muß bei einem Jahresabschluß zum 30. September die Umstellung spätestens für das Geschäftsjahr erfolgen, das am 30. September 2002 endet).

S 3 Kostenrechnung und Controlling

S 3.1 Kostenartenrechnung

Für die Kostenartenrechnung ist die Verbindung zur Buchhaltung am engsten, sie setzt die Buchung der ursprünglichen Kostenarten in Euro voraus. Hilfsweise werden Beträge, die noch in Landeswährung anfallen, mit Hilfe der Festkurse linear umgerechnet.

• Materialkosten
Die Materialkosten und die Kosten des Waren- und Dienstleistungsbezugs sind über die Bestandsführung bekannt. Die Umstellung auf den Euro wird für jedes Unternehmen sehr rasch kommen, weil viele der größeren Lieferanten frühzeitig umstellen werden.

• Personalkosten
Für die Personalkosten und die Personalzusatzkosten hingegen können sich Verzögerungen ergeben, weil die Steuerverwaltung und die Sozialversicherungsträger erst zum spätestmöglichen Zeitpunkt umstellen werden. Erst dann können Entgeltabrechnungen exakt ermittelt werden. In der Zwischenzeit wird linear umgerechnet.

• Energie- und Wasserkosten
Es gilt dasselbe wie bei den Personalkosten, sofern die öffentlichen Versorgungsbetriebe erst zu einem späteren Zeitpunkt umstellen.

• Verrechnungssätze
Die Zinsen werden von den Banken bereits ab 1.1.1999 in Euro ausgewiesen. Auch Abschreibungen können ab diesem Zeitpunkt aus dem umgerechneten Anlagevermögen ermittelt werden. Für alle Dienstleistungen sind rechtzeitig Verrechnungssätze in Euro zu vereinbaren. Das gleiche gilt für die Verrechnungssätze innerbetrieblicher Leistungen.

S 3.2 Kostenstellenrechnung

Für die Umstellung auf Euro ist es dringend anzuraten, eine besondere Kostenstelle zur Erfassung aller Umstellungskosten einzurichten. Bei größeren Unternehmen mit entsprechender Aufteilung der Zuständigkeiten kann eine eigene Kostenstelle für jeden Funktions- oder Verantwortungsbereich zweckmäßig sein. Diese Kostenstellen bleiben solange bestehen, bis die Umstellung völlig abgeschlossen ist.

Für die Umstellung sollte man sich zunächst einen genauen Überblick über die Tätigkeiten bei der Umstellung und deren Kosten verschaffen. Im einzelnen kann es sinnvoll sein, ein eigenes Budget einzurichten, um die Aufwendungen bei der Umstellung unter Kontrolle zu behalten.

• Gliederung der Kostenstellen überprüfen
Die Umstellung auf Euro ist eine einmalige Chance, die Gliederung der gesamten Kostenstellen zu überprüfen und gegebenenfalls neu zu ordnen. Dabei sind folgende Fragen zu beantworten:

- Ist die Gliederung der Kostenstellen noch ein Abbild der Organisation des Unternehmens?
- Sind die Kostenstellen in sich geschlossene Bereiche oder müssen größere Verrechnungen zwischen den einzelnen Kostenstellen vorgenommen werden?

- Kann die Anzahl der Kostenstellen sinnvollerweise verkleinert werden?
- Sollen alle bisherigen Verfahren und Methoden der Kostenermittlung beibehalten werden (z. B. Verteilung der Kosten durch Schlüssel)?
- Sollen alle bisherigen Zeitabstände zur Kostenermittlung und -verrechnung beibehalten werden?
- Kann der bisherige Aufwand für die Kostenrechnung in vertretbarer Weise verringert werden?

● Kostenrechnung als Grundlage für Entscheidungen

Vor dem Hintergrund des härter werdenden EWU-Wettbewerbs ist eine Anpassung der Kostenrechnung zwingend. Die Kostenrechnung muß in diesem Zusammenhang Unterstützung zur Klärung folgender Fragen leisten können:

- Können selbst erbrachte Leistungen nicht günstiger von anderen bezogen werden (make or buy)?
- Kann durch Übertragung bestimmter Leistungen auf Dienstleistungszentren (z. B. Rechenzentren) eine bessere Effizienz erreicht werden bei gleichzeitiger Kostensenkung (z. B. für die Geschäftsausstattung)?
- Sind Partnerschaften in verschiedenen Funktionen (z. B. in der Entwicklung oder für den Vertrieb) mit vergleichbaren Unternehmen denkbar und für beide Unternehmen schlagkräftiger und kostengünstiger?
- Sind Kooperationen oder auch Fusionen mit Geschäftspartnern bzw. Unternehmen für beide Seiten sinnvoll?

S 3.3 Controlling

Das Controlling ist der Steuerungsbereich des Unternehmens. Ihm kommt deshalb auch besondere Bedeutung zu.

● Vereinfachungen durch die Euro-Umstellung
Für Soll/Ist-Vergleiche sind zunächst alle Planungsgrößen in Euro zu ermitteln. Durch den Wegfall der bisherigen nationalen EWU-Währungen vereinfachen sich im Regelfall die Planungsbedingungen. Damit verringert sich die Notwendigkeit der Absicherung gegen diese Währungsrisiken. (Die Kurse zu Währungen außerhalb der EWU werden auch in Zukunft schwanken, aber in erster Linie zu US$, Yen und englischem Pfund.) Die Kosten für den Auslandszahlungsverkehr werden schrittweise sinken, ebenso die Laufzeiten der Überweisungen und damit die Kapitalbindung. Die Vereinfachungen im Zahlungsverkehr müßten auch Vorteile für das eigene Unternehmen aufweisen. Dagegen steht die Ungewißheit der Preisentwicklung in den Teilnehmerländern und die Unsicherheit über notwendige Anpassungen zwischen den unterschiedlichen Preisstellungen in diesen Ländern.

● Zielvereinbarungen
Werden im Unternehmen Geld-Ziele vereinbart, so sind diese in Euro zu fassen. Ähnlich wie bei der Bildung neuer Preise, liegt viel unternehmerisches Geschick in der Entwicklung neuer Führungsziele ausgedrückt in Euro für Umsatz, Kapitaleinsatz, Ergebnis und Rendite.

● Externe Berichterstattung
Extern eröffnet der Übergang zum Euro neue Möglichkeiten der Darstellung des Unternehmens in der Öffentlichkeit. Legt man zumindest für das erste Jahr der Umstellung eine lineare Umrechnung der historischen Werte zugrunde, so werden sich zunächst aus

der Umrechnung der DM-Beträge in Euro-Beträge deutlich kleinere Werte ergeben, so daß man sich auf eine entsprechende Darstellung und Kommentierung der mengenmäßigen Entwicklungen der wichtigsten Berichtsgrößen vorbereiten muß.

Hier gibt es übrigens einen kleinen negativen psychologischen Nebeneffekt. Die PR-wirksame Überschreitung von eindrucksvollen Umsatzgrenzen, etwa über 100 Mio. DM, geht zunächst mit dem Euro wieder verloren.

Der Zeitpunkt, an dem die Euro-Berichterstattung beginnt, sollte von der Zuverlässigkeit der Datenbasis bestimmt werden und weniger vom Verhalten der Mitbewerber. Für Mehrjahresübersichten muß man die vergangenen DM-Werte in Euro umrechnen. Alle auf DM basierenden Kennziffern sollten entsprechend angepaßt werden. Hierbei ergeben sich neue Bezugsgrößen, so daß die weitere Entwicklung auf einem anderen Niveau fortgeschrieben werden muß. Dies betrifft beispielsweise folgende Kennzahlen: Umsatz je Beschäftigten, Umsatz je Verkaufsfläche oder Ergebnis je Tonne.

T Lösungen der Übungsaufgaben

B: Führungsfunktionen und Führungskonzepte

Ü B1: Unternehmensführung umfaßt stets wirtschaftliche, politische und sozial-kulturelle Bereiche

Ü B2: Alle inhaltlichen Funktionen werden im Rahmen von Politik (Strategie), Planung, Organisation und Controlling erfüllt.

Ü B3: Das situative Konzept geht ausgeprägt pragmatisch an die Führungsaufgaben heran. Es verzichtet auf systematische Konzepte allgemeiner Art. Dabei lassen sich kurzfristige Lösungen erzielen, die Langzeit- und Komplexwirkungen vernachlässigen.

Ü B4: Bei mehreren, sich oft widersprechenden Zielen können erforderliche Prioritäten bestimmt werden.

Ü B5: Bei der Unterscheidung von Management-Disziplinen können die Führungsaufgaben differenzierter und für den speziellen Fall detaillierter betrachtet werden.

Ü B6: Das strategische Management ist eine prinzipielle Ausrichtung des Unternehmens und bezieht sich auf einen längeren Zeitraum.

Ü B7: Vorteile: Die einzelnen SGE können erfolgreich sein durch unterschiedliche Strategien im Unternehmen und auf den Märkten. Man kann SGE mit hohem Risiko von solchen mit geringem Risiko unterscheiden. Den einzelnen SGE kann man wie Profit-Center organisieren, d.h. Gewinne bzw. Verluste zuordnen. SGE sind auf den Märkten flexibel zu handhaben. Nachteile: Die SGE werden losgelöst vom Gesamtunternehmen gesehen. Einzelne SGE können miteinander in Beziehung stehen (z.B. gleiche Fertigung), so daß für bestimmte SGE vorteilhafte Strategien sich für andere SGE negativ auswirken können.

C: Steuern

Ü C1: Die Lohnsteuer ist eine Sonderform der Einkommensteuer. Sie erfaßt nur die Einkünfte aus nichtselbständiger Arbeit. Die Lohnsteuer behält der Arbeitgeber ein und überweist sie dem Finanzamt. Die Einkommensteuer umfaßt sieben Einkunftsarten: Land- und Forstwirtschaft, Gewerbebetrieb, selbständige Arbeit, nichtselbständige Arbeit, Kapitalvermögen, Vermietung und Verpachtung und sonstige Einkünfte nach § 22 EStG.

Ü C2: Die Körperschaftsteuer bezieht sich auf juristische Personen, d.h. Körperschaften. Sie müssen ihr Einkommen der Körperschaftsteuer unterwerfen. Bei der Körperschaftsteuer werden die Betriebseinnahmen und die Betriebsausgaben nach den Regeln ermittelt, die im Einkommensteuergesetz zugrundegelegt werden. Die Körperschaftsteuer ist wie die Einkommensteuer eine Ertragsteuer, die ihrerseits nicht den Gewinn mindern darf.

Ü C 3: Beim vertikalen Verlustausgleich können positive Einkünfte bei einer Einkuftsart mit Verlusten einer anderen Einkunftsart, z. B. eines Gewerbebetriebs, gegengerechnet werden. Als Summe der Einkünfte bleibt nur der saldierte Betrag der positiven und negativen Einkünfte aller Einkunftsarten (vertikaler Verlustausgleich). Beim horizontalen Verlustausgleich können positive Einkünfte mit negativen Einkünften innerhalb der jeweiligen Einkunftsart verrechnet werden.

Ü C4: Wer in einem Jahr insgesamt negative Einkünfte hat, kann diesen Verlust rücktragen, d. h. wie Sonderausgaben mit den positiven Einkünften zuerst des letzten, dann des zweitletzten Jahres verrechnen und die dort zuviel gezahlte Steuer zurückerhalten. Oder man kann den Verlust auf die nächsten Jahre vortragen und die positiven Einkünfte der Zukunft auf diese Weise steuerlich schmälern. Nach neuester Rechtslage kann man zwischen Verlustrücktrag und Verlustvortrag wählen.

Ü C5: Das Einkommensteuergesetz grenzt nicht positiv, sondern nur negativ ab: § 15 Abs. 2 EStG nennt einen Gewerbebetrieb alles, was – ohne Land- und Forstwirtschaft, freier Beruf oder andere selbständige Tätigkeit zu sein – eine selbständige, nachhaltige Betätigung ist, die mit der Absicht, Gewinn zu erzielen, unternommen wird und sich am allgemeinen wirtschaftlichen Verkehr beteiligt. Zur Abgrenzung ist es demnach notwendig, die Katalogberufe und -Tätigkeiten des § 18 EStG zu Rate zu ziehen.

Ü C6: Bei der Einnahme-Überschußrechnung wird der Erfolg als Unterschiedsbetrag zwischen Betriebseinnahmen und Betriebsausgaben errechnet. Ausgaben werden erst dann erfaßt, wenn tatsächlich Geld abfließt; Einnahmen erst dann, wenn Geld einfließt.

C Ü7: Anlaufverluste oder Verluste wegen wirtschaftlicher Fehlentscheidungen führen grundsätzlich nicht zur Liebhaberei. Die Einstellung der verlustbringenden Tätigkeit ist eine angemessene Reaktion auf die Verluste. Sie kann damit Beweiszeichen für die Absicht der Einkunftserzielung in den vorausgegangenen Jahren sein. Wie lange die Anlaufzeit dauert, hat der Bundesgerichtshof unterschiedlich beurteilt. So wurden beispielsweise einem Erfinder 14 Jahre lang Anlaufverluste steuerlich anerkannt.

Ü C8: Bei der Körperschaftsteuer gibt es zwei Steuersätze: den Steuersatz für einbehaltene Gewinne in Höhe von 45 % und den Steuersatz für ausgeschüttete Gewinne von 30 %.

Ü C9: Eine verdeckte Gewinnausschüttung ist jede Vermögensminderung bzw. verhinderte Vermögensvermehrung einer Kapitalgesellschaft, die ihren Ursprung im Gesellschafterverhältnis hat. Beispiele: überhöhte Geschäftsführer-Gehälter, billige Gesellschafts-Darlehen, überhöhte Kaufpreise für Wirtschaftsgüter der Gesellschafter, die an die Gesellschaft übergehen, oder Übernahme der Kosten für eine Geburtstagsfeier.

Ü C10: Ja und zwar den Gewerbeertrag und das Gewerbekapital.

Ü C11: Grundsätzlich ist der Gewinn, der nach den Regeln des Einkommensteuergesetzes ermittelt wird, auch als Grundlage für die Gewerbesteuer maßgebend. Aber es besteht keine Bindung an den für Ertragssteuerzwecke festgestellten Gewinn. Der Gewinn aus einem Gewerbebetrieb wird für die Gewerbesteuer durch „Hinzurechnungen" und „Kürzungen" verändert. Die wichtigsten Hinzurechnungen sind Dauerschuldzinsen, Renten und dauernde Lasten, Gewinnanteile des stillen Gesellschafters, Miet- und Pachtzinsen. Die wichtigsten Kürzungen sind die für den Grundbesitz, für die Gewinnanteile des stillen Gesellschafters, für Miet- und Pachterträge sowie Spenden.

Ü C12: Steuerobjekt im Sinne des § 1 Abs. 1 UStG sind alle entgeltlich erbrachten Leistungen und Lieferungen, auch aus Hilfsgeschäften, also aus Geschäften, die mit dem Unternehmenszweck nichts zu tun haben. Dazu zählen: privater Eigenverbrauch, unentgelt-

657

liche Leistungen an Gesellschafter, Einfuhr aus Gegenständen aus dem Drittlandsgebiet in das Zollgebiet, innergemeinschaftlicher Erwerb im Inland gegen Entgelt.

Ü C13: Kleinunternehmer ist nach § 19 UStG derjenige, der insgesamt im vorangegangenen Kalenderjahr nicht mehr als 25 000 DM umgesetzt hat, und im laufenden Kalenderjahr voraussichtlich nicht mehr als 100 000 DM umsetzt. Maßgeblich sind die vereinnahmten Entgelte und nicht die vereinbarten. Kleinunternehmer müssen keine Umsatzsteuer bezahlen, können dafür auch keine Vorsteuer geltend machen. Kleinunternehmer können zur Umsatzsteuer optieren.

Ü C14: Der Vermögensteuer unterliegt das Gesamtvermögen, also auch das Betriebsvermögen. Das Gesamtvermögen besteht aus dem land- und forstwirtschaftlichen Vermögen, dem Grundvermögen, dem Betriebsvermögen und dem sonstigen Vermögen.

D: Recht

Ü D1: Das HGB kann auf A ist sofort, d. h. ab 8. November angewendet werden. Er ist auch ohne Eintragung nach § 1 Abs. 2 Satz 1 Handelsgesetzbuch (HGB) Kaufmann, da er Handelsware an- und verkauft. Hier hat die Eintragung ins Handelsregister nur eine allgemein darauf hinweisende Bedeutung, d. h. sie ist deklaratorisch. Auf B kann das HGB erst ab 15. November angewendet werden. Er fertigt und verkauft als Bauunternehmer Häuser oder Eigentumswohnungen (Bauträger); das bedeutet auch die Veräußerung von Grundstücken. Somit ist B kein Kaufmann nach § 1 HGB, sondern § 2 HGB. Das Recht des B als Kaufmann tätig zu werden, wird erst mit dem Tag der Eintragung ins Handelsregister, d. h. am 15. November begründet; dies ist die konstitutive Wirkung der Eintragung. Wäre B nur ein Baustoffgroßhändler, der Baustoffe an- und verkauft, wäre er Kaufmann nach § 1 Abs. 2 Satz 1 HGB und damit genauso wie A ab dem ersten Tag seines Auftretens Kaufmann.

Ü D2: Diese Vereinbarung hat keine Wirkung gegenüber Dritten. Gemäß § 25 Abs. 1 HGB haftet B für alle im Betrieb des Geschäfts begründeten Verbindlichkeiten des früheren Inhabers A. Gemäß § 25 Abs. 2 ist eine abweichende Vereinbarung gegenüber Dritten nur dann wirksam, wenn sie in das Handelsregister eingetragen und bekannt gemacht oder von dem Erwerber oder Veräußerer dem Dritten mitgeteilt worden ist.

Ü D3: X hat mit befreiender Wirkung an B bezahlt, er muß den Betrag nicht nochmals an die Firma des A bezahlen. Die Eintragung wie auch der Widerruf der Prokura sind eintragungspflichtige Tatsachen i. s. v. § 53 Abs. 1 und Abs. 3 HGB. Die Eintragung ist ordnungsgemäß vorgenommen worden. Der Widerruf ist zwar nicht eingetragen worden, trotzdem war er wirksam. Aufgrund der fehlenden Eintragung nach § 53 Abs. 3 HGB greift der Tatbestand des § 15 Abs. 1 HGB ein, so daß sich der Geschäftsführer A nicht auf den Widerruf der Prokura berufen kann. Aufgrund der noch im Handelsregister enthaltenen Eintragung des B als Prokuristen muß sich der Geschäftsführer A diese Eintragung zurechnen lassen.

Ü D4: Grundlage für den Anspruch des G gegen C auf Zahlung des Restkaufpreises sind die §§ 128; 124 Abs. 1 (125 Abs. 1, 126 Abs. 1) HGB; 433 Abs. 2 BGB. Als Gesellschafter der OHG haftet C persönlich unbeschränkt für Verbindlichkeiten der Gesellschaft, die während seiner Mitgliedschaft entstanden sind (§ 128 HGB). Durch den Kaufvertrag, den A als geschäftsführender Gesellschafter für die OHG mit G geschlossen hat, ist eine entsprechende Kaufpreisschuld der OHG begründet worden (§§ 124 Abs. 1 HGB, 433 Abs. 2 BGB). Da der Gesellschaftsvertrag die Vertretung der OHG nicht besonders regelt, hat A

Einzelvertretungsrecht (§ 125 Abs. 1 HGB). Diese Vertretungsmacht ermächtigt den Gesellschafter A nach dem gesetzlich festgelegten Umfang (§ 126 Abs. 1 HGB) zu allen gerichtlichen und außergerichtlichen Geschäften und Rechtshandlungen ohne Beschränkung auf gewöhnliche Geschäfte oder Geschäfte dieses oder überhaupt eines Handelsgewerbes. Der Kauf von Maschinen für 1 Mio DM ist eine Rechtshandlung, so daß A die OHG hierbei wirksam vertreten hat (§ 164 Abs. 1 und 3 BGB). Aus dem Kaufvertrag mit G ist daher die Kaufpreisschuld der OHG entstanden (§ 433 Abs. 2 BGB). Ob A kraft seiner Geschäftsführungsbefugnis im Innenverhältnis zu den Gesellschaftern B und C diese Maßnahmen treffen durfte, beeinflußt nicht die Wirksamkeit des für die OHG geschlossenen Kaufvertrags (vgl. § 126 Abs. 2 HGB). Der Widerspruch des C ist in seiner Wirkung nach außen hin unerheblich. Für die Restkaufpreisschuld der OHG gegenüber G haftet C daher als Gesellschafter persönlich und unbeschränkt mit seinem Privatvermögen (§ 128 Satz 1 HGB).

Ü D5: Das Arbeitsrecht gehört zum überwiegenden zum Privatrecht und zum geringen Teil zum öffentlichen Recht.

Ü D6: Das Arbeitsverhältnis kann vom Arbeitgeber einseitig durch Anfechtung mit sofortiger Wirkung beendet werden.

Ü D7: Er ist vor der Einstellung zu unterrichten. Ihm sind die Bewerbungsunterlagen vorzulegen. Seine Zustimmung ist einzuholen, die er allerdings nur aus wenigen im Gesetz genannten Gründen verweigern kann (§ 99 BetrVG).

Ü D8: Durch Tod des Arbeitnehmers, mit dem Ablauf einer zulässigen Befristung, durch Aufhebungsvertrag, Anfechtung oder Kündigung.

Ü D9: Eine Kündigung durch den Arbeitgeber kann in vielen Fällen erst dann wirksam werden, wenn zuvor eine oder mehrere Abmahnungen ausgesprochen worden sind.

Ü D10: Der Betriebsrat als Gremium muß vor jeder Kündigung ordnungsgemäß, also unter Mitteilung der Gründe, angehört werden, so daß er ohne eigene Nachforschung in der Lage ist, die Berechtigung der Kündigung zu prüfen. Eine fehlerhafte Anhörung führt zur Unwirksamkeit der Kündigung (102 BetrVG).

Ü D11: Nach der Rechtsprechung zum herkömmlichen Produkthaftungsrecht gemäß § 823 ff. BGB haftet der Klebemittelhersteller wegen Verletzung der Verkehrssicherungspflicht (hier: Instruktionsfehler). Ihm obliegt es, „sichere" Produkte in den Verkehr zu bringen. Ein Produkt ist nur dann sicher, wenn es für den vorhersehbaren Gebrauch und für den vorhersehbaren Benutzer fehlerfrei ist oder aber hinsichtlich nicht vermeidbarer gefährlicher Eigenschaften mit Instruktionen versehen ist. Die Instruktionen müssen deutlich, ausreichend und vollständig sein. Sie dürfen nicht nur auf die Gefahr hinweisen (wie in dem Fall: „feuergefährlich!"), sondern sie müssen auch vermerken, wie das Produkt gefahrfrei zu verwenden ist bzw. welche Vorsorgemaßnahmen zu treffen und welche Verwendungsarten zu unterlassen sind. In den Instruktionen hätte der Benutzer belehrt werden müssen, daß die Fenster zum Abströmen der Dämpfe offen zu halten und jedes offene Feuer und Licht zu vermeiden sind.

Auch nach dem neuen Produkthaftungsgesetz kann der Klebemittelhersteller in Anspruch genommen werden: Das Produkt war gemäß § 3 Produkthaftungsgesetz fehlerhaft. Der durchschnittliche Benutzer hätte Gefahrabwendungshinweise erwarten können. Andererseits hätte der Klebemittelhersteller damit rechnen müssen, daß ohne solche Hinweise die Sicherheit des Benutzers beim Gebrauch des Produkts nicht gewährleistet ist.

E: Rechnungswesen

Ü E1.1: Der Jahresabschluß besteht aus der GuV und der Bilanz. Wichtig sind die Aufwendungen und die Erlöse sowie die Erträge im abgelaufenen Geschäftsjahr. Darüber hinaus sind auch Aufschlüsse über die Finanzierung und die zukünftigen Entwicklungschancen von Bedeutung.

Ü E1.2: Die Bestände an fertigen und unfertigen Erzeugnissen sind zu berücksichtigen, weil sie Kapital binden. Deshalb ist es wichtig, diese Bestände verhältnismäßig klein zu halten. Niedrige Bestände beweisen eine wirtschaftliche Führung des Unternehmens.

Ü E1.3: Abschreibungen berücksichtigen den Verschleiß und die Abnutzung der eingesetzten Produktionsfaktoren: Grundstücke und Gebäude und Anlagen. Zu unterscheiden sind die steuerlich zulässigen Abschreibungen, die meist über kürzere Zeit möglich sind und die kalkulatorischen. Die Abschreibungen dienen dazu, die Anlagen in Zukunft ersetzen zu können. Zu den immateriellen Vermögensgegenständen zählen beispielsweise Lizenzen und Kundenadressen. Auch diese verlieren mit der Zeit an Wert und sind erneuerungsbedürftig. Anhand der Abschreibung ensteht der angemessene Wert. Jedoch darf eine Abschreibung auf immaterielle Vermögensgegenstände nur dann erfolgen, wenn diese käuflich erworben worden sind.

Ü E1.4: Eine GuV stellt die Aufwendungen den Erträgen gegenüber und die Bilanz das Vermögen (Aktiva) dem Kapital (Passiva).

Ü E1.5: Im Anhang zur Bilanz wird aufgeführt, nach welchen Bewertungsmaßstäben die Bilanz und die GuV erstellt wurden und von welchen gesetzlichen Möglichkeiten Gebrauch gemacht wurde. Der Lagebericht liefert Informationen über die Unternehmensziele und wie man sie erreicht sowie über die zukünftige Entwicklung, insbesondere auch des Personals.

Ü E1.6: Rückstellungen werden gebildet, um sie für spätere Verpflichtungen einzusetzen, die gegenwärtig nach Zeit und Höhe noch unbestimmt sind. Dies sind insbesondere Pensions- und Steuer-Rückstellungen sowie Rückstellungen für drohende Verlust aus laufenden Geschäften wie Prozeßkosten, Kulanzen und Garantien. Rücklagen dagegen sind Reserven für unvorhergesehene Fälle und entsprechen der kaufmännischen Vorsicht. Es gibt gesetzliche Rücklagen für das Eigenkapital (§ 150 AktG.), steuerfreie Rücklagen für Ersatzbeschaffungen (z.B. § 6 b EStG.) und stille Rücklagen (bei Personengesellschaften).

Ü E1.7: Kennzahlen dienen dazu, die Vermögens- und die Liquiditätslage zu beurteilen, die Kreditwürdigkeit festzustellen, die Ertragskraft einzuschätzen und die Entwicklung von Kosten, Umsatz und Erträgen zu ermitteln. Die Kennzahlen sollten nicht nur prozentual, sondern auch als absolute Größen dargestellt werden. Ferner ist empfehlenswert, die Kennzahlen im zeitlichen Verlauf zu betrachten. Kennzahlen mit anderen Unternehmen zu vergleichen kann problematisch sein, wenn die Kennzahlen auf anderen Basiswerten beruhen.

Ü E1.8: Der Cash-Flow gibt an, wieviel Kapital in das Unternehmen geflossen ist. Die Cash-Flow-Rate bezieht den Cash-Flow üblicherweise auf den Umsatz. Der Cash-Flow wird folgendermaßen ermittelt: Vom Jahresergebnis wird der ausgabenlose Aufwand (z.B. Abschreibungen, Rückstellungen) hinzugerechnet und der einnahmenlose Ertrag abgezogen.

Ü E1.9: Liquidität ist nötig, damit das Unternehmen seinen laufenden Zahlungsverpflichtungen nachkommen kann. Man unterscheidet zwischen Liquidität auf mittlere und auf kurze Sicht sowie die Barliquidität. Zur Berechnung gilt: Liquidität auf mittlere Sicht =

kurz- und mittelfristige Finanzmittel oder kurz- und mittelfristige Verbindlichkeiten; Liquidität auf kurze Sicht = kurzfristige Finanzmittel oder kurzfristige Verbindlichkeiten; Barliquidität = flüssige Mittel oder kurzfristige Verbindlichkeiten.

Ü E1.10: ROI (Return On Investment) gibt die Verzinsung des eingesetzten Kapitals an (Gewinn/eingesetztes Kapital). Der ROI ist das Produkt der beiden Kennzahlen Umsatzrentabilität (Betriebsergebnis/Umsatz) und dem Kapitalumschlag (Umsatz/durchschnittlich investiertes Gesamtkapital). Die Umsatzrentabilität gibt an, wieviel Prozent des Umsatzes Gewinn sind, und der Kapitalumschlag zeigt, wie oft das eingesetzte Kapital in Umsatz verwandelt wurde.

Ü E2.1: Kosten sind die betriebsbedingten Wertverzehre der für das Unternehmen eingesetzten Produktionsfaktoren (Gebäude, Maschinen, Menschen und Kapital).

Ü E2.2: Kalkulatorische Kosten dienen dazu, die Substanz eines Betriebs zu erhalten. Deshalb müssen folgende Wertverzehre, die nicht ausgabenwirksam sind, als kalkulatorische Kosten in der Kostenrechnung angesetzt werden: Kalkulatorische Abschreibungen, kalkulatorische Zinsen und kalkulatorische Wagnisse. Falls der Unternehmer selbst im Unternehmen tätig ist, muß auch der kalkulatorische Unternehmenslohn angesetzt werden (der Lohn, den ein Geschäftsführer in einem vergleichbaren Unternehmen beziehen würde).

Ü E2.3: Die AFA bezieht sich auf die steuerlich absetzfähigen Beträge. Die kalkulatorischen Abschreibungen orientieren sich an dem Wiederbeschaffungswert der Anlagen und an der tatsächlichen betrieblichen Nutzungsdauer. Die kalkulatorischen Abschreibungen errechnen sich aus dem Quotienten aus: Wiederbeschaffungswert/betriebliche Nutzungsdauer.

Ü E2.4: Zu den kalkulatorischen Wagnissen zählen: Forderungswagnisse (unbezahlte Rechnungen in % vom Nettoerlös); Beständewagnisse (Inventurberichtigungen und Abweichungen von der Inventur); Fertigungswagnisse (Ausschuß); sonstige Wagnisse (Garantie- und Kulanzleistungen). Das unternehmerische Risiko zählt nicht dazu, weil es mit dem Unternehmergewinn abgegolten ist.

Ü E2.5: Bei der innerbetrieblichen Leistungsverrechnung werden die Kosten den Kostenstellen verrechnet, die die Leistung in Anspruch nehmen.

Ü E2.6: Die Gemeinkosten-Zuschläge für das Material beziehen sich auf die Materialkosten (Materialgemeinkosten/Material · 100), für die Fertigung auf die Fertigungslohnkosten (Fertigungsgemeinkosten/Fertigungslöhne · 100), für die Verwaltung und den Vertrieb auf die Herstellkosten (Verwaltungs-Gemeinkosten-Zuschlag = Verwaltungs-Gemeinkosten/Herstellkosten · 100; Vertriebs-Gemeinkosten-Zuschlag = Vertriebs-Gemeinkosten/Herstellkosten · 100). Die Stundensätze für die Fertigung errechnen sich folgendermaßen: Fertigungskosten/produktive Fertigungsstunden und die Stundensätze für die Konstruktion sind: Kosten der Konstruktion/Konstruktionsstunden.

Ü E3.1: Tabelle Ü E 3.1 zeigt das Ergebnis.

Ü E3.2: Tabelle Ü E 3.2 zeigt das Ergebnis.

Ü E3.3: Die Ergebnisse der Vollkostenrechnung (Teil 1) sind in den Tabellen Ü E 3.3 a bis Ü E 3.3 e zu sehen, die Ergebnisse für die Teilkostenrechnung in den Tabellen Ü E 3.3 f bis Ü E 3.3 k. Zu Teil 2, Frage 5: Der Auftrag 3 führt nach der Vollkostenrechnung zu einem Verlust von 458 TDM. In der Teilkostenrechnung jedoch erwirtschaftet der Auftrag 3 einen Deckungsbeitrag von 32 TDM. Wenn Auftrag 3 nicht angenommen wird, dann wird der Deckungsbeitrag insgesamt um 32 TDM niedriger, bei unveränderten Fixkosten. Das Betriebsergebnis geht deshalb auf 97 TDM zurück.

Ü E4.1: Tabelle Ü E 4.1 zeigt das Ergebnis. Folgende Maßnahmen sind zu empfehlen, um die Deckungsbeiträge zu erhöhen: Messekosten verringern, Testinstallationen und Anpassungsleistungen vom Kunden teilweise bezahlen lassen.

Ü E4.2: Die Lösungen zeigen Tabelle Ü E 4.2 a und Ü E 4.2 b. Der Deckungsbeitrag bei einem Marktpreis von 260 000 DM ist negativ und beträgt –18 685 DM. Bei einem Bruttoerlös von 287 637 DM ist der Deckungsbeitrag gerade null.

Ü E5.1: Der Deckungsbeitrag errechnet sich aus: DB_1 = Ertrag + K_{fix} = 12 Mio DM. Damit ergibt sich: U_{mind} = $(K_{fix}/DB_1) \cdot U$ = 26,25 Mio DM. Bei einem Umsatz von 30 Mio DM und einem Verlust von 2 Mio DM ergibt sich ein Deckungsbeitrag von DB_2 = Ertrag + K_{fix} = 8,5 Mio DM. Soll ein Ertrag von 1,5 Mio DM erwirtschaftet werden, dann dürfen die Fixkosten nur 8,5 Mio – 1,5 Mio = 7 Mio DM betragen. Der neue Break-Even-Punkt (BEP2) liegt bei 24,7 Mio DM (Bild Ü E 5.3.1).

Ü E5.2: Wie Tabelle Ü E 5.2 a, b, c und d sowie die Grafik der Zielpunkte (Bild Ü E 5.2) zeigt, sollten die Komponenten K 1 (Wasserbehälter) in den harten Funktionen kostengünstiger hergestellt werden.

Ü E5.3: Die Tabellen Ü E 5.3 a, b und c zeigen die Daten der Prozeßkostenrechnung. Es wird erkennbar, daß die Selbstkosten für BMW und VW niedriger und für Mercedes höher sind.

Tabelle T-1. Lösung zu Ü E 3.1

1	Material		180 000 DM
2	Material-Gemeinkosten		32 400 DM
3	Materialkosten		212 400 DM
4	Fertigungslöhne	78 h	14 040 DM
5	Fertigungs-Gemeinkosten		29 905 DM
6	Sonderkosten der Fertigung		5 600 DM
7	Fertigungskosten		49 545 DM
8	Herstellkosten		261 945 DM
9	Verwaltungs-Gemeinkosten		15 717 DM
10	Vertriebs-Gemeinkosten		23 575 DM
11	Selbstkosten		301 237 DM
12	Gewinnzuschlag		24 099 DM
13	kalkulatorischer Nettoerlös		325 336 DM
14	Mehrwertsteuer		48 800 DM
15	kalkulatorischer Bruttoerlös		374 136 DM

Material-Gemeinkosten	18 %	
Stundensatz Fertigung	180 DM/Fertigungsstunde	
Fertigungs-Gemeinkosten	213 %	
Verwaltungs-Gemeinkosten	6 %	
Vertriebs-Gemeinkosten	9 %	
Gewinnzuschlag	8 %	
Umsatzsteuer	15 %	

Tabelle T-2. Lösung zu Ü E 3.2

1	Material		180000 DM
2	Material-Gemeinkosten		32400 DM
3	Materialkosten		212400 DM
4	Fertigungslöhne	78 h	14040 DM
5	Fertigungs-Gemeinkosten		29905 DM
6	Sonderkosten der Fertigung		5600 DM
7	Fertigungskosten		49545 DM
8	Herstellkosten		261945 DM
9	Verwaltungs-Gemeinkosten		15717 DM
10	Vertriebs-Gemeinkosten		23575 DM
11	Selbstkosten		301237 DM
12	Gewinnzuschlag		24099 DM
13	kalkulatorischer Nettoerlös 1		325336 DM
14	Vertreterprovision		42673 DM
15	kalkulatorischer Nettoerlös 2		368009 DM
16	Skonto		7510 DM
17	kalkulatorischer Nettoerlös 3		375519 DM
18	Rabatt		51207 DM
19	kalkulatorischer Nettoerlös 4		426726 DM
20	Sonderkosten Vertrieb		4300 DM
21	kalkulatorischer Bruttoerlös 1		431026 DM
22	Umsatzsteuer		64654 DM
23	kalkulatorischer Bruttoerlös 2		495680 DM

Material-Gemeinkosten	18 %
Stundensatz Fertigung	180 DM/Fertigungsstunde
Fertigungs-Gemeinkosten	213 %
Verwaltungs-Gemeinkosten	6 %
Vertriebs-Gemeinkosten	9 %
Gewinnzuschlag	8 %
Vertreterprovision	10 %
Skonto	2 %
Rabatt	12 %
Umsatzsteuer	15 %
Prozentsatz t	76,24 %

Tabelle T-3. Ü E 3.3a

Betriebsabrechnungsbogen
Testaplast GmbH – Vollkostenrechnung

| Kostenarten | | Kostenstellen | | | | | | | |
Kto.-Nr.	Summe	Gießerei 100	Bearbeitung 110	Arbeits- vorbereitung 120	Summe Fertigung (100 + 110)	Material- wirtschaft 200	Verwaltung 500	Vertrieb 600	Fuhrpark 700
4010	260000	60000	115000	0	175000	85000	0	0	0
4020	1155000	23000	42000	55000	120000	0	580000	430000	25000
4050	255000	14950	28500	9900	53100	15300	104400	77700	4500
4100	100000	0	0	0	0	0	35000	55000	10000
4110	45000	8300	32930	2500	43730	1270	0	0	0
4200	135000	0	0	0	0	0	5500	129500	0
4210	33000	0	0	0	0	0	0	33000	0
4220	98000	0	0	0	0	0	0	8550	89450
4300	168000	1540	1380	18550	21470	2680	136700	7150	0
4800	320000	176000	96000	8000	280000	9600	8000	14400	8000
Summe 1	2569000	283790	315560	93950	693300	113850	869600	755300	136950
Umlage KST 700		890	787	377	2054	50500	3138	81257	−136950
Zw-Summe	2569000	284680	316347	94327	695354	164350	872738	836557	0
KST 120		56375	37952	−94327	0				
Summe 2	2569000	341055	354299	0	695354	164350	872738	836557	

Tabelle T-4. Lösung zu Ü E 3.3 b

Zuschlagssatz für:

Material-Gemeinkosten $= \dfrac{\text{Summe Kostenstelle Materialwirtschaft}}{\text{Summe Fertigungsmaterial}} = \dfrac{164\,350}{4\,220\,000} = 3{,}89\,\%$

Fertigungs-Gemeinkosten Gießerei $= \dfrac{\text{Summe Kostenstelle Gießerei}}{\text{Summe Fertigungslöhne Gießerei}} = \dfrac{341\,960}{265\,000} = 129\,\%$

Fertigungs-Gemeink. Bearbeitung $= \dfrac{\text{Summe Kostenstelle Bearbeitung}}{\text{Summe Fertigungslöhne Bearbeitung}} = \dfrac{353\,394}{455\,000} = 77{,}67\,\%$

Verwaltungs-Gemeinkosten $= \dfrac{\text{Summe Kostenstelle Verwaltung}}{\text{Summe HK der abgesetzten Leistung}} = \dfrac{872\,738}{6\,089\,355} = 14{,}33\,\%$

Vertriebs-Gemeinkosten $= \dfrac{\text{Summe Kostenstelle Vertrieb}}{\text{Summe HK der abgesetzten Leistung}} = \dfrac{836\,557}{6\,089\,355} = 13{,}74\,\%$

Tabelle T-5. Lösung zur Ü E 3.3 c

Ermittlung der Herstellkosten
Testaplast GmbH – Vollkostenrechnung

		Auftrag 1 DM	Auftrag 2 DM	Auftrag 3 DM	Summe DM
Fertigungsmaterial		1 060 000	1 092 500	497 500	2 650 000
Rohstoffe		314 000	323 627	147 373	785 000
Hilfs- und Betriebsstoffe		130 000	147 500	42 500	320 000
Energiekosten		188 000	238 500	38 500	465 000
Summe Fertigungsmaterial		1 692 000	1 802 127	725 873	4 220 000
Material-Gemeinkosten	Zuschlagssatz	3,89 %	3,89 %	3,89 %	
	DM	65 896	70 185	28 270	164 350
Fertigungslöhne					
Gießerei		110 000	130 000	25 000	265 000
Bearbeitung		63 000	207 000	185 000	455 000
Fertigungs-Gemeinkosten					
Gießerei	Zuschlagssatz	128,70 %	128,70 %	128,70 %	
	DM	141 570	167 310	32 175	341 055
Bearbeitung	Zuschlagssatz	77,87 %	77,87 %	77,87 %	
	DM	49 057	161 181	144 056	354 299
Sondereinzelkosten der Fertigung		0	32 000	100 000	132 000
Herstellkosten der hergestellten Leistung		2 121 523	2 569 809	1 240 373	5 931 705

Fertigung: Stückzahlen		Auftrag 1	Auftrag 2	Auftrag 3	Summe DM
gefertigte Stückzahl		10 000	16 000	200 000	
Herstellkosten / Stück		212,15	160,61	6,20	
verkaufte Stückzahl		11 500	15 000	200 000	
Bestandsveränderung	Stück	−1 500	1 000	0	
	DM	−318 228	−160 613	0	−157 615
Herstellkosten der abgesetzten Leistung		2 439 751	2 409 196	1 240 373	6 089 320

Tabelle T-6. Lösung zur Ü E 3.3 d

Kostenträgerstückrechnung und Kalkulation
Testaplast GmbH – Vollkostenrechnung

		Auftrag 1 DM	Auftrag 2 DM	Auftrag 3 DM
Fertigungsmaterial		106,00	68,28	2,49
Rohstoffe		31,40	20,23	0,74
Hilfs- und Betriebsstoffe		13,00	9,22	0,21
Energiekosten		18,80	14,91	0,10
Summe Fertigungsmaterial		169,20	112,63	3,63
Material-Gemeinkosten	Zuschlagssatz	3,89 %	3,89 %	3,89 %
	DM	6,59	4,39	0,14
Fertigungslöhne				
Gießerei		11,00	8,13	0,13
Bearbeitung		6,30	12,94	0,93
Fertigungs-Gemeinkosten				
Gießerei	Zuschlagssatz	129,04 %	129,04 %	129,04 %
	DM	14,19	10,48	0,16
Bearbeitung	Zuschlagssatz	77,67 %	77,67 %	77,67 %
	DM	4,89	10,05	0,72
Sondereinzelkosten der Fertigung		0,00	2,00	0,50
Herstellkosten		212,18	160,62	6,20
Verwaltungs-Gemeinkosten	Zuschlagssatz	13,33 %	14,33 %	14,33 %
	DM	300,41	23,02	0,89
Vertriebs-Gemeinkosten	Zuschlagssatz	13,74 %	13,74 %	13,74 %
	DM	29,15	22,07	0,85
Sondereinzelkosten des Vertriebs		2,50	4,15	0,30
Selbstkosten		274,24	209,85	8,24

Tabelle T-7. Lösung zu Ü E 3.3 e

Kostenträgerzeitrechnung / Betriebsergebnisrechnung
Testaplast GmbH – Vollkostenrechnung

	Auftrag 1	Auftrag 2	Auftrag 3	Gesamt
verkaufte Stückzahl	11 500	15 000	200 000	– –
Verkaufserlöse je Stück brutto	290,00	250,00	6,25	– –
gewährte Rabatte, Skonti	3 %	3 %	5 %	– –
Verkaufserlöse je Stück netto	281,55	242,72	5,95	– –
Herstellkosten je Stück	212,15	160,61	6,20	– –
Ergebnis nach Herstellkosten je Stück	69,40	82,11	−0,25	– –
Selbstkosten je Stück	274,20	209,85	8,24	– –
Ergebnis nach Selbstkosten je Stück	7,35	32,87	−2,29	– –

Umsatzkostenrechnung	DM	DM	DM	DM
Umsatzerlös brutto	3 335 000	3 750 000	1 250 000	8 335 000
gewährte Rabatte, Skonti	97 136	109 223	59 524	265 883
Umsatzerlöse netto	3 237 864	3 640 777	1 190 476	8 069 117
Herstellkosten der abgesetzten Leistung	2 439 751	2 409 196	1 240 373	6 089 320
Ergebnis nach Herstellkosten	798 113	1 231 581	−49 897	1 979 797
Selbstkosten der abgesetzten Leistung	3 153 349	3 147 716	1 648 550	7 949 615
Ergebnis nach Selbstkosten = Betriebsergebis	84 515	493 060	−458 074	119 502

Betriebskostenergebnisrechnung nach dem Gesamtkostenverfahren
Testaplast GmbH – Vollkostenrechnung   DM

	DM
Umsatzerlöse brutto	8 335 000
gewährte Rabatte, Skonti	265 883
Umsatzerlöse netto	8 069 117
Gesamtkosten der Periode	7 792 000
Bestandsveränderungen	−157 615
Betriebsergebnis	119 502

Tabelle T-8. Lösung zu Ü E 3.3 f

Betriebsabrechnungsbogen
Testaplan GmbH – Teilkostenrechnung

Kostenarten			Kostenstellen				
Kto.-Nr.	Summe	Gießerei 100	Bearbeitung 110	Arbeits-vorbereitung 120	Summe Fertigung (100 u. 110)	Material-wirtschaft 200	Fuhrpark 700
4010	140000	27000	73000	0	100000	40000	0
4020	0	0	0	0	0	0	0
4050	28000	5500	14500	0	20000	8000	0
4100	0	0	0	0	0	0	0
4110	25000	6600	14630	2500	23730	1270	0
4200	0	0	0	0	0	0	0
4210	0	0	0	0	0	0	0
4220	45000	0	0	0	0	0	45000
4300	0	0	0	0	0	0	0
4800	0	0	0	0	0	0	0
Summe 1	238000	39100	102130	2500	143730	49270	45000
Umlage KST 700		762	674	322	1759	43241	−45000
Zw-Summe	238000	39862	102804	2822	145489	92511	0
KST 120		1687	1136	−2822			
Summe 2	238000	41549	103940	0	145489	92511	

Tabelle T-9. Lösung zu Ü E 3.3 g

Zuschlagssatz für:

Material-Gemeinkosten $= \dfrac{\text{Summe Kostenstelle Materialwirtschaft}}{\text{Summe Fertigungsmaterial}} = \dfrac{92511}{4220000} = 2,19\%$

Fertigungs-Gemeinkosten Gießerei $= \dfrac{\text{Summe Kostenstelle Gießerei}}{\text{Summe Fertigungslöhne Gießerei}} = \dfrac{41549}{265000} = 15,68\%$

Fertigungs-Gemeink. Bearbeitung $= \dfrac{\text{Summe Kostenstelle Bearbeitung}}{\text{Summe Fertigungslöhne Bearbeitung}} = \dfrac{103940}{455000} = 22,84\%$

Tabelle T-10. Lösung zu Ü E 3.3 h

Ermittlung der Herstellkosten
Testaplast GmbH – Teilkostenrechnung

		Auftrag 1 DM	Auftrag 2 DM	Auftrag 3 DM	Summe DM
Fertigungsmaterial		1060000	1092500	497500	2650000
Rohstoffe		314000	323627	147373	785000
Hilfs- und Betriebsstoffe		130000	147500	42500	320000
Energiekosten		188000	238500	38500	465000
Summe Fertigungsmaterial		1692000	1802127	725873	4220000
Material-Gemeinkosten	Zuschlagssatz	2,19%	2,19%	2,19%	
	DM	37092	39506	15913	92511
Fertigungslöhne					
Gießerei		110000	130000	25000	265000
Bearbeitung		63000	207000	185000	455000
Fertigungs-Gemeinkosten					
Gießerei	Zuschlagsatz	15,68%	15,68%	15,68%	
	DM	17247	20383	3920	41549
Bearbeitung	Zuschlagsatz	22,84%	22,84%	22,84%	
	DM	14392	47287	42261	103940
Sondereinzelkosten der Fertigung		0	32000	100000	132000
variable Herstellkosten der erbrachten Leistung		1933731	2278393	1097966	5310000

Fertigung: Stückzahlen		Auftrag 1	Auftrag 2	Auftrag 3	Summe DM
gefertigte Stückzahl		10000	16000	200000	
Herstellkosten / Stück		193,37	142,39	5,49	
verkaufte Stückzahl		11500	15000	200000	
Bestandsveränderung	Stück	−1500	1000	0	
	DM	−290060	142394	0	−147666
Sondereinzelkosten des Vertriebs		25000	66400	60000	151400
variable Kosten der abgesetzten Leistung		2198790	2060509	1037966	5306266

Tabelle T-11. Lösung zur ÜE 3.3.i

Kostenträgerstückrechnung und Kalkulation
Testaplast GmbH – Teilkostenrechnung

		Auftrag 1 DM	Auftrag 2 DM	Auftrag 3 DM
Fertigungsmaterial		106,00	68,28	2,49
Rohstoffe		31,40	20,23	0,74
Hilfs- und Betriebsstoffe		13,00	9,22	0,21
Energiekosten		18,80	14,91	0,19
Summe Fertigungsmaterial		169,20	112,63	3,63
Material-Gemeinkosten	Zuschlagssatz	2,19 %	2,19 %	2,19 %
	DM	3,71	2,47	0,08
Fertigungslöhne				
Gießerei		11,00	8,13	0,13
Bearbeitung		6,30	12,94	0,93
Fertigungs-Gemeinkosten				
Gießerei	Zuschlagsatz	15,68 %	15,68 %	15,68 %
	DM	1,72	1,27	0,02
Bearbeitung	Zuschlagsatz	22,84 %	22,84 %	22,84 %
	DM	1,44	2,96	0,21
Sondereinzelkosten der Fertigung		0,00	2,00	0,50
variable Herstellkosten		193,37	142,39	5,49
Sondereinzelkosten des Vertriebs		2,50	4,15	0,30
variable Selbstkosten		195,87	146,54	5,79

Tabelle T-12. Lösung zu Ü E 3.3 k

Kostenträgerzeitrechnung und Betriebsergebnisrechnung
Testaplast GmbH – Teilkostenrechnung

	Auftrag 1	Auftrag 2	Auftrag 3	Gesamt
verkaufte Stückzahl	11 500	15 000	200 000	– –
Verkaufserlöse je Stück brutto	290,00	250,00	6,25	– –
gewährte Rabatte, Skonti	3,00 %	3,00 %	5,00 %	– –
Verkaufserlöse je Stück netto	281,55	242,72	5,95	– –
variable Selbstkosten je Stück	195,87	146,54	5,79	– –
Deckungsbeitrag je Stück	85,68	96,17	0,16	– –
Umsatzkostenrechnung	DM	DM	DM	DM
Umsatzerlös brutto	3 335 000	3 750 000	1 250 000	8 335 000
gewährte Rabatte, Skonti	97 136	109 223	59 524	265 883
Umsatzerlöse netto	3 237 864	3 640 777	1 190 476	8 069 117
Selbstkosten der abgesetzten Leistung	2 252 540	2 198 159	1 157 966	5 608 666
Deckungsbeitrag	985 324	1 442 617	32 510	2 460 451
Fixkostenblock	– –	– –	– –	2 331 000
Betriebsergebnis				

Vergleich Betriebsergebnis
Vollkostenrechnung und Teilkostenrechnung

Ergebnis Vollkostenrechnung	119 502
Ergebnis Teilkostenrechnung	129 451
Abweichung	9 950

Die Abweichung entsteht durch die unterschiedliche Bewertung der
Bestandveränderungen:
In der Vollkostenrechnung fließen die Fixkosten in die Herstellkosten und somit in die Bestandsbewertung mit ein, in der Teilkostenrechnung bleiben die Fixkosten außer Wertansatz.

Bestandsveränderung Vollkostenrechnung	– 157 615
Bestandsveränderung Teilkostenrechnung	– 147 666
Abweichung	9 950

Tabelle T-13. Lösung zur Ü E 4.1

Kunden-Deckungsbeitragsrechnung für die Produktsparte Software

	Pressen
Nettoumsatz	36 000 000
Wareneinsatz	9 000 000
Deckungsbeitrag 1	27 000 000
Deckungsbeitrag 1 / Umsatz	75,00 %
Kosten für Messen	4 500 000
Deckungsbeitrag 2	22 500 000
Deckungsbeitrag 2 / Umsatz	62,50 %
Kosten für Testinstallationen	9 500 000
Deckungsbeitrag 3	13 000 000
Deckungsbeitrag 3 / Umsatz	36,11 %
Individuelle Auslegung und Anpassung der Maschine	9 600 000
Deckungsbeitrag 4	3 400 000
Deckungsbeitrag 4 / Umsatz	9,44 %
Installation und Testlauf vor Ort	1 800 000
Deckungsbeitrag 5	1 600 000
Deckungsbeitrag 5 / Umsatz	4,44 %
Service und Wartung	760 000
Deckungsbeitrag 6	840 000
Deckungsbeitrag 6 / Umsatz	2,33 %

Tabelle T-14. Lösung zu Ü E 4.2 a
Kalkulation mit Deckungsbeiträgen bei fehlendem preislichen Spielraum

1	Bruttoerlös 1		260 000 DM
2	Rabatt		46 800 DM
3	Skonto		6 396 DM
4	Bruttoerlös 2		206 804 DM
5	Umsatzsteuer		31 021 DM
6	Nettoerlös		175 783 DM
7	Material		120 000 DM
8	Fertigungslöhne	96 h	17 280 DM
8	Sonderkosten der Fertigung		6 000 DM
10	Sonderkosten Vertrieb		5 300 DM
11	Summe variabler Kosten		148 580 DM
12	Deckungsbeitrag 1		27 203 DM
13	Material-Gemeinkosten		9 600 DM
14	Fertigungs-Gemeinkosten		36 288 DM
14	Summe zurechenbarer Fixkosten		45 888 DM
16	verbleibender Deckungsbeitrag		–18 685 DM
	Material-Gemeinkosten	8 %	
	Stundensatz Fertigung	180 DM/h	
	Fertigungs-Gemeinkosten	210 %	
	Skonto	3 %	
	Rabatt	18 %	
	Umsatzsteuer	15 %	

Tabelle T-15. Lösung zu Ü E 4.2 b
Kalkulation mit Deckungsbeiträgen bei fehlendem preislichen Spielraum

1	Bruttoerlös 1		287637 DM
2	Rabatt		51775 DM
3	Skonto		7076 DM
4	Bruttoerlös 2		228786 DM
5	Umsatzsteuer		34318 DM
6	Nettoerlös		195468 DM
7	Material		120000 DM
8	Fertigungslöhne	96 h	17280 DM
8	Sonderkosten der Fertigung		6000 DM
10	Sonderkosten Vertrieb		5300 DM
11	Summe variabler Kosten		148580 DM
12	Deckungsbeitrag 1		45888 DM
13	Material-Gemeinkosten		9600 DM
14	Fertigungs-Gemeinkosten		36288 DM
14	Summe zurechenbarer Fixkosten		45888 DM
16	verbleibender Deckungsbeitrag		0 DM

Material-Gemeinkosten	8 %
Stundensatz Fertigung	180 DM/h
Fertigungs-Gemeinkosten	210 %
Skonto	3 %
Rabatt	18 %
Umsatzsteuer	15 %

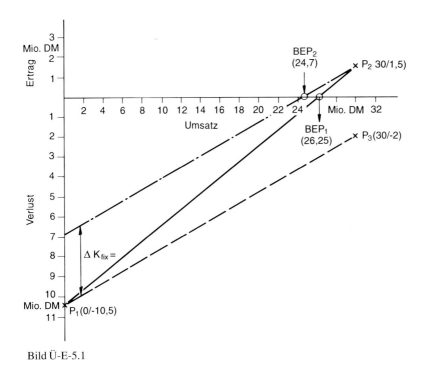

Bild Ü-E-5.1

Tabelle Ü E 5.2 a Harte und weiche Funktionen für eine Kaffeemaschine

harte Funktionen (h: 60%)

h1	Kaffee einfüllen	20%
h2	Wasser erhitzen	20%
h3	heißes Wasser über Kaffeepulver	20%
h4	Kaffee filtern	30%
h5	Kaffee warm halten	10%

weiche Funktionen (w: 40%)

w1	Leichte Bedienbarkeit	30%
w2	Geringer Stromverbrauch	40%
w3	Design	30%

Tabelle Ü E 5.2 b Aufteilung der Funktionen der Komponenten

Funktionen	h1	h2	h3	h4	h5	w1	w2	w3
Komponenten								
Wasserbehälter		30%	30%			60%		30%
Wassererhitzer		70%					70%	
Wasserbeförderung			40%	40%				20%
Kaffeefilter	100%		30%	60%				50%
Warmhalten					100%	40%	30%	

675

Tabelle Ü E 5.2 c Kostenanteil der Funktionen

Funktion	Kosten
Wasserbehälter	30 %
Wassererhitzer	15 %
Wasserbeförderung	15 %
Kaffeefilter	20 %
Warmhalten	20 %

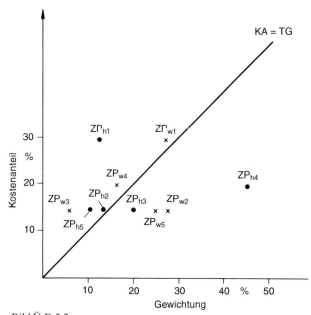

Bild Ü-E-5.2

Tabelle T-16. Zielkostenrechnung Lösung zur Ü E 5.2.d

Funktionen / Komponenten	Kosten- anteil	h1 20%	h2 20%	h3 20%	h4 30%	h5 10%	Summe h 100%	Ziel- kosten- index hart	w1 30%	w2 40%	w3 30%	Summe w 100%	Ziel- kosten- index weich	Ziel- kosten- index gesamt
Komponente 1 Wasserbehälter														
TG K1	30%	0%	30%	30%	0%	0%			60%	0%	30%			
Kostenanteil KA K1		0%	6%	6%	0%	0%	12%	4,00	18%	0%	9%	27%	0,90	1,30
Komponente 2 Wassererhitzer														
TG K2	15%	0%	70%	0%	0%	0%			0%	70%	0%			
Kostenanteil KA K2		0%	14%	0%	0%	0%	14%	0,93	0%	28%	0%	28%	1,87	2,80
Komponente 3 Wasserbeförderung														
TG K3	15%	0%	0%	40%	40%	0%			0%	0%	20%			
Kostenanteil KA K3		0%	0%	8%	12%	0%	20%	1,33	0%	0%	6%	6%	0,40	1,73
Komponente 4 Kaffeefilter														
TG K4	20%	100%	0%	30%	60%	0%			0%	0%	50%			
Kostenanteil KA K4		20%	0%	6%	18%	0%	44%	2,20	0%	0%	15%	15%	0,75	2,95
Komponente 5 Warmhalten														
TG K5	20%	0%	0%	0%	0%	100%			40%	30%	0%			
Kostenanteil KA K5		0%	0%	0%	0%	10%	10%	0,50	12%	12%	0%	24%	1,20	1,70
Summe Komponenten							100%					100%		

Tabelle Ü E 5.3 a
herkömmliche Kalkulation (Kostenträgerstückrechnung)

Artikel		BMW	Mercedes	VW
Stück		70000	40000	120000
Lose im Jahr		20	40	20
Material	DM	12,00	16,00	10,00
Qualitätssicherung	DM	8,00	10,00	3,00
Materialkosten	DM	20,00	26,00	13,00
Maschinenstunden	h	0,01	0,02	0,004
Maschinenstundensatz	DM/h	1800,00	1900,00	1400,00
Maschinenkosten	DM	18,00	34,20	5,60
Wartung/Instandhaltung	DM	12,00	14,00	6,00
sonst. Fertigungs-Gemeinkosten	DM	10,00	16,00	8,00
Fertigungskosten	DM	40,00	64,20	19,60
Herstellkosten	DM	60,00	90,20	32,60
Verwaltungskosten (25%)		15,00	22,55	8,15
Vertriebskosten (18%)		10,80	16,24	5,87
Selbstkosten		85,80	128,99	46,62

Tabelle Ü E 5.3 b
Prozeßkostensätze

Gemeinkosten	Gesamtkosten DM	Kostenfaktor	
Qualitätssicherung	540000	Anzahl Lose	
Maschinenkosten Produktion	540000	Produktionszeit (h)	1238
Maschinenkosten Rüsten	110000	Rüstzeit (h)	412
Verwaltung	300000	90% fix 10% Anzahl Produkte	
Vertrieb	390500	70% fix 30% Anzahl Produkte	

Tabelle Ü E 5.3 c

Herkömmliche Kalkulation (Kostenträgerstückrechnung)

Artikel	BMW	Mercedes	VW
Stückzahl	70 000	40 000	120 000
Lose im Jahr	20	40	20
Material	12,00	16,00	10,00
Qualitätssicherung	8,00	10,00	3,00
Materialkosten	20,00	26,00	13,00
Maschinenstunden	0,01	0,02	0,004
Maschinenstundensatz	1 800,00	1 900,00	1 400,00
Maschinenkosten	18,00	34,20	5,60
Wartung/Instandhaltung	12,00	14,00	6,00
sonst. Fertigungs-Gemeinkosten	10,00	16,00	8,00
Fertigungskosten	40,00	64,20	19,60
Herstellkosten	60,00	90,20	32,60
Verwaltungskosten (25 %)	15,00	22,55	8,15
Vertriebskosten (18 %)	10,80	16,24	5,87
Selbstkosten	85,80	128,99	46,62

Prozeßkostensätze

Gemeinkosten		Gesamtkosten	Kostenfaktor	Bezugsgröße	Prozeßkostensatz
Qualitätssicherung	DM	540 000	Anzahl Lose	80	6 750,00
Maschinenkosten Produktion	DM	540 000	Prod.-zeit (h)	1 238	436,19
Maschinenkosten Rüsten	DM	110 000	Rüstzeit (h)	412	266,99
Verwaltung	DM	300 000	90 % fix	Herstell-kosten	18 % Herstellkosten-Zuschlag
			10 % Anzahl Produkte	3	10 000,00
Vertrieb	DM	390 500	70 % fix	Herstell-kosten	13 % Herstellkosten-Zuschlag
			30 % Anzahl Produkte	3	39 050,00

Prozeßkostenrechnung

Artikel	BMW	Mercedes	VW
Stückzahl	70 000	40 000	120 000
Lose im Jahr	20	40	20
Material	12,00	16,00	10,00
Qualitätssicherung	1,93	6,75	1,13
Materialkosten	13,93	22,75	11,13
Maschinenstunden produktiv	$7,50 \cdot 10^{-3}$	$1,35 \cdot 10^{-2}$	$3,00 \cdot 10^{-3}$
Maschinenkosten	13,51	25,66	4,20
Rüstzeit (h pro Los)	10	12	4
Rüstkosten pro Stück	0,76	3,20	0,18
Wartung/Instandhaltung	10,00	18,00	4,00
sonst. Fertigungs-Gemeinkosten	12,00	18,00	10,00
Fertigungskosten	46,28	76,88	22,38
Herstellkosten	60,20	99,63	33,51
Verwaltungskosten fix	10,84	17,93	6,03
Vertriebskosten Produkt	0,14	0,25	0,08
Vertrieb fix	7,83	12,95	4,36
Vertrieb Produkt	0,56	0,98	0,33
Selbstkosten	79,57	131,74	44,30

F: Finanzierung

Ü F1: Das Ergebnis zeigt Bild Ü F1.

Ü F2: In Tabelle Ü F2 ist das Ergebnis dargestellt.

Ü F3: Tabelle Ü F3 zeigt das Resultat.

Ü F4: Die Ergebnisse sind in Tabelle Ü F4 zusammengestellt.

Tabelle Ü F 2

konstante Kreditkosten	Kontokorrentkredit	längerfristiger Kredit
Kreditdauer in Monaten	6	6
durchschnittlicher Kreditbetrag in TDM	50 000	71 428,57
durchschnittlicher Zinssatz in %	10,00	7,00
Kreditkosten	2 500	2 500

konstanter Kreditbetrag	Kontokorrentkredit	längerfristiger Kredit
Kreditdauer in Monaten	6	6
durchschnittlicher Kreditbetrag in TDM	50 000	50 000
durchschnittlicher Zinssatz in %	10,00	7,00
Kreditkosten	2 500	1 750

Tabelle Ü F 3

Rechnungsbetrag in DM	50 000
Zahlungsziel in Tagen	40
Skontozeit in Tagen	15
Skontosatz in %	5
Skontobetrag in DM	2 500
Nettobetrag in DM	47 500
Zinsaufwand in %	5,26
Jahreszinsaufwand in %	75,79

Produktionswoche		Woche 1 DM	Woche 2 DM	Woche 3 DM	Woche 4 DM	Woche 5 DM	Woche 6 DM	Woche 7 DM	Woche 8 DM	Woche 9 DM	Woche 10 DM	Woche 11 DM	Woche 12 DM
Auszahlungen	Produktionsprozeß A	20.000	20.000	20.000									
	Produktionsprozeß B			20.000	20.000	20.000							
	Produktionsprozeß C					20.000	20.000	20.000					
	Produktionsprozeß D							20.000	20.000	20.000			
	Summe der Auszahlungen	20.000	20.000	40.000	20.000	40.000	20.000	40.000	20.000	20.000	0	0	0
Einzahlungen	Umsatzerlös aus Produktion A						50.000						
	Umsatzerlös aus Produktion B								50.000				
	Umsatzerlös aus Produktion C										50.000		
	Umsatzerlös aus Produktion D												50.000
	Summe der Einzahlungen	0	0	0	0	0	50.000	0	50.000	0	50.000	0	50.000
Kapitalbedarf	Kapitalbedarf je Woche	20.000	20.000	40.000	20.000	40.000	-30.000	40.000	-30.000	20.000	-50.000	0	-50.000
	Kapitalbedarf kumuliert	20.000	40.000	80.000	100.000	140.000	110.000	150.000	120.000	140.000	90.000	90.000	40.000

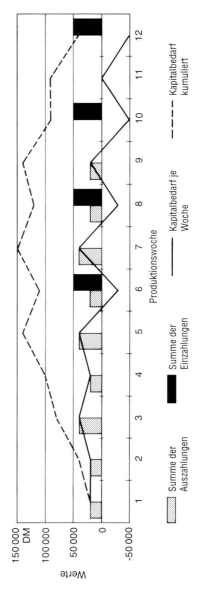

Summe der Auszahlungen
Summe der Einzahlungen
Kapitalbedarf je Woche
Kapitalbedarf kumuliert
Produktionswoche
Werte
150 000 DM
100 000
50 000
0
-50 000

Bild Ü-F-1

681

Tabelle T-21. Lösung zur Übung F 4

Anschaffungswert in DM	500000
Nutzungsdauer in Jahren	5
Jahreseinnahmen in DM	130000

Werte zum Kreditkauf	
Kreditbedarf in DM	500000
Kreditdauer in Jahren	5
Kreditzinsen in %	10,0
Kredittilgung in Jahren	5

Werte zum Leasing	
Grundmietzeit in Jahren	4
Abschlußgebühr in %	10,0
Monatsleasingraten in %	3,0
Verlängerungsmiete pro Jahr in DM	10000

Ausgaben		Anfang	1. Jahr	2. Jahr	3. Jahr	4. Jahr	5. Jahr	Summe
Barverkauf		500000	0	0	0	0	0	500000
Kreditkauf	Zins	0	50000	40000	30000	30000	10000	150000
	Tilgung	0	100000	100000	100000	100000	100000	500000
	Summe	0	150000	140000	130000	120000	110000	650000
Leasing	Abschlußgebühr	0	50000	0	0	0	0	50000
	Leasingrate	0	180000	180000	180000	180000	0	720000
	Verläng.-miete	0	0	0	0	0	10000	10000
	Summe	0	230000	180000	180000	180000	10000	780000
Einnahmen		0	130000	130000	130000	130000	130000	650000
Überschüsse kumuliert								
Barkauf		-500000	-370000	-240000	-110000	20000	150000	
Kreditkauf		0	-20000	-30000	-30000	-20000	0	
Leasing		0	-100000	-150000	-200000	-250000	-130000	

682

G: Investitions- und Wirtschaftlichkeitsrechnung

Ü G1: Dies ist für alle Unternehmen zunehmend wichtig. Vor allem aber bei Unternehmen mit hochqualifiziertem Dienstleistungsangebot (z.B. individuelle Anpassungen von Maschinen) und im direkten Kundenkontakt (z.B. in der Außenmontage).

Ü G2: Kostenvergleich je Periode: Anlage 1: 171000 DM; Anlage 2: 145700 DM. Kostenvergleich je Leistungseinheit: Anlage 1: 1,23 DM je Stück; Anlage 2: 1,62 DM je Stück. Kritische Auslastung: 110000 Stück.

Ü G3: Bei 10%: Kapitalwert: 10236,25; Annuität: 2350,32. Bei 12%: Kapitalwert: −14276,94; Annuität: −3472,52. Interner Zinsfuß: 10,81%.

H: Planung, Steuerung und Controlling

Ü H1: 1. Unternehmensgrundsätze: „Spezialist für umweltbewußte Automobiltechnik".
2. Unternehmensziele:
2.1: Marktanteil: 1995 8%
2.2: Umsatz: 1995 6 Mrd DM; 200000 Fahrzeuge zu 30000 DM
2.3: Wachstum: 15% pro Jahr (10 Jahre lang)
2.4: Ertragsziel: 1. Jahr kein Ertrag, dann 10% Umsatzrendite
2.5: Personalziel: 90% Chinesen; 10% Europäer
2.6: Finanzierungsziel: Joint Venture: 51% Deutschland; 49% China
3. Strategien:
3.1: Produktionsstandort suchen: Kriterien: gut ausgebildete Leute; Erfahrung im Automobilbau; Zulieferindustrie in der Nähe; Zubringer von Schiene und Straße gut; Absatzmarkt in der Nähe.
3.2 Partner suchen
3.3 Schneller Produktionsbeginn
4. Maßnahmen: Bewährte, ältere Modelle bauen.
5. Controlling-Maßnahmen festlegen.

Ü H2: Eine strategische Planung ist für das langfristige Überleben des Unternehmens, und eine operative Planung für das kurzfristige Überleben gedacht. Deshalb ist die strategische Planung mittel- bis langfristig ausgelegt und plant die Erfolgs-Potentiale in den Märkten und im Unternehmen. Die operative Planung ist kurzfristiger Natur und plant monatsgenau die Umsätze, Kosten, Deckungsbeiträge und Erträge.

Ü H3: Auch wenn sich die Marktbedürfnisse schnell ändern ist wichtig, die neuen Marktchancen als einer der ersten zu erkennen und wahrnehmen zu können. Dazu braucht man eine vorausschauende, auf die im Unternehmen und im Markt befindlichen Potentiale beobachtende strategische Planung.

Ü H4: Mit der Corporate Identity (CI) wird ein Unternehmen eine eigene Persönlichkeit: Sie ist unverwechselbar, unvergleichlich und einmalig. Damit hebt sie sich von den vergleichbaren Unternehmen deutlich ab.

Ü H5: Strategische Geschäftseinheiten (SGE) müssen eine im Markt und Wettbewerb klar abgrenzbare Produkt-Markt-Kombinationen sein, mit denen man marktspezifische Strategien anwenden kann, um relative Wettbewerbsvorteile zu erhalten.

Für ein HiFi-Unternehmen wäre denkbar:

CD-Player
Kassettenrecorder für den Heimgebrauch,

Kassettenrecorder und Überspielgeräte für Profis,
Lautsprecher für den Heimgebrauch,
Lautsprecher für Profis,
Lautsprecher für Studios,
Radiogeräte für den Heimgebrauch,
Fernsehgeräte für den Heimgebrauch,
Monitore für Profi-Anwendungen.

Ü H6: Mit der Gap-Analyse werden strategische Lücken sichtbar (z. B. Mangel an technischem Know-how, an speziell ausgebildeten Mitarbeitern oder an Geld). Mit der Szenario-Technik werden der beste und der schlechteste Fall untersucht und alternative Strategien aufgezeigt.

Gap-Analyse für ein Elektroauto: Fehlende Mitarbeiter, fehlende Zulieferer, fehlende Zubringer (Schiene, Straße).
Szenario-Analyse: Bester Fall: Produktionsanlauf wider Erwarten gut (Ertrag bereits in ersten Jahr); Produktionspannen. Anlauf mit Verzögerung, erhebliche Verluste und Imageeinbuße.

Ü H7: Die Erfahrungskurve besagt, daß mit jeder Verdoppelung der Produktionsmenge eine Kostenverminderung um einen bestimmten Prozentsatz verbunden ist. Das Konzept der Erfahrungskurve ist gut für Massenproduktion, bei der hohe Stückzahlen im Massengeschäft zu produzieren sind. Für geringe Stückzahlen z.B. bei Sondermaschinen oder vielen Varianten ist der Effekt der Erfahrungskurve nicht vorhanden. In diesen Fällen müssen andere Methoden zur Kostensenkung angewandt werden.

Ü H8: In einer virtuellen Fabrik arbeitet man mit Partnern zusammen, welche die besten ihrer Klasse sind. Man ist Generalunternehmer und managt sehr komplexe Aufträge mit einer kleinen Kernmannschaft, aber starken Partnern. In China muß man starke Partner finden: Zulieferer, Transportunternehmen, Montagetrupps, Autohändler, Reparaturwerkstätten.

Ü H9: Ausgehend vom Umsatzplan wird der Geschäftsplan erstellt. Er beinhaltet den Personal-, Kosten- und Ertragsplan. Zusammen mit dem Investitionsplan werden der Finanzplan, eine Plan-GuV und eine Plan-Bilanz erstellt. Die zeitliche Abfolge entspricht der genannten Reihenfolge.

Ü H10: Ein Geschäftsplan besteht aus dem Umsatzplan, einem Kosten-, einem Deckungsbeitrags- und einem Ergebnisplan. Alle Pläne sind nach Sparten oder strategischen Geschäftseinheiten (SGE) bzw. nach Produkten gegliedert und monatlich aufgeschlüsselt. Die Planungsunsicherheiten sind: Geldeingang: Erfassen der Zahlungseingänge und Berücksichtigung durch eine entsprechende Statistik.
Warenbestellung: Wenn möglich, Abrufläger einrichten oder Zwischenhändler einschalten.
Auftragserteilung: Planungsrichtigkeit des Vertriebs durch Anreize belohnen. Abschlußsicherheit trainieren.

Ü H11: Controlling bedeutet eine ziel- und engpaßorientierte Steuerung des Unternehmens. Es müssen klare Ziele definiert werden, die als Sollvorgaben dienen. Mit den Istdaten werden sie abgeglichen und die Abweichungen analysiert. Entsprechende Maßnahmen stellen sicher, daß entweder die Ziele erreicht werden oder neue, realistischere Zielvereinbarungen getroffen werden können.

Ü H12: ABC-Analyse: Trennung von Wesentlichem und Unwesentlichem. Kennzahlen-Analyse: Verfolgung der Wirtschaftlichkeit und Produktivität. Portfolio-Analyse: Feststellen der Ausgewogenheit eines Sortimentes. Nutzwert-Analyse: Feststellen von optimalen Lösungen. Stärke-Schwäche-Analyse: Aufdecken von Schwachstellen und Stärken und Abhilfe bei den Schwächen schaffen und die Stärken verstärken. Wertanalyse: Feststellen, wie Funktionen kundengerecht und mit geringen Kosten realisiert werden können.

K: Organisation, Materialwirtschaft und Logistik

Ü K1: Organisation differenziert und koordiniert. Sie macht damit spezialisierte Arbeit möglich und führt sie auch wieder zusammen. Übermäßige Spezialisierung vereinseitigt die Arbeit und erhöht den Koordinierungsaufwand. Der Trend geht deshalb zu geringer Arbeitsteilung und höherer Komplexität in der Organisation.

Ü K2: Da sich stoffliche Leistungsprozesse (Güterströme) wertmäßig in Geld ausdrücken lassen (Geldströme), müssen diese beiden Aspekte in der Organisation auch in gleichen Wertgrößen gegeneinander getauscht werden.

Ü K3: Da eine Organisation die Arbeitsprozesse regelt, die arbeitsteilig in bestimmten Funktionen bzw. Strukturen verlaufen, ist ein dementsprechendes Sozialverhalten unabdingbar. Die Organisation gestaltet somit die sozialen Beziehungen.

Ü K4: Willensbildung wird von der Unternehmensleitung unter Einbeziehung der Mitarbeiter betrieben und setzt zunehmend auf Motivation zur Leistung. Sie ist Bedingung für die Willensdurchsetzung, die in konservativen Führungssystemen oft gegen den Willen der Mitarbeiter erfolgt.

Ü K5: Die Aufbauorganisation umfaßt die Struktur (Gliederung) eines Unternehmens nach arbeitsteiligen Kriterien bzw. Funktionen. Die Ablauforganisation legt die Regeln für die betrieblichen Abläufe fest und organisiert den Prozeß. Ohne Strukturen ist kein Prozeß möglich, aber zu starre Strukturen hemmen den Prozeß.

Ü K6: Ziele der Unternehmenslogistik sind die Optimierung der Material-, Energie- und Informationsflüsse im gesamten Unternehmen. Dabei sind die wichtigsten Ziele: kurze Durchlaufzeiten, termintreue Fertigung und niedrige Bestände.

Ü K7: Einkauf umfaßt nur die materiellen (nicht personellen und finanziellen) Bedingungen der Beschaffung. Die Beschaffung ist daher der umfassendere Oberbegriff.

Ü K8: Beschaffungsprozesse haben zum Ziel, zwischen der Versorgungssicherheit und der Wirtschaftlichkeit ein Optimum zu ermöglichen.

Ü K9: Die häufigsten Analysen sind die Nutzwert- bzw. Profilanalyse zum Beurteilen der Lieferanten sowie die ABC- und XYZ-Analyse zur Beurteilung von Lagerwerten und Beständen.

Ü K10: Folgende Schritte zur Materialbeschaffung sind üblich:
1. Markt- und Wertanalyse,
2. Lieferantenbeurteilung,
3. Verhandlungen,
4. Bestellung.

Ü K11: Durch kürzere Durchlauf- und exakte Lieferzeiten können Bestände und Lagerkapazitäten verringert und Kosten gespart werden.

Ü K12: Es gibt ein Wareneingangslager (Puffer zwischen Markt und Fertigung), ein Zwischenlager in der Fertigung (Puffer zwischen einzelnen Fertigungsstätten) und ein Warenausgangslager (Puffer zwischen Fertigung und Vertrieb).

Ü K13: Die Stufen der Stoffrückführung sind die Weiter- und Wiederverwertung von Altstoffen.

Ü K14: Die wichtigsten Gründe sind: Zunehmende Informationsflut, stärkere Verflechtung der einzelnen Bereiche und Mitarbeiter, große internationale und globale Märkte und die Wichtigkeit von aktueller Information.

L Produktfindung und Produktentwicklung

Ü L1: Die Ursachen für die Neuproduktentwicklung liegen zum einen im technischen Bereich (Erfindungen) und im wirtschaftlichen Bereich (Marktentwicklung). Widerstände ergeben sich durch bürokratische Beschränkungen (langwierige Erprobungsphasen), hohe Qualitäts- und Sicherheitsstandards, einen geringen Innovationsgrad und steigende Aufwendungen.

Ü L2: Produktlebenszyklusanalysen zeigen, in welchem Stadium (Entstehung, Wachstum, Reife, Tod) die Produkte stehen. Je nach Lage ergeben sich bestimmte Umsatz- und Gewinnchancen, die als Grundlage der Sortimentspolitik dienen.

Ü L3: Mit diesen Größen kann man die Produkte in die Phasen des Produktlebenszyklus einordnen oder feststellen, ob sie den Erwartungen gemäß ihrer Stellung im Lebenszyklus gerecht werden.

Ü L4: Technikanalysen offenbaren wesentliche Voraussetzungen der Produktpolitik bezüglich technischer Reife bzw. technischer Alternativen und Trends. Durch die Bestimmung des Produktionsprogramms (was?), der Mengen (wieviel?) und der Termine (wann?) wird der Rahmen der Produktpolitik abgesteckt.

Ü L5: Die Programmgestaltung bestimmt die Möglichkeiten zur Fertigung der Produkte. Deshalb bestimmt sie, welche Produktpolitik das Unternehmen überhaupt verfolgen kann.

Ü L6: Die Programmgestaltung wirkt auf die Produktpolitik durch den Bedarf, die Preise, die Herstellkosten, die Materialbeschaffung und die Fertigungsorganisation.

Ü L7: Der Generationswechsel der Technik ist gekennzeichnet durch die Wirtschaftlichkeit von der Entwicklung über die Konstruktion und Arbeitsvorbereitung bis zur Fertigung, von der Einhaltung hoher Qualitätsstandards der Produkte, der leichten Wartbarkeit während des Einsatzes der Produkte und der Wiederverwendbarkeit oder problemlosen Entsorgbarkeit der Materialien.

Ü L8: Sie erleichtert die Auswahl geeigneter Methoden. Damit kann man für jeden speziellen Fall die am besten geeignete Methode aussuchen.

Ü L9: Die Gruppendiskussion ist durch die persönlichen Kontakte viel anregender und kann deshalb größere Kreativität erzeugen. Zudem ist sie einfacher und überall einsetzbar.

Ü L11: Die Varianten sind kostengünstiger und risikoärmer, weil sie vorhandene Kapazitäten und Vertriebskanäle nutzen.

Ü L12: Gegenstand der Entscheidung ist der Zeitpunkt der Markteinführung, die Auswahl der Märkte und die Marketingstrategien.

Ü L13: Die jeweiligen Gegenstände betreffen verschiedene Märkte, Kundengruppen und Erneuerungsaufwendungen und demzufolge unterschiedliche Innovationsstrategien.

Ü L14: Gegen Markteintrittsbarrieren sind Qualität und Kompatibilität zu fördern, Preise zu senken bzw. Vertriebsnetze auszubauen.

Ü L15: Die Möglichkeiten liegen im schnellen Markteinstieg mit bereits vorhandenen Produkten, so daß sehr schnell Umsatzsteigerungen zu erzielen sind.

Ü L16: Die Wahl der Strategien richten sich zum einen nach den Marktchancen und zum anderen nach den Möglichkeiten (Potentialen) des Unternehmens.

M: Wertanalyse

Ü M1: Die WA und der WA-Tisch für das Beispiel lautet:
Management: Ziel: Zeitschriften müssen innerhalb von 4 Tagen ausgewertet und an einer zentralen Stelle wieder ausliegen.
Verantwortlicher: Konstruktionsleiter.
Aufwand: 3 Tage je WA-Mitglied.
Termin: Innerhalb 2 Monaten.
Methode: Konstruktionsleiter bestimmt das WA-Team. 5 Mitglieder: Assistent der Geschäftsleitung, Einkaufsleiter, Leiter der Arbeitsvorbereitung, Betriebsleiter und Konstruktionsleiter.
Vereinbarung konkreter Termine: Jeden Donnerstag von 16 bis 18 Uhr. Arbeitsplan mit Grundschritten terminieren und im Team verabschieden.
Verhaltensweisen: Aufgabe klar formulieren und visualisieren. Veränderung zielbewußt anstreben.
Umfeld: Wichtigkeit der Auswertung von Informationen. Beachtung der begrenzten Lesezeit der verantwortlichen Mitarbeiter.
Ergebnis der WA: Bestimmten Mitarbeitern werden je eine Zeitschrift zugeordnet. Jeder liest diese für alle anderen und weist entsprechende Kopien für die Mitarbeiter an, von denen er annimmt, daß die Informationen für diesen wichtig wären. Nach 4 Tagen legt er die Zeitschrift wie vereinbart öffentlich aus.

Ü M2: Hauptfunktionen: Licht abgeben, Blenden verhindern.
Nebenfunktionen: Lichtstrahlen bündeln, Fassung zentrieren, Neigung verstellen, Lichtstärke verändern, Halterung ermöglichen.
Unnötige Funktionen: Karosserie zieren, Wärme abgeben.

Ü M3:

Funktion	Ist-Kosten DM	Soll-Kosten DM
Licht abgeben	3,60	1,70
Blenden verhindern	10,80	4,00
Fassung zentrieren	2,20	1,00
Neigung verstellen	6,70	4,20
Lichtstärke verändern	2,50	1,80
Halterung ermöglichen	6,50	3,00
Karosserie zieren	4,60	0,00
Summe	36,90	15,70

Ü M4:

Grundschritt 1. Vorbereitung:
Den WA-Moderator bestimmen (Chef der Buchhaltung). Das WA-Team zusammenstellen (Einkaufsleiter, Konstruktionsleiter, Assistent des kaufmännischen Geschäftsführers, Vertriebsleiter). WA-Projekt planen (Zeitdauer: 3 Monate; Zeitaufwand: je WA-Mitglied 30h; Zeitpunkt: jeden Mittwoch von 10 bis 13 Uhr).

Grundschritt 2. Analyse:
Für säumige Zahler: Wieviele im Monat und Jahr? Saisonale Schwankungen vorhanden? Welche Branchen? Welche Unternehmen (immer dieselben) mit welchen Beträgen. Ursachenforschung: Warum ist die Zahlungsmoral so schlecht? Was kosten die Mahnaktionen?

Grundschritt 3. Soll-Zustand:
Die Außenstände sollen auf 1% des Umsatzes beschränkt werden. Eine Kosteneinsparung von mindestens 180.000 DM (interne Kosten und Zinsaufwand) muß erreicht werden.

Grundschritt 4: Lösungsideen entwickeln:
Kürzere Zahlungsziele, Teilzahlungen ermöglichen, Finanzierungen anbieten, schärfere Schreiben, sofort den Rechtsanwalt einschalten, Forderungen an ein Unternehmen abtreten (Factoring), persönlicher Anruf, durch Geschenke belohnen, Skontobetrag erhöhen.

Grundschritt 5: Lösungen bewerten und festlegen:
Bewertungskriterien: Kosten für das Unternehmen, Chancen für die Wirksamkeit der Maßnahme. Ungewichtete Bewertung.

Maßnahme	Kosten	Chancen
kürzeres Zahlungsziel	gering	gering
Teilzahlung	hoch	mittel
Finanzierung	mittel	mittel
scharf formuliertes Schreiben	gering	mittel
Rechtsanwalt einschalten	hoch	hoch
Factoring	mittel	hoch
persönlicher Anruf	gering	hoch
Belohnen durch Geschenke	gering	mittel
Skonto erhöhen	gering	mittel

Es werden die Maßnahmen ausgewertet, die die geringsten Kosten verursachen und deren Chancen hoch sind. Es wird deshalb festgelegt (unter Einbeziehung von Grundschritt 6: Lösung realisieren und kontrollieren): In einem Pilotprojekt, das 6 Monate dauert, wird die Wirkung ermittelt, die ein persönlicher Anruf erzielt, bei dem einige der erwähnten Maßnahmen angeboten werden können. Falls diese Maßnahme nicht ausreicht, werden für ein Jahr die Forderungen an eine Factoring-Firma abgetreten.

Ü M5: c), f).

Ü M6: Vorschlag:
a) Design, Tischlerei, Kalkulation, Einkauf, Marketing, Kundendienst, Kunde, WA-Moderator.
b) Fertigung, Konstruktion, Kalkulation, Einkauf, Qualitätskontrolle, Montage, Arbeitsvorbereitung, WA-Moderator.
c) Unternehmer, Kundenbetreuer, Kalkulation, Fertigung, technischer Zeichner, WA-Moderator.

Ü M 7:

Nr.	Zuordnung
1	GebrF, HF
2	GebrF, NF
3	GeltF, HF
4	GebrF, HF (NF)
5	GeltF, NF (HF, ggf. UF)
6	GebrF, HF
7	GebrF, NF
8	GebrF, NF
9	GeltF, NF
10	GebrF, NF

Ü M8: Bild Ü M8

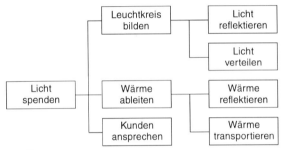

Bild Ü-M 8

Ü M9: c), f).

Ü M10: Lösung 2 (Gesamtnutzwert $N_2 = 87$ und damit höher als N_1 mit 83).

N: Marketing

Ü N1:

Informationen aus den Bereichen	Verantwortliche Abteilung
Trend	Marketing, Vertrieb, Technik, Entwicklung
Kunden	Vertrieb
Wettbewerber	Vertrieb, Entwicklung, Technik
Eigene Potentiale	Personalabteilung, Technik, Entwicklung, Vertrieb

Ü N2: Die Umfeld (Umwelt-)analyse besitzt folgende Systematik:
1. Allgemeine Trends
2. Bevölkerungsentwicklung
3. Politisches Umfeld
4. Rechtliches Umfeld
5. Versicherungen
6. Ölologisches Umfeld
7. Ökonomisches Umfeld
8. Technisches und technologisches Umfeld
9. Wissenschaftliches Umfeld

Ü N3: Befragung mit Fragebögen, Auswertung von Kundendienstberichten, Auswertung von Zeitschriften. Der Fragebogen sollte folgende Bereiche umfassen:
Stand und Entwicklung der Hardware-Plattformen;
Stand und Entwicklung der Software-Angebote
Einsatz von Netzwerk-Software
Bevorzugter Einsatz der CAD/CAM-Lösungen

Aus den Mängeln, die in den Kundendienstberichten stehen, können sofort Verbesserungsmaßnahmen eingeleitet werden. Entwicklungtätigkeiten wird man anstoßen, wenn dies der überwiegende Kundenwunsch ist und im Trend liegt.

Ü N4: Aus dem Schirm-Test und der HDI-Analyse erkennt man die Stärken der Personen (z.B. analytisch, emotional, strukturierend, kreativ, Kämpfertyp, Überzeugungstyp oder Vermittlertyp). In einem Team sollten möglichst Personen mit unterschiedlichem Naturell teilnehmen, damit eine ausgeglichene Atmosphäre herrscht und die Aufgaben positiv erledigt werden können.

Ü N5: Man kann eine Marktsegmentierung nach Branchen (VDMA-Gliederung) vornehmen, oder nach Typen von Anwenderproblemen (z.B. NC-Anbindung oder PPS-Kopplung, Netzwerk-Design und Protokolle).

Ü N6: Wie Tabelle Ü N6 zeigt, werden mit den ersten fünf Kunden 75% des Umsatzes erzielt. Diese Kunden muß man ganz besonders pflegen.

Tabelle Ü N6. Kunden-Umsatz-ABC-Analyse

Kunde	Umsatz	Prozent	Kategorie
Caliz	1 790 000	21,17 %	A
Dorsch	1 300 000	36,54 %	A
Scheurle	1 290 000	51,80 %	A
Fakner	1 060 500	64,34 %	A
Fischer	950 800	75,58 %	A
Binder	679 000	83,61 %	B
Häcker	560 800	90,24 %	B
Schenk	480 500	95,92 %	C
Peterson	345 000	100,00 %	C
Summe	8 457 100	100,00 %	

Ü N7: Die Wettbewerbsanalyse geht in folgenden Schritten vor:
1. Ermitteln der direkten und potentiellen Wettbewerber.
2. Chancen und Gefahren durch die Wettbewerbskräfte (etablierte Konkurrenten, neue Konkurrenten, Lieferanten, Käufer, Substitution).
3. Gefahren durch die potentiellen Wettbewerber.
4. Aussuchen der Kriterien und Bewertung relativ zur Konkurrenz.
5. Auswertung der Wettbewerbsanalyse.
6. Einleiten von Maßnahmen und Abschätzen der Reaktion der Wettbewerber.

Ü N8: Aus der Stärke-Schwäche-Analyse relativ zur Konkurrenz nach Bild Ü N8 sieht man die Vorteile des 3D-Produktes deutlich: Die Vorteile liegen im Wesentlichen im para-

Bild Ü N8. Stärke-Schwäche-Analyse relativ zur Konkurrenz eines CAD/CAM-Herstellers für ein 3D-Produkt

metrischen Konstruieren, in der Schnelligkeit und in der Durchgängigkeit der CAD-Daten zur Fertigung (NC-Übergabe). Ein Nachteil ist, daß nicht alle Hardware-Plattformen unterstützt werden.

Ü N9: Im Marktwachstum-Marktanteil-Portfolio nach Bild Ü N9 ist ersichtlich, daß als Starprodukte das 3D- und das 2D-Produkt sind. Bedenklich sind die zahlreichen Nach-

Nr.	Strategische Geschäftseinheit	Umsatz in Mio. DM	Deckungs-beitrag in % (DB/U) 100	Markt-wachstum in %	Markt-anteil
①	3D-Produkt	17	36 %	21	2,4
②	2D-Produkt	11	17 %	3	1,3
③	Hardware	5	8 %	6	0,2
④	Schulungen	2	70 %	20	0,4
⑤	kundenspezifische Anpassungen	4	64 %	17	0,8
⑥	Wartungsverträge	3	45 %	10	0,2
⑦	Konfiguration	5	30 %	14	0,4
	Summe Umsatz	47			

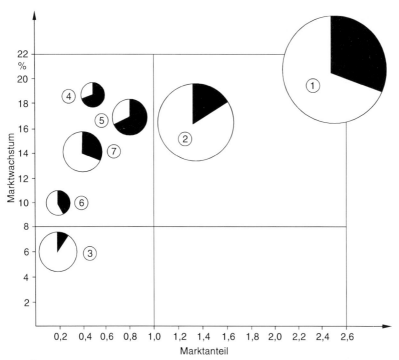

Bild Ü N-9. Marktwachstum-Marktanteil-Portfolio der SGE eines CAD-CAM-Unternehmers

wuchs-Produkte, die viel Geld für ihr Wachstum benötigen. Das einzige Problem-Produkt ist die Hardware. Sie kann aber nicht aus der Produktpalette entfernt werden, da sie zusammen mit Software verkauft wird. Es muß sogar damit gerechnet werden, daß die Deckungsbeiträge in dieser SGE weiter fallen. Um weitere Finanzmittel in das Unternehmen zu bringen, sollte das 2D-Produkt trotz der mächtigen Konkurrenz profitabler verkauft werden. Ausgebaut werden müßten unbedingt der Bereich Schulungen, Wartungsverträge und Konfiguration: Ein deutlicher Umsatzzuwachs und eine Erhöhung des DB/U sind anzustreben.

Ü N10: Die Konzeption für eine permanente Schwachstellenanalyse ist in Tabelle Ü N10 zusammengestellt. Wichtig ist, daß die Umsetzung der Verbesserungen sehr schnell erfolgt und auch die Prämien unmittelbar nach der Umsetzung bezahlt werden.

Ü N11: Das Ergebnis ist in Tabelle Ü N11 zu sehen.

Ü N12: In Tabelle N12 ist der Marketingplan zusammengestellt.

Tabelle Ü N 10. Formblatt für eine Schwachstellenanalyse

Abteilung	Mitarbeiter/ Team	Schwachstelle	Höhe der Verschwendung	Maßnahmen	Zeit in Tagen	Einsparung in DM	Prämie in DM

Tabelle Ü N 11. Marketing-Plan für die SGE

Strategische Geschäftseinheit	Marketing-Mix	Budget
3D-Produkt	zusätzliche Dienstleistungen Anzeigen Messen	500 000 DM
2D-Produkt	Werbung Service Konditionenmix	30 000 DM
Hardware	Konditionen beim Lieferanten verbessern	
Schulungen	Anzeigen, Produktmix (immer mit Software mitverkaufen) Werbung	100 000 DM
kundenspezifische Anpassungen	Anzeige	80 000 DM
Wartungsverträge	Produktmix	40 000 DM
Konfiguration	Werbung, Referenzen Testinstallationen	120 000 DM

Tabelle Ü N 12. Marketingplan für die Öffentlichkeitsarbeit

SGE	Aussage	Medium	Kosten	Zeitpunkt
3D-Produkt	schnell, parametrisch, durchgängig, einfach zu lernen	Fachzeitschrift Fachartikel Broschüren Messemitteilungen	180000 DM	alle 6 Wochen
2D-Produkt	tausendfach bewährt viele Einsatz- bereiche viele Zusatz- programme	Fachzeitschrift Fachartikel	110000 DM	alle 3 Monate
Schulungen	schneller pro- duktiver Einsatz der Software geringe Fehler höchste Qualität	zusammen mit 3D- und 2D- Produkten	30000 DM	bei jedem Softwareverkauf
Anpassungen, Konfigurationen	viel Erfahrung Referenzen sehr gute Partner	Fachzeitschrift Fachartikel	80000 DM	alle 6 Wochen
Wartungsverträge	Sicherheit der Daten neueste Ver- besserungen zusätzlicher Service	zusammen mit 3D- und 2D- Produkten	10000 DM	bei jedem Softwareverkauf

O: Messeplanung

Ü O1: Die Messe ist ein bedeutender Platz der Kommunikation mit den Kunden, den Lieferanten und den Wettbewerbern. Sie dient zur Erhöhung des Image des Unternehmen und zeigt die Kompetenz bei der Befriedigung aktueller Kundenbedürfnisse in diektem Kontakt zu den Kunden.

Ü O2: Die Mitarbeiter müssen geschult werden in folgenden Dingen: Kenntnis der Messeziele: Produktinformationen, bevorzugte Kunden, Anzahl Kundenkontakte (Alt- und Neukunden) je Produktgruppe, Umsatz je Produktgruppe.
Umgang mit dem Kunden: Motivation, gute Schulung, gute und sichere Umgangsformen. Erledigen organisatorischer Arbeiten: Ausfüllen und Pflege der Formulare für Einsatzplan, Anwesenheitsliste, Erreichen der Messeziele und Messekritik (positive und negative). Der Standleiter hat dabei folgende Aufgaben: Verantwortung für die gesamte Messe: Bekanntgabe der Messeziele, der Aktionsschwerpunkte, Einhalten der organisatorischen Belange, Motivation der Standbesatzung.

Ü O3: Messeauftritt am Stand des Herstellers, für den die Steuerung ermittelt wurde. Phasen: Kontakt mit dem Hersteller, Standfläche, Aufbau- und Abbauhilfe, Produktpräsentation, Personal abstimmen, Kosten klären, Informationen austauschen, Nachbearbeitung organisieren.

Ü O4: Auswahl der Messe: Internationale Fachmesse (z. B. CeBIT) mit Stand in der Halle für Kommunikationstechnik. Festlegen der Messeziele. Abstimmung mit Messegesellschaft und mit Messebauer. Planen der Demonstrationen und des Standpersonals. Organisieren der Messedurchführung und der Nacharbeit.

Ü O5: Abschluß des Messetags: Anzahl der Kundenkontakte (Alt- und Neukunden, A-, B- und C-Kunden), Kontaktintensität, getätigter Umsatz und Zielerreichung.

Messe-Nacharbeit: Allen Kunden das angeforderte Informationsmaterial zuschicken und ihnen für den Messebesuch danken. A-Kunden sofort mit Fax informieren und Termine vereinbaren. Messebericht in Fachpresse und in Lokalpresse.

P: Personalführung

Ü P1: Die wirtschaftlichen Ziele sind: Nutzen personeller Potentiale und Verringerung des Personalaufwands; die sozialen Ziele sind: persönliche Entwicklung durch Motivation, Qualifizierung und Mitbestimmung, inhaltsreiche Arbeit und gerechte Vergütung. Die Besonderheiten sind: Die Objekte sind zugleich Subjekte und das Personal ist entscheidender Leistungsfaktor.

Ü P2: Die Personalführung hat folgende Funktionen zu erfüllen: Personalpolitik festlegen, Personalplanung vornehmen und realisieren, Personaleinsatz optimieren.

Ü P3: Aus folgenden Gründen muß die Personalplanung langfristig erfolgen: Lange Zeiten des Erreichens höherer Qualifikation, hoher Aufwand weiterer Technisierung, wirtschaftlicher Wandel und sozialer Anspruch.

Ü P4: Die individuelle Personalplanung umfaßt Stellenbesetzung, Mitarbeitereinarbeitung und -entwicklung sowie Laufbahnplanung, ist auf den einzelnen bezogen. Die kollektive umfaßt Personalbedarfs-, -bestands-, -einsatz- und -veränderungsplanung und ist auf Mitarbeitergruppen oder die Gesamtheit bezogen.

Ü P5: Die elementaren Voraussetzungen eines wirkungsvollen Personaleinsatzes sind:
1. Rationelle Arbeitssysteme
2. Leistungspotentiale, -bereitschaft und -bedingungen und
3. Motivation fördernde Führung.

Ü P6: Die Funktionen eines Personalgespräches sind: Informationsaustausch, Anerkennung und Kritik sowie Bewertung und Beurteilung der Leistung.

Ü P7: Die betriebliche Weiterbildung hat folgende Aufgaben zu erfüllen:
1. Anpassungsfortbildung nach Erfordernissen,
2. Umschulung für neue Berufe bzw. Tätigkeiten und
3. Aufstiegsfortbildung bzw. berufliche Reaktivierung.

Ü P8: Ziele der Personalbeurteilung sind: Entscheidungsgrundlagen zur Personalentwicklung und eine motivierende Personalführung. Die Ansprüche sind:
1. Objektivität,
2. Gültigkeit (aktuell) und
3. Bedingungsgleichheit.

Ü P9: Ziele der Personalbeurteilung sind: Potentiale beurteilen, Leistung bewerten, und Entwicklungsmöglichkeiten einschätzen.

Ü P10: Ein Arbeitssystem ist durch folgende Merkmale gekennzeichnet:
Arbeitsaufgabe,
Mitarbeiter (menschliche Arbeitskraft),
Arbeitsmittel (Betriebsmittel),
Arbeitsplatz,
Arbeitsgegenstand (Werkstoffe),
Arbeitsbedingungen (Organisation) und Arbeitsergebnis.

Ü P11: Bei der Arbeitsgestaltung ist zu bewerten:
1. Ausführbarkeit,
2. Erträglichkeit,
3. Zumutbarkeit und
4. Zufriedenheit.

Ü P12: Die Arbeitsvergütung wird nach folgenden Kriterien geregelt:
1. Leistungsgerechtigkeit,
2. Anforderungsgerechtigkeit,
3. Verhaltensgerechtigkeit und
4. Sozialgerechtigkeit.

Ü P13: Eine moderne Personalführung hat folgende Eigenschaften: Mitarbeiter sind Subjekte und Leistungsfaktoren (und nicht nur Objekte und Kostenfaktoren). Deshalb wird auf die Entwicklung der Leistungsressourcen und die Motivation zu hoher Leistung hingearbeitet. Dazu ist die weitgehend dezentrale Mitarbeiterführung besonders geeignet. Die Personalplanung ist aktiver Teil der Betriebsplanung.

Ü P14: Das neue Verhältnis von Technikentwicklung und Personalführung trägt folgende Kennzeichen: Die Flexibilität geht vom Personal und von der Technik aus. Personelle Einheiten übernehmen neue Technik und die Investitionen umfassen auch die Personalvorbereitung.

Q: Management-Techniken

Ü Q1: Tagesplan Ist:

Tätigkeit	Beginn Uhrzeit	Ende Uhrzeit	Priorität
Ankunft im Büro, Fragen nach Terminen	8.00	8.10	A
Vertriebsbeauftragter, Diskussion über Dienstwagen	8.10	9.00	B
Telefonat mit drei Kunden	9.00	9.30	A
Frage nach Besprechungsunterlagen	9.30	9.35	A
Besprechung über Dienstwagen	9.35	10.00	B
Unterlagen ignoriert	10.00	11.30	B
wichtiger Kunde wartet	11.30		A
Kundengespräch	11.30	12.30	A
Mittagessen mit Kunden	12.30	14.00	A
Anruf eines alten Kunden	14.00	14.40	B
Besuch des alten Kunden	14.40	Schluß	B

Tagesplan Soll:

Tätigkeiten	Beginn Uhrzeit	Ende Uhrzeit	Priorität
Ankunft im Büro, Fragen nach Terminen, Bitten um Herrichten der Unterlagen für die Vertriebsbesprechung um 9.30	8.00	8.15	A
Anruf von sieben Kunden	8.15	9.15	A
Abholen der Besprechungsunterlagen und Kurzvorbereitung	9.15	9.30	A
Vertriebssitzung vorbereitet und straff geführt	9.30	10.50	A
Vorbereitung auf wichtigen Kunden	10.50	11.00	A
Kundenbesuch einschließlich Mittagessen	11.00	13.00	A
Planung für den nächsten Tag	13.00	14.00	A
Kundenanrufe	14.00	15.00	A
Kundenbesuche	15.00	17.00	A

Ü Q2: Was die einen als Eu-Streß empfinden, ist für die anderen ein Dis-Streß.

Ü Q3: Es gibt physikalische, chemische, körperliche, seelische und komplexe Streßfaktoren. Ihre Wirkung hängt von der Vielfalt, der Dauer, der Dosis und vor allem von der Bewertung durch den Menschen ab.

Ü Q4: Kurzfristige Methoden der Streßbewältigung: Ruhe, Bewegung, Atmung, mit Freunden sprechen, Gefühle zeigen, kleine Freuden gönnen und Arbeiten verrichten, die Spaß machen.

Ü Q5: Fitneß ist körperliche und geistige Fitness. Fit halten kann man sich vor allem mit einer positiven Lebenseinstellung und mit einem gesunden Verhältnis aus Bewegung und Ruhe.

Ü Q6: Festlegen des Ziels, Berücksichtigung der Teilnehmer, Gliederung des Themas (Stoff sammeln, komprimieren, visualisieren und die entsprechenden Präsentationsmittel wählen) nach Einleitung (15%), Hauptteil (75%) und Schluß (10%). Die Gliederung kann sinnvollerweise nach der Fünfsatz-Technik erfolgen.

Ü Q7: Präsentationstechniken helfen beim informieren, überzeugen und motivieren. An Medien gibt es: Computer mit Präsentationssoftware, Videos, Dias, Folien, Flip-Charts und Pin-Wände.

Ü Q8: Mit Interesse (Gründe für das Lesen) und mit Konzentration lesen. Selektives Lesen, markieren und Exzerpte herstellen.

R: Projekt-Management

Ü R1: Ein Kundenauftrag ist ein Projekt, wenn es eine einmalige Leistung darstellt, die zeitlich und kostenmäßig begrenzt ist und hohe Risiken aufweist, beispielsweise das Programmieren eines kundenspezifischen Programms.

Ü R2: Es gibt folgende vier Grundformen einer Projektorganisation: Reine Projektorganisation (bei großen Projekten mit hohem Tempo des Projektfortschritts); Einfluß-Projektorganisation (Lösen kleinerer Aufgaben unter geringem Zeitdruck); Matrix-Projektorganisation (große, komplexe Projekte mit Know-how aus vielen Abteilungen mit mäßigem Zeitdruck); Time-Sharing-Projektorganisation (mittlere Projekte mit großem Zeitdruck).

Ü R3: Ein Projektteam hat eine klare Aufgabe innerhalb einer gewissen Zeitspanne und bei gegebenen Kosten zu lösen. Probleme zwischen den Teammitgliedern bestehen am häufigsten in der Kommunikation, bei der Führung des Teams und in der Koordination der Teammitglieder und der Aufgaben.

Ü R4: Ein Projektleiter hat vor allem die Aufgabe zu führen, Entscheidungen zu finden, das Projekt zu planen und zu steuern. Folgende Eigenschaften sind von Vorteil: soziale Fähigkeiten, hohe Belastbarkeit, zielorientiert und entscheidungsfreudig sowie ein reiches Grundwissen an Methodik der Gruppenführung.

Ü R5: a) Planungsprozeß: Zusammenstellen und Strukturieren der Aktivitäten, Personalzuordnung auf die Aktivitäten, Kosten- und Zeitschätzung einschließlich Ausfallsplanung, Festlegen der Methoden und Hilfsmittel zur Planung und Steuerung; b) Zuordnung von Kosten und Terminen auf die Aufgaben: Anforderungen festlegen (1), Pflichtenheft erstellen und verabschieden (2), Lieferanten aussuchen (3), Layout-Planung (4), Fundamente bauen (5), Lager einbauen (6), Lager bestücken (7), Lager testen (8) und Lager in Betrieb nehmen (9). Die Zuordnung der Aufgaben zueinander, ferner der Kosten und Termine zeigt der Projektstrukturplan (Tabelle Ü R5). c) Den zugehörigen Netzplan zeigt Bild Ü R5. d) Als Controlling-Instrumente werden eingesetzt: Kosten-Fortschritts-Kurve, Analyse des Kosten- und Zeitverbrauchs.

Tabelle Ü R 5

Projektstrukturplan		Projekt: Einrichtung eines JIT-Fertigungslagers						
		Planer:		Datum:				
Nr.	Bezeichnung der Aktivität	Vor-gänger	Nach-folger	Mit-arbeiter	Aufwand (Manntage)	Beginn	Ende	Auf-wand (TDM)
1	Anforderungen festlegen	kein	3	4	4	6.6.	10.6.	2
2	Pflichtenheft erstellen	kein	3	4	3	8.6.	13.6.	1,5
3	Lieferanten aussuchen	4, 2	5	2	5	15.6.	4.7.	3
4	Layout planen	1	3	2	2	6.7.	8.7.	2
5	Fundamente bauen	3	6,7	1	1	11.7	22.7.	15
6	Lager einbauen	5	8	1	1	25.7.	29.7.	30
7	Lager bestücken	5	8	3	2	27.7.	2.8.	3
8	Lager testen	8	9	4	4	3.8.	9.8.	1
9	Lager in Betrieb nehmen	8	kein	2	2	10.8.	12.8.	1
	Summe				24			59

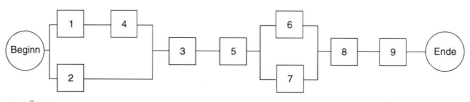

Bild Ü R-5

698

Sachwortverzeichnis

A

ABC-Analyse, 323, 325, 355, 439, 441, 466, 468, 600, 604
Ablauforganisation, 296, 298
Absatzlogistik, 319, 320, 347 ff.
Absatzorganisation, 358 ff.
Absatzplan, 329
Abschlagszahlung, 203
Abschöpfungs-Strategie, 476
Abschreibung, 195, 207, 208, 231, 651
Abschreibungsfinanzierung, 209, 210
Abschreibungsintensität, 110
Abschreibungsquote, 215, 216
Abweichungsanalyse, 284, 285, 492
Abzahlungsgeschäft, 65
AG (Aktiengesellschaft) , 44, 45, 53
AGB (Allgemeine Geschäftsbedingungen) , 65
Agio, 193
AIDA (Attraction, Interest, Desire, Action), 486
Akkreditiv, 202
Aktiva, Bilanz, 98, 100, 101, 652
Aktivitäten-Plan, 601
Aktivtausch, 191
Akzeptkredit, 199
Akzessorietät, 197, 200
Algorithmierung, 382
Allphasensystem, 38
Altersstruktur-Analyse, 368, 467, 538, 469
Amortisationsdauer, 230, 231, 232
Analogie, 377
Analyse, Abweichungs-, 492
– Erfolgsstruktur, 467, 511
– Nutzwert-, 450
– Schwachstellen-, 473
– Stärke-Schwäche-, 449, 451, 563, 564
– Technik-, 369 ff.
– Unternehmens-, 452 ff.
– Wettbewerbs-, 443 ff.
Anforderungsprofil, 285
Angestellter, AT-, 54
– leitender, 54
Anhang, Bilanz, 92, 103
Anlagendeckung, 109
Anlagenintensität, 215
Anlagenkoeffizient, 107
Anlagenlogistik, 320, 343 ff.
Anlagennutzung, 215, 216
Anlagespiegel, 99
Anlagevermögen, 98, 653
Anlagevermögen-Intensität, 107
Annahmeverzug, 51
Annuität, 223, 239, 241
Anreiz, Leistungs-, 557, 558
Anspannungskoeffizient, 215, 216
Anspruch, 70
Anzahlung, 195
Anzahlungsfinanzierung, 202
Arbeit, Personal-, 516, 524
Arbeiter, 54
Arbeitnehmererfindergesetz, 74, 87 ff.
Arbeitsbewertung, 571 ff.
Arbeitsgericht, 55, 60
Arbeitsgestaltung, 569
Arbeitskosten, 575
Arbeitsmarkt, 535, 536, 538
Arbeitsorganisation, 568
Arbeitsplatzbeschreibung, 57
Arbeitsrecht, 54 ff., 56
Arbeitssystem, 566 ff.
Arbeitsteilung, 304, 315
Arbeitsvergütung, 573 ff.
Arbeitsvertragsrecht, 56, 57, 58
Arbeitsvorbereitung, 571
Arbeitszeit, 575, 576, 577, 578
AT-Angestellte, 54
Aufbauorganisation, 296
Aufhebungsvertrag, 59
Auftragsabwicklung, 338
Aufwand, 95, 115, 116
Aufwandschätzung, 632
Aus- und Weiterbildung, 552, 553, 554
Ausgabe, 115, 116
Ausgabenplan, 218
Auslandzahlungsverkehr, 654
Ausschüttung, Gewinn-, 30, 31, 32
Außenfinanzierung, 189, 192 ff., 194
außerordentliches Ergebnis, 95
Austrittsbarriere, 443
Auswahl, Ideen, 383 ff.
Auszahlung, 115, 116
Avalkredit, 199
AWA (Administrative Wertanalyse), 407
Azubi, 54

B

BAB (Betriebsabrechnungsbogen), 121 ff., 124, 125
Bargeldverkehr, 649
Barwert, 237
Bauleistung, 67
Beanspruchung, 567
Bedarfsermittlung, 330 ff.
Bedarfsstruktur, 525
Bedürfnis-Pyramide, Maslow-, 433, 434
Belegvolumen, 650
Bereichsfixkosten, 142, 143
Berichtsgrößen, 655
Berichtswesen, 641
Berufsbild, 1, 2
Beschaffung, Personal-, 521, 530 ff., 539
Beschaffungsart, 322
Beschaffungslogistik, 319, 320, 321 ff.
Beschaffungsorganisation, 326 ff.
Beschaffungsmarketing, 647
Beschaffungsplan, 329

Beschaffungsstrategie, 647
Beschreibung, Arbeitsplatz-, 57
Bestand, 317, 651
– Führung, 653
– Lager-, 353, 357
– Sicherheits-, 333
Bestellkosten, 331, 332
Bestellmenge, optimale, 327, 330, 331, 332
Bestellpunkt, 333, 334
Bestellrechnung, 330 ff.
Bestellung, 326
Bestellverfahren, 329
Bestimmungskauf, 51
Beteiligung, 189, 192, 193, 194, 559
betriebliche Nutzungszeit, 137
betrieblicher Leistungsprozeß, 310
Betriebsabrechnung, 113 ff.
Betriebsergebnis, 95
Betriebsergebniswachstum, 112
Betriebsführung, 9, 308
Betriebslogistik, 320
Betriebsmittelzeit, 328
Betriebsrat, 60
Betriebszweck, 113 ff.
Beurteilung, Lieferanten-, 326
Beurteilung, Personal-, 559 ff., 563
Beurteilungsbogen, 290
Bevölkerungsentwicklung, 427
Bewältigung, Streß-, 607 ff.
Bewerbung, 536
Bewertung, Ideen-, 383 ff.
– Technik-, 2
Bewertungsspinne, 291
Bezugsgröße, 167
Bilanz, 92, 98 ff.
Bilanzanalyse, 104 ff.
Bilanzierung, 22
Bilanzierungshilfe, 652
Bilanzkurs, 108, 215, 217
Bilanzposition, 652
Bilanzregel, goldene, 213
Bilanzverkürzung, 191
Bilanzverlängerung, 191
Brainstorming, 375, 377
Brainwriting, 376
Branche, spezialisiert, 466
– Stillstand, 464
– Wachstums-, 466
– zersplittert, 464
Brancheneinteilung, 440
Branchenwürfel, 254, 255
Branchenzyklus, 255

Break-Even-Analyse, 153 ff.
– -Stückzahl, 157, 158
– -Umsatz, 153, 154, 155
Bruttobedarf, 330
Buchführung, 22
Buchgeld, 646
Bürgschaft, 196, 199

C
Cash-Flow, 109, 215, 217
– -Eigenkapitalrendite, 112
– -Finanzierung, 207
– -Gesamtkapitalrendite, 112
– -Prognoserechnung, 218, 219
– -Wachstum, 112
Cash-In, 268, 270
Cash-Out, 268, 270
Cash-Produkt, 455, 458
CI (Corporate Identity), 246, 247
CIM (Computer Integrated Manufacturing), 317
Controlling, 244 ff., 281 ff.
– Marketing-, 491
– Personal-, 584
– strategische Planung, 262
– Vertriebs-, 291 ff.
cost driver, 167

D
Debitor, 272
Deckungsbeitrag, 139
– Mindest-, 471, 472
– Umsatz, 456, 458, 467, 471
Deckungsbeitrags-Kalkulation, 149 ff.
Deckungsbeitragsplan, 273 ff., 479, 480
Deckungsbeitragsrechnung, 139 ff.
Deckungsbeitragsstruktur, 368, 479, 480
Deckungsgrad, 217
Degenerationsphase, 366
Delegation, 603
Design, 482
Desinvestition, 195, 208
Desinvestitions-Strategie, 476
Desinvestitionsfinanzierung, 211
deterministische Bedarfs-ermittlung, 330
Dezimalsuchmatrizen, 379
Dienstvertrag, 61, 68 ff.
Differenzierung, 443, 464, 475
DIN EN ISO 9000, 346 ff.

Disagio, 220
Diskontkredit, 198
Distributions-Mix, 484 ff.
Disziplin, Management-, 11
Diversifikation, Produkt-, 386, 387
Dividende, 220
Dringlichkeits-Wichtigkeits-Portfolio, 602
Durchlaufzeit, 317
Durchschnittskosten, 116
dynamischer Verschuldungs-grad, 109

E
Effektivzins, 220
Eigenfinanzierung, 190, 191
Eigenkapital, 98
Eigenkapitalquote, 108, 112
Eigenkapitalrentabilität, 110
Eigenkapitalumschlag, 108
Eigentumsvorbehalt, 65, 196, 197
Einarbeitung, 527
Einfluß-Projektorganisation, 624
Einführung, Produkt-, 393
Einführungsphase, 366
Einkauf, 321 ff.
Einkaufsplan, 263
Einkaufspolitik, 355
Einkaufsvertrag, 646
Einkommensteuer, 16 ff.
Einkünfte, Gewerbebetrieb, 17, 19
– Gewinn-, 21
– selbständige Arbeit, 19
– Welt-, 17
Einkunftsart, 17
Einkunftserzielung, 24
Einlage, 189
Einnahme, 115, 116
Einnahme-Überschuß-Rechnung, 22
Einnahmenplan, 218
Einspruchsverfahren, 77
Eintragungsverfahren, 83
Eintrittsbarriere, 448
Einwand, 614
Einzelkosten, 116
EKS (Energokybernetisches System), 378
Eliminierung, Produkt-, 386
Emittent, 201
Endwert, 237
Entschuldung, 217

Entwicklung, Bevölkerungs-, 427
- Personal-, 521, 542 ff.
- Produkt-, 363 ff., 388 ff.
- Strategie-, 14
- Technologie-, 1, 3, 369 ff.
Erfahrungskurve, 260
erfinderische Tätigkeit, 77
Erfindungshöhe, 77
Erfolg, 22
Erfolgsanalyse, 510
Erfolgsbeteiligung, 559
Erfolgsfaktor, 475
Erfolgsplanung, 247
Erfolgspotential, 249
Erfolgsstruktur-Analyse, 467
Erfüllungsgrad, 402
Ergebnis, 95
Ergebnisplan, 144, 145, 262, 263, 273 ff.
Ergonomie, 567
Erlös, 95
Ermittlung, Kapitalbedarf, 188
Ernte-Feld, 459
- -Strategie, 476
Ertrag, 95, 115, 116, 139
- Gewerbe-, 34
Ertragskraft, 107
Erzeugnisfixkosten, 142, 143
Erzeugnisgruppenfixkosten, 142, 143
Erzeugnisse, unfertige, 101
EWA (Energie-Wertanalyse), 407
exponentielle Glättung, 249, 254, 330

F
Factoring, 191
Factoringkredit, 200
Fähigkeitsmerkmal, 546
Fakturierung, 648
FAST (Funktionen Analyse System Technik), 407
Fehler, 72
Fertigungs-Segmentierung, 337, 339 ff.
Fertigungssteuerung, 343 ff.
Fertigungszelle, 340
FGK (Fertigungsgemein-kosten-Zuschlagssatz), 122, 130
Finanzanalyse, 211 ff.
Finanzbudget, 220
Finanzergebnis, 95
finanzielles Gleichgewicht, 186

Finanzierung, 184 ff.
Finanzierungsart, 187, 188
Finanzierungsdauer, 215
Finanzierungsform, 187
Finanzierungsquote, 108
Finanzierungsregel, 213, 214
Finanzkreislauf, 186
Finanzlage, 107
Finanzmarkt, 185
Finanzmittelbedarf, 187
Finanzmittelbeschaffung, 187
Finanzplan, 268, 273, 218 ff.
Finanzstrom, 322
Finanzstrukturkennzahlen, 213, 215
Fischgräten-Diagramm, 593, 594
Fitneß, 608
fixe Kosten, 116, 139, 142
Fixhandelskauf, 50
FKO (Funktions-Kosten-Optimierung), 407
Flexibilisierung, 519, 520
Fokusobjektmethode, 377
Forfaitierung, 202
Fragebogen, Personal-, 57
Fragmentierung, Markt-, 426
fraktale Fabrik, 337, 339 ff.
Franchising, 191, 206, 207
freier Mitarbeiter, 54
Freisetzung, Personal-, 521, 534
Fremdfinanzierung, 190,191
Fremdkapital, 98
Fremdkapitalquote, 108
Fremdleistung, 143
Fristenkongruenz, 213
Führung, Personal-, 515 ff., 578 ff.
Führungsfunktion, 6
Führungsgrundlagen, 581
Führungsstil, 313, 581, 582
Fünfsatz-Technik, 611
Funktion, 399 ff.
- Führungs-, 6
- Management-, 7
funktionale Organisation, 301, 302, 303
Funktionen, harte, weiche, 162
Funktionenkosten, 410, 411
Funktionsbeschreibung, 400
Fürsorgepflicht, 58
FWA (Funktions-Wert-analyse), 407

G
GANA (Gemeinkosten-Auf-wand-Nutzen-Analyse), 407
Gap, 255, 256
GbR (Gesellschaft bürger-lichen Rechts), 44, 45, 51
Gebrauchsfunktion, 400
Gebrauchsmuster, 74, 75, 79 ff.
Gebrauchswert, 437
Gehilfe, Handlungs-, 49
geldwerter Vorteil, 26
Geltungsfunktion, 400
Geltungswert, 437
Gemeindesteuer, 32
Gemeinkosten, 116, 132
Gemeinkosten-Zuschlagssatz, 129
Genossenschaft, 44, 45
Gericht, Arbeits-, 60
geringe Transportkosten, 328
Gesamtkapitalrentabilität, 110
Geschäftsplan, 262, 263, 264, 266, 273 ff., 479
Geschmacksmuster, 74, 75, 85 ff.
Gesellschaftsrecht, 44 ff.
gespaltener Steuersatz, 28
Gespräch, Personal-, 545, 547, 549, 550
Gestaltung, Wert-, 397
Gewährleistung, 63
Gewährleistungshaftung, 70
Gewerbebetrieb, Einkünfte, 17, 19
Gewerbeertrag, 34
Gewerbekapital, 34
Gewerbesteuer, 32, 33, 35
Gewerbeverlust, 36
gewerblicher Rechtsschutz, 73 ff.
Gewinn, Total-, 24
Gewinnausschüttung, 30, 31, 32
Gewinnbeitrag (G/U), 152
Gewinneinkünfte, 21
Gewinnschwellen-Analyse, 153 ff.
Gewinnspanne, 110
Gewinnthesaurierung, 191, 193, 195, 207, 208
Gewinnvergleichsrechnung, 230, 232
Gleichgewicht, finanzielles, 186
gleitender Mittelwert, 249, 252, 330

GmbH & Co KG, 52
GmbH (Gesellschaft mit
   beschränkter Haftung) , 44,
   45, 53
GmbH-Geschäftsführer,
   Einkommen, 25
goldene Bilanzregel, 213
– Finanzierungsregel, 214
Grenzkosten, 116
Grundkosten, 119
Grundschuld, 197
Gründungsfinanzierung, 193
Gruppenarbeit, 328, 336, 340,
   519
GSE (Gemeinkosten-Systems-
   Engineering), 407
GuV (Gewinn- und Verlust-
   rechnung), 93 ff., 96
GuV, Plan-, 287
GWA (Gemeinkosten-
   Wertanalyse), 407
GWS (Gemeinkosten-
   Frühwarnsystem), 407

H
Haftung, 69, 70
– Gewährleistungs-, 70
– Produkt-, 70 ff.
– Rechtsschein-, 48
– Verkäufer, 62, 66, 67
– Verschuldens-, 72
Handelsgeschäft, 49, 50
Handelsrecht, 44 ff.
Handelsregister, 47
Handelsspanne, 139
Handelsvertreter, 49
Handlungsgehilfe, 49
Handlungsvollmacht, 48
Hauptfunktion, 400
Hauptkostenstellen, 121
Haustürvertrag, 65
HDI (Hirm-Dominanz-
   Instrument), 435, 436
Hebesatz, 33
Hersteller, 73
Herstellkosten, 116
Heuristik, systematische, 379,
   381
Hinzurechnung, 35
Holpflicht, 342
Hypothek, 197
Hypothekarkredit, 201

I
Ideenauswahl, 383 ff.
Ideenbewertung, 383 ff.
Ideenfindung, 374 ff.

Ideensuche, 371 ff.
immaterielles Vermögen, 98
Individualisierung, 519, 520
Informationsfluß, 317, 318
Informationslogistik, 320
Innenfinanzierung, 189, 191,
   207 ff.
Innenfinanzierungsgrad, 109
innerbetriebliche Leistungs-
   verrechnung, 120
Innovation, 365, 374, 386 ff.,
   473, 477, 478
Intensität, Anlage-, Umlauf-,
   Vorrats-, 107
interner Zinsfuß, 239, 240
Investition, 186
Investitions-Strategie, 476
Investitionsdeckung, 215
Investitionsfähigkeit, 217
Investitionsgut, 437
Investitionsplan, 262, 263
Investitionspolitik, 215
Investitionsquote, 215, 216
Investitionsrechnung, dyna-
   misch, 235
Investitionsrechnung, statisch,
   228 ff.
Investitionsstruktur, 215
Ishikawa-Diagramm, 593, 594

J
Jahresabschluß, 92, 93 ff.
Jahresfehlbetrag, 95
Jahresüberschuß, 95
Jahreswert, 237
JiT (Just in Time), 317, 325,
   648

K
KAIZEN, 594
Kalkulation, 121, 131 ff.
Kalkulation, Deckungs-
   beiträge, 149 ff.
– Handel, 137 ff.
Kalkulationsaufschlag, 137
Kalkulationsplan, 263
kalkulatorische Abschreibung,
   119, 123, 128
– Kosten, 119
– Miete, 119
– Wagnisse, 119, 123
– Zinsen, 119, 123, 128
Kanban, 342
Kapazitätsauslastung, 210,
   219
Kapital, 98
Kapital, Gewerbe-, 34

Kapital- und Finanzplan, 263,
   273 ff.
Kapitalabfluß, 185
Kapitalbedarf, Ermittlung,
   188
Kapitalbeschaffung, 185
Kapitalbindung, 188, 317
Kapitalbindungsplanung, 218
Kapitalflußrechnung, 215
Kapitalfreisetzung, 185, 210
Kapitalgesellschaft, 28, 29
Kapitalmittel, 188
Kapitalrückfluß, 185
Kapitalsammelstelle, 201
Kapitalstrom, 185
Kapitalstruktur, 106, 188
Kapitalstrukturrisiko, 223
Kapitalumschlag, 111
Kapitalverwendung, 185
Kapitalwachstumselastizität,
   112
Kapitalwert, 235, 238
Katalogmethode, 378
Käufermarkt, 350
Käufertypen, 426
Kaufmann, 46, 47
Kaufsache, Mangel, 62
Kaufvertrag, 61 ff.
Kennzahlen, Bilanz-, 104 ff.
Kennzahlen, Finanzstruktur-,
   213
Keynessches Wirtschafts-
   system, 8
KG (Kommanditgesellschaft) ,
   44, 45, 52
KGaA (Kommanditgesell-
   schaft auf Aktien) , 44, 45
Knoten, 639
Kommunikation, 611
Kommunikations-Mix, 485
Kompetenz, 496
Konditionen-Mix, 483
Kongruenz, Fristen, 213
Konkurrenz, 420, 421
Konkurrenzanalyse, 443 ff.
Konstruktionssystematik, 378
Konsumgut, 437
Kontakt, Wissenschaft, 495
Kontenklasse, 117, 118
Kontoführung, 651
Kontokorrentkredit, 198 ff.
Kontrahierungs-Mix, 489
Kontrollfragen, 376, 377
Konzentration, 464, 465
Konzentrationsgrad, 254
Konzentrationskurve, 600
Konzept, Management-, 7

Konzeption, Marketing-, 420, 475
Körperschaftsteuer, 28
Körpersprache, 612
Korrespondenz, 618
Kosten, 113 ff.
Kosten, Funktionen-, 410, 411
Kosten, Messe-, 497, 505, 506
Kosten, Personal-, 573 ff.
Kosten-Zeit-Übersicht, 491
Kostenart, 117, 118, 653
Kostenartenrechnung, 115 ff.
Kostenplan, 144, 145, 633, 634
Kostenrechnung, 113 ff., 653
Kostensenkung, 157, 165, 646
Kostenstelle, 120, 653
Kostenstellenfixkosten, 142, 143
Kostenstellenrechnung, 121 ff.
Kostenträger-Zeitrechnung, 131, 132
Kostenträgerrechnung 121
Kostenvergleichsrechnung, 228, 229, 230
Kostenverteilung, 126, 127
Kräfte, Wettbewerbs-, 443, 444
Kreativitätsmethodik, 376 ff.
Kredit, 191, 194
Kreditdauer, 216
Kreditmittelsicherung, 196 ff.
Kreditor, 272
Kreditprüfung, 195
Kreditrahmen, 198
Kreislauf, Stoff-, 352
kritischer Weg, 638
Kunden-Deckungsbeitrags-rechnung, 147 ff.
Kunden-Umsatz-ABC-Analyse, 441
Kundenbericht, 511
Kundenbindung, 442
Kundendienst, 394
Kundenkontakt, 495
Kundenwunsch, 420, 421, 432 ff.
Kundenziel, 107, 216
Kündigung, 59, 60
Kürzungen, 36
KVP (Kontinuierlicher Ver-besserungsprozeß), 473

L
Ladengeschäft, 49
Lagebericht zur Bilanz, 92, 104
Lagerart, 351, 352
Lagerbestand, 353, 357

Lagerkosten, 332
Lagerlogistik, 320, 334 ff.
Lagersteuerung, 353 ff.
Lagerumschlagshäufigkeit, 353, 356
Lagerwirtschaft, 346, 349 ff.
Laufbahnplanung, 529
Laufzeit, 190, 335
lean production, 335, 339
Leasing, 191, 195, 203 ff.
– Personal-, 541
Lebenszyklus, 258, 365, 454, 590
Leistung, 113 ff.
Leistungen, unfertige, 101
Leistungsanreiz, 557, 558
Leistungskurve, 597, 598
Leistungspotential, 544
Leistungsprozeß, betrieblicher, 310
Leistungsverrechnung, inner-betriebliche, 120
leitende Angestellte, 54
Leittechnik, 343
Lesetechnik, 617 ff.
Leverage-Effekt, 223, 224
Liebhaberei, 24
Lieferanten-Kunden-Ver-hältnis, 244
Lieferantenbeurteilung, 326
Lieferantenbeziehung, 647
Lieferantenkontakt, 495
Lieferantenstruktur, 647
Lieferantenziel, 108
Lieferbeziehung, 346
Lieferkosten, 648
Liegezeit, 317
lineare Regression, 249, 252
Linienorganisation, 301, 302, 303
Liquidität, 109, 186, 215, 217, 228
Liquiditätsplanung, 220, 221
LIS (Logistische Informations-Systeme), 317
Lizenz, 86
Logistik, 315 ff., 345, 484, 485
Logistiksystem, 319 ff.
Lohnformen, 574
Lohngruppe, 571
Lohnsteuer, 16, 25 ff.
Lombardkredit, 200
Losgröße, 343

M
Mahnwesen, 651
make or buy, 654

Management, strategisches, 13
– -by-Techniken, 591, 592
– -Stilfaktoren, 589
– -Techniken, 589 ff.
Managementdisziplin, 11
Managementfunktion, 7, 314
Managementkonzept, 7
Manager-Typen, 589, 591
Mangel, Kaufsache, 62, 63
Mangel, Sach-, 70
Mangel, Werk-, 66
Mantel, 201
Marketing, 360, 420 ff.
– Controlling, 491
– Personal-, 584
– -Konzeption, 420, 473, 475
– -Logistik, 484, 485
– -Mix, 481 ff.
– -Planung, 261
Marketingkosten, 146
Markt, 306, 307
Marktanalyse, 326
Marktanteil, relativer, 457
Marktattraktivität-Produkt-stärke-Portfolio, 459 ff.
Marktbedürfnis, 432 ff.
Marktsegmentierung, 426, 438 ff.
Markttest, 391
Markttyp, 350
Marktwachstum-Marktanteil-Portfolio, 454 ff.
Marktziel, 348, 477
Marktfragmentierung, 426
Maschinenauslastung, 317
Maschinenlaufzeit, 134
Maschinenstundensatzrech-nung, 134 ff., 234, 235
Maslow-Bedürfnis-Pyramide, 433, 434
Materialfluß, 317, 318
Materialflußoptimierung, 347, 349
Materialintensität, 110
Materialwirtschaft, 322 ff.
Matrix-Organisation, 301, 302, 303, 360
Medieneinsatz, 616
mehrstufige Deckungs-beitragsrechnung, 142 ff.
Meldebestand, 333, 334
Menschenbild, 562, 563
Menschenkenntnis, 432, 516, 595 ff.
Merkmal, Fähigkeits-, 547
Merkmal, Persönlichkeits-, 547
Messebesucher, 496

Messekosten, 497, 506, 507
Messeplanung, 494 ff.
Methode 634, 376, 377
MGK (Materialgemeinkosten-
    Zuschlagssatz), 122, 130
Miet- und Pachtzinsen, 36
Minderung, 63, 67, 70
Minderung, Kaufpreis-, 71
Mindest-Deckungsbeitrag,
    471, 472
Mindeststückzahl, 157, 158
Mindestumsatz, 154, 155, 156
minimale Bestände, 327
Mitarbeiter, 518 ff.
Mitarbeitergespräch, 614
Mitbestimmung, 522
Mittelherkunft, 186
Mittelverwendung, 186, 187
Modulbauweise, 336, 339
Monopol, 350
morphologischer Kasten, 379,
    380
Motivation, 557, 558
MTM (Methods Time
    Measurement), 316
Multimomentaufnahme, 316

N
Nachbesserung, 67, 71
Nachkalkulation, 131, 512
Nachlaß, 484
Nachlieferung, 71
Nachwuchs-Produkt, 455,
    457
Nebenfunktion, 400
Nebenkostenstellen, 121
Netto-Umsatz, 139
Nettobedarf, 330
Neuerung, technische, 371 ff.
Neuheitsgrad, 76, 386, 387
Neuproduktentwicklung, 363
Neuproduktplanung, 388 ff.
Neuproduktplazierung, 390 ff.
nichttechnisches Schutzrecht,
    74
Nominalzins, 220
Normalstrategie, 456, 462
Normstrategie, 258
NPT (Netzplantechnik), 636 ff.
Nutzungszeit, 137
Nutzwert-Analyse, 450

O
Obligationär, 201
Obligationen, 201
Offensiv-Strategie, 476

öffentliche Unternehmen, 44,
    45
Öffentlichkeitsarbeit, 485, 504
OHG (Offene Handelsgesell-
    schaft) , 44, 45, 51
Ökologie, 311, 363
ökologisches Umfeld, 429,
    430
ökonomisches Umfeld, 429,
    430
Oligopol, 350
One-to-One-Rule, 214
operative Planung, 262 ff.
optimale Bestellmenge, 327,
    330, 331, 332
Organisation, 296 ff.
Organisation, Beschaffungs-,
    326 ff.
Organisation, logistische,
    317
OVA (Overhead Value
    Analysis), 407
OWA (Organisations-Wert-
    analyse), 407

P
Pareto-Prinzip, 599
Passiva, Bilanz, 98, 101, 102,
    103, 652
Passivtausch, 191
Patent, 74, 75, 76 ff., 374
Pensionsrückstellung, 210
Personal-Controlling, 285 ff.,
    584
Personal-Marketing, 583
Personalarbeit, 516, 523
Personalauswahl, 543
Personalbedarf, 526
Personalbeschaffung, 521, 530
    ff., 539
Personalbeurteilung, 559 ff.
Personalentwicklung, 521,
    542 ff., 579
Personalfragebogen, 57
Personalfreisetzung, 521, 534
Personalführung, 515 ff.,
    578 ff.
Personalgespräch, 545, 548,
    549, 550
Personalintensität, 110
Personalkosten, 146, 573 ff.,
    653
Personalleasing, 541
Personalplan, 269, 277 ff.,
    521, 524, 528
Personalpolitik, 516
Personalqualifikation, 552

Personalsicherheit, 196
Personalwesen, 516
Personalwirtschaft, 516
Persönlichkeitsmerkmal, 546
Pfeil, 638
Pflicht, Fürsorge-, 58
Pflicht, Treue-, 58
Pflicht, Verkehrssicherungs-,
    72
Plan, Absatz-, 329
 − Aktivitäten-, 601
 − Ausgaben-, 218
 − Beschaffungs-, 329
 − Deckungsbeitrags-, 273 ff.
 − Einkaufs-, 263
 − Einnahmen-, 218
 − Ergebnis-, 144, 145
 − Ergebnis-, 262, 263, 273 ff.
 − Finanz-, 268, 273
 − Geschäfts-, 262, 263, 264,
    266, 273 ff., 479
 − Investitions-, 262, 263
 − Kalkulations-, 263
 − Kapital- und Finanz-, 263,
    273 ff.
 − Kosten-, 144, 145, 634, 635
 − Liquiditäts-, 220, 221
 − Personal-, 269, 277 ff., 521,
    524, 528
 − Produktions-, 329
 − Termin-, 635
 − Umsatz-, 262, 263, 266,
    273 ff., 479
 − -GuV, 287
Planung, 244 ff.
 − Erfolgs-, 247
 − Marketing-, 260
 − Messe-, 494 ff.
 − operative, 262 ff.
 − strategische, 247, 250
 − Wert-, 397
Planungsgrundsätze, 246
Plazierung, 390 ff.
Politik, Personal-, 516
Politik, Wirtschafts-, 6
politisches Umfeld, 427
Polypol, 350
Portfolio, Dringlichkeits-
    Wichtigkeits-, 602
Portfolio-Analyse, 258, 453 ff.
POSDCORB, 313, 314
positive Vertragsverletzung, 71
Potential, 321
PPS (Produktions-Planungs-
    und Steuerungssystem),
    317
PR (Public Relation), 485

PRA (Produktivitätsanalyse), 407
Präsentationstechnik, 614 ff.
Preis-Leistungsverhältnis, 483
Preisfindung, 483
preislicher Spielraum, 149, 150, 151
Preisliste, 646
Preisuntergrenze, 149
Preisverhandlungen, 646
Primärbedarf, 330
Priorität, 602
Privatrecht, 54
Pro-Kopf-Leistung, 112
Pro-Kopf-Umsatz, 112
Probezeit, 59
Problem-Produkt, 455, 458
Problemlösungsbaum, 378
Produkt-Markt-Kombination, 257
Produkt-Mix, 481
Produktanalyse, 365 ff.
Produktdiversifikation, 386
Produkteinführung, 393
Produkteliminierung, 386
Produktentwicklung, 363 ff., 388 ff.
Produktfindung, 363 ff.
Produkthaftung, 70 ff.
Produktidee, 372
Produktions-Segmentierung, 340, 341
Produktionsfaktor, 113, 309, 314, 342
Produktionslogistik, 319, 320, 334 ff.
Produktionsplan, 329
Produktionsprogramm, 368, 370
Produktivität, 307, 308
Produktlebenszyklus, 365, 366, 367
Produktpolitik, 363, 364, 386 ff.
Produktvariation, 386
Profil, Wertvorstellungs-, 10
Prognose, 13, 250, 251, 330
Programmbereinigung, 386
Programmpolitik, 368, 370 ff.
Projekt-Management, 620 ff.
– -Matrixorganisation, 624, 625, 626
– -Organisation, 623 ff.
Projektbüro, 627
Projektleiter, 627
Projektplanung, 629 ff.
Projektsteuerung, 640 ff.

Projekttagebuch, 641
Projektteam, 627, 628
Prokura, 48
Provision, 146
Prozeß, betrieblicher Leistungs-, 310
– technologischer, 312
Prozeßkostenrechnung, 166 ff.
Prüfung, Patent-, 77
Psycho-Hygiene, 608
Pufferzeit, 602, 638

Q
Qualifikation, 552
Qualität, 69 ff.
Qualitätssicherung, 346 ff.

R
Rabatt, 132, 484
Rangreihe, 571
Ratenkredit, 200
Rationalisierung, 195, 208
Rationalisierungsfinanzierung, 211
Realsicherheit, 196
Rechnungsabgrenzung, 103
Rechnungsprüfung, 651
Rechnungswesen, 92 ff.
Recht, 44 ff.
– Arbeits-, 54 ff.,
– Gesellschaft-, 44 ff.
– Handels-, 44 ff.
– Privat-, 54
– Richter-, 55
– Schutz-, 73
– Vertrags-, 61 ff.
– Wettbewerbs-, 74
rechtliches Umfeld, 429
Rechtsform, 44
Rechtspfand, 197
Rechtsscheinhaftung, 48
Rechtsschutz, gewerblicher, 73 ff.
Recycling, 352, 353
Rede, 609 ff.
Rediskontkredit, 199
REFA-Zeitschema, 572
Reifephase, 366
Reinvestitionen, 191
relativer Marktanteil, 457
relativer Wettbewerbsvorteil, 451
Relaunching, 367
Relevanzbaum, 379
Rembourskredit, 201
Rentabilität, 110, 228
Rentabilitätsrechnung, 233, 234

Renten, 36
Reserven, stille, 189
Response-Marketing, 487
Ressourcen, 473, 474
Rhetorik, 609 ff.
Richterrecht, 55
Risiko, 228
Risikosicherung, 188
ROI, 110, 111
Rückfluß, 231
Rückgangsphase, 366
Rücklage, 189, 191, 195, 208
Rücklagenquote, 108
Rückstellung, 103, 195, 651
Rückstellungsfinanzierung, 208
Rückstellungsquote, 108
Rücktritt, 51
Rücktrittsrecht, 50
Rügepflicht, 50
Rundungsrechnung, 652
Rüstzeit, 335, 338

S
Sachmangel, 70
Sachpatent, 76
Saisonmodell, 330
Schaden, 69
Schadensersatz, 63, 67
Schadensfall, 72
Schirm-Test, 433, 434, 435
schlanke Produktion, 335, 339
Schnellesen, 616 ff.
Schuldscheindarlehen, 200
Schuldverschreibung, 201
Schütt-aus-hol-zurück-Politik, 193
Schutzbestimmung, 55
Schutzrecht, 73
Schwachstellen-Analyse, 473
SE (Simultaneous Engineering), 334, 335, 337
Segmentierung, 337, 339 ff.
Segmentierung, Markt-, 426, 438 ff.
Sekundärbedarf, 330
sekundäre Kosten, 120
selbständige Arbeit, Einkünfte, 19
Selbstfinanzierung, 208, 209
Selbstfinanzierungsgrad, 108
Selbstkosten, 116
Selektieren-Feld, 459
Selektions-Strategie, 476
Sensitivitätsanalyse, 241
SGE (strategische Geschäftseinheiten), 257, 339, 452 ff.

Sicherheitsbestand, 333
Sicherung, Kredit, Personal-,
Sach-, 196
Sicherung, Unternehmen-, 247
Sicherungsübereignung, 196,
197
Skonto, 132, 198
Soll-Anforderungsprofil, 285
– -Deckungsbeitrag, 149, 151
– -Ist-Vergleich, 284
Sondereinzelkosten, 116
Sonderposten mit Rücklage-
anteil, 101
Sortenschutz, 74
Sortimentsbereinigung, 358
Sortimentspolitik, 368, 370 ff.
soziales System, 312, 313
spezialisierte Branche, 466
Stablinien-Organisation, 301,
302, 303
stagnierende Branche, 464
Stammaktie, 193
Standardisierung, 464, 475
Standortsicherungsgesetz, 17
Star-Produkt, 455, 457
Stärke-Schwäche-Analyse,
258, 289, 449, 451, 563,
564
Stellenbeschreibung, 528, 540
Steuer, 16 ff.
– Einkommen-, 16
– Gemeinde-, 32
– Gewerbe-, 32, 33, 35
– Körperschaft-, 28
– Lohn-, 16, 25 ff.
– Umsatz-, 37 ff.
– Vermögen-, 41 ff.
Steuerklasse, 27
Steuersatz, gespaltener, 28
Steuerung, 244 ff.
Steuerung, Werkstatt-, 342
stille Gesellschaft, 52
stille Reserven, 189
stochastische Bedarfs-
ermittlung, 330
Stoffkreislauf, 352
Strategie, 473, 476
– Unternehmens-, 12
Strategieentwicklung, 14
strategische Karte, 446, 447
– Lücke, 255, 256
– Planung, 247, 250
strategisches Management, 13
Streß, 604 ff.
Streßbewältigung, 607 ff.
Struktogramm, 433, 434, 435
Strukturplan, 631

Stundensatz, 122
Subvention, 191, 194
Synektik, 378
System, Arbeits-, 566 ff.
System, Logistik-, 319 ff.
systematische Heuristik, 379,
381
Systeme, Zeitmessungs-, 316
Szenario-Technik, 256

T
Tagebuch, Projekt-, 641
Tagesplan, 601
Tagesstörkurve, 598
Target Costing, 158 ff.
Tarifabschlag, 17
Tarifvertrag, 56
Task Force, 624
Tätigkeits-Analyse, 167
Team-Management, 629
Technikanalyse, 369 ff.
Technikbewertung, 2
Technikgeneration, 369 ff.
technische Neuerung, 371 ff.
technisches Schutzrecht, 74
– Umfeld, 431
Technologieentwicklung, 1, 3,
369 ff.
technologischer Prozeß, 312
Terminplan, 635
Tertiärbedarf, 330
Test, Markt-, 391
Testverfahren, 548
Thesaurierung, 28
Tilgungsformen, 220
Tilgungsrate, 220
Time-Sharing-Projekt-
organisation, 625
Totalgewinn, 24
Transaktion, 650
Transport, 318
Transportlogistik, 320
Trend, 420, 421, 422 ff.
Trend-, Saison-Verlauf, 251
Trendmodell, 330
Treuepflicht, 58
Two-to-One-Rule, 214

U
Überdeckung, 218
Umfeld, 420, 421, 422 ff.
Umfinanzierung, 191
Umlage, 126, 127
Umlaufintensität, 215
Umlaufvermögen, 98
Umlaufvermögen-Intensität,
107

Umrechnungskurs, 652
Umsatz-Deckungsbeitrags-
profil, 471
– -Umsatzrentabilitäts-Profil,
469, 470
Umsatzplan, 262, 263, 266,
273 ff., 479
Umsatzrentabilität, 110
Umsatzsteuer, 37 ff.
Umsatzwachstum, 112
Umsatzwachstumselastizität,
112
Umschlag, Lager-, 353, 356
Umschlagsdauer, 107
Umschlagshäufigkeit, 107, 215
Umtausch, 63
unfertige Erzeugnisse, 101
unfertige Leistungen, 101
Unterdeckung, 218
Unternehmen, öffentliche, 44,
45
Unternehmen, virtuelles, 259,
261, 262
Unternehmensanalyse, 452 ff.
Unternehmensfixkosten, 142,
143
Unternehmensform, 44, 45
Unternehmensgrundsätze, 248
Unternehmensphilosophie,
246, 452
Unternehmenssicherung, 247
Unternehmensstrategie, 12
Unternehmensziel, 12
Ursache-Wirkungs-Diagramm,
593, 594

V
variable Gemeinkosten, 141
variable Kosten, 139
Variation, Produkt-, 386
Verbesserung, Wert-, 397, 406
Verfahren, Bestell-, 329
– Eintragungs-, 83
Verfahrenspatent, 76
Verjährung, 64, 67, 69
Verkäufermarkt, 350
Verkaufsgespräch, 615
Verkehrssicherungspflicht, 72
Verlustausgleich, 23
Verlustverrechnung, 23
Vermögen, 98
Vermögensaufbau, 106
Vermögenskonstitution, 215
Vermögensstruktur, 188
Vermögensstruktur-Analyse,
214
Vermögensteuer, 41 ff.

Verpackung, 482
Verrechnung, Verlust-, 23
Verschuldenshaftung, 72
Verschuldungsgrad, 108, 215
Versetzung, 533
Versicherungen, 429
Versorgungslogistik, 320
Vertrag an der Haustür, 65
Vertrag, 50, 61
– Arbeits-, 58
– Aufhebungs-, 59
– Dienst-, 61, 68 ff.
– Kauf-, 61 ff.
– Werk-, 61, 66 ff.
– Werklieferungs-, 67
Vertragsrecht, 61 ff.
Vertragsverletzung, positive,
   71
Vertreter, Handels-, 49
Vertriebs-Controlling, 291 ff.
Vertriebsorganisation, 347,
   358 ff.
VerwGK (Verwaltungsgemein-
   kosten-Zuschlagssatz), 122,
   130
Verzug, 64
Verzug, Annahme, 51
VGK (Vertriebsgemeinkosten-
   Zuschlagssatz), 122, 130
virtuelles Unternehmen, 259,
   260, 261
Vorgabezeiten, 316
Vorgangsliste, 639
Vorkalkulation, 131
Vorratshaltung, 215, 216
Vorratsintensität, 107
Vorstellungskosten, 58
Vorsteuer, 38, 39
Vorzugsaktie, 193

W
Wachsen-Feld, 461
Wachstum, 111, 112
Wachstums-Branche, 466
– -Strategie, 476

Wachstumsphase, 366
Währungsumrechnung, 650
Wandlung, 63, 67, 70
Warenlager, 49
Warenzeichen, 74, 75, 81 ff.
Wechsel, 199
Weiterbildung, 552, 553, 554
Weiterverwertung, 352, 353
Welteinkünfte, 17
Werbemittel, 488
Werbung, 487, 490
Werklieferungsvertrag, 67
Werkstattsteuerung, 342
Werkstoffzeit, 328
Werkvertrag, 61, 66 ff.
Wertanalyse, 326, 379, 396 ff.
Wertanalyse-Ablauf, 403 ff.
Wertewandel, 427
Wertgestaltung, 397
Wertplanung, 397
Wertverbesserung, 397, 406
Wertvorstellungsprofil, 10
Wettbewerber, 420, 421
Wettbewerbs-Portfolio, 462 ff.
Wettbewerbsanalyse, 443 ff.
Wettbewerbskräfte, 443, 444
Wettbewerbsmärkte, 255
Wettbewerbsrecht, 74
Wettbewerbsvorteil, relativer,
   451
Wiederbeschaffungszeit, 333
Wiederverwertbarkeit, 363
Wiederverwertung, 352, 353
Wirtschaftlichkeit, 307
Wirtschaftlichkeitsprüfung,
   392
Wirtschaftlichkeitsrechnung,
   228 ff.
Wirtschaftspolitik, 6
Wirtschaftssystem,
   Keynessches, 8
wissenschaftliches Umfeld,
   431
Work-Factor-System, 316
Workaholics, 596

working capital, 109
Wunsch, Kunden-, 432 ff.

X
XYZ-Analyse, 322, 325

Z
Zahlungsbedingung, 647
Zahlungsbeleg, 651
Zahlungskondition, 647
Zahlungsstrom, 185
Zahlungsverkehr, 187
Zedent, 197
Zeichenarten, 81
Zeichenschutz, 81
Zeit, Arbeits-, 575, 576, 577,
   578
– Betriebsmittel-, 328
– Durchlauf-, 317, 335
– Liege-, 317
– Puffer-, 602, 638
– Rüst-, 335, 338
– Vorgabe-, 316
– Werkstoff-, 328
– Wiederbeschaffungs-, 333
– -Kosten-Diagramm, 634,
   642, 643
– -Nutzwert, 596
Zeitmanagement, 595 ff.
Zeitmessungssysteme, 316
zersplitterte Branche, 464
Zessionär, 197
Zeugnis, 542
Ziel, Unternehmens-, 12
Zielkosten-Kontroll-Dia-
   gramm, 164, 165
Zielkostenindex, 163, 164
Zielkostenrechnung, 158 ff.
Zins, 220, 653
Zinsaufwand, 198
Zuhören, 613
Zuschlagskalkulation,
   132 ff.
Zuschlagssatz, 121, 132
Zwischenkalkulation, 131

Druck: Saladruck, Berlin
Verarbeitung: Buchbinderei Lüderitz & Bauer, Berlin